한국산업인력공단
실기시험집중대비서

전기기능장

Master Craftsman Electricity 실기

전기기능장 완벽대비 수험서

기본 원리부터 정답에 이르기까지 명확하고 풍부한 해설을 통해 자신감은 물론
모든 문제에 탄력적으로 대응할 수 있는 능력을 키워줍니다.

저자 기채옥·정원택

도서출판 엔플북스

국립중앙도서관 출판시도서목록(CIP)

(2015) 전기기능장 = Master craftsman electricity : 실기 / 저자: 기채옥, 정원택. -- [구리] : 엔플북스, 2015
    p. ;   cm

권말부록: 기능장 기출문제
표제관련정보: 한국산업인력공단 실기시험집중대비서
ISBN 978-89-6813-109-7 13560 : ₩38000

전기 기능장[電氣技能長]

560.77-KDC6
621.3-DDC23   CIP2015022242

[전기기능장의 법적 지위]
- 전기사업법에서 발전전기설비, 송배전설비, 전기수용설비 등 모든 전기설비에 대하여 전기안전관리 선임자격이 주어지며 <2009.11.20>
- 전기공사업법상 기술사와 더불어 특급전기공사기술자로 최고의 시공관리자로서 지위를 가지며,
- 전력기술관리법에서 기사와 더불어 고급 감리원으로서 총공사비 50억 미만의 발송 배전, 전기철도공사와 총공사비 20억 미만의 수전시설, 구내배전, 가로등, 전력사용설비의 책임감리원 자격이 주어진다.

본서는 실기 수험서로서, 이러한 전기시공관리 및 감리와 전기안전관리 분야에서 중추적인 역할을 수행하고 있는 전기기능장의 자격 취득에 조금이나마 보탬이 되고자 다음과 같이 기술하였습니다.

1. 제52회 기능장 실기 과제를 중심으로 실기작업의 전과정을 스텝순으로 사진 촬영을 하여 제시함으로서 보다 현장감을 느낄 수 있도록 구성하였다.
2. 기출문제는 부록을 통해서 2006년 39회 문제부터 최근 기출문제까지 모든 기출문제를 총망라하여 수록하였다.
3. PLC 프로그램은 MASTER-K(10S), GLOFA(GM7) 기종으로 프로그래밍하여 수록하였기에 독자들의 선호 기종에 따른 불편을 해소하도록 하였다.

수험자 입장에서 보다 효율적으로 기능장 과제에 숙련될 수 있도록 노력하였지만, 미흡했던 부분에 대해서는 계속 수정과 보완작업을 하여 최고의 전기기능장 실기지침서로 손색이 없도록 노력하겠습니다.

끝으로 본서를 출간하기까지 사진 촬영에 적극적으로 협조해준 제자들과 물심양면으로 도와주신 동료 교수님들, 광운전자공업고등학교의 강병삼 선생님께 진심으로 감사의 말씀을 드리고, 보다 좋은 수험도서를 만들기 위해 열정적으로 도움을 주신 도서출판 엔플북스 대표님께도 감사의 말씀을 전합니다.

저자 씀

Part 1 시퀀스 제어 • 1

1. 시퀀스의 개요/3
　1.1 소요 부품, 재료 및 공구 ·· 3
　1.2 전자 계전기의 종류 ·· 22

2. 시퀀스 기본 실습/36
　2.1 기초 배선 ·· 36
　2.2 기본회로 배선하기 ·· 38
　　　[과제 1] 릴레이 자기 유지 회로 배선 ···························· 38
　　　[과제 2] 릴레이 2개의 자기 유지 회로 배선 ····················· 45
　　　[과제 3] 인터록 회로 배선 ······································· 51

　2.3 주회로 및 보조회로 배선하기 ······································ 57
　　　[과제 1] 3상유도전동기 기동·정지회로 배선 ······················57
　　　[과제 2] 1버튼 기동·정지 회로 ····································61

　2.4 과제 실습 ·· 65
　　　[과제 1] 타이머 동작 순차회로 ····································65
　　　[과제 2] 순차회로 ··67
　　　[과제 3] 우선동작회로 ··69
　　　[과제 4] 선입 동작 우선 제어회로 ·································71
　　　[과제 5] 3상 유도전동기 한시운전회로 ····························73
　　　[과제 6] 플리커 릴레이와 한시운전회로 ···························75
　　　[과제 7] 자동·수동 회로 ··77
　　　[과제 8] 3상 유도전동기 정·역 운전회로 ·························80
　　　[과제 9] Y-Δ기동 회로 ··82
　　　[과제 10] 1개의 버튼 기동·정지회로 ······························84

Part 2 기능장 과제 따라하기 • 89

1. 전기기능장 52회 기출문제/91

2. PCB 작업/99
2.1 전자부품의 특성 ··· 99
2.2 회로 스케치 ··· 104
2.3 부품배치 ·· 105
2.4 납땜작업 ·· 108

3. 제어함 작업/112
3.1 단자대 어드레스 ··· 112
3.2 제어함 배선하기 ··· 120

4. 배관공사/199
4.1 작업 판넬 스케치 ··· 199
4.2 합성수지관(PE)공사 ·· 202
4.3 PVC 덕트 공사 ··· 208
4.4 배관공사 완성 ··· 210

5. 배선공사/211
5.1 상단 배관 배선공사 ··· 211
5.2 하단 배관 배선공사 ··· 219
5.3 과제 완성 ·· 228

Part 5 3로 스위치 회로 • 233

1. 스위치 외형/235

2. 논리식/236
2.1 진리표와 논리식 ·· 236
2.2 논리식의 간이화(흡수의 법칙) ································ 237

3. 유형별 결선도/238
3.1 2-1 Type(출력 L1→2개, L2→1개) ························· 238
3.2 2-2 Type(출력 L1→2개, L2→2개) ························· 252
3.3 3-1 Type(출력 L1→3개, L2→1개) ························· 264
3.4 3-2 Type(출력 L1→3개, L2→2개) ························· 274

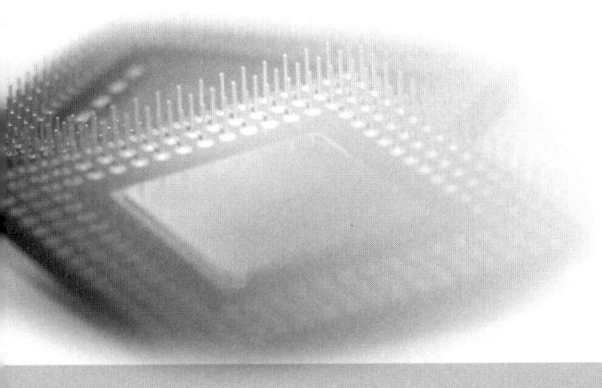

Part 4. PLC 프로그래밍 • 289

① PLC 기초/291
1.1 PLC 정의 …………………………………………………………… 291
1.2 PLC 언어 …………………………………………………………… 292
1.3 PLC 구조 …………………………………………………………… 292
1.4 PLC 기초용어 정의 ………………………………………………… 296

② MASTER-K 개요/297
2.1 그래픽 로더(Graphic Loder) 프로그램 다운로드 …………… 297
2.2 KGL_WIN 실행 ……………………………………………………… 298

③ MASTER-K 기초 프로그래밍/301
3.1 자기유지회로 ………………………………………………………… 301
3.2 인터록(inter-lock) 회로 …………………………………………… 309
3.3 AND 회로 …………………………………………………………… 310
3.4 OR 회로 ……………………………………………………………… 312
3.5 NAND 회로 ………………………………………………………… 314
3.6 NOR 회로 …………………………………………………………… 315
3.7 EX-NOR 회로 ……………………………………………………… 316
3.8 EX-OR 회로 ………………………………………………………… 317
3.9 우선 동작 순차 제어회로 ………………………………………… 318
3.10 신입신호 우선 제어회로 ………………………………………… 319
3.11 타이머(Timer) ……………………………………………………… 319

4. MASTER-K 기본 프로그래밍/323
- 4.1 한시기동정지 반복 동작회로 ·················· 323
- 4.2 One-Button 회로 ·················· 330
- 4.3 순차제어회로 ·················· 334

5. MASTER-K 응용 프로그래밍/338
- 5.1 카운터 명령 ·················· 338

6. 기능장 출제문제/349

7. GLOFA-GM 개요/455
- 7.1 그래픽 로더(Graphic Loder) 프로그램 다운로드 ·················· 455
- 7.2 데이터 구성 ·················· 456
- 7.3 GMWIN4 실행 ·················· 459

8. GMWIN4 기초 프로그래밍/466
- 8.1 자기유지회로 ·················· 466
- 8.2 프로그램 시뮬레이션 ·················· 479
- 8.3 인터록(inter-lock) 회로 ·················· 485
- 8.4 AND 회로 ·················· 486
- 8.5 OR 회로 ·················· 488
- 8.6 NAND 회로 ·················· 490
- 8.7 NOR 회로 ·················· 491
- 8.8 EX-NOR 회로 ·················· 492
- 8.9 EX-OR 회로 ·················· 494
- 8.10 우선 동작 순차 제어회로 ·················· 495
- 8.11 신입신호 우선 제어회로 ·················· 496
- 8.12 타이머(Timer) ·················· 497

9. GMWIN 기본 프로그래밍/509
- 9.1 한시기동정지 반복 동작회로 ·· 509
- 9.2 One-Button 회로 ·· 515
- 9.3 순차제어회로 ·· 519

10. GMWIN 응용 프로그래밍/522
- 10.1 카운터 명령 ·· 522

11. 기능장 출제문제/529

Part 4 부록 : 기능장 기출문제 • 1

Chapter 01

시퀀스 제어

Section 01. 시퀀스의 개요
Section 02. 시퀀스의 기본 실습

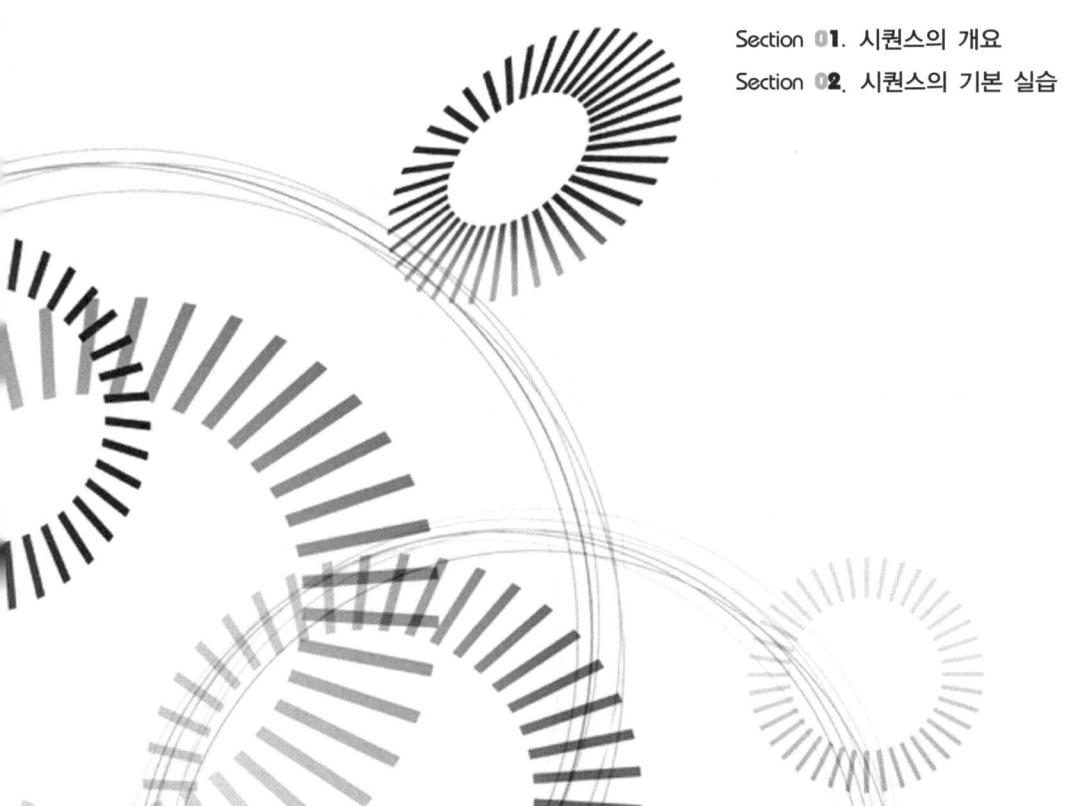

Section 01 시퀀스의 개요

1.1 소요 부품, 재료 및 공구

(1) 배선 재료

1) 8핀 소켓(베이스)

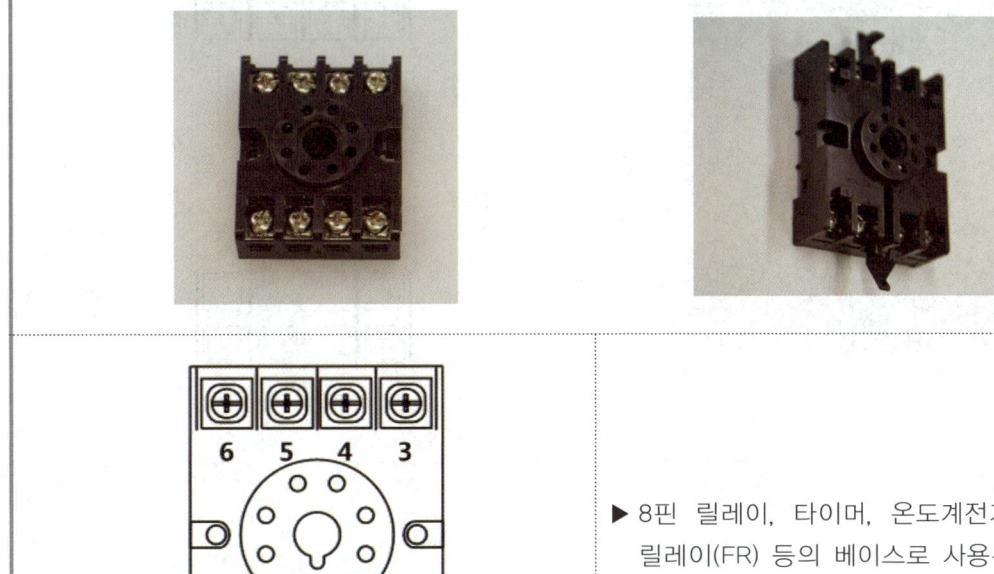

▶ 8핀 릴레이, 타이머, 온도계전기(TC), 플리커 릴레이(FR) 등의 베이스로 사용된다.

2) 11핀 소켓(베이스)

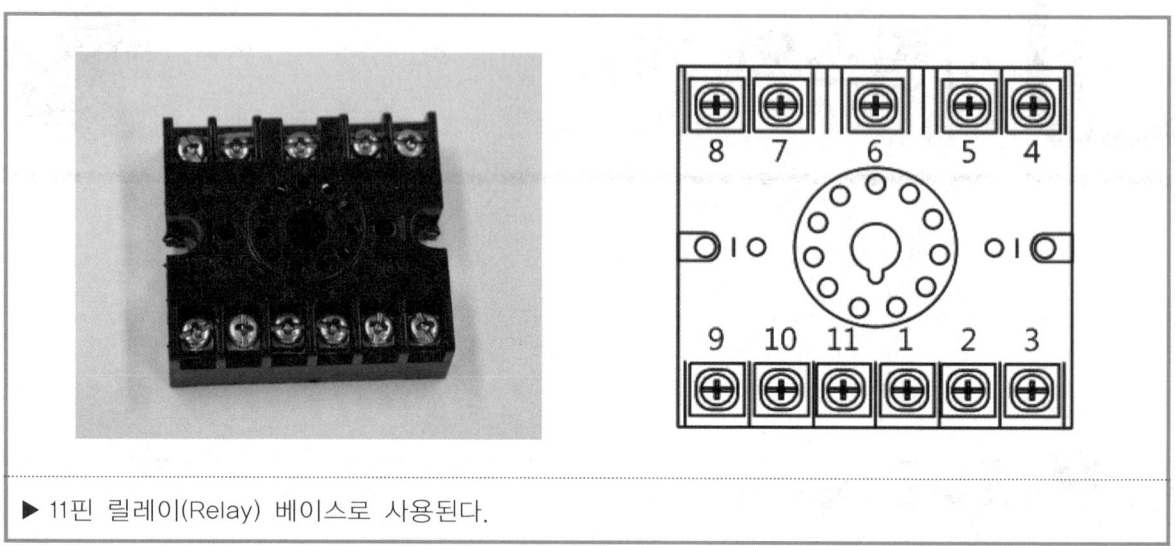

▶ 11핀 릴레이(Relay) 베이스로 사용된다.

3) 14핀 소켓(베이스)

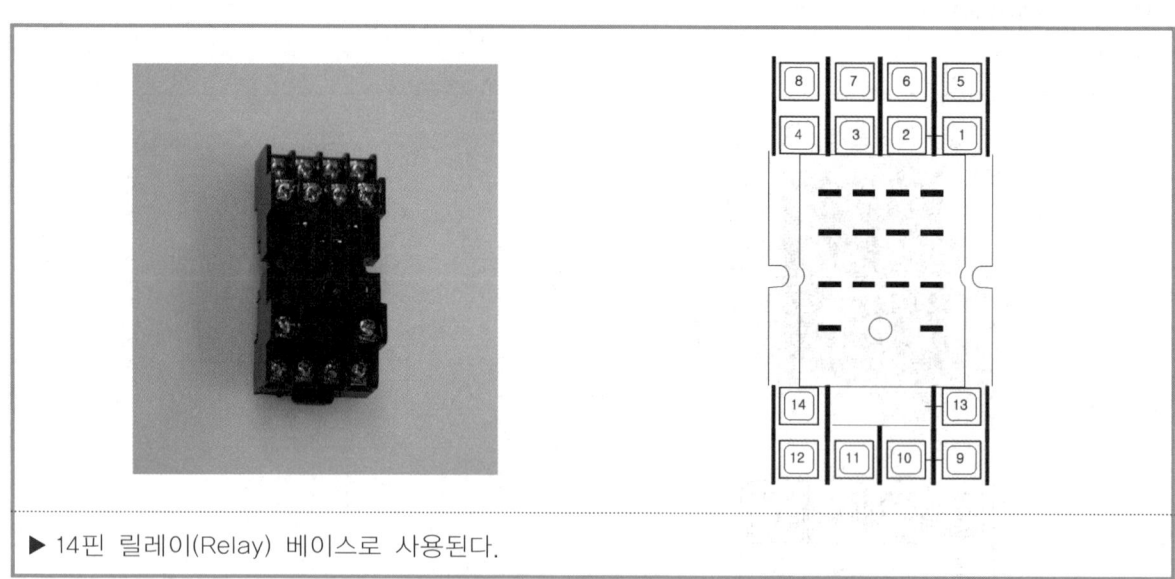

▶ 14핀 릴레이(Relay) 베이스로 사용된다.

4) 12핀 소켓(베이스)

▶ 12핀 파워 릴레이(Power Relay), 12핀 EOCR(전자식 과전류계전기), SR 릴레이 베이스 등으로 사용된다.

5) 14핀 EOCR(전자식 과전류계전기) 소켓(베이스)

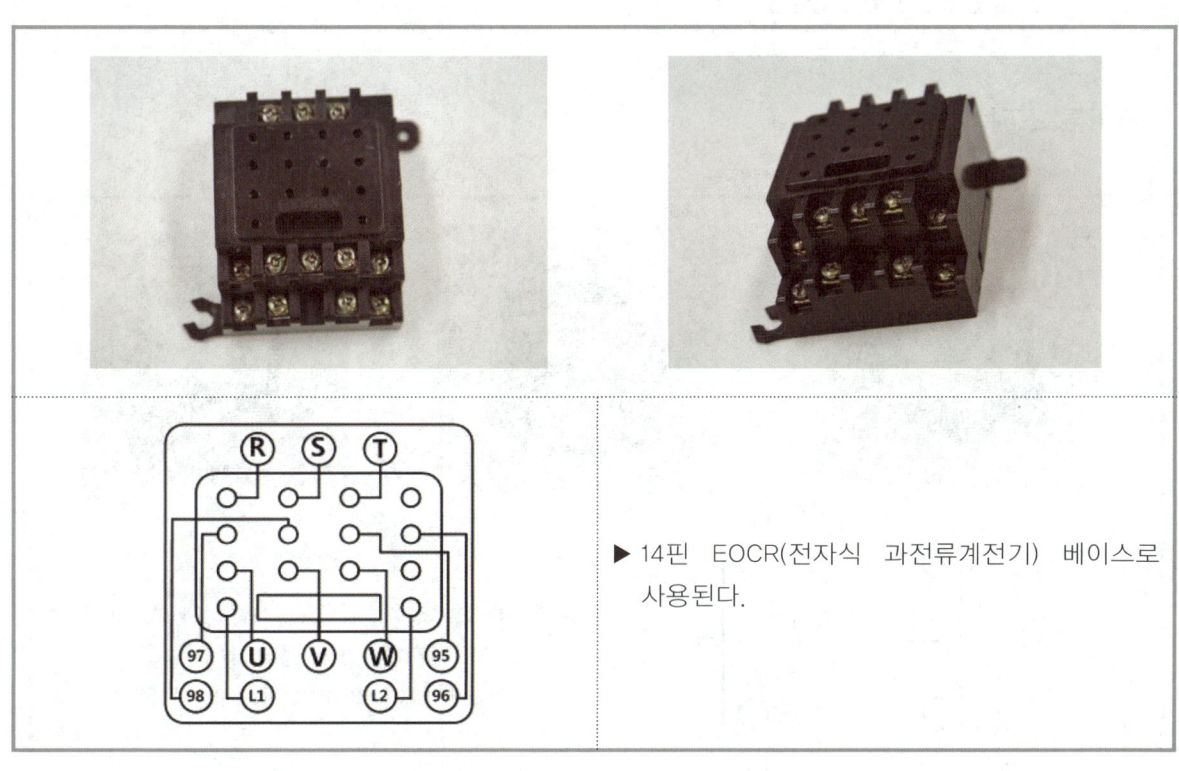

▶ 14핀 EOCR(전자식 과전류계전기) 베이스로 사용된다.

6) 20핀 소켓(베이스)

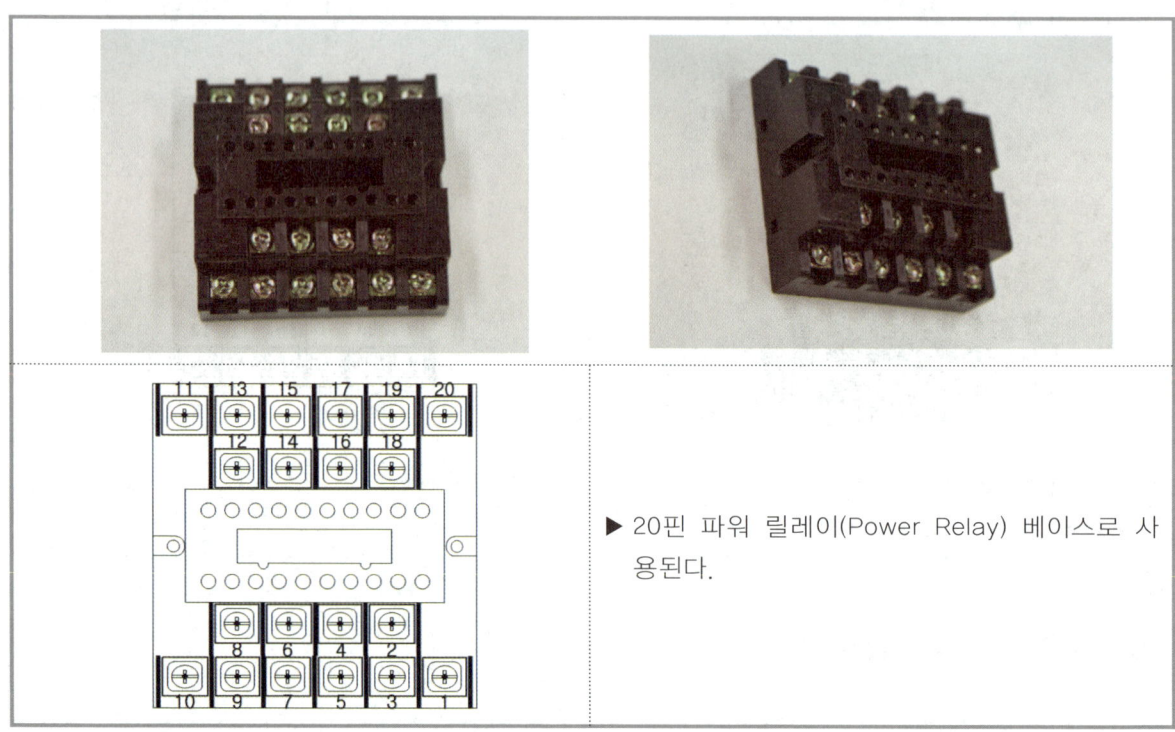

▶ 20핀 파워 릴레이(Power Relay) 베이스로 사용된다.

7) 푸시버튼 스위치(PB)

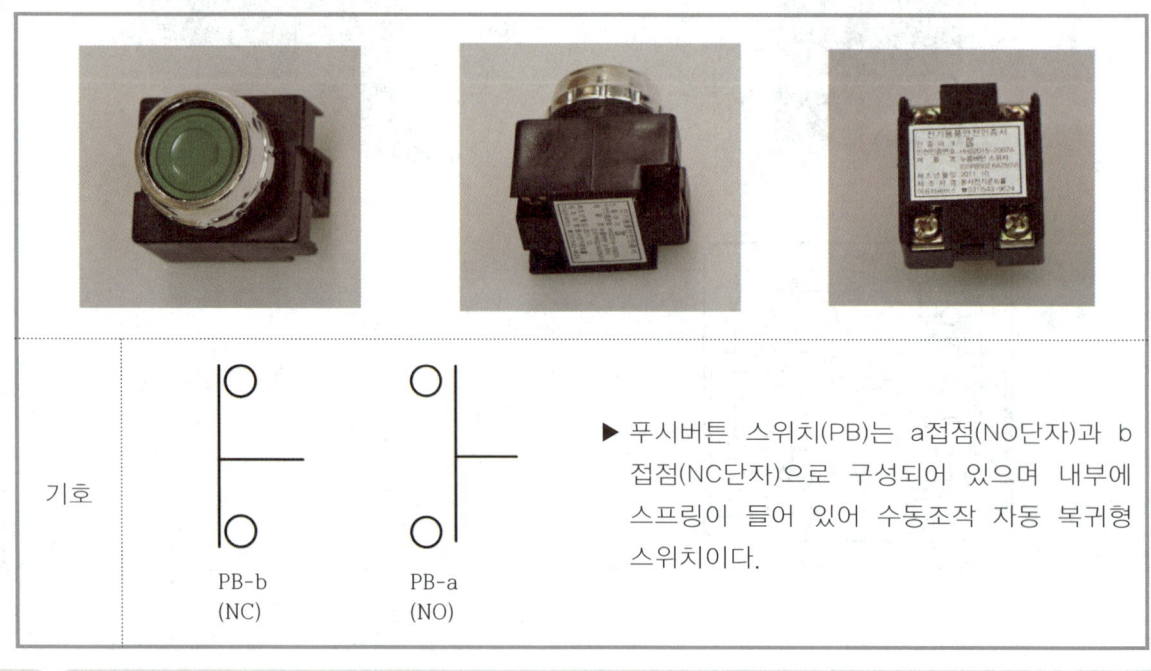

▶ 푸시버튼 스위치(PB)는 a접점(NO단자)과 b접점(NC단자)으로 구성되어 있으며 내부에 스프링이 들어 있어 수동조작 자동 복귀형 스위치이다.

8) 리셉터클

▶ 백열전구 소켓으로 사용된다.
▶ 배선 방법은 중심 접촉단자에 전압선을, 베이스 접촉단자에 접지측 전선을 연결한다.

9) 셀렉터 스위치

▶ 셀렉터 스위치(SS)는 a접점(NO단자)과 b접점(NC단자)으로 구성되어 있으며 레버의 좌우 조작에 의하여 접점이 동작한다.
▶ 용도로는 자동·수동 전환 스위치로 많이 사용된다.

10) 파일롯(Pilot) 램프

▶ 시퀀스 제어회로에서 회로의 동작 상태를 나타내는 표시등으로 사용된다.
▶ ex) 운전 표시등 적색, 정지 표시등은 녹색, 경고 표시등은 등색 등

11) 부저

▶ 시퀀스 제어회로에서 회로 동작의 에러나 고장을 경보하는 용도로 사용된다.

12) 누전차단기(ELB)

▶ 누전차단기(ELB : Earth leakage breaker)
  부하전류를 개폐하는 전원스위치로도 사용되지만 주요기능은 과부하, 단락, 누전이 발생하면 자동으로 전류를 차단하는 기기이다.
▶ 그림은 단상 전원의 2극(2P)용이고 3상 전원은 3극(3P)용이 사용된다.

13) 배선용 차단기(MCCB)

▶ 배선용 차단기(MCCB : Molded Case Circuit Breaker)
  부하전류를 개폐하는 개폐기로 사용되며, 주요 기능으로는 과전류 발생 시 또는 단락 사고 시 열동 트립기구가 동작하여 자동적으로 회로를 차단한다.
▶ 그림은 단상 전원의 2극(2P)용이고 3상 전원은 3극(3P)용이 사용된다.

14) 퓨즈 홀더

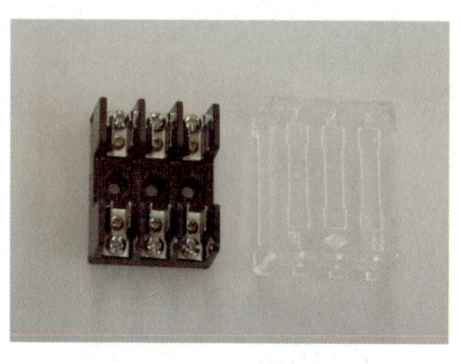 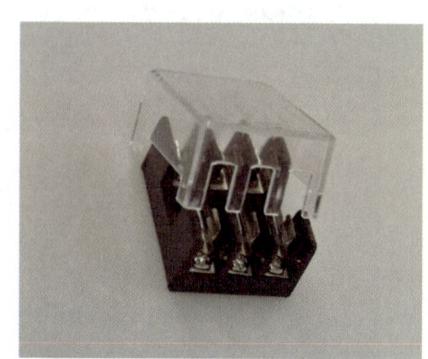

▶ 유리관형 퓨즈 홀더로 사용된다.
▶ 전원 방식에 따라 단상은 2극(2P), 삼상은 3극(3P)을 사용한다. 위 그림은 3극용이다.

(2) 배관공사 부품 및 재료

1) 컨트롤 박스(control box)

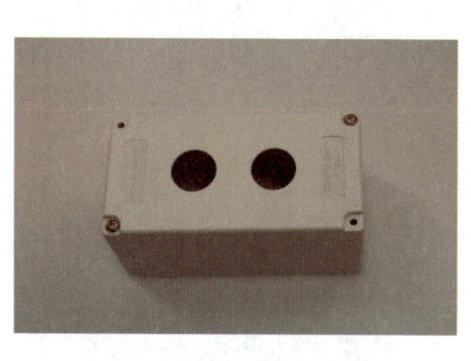 

▶ 파일롯 램프, 푸시버튼 스위치, 셀렉터 스위치, 부저 등을 취부한다.
▶ 취부 개수에 따라 1구~4구용까지 다양하게 사용되는데, 위 그림은 2구용과 3구용을 보여주고 있다.

2) 팔각 박스

▶ 매입형 자재로 회로의 분기 및 연결을 위한 접속이 이루어지는 곳으로 전선관이 연결되는 곳이다.
▶ 팔각형 형태의 조인트 박스이고 전선관 연결 가능 개소는 4개이다.

3) 사각박스

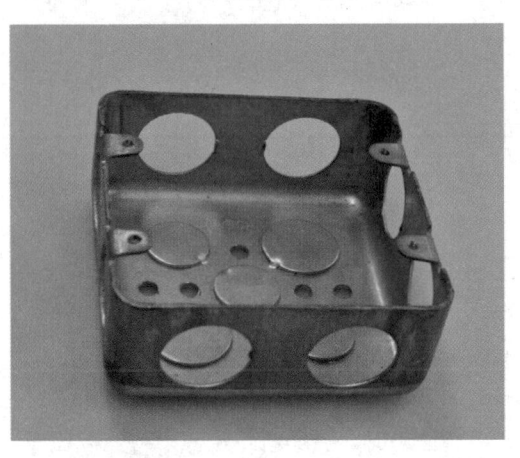

▶ 매입형 자재로 회로의 분기 및 연결을 위한 접속이 이루어지는 곳으로 전선관이 연결되는 곳이다.
▶ 사각형 형태의 조인트 박스이고 전선관 연결 가능 개소는 8개이다.

4) 합성수지 가요관(CD관) 커넥터

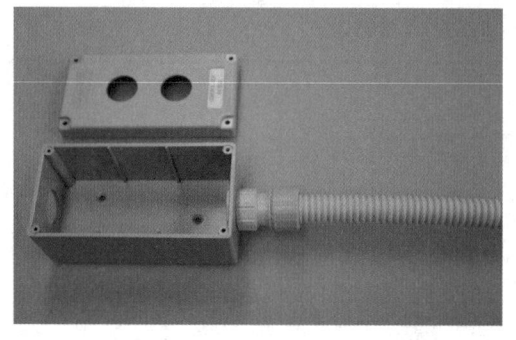

▶ 합성수지 가요관(CD)관과 박스류(컨트롤 박스, 사각박스, 팔각박스 등)의 연결 시 사용된다.
▶ 그림과 같이 전선관이 삽입되어 연결이 되면 반대방향으로 빠지지 않는 특징이 있다.

5) 합성수지관(PE관) 커넥터

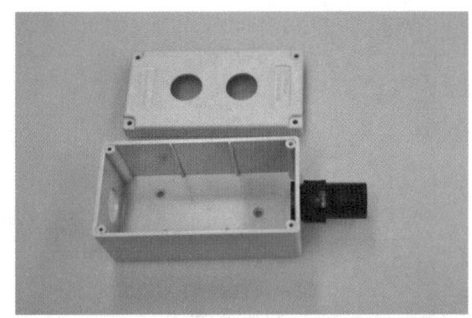

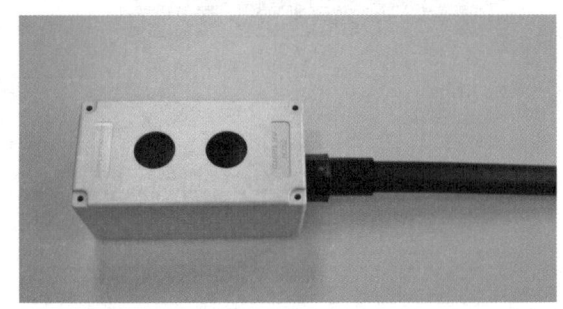

▶ 합성수지관과 박스류(컨트롤 박스, 사각박스, 팔각박스 등)의 연결 시 사용된다.

6) 단자대

▶ 회로의 접속을 용이하게 하기 위하여 사용된다.
▶ 제어함의 인입·인출선을 접속한다.
▶ 인입·인출 가능 개소에 따라 3P, 4P, 6P, 9P, 12P, 20P 등 다양한 크기의 규격이 생산되고 있다.

7) 새들

 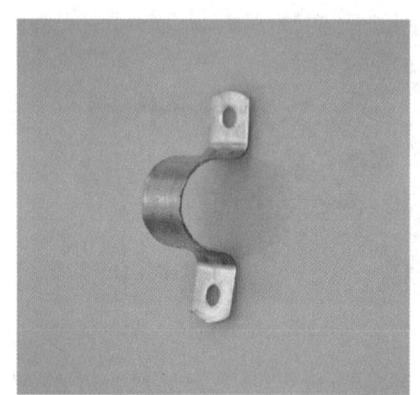

▶ 각종 전선관 및 케이블의 지지 및 고정을 위하여 사용된다.
▶ 그림은 ∅16mm 전선관용 새들이다.

8) 와이어 커넥터

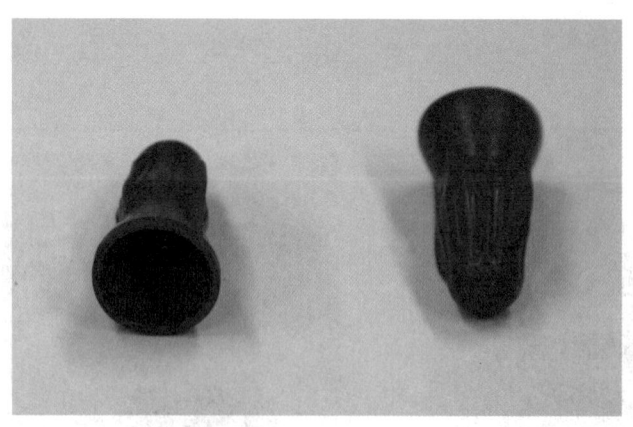

▶ 각종 조인트 박스 내에서 전선의 접속 시 사용된다.
▶ 와이어 커넥터 사용 시 별도의 절연용 테이핑 작업을 하지 않아도 된다.

9) PVC 덕트

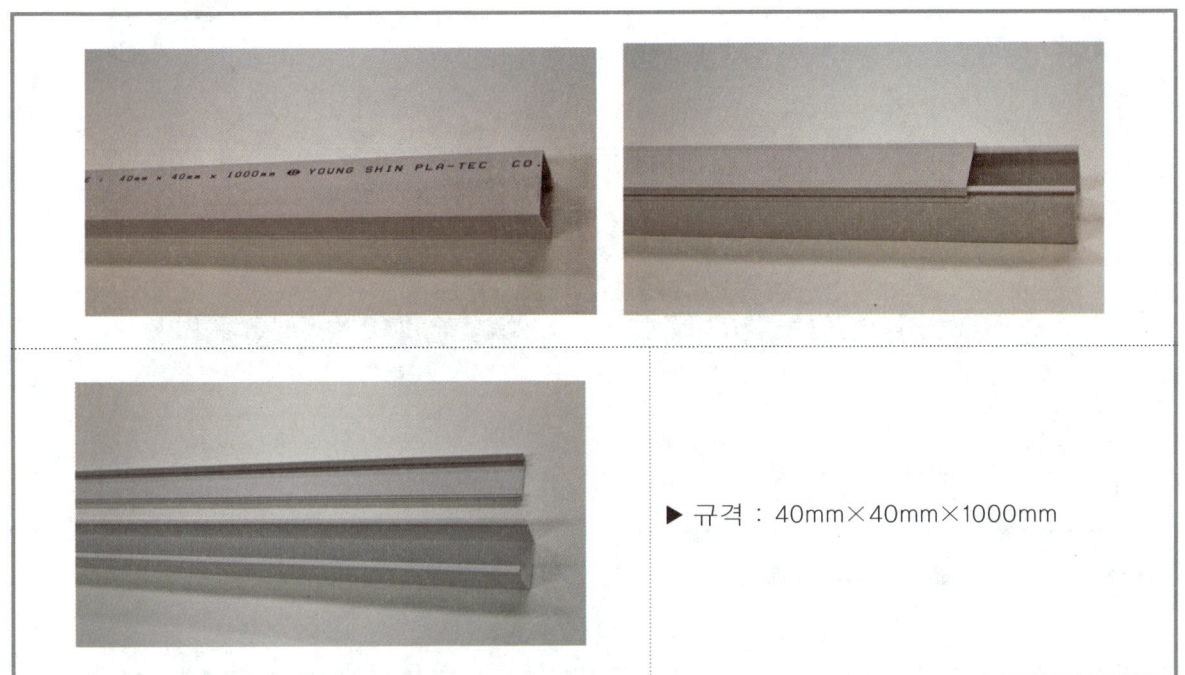

▶ 규격 : 40mm×40mm×1000mm

10) 단로 스위치

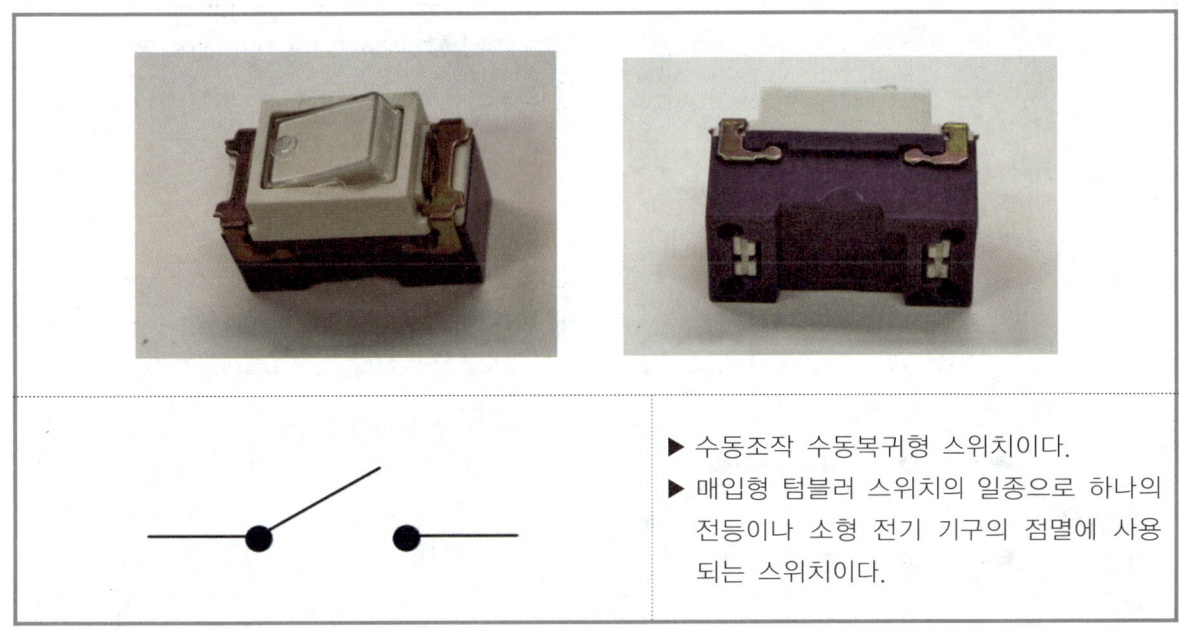

▶ 수동조작 수동복귀형 스위치이다.
▶ 매입형 텀블러 스위치의 일종으로 하나의 전등이나 소형 전기 기구의 점멸에 사용되는 스위치이다.

11) 3로 스위치

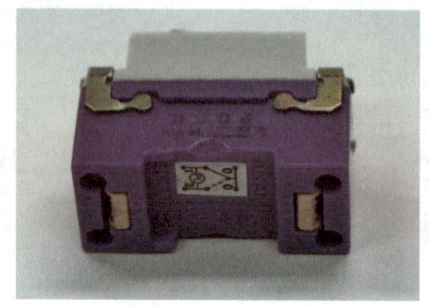

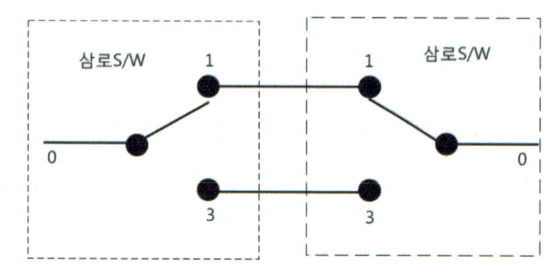

▶ 2개소 점멸을 위한 복도등 스위치로 사용된다.
▶ 왼쪽 도면은 3로스위치 2개를 이용한 2개소 점멸회로이다.

12) 4로 스위치

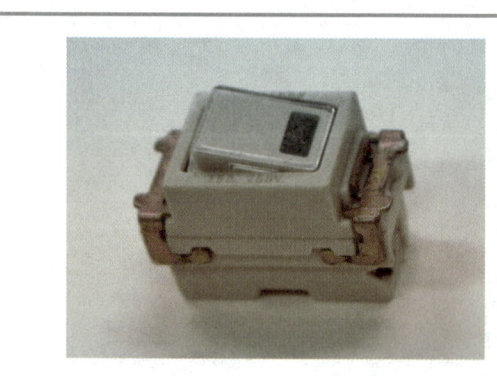
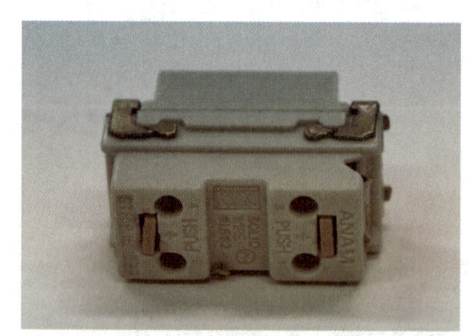

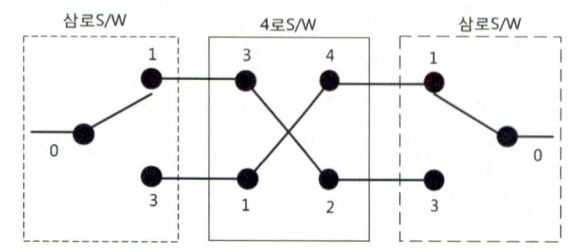

▶ 3로 스위치와 조합하여 3개소 이상의 곳에서 점멸을 하고자 할 때 사용된다.
▶ 왼쪽 도면은 3로 스위치 2개와 4로 스위치 1개를 이용한 3개소를 점멸하는 회로이다.

13) 스위치 박스

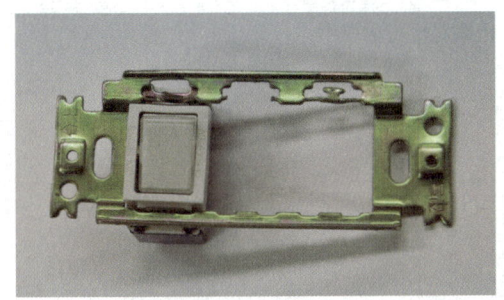

▶ 매입형 자재로서 단로, 3로, 4로 스위치 취부 및 전선관 접속에 사용된다.
▶ 그림과 같이 붙임쇠를 이용하여 스위치를 부착한다.

14) 쇠톱

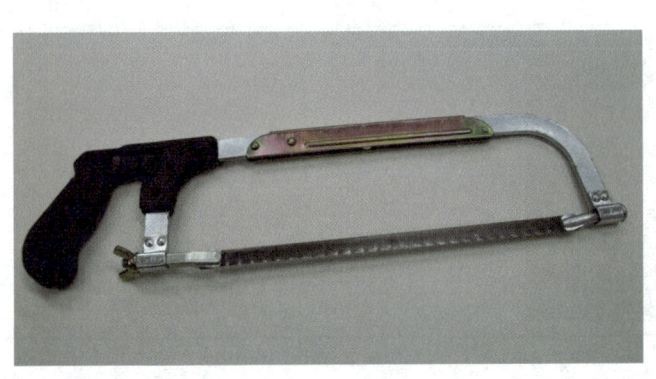

▶ 각종 전선관 절단용으로 사용된다.

15) 케이블 타이

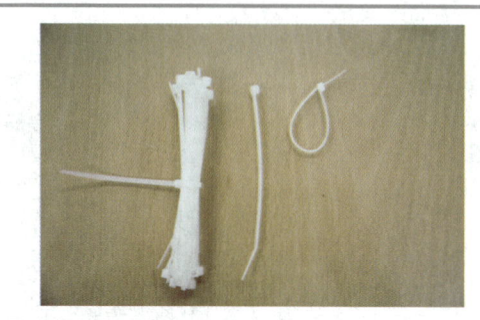

▶ 케이블이나 전선가닥을 묶어서 배선을 정리하는 데 사용된다.

(3) 공구

1) 펜치

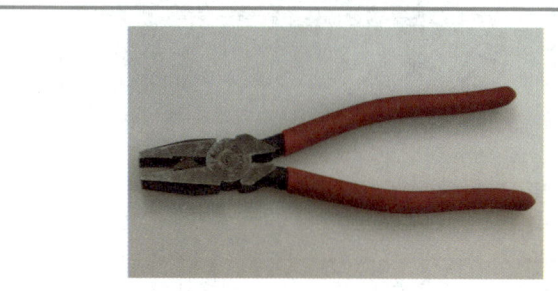

▶ 전선 절단 및 단자의 압착에 사용된다.

2) 와이어 스트리퍼

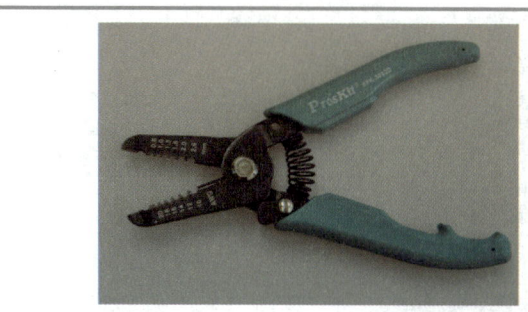

▶ 전선 피복을 벗기는데 사용된다.

3) 니퍼

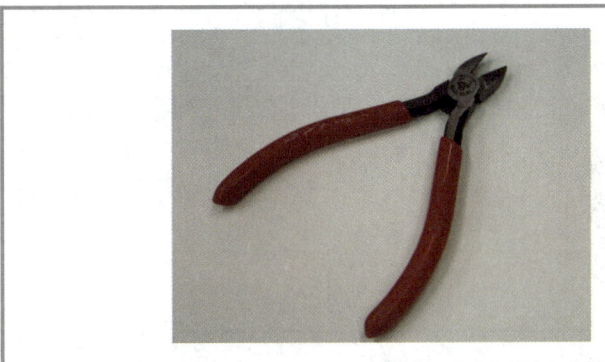

▶ 전선의 피복을 벗기거나 절단하는 공구
▶ 특히 가는 전선을 자르는 데 유용하다.

4) 롱노즈 플라이어

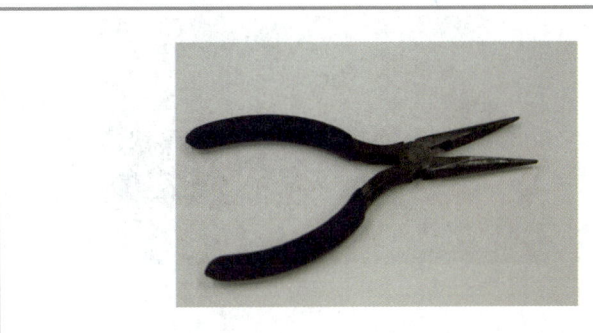

▶ 끝이 뾰족하여 가는 전선을 자르거나 가공하는데 사용된다.

5) 다목적 가위

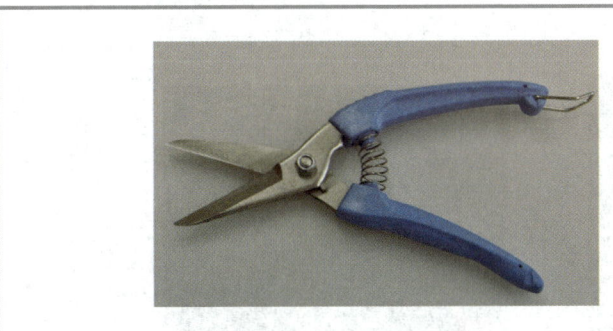

▶ 전선 및 케이블 절단에 사용된다.

6) 전공 드라이버(+자)

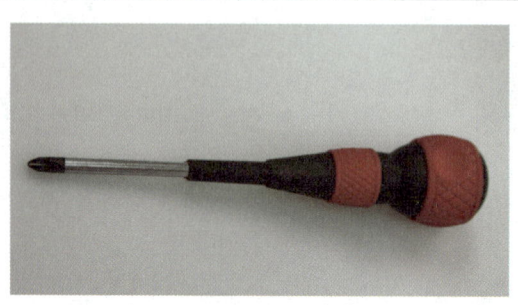

▶ 나사못의 조임 작업을 용이하게 하기 위하여 손잡이가 큰 것을 사용하고 절연은 양호한 고무재질이 좋다.

7) 파이프 커터

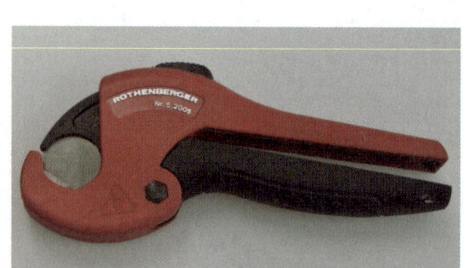

▶ 합성수지관을 자른다.

8) 스프링 벤더

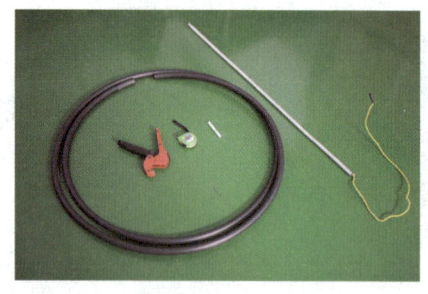
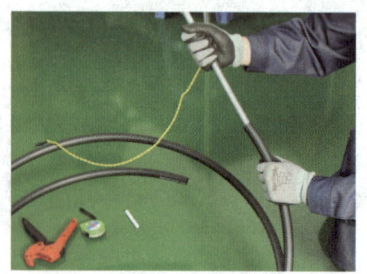

▶ 합성수지관(PE)의 굽힘 작업하는 데 사용된다.

9) 전자기판 받침대

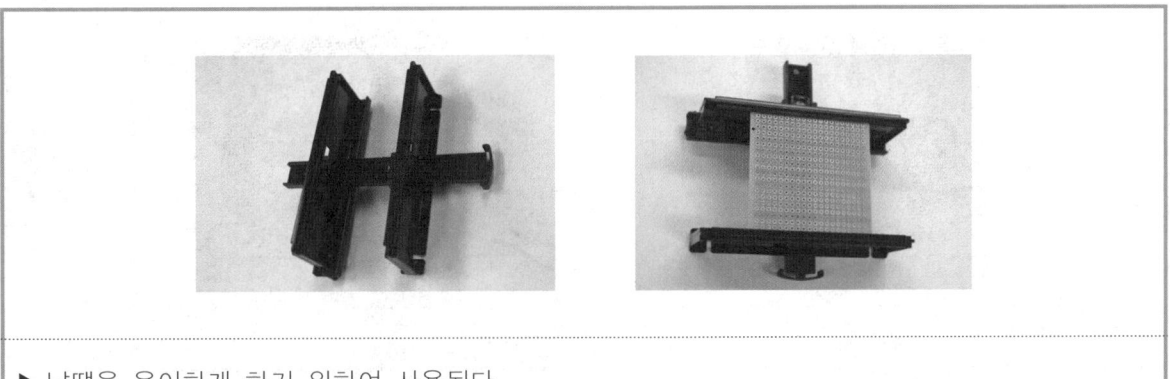

▶ 납땜을 용이하게 하기 위하여 사용된다.

10) 인두

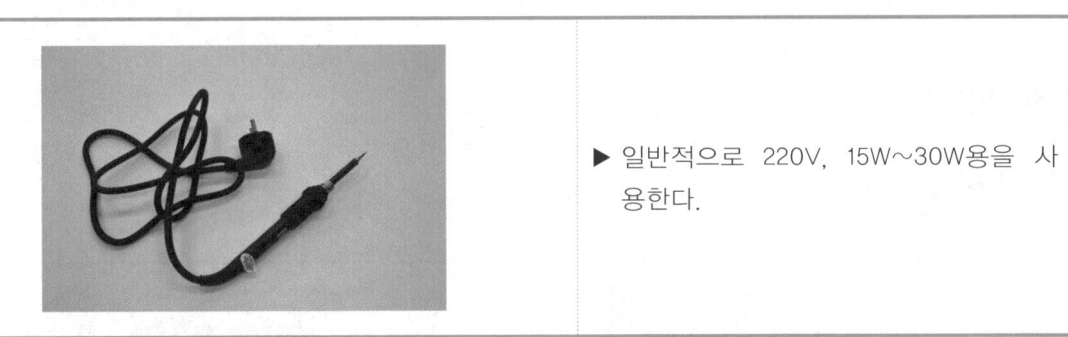

▶ 일반적으로 220V, 15W~30W용을 사용한다.

11) 인두 받침대

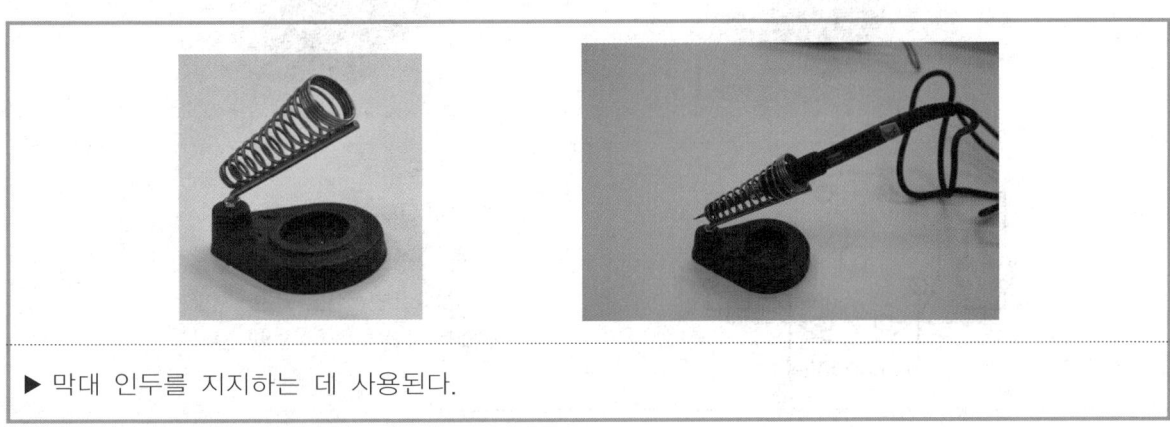

▶ 막대 인두를 지지하는 데 사용된다.

12) 벨 테스터와 테스터

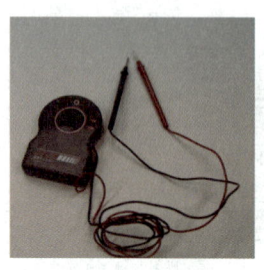

▶ 회로 점검용으로 사용된다.

1.2 전자 계전기의 종류

(1) 전자계전기

1) 8핀 릴레이

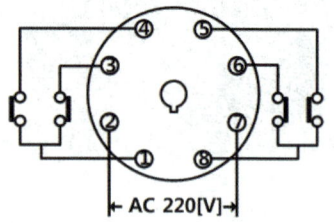

▶ 접점구성(2a2b)
  전원 : 2번-7번,
  a접점 : 1번-3번, 8번-6번
  b접점 : 1번-4번, 8번-5번

2) 11핀 릴레이

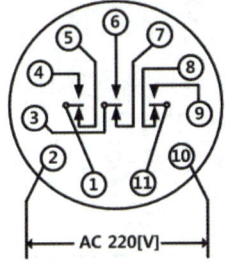

▶ 접점구성(3a3b)
  전원 : 2번-10번,
  a접점 : 1번-4번, 3번-6번, 11번-9번
  b접점 : 1번-5번, 3번-7번, 11번-8번

3) 14핀 릴레이

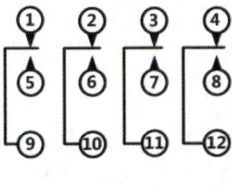

▶ 접점구성(4a4b)
  전원 : 13번-14번,
  a접점 : 9번-5번, 10번-6번, 11번-7번, 12번-8번
  b접점 : 9번-1번, 10번-2번, 11번-3번, 12번-4번

4) 타이머1

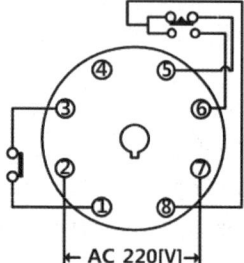

▶ on delay 타이머
▶ 접점구성
  전원 : 2번-7번,
  순시 a접점 : 1번-3번
  한시 a접점 : 8번-6번
  한시 b접점 : 8번-5번

5) 타임머2

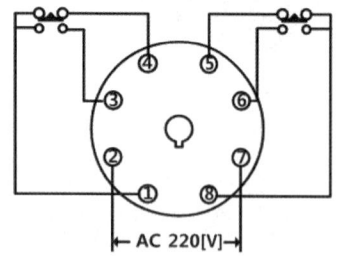

▶ on delay 타이머
▶ 접점구성(2a2b)
  전원 : 2번-7번,
  한시 a접점 : 1번-3번, 8번-6번
  한시 b접점 : 1번-4번, 8번-5번

6) 플리커 릴레이

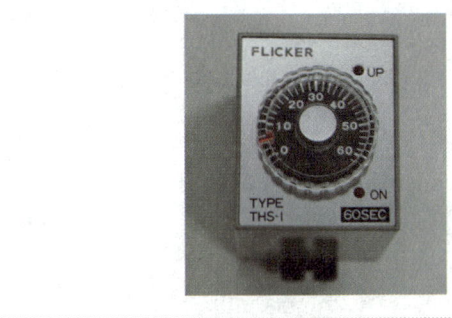
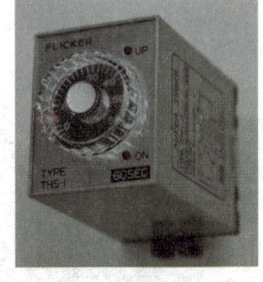

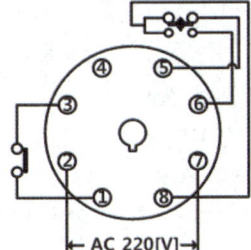

▶ 교대 점멸회로 구성에 사용.
▶ 접점구성
  전원 : 2번-7번,
  순시 a접점 : 1번-3번
  한시 a접점 : 8번-6번
  한시 b접점 : 8번-5번

7) 12핀 파워 릴레이(PR : Power Relay)

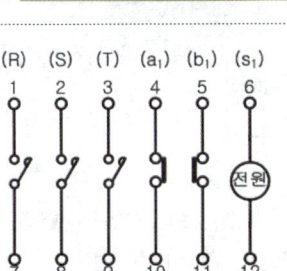

▶ MC와 같이 전동기 운전회로에 사용
▶ 접점의 구성(4a1b)
  전원 : 6번-12번
  주접점 : 1번-7번, 2번-8번, 3번-9번
  보조a접점 : 4번-10번
  보조b접점 : 5번-11번

8) 20핀 파워 릴레이(PR : Power Relay)

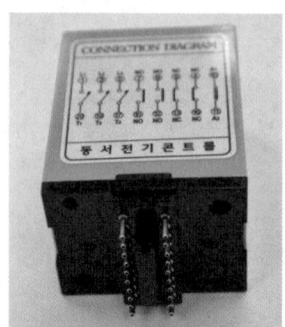
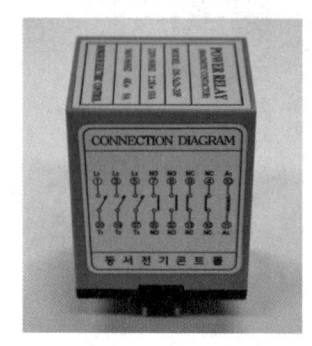

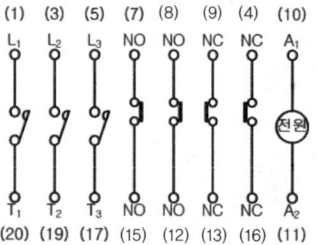

▶ MC와 같이 전동기 운전회로에 사용
▶ 접점의 구성(5a2b)
  전원 : 10번-11번
  주접점 : 1번-20번, 3번-19번, 5번-17번
  보조a접점 : 7번-12번, 2번-14번
  보조b접점 : 6번-18번, 9번-13번

9) 12핀 EOCR(과전류 계전기)

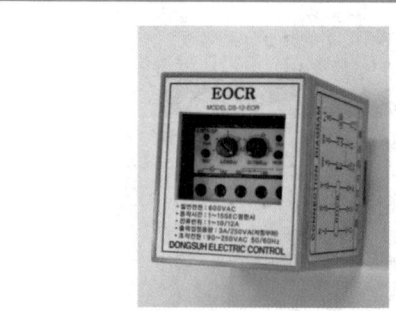
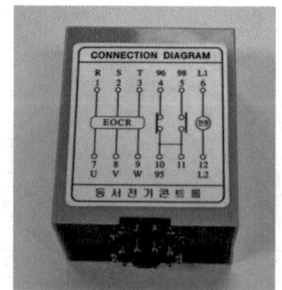

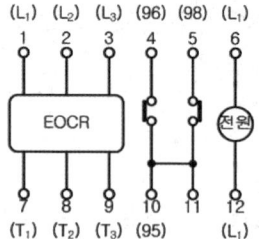

▶ 열동계전기(THR)와 같이 전동기 과부하 보호용으로 사용
▶ 접점의 구성
  전원 : 6번-12번
  주접점 : 1번-7번, 2번-8번, 3번-9번
  보조a접점 : 10,11번-5번
  보조b접점 : 10,11번-4번

10) 14핀 EOCR(과전류 계전기)

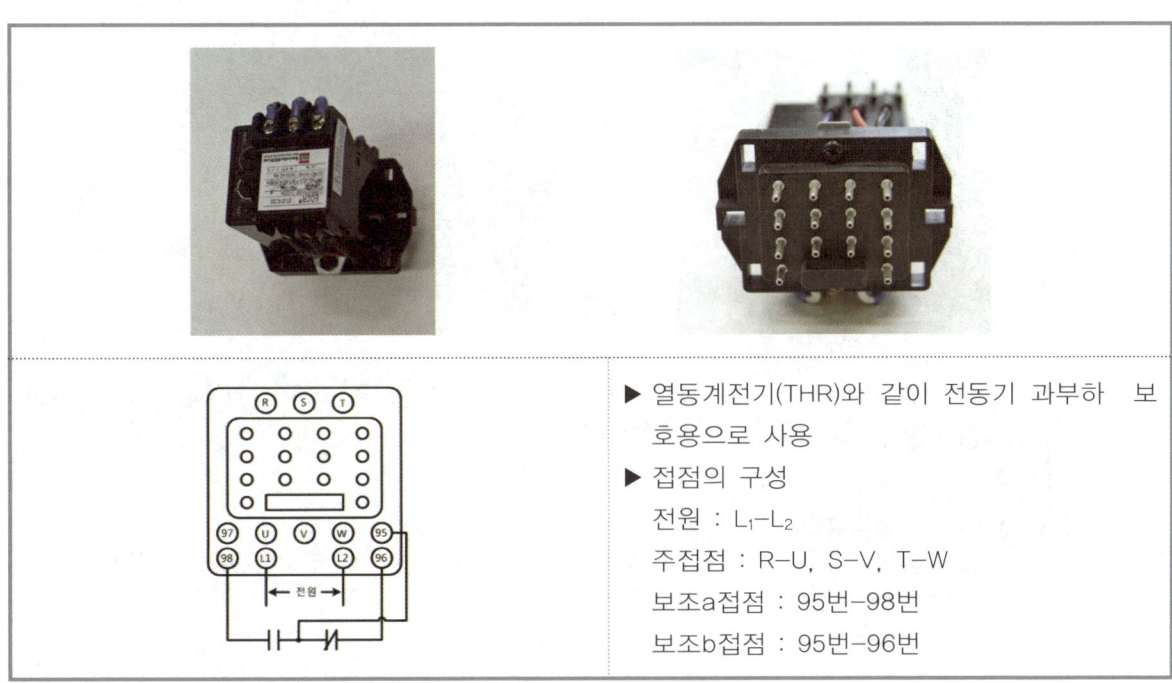

- ▶ 열동계전기(THR)와 같이 전동기 과부하 보호용으로 사용
- ▶ 접점의 구성
  - 전원 : L_1-L_2
  - 주접점 : R-U, S-V, T-W
  - 보조a접점 : 95번-98번
  - 보조b접점 : 95번-96번

11) 온도 계전기(TC)

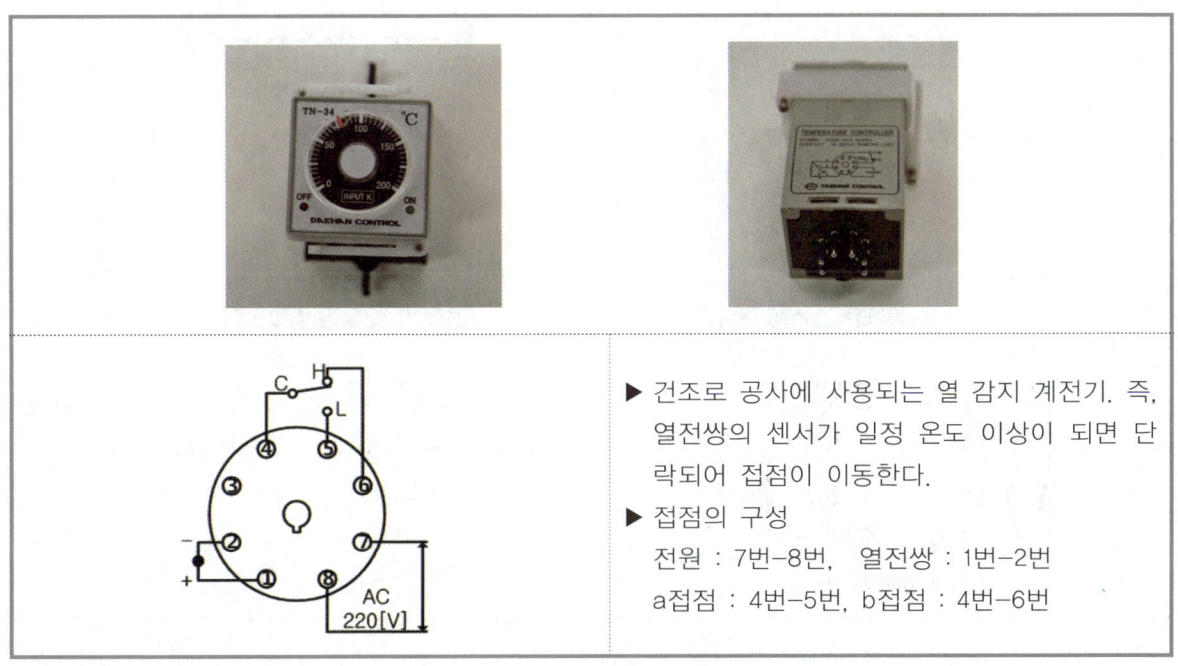

- ▶ 건조로 공사에 사용되는 열 감지 계전기. 즉, 열전쌍의 센서가 일정 온도 이상이 되면 단락되어 접점이 이동한다.
- ▶ 접점의 구성
  - 전원 : 7번-8번, 열전쌍 : 1번-2번
  - a접점 : 4번-5번, b접점 : 4번-6번

12) 부동스위치(FLS)

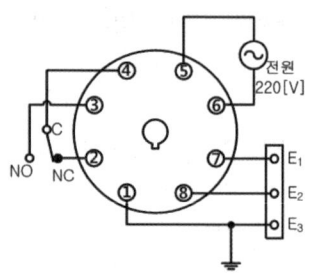

▶ 물탱크 수위조절 계전기. 즉, 전극 E_1, E_2, E_3가 단락되면 접점이 이동한다.
▶ 접점의 구성
　전원 : 5번-6번
　E_1(고수위)-7번, E_2(중수위)-8번, E_3(저수위)-1번
　a접점 : 4번-3번
　b접점 : 4번-2번

13) 카운터

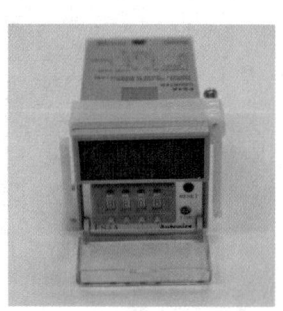
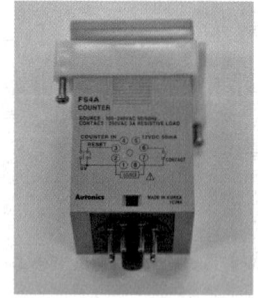

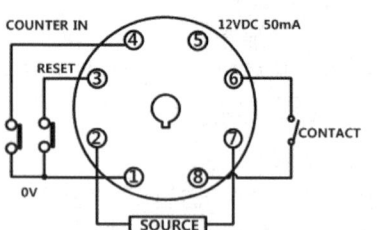

▶ 계수회로에 사용. 즉, 설정된 숫자 개수만큼 입력(counter in)이 들어오면 접점이 닫힌다.
▶ 접점의 사용
　전원 : 2번-7번,　입력 : 1번-4번
　리셋 : 1번-3번,　a접점 : 6번-8번

14) SR릴레이

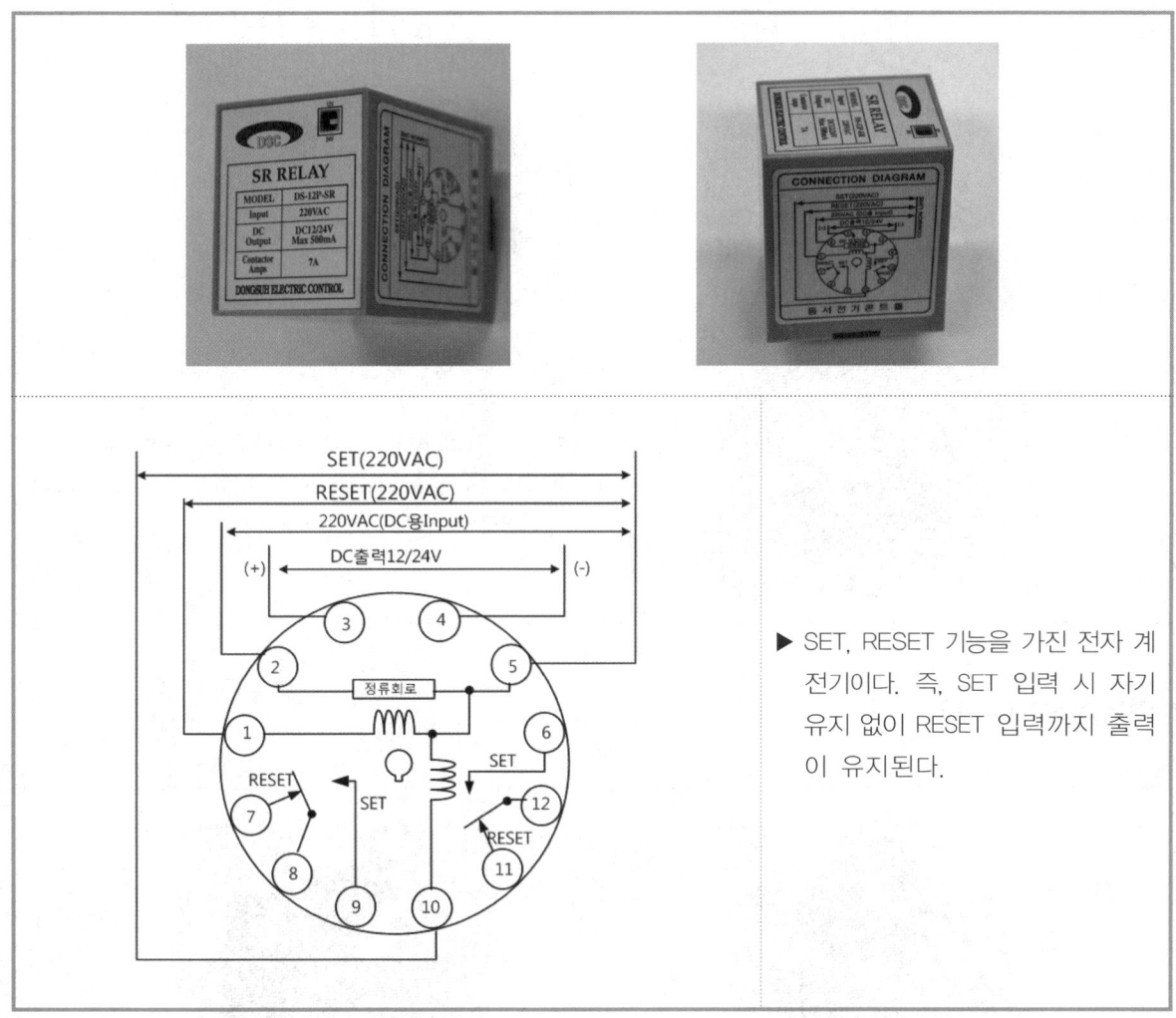

▶ SET, RESET 기능을 가진 전자 계전기이다. 즉, SET 입력 시 자기유지 없이 RESET 입력까지 출력이 유지된다.

15) 전자접촉기(MC)

▶ 전동기 회로를 개폐하기 위하여 사용된다.
▶ 그림은 주접점 3개와 보조 a접점 2개, b접점 2개로 구성되어 있다.

16) 열동계전기(THR)

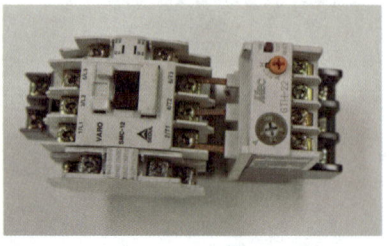

▶ 전자접촉기(MC)에 결합해서 사용하며 전동기의 과부하 보호에 사용된다.
▶ 좌측 그림은 전자접촉기와 결합한 모습

(2) PLC 기기

1) 젠더

▶ RS232 시리얼 포트(암, 수)

2) 케이블

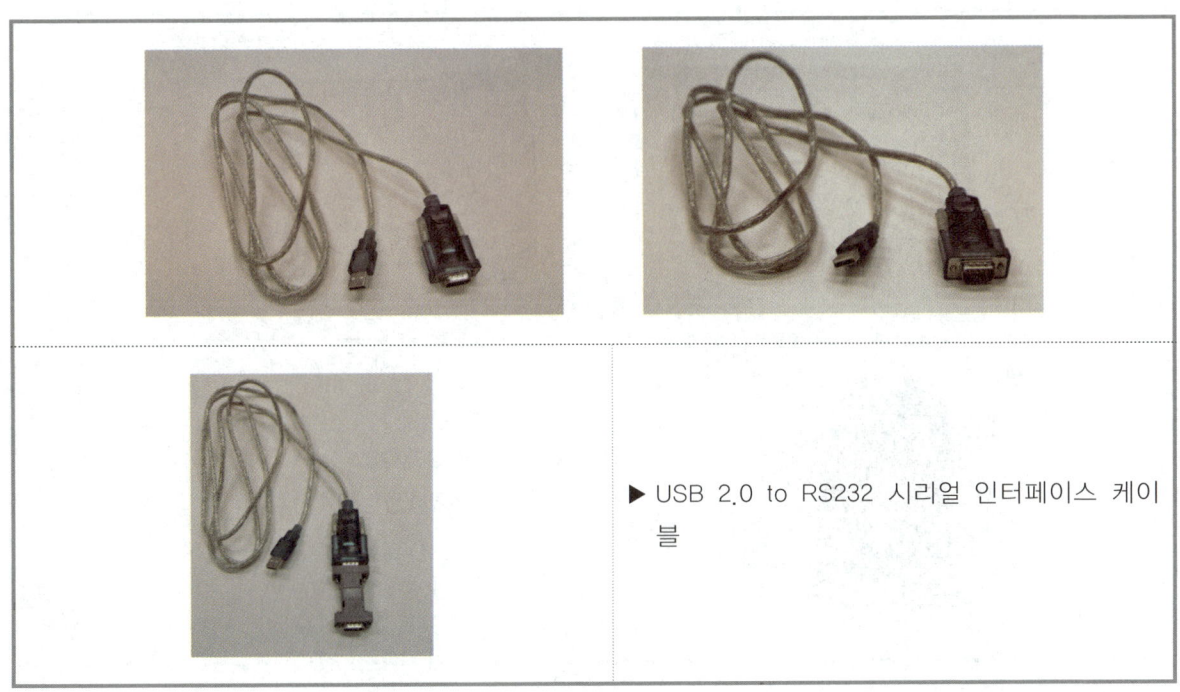

▶ USB 2.0 to RS232 시리얼 인터페이스 케이블

3) MASTER-K PLC

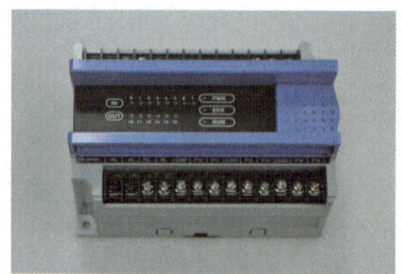

▶ MASTER K10S
  입력 : 8접점
  출력 : 6접점

4) GLOFA PLC

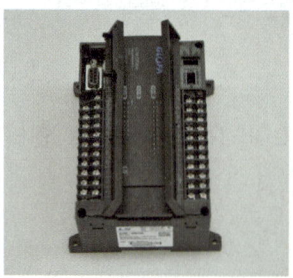

▶ GLOFA G7M20A
  입력 : 12접점
  출력 : 8접점

5) PC&PLC 인터페이스

▶ 노트북 PC와 GLOFA PLC를 연결하여 프로그램 전송을 한다.

(3) 전자계전기 내부결선도 정리

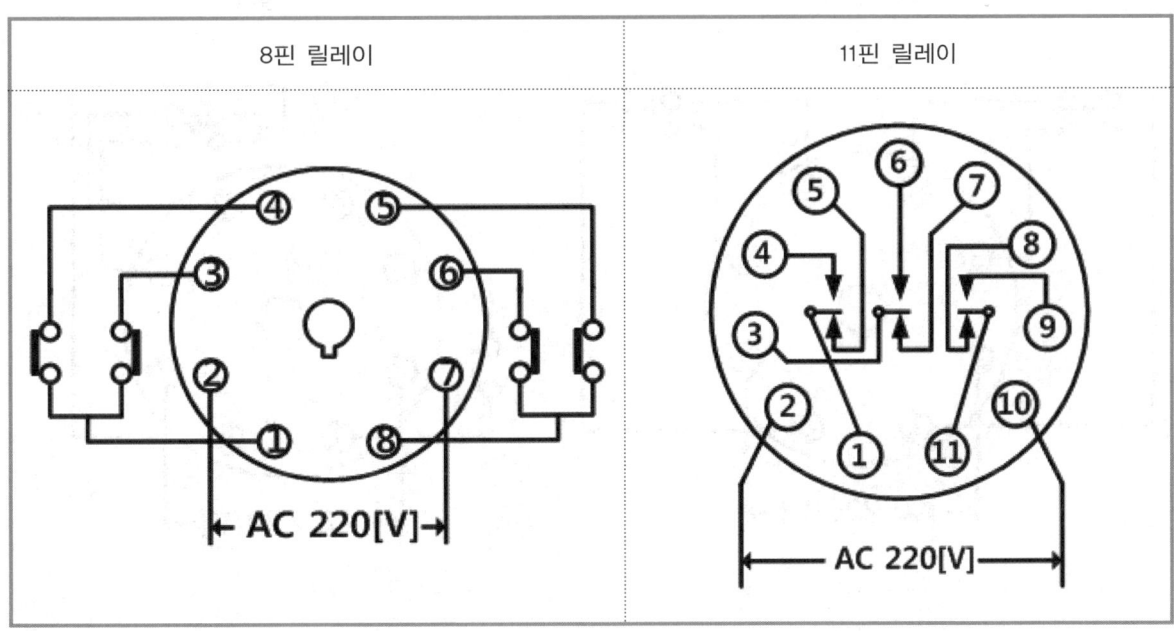

14핀 릴레이	타이머(일반형)
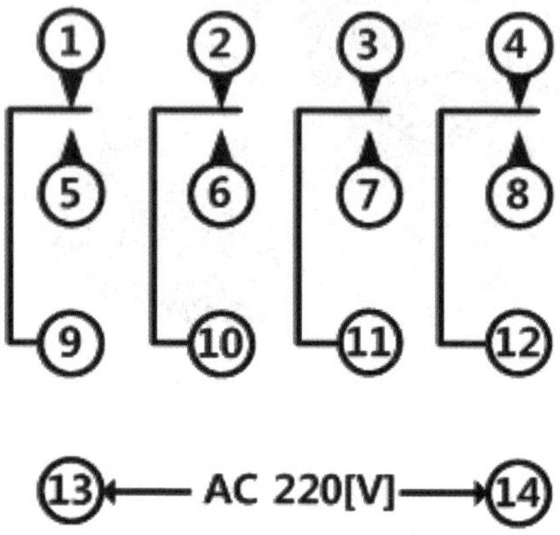	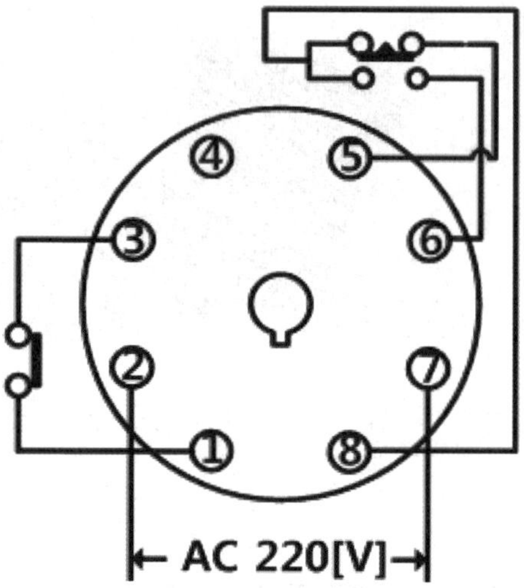
타이머(한시 2a2b Type) 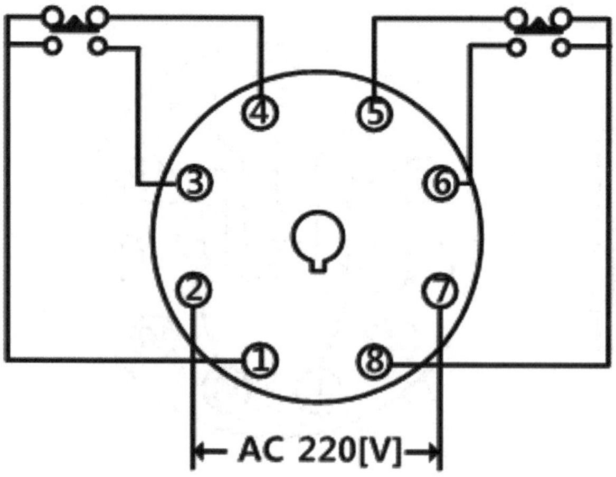	플리커 릴레이 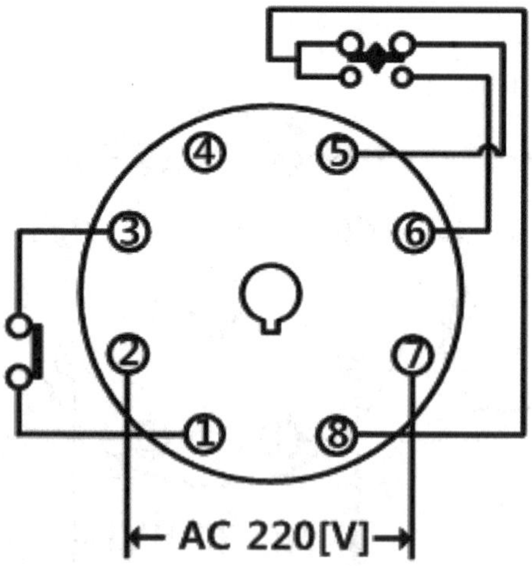

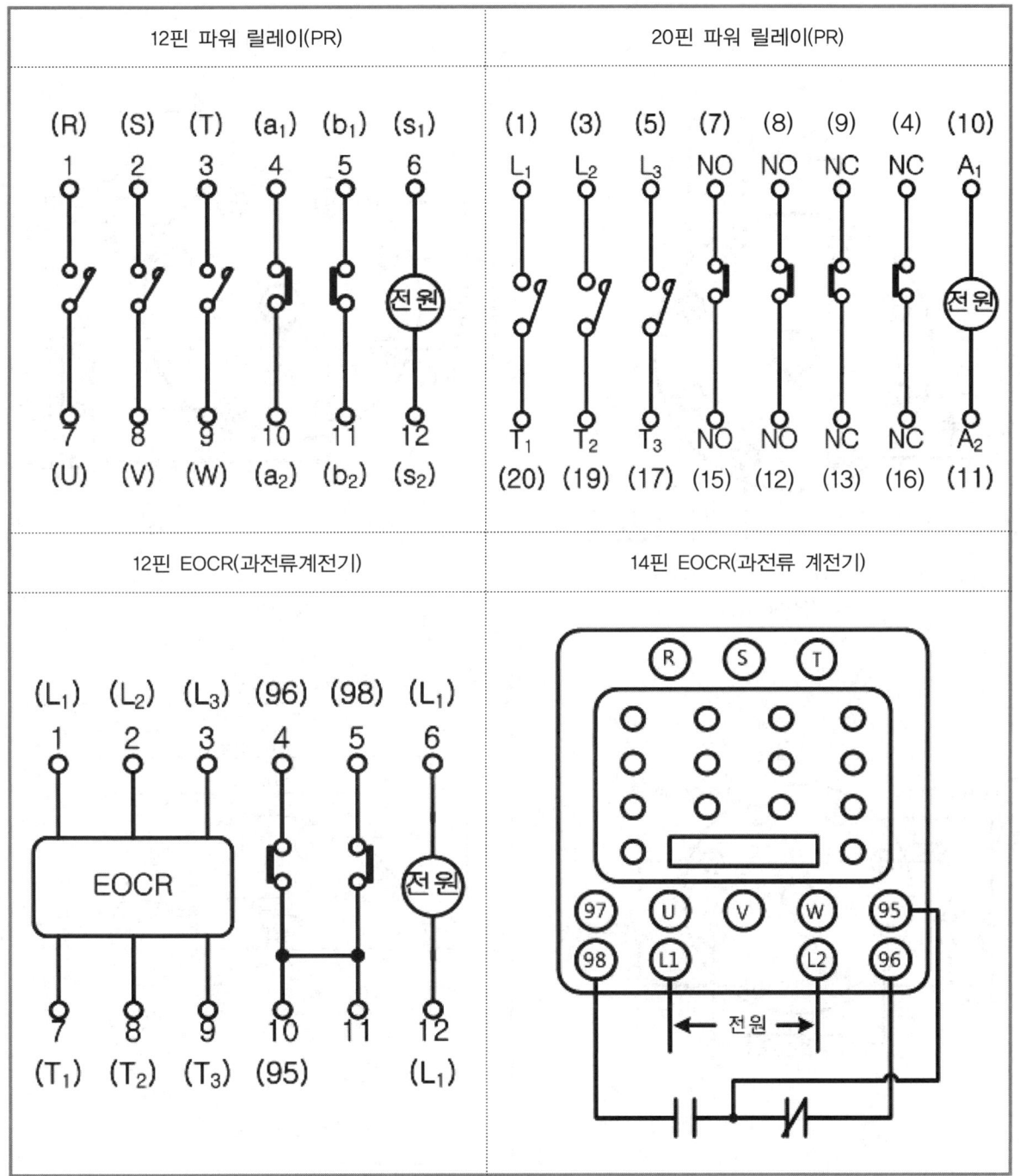

온도계전기(TC)	부동스위치(FLS)
카운터(CNT)	SR 릴레이

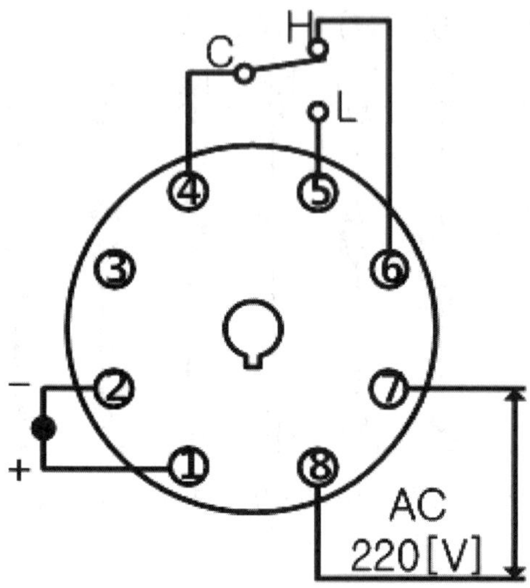

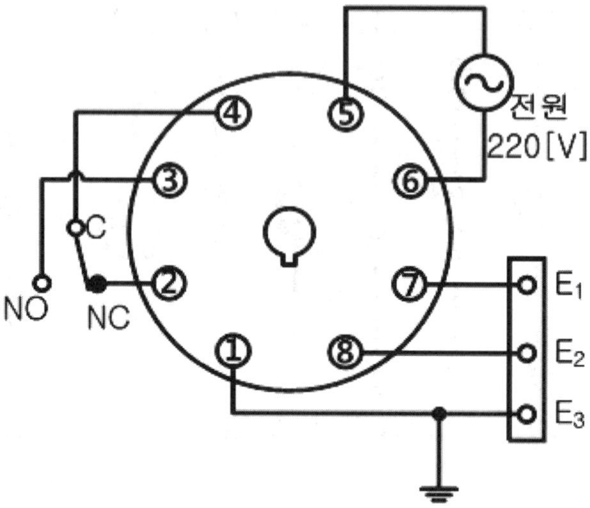

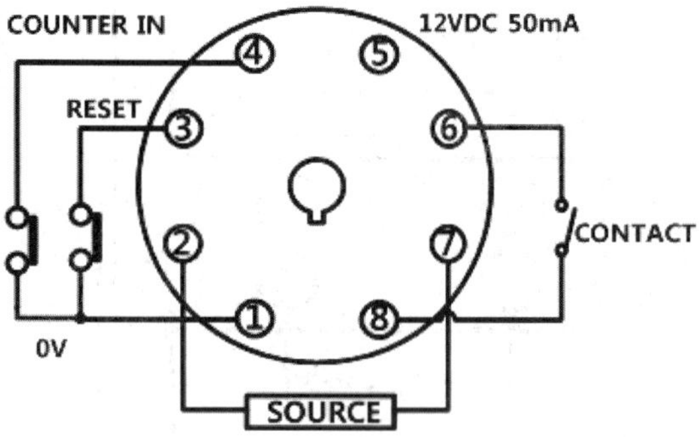

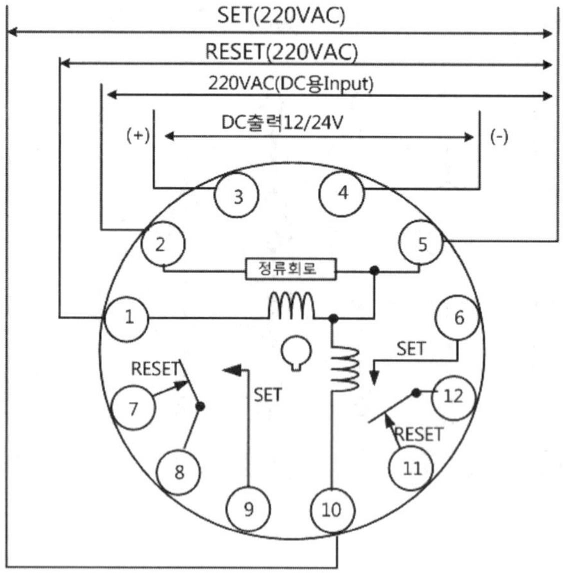

Section 02 시퀀스의 기본 실습

2.1 기초 배선

(1) 시퀀스도

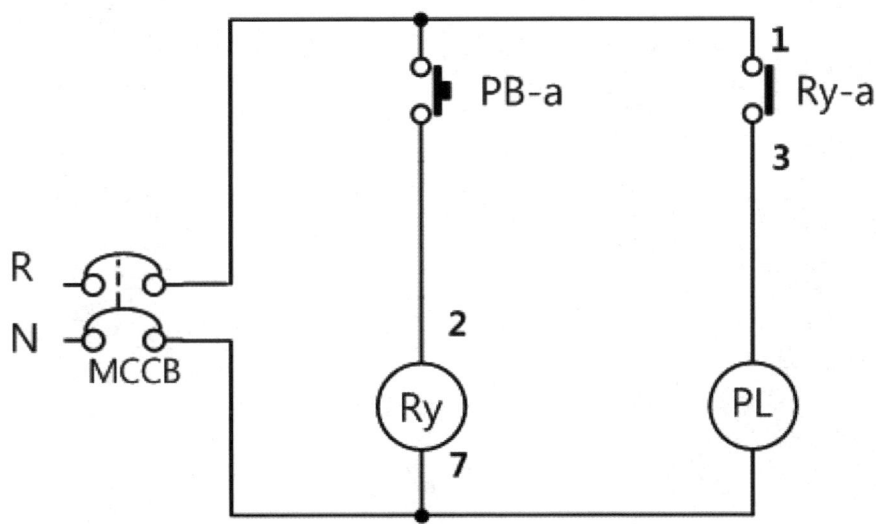

(2) 동작사항

① 배선용 차단기(MCCB)에 전원을 투입하면 푸시버튼 PB-a를 ON하면 릴레이 Ry가 여자된다.
② 릴레이 Ry가 여자되면 Ry-a접점이 닫히고 PL이 점등된다.

③ 푸시버튼 PB-a를 OFF하면 릴레이 Ry가 소자되고 릴레이 접점 Ry-a가 열리게 되어 PL은 다시 소등된다.

(3) 실체 배선도

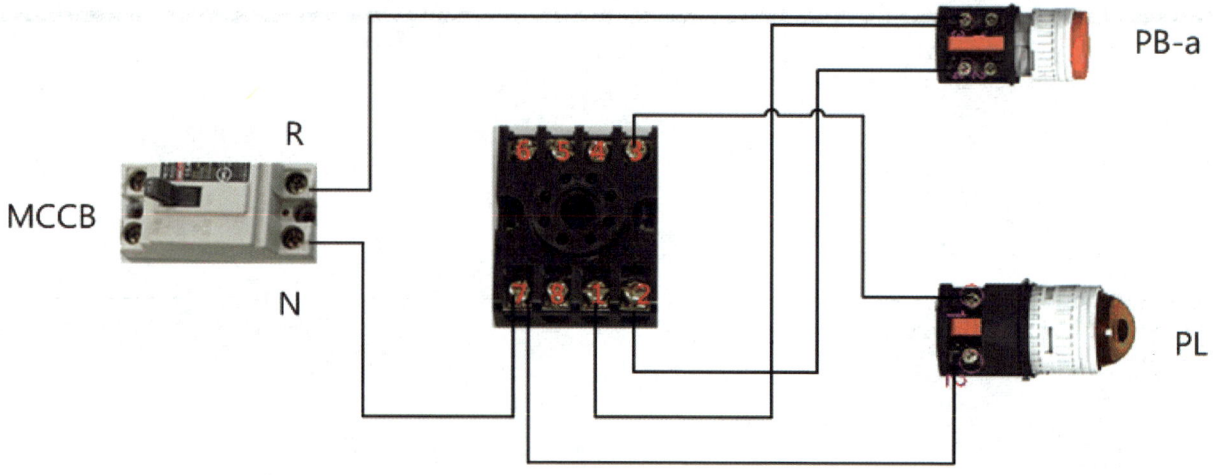

2.2 기본회로 배선하기

[과제 1] 릴레이 자기 유지 회로 배선

1) 도면

① 회로도

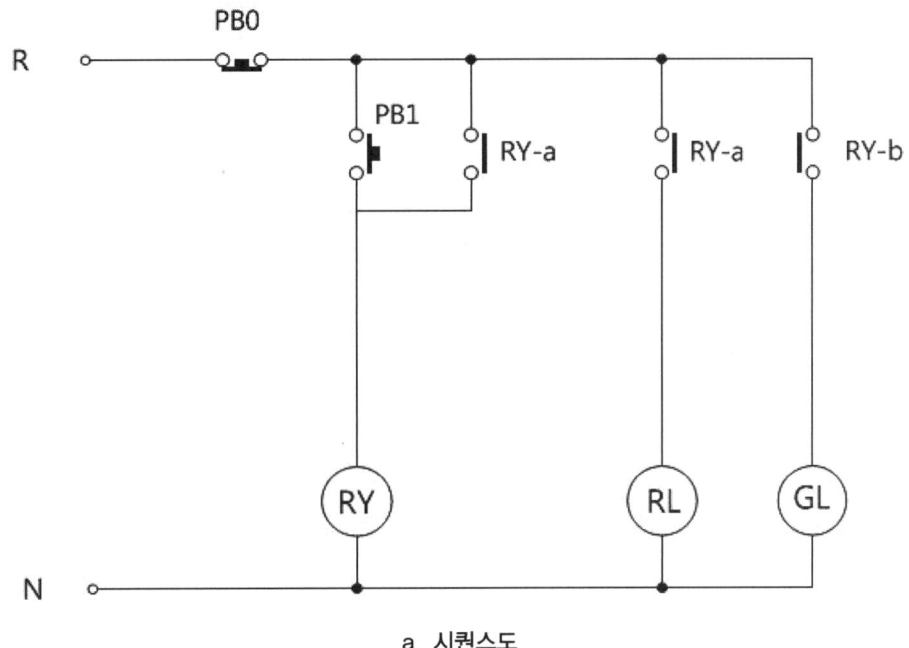

a. 시퀀스도

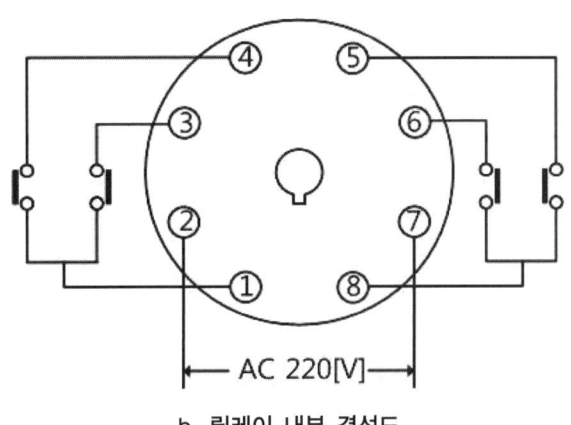

b. 릴레이 내부 결선도

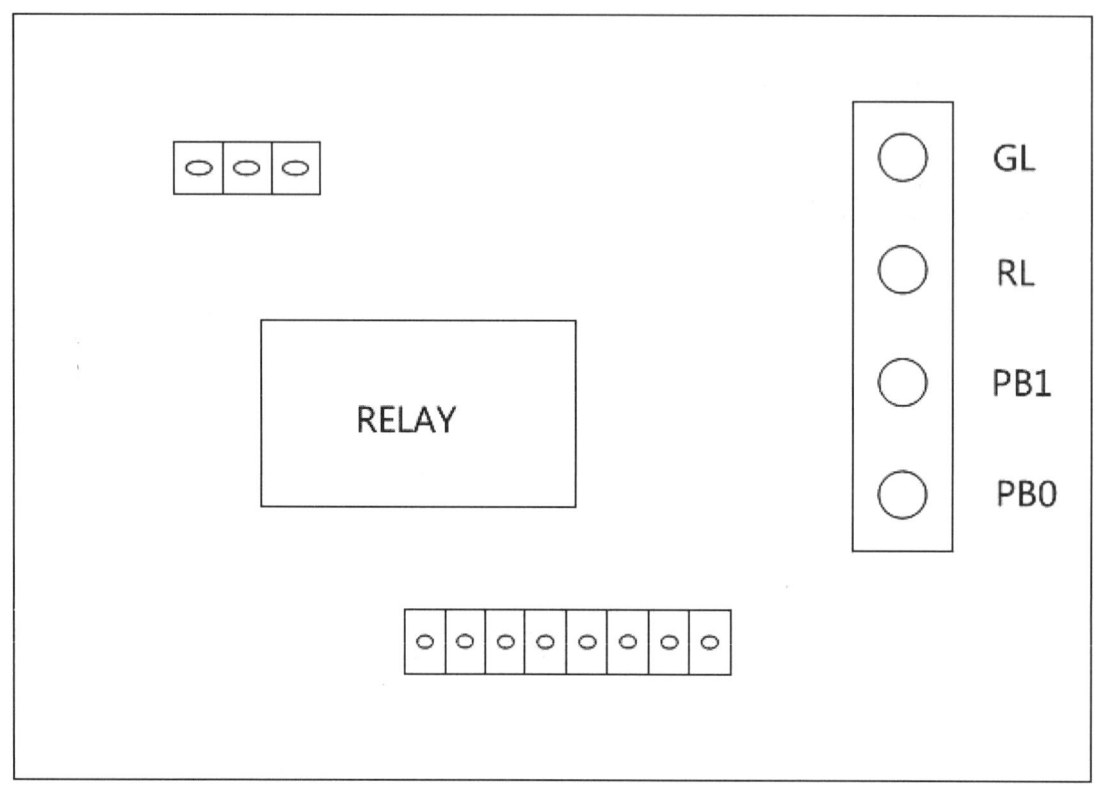

c. 제어판 기구 배치도

② 동작 사항

㉠ 전원이 ON되고 푸시버튼 PB_1을 ON하면 릴레이 Ry가 여자되고 PB_1이 OFF되도 자기유지된다.

㉡ 릴레이 Ry가 여자되면 Ry-a접점이 닫히고 RL이 점등되고 Ry-b접점은 열려서 GL은 소등된다.

㉢ 푸시버튼 PB_0를 OFF하면 릴레이 Ry가 소자되어 RL은 소등되고 GL은 다시 점등된다.

2) 배선 방법

① 계전기 번호 표기하기

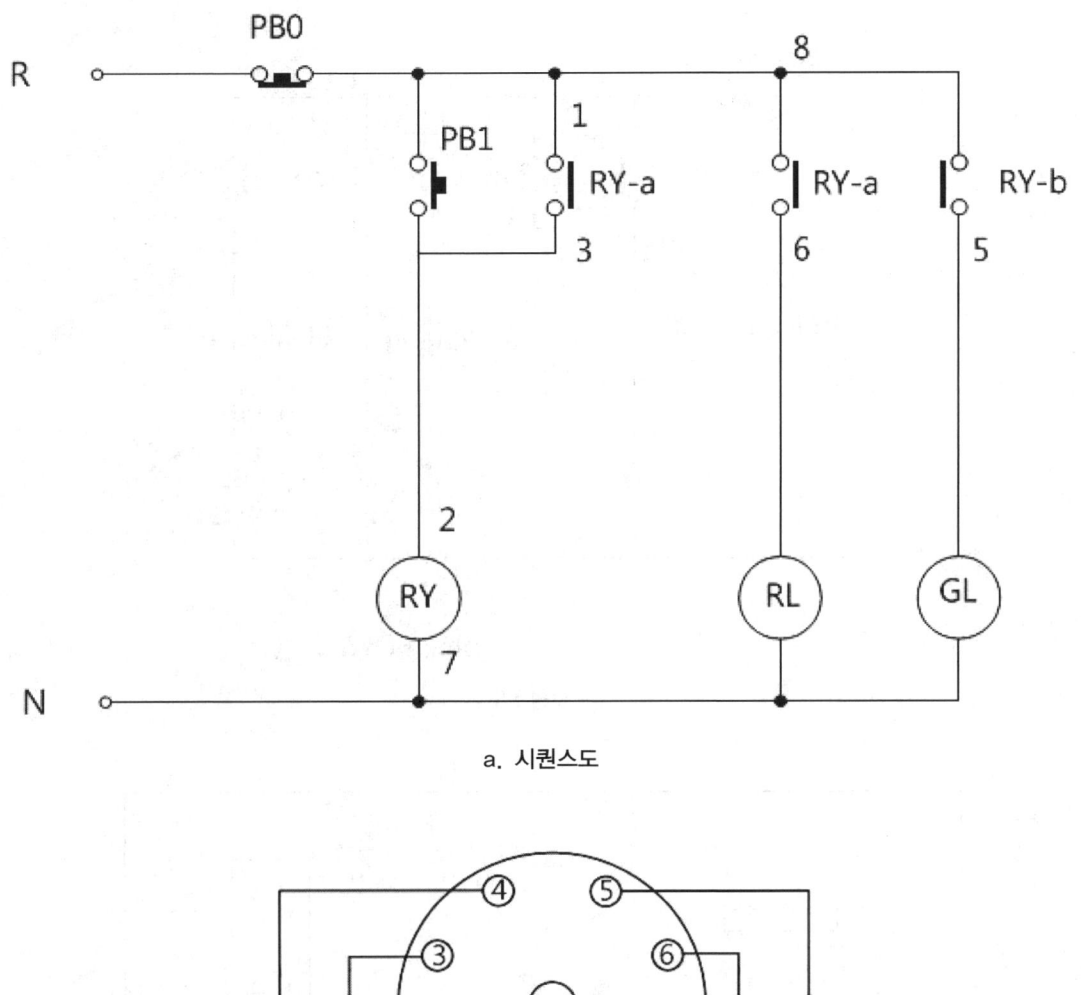

a. 시퀀스도

b. 릴레이 내부 결선도

㉠ 그림과 같이 릴레이 내부 결선도를 참고하여 시퀀스도에 릴레이 접점 번호를 표기한다.
㉡ 특히, 릴레이 1번 접점과 8번 접점은 공통 접점이므로 표기 시 주의하여야 한다.

② 시퀀스도에 단자대 번호 지정하기

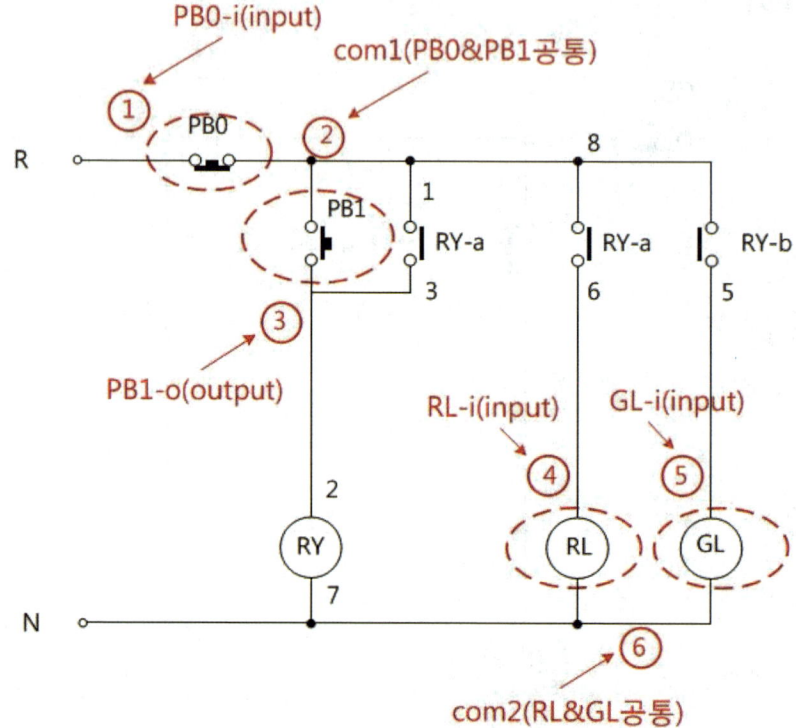

a. 시퀀스도

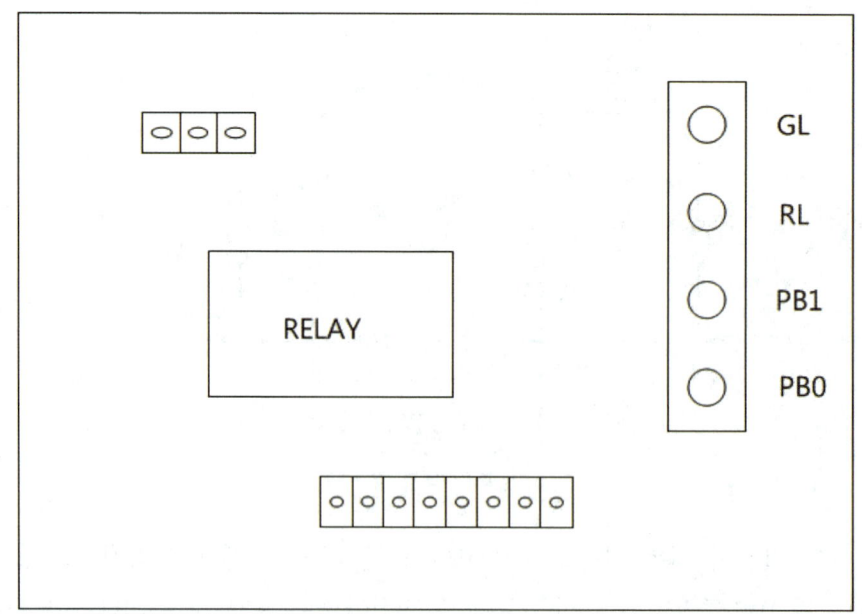

b. 제어판 기구 배치도

㉠ 그림과 같이 제어판 기구배치도를 참고하여 시퀀스도에 단자대 번호를 지정한다.

㉡ 번호를 지정하는 방법은 기구배치도의 컨트롤 박스에 배치된 요소(버튼& 램프류)들을 적색 원으로 표기한다.(4개의 원으로 표기)

㉢ 일반적인 전기기구의 연결 단자는 2개씩 구성되어 있으므로 단자대 번호를 원의 양쪽에 1개씩 붙이면 되는데, 2개 이상의 원이 직접 만나는 곳은 공통(common) 배선 처리를 해야 하기 때문에 입·출력 개수와 관계없이 단자대 번호를 1개만 배정한다.

㉣ 전류의 방향을 R상에서 N상으로 흐른다고 가정하고 R상에 가까운 쪽을 입력측 단자 'PB$_0$-I'로 표기하고 N상에 가까운 쪽 단자를 출력측 단자 'PB$_0$-O'로 표기한다.

㉤ 단, PB$_0$ 출력단자와 PB$_1$ 입력단자가 직접 연결되어 있는 경우는 공통(common)배선이기 때문에 'com'으로 표기한다.

㉥ 그림의 시퀀스도에서는 공통 배선이 2개소가 발생한다.(com$_1$, com$_2$)

③ 제어판 단자대에 어드레스 지정하기

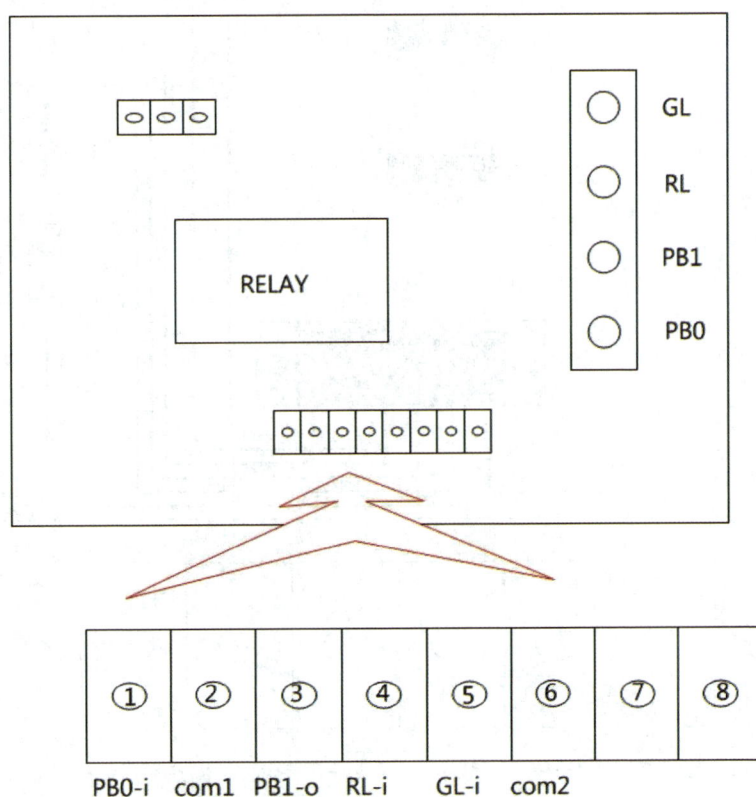

㉠ 전 단계 시퀀스도를 참고하여 제어판 단자대와 컨트롤 박스에 취부될 기구단자(버튼, 램프)의 입출력 문자값을 표기한다.

- 1번 단자대 : PB_0의 입력측(PB_0-i) 배선을 한다.
- 2번 단자대 : PB_1-i와 PB_0-o 단자를 공통(com_1) 배선 처리한다.
- 3번 단자대 : PB_1의 출력측(PB_1-o) 단자 배선을 한다.
- 4번 단자대 : RL의 입력측(RL-i) 단자 배선을 한다.
- 5번 단자대 : GL의 입력측(GL-i) 단자 배선을 한다.
- 6번 단자대 : RL-o와 GL-o 단자를 공통(com_2) 배선 처리한다.

ⓒ 단자대 아랫부분에 임시로 표기하고 배선 후에 제거한다.(마스킹 테이프를 활용)

④ 단자대 및 컨트롤 박스 배선하기

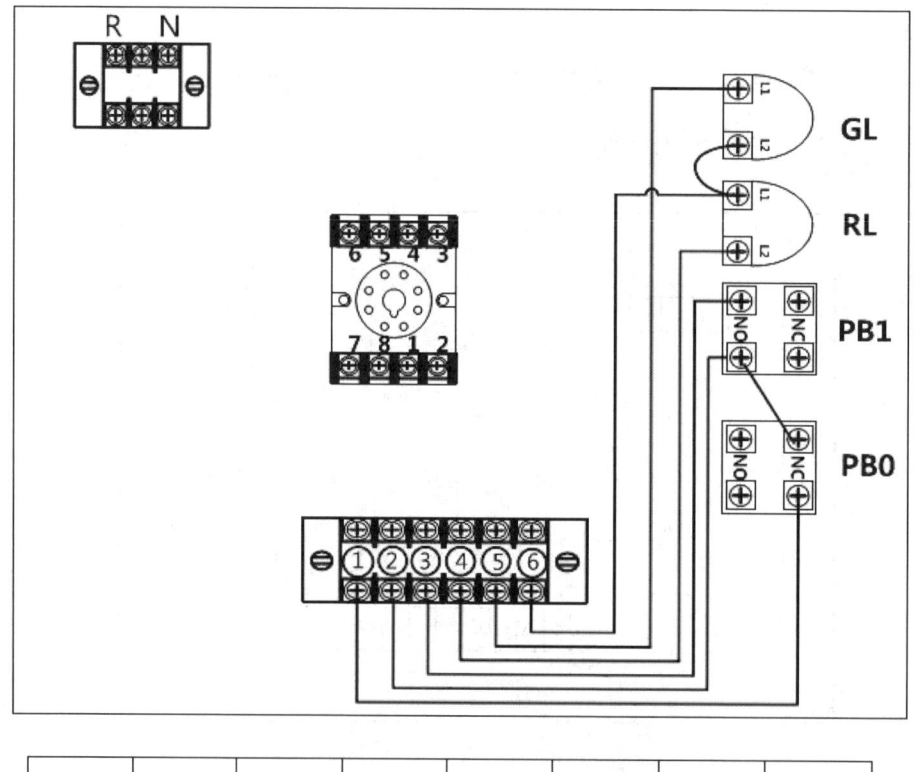

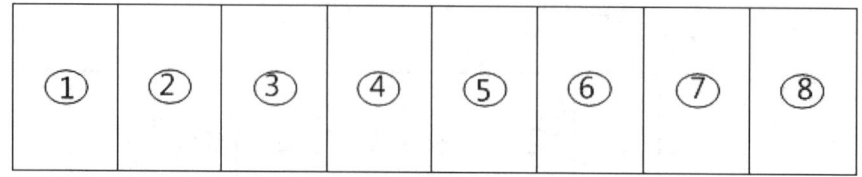

㉠ 단자대에 표기된 문자값에 따라 1 : 1로 배선을 한다.

ⓒ com_1, com_2 단자를 배선하기 전에 시퀀스도를 기준으로 컨트롤 박스 안에서 공통 배선 처리를 하여야 한다.

ⓒ 컨트롤 박스 내 여유배선은 보수 점검을 용이하게 하기 위하여 150mm 이상 두어야 한다.

⑤ 배선 완성하기

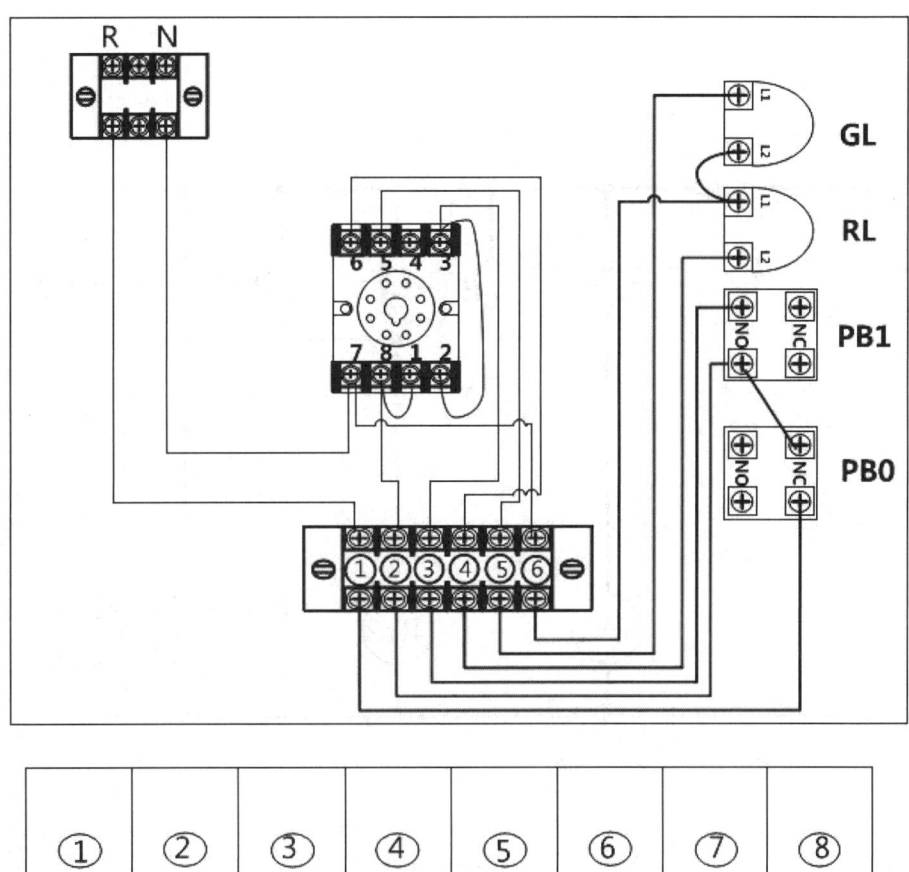

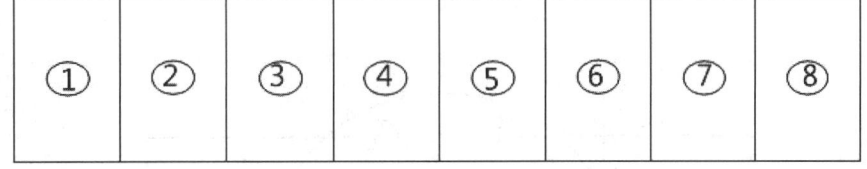

㉠ 시퀀스도 좌측 상단 R상부터 우측방향으로 배선하고 하단 부분으로 내려가면서 N상 전원선까지 배선하여 완성한다.

㉡ 편의상 입력 전원용 단자대의 좌측 단자대를 R상으로 우측 단자대를 N상으로 정한다.

㉢ 단자대 최소 사용 개소는 6개이어야 한다(최소 가락 수). 만일 com_1, com_1 배선 시 컨트롤 박스 내 공통 배선 처리가 적절하지 않으면 단자대 사용 개소는 6개를 초과하게 된다.

[과제 2] 릴레이 2개의 자기 유지 회로 배선

1) 도면

① 회로도

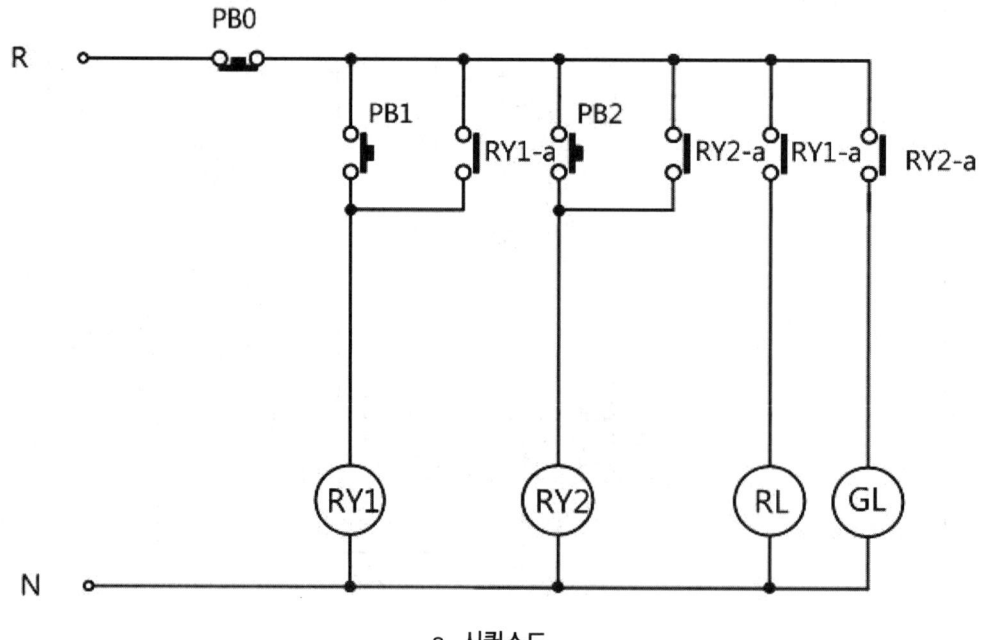

a. 시퀀스도

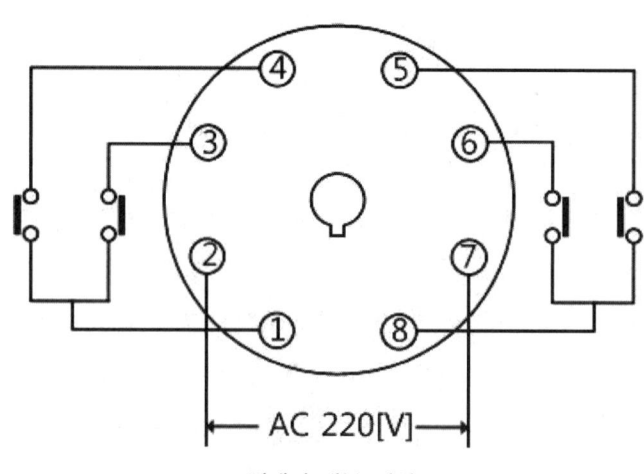

b. 릴레이 내부 결선도

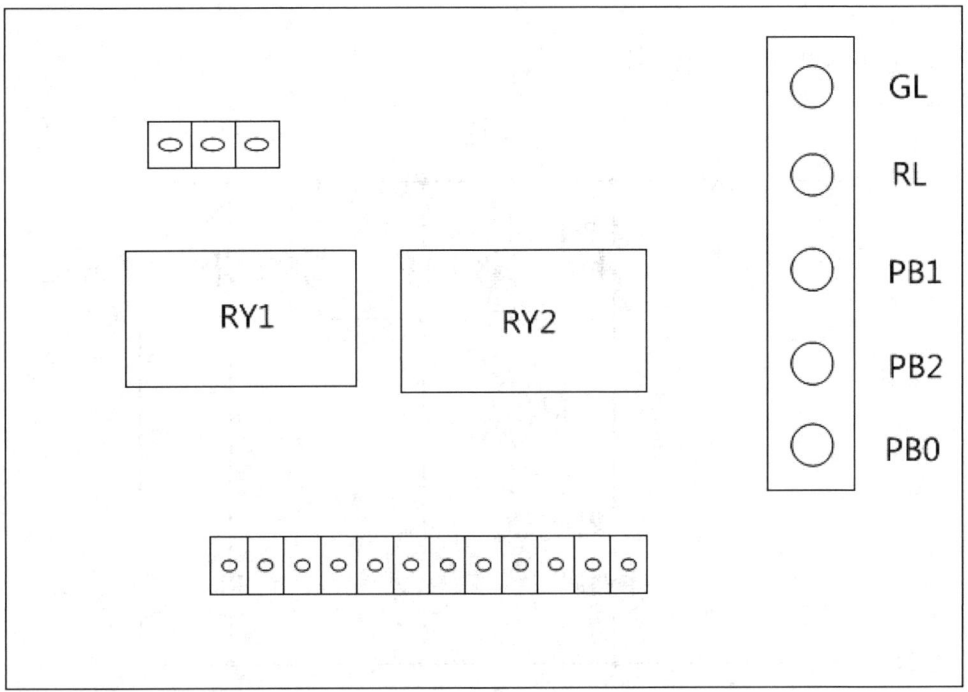

c. 제어판 기구배치도

② 동작 사항

㉠ 전원이 ON되고 푸시버튼 PB_1을 ON하면 릴레이 Ry_1이 여자되고 PB_1이 OFF되어도 자기유지된다. PB_2를 ON하면 릴레이 Ry_2가 여자되고 PB_2가 OFF되도 자기유지된다.

㉡ 릴레이 Ry_1, Ry_2가 여자되면 Ry_1-a, Ry_2-a접점이 닫히고 RL, GL이 점등된다.

㉢ 푸시버튼 PB_0을 OFF하면 릴레이 Ry_1, Ry_2가 소자되어 RL, GL은 소등된다.

2) 배선 방법

① 계전기 번호 표기하기

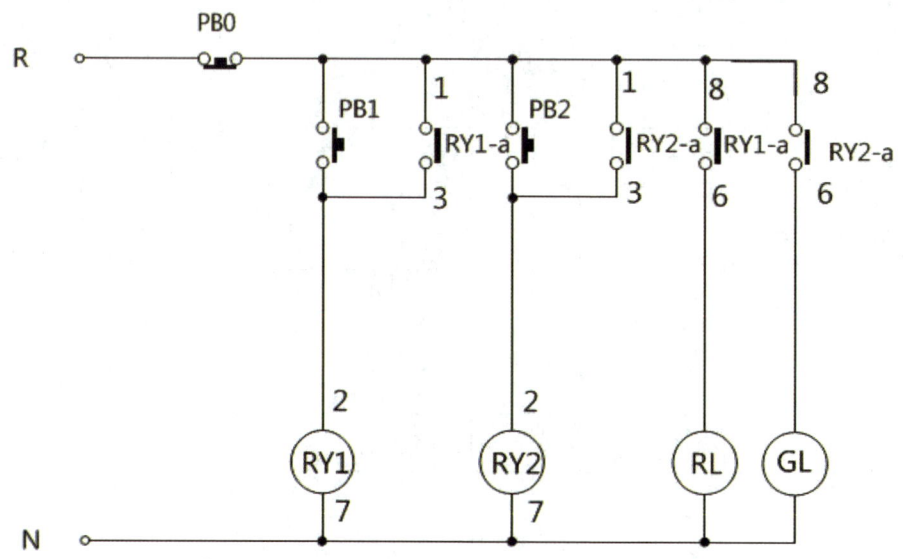

② 시퀀스도에 단자대 번호 지정하기

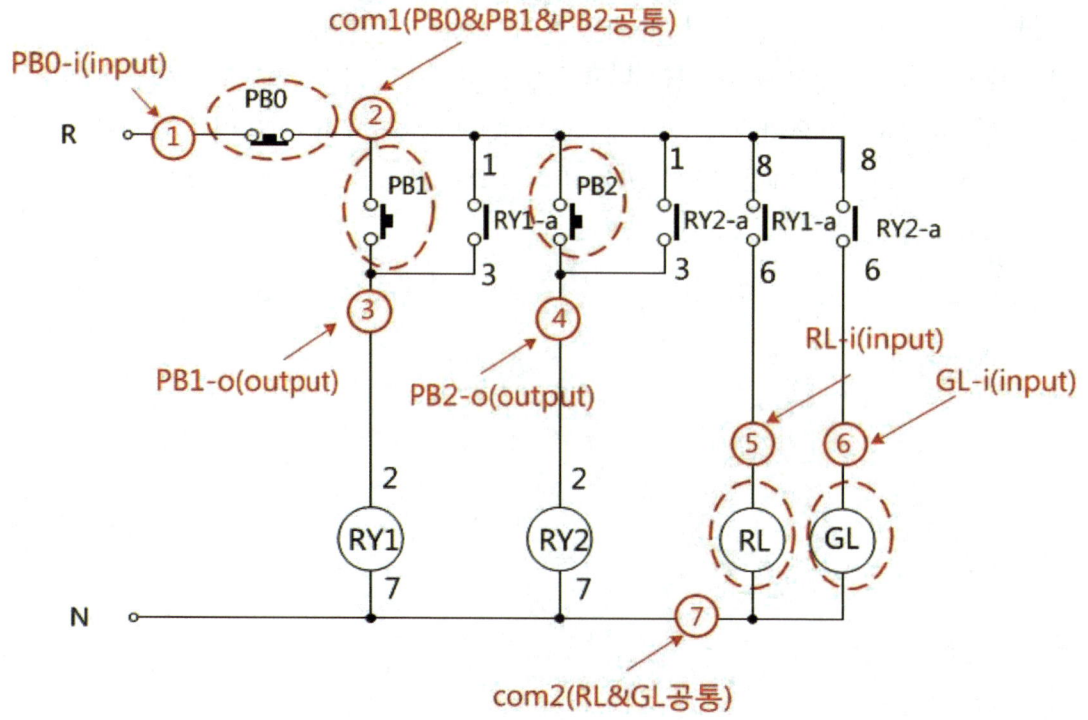

③ 제어판 단자대에 어드레스 지정하기

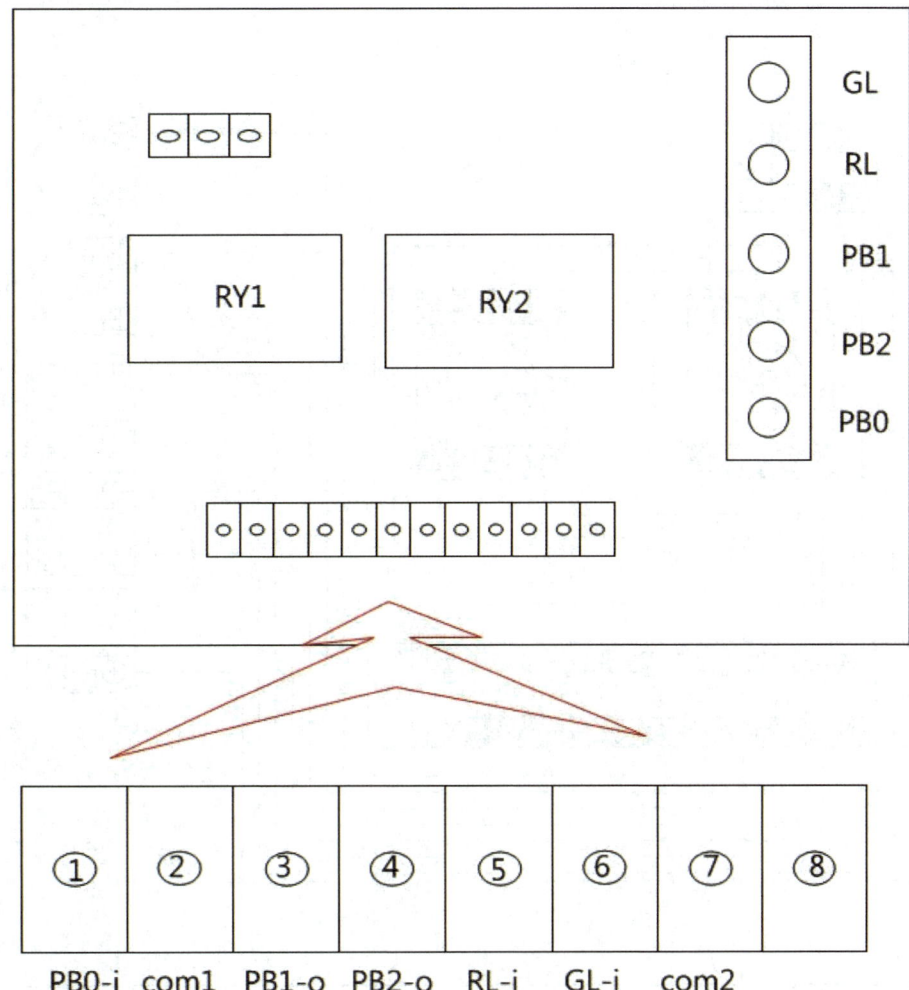

㉠ 전 단계 시퀀스도를 참고하여 제어판 단자대와 컨트롤 박스에 취부될 기구단자(버튼, 램프)의 입출력 문자값을 표기한다.
- 1번 단자대 : PB_0의 입력측(PB_0-i) 배선을 한다.
- 2번 단자대 : PB_1-i, PB_2-i, PB_0-o 단자를 공통(com_1) 배선 처리한다.
- 3번 단자대 : PB_1의 출력측(PB_1-o) 단자 배선을 한다.
- 4번 단자대 : PB_2의 출력측(PB_2-o) 단자 배선을 한다.
- 5번 단자대 : RL의 입력측(RL-i) 단자 배선을 한다.
- 6번 단자대 : GL의 입력측(GL-i) 단자 배선을 한다.
- 7번 단자대 : RL-o와 GL-o 단자를 공통(com_2) 배선한다.

ⓒ 단자대 아랫부분에 임시로 표기하고 배선 후에 제거한다.(마스킹 테이프를 활용)

④ 단자대 및 컨트롤 박스 배선하기

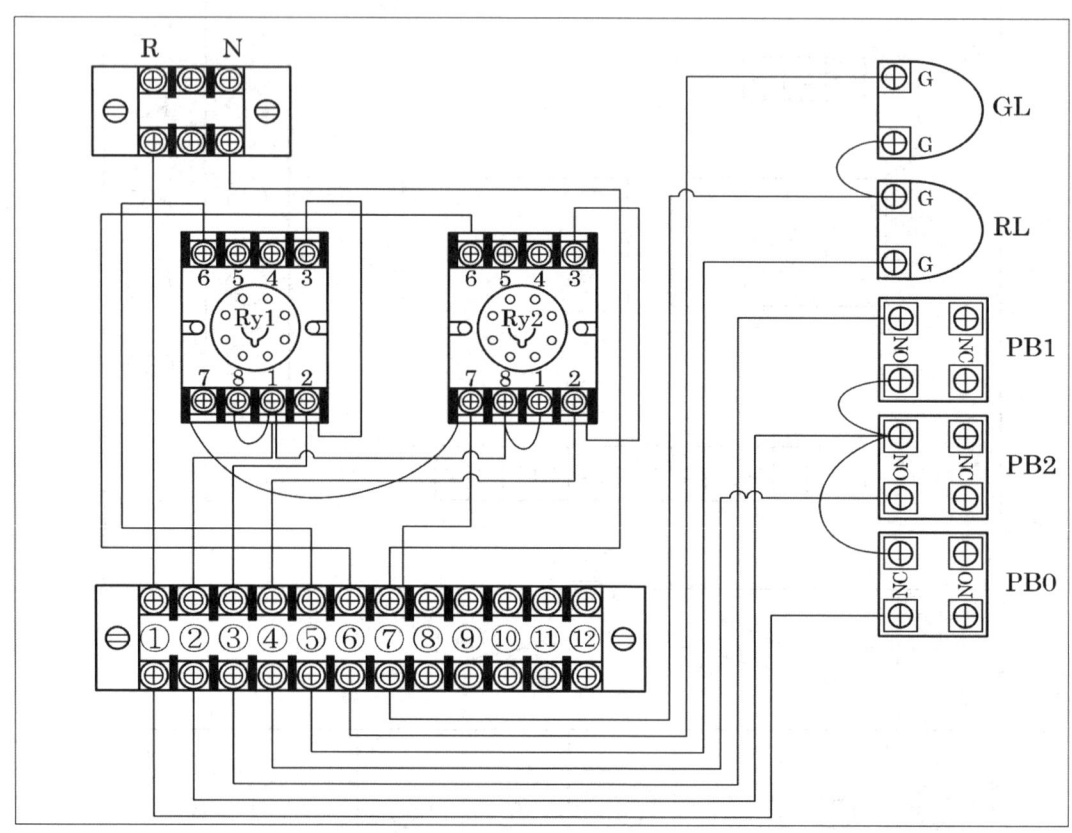

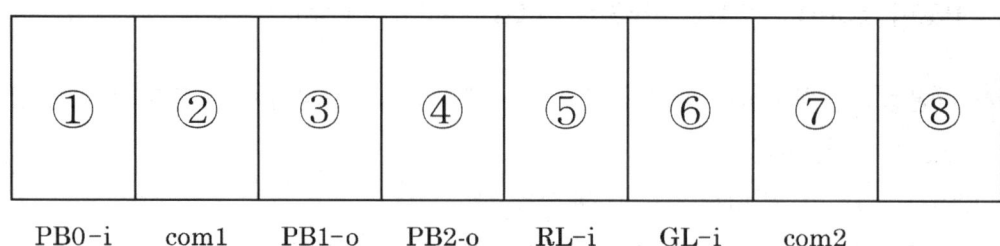

⑤ 배선 완성하기

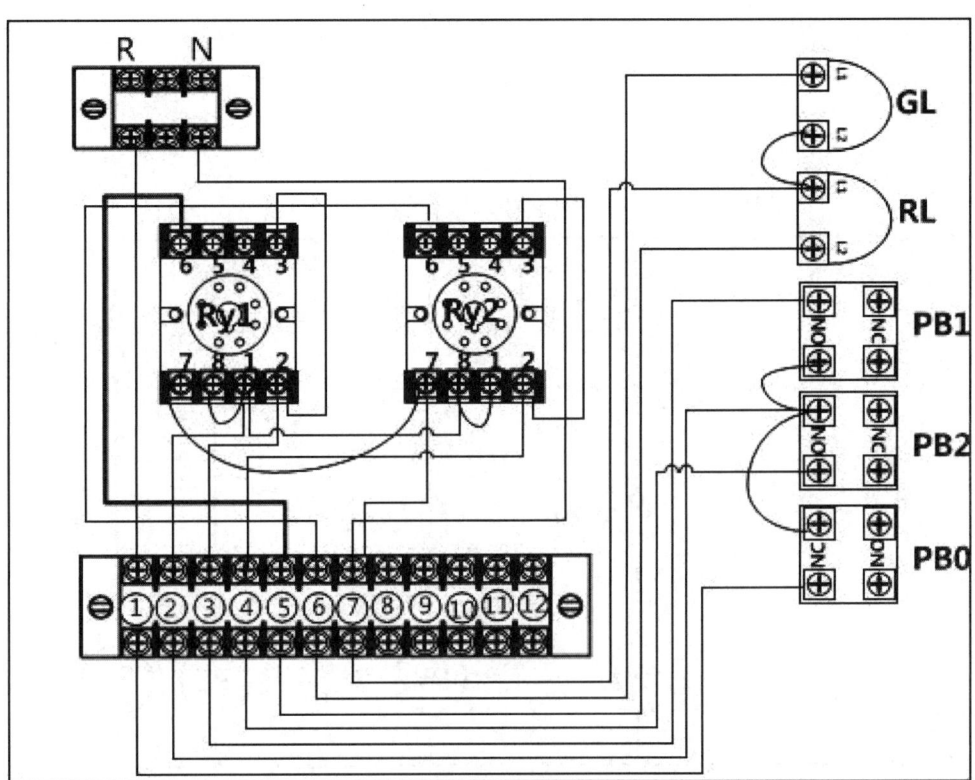

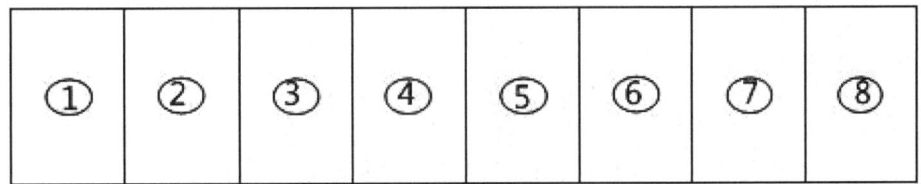

PB0-i com1 PB1-o PB2-o RL-i GL-i com2

[과제 3] 인터록 회로 배선

1) 도면

① 회로도

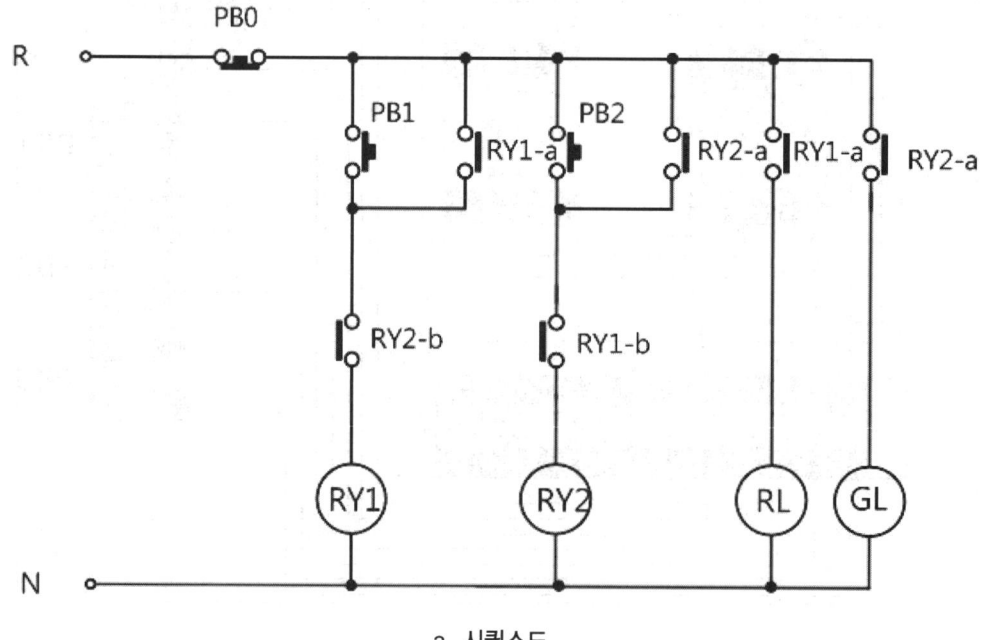

a. 시퀀스도

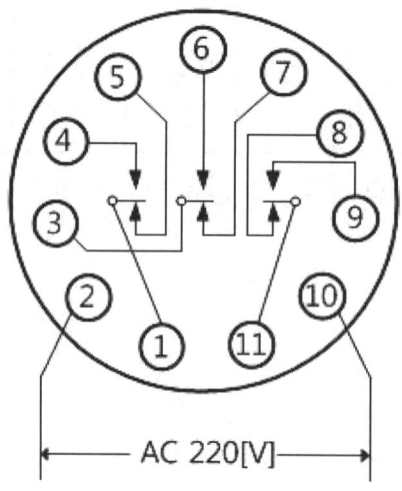

b. 11핀 릴레이 내부 결선도

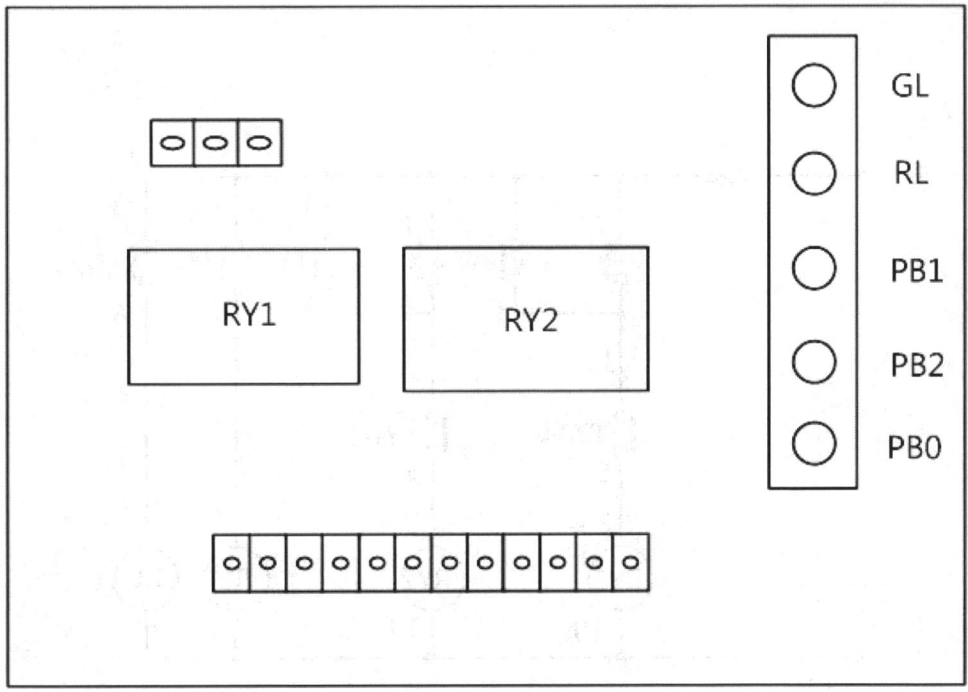

c. 제어판 기구배치도

② 동작 사항

㉠ 전원이 ON되고 PB_1을 ON하면 릴레이 Ry_1이 여자되고 PB_1의 OFF 시에도 자기유지 된다. 이때 PB_2를 ON하면 릴레이 Ry_2가 여자되지 않는다. PB_0를 OFF하면 Ry_1은 소자된다.

㉡ PB_2를 ON하면 릴레이 Ry_2가 여자되고 PB_2의 OFF 시에도 자기유지된다. 즉, 릴레이 2개가 동시에 동작되지 않는다.(동시동작 방지)

2) 배선 방법

① 시퀀스도에 번호 표기하기

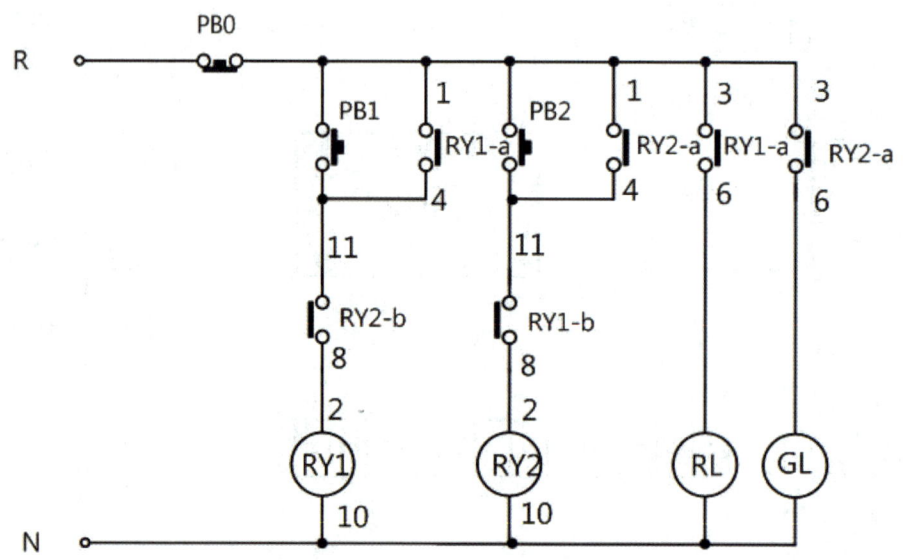

② 시퀀스도에 단자대 번호 지정하기

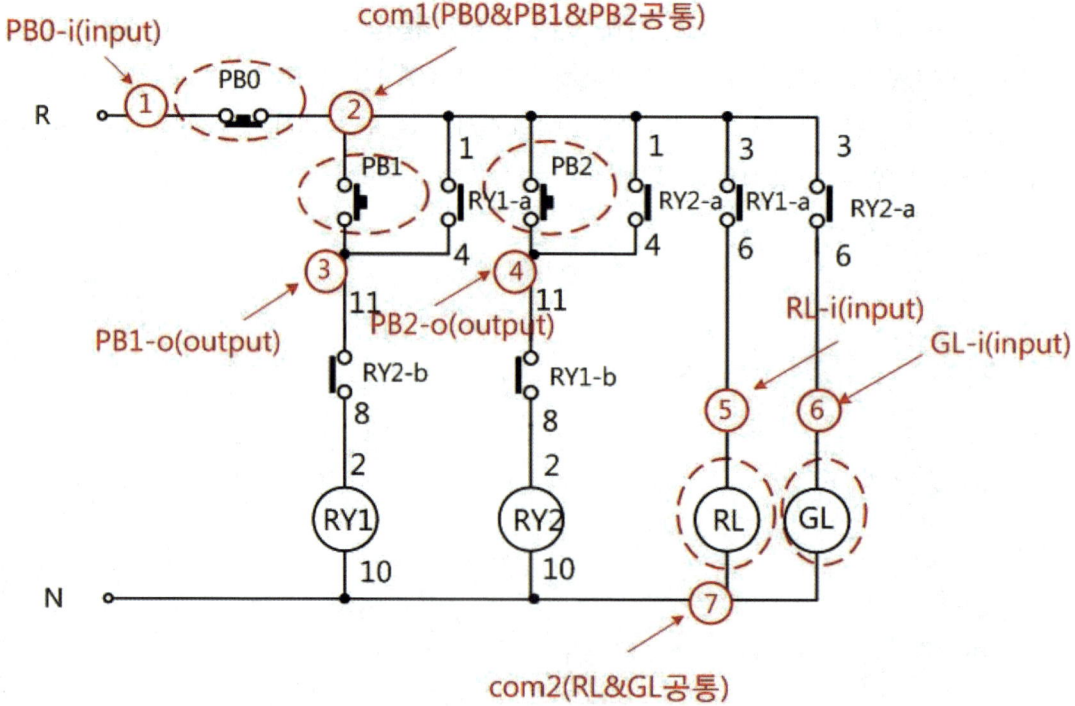

③ 제어판 단자대에 어드레스 지정하기

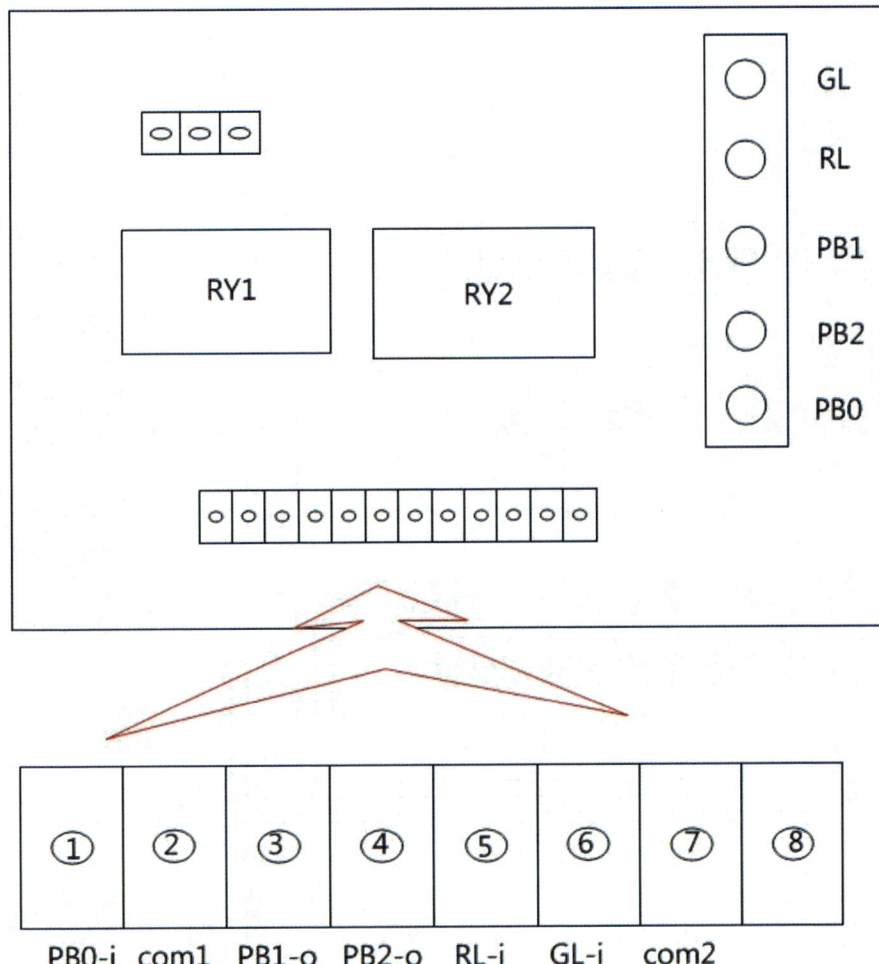

㉠ 전 단계 시퀀스도를 참고하여 제어판 단자대와 컨트롤 박스에 취부될 기구단자(버튼, 램프)의 입출력 문자값을 표기한다.
- 1번 단자대 : PB_0의 입력측(PB_0-i) 배선을 한다.
- 2번 단자대 : PB_1-i, PB_2-i, PB_0-o 단자를 공통(com_1) 배선 처리한다.
- 3번 단자대 : PB_1의 출력측(PB_1-o) 단자 배선을 한다.
- 4번 단자대 : PB_2의 출력측(PB_2-o) 단자 배선을 한다.
- 5번 단자대 : RL의 입력측(RL-i) 단자 배선을 한다.
- 6번 단자대 : GL의 입력측(GL-i) 단자 배선을 한다.
- 7번 단자대 : RL-o와 GL-o 단자를 공통(com_2) 배선 처리한다.

㉡ 단자대 아랫부분에 임시로 표기하고 배선 후에 제거한다.(마스킹 테이프를 활용)

④ 단자대 및 컨트롤 박스 배선하기

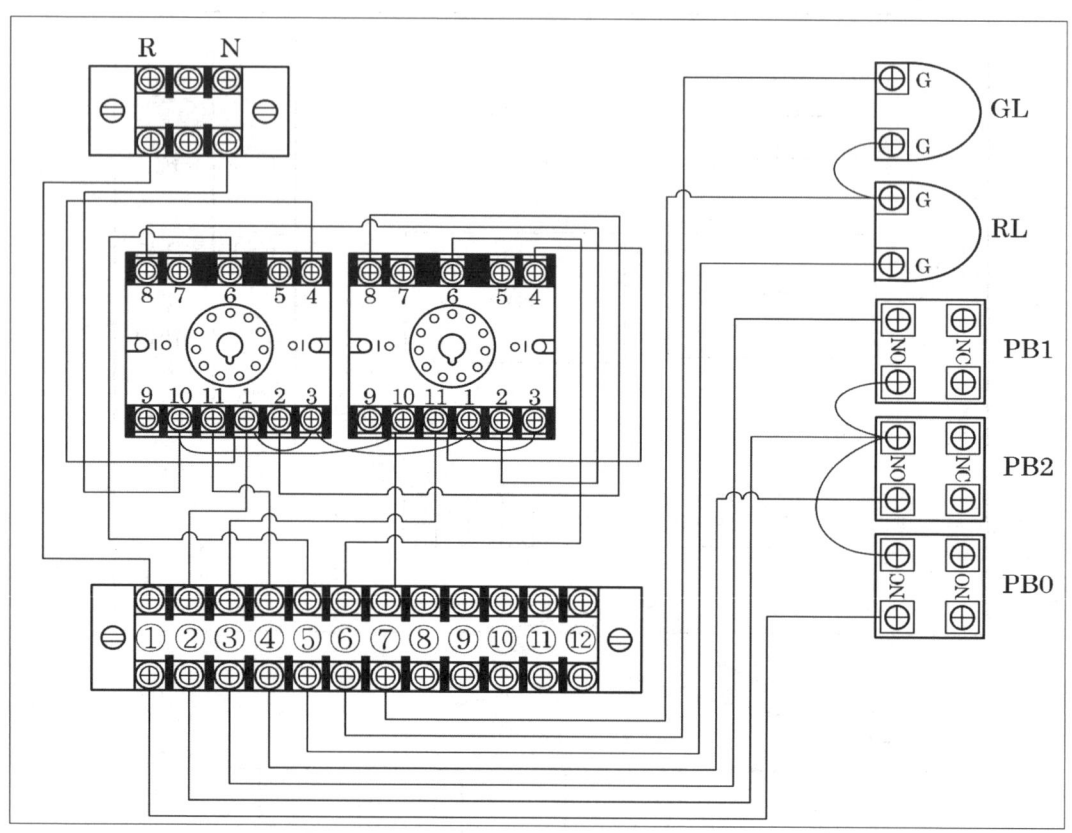

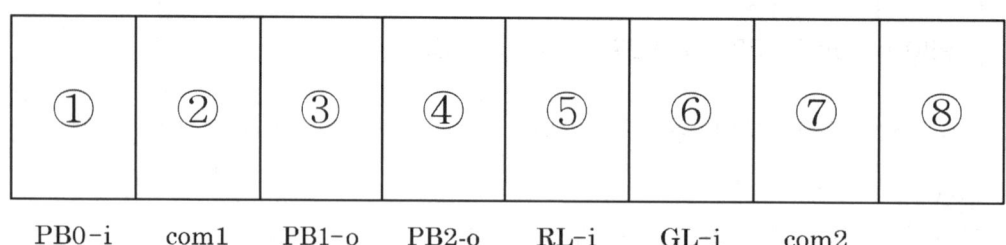

① PB0-i　② com1　③ PB1-o　④ PB2-o　⑤ RL-i　⑥ GL-i　⑦ com2　⑧

⑤ 배선 완성하기

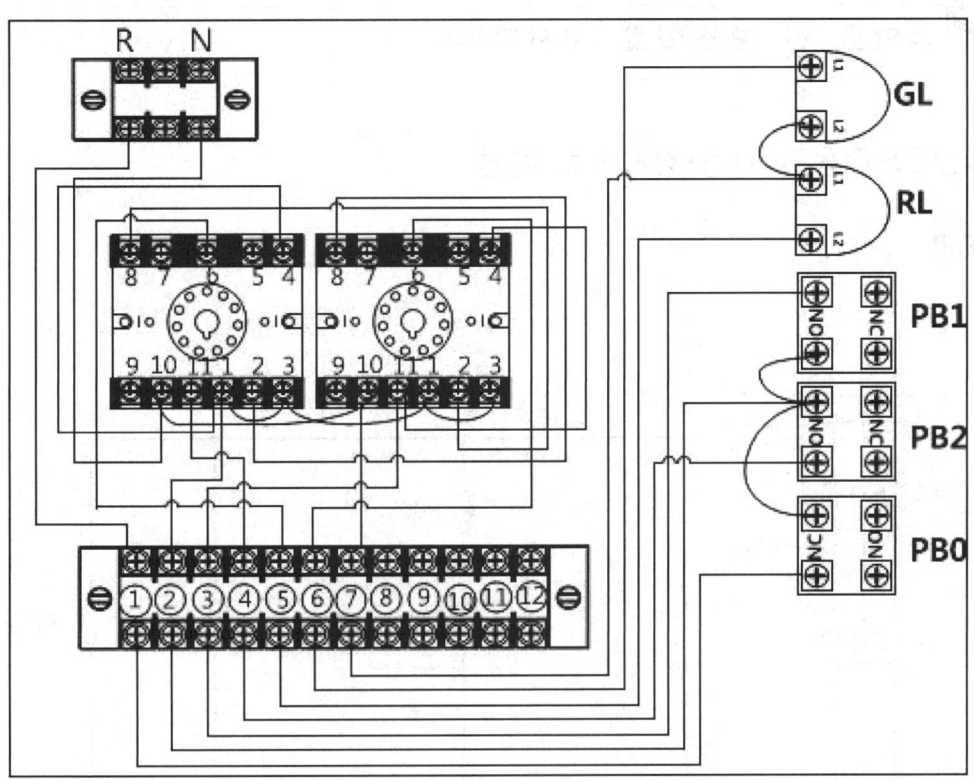

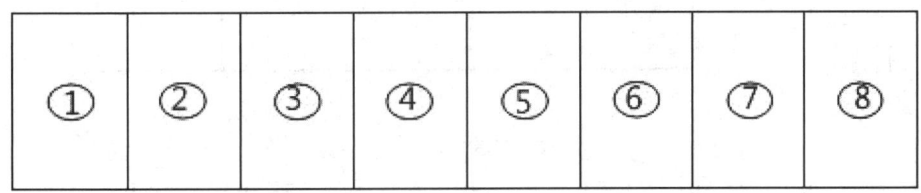

PB0-i com1 PB1-o PB2-o RL-i GL-i com2

2.3 주회로 및 보조회로 배선하기

[과제 1] 3상유도전동기 기동·정지회로 배선

1) 과제 도면

① 회로도

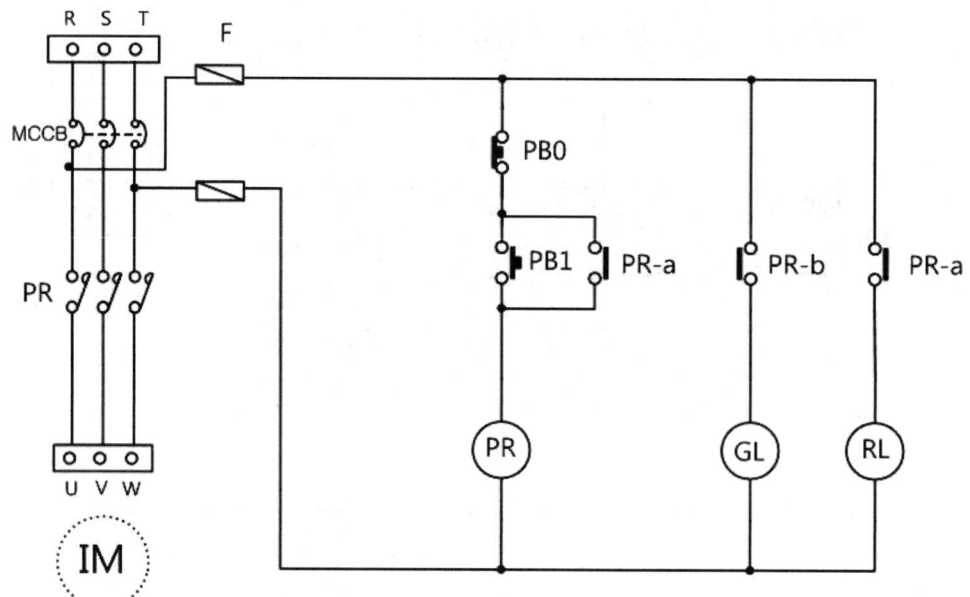

a. 시퀀스도

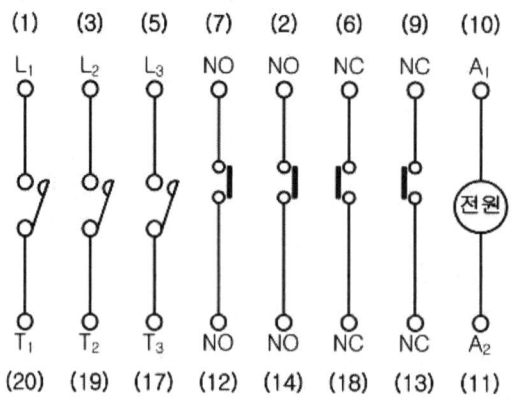

b. 20핀 파워 릴레이(PR) 내부결선도

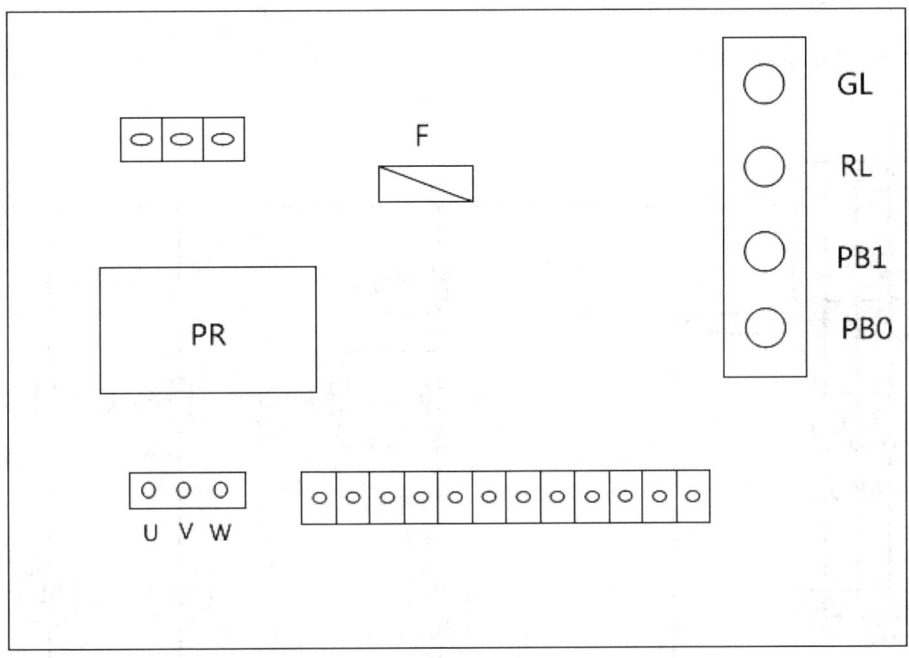

c. 제어판 기구 배치도

② 동작 사항

　㉠ 전원이 ON되면 보조회로(제어회로)의 GL이 점등된다.

　㉡ PB_1를 ON하면 파워 릴레이(PR)가 여자되어 자기유지되고, 주회로의 PR-a 주접점이 ON되어 3상 유도전동기가 기동하고 보조회로의 RL은 점등, GL은 소등된다.

　㉢ PB_0를 OFF하면 파워 릴레이(PR)가 소자되어 파워 릴레이(PR)가 소자되어 3상 유도전동기가 정지하고 RL은 소등, GL은 점등된다.

2) 배선 방법

① 시퀀스도에 번호 표기하기

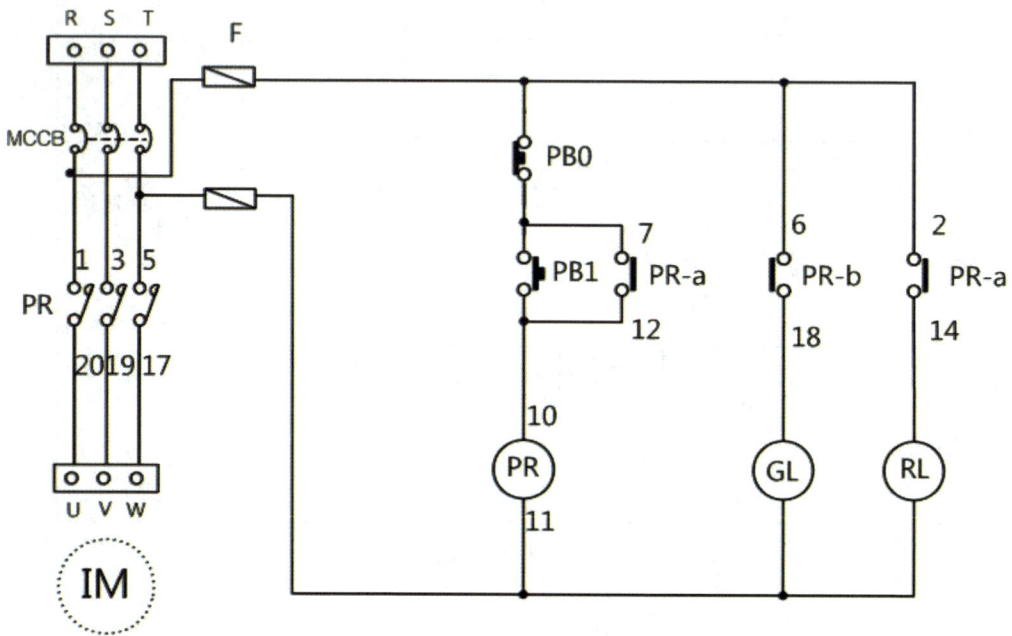

② 시퀀스도에 단자대 번호 지정하기

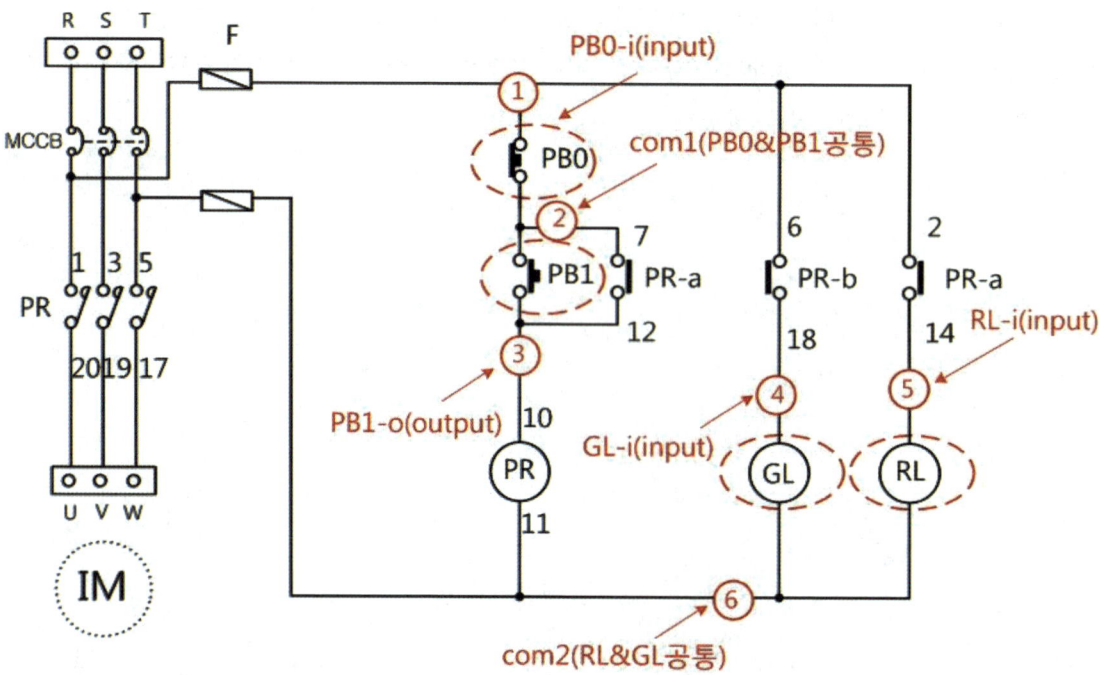

③ 제어판 단자대에 어드레스 지정하기

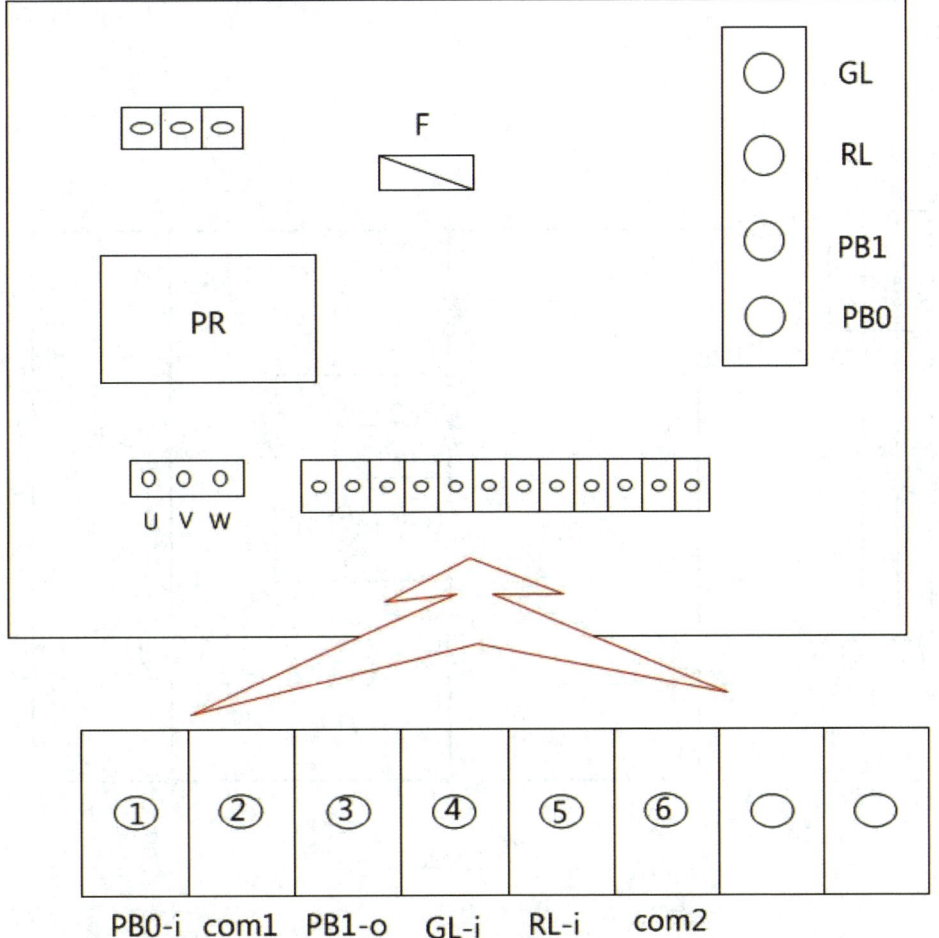

④ ①~③의 내용을 기준으로 배선을 완성한다.

[과제 2] 1버튼 기동·정지 회로

1) 과제 도면

① 회로도

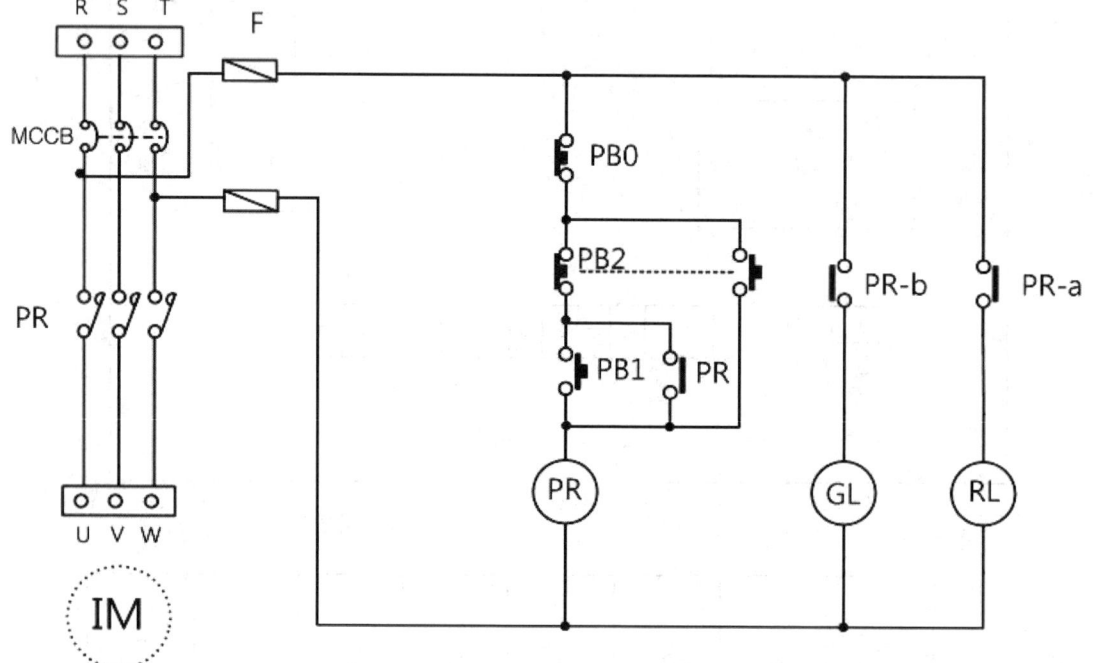

a. 시퀀스도

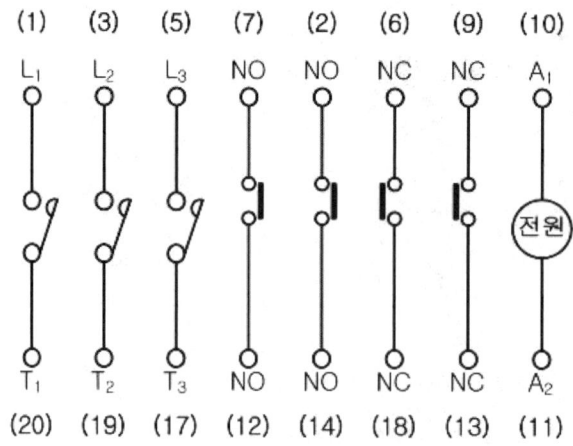

b. 20핀 파워 릴레이(PR) 내부결선도

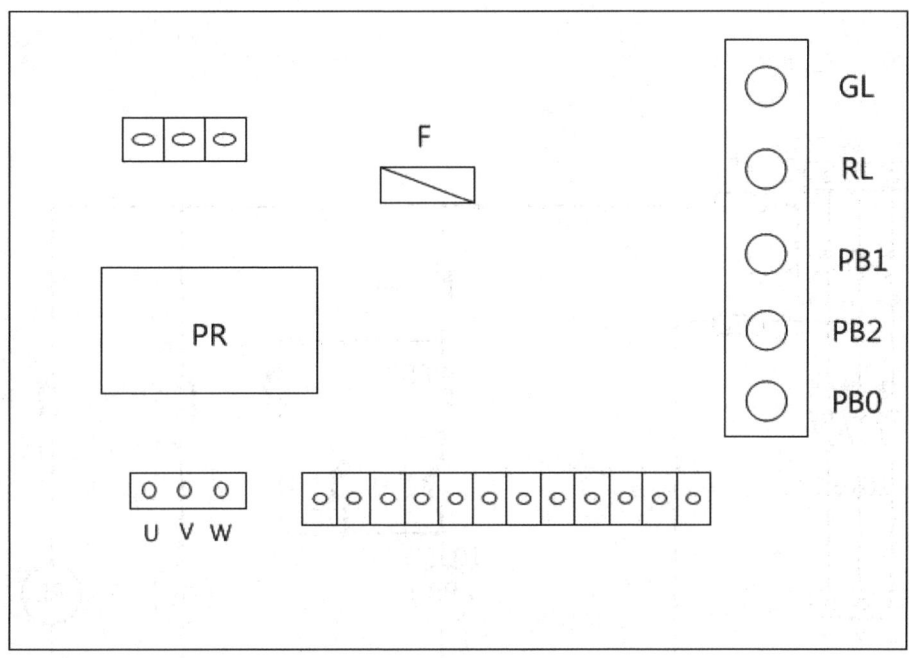

c. 제어판 기구 배치도

② 동작 사항

㉠ 전원이 ON되면 보조회로의 GL이 점등된다.

㉡ PB₁를 ON하면 파워 릴레이(PR)가 여자되어 자기유지되고, 주회로의 PR-a 주접점이 ON되어 3상 유도전동기가 기동하고 보조회로의 RL은 점등, GL은 소등된다.

㉢ PB₀를 OFF하면 파워 릴레이(PR)가 소자되어 RL은 소등, GL은 점등된다.

㉣ PB₂(인칭용)를 ON하면 파워 릴레이(PR)가 여자되고 OFF하면 파워 릴레이(PR)가 소자된다.(자기유지가 되지 않는다.)

2) 배선 방법

① 시퀀스도에 번호 표기하기

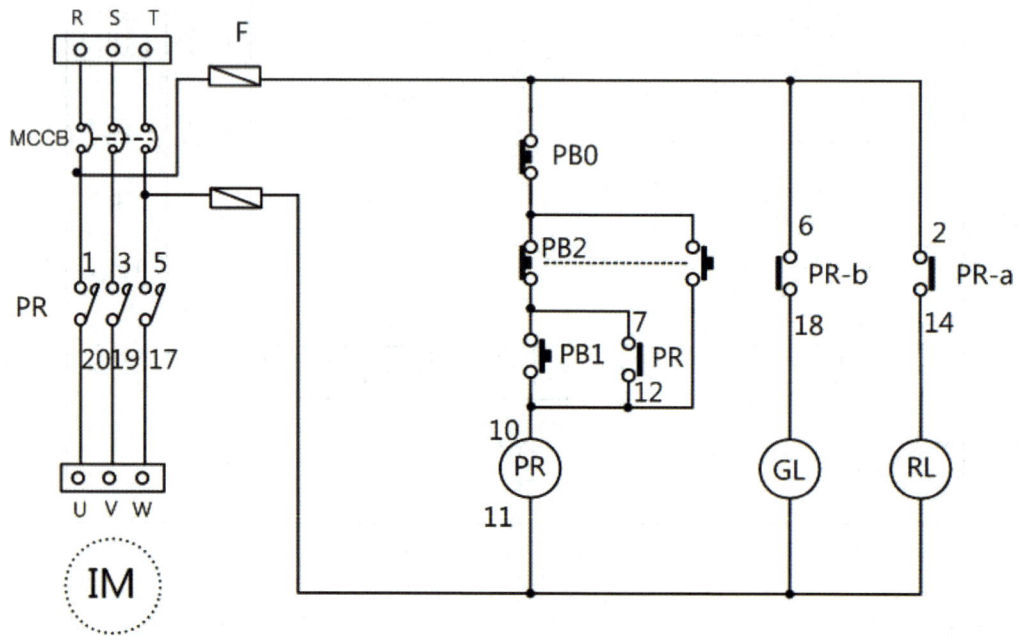

② 시퀀스도에 단자대 번호 지정하기

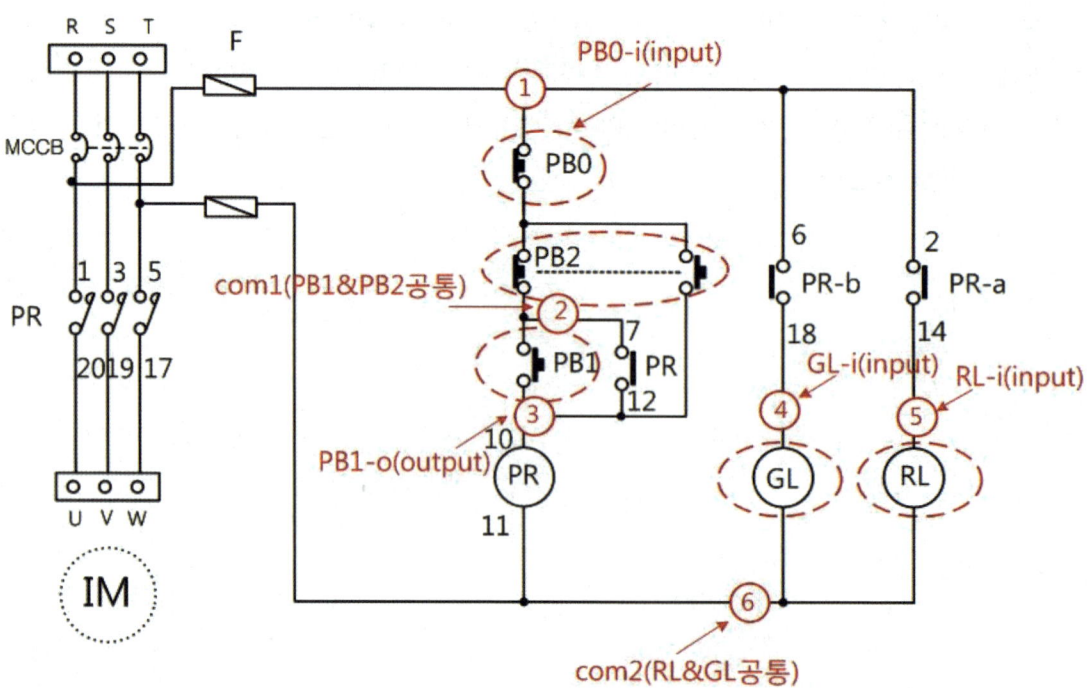

③ 제어판 단자대에 어드레스 지정하기

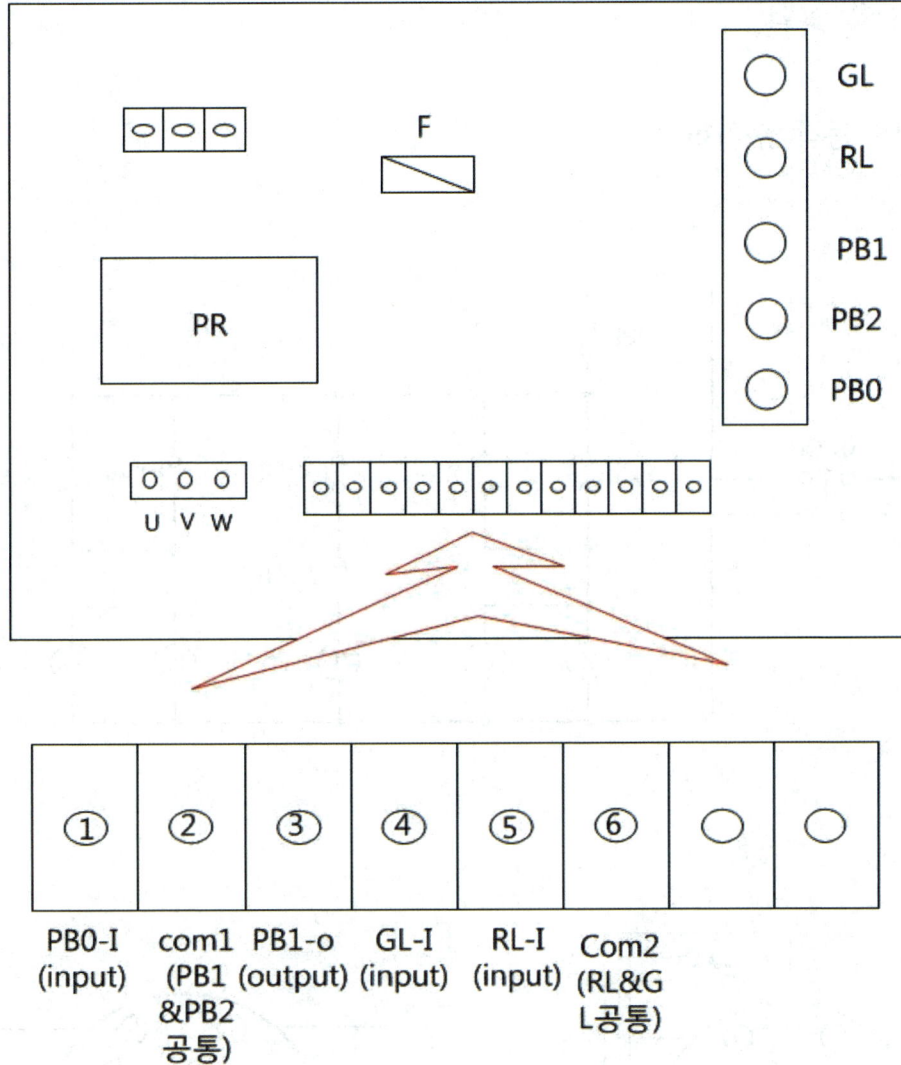

④ ①~③의 내용을 기준으로 배선을 완성한다.

2.4 과제 실습

[과제 1] 타이머 동작 순차회로

① 시퀀스도

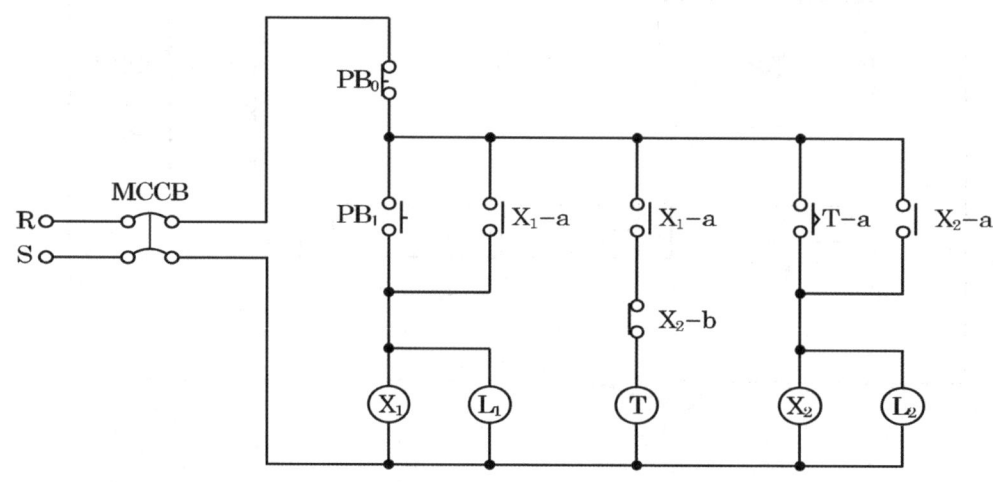

② 내부 결선도

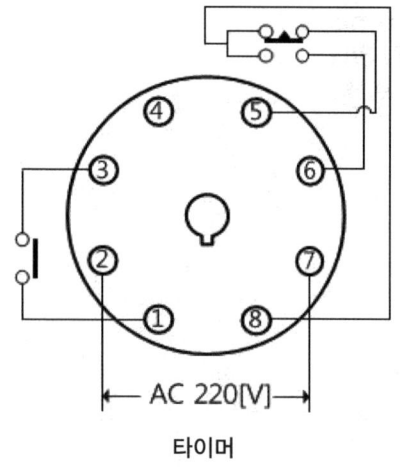

타이머

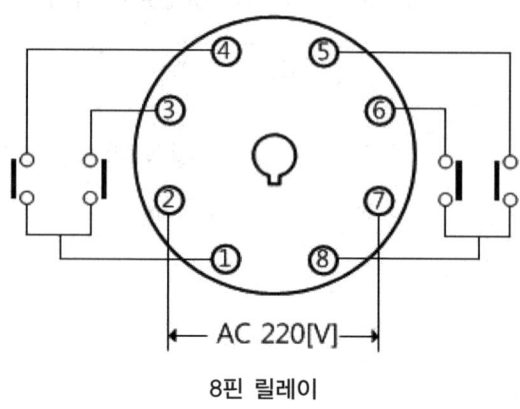

8핀 릴레이

③ 기구 배치도

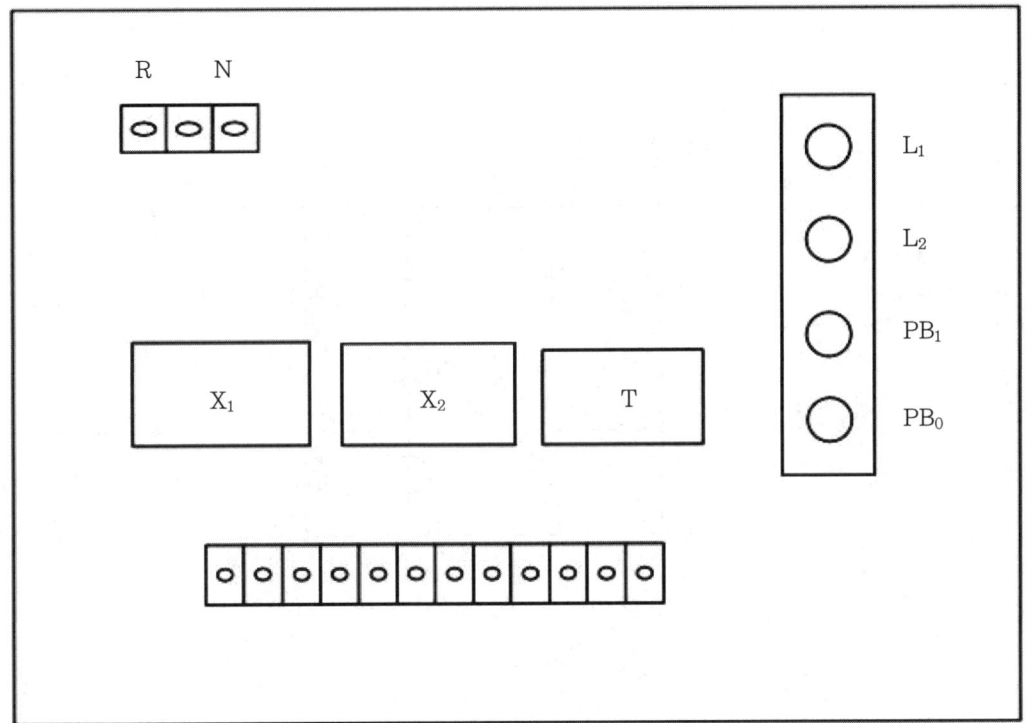

④ 동작사항

㉠ 전원을 투입하고 PB$_1$을 ON하면 X$_1$은 여자 및 자기 유지되고 L$_1$이 점등된다. 또한 타이머(T)가 여자된다.

㉡ t초 후에 타이머 한시접점에 의해 X$_2$는 여자 및 자기 유지되고 L$_2$가 점등된다. 이때 X$_1$, T는 소자되고 L$_1$은 소등된다.

㉢ PB$_0$ off 시 X$_2$ 소자, L$_2$는 소등된다.

[과제 2] 순차회로

① 시퀀스도

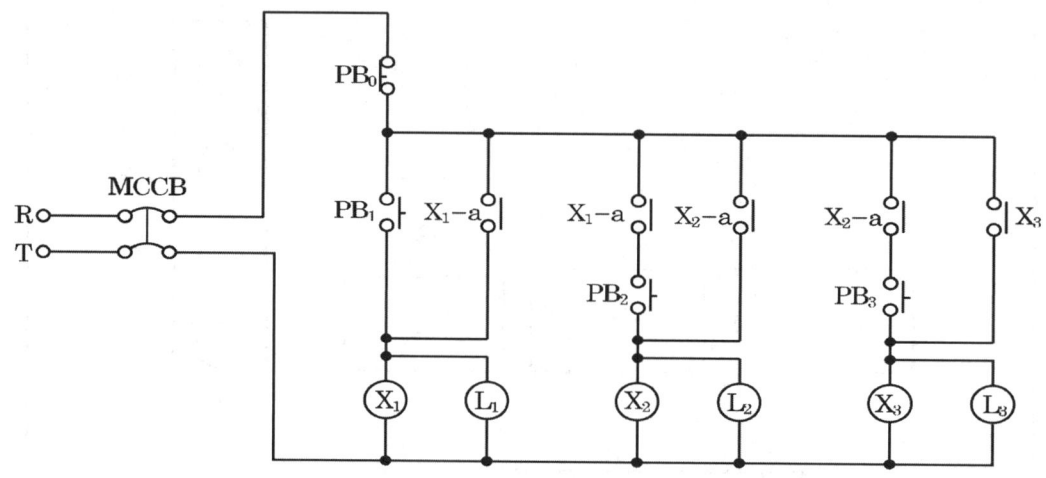

② 내부 결선도

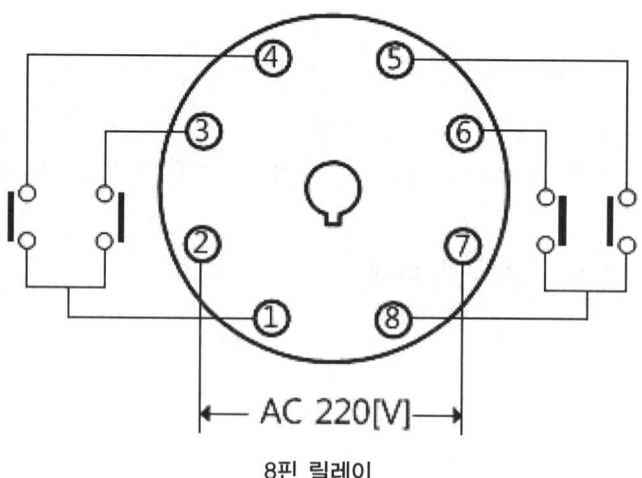

8핀 릴레이

③ 기구 배치도

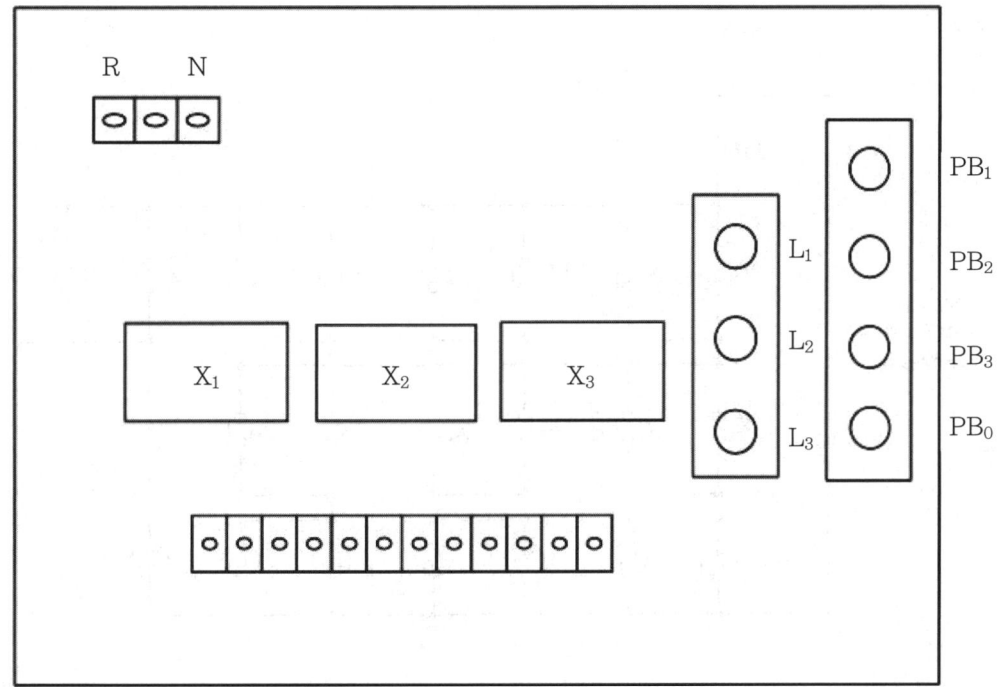

④ 동작사항

　㉠ 전원을 투입하고 PB$_1$을 ON하면 X$_1$은 여자 및 자기 유지되고 L$_1$이 점등된다. 이때 PB$_3$을 ON하면 X$_3$은 여자되지 않는다.

　㉡ PB$_2$를 ON하면 X$_2$는 여자 및 자기 유지되고 L$_2$가 점등된다.

　㉢ PB$_3$을 ON하면 X$_3$은 여자 및 자기 유지되고 L$_3$이 점등된다. (L$_1$, L$_2$, L$_3$ 모두 점등)

　㉣ 역순으로 PB$_3$, PB$_2$, PB$_1$ 순으로 ON하면 X$_3$, X$_2$, X$_1$은 여자되지 않는다. 즉, PB$_1$, PB$_2$, PB$_3$ 순으로 순차적으로 동작시켜야 한다.

　㉤ PB$_0$을 off하면 모든 릴레이는 소자되고 램프는 소등된다.

[과제 3] 우선동작회로

① 시퀀스도

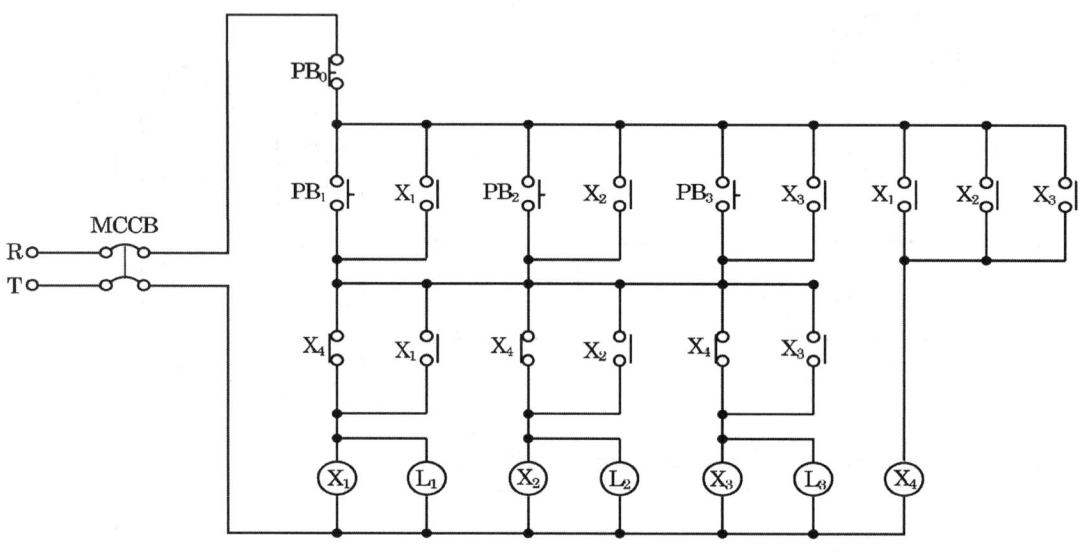

② 내부 결선도

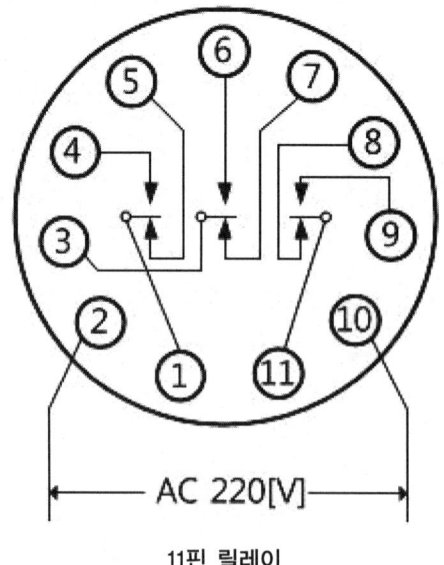

11핀 릴레이

③ 기구 배치도

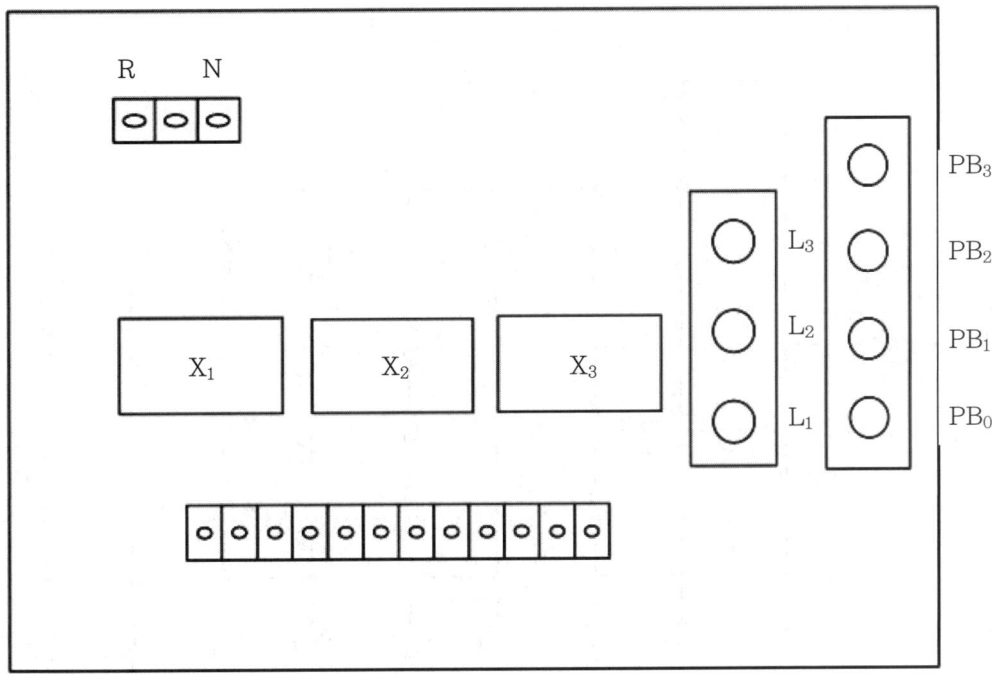

④ 동작사항

㉠ 전원을 투입하고 PB_1을 ON하면 X_1은 여자 및 자기 유지되고 X_4는 여자, L_1은 점등된다. X_4 여자로 PB_2, PB_3, PB_4를 ON하더라도 릴레이는 여자되지 않는다.

㉡ PB_0를 off하면 초기상태가 되고 이때, PB_2를 ON하면 X_2는 여자 및 자기 유지되고 X_4 여자, L_2 점등된다.

㉢ 다시 PB_0를 off하면 초기상태가 되고 이때 PB_3을 ON하면 X_3은 여자 및 자기 유지되고 X_4 여자, L_3 점등된다.

㉣ PB_0 off 시 모든 릴레이는 소자되고 램프는 소등된다.

㉤ 즉, 순서에 관계없이 우선 동작되면 다른 릴레이가 동작되지 않는 우선동작회로이다.

[과제 4] 선입 동작 우선 제어회로

① 시퀀스도

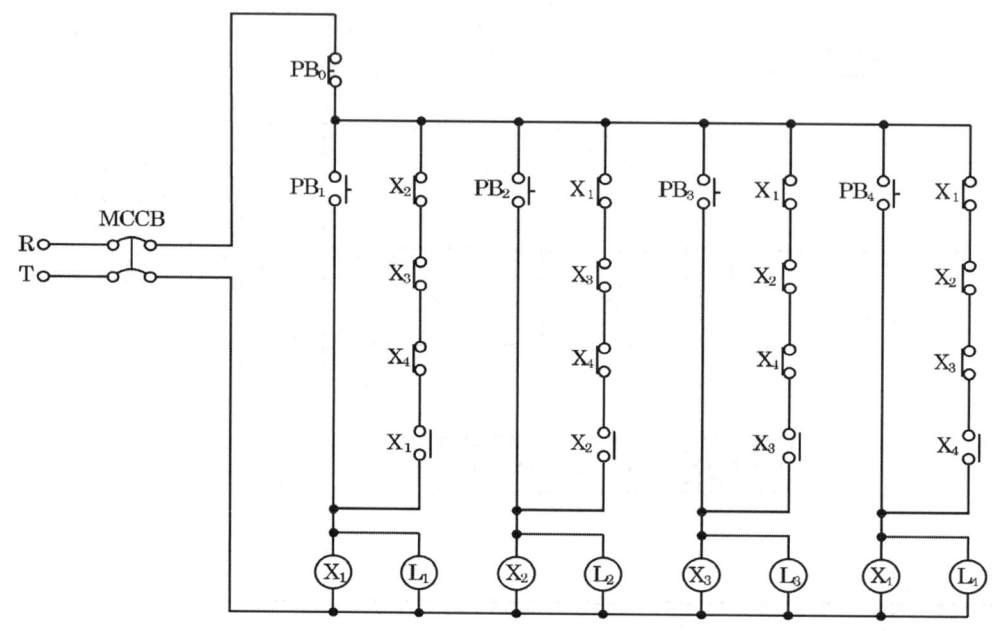

② 내부 결선도

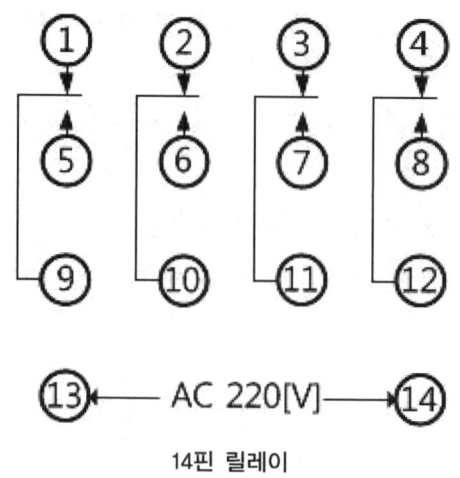

14핀 릴레이

③ 기구 배치도

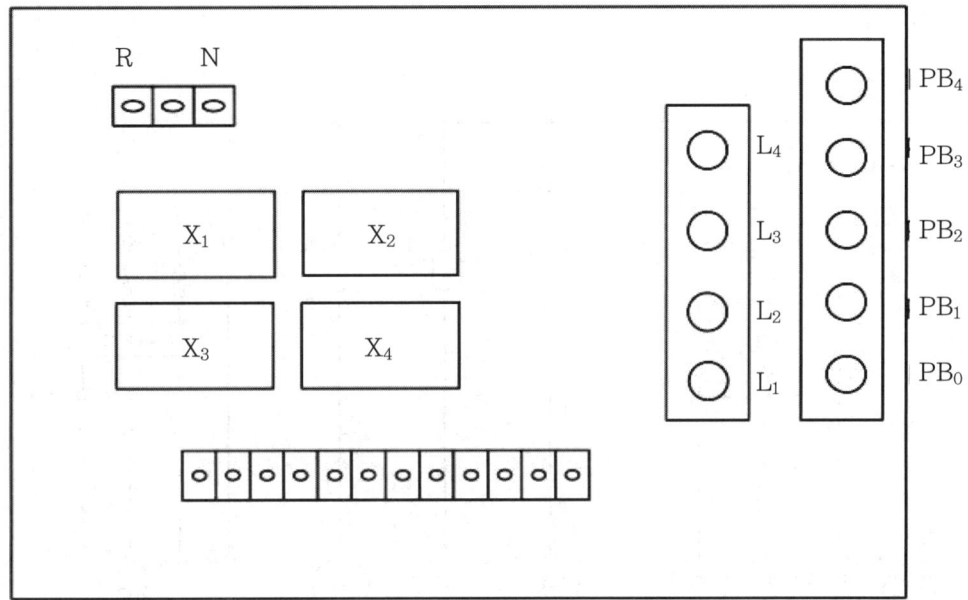

④ 동작사항

㉠ 전원을 투입하고 PB_1을 ON하면 X_1은 여자 및 자기 유지되고 L_1은 점등된다. X_1-b접점의 개방으로 PB_2, PB_3, PB_4를 ON 하더라도 릴레이는 여자되지 않는다.

㉡ PB_0를 off하면 초기상태가 되고 PB_2를 ON하면 X_2는 여자 및 자기 유지되고 L_2는 점등된다.

㉢ 다시 PB_0를 off하면 초기상태가 되고 PB_3을 ON하면 X_3은 여자 및 자기 유지되고 L_3은 점등된다.

㉣ 다시 PB_0를 off하면 초기상태가 되고 PB_4를 ON하면 X_4는 여자 및 자기 유지되고 L_4는 점등된다.

㉤ PB_0 off 시 모든 릴레이는 소자되고 램프는 소등된다. 즉, 순서에 관계없이 우선 동작되면 다른 릴레이가 동작되지 않는 우선동작회로이다.

[과제 5] 3상 유도전동기 한시운전회로

① 시퀀스도

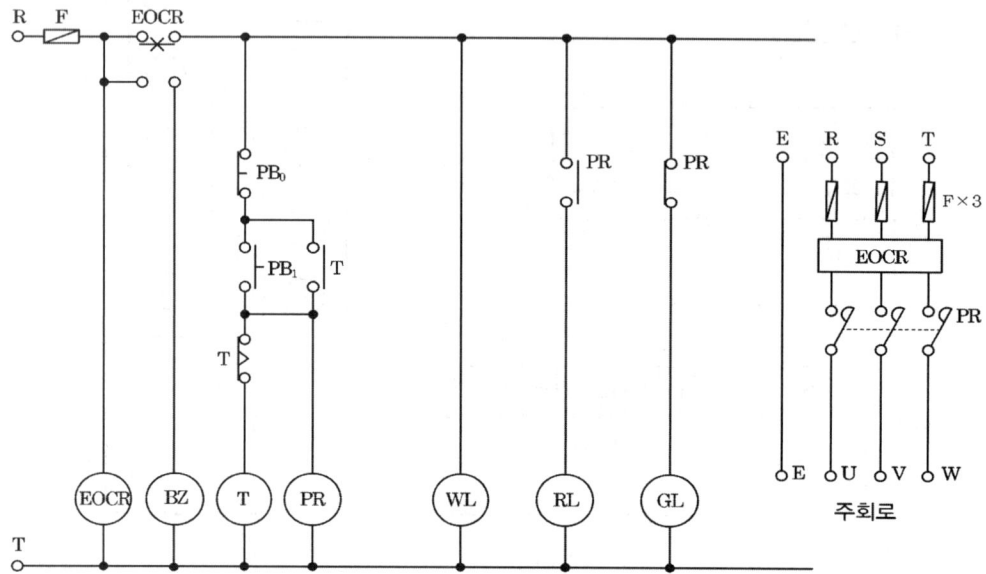

② 내부 결선도

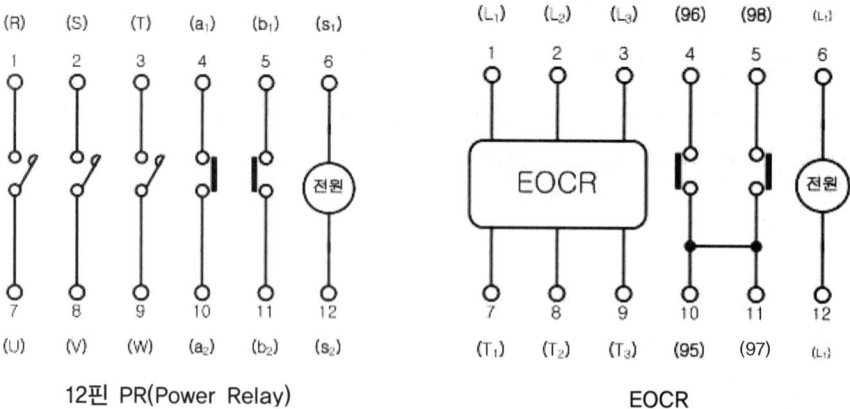

12핀 PR(Power Relay)　　　　EOCR

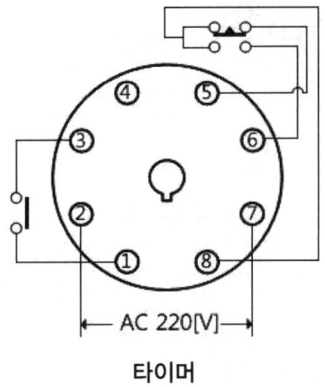

타이머

③ 기구 배치도

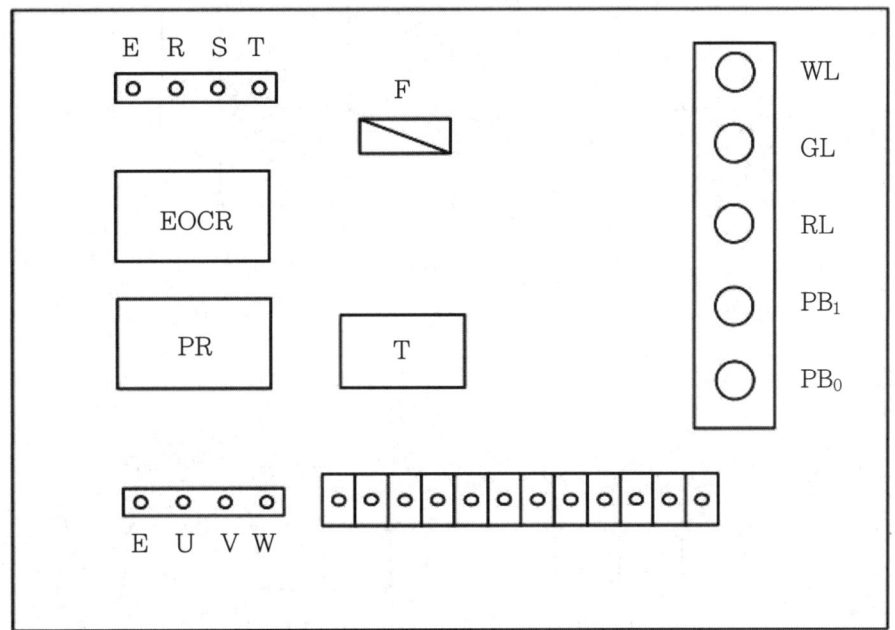

④ 동작사항

㉠ 전원을 투입하면 WL, GL은 점등된다.

㉡ PB_1을 ON하면 PR, T는 여자 및 자기 유지되어 3상 유도전동기는 기동, 보조회로 RL 점등, GL 소등된다.

㉢ t초 후에 T, PR 소자로 3상 유도 전동기 정지, 보조회로 GL 점등, RL 소등된다.

㉣ 3상 유도전동기 운전 중 EOCR 동작 시 전동기는 정지, 보조회로 모든 전등은 소등되고 부저가 동작된다.

[과제 6] 플리커 릴레이와 한시운전회로

① 시퀀스도

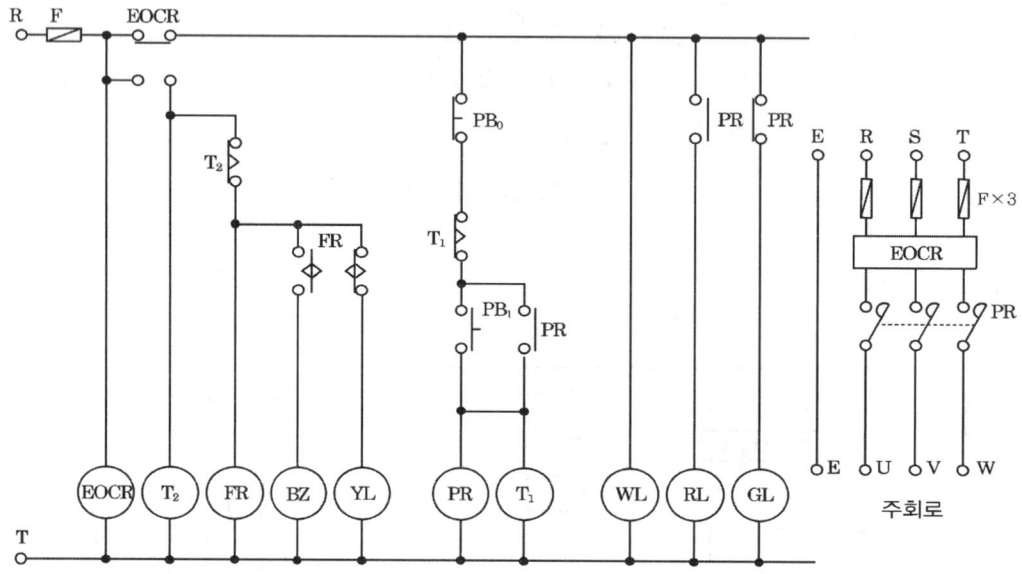

② 내부 결선도

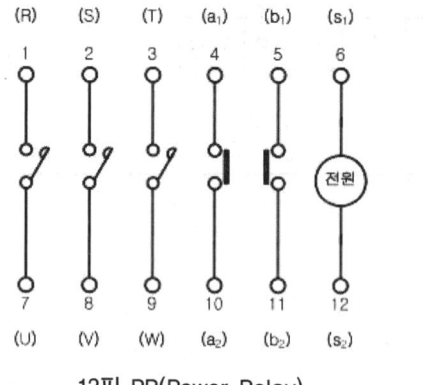

12핀 PR(Power Relay)

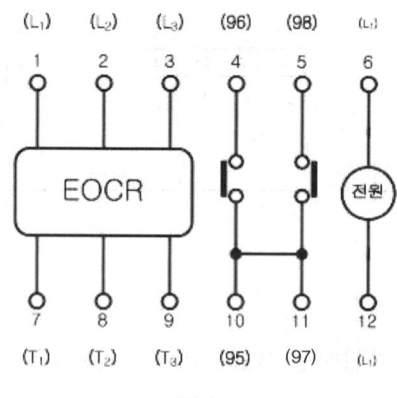

EOCR

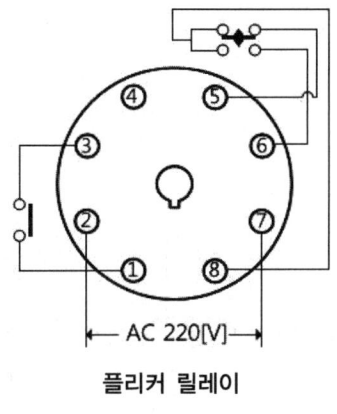
플리커 릴레이

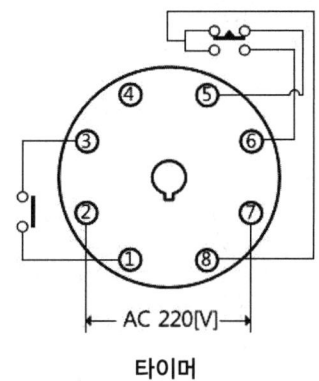
타이머

③ 기구 배치도

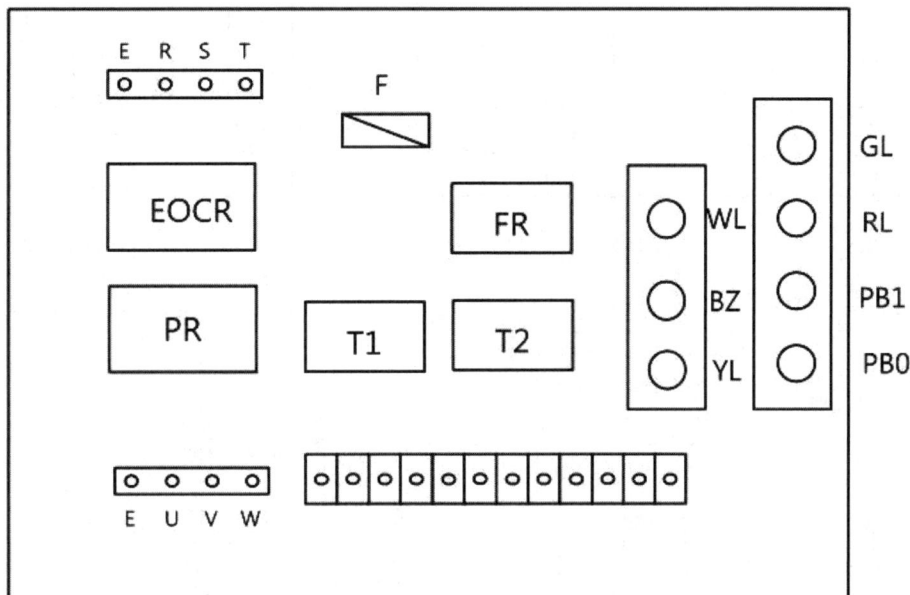

④ 동작사항

㉠ 전원을 투입하면 WL, GL은 점등된다.

㉡ PB_1을 ON하면 PR, T_1은 여자 및 자기 유지되어 3상 유도전동기 기동, 보조회로 RL 점등, GL 소등된다.

㉢ t_1 초 후에 T_1, PR 소자로 3상 유도 전동기 정지, 보조회로 GL 점등, RL 소등된다.

㉣ 3상 유도전동기 운전 중 EOCR 동작 시 전동기는 정지, 보조회로 모든 전등은 소등 및 FR, T_2는 여자되어 BZ와 YL은 교대 점멸된다.

㉤ t_2초 후에 FR은 소자되고 BZ, YL은 소등된다.

[과제 7] 자동·수동 회로

① 시퀀스도

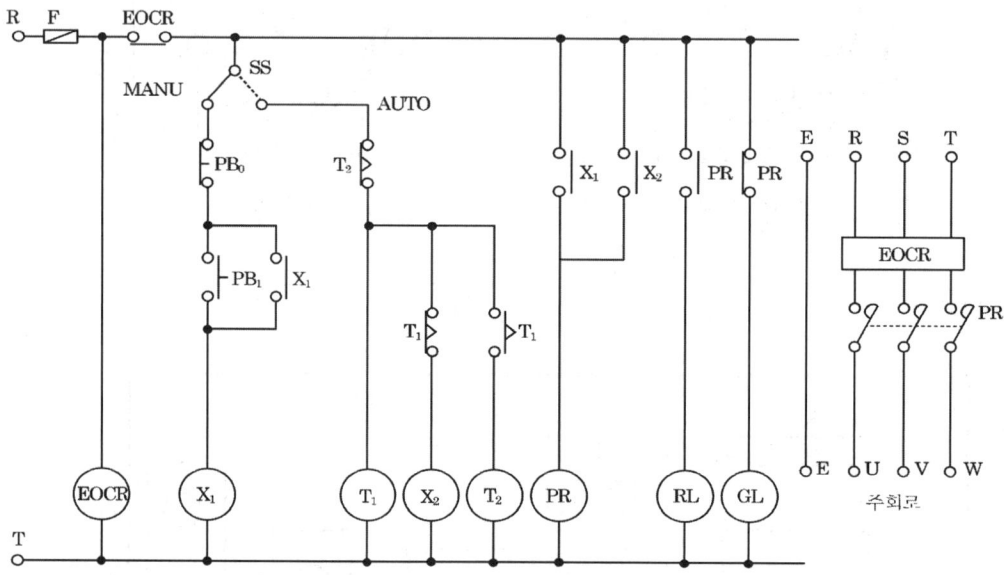

② 내부 결선도

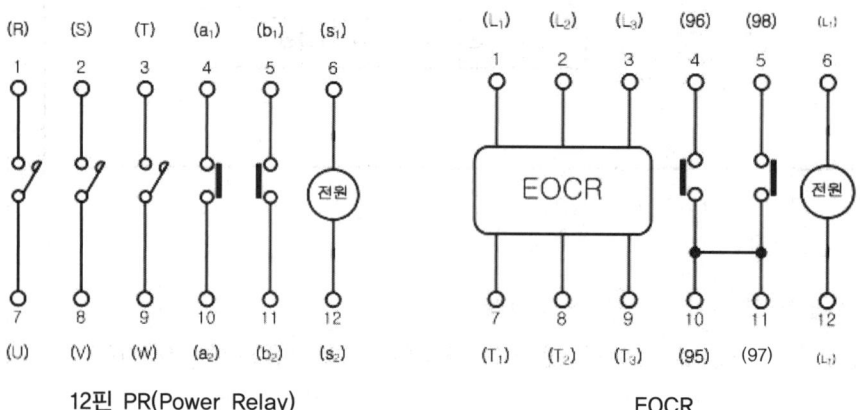

12핀 PR(Power Relay)　　　　EOCR

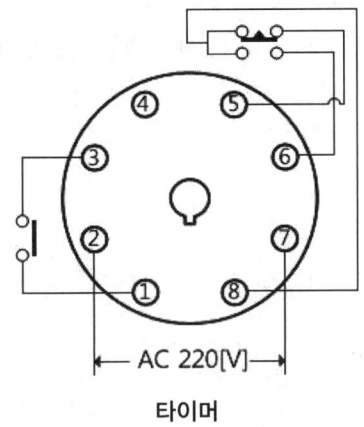
타이머

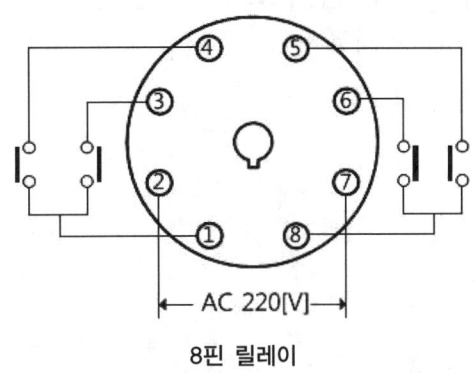
8핀 릴레이

③ 기구 배치도

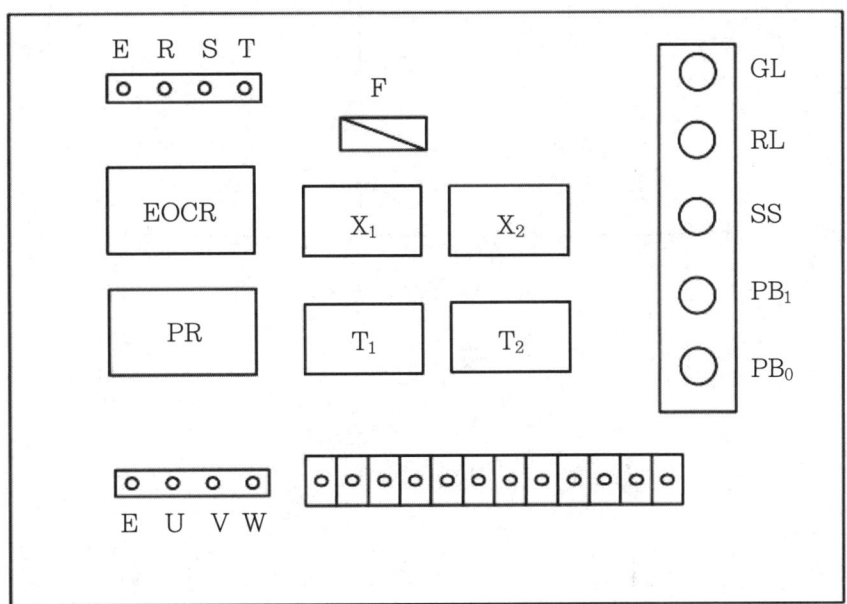

④ 동작사항

㉠ SS 스위치를 MANU(수동)으로 놓은 상태에서 전원이 투입되면 GL은 점등된다.

㉡ PB_1을 ON하면 X_1 여자 및 자기 유지, PR 여자, RL 점등, GL 소등, 전동기는 기동된다.

㉢ PB_0의 off 시 X_1 소자, PR 소자, RL 소등, GL 점등, 전동기는 정지된다.

㉣ SS 스위치를 AUTO(자동)으로 전환하면 T_1, X_2 여자, PR 여자, RL 점등, GL 소등, 전동기는 기동된다.

㉥ t_1초 후에 T_2 여자, X_2 소자, PR 소자, RL 소등, GL 점등, 전동기는 정지된다.

㉦ t_2초 후에 T_1, T_2 소자 후에 다시 T_1, X_2 여자, PR 여자, RL 점등, GL 소등, 전동기는 재기동된다.

㉧ t_1초 후에 T_2 여자, X_2 소자, PR 소자, RL 소등, GL 점등, 전동기는 정지되고 계속 기동·정지를 반복해서 동작된다.

Chapter 01 시퀀스 제어

[과제 8] 3상 유도전동기 정·역 운전회로

① 시퀀스도

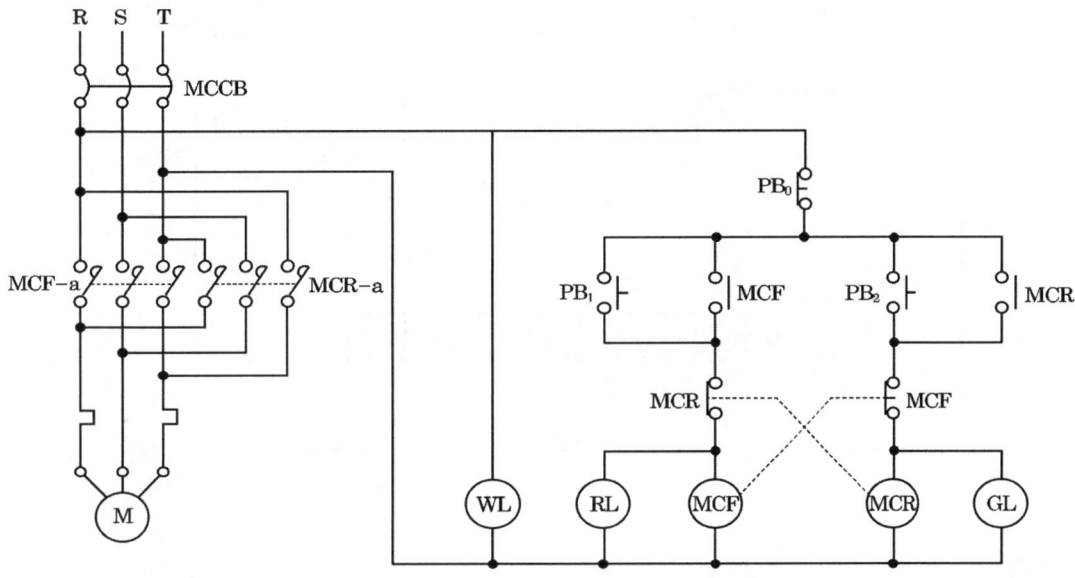

② 내부 결선도

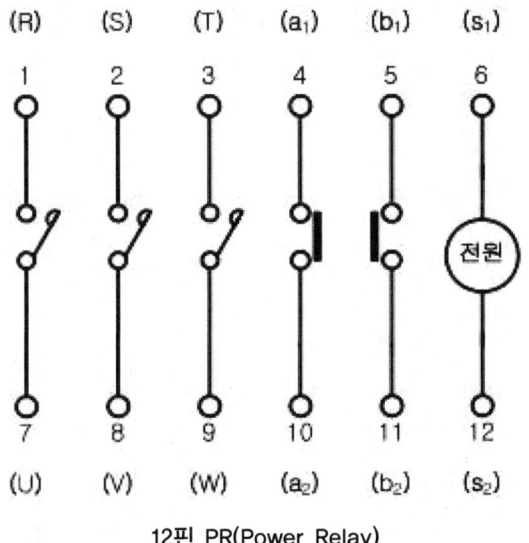

12핀 PR(Power Relay)

③ 기구 배치도

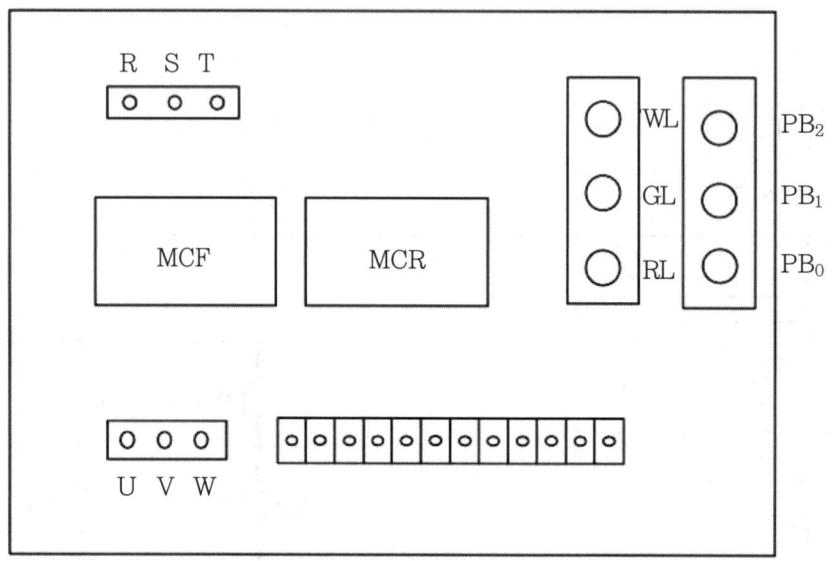

④ 동작사항

㉠ 전원을 투입하면 WL은 점등된다.

㉡ PB_1을 ON하면 MCF 여자 및 자기 유지, RL 점등. 유도 전동기는 정회전된다.

㉢ PB_0를 off하면 MCF 소자, RL 소등. 유도 전동기는 정지된다.

㉣ PB_2를 ON하면 MCR 여자 및 자기 유지, GL 점등. 유도 전동기는 역회전된다.

㉤ PB_0를 off하면 MCR 소자, GL 소등. 유도 전동기는 정지된다.

[과제 9] Y-△ 기동 회로

① 시퀀스도

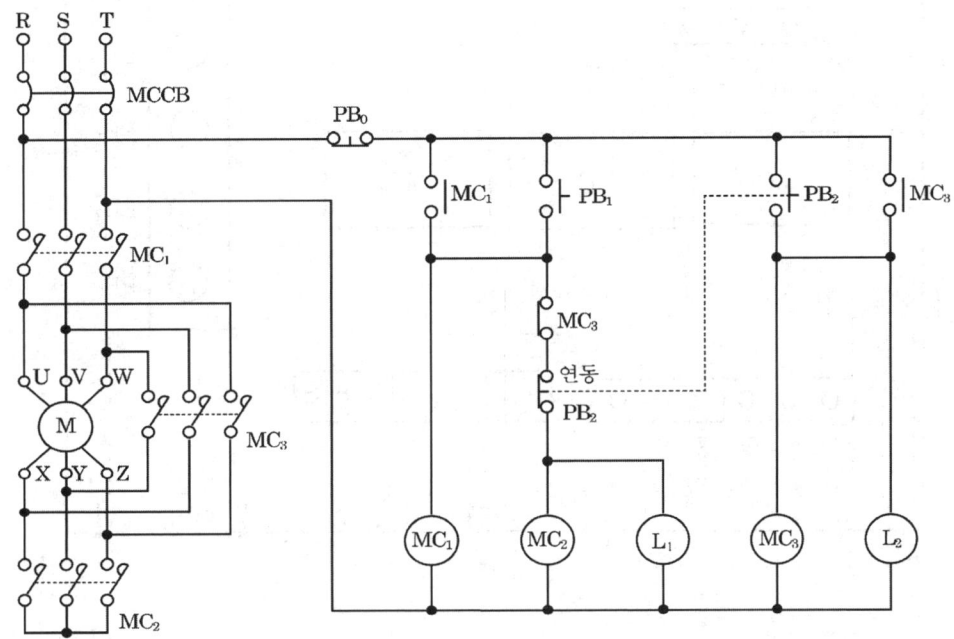

② 내부 결선도

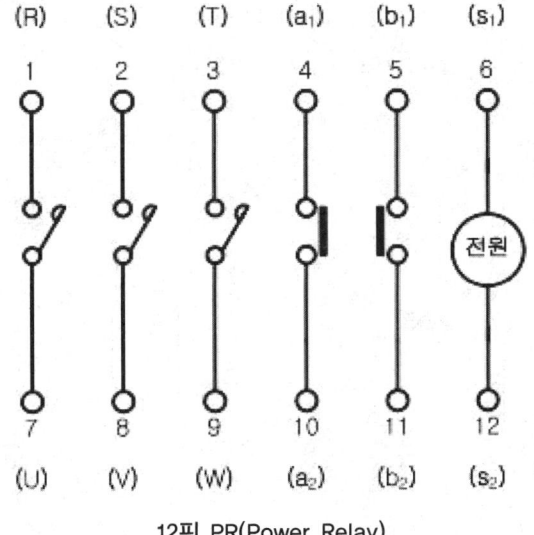

12핀 PR(Power Relay)

③ 기구 배치도

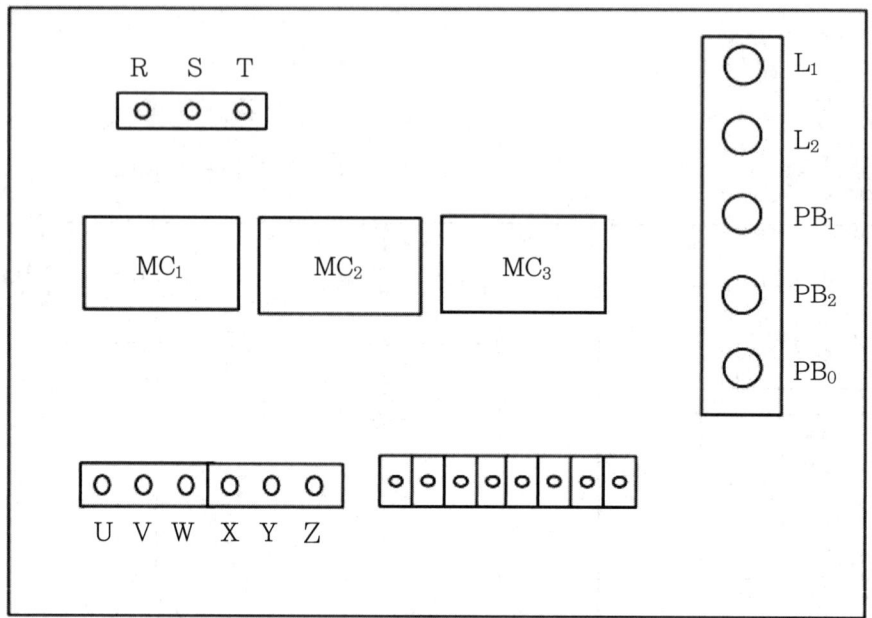

④ 동작사항

㉠ 전원을 투입하고 PB₁을 ON하면 MC₁ 여자 및 자기 유지, MC₂ 여자, L₁ 점등, 유도전동기는 Y 기동된다.

㉡ PB₂를 ON하면 MC₃ 여자 및 자기 유지, L₂ 점등, MC₂ 소자, L₁ 소등, 전동기는 △ 운전된다.

㉢ PB₀를 off 시 MC₃ 소자, L₂ 소등, 전동기는 정지된다.

[과제 10] 1개의 버튼 기동·정지회로

① 시퀀스도

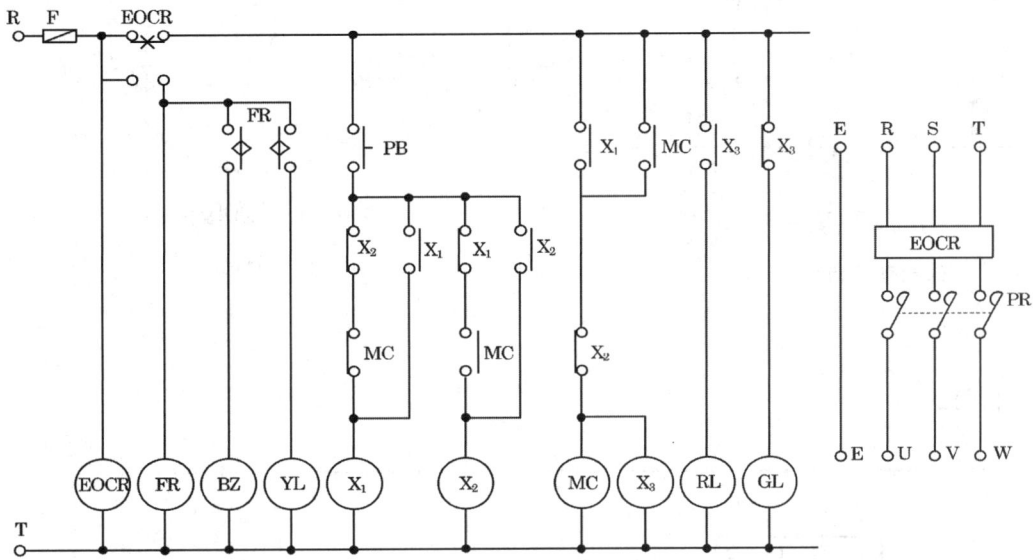

② 내부 결선도

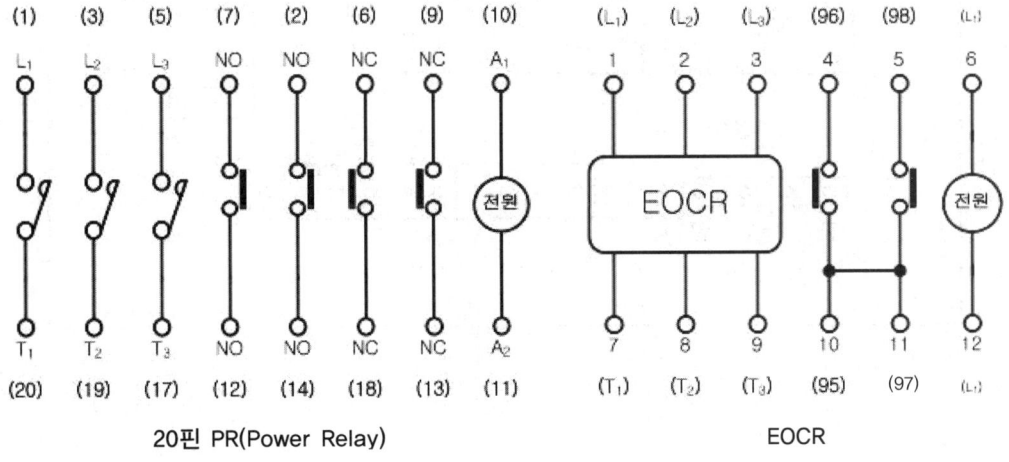

20핀 PR(Power Relay)   EOCR

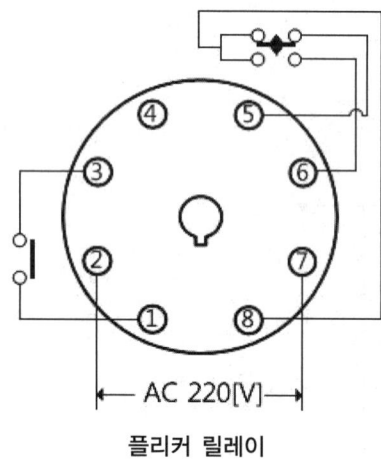

플리커 릴레이

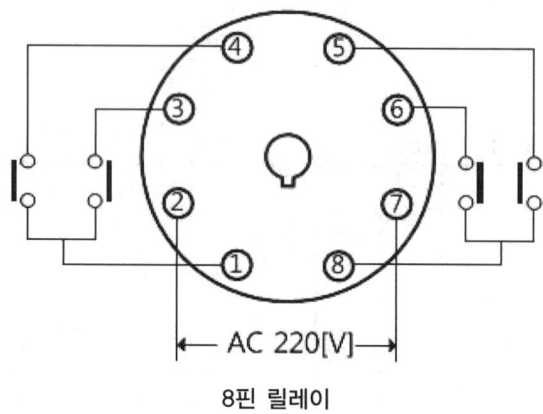

8핀 릴레이

③ 기구 배치도

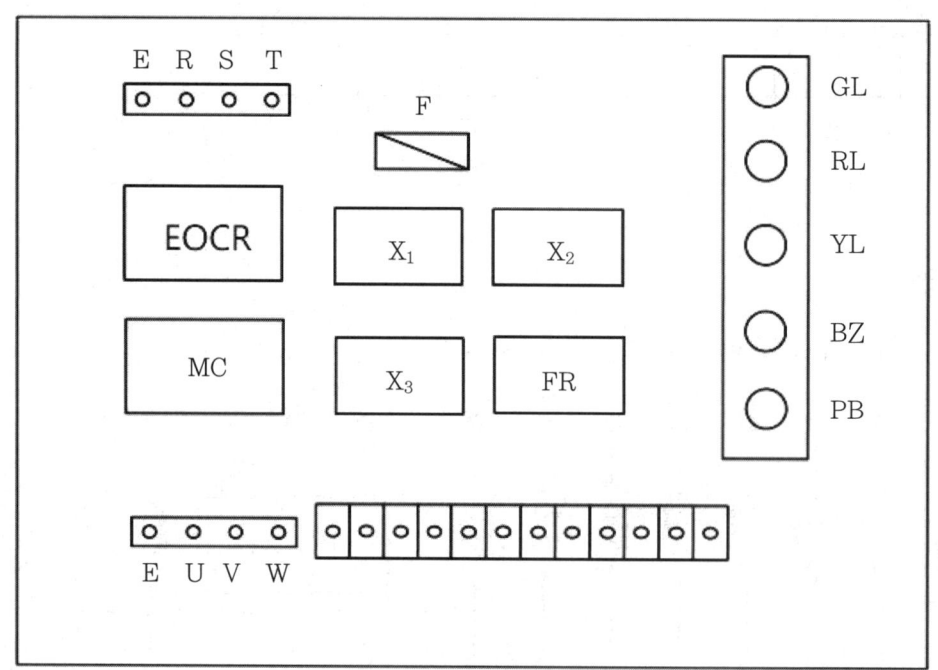

④ 동작사항

　㉠ 전원을 투입하면 GL은 점등된다.

　㉡ PB를 ON하면 X_1 여자, MC 여자 및 자기 유지, X_3 여자, RL 점등, GL 소등, 전동기는 기동된다.

　㉢ PB를 off하면 X_1 소자, 전동기는 계속 운전된다.

　㉣ 두 번째 PB를 ON하면 X_2 여자, MC 소자, X_3 소자, RL 소등, GL 점등, 전동기는 정지된다.

　㉤ 전동기 운전 시 EOCR이 동작하면 FR은 여자, BZ와 YL은 교대로 점멸된다.

Chapter
02

기능장 과제 따라하기

Section 01. 전기기능장 52회 기출문제
Section 02. PCB 작업
Section 03. 제어함 작업
Section 04. 배관공사
Section 05. 배선공사

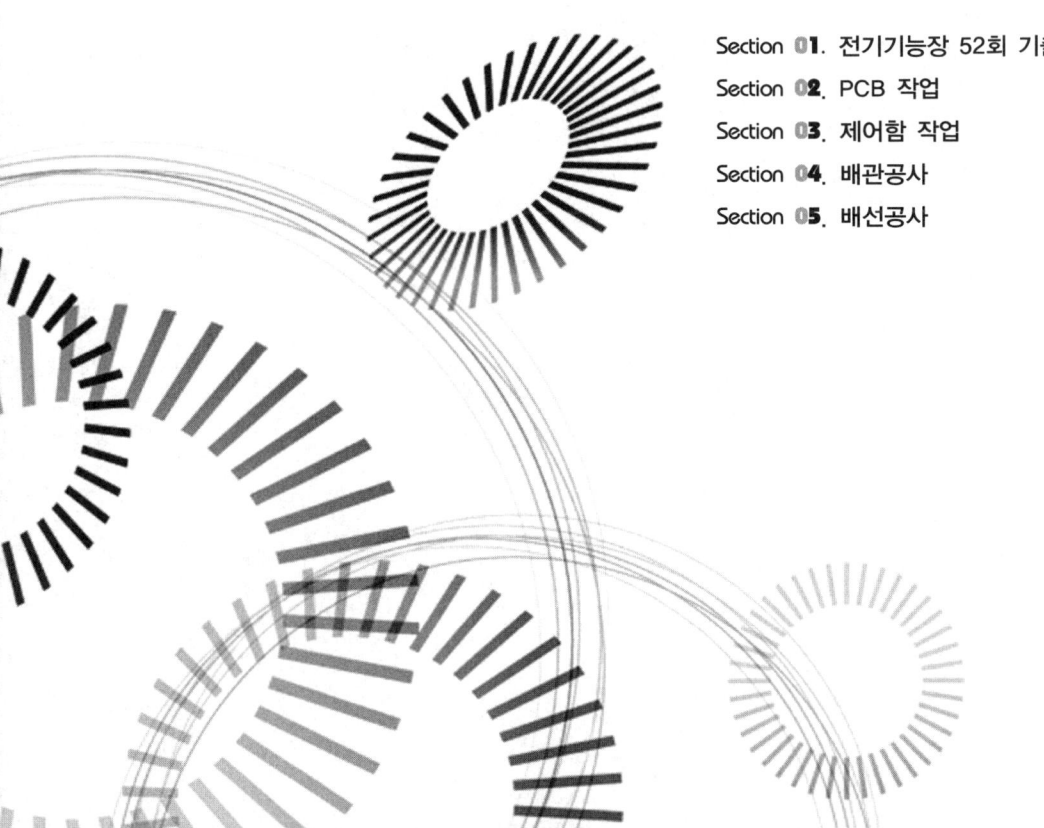

Section 01 전기기능장 52회 기출문제

52-D회		작품명	승강기 제어회로

- 시험시간 : 표준시간 6시간, 연장시간 : 30분
  (단, 제1과제(PLC 프로그램) 시험시간은 2시간으로 제한)
- 작업순서 : 제1과제 완료 후, 제2과제 작업이 가능하며 시험시간 내에서 연속 실시
  (제1과제(PLC 프로그램)가 완료된 경우 제2과제는 개인별 연속 실시)

1. 제1과제 : PLC 프로그램

1) 요구사항

① 제한시간 내에 주어진 요구사항 및 동작사항에 적합하도록 프로그램을 작성하시오.

② PLC는 입출력이 14점 이상인 소형 일체형으로 수험자가 지참한 PLC에 알맞은 프로그램을 선택하여 프로그램을 작성하며 입력전원은 노이즈 대책을 세워 배선하시오.

③ PLC는 제어판 내의 단자대에 단독 접지하고, RUN 모드상태로 부착하시오.(다만, 접지를 필요로 하지 않는 경우에는 과제수행 전 시험위원에게 이를 확인받아야 합니다.)

④ PLC의 입출력 단자에는 접속된 배선이 없는 상태로 준비하시오.(공통선 등이 접속된 경우 모두 제거하여야 합니다.)

2) 입력신호 확인

작성된 프로그램을 PLC에 다운로드한 후 점프선 등을 활용하여 입력접점에 대한 신호를 넣어 이를 확인할 수 있으나, 과제완료(제2과제 시작 시점) 이후에는 프로그램을 재작업할 수 없습니다.

2. 제2과제 : 전기공사

1) 요구사항
- 지급된 재료를 사용하여 제한시간 내 도면에 표시된 공사를 내선공사 방법에 의거 완성하시오.
- 전원방식 : 3상 3선식 220[V]
- 공사방법
  ① PE 전선관   ② 플렉시블 전선관   ③ 40×40 PVC 덕트

2) 공통동작
① 전원을 투입하면 PLC, PCB, EOCR 및 제어회로에 전원이 동시에 공급되며,

② PCB 회로의 PB_6을 누르면 Ry_1이 여자되어 자기유지접점에 의하여 Ry_1은 계속 동작하여 제어회로에서 운전가능 조건상태가 된다.

③ PB_5를 누르면 Ry_1이 소자되어 운전조건이 해제된다.

3) 동작설명
① PB_1을 ON하면 GL_1 점등, LS_1을 ON하면 전동기 M_1 운전, RL_1 점등

② T_1초 후 전동기 M_1 정지, RL_1 소등, GL_2 점등, LS_2를 ON하면 전동기 M_2 운전, RL_2 점등

③ T_2초 후 전동기 M_2 정지, RL_2 소등, GL_2 소등

④ GL_2는 T_1 설정시간에는 소등되며, T_2 설정시간에 점등되어 계속 반복 동작한다.(이때 LS_1을 ON한 상태에서 T_1 설정시간에는 MC_1과 RL_1이 점등 동작되고, T_2 설정시간에는 MC_1과 RL_1이 소등되어 반복하며, LS_2를 ON한 상태에서 T_1 설정시간에는 MC_2와 RL_2가 소등 동작되고, T_2 설정시간에는 MC_2와 RL_2가 점등 동작을 반복함)

⑤ 운전 중 PB_2를 누르면 전동기 및 표시등은 모두 OFF된다.

⑥ 전동기 운전 중 $EOCR_1$ 또는 $EOCR_2$가 작동되면 PLC 프로그램에 의하여 YL과 부저(BZ)가 점등과 소등을 반복하며 전동기는 정지된다.

4) 기타 사항
① 제어판 부분과 PE 전선관 및 플렉시블 전선관이 접속되는 부분은 박스 커넥터를 사용하시오.

② 전동기 접속배선은 생략하고 단자대까지 배선하시오.

③ 덕트와 덕트가 직각으로 만나면 45° 각도로 절단하여 접속하시오.(그림 참조)

Chapter 02 기능장 과제 따라하기

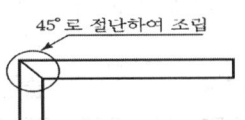

3. 도면

1) 제1과제(타임 차트와 동작설명을 참조하여 PLC 프로그램을 완성하시오.)

① 타임차트

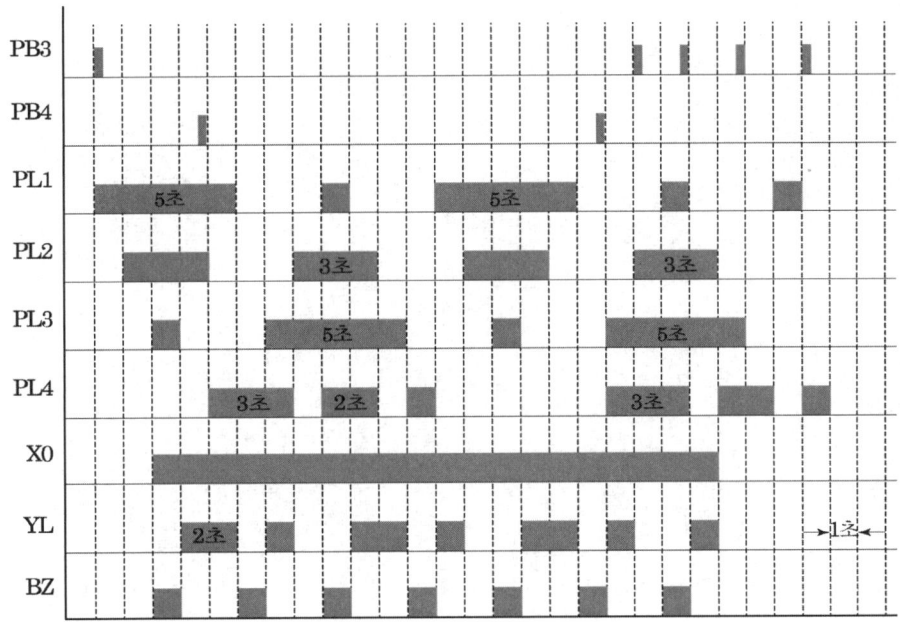

② 동작설명(●는 동작(점등), ○는 정지(소등)이며 원호 안의 숫자는 시간(초)임)
  ㉮ PB_3을 1번 누르면 PL_1은 점등과 소등(❺-③-❶-③)을, PL_2는 PL_1이 점등된 1초 후 점등과 소등(❸-③-❸-③)을, PL_3은 PL_2가 점등된 1초 후 점등과 소등(❶-③-❺-③)을 반복 동작한다. PB_3을 5번 누르면 동작 중이던 PL_1, PL_2, PL_3은 모두 소등된다.
  ㉯ PB_4를 1회 눌렀다 놓으면 PL_4는 점등과 소등(❸-①-❷-①-❶)을 1회 동작한다.
  ㉰ 제어회로의 X_0가 동작되면 BZ는 동작과 정지(❶-②-❶-②)를 반복하고, YL은 BZ 동작 1초 후 점등과 소등(❷-①-❶-②)을 반복한다. X_0가 복귀되면 YL과 BZ는 동작을 멈춘다.

③ PLC 입출력도(본인이 지참한 PLC 기종에 알맞게 입출력회로를 결선하시오.)

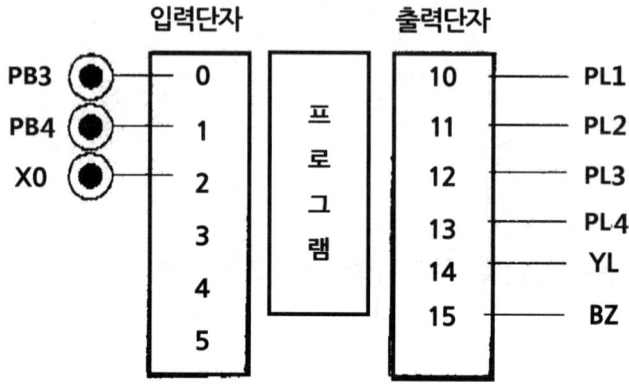

4. 도면

1) 전기공사

① 배관 및 기구 배치도

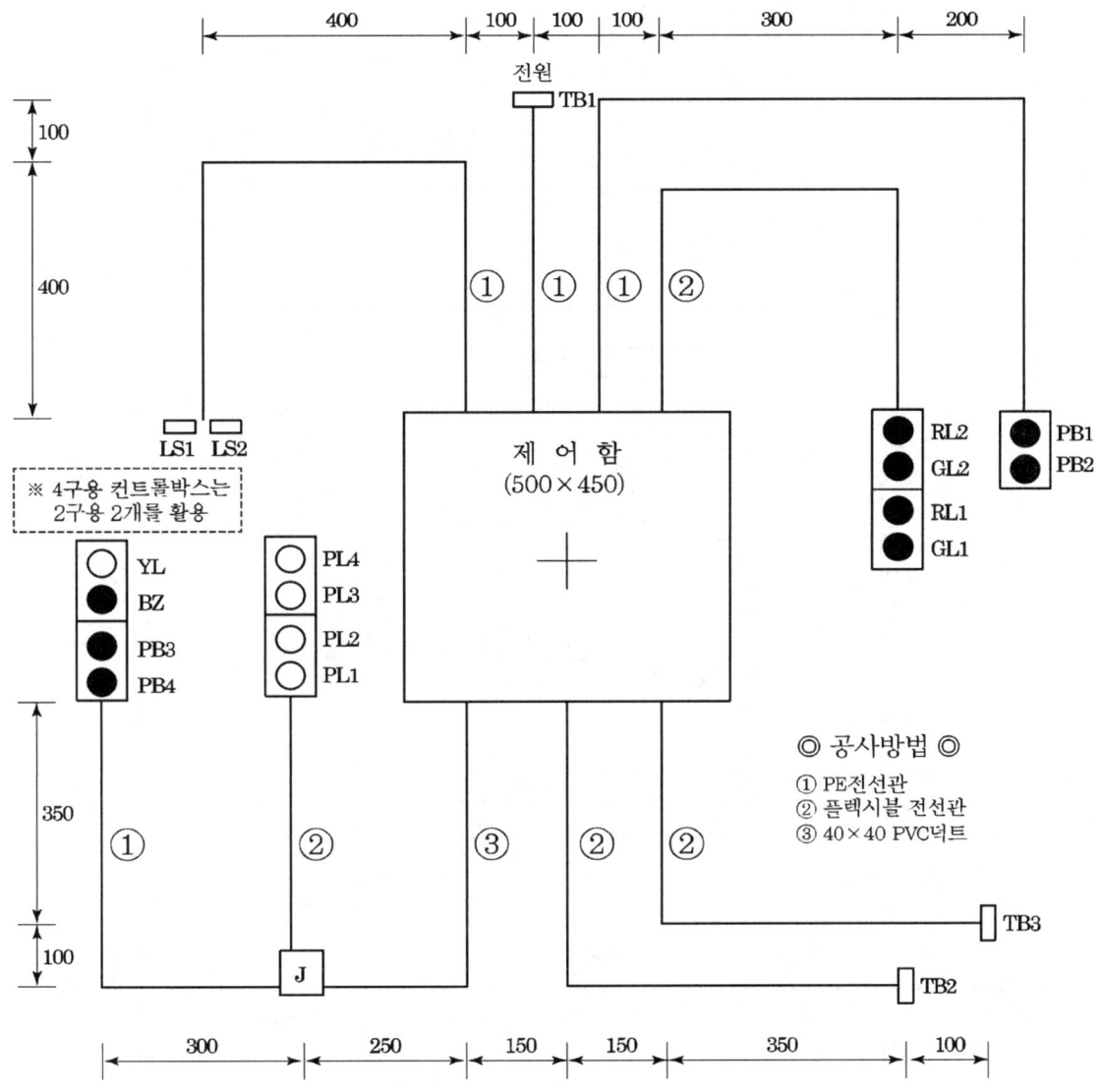

② PCB 회로도, 제어판 내부 기구배치도 및 범례

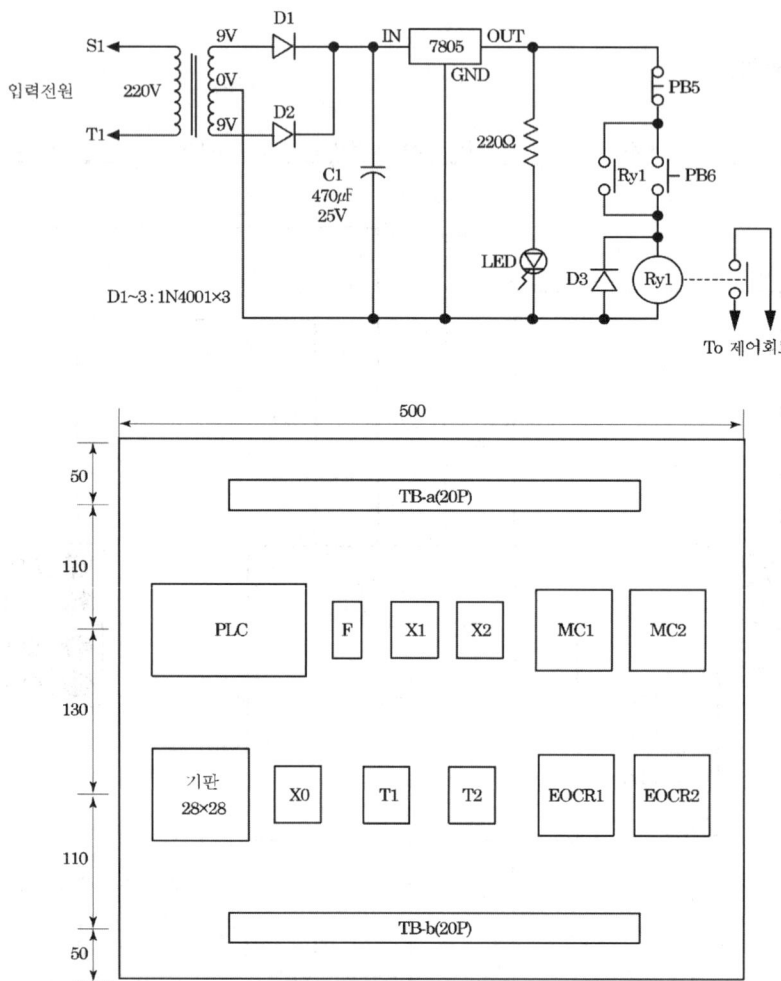

[범례]

기호	명칭	기호	명칭	기호	명칭
MC_1, MC_2	전자접촉기(12P)	GL_1, GL_2	파일롯램프(녹)	TB-a, TB-b	단자대 20P
$EOCR_1$, $EOCR_2$	과부하계전기(12P)	RL_1, RL_2	파일롯램프(적)	$TB_1 \sim TB_3$	단자대 4P
Ry_1	기판용 릴레이(DC 5V)	$PL_1 \sim PL_4$	파일롯램프(백)	LS_1, LS_2	단자대 3P
X_0, X_1, X_2	릴레이(AC 220V 14P)	YL	파일롯램프(황)	F	퓨즈홀더
PB_1, PB_3	푸시버튼SW(적)	T_1, T_2	타이머(8핀)	J	사각박스
PB_2, PB_4	푸시버튼SW(녹)	PB_5, PB_6	푸시버튼SW(기판용)		

③ 시퀀스도

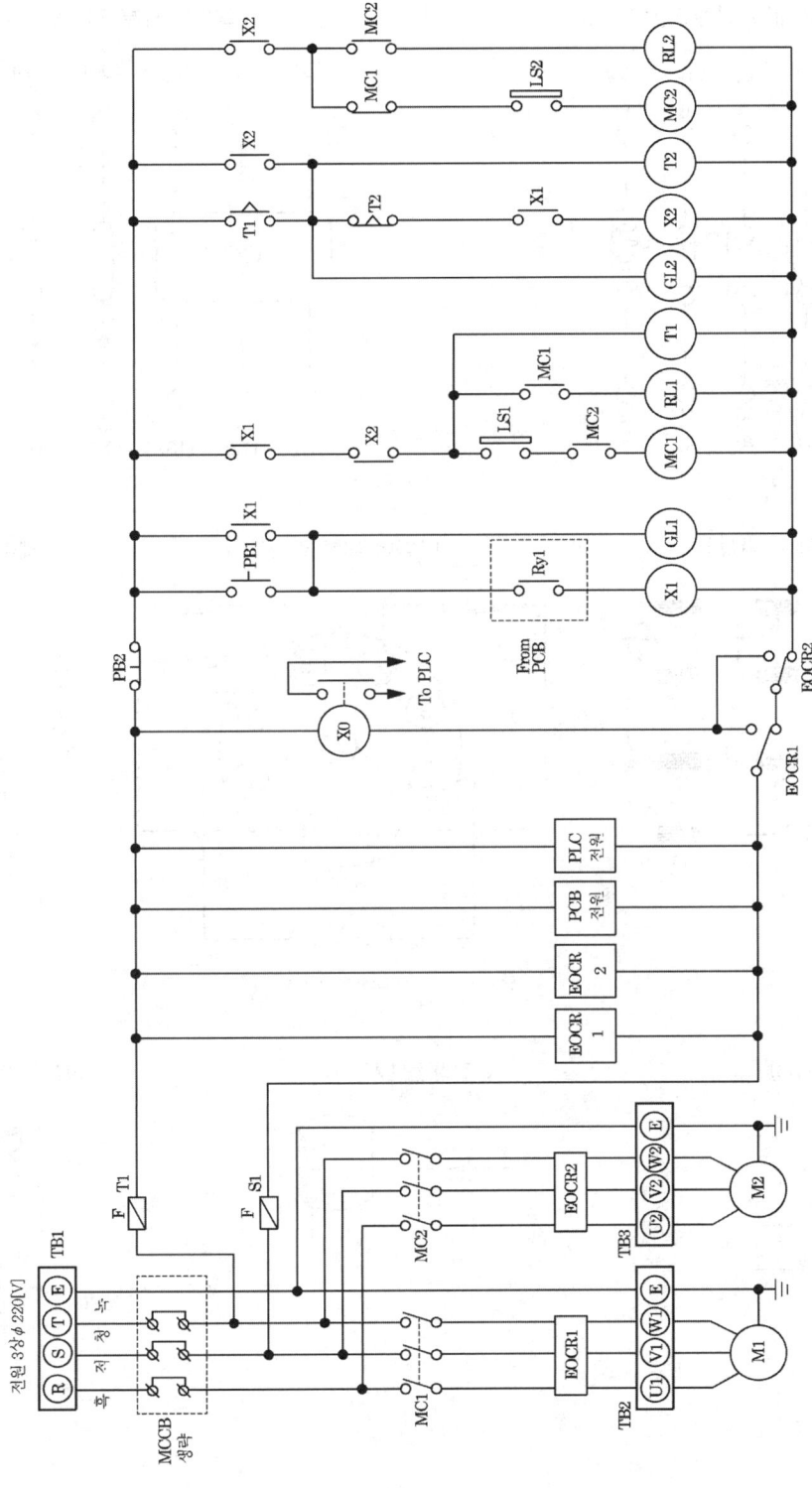

④ 내부 결선도

Power Relay 내부 결선도(MC)

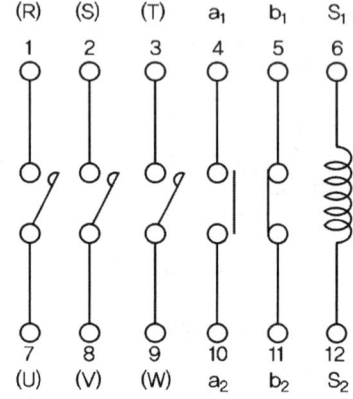

EOCR 내부 결선도

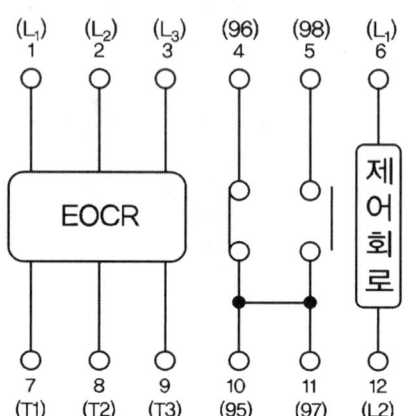

릴레이(14핀) 내부 결선도

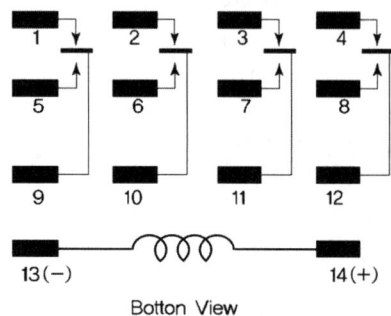

타이머 내부 결선도

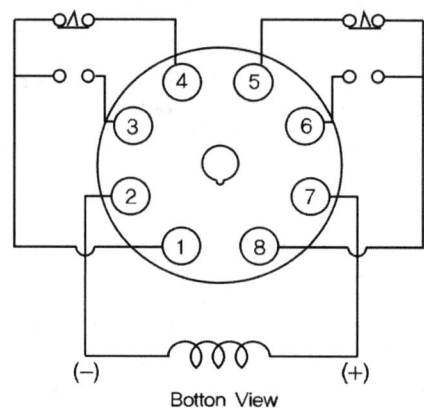

릴레이(Ry1) 결선도

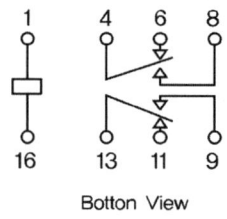

다이오드(D1~D3)

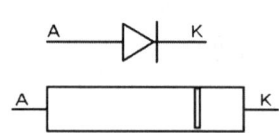

전해콘덴서(C1)

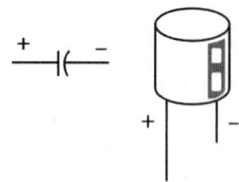

정전압 IC(7805)

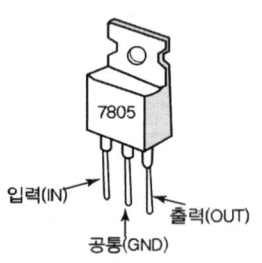

Section 02 PCB 작업

2.1 전자부품의 특성

명칭	그림	심벌	특성
(1) 전자기판			• 규격 : 28×28
(2) 발광 다이오드 (LED)			• 긴 단자가 + 극성임 • 테스터로 극성판별 − 아날로그 테스터를 저항레인지의 ×10배율에 맞춘다. − 검정색 리드봉(+전원)은 긴 단자에 접촉, 적색 리드봉(−전원)은 짧은 단자에 접촉하도록 하여 측정하면 테스터 지침이 움직이며 LED가 점등된다.

명칭	그림	심벌	특성

(3)
다이오드
		▶︎⊢	• 정류회로용으로 쓰인다.
			• 극성 : 그림에서 소자에 하얀색 띠가 있는데 그 단자를 애노드(A), 반대편 단자를 캐소드(K)라 한다.
			• 극성 판별
			  – 아날로그 테스터를 저항레인지의 ×10배율에 맞춘다.
			  – 다이오드 양단을 테스터 두 리드봉으로 번갈아 접촉하여 측정하였을 때, 지침이 많이 움직일 때에 검정색 리드봉에 접촉된 단자가 애노드(A)단자이다. 만일, 항상 지침이 많이 움직이거나 지침의 움직임이 거의 없을 때는 불량이다.

(4)
기판용 버튼
			• 규격 : 2a2b용
			• 접점 식별하기
			  – 아날로그 테스터를 저항레인지의 ×10배율에 맞춘다.
			  – 나란히 3단자 2쌍으로 구성되어 있는데 그 중 3단자 1쌍을 선택한다.
			  – 일반적으로 가운데 단자가 공통단자인데 그 공통단자를 중심으로 양단자를 측정할 때, 즉시 지침이 움직이고 버튼을 누를 때 지침이 원위치로 가면 그 두 단자는 b접점이다.
			  – 공통단자와 반대편 단자는 a접점이 된다.

명칭	그림	심벌	특성
(5) 띠저항	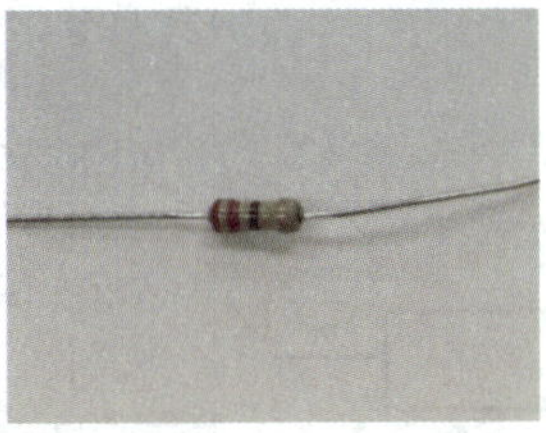		• 규격 : 330Ω(적,적,갈색) • 극성 : 없음
(6) 전해 콘덴서	 	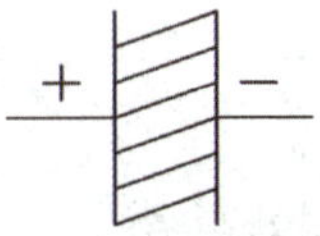	• 규격 : 220μF/35V • 극성 : 그림과 같이 (−)극성표시가 되어 있다.
(7) 전원트랜스 (변압기)	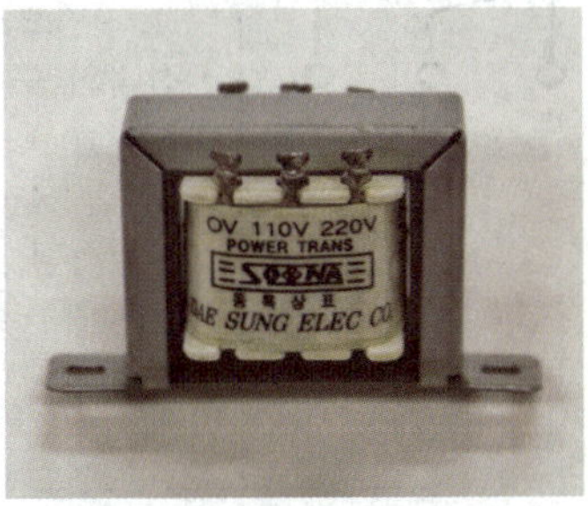 	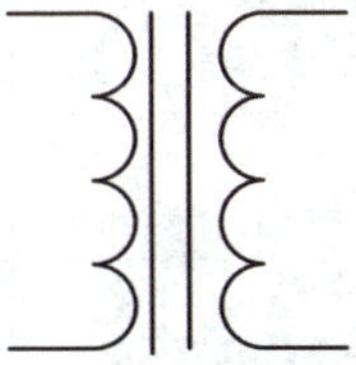	• 규격 : AC 110~220V/9V-0-9V, 300mA • 정·부 판별 : 저항값으로 측정 - 1차측 단자 : 0V~220V 사이의 저항값(약 1kΩ)에 대하여 0V~110V 사이 저항값(약 0.5kΩ)이 대략 1/2배가 나오면 정상 - 2차측 단자 : 0V~9V 간의 저항 값(약 6Ω)이 9V ~9V 사이의 저항값(약12Ω)에 대하여 대략 1/2배가 나오면 정상

명칭	그림	심벌	특성
(8) 정전압IC (7805)		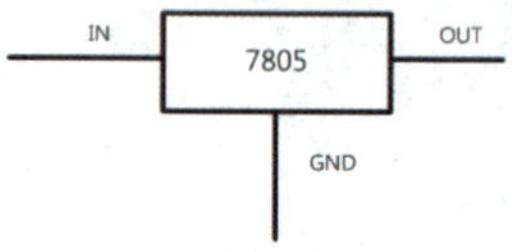 IN — 7805 — OUT, GND	• 특성 : 3단자 전압레귤레이터는 출력보다 높은 입력전압을 안정적인 낮은 출력전압을 공급하는 소자이다. • 7805소자 특성 : 최대 DC 35V 이하의 전압을, DC 5V, 500mA~1A의 전원을 얻을 수 있다. • 7805소자의 리드 : 품명이 인쇄된 면을 바라본 상태에서 왼쪽 리드는 입력(IN), 중앙은 공통(GND), 오른쪽은 출력(OUT)단자이다.
(9) DC릴레이 (기판용)	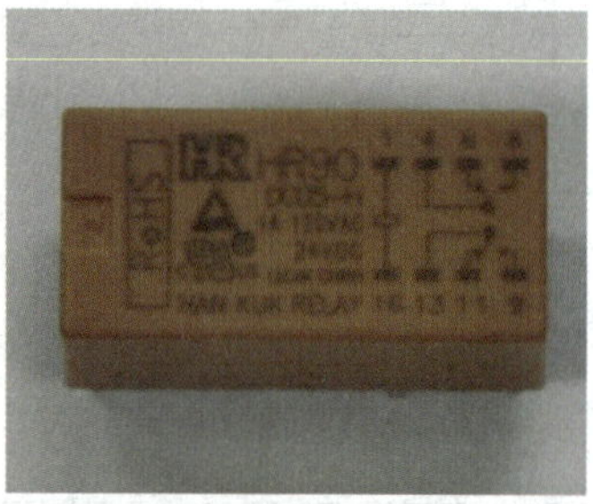 	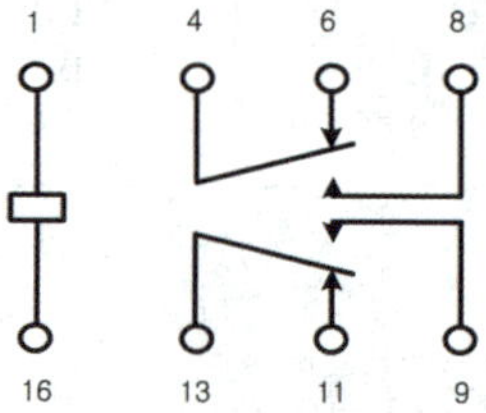 1, 4, 6, 8 / 16, 13, 11, 9	• 규격 : DC 24V, 2a2b/8pin • 번호구성 : 그림과 같이 왼쪽 홈을 기준으로 윗 단자가 왼쪽부터 1, 4, 6, 8번으로 구성되어 있고 아랫단자는 16, 13, 11, 9번으로 구성되어 있다. • 접점의 구성 a접점 : 4-8번, 13-9번 b접점 : 4-6번, 13번-11번 전원접점 : 1-16번
(10) 3색선 (리드선)			• 규격 : 0.3mm×3 • 용도 : 기판 배선용

명칭	그림	심벌	특성
(11) 연선			• 규격 : 1.5mm²(30/0.25) • 용도 : 전원트랜스 1차측 (220V) 배선 및 PCB기판 출력과 제어판 연결 배선

2.2 회로 스케치

(1) 전자회로

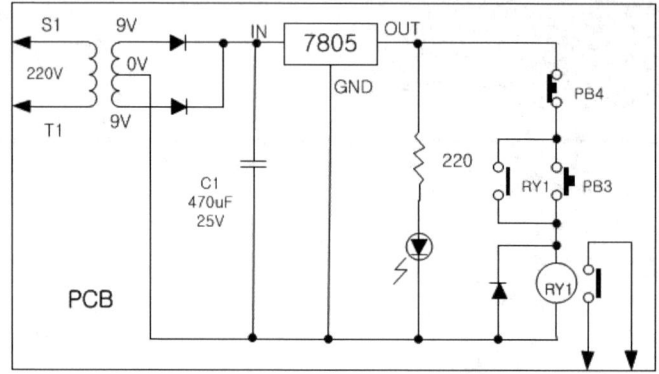

(2) 회로 스케치

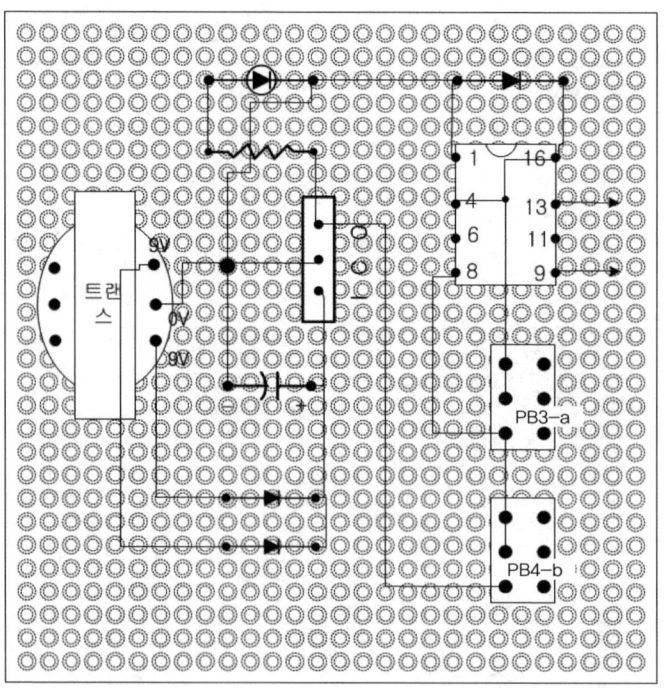

[뒷면]

TIP >> DC 릴레이 접점번호
- a접점 : 4-8번, 13-9번   • b접점 : 4-6번, 13-11번   전원접점 : 1-16번

2.3 부품배치

[STEP 1] 기판 표시

- 전자기판에 전원트랜스를 조립하기위하여 부착위치를 표기한다.

[STEP 2] 기판 드릴 작업

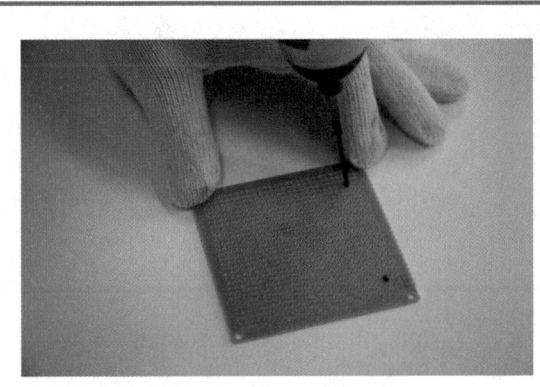

- 표기된 전원트랜스 부착위치를 전동공구를 이용하여 드릴작업을 한다.

[STEP 3] 트랜스 고정 1

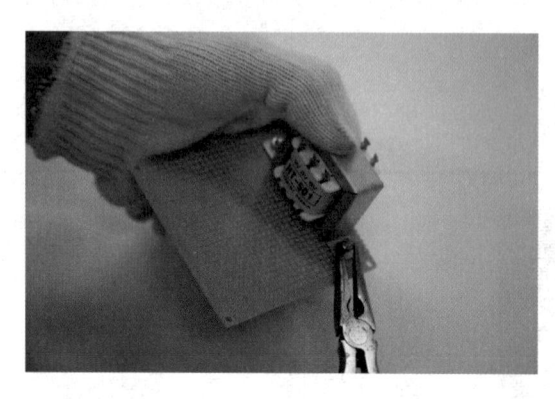

- 전원트랜스를 수공구를 이용하여 볼트, 너트를 조여서 고정시킨다.

[STEP 4] 트랜스 고정 2

- 전원트랜스를 고정시킬 때 1차측 단자(0V~220V)는 기판 바깥쪽으로, 2차측 단자(0~9V)는 안쪽으로 향하도록 고정시켜야 한다.

- 전원트랜스가 고정된 모습.

[STEP 5] 전자부품 배치하기

- 나머지 부품도 그림과 같이 배치하고 부품소자 리드선을 구부려 고정시킨다.

- 기판에 전자소자들을 구부려 고정시킬 때는 그림과 같이 부품 소자 리드선을 비스듬히 사선으로 구부려 고정시켜야 한다.

- 부품소자 리드선을 비스듬히 사선으로 구부리는 이유는 소자 간에 연결 배선 납땜을 원활하게 하기 위해서이다.

- 릴레이나 버튼을 고정시킬 때는 대각선으로 2단자만 구부려 고정시킨다.

2.4 납땜작업

[STEP 1] 부품 리드선 커팅 1

- 납땜을 매끄럽게 진행하기 위하여 니퍼로 전자 부품 리드선을 그림과 같은 방법으로 자른다.

[STEP 2] 부품 리드선 커팅 2

- 전자 부품 리드선이 잘려진 모습
- 주의 : 리드선이 잘릴 때 금속선 조각이 튀어나갈 우려가 있으니 주의하여야 한다.

[STEP 3] 리드선 벗기기

- 회로 배선을 위한 리드선을 곧게 펴고 와이어 스트리퍼를 이용하여 피복을 벗긴다.

[STEP 4] 리드선 펴기

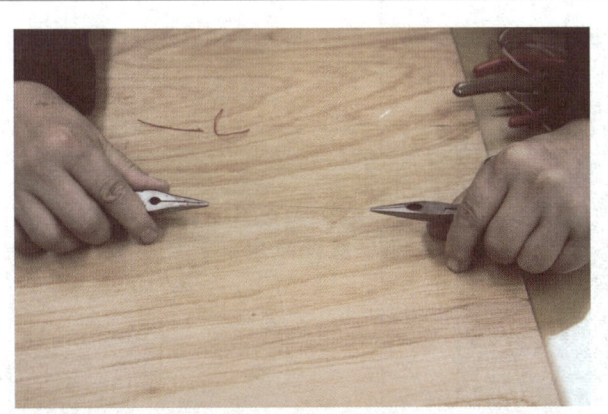

- 벗겨진 리드선을 곧게 펴기 위하여 그림과 같이 양손으로 롱노즈 플라이어를 이용하여 당긴다.

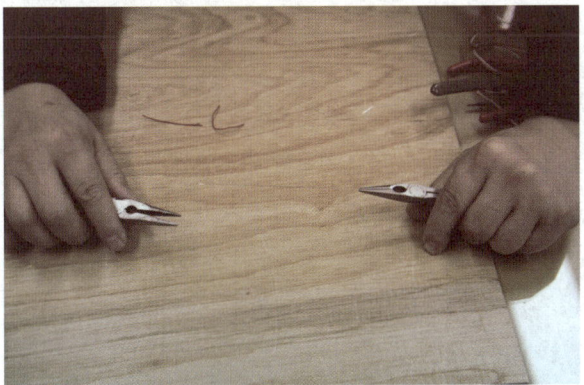

- 피복이 벗겨진 리드선이 곧게 펴진 모습이다.

[STEP 5] 리드선 납땜

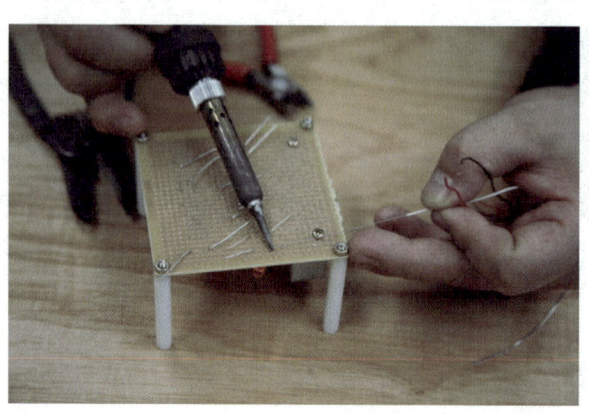

- 회로 연결 시작점에 납땜을 시작한다.

[STEP 6] 리드선으로 회로 연결

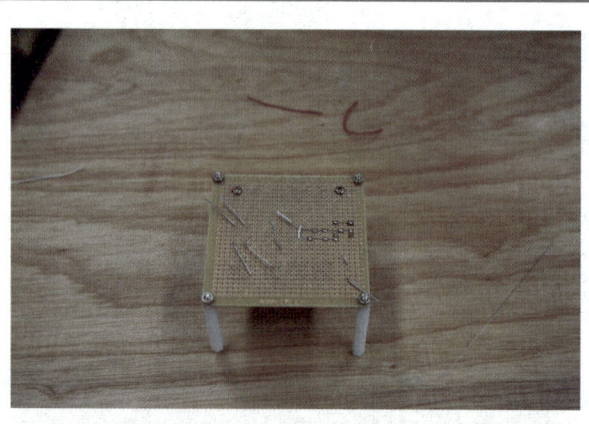

- 리드선으로 회로연결이 부분적으로 완료된 모습

- 기판을 기울여서 본 모습

[STEP 7] 완성

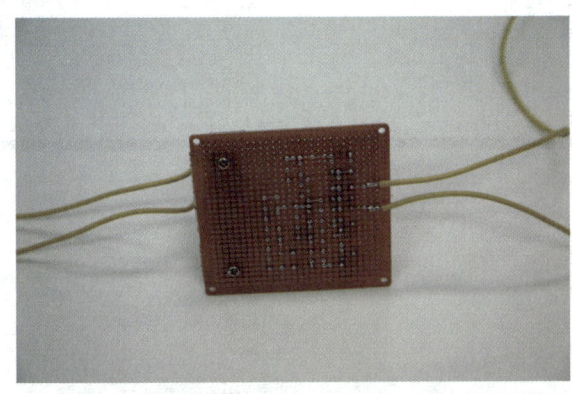

• 회로 스케치도에 따라 리드선을 이용하여 납땜을 진행하여 완성된 모습

• 기판위에서 본 모습

Section 03 제어함 작업

3.1 단자대 어드레스

Chapter 02 기능장 과제 따라하기

(1) 도면

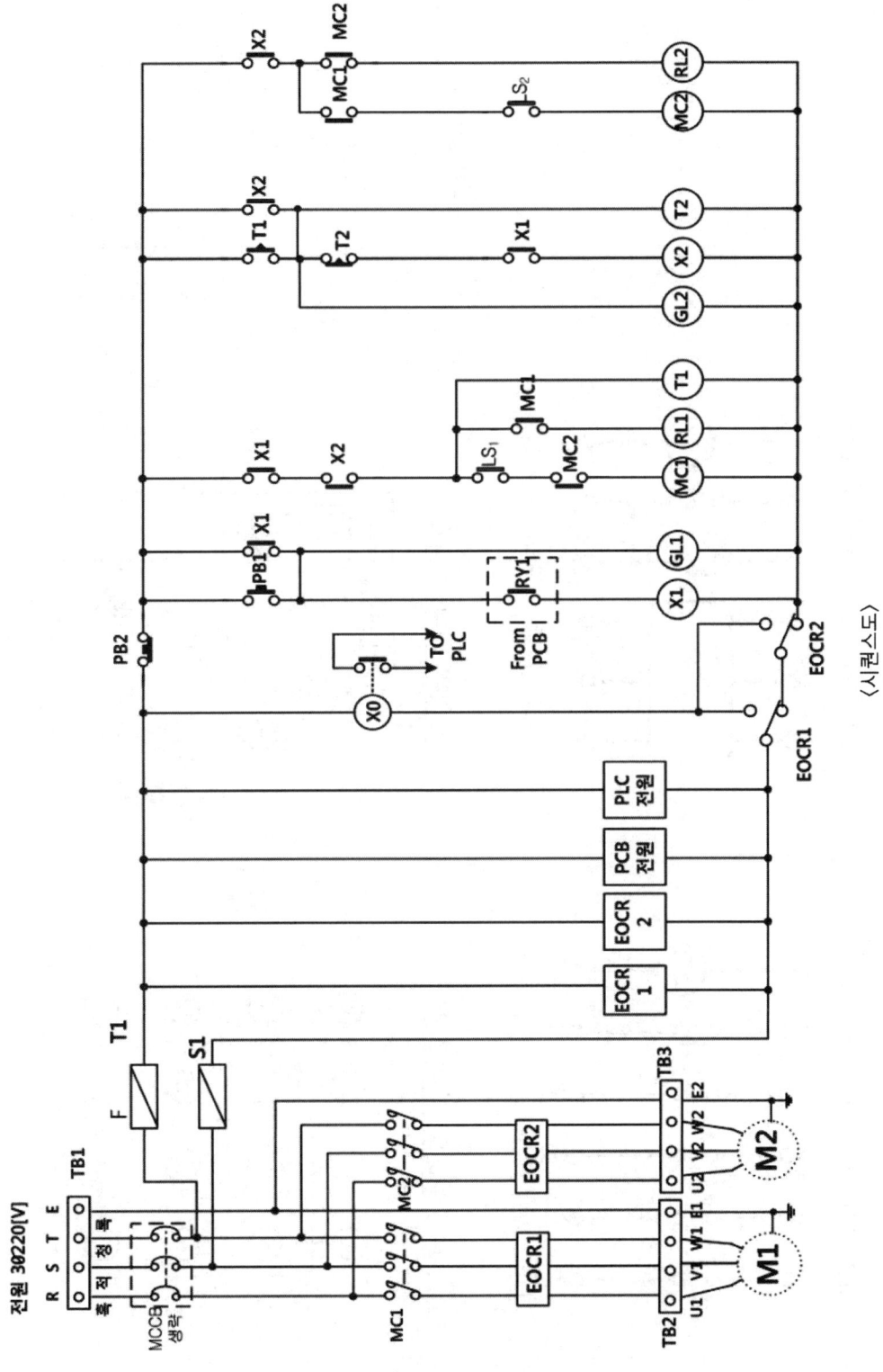

〈시퀀스도〉

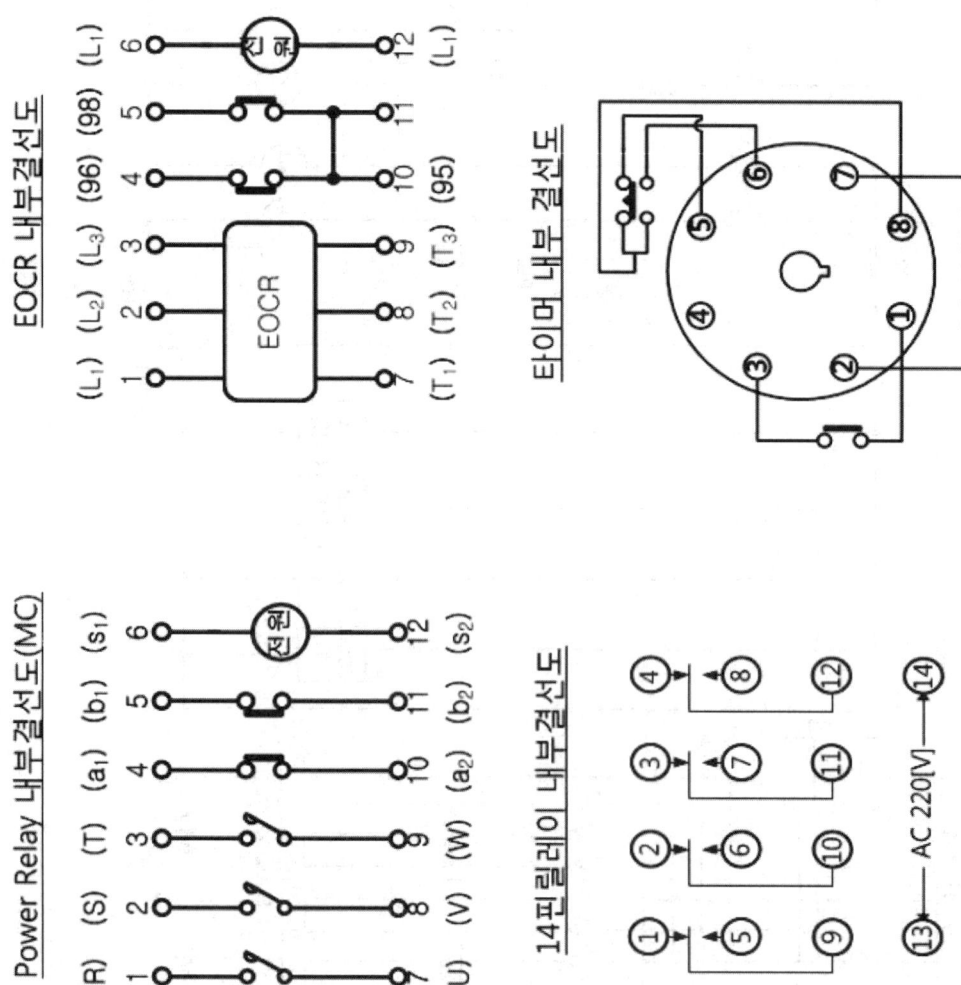

(2) 계전기 번호 표기하기

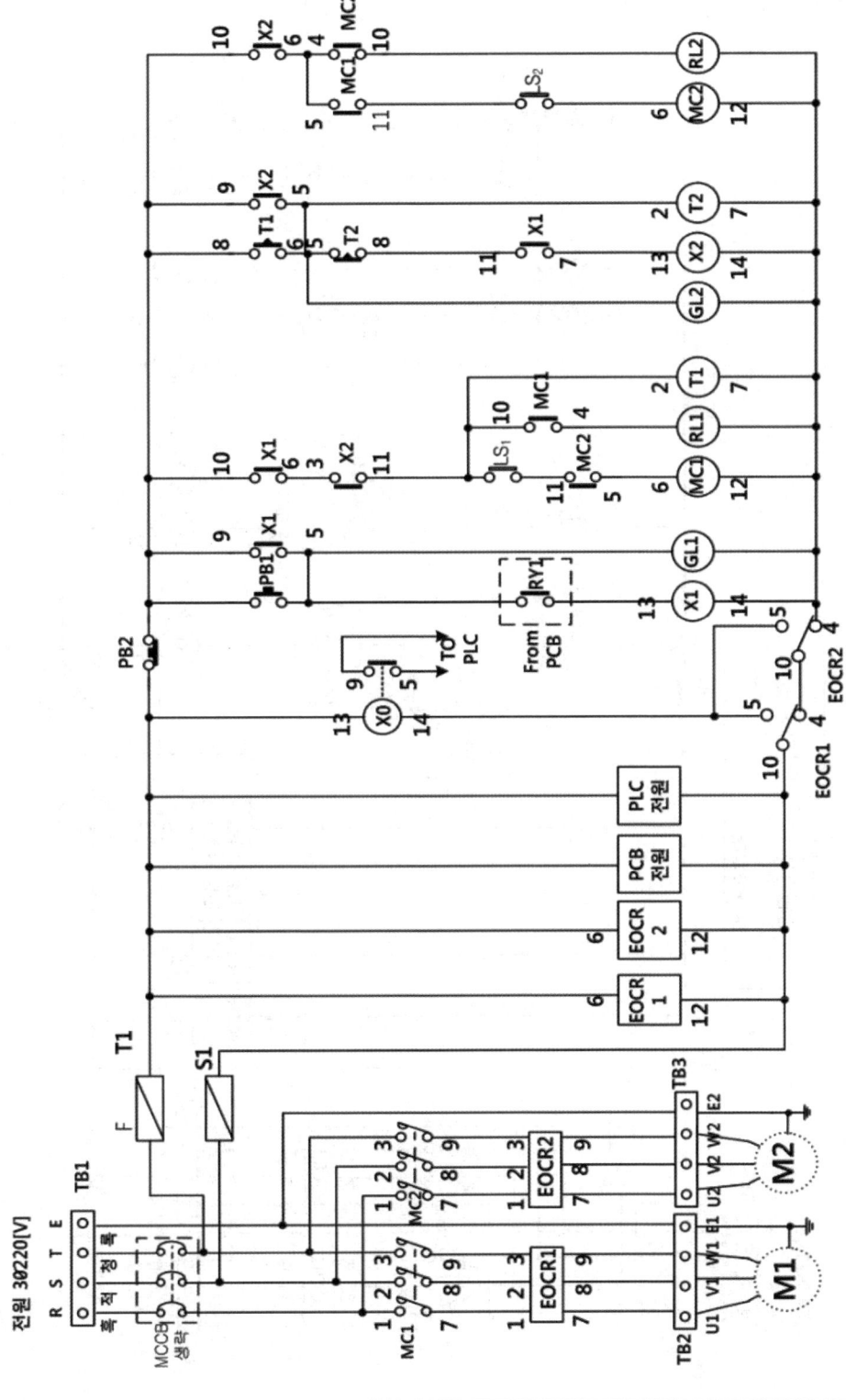

(3) 단자대 어드레스 부여하기

1) 시퀀스도에 단자대 번호 표기하기

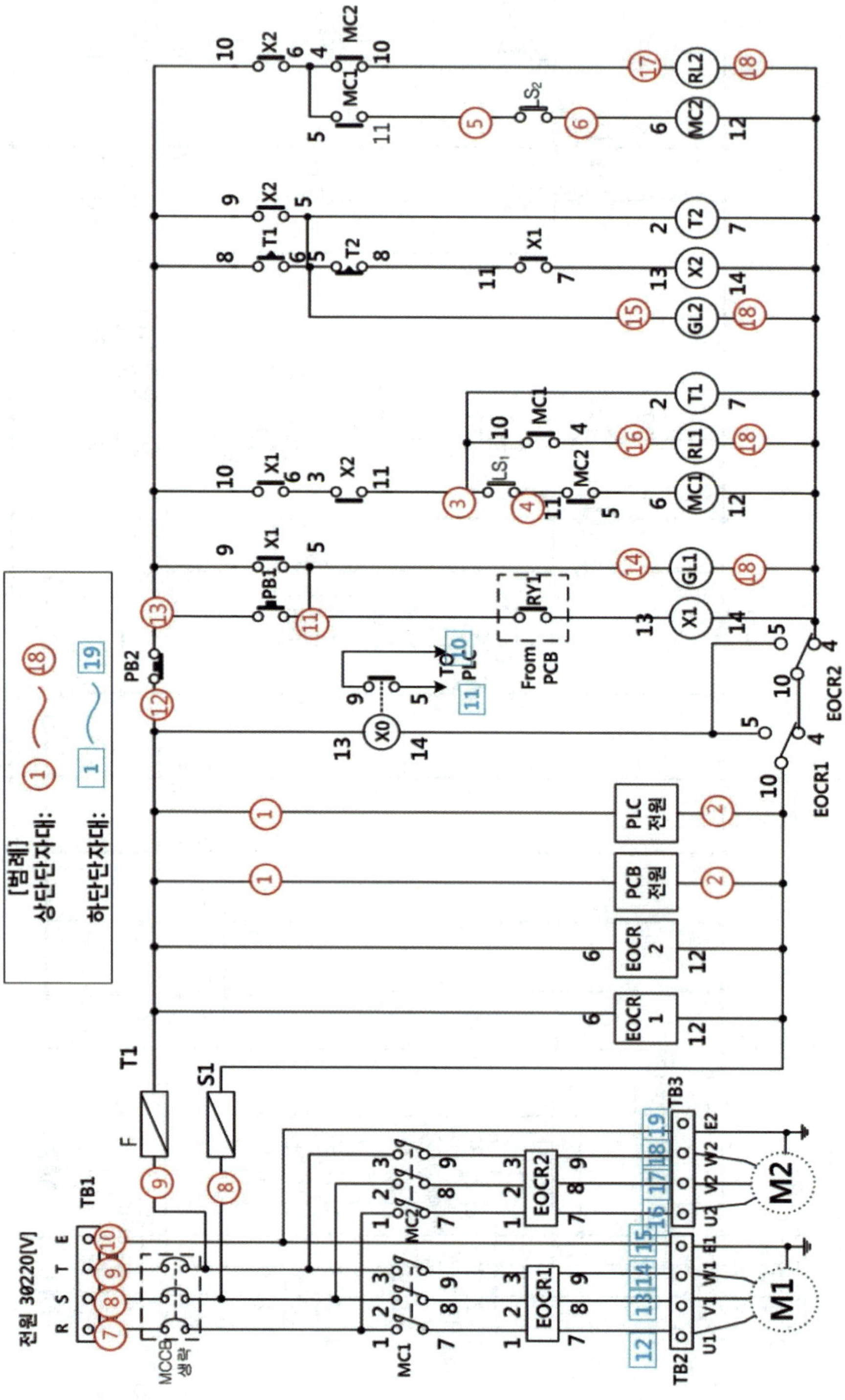

● 시퀀스도에서 버튼이나 램프류의 연결 단자대 표기에 있어서 퓨즈 전원을 기준으로 좌측이나 위 접점을 편의상 입력측이라고 하고 우측이나 아래 접점을 출력측이라고 표기하기로 한다.

상단 단자대 해설

- 1번 단자 : 퓨즈 전원 S_1과 PCB 전원과 PLC 전원을 공통 배선한다.
- 2번 단자 : 퓨즈 전원 T_1과 PCB 전원선, PLC 전원선을 공통 배선한다.
- 3번 단자 : LS_1 입력측 배선을 한다.
- 4번 단자 : LS_1 출력측 배선을 한다.
- 5번 단자 : LS_2 입력측 배선을 한다.
- 6번 단자 : LS_2 출력측 배선을 한다.
- 7번 단자 : R상 배선을 한다.
- 8번 단자 : S상 배선을 한다.
- 9번 단자 : T상 배선을 한다.
- 10번 단자 : E상(접지선) 배선을 한다.
- 11번 단자 : PB_1 출력측 배선을 한다.
- 12번 단자 : PB_2 입력측 배선을 한다.
- 13번 단자 : PB_1, PB_2의 반대편 단자를 공통 배선한다.
- 14번 단자 : GL_1 입력측 배선을 한다.
- 15번 단자 : GL_2 입력측 배선을 한다.
- 16번 단자 : RL_1 입력측 배선을 한다.
- 17번 단자 : RL_2 입력측 배선을 한다.
- 18번 단자 : RL_1, RL_2, GL_1, GL_2의 출력측 단자를 공통 배선한다.

하단 단자대 해설

- 1번 단자 : PLC 출력 PL_1 입력측 배선을 한다.
- 2번 단자 : PLC 출력 PL_2 입력측 배선을 한다.
- 3번 단자 : PLC 출력 PL_3 입력측 배선을 한다.
- 4번 단자 : PLC 출력 PL_4 입력측 배선을 한다.
- 5번 단자 : PLC 출력 YL 입력측 배선을 한다.
- 6번 단자 : PLC 출력 BZ 입력측 배선을 한다.
- 7번 단자 : PLC 출력 com 단자 배선을 한다.

- 8번 단자 : PLC 입력 PB_3 입력측 배선을 한다.
- 9번 단자 : PLC 입력 PB_4 입력측 배선을 한다.
- 10번 단자 : PLC 입력 XO 베이스 9번 단자 배선을 한다.
- 11번 단자 : PLC 입력 com 단자 배선을 한다.(& XO 베이스 5번 단자)
- 12번 단자 : 주회로 모터 M_1 출력 U_1 단자 배선을 한다.
- 13번 단자 : 주회로 모터 M_1 출력 V_1 단자 배선을 한다.
- 14번 단자 : 주회로 모터 M_1 출력 W_1 단자 배선을 한다.
- 15번 단자 : 주회로 모터 M_1 출력 E_1 단자 배선을 한다.
- 16번 단자 : 주회로 모터 M_2 출력 U_2 단자 배선을 한다.
- 17번 단자 : 주회로 모터 M_2 출력 V_2 단자 배선을 한다.
- 18번 단자 : 주회로 모터 M_2 출력 W_2 단자 배선을 한다.
- 19번 단자 : 주회로 모터 M_2 출력 E_2 단자 배선을 한다.
- 20번 단자 : PLC 단독 접지단자 배선을 한다.

2) 단자대 어드레스 정리

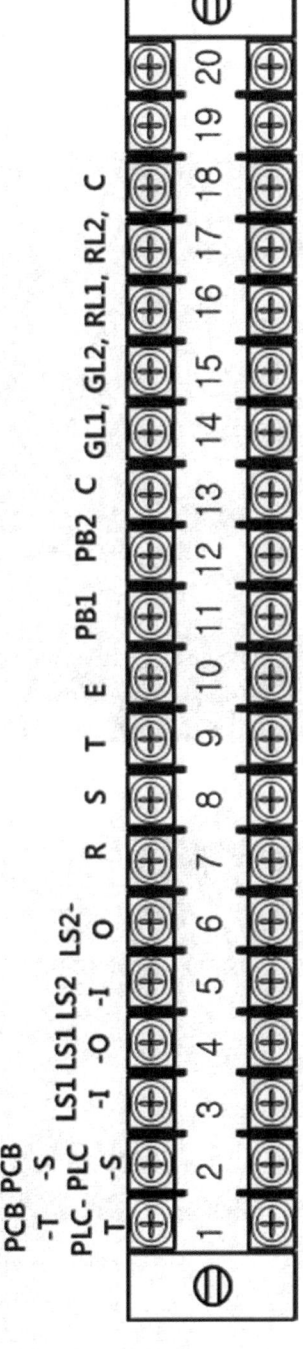

〈상단단자대〉

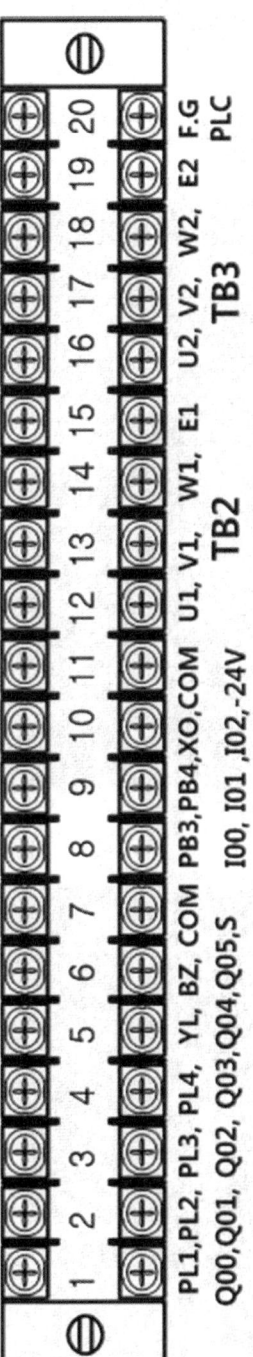

〈하단단자대〉

3.2 제어함 배선하기

[STEP 1] 단자대 어드레스 표기

상단 단자대 표기

하단 단자대 표기

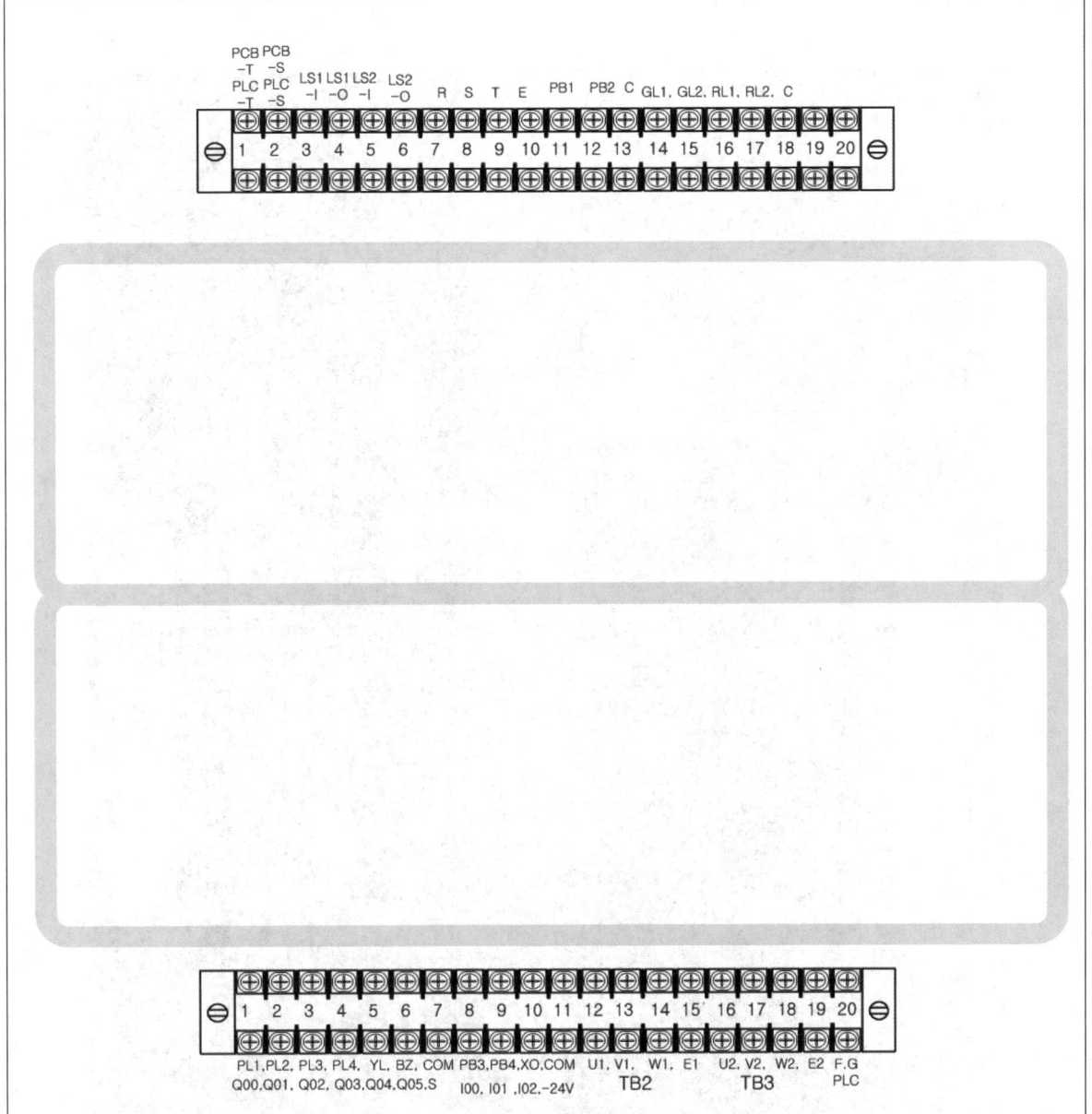

TIP 〉〉 단자대의 사용
- 제어함 상단 단자대 : 1번~18번에 어드레스 표기
  하단 단자대 : 1번~20번에 어드레스 표기
- [에러] 사진에서 하단 단자대 11번 +24V 어드레스를 -24V로 표시 변경함

[STEP 2] 제어함 기구단자 배치

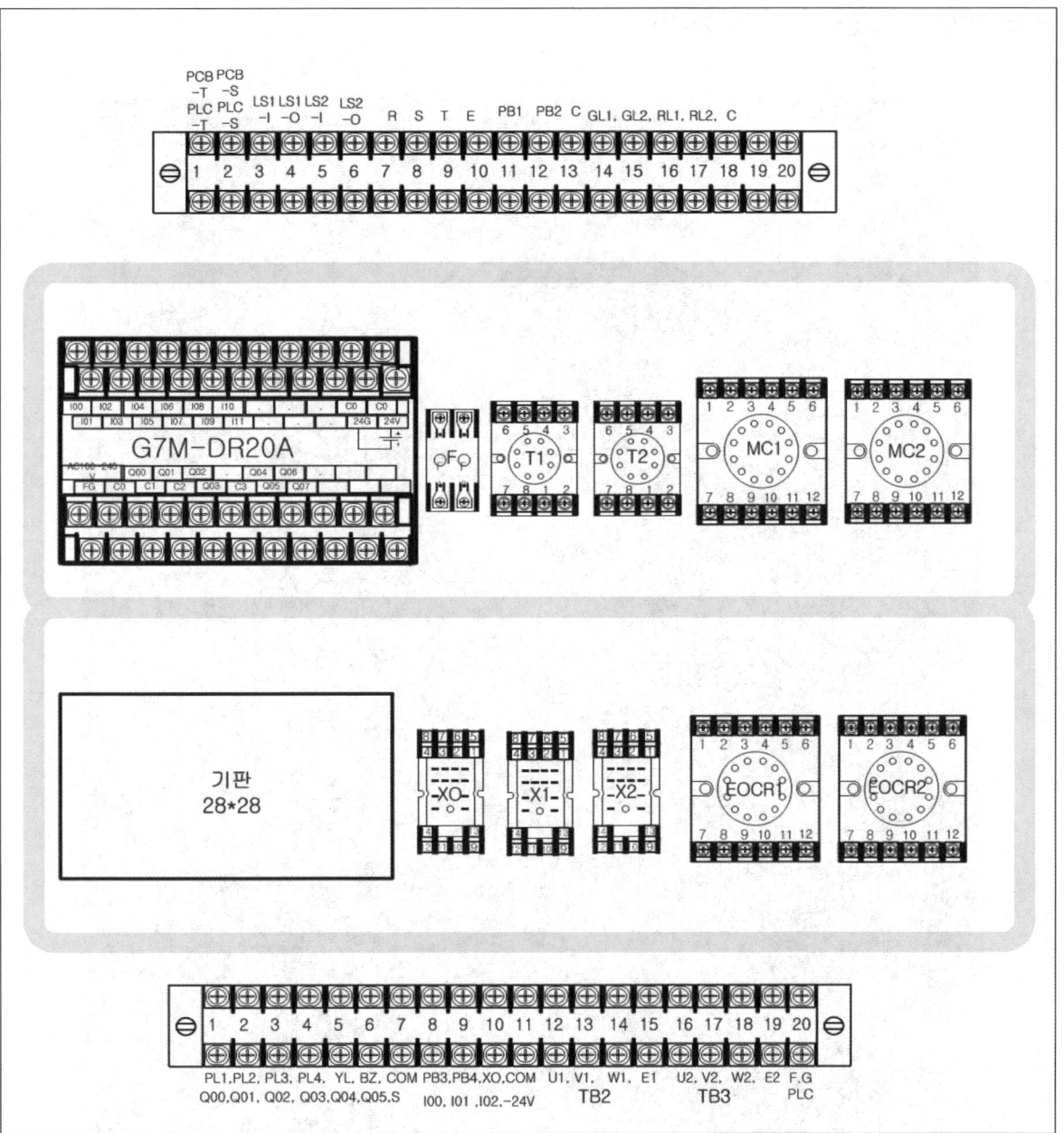

> **Tip**
> 베이스 간의 간격을 적당하게 이격하여 동작검사 시 계전기 등의 삽입이 용이하도록 하여야 한다.

[STEP 3] PLC 입·출력단자 공통처리

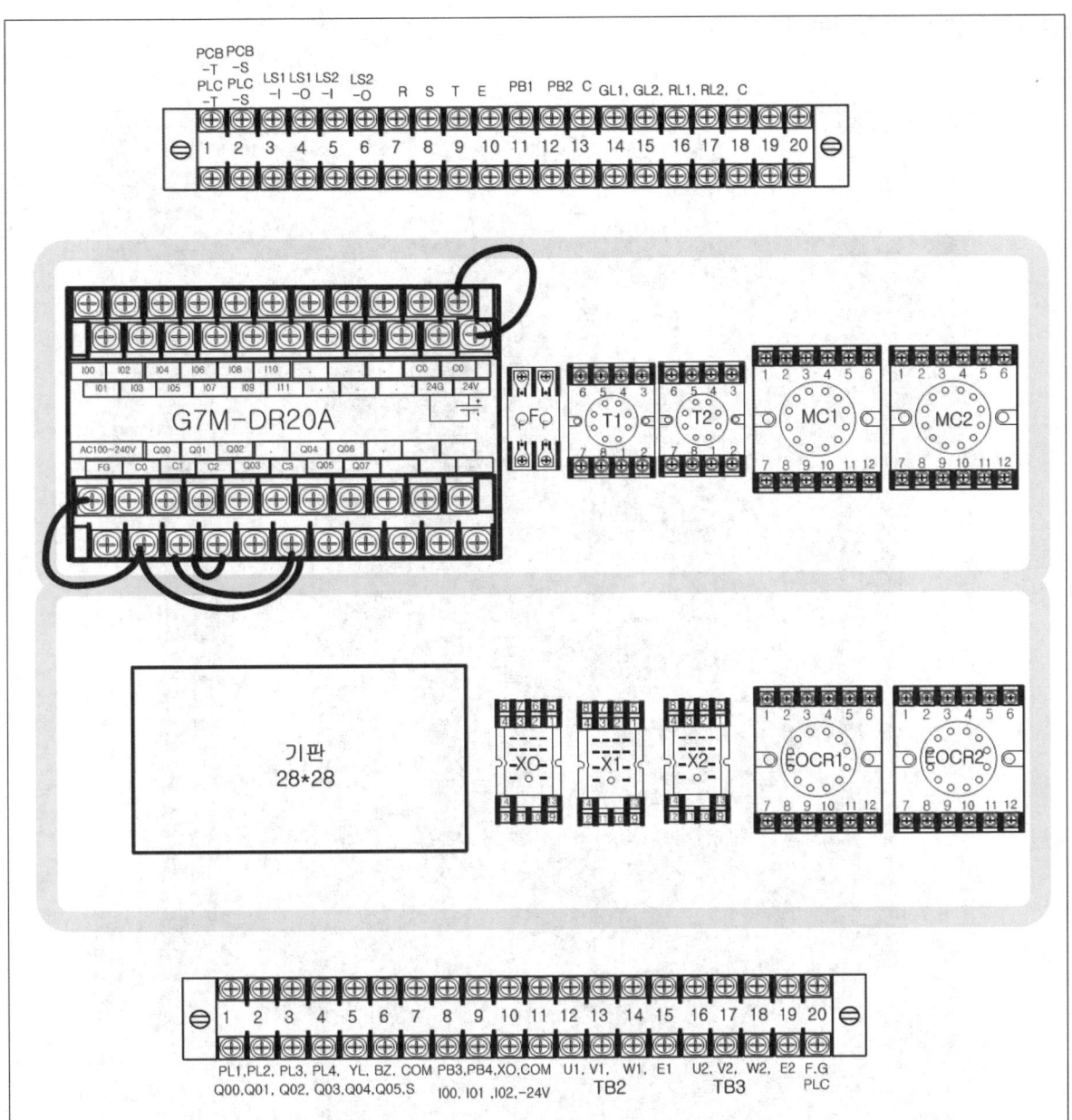

> **Tip**
> - 입력 : COM 단자 – 24V 단자 공통 배선
> - 출력 : AC 220V 단자–COM_0–COM_3–COM_2 단자 공통배선

[STEP 4] PCB 전원 배선

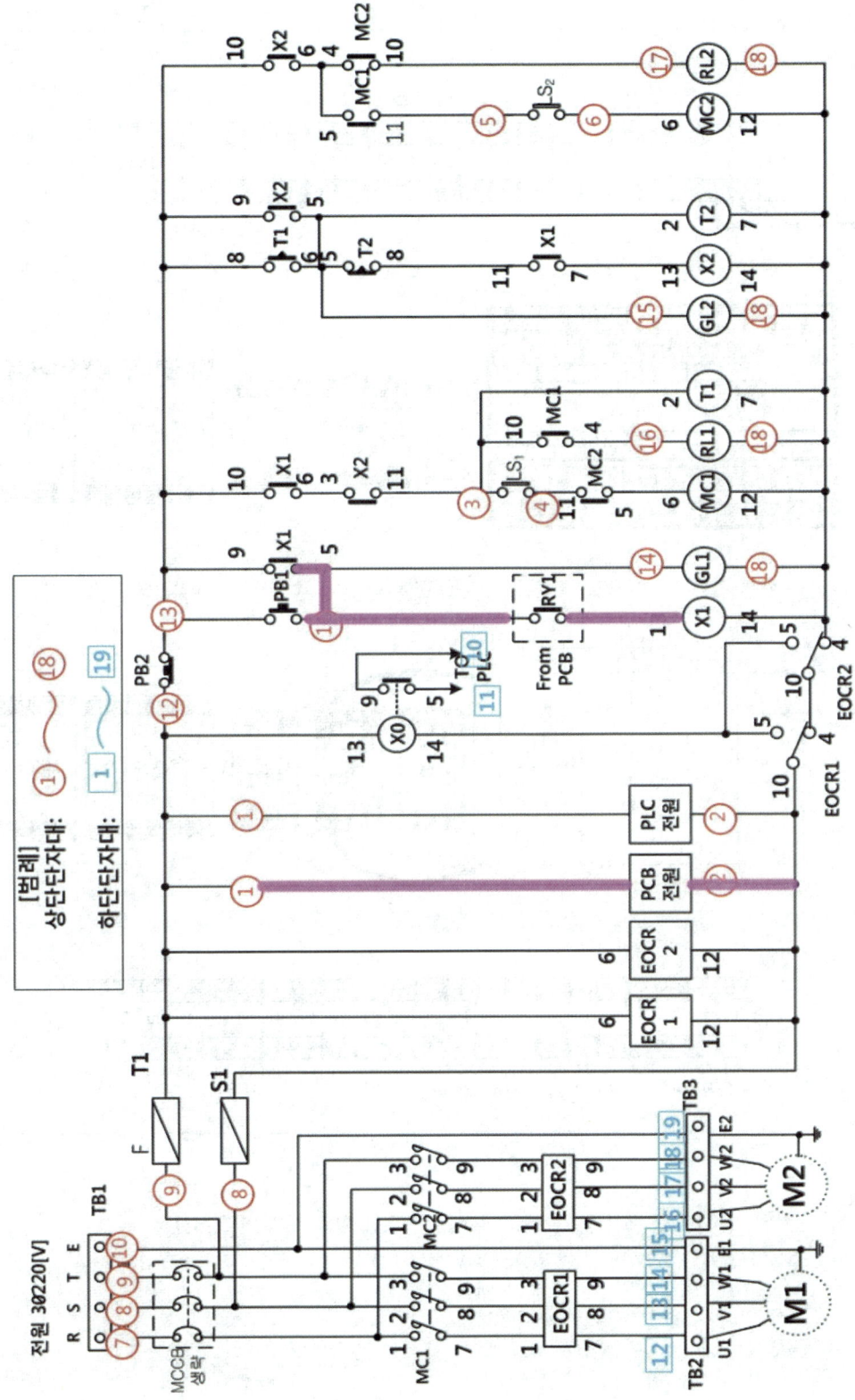

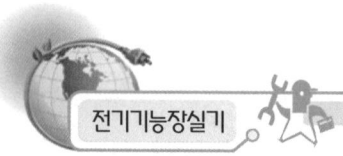

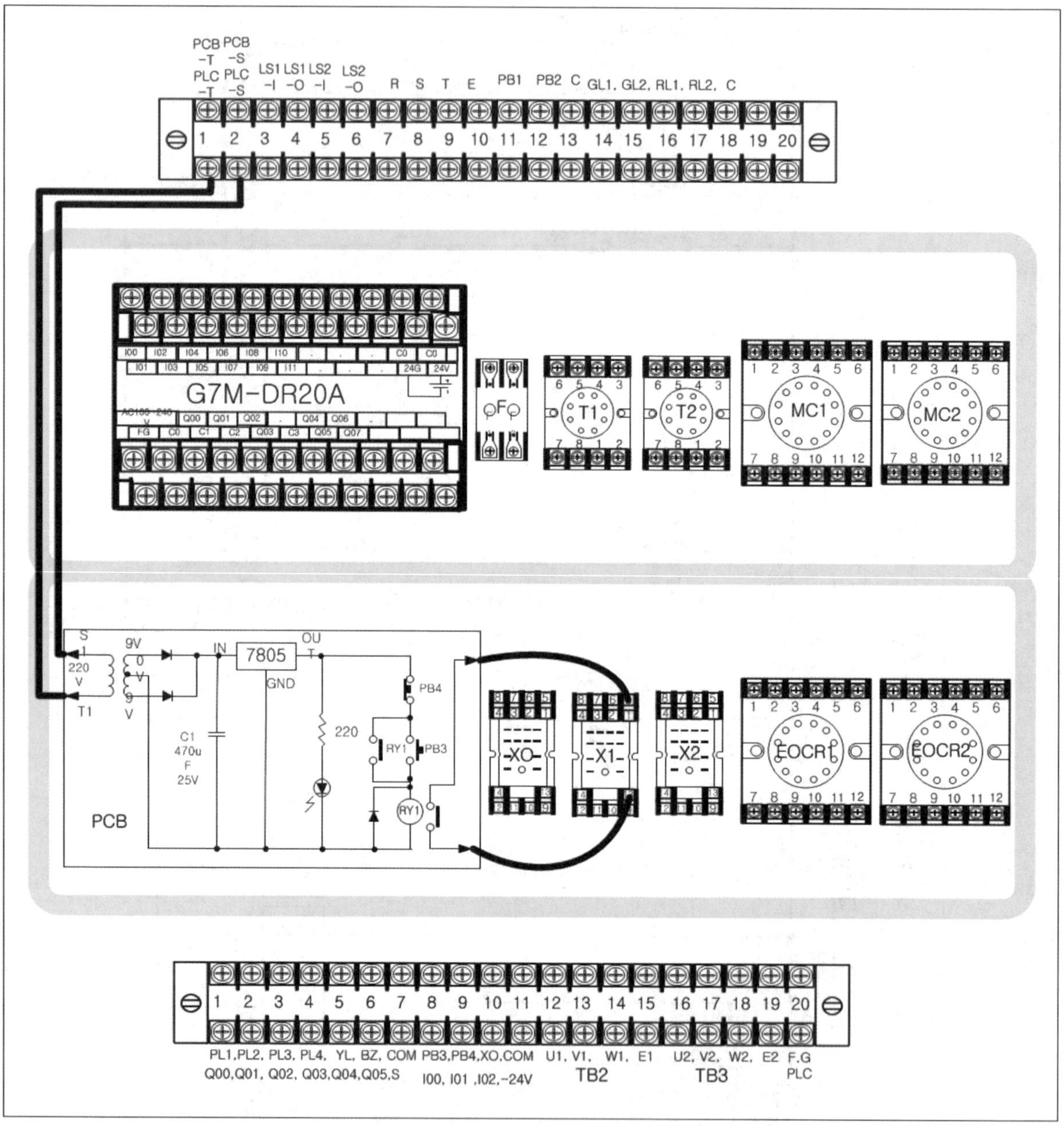

Tip PCB전원 배선 및 전자회로 RY1과 제어함 회로 X_1의 연결 배선

- 상단 단자대 1번-PCB기판 T1상 배선
- 상단 단자대 2번-PCB기판 S1상 배선
- X_1 릴레이 5번- PCB기판 출력 배선
- X_1 릴레이 13번-PCB기판 출력 배선

[STEP 5] PLC 입력 배선

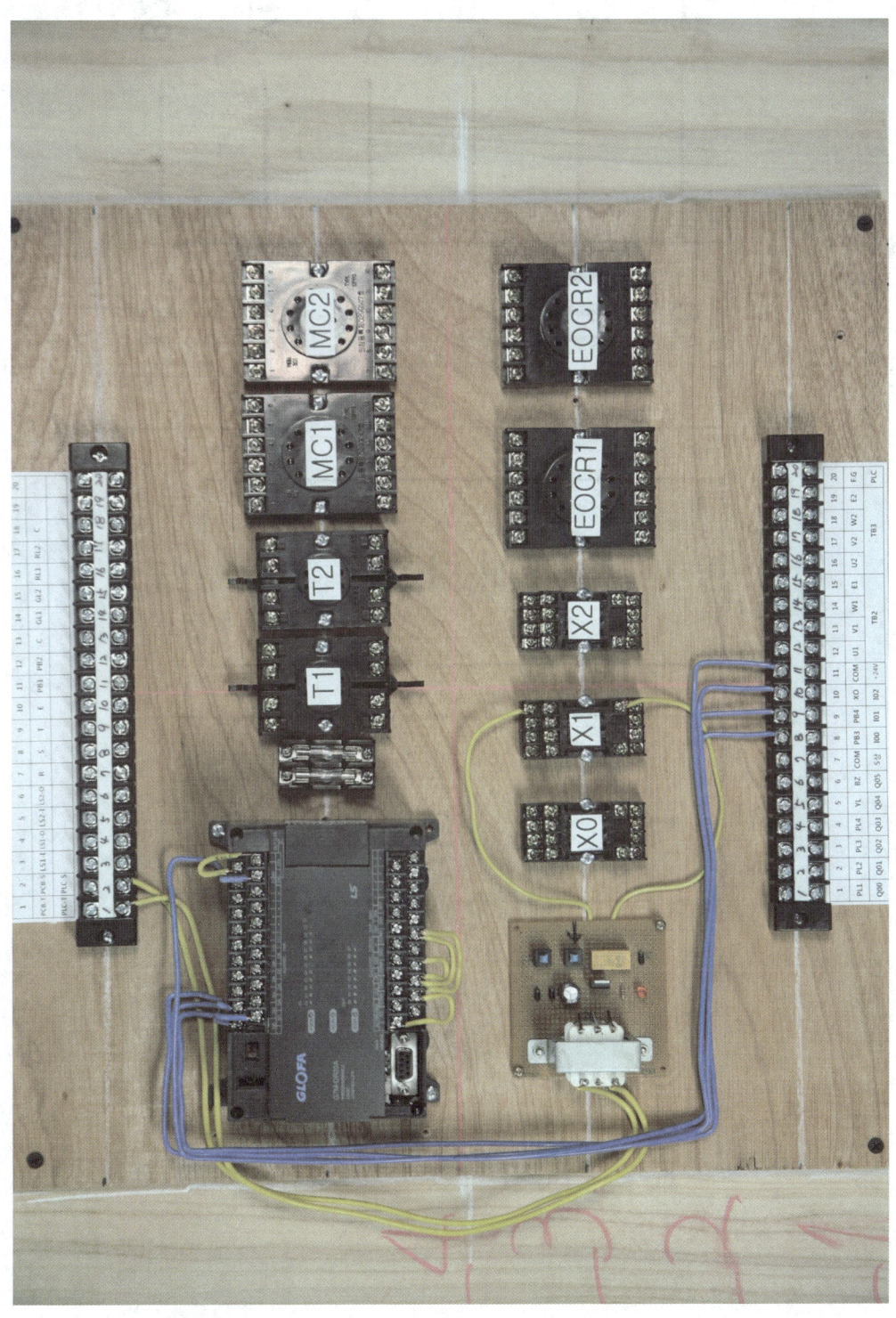

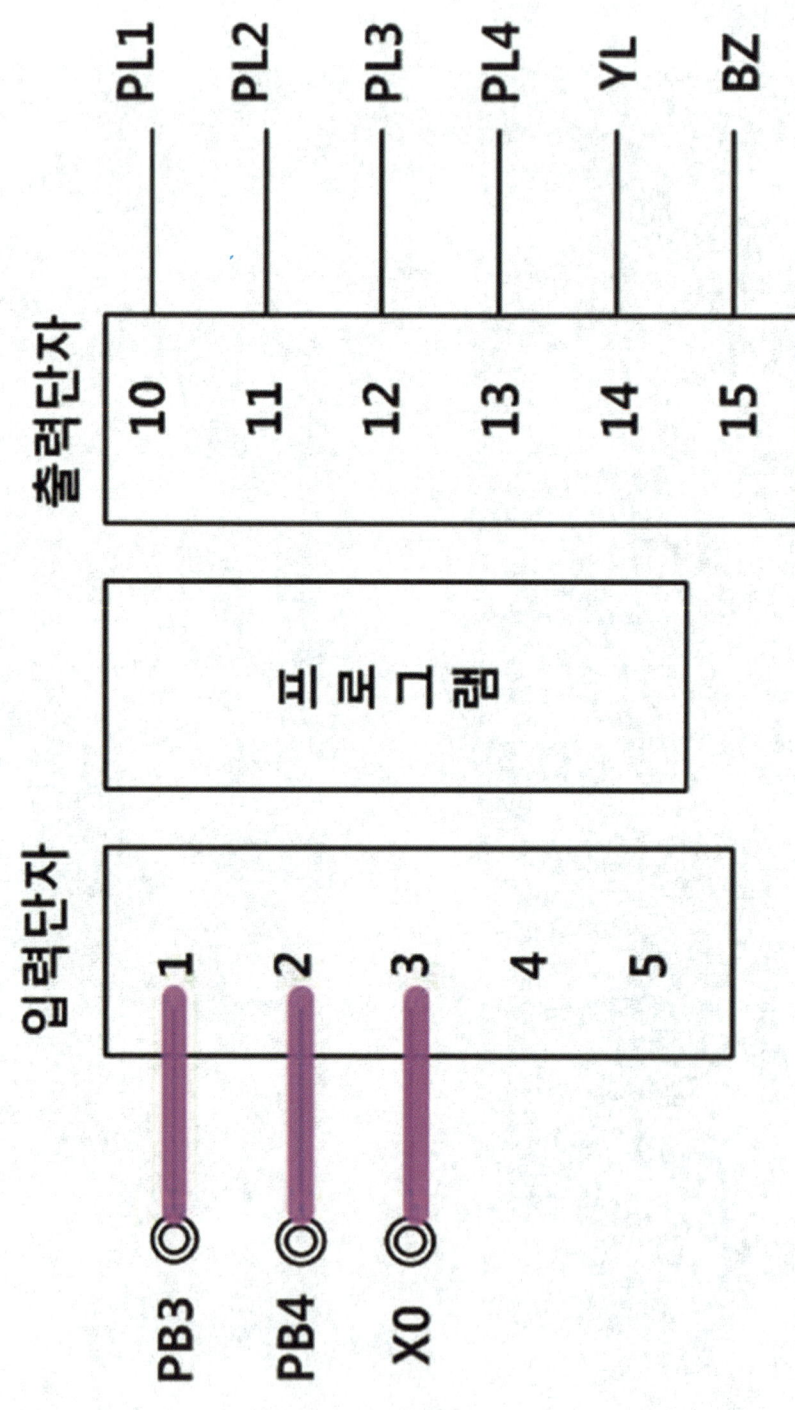

Chapter 02 기능장 과제 따라하기

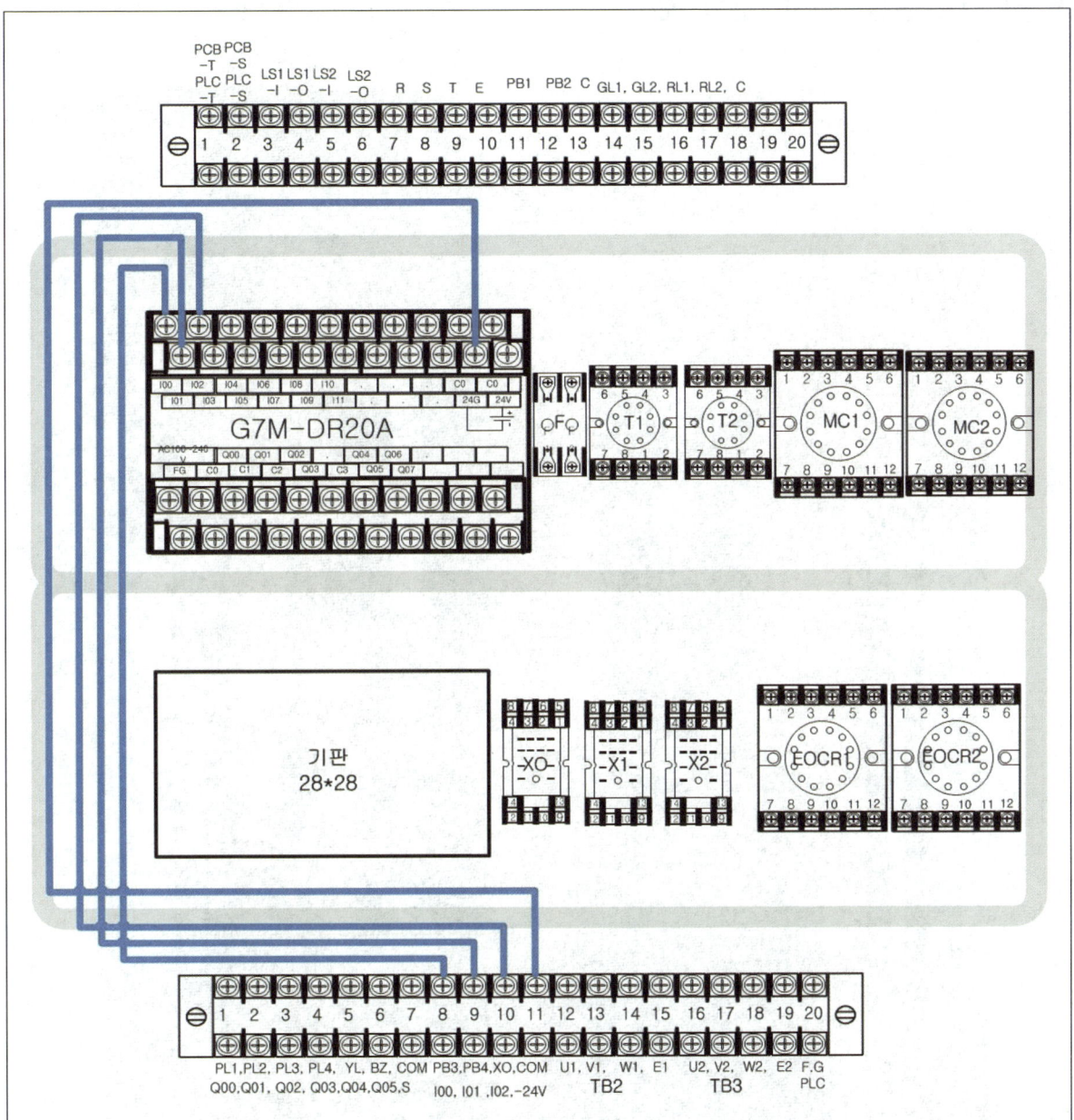

> **Tip**
> - PLC 입력단자 I00-하단 단자대 8번 배선
> - PLC 입력단자 I01-하단 단자대 9번 배선
> - PLC 입력단자 I02-하단 단자대 10번 배선
> - PLC 입력단자-24V-하단 단자대 11번 배선

[STEP 6] PLC 전원, 접지, 출력 배선

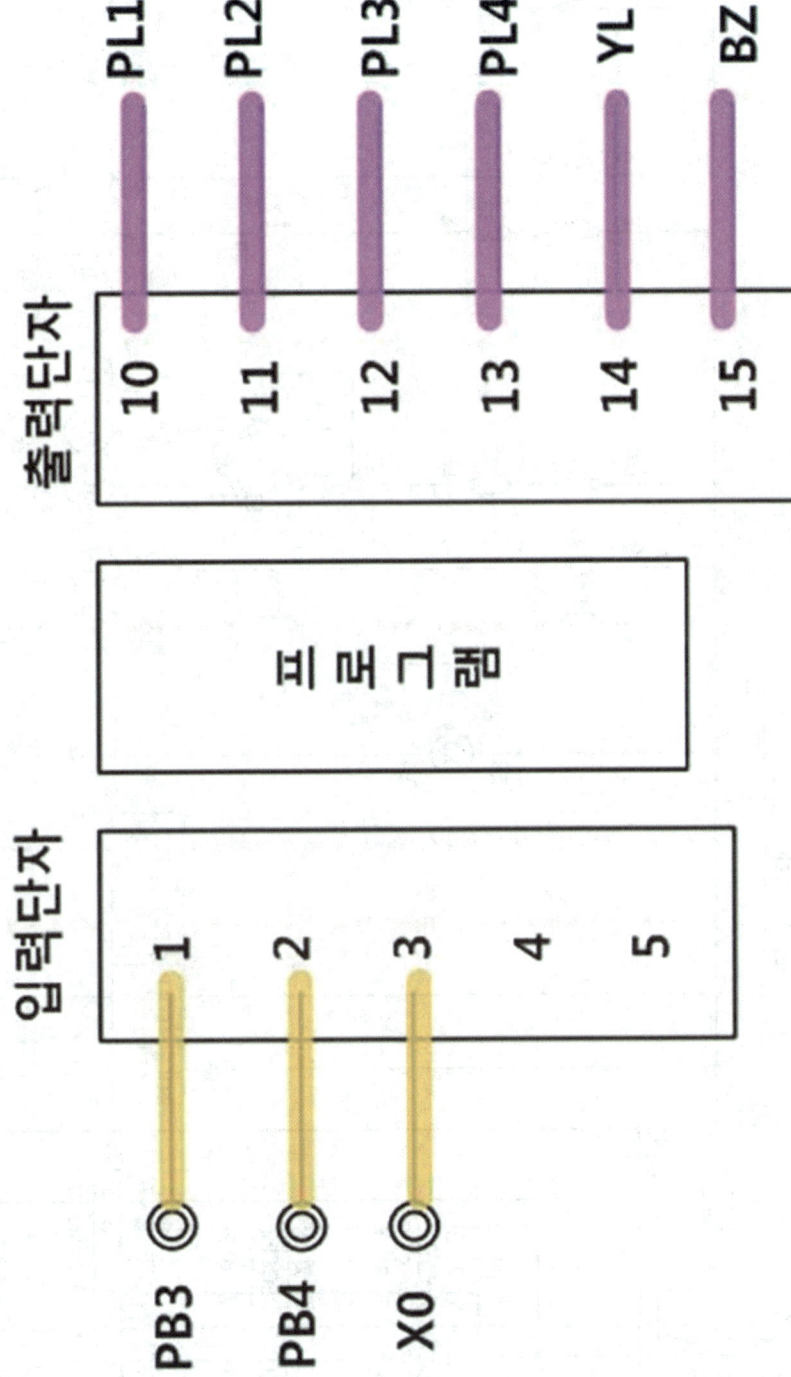

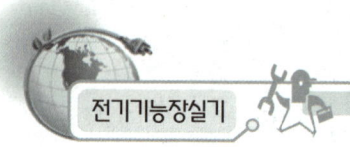

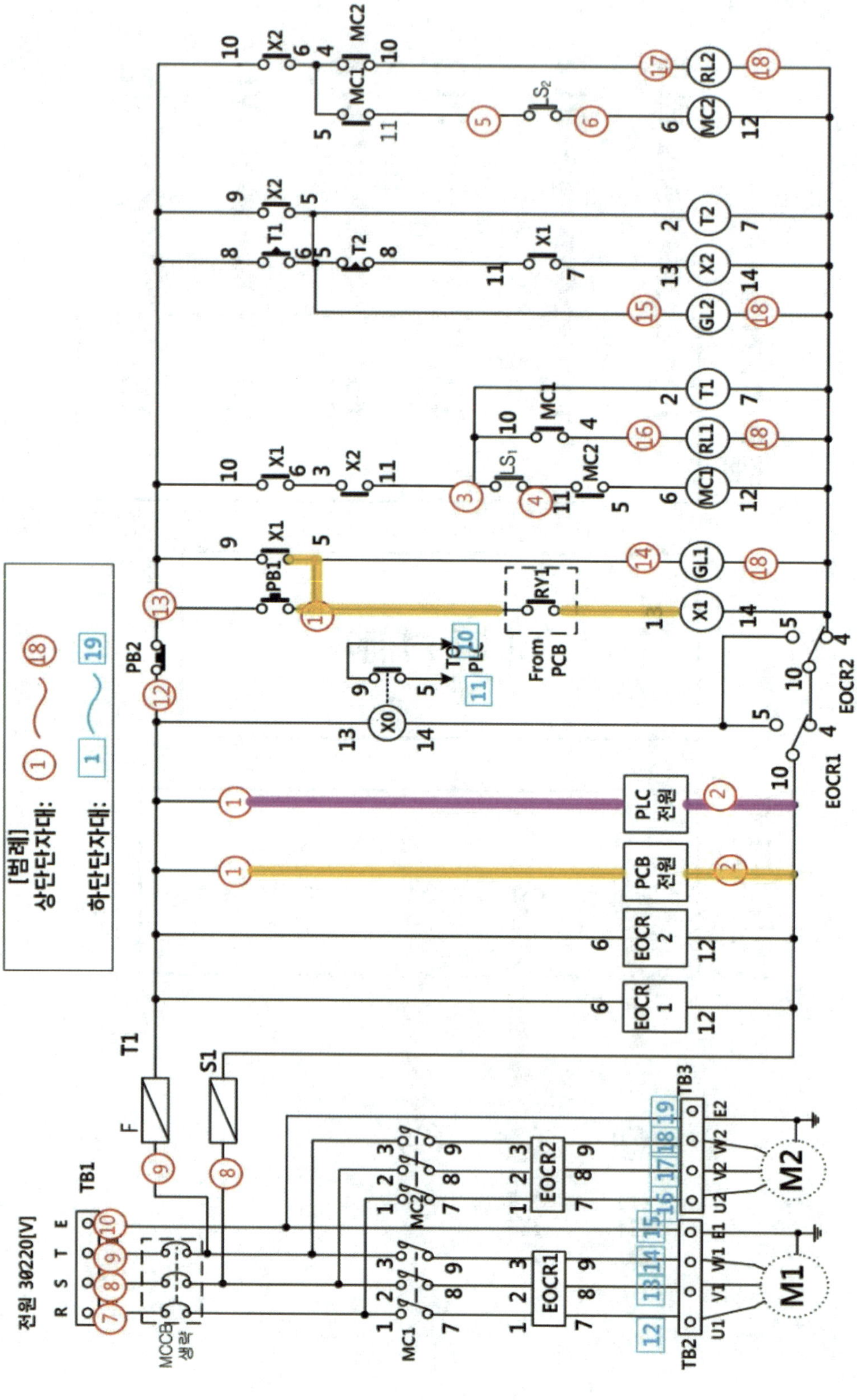
[범례]
상단단자대: ① ~ ⑱
하단단자대: 1 ~ 19
전원 3Φ220[V]
TB1
MCCB 생략
MC1
MC2
EOCR1
EOCR2
TB2
TB3
M1
M2
PLC 전원
PCB 전원
From PCB
TO PLC
EOCR1
EOCR2

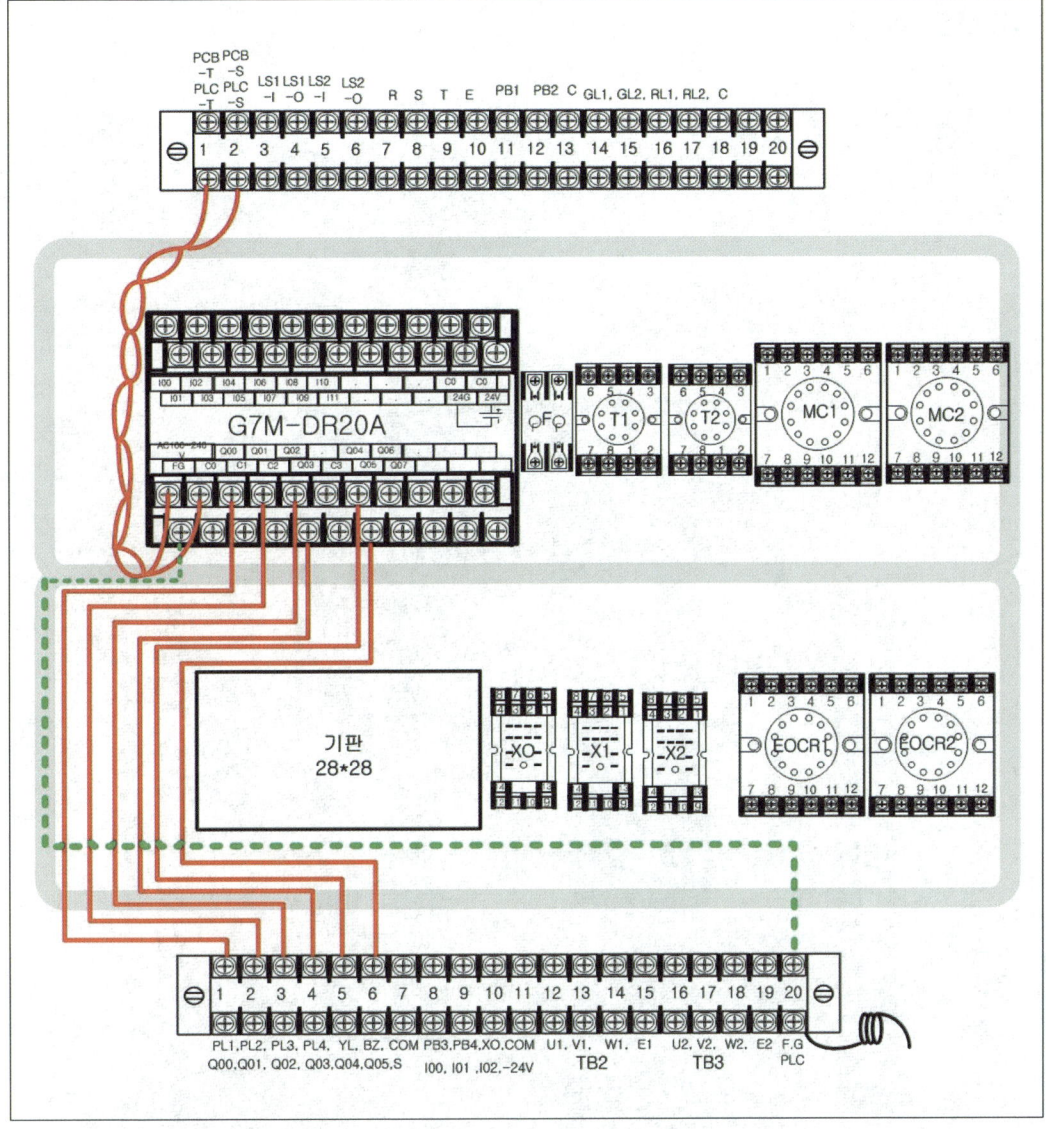

> 💡 TIP
> - PLC 출력단자 Q00-하단 단자대 1번 배선
> - PLC 출력단자 Q01-하단 단자대 2번 배선
> - PLC 출력단자 Q02-하단 단자대 3번 배선
> - PLC 출력단자 Q03-하단 단자대 4번 배선
> - PLC 출력단자 Q04-하단 단자대 5번 배선
> - PLC 출력단자 Q05-하단 단자대 6번 배선
> - PLC 출력단자 FG(접지)-하단 단자대 20번 배선
> - PLC 출력단자 AC 110V~220V-상단 단자대 1, 2번 배선
>
> [주의] PLC 전원 배선은 노이즈 방지 대책으로 꼬임선으로 연결한다.
> PLC는 단독접지하고, RUN 모드상태로 전환한다.

[STEP 7] 주회로 배선

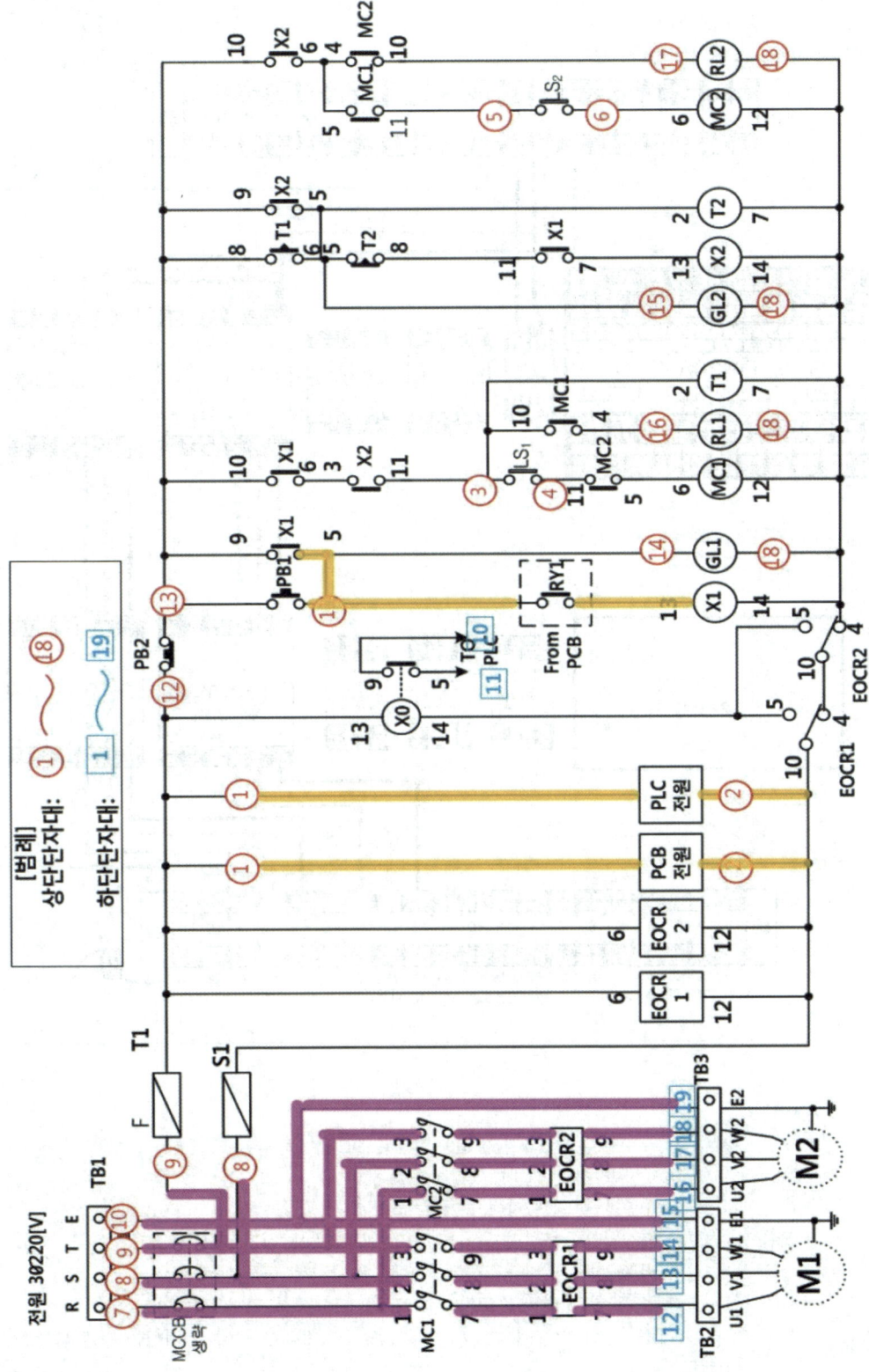

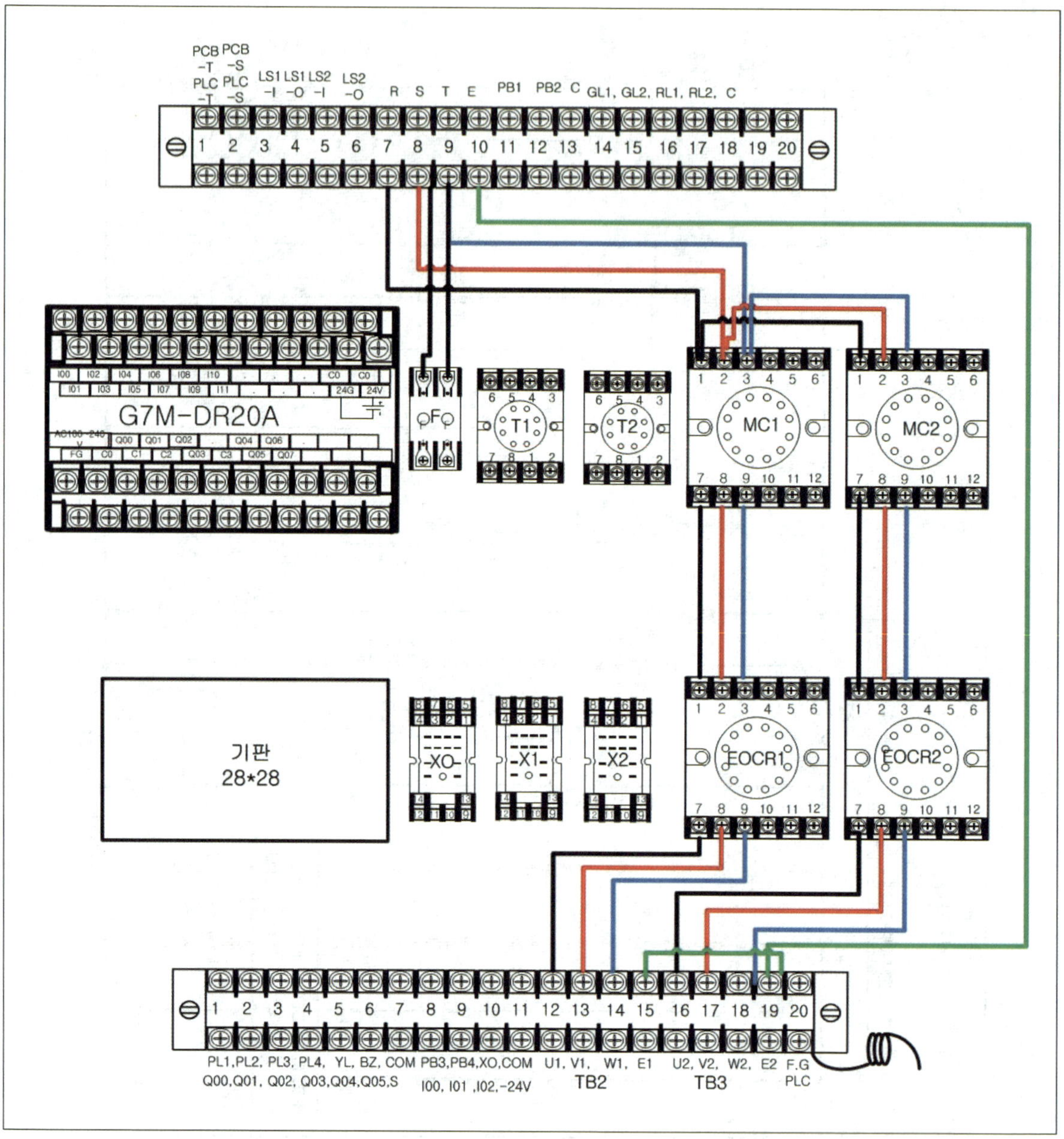

- 상단 단자대 7, 8, 9번(주회로 R, S, T상)-MC₁, MC₂ 1, 2, 3번 배선
- MC₁ 베이스 7, 8, 9번-하단 단자대 12, 13, 14번 배선
- MC₂ 베이스 7, 8, 9번-하단 단자대 16, 17, 18번 배선
- 상단 단자대 10번(접지E)-하단 단자대 15, 19번 배선(공통 접지 배선)
- 퓨즈 홀더 입력 좌측-상단 단자대 8번(S상) 배선
- 퓨즈 홀더 입력 우측-상단 단자대 9번(T상) 배선

[주의] 주회로 배선은 2.5mm²로, R상은 흑색, S상은 적색, T상은 청색, 접지선은 녹색으로 배선한다.

[STEP 8] 퓨즈 출력, EOCR 전원 단자

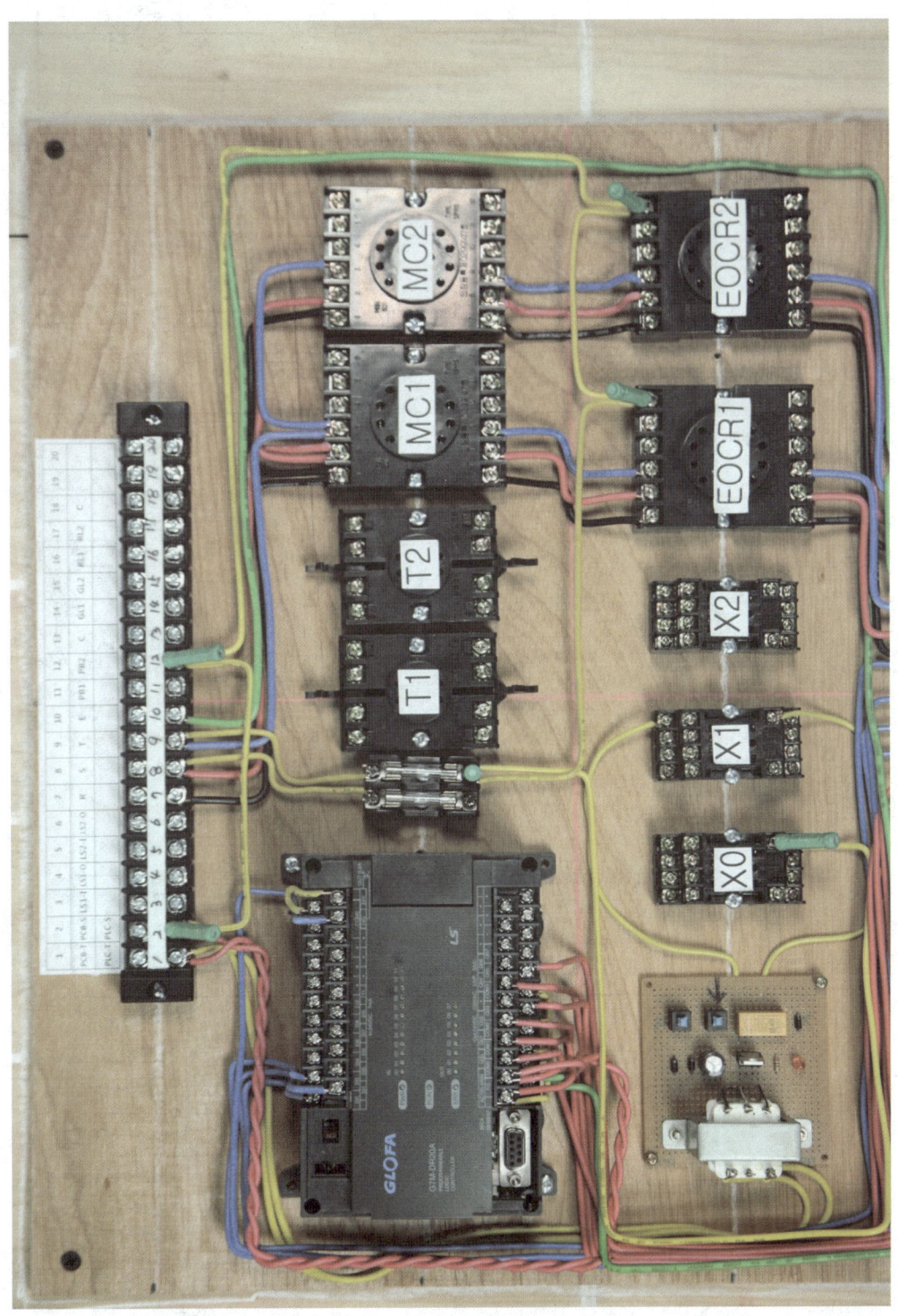

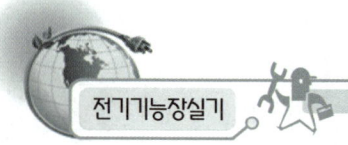

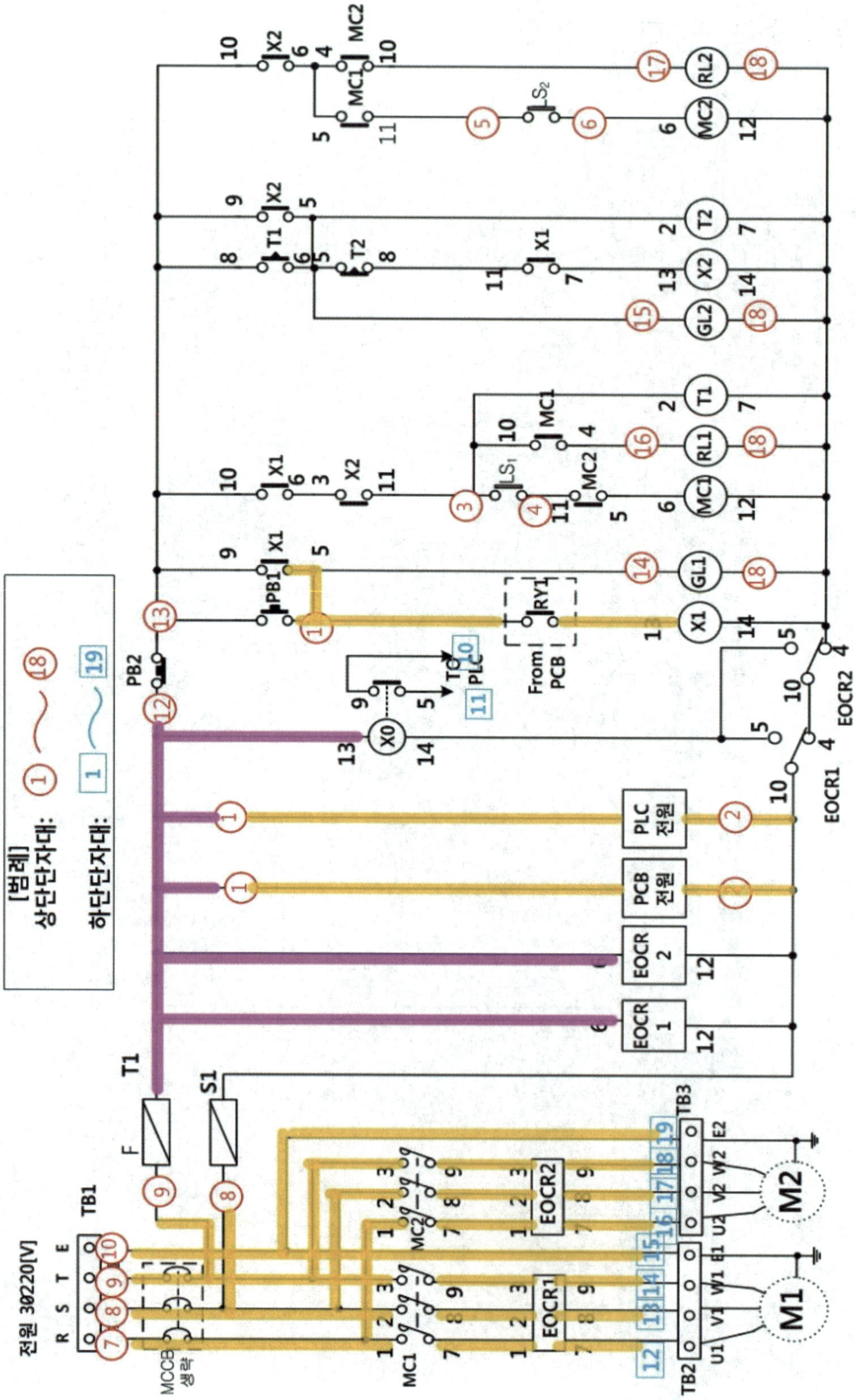
[범례]
상단단자대: ① ~ ⑱
하단단자대: 1 ~ 19
전원 3Ø220[V]
MCCB 생략
PLC 전원
PCB 전원
From PCB

Chapter **02** 기능장 과제 따라하기

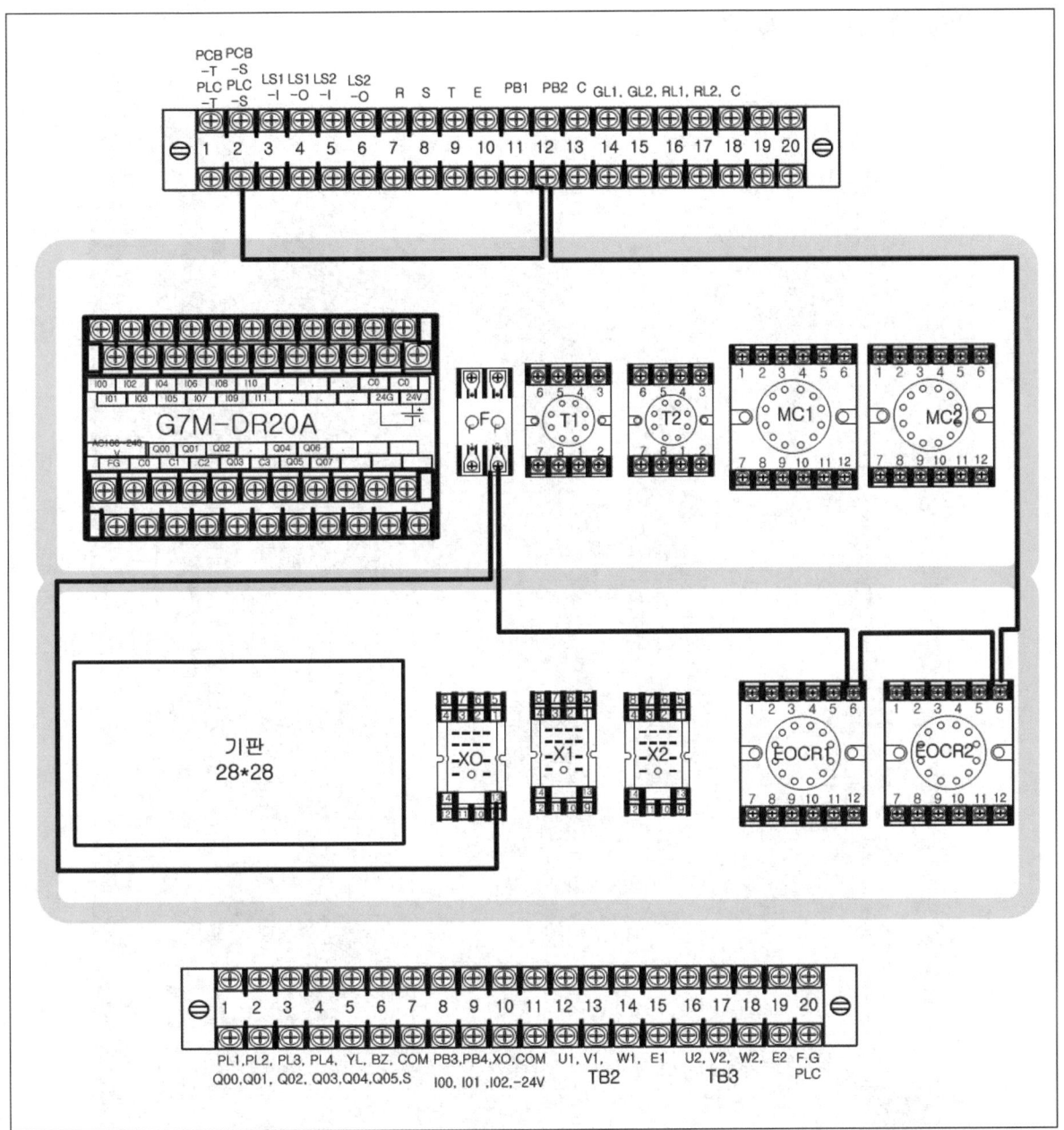

> **Tip**
> 퓨즈 출력 우측(T_1) 단자-$EOCR_1$, $EOCR_2$ 6번-상단 단자대 2번, 12번-XO의 13번 배선

[STEP 9] PB$_2$ 출력측 공통 배선처리

Chapter 02 기능장 과제 따라하기

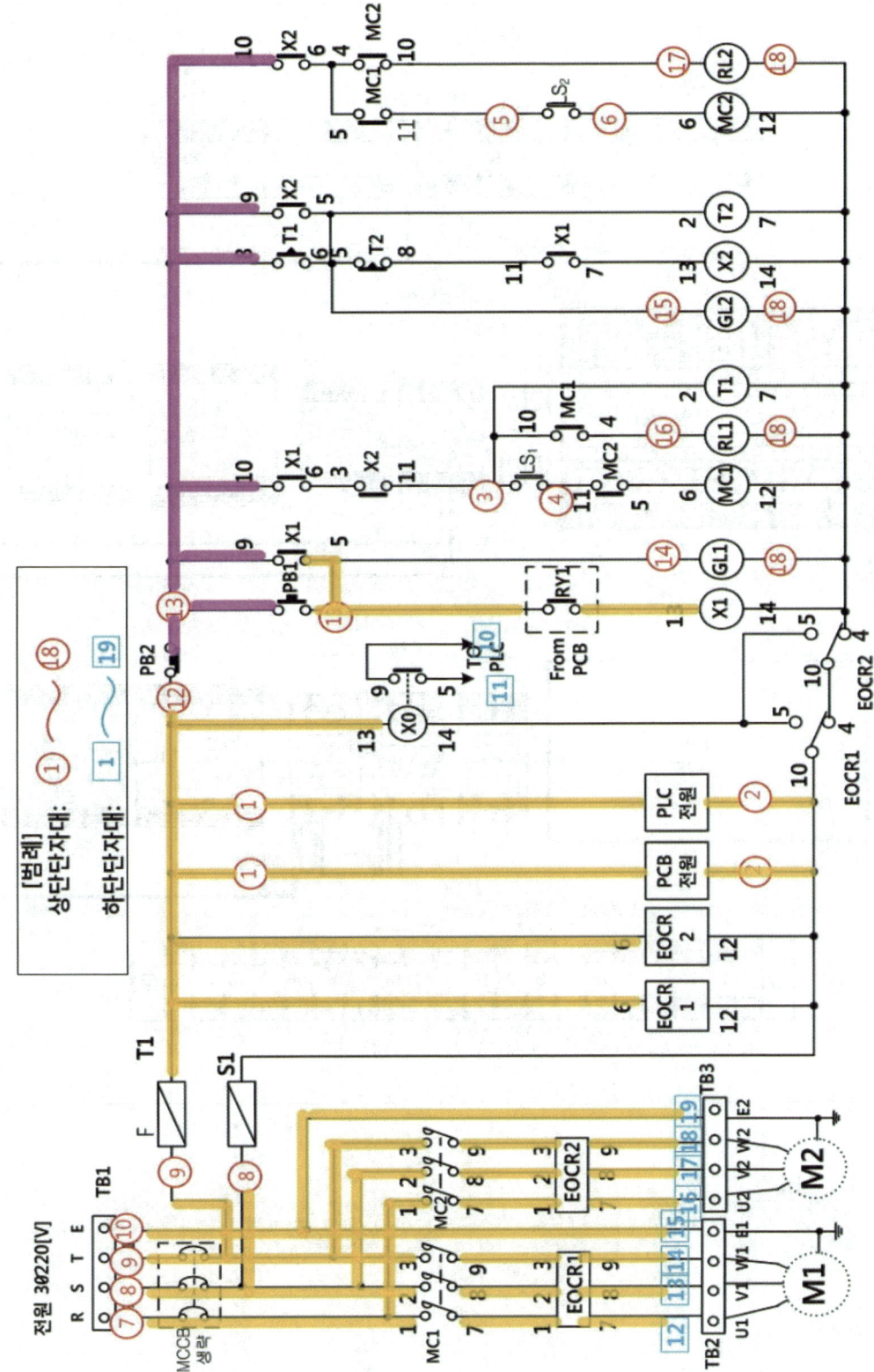

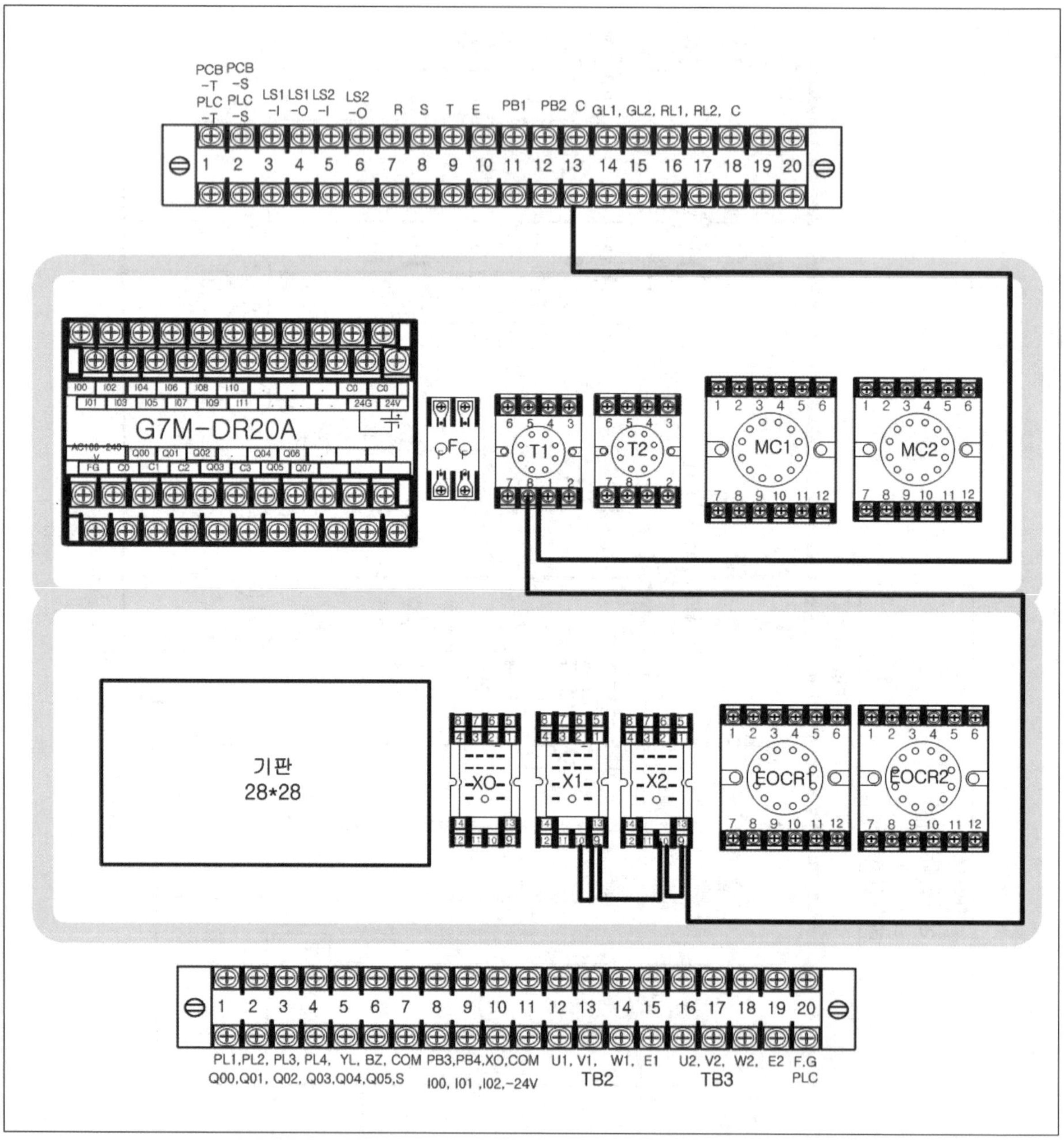

Tip

상단 단자대 13번(PB$_1$, PB$_2$의 com)-X$_1$의 9, 10번-X$_2$의 9, 10번-T$_1$의 8번 공통 배선처리

[STEP 10] 퓨즈 출력과 EOCR 1상 전원 배선

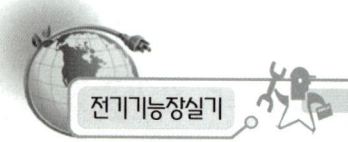

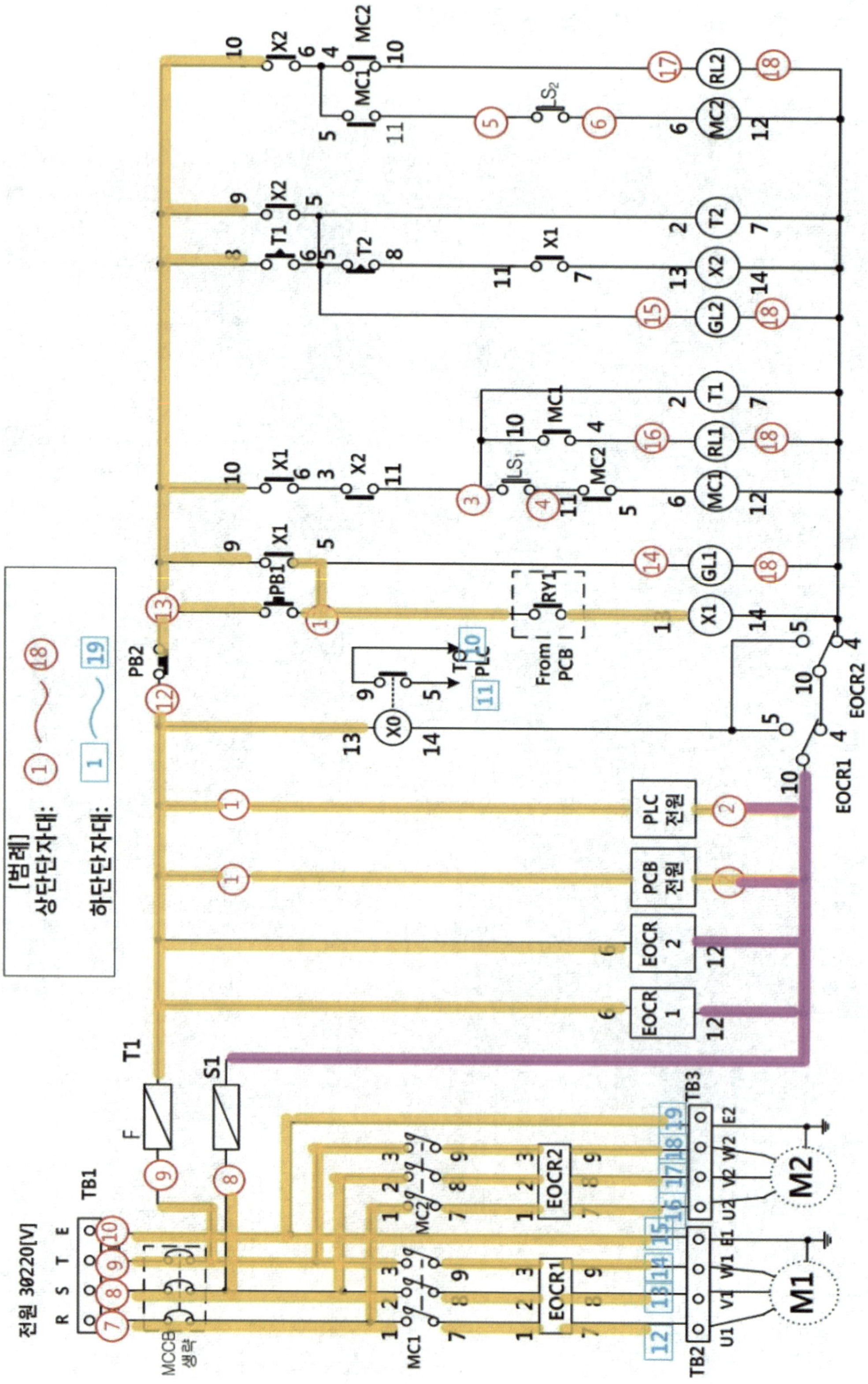
[범례]
상단단자대:
하단단자대:
전원 3Ø220[V]
MCCB 생략
TB1
TB2
TB3
MC1
MC2
EOCR1
EOCR2
M1
M2
PLC 전원
PCB 전원
From PCB
PB1
PB2
RY1
X0
X1
X2
T1
T2
MC1
MC2
GL1
GL2
RL1
RL2
S1
F

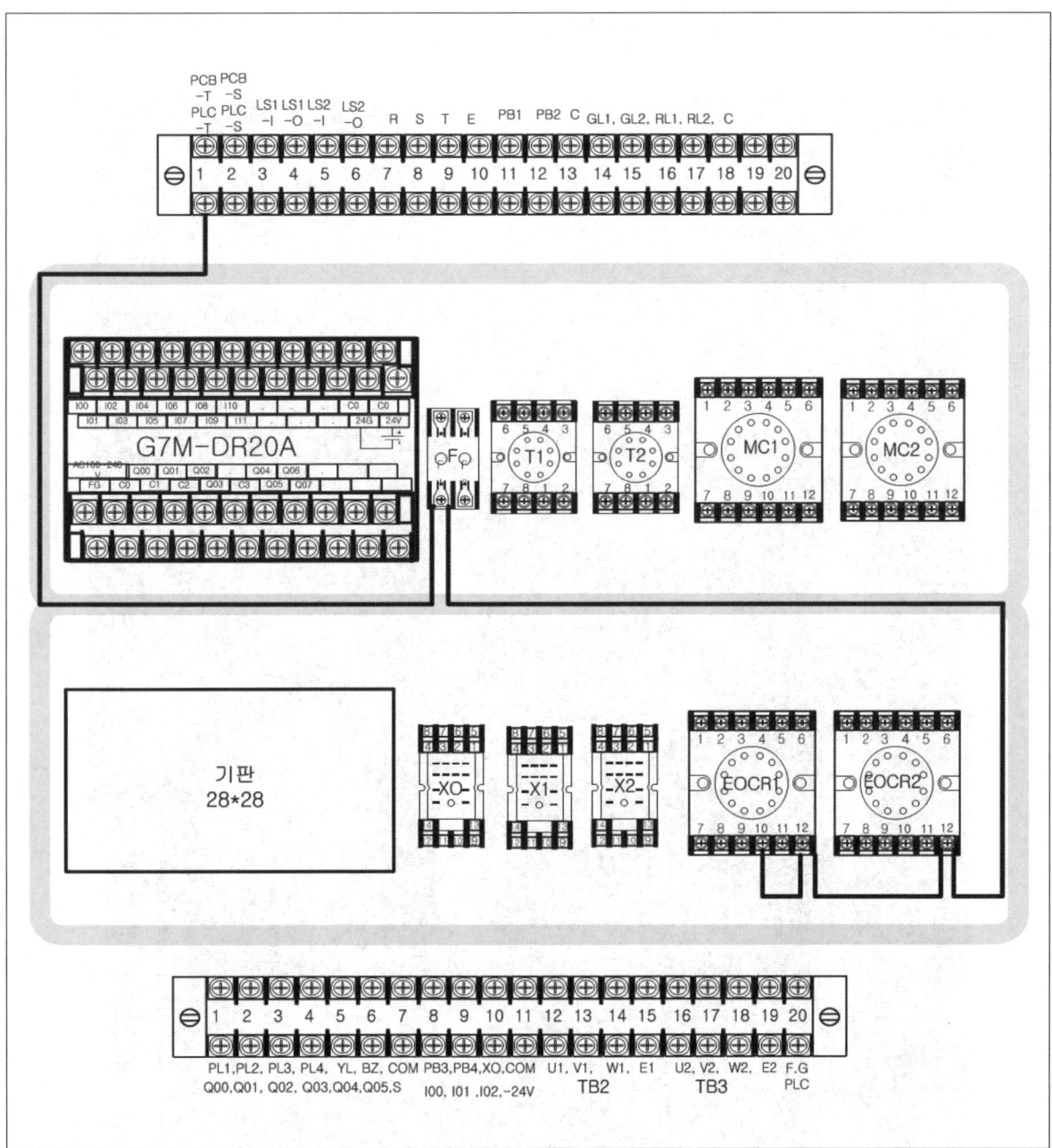

> **Tip**
> 상단 단자대 1번-퓨즈 출력 좌측(S_1) 단자-$EOCR_1$, 2의 12번-$EOCR_1$의 10번 공통배선

[STEP 11] EOCR₁과 EOCR₂와의 연결 배선

Chapter 02 기능장 과제 따라하기

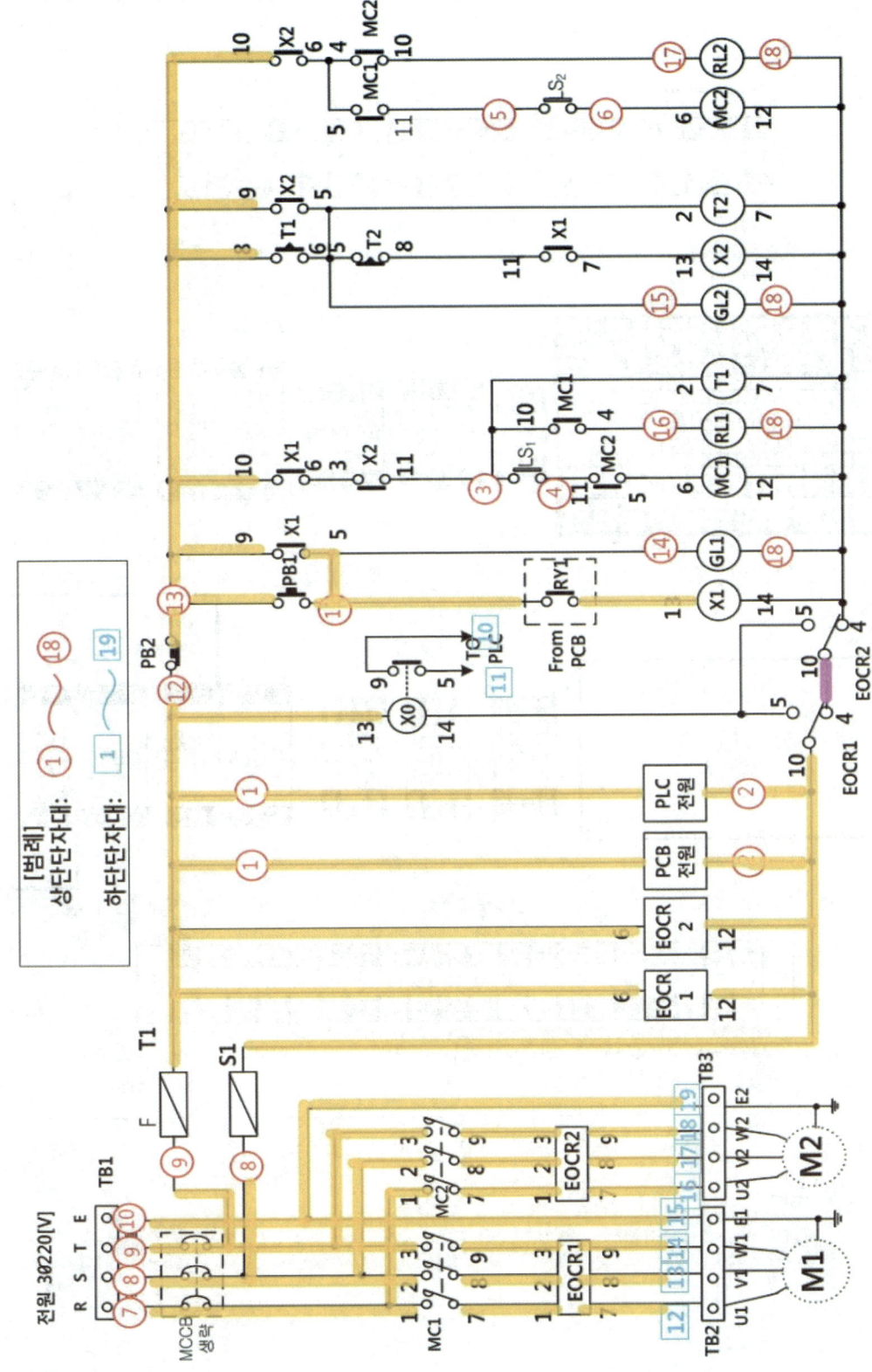

149

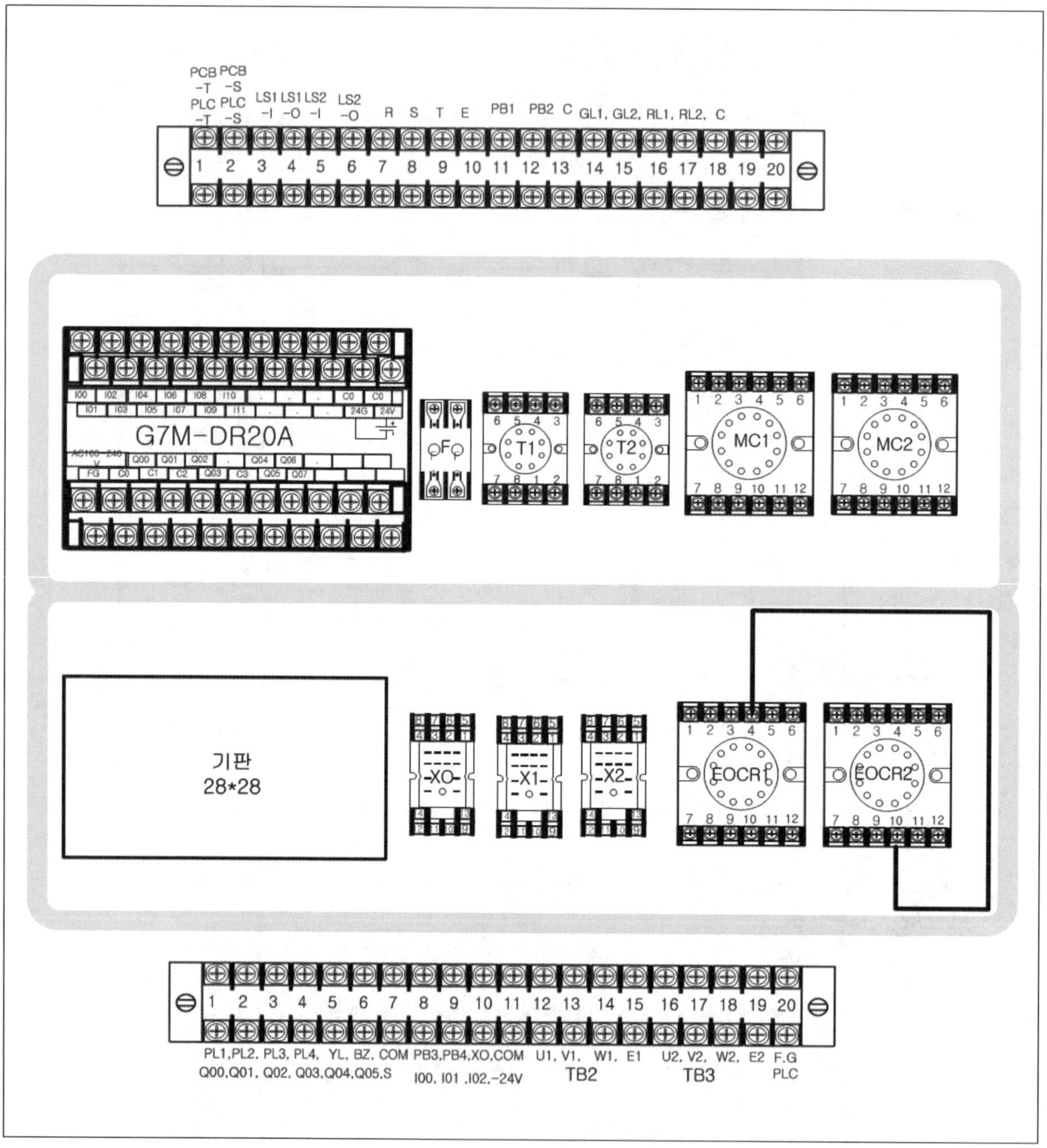

> **Tip**
> EOCR₁의 4번-EOCR₂의 10번 배선

[STEP 12] 램프 출력측 및 계전기 전원단자 공통 배선

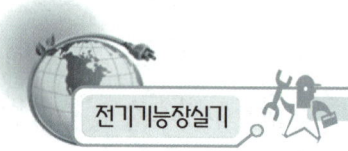

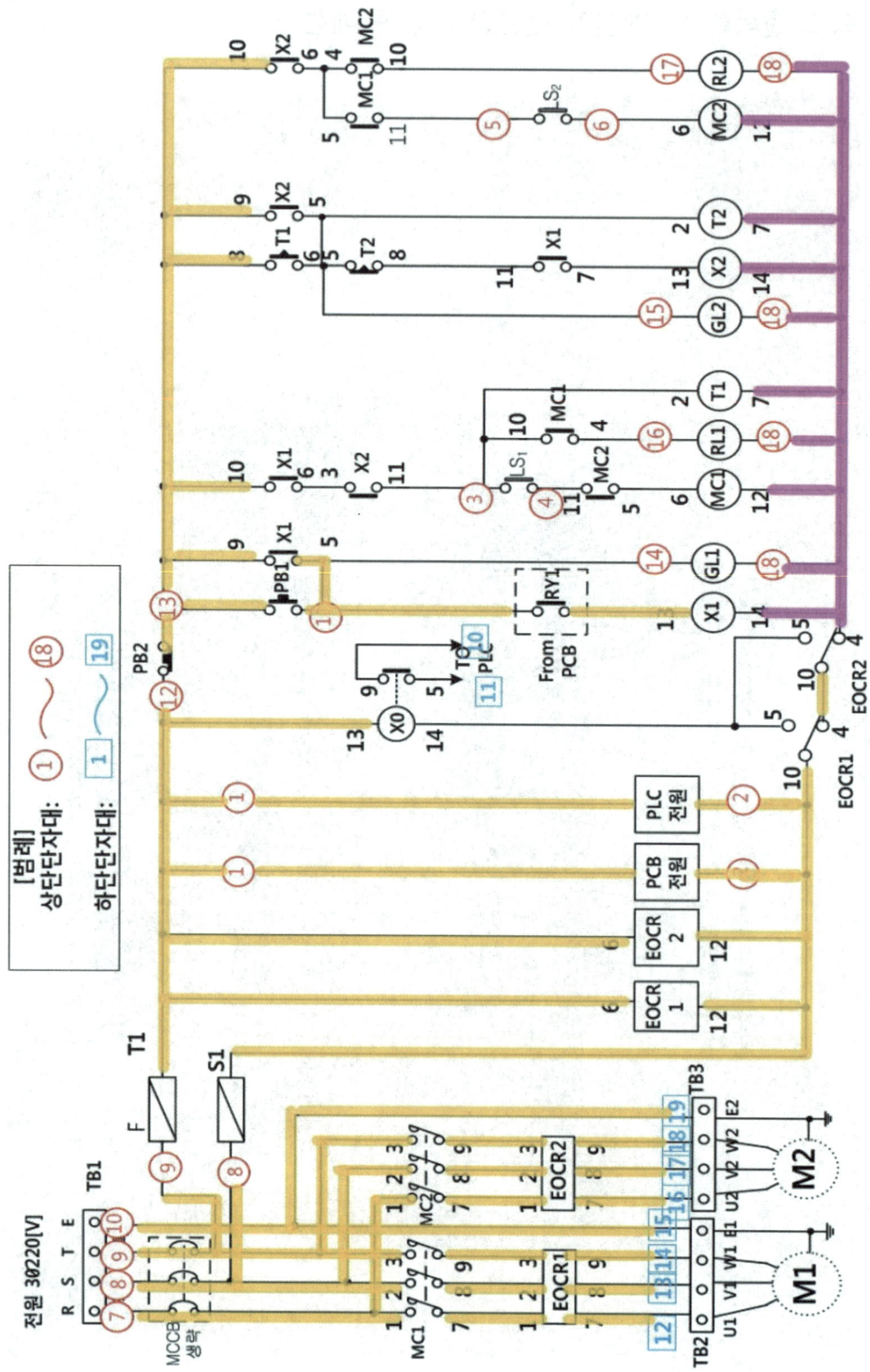
[범례]
상단단자대: ① ~ ⑱
하단단자대: 1 ~ 19
전원 3Ø220[V]
R S T E
TB1
MCCB 생략
MC1
MC2
EOCR1
EOCR2
TB2
TB3
M1
M2
U1 V1 W1 E1
U2 V2 W2 E2
F
T1
S1
PB2
PB1
X0
From PCB
RY1
PLC 전원
PCB 전원
GL1
X1
MC1
RL1
T1
GL2
X2
T2
MC2
RL2
LS1
LS2

Chapter 02 기능장 과제 따라하기

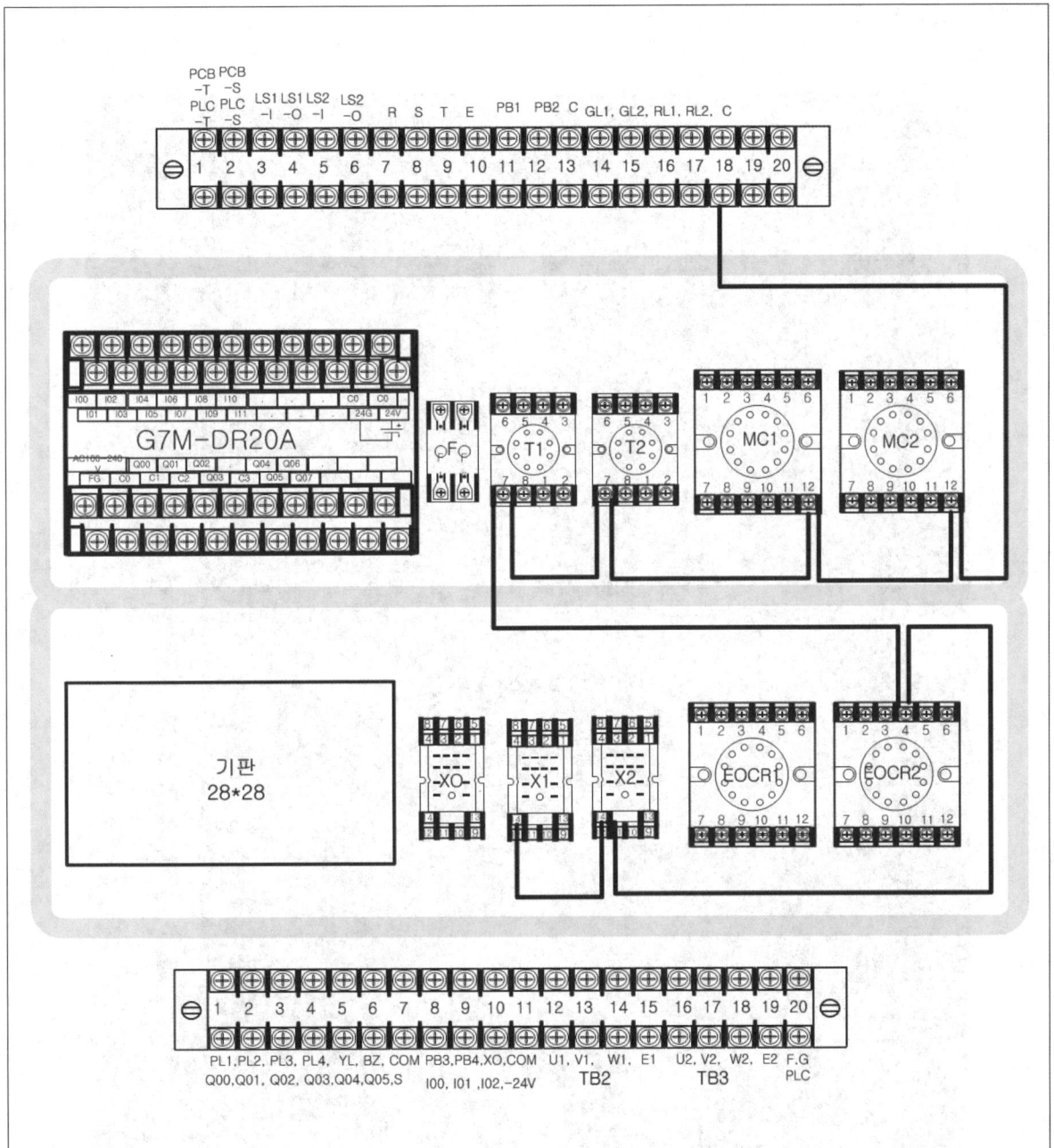

TIP

EOCR₂의 4번 – 상단 단자대 18번(RL₁, RL₂, GL₁, GL₂의 출력측 단자)
   – X₁, X₂의 14번
   – MC₁, MC₂의 12번
   – T₁, T₂의 7번 간의 공통배선

[STEP 13] X_0-a접점과 하단 단자대 배선

Chapter 02 기능장 과제 따라하기

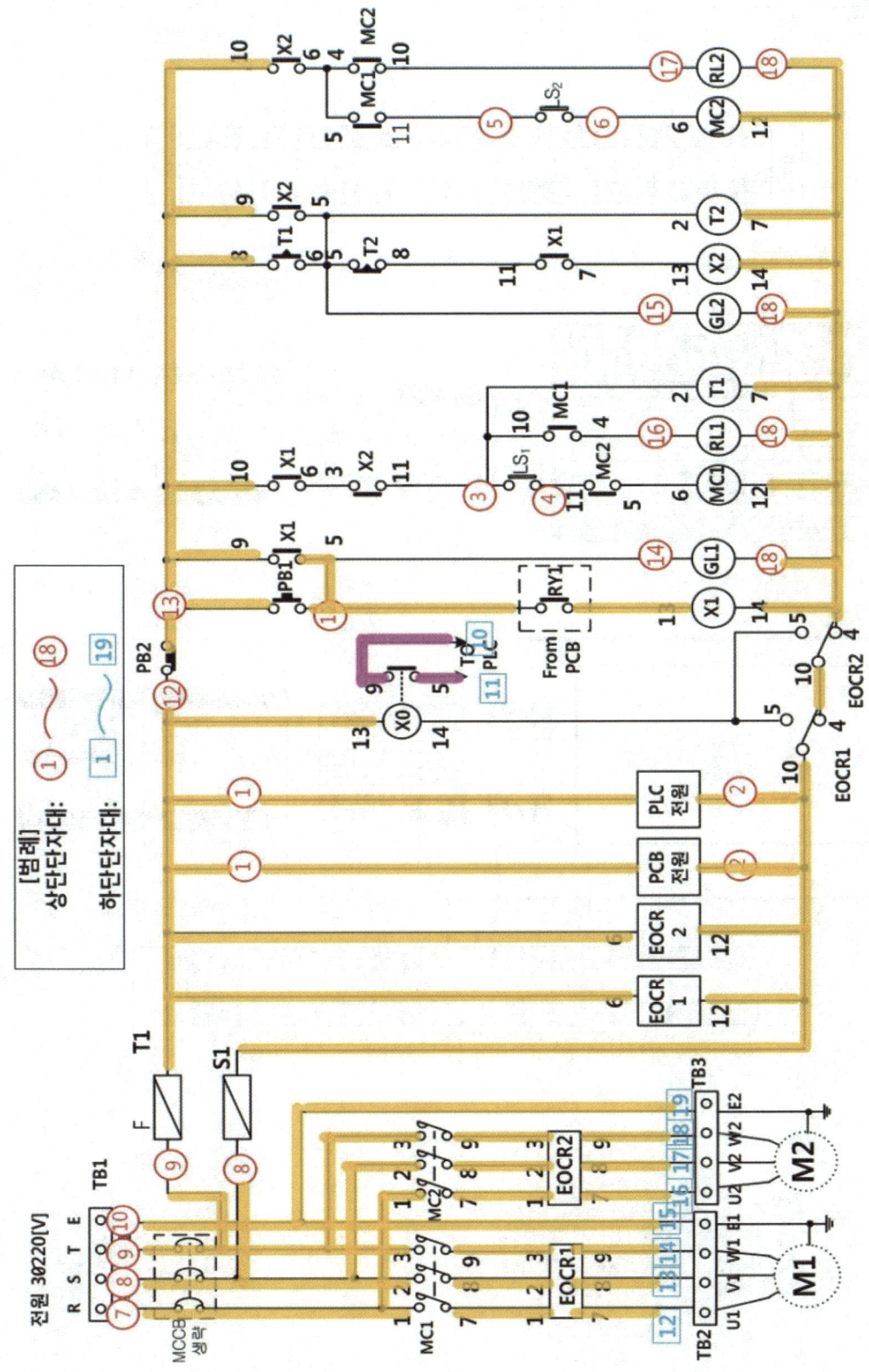

155

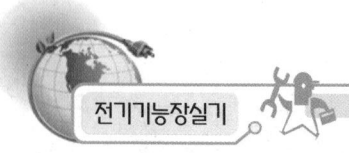

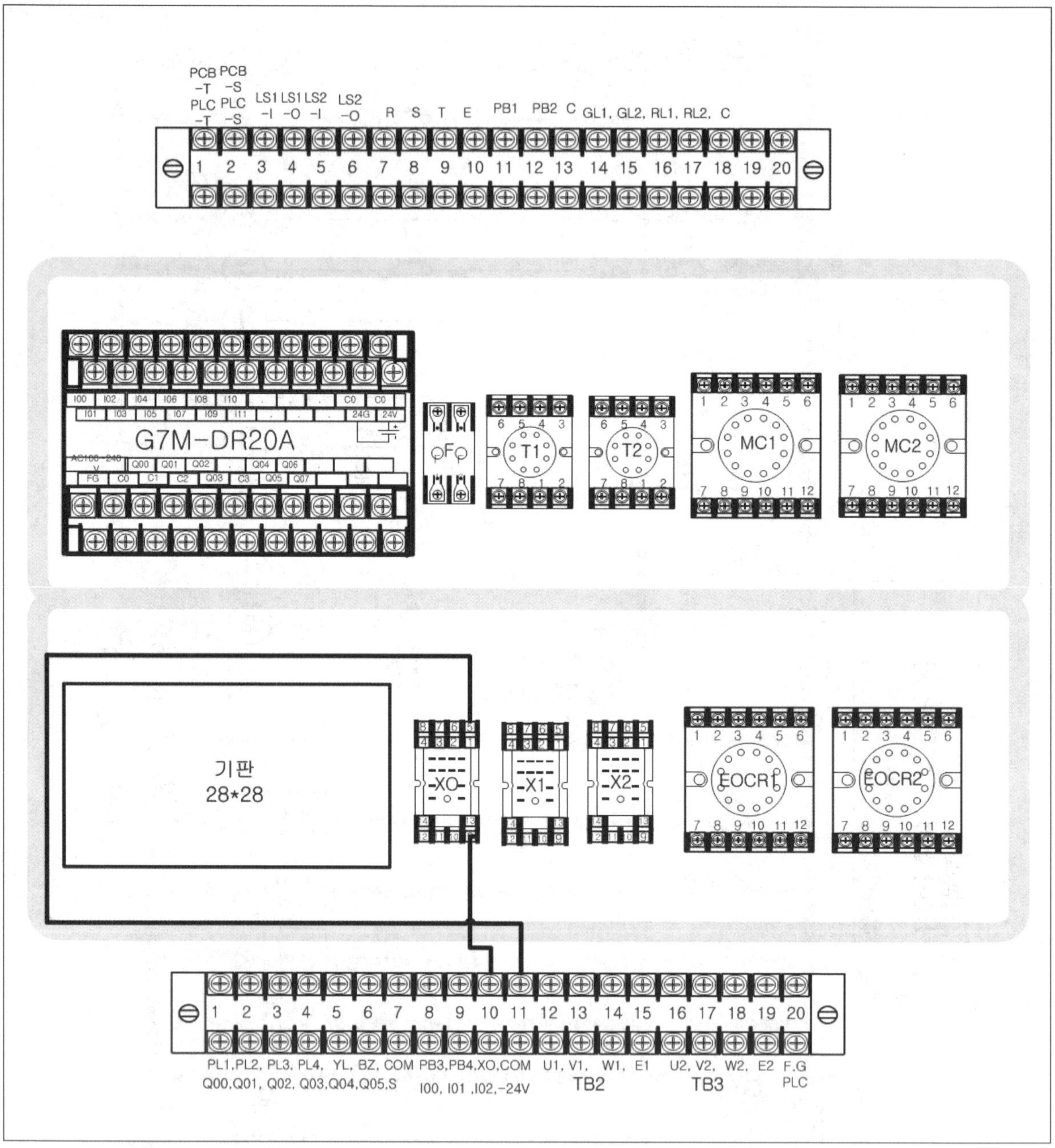

Tip
- XO의 5번-하단 단자대 11번 배선
- XO의 9번-하단 단자대 10번 배선

[STEP 14] X_0 전원단자 배선

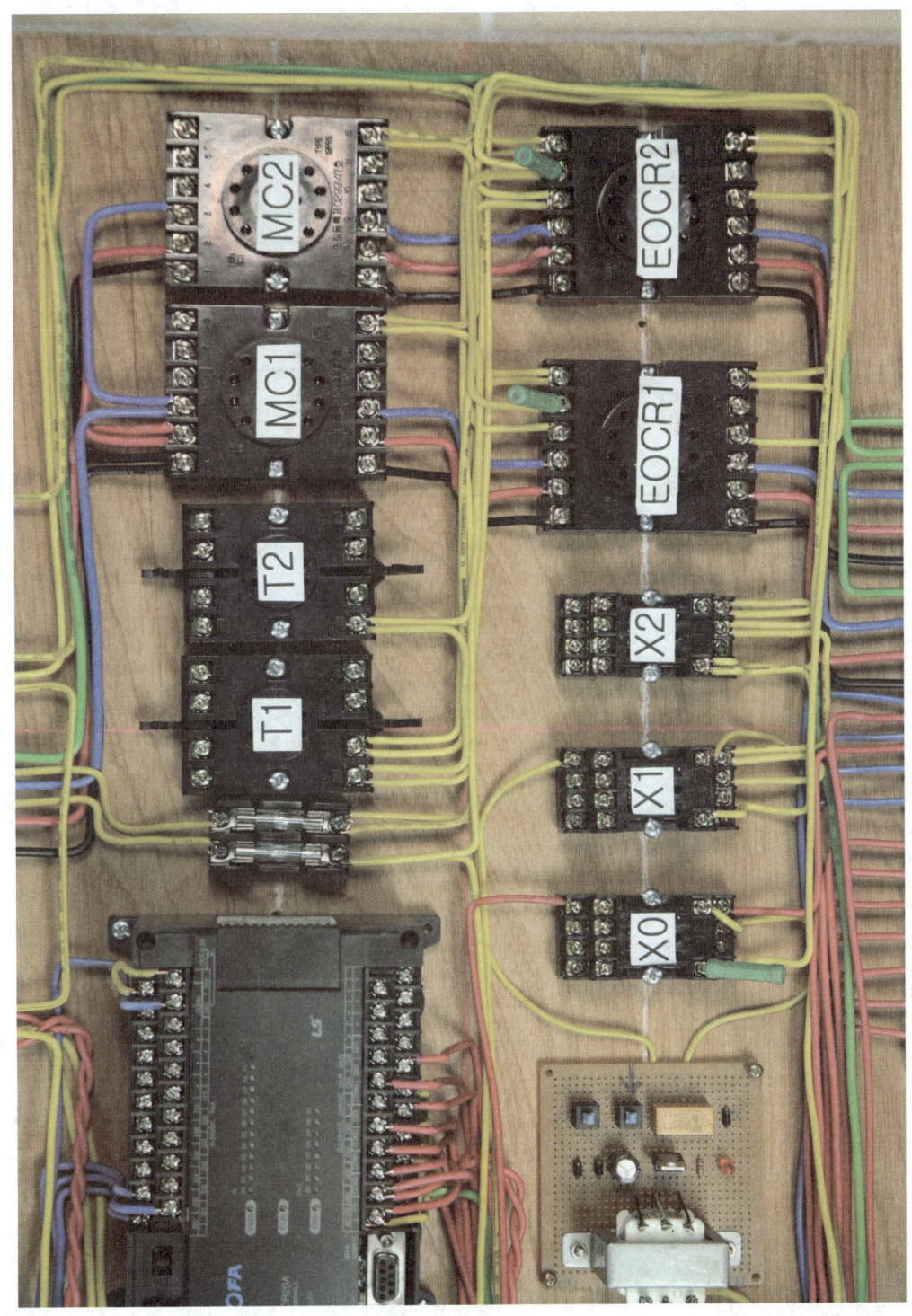

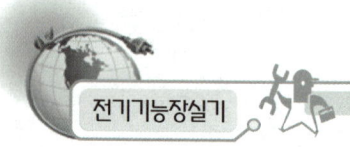

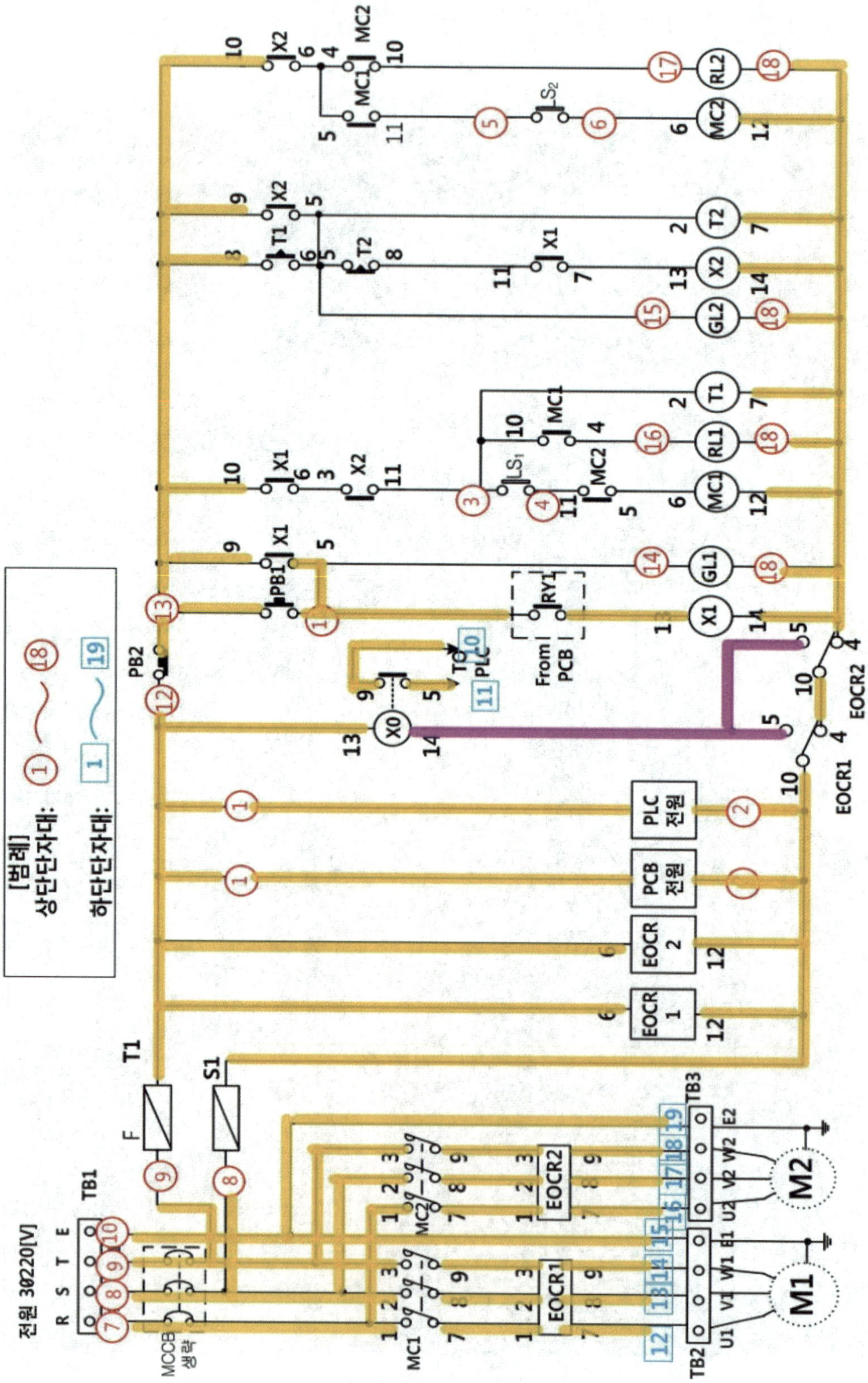
[범례]
상단단자대: ① ~ ⑱
하단단자대: 1 ~ 19
전원 3Φ220[V]
MCCB 생략

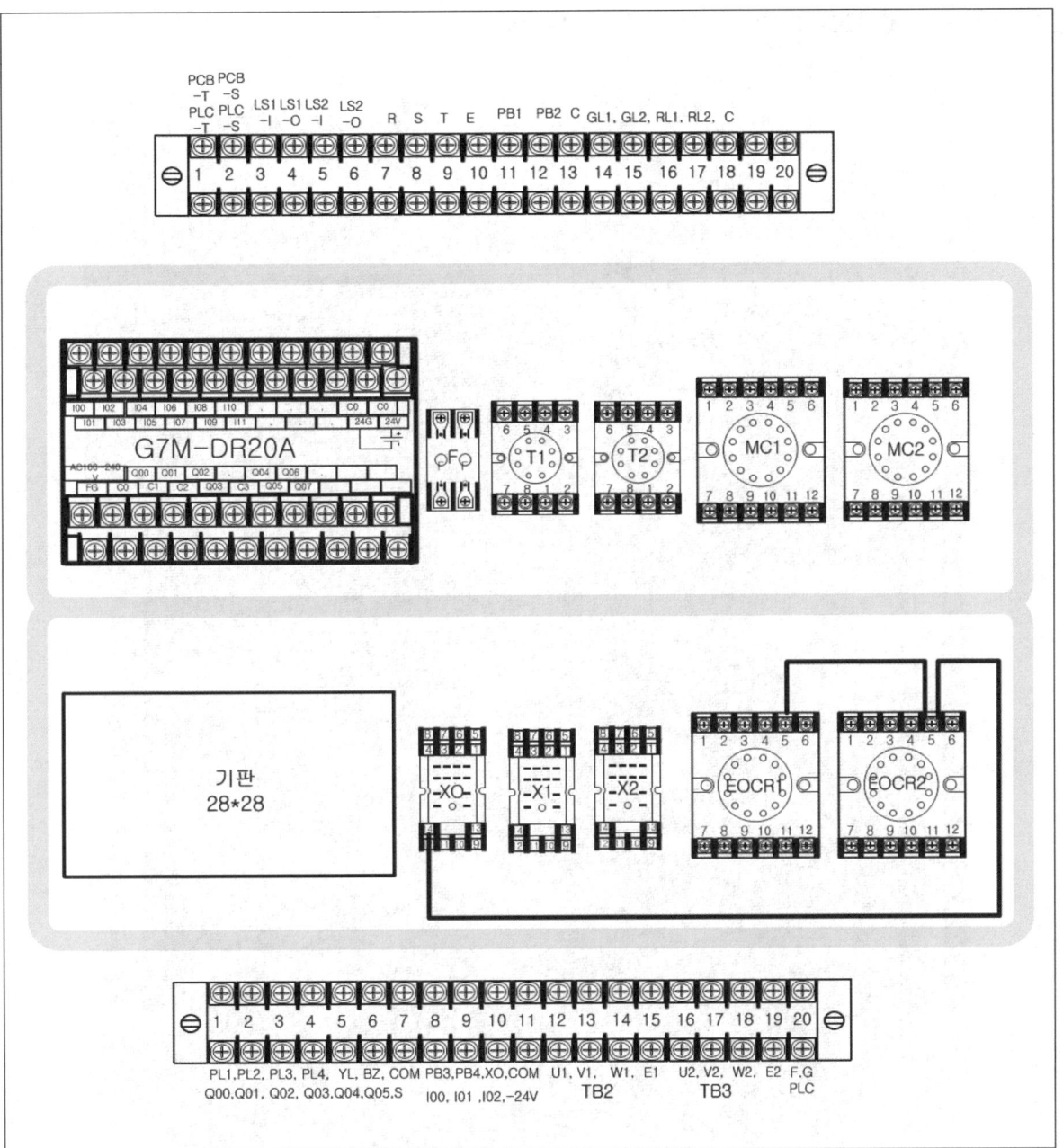

Tip

XO의 14번— $EOCR_1$, $EOCR_2$의 5번 배선

[STEP 15] PB₁ 출력측과 X₁ 자기유지 공통 배선

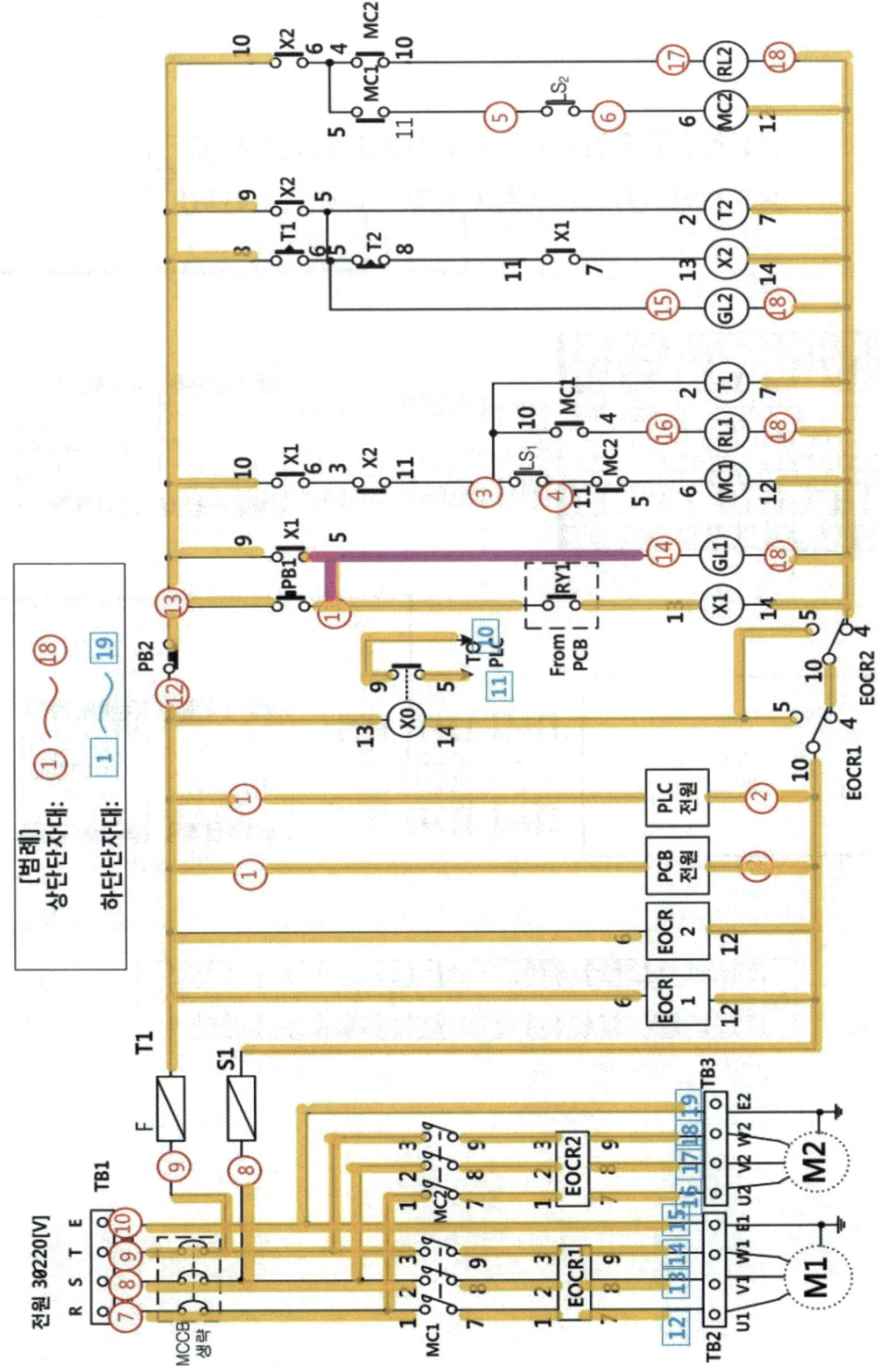

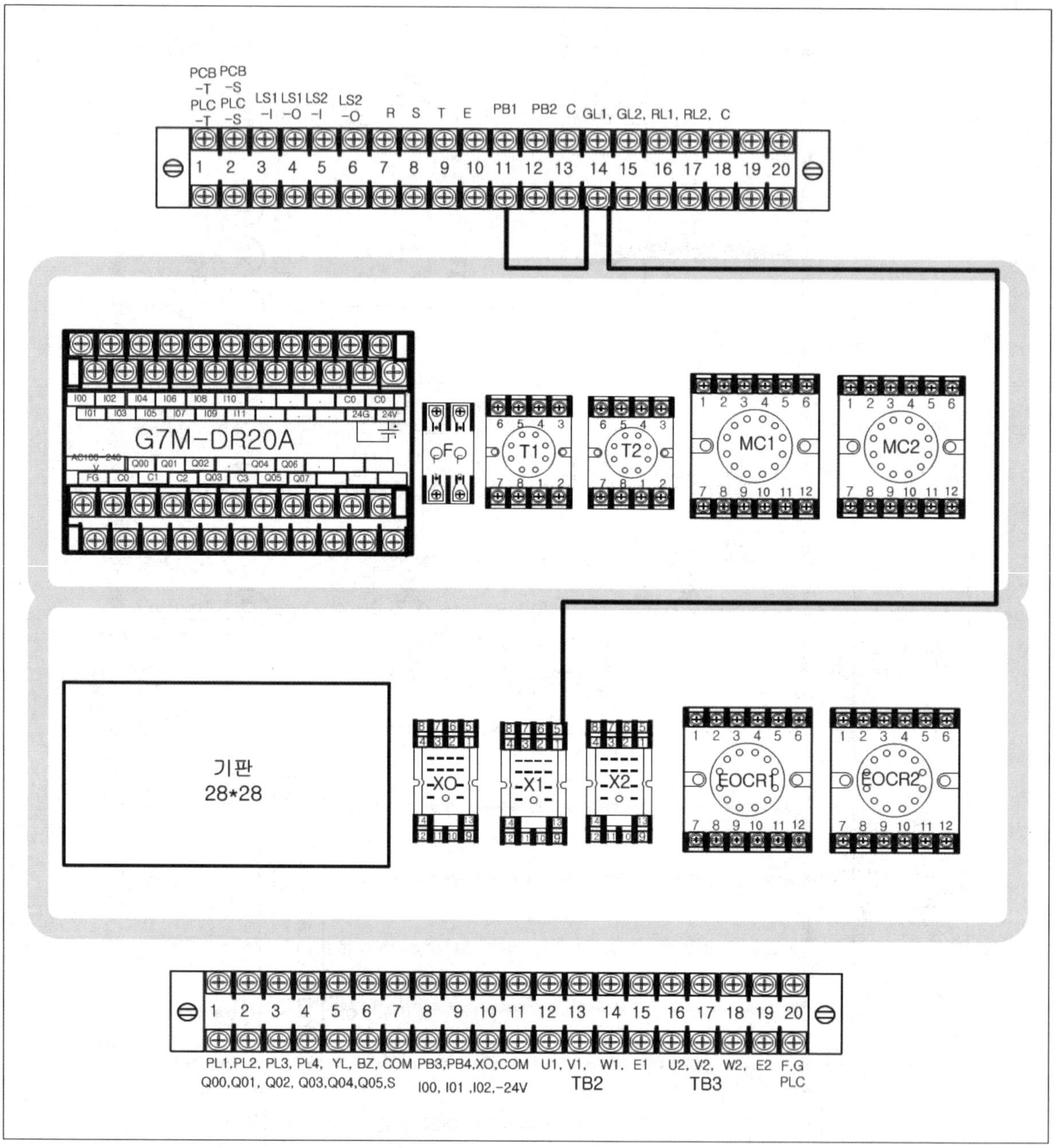

Tip

상단 단자대 11번(PB₁ 출력측)-상단 단자대 14번(GL₁ 입력측)-X₁의 5번 공통 배선

[STEP 16] X_1-a 접점과 X_2-b 공통 배선

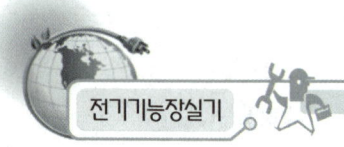

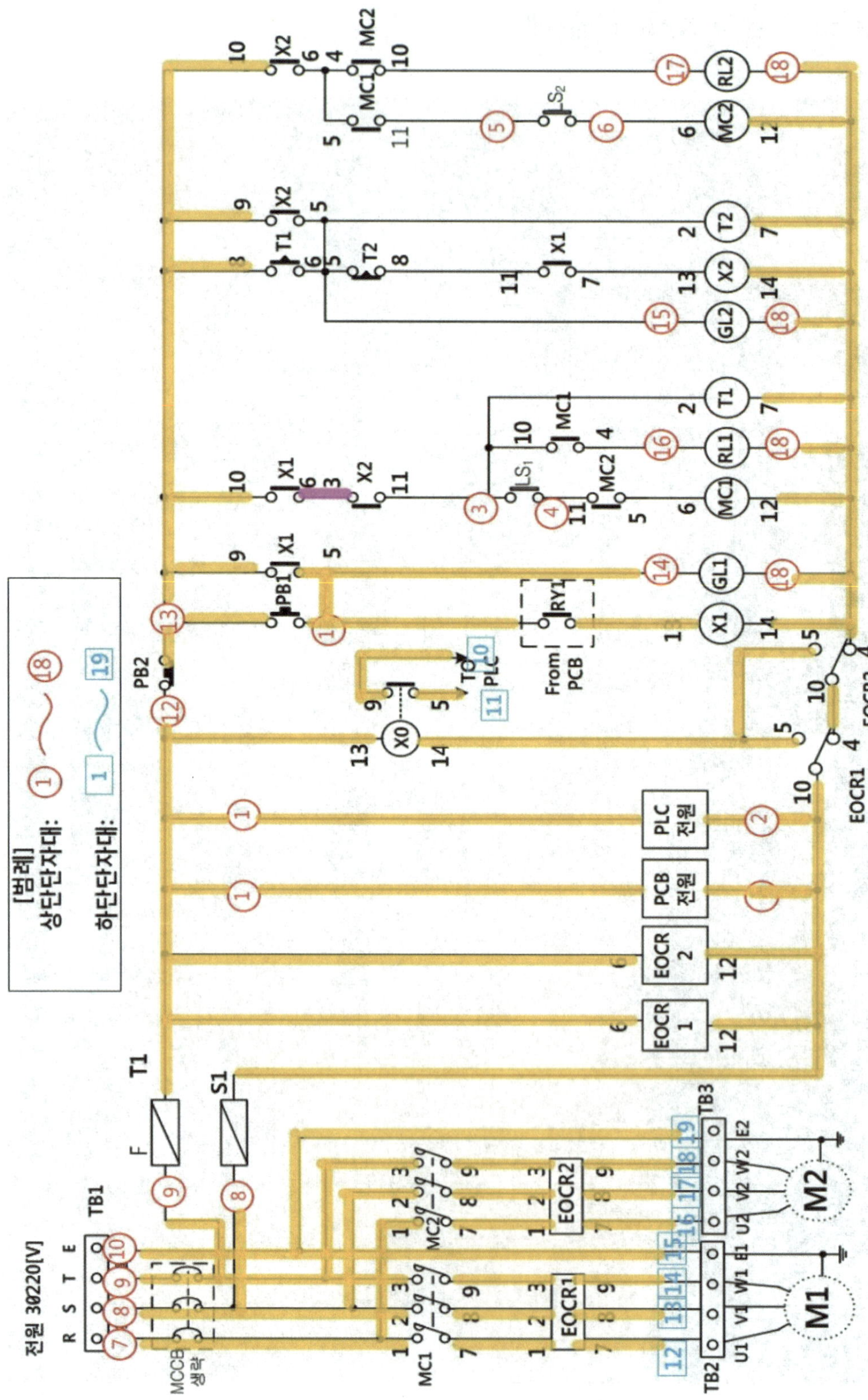
[범례]
상단단자대: ① ~ ⑱
하단단자대: 1 ~ 19
전원 3Ø220[V]
R S T E
TB1
MCCB 생략
MC1
MC2
EOCR1
EOCR2
TB2
TB3
M1
M2
F
T1
S1
PB2
PB1
X1
X2
X0
T1
T2
MC1
MC2
LS1
S2
RY1
From PCB
TC PLC
EOCR 1
EOCR 2
PCB 전원
PLC 전원
GL1
GL2
RL1
RL2

Chapter 02 기능장 과제 따라하기

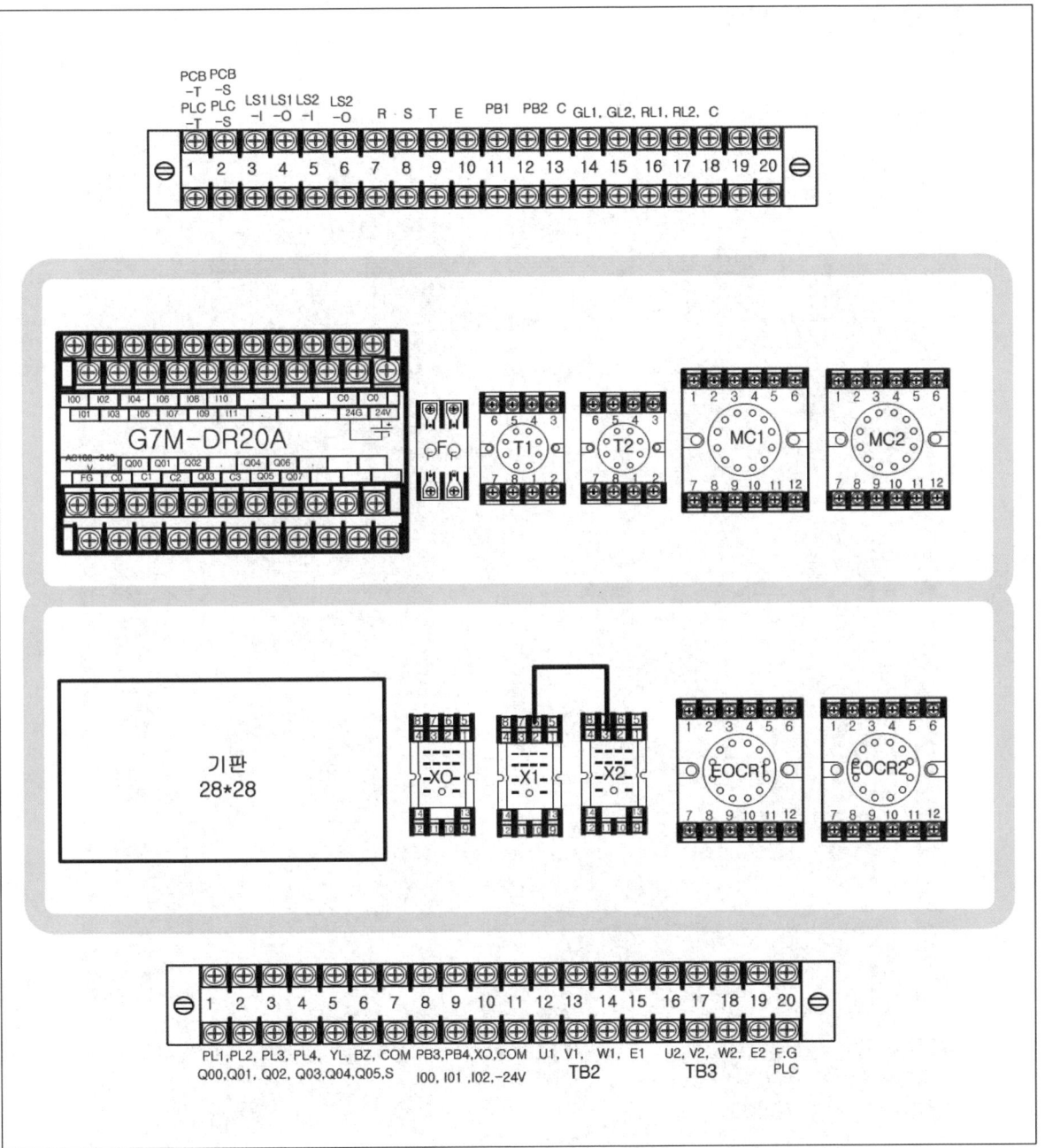

> **Tip**
> X_1의 6번-X_2의 3번 배선

[STEP 17] LS$_1$-in 단자 배선

Chapter 02 기능장 과제 따라하기

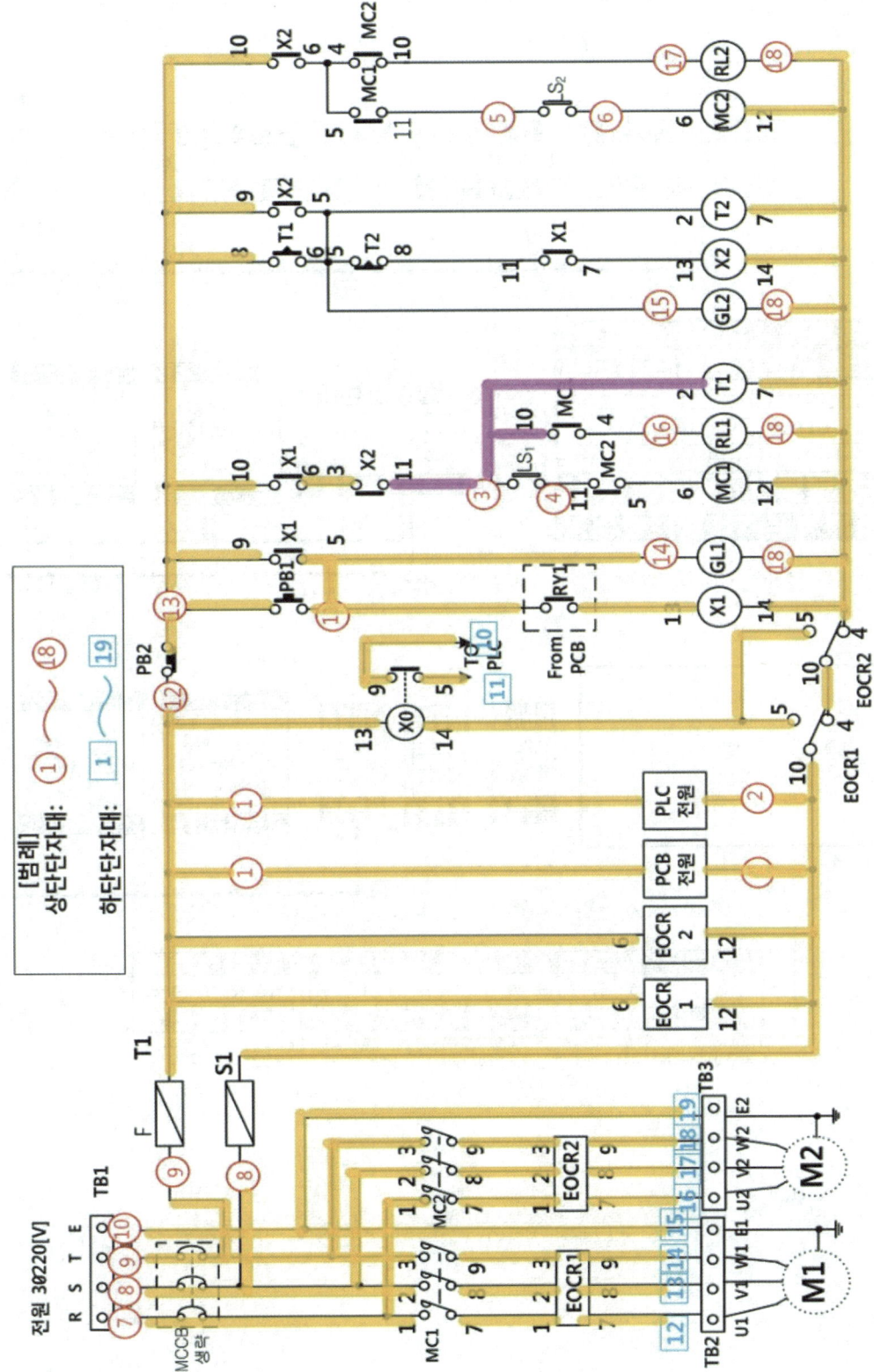

167

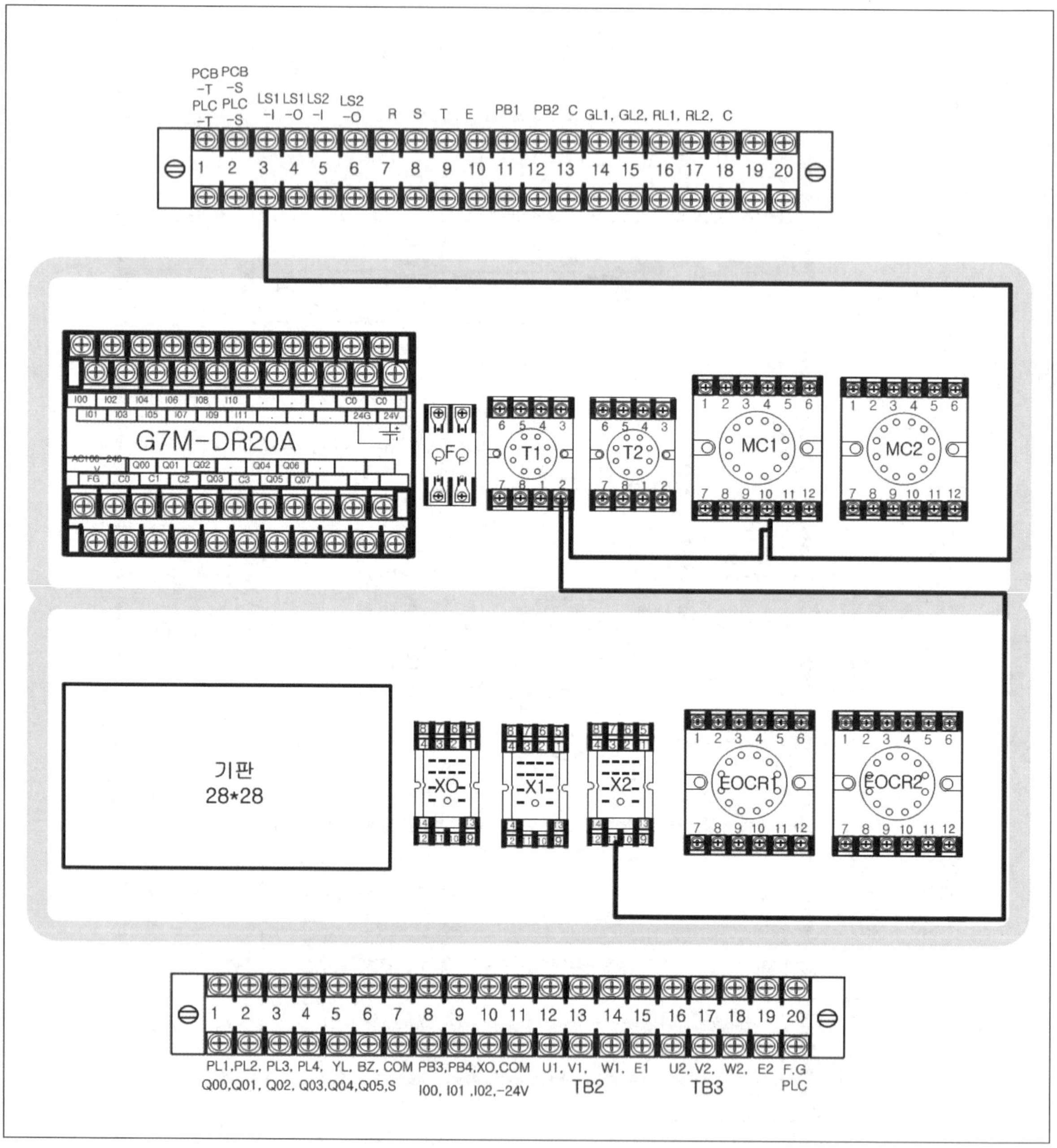

TIP

상단 단자대 3번(LS_1-in 단자)-MC_1의 10번-T_1의 2번-X_2의 11번 공통 배선

[STEP 18] LS_1-out 단자 배선

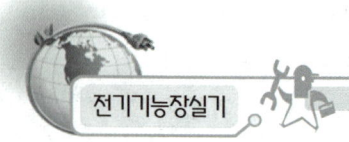

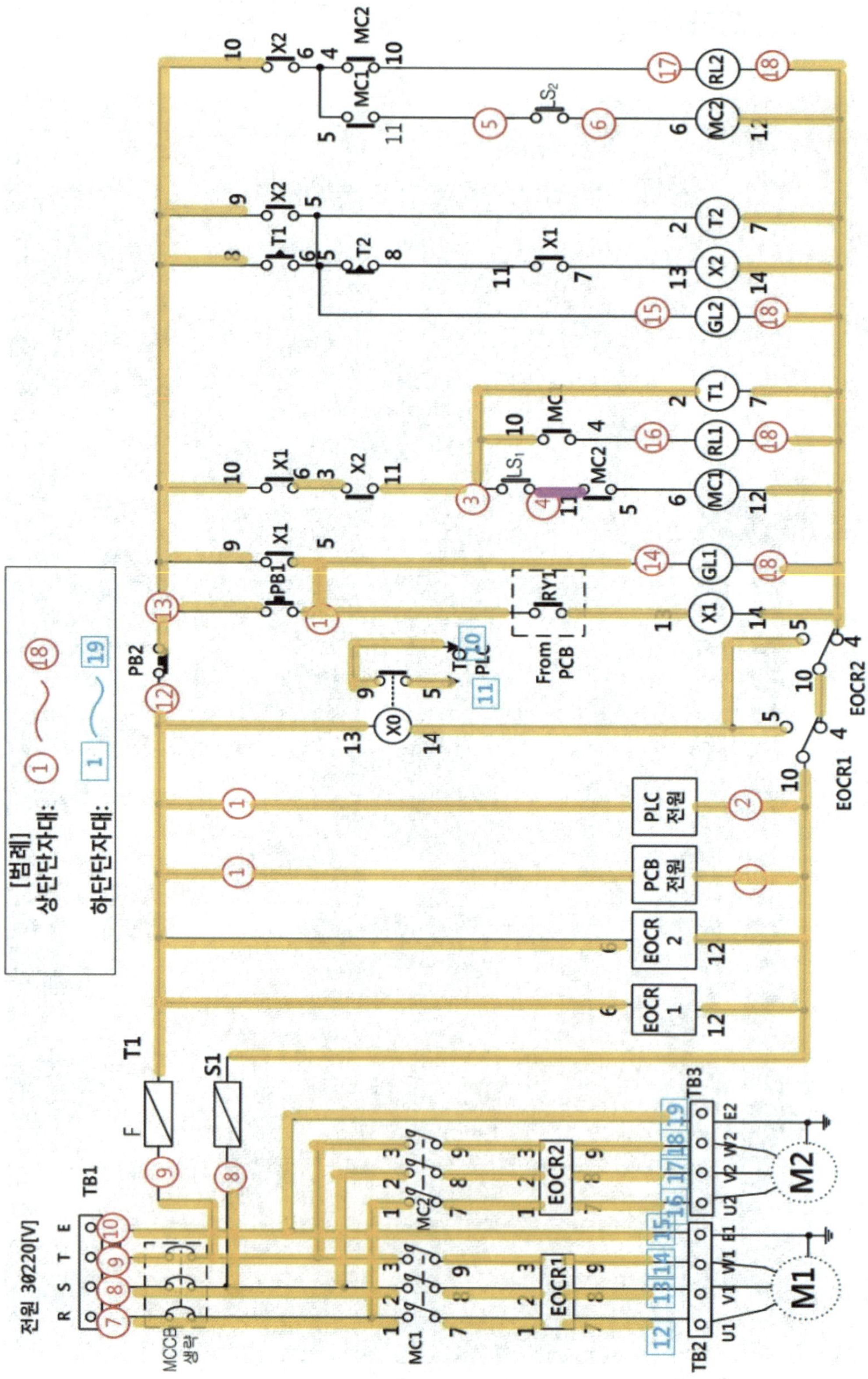
[범례]
상단단자대: ① ~ ⑱
하단단자대: 1 ~ 19
전원 3Φ220[V]
MCCB 생략

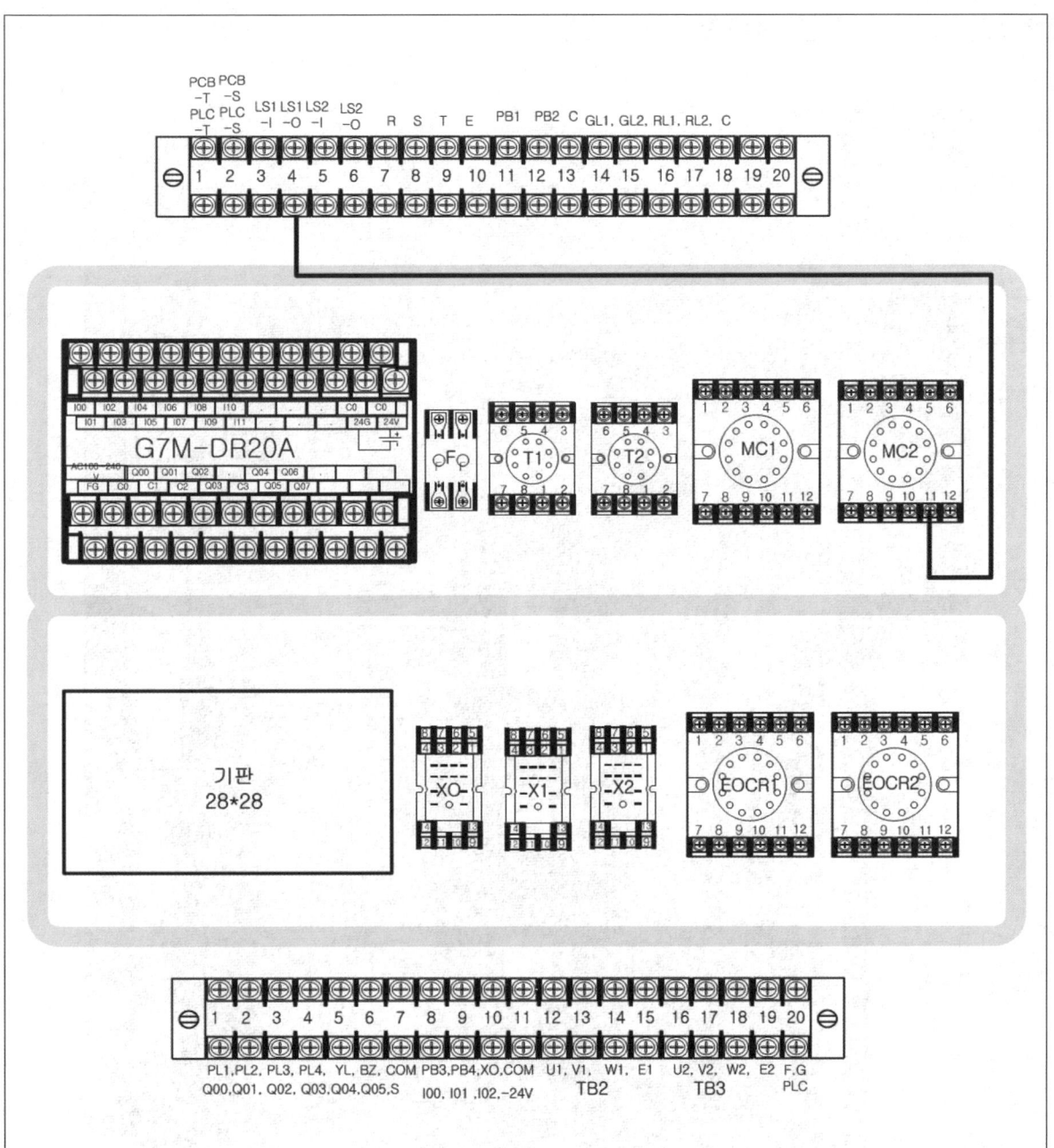

> **Tip**
> 상단 단자대 4번(LS_1-out 단자)-MC_2의 11번

[STEP 19] MC₁의 전원 입력측 단자 배선

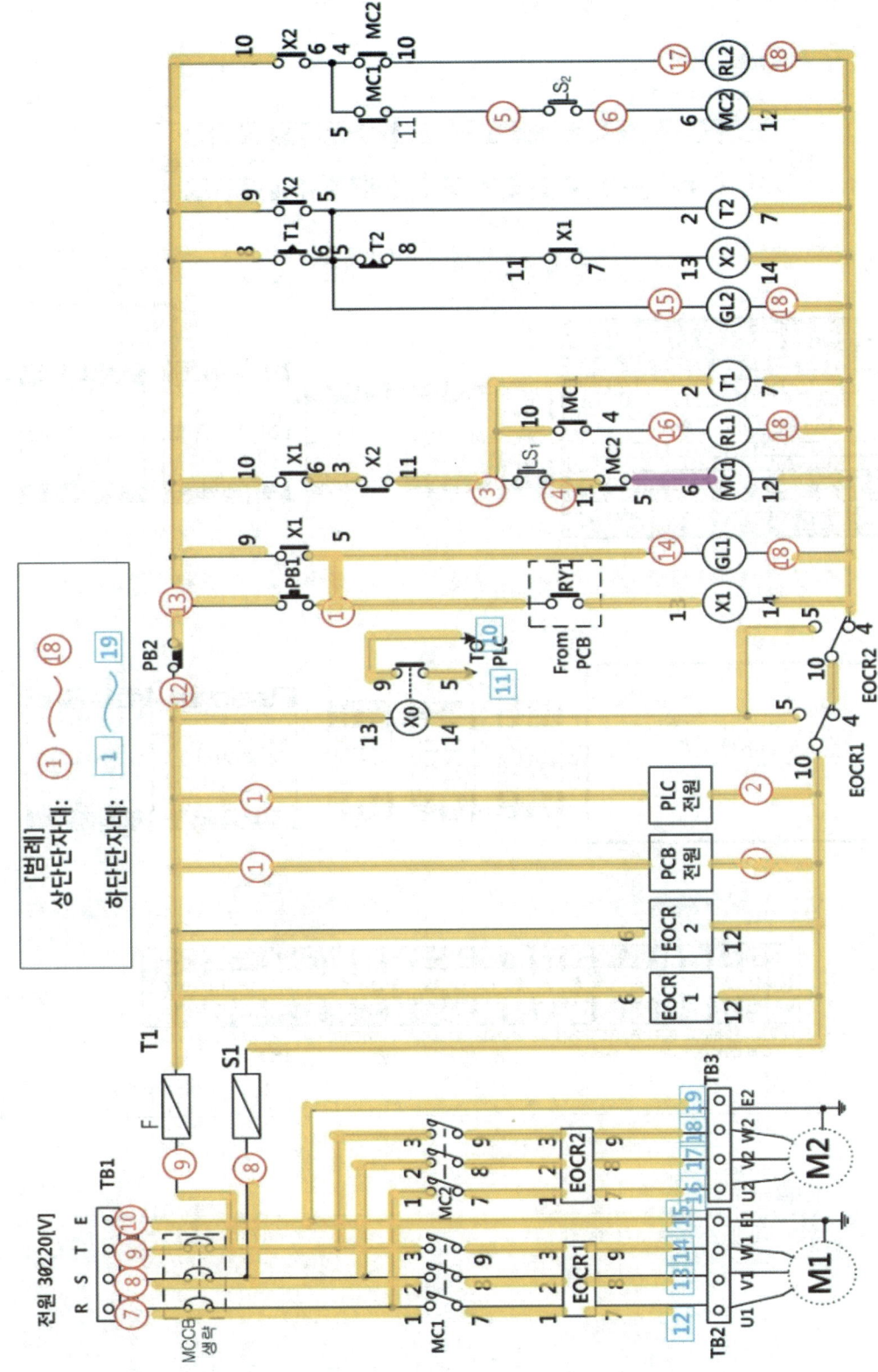

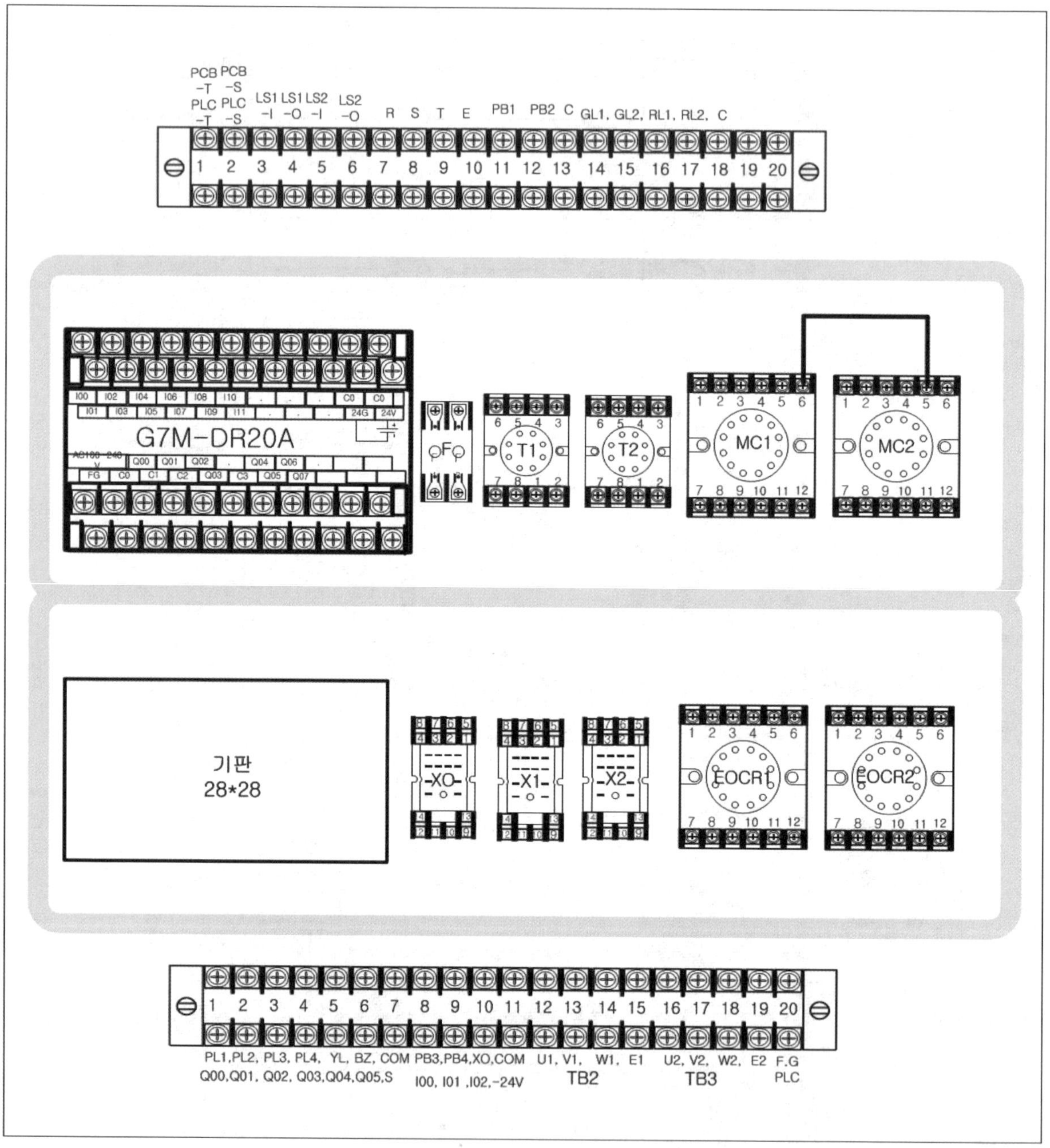

Tip

MC₁의 6번 —MC₂의 5번 배선

[STEP 20] RL$_1$-in 단자 배선

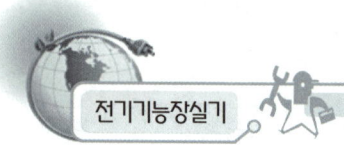

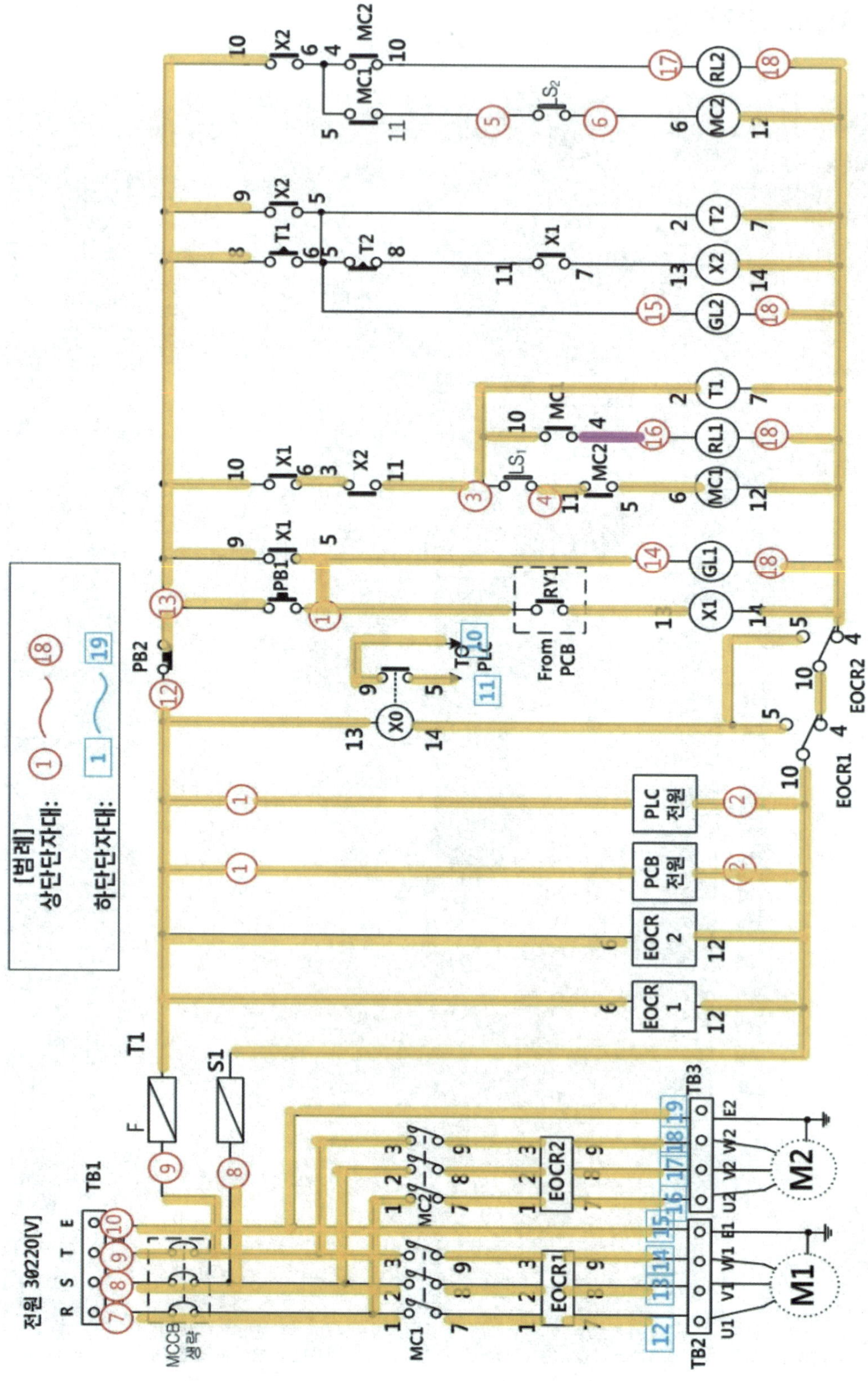
[범례]
상단단자대: ① ~ ⑱
하단단자대: 1 ~ 19
전원 3Φ220[V]

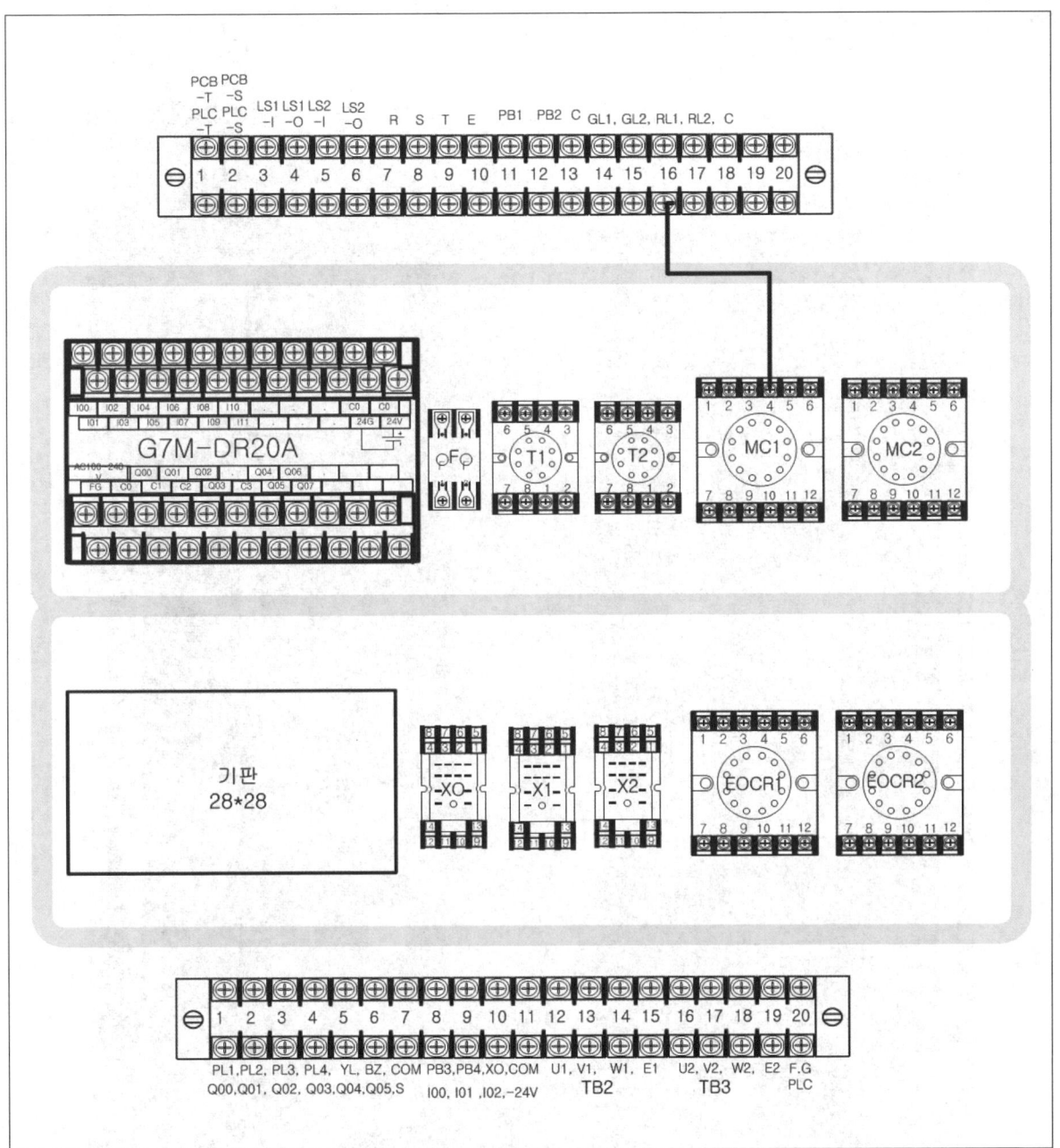

Tip

상단 단자대 16번(RL_1-in 단자)-MC_1의 4번 배선

[STEP 21] GL$_1$-in, T$_2$ 전원 입력측 단자 배선

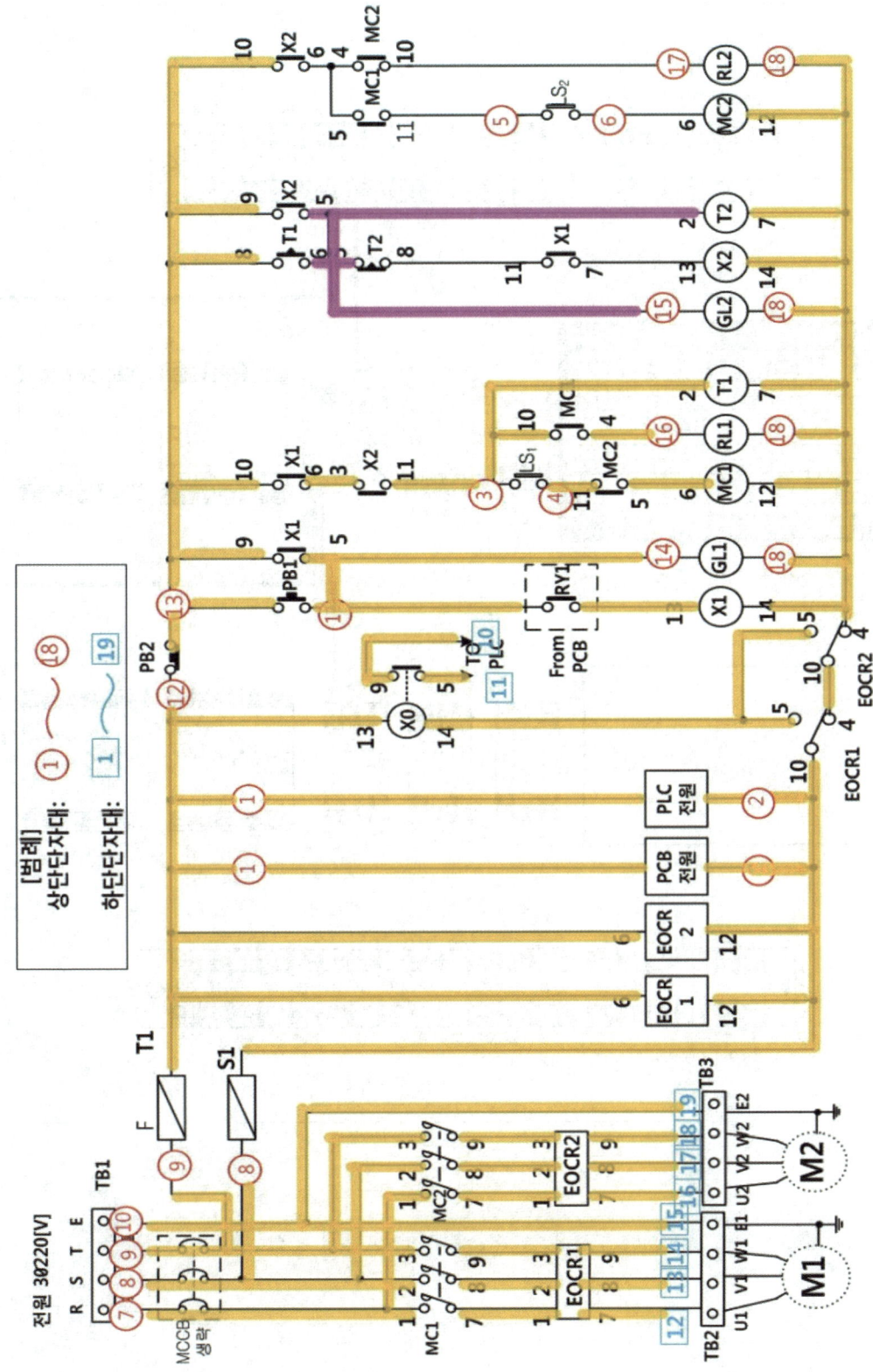

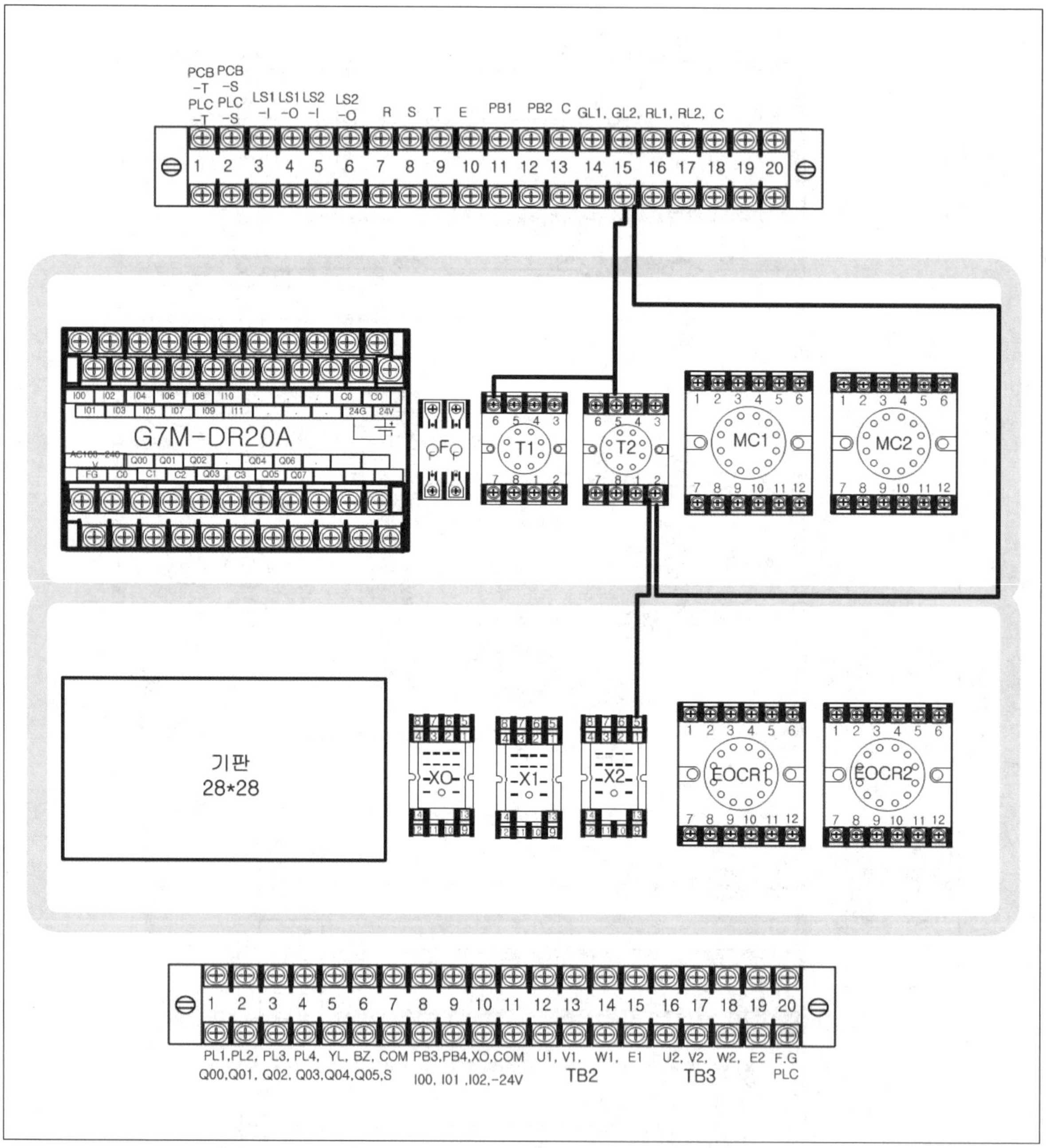

> **Tip**
> 상단 단자대 15번(GL_1-in 단자)-T_1의 6번-T_2의 5번, 2번-X_2의 5번 단자 배선

[STEP 22] T_2-b 접점, X_1-a 접점 배선

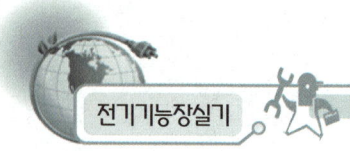

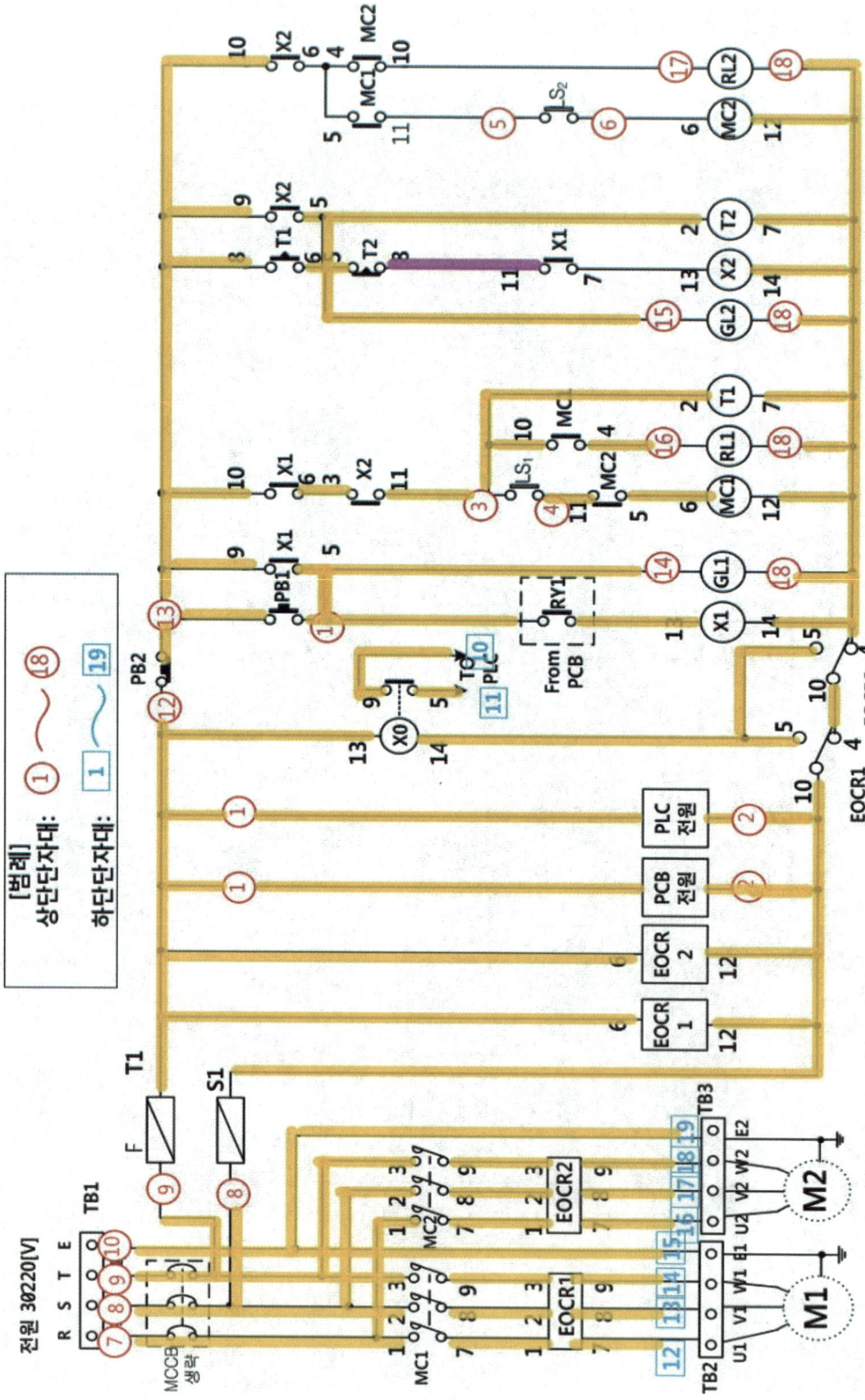
[범례]
상단단자대: ① ~ ⑱
하단단자대: 1 ~ 19
전원 3Ø220[V]
TB1
TB2
TB3
MCCB 생략
MC1
MC2
EOCR1
EOCR2
M1
M2
PB2
PB1
PLC 전원
PCB 전원
From PCB
RY1
T1
T2
X0
X1
X2
GL1
GL2
RL1
RL2

Chapter 02 기능장 과제 따라하기

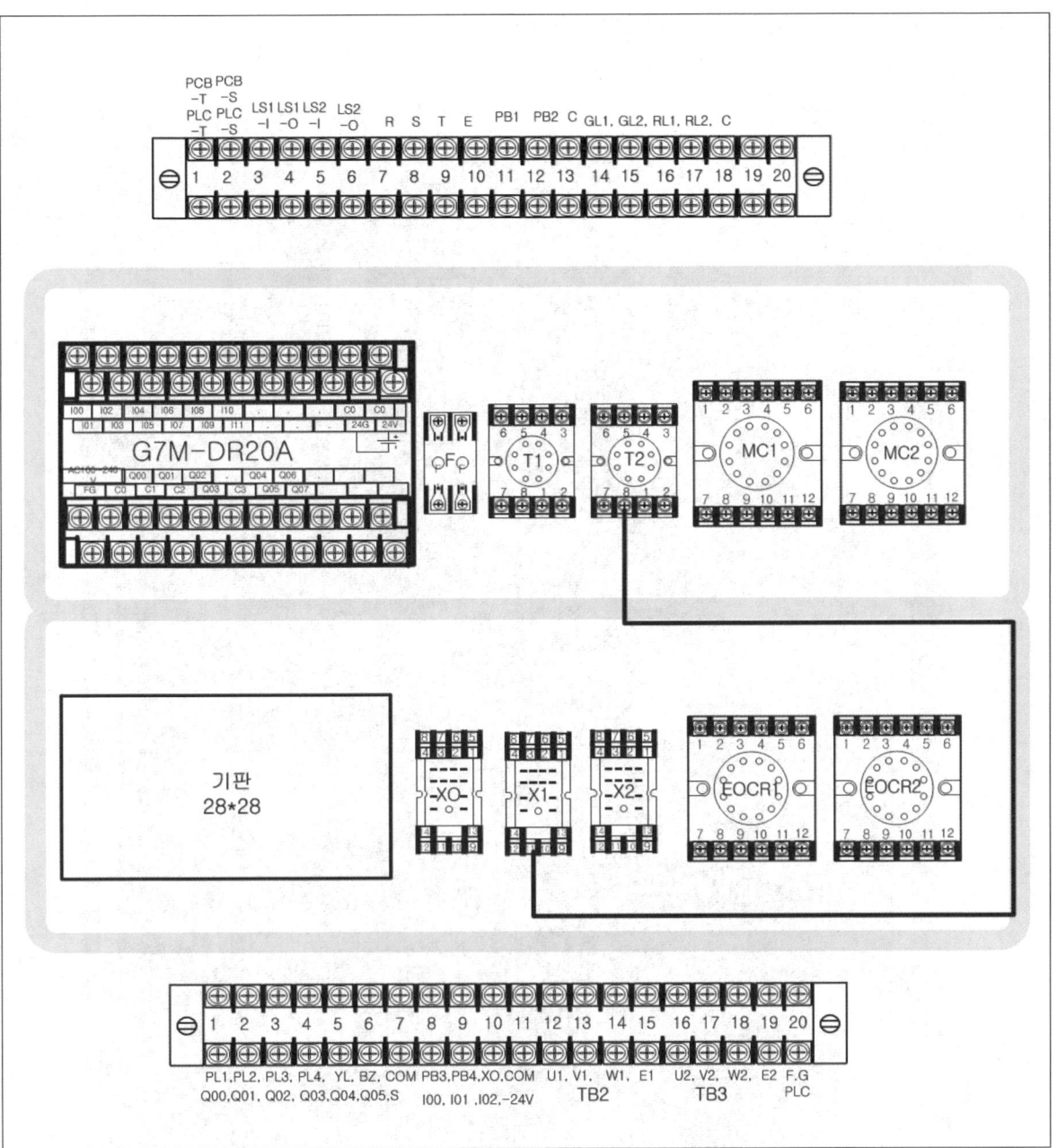

Tip

T_2의 8번-X_1의 11번 배선

[STEP 23] X_1-a, X_2 전원 입력측 단자 배선

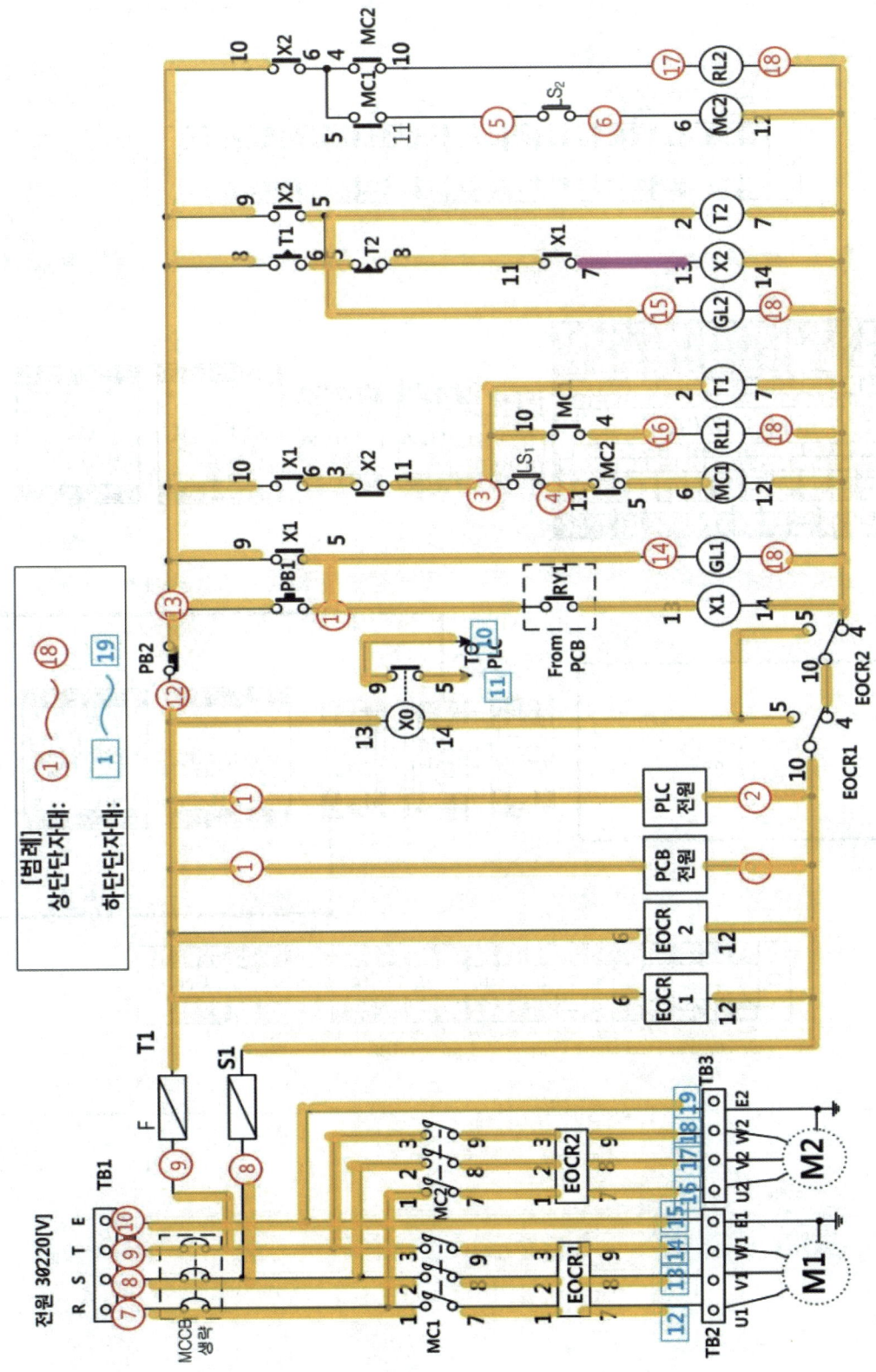

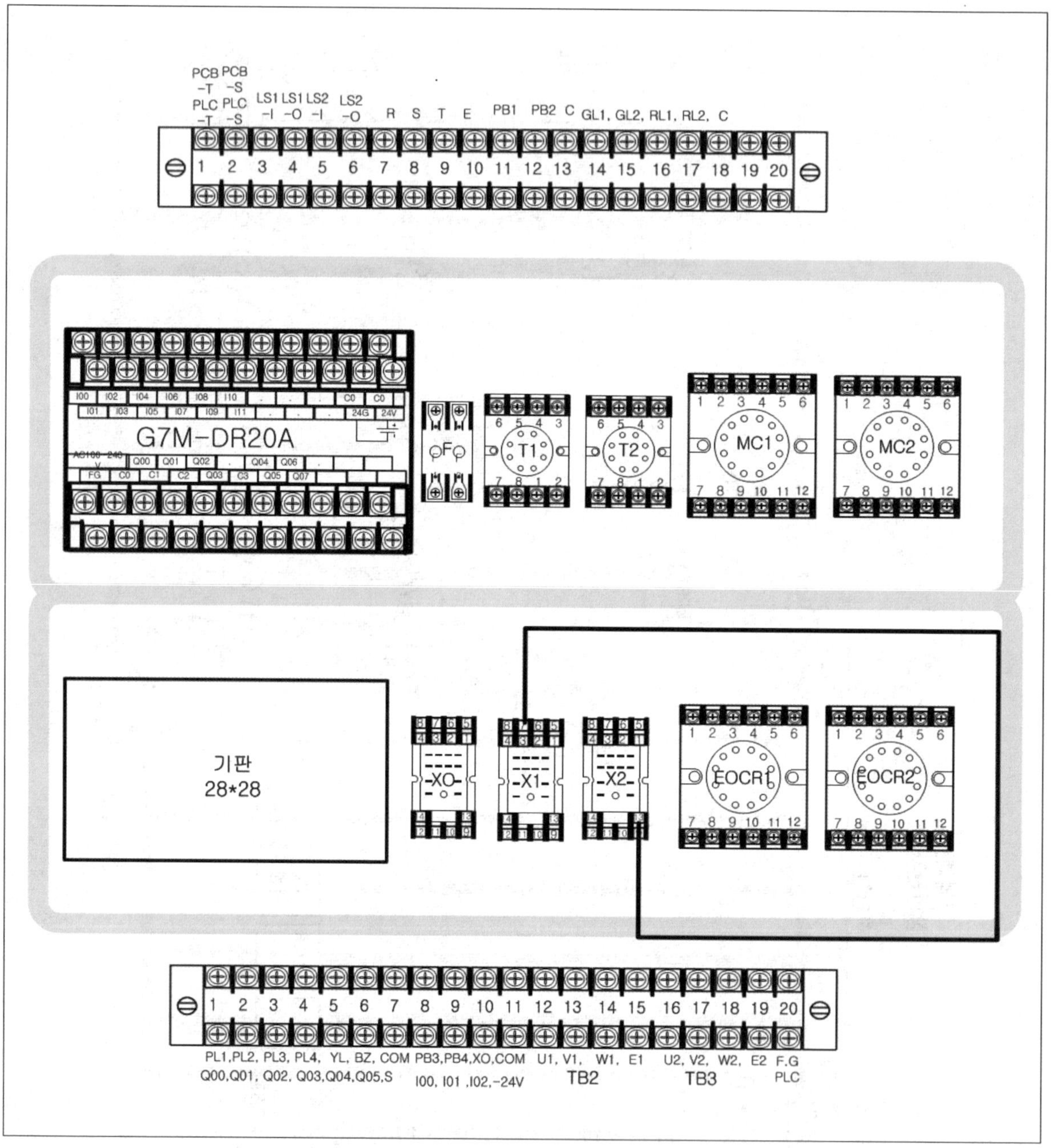

Tip

X₁의 7번-X₂의 13번 배선

[STEP 24] X_2-a, MC_1-b, MC_2-a 접점 공통 배선

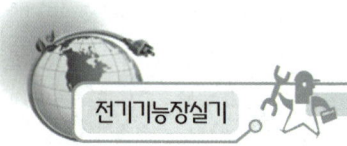

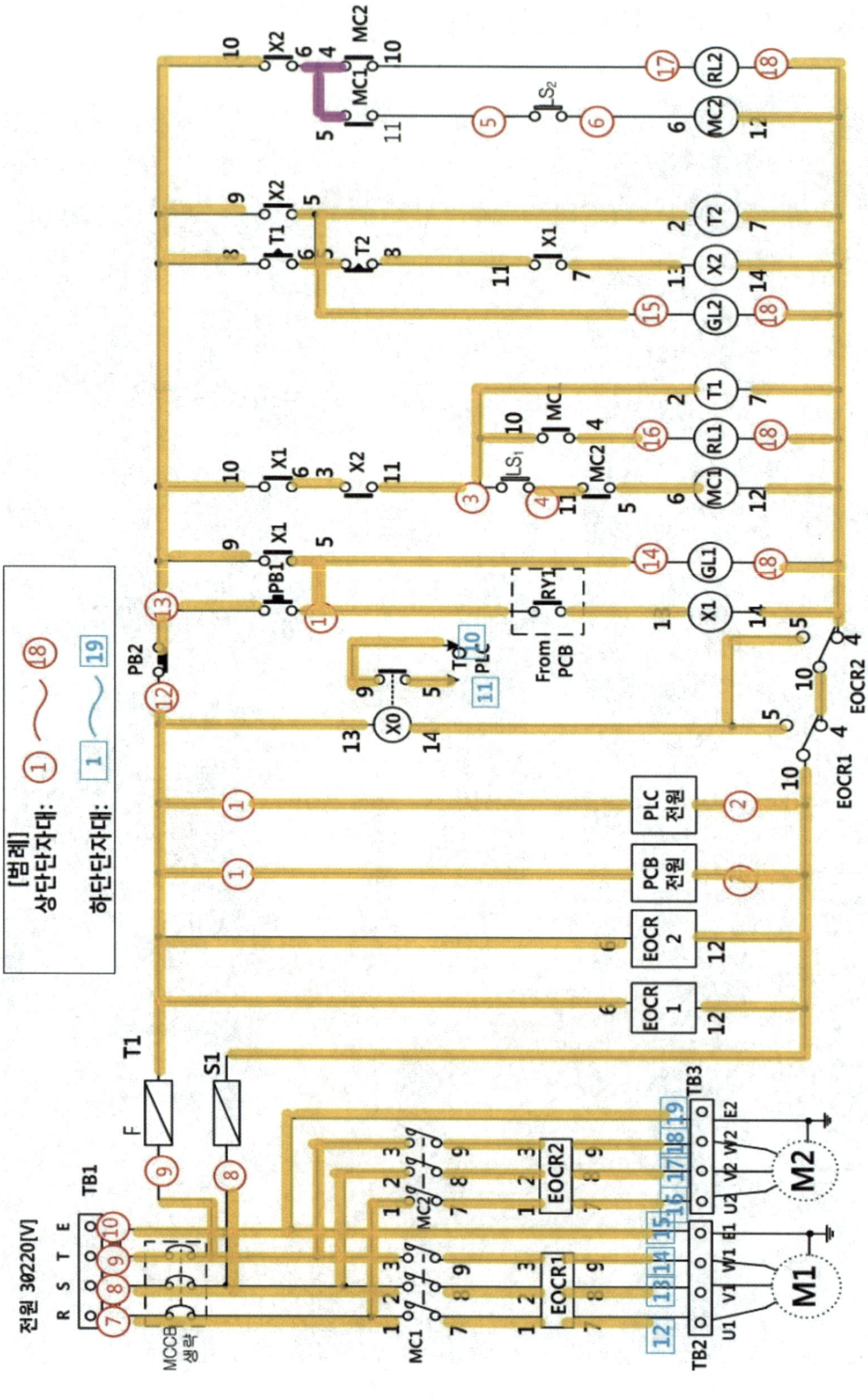
[범례]
상단단자대: ① ~ ⑱
하단단자대: 1 ~ 19
전원 3Φ220[V]
MCCB 생략
PLC 전원
PCB 전원
EOCR1
EOCR2
M1
M2

Chapter 02 기능장 과제 따라하기

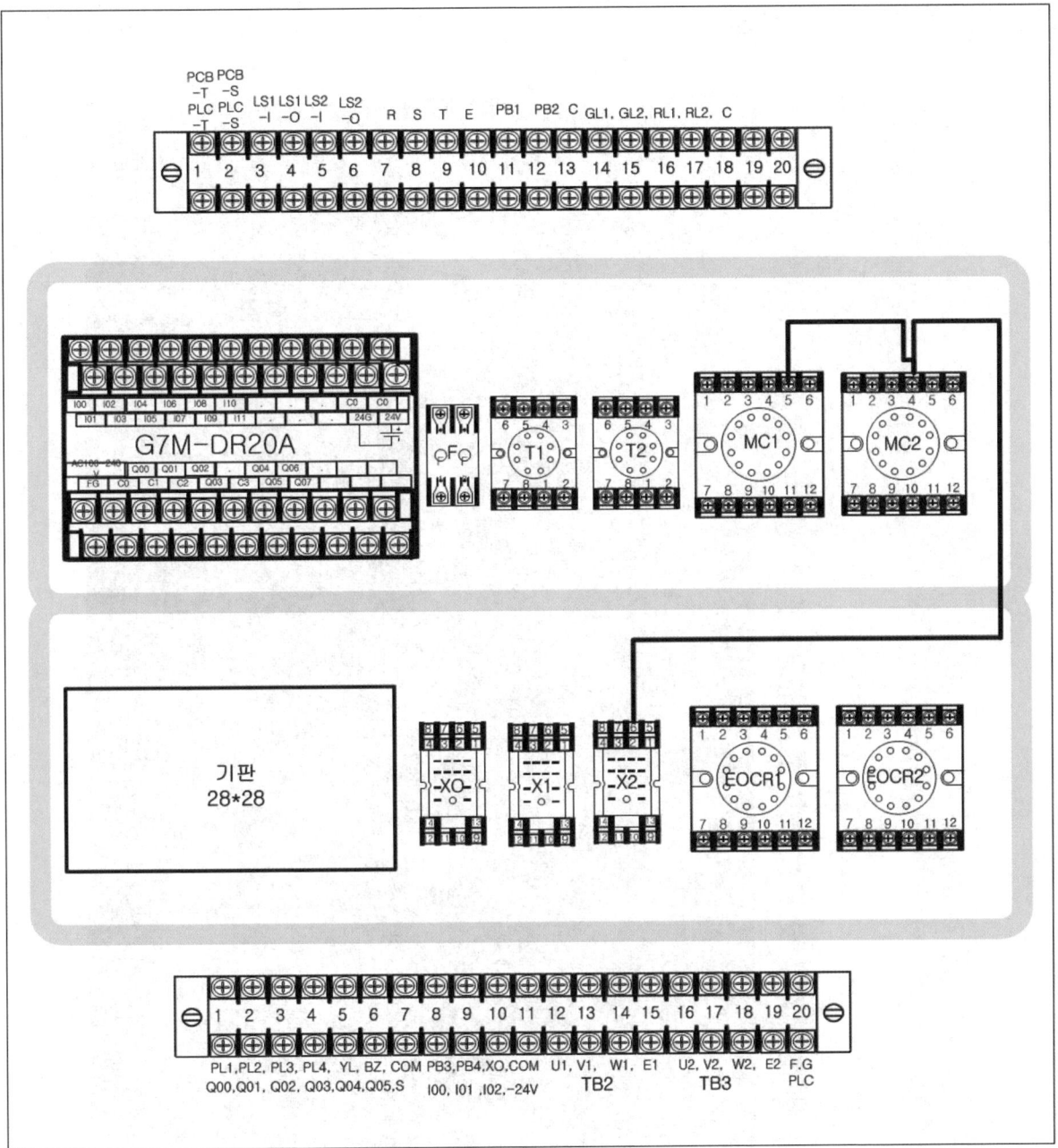

> **Tip**
> X_2의 6번–MC_1의 5번–MC_2의 6번 배선

[STEP 25] LS₂-in 단자 배선

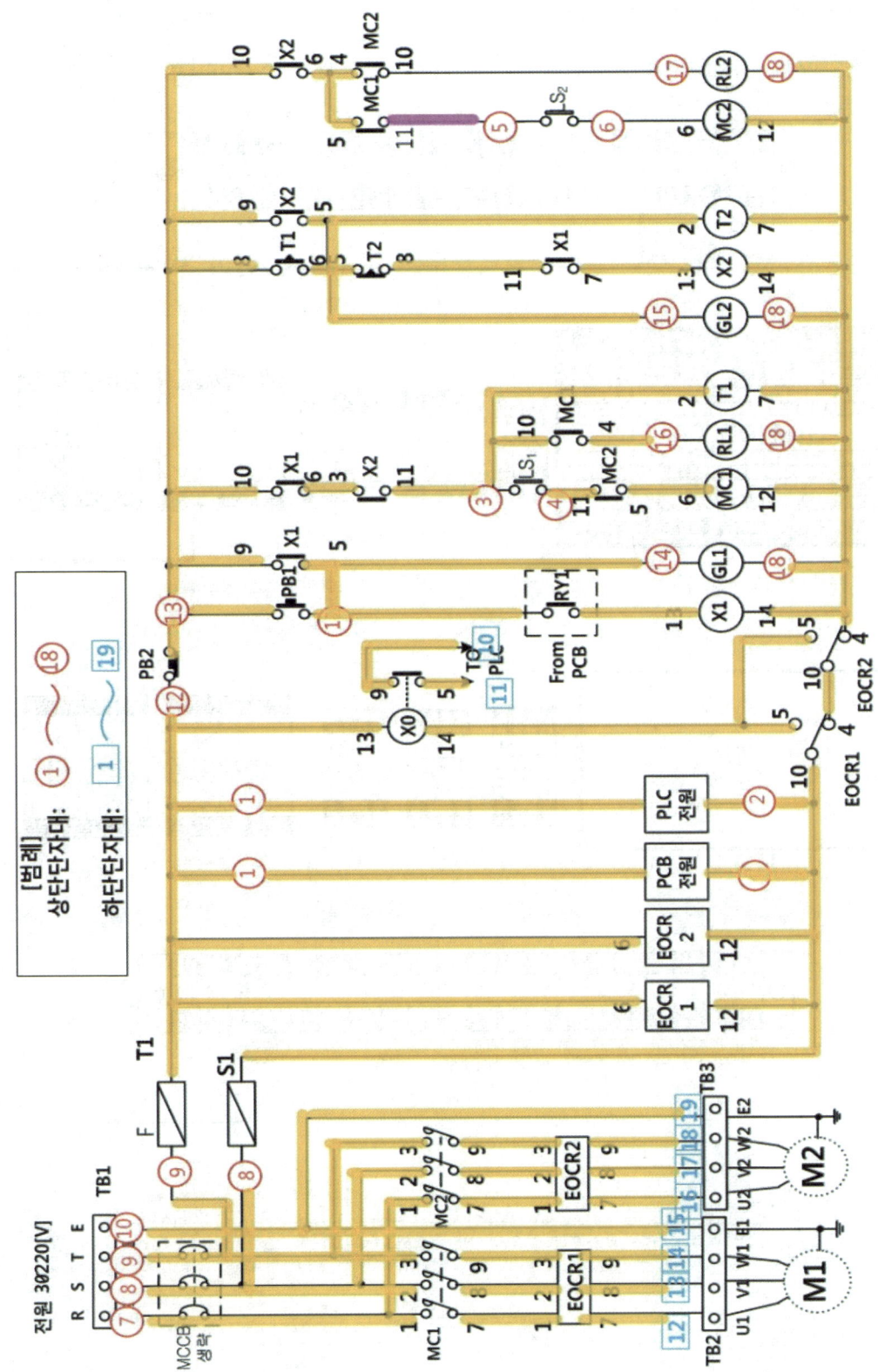

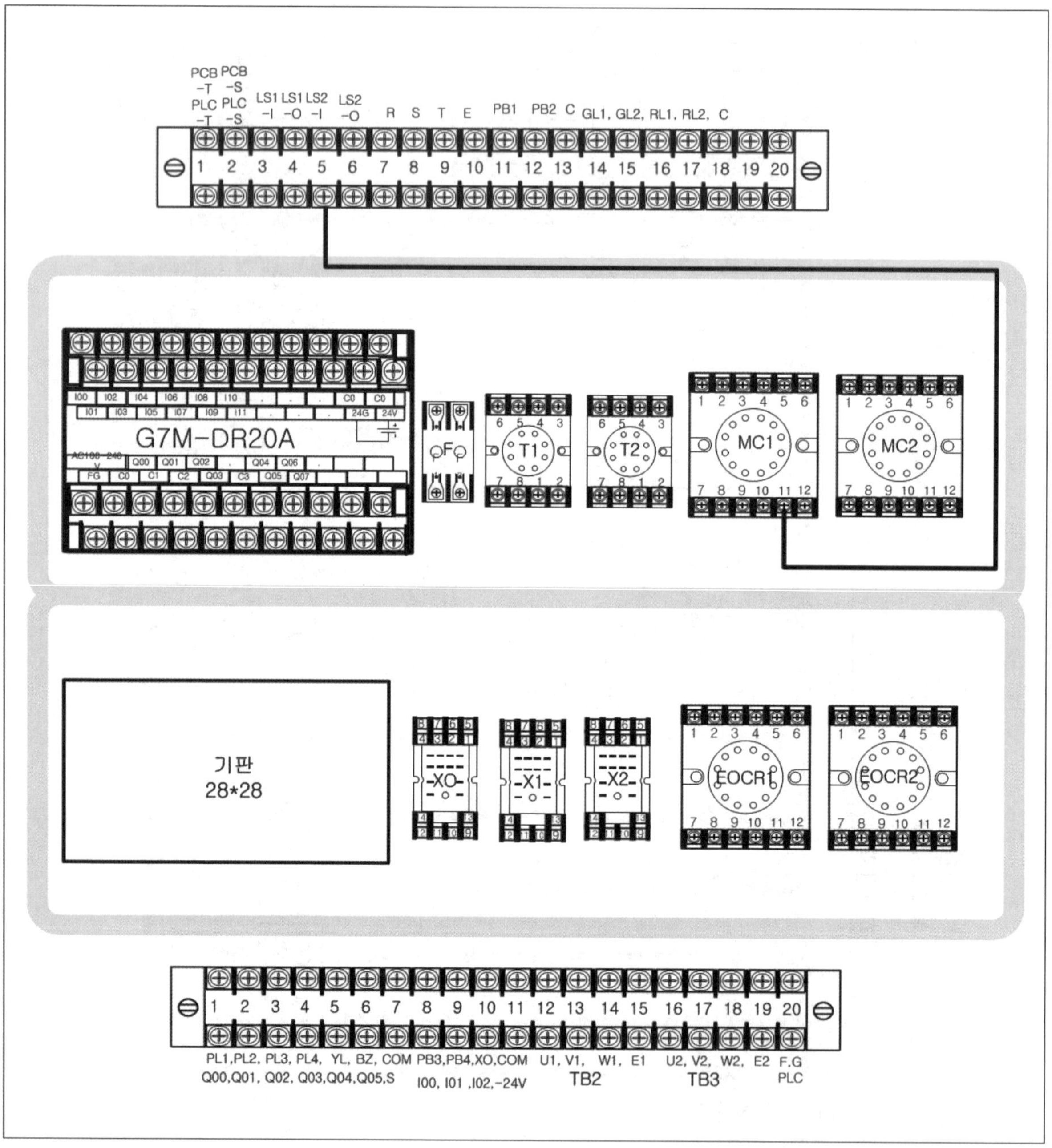

Tip
상단 단자대 5번(LS_2-in 단자)-MC_1의 11번 배선

[STEP 26] LS$_2$-out 단자 배선

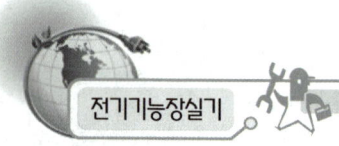

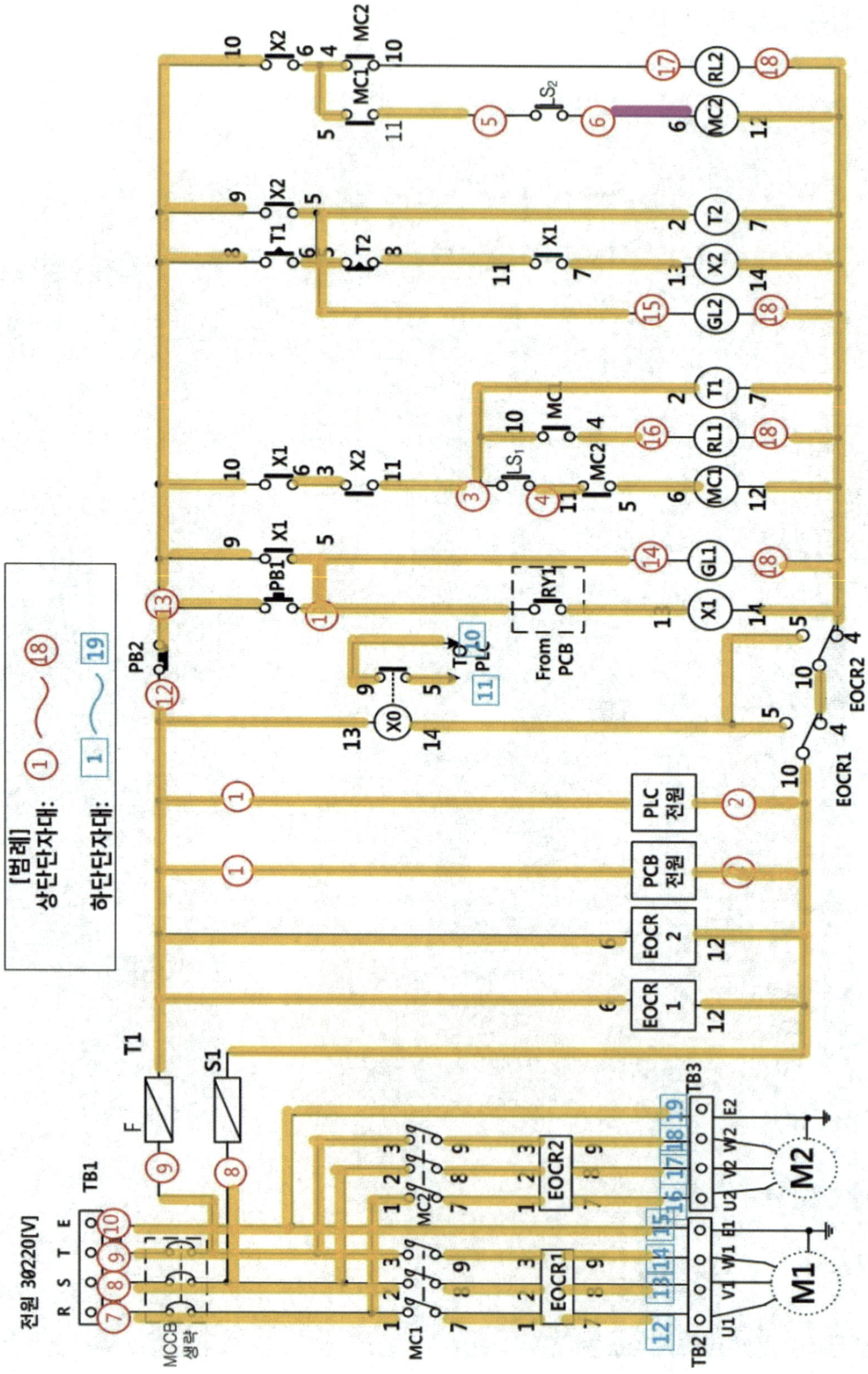
[범례]
상단단자대: ① ~ ⑱
하단단자대: 1 ~ 19
전원 3Ø220[V]
R S T E
TB1
MCCB 생략
MC1
MC2
EOCR1
EOCR2
TB2
TB3
M1
M2
U1 V1 W1 E1
U2 V2 W2 E2
F
T1
S1
PB2
PB1
EOCR 1
EOCR 2
PCB 전원
PLC 전원
From PCB
RY1
TC PLC
X0
X1
X2
GL1
GL2
RL1
RL2
T1
T2
LS1
S2

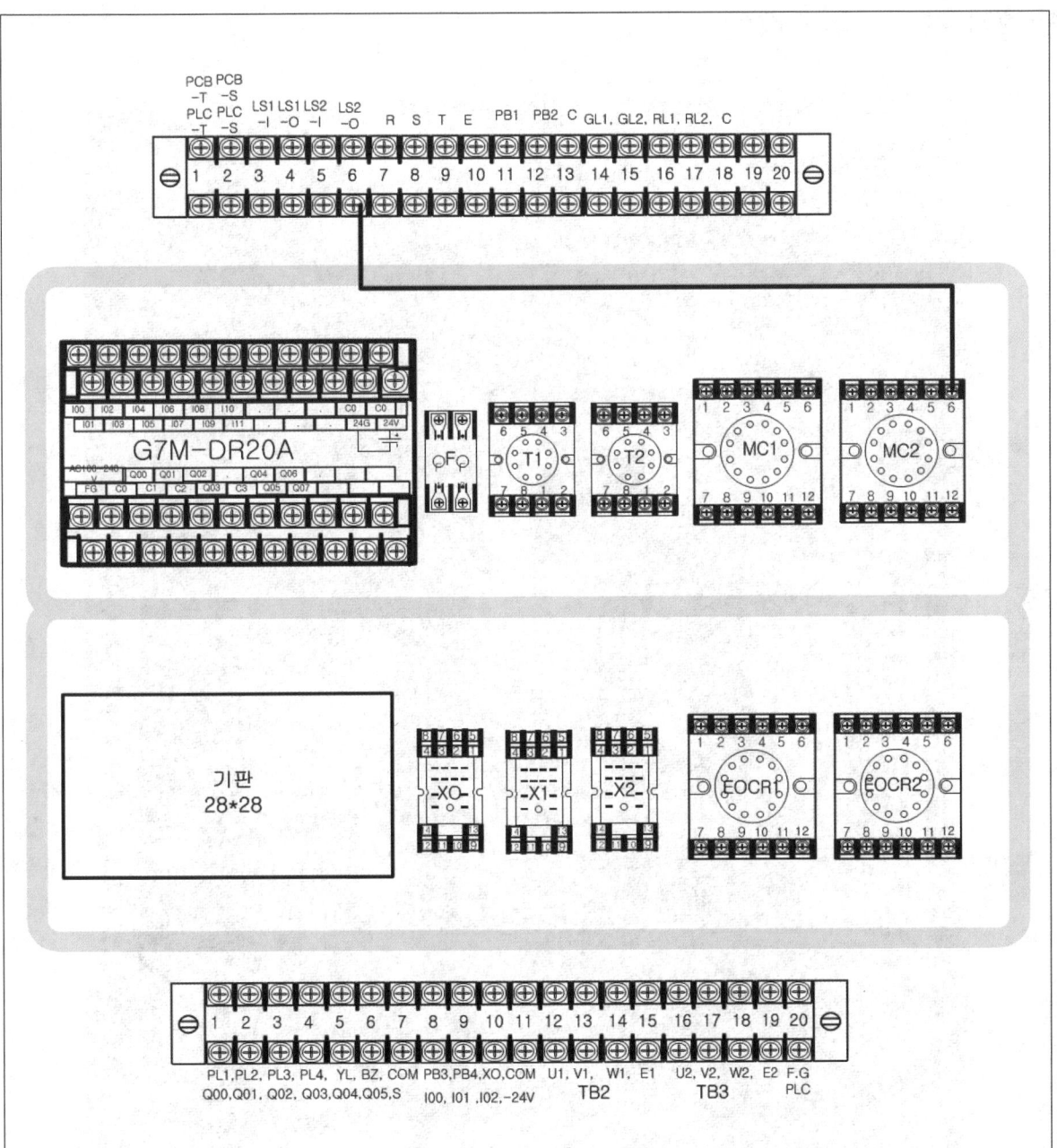

Tip
상단 단자대 6번(LS_2-out 단자)-MC_2의 6번 배선

[STEP 27] RL$_2$-in 단자 배선(종결)

Chapter 02 기능장 과제 따라하기

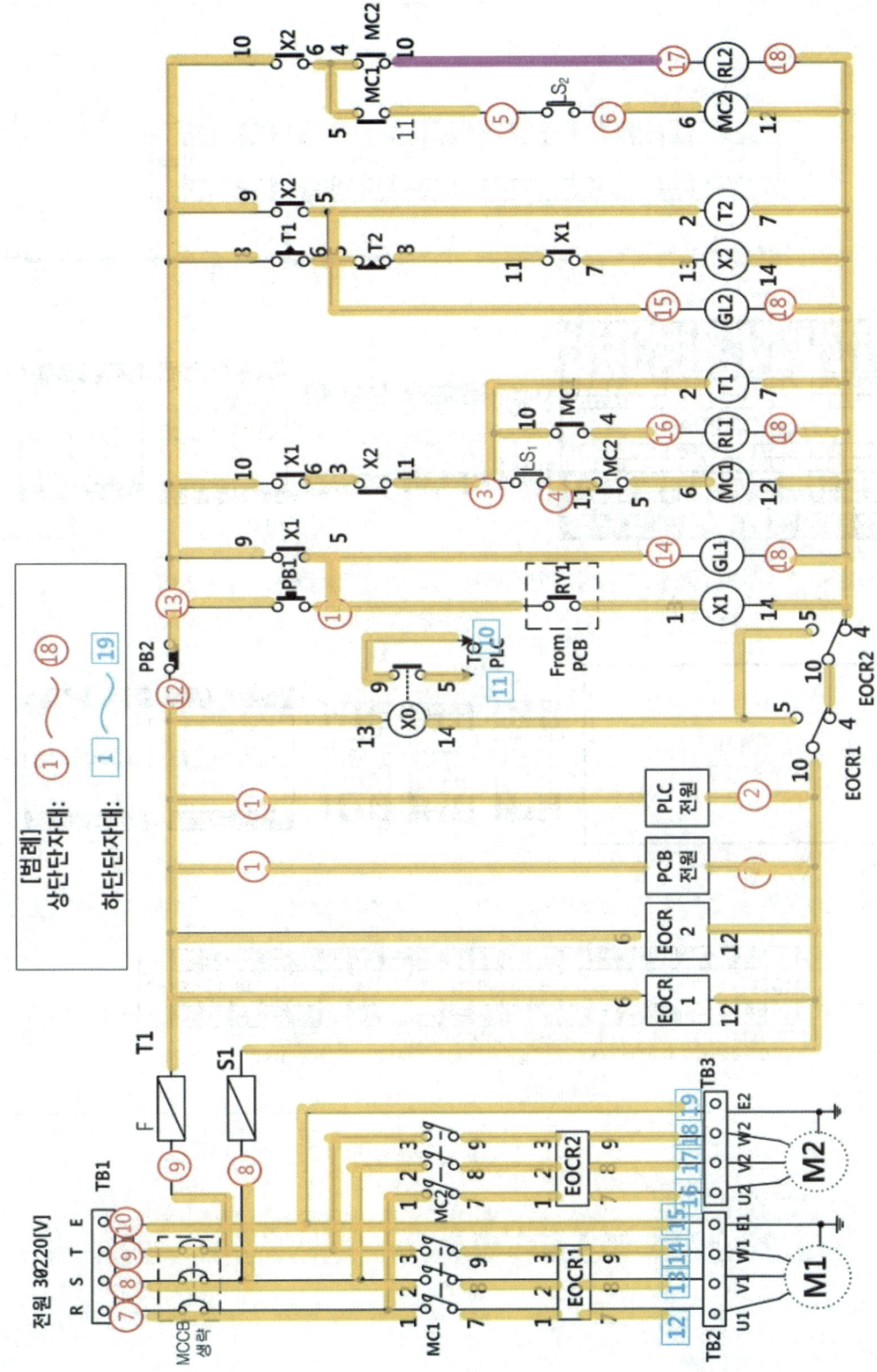

197

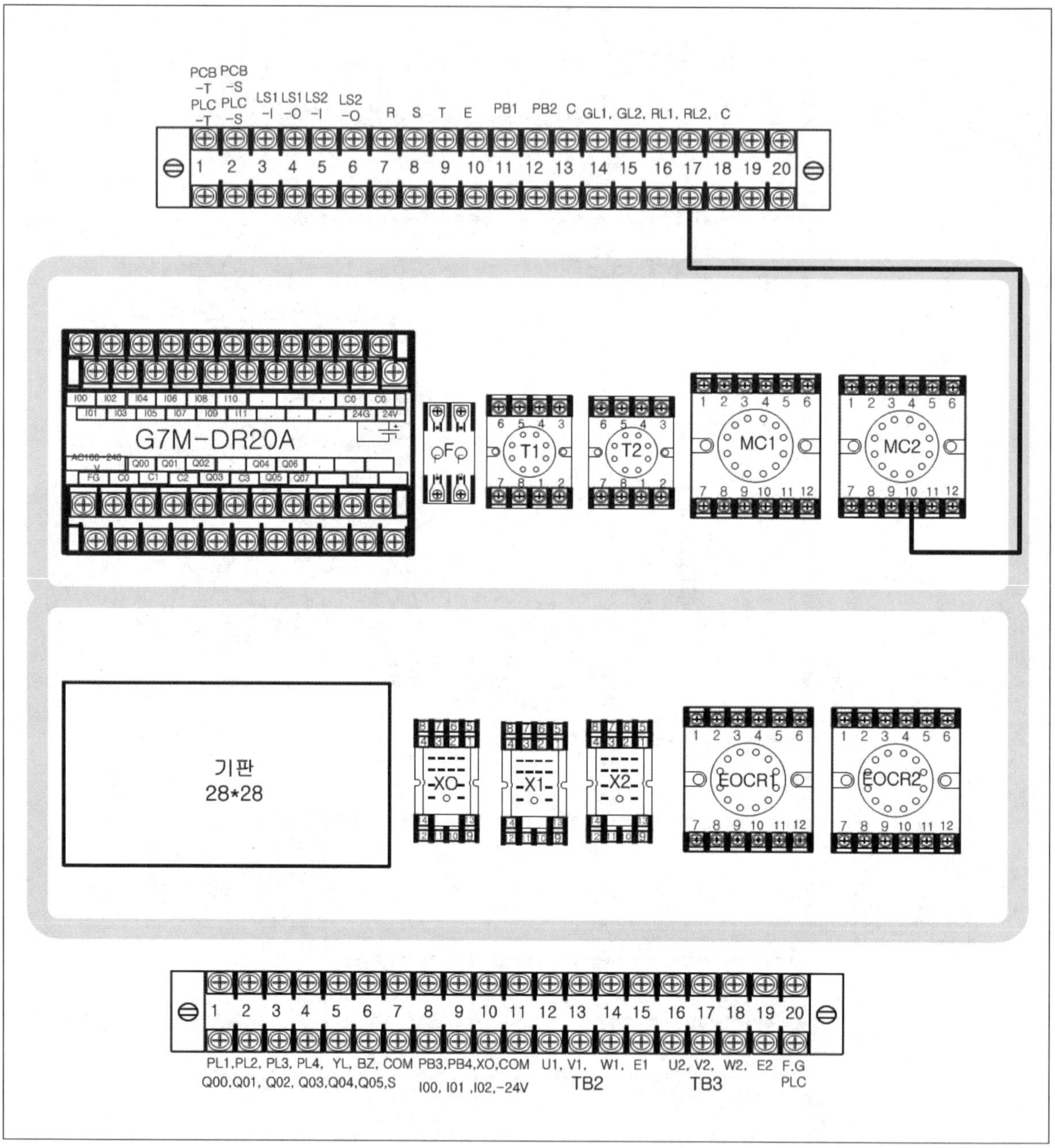

Tip
상단 단자대 17번(RL₂-in 단자)-MC₂의 10번 배선

Section 04 배관공사

4.1 작업 판넬 스케치

[STEP 1]

▶ 수평계로 수평기준선을 그린다.

[STEP 2]

▶ 수평계로 수직 기준선을 그린다.

[STEP 3]

▶ 제어판을 작업판넬 중심에 부착하고 수직배관공사 기준선을 그린다.

[STEP 4]

▶ 배관공사에 필요한 작업판넬 스케치가 완성된 모습

[STEP 5]

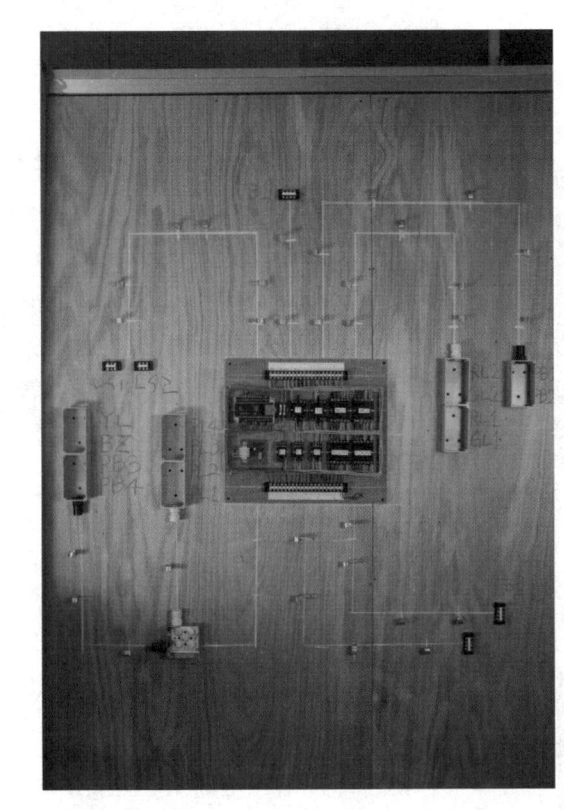

▶ 배관 배치도에 따라 전선관에 연결될 컨트롤 박스, 사각박스, 단자대 등을 부착한다.
▶ 새들을 배관이 설치될 곳에 미리 부착하는 것이 작업상 효율적인데 이때는 배관 바깥쪽 방향만 나사못으로 부착한다.
▶ 새들의 부착 개소는 배관의 수평, 수직 개소마다 2개씩 부착한다.

4.2 합성수지관(PE)공사

[STEP 1]

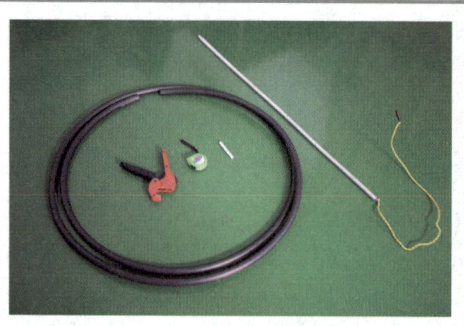

▶ 배관도 좌측 상단의 500mm×600mm×500mm인 'ㄷ'자 배관공사
▶ 합성수지관(PE), 스프링 벤더, 파이프 커터, 줄자, 백묵 등을 준비한다. 스프링 벤더의 길이는 1m 이상이어야 굽힘작업이 용이하다.

[STEP 2]

▶ 합성수지관(PE)에 스프링 벤더를 삽입한다.

[STEP 3]

▶ 스프링 벤더를 넣고 구부려져 있는 관을 반대편으로 젖혀서 직선으로 편다.

[STEP 4]

▶ 일자로 펴진 관에 1600mm 치수를 기입한다.
(500mm+600mm+500mm =1600mm)

[STEP 5]

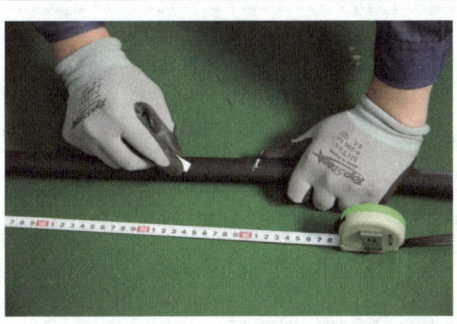

▶ 배관길이 1600mm에 표식을 한다.
▶ 배관길이 1540mm에 표식을 한다.
('ㄷ'자 배관의 전체 길이가 1600mm이지만 굽힘작업 1개소당 소요 배관길이가 30mm씩 감소되기 때문에 2개소에 60mm가 감소되어 전체 소요 배관길이는 1600mm−60mm=1540mm)

[STEP 6]

▶ 파이프 커터로 배관길이 1540mm 만큼 절단한다.

[STEP 7]

▶ 관 양단 끝에서 485mm 거리에 치수를 표기한다.(ϕ16mm 배관기준으로 굽힘 작업 1개소당 30mm씩 소요 배관길이가 감소하므로 관단에서 굽혀지는 곳까지의 거리는 500m-15mm = 485mm)

[STEP 8]

▶ 스프링 벤더를 넣고 표시한 곳의 중심부분을 원래 굽혀져 있는 방향 반대편으로 구부려야한다.

[STEP 9]

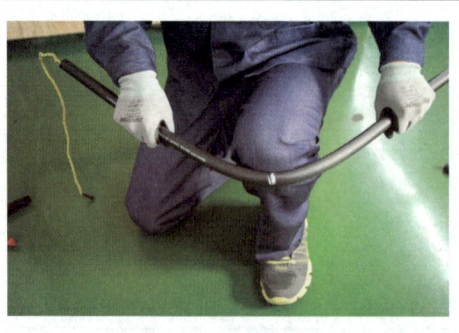

▶ 양손으로 직각으로 천천히 구부린다.

[STEP 10]

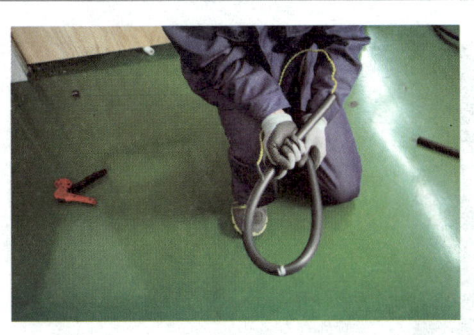

▶ 배관이 구부려지기 시작하면 양손이 서로 교차되도록 구부린다.

[STEP 11]

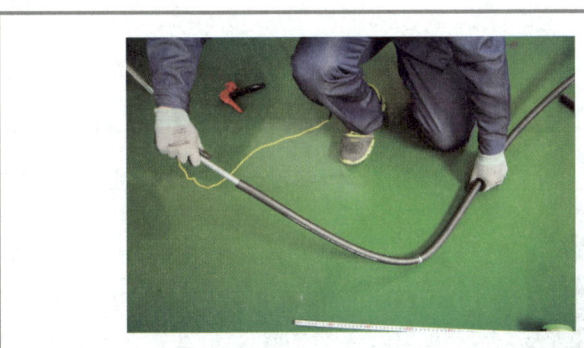

▶ 구부렸던 배관을 놓고 스프링벤더를 뺀다.

[STEP 12]

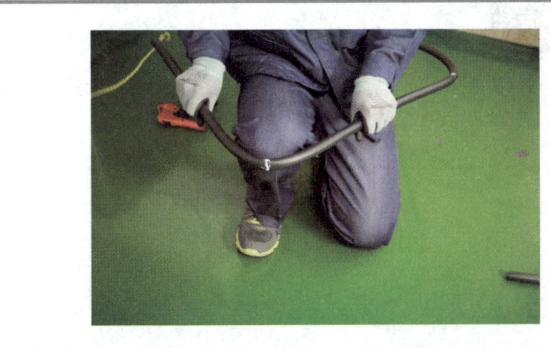

▶ 다른 편 굽힘작업도 동일하게 실시한다.

[STEP 13]

▶ 두 개소의 굽힘작업이 끝나면 스프링 벤더를 제거하고 적당히 성형을 한다.

[STEP 14]

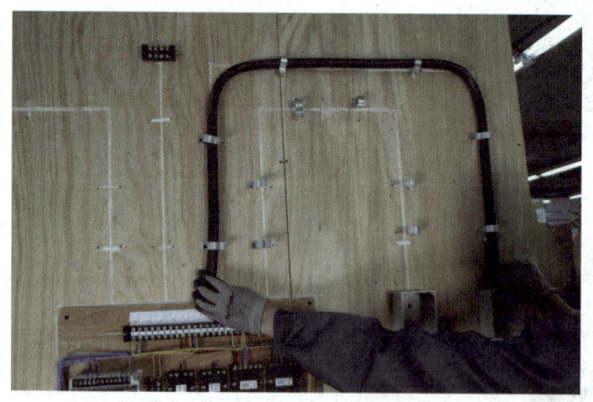

▶ 'ㄷ'자로 성형된 배관을 작업판넬에 새들로 고정시킨다.
▶ 합성수지관의 지지점 간 거리는 1.5m 이하이나 관단이나 박스와 연결된 곳은 관단으로부터 30cm 이하에 새들로 고정한다.
▶ 관의 길이가 수평, 수직으로 30cm를 초과할 때는 수평, 수직에 각각 2개소씩 새들로 견고하게 고정한다.
▶ 굴곡 부분의 새들 위치는 굴곡이 시작되기 전 10mm 지점, 굴곡이 끝난 곳에서 10mm 지난 지점에 각각 새들로 고정한다.

[STEP 15]

▶ 배관작업 완성
▶ 제어판에 연결된 PE관 커넥터는 10mm 정도 제어판에 올려서 고정한다.
▶ 치수허용오차 : 전선관은 ±30mm이며, 제어판 내부는 ±5mm이다.

4.3 PVC 덕트 공사

[STEP 1]

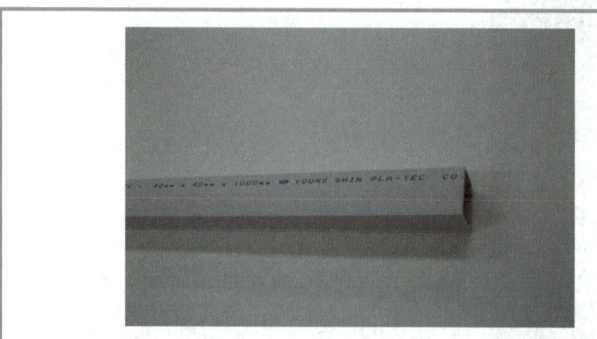

▶ PVC 덕트 규격 :
  40mm×40mm×1000mm

[STEP 2]

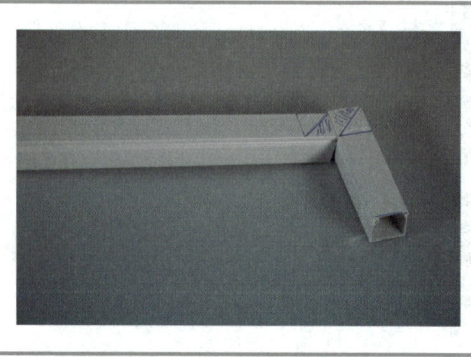

▶ 덕트 배관도 중심선의 치수가 수직 450mm, 수평 250mm이지만 실제 덕트 폭(40mm)을 감안하면 수직 470mm, 수평 270mm이다.
▶ 그러므로 수직덕트는 470mm로 절단, 수평은 220mm로 절단한다.
▶ 수평덕트길이 계산 :
  270mm−50mm(사각박스크기100×1/2)=220mm
▶ 45°로 모따기할 부분을 표시한다.

[STEP 3]

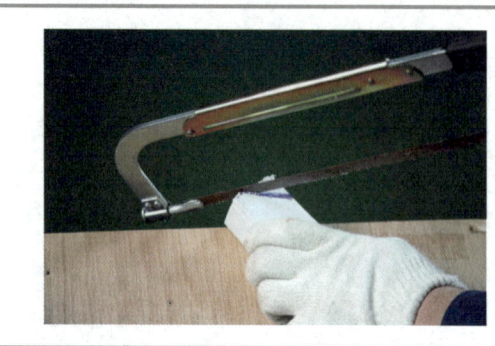

▶ 쇠톱으로 모따기를 한다.

[STEP 4]

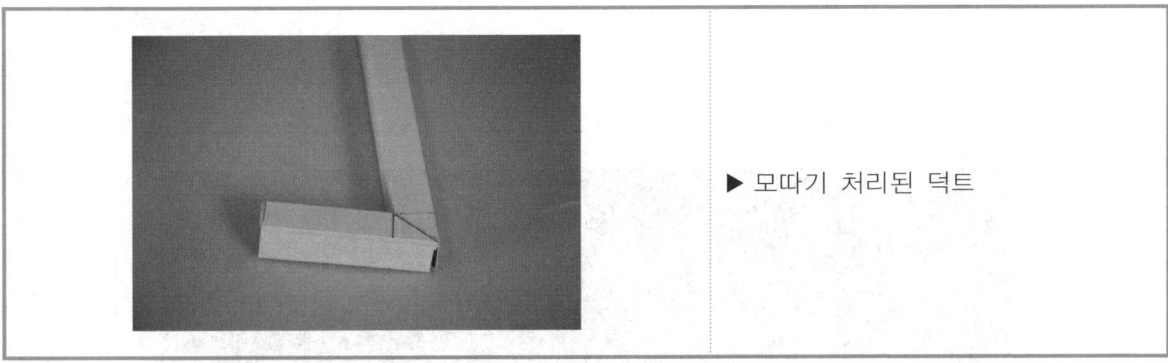

▶ 모따기 처리된 덕트

[STEP 5]

▶ 사각박스에 밀착하여 덕트를 설치한다.

4.4 배관공사 완성

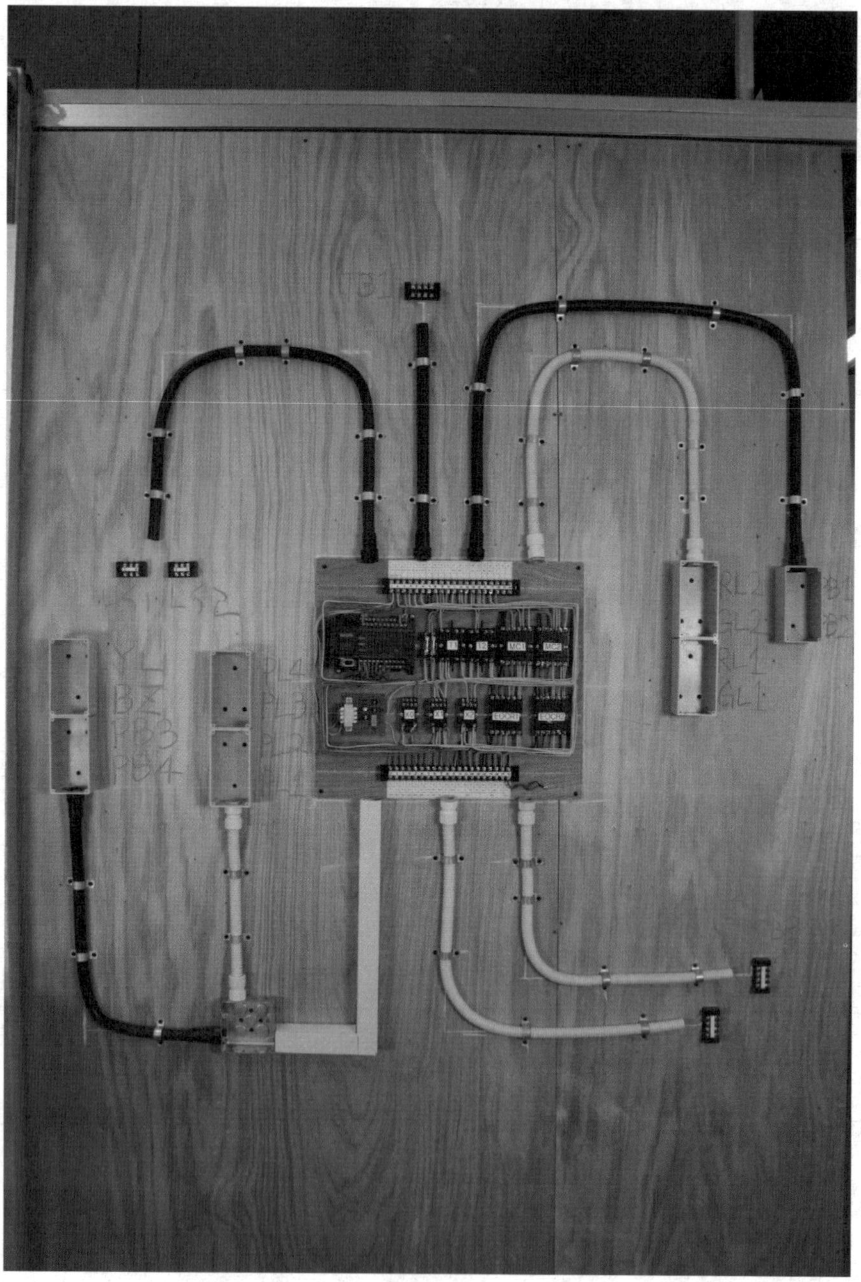

Section 05 배선공사

5.1 상단 배관 배선공사

[STEP 1]

▶ 우측 상단의 'ㄷ'자형 플렉시블 배관공사는 5가닥 배선이 필요하다.
▶ 플렉시블 전선관 특성상 관 내 표면에 주름이 많기 때문에 전선을 입선하기가 어려워 한쪽 변의 관 새들을 풀어 'ㄴ'자 형으로 만들어 입선을 한 후에 다시 새들을 고정시키는 방식으로 작업하여야 한다.

[STEP 2]

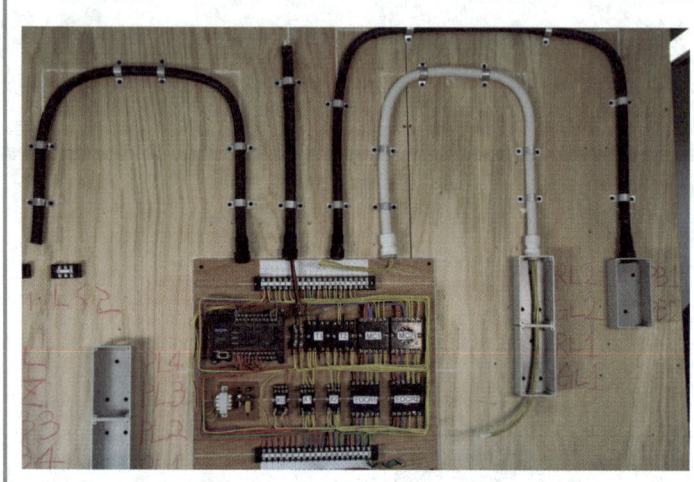

▶ 입선이 완료되면 새들을 다시 고정한다.
▶ 입선 시 배선 끝은 테이핑하여 매끄럽게 하여야 한다.

[STEP 3]

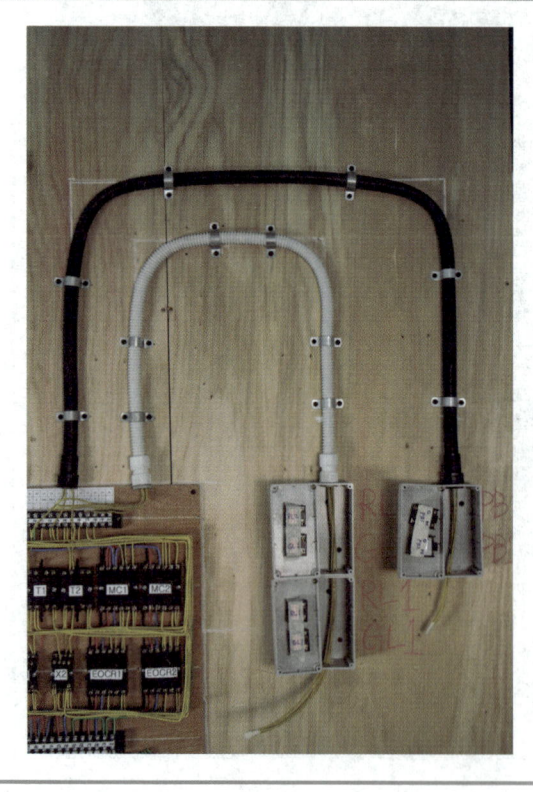

▶ 플렉시블 배관과 PE배관(3가닥 배선)에 입선을 하고 컨트롤 박스 커버를 작업이 용이하게 뒤집어 부착시킨다.

[STEP 4]

▶ 컨트롤 박스 커버에 부착된 버튼, 램프류에 명칭을 표기하여 둔다.

[STEP 5]

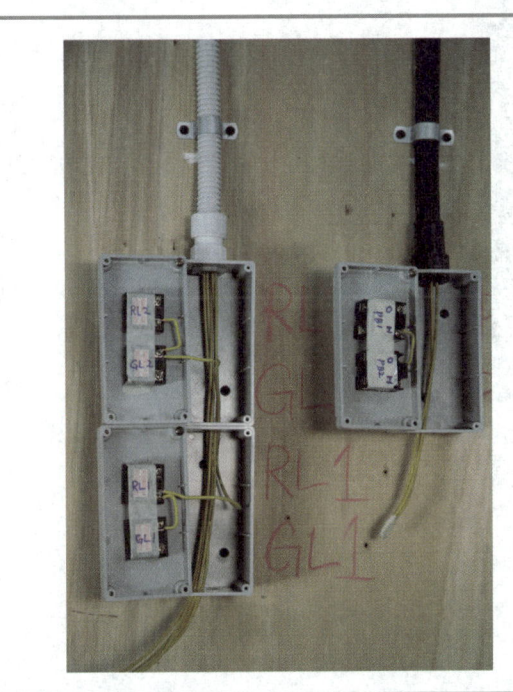

▶ 컨트롤 박스 내 공통(common) 배선처리를 한다.

[STEP 6]

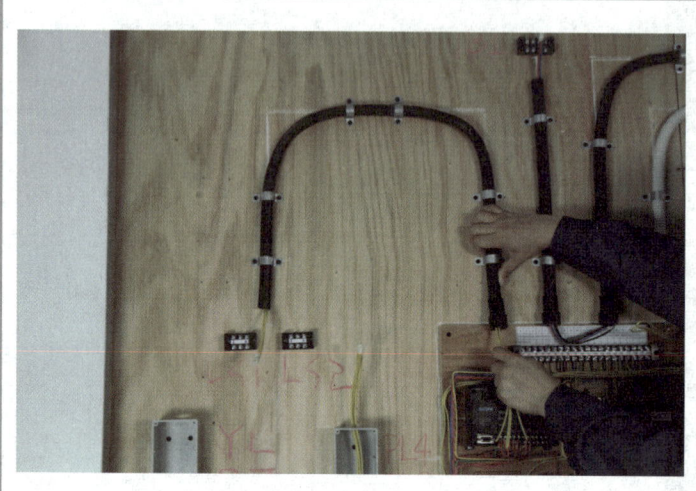

▶ 좌측 상단 배관과 중앙 배관에 입선을 한다.

[STEP 7]

▶ 좌측 상단 배관과 중앙 배관에 입선이 완료된 모습

[STEP 8]

▶ 입선이 완료된 후에 결선 순서는 먼저 제어판 단자에 배관순서에 따라 맞춰서 결선을 한다.
▶ TB1 단자대의 배선은 색깔순서를 맞추어야 한다.(흑, 적, 청, 녹)

[STEP 9]

▶ 좌측 상단 배관 배선의 LS_1, LS_2 단자대를 결선한다.(견출지로 제어판 단자대 번호를 표기하였음)

[STEP 10]

▶ 벨 테스터로 제어판 단자대 13번(com)에 연결된 배선을 $GL_1 \sim RL_2$가 설치될 컨트롤 박스 내 배선 중에서 찾는다.

[STEP 11]

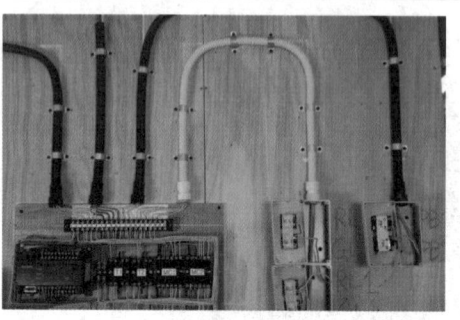

▶ 제어판 상단 단자대 13번(C)과 PB$_1$, PB$_2$ 공통단자를 연결한다.

[STEP 12]

▶ 우측 상단 플렉시블관 배선 중 벨 테스터로 공통단자(제어판18번 배선)를 찾는다.

[STEP 13]

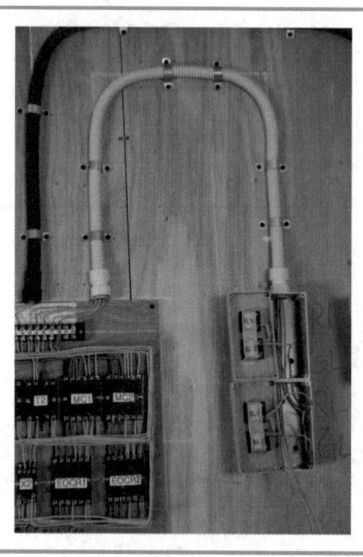

▶ 제어판 상단 단자대 18번(C)과 GL$_1$, GL$_2$, RL$_1$, RL$_2$의 공통단자를 연결한다.

[STEP 14]

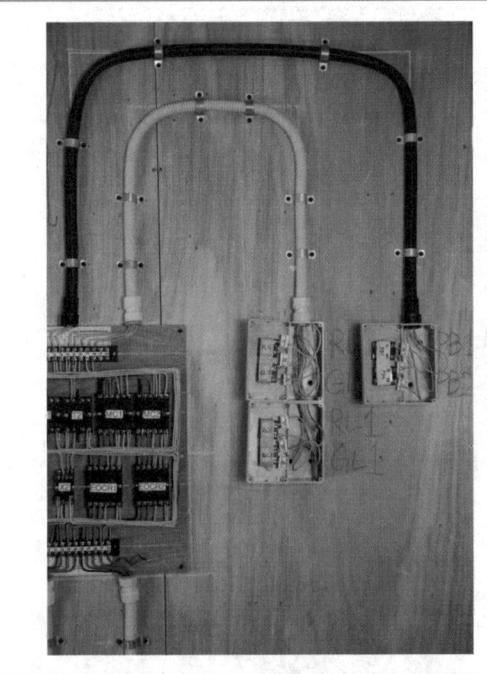

▶ 나머지 배관 배선들도 제어판에 표기된 어드레스에 따라서 결선을 완료하면 된다.

[STEP 15]

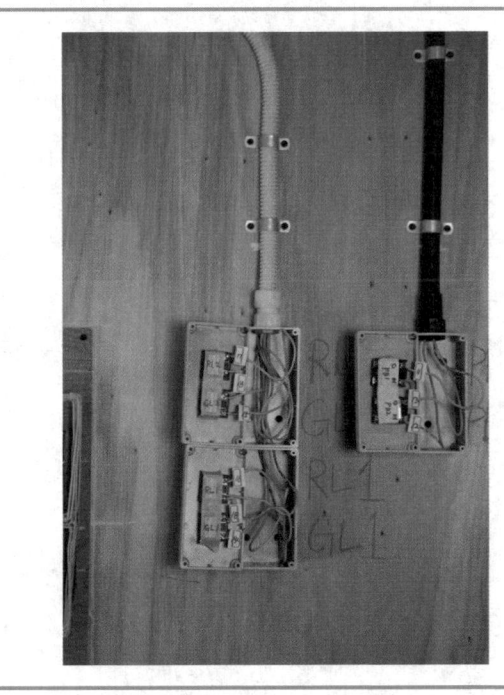

▶ (참고) 컨트롤 박스 내부 결선에 제어판 단자대 번호를 표기한 모습

[STEP 16]

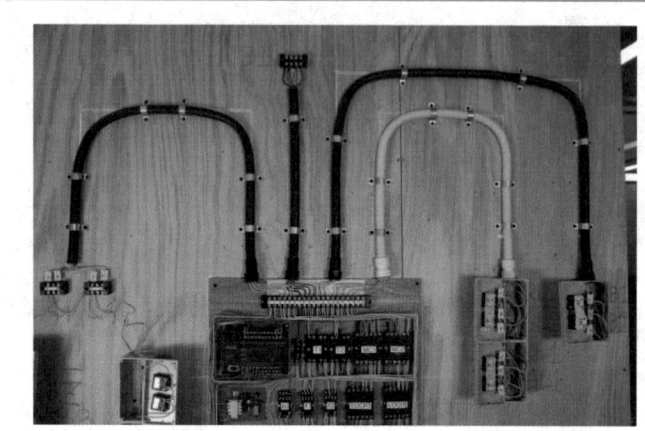

▶ 상단 배관 배선이 완료된 모습

5.2 하단 배관 배선공사

[STEP 1]

▶ 좌측 하단의 'ㄴ'자형 플렉시블 배관공사는 주회로 배선으로서 4가닥이 필요하다.
▶ 플렉시블 전선관 특성상 관 내 표면에 주름이 많기 때문에 전선을 입선하기가 어려워 한쪽 변의 관 새들을 풀고 입선을 한 후에 새들을 다시 고정시키는 방식으로 작업하여야 한다.

[STEP 2]

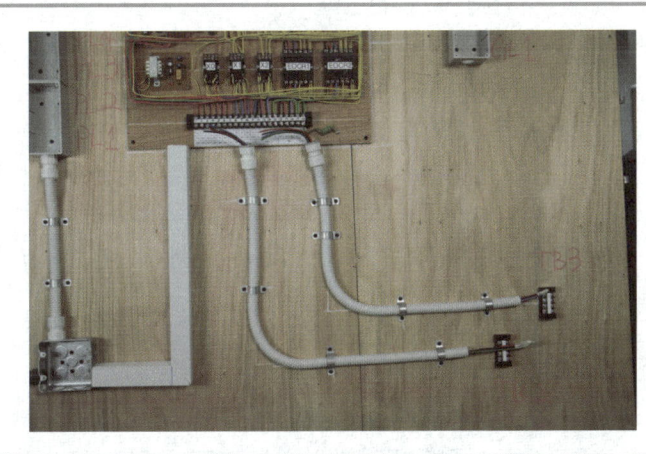

▶ TB_2, TB_3 단자대 연결 배관에 입선이 완료된 모습

[STEP 3]

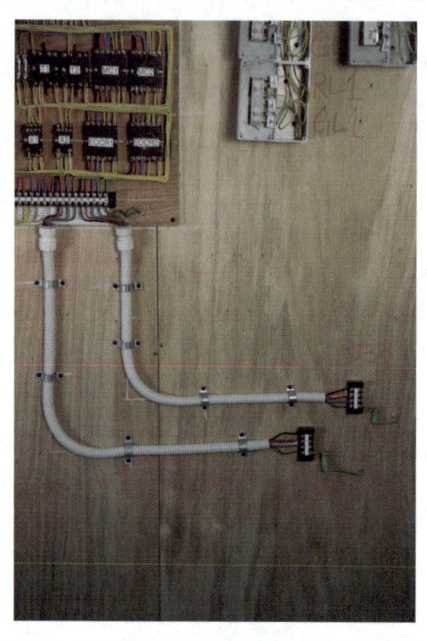

- 제어판 하단 단자대 번호별 어드레스에 맞춰서 접속하고 TB$_2$, TB$_3$ 단자대를 순차적으로 접속을 완료한다.
- TB$_2$, TB$_3$ 단자대 접속 시 접지단자의 마무리는 그림과 같이 쥐꼬리처럼 처리한다.

[STEP 4]

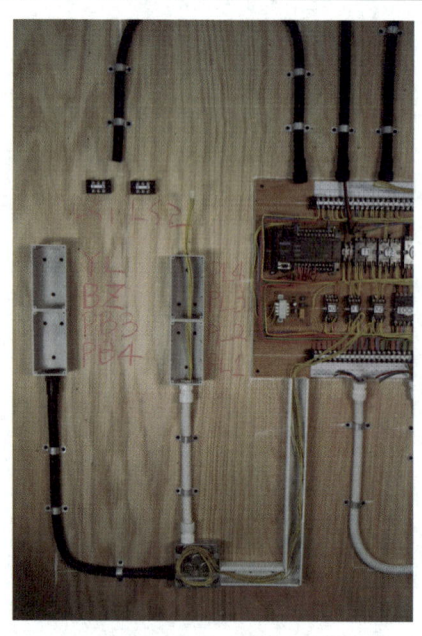

- 좌측 하단 PVC 덕트와 플렉시블 전선관에 5가닥 전선을 입선한다.
- 회로를 변경할 경우를 대비해서 사각박스 내 여유배선은 150mm 이상 두어야 한다.
- 컨트롤 박스 내 여유배선도 접속과 점검을 용이하게 하기 위하여 박스 최상단 연결단자인 PL$_4$를 기준으로 150mm 이상 두어야 한다.
- PVC 덕트와 제어판 연결 시에도 여유배선이 150mm 이상 필요하다.

[STEP 5]

▶ 컨트롤 박스, 사각박스 및 PVC 덕트 관단에 여유배선을 두고 입선이 완료된 상태
▶ PVC 덕트 커버는 덮는다.

[STEP 6]

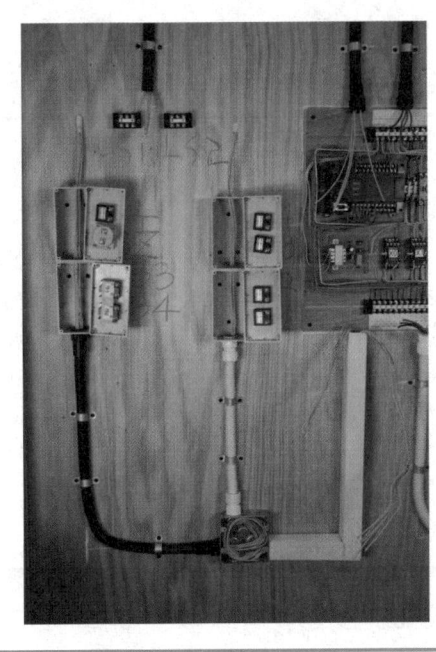

▶ 컨트롤 박스 커버를 작업이 용이하게 뒤집어 부착시킨다.
▶ 컨트롤 박스 커버에 접속될 버튼, 램프류에 명칭을 표기하여 둔다.

[STEP 7]

▶ 컨트롤 박스 내 공통(common) 배선처리를 한다.

[STEP 8]

▶ 입선이 완료된 후에 결선 순서는 제어판 단자대 결선을 먼저한다.
▶ PE관 연결 배선과 플렉시블 전선관 연결배선을 구분하여 단자대 결선을 한다.

[STEP 9]

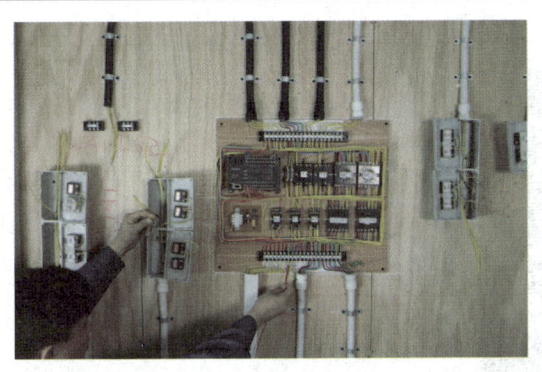

▶ 벨 테스터로 제어판 단자대 7번 (com)에 연결된 배선을 PL₁~PL₄가 설치될 컨트롤 박스 내 배선 중에서 찾는다.

[STEP 10]

▶ 벨 테스터로 제어판 단자대 7번 (com)에 연결된 배선을 YL, BZ가 설치될 컨트롤 박스 내 배선 중에서 찾는다.

[STEP 11]

▶ 제어판 단자대 7번(PLC 출력-com)과 YL, BZ-com 단자와 PL₁~PL₄-com 단자를 연결한다.

[STEP 12]

▶ 벨 테스터로 제어판 단자대 11번 (PLC 입력-com)에 연결된 배선을 PB_3, PB_4가 설치될 컨트롤 박스 내 배선 중에서 찾는다.

[STEP 13]

▶ 제어판 단자대 11번(PLC 입력-com)과 PB_3, PB_4-com 단자를 연결한다.

[STEP 14]

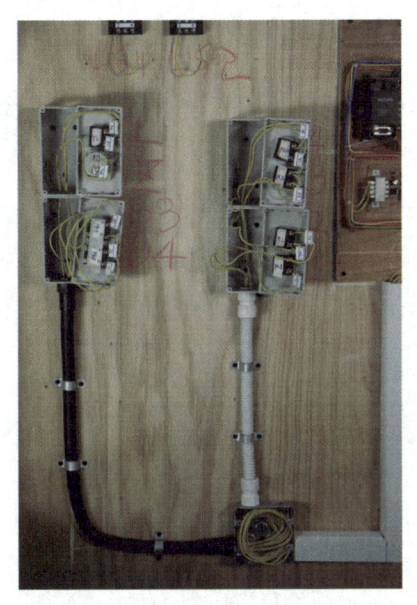

▶ 같은 방법으로 나머지 기구단자의 배선을 완료한다.
▶ 참고로 연결된 단자대 번호를 견출지에 표기하였다.

[STEP 15]

▶ 플렉시블 전선관에 연결된 컨트롤 박스 내 연결된 모습(견출지 번호는 제어판 단자대 번호)

[STEP 16]

▶ PE 전선관에 연결된 램프, 버튼, 부저 등이 설치된 컨트롤 박스(견출지 번호는 제어판 단자대 번호)

[STEP 17]

▶ 사각박스 내 배선 상태
▶ 회로를 변경할 경우에 대비하여 여유배선을 150mm 이상 두어야 한다.

[STEP 18]

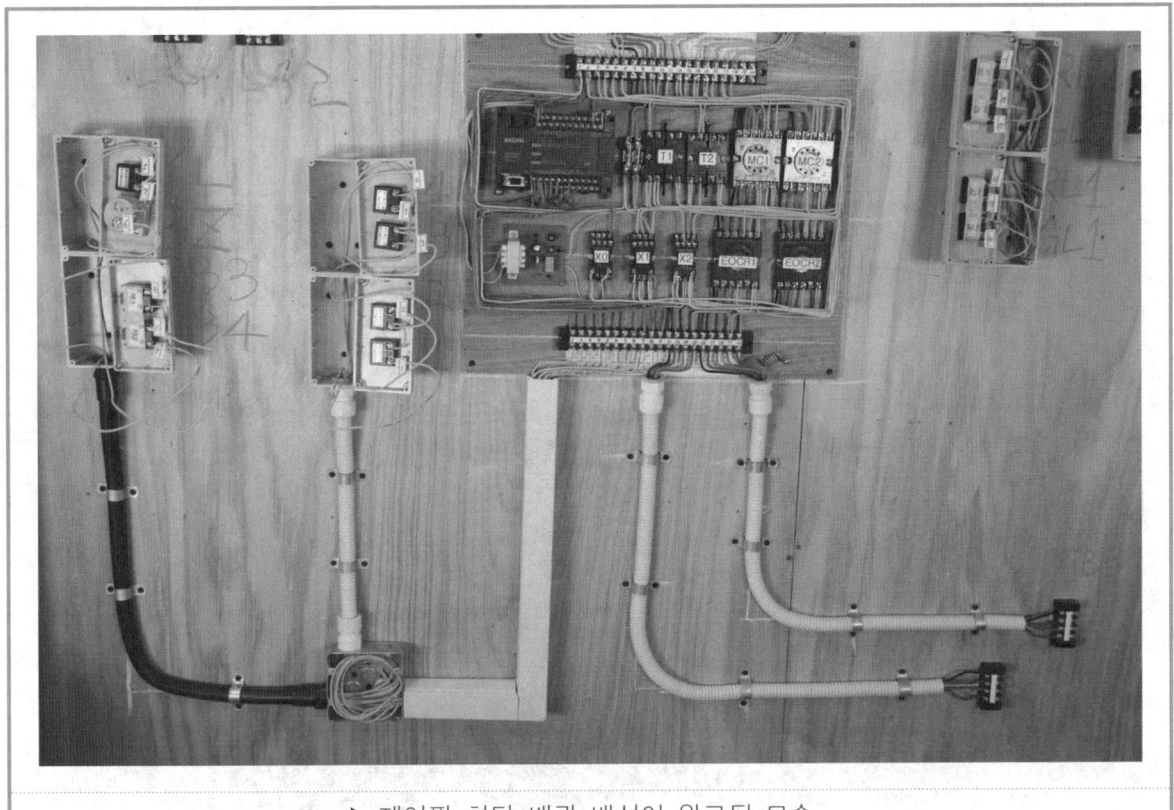

▶ 제어판 하단 배관 배선이 완료된 모습

5.3 과제 완성

[STEP 1]

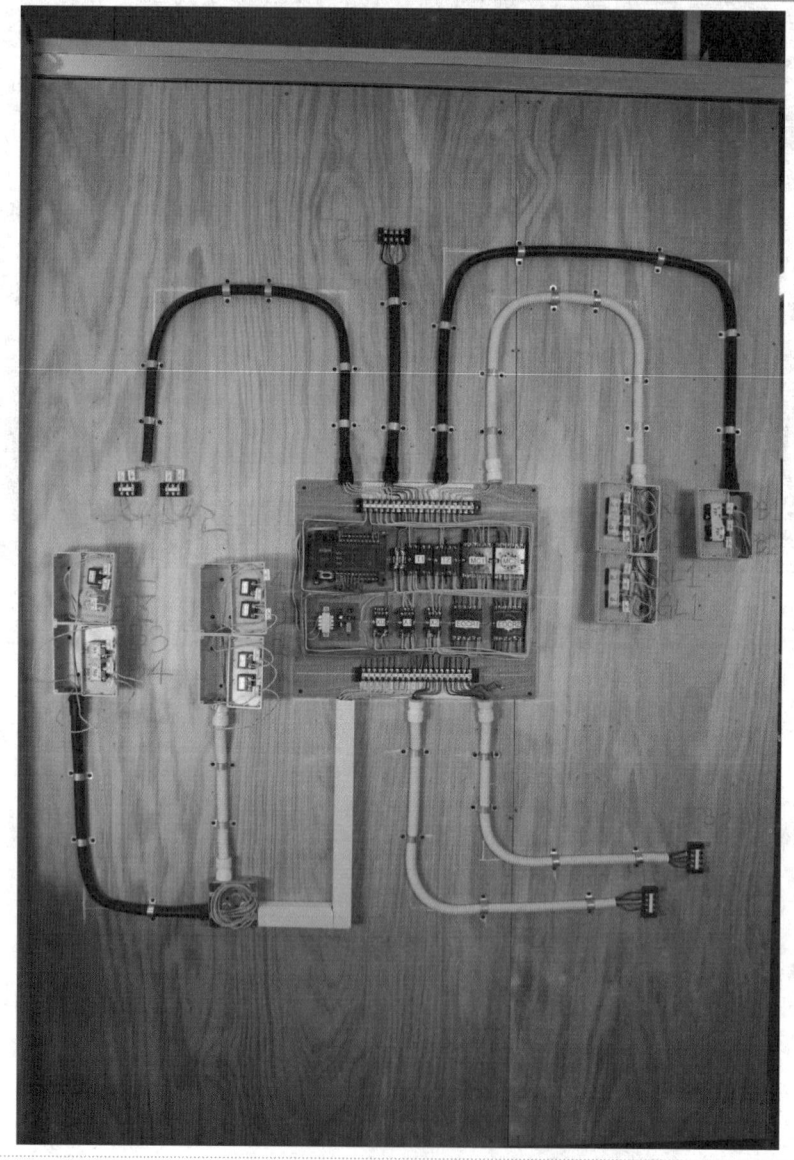

▶ 모든 배선이 완료된 모습

[주의] ① 전선관, 박스, 단자대 등 외관치수의 허용오차는 ±30mm 이하이고, 제어판 내부는 ±5mm이다.
② 전선관은 수평, 수직이 맞아야 하고, 곡률반경은 전선관 안지름의 6배 이상으로 한다.

[STEP 2]

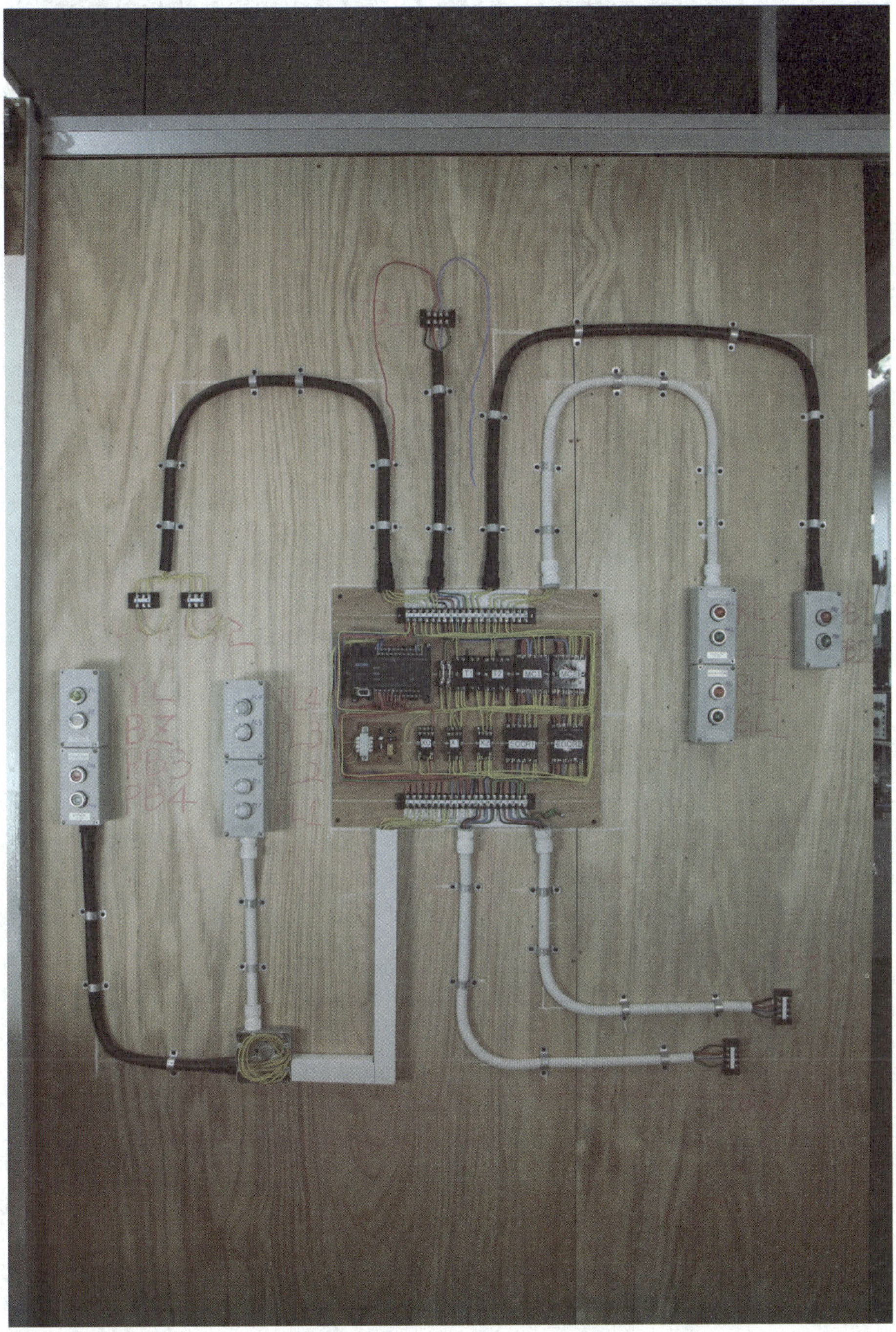

▶ 컨트롤 박스 커버 조립이 완료된 상태

[STEP 3]

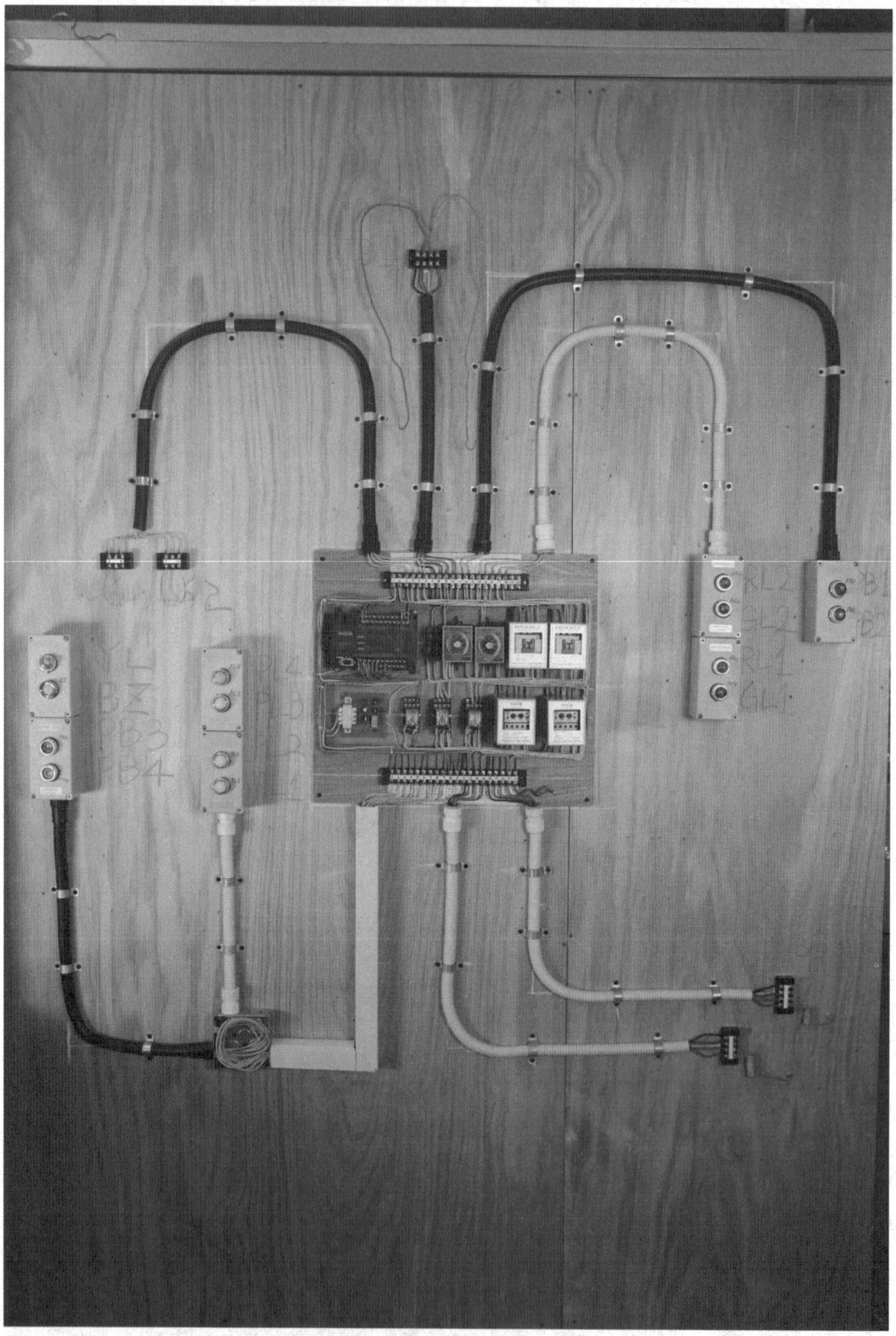

▶ 동작검사를 하기 위한 계전기류가 부착된 상태

[STEP 4]

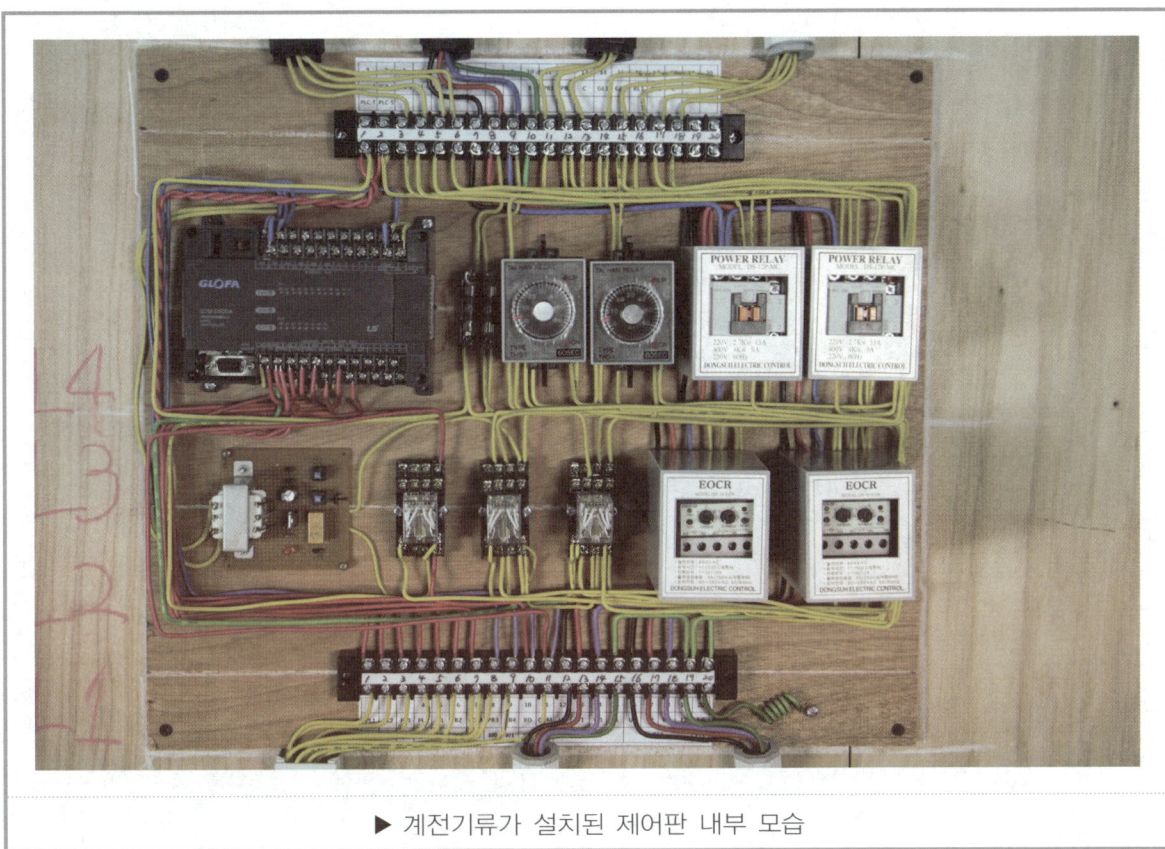

▶ 계전기류가 설치된 제어판 내부 모습

Chapter 03

3로 스위치 회로

Section 01. 스위치 외형
Section 02. 논리식
Section 03. 유형별 결선도

Section 01 스위치 외형

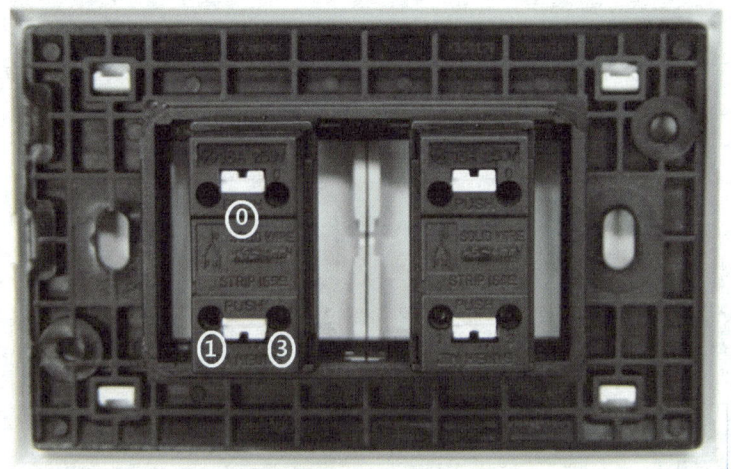

삼로스위치 뒷면

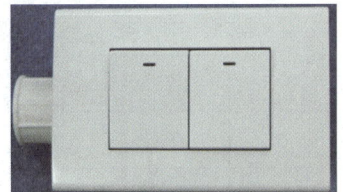

삼로스위치

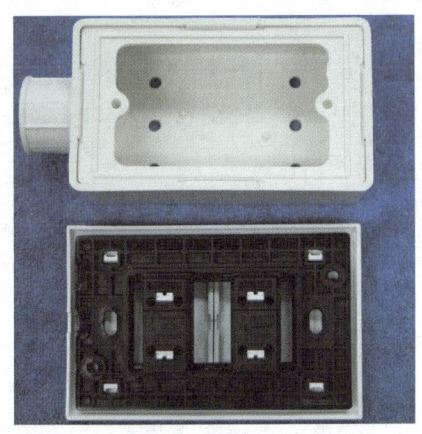

스위치 박스와 커버

스위치 박스 외형

Section 02 논리식

2.1 진리표와 논리식

입력		출력		
S1	S2	L1	L2	
0	0	1	1	⇒ $\overline{S1}\,\overline{S2}$
0	1	1	1	⇒ $\overline{S1}\,S2$
1	0	1	1	⇒ $S1\,\overline{S2}$
1	1	1	1	⇒ $S1\,S2$

(1) 두 입력(S1, S2)조건에 따른 출력(L1, L2)이 '1'이 될 때, 입력(L1, L2)조건을 논리식으로 표현한다. 입력조건이 '0'이면 $\overline{S1}$, $\overline{S2}$로 표현하고, 입력조건이 '1'이면 $S1$, $S2$로 표현한다.

(2) 입력(L1, L2)조건에 따른 출력에 대한 논리식은 위 표와 같다.

(3) 출력이 2개소 이상인 경우에는 더하면 된다.

2.2 논리식의 간이화(흡수의 법칙)

(1) $AB + A\overline{B} = A$

(2) $A + AB = A$

(3) $A\overline{B} + B = A + B$

(4) $(A+B)(A+\overline{B}) = A$

(5) $A(A+B) = A$

(6) $(A+\overline{B})B = AB$

Section 03 유형별 결선도

진리표(램프의 동작조건)의 출력(L1, L2) 개소에 따라 유형별로 분류하였다. 즉, 램프 출력 L1과 L2의 출력("1")의 개수에 따른 모든 경우의 수를 분석하여 타입별로 분류하였다.

3.1 2-1 Type(출력 L1→2개, L2→1개)

- 두 스위치(S1, S2) 중 한 곳만 전원선이 연결된다.
- 스위치와 전원선과의 연결은 스위치 공통단자('0')와 이루어진다.

(1) A-①

1) 동작조건(진리표)과 논리식

입력		출력	
S1	S2	L1	L2
0	0	1	1	$\Rightarrow \overline{S1}\,\overline{S2}$
0	1	1	0	$\Rightarrow \overline{S1}\,S2$
1	0	0	0
1	1	0	0

(논리식)
- L1 = $\overline{S1}\,\overline{S2} + \overline{S1}\,S2 = \overline{S1}(\overline{S2}+S2) = \overline{S1}$
- L2 = $\overline{S1}\,\overline{S2}$

2) 결선도

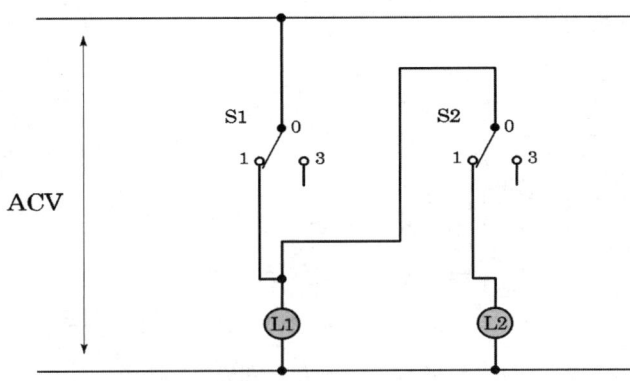

(2) A-②

1) 동작조건(진리표)과 논리식

입 력		출 력	
S1	S2	L1	L2
0	0	1	0	⇒ $\overline{S1}\,\overline{S2}$
0	1	1	1	⇒ $\overline{S1}\,S2$
1	0	0	0	⇒ $S1\,\overline{S2}$
1	1	0	0	⇒ $S1\,S2$

(논리식)

- L1 = $\overline{S1}\,\overline{S2} + \overline{S1}\,S2 = \overline{S1}(\overline{S2}+S2) = \overline{S1}$
- L2 = $\overline{S1}\,S2$

2) 결선도

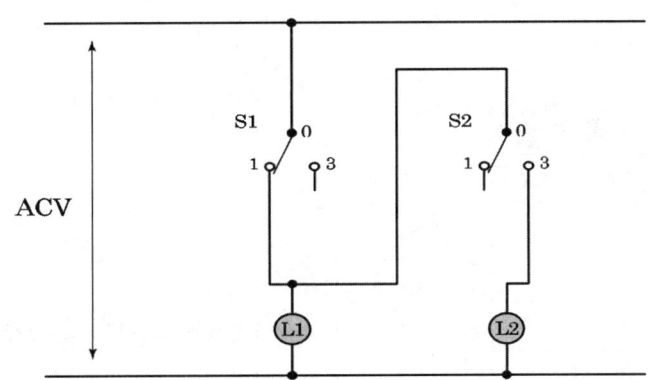

(3) A-③

1) 동작조건(진리표)과 논리식

입력		출력	
S1	S2	L1	L2
0	0	1	0	⇒ $\overline{S1}\,\overline{S2}$
0	1	1	0	⇒ $\overline{S1}\,S2$
1	0	0	1	⇒ $S1\,\overline{S2}$
1	1	0	0	⇒ $S1\,S2$

(논리식)
- L1 = $\overline{S1}\,\overline{S2} + \overline{S1}\,S2 = \overline{S1}(\overline{S2}+S2) = \overline{S1}$
- L2 = $S1\,\overline{S2}$

2) 결선도

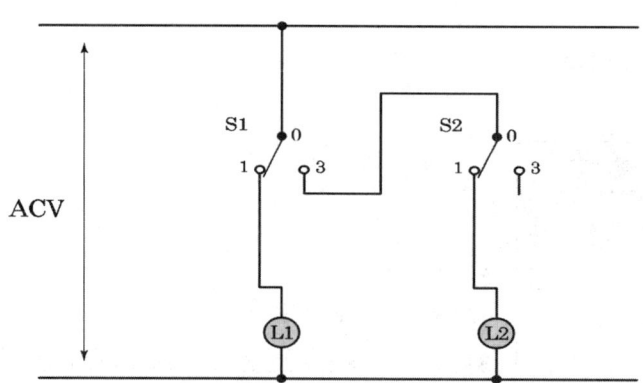

(4) A-④

1) 동작조건(진리표)과 논리식

입력		출력	
S1	S2	L1	L2
0	0	1	0	⇒ $\overline{S1}\,\overline{S2}$
0	1	1	0	⇒ $\overline{S1}\,S2$
1	0	0	0	⇒ $S1\,\overline{S2}$
1	1	0	1	⇒ $S1\,S2$

(논리식)
- L1 = $\overline{S1}\,\overline{S2} + \overline{S1}\,S2 = \overline{S1}(\overline{S2}+S2) = \overline{S1}$
- L2 = $S1\,S2$

2) 결선도

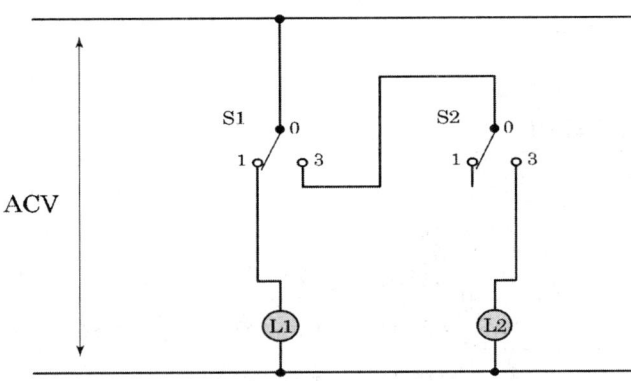

(5) B-①

1) 동작조건(진리표)과 논리식

입 력		출 력	
S1	S2	L1	L2
0	0	1	1	$\Rightarrow \overline{S1}\,\overline{S2}$
0	1	0	0	$\Rightarrow \overline{S1}S2$
1	0	1	0	$\Rightarrow S1\overline{S2}$
1	1	0	0	$\Rightarrow S1S2$

(논리식)
- $L1 = \overline{S1}\,\overline{S2} + S1\overline{S2} = \overline{S2}(\overline{S1}+S1) = \overline{S2}$
- $L2 = \overline{S1}\,\overline{S2}$

2) 결선도

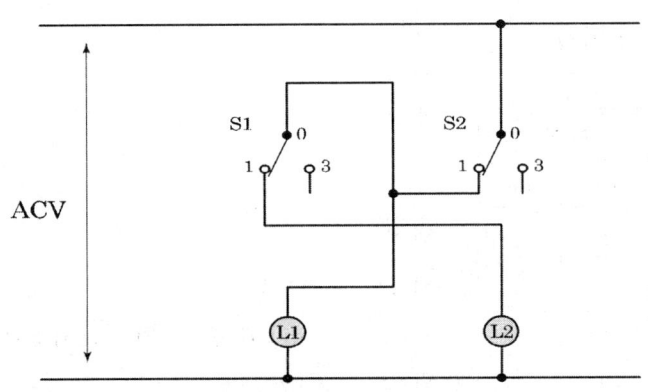

(6) B-②

1) 동작조건(진리표)과 논리식

입 력		출 력	
S1	S2	L1	L2
0	0	1	0	$\Rightarrow \overline{S1}\,\overline{S2}$
0	1	0	1	$\Rightarrow \overline{S1}\,S2$
1	0	1	0	$\Rightarrow S1\,\overline{S2}$
1	1	0	0	$\Rightarrow S1\,S2$

(논리식)

- $L1 = \overline{S1}\,\overline{S2} + S1\,\overline{S2} = \overline{S2}(\overline{S1}+S1) = \overline{S2}$
- $L2 = \overline{S1}\,S2$

2) 결선도

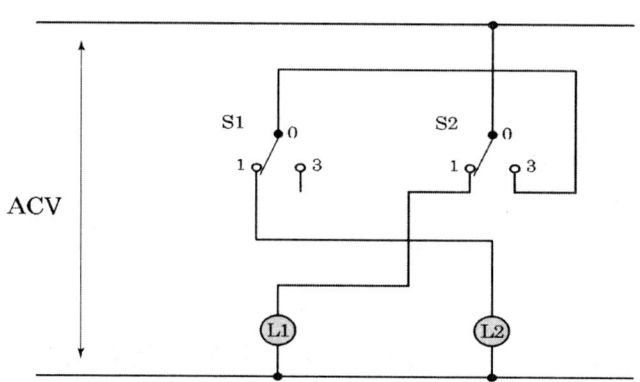

(7) B-③

1) 동작조건(진리표)과 논리식

입 력		출 력	
S1	S2	L1	L2
0	0	1	0	$\Rightarrow \overline{S1}\,\overline{S2}$
0	1	0	0	$\Rightarrow \overline{S1}\,S2$
1	0	1	1	$\Rightarrow S1\,\overline{S2}$
1	1	0	0	$\Rightarrow S1\,S2$

(논리식)

- $L1 = \overline{S1}\,\overline{S2} + S1\,\overline{S2} = \overline{S2}(\overline{S1}+S1) = \overline{S2}$
- $L2 = S1\,\overline{S2}$

2) 결선도

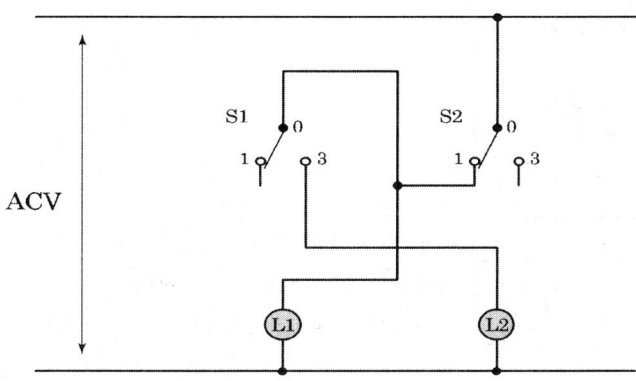

(8) B-④

1) 동작조건(진리표)과 논리식

입력		출력	
S1	S2	L1	L2
0	0	1	0	⇒ $\overline{S1}\,\overline{S2}$
0	1	0	0	⇒ $\overline{S1}\,S2$
1	0	1	0	⇒ $S1\,\overline{S2}$
1	1	0	1	⇒ $S1\,S2$

(논리식)
- L1 = $\overline{S1}\,\overline{S2} + S1\,\overline{S2} = \overline{S2}(\overline{S1}+S1) = \overline{S2}$
- L2 = $S1\,S2$

2) 결선도

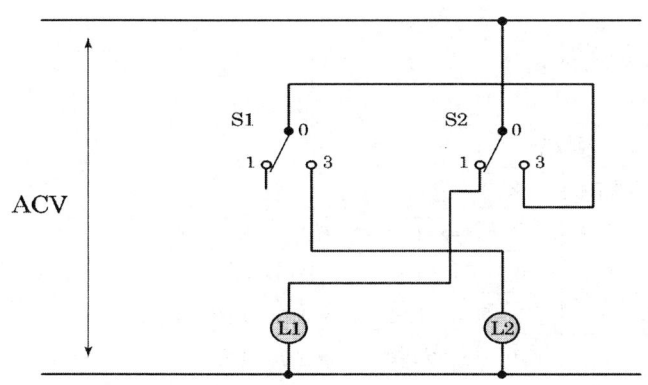

(9) C-①

1) 동작조건(진리표)과 논리식

입력		출력	
S1	S2	L1	L2
0	0	1	1	⇒ $\overline{S1}\,\overline{S2}$
0	1	0	0	⇒ $\overline{S1}\,S2$
1	0	0	0	⇒ $S1\,\overline{S2}$
1	1	1	0	⇒ $S1\,S2$

(논리식)
- L1 = $\overline{S1}\,\overline{S2} + S1\,S2$
- L2 = $\overline{S1}\,\overline{S2}$

2) 결선도

(10) C-②

1) 동작조건(진리표)과 논리식

입력		출력	
S1	S2	L1	L2
0	0	1	0	⇒ $\overline{S1}\,\overline{S2}$
0	1	0	1	⇒ $\overline{S1}\,S2$
1	0	0	0	⇒ $S1\,\overline{S2}$
1	1	1	0	⇒ $S1\,S2$

(논리식)
- L1 = $\overline{S1}\,\overline{S2} + S1\,S2$
- L2 = $\overline{S1}\,S2$

2) 결선도

(11) C-③

1) 동작조건(진리표)과 논리식

입력		출력	
S1	S2	L1	L2
0	0	1	0	⇒ $\overline{S1}\,\overline{S2}$
0	1	0	0	⇒ $\overline{S1}\,S2$
1	0	0	1	⇒ $S1\,\overline{S2}$
1	1	1	0	⇒ $S1\,S2$

(논리식)
- L1 = $\overline{S1}\,\overline{S2} + S1\,S2$
- L2 = $S1\,\overline{S2}$

2) 결선도

(12) C-④

1) 동작조건(진리표)과 논리식

입 력		출 력	
S1	S2	L1	L2
0	0	1	0	$\Rightarrow \overline{S1}\,\overline{S2}$
0	1	0	0	$\Rightarrow \overline{S1}\,S2$
1	0	0	0	$\Rightarrow S1\,\overline{S2}$
1	1	1	1	$\Rightarrow S1\,S2$

(논리식)
- L1 = $\overline{S1}\,\overline{S2} + S1\,S2$
- L2 = $S1\,S2$

2) 결선도

(13) D-①

1) 동작조건(진리표)과 논리식

입 력		출 력	
S1	S2	L1	L2
0	0	0	1	$\Rightarrow \overline{S1}\,\overline{S2}$
0	1	1	0	$\Rightarrow \overline{S1}\,S2$
1	0	1	0	$\Rightarrow S1\,\overline{S2}$
1	1	0	0	$\Rightarrow S1\,S2$

(논리식)
- L1 = $\overline{S1}\,S2 + S1\,\overline{S2}$
- L2 = $\overline{S1}\,\overline{S2}$

2) 결선도

(14) D-②

1) 동작조건(진리표)과 논리식

입 력		출 력	
S1	S2	L1	L2
0	0	0	0	$\Rightarrow \overline{S1}\,\overline{S2}$
0	1	1	1	$\Rightarrow \overline{S1}\,S2$
1	0	1	0	$\Rightarrow S1\,\overline{S2}$
1	1	0	0	$\Rightarrow S1\,S2$

(논리식)
- L1 = $\overline{S1}\,S2 + S1\,\overline{S2}$
- L2 = $\overline{S1}\,S2$

2) 결선도

(15) D-③

1) 동작조건(진리표)과 논리식

입 력		출 력	
S1	S2	L1	L2
0	0	0	0	⇒ $\overline{S1}\,\overline{S2}$
0	1	1	0	⇒ $\overline{S1}\,S2$
1	0	1	1	⇒ $S1\,\overline{S2}$
1	1	0	0	⇒ $S1\,S2$

(논리식)
- L1 = $\overline{S1}\,S2 + S1\,\overline{S2}$
- L2 = $S1\,\overline{S2}$

2) 결선도

(16) D-④

1) 동작조건(진리표)과 논리식

입 력		출 력	
S1	S2	L1	L2
0	0	0	0	⇒ $\overline{S1}\,\overline{S2}$
0	1	1	0	⇒ $\overline{S1}\,S2$
1	0	1	0	⇒ $S1\,\overline{S2}$
1	1	0	1	⇒ $S1\,S2$

(논리식)
- L1 = $\overline{S1}\,S2 + S1\,\overline{S2}$
- L2 = $S1\,S2$

2) 결선도

(17) E-①

1) 동작조건(진리표)과 논리식

입 력		출 력	
S1	S2	L1	L2
0	0	0	1	⇒ $\overline{S1}\,\overline{S2}$
0	1	1	0	⇒ $\overline{S1}\,S2$
1	0	0	0	⇒ $S1\,\overline{S2}$
1	1	1	0	⇒ $S1\,S2$

(논리식)
- L1 = $\overline{S1}\,S2 + S1\,S2 = S2(\overline{S1}+S1) = S2$
- L2 = $\overline{S1}\,\overline{S2}$

2) 결선도

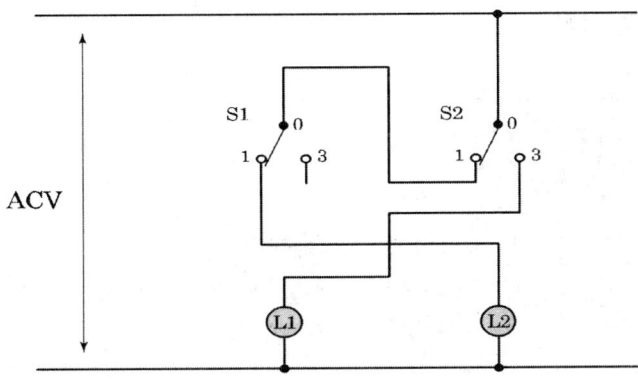

(18) E-②

1) 동작조건(진리표)과 논리식

입 력		출 력		
S1	S2	L1	L2	
0	0	0	0	⇒ $\overline{S1}\,\overline{S2}$
0	1	1	1	⇒ $\overline{S1}S2$
1	0	0	0	⇒ $S1\overline{S2}$
1	1	1	0	⇒ $S1S2$

(논리식)
- L1= $\overline{S1}S2 + S1S2 = S2(\overline{S1}+S1) = S2$
- L2= $\overline{S1}S2$

2) 결선도

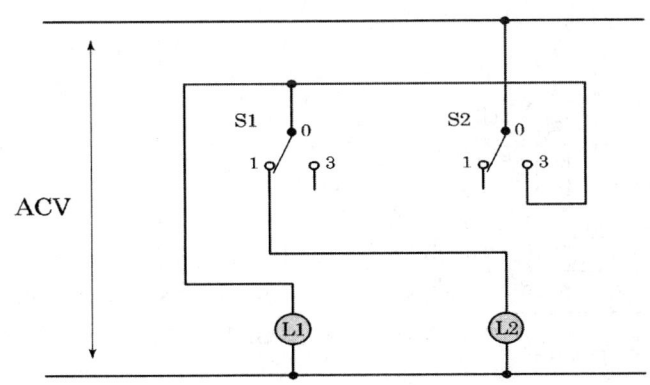

(19) E-③

1) 동작조건(진리표)과 논리식

입력		출력	
S1	S2	L1	L2
0	0	0	0	$\Rightarrow \overline{S1}\,\overline{S2}$
0	1	1	0	$\Rightarrow \overline{S1}\,S2$
1	0	0	1	$\Rightarrow S1\,\overline{S2}$
1	1	1	0	$\Rightarrow S1\,S2$

(논리식)
- $L1 = \overline{S1}\,S2 + S1\,S2 = S2(\overline{S1} + S1) = S2$
- $L2 = S1\,\overline{S2}$

2) 결선도

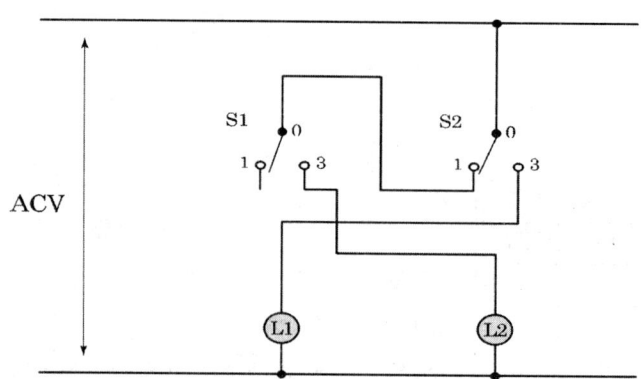

(20) E-④

1) 동작조건(진리표)과 논리식

입력		출력	
S1	S2	L1	L2
0	0	0	0	$\Rightarrow \overline{S1}\,\overline{S2}$
0	1	1	0	$\Rightarrow \overline{S1}\,S2$
1	0	0	0	$\Rightarrow S1\,\overline{S2}$
1	1	1	1	$\Rightarrow S1\,S2$

(논리식)
- $L1 = \overline{S1}\,S2 + S1\,S2 = S2(\overline{S1} + S1) = S2$
- $L2 = S1\,S2$

2) 결선도

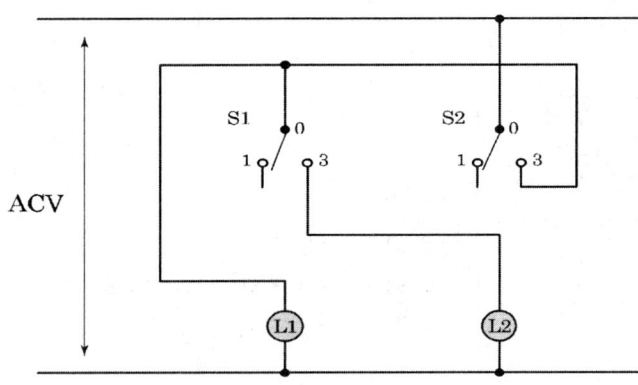

(21) F-①

1) 동작조건(진리표)과 논리식

입 력		출 력	
S1	S2	L1	L2
0	0	0	1	⇒ $\overline{S1}\,\overline{S2}$
0	1	0	0	⇒ $\overline{S1}\,S2$
1	0	1	0	⇒ $S1\,\overline{S2}$
1	1	1	0	⇒ $S1\,S2$

(논리식)
- $L1 = S1\,\overline{S2} + S1\,S2 = S1(\overline{S2} + S2) = S1$
- $L2 = \overline{S1}\,\overline{S2}$

2) 결선도

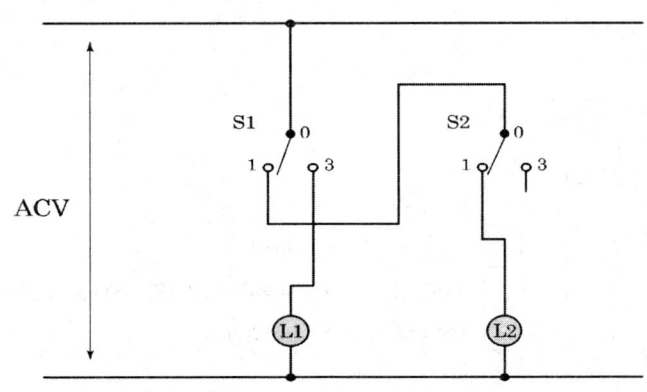

(22) F-②

1) 동작조건(진리표)과 논리식

입력		출력	
S1	S2	L1	L2
0	0	0	0	⇒ $\overline{S1}\,\overline{S2}$
0	1	0	1	⇒ $\overline{S1}\,S2$
1	0	1	0	⇒ $S1\,\overline{S2}$
1	1	1	0	⇒ $S1\,S2$

(논리식)
- L1 = $S1\,\overline{S2} + S1\,S2 = S1(\overline{S2} + S2) = S1$
- L2 = $\overline{S1}\,S2$

2) 결선도

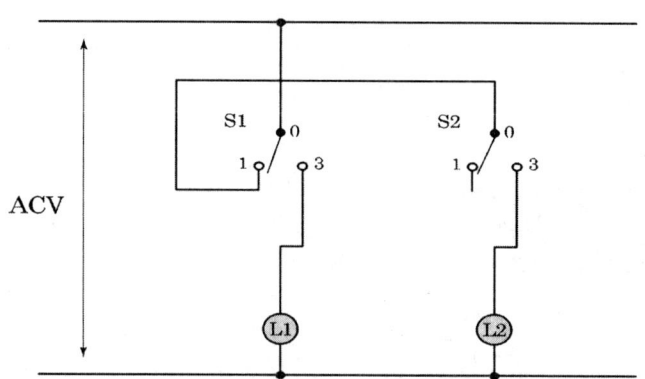

(23) F-③

1) 동작조건(진리표)과 논리식

입력		출력	
S1	S2	L1	L2
0	0	0	0	⇒ $\overline{S1}\,\overline{S2}$
0	1	0	0	⇒ $\overline{S1}\,S2$
1	0	1	1	⇒ $S1\,\overline{S2}$
1	1	1	0	⇒ $S1\,S2$

(논리식)
- L1 = $S1\,\overline{S2} + S1\,S2 = S1(\overline{S2} + S2) = S1$
- L2 = $S1\,\overline{S2}$

2) 결선도

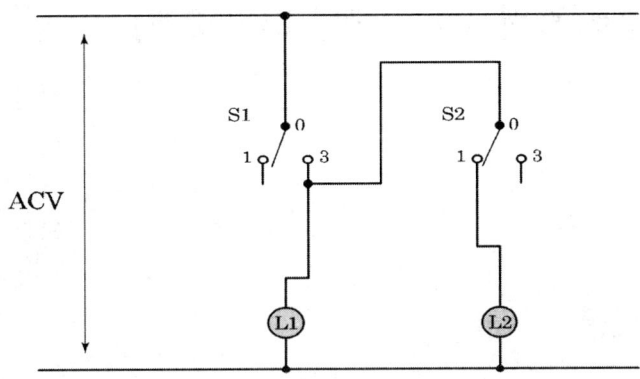

(24) F-④

1) 동작조건(진리표)과 논리식

입력		출력		
S1	S2	L1	L2	
0	0	0	0	⇒ $\overline{S1}\,\overline{S2}$
0	1	0	0	⇒ $\overline{S1}\,S2$
1	0	1	0	⇒ $S1\,\overline{S2}$
1	1	1	1	⇒ $S1\,S2$

(논리식)
- $L1 = S1\,\overline{S2} + S1\,S2 = S1(\overline{S2} + S2) = S1$
- $L2 = S1\,S2$

2) 결선도

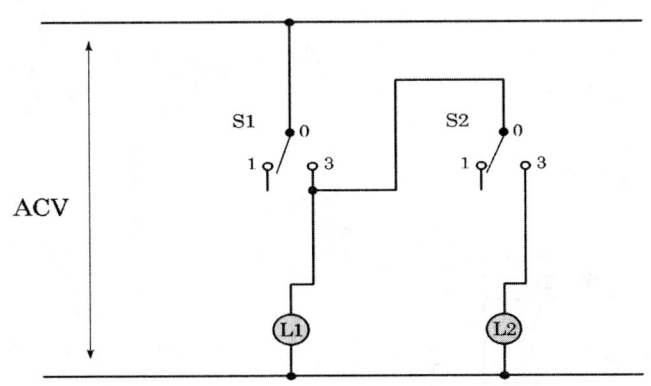

3.2 2-2 Type(출력 L1→2개, L2→2개)

(1) A-①

1) 동작조건(진리표)과 논리식

입력		출력	
S1	S2	L1	L2
0	0	1	1	⇒ $\overline{S1}\,\overline{S2}$
0	1	1	1	⇒ $\overline{S1}S2$
1	0	0	0	⇒ $S1\overline{S2}$
1	1	0	0	⇒ $S1S2$

(논리식)
- L1 = $\overline{S1}\,\overline{S2} + \overline{S1}S2 = \overline{S1}(\overline{S2}+S2) = \overline{S1}$
- L2 = $\overline{S1}\,\overline{S2} + \overline{S1}S2 = \overline{S1}(\overline{S2}+S2) = \overline{S1}$

2) 결선도

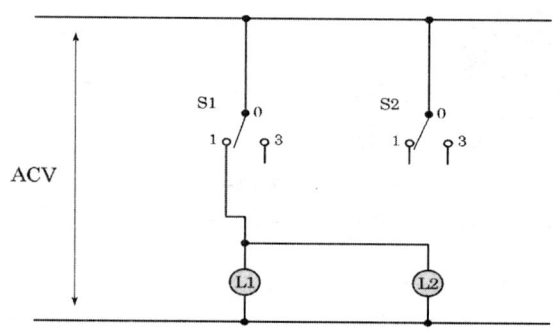

(2) A-②

1) 동작조건(진리표)과 논리식

입력		출력	
S1	S2	L1	L2
0	0	1	1	⇒ $\overline{S1}\,\overline{S2}$
0	1	1	0	⇒ $\overline{S1}S2$
1	0	0	1	⇒ $S1\overline{S2}$
1	1	0	0	⇒ $S1S2$

(논리식)
- L1 = $\overline{S1}\,\overline{S2} + \overline{S1}S2 = \overline{S1}(\overline{S2}+S2) = \overline{S1}$
- L2 = $\overline{S1}\,\overline{S2} + S1\overline{S2} = \overline{S2}(\overline{S1}+S1) = \overline{S2}$

2) 결선도

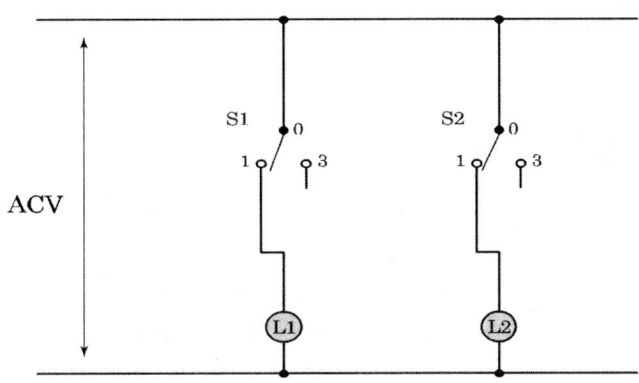

(3) A-③

1) 동작조건(진리표)과 논리식

입 력		출 력		
S1	S2	L1	L2	
0	0	1	1	$\Rightarrow \overline{S1}\,\overline{S2}$
0	1	1	0	$\Rightarrow \overline{S1}\,S2$
1	0	0	0	$\Rightarrow S1\,\overline{S2}$
1	1	0	1	$\Rightarrow S1\,S2$

(논리식)
- $L1 = \overline{S1}\,\overline{S2} + \overline{S1}\,S2 = \overline{S1}(\overline{S2}+S2) = \overline{S1}$
- $L2 = \overline{S1}\,\overline{S2} + S1\,S2$

2) 결선도

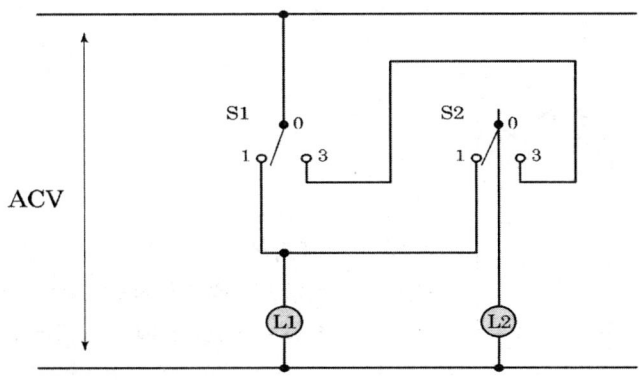

(4) A-④

1) 동작조건(진리표)과 논리식

입력		출력	
S1	S2	L1	L2
0	0	1	0	⇒ $\overline{S1}\,\overline{S2}$
0	1	1	1	⇒ $\overline{S1}\,S2$
1	0	0	1	⇒ $S1\,\overline{S2}$
1	1	0	0	⇒ $S1\,S2$

(논리식)
- L1 = $\overline{S1}\,\overline{S2} + \overline{S1}\,S2 = \overline{S1}(\overline{S2}+S2) = \overline{S1}$
- L2 = $\overline{S1}\,S2 + S1\,\overline{S2}$

2) 결선도

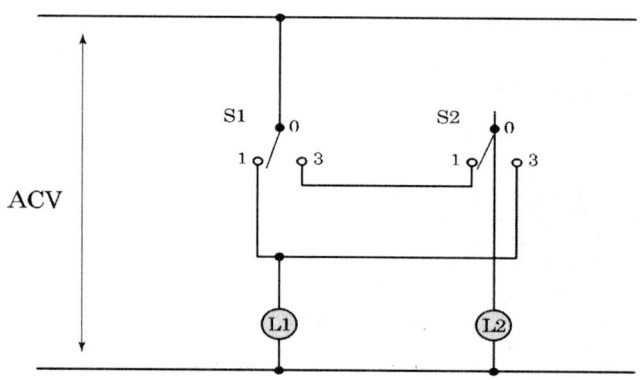

(5) A-⑤

1) 동작조건(진리표)과 논리식

입력		출력	
S1	S2	L1	L2
0	0	1	0	⇒ $\overline{S1}\,\overline{S2}$
0	1	1	1	⇒ $\overline{S1}\,S2$
1	0	0	0	⇒ $S1\,\overline{S2}$
1	1	0	1	⇒ $S1\,S2$

(논리식)
- L1 = $\overline{S1}\,\overline{S2} + \overline{S1}\,S2 = \overline{S1}(\overline{S2}+S2) = \overline{S1}$
- L2 = $\overline{S1}\,S2 + S1\,S2 = S2(\overline{S1}+S1) = S2$

2) 결선도

Chapter 03 3로 스위치 회로

(6) A-⑥

1) 동작조건(진리표)과 논리식

입 력		출 력	
S1	S2	L1	L2
0	0	1	0	$\Rightarrow \overline{S1}\,\overline{S2}$
0	1	1	0	$\Rightarrow \overline{S1}S2$
1	0	0	1	$\Rightarrow S1\overline{S2}$
1	1	0	1	$\Rightarrow S1S2$

(논리식)
- $L1 = \overline{S1}\,\overline{S2} + \overline{S1}S2 = \overline{S1}(\overline{S2} + S2) = \overline{S1}$
- $L2 = S1\overline{S2} + S1S2 = S1(\overline{S2} + S2) = S1$

2) 결선도

(7) B-①

1) 동작조건(진리표)과 논리식

입 력		출 력	
S1	S2	L1	L2
0	0	1	1	$\Rightarrow \overline{S1}\,\overline{S2}$
0	1	0	1	$\Rightarrow \overline{S1}S2$
1	0	1	0	$\Rightarrow S1\overline{S2}$
1	1	0	0	$\Rightarrow S1S2$

(논리식)
- $L1 = \overline{S1}\,\overline{S2} + S1\overline{S2} = \overline{S2}(\overline{S1} + S1) = \overline{S2}$
- $L2 = \overline{S1}\,\overline{S2} + \overline{S1}S2 = \overline{S1}(\overline{S2} + S2) = \overline{S1}$

2) 결선도

(8) B-②

1) 동작조건(진리표)과 논리식

입 력		출 력	
S1	S2	L1	L2
0	0	1	1	$\Rightarrow \overline{S1}\,\overline{S2}$
0	1	0	0	$\Rightarrow \overline{S1}S2$
1	0	1	1	$\Rightarrow S1\overline{S2}$
1	1	0	0	$\Rightarrow S1S2$

(논리식)
- $L1 = \overline{S1}\,\overline{S2} + S1\overline{S2} = \overline{S2}(\overline{S1} + S1) = \overline{S2}$
- $L2 = \overline{S1}\,\overline{S2} + S1\overline{S2} = \overline{S2}(\overline{S1} + S1) = \overline{S2}$

2) 결선도

(9) B-③

1) 동작조건(진리표)과 논리식

입 력		출 력	
S1	S2	L1	L2
0	0	1	1	$\Rightarrow \overline{S1}\,\overline{S2}$
0	1	0	0	$\Rightarrow \overline{S1}\,S2$
1	0	1	0	$\Rightarrow S1\,\overline{S2}$
1	1	0	1	$\Rightarrow S1\,S2$

(논리식)
- L1= $\overline{S1}\,\overline{S2}+S1\,\overline{S2}=\overline{S2}(\overline{S1}+S1)=\overline{S2}$
- L2= $\overline{S1}\,\overline{S2}+S1\,S2$

2) 결선도

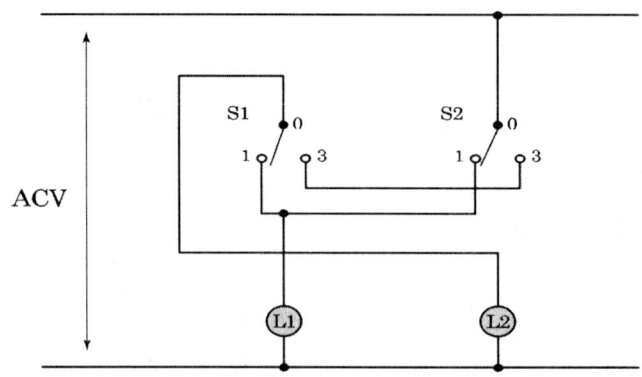

(10) B-④

1) 동작조건(진리표)과 논리식

입 력		출 력	
S1	S2	L1	L2
0	0	1	0	$\Rightarrow \overline{S1}\,\overline{S2}$
0	1	0	1	$\Rightarrow \overline{S1}\,S2$
1	0	1	1	$\Rightarrow S1\,\overline{S2}$
1	1	0	0	$\Rightarrow S1\,S2$

(논리식)
- L1= $\overline{S1}\,\overline{S2}+S1\,\overline{S2}=\overline{S2}(\overline{S1}+S1)=\overline{S2}$
- L2= $\overline{S1}\,S2+S1\,\overline{S2}$

2) 결선도

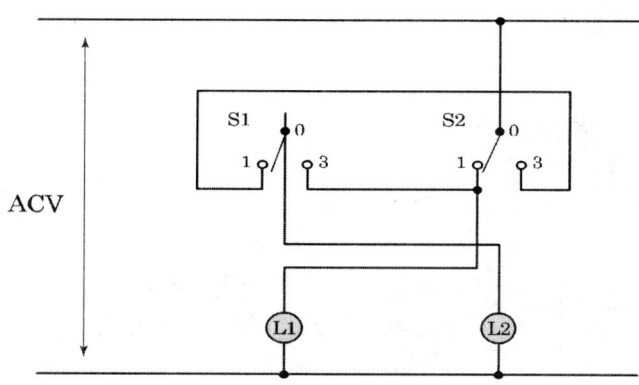

(11) B-⑤

1) 동작조건(진리표)과 논리식

입 력		출 력	
S1	S2	L1	L2
0	0	1	0	⇒ $\overline{S1}\,\overline{S2}$
0	1	0	1	⇒ $\overline{S1}S2$
1	0	1	0	⇒ $S1\overline{S2}$
1	1	0	1	⇒ $S1S2$

(논리식)
- L1 = $\overline{S1}\,\overline{S2} + S1\overline{S2} = \overline{S2}(\overline{S1}+S1) = \overline{S2}$
- L2 = $\overline{S1}S2 + S1S2 = S2(\overline{S1}+S1) = S2$

2) 결선도

(12) B-⑥

1) 동작조건(진리표)과 논리식

입 력		출 력	
S1	S2	L1	L2
0	0	1	0	⇒ $\overline{S1}\,\overline{S2}$
0	1	0	0	⇒ $\overline{S1}S2$
1	0	1	1	⇒ $S1\overline{S2}$
1	1	0	1	⇒ $S1S2$

(논리식)
- L1 = $\overline{S1}\,\overline{S2} + S1\overline{S2} = \overline{S2}(\overline{S1}+S1) = \overline{S2}$
- L2 = $S1\overline{S2} + S1S2 = S1(\overline{S2}+S2) = S1$

2) 결선도

(13) C-①

1) 동작조건(진리표)과 논리식

입력		출력	
S1	S2	L1	L2
0	0	1	1	⇒ $\overline{S1}\,\overline{S2}$
0	1	0	1	⇒ $\overline{S1}\,S2$
1	0	0	0	⇒ $S1\,\overline{S2}$
1	1	1	0	⇒ $S1\,S2$

(논리식)
- L1 = $\overline{S1}\,\overline{S2} + S1\,S2$
- L2 = $\overline{S1}\,\overline{S2} + \overline{S1}\,S2 = \overline{S1}(\overline{S2}+S2) = \overline{S1}$

2) 결선도

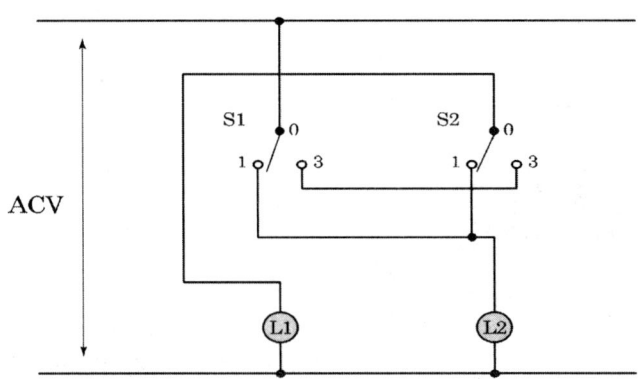

(14) C-②

1) 동작조건(진리표)과 논리식

입력		출력	
S1	S2	L1	L2
0	0	1	1	⇒ $\overline{S1}\,\overline{S2}$
0	1	0	0	⇒ $\overline{S1}\,S2$
1	0	0	1	⇒ $S1\,\overline{S2}$
1	1	1	0	⇒ $S1\,S2$

(논리식)
- L1 = $\overline{S1}\,\overline{S2} + S1\,S2$
- L2 = $\overline{S1}\,\overline{S2} + S1\,\overline{S2} = \overline{S2}(\overline{S1}+S1) = \overline{S2}$

2) 결선도

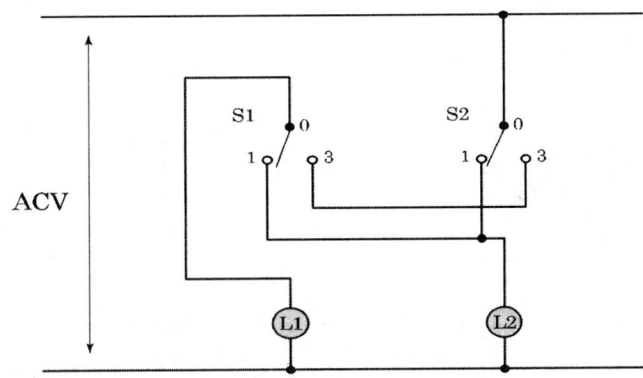

(15) C-③

1) 동작조건(진리표)과 논리식

입 력		출 력	
S1	S2	L1	L2
0	0	1	1	$\Rightarrow \overline{S1}\,\overline{S2}$
0	1	0	0	$\Rightarrow \overline{S1}\,S2$
1	0	0	0	$\Rightarrow S1\,\overline{S2}$
1	1	1	1	$\Rightarrow S1\,S2$

(논리식)
- L1 = $\overline{S1}\,\overline{S2} + S1\,S2$
- L2 = $\overline{S1}\,\overline{S2} + S1\,S2$

2) 결선도

(16) C-④

1) 동작조건(진리표)과 논리식

입 력		출 력	
S1	S2	L1	L2
0	0	1	0	$\Rightarrow \overline{S1}\,\overline{S2}$
0	1	0	1	$\Rightarrow \overline{S1}\,S2$
1	0	0	1	$\Rightarrow S1\,\overline{S2}$
1	1	1	0	$\Rightarrow S1\,S2$

(논리식)
- L1 = $\overline{S1}\,\overline{S2} + S1\,S2$
- L2 = $\overline{S1}\,S2 + S1\,\overline{S2}$

2) 결선도

(17) C-⑤

1) 동작조건(진리표)과 논리식

입 력		출 력		
S1	S2	L1	L2	
0	0	1	0	⇒ $\overline{S1}\,\overline{S2}$
0	1	0	1	⇒ $\overline{S1}S2$
1	0	0	0	⇒ $S1\overline{S2}$
1	1	1	1	⇒ $S1S2$

(논리식)
- L1 = $\overline{S1}\,\overline{S2} + S1S2$
- L2 = $\overline{S1}S2 + S1S2 = S2(\overline{S1}+S1) = S2$

2) 결선도

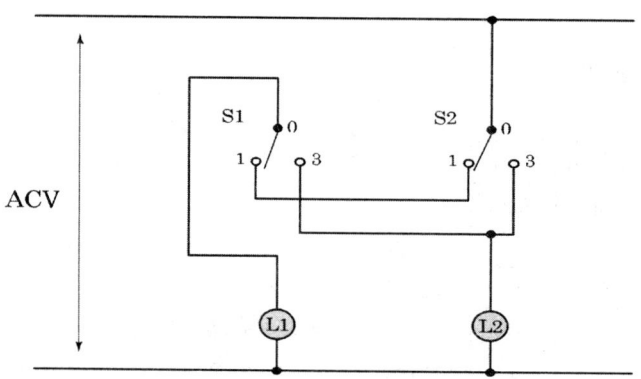

(18) C-⑥

1) 동작조건(진리표)과 논리식

입 력		출 력		
S1	S2	L1	L2	
0	0	1	0	⇒ $\overline{S1}\,\overline{S2}$
0	1	0	0	⇒ $\overline{S1}S2$
1	0	0	1	⇒ $S1\overline{S2}$
1	1	1	1	⇒ $S1S2$

(논리식)
- L1 = $\overline{S1}\,\overline{S2} + S1S2$
- L2 = $S1\overline{S2} + S1S2 = S1(\overline{S2}+S2) = S1$

2) 결선도

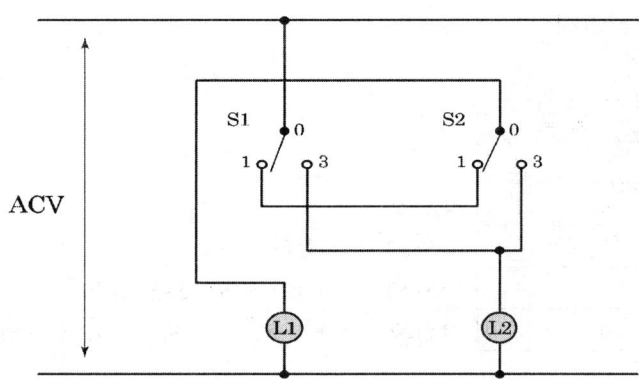

(19) D-①

1) 동작조건(진리표)과 논리식

입력		출력	
S1	S2	L1	L2
0	0	0	1	⇒ $\overline{S1}\,\overline{S2}$
0	1	1	1	⇒ $\overline{S1}\,S2$
1	0	1	0	⇒ $S1\,\overline{S2}$
1	1	0	0	⇒ $S1\,S2$

(논리식)
- L1 = $\overline{S1}\,S2 + S1\,\overline{S2}$
- L2 = $\overline{S1}\,\overline{S2} + \overline{S1}\,S2 = \overline{S1}(\overline{S2}+S2) = \overline{S1}$

2) 결선도

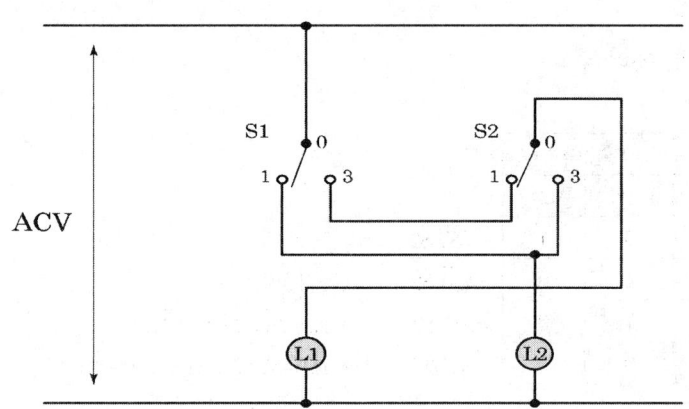

(20) D-②

1) 동작조건(진리표)과 논리식

입 력		출 력	
S1	S2	L1	L2
0	0	0	1	⇒ $\overline{S1}\,\overline{S2}$
0	1	1	0	⇒ $\overline{S1}\,S2$ (논리식)
1	0	1	1	⇒ $S1\,\overline{S2}$ • L1 = $\overline{S1}\,S2 + S1\,\overline{S2}$
1	1	0	0	⇒ $S1\,S2$ • L2 = $\overline{S1}\,\overline{S2} + S1\,\overline{S2} = \overline{S2}(\overline{S1}+S1) = \overline{S2}$

2) 결선도

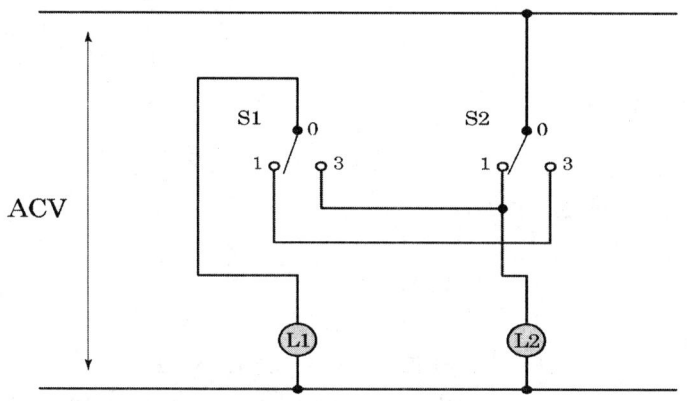

(21) D-③

1) 동작조건(진리표)과 논리식

입 력		출 력	
S1	S2	L1	L2
0	0	0	1	⇒ $\overline{S1}\,\overline{S2}$
0	1	1	0	⇒ $\overline{S1}\,S2$ (논리식)
1	0	1	0	⇒ $S1\,\overline{S2}$ • L1 = $\overline{S1}\,S2 + S1\,\overline{S2}$
1	1	0	1	⇒ $S1\,S2$ • L2 = $\overline{S1}\,\overline{S2} + S1\,S2$

2) 결선도

Chapter 03 3로 스위치 회로

(22) D-④

1) 동작조건(진리표)과 논리식

입력		출력		
S1	S2	L1	L2	
0	0	0	0	⇒ $\overline{S1}\,\overline{S2}$
0	1	1	1	⇒ $\overline{S1}\,S2$
1	0	1	1	⇒ $S1\,\overline{S2}$
1	1	0	0	⇒ $S1\,S2$

(논리식)
- L1 = $\overline{S1}\,S2 + S1\,\overline{S2}$
- L2 = $\overline{S1}\,S2 + S1\,\overline{S2}$

2) 결선도

(23) D-⑤

1) 동작조건(진리표)과 논리식

입력		출력		
S1	S2	L1	L2	
0	0	0	0	⇒ $\overline{S1}\,\overline{S2}$
0	1	1	1	⇒ $\overline{S1}\,S2$
1	0	1	0	⇒ $S1\,\overline{S2}$
1	1	0	1	⇒ $S1\,S2$

(논리식)
- L1 = $\overline{S1}\,S2 + S1\,\overline{S2}$
- L2 = $\overline{S1}\,S2 + S1\,S2 = S2(\overline{S1} + S1) = S2$

2) 결선도

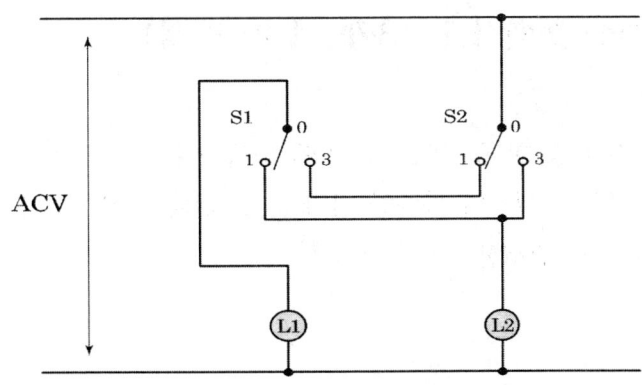

(24) D-⑥

1) 동작조건(진리표)과 논리식

입력		출력	
S1	S2	L1	L2
0	0	0	0	⇒ $\overline{S1}\,\overline{S2}$
0	1	1	0	⇒ $\overline{S1}\,S2$
1	0	1	1	⇒ $S1\,\overline{S2}$
1	1	0	1	⇒ $S1\,S2$

(논리식)
- L1 = $\overline{S1}\,S2 + S1\,\overline{S2}$
- L2 = $S1\,\overline{S2} + S1\,S2 = S1(\overline{S2} + S2) = S1$

2) 결선도

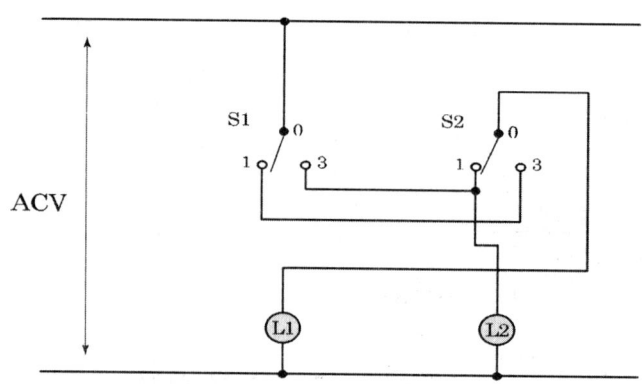

3.3 3-1 Type(출력 L1→3개, L2→1개)

- 전원선이 두 스위치(S1, S2) 중 한 곳 또는 두 곳에 연결된다.
- 스위치와 전원선과의 연결은 스위치의 다양한 단자(0, 1, 3)와 이루어진다.
- 결선이 불가능한 경우의 수가 발생한다.

Chapter 03 3로 스위치 회로

(1) A-①

1) 동작조건(진리표)과 논리식

입력		출력	
S1	S2	L1	L2
0	0	1	1	$\Rightarrow \overline{S1}\,\overline{S2}$
0	1	1	0	$\Rightarrow \overline{S1}\,S2$
1	0	1	0	$\Rightarrow S1\,\overline{S2}$
1	1	0	0	$\Rightarrow S1\,S2$

(논리식)
- L1 $= \overline{S1}\,\overline{S2} + \overline{S1}\,S2 + S1\,\overline{S2} = \overline{S2}(\overline{S1}+S1) + \overline{S1}\,S2$
  $= \overline{S2} + \overline{S1}\,S2 = \overline{S1} + \overline{S2}$
- L2 $= \overline{S1}\,\overline{S2}$

2) 결선도

(2) A-②

1) 동작조건(진리표)과 논리식

입력		출력	
S1	S2	L1	L2
0	0	1	0	$\Rightarrow \overline{S1}\,\overline{S2}$
0	1	1	1	$\Rightarrow \overline{S1}\,S2$
1	0	1	0	$\Rightarrow S1\,\overline{S2}$
1	1	0	0	$\Rightarrow S1\,S2$

(논리식)
- L1 $= \overline{S1}\,\overline{S2} + \overline{S1}\,S2 + S1\,\overline{S2} = \overline{S2}(\overline{S1}+S1) + \overline{S1}\,S2$
  $= \overline{S2} + \overline{S1}\,S2 = \overline{S1} + \overline{S2}$
- L2 $= \overline{S1}\,S2$

2) 결선도

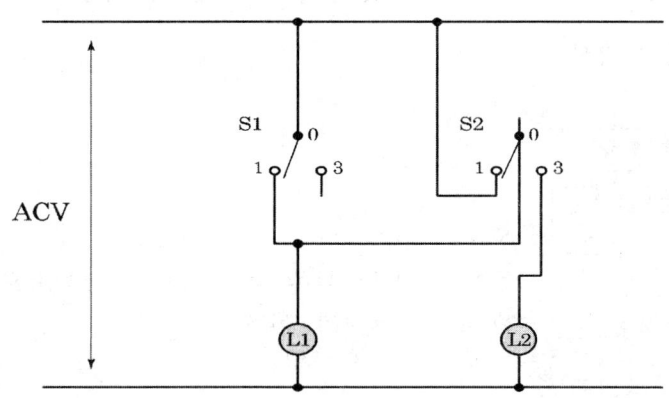

(3) A-③

1) 동작조건(진리표)과 논리식

입력		출력	
S1	S2	L1	L2
0	0	1	0	$\Rightarrow \overline{S1}\,\overline{S2}$
0	1	1	0	$\Rightarrow \overline{S1}\,S2$
1	0	1	1	$\Rightarrow S1\,\overline{S2}$
1	1	0	0	$\Rightarrow S1\,S2$

(논리식)
- $L1 = \overline{S1}\,\overline{S2} + \overline{S1}\,S2 + S1\,\overline{S2} = \overline{S2}(\overline{S1}+S1) + \overline{S1}\,S2$
  $= \overline{S2} + \overline{S1}\,S2 = \overline{S1} + \overline{S2}$
- $L2 = S1\,\overline{S2}$

2) 결선도

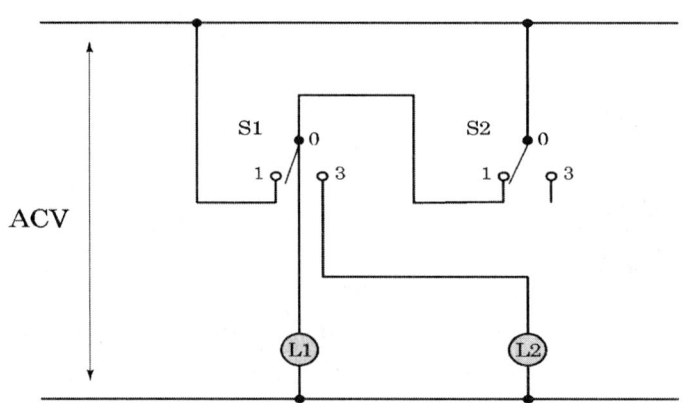

(4) A-④(※주의! - 같은 유형과 논리식 간이화가 다른 형태임)

1) 동작조건(진리표)과 논리식

입력		출력	
S1	S2	L1	L2
0	0	1	0	$\Rightarrow \overline{S1}\,\overline{S2}$
0	1	1	0	$\Rightarrow \overline{S1}\,S2$
1	0	1	0	$\Rightarrow S1\,\overline{S2}$
1	1	0	1	$\Rightarrow S1\,S2$

(논리식)
- $L1 = \overline{S1}\,\overline{S2} + \overline{S1}\,S2 + S1\,\overline{S2} = \overline{S1}(\overline{S2}+S2) + S1\,\overline{S2}$
  $= \overline{S1} + S1\,\overline{S2}$
- $L2 = S1\,S2$

Chapter 03 | 3로 스위치 회로

2) 결선도

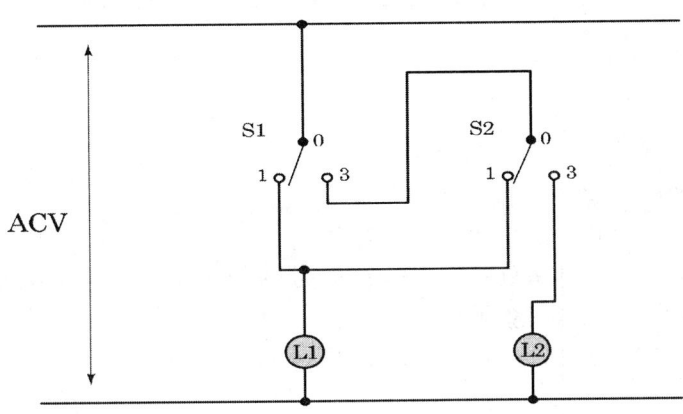

(5) B-①

1) 동작조건(진리표)과 논리식

입력		출력		
S1	S2	L1	L2	
0	0	1	1	$\Rightarrow \overline{S1}\,\overline{S2}$
0	1	0	0	$\Rightarrow \overline{S1}\,S2$
1	0	1	0	$\Rightarrow S1\,\overline{S2}$
1	1	1	0	$\Rightarrow S1\,S2$

(논리식)
- $L1 = \overline{S1}\,\overline{S2} + S1\,\overline{S2} + S1\,S2 = \overline{S2}(\overline{S1}+S1) + S1\,S2$
  $= \overline{S2} + S1\,S2 = S1 + \overline{S2}$
- $L2 = \overline{S1}\,\overline{S2}$

2) 결선도

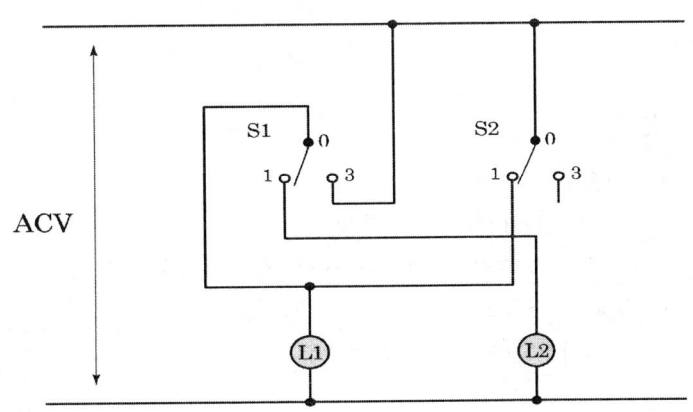

(6) B-②(※주의! - 같은 유형과 논리식 간이화가 다른 형태임. 간이화는 중간까지만 한다)

1) 동작조건(진리표)과 논리식

입력		출력	
S1	S2	L1	L2
0	0	1	0
0	1	0	1
1	0	1	0
1	1	1	0

$\Rightarrow \overline{S1}\,\overline{S2}$
$\Rightarrow \overline{S1}\,S2$
$\Rightarrow S1\,\overline{S2}$
$\Rightarrow S1\,S2$

(논리식)

- $L1 = \overline{S1}\,\overline{S2} + S1\,\overline{S2} + S1\,S2 = \overline{S1}\,\overline{S2} + S1(\overline{S2} + S2)$
  $= \overline{S1}\,\overline{S2} + S1$
- $L2 = \overline{S1}\,S2$

2) 결선도

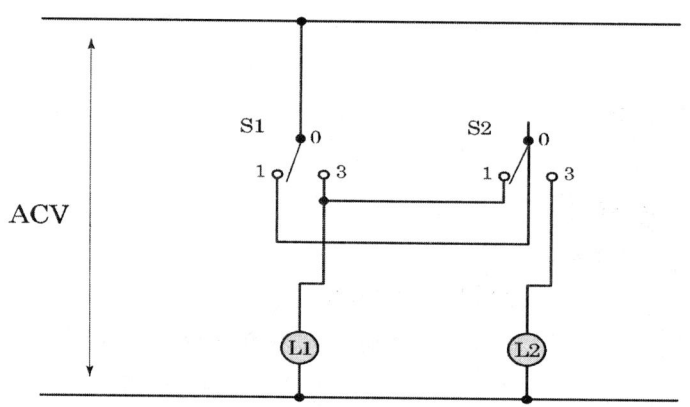

(7) B-③

1) 동작조건(진리표)과 논리식

입력		출력	
S1	S2	L1	L2
0	0	1	0
0	1	0	0
1	0	1	1
1	1	1	0

$\Rightarrow \overline{S1}\,\overline{S2}$
$\Rightarrow \overline{S1}\,S2$
$\Rightarrow S1\,\overline{S2}$
$\Rightarrow S1\,S2$

(논리식)

- $L1 = \overline{S1}\,\overline{S2} + S1\,\overline{S2} + S1\,S2 = \overline{S2}(\overline{S1} + S1) + S1\,S2$
  $= \overline{S2} + S1\,S2 = S1 + \overline{S2}$
- $L2 = S1\,\overline{S2}$

2) 결선도

(8) B-④

1) 동작조건(진리표)과 논리식

입력		출력			
S1	S2	L1	L2		
0	0	1	0	$\Rightarrow \overline{S1}\,\overline{S2}$	(논리식)
0	1	0	0	$\Rightarrow \overline{S1}\,S2$	• L1=$\overline{S1}\,\overline{S2}+S1\,\overline{S2}+S1\,S2=\overline{S2}(\overline{S1}+S1)+S1\,S2$
1	0	1	0	$\Rightarrow S1\,\overline{S2}$	$\quad=\overline{S2}+S1\,S2=S1+\overline{S2}$
1	1	1	1	$\Rightarrow S1\,S2$	• L2=$S1\,S2$

2) 결선도

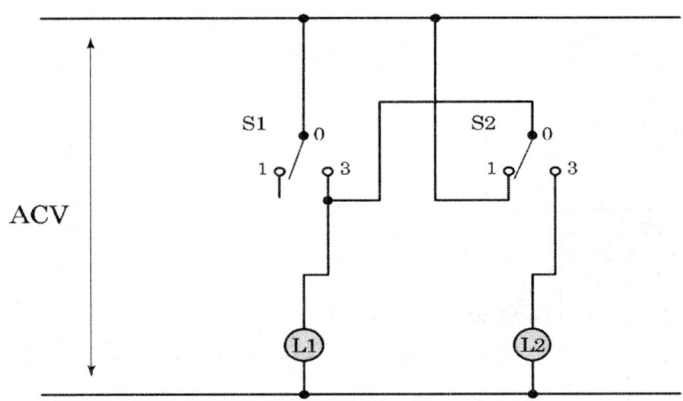

(9) C-①

1) 동작조건(진리표)과 논리식

입력		출력			
S1	S2	L1	L2		
0	0	1	1	$\Rightarrow \overline{S1}\,\overline{S2}$	(논리식)
0	1	1	0	$\Rightarrow \overline{S1}\,S2$	• L1=$\overline{S1}\,\overline{S2}+\overline{S1}\,S2+S1\,S2=\overline{S1}(\overline{S2}+S2)+S1\,S2$
1	0	0	0	$\Rightarrow S1\,\overline{S2}$	$\quad=\overline{S1}+S1\,S2=\overline{S1}+S2$
1	1	1	0	$\Rightarrow S1\,S2$	• L2=$\overline{S1}\,\overline{S2}$

2) 결선도

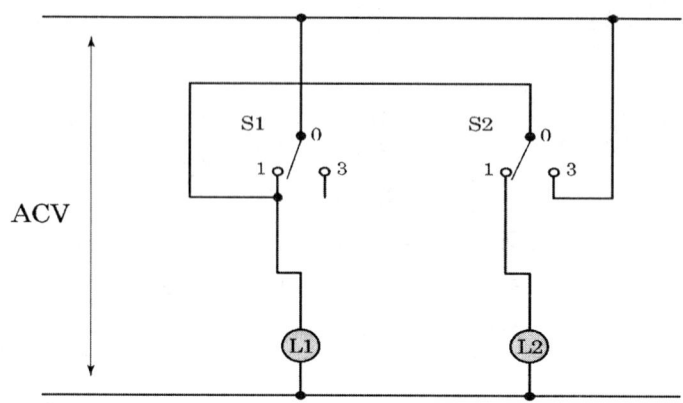

(10) C-②

1) 동작조건(진리표)과 논리식

입력		출력	
S1	S2	L1	L2
0	0	1	0	$\Rightarrow \overline{S1}\,\overline{S2}$
0	1	1	1	$\Rightarrow \overline{S1}\,S2$
1	0	0	0	$\Rightarrow S1\,\overline{S2}$
1	1	1	0	$\Rightarrow S1\,S2$

(논리식)

- L1 = $\overline{S1}\,\overline{S2} + \overline{S1}\,S2 + S1\,S2 = \overline{S1}\,(\overline{S2}+S2) + S1\,S2$
  = $\overline{S1} + S1\,S2 = \overline{S1} + S2$
- L2 = $\overline{S1}\,S2$

2) 결선도

(11) C-③ (※주의! - 논리식 간이화는 중간까지만 한다.)

1) 동작조건(진리표)과 논리식

입력		출력	
S1	S2	L1	L2
0	0	1	0	$\Rightarrow \overline{S1}\,\overline{S2}$
0	1	1	0	$\Rightarrow \overline{S1}\,S2$
1	0	0	1	$\Rightarrow S1\,\overline{S2}$
1	1	1	0	$\Rightarrow S1\,S2$

(논리식)

- L1 = $\overline{S1}\,\overline{S2} + \overline{S1}\,S2 + S1\,S2 = \overline{S1}\,(\overline{S2}+S2) + S1\,S2$
  = $\overline{S1} + S1\,S2$
- L2 = $S1\,\overline{S2}$

2) 결선도

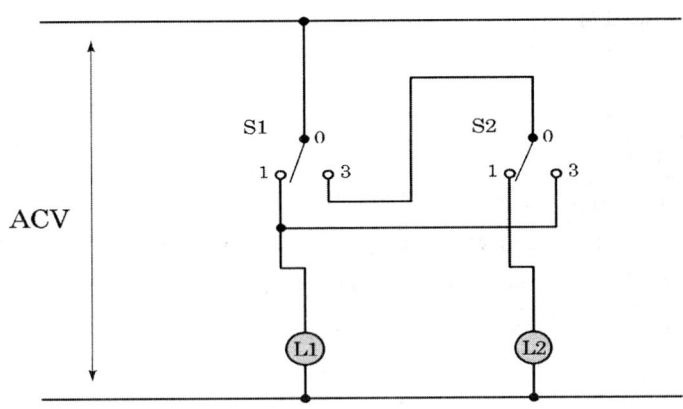

(12) C-④

1) 동작조건(진리표)과 논리식

입 력		출 력	
S1	S2	L1	L2
0	0	1	0	⇒ $\overline{S1}\,\overline{S2}$
0	1	1	0	⇒ $\overline{S1}\,S2$
1	0	0	0	⇒ $S1\,\overline{S2}$
1	1	1	1	⇒ $S1\,S2$

(논리식)

- L1 = $\overline{S1}\,\overline{S2} + \overline{S1}\,S2 + S1\,S2 = \overline{S1}(\overline{S2}+S2) + S1\,S2$
  $= \overline{S1} + S1\,S2 = \overline{S1} + S2$
- L2 = $S1\,S2$

2) 결선도

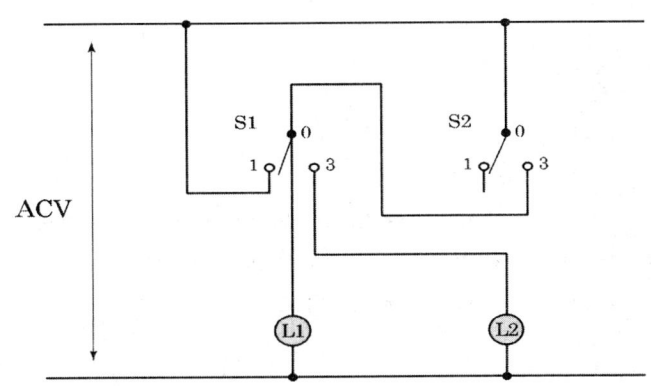

(13) D-①(※주의! - 논리식 간이화는 중간까지만 한다.)

1) 동작조건(진리표)과 논리식

입력		출력	
S1	S2	L1	L2
0	0	0	1	⇒ $\overline{S1}\,\overline{S2}$
0	1	1	0	⇒ $\overline{S1}\,S2$
1	0	1	0	⇒ $S1\,\overline{S2}$
1	1	1	0	⇒ $S1\,S2$

(논리식)

- L1= $\overline{S1}\,S2 + S1\,\overline{S2} + S1\,S2 = \overline{S1}\,S2 + S1(\overline{S2}+S2)$
  = $\overline{S1}\,S2 + S1$
- L2= $\overline{S1}\,\overline{S2}$

2) 결선도

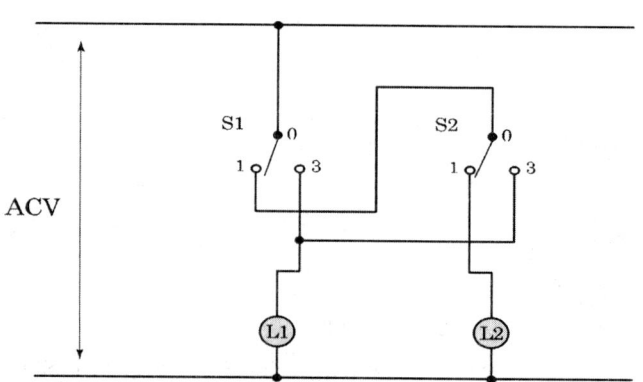

(14) D-②

1) 동작조건(진리표)과 논리식

입력		출력	
S1	S2	L1	L2
0	0	0	0	⇒ $\overline{S1}\,\overline{S2}$
0	1	1	1	⇒ $\overline{S1}\,S2$
1	0	1	0	⇒ $S1\,\overline{S2}$
1	1	1	0	⇒ $S1\,S2$

(논리식)

- L1= $\overline{S1}\,S2 + S1\,\overline{S2} + S1\,S2 = \overline{S1}\,S2 + S1(\overline{S2}+S2)$
  = $\overline{S1}\,S2 + S1 = S1 + S2$
- L2= $\overline{S1}\,S2$

2) 결선도

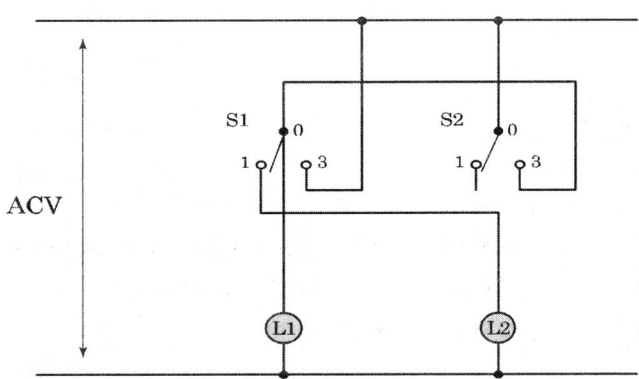

(15) D-③

1) 동작조건(진리표)과 논리식

입 력		출 력	
S1	S2	L1	L2
0	0	0	0	⇒ $\overline{S1}\,\overline{S2}$
0	1	1	0	⇒ $\overline{S1}\,S2$
1	0	1	1	⇒ $S1\,\overline{S2}$
1	1	1	0	⇒ $S1\,S2$

(논리식)
- L1 = $\overline{S1}\,S2 + S1\,\overline{S2} + S1\,S2 = \overline{S1}\,S2 + S1(\overline{S2}+S2)$
  $= \overline{S1}\,S2 + S1 = S1 + S2$
- L2 = $S1\,\overline{S2}$

2) 결선도

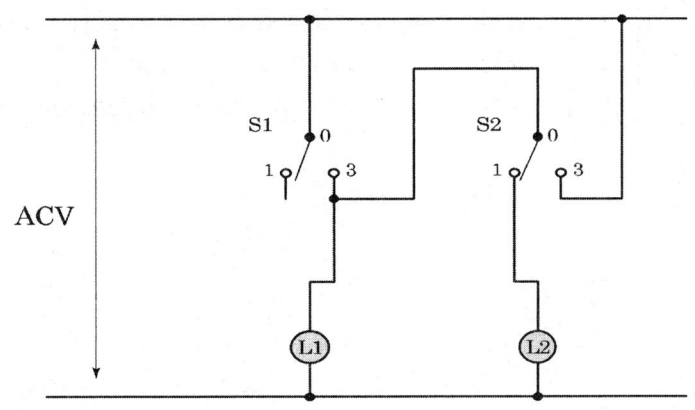

(16) D-④

1) 동작조건(진리표)과 논리식

입력		출력	
S1	S2	L1	L2
0	0	0	0	⇒ $\overline{S1}\,\overline{S2}$
0	1	1	0	⇒ $\overline{S1}S2$
1	0	1	0	⇒ $S1\overline{S2}$
1	1	1	1	⇒ $S1S2$

(논리식)

- L1 = $\overline{S1}S2 + S1\overline{S2} + S1S2 = \overline{S1}S2 + S1(\overline{S2}+S2)$
  $= \overline{S1}S2 + S1 = S1 + S2$
- L2 = $S1S2$

2) 결선도

3.4　3-2 Type(출력 L1→3개, L2→2개)

(1) A-①(※주의! - 논리식 간이화는 중간까지만 한다.)

1) 동작조건(진리표)과 논리식

입력		출력	
S1	S2	L1	L2
0	0	1	1	⇒ $\overline{S1}\,\overline{S2}$
0	1	1	1	⇒ $\overline{S1}S2$
1	0	1	0	⇒ $S1\overline{S2}$
1	1	0	0	⇒ $S1S2$

(논리식)

- L1 = $\overline{S1}\,\overline{S2} + \overline{S1}S2 + S1\overline{S2} = \overline{S2}(\overline{S1}+S1) + \overline{S1}S2$
  $= \overline{S2} + \overline{S1}S2$
- L2 = $\overline{S1}\,\overline{S2} + \overline{S1}S2 = \overline{S1}(\overline{S2}+S2) = \overline{S1}$

2) 결선도

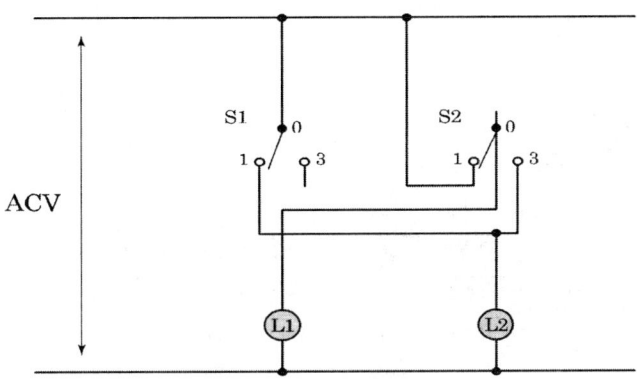

(2) A-②

1) 동작조건(진리표)과 논리식

입 력		출 력	
S1	S2	L1	L2
0	0	1	1	⇒ $\overline{S1}\,\overline{S2}$
0	1	1	0	⇒ $\overline{S1}\,S2$
1	0	1	1	⇒ $S1\,\overline{S2}$
1	1	0	0	⇒ $S1\,S2$

(논리식)

- L1 = $\overline{S1}\,\overline{S2} + \overline{S1}\,S2 + S1\,\overline{S2} = \overline{S2}(\overline{S1}+S1) + \overline{S1}\,S2$
  $= \overline{S2} + \overline{S1}\,S2 = \overline{S1} + \overline{S2}$
- L2 = $\overline{S1}\,\overline{S2} + S1\,\overline{S2} = \overline{S2}(\overline{S1}+S1) = \overline{S2}$

2) 결선도

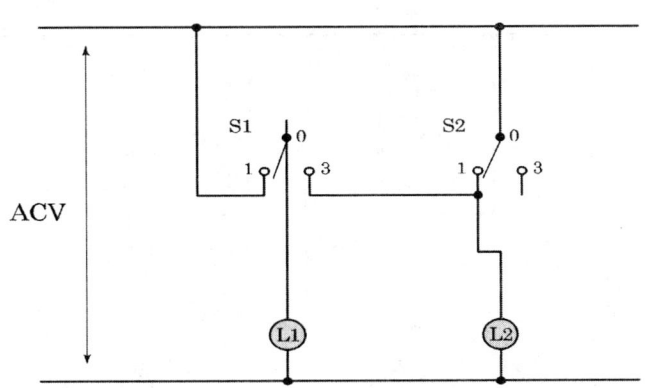

(3) A-③

1) 동작조건(진리표)과 논리식

입력		출력	
S1	S2	L1	L2
0	0	1	1
0	1	1	0
1	0	1	0
1	1	0	1

$\Rightarrow \overline{S1}\,\overline{S2}$
$\Rightarrow \overline{S1}\,S2$
$\Rightarrow S1\,\overline{S2}$
$\Rightarrow S1\,S2$

(논리식)
- $L1 = \overline{S1}\,\overline{S2} + \overline{S1}\,S2 + S1\,\overline{S2} = \overline{S2}(\overline{S1}+S1) + \overline{S1}\,S2$
  $= \overline{S2} + \overline{S1}\,S2 = \overline{S1} + \overline{S2}$
- $L2 = \overline{S1}\,\overline{S2} + S1\,S2$

2) 결선도

(4) A-④

1) 동작조건(진리표)과 논리식

입력		출력	
S1	S2	L1	L2
0	0	1	0
0	1	1	1
1	0	1	1
1	1	0	0

$\Rightarrow \overline{S1}\,\overline{S2}$
$\Rightarrow \overline{S1}\,S2$
$\Rightarrow S1\,\overline{S2}$
$\Rightarrow S1\,S2$

(논리식)
- $L1 = \overline{S1}\,\overline{S2} + \overline{S1}\,S2 + S1\,\overline{S2} = \overline{S2}(\overline{S1}+S1) + \overline{S1}\,S2$
  $= \overline{S2} + \overline{S1}\,S2 = \overline{S1} + \overline{S2}$
- $L2 = \overline{S1}\,S2 + S1\,\overline{S2}$

2) 결선도

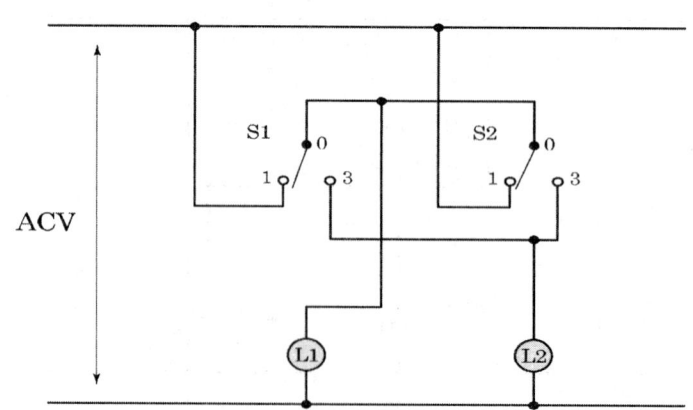

Chapter 03 3로 스위치 회로

(5) A-⑤

1) 동작조건(진리표)과 논리식

입력		출력	
S1	S2	L1	L2
0	0	1	0
0	1	1	1
1	0	1	0
1	1	0	1

⇒ $\overline{S1}\,\overline{S2}$
⇒ $\overline{S1}\,S2$
⇒ $S1\,\overline{S2}$
⇒ $S1\,S2$

(논리식)
- $L1 = \overline{S1}\,\overline{S2} + \overline{S1}\,S2 + S1\,\overline{S2} = \overline{S2}(\overline{S1}+S1) + \overline{S1}\,S2$
  $= \overline{S2} + \overline{S1}\,S2 = \overline{S1} + \overline{S2}$
- $L2 = \overline{S1}\,S2 + S1\,S2 = S2(\overline{S1}+S1) = S2$

2) 결선도

(6) A-⑥

1) 동작조건(진리표)과 논리식

입력		출력	
S1	S2	L1	L2
0	0	1	0
0	1	1	0
1	0	1	1
1	1	0	1

⇒ $\overline{S1}\,\overline{S2}$
⇒ $\overline{S1}\,S2$
⇒ $S1\,\overline{S2}$
⇒ $S1\,S2$

(논리식)
- $L1 = \overline{S1}\,\overline{S2} + \overline{S1}\,S2 + S1\,\overline{S2} = \overline{S2}(\overline{S1}+S1) + \overline{S1}\,S2$
  $= \overline{S2} + \overline{S1}\,S2 = \overline{S1} + \overline{S2}$
- $L2 = S1\,\overline{S2} + S1\,S2 = S1(\overline{S2}+S2) = S1$

2) 결선도

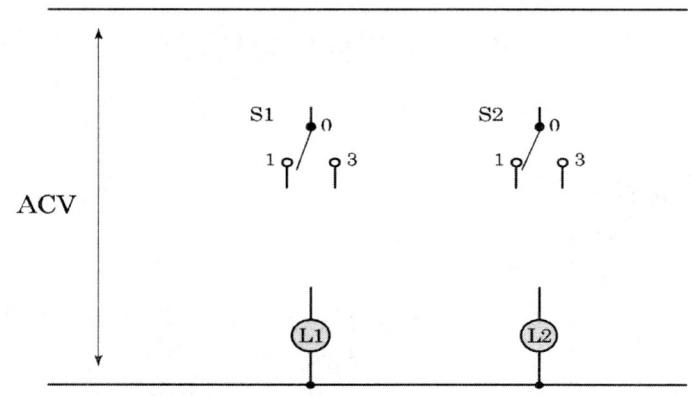

(7) B-①

1) 동작조건(진리표)과 논리식

입 력		출 력	
S1	S2	L1	L2
0	0	1	1
0	1	0	1
1	0	1	0
1	1	1	0

$\Rightarrow \overline{S1}\,\overline{S2}$
$\Rightarrow \overline{S1}\,S2$
$\Rightarrow S1\,\overline{S2}$
$\Rightarrow S1\,S2$

(논리식)

- $L1 = \overline{S1}\,\overline{S2} + S1\,\overline{S2} + S1\,S2 = \overline{S2}(\overline{S1}+S1) + S1\,S2$
  $= \overline{S2} + S1\,S2 = S1 + \overline{S2}$
- $L2 = \overline{S1}\,\overline{S2} + \overline{S1}\,S2 = \overline{S1}(\overline{S2}+S2) = \overline{S1}$

2) 결선도

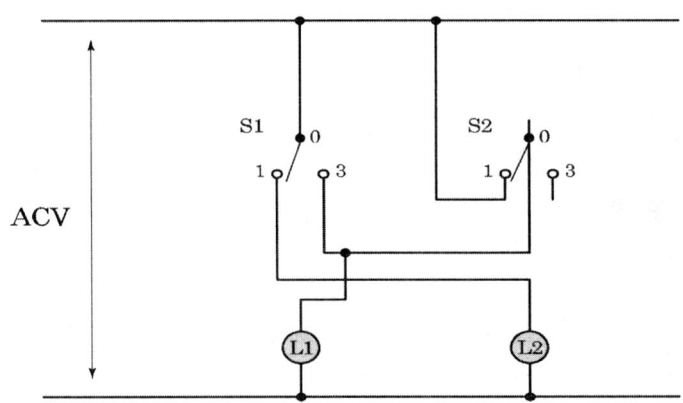

(8) B-②

1) 동작조건(진리표)과 논리식(※주의! - 같은 유형과 논리식 간이화가 다른 형태임. 간이화는 중간까지만 한다.)

입 력		출 력	
S1	S2	L1	L2
0	0	1	1
0	1	0	0
1	0	1	1
1	1	1	0

$\Rightarrow \overline{S1}\,\overline{S2}$
$\Rightarrow \overline{S1}\,S2$
$\Rightarrow S1\,\overline{S2}$
$\Rightarrow S1\,S2$

(논리식)

- $L1 = \overline{S1}\,\overline{S2} + S1\,\overline{S2} + S1\,S2 = \overline{S1}\,\overline{S2} + S1(\overline{S2}+S2)$
  $= \overline{S1}\,\overline{S2} + S1$
- $L2 = \overline{S1}\,\overline{S2} + S1\,\overline{S2} = \overline{S2}(\overline{S1}+S1) = \overline{S2}$

2) 결선도

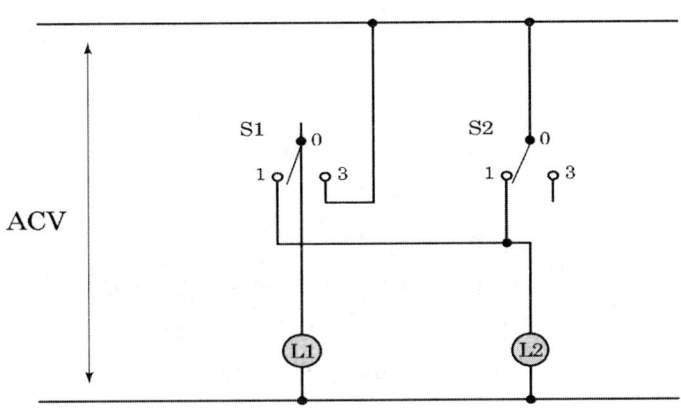

(9) B-③

1) 동작조건(진리표)과 논리식

입력		출력	
S1	S2	L1	L2
0	0	1	1	⇒ $\overline{S1}\,\overline{S2}$
0	1	0	0	⇒ $\overline{S1}\,S2$
1	0	1	0	⇒ $S1\,\overline{S2}$
1	1	1	1	⇒ $S1\,S2$

(논리식)

- L1= $\overline{S1}\,\overline{S2} + S1\,\overline{S2} + S1\,S2 = \overline{S2}(\overline{S1}+S1) + S1\,S2$
  $= \overline{S2} + S1\,S2 = S1 + \overline{S2}$
- L2= $\overline{S1}\,\overline{S2} + S1\,S2$

2) 결선도

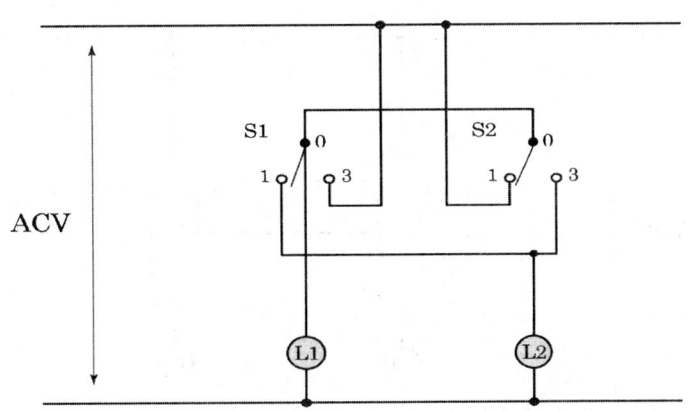

(10) B-④

1) 동작조건(진리표)과 논리식

입 력		출 력	
S1	S2	L1	L2
0	0	1	0	⇒ $\overline{S1}\,\overline{S2}$
0	1	0	1	⇒ $\overline{S1}\,S2$
1	0	1	1	⇒ $S1\,\overline{S2}$
1	1	1	0	⇒ $S1\,S2$

(논리식)
- $L1 = \overline{S1}\,\overline{S2} + S1\,\overline{S2} + S1\,S2 = \overline{S2}(\overline{S1}+S1) + S1\,S2$
  $= \overline{S2} + S1\,S2 = S1 + \overline{S2}$
- $L2 = \overline{S1}\,S2 + S1\,\overline{S2}$

2) 결선도

(11) B-⑤

1) 동작조건(진리표)과 논리식

입 력		출 력	
S1	S2	L1	L2
0	0	1	0	⇒ $\overline{S1}\,\overline{S2}$
0	1	0	1	⇒ $\overline{S1}\,S2$
1	0	1	0	⇒ $S1\,\overline{S2}$
1	1	1	1	⇒ $S1\,S2$

(논리식)
- $L1 = \overline{S1}\,\overline{S2} + S1\,\overline{S2} + S1\,S2 = \overline{S2}(\overline{S1}+S1) + S1\,S2$
  $= \overline{S2} + S1\,S2 = S1 + \overline{S2}$
- $L2 = \overline{S1}\,S2 + S1\,S2 = S2(\overline{S1}+S1) = S2$

2) 결선도

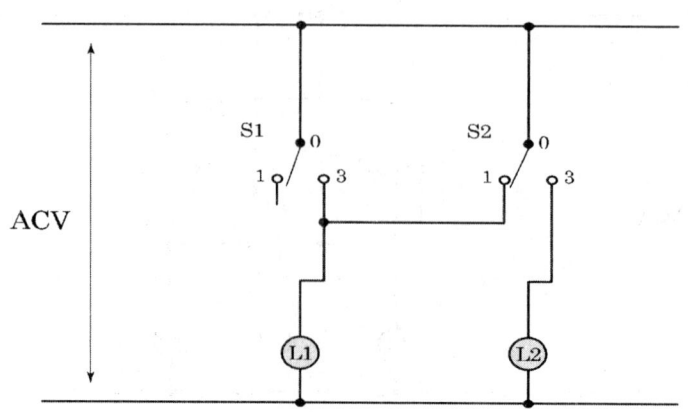

(12) B-⑥(※주의! - 논리식 간이화는 중간까지만 한다.)

1) 동작조건(진리표)과 논리식

입력		출력	
S1	S2	L1	L2
0	0	1	0	⇒ $\overline{S1}\,\overline{S2}$
0	1	0	0	⇒ $\overline{S1}\,S2$
1	0	1	1	⇒ $S1\,\overline{S2}$
1	1	1	1	⇒ $S1\,S2$

(논리식)
- $L1 = \overline{S1}\,\overline{S2} + S1\,\overline{S2} + S1\,S2 = \overline{S2}(\overline{S1}+S1) + S1\,S2$
  $= \overline{S2} + S1\,S2$
- $L2 = S1\,\overline{S2} + S1\,S2 = S1(\overline{S2}+S2) = S1$

2) 결선도

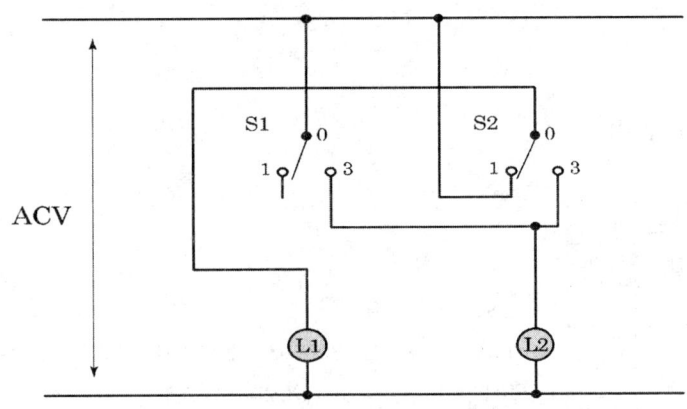

(13) C-①(※주의! - 논리식 간이화는 중간까지만 한다.)

1) 동작조건(진리표)과 논리식

입력		출력	
S1	S2	L1	L2
0	0	1	1	⇒ $\overline{S1}\,\overline{S2}$
0	1	1	1	⇒ $\overline{S1}\,S2$
1	0	0	0	⇒ $S1\,\overline{S2}$
1	1	1	0	⇒ $S1\,S2$

(논리식)
- $L1 = \overline{S1}\,\overline{S2} + \overline{S1}\,S2 + S1\,S2 = \overline{S1}\,\overline{S2} + S2(\overline{S1}+S1)$
  $= \overline{S1}\,\overline{S2} + S2$
- $L2 = \overline{S1}\,\overline{S2} + \overline{S1}\,S2 = \overline{S1}(\overline{S2}+S2) = \overline{S1}$

2) 결선도

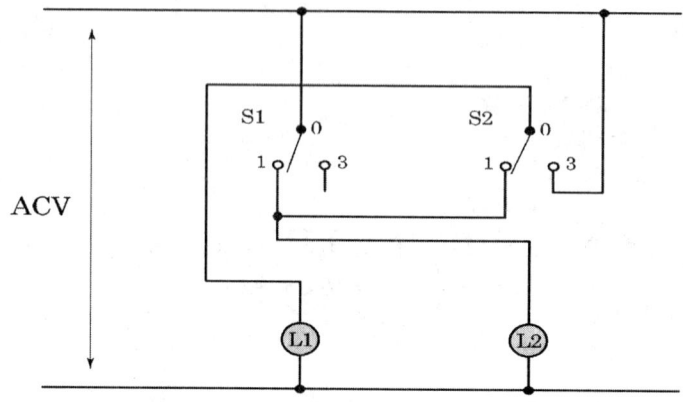

(14) C-②

1) 동작조건(진리표)과 논리식

입력		출력	
S1	S2	L1	L2
0	0	1	1	$\Rightarrow \overline{S1}\,\overline{S2}$
0	1	1	0	$\Rightarrow \overline{S1}\,S2$
1	0	0	1	$\Rightarrow S1\,\overline{S2}$
1	1	1	0	$\Rightarrow S1\,S2$

(논리식)

- $L1 = \overline{S1}\,\overline{S2} + \overline{S1}\,S2 + S1\,S2 = \overline{S1}(\overline{S2}+S2) + S1\,S2$
  $= \overline{S1} + S1\,S2 = \overline{S1} + S2$
- $L2 = \overline{S1}\,\overline{S2} + S1\,\overline{S2} = \overline{S2}(\overline{S1}+S1) = \overline{S2}$

2) 결선도

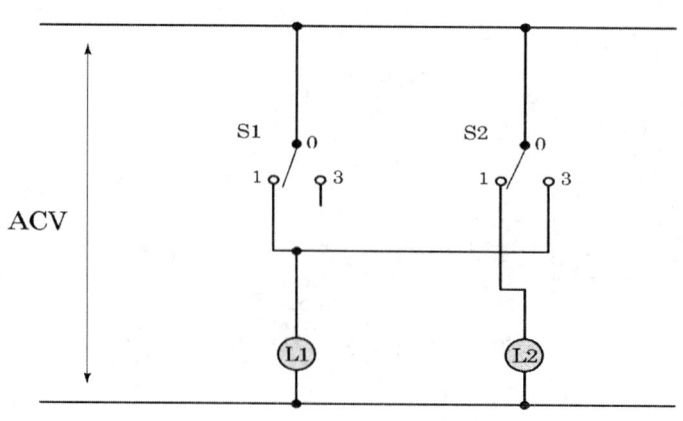

Chapter 03 3로 스위치 회로

(15) C-③

1) 동작조건(진리표)과 논리식

입 력		출 력	
S1	S2	L1	L2
0	0	1	1	⇒ $\overline{S1}\,\overline{S2}$
0	1	1	0	⇒ $\overline{S1}\,S2$
1	0	0	0	⇒ $S1\,\overline{S2}$
1	1	1	1	⇒ $S1\,S2$

(논리식)

- L1 = $\overline{S1}\,\overline{S2} + \overline{S1}\,S2 + S1\,S2 = \overline{S1}(\overline{S2}+S2) + S1\,S2$
  = $\overline{S1} + S1\,S2 = \overline{S1} + S2$
- L2 = $\overline{S1}\,\overline{S2} + S1\,S2$

2) 결선도

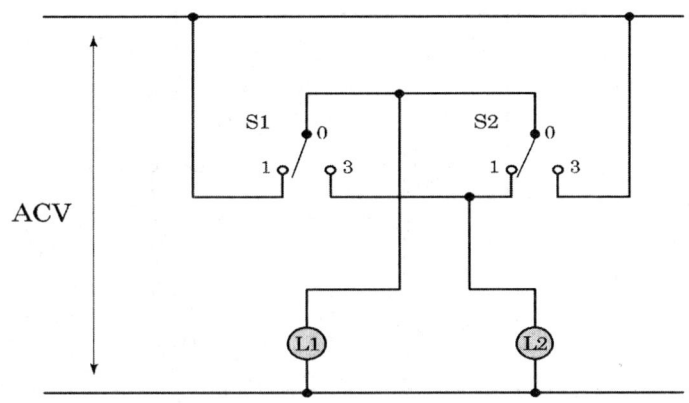

(16) C-④

1) 동작조건(진리표)과 논리식

입 력		출 력	
S1	S2	L1	L2
0	0	1	0	⇒ $\overline{S1}\,\overline{S2}$
0	1	1	1	⇒ $\overline{S1}\,S2$
1	0	0	1	⇒ $S1\,\overline{S2}$
1	1	1	0	⇒ $S1\,S2$

(논리식)

- L1 = $\overline{S1}\,\overline{S2} + \overline{S1}\,S2 + S1\,S2 = \overline{S1}(\overline{S2}+S2) + S1\,S2$
  = $\overline{S1} + S1\,S2 = \overline{S1} + S2$
- L2 = $\overline{S1}\,S2 + S1\,\overline{S2}$

2) 결선도

(17) C-⑤ (※주의! - 논리식 간이화는 중간까지만 한다.)

1) 동작조건(진리표)과 논리식

입력		출력	
S1	S2	L1	L2
0	0	1	0
0	1	1	1
1	0	0	0
1	1	1	1

$\Rightarrow \overline{S1}\,\overline{S2}$
$\Rightarrow \overline{S1}\,S2$
$\Rightarrow S1\,\overline{S2}$
$\Rightarrow S1\,S2$

(논리식)

- $L1 = \overline{S1}\,\overline{S2} + \overline{S1}\,S2 + S1\,S2 = \overline{S1}(\overline{S2}+S2) + S1\,S2$
  $= \overline{S1} + S1\,S2$
- $L2 = \overline{S1}\,S2 + S1\,S2 = S2(\overline{S1}+S1) = S2$

2) 결선도

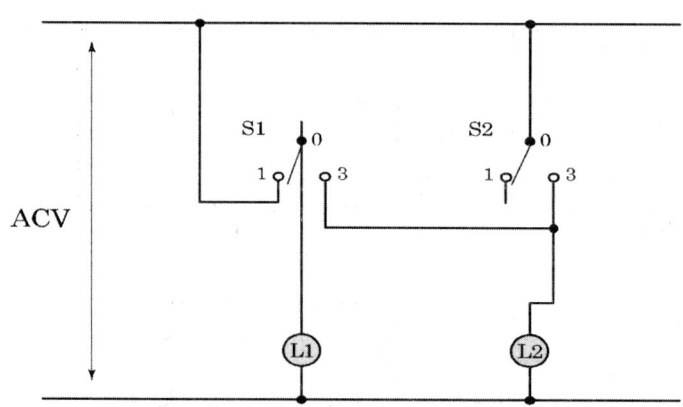

(18) C-⑥

1) 동작조건(진리표)과 논리식

입력		출력	
S1	S2	L1	L2
0	0	1	0
0	1	1	0
1	0	0	1
1	1	1	1

$\Rightarrow \overline{S1}\,\overline{S2}$
$\Rightarrow \overline{S1}\,S2$
$\Rightarrow S1\,\overline{S2}$
$\Rightarrow S1\,S2$

(논리식)

- $L1 = \overline{S1}\,\overline{S2} + \overline{S1}\,S2 + S1\,S2 = \overline{S1}(\overline{S2}+S2) + S1\,S2$
  $= \overline{S1} + S1\,S2 = \overline{S1} + S2$
- $L2 = S1\,\overline{S2} + S1\,S2 = S1(\overline{S2}+S2) = S1$

2) 결선도

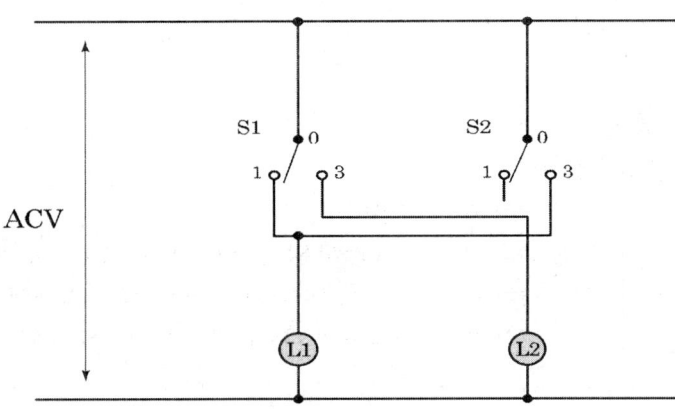

(19) D-①

1) 동작조건(진리표)과 논리식

입 력		출 력	
S1	S2	L1	L2
0	0	0	1	$\Rightarrow \overline{S1}\,\overline{S2}$
0	1	1	1	$\Rightarrow \overline{S1}\,S2$
1	0	1	0	$\Rightarrow S1\,\overline{S2}$
1	1	1	0	$\Rightarrow S1\,S2$

(논리식)

- L1 = $\overline{S1}\,S2 + S1\,\overline{S2} + S1\,S2 = \overline{S1}\,S2 + S1(\overline{S2}+S2)$
  $= S1 + \overline{S1}\,S2 = S1 + S2$ (또는 $S2(\overline{S1}+S1) + S1\,\overline{S2}$)
- L2 = $\overline{S1}\,\overline{S2} + \overline{S1}\,S2 = \overline{S1}(\overline{S2}+S2) = \overline{S1}$

2) 결선도

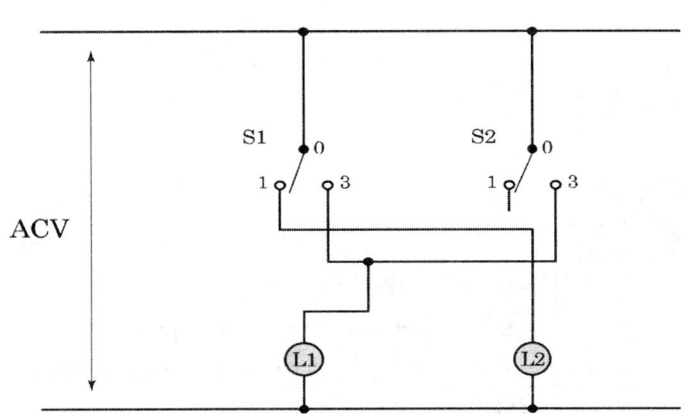

(20) D-②

1) 동작조건(진리표)과 논리식

입 력		출 력	
S1	S2	L1	L2
0	0	0	1	⇒ $\overline{S1}\,\overline{S2}$
0	1	1	0	⇒ $\overline{S1}\,S2$
1	0	1	1	⇒ $S1\,\overline{S2}$
1	1	1	0	⇒ $S1\,S2$

(논리식)

- L1= $\overline{S1}\,S2+S1\,\overline{S2}+S1\,S2 = \overline{S1}\,S2+S1(\overline{S2}+S2)$
  $=S1+\overline{S1}\,S2=S1+S2$ (또는 $S2(\overline{S1}+S1)+S1\,\overline{S2}$)
- L2= $\overline{S1}\,\overline{S2}+S1\,\overline{S2} = \overline{S2}(\overline{S1}+S1) = \overline{S2}$

2) 결선도

(21) D-③

1) 동작조건(진리표)과 논리식

입 력		출 력	
S1	S2	L1	L2
0	0	0	1	⇒ $\overline{S1}\,\overline{S2}$
0	1	1	0	⇒ $\overline{S1}\,S2$
1	0	1	0	⇒ $S1\,\overline{S2}$
1	1	1	1	⇒ $S1\,S2$

(논리식)

- L1= $\overline{S1}\,S2+S1\,\overline{S2}+S1\,S2 = \overline{S1}\,S2+S1(\overline{S2}+S2)$
  $=S1+\overline{S1}\,S2=S1+S2$ (또는 $S2(\overline{S1}+S1)+S1\,\overline{S2}$)
- L2= $\overline{S1}\,\overline{S2}+S1\,S2$

2) 결선도

(22) D-④

1) 동작조건(진리표)과 논리식

입 력		출 력	
S1	S2	L1	L2
0	0	0	0	⇒ $\overline{S1}\,\overline{S2}$
0	1	1	1	⇒ $\overline{S1}\,S2$
1	0	1	1	⇒ $S1\,\overline{S2}$
1	1	1	0	⇒ $S1\,S2$

(논리식)

- L1= $\overline{S1}\,S2+S1\,\overline{S2}+S1\,S2 = \overline{S1}\,S2+S1(\overline{S2}+S2)$
  $=S1+\overline{S1}\,S2=S1+S2$ (또는 $S2(\overline{S1}+S1)+S1\,\overline{S2}$)
- L2= $\overline{S1}\,S2+S1\,\overline{S2}$

2) 결선도

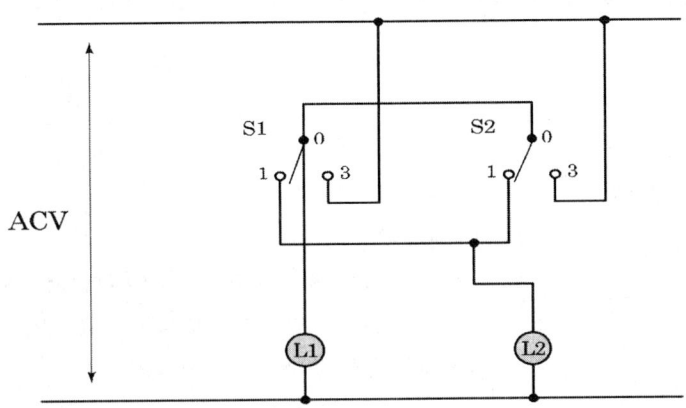

(23) D-⑤(※주의! - 논리식 간이화는 중간까지만 한다.)

1) 동작조건(진리표)과 논리식

입 력		출 력	
S1	S2	L1	L2
0	0	0	0	$\Rightarrow \overline{S1}\,\overline{S2}$
0	1	1	1	$\Rightarrow \overline{S1}\,S2$
1	0	1	0	$\Rightarrow S1\,\overline{S2}$
1	1	1	1	$\Rightarrow S1\,S2$

(논리식)

- $L1 = \overline{S1}\,S2 + S1\,\overline{S2} + S1\,S2 = \overline{S1}\,S2 + S1(\overline{S2} + S2)$
   $= S1 + \overline{S1}\,S2$
- $L2 = \overline{S1}\,S2 + S1\,S2 = S2(\overline{S1} + S1) = S2$

2) 결선도

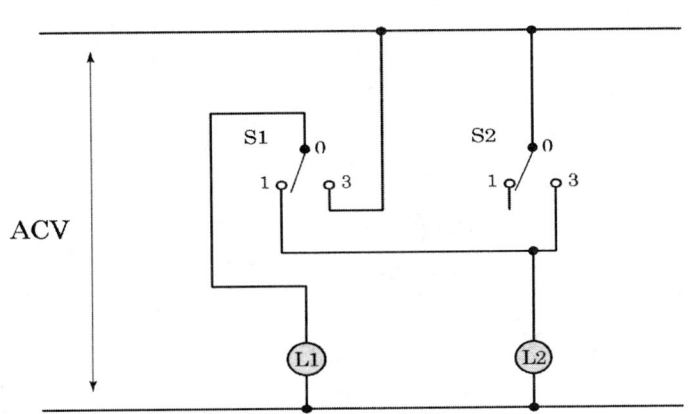

(24) D-⑥ (※주의! -논리식 간이화는 다른 형태로 하고, 중간까지만 간이화한다.)

1) 동작조건(진리표)과 논리식

입력		출력		
S1	S2	L1	L2	
0	0	0	0	$\Rightarrow \overline{S1}\,\overline{S2}$
0	1	1	0	$\Rightarrow \overline{S1}\,S2$
1	0	1	1	$\Rightarrow S1\,\overline{S2}$
1	1	1	1	$\Rightarrow S1\,S2$

(논리식)

- $L1 = \overline{S1}\,S2 + S1\,\overline{S2} + S1\,S2 = \overline{S1}\,S2 + S1(\overline{S2}+S2) = S1 + \overline{S1}\,S2)$
  (또는 $S2(\overline{S1}+S1) + S1\,\overline{S2} = S2 + S1\,\overline{S2}$)

- $L2 = S1\,\overline{S2} + S1\,S2 = S1(\overline{S2}+S2) = S1$

2) 결선도

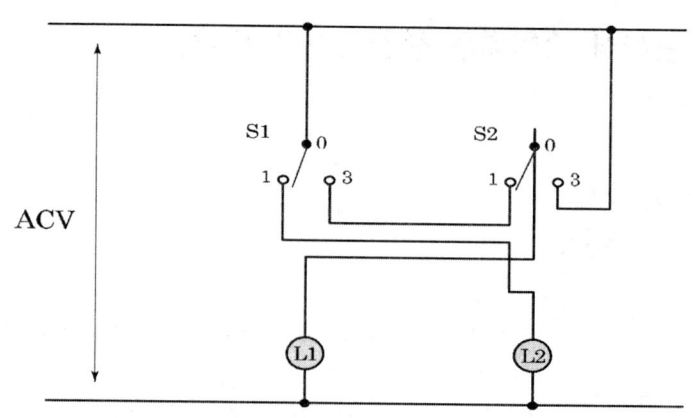

Chapter 04

PLC 프로그래밍

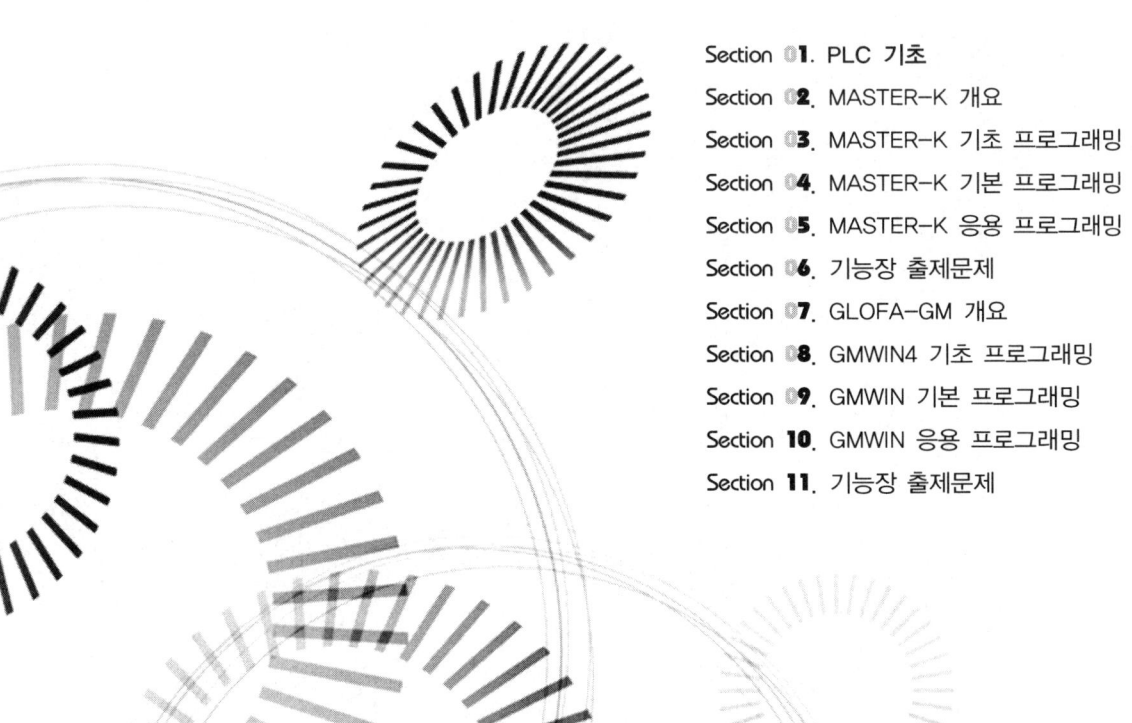

Section 01. PLC 기초
Section 02. MASTER-K 개요
Section 03. MASTER-K 기초 프로그래밍
Section 04. MASTER-K 기본 프로그래밍
Section 05. MASTER-K 응용 프로그래밍
Section 06. 기능장 출제문제
Section 07. GLOFA-GM 개요
Section 08. GMWIN4 기초 프로그래밍
Section 09. GMWIN 기본 프로그래밍
Section 10. GMWIN 응용 프로그래밍
Section 11. 기능장 출제문제

Section 01 PLC 기초

1.1 PLC 정의

PLC(Programmable Logic Controller)는 릴레이, 타이머, 카운터 등의 기능을 반도체 소자로 대체하여 기본적인 시퀀스 제어 기능에 수치 연산 기능을 추가하여 프로그램으로 제어가 가능하도록 한 자율성 높은 제어 장치이다.

1.2 PLC 언어

(1) 도형식(Graphic) 언어

① LD(Ladder Diagram) : 사다리(Ladder) 모양의 언어이며 입력과 출력을 조합하여 프로그램 작성이 가능하고 시퀀스 로직 표현 방식의 언어
② FBD(Function Block Diagram) : Block화한 기능을 서로 연결하여 프로그램을 표현하는 언어

(2) 문자식(Text) 언어

① IL(Instruction List) : Assembly 형태의 명령어
② SFC(Sequential Function Chart) : 공정의 흐름이나 조건 등의 동작을 순차적으로 표현한 형태의 언어이며 event와 시간 등의 제어 시퀀스를 블록으로 정의
③ ST(Structured Text) : 실시간 application용으로 파스칼이나 C언어 형식의 고급언어

1.3 PLC 구조

(1) 전체 SYSTEM

PLC는 마이크로프로세서와 메모리를 중심으로 구성되어 인간의 두뇌 역할을 하는 CPU, 외부 기기와의 신호를 연결시켜 주는 입·출력부, 각 부분에 전원을 공급하는 전원부, PLC 내의 메모리에 프로그램을 기록하는 주변기기로 구성되어 있다.

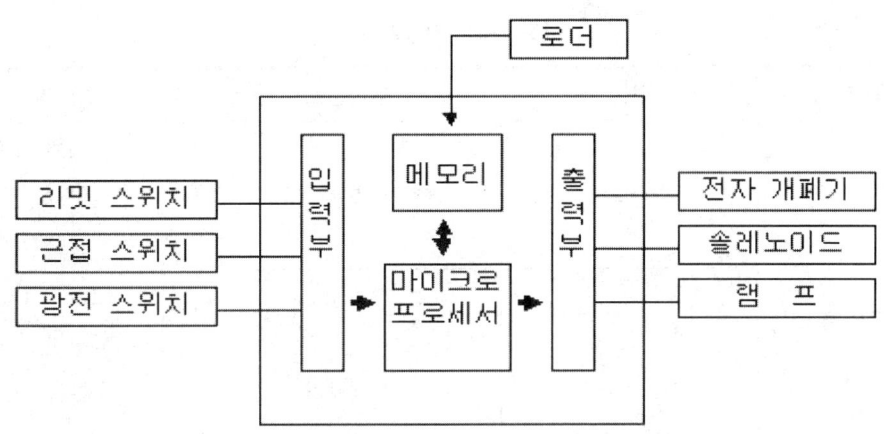

[그림 1-1] PLC 전체 구성도

(2) CPU(Central Processing Unit : 중앙처리장치)

1) 연산부

PLC의 두뇌에 해당하는 부분으로 메모리에 저장되어 있는 프로그램을 하나씩 꺼내어 해독하여 처리할 내용을 2진수로 실행한다.

2) 메모리

메모리 종류에는 ROM(Read Only Memory)과 RAM(Random Access Memory)이 있다.

ROM은 읽기만 가능하며, 메모리 내용을 변경할 수 없다.

이 영역의 정보는 전원이 끊어져도 기억내용이 보존되는 불휘발성 메모리이다.

RAM은 메모리에 정보를 수시로 읽고 쓰기가 가능하고 정보를 일시 저장하는 용도로 사용되며, 전원이 끊어지면 기록한 내용이 상실되는 휘발성 메모리이다.

(3) PLC 입·출력

PLC의 입·출력부는 현장의 외부 기기에 직접 접속되어 사용한다. PLC 내부는 DC +5V의 전원을 사용하지만, 입출력부는 다른 전압 level을 사용하므로 PLC 내부와 입·출력부의 Interface는 시스템 안정에 결정적 요소가 된다.

[표 1-1] 입출력 기기

입출력부	구분	부착장소	외부기기 명칭
입력부	조작입력	제어반 또는 조작반	푸시버튼 스위치
			셀렉터 스위치
			토글 스위치
	검출 Sensor	기계장치	Limit Switch
			광전 스위치
			근접 Sensor
			레벨 스위치
			온도 Sensor
출력부	구동출력 (Actuator)	기계장치	전자 개폐기
			전자 브레이크
			Solenoid Valve
			전자 클러치
	표시 경보 출력	제어반 및 조작반	Pilot Lamp
			Buzzer

1) 입력부

외부 기기로부터의 신호를 CPU의 연산부로 전달해 주는 역할을 한다. 입력부 회로의 예는 [그림 1-2]와 같다.

외부 기기의 접점이 ON되면 폐회로가 형성되어 일정 전류가 흐르고 포토커플러의 입력 발광 다이오드가 적외선으로 발광하게 된다. 따라서 포토트랜지스터의 이미터와 컬렉터 사이가 도통되어 신호가 CPU에 전달된다. 이처럼 포토커플러를 사용함으로써 외부기기와 내부회로는 광으로 신호를 전달하여 전기적으로 절연되고 노이즈(noise)에 강해진다.

입력전압의 종류로는 DC 24V, AC 110V, AC 220V 등이 있고, 그 밖의 특수 입력 모듈로는 아날로그 입력(A/D)모듈, 고속카운터 모듈 등이 있다.

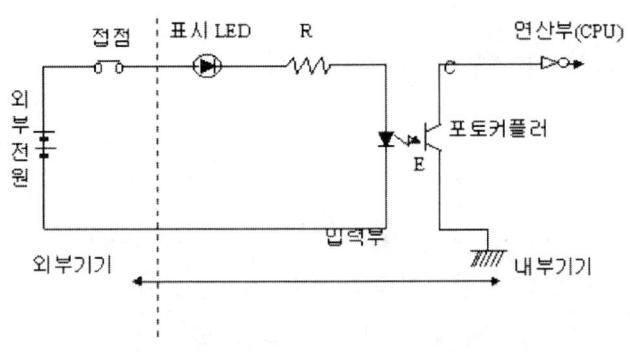

[그림 1-2] PLC 입력부 회로

2) 출력부

내부 연산의 결과를 외부에 접속된 부하(솔레노이드 밸브, 전자접촉기 등)에 전달하여 구동시키는 부분이다. TR 출력부 회로의 예는 [그림 1-3]과 같다.

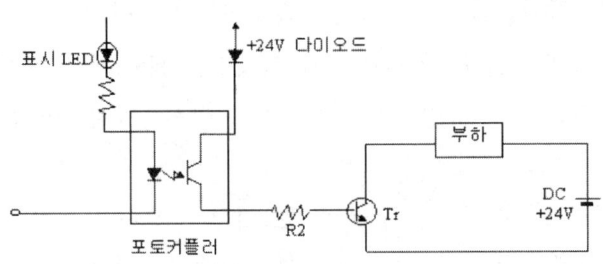

[그림 1-3] PLC 출력부 회로

3) PLC 입출력 배선도

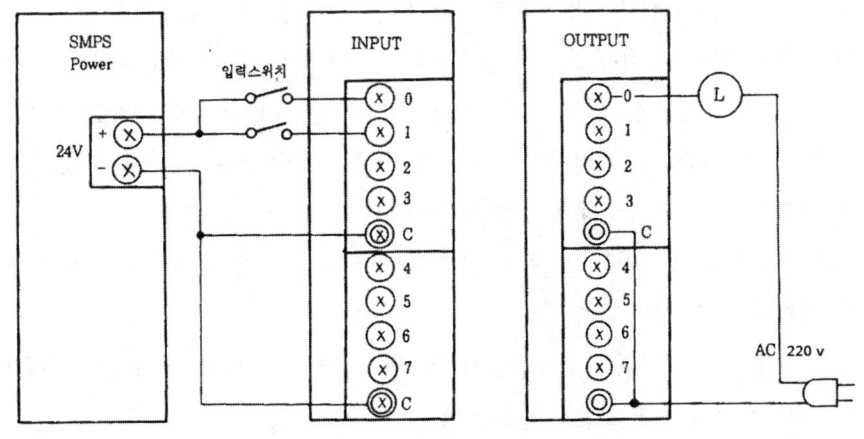

[그림 1-4] PLC 입출력 실제 배선도

1.4 PLC 기초용어 정의

① 비트(bit) : 디지털에서의 최소 정보 단위이며, 2진수의 0 또는 1이다.
② 바이트(byte) : 8bit를 한 묶음의 정보처리 단위로 표현(1byte=8bit)한다.
③ 워드(word) : 16bit를 한 묶음의 정보처리 단위로 표현(1word=16bit)한다.
④ 점(Point) : 입력 8점, 출력 6점의 PLC는 센서, 스위치 등의 입력을 최대 8개, 전자개폐기, 램프 등의 출력을 6개 연결 가능하다.
⑤ 스텝(Step) : PLC 명령어의 최소 단위로 A접점, B접점, 출력코일 등의 명령이 1Step에 해당하는 명령이고 응용명령어의 경우 하나의 명령어가 다수의 스텝을 차지한다.
⑥ 스캔 타임(Scan Time) : 사용자가 작성한 프로그램을 1회 수행하는 데 소요되는 시간
⑦ WDT(Watch Dog Timer) : 프로그램 연산 폭주나 CPU 기능 고장에 의해 출력을 발생하지 못할 때 설정한 시간(WDT) 대기한 후 에러를 발생시키는 시스템 감시 타이머
⑧ 파라미터(Parameter) : 프로그램과 함께 PLC에 저장되는 데이터로 통신, 시스템 환경 등을 지정
⑨ 릴레이 출력 : PLC 출력 접점 소자에 릴레이를 사용하는 방식. 기계적인 접점이므로 개폐빈도에 한계가 있다.
⑩ TR 출력 : PLC 출력 접점 소자에 스위칭 트랜지스터를 사용하는 방식. 수명이 반영구적이다.
⑪ SSR 출력 : PLC 출력 접점 소자에 무접점 반도체 릴레이를 사용하는 방식. 수명이 반영구적이다.
⑫ 그래픽 로더(Graphic Loader) : PLC 프로그래밍을 하는 데 사용하는 소프트웨어(ex: GMWIN, KGLWIN 등)
⑬ 직렬(Serial)통신 : PLC와 컴퓨터, 또는 PLC와 지능형 계측기와 정보 교환에 사용된다. 원래 컴퓨터의 데이터 신호는 8Bit 또는 16Bit 단위로 처리되어야 하지만 원격의 장소까지 16가닥의 선로를 연결하기 힘들기 때문에 일정한 규칙에 의해 16Bit 병렬 신호를 직렬로 분할해서 보내고, 이것을 받아서 원래의 상태로 조합하는 것이 직렬통신 방식이다. 이때 사용하는 cable이 RS-232C이다.
⑭ 모니터(Monitor) : PLC 내의 동작 사항을 감시하는 기능을 의미한다. 그래픽 로더를 사용하면 On-line 중에 접점이나 코일의 on, off 상태를 그래픽 로더로 확인할 수 있다.
⑮ 리셋(reset) : PLC 내부의 데이터값을 초기 상태로 되돌리는 것을 의미한다. 카운터, 타이머, 보조릴레이 등에 대해 리셋 명령이 사용된다.
⑯ 정전 유지 : 정전이 발생하더라도 PLC CPU 내의 배터리로 카운터의 현재 값, 워드 단위의 내부 레지스터값 및 일부 보조 릴레이의 동작을 기억해 둘 수 있는 기능

Section 02 MASTER-K 개요

2.1 그래픽 로더(Graphic Loder) 프로그램 다운로드

MASTER-K 시리즈 PLC의 명령어 코딩을 위해서는 LS산전의 KGL-WIN이란 Software가 있어야 한다. 인터넷(internet) 주소창에 http://kr.lsis.biz/를 클릭하여 회원 가입을 하여 독자의 ID로 로그인(Log in)한 후 메인메뉴에서 고객지원을 클릭하면 [그림 2-1]과 같은 화면이 열린다.

[그림 2-1] LS산전 홈페이지

다운로드 자료실의 8번의 첨부파일을 다운로드하여 KGLWIN366(KOR).ZIP 파일을 압축 해제한 후 KGLWIN366(KOR).exe를 클릭하여 프로그램을 컴퓨터에 탑재한다.

KGL_WK를 바탕화면에 복사해 놓으면 [그림 2-2]의 노란색 원 안과 같은 단축 아이콘이 형성된다.

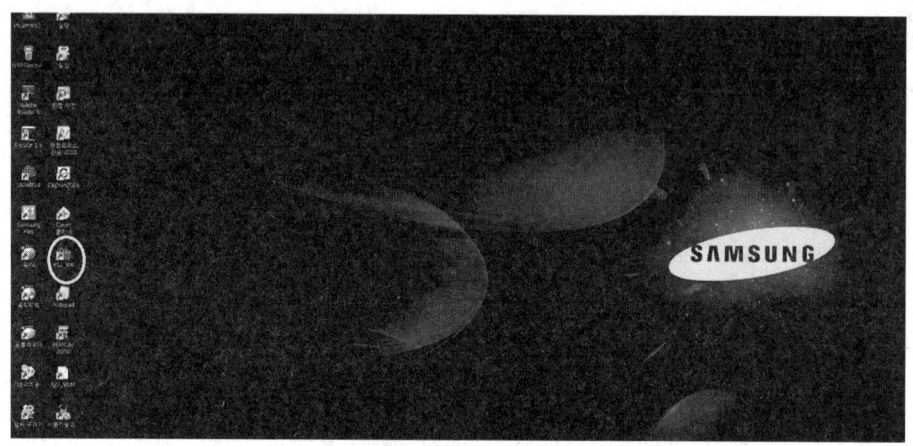

[그림 2-2] KGL_WK 컴퓨터 바탕화면에 복사하기

2.2 KGL_WIN 실행

바탕화면 또는 시작메뉴에서 KGL_WIN을 실행하면 [그림 2-3]과 같은 화면이 표시된다.

[그림 2-3] KGL_WK 초기 실행화면

KGL_WK 실행화면에서 프로젝트를 클릭하여 새 프로젝트를 클릭한다.

처음 프로젝트를 생성할 때는 기본 프로젝트 생성을 선택한다.

확인 단추를 클릭하면 PLC 기종 선택 및 프로그래밍 언어, 제목, 회사, 저자, 설명 등의 화면이 표시된다.

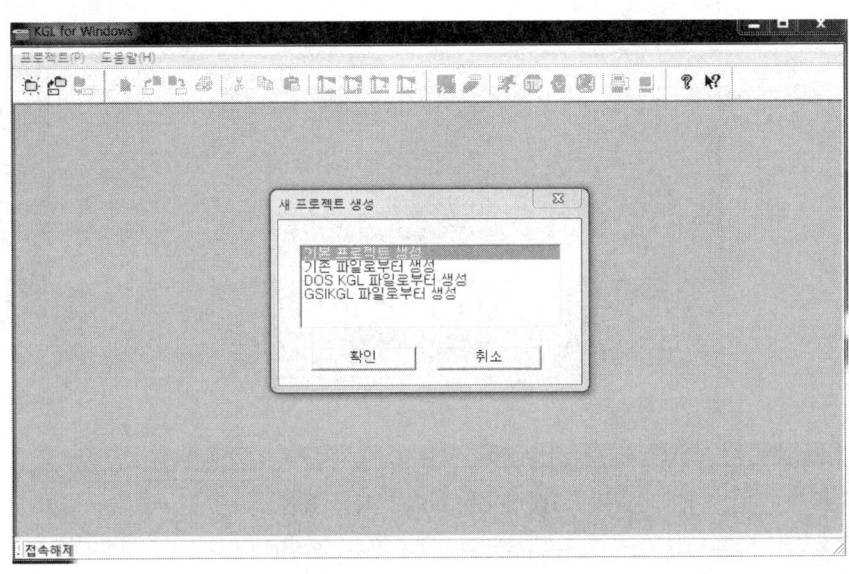

[그림 2-4] 기본 프로젝트 생성

PLC 기종 선택에서 독자가 가지고 있는 기종을 선택 후 프로그래밍 언어에서는 편하게 코딩할 수 있는 래더를 클릭한다.

제목, 회사, 저자, 설명 등은 필요할 때 하면 되므로 생략한다.

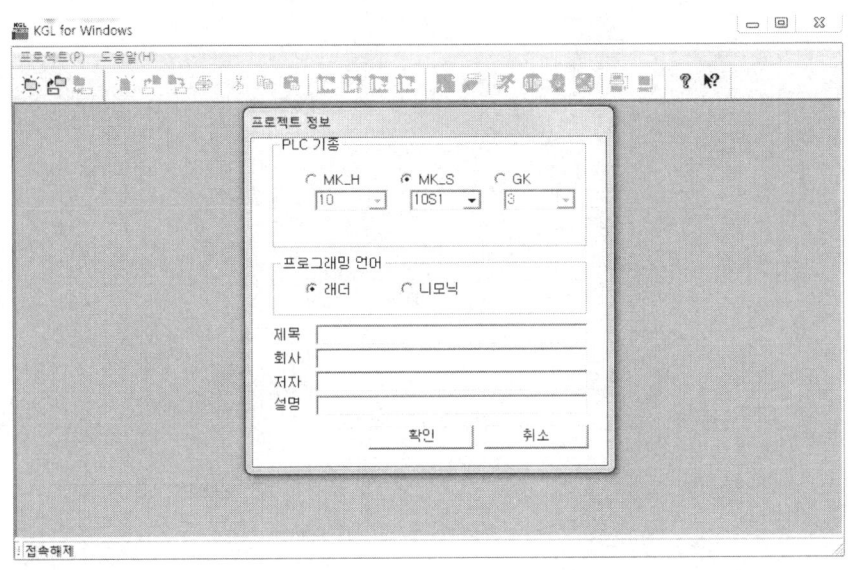

[그림 2-5] PLC 기종 선택

[그림 2-5]에서 확인 버튼을 누르면 [그림 2-6]과 같은 화면이 표시된다.

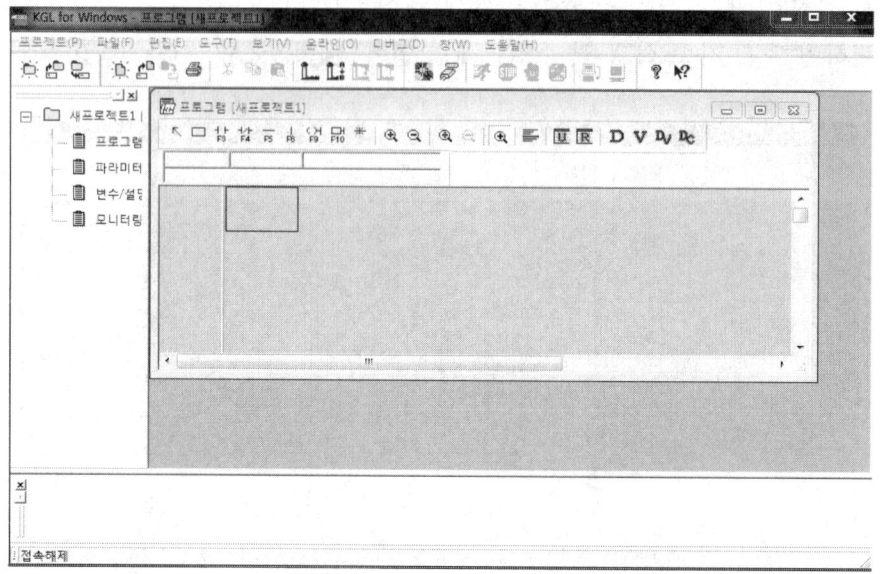

[그림 2-6] Ladder 작성 화면

Section 03. MASTER-K 기초 프로그래밍

3.1 자기유지회로

KGL_WK를 실행하면 [그림 3-1]과 같은 화면이 열린다. F3에 마우스 포인터를 가져가면 그림과 같은(평상시 열린 접점) TOOL TIP이 표시된다.

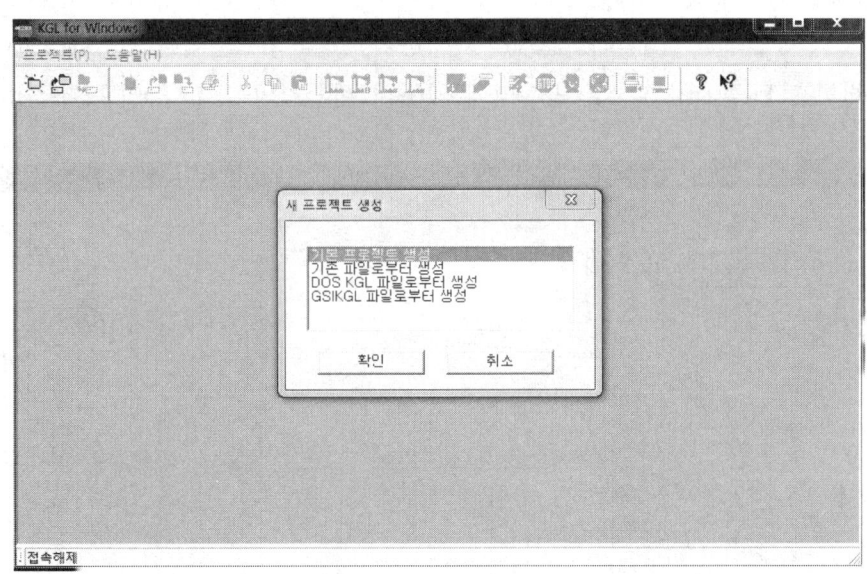

[그림 3-1] 새 프로젝트 화면

프로젝트를 클릭하여 새 프로젝트를 선택한다.
[그림 3-2]의 화면에서 기본 프로젝트 생성을 선택 후 확인을 누른다.

[그림 3-2] 기본 프로젝트 생성 화면

[그림 3-3]의 화면에서 필자는 기종이 10S-1이므로 MK_S를 선택 후 10S-1을 선택한다. [그림 3-4]의 화면에서 단축키 F3을 키보드에서 누르든가, 마우스로 클릭하여 드래그한다. 그림과 같이 입력번호 P0을 기입한 후 변수명에 기동버튼을 기입한 후 확인을 누른다.

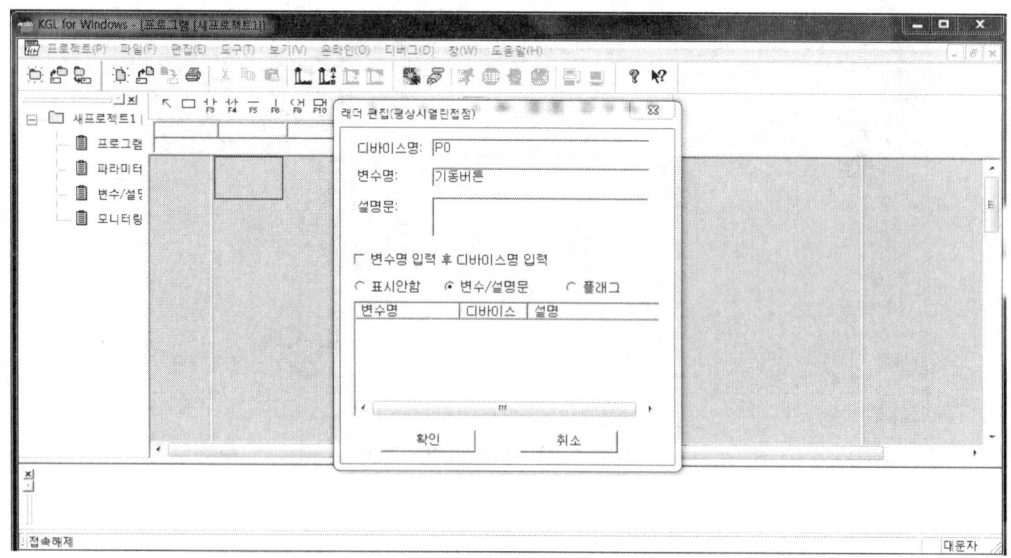

[그림 3-3] 기동버튼 클릭

확인을 누르면 [그림 3-4]와 같이 표시된다.

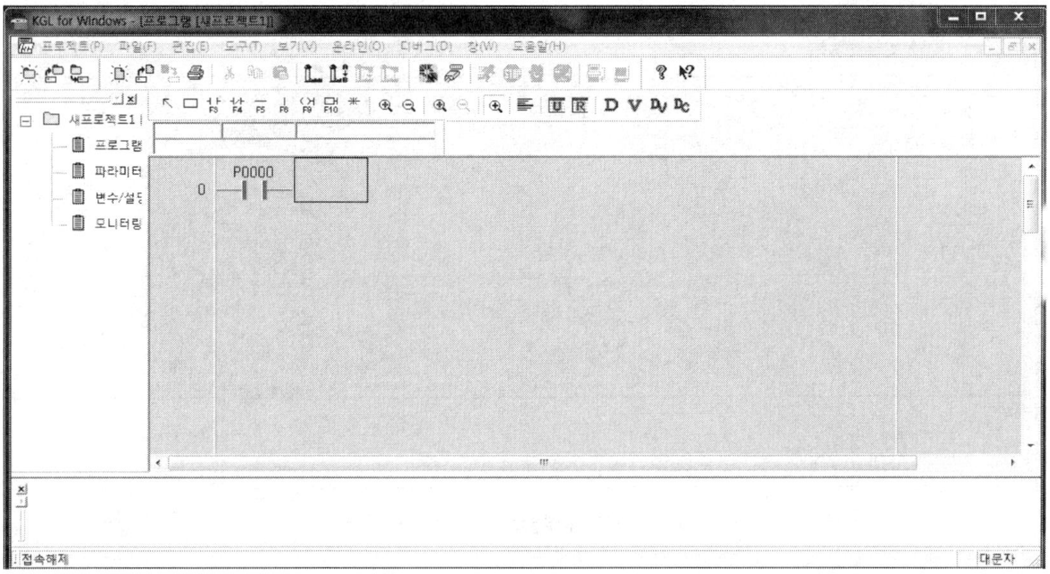

[그림 3-4] 기동버튼 Click 후 화면

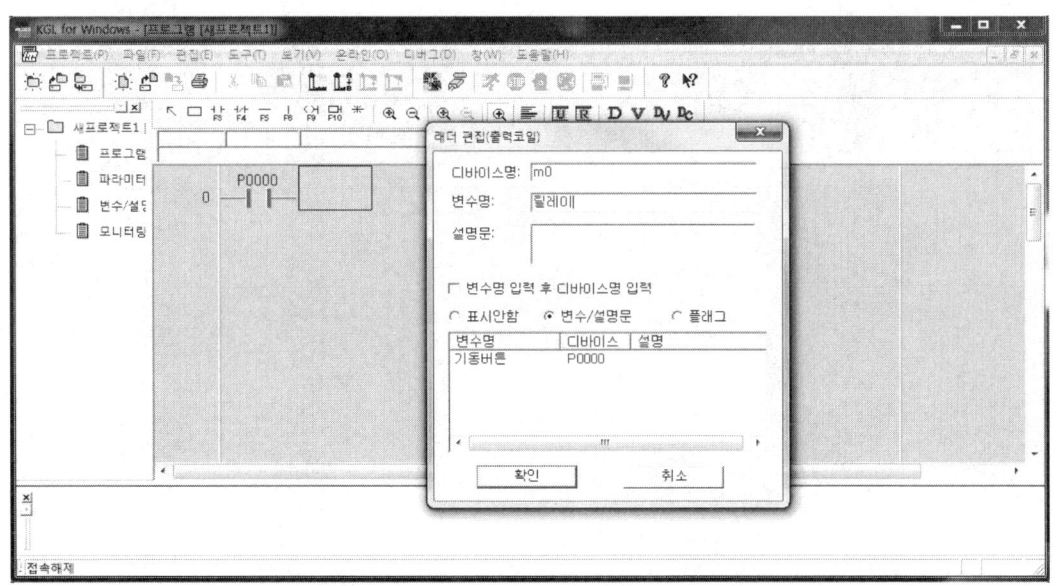

[그림 3-5] 내부 보조릴레이 Click 후 화면

단축키 F9를 선택 또는 마우스로 Click 후 청색 box를 Click한다.
확인을 누르면 [그림 3-6]과 같은 화면이 나타난다.

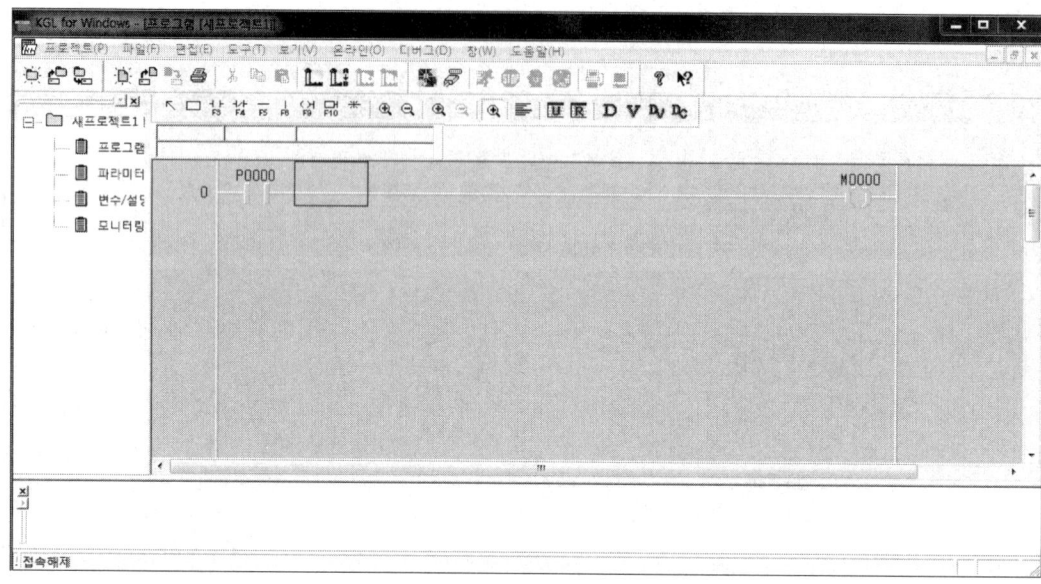

[그림 3-6] 내부릴레이 클릭 후 화면

내부릴레이를 P0 다음 라인에 클릭하면 [그림 3-7]과 같게 된다.

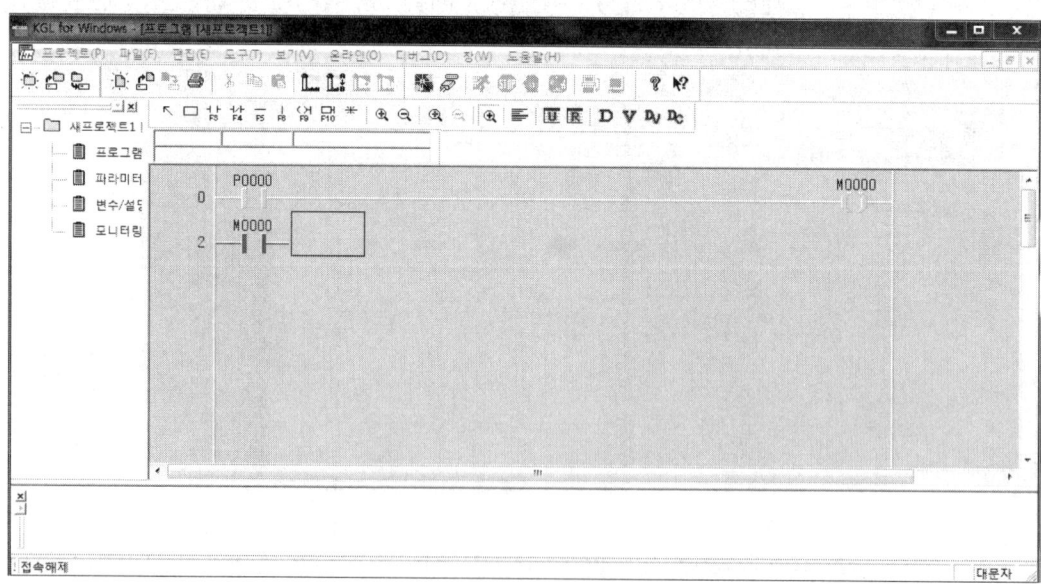

[그림 3-7] 내부릴레이 클릭 후 화면

F5 단축키를 누르든가 F5를 클릭하여 청색 박스를 클릭한다.

Chapter 4　PLC 프로그래밍

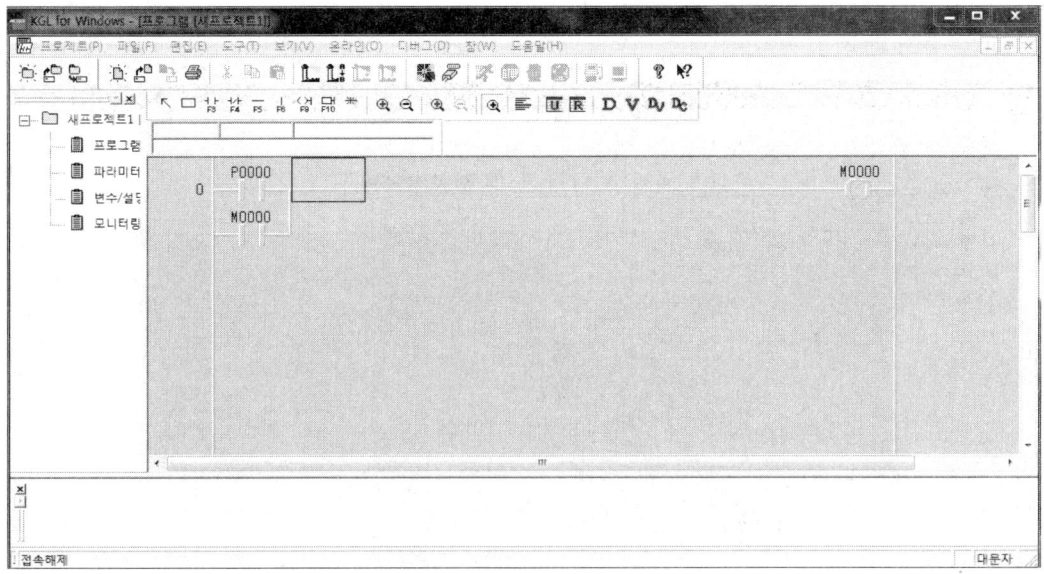

[그림 3-8] 자기유지회로

F4 단축키를 누르든가 F4를 클릭 후 청색 박스를 클릭한다.

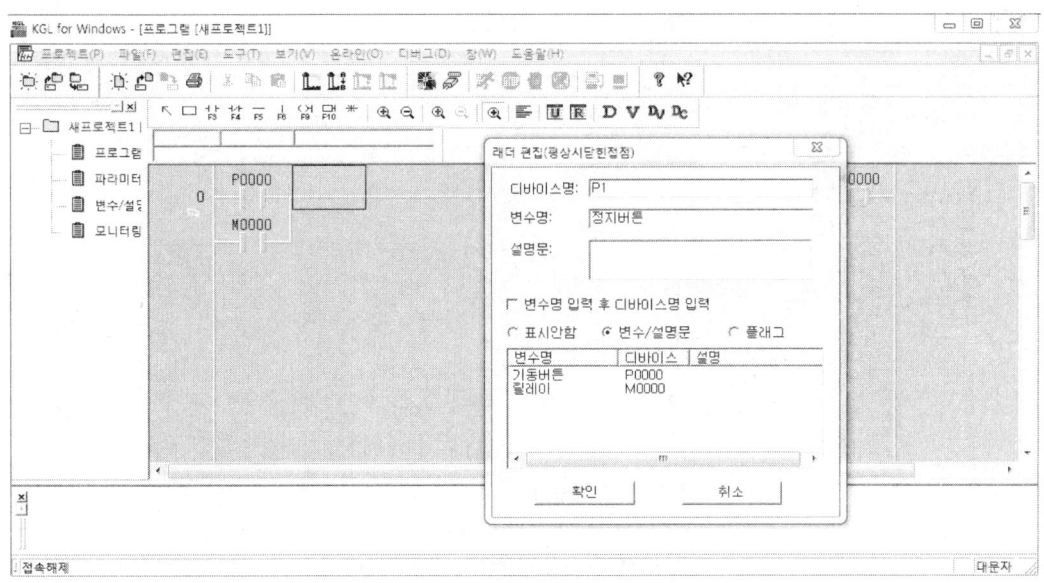

[그림 3-9] 정지버튼 클릭 후 화면

확인버튼을 누르면 [그림 3-10]과 같게 된다.

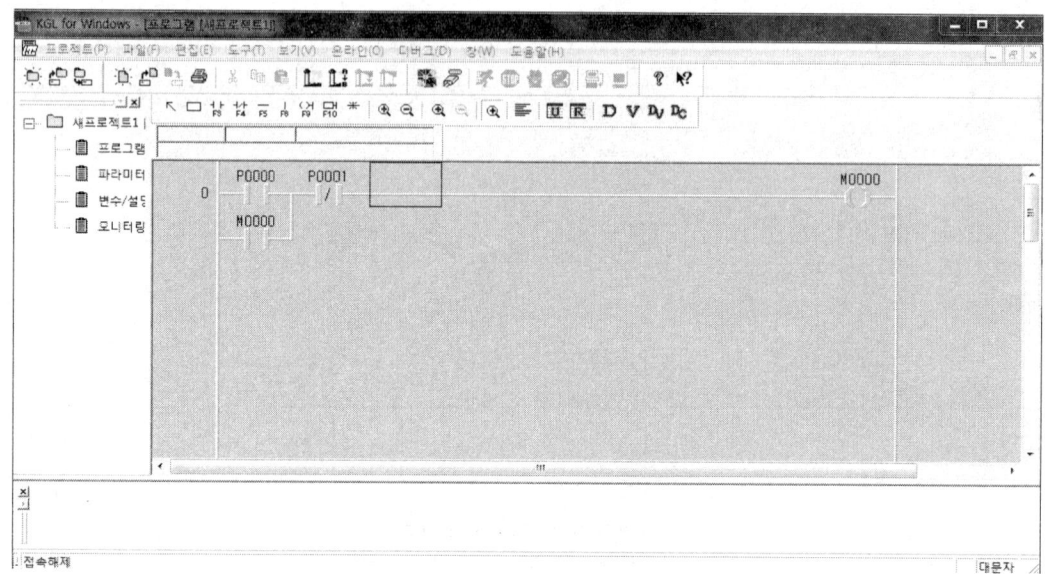

[그림 3-10] 정지버튼 삽입 후 화면

다음은 출력번지수 지정화면이다. [그림 3-11]과 같다.

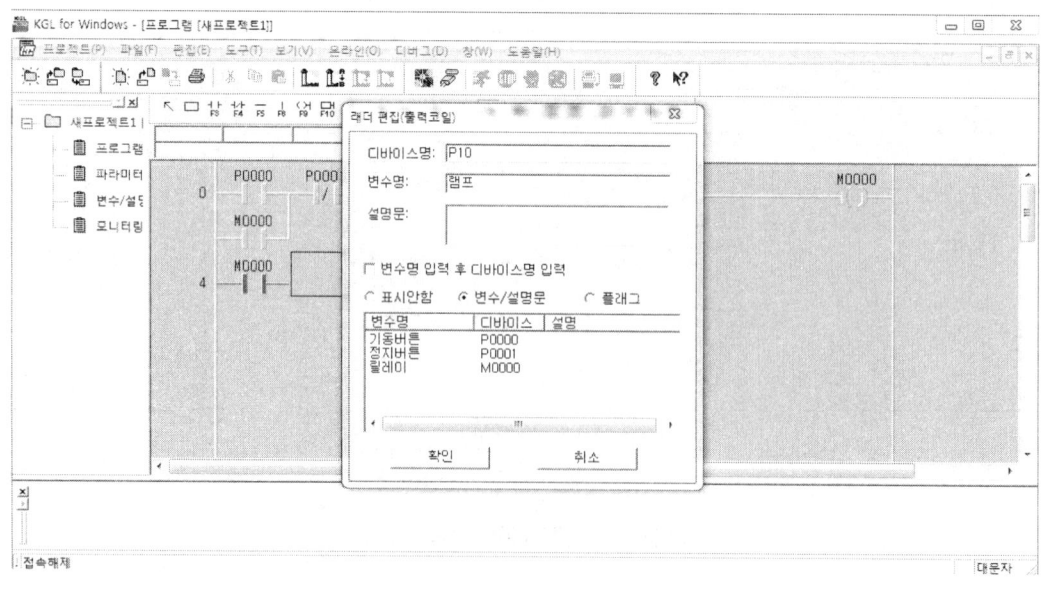

[그림 3-11] 출력번지수 지정

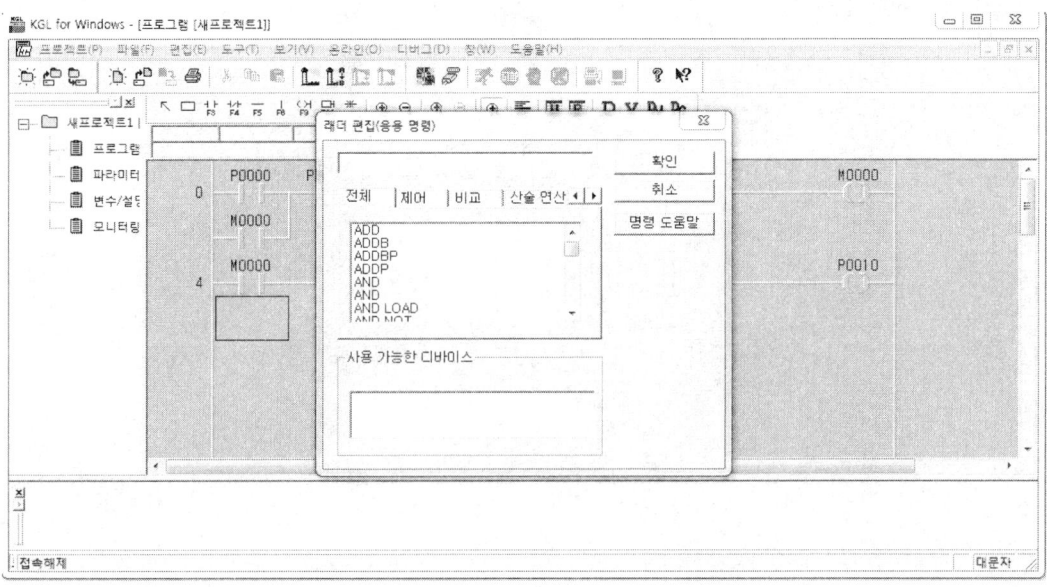

[그림 3-12] 출력번지수 지정 후 화면

마지막으로 단축키 F10을 누르든가, 응용명령 F10을 클릭하면 [그림 3-12]와 같게 된다.

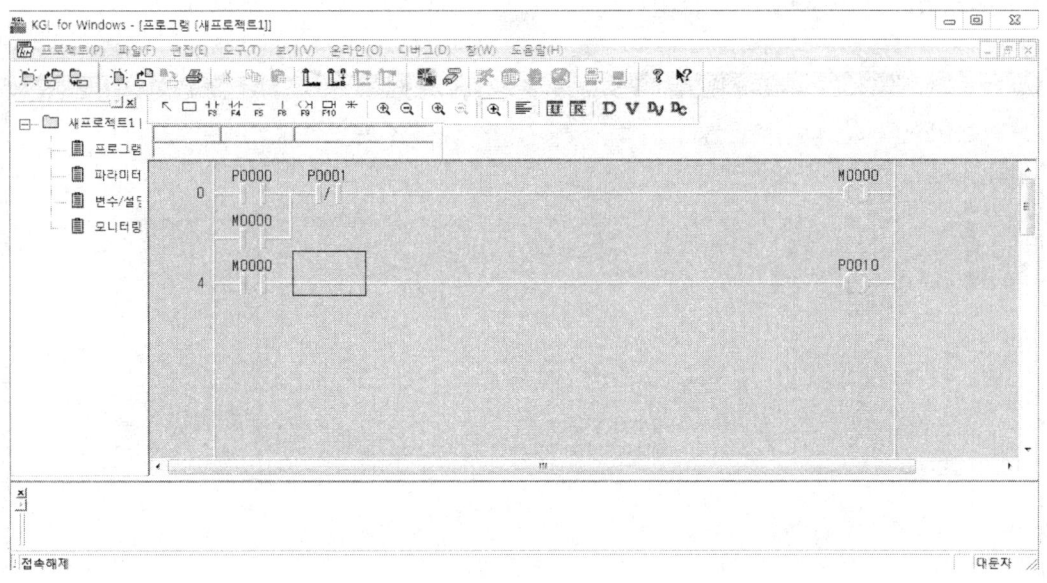

[그림 3-13] 응용명령 아이콘 클릭 후 화면

명령어 입력란에 END라고 기입한 후 확인을 누른다.

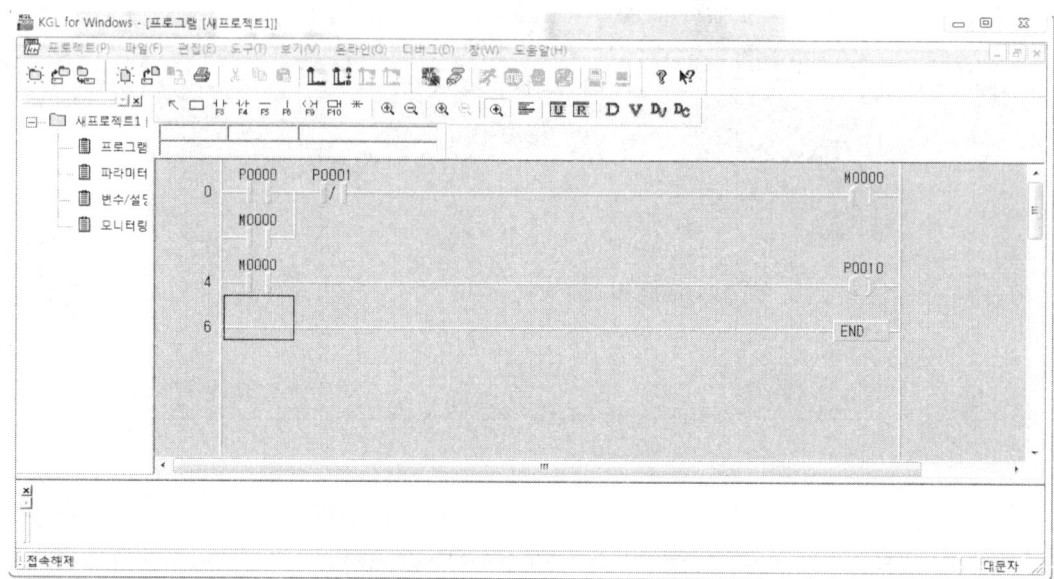

[그림 3-14] 프로그래밍 완성 후 화면

프로그램이 완성됐으면 메뉴에서 프로젝트를 클릭 후 프로젝트 저장을 누른다.

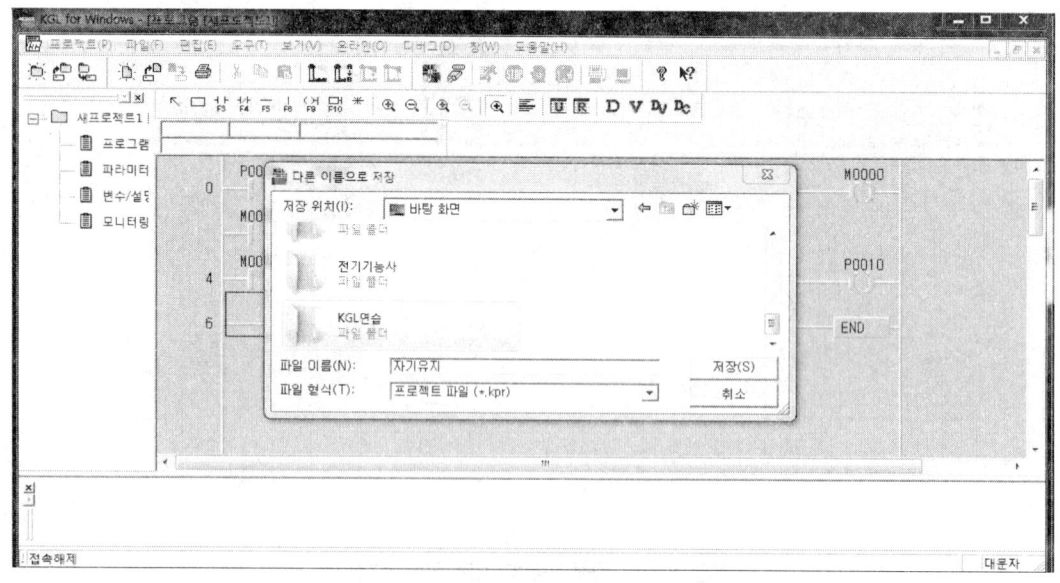

[그림 3-15] 프로젝트 저장

바탕화면에 "KGL연습"이란 폴더를 만들어 파일이름을 자기유지라 하고 "KGL 연습" 폴더를 클릭하여 저장한다.

다음은 완성된 화면[그림 3-16]과 등가 회로이다. 즉, 내부릴레이 대신 출력코일 자체를 릴레이로 사용하는 방법이다.

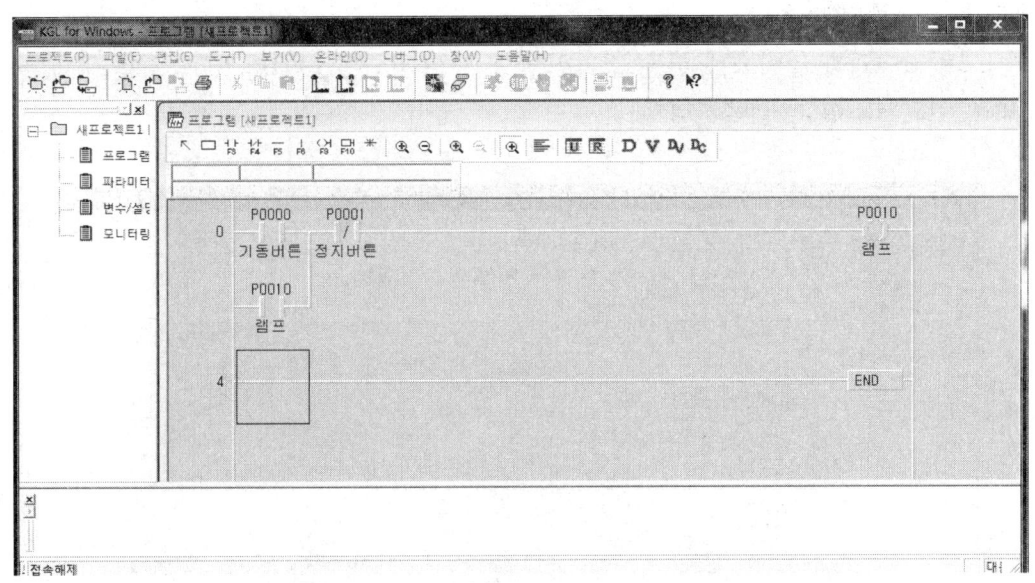

[그림 3-16] 출력코일 자체를 릴레이로 사용한 등가회로

> **TIP**
> 기동버튼, 정지버튼, 램프 등의 글씨를 보려면 메뉴 항목 중 보기를 클릭한 후 디바이스와 변수명을 클릭하면 [그림 3-16]과 같은 화면을 볼 수 있다.

3.2 인터록(inter-lock) 회로

기기 보호, 작업자 보호를 위해 어느 하나의 기기가 동작 중일 때 다른 기기가 동작하지 못하도록 하는 금지회로로, 두 개의 입력 중 선행 동작한 쪽이 동작하고 다른 쪽의 입력에 대해서는 동작을 금지시켜 '선행동작 우선회로', '상대동작 금지회로'라고도 한다.

회로는 [그림 3-17] 인터록 회로와 같다. 노란색 원 안의 대각선이 인터록에 해당된다.

(1) 동작설명

기동버튼 A를 누르면 릴레이 A가 여자되어 자기유지함과 동시에 램프 A가 점등된다. 이때 기동버튼 B를 누르더라도 릴레이 A의 자기유지에 의해 기동버튼 B 아래 있는 릴레이 B가 열려 있으므로 버튼 B를 누르더라도 릴레이 B가 여자되지 않으므로 램프 B가 점등할 수 없다. 램프 B가 점등되기 위해서는 정지버튼을 누른 다음 기동버튼 B를 눌러야만 된다.

[PLC TIP] [그림 3-17]과 같이 기동버튼 정지버튼 등이 표시되게 하려면 KGL 화면의 메뉴 중 "보기"를 클릭 후 "디바이스와 변수명"을 클릭하면 된다.

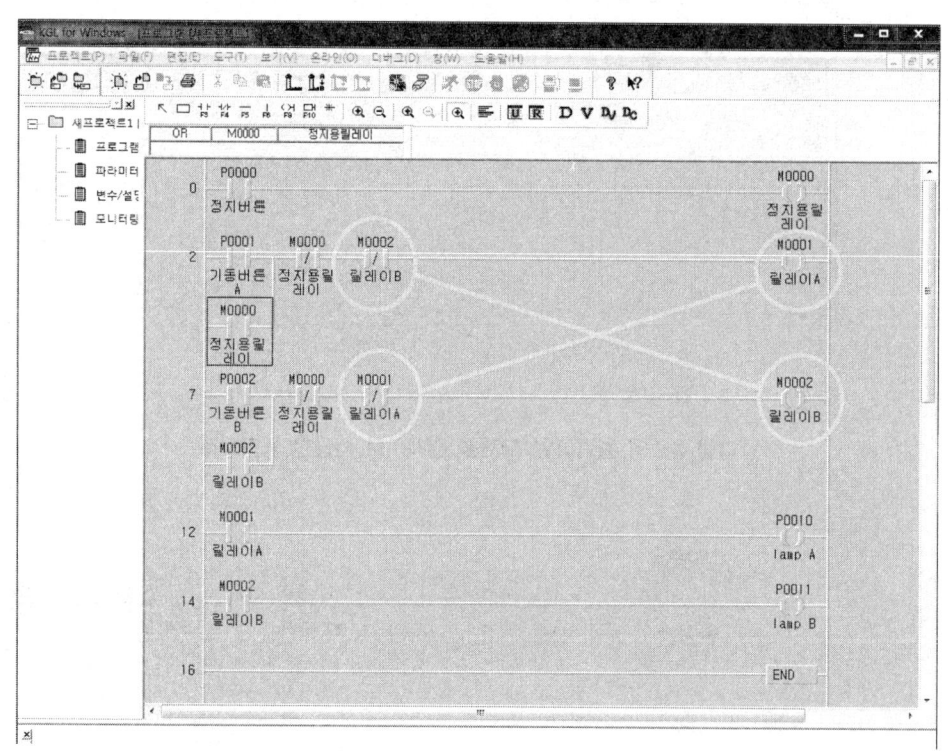

[그림 3-17] 인터록 회로

3.3 AND 회로

입력이 전부 ON일 때 출력이 ON이 되고, 입력 중 하나라도 OFF 상태이면 출력이 나타나지 않는 회로를 'AND 회로'라 한다. 출력인 Lamp는 논리식 L=A×B로 표시한다.

여기서 0은 off, 1은 on

[표 3-1] AND 회로 진리표

입력요소		출력
릴레이 A	릴레이 B	Lamp
0	0	0
0	1	0
1	0	0
1	1	1

(1) 동작설명

① 푸시버튼 A(입력)를 누르면 릴레이 A가 여자되어 자기유지함과 동시에 릴레이 A접점이 ON
② 푸시버튼 B(입력)를 누르면 릴레이 B가 여자되어 자기유지함과 동시에 릴레이 A접점이 ON
③ 릴레이 A의 a접점 폐로, 릴레이 B의 a접점 폐로에 의한 직렬회로에 의해 램프(출력) 점등

(2) PLC TIP >>

중간의 설명(예 : 푸시버튼 A를 누르면....)을 작성하려면 주석을 작성하고자 하는 부분에 마우스 포인터를 가져다 놓고 메뉴 중 "편집"을 누르고 "명령코멘트편집"을 선택한 후 설명문을 작성한다. 설명문은 프로그램 실행에 영향을 주지 않는다.

[그림 3-18] AND 회로 coding 화면

3.4 OR 회로

다수의 입력 중에서 하나의 신호가 입력되면 출력이 발생하는 기능을 가진 회로를 'OR 회로'라 한다. 출력인 Lamp는 논리식 L=A+B로 표시

[표 3-2] OR 회로 진리표

입력요소		출력
릴레이 A	릴레이 B	Lamp
0	0	0
0	1	1
1	0	1
1	1	1

(1) 동작설명

① 푸시버튼 A(입력)를 누르면 릴레이 A가 여자되어 자기유지함과 동시에 릴레이 A접점이 ON
② 릴레이 A의 a접점 폐로에 의해 램프(출력) 점등
③ 정지버튼을 누르면 소등
④ 푸시버튼 B(입력)를 누르면 릴레이 B가 여자되어 자기유지함과 동시에 릴레이 B의 a접점 폐로에 의해 램프(출력) 점등

이와 같이 두 개의 입력 중 하나의 입력이 가해지면 출력이 발생되는 회로가 OR 회로(병렬)이다.

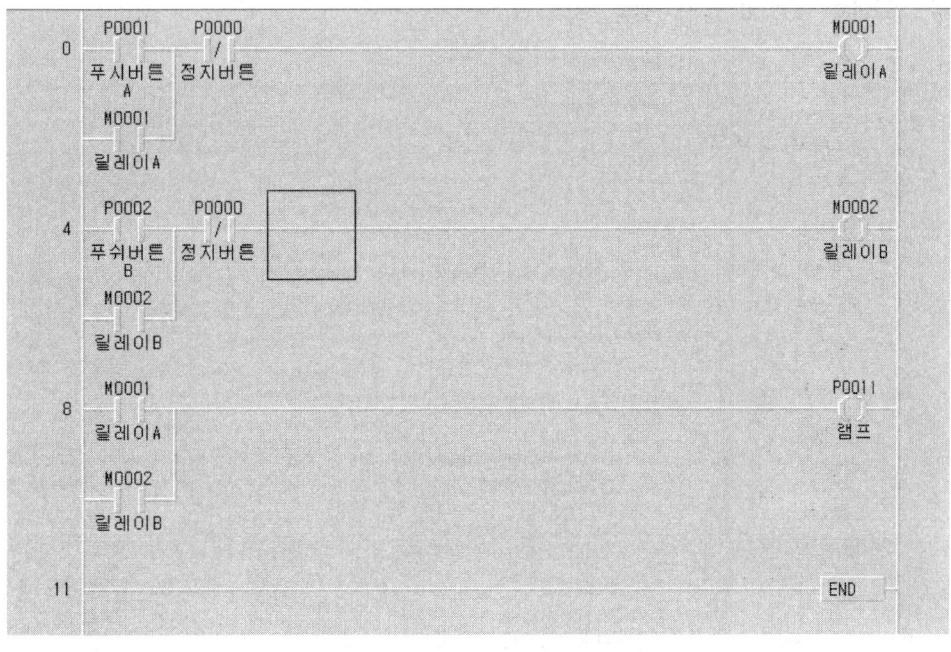

[그림 3-19] OR 회로 coding 화면

3.5 NAND 회로

NAND 회로는 AND 회로의 부정회로이다. 즉 모든 입력이 "ON" 시, 출력이 "OFF"가 되는 회로이다. 드모르간 법칙에 의해 출력인 Lamp는 $L = \overline{A \times B} = \overline{A} + \overline{B}$

[표 3-3] NAND 회로 진리표

입력요소		출력
릴레이 A	릴레이 B	Lamp
0	0	1
0	1	1
1	0	1
1	1	0

(1) 동작설명

[표 3-3]과 같이 릴레이 A와 릴레이 B가 동시에 여자되어 있을 때 릴레이 A, 릴레이 B의 b접점 개로에 의해 램프 소등, 나머지 경우의 수는 램프 점등

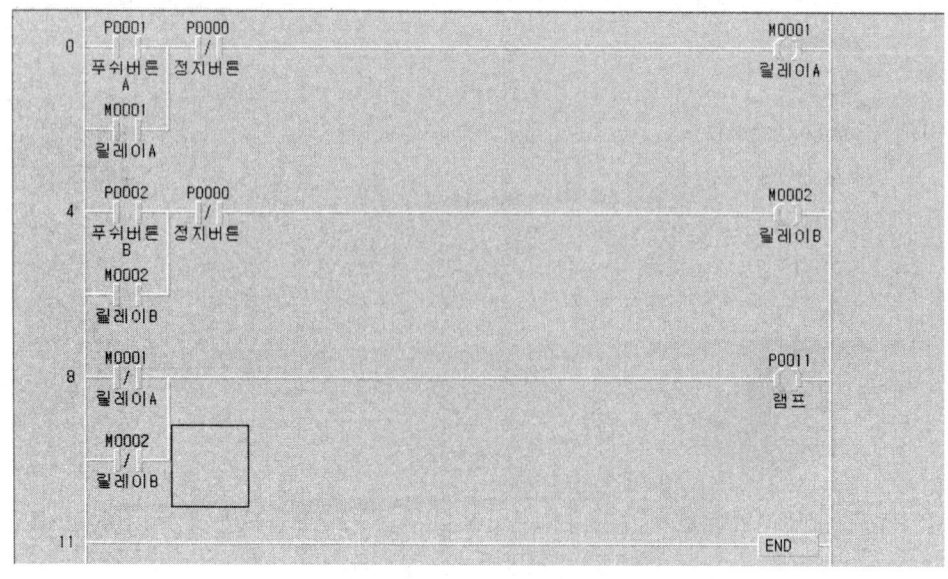

[그림 3-20] NAND 회로 coding 화면

3.6 NOR 회로

NOR 회로는 OR 회로의 부정회로이다. 즉 모든 입력이 "OFF" 시, 출력이 "ON"이 되는 회로이다. 드모르간 법칙에 의해 출력인 Lamp는 $L = \overline{A+B} = \overline{A} \times \overline{B}$

[표 3-4] NOR 회로 진리표

입력요소		출력
릴레이 A	릴레이 B	Lamp
0	0	1
0	1	0
1	0	0
1	1	0

(1) 동작설명

[표 3-4], [그림 3-21]과 같이 릴레이 A와 릴레이 B의 입력이 없을 때 램프가 점등, 나머지 경우의 수는 램프 소등

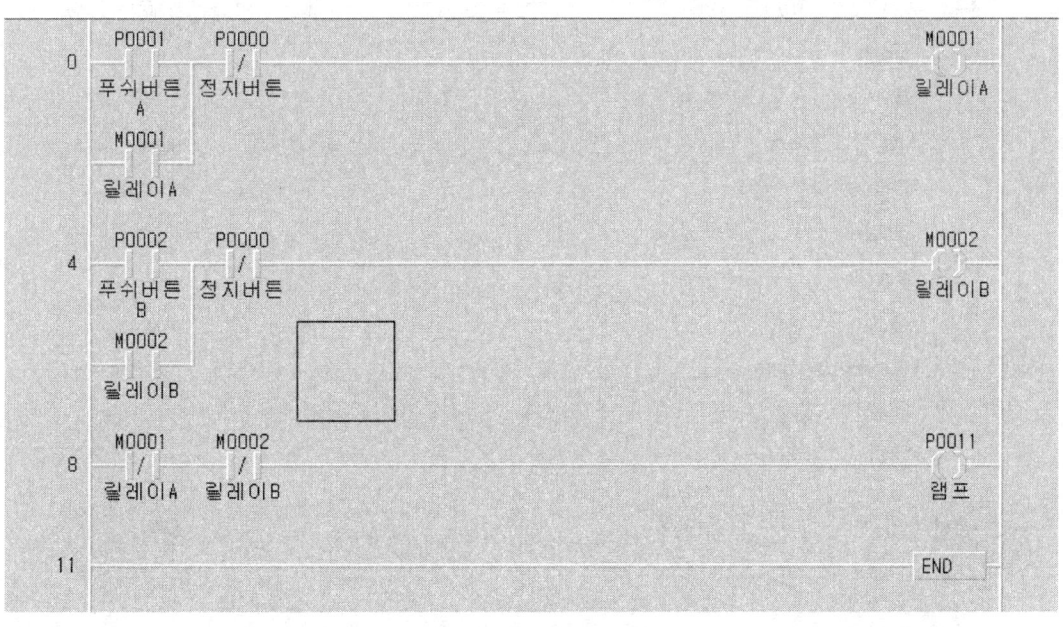

[그림 3-21] NOR 회로 coding 화면

3.7 EX-NOR 회로

EX-NOR 회로는 다수의 입력 중 입력신호가 일치될 때 출력이 나타나는 회로이다.
출력인 Lamp는 논리식에서 $L = \overline{A \oplus B} = \overline{A} \cdot \overline{B} + A \cdot B$

[표 3-5] EX-NOR 회로 진리표

입력요소		출력
릴레이 A	릴레이 B	Lamp
0	0	1
0	1	0
1	0	0
1	1	1

(1) 동작설명

[표 3-5], [그림 3-22]와 같이 릴레이 A와 릴레이 B의 입력이 같을 때 램프가 점등, 나머지 경우의 수는 램프 소등

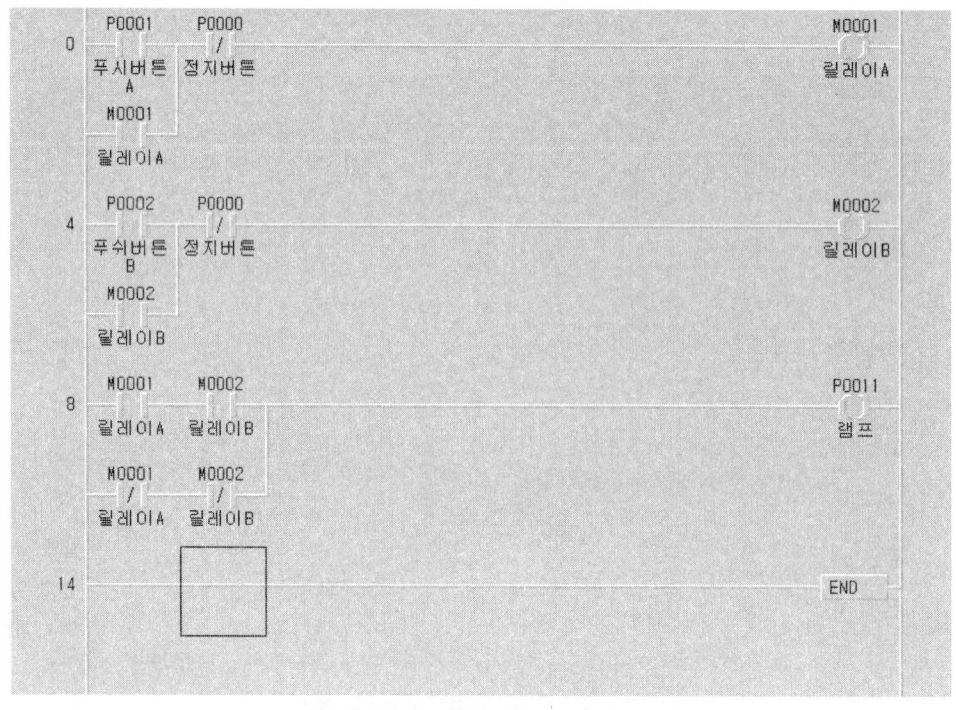

[그림 3-22] EX-NOR 회로 coding 화면

3.8 EX-OR 회로

EX-OR 회로는 다수의 입력 중 입력신호가 불일치될 때 출력이 나타나는 회로이다.
출력인 Lamp는 논리식에서 $L = A \oplus B = \overline{A}B + A\overline{B}$

[표 3-6] EX-OR 회로 진리표

입력요소		출력
릴레이 A	릴레이 B	Lamp
0	0	0
0	1	1
1	0	1
1	1	0

(1) 동작설명

[표 3-6], [그림 3-23]과 같이 릴레이 A와 릴레이 B의 입력이 서로 불일치할 때 램프가 점등, 나머지 경우의 수는 램프 소등

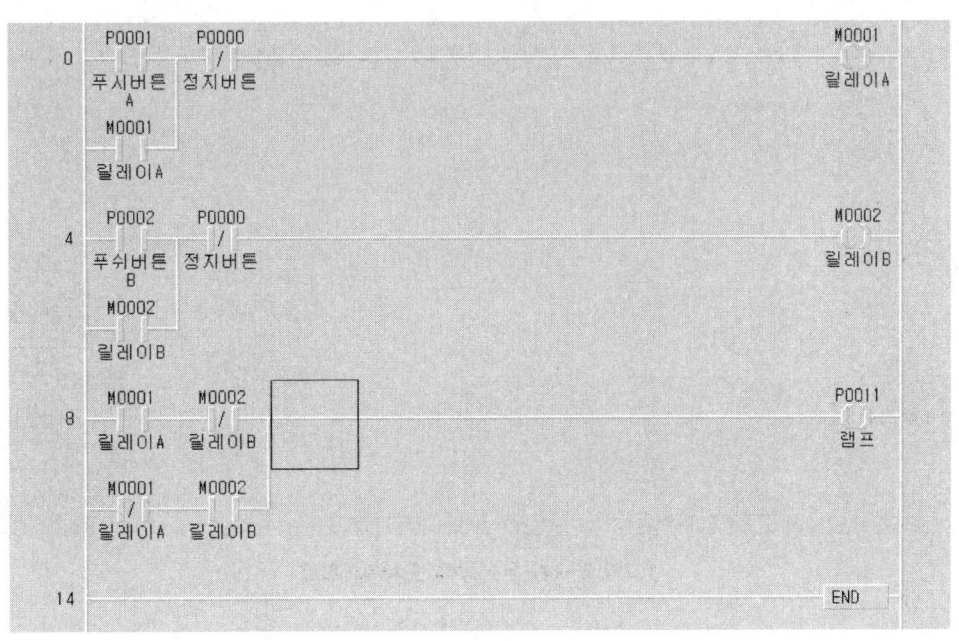

[그림 3-23] EX-OR 회로 coding 화면

3.9 우선 동작 순차 제어회로

[그림 3-24]에서 Lamp A가 점등된 후 Lamp B가 점등될 수 있고 Lamp B는 Lamp A가 동작되지 않은 상태에서는 점등될 수 없다.

Lamp A 우선동작회로이며, Lamp A, Lamp B 순으로 순차동작회로임을 알 수 있다.

(1) 동작설명

푸시버튼 A를 누르면 릴레이 A가 여자되어 자기유지함과 동시에 램프 A가 점등된다.

릴레이 A가 푸시버튼 B 밑에 a접점으로 연결되어 릴레이 A가 여자되지 않고는 푸시버튼 B를 눌러도 램프가 동작하지 않는다.

램프 A가 점등된 후 푸시버튼 B를 누르면 릴레이 B가 여자되어 자기유지함과 동시에 램프 B가 점등된다. 즉, 순서가 정해져 있다.

[그림 3-24] 우선동작 순차제어회로

Chapter 4 PLC 프로그래밍

3.10 신입신호 우선 제어회로

[그림 3-25]에서 기동버튼 1을 누르면 릴레이 1이 여자되어 램프 1이 점등되고, 기동버튼 2를 누르면 누르는 순간만 릴레이 2가 여자되고 릴레이1에 의해 자기유지를 할 수 없다. 즉 먼저 들어온 신호만 동작이 되고 나중 신호는 동작이 될 수 없다.

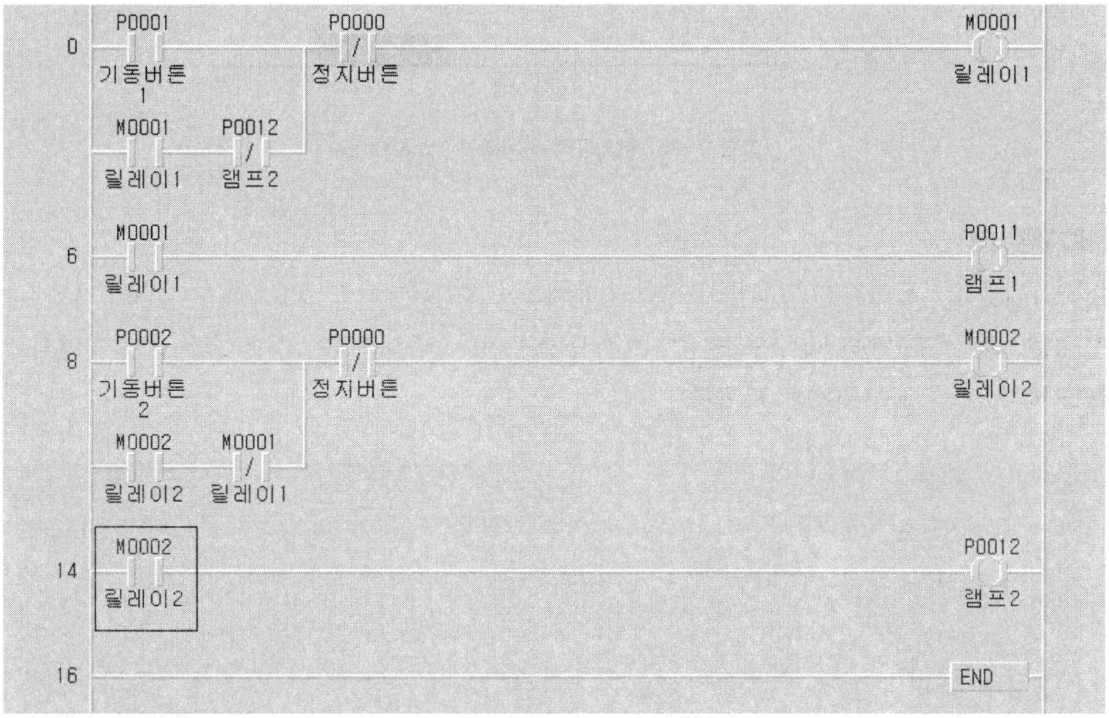

[그림 3-25] 신입신호 우선 제어 회로

3.11 타이머(Timer)

타이머는 전기적, 기계적 입력을 정해진 시한이 경과한 후에 접점이 폐로, 개로하는 것을 의미한다.

(1) 한시동작 순시복귀형(On delay timer) : TON

1) 동작 설명
① 입력조건이 On되는 순간부터 현재치가 증가하여 타이머 설정시간(t)에 도달하면 타이머 접점이 On
② 입력조건이 Off되거나 Reset 명령을 만나면 타이머 출력이 Off되고 현재치는 "0"이 됨.

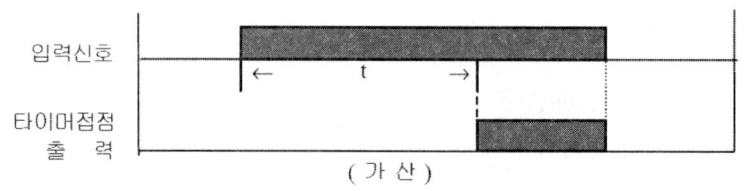

[그림 3-26] 한시동작 순시복귀 Time Chart

2) 프로그램 예

[그림 3-27]에서 기동버튼(P0001)을 누르면 릴레이 1이 자기유지하고, T001이 여자되어 1초 뒤에 (한시)램프 1이 점등, 정지버튼(P000)을 누르면 즉시(순시) 소등된다. 즉, 입력이 주어지면 on이 지연되고, 타이머에 전원이 Off되면 즉시 복귀되는 타이머

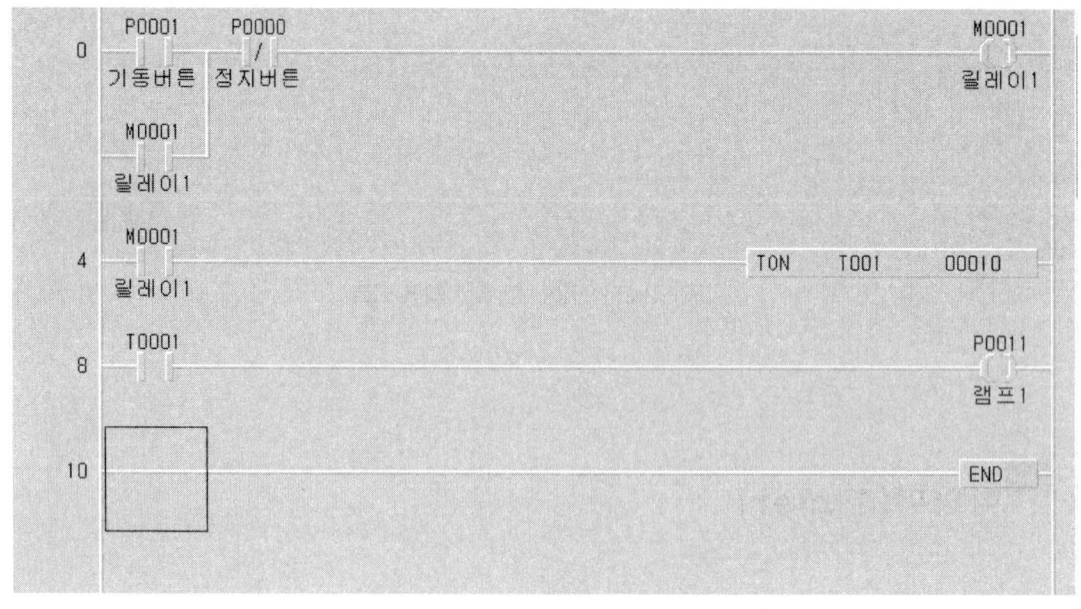

[그림 3-27] TON 프로그램 예

Chapter 4 PLC 프로그래밍

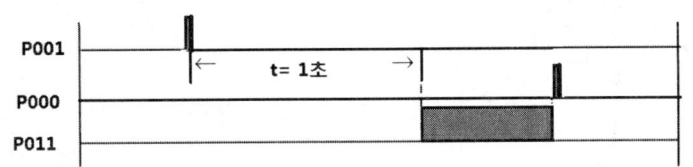

[그림 3-28] TON 프로그램의 Time Chart

(2) 순시동작 한시복귀형(Off delay timer)

1) 동작 설명

① 입력신호가 On 상태이면 타이머 출력은 즉시 On이 되며 입력신호가 Off되면 설정시간 이후 출력이 Off

② Reset 명령을 만나면 타이머 출력은 Off되고 현재치는 "0"이 됨

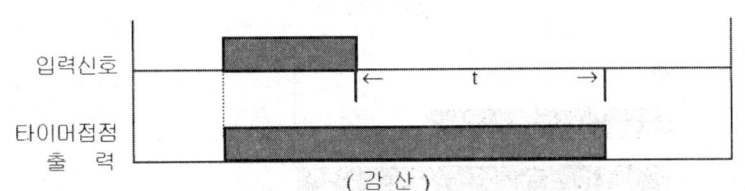

[그림 3-29] 순시동작 한시복귀 Time Chart

2) 프로그램 예

[그림 3-30]에서 기동버튼(P0001)을 누르면 릴레이 1이 자기유지하고, T001이 여자되어 즉시(순시) 램프 1이 점등, 정지버튼(P000)을 누르면 1초 후에(한시) 소등된다. 즉, 입력이 주어지면 출력이 즉시 On되고, 타이머에 전원이 Off되면 설정시간 이후 출력이 Off되는 타이머

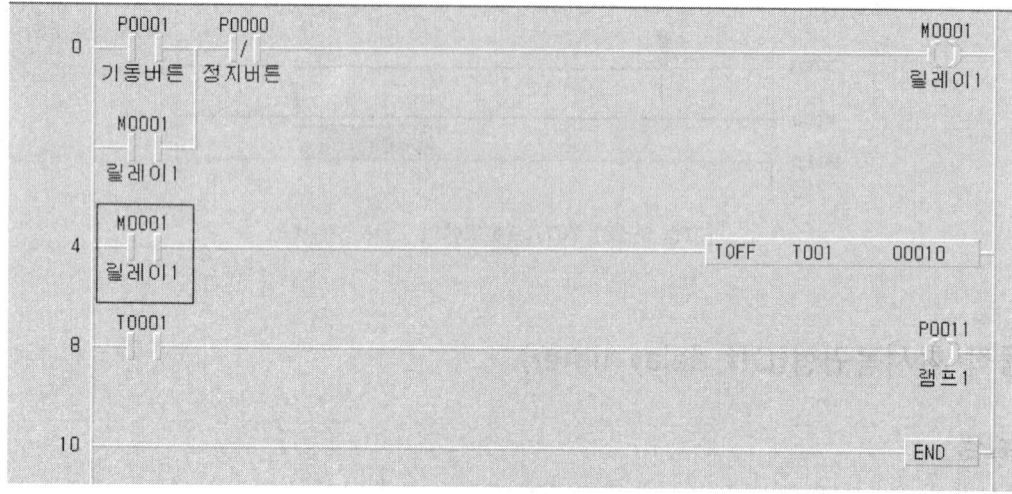

[그림 3-30] TOFF 프로그램 예

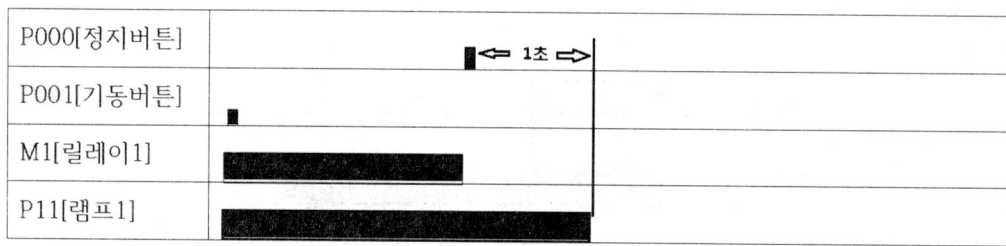

[그림 3-31] TOFF 프로그램 Time Chart

Section 04. MASTER-K 기본 프로그래밍

4.1 한시기동정지 반복 동작회로

(1) 시퀀스도

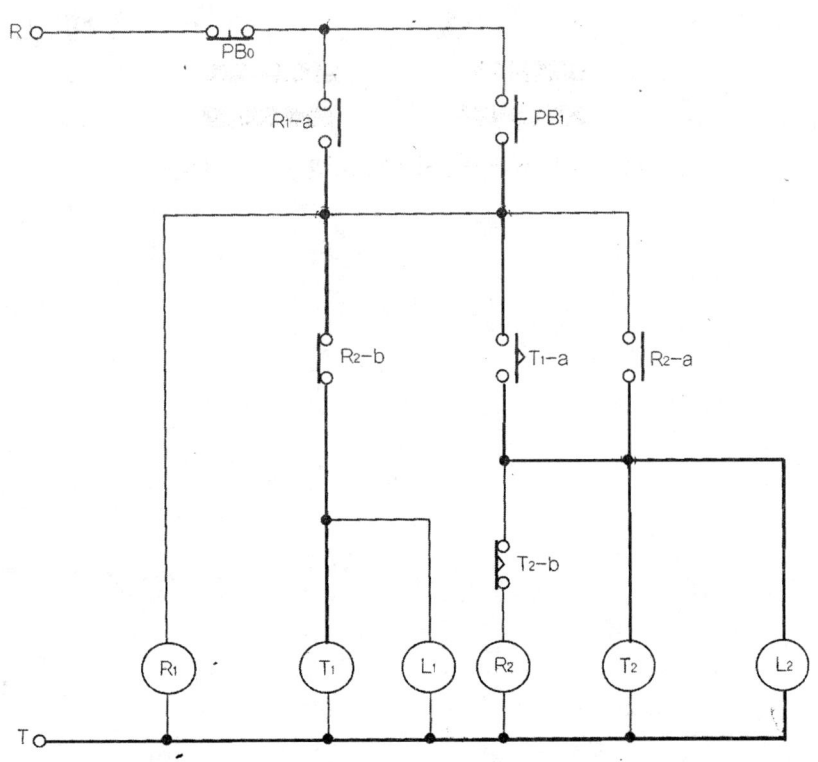

[그림 4-1] 한시기동정지 반복동작회로 Sequence도

(2) 동작 설명

① [그림 4-1]에서 푸시버튼 1을 누르면 R_1에 의해 자기유지되고, 램프 1 점등과 동시에 T_1 여자, T_1초 후 한시접점 T_1-a에 의하여 R_2 여자에 의해 R_2-a에 의해 자기유지함과 동시에 R_2-b에 의해 T_1 소자, L_1 소등, L_2 점등

② T_2초 후 한시 T_2-b 접점에 의해 R_2 소자, T_1 여자, L_1 점등, T_2 소자, L_2 소등

③ ①과정과 ②과정을 반복

④ 정지버튼을 누르면 초기상태로 복원

(3) 타임차트

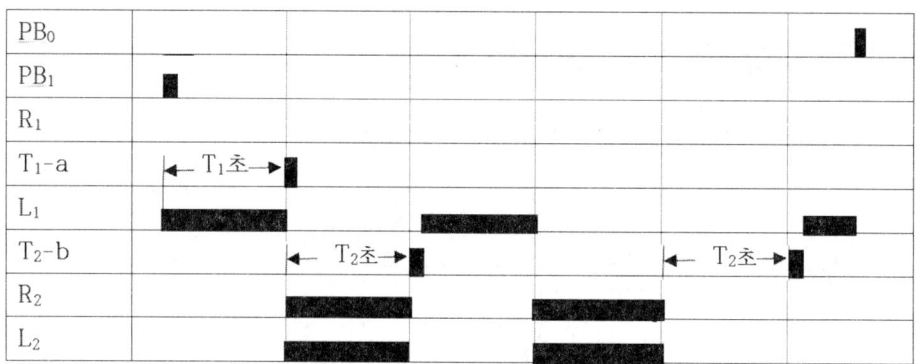

[그림 4-2] 한시기동정지 반복동작회로 Time Chart

(4) PLC 프로그래밍 I

1) 프로그램

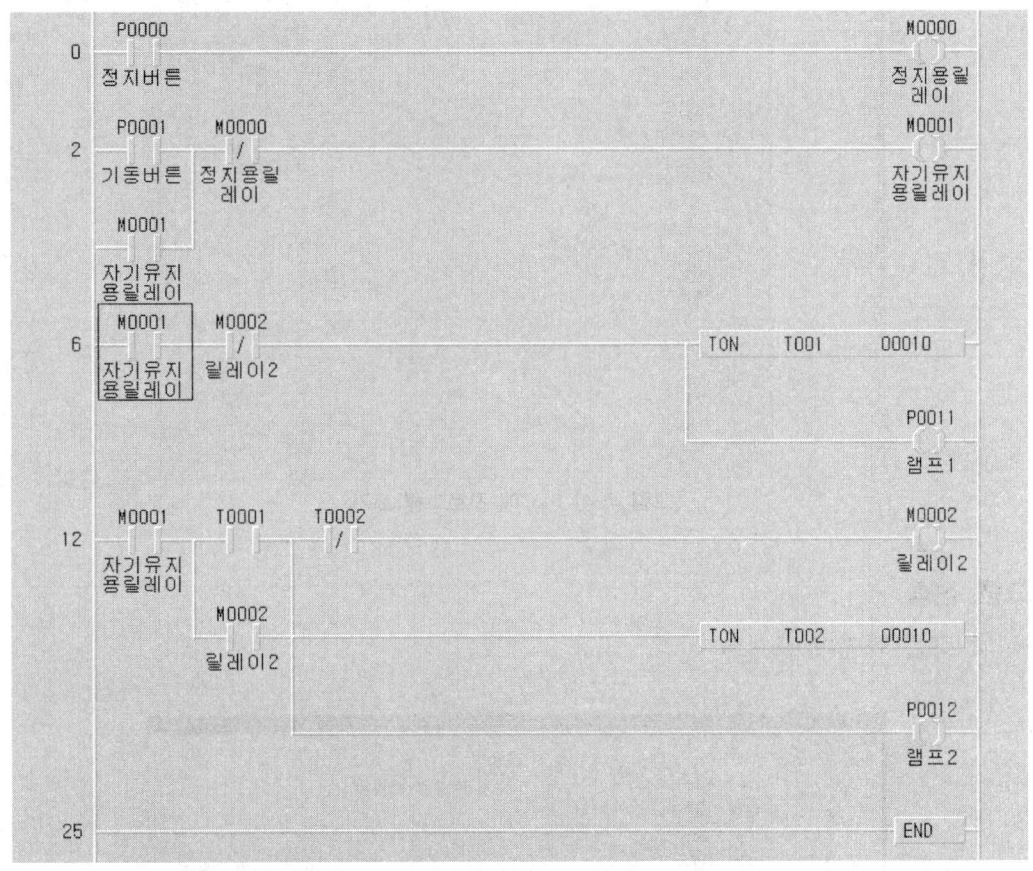

[그림 4-3] 한시기동정지 반복동작회로 프로그래밍

2) PLC에 쓰기

[그림 4-4]와 같이 프로그램을 작성 후 입력회로가 완성된(그림 4-4 참조) PLC와 통신케이블을 연결 후 PLC에 전원을 켠 상태에서 프로그램의 메뉴 중 온라인을 클릭하면 화면과 같게 된다. 화면 중 "접속+쓰기+런+모니터시작"을 클릭한다.

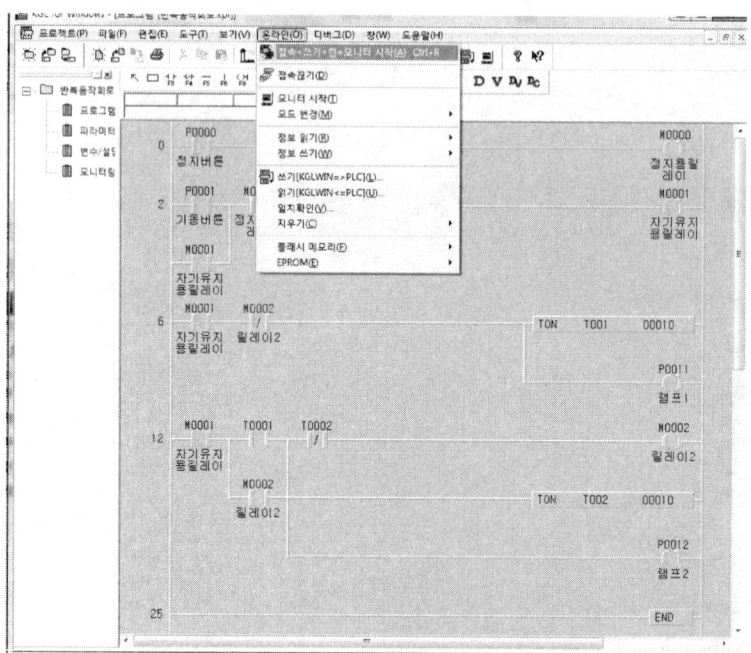

[그림 4-4] PLC에 프로그램 쓰기

3) 프로그램 전송

[그림 4-5]와 같은 화면이 표시된다.

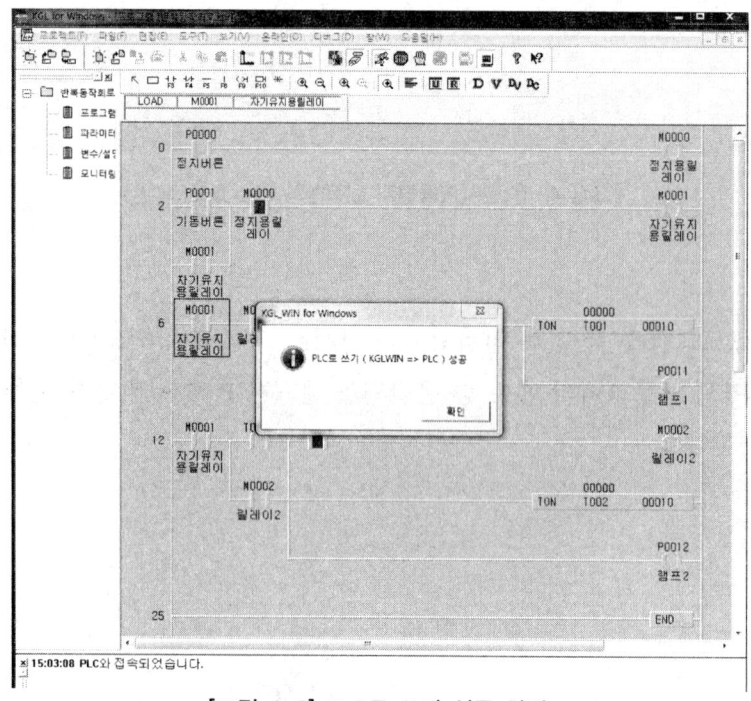

[그림 4-5] PLC로 쓰기 성공 화면

4) PLC 모니터링

PLC의 입력회로를 완성 후 P001번지를 누르면 [그림 4-6]과 같이 동작하는 번지수는 청색으로 표시된다. 즉, 원거리에서도 프로그램으로 현장의 동작사항을 모니터링할 수 있다.

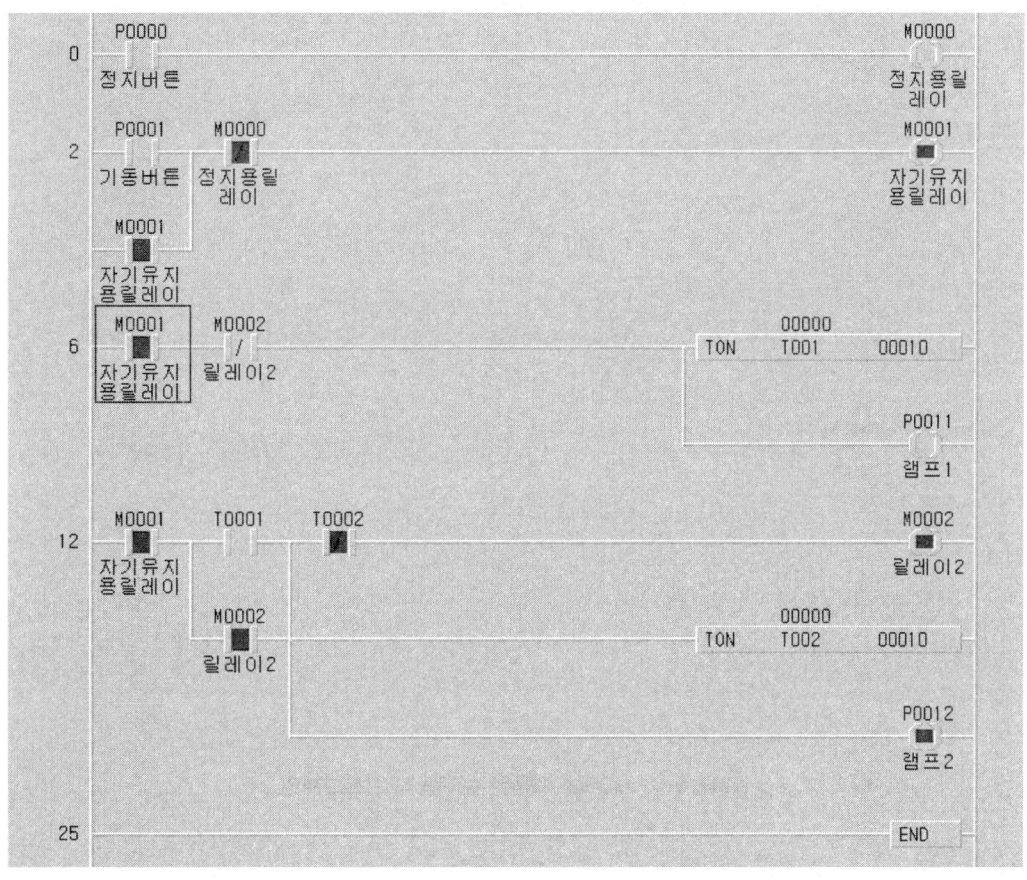

[그림 4-6] PLC 모니터링

(5) PLC 프로그래밍 II

1) Master Control Set

① MCS, MCSCLR

㉠ MCS 입력조건이 On되면 MCS 번호와 동일한 MCSCLR까지 실행하고 입력조건이 Off되면 실행되지 않는다.

㉡ 우선순위는 MCS 번호 0이 가장 높고 7이 가장 낮으므로 우선순위가 높은 순으로 사용하고 해제는 그 역순으로 한다.

㉢ MCSCLR 명령어로 해제한다.

2) 프로그래밍

PB-OFF를 편리하게 하기 위해 [그림 4-7]과 같이 프로그래밍한다.

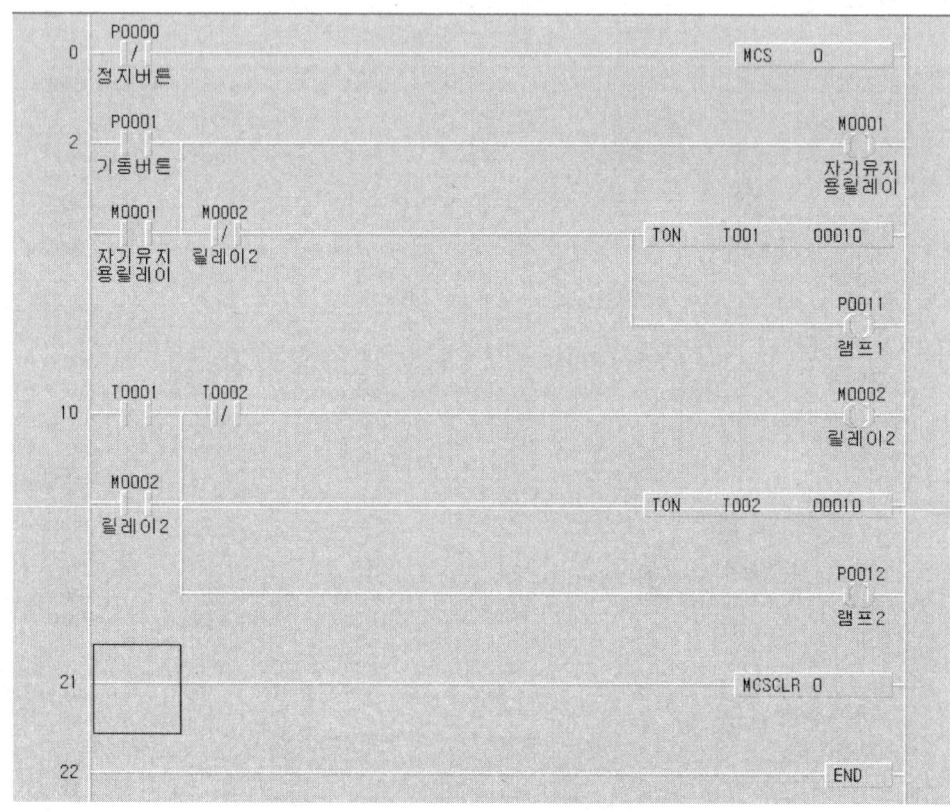

[그림 4-7] MCS를 이용한 반복동작 프로그래밍

(6) PLC 프로그래밍 Ⅲ

1) SET, RESET

① SET : 입력조건이 On되면 지정한 출력 접점을 On 상태로 유지시켜 입력이 Off 되어도 출력이 On 상태를 유지

② RST : SET 상태의 지정출력을 Off 상태로 유지

2) 프로그램 예

① P000이 On되었을때만 출력 P010은 On

② P000을 눌렀다 놓아도 출력 P011은 On

③ P001을 On하면 RST 명령에 의해 출력 P011은 Off

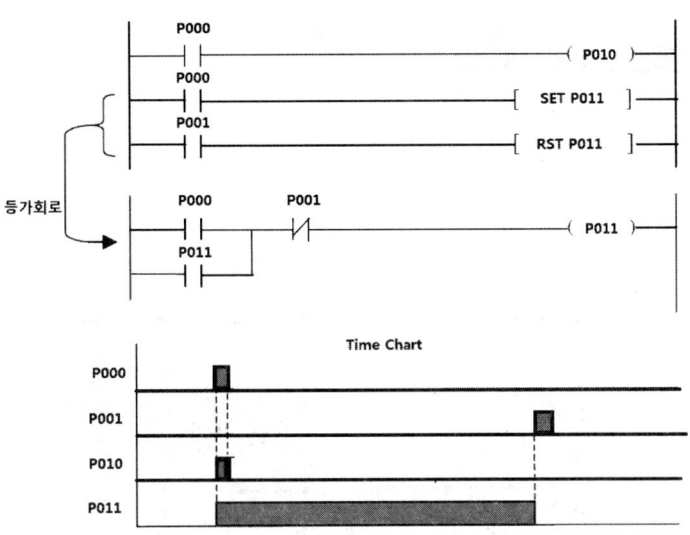

[그림 4-8] SET, RST 타임차트

3) SET, RST를 이용한 한시기동정지 반복동작회로

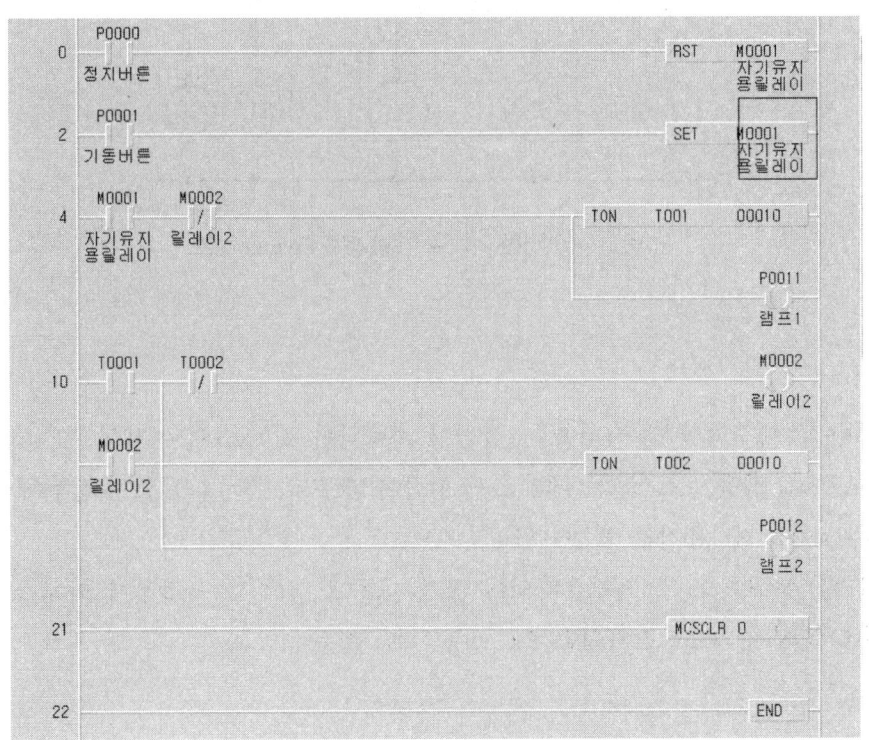

[그림 4-9] SET, RST 프로그래밍

4.2 One-Button 회로

(1) Sequence도

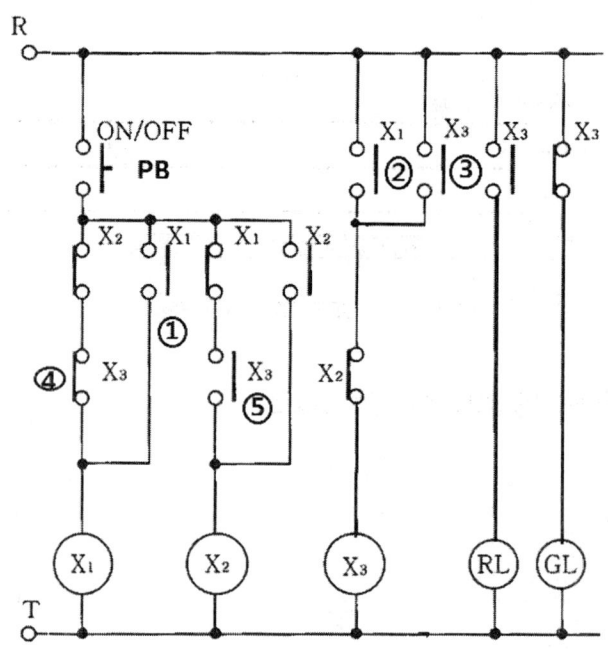

[그림 4-10] 버튼 하나로 기동 정지 Sequence도

(2) 동작설명

① PB를 누르면 X_1 여자에 의해 ②의 X_1-a접점이 폐로되어 X_3 Coil이 여자되고 ③의 X_3-a접점에 의해 자기유지하고 RL 점등, GL 소등 ④의 X_3-b접점이 개로되지만 ①의 X_1-a접점에 의해 PB를 누르는 동안은 X_1 Coil이 자기유지를 할 수 있다.

② 한번 더 PB를 누르면 X_3가 자기유지되어 있기 때문에 ⑤의 X_3-a접점에 의해 X_2 Coil이 여자되어 X_2-b접점에 의해 X_3 Coil 소자되고 RL 소등, GL 점등

(3) 타임차트

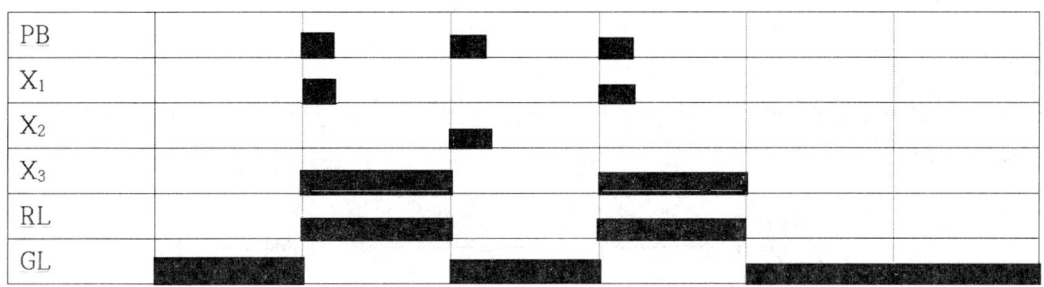

[그림 4-11] One Button 회로 Time Chart

(4) PLC 프로그래밍 I

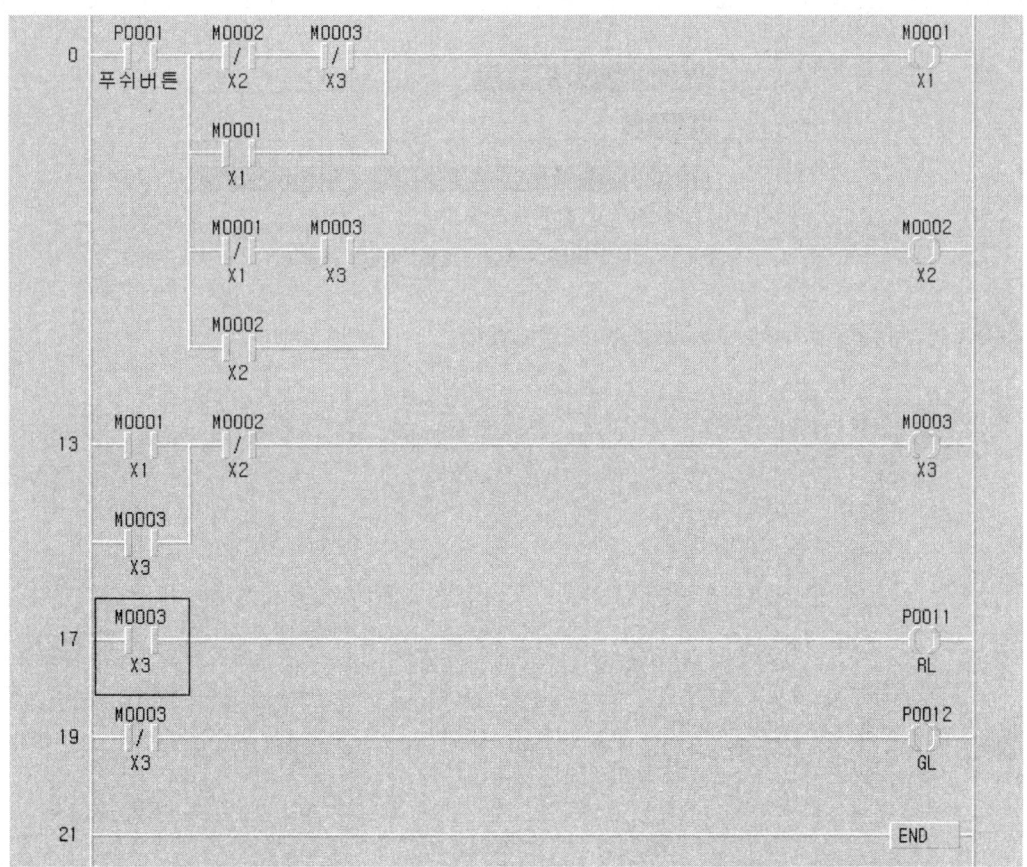

[그림 4-12] One Button 회로 PLC 프로그래밍1

(5) PLC 프로그래밍 II

- 펄스출력명령(D, D NOT)

1) D 명령어

① 동작설명 : 입력조건이 Off 상태에서 On 상태로 변할 때(누르는 순간) 지정 접점을 1 Scan On하고 그 외에는 Off

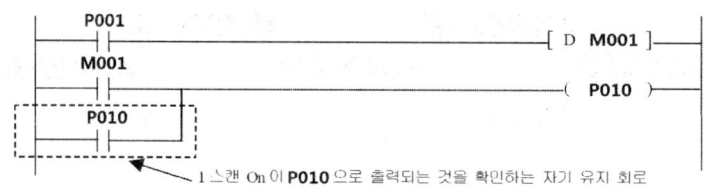

[그림 4-13] D 명령어 프로그래밍 예

② 타임차트

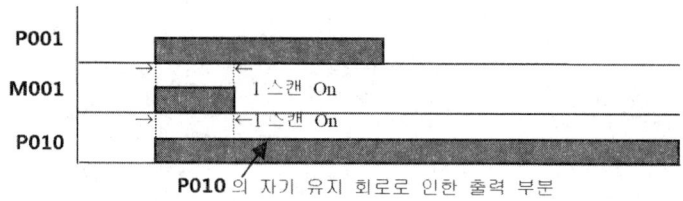

[그림 4-14] D 명령어 프로그래밍 Time Chart

③ D 명령어를 이용한 One Button 회로 프로그래밍

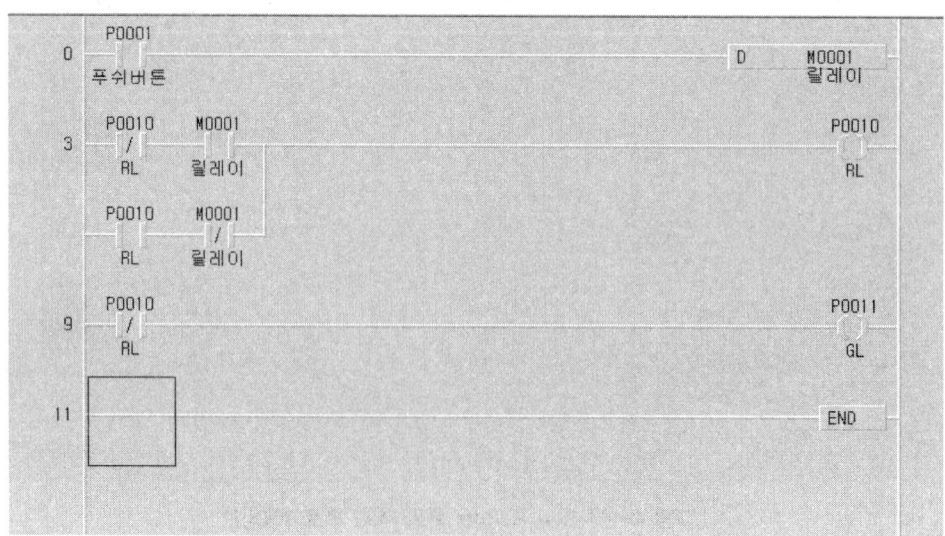

[그림 4-15] D명령어를 이용한 One Button 회로 Coding

2) D NOT 명령어

① 동작 설명 : 입력조건이 On 상태에서 Off 상태로 될 때(눌렀다 놓으면) 지정 접점을 1 Scan On하고 그 외에는 Off

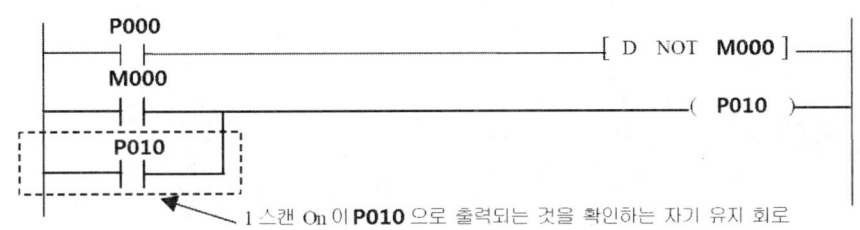

[그림 4-16] D NOT 명령어 프로그래밍 예

② 타임차트

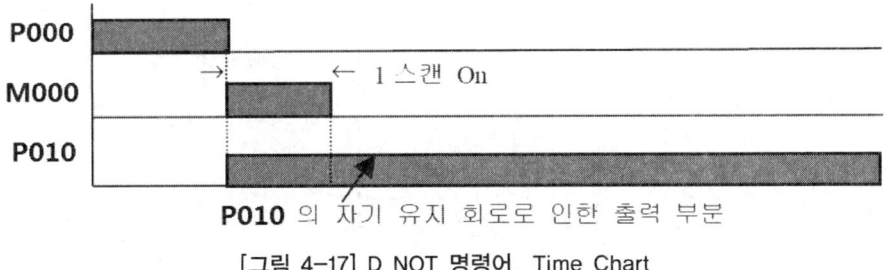

[그림 4-17] D NOT 명령어 Time Chart

4.3 순차제어회로

(1) 시퀀스도

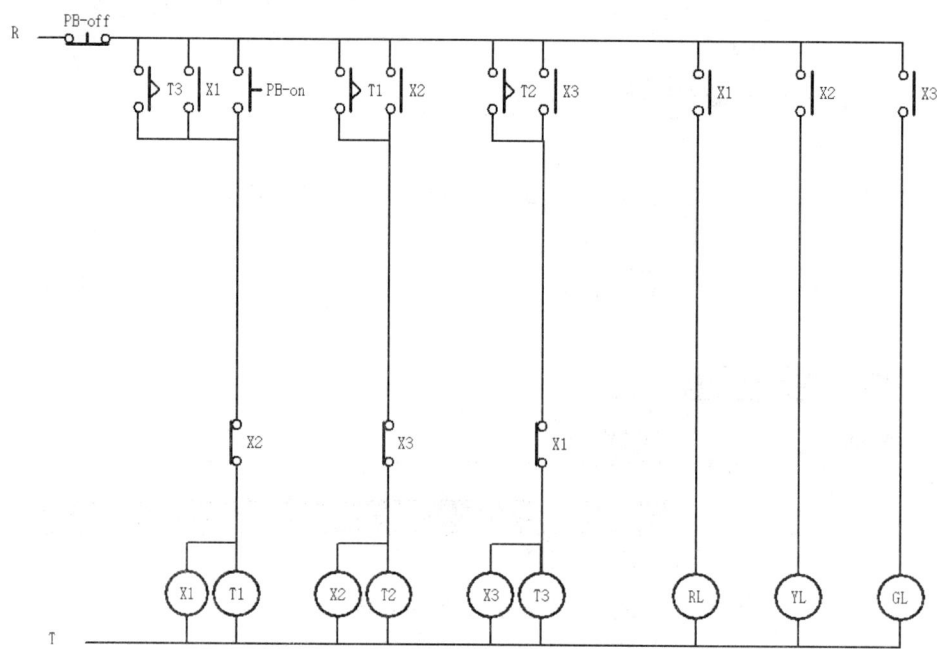

[그림 4-18] 순차제어회로 Sequence도

(2) 동작설명

① PB-On 버튼을 누르면 X_1이 여자되어 자기유지함과 동시에 X_1-a접점에 의해 RL점등

② t_1초 후 한시 T_1-a접점에 의해 X_2가 자기유지함과 동시에 X_2-b접점에 의해 X_1이 소자되고 RL 소등, YL 점등

③ t_2초 후 한시 T_2-a접점에 의해 X_3이 자기유지함과 동시에 X_3-b접점에 의해 X_2가 소자되고 YL 소등, GL 점등

④ t_3초 후 한시 T_3-a접점에 의해 X_1이 자기유지함과 동시에 X_1-b접점에 의해 X_3이 소자되고 GL 소등, RL 점등

(3) 타임차트

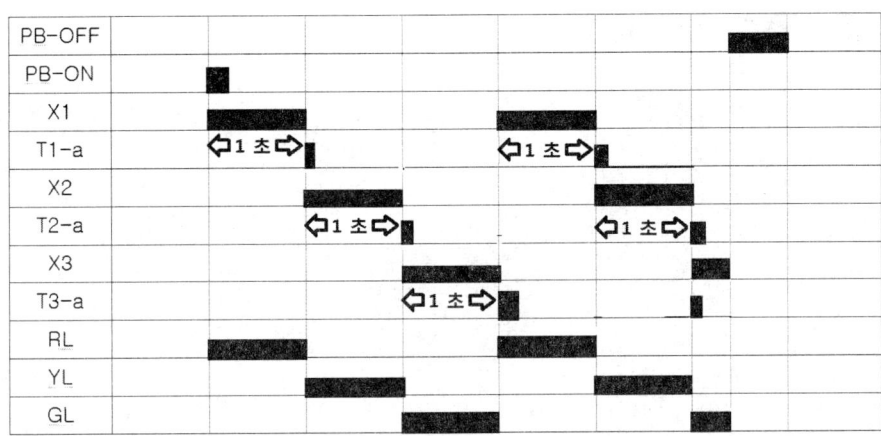

[그림 4-19] 순차제어회로 Time Chart

(4) PLC 프로그래밍 I

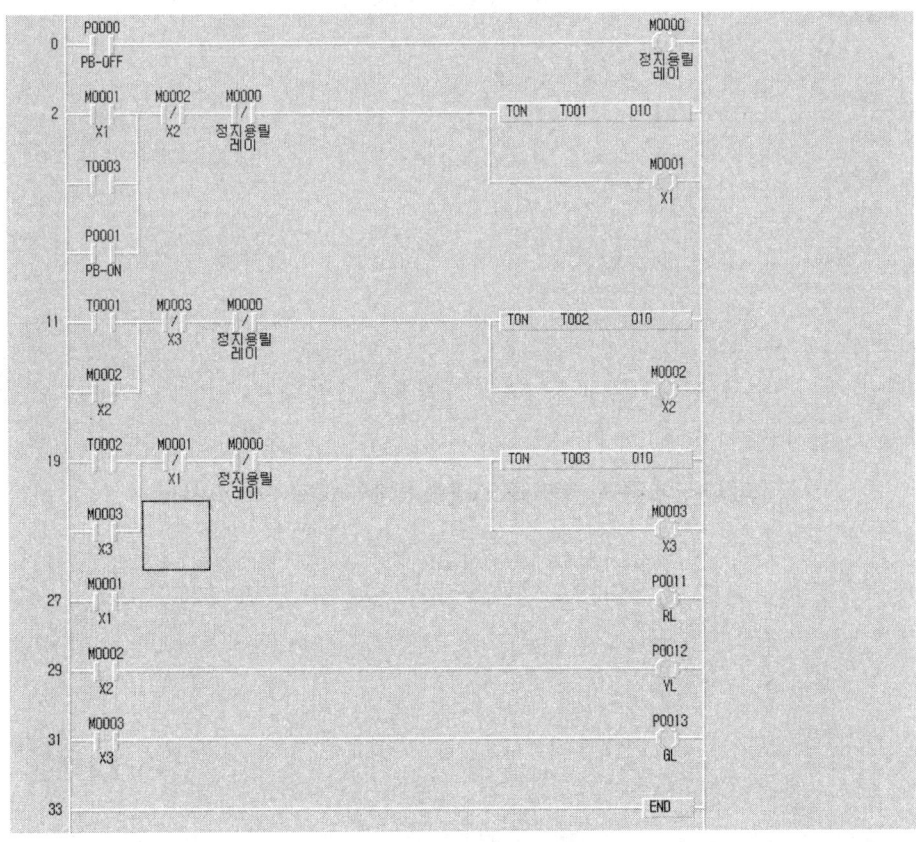

[그림 4-20] 순차제어회로 PLC Coding

(5) PLC 프로그래밍 II

1) MCS 명령어를 사용한 프로그래밍

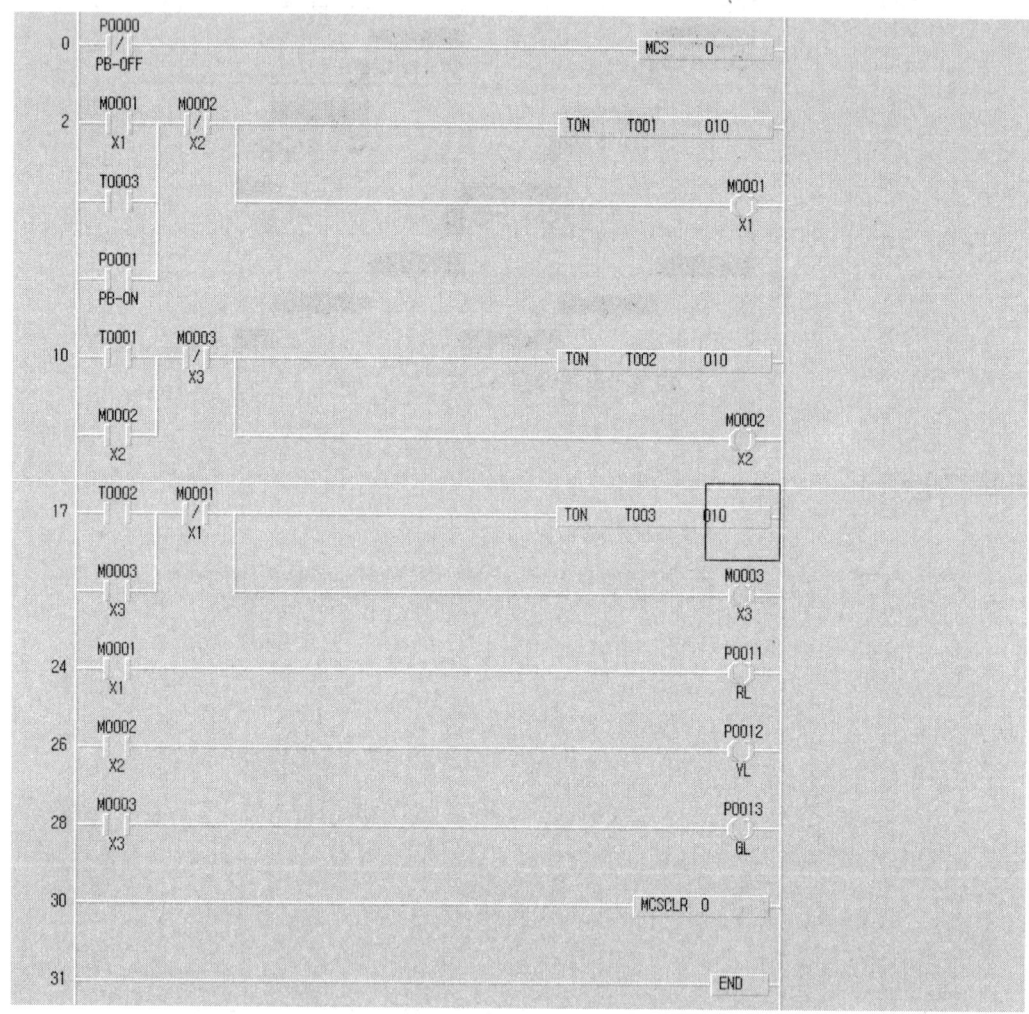

[그림 4-21] MCS 명령어를 이용한 순차제어회로 PLC Coding

(6) PLC 프로그래밍 III

1) SET, RST를 이용한 순차제어회로 프로그래밍

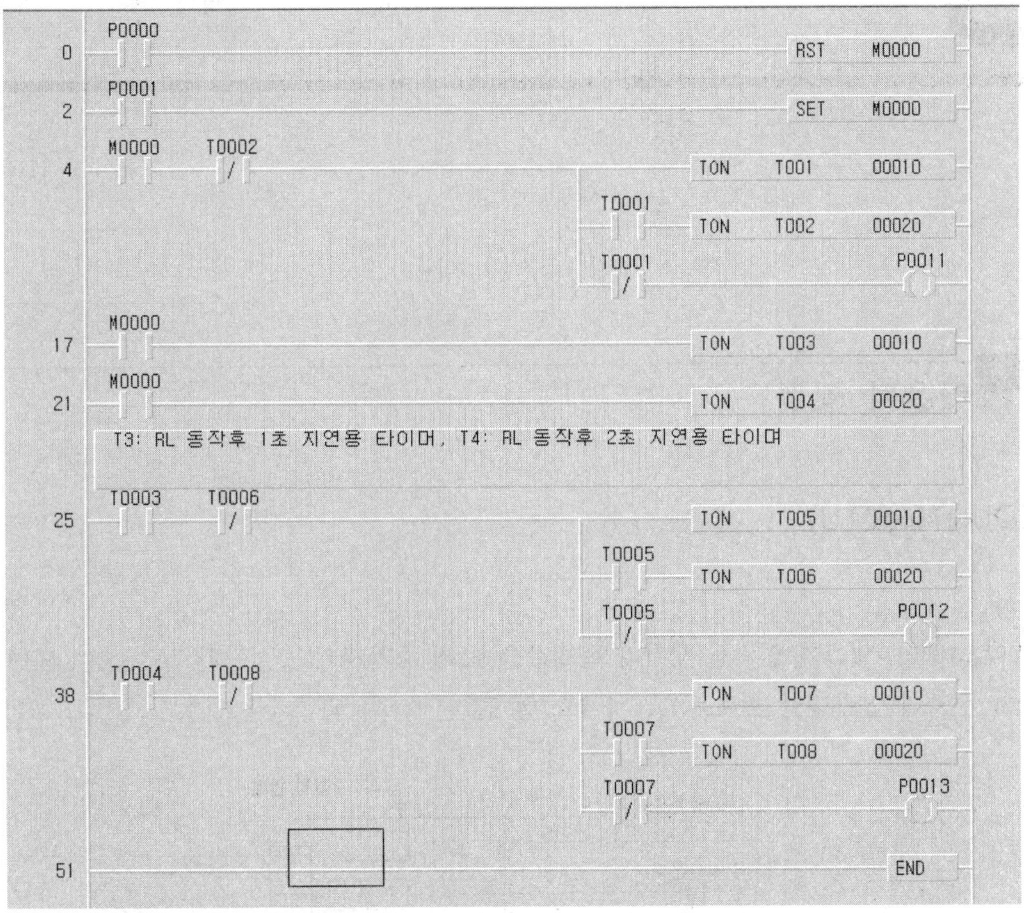

[그림 4-22] SET, RST 명령어를 이용한 순차제어회로 PLC Coding

Section 05 MASTER-K 응용 프로그래밍

5.1 카운터 명령

(1) UP COUNTER(CTU)

1) 기능
① 포지티브(0→1) 펄스가 입력될 때마다 현재값을 +1씩 증가시키고 설정한 값 이상이 되면 출력을 ON
② Reset 신호가 입력되면 출력을 Off시키고 현재값은 "0"이 됨

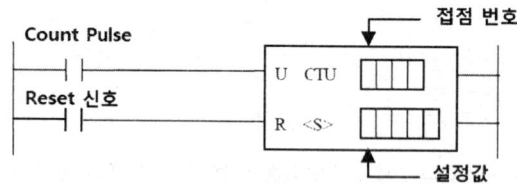

[그림 5-1] CTU 명령어 Coding 방법

2) Time Chart

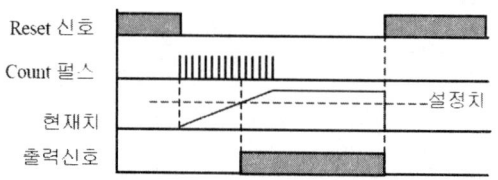

[그림 5-2] CTU 명령어 Time Chart

3) CTU 프로그램 예제

① 응용명령어 단축키 F10을 눌러 [그림 5-3]처럼 입력한다.
② "CTU C001 5"란 업카운터 번지수 C1 카운터가 입상펄스 5회가 되면 On한다는 의미

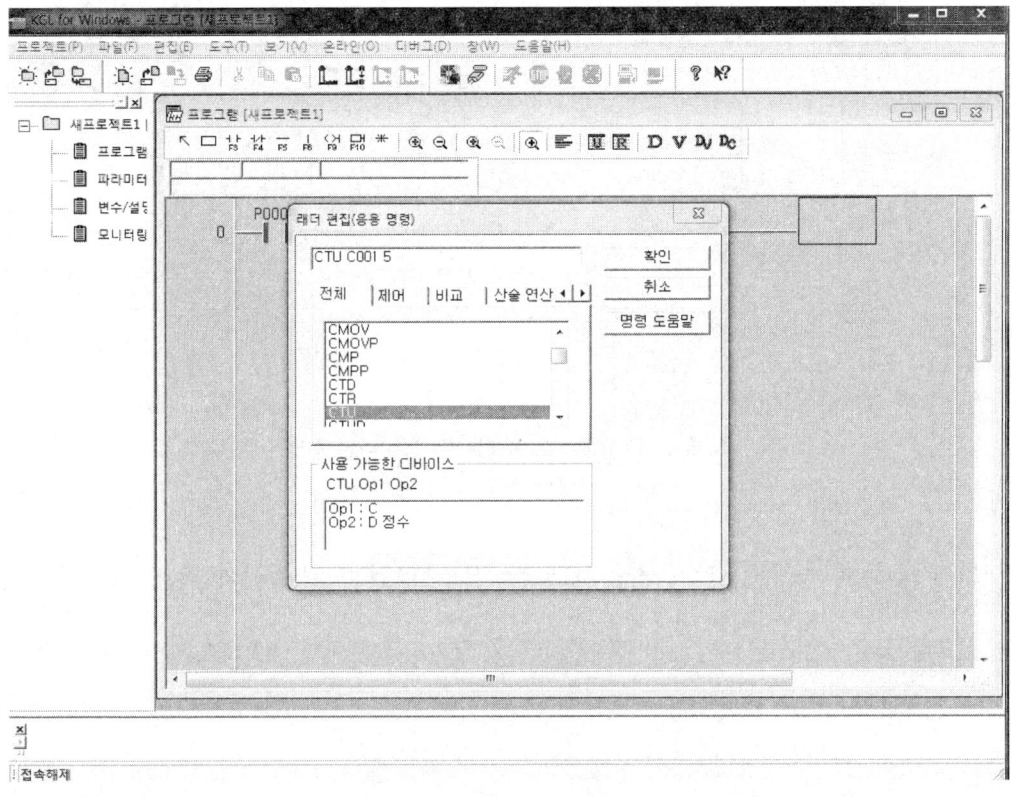

[그림 5-3] CTU 명령어 입력

[그림 5-4] CTU 프로그램 예제

③ [그림 5-4]에서 입력 P0000을 5회 누르면 C001 업카운터가 ON하여 램프(P0011)가 ON
④ [그림 5-4]를 PLC에 업로드하여 런시킨 후 입력 리셋입력(P0000)을 4회 누르면 [그림 5-5]와 같이 청색 숫자로 표시된다.

[그림 5-5] P000을 눌렀을 때 모니터링 화면

⑤ 입력 P0000을 5회 누르면 C001 카운터가 On하여 [그림 5-6]에서와 같이 램프가 점등된다.

[그림 5-6] P0000을 5회 눌렀을 때 모니터링 화면

⑥ 카운터 입력펄스 횟수를 "0"으로 초기화하려면 P0001을 눌러 리셋시킨다.

[그림 5-7] P0001을 눌렀을 때 청색 숫자 "00000"으로 초기화된 모니터링 화면

4) CTU를 이용하여 램프 3회 점등 후 소등 회로 Coding

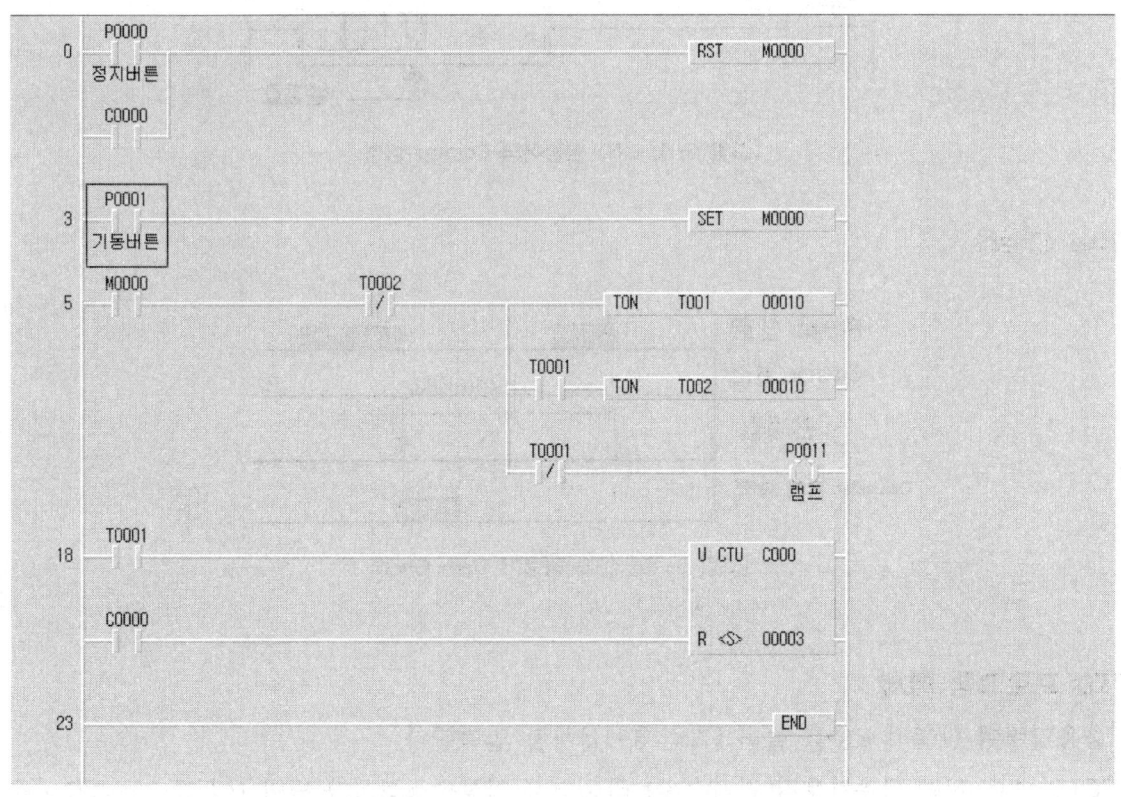

[그림 5-8] CTU를 이용하여 3번 점등 후 소등하는 회로 Coding

① 동작설명
  ㉠ 기동버튼 P001을 누르면 내부릴레이 M0000이 세팅되어 자기유지
  ㉡ T001에 의해 1초간 램프 점등
  ㉢ T002에 의해 1초간 램프 소등
  ㉣ T001에 의해 펄스 3회 입력되면 C000 접점이 On하여 C000 접점에 의해 내부릴레이 M0000 리셋에 의한 램프 소등 및 카운터 횟수 "0"으로 리셋

(2) Down Counter(CTD)

1) 기능

① 포지티브(0→1) 펄스가 입력될 때마다 현재값을 -1씩 감소시키고 설정한 값이 "0"이 되면 출력을 ON
② Reset 신호가 입력되면 출력을 Off시키고 현재치는 설정값이 됨

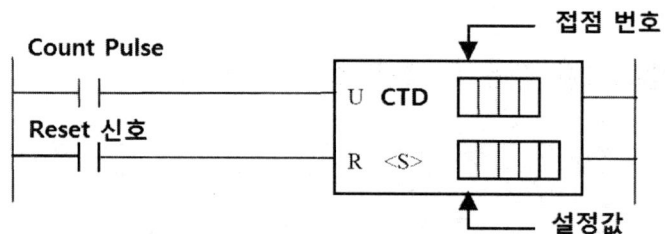

[그림 5-9] CTD 명령어의 Coding 방법

2) Time Chart

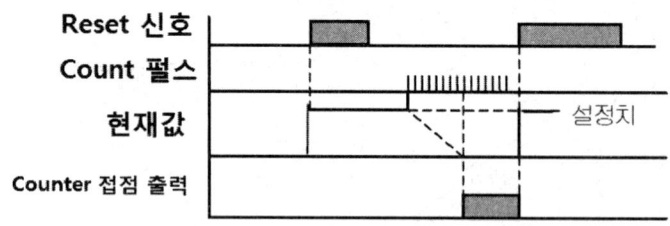

[그림 5-10] CTD 명령어 Time Chart

3) CTD 프로그램 예제

① 응용명령어 단축키 F10을 눌러 [그림 5-11]처럼 입력한다.
② "CTD C001 5"란 다운카운터 번지수 C1 카운터가 입상펄스 5회가 되면 1씩 감소하여(Count Down) 현재값이 "0"이 되는 순간 On한다는 의미

Chapter 4 PLC 프로그래밍

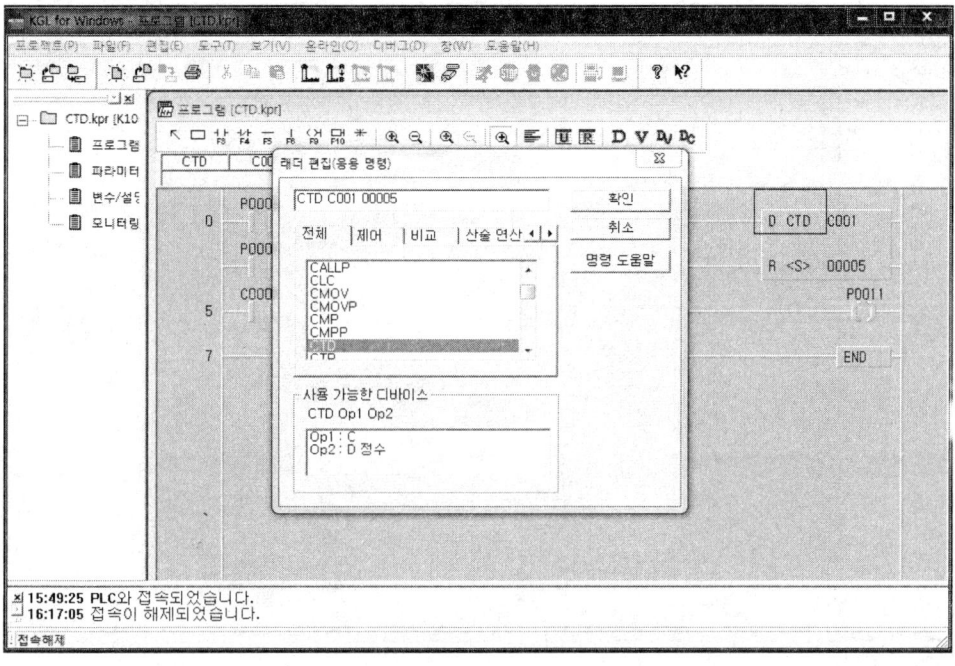

[그림 5-11] CTD 명령어 입력

③ [그림 5-12]에서 입력 P0000을 5회 누르면 C001 다운카운터가 ON하여 P0011이 ON
④ [그림 5-12]를 PLC에 업로드하여 런시키면 [그림 5-13]처럼 청색 글씨로 설정값이 "00005"로 표시된다.
⑤ 입력버튼 P0000을 2회 누르면 "00005"에서 누를 때마다 1씩 감소하여 [그림 5-14]처럼 청색 글씨로 "00003"이 화면에 표시된다.

[그림 5-12] CTD 프로그램 예제

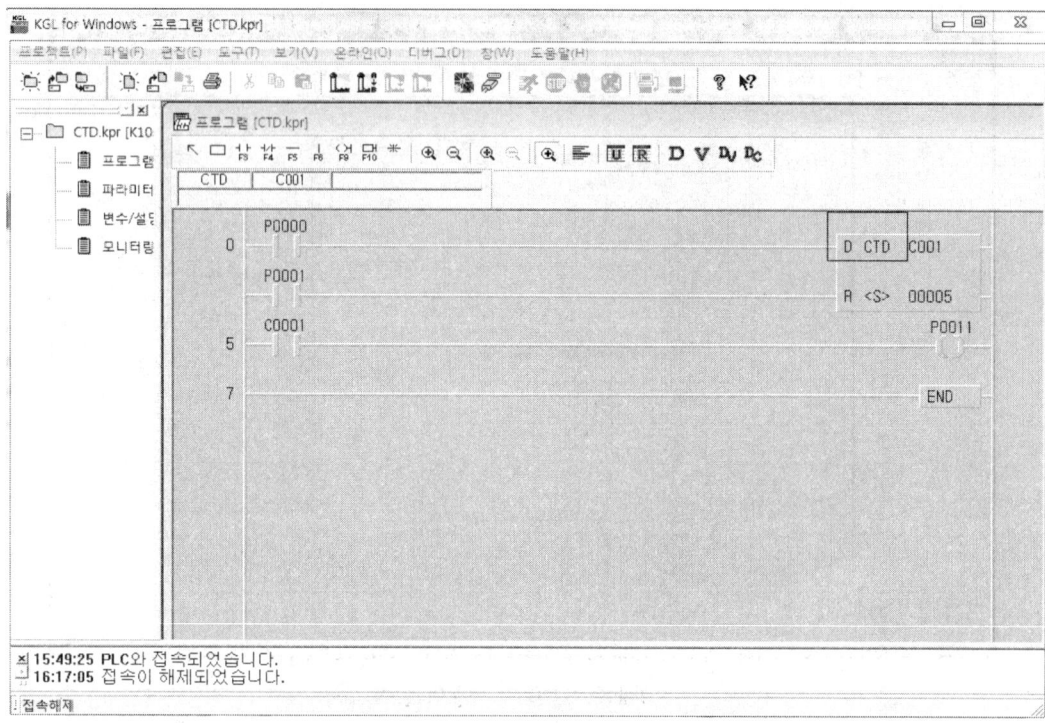

[그림 5-13] CTD 프로그램 PLC에 전송 후 최초화면

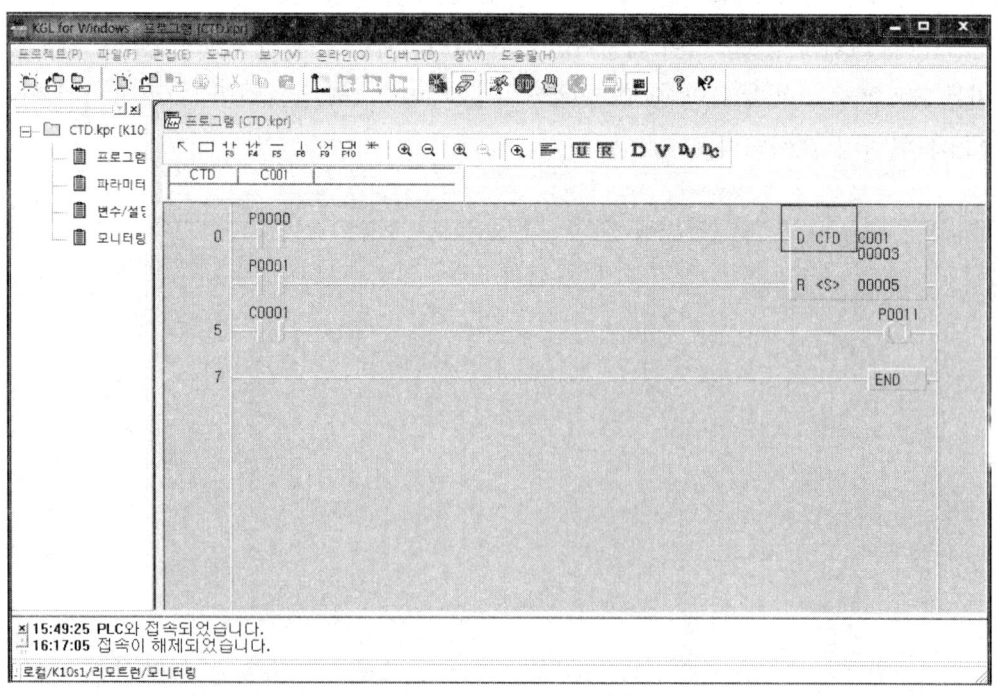

[그림 5-14] CTD 프로그램 RUN한 후 P0000을 두 번 눌러 숫자가 감소한 화면

⑥ 입력버튼 P0000을 5회 누르면 [그림 5-15]처럼 현재값이 청색 글씨로 "0"이 되고 다운카운터 C001이 On하여 출력 P0011이 On

[그림 5-15] P0000을 5회 눌렀을 때 화면

⑦ 리셋버튼 P0001을 눌렀을 때 [그림 5-16]과 같이 출력 P0011을 Off시키며 청색 글씨의 현재값과 설정값이 동일해진다.

[그림 5-16] 리셋버튼 P0001을 눌러 리셋시킨 후 화면

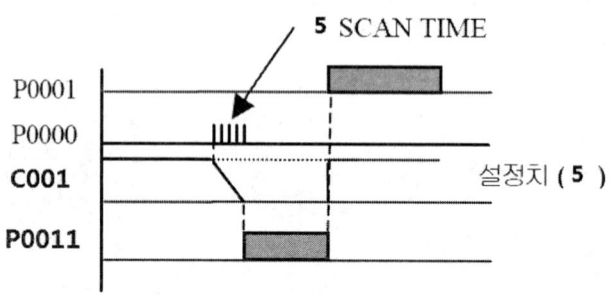

[그림 5-17] CTD 프로그램 예제 Time Chart

4) CTD를 이용하여 램프 3회 점등 후 소등 회로 Coding

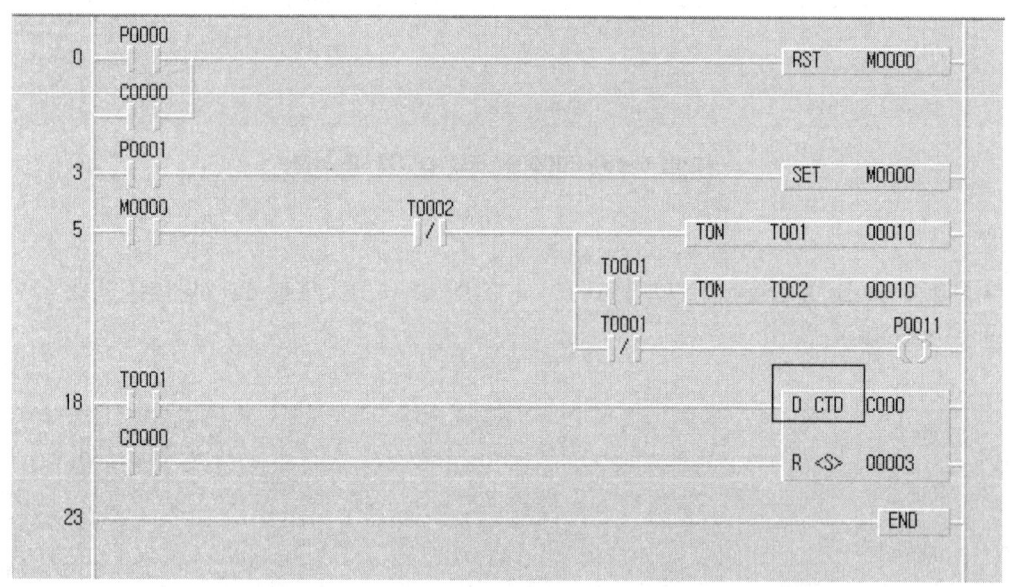

[그림 5-18] CTD를 이용하여 램프 3회 점등 후 소등하는 회로 Coding

(3) UP-DOWN COUNTER(CTUD)

1) 기능

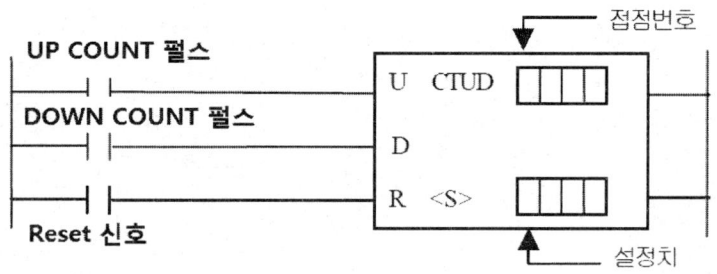

[그림 5-19] CTUD 기능

① Up 단자에 펄스 신호가 입력될 때마다 현재값에서 +1씩 가산하며 현재값이 설정값 이상이면 출력을 On
② Down 단자에 펄스 신호가 입력될 때마다 현재값을 -1씩 감소시킴
③ Reset 단자에 신호가 입력되면 현재값은 "0"이 됨

2) Time Chart

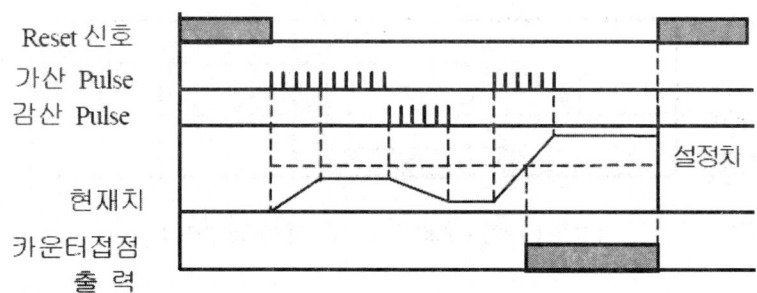

[그림 5-20] CTUD Time Chart

3) 프로그램 예

[그림 5-21] CTUD 프로그램 예

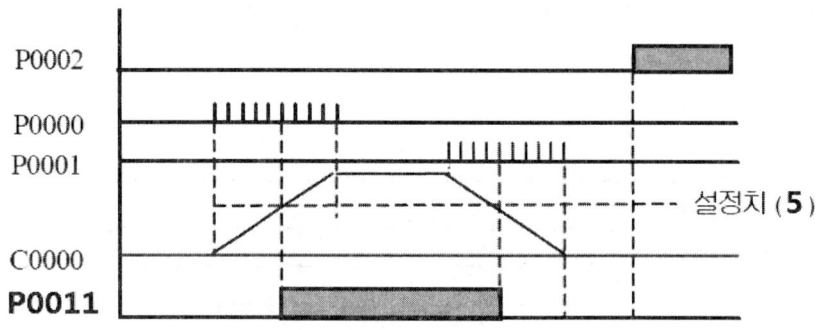

[그림 5-22] CTUD 프로그램 예 Time Chart

4) 동작설명

① P0000 접점을 누르면 Count Up하여 설정값 5회가 되면 출력 P0011 ON

② P0000 접점을 4회 눌렀을 때 P0001을 1회 On하면 Count Down하여 "3"으로 표시됨

③ P0000 접점에 의해 출력 P0011이 On된 상태에서 P0002를 On하면 Reset되어 출력 P0011은 Off되고 카운터 현재값은 "0"이 됨

Section 06 기능장 출제문제 (MASTER-K 프로그래밍)

6.1 제39회 [2006년 5월]

(1) 제1과제 : PLC 프로그램 구성

① 다음 동작설명과 타임차트를 참조하여 PLC 프로그램을 완성하시오.
② PLC 프로그램 구성은 반드시 본인이 지참한 기종으로 작업하여야 한다.

(2) 동작설명

① 기동스위치 B_1에 의해 내부릴레이 X_1이 여자된다.
② 내부릴레이 X_1에 의해 타이머 T_0가 여자된다.
③ 0.5초 후 타이머 T_1과 내부릴레이 X_2가 여자되고, 외부 출력 PL이 점등된다.
④ 타이머 T_1이 여자된 후 1초 후 T_1이 소자와 동시에 PL이 소등되고 T_0가 여자된다.
⑤ 이러한 위 ② → ④의 동작을 반복하면서 X_2에 의해 카운터 C_0에 펄스를 공급한다.
⑥ 펄스가 1번 발생할 때마다 카운터를 1개씩 가산한다.
⑦ 위 ② → ④의 ON/OFF 동작(펄스)을 10회 반복하면 L_1이 점등된다.
⑧ L_1이 점등과 동시에 타이머 T_0, T_1 및 카운터 C_0가 동시에 RESET된다.
⑨ 이때 L_1은 타이머 T_2에 의해 3초간 점등된 후 소등된다.
⑩ 정지스위치 B_2에 의해 항상 수동으로 RESET이 가능하도록 한다.

(3) PLC 입출력도

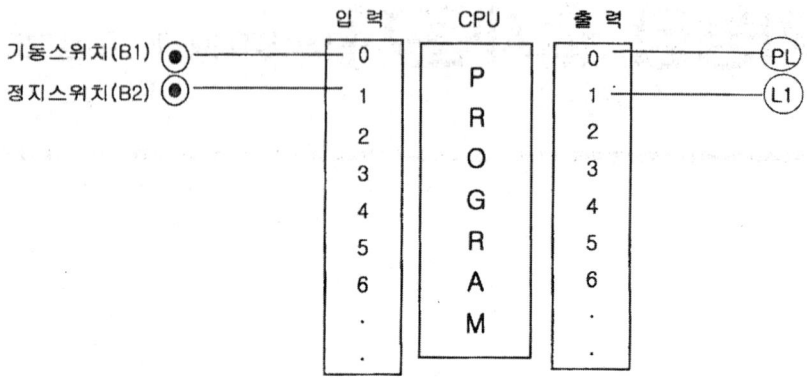

(4) PLC Time Chart

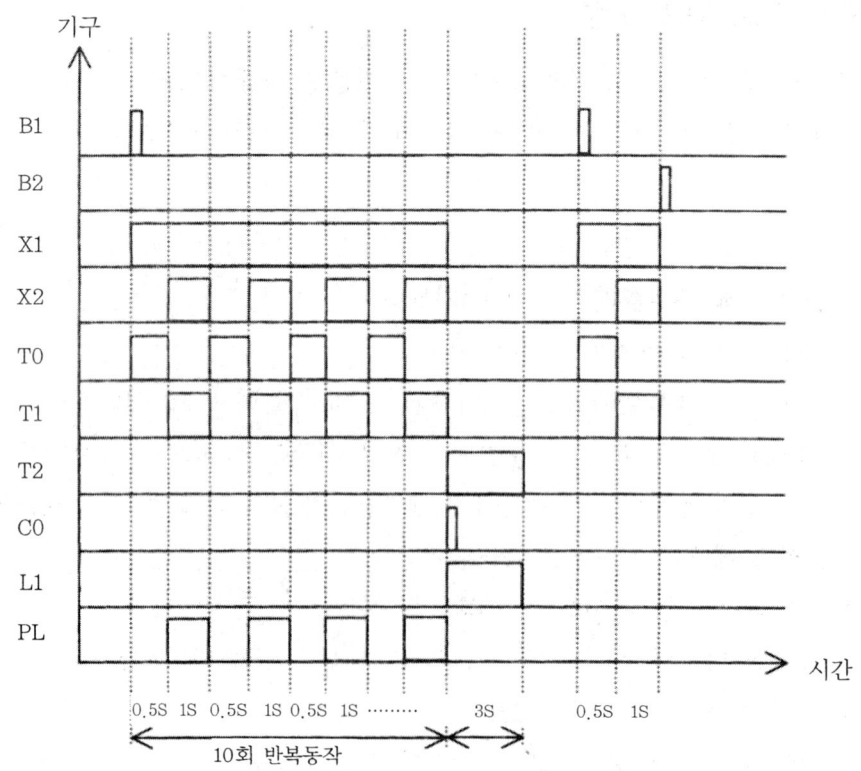

(5) 프로그램 작성

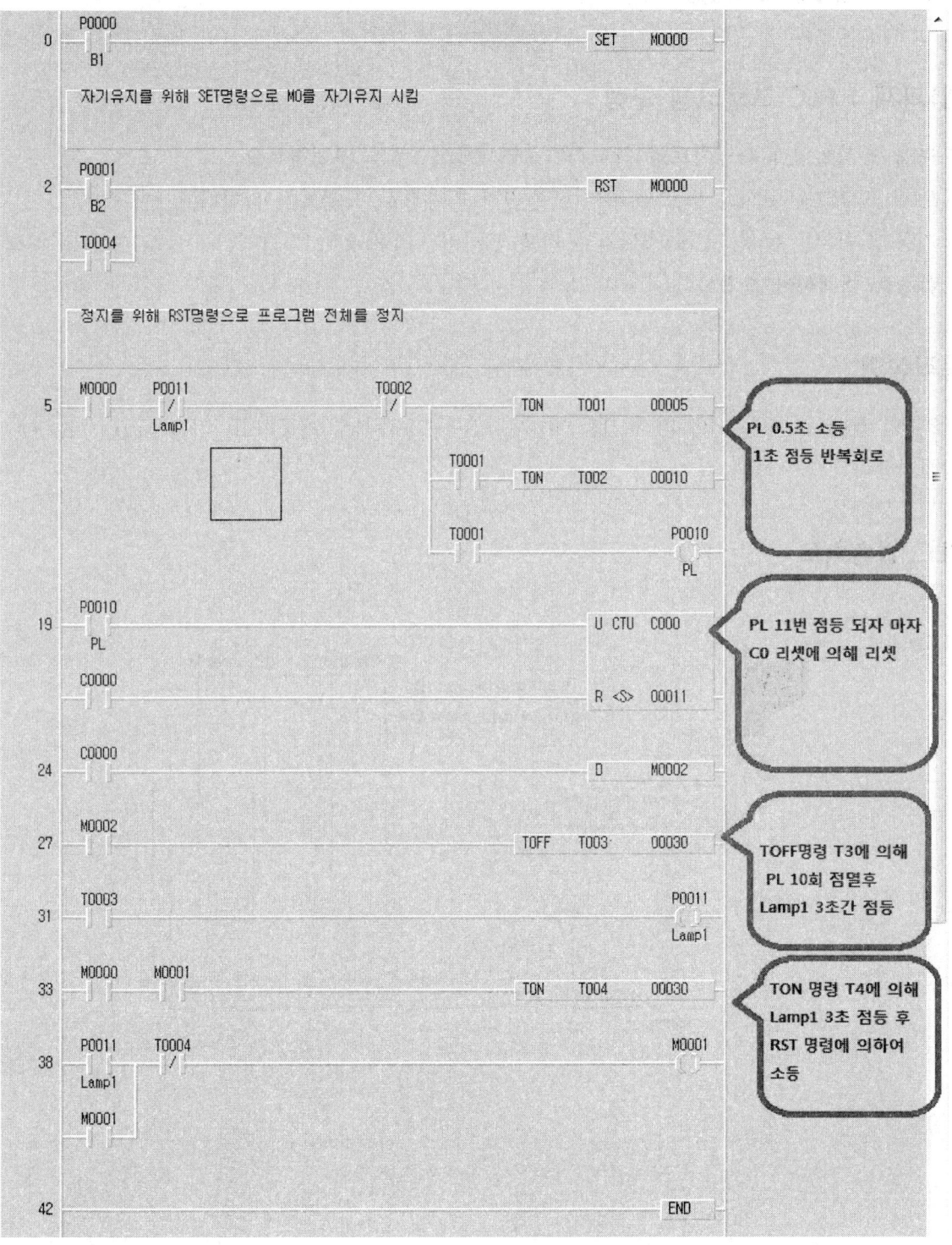

6.2 제40회 [2006년 9월]

(1) 제1과제 : PLC 프로그램 구성

① 다음 동작설명과 타임차트를 참조하여 PLC 프로그램을 완성하시오.
② PLC 프로그램 구성은 반드시 본인이 지참한 기종으로 작업하여야 한다.
③ 기동 스위치는 녹색, 정지 스위치는 적색 푸시버튼을 사용하고 컨베이어 구동 모터는 적색 파일롯 램프로 대체하여 작업한다.

(2) 동작설명

- 3대의 컨베이어를 순서에 따라 기동 시 (A→B→C) 순서로 기동하고, 정지 시 (C→B→A) 순서로 정지한다.

(3) PLC 입출력도

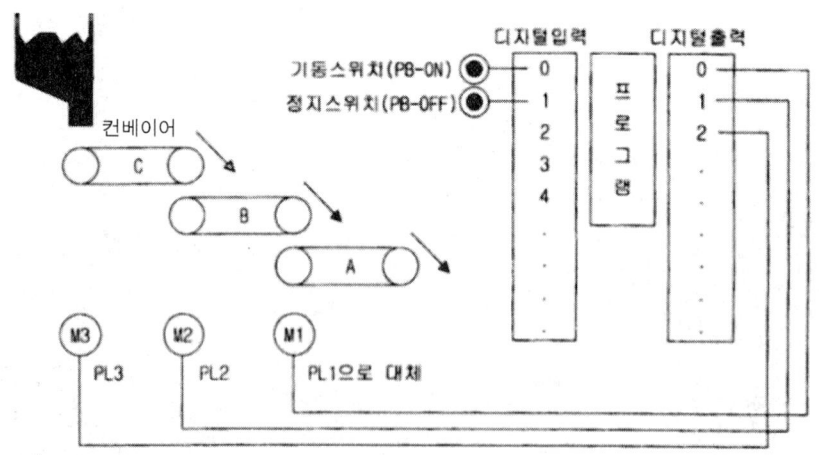

(4) 타임차트

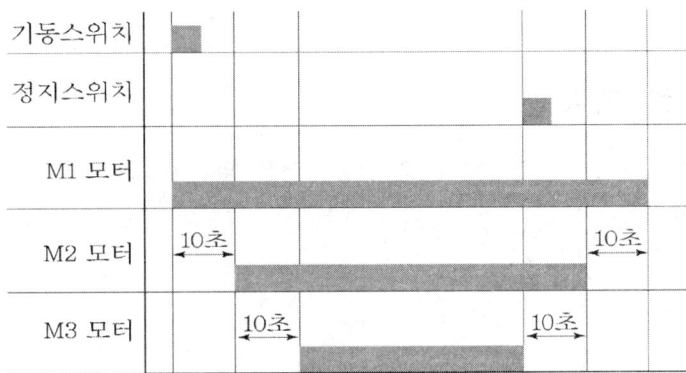

(5) 프로그램 작성

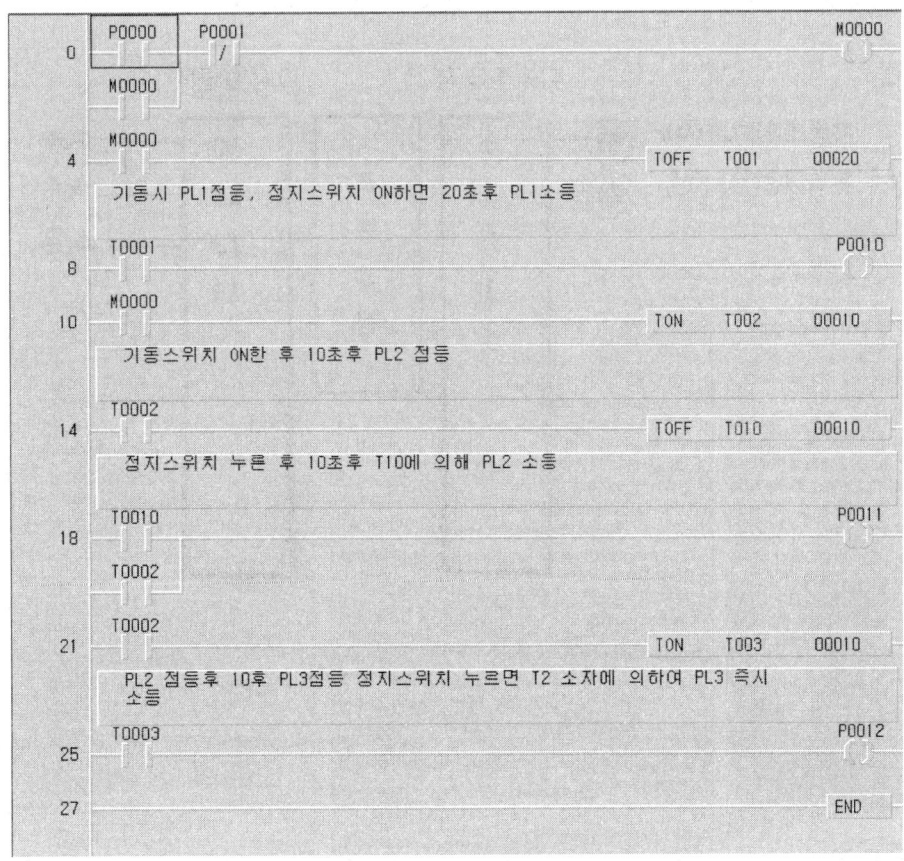

6.3 제43회[2008년 5월]

(1) 제1과제 : PLC 프로그램 구성

① 다음 동작설명과 타임차트를 참조하여 PLC 프로그램을 완성하시오.
② PLC 프로그램 구성은 반드시 본인이 지참한 기종으로 작업하여야 한다.

(2) 동작설명

① PB_4를 누르면 PL_4가 점등되며, 3초 후 PL_4가 소등되고 PL_5가 점등되며, 3초 후 PL_5가 소등되고 PL_6이 점등된다.
② PB_5를 누를 때까지 위 사항을 계속 반복 동작하며, PB_5를 누르면 동작 중이던 PL_4, PL_5, PL_6이 소등된다.

(3) PLC 입출력도

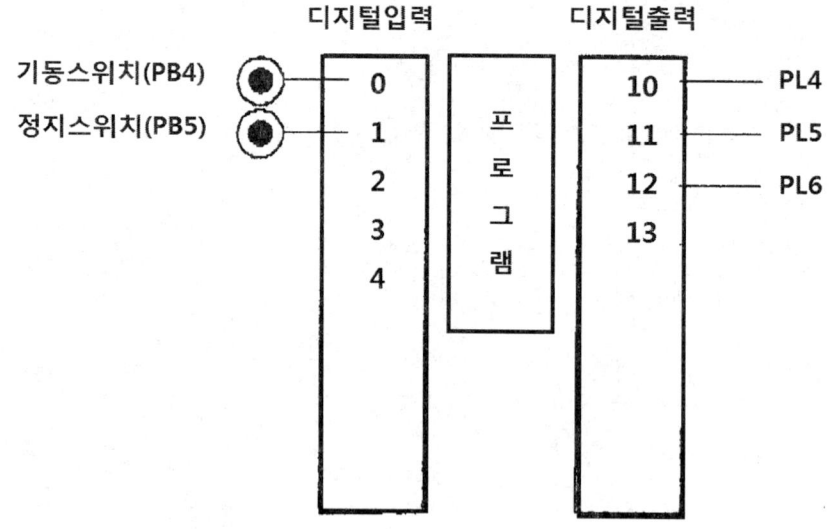

(4) PLC 타임차트

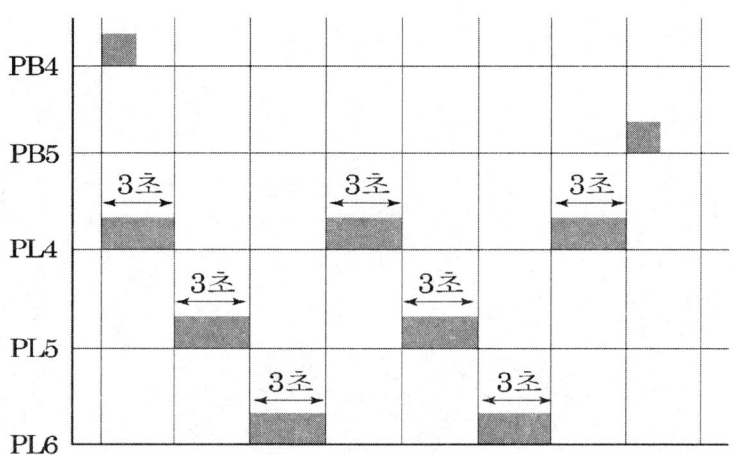

(5) 프로그램 작성 I

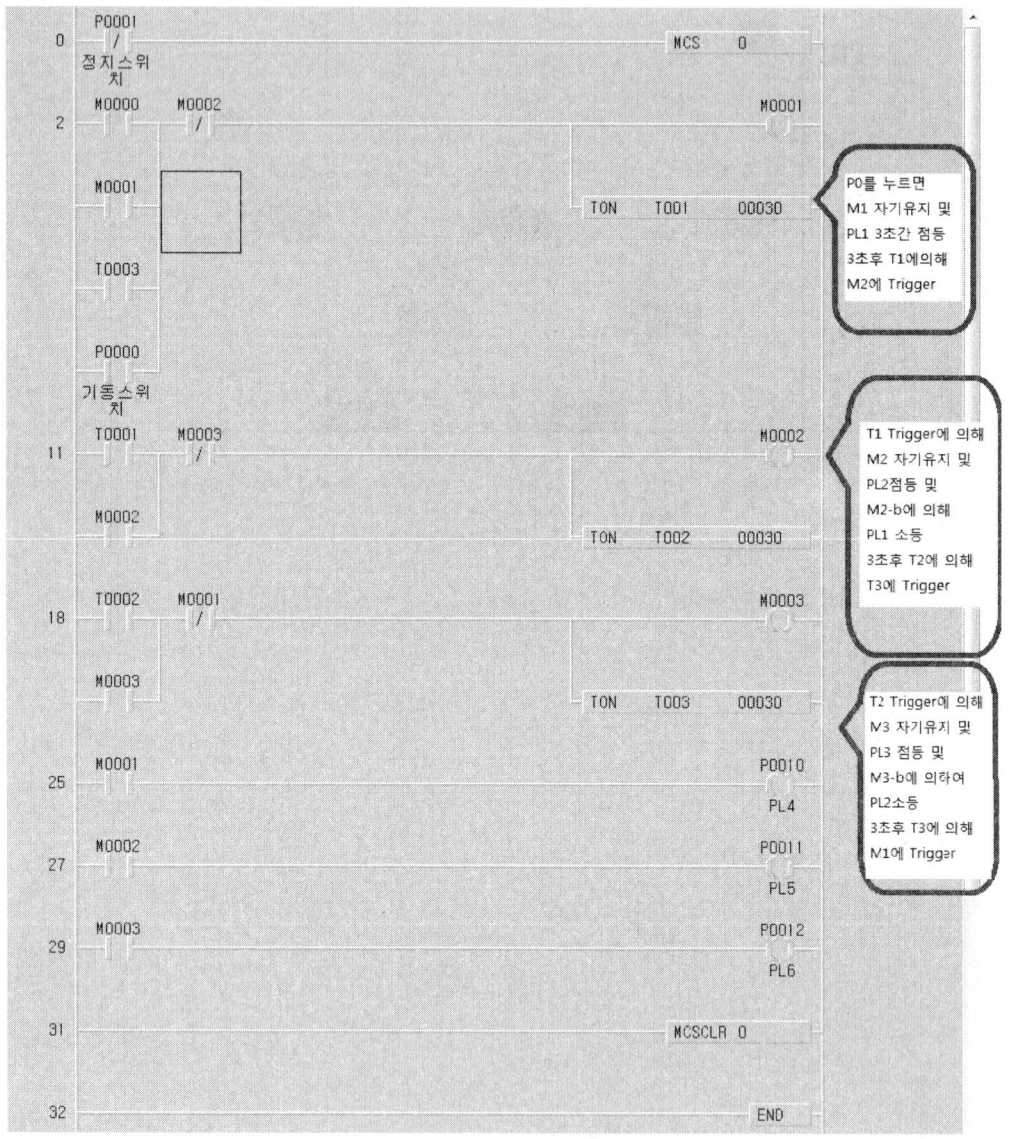

> **TIP**
> MCS 명령은 MCS 0 ∞ MCSCLR 0 블록에 전원이 인가되어 있는 동안 MCS 블록을 실행하고 MCS 0에 전원이 Off되는 순간 초기화 된다.

(6) 프로그램 작성 II

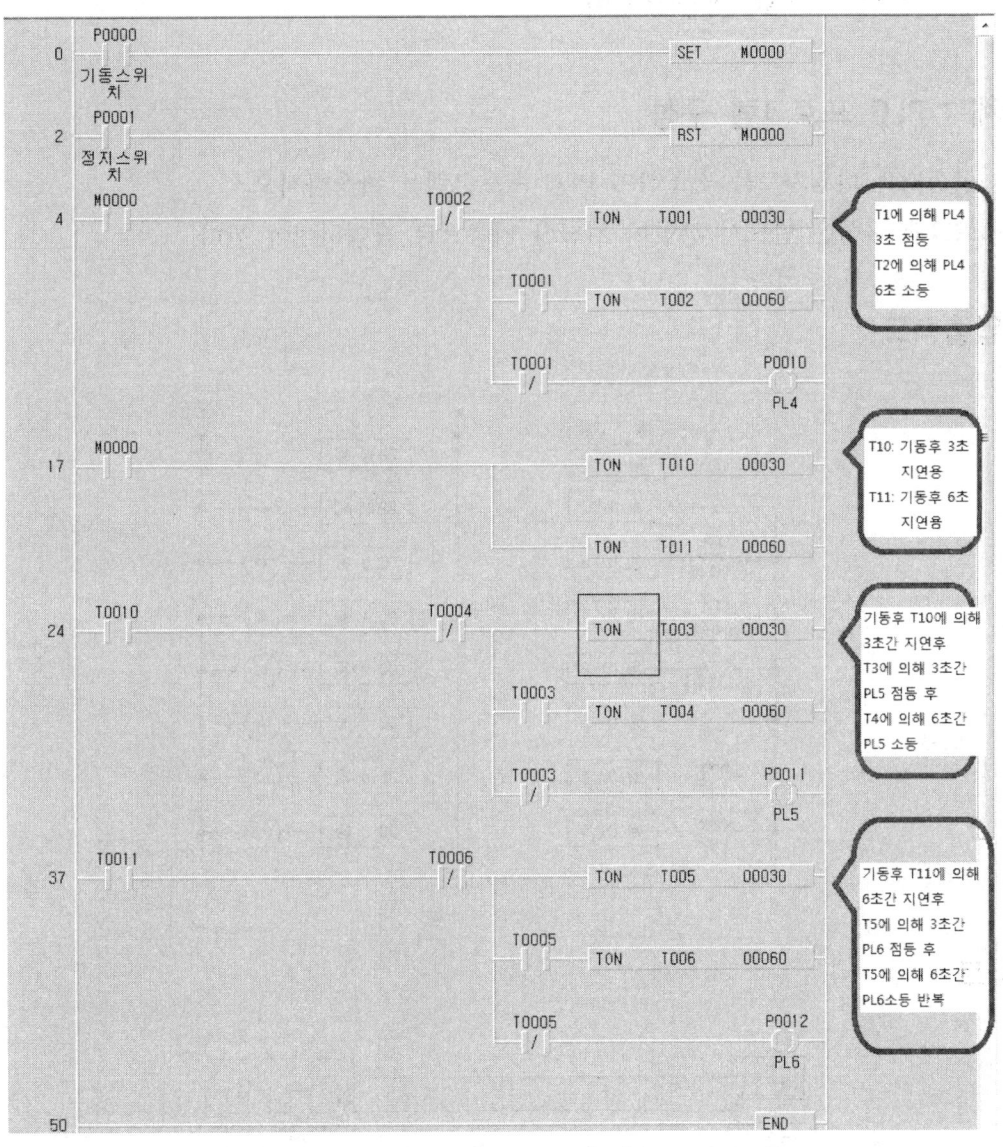

6.4 제45회 A형 [2009년 5월]

(1) 제1과제 : PLC 프로그램 구성

① 다음 동작설명과 타임차트를 참조하여 PLC 프로그램을 완성하시오.
② PLC 프로그램 구성은 반드시 본인이 지참한 기종으로 작업하여야 한다.

(2) PLC 입출력도

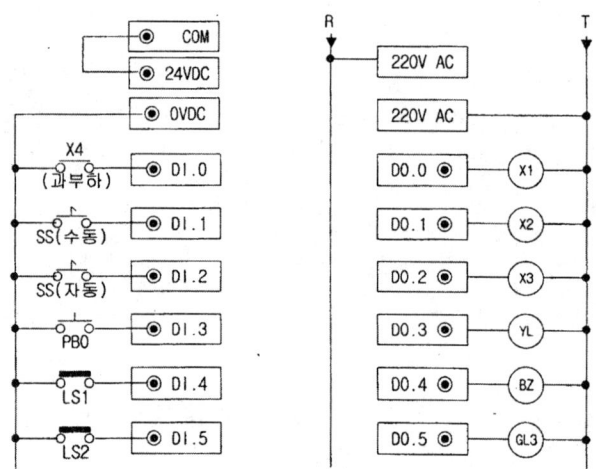

(3) 타임차트

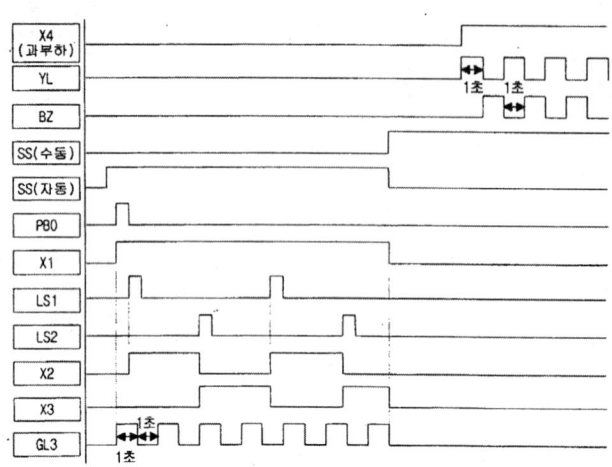

(4) 프로그램 작성

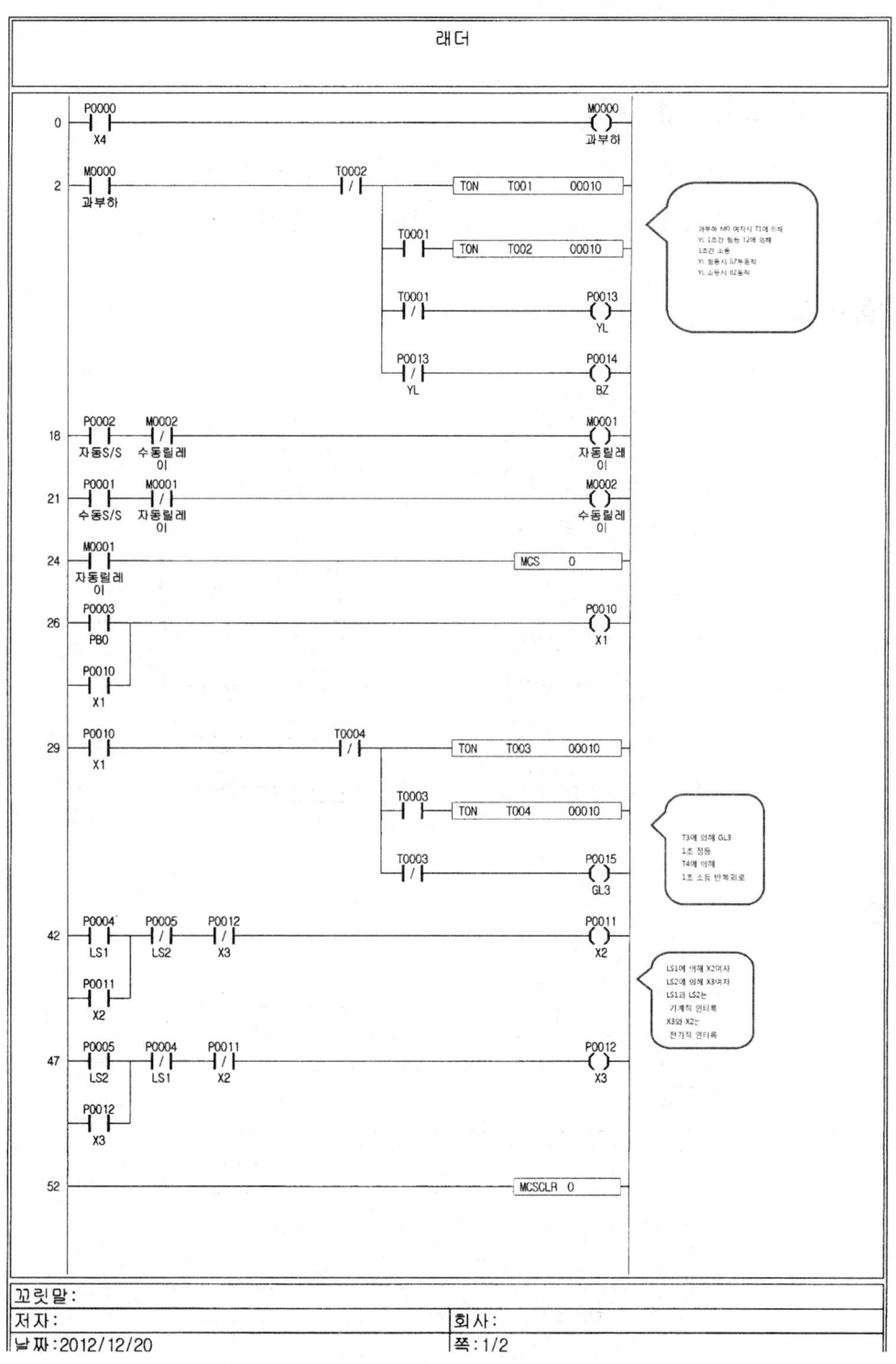

6.5 제45회 B형 [2009년 5월]

(1) 제1과제 : PLC 프로그램 구성

① 다음 동작설명과 타임차트를 참조하여 PLC 프로그램을 완성하시오.
② PLC 프로그램 구성은 반드시 본인이 지참한 기종으로 작업하여야 한다.

(2) PLC 입출력도

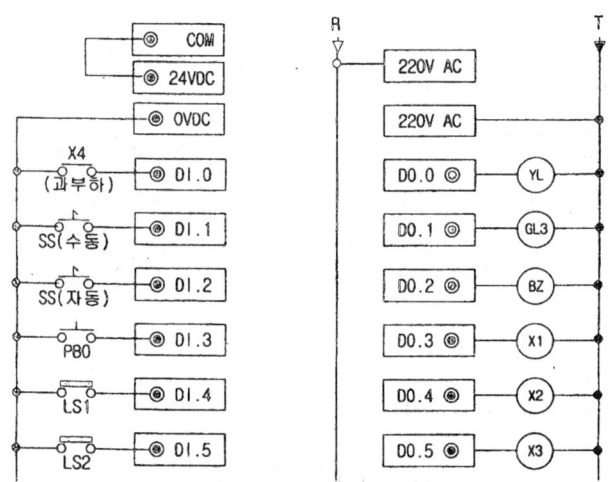

(3) 타임차트

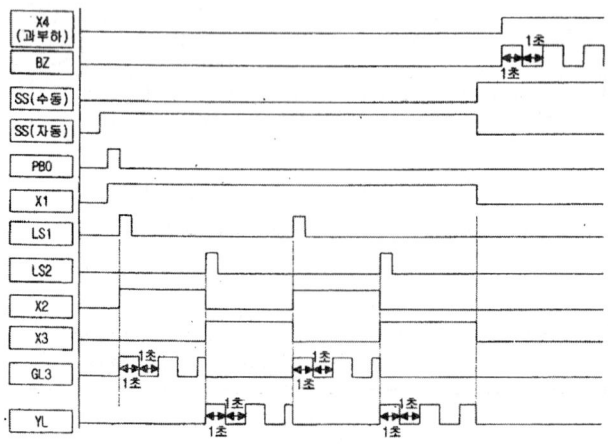

(4) 프로그램 작성

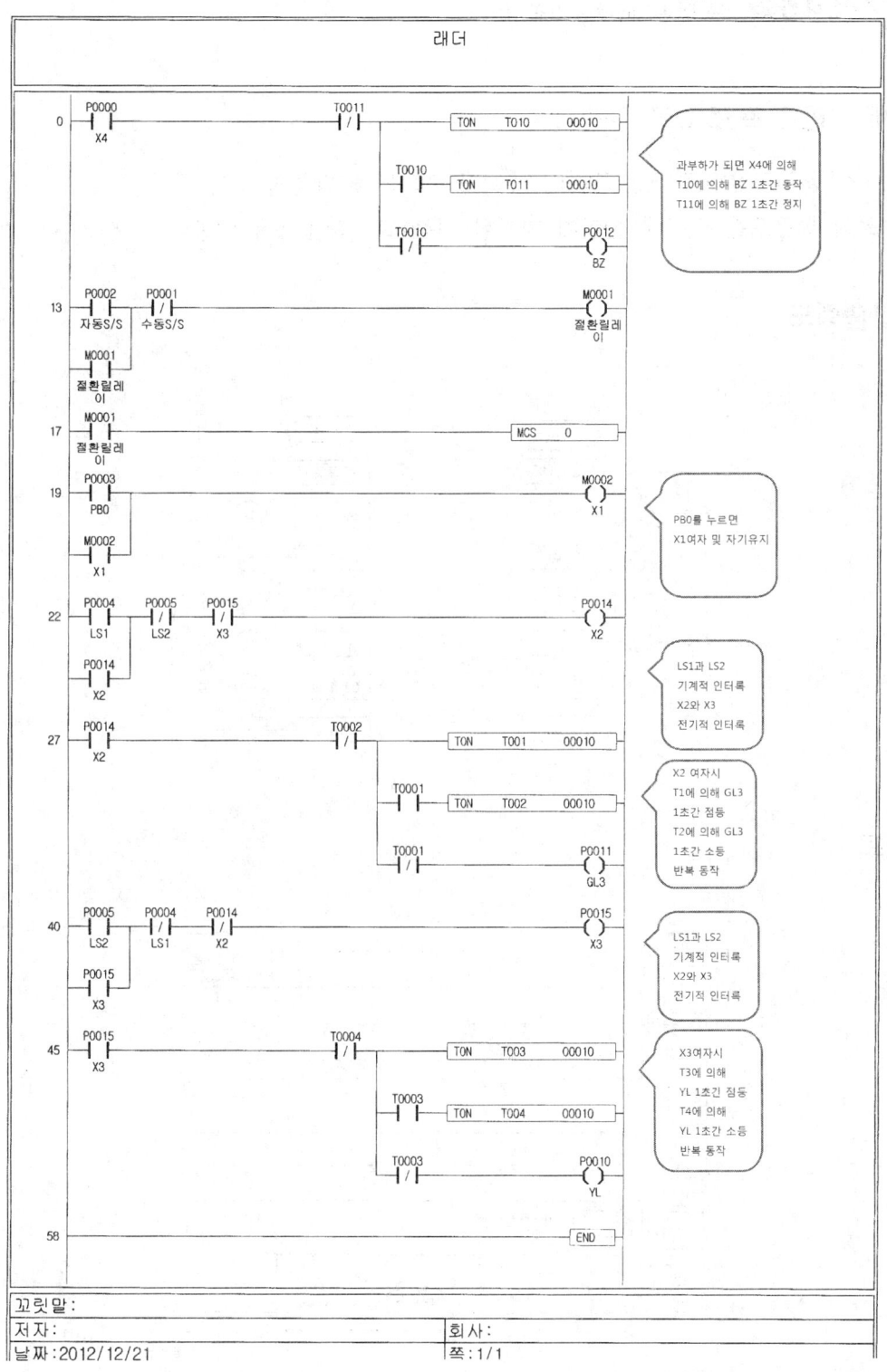

6.6 제46회 A형 [2009년 9월]

(1) 제1과제 : PLC 프로그램 구성

① 다음 동작설명과 타임차트를 참조하여 PLC 프로그램을 완성하시오.
② PLC 프로그램 구성은 반드시 본인이 지참한 기종으로 작업하여야 한다.

(2) PLC 입출력도

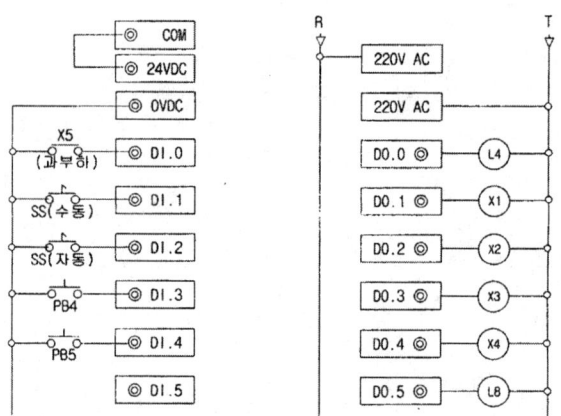

(3) 타임차트

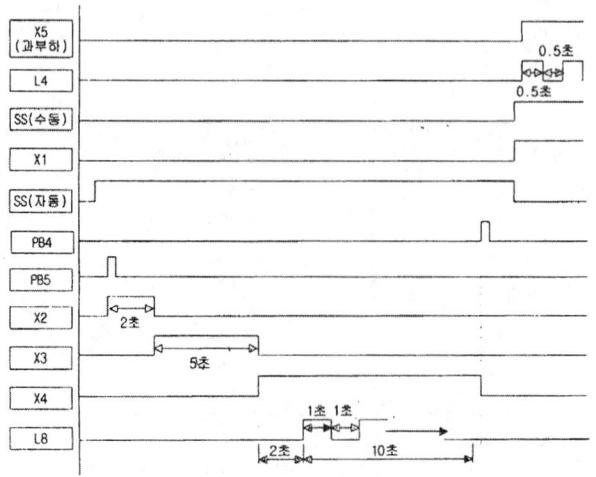

(4) 프로그램 작성

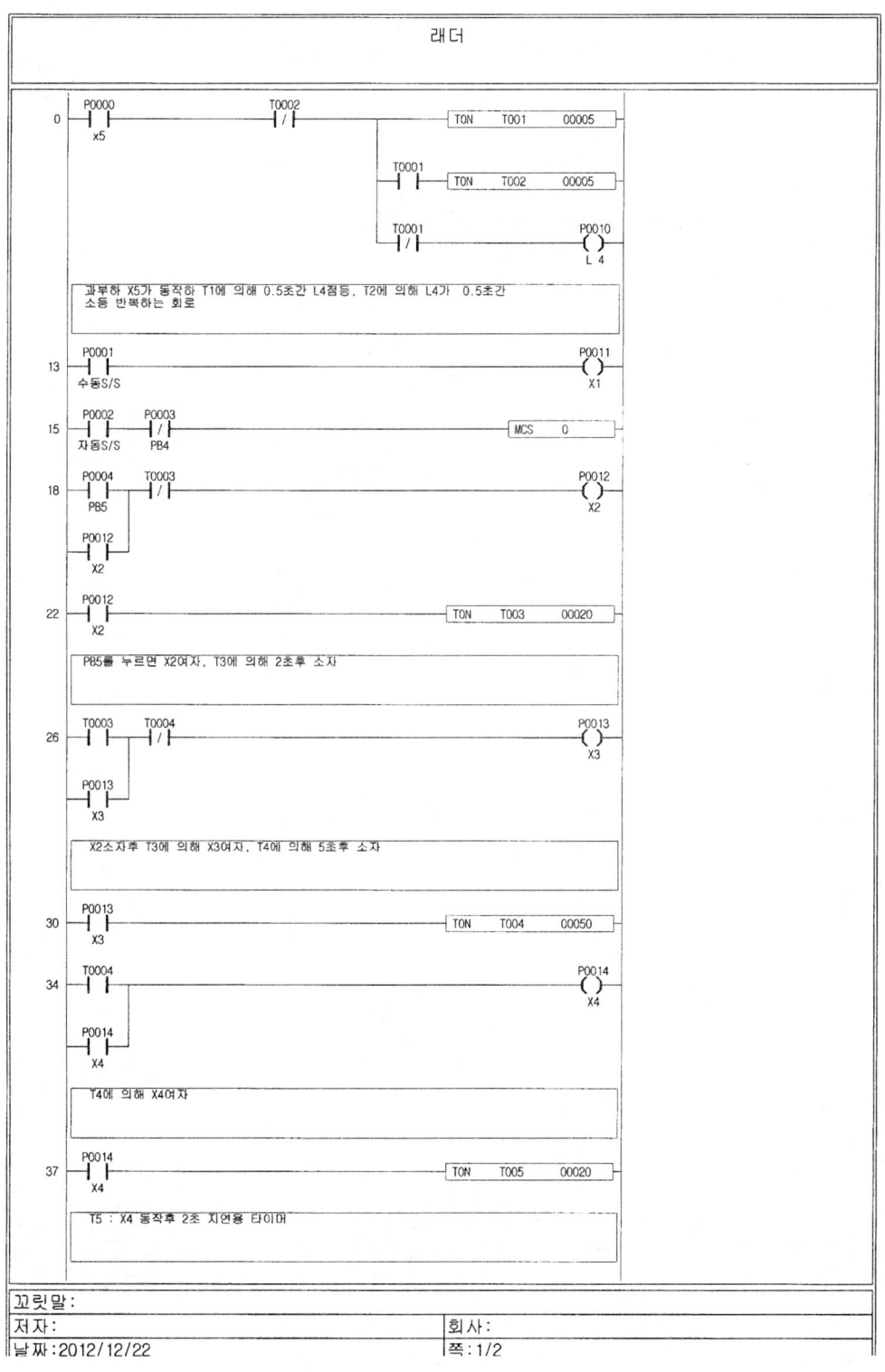

```
                              래더

    T0005  T0008          T0007
41 ──┤├────┤/├────────────┤/├──────────[TON   T006    00010]
                  T0006
                 ──┤├──────────────────[TON   T007    00010]
                  T0006                                P0015
                 ──┤/├─────────────────────────────────( )
                                                        L 8

    T6: L8전등 1초간 점등용 타이머,  T7:L8전등 1초간 소등용 타이머

    T0005
55 ──┤├────────────────────────────────[TON   T008    00100]

    T8: L8전등 10초간 소등과 점등 반복후 정지용 타이머

59 ────────────────────────────────────────────[MCSCLR  0]

60 ────────────────────────────────────────────────[END]
```

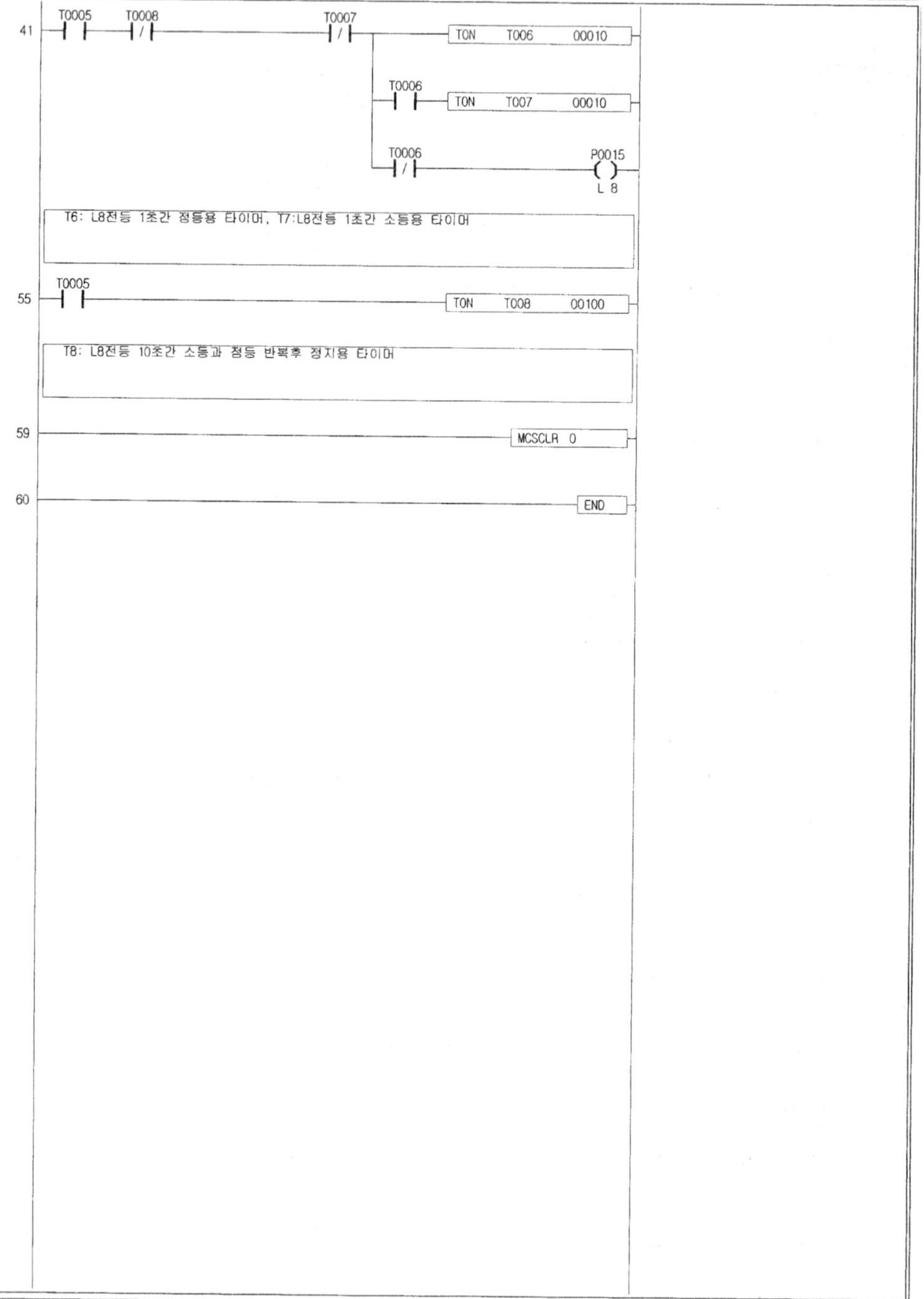

꼬릿말:
저자:
날짜:2012/12/22
회사:
쪽:2/2

6.7 제46회 B형 [2009년 9월]

(1) 제1과제 : PLC 프로그램 구성

① 다음 동작설명과 타임차트를 참조하여 PLC 프로그램을 완성하시오.
② PLC 프로그램 구성은 반드시 본인이 지참한 기종으로 작업하여야 한다.

(2) PLC 입출력도

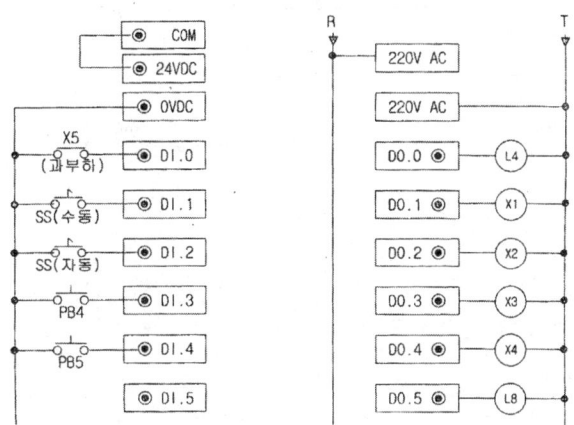

(3) 타임차트

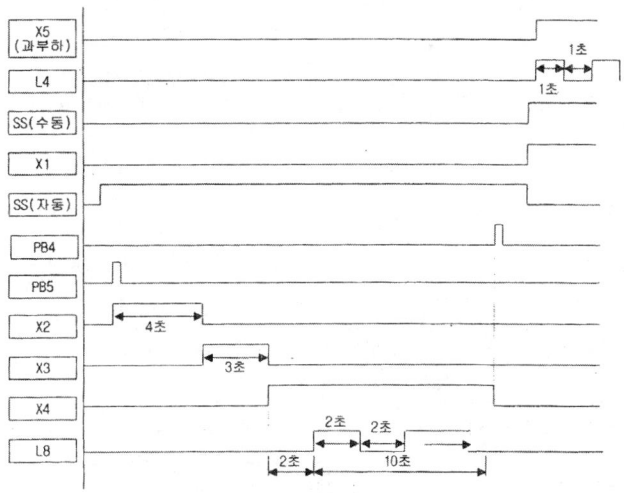

(4) 프로그램 작성

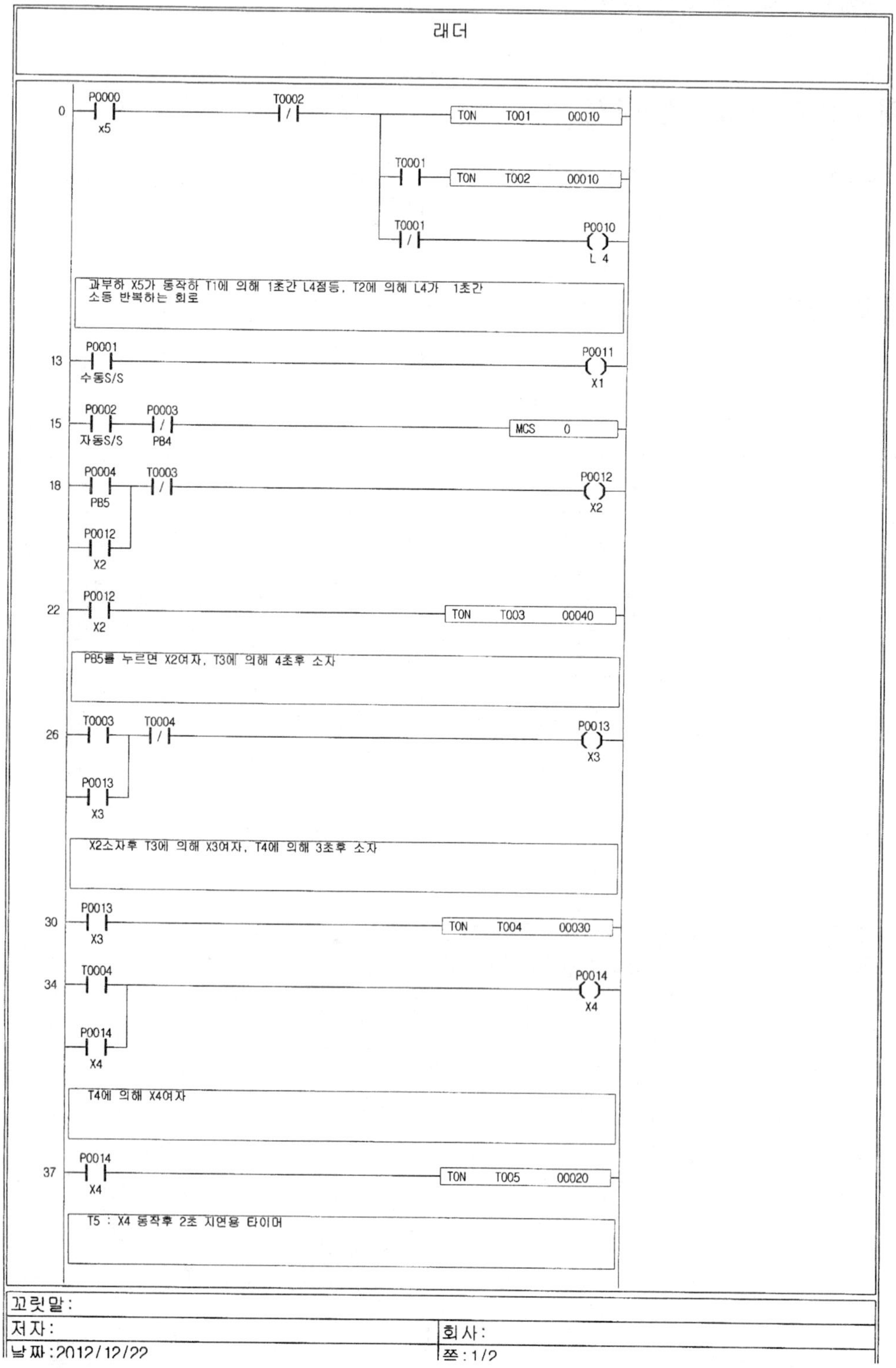

래더

```
     P0000          T0002
 0 ──┤ ├────────────┤/├──────────────[ TON  T001   00010 ]
       X5
                                 T0001
                                ──┤ ├───────────[ TON  T002   00010 ]
                                 T0001                            P0010
                                ──┤/├──────────────────────────────( )
                                                                   L 4
```

과부하 X5가 동작하 T1에 의해 1초간 L4점등, T2에 의해 L4가 1초간
소등 반복하는 회로

```
     P0001                                                        P0011
13 ──┤ ├─────────────────────────────────────────────────────────( )
     수동S/S                                                       X1

     P0002    P0003
15 ──┤ ├──────┤/├────────────────────────────────[ MCS    0 ]
     자동S/S   PB4

     P0004    T0003                                               P0012
18 ──┤ ├──────┤/├────────────────────────────────────────────────( )
      PB5                                                          X2
     P0012
    ──┤ ├──
      X2

     P0012
22 ──┤ ├─────────────────────────────────────────[ TON  T003   00040 ]
      X2
```

PB5를 누르면 X2여자, T3에 의해 4초후 소자

```
     T0003    T0004                                               P0013
26 ──┤ ├──────┤/├────────────────────────────────────────────────( )
                                                                   X3
     P0013
    ──┤ ├──
      X3
```

X2소자후 T3에 의해 X3여자, T4에 의해 3초후 소자

```
     P0013
30 ──┤ ├─────────────────────────────────────────[ TON  T004   00030 ]
      X3

     T0004                                                        P0014
34 ──┤ ├─────────────────────────────────────────────────────────( )
                                                                   X4
     P0014
    ──┤ ├──
      X4
```

T4에 의해 X4여자

```
     P0014
37 ──┤ ├─────────────────────────────────────────[ TON  T005   00020 ]
      X4
```

T5 : X4 동작후 2초 지연용 타이머

꼬릿말:
저자: 회사:
날짜:2012/12/22   쪽:1/2

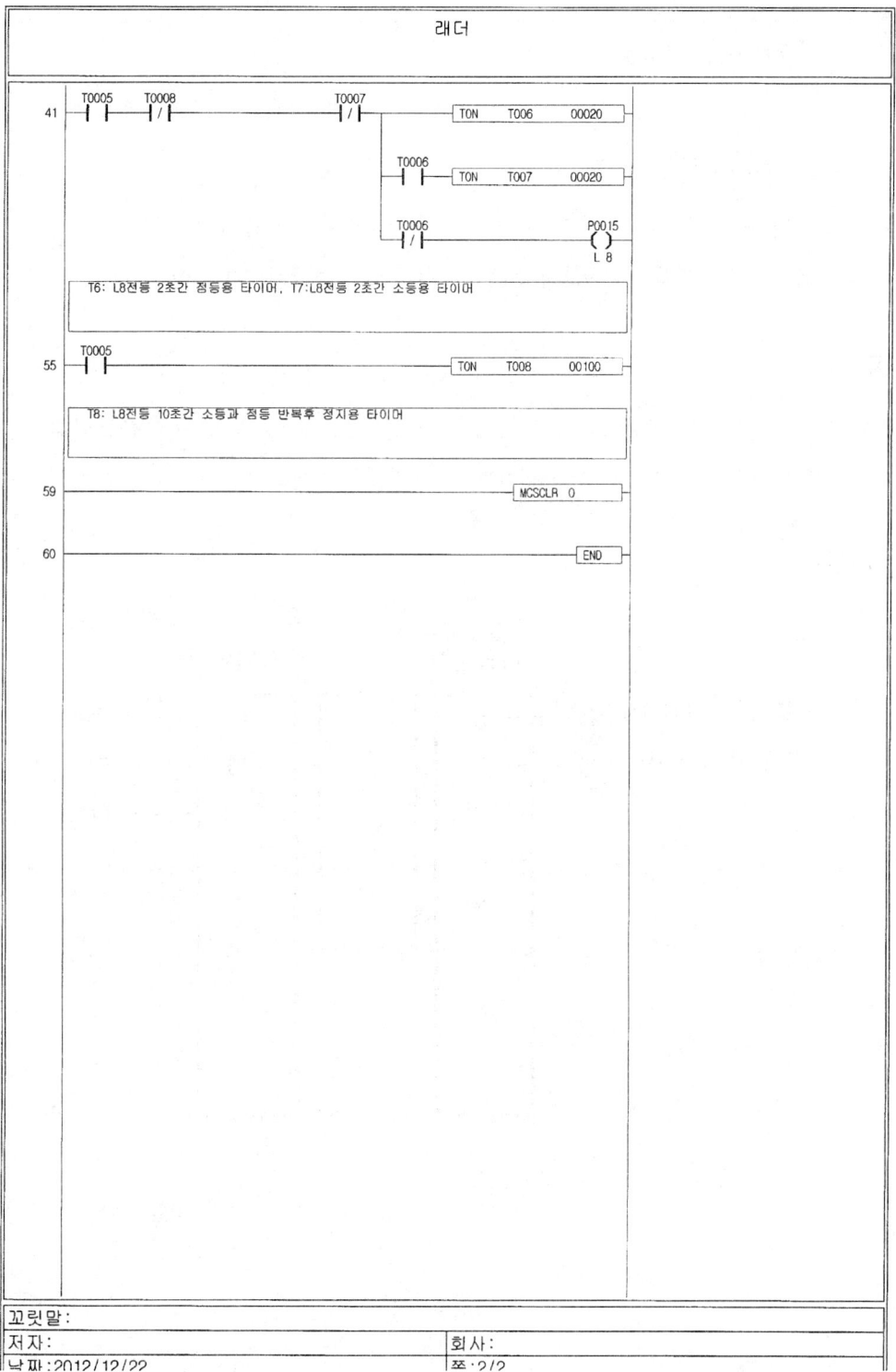

6.8 제47회 [2010년 5월]

(1) 제1과제 : PLC 프로그램 구성

① 다음 동작설명과 타임차트를 참조하여 PLC 프로그램을 완성하시오.
② PLC 프로그램 구성은 반드시 본인이 지참한 기종으로 작업하여야 한다.

(2) 동작설명

① PB_3을 누르면 PL_4가 점등되며, 3초 후 PL_5가 점등되고, 3초 후 PL_6이 점등된다.
② PB_4를 누르면 PL_4가 소등되며, 3초 후 PL_5가 소등되고, 3초 후 PL_6이 소등된다.

(3) PLC 입출력도

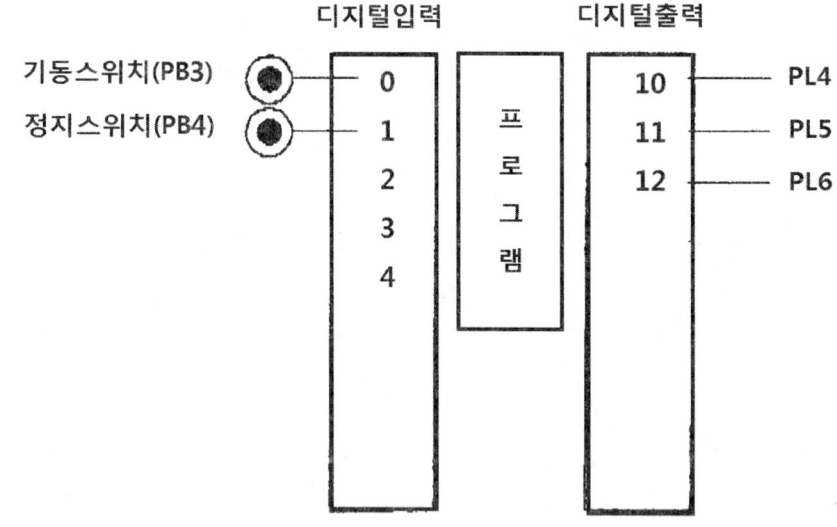

(4) 타임차트

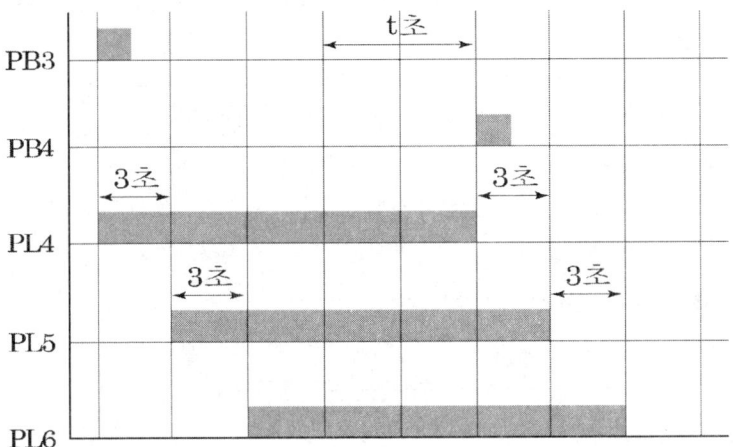

(5) 프로그램 작성 I

```
래더

 0  ─┤P0000├──────────────────────────────[SET  P0010]
      PB3                                        PL4
     ┌────────────────────────────────────┐
     │ PB3 누르면 PL4 즉시 점등           │
     └────────────────────────────────────┘

 2  ─┤P0010├──────────────────────[TON  T001   00030]
      PL4
     ┌────────────────────────────────────┐
     │ PL4 접점에 의해 T1접점 3초후 동작  │
     └────────────────────────────────────┘

 6  ─┤T0001├──────────────────────────────[SET  P0011]
                                                 PL5
     ┌────────────────────────────────────┐
     │ T1접점에 의해 PL5점등              │
     └────────────────────────────────────┘

 8  ─┤P0011├──────────────────────[TON  T002   00030]
      PL5
     ┌────────────────────────────────────┐
     │ PL5 접점에 의해 T2접점 3초후 동작  │
     └────────────────────────────────────┘

12  ─┤T0002├──────────────────────────────[SET  P0012]
                                                 PL6
     ┌────────────────────────────────────┐
     │ T2 접점에 의해 PL3 점등            │
     └────────────────────────────────────┘

14  ─┤P0001├──────────────────────────────[RST  P0010]
      PB4                                        PL4
                                          [SET  M0000]
                                                 해제
     ┌────────────────────────────────────────────┐
     │ PB4를 누르면 RST 명령에 의해 PL4소등, M0 여자│
     └────────────────────────────────────────────┘

17  ─┤M0000├──────────────────────[TON  T003   00030]
      해제
     ┌────────────────────────────────────┐
     │ M0에 의해 T3접점 3초후 동작        │
     └────────────────────────────────────┘

21  ─┤T0003├──────────────────────────────[RST  P0011]
                                                 PL5
     ┌────────────────────────────────────────┐
     │ T3접점 동작후 RST명령에 의해 PL5 소등  │
     └────────────────────────────────────────┘

23  ─┤T0003├──────────────────────[TON  T004   00030]
     ┌────────────────────────────────────────┐
     │ T3접점 동작후 T4접점 3초 후 동작       │
     └────────────────────────────────────────┘
```

꼬릿말:
저자: 회사:
날짜: 2012/12/22   쪽: 1/2

| 래더 |

```
 27 ─┤T0004├────────────────────────────────[RST  P0012]─
                                                   PL6

     ┌─────────────────────────────────────┐
     │ T4접점 동작에 의해 PL6 소등          │
     └─────────────────────────────────────┘

 29 ─────────────────────────────────────────────[END]─
```

꼬릿말:
저자:
날짜:2012/12/22
회사:
쪽:2/2

(6) 프로그램 작성 II

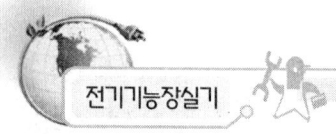

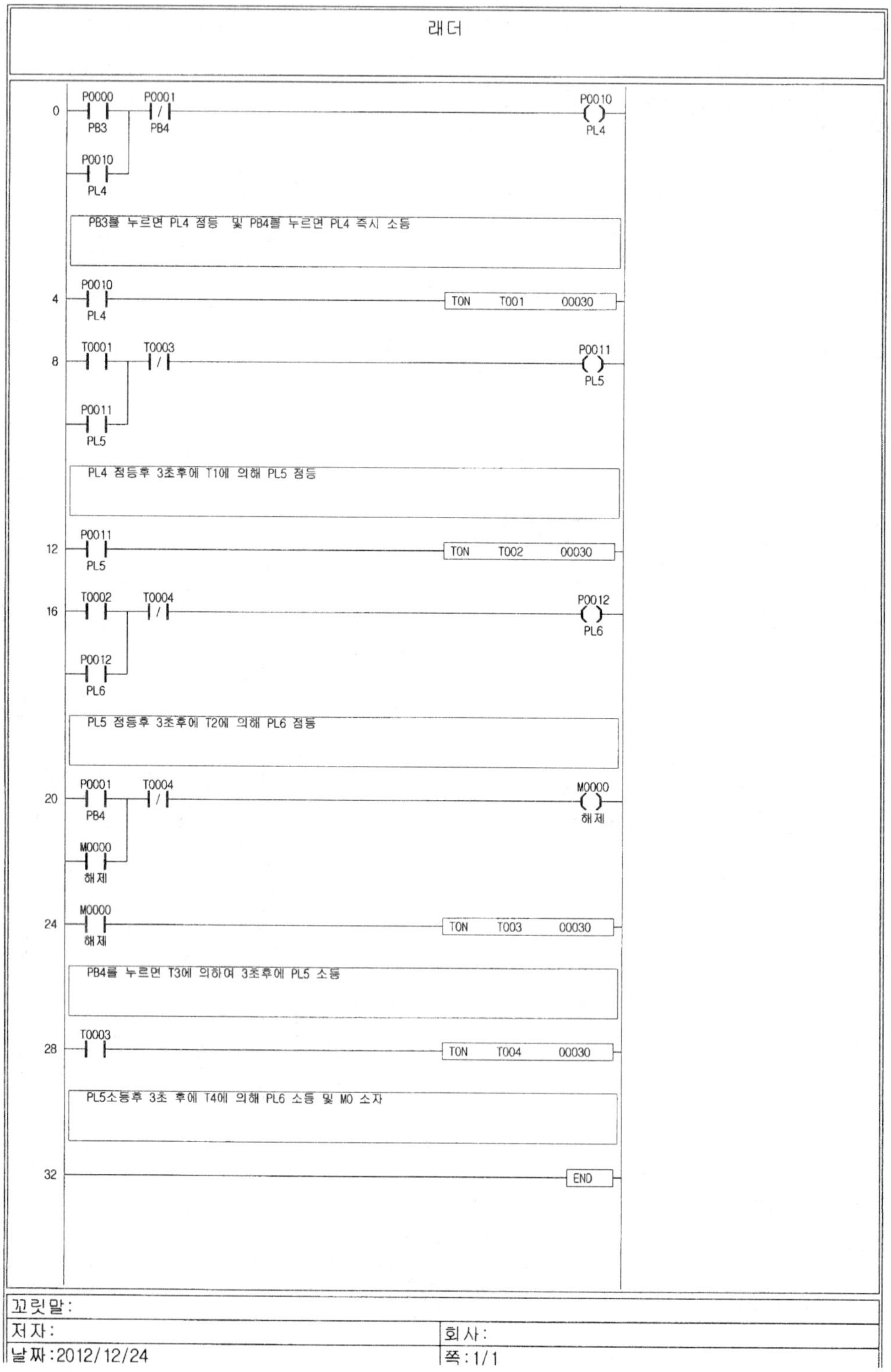
래더
0
P0000
PB3
P0001
PB4
P0010
PL4
P0010
PL4
PB3를 누르면 PL4 점등 및 PB4를 누르면 PL4 즉시 소등
4
P0010
PL4
TON T001 00030
8
T0001
T0003
P0011
PL5
P0011
PL5
PL4 점등후 3초후에 T1에 의해 PL5 점등
12
P0011
PL5
TON T002 00030
16
T0002
T0004
P0012
PL6
P0012
PL6
PL5 점등후 3초후에 T2에 의해 PL6 점등
20
P0001
PB4
T0004
M0000
해제
M0000
해제
24
M0000
해제
TON T003 00030
PB4를 누르면 T3에 의하여 3초후에 PL5 소등
28
T0003
TON T004 00030
PL5소등후 3초 후에 T4에 의해 PL6 소등 및 M0 소자
32
END
꼬릿말:
저자:
회사:
날짜:2012/12/24
쪽:1/1

6.9 제48회 A형[2010년 9월]

(1) 제1과제 : PLC 프로그램 구성

① 다음 동작설명과 타임차트를 참조하여 PLC 프로그램을 완성하시오.
② PLC 프로그램 구성은 반드시 본인이 지참한 기종으로 작업하여야 한다.

(2) 동작설명

① PB_4를 눌렀다 놓으면 PL_4가 점등되며, 2초 후 PL_4가 소등되고, PL_5가 점등되며, 2초 후 PL_5가 소등되고 PL_6이 점등된다.
② PB_5를 누를 때까지 위 사항을 계속 반복 동작하며, PB_5를 누르면 동작 중이던 PL_4, PL_5, PL_6이 소등된다.

(3) PLC 입출력도

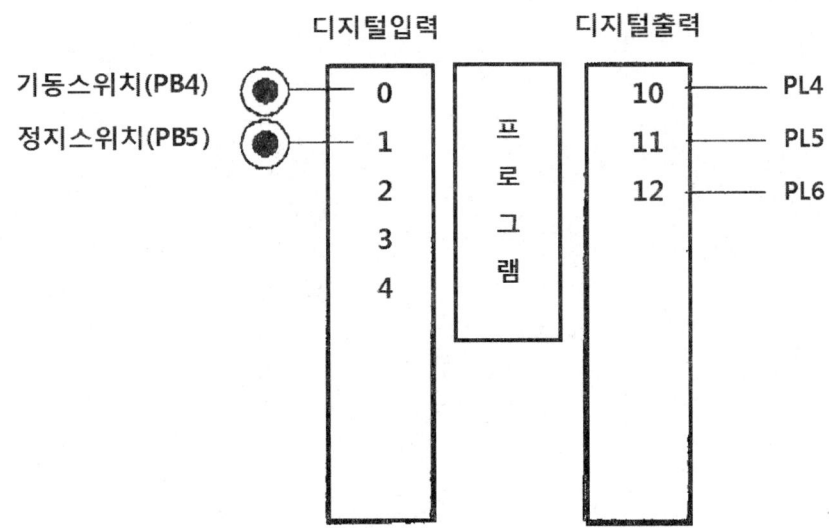

(4) 타임차트

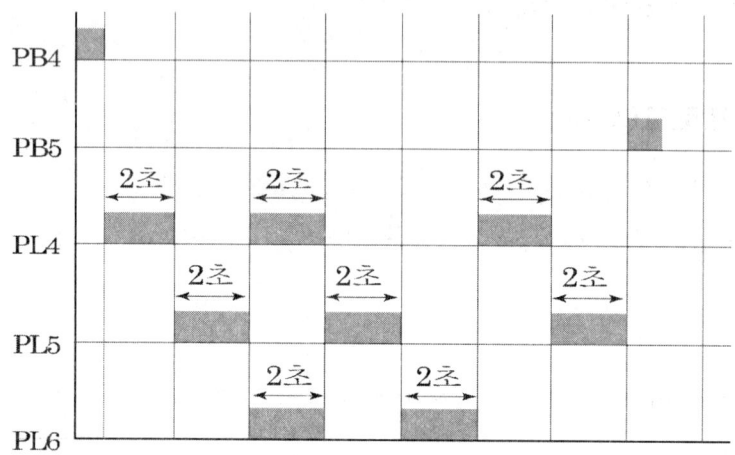

(5) 프로그램 작성 I

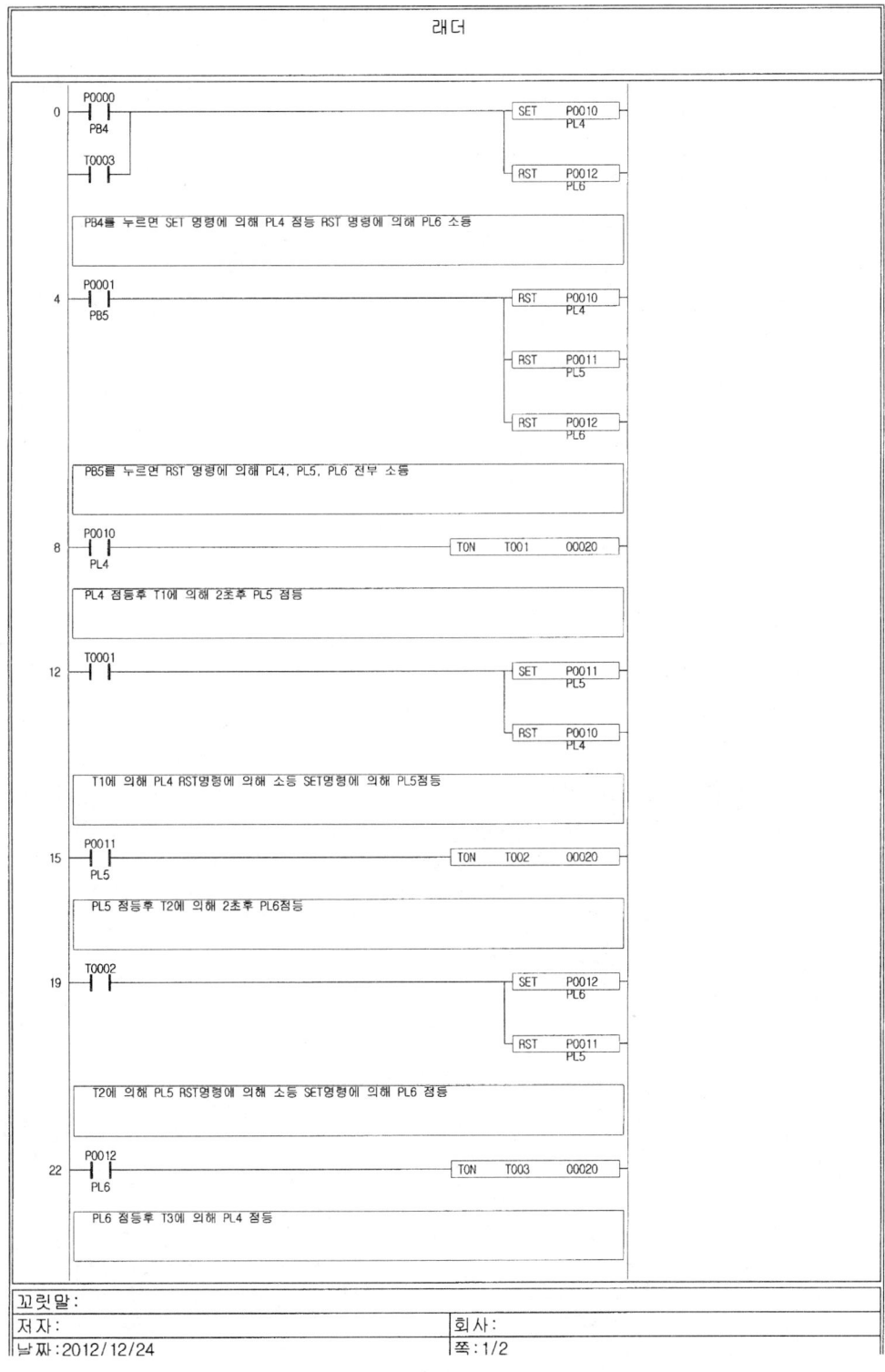

래더
26 ─────────────────────────────[END]

(6) 프로그램 작성 II

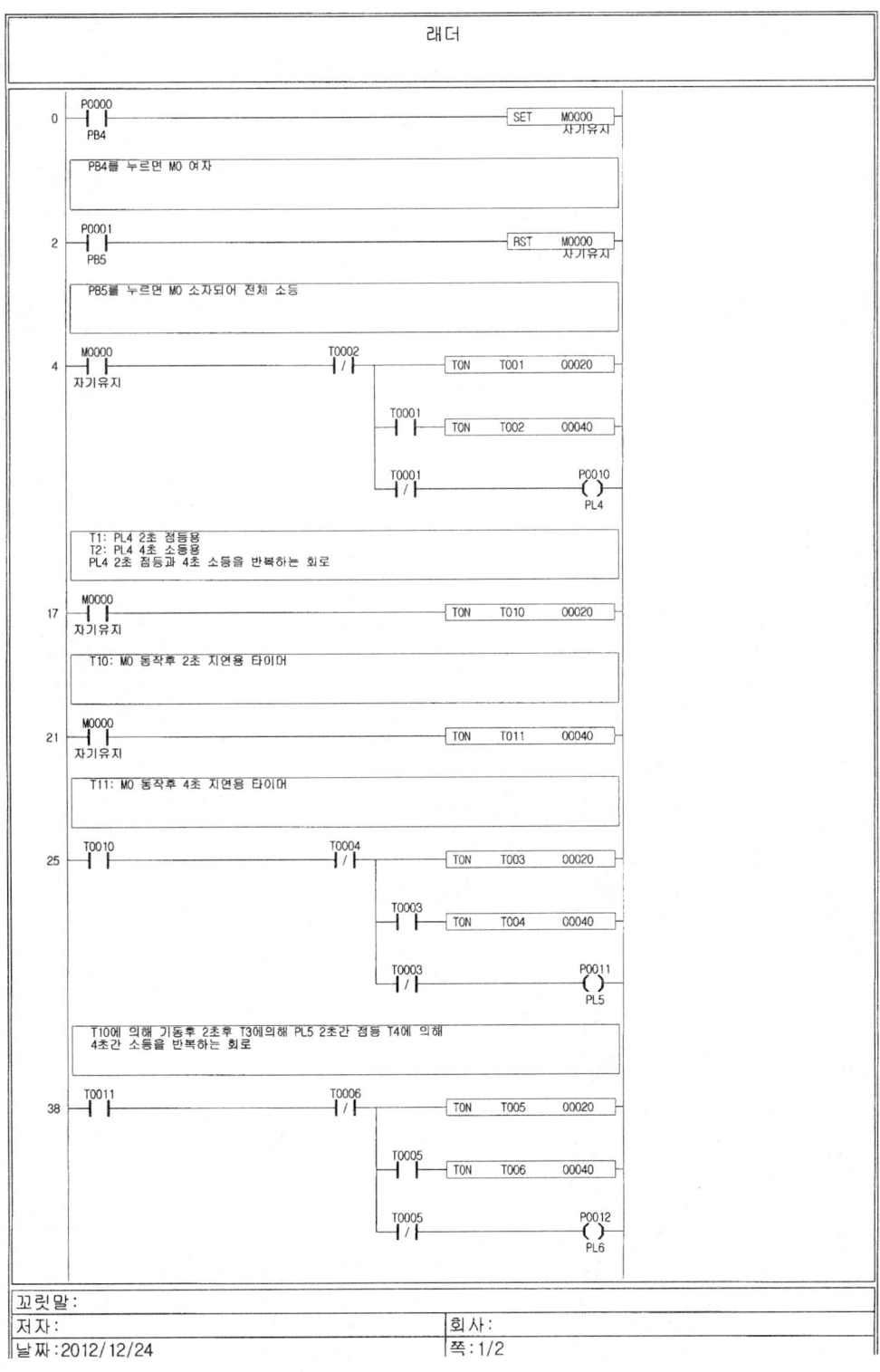

래더
T11에 의해 기동후 4초후 T5에의해 PL6 2초간 점등 T6에 의해 4초간 소등을 반복하는 회로

51 ─────────────────────────────────[END]

6.10 제48회 B형 [2010년 9월]

(1) 제1과제 : PLC 프로그램 구성

① 다음 동작설명과 타임차트를 참조하여 PLC 프로그램을 완성하시오.
② PLC 프로그램 구성은 반드시 본인이 지참한 기종으로 작업하여야 한다.

(2) 동작설명

① PB_4를 누르면 PL_4가 2초 점등, 1초 소등을 계속 반복 점멸한다.
   PL_5는 2초 후 1초 점등, 2초 소등을 반복한다. PL_6은 3초 후 계속 점등된다.
② PB_5를 누를 때까지 위 사항을 계속 반복 동작하며, PB_5를 누르면 동작 중이던 PL_4, PL_5, PL_6이 전부 소등된다.

(3) PLC 입출력도

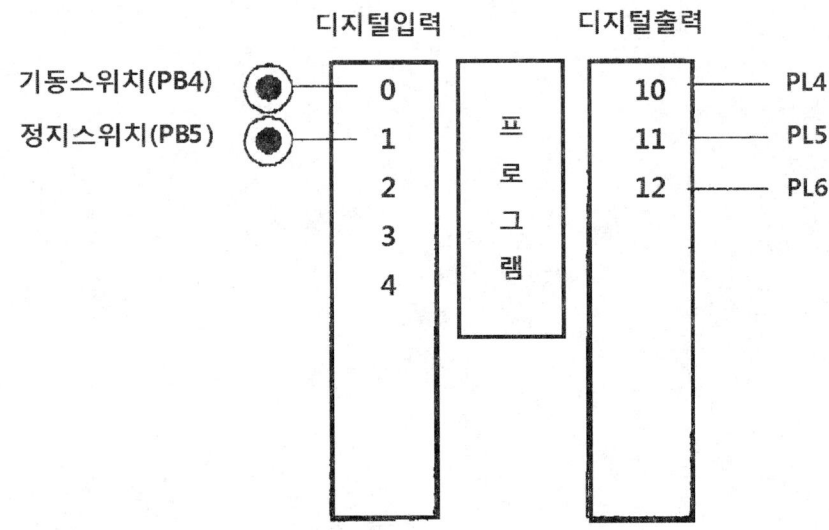

(4) 타임차트

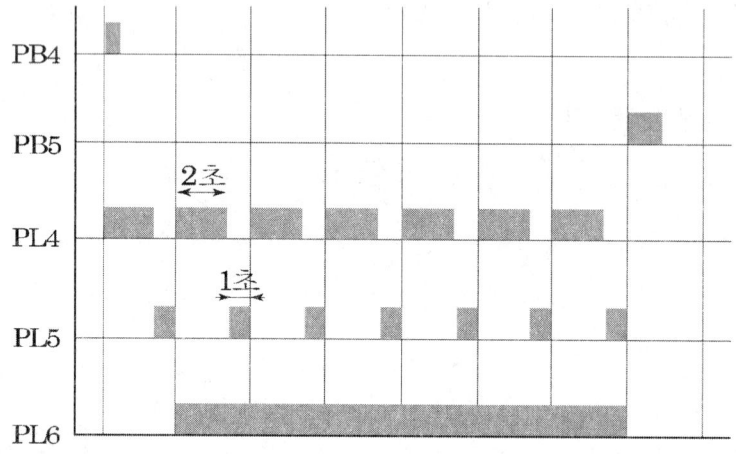

(5) 프로그램 작성

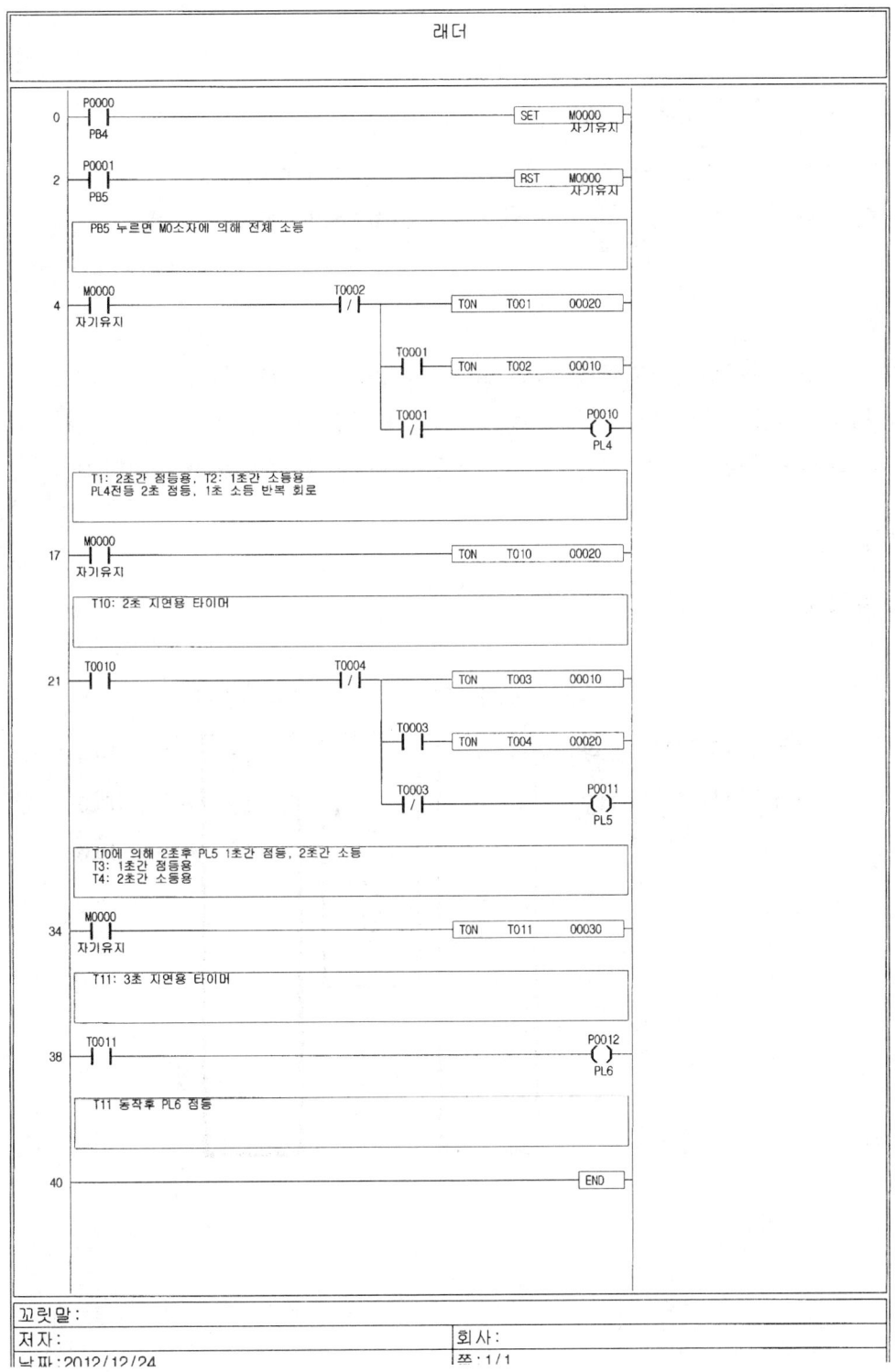

6.11 제48회 C형 [2010년 9월]

(1) 제1과제 : PLC 프로그램 구성

① 다음 동작설명과 타임차트를 참조하여 PLC 프로그램을 완성하시오.
② PLC 프로그램 구성은 반드시 본인이 지참한 기종으로 작업하여야 한다.

(2) 동작설명

① PB_4를 2회 누르면 PL_4가 2초 점등, 2초 소등을 계속 반복 점멸한다.
   PL_5는 PL_4가 점등을 시작하고 2초 후 점등, 2초 소등을 반복한다.
② PB_5를 누를 때까지 위 사항을 계속 반복 동작하며, PB_5를 누르면 동작 중이던 PL_4, PL_5, PL_6이 전부 소등된다.

(3) PLC 입출력도

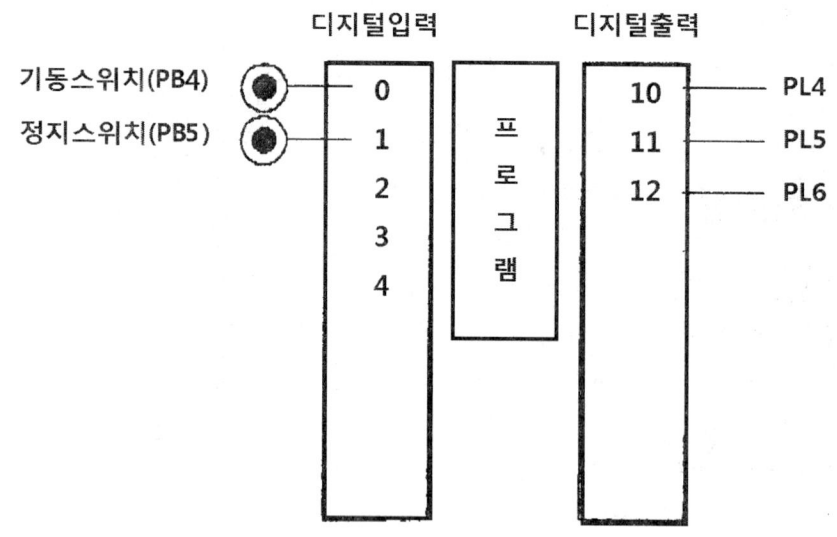

(4) 타임차트

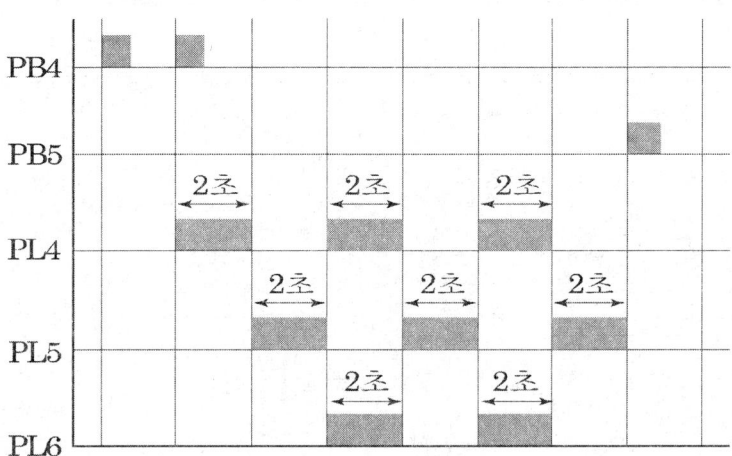

(5) 프로그램 작성

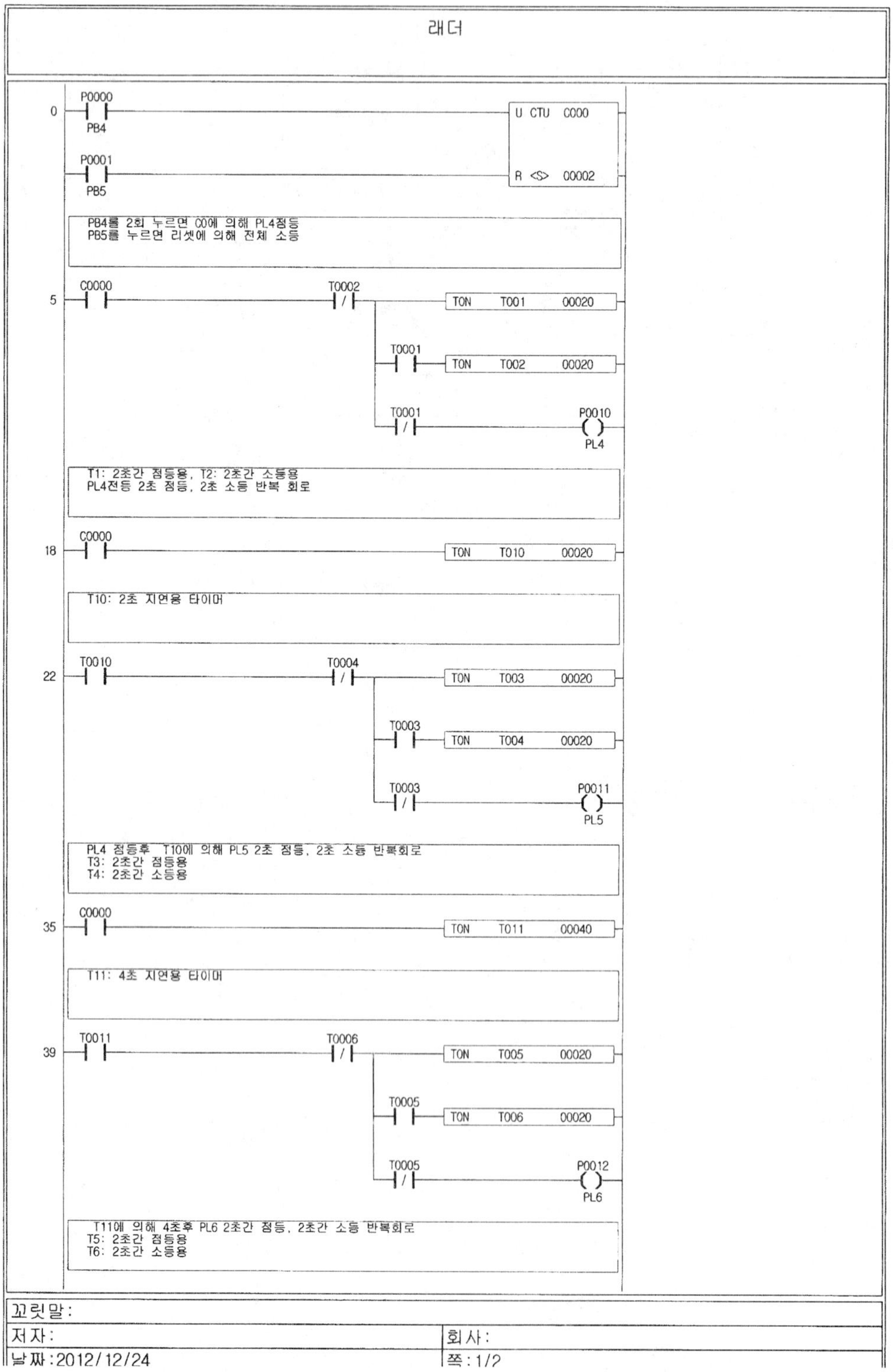

```
                                    래더

   0  ┤P0000├──────────────────────────────────────[U CTU C000]
      │ PB4 │
      ├P0001├──────────────────────────────────────[R <> 00002]
      │ PB5 │
      
      PB4를 2회 누르면 C00에 의해 PL4점등
      PB5를 누르면 리셋에 의해 전체 소등

   5  ┤C0000├────────────────┤/T0002├──────[TON T001 00020]
                              ┤T0001├──────[TON T002 00020]
                              ┤/T0001├─────( P0010 ) PL4
      
      T1: 2초간 점등용, T2: 2초간 소등용
      PL4전등 2초 점등, 2초 소등 반복 회로

  18  ┤C0000├────────────────────────────────[TON T010 00020]
      
      T10: 2초 지연용 타이머

  22  ┤T0010├────────────────┤/T0004├──────[TON T003 00020]
                              ┤T0003├──────[TON T004 00020]
                              ┤/T0003├─────( P0011 ) PL5
      
      PL4 점등후 T10에 의해 PL5 2초 점등, 2초 소등 반복회로
      T3: 2초간 점등용
      T4: 2초간 소등용

  35  ┤C0000├────────────────────────────────[TON T011 00040]
      
      T11: 4초 지연용 타이머

  39  ┤T0011├────────────────┤/T0006├──────[TON T005 00020]
                              ┤T0005├──────[TON T006 00020]
                              ┤/T0005├─────( P0012 ) PL6
      
      T11에 의해 4초후 PL6 2초간 점등, 2초간 소등 반복회로
      T5: 2초간 점등용
      T6: 2초간 소등용
```

꼬릿말:
저자: 회사:
날짜: 2012/12/24 쪽: 1/2

래더

52 ───────────────────────────────── [END]

6.12 제49회 A형 [2011년 5월]

(1) 제1과제 : PLC 프로그램 구성

① 다음 동작설명과 타임차트를 참조하여 PLC 프로그램을 완성하시오.
② PLC 프로그램 구성은 반드시 본인이 지참한 기종으로 작업하여야 한다.

(2) 동작설명

① PB_3을 2회 누르면 PL_4가 점등되어 3초 소등되고, PL_5는 PL_4가 소등된 후 1초 후 점등되어 3초 소등되며, 1초 후 PL_4가 다시 점등된다.
② PB_4를 누를 때까지 위 사항을 계속 반복 동작하며, PB_4를 누르면 동작 중이던 PL_4, PL_5, PL_6이 전부 소등된다.
③ PLC 전원이 투입되면 PL_3은 점등(2초)과 소등(1초)을 반복 동작한다.

(3) PLC 입출력도

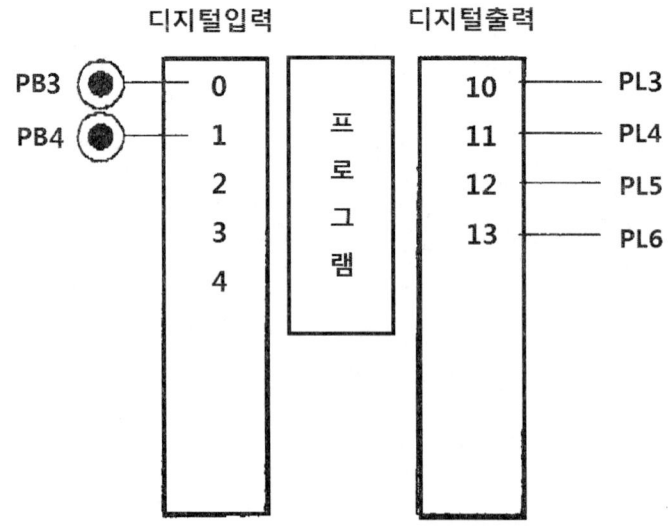

(4) 타임차트

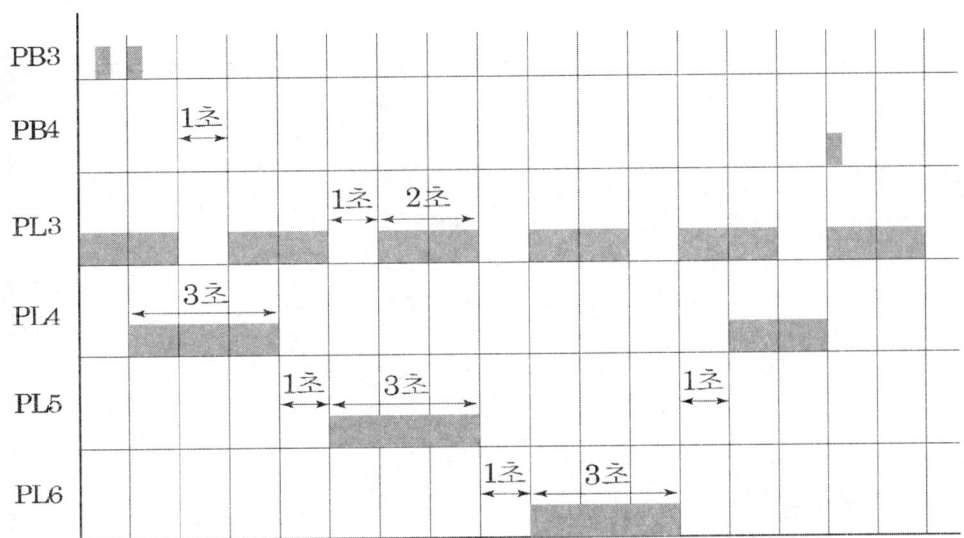

(5) 프로그램 작성

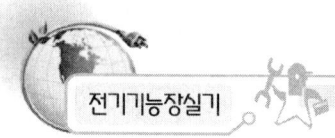

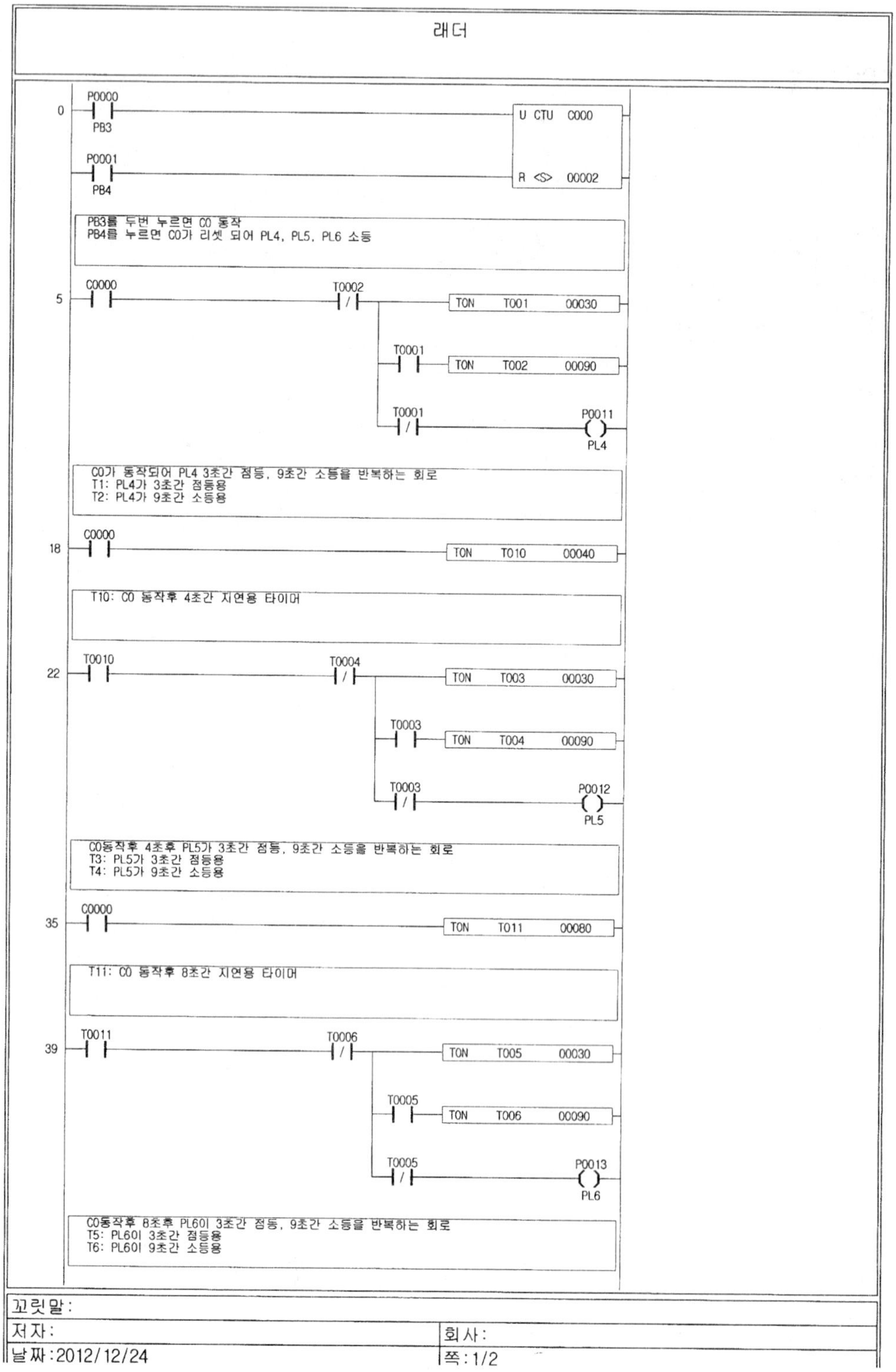
래더
0
P0000
PB3
U CTU C000
P0001
PB4
R <S> 00002
PB3를 두번 누르면 C0 동작
PB4를 누르면 C0가 리셋 되어 PL4, PL5, PL6 소등
5
C0000
T0002
TON T001 00030
T0001
TON T002 00090
T0001
P0011
PL4
C0가 동작되어 PL4 3초간 점등, 9초간 소등을 반복하는 회로
T1: PL4가 3초간 점등용
T2: PL4가 9초간 소등용
18
C0000
TON T010 00040
T10: C0 동작후 4초간 지연용 타이머
22
T0010
T0004
TON T003 00030
T0003
TON T004 00090
T0003
P0012
PL5
C0동작후 4초후 PL5가 3초간 점등, 9초간 소등을 반복하는 회로
T3: PL5가 3초간 점등용
T4: PL5가 9초간 소등용
35
C0000
TON T011 00080
T11: C0 동작후 8초간 지연용 타이머
39
T0011
T0006
TON T005 00030
T0005
TON T006 00090
T0005
P0013
PL6
C0동작후 8초후 PL6이 3초간 점등, 9초간 소등을 반복하는 회로
T5: PL6이 3초간 점등용
T6: PL6이 9초간 소등용
꼬릿말 :
저자 :
회사 :
날짜 : 2012/12/24
쪽 : 1/2

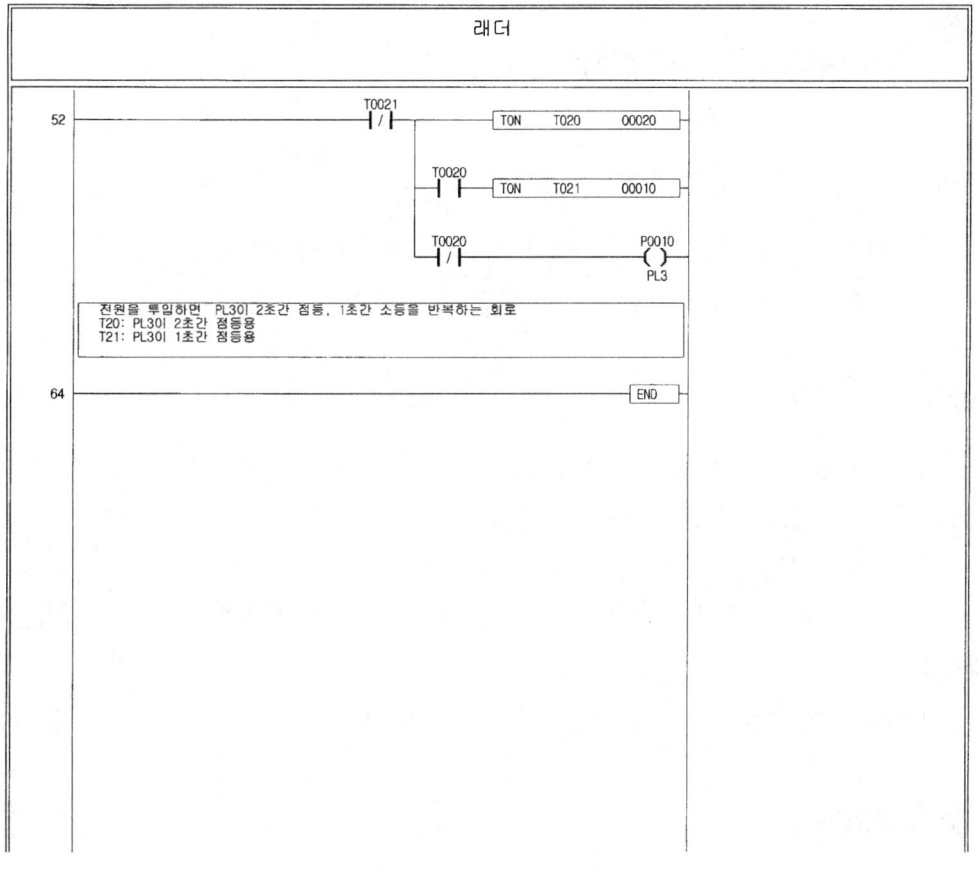

6.13 제49회 B형 [2011년 5월]

(1) 제1과제 : PLC 프로그램 구성

① 다음 동작설명과 타임차트를 참조하여 PLC 프로그램을 완성하시오.
② PLC 프로그램 구성은 반드시 본인이 지참한 기종으로 작업하여야 한다.

(2) 동작설명

① PB_3을 눌렀다 놓으면 1초 후 PL_6이 점등되어, 3초간 점등된 뒤 소등되고, PL_5는 PL_6이 소등된 후 1초 뒤 점등되어 3초 후 소등되며, PL_4는 PL_5가 소등된 후 1초 뒤 점등되어 3초 후 소등되며, 1초 뒤 PL_6이 다시 점등된다.
② PB_4를 누를 때까지 위 사항을 계속 반복 동작하며, PB_4를 누르면 동작 중이던 PL_4, PL_5, PL_6이 전부 소등된다.
③ PLC 전원이 투입되면 PL_3은 점등(1초)-소등(1초)-점등(2초)-소등(1초)을 반복 동작한다.

(3) PLC 입출력도

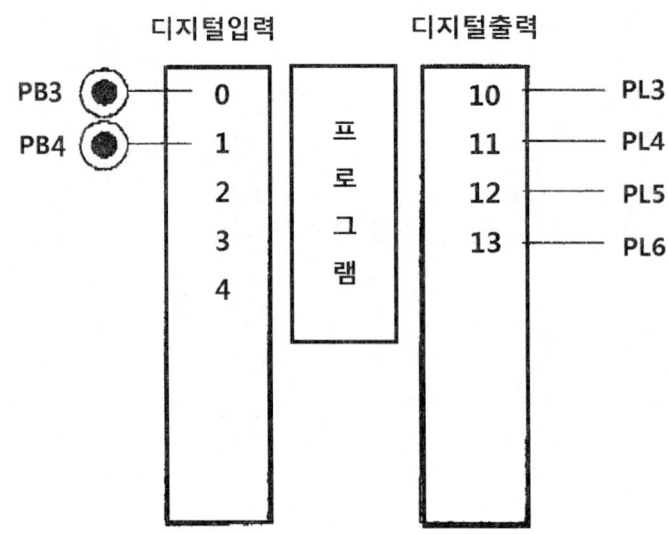

(4) 타임차트

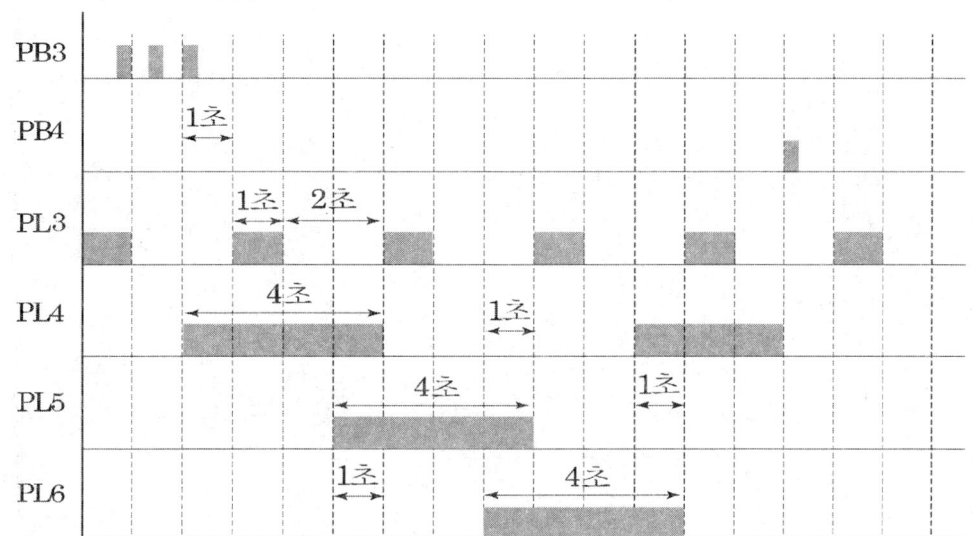

(5) 프로그램 작성

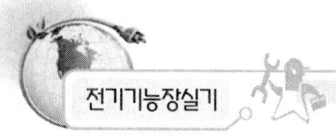

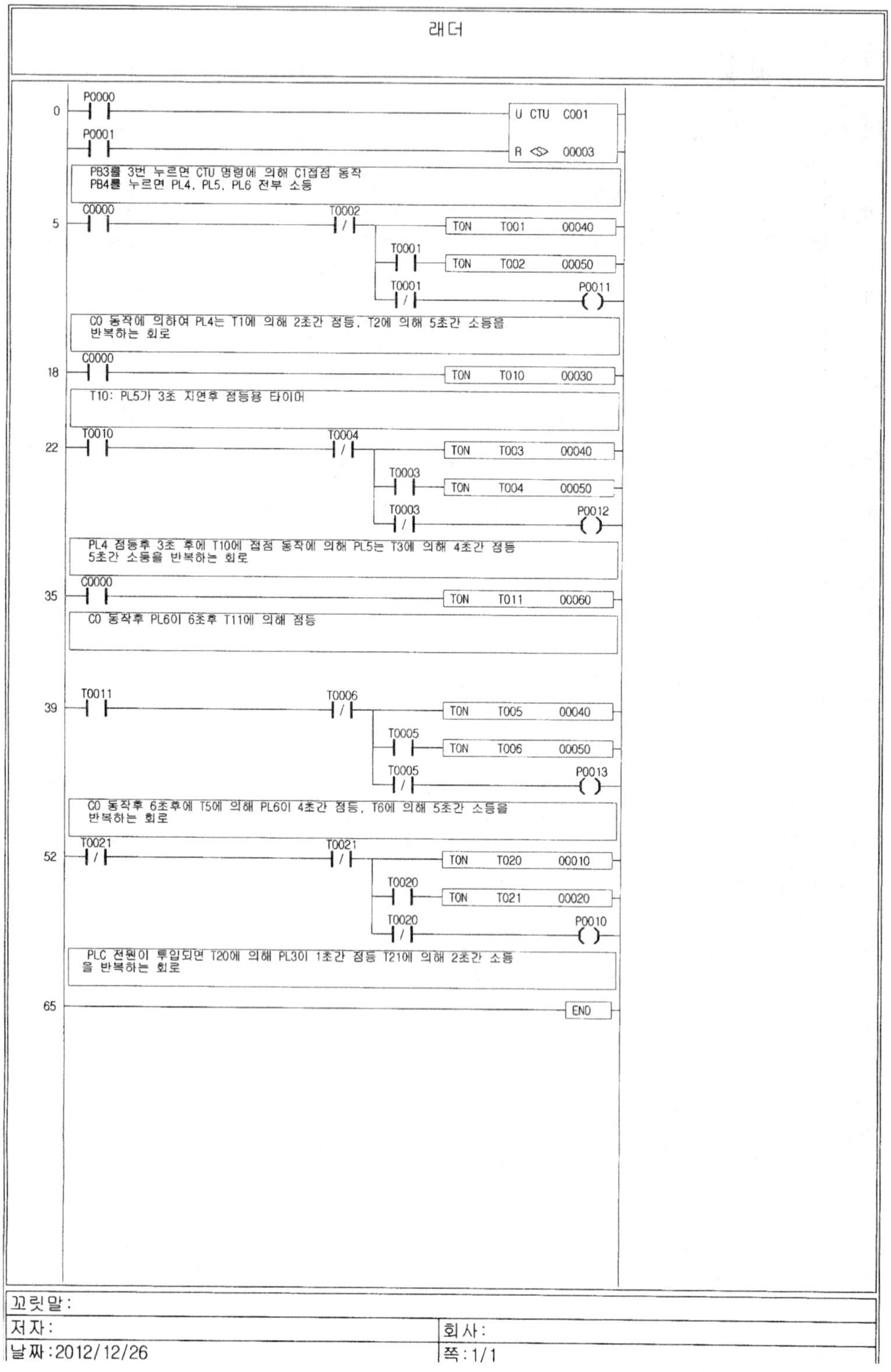
래더
0
P0000
U CTU C001
P0001
R <S> 00003
PB3를 3번 누르면 CTU 명령에 의해 C1접점 동작
PB4를 누르면 PL4, PL5, PL6 전부 소등
5
C0000
T0002
TON T001 00040
T0001
TON T002 00050
T0001
P0011
CO 동작에 의하여 PL4는 T1에 의해 2초간 점등, T2에 의해 5초간 소등을
반복하는 회로
18
C0000
TON T010 00030
T10: PL5가 3초 지연후 점등용 타이머
22
T0010
T0004
TON T003 00040
T0003
TON T004 00050
T0003
P0012
PL4 점등후 3초 후에 T10에 접점 동작에 의해 PL5는 T3에 의해 4초간 점등
5초간 소등을 반복하는 회로
35
C0000
TON T011 00060
CO 동작후 PL6이 6초후 T11에 의해 점등
39
T0011
T0006
TON T005 00040
T0005
TON T006 00050
T0005
P0013
CO 동작후 6초후에 T5에 의해 PL6이 4초간 점등, T6에 의해 5초간 소등을
반복하는 회로
52
T0021
T0021
TON T020 00010
T0020
TON T021 00020
T0020
P0010
PLC 전원이 투입되면 T20에 의해 PL3이 1초간 점등 T21에 의해 2초간 소등
을 반복하는 회로
65
END
꼬릿말:
저자:
회사:
날짜:2012/12/26
쪽:1/1

6.14 제49회 C형 [2011년 5월]

(1) 제1과제 : PLC 프로그램 구성

① 다음 동작설명과 타임차트를 참조하여 PLC 프로그램을 완성하시오.
② PLC 프로그램 구성은 반드시 본인이 지참한 기종으로 작업하여야 한다.

(2) 동작설명

① PB_3을 눌렀다 놓으면 1초 후 PL_6이 점등되어 3초간 점등된 뒤 소등되고, PL_5는 PL_6이 소등된 후 1초 뒤 점등되어 3초 후 소등되며, PL_4는 PL_5가 소등된 후 1초 뒤 점등되어 3초 후 소등되며, 1초 뒤 PL_6이 다시 점등된다.
② PB_4를 누를 때까지 위 사항을 계속 반복 동작하며, PB_4를 누르면 동작 중이던 PL_4, PL_5, PL_6이 전부 소등된다.
③ PLC 전원이 투입되면 PL_3은 점등(1초)-소등(1초)-점등(2초)-소등(1초)을 반복 동작한다.

(3) PLC 입출력도

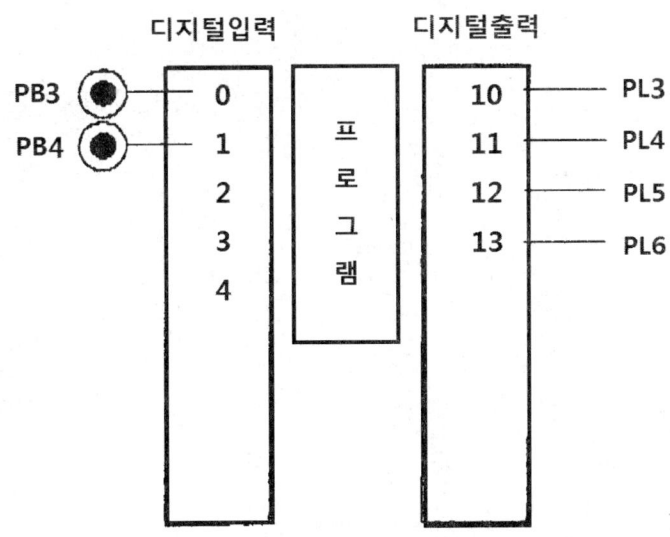

(4) 타임차트

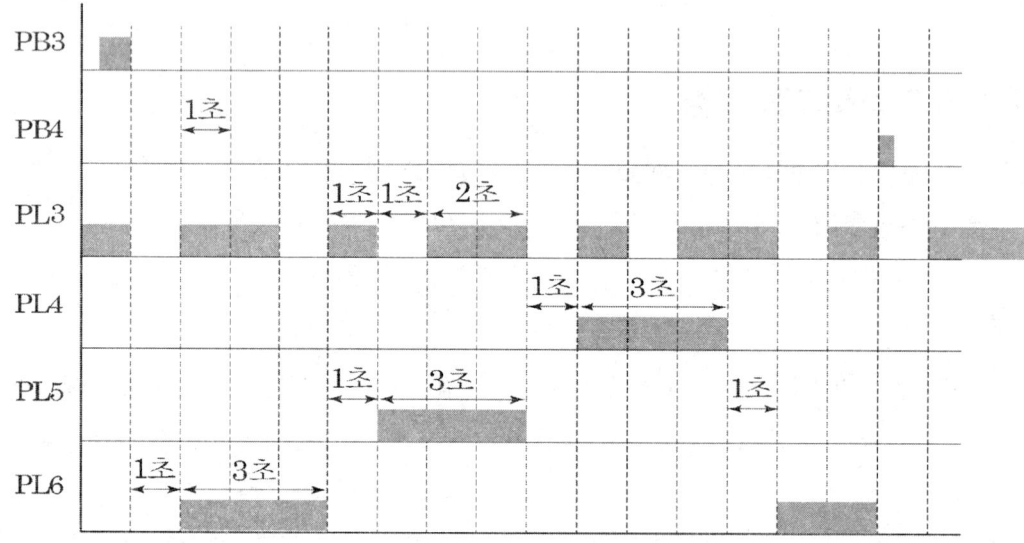

(5) PLC 프로그램 작성

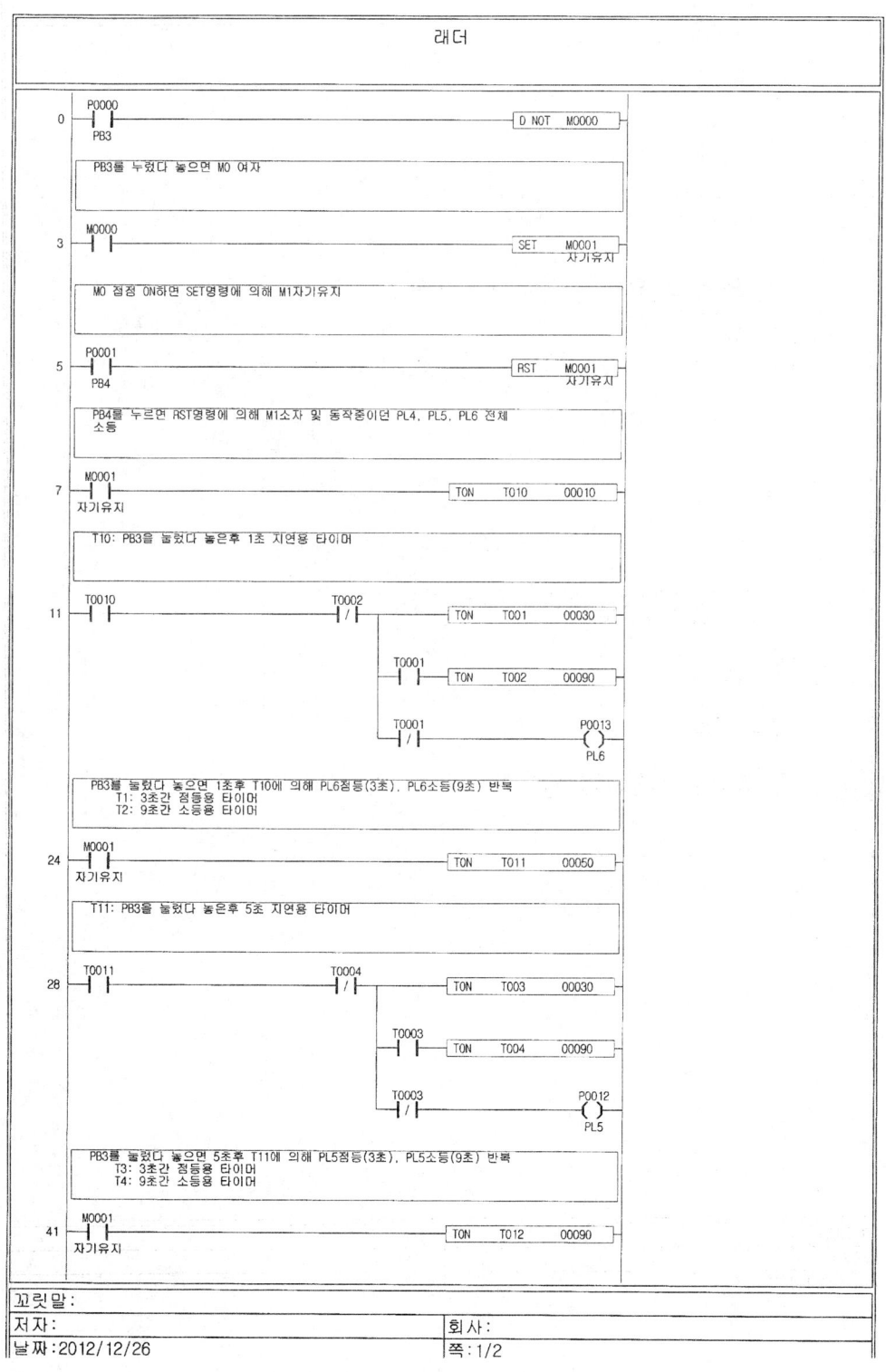

래더

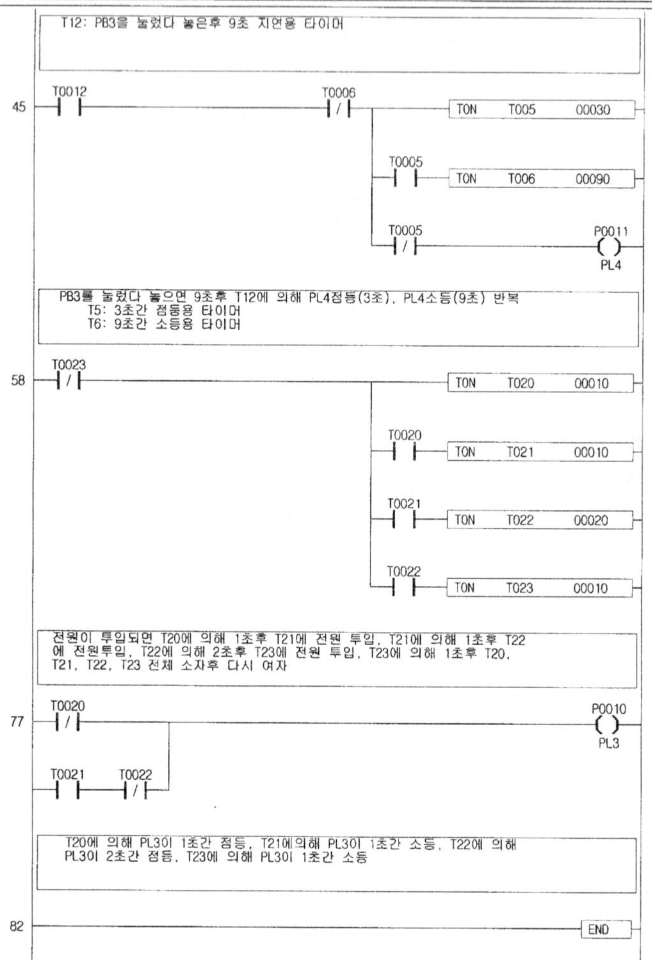

T12: PB3을 눌렀다 놓은후 9초 지연용 타이머

```
45  T0012      T0006
    ─┤├────────┤/├────────[TON   T005    00030]
                    T0005
                    ─┤├───────────[TON   T006    00090]
                    T0005                              P0011
                    ─┤/├──────────────────────────────( )
                                                       PL4
```

PB3를 눌렀다 놓으면 9초후 T12에 의해 PL4점등(3초), PL4소등(9초) 반복
T5: 3초간 점등용 타이머
T6: 9초간 소등용 타이머

```
58  T0023
    ─┤/├──────────────────────────[TON   T020    00010]
                    T0020
                    ─┤├───────────[TON   T021    00010]
                    T0021
                    ─┤├───────────[TON   T022    00020]
                    T0022
                    ─┤├───────────[TON   T023    00010]
```

전원이 투입되면 T20에 의해 1초후 T21에 전원 투입, T21에 의해 1초후 T22
에 전원투입, T22에 의해 2초후 T23에 전원 투입, T23에 의해 1초후 T20,
T21, T22, T23 전체 소자후 다시 여자

```
77  T0020                                              P0010
    ─┤/├──────────────────────────────────────────────( )
    T0021  T0022                                       PL3
    ─┤├────┤/├
```

T20에 의해 PL3이 1초간 점등, T21에의해 PL3이 1초간 소등, T22에 의해
PL3이 2초간 점등, T23에 의해 PL3이 1초간 소등

```
82  ──────────────────────────────────────────────────[END]
```

날짜: 2012/12/26

6.15 제50회 A형 [2011년 9월]

(1) 제1과제 : PLC 프로그램 구성

① 다음 동작설명과 타임차트를 참조하여 PLC 프로그램을 완성하시오.
② PLC 프로그램 구성은 반드시 본인이 지참한 기종으로 작업하여야 한다.

(2) 동작설명

① PB-ON을 누르면 PL_1은 3초간 점등되고, PL_2는 PL_1 소등 1초 전에 점등되어 점등(2초)-소등(1초)-점등(1초)-소등(1초)-점등(1초)을 동작하며 PL_3은 PL_2 소등 후 점등(1초)-소등(1초)을 동작한다.
② PB-OFF를 누를 때까지 위 사항을 계속 반복 동작하며, PB-OFF를 누르면 동작 중이던 PL_1, PL_2, PL_3은 전부 소등된다.
③ EOCR이 동작되면 X_3 릴레이에 의하여 YL[점등(1초)-소등(1초)-점등(2초)-소등(1초)을 반복]이 동작하고, EOCR을 리셋하면 모든 동작은 멈춘다.

(3) PLC 입출력도

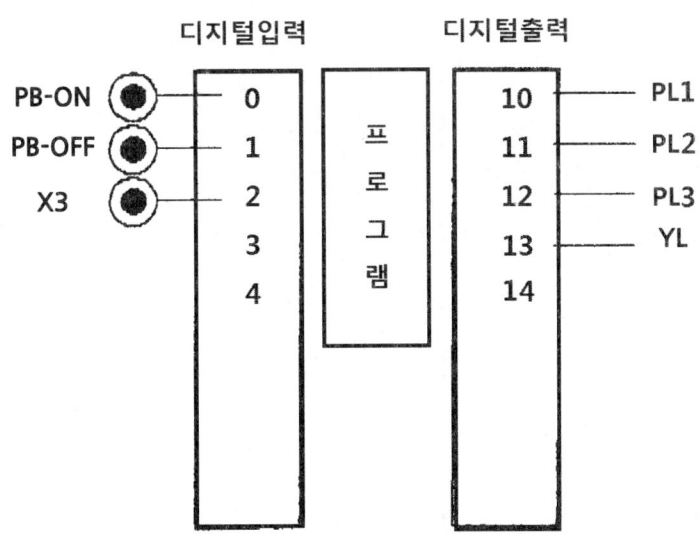

(4) 타임차트

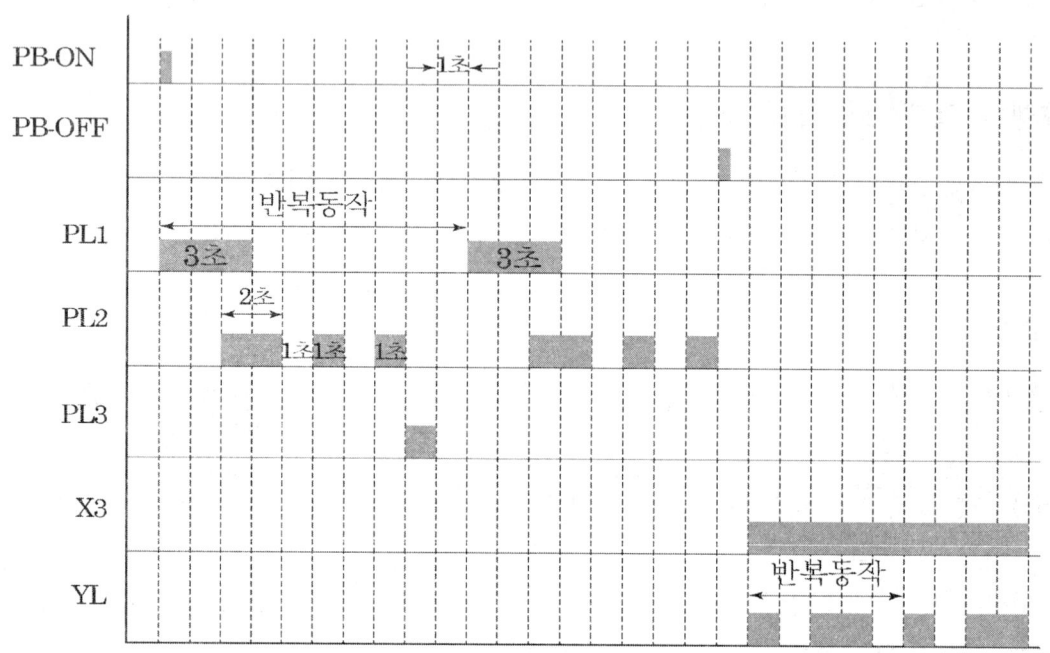

(5) 프로그램 작성

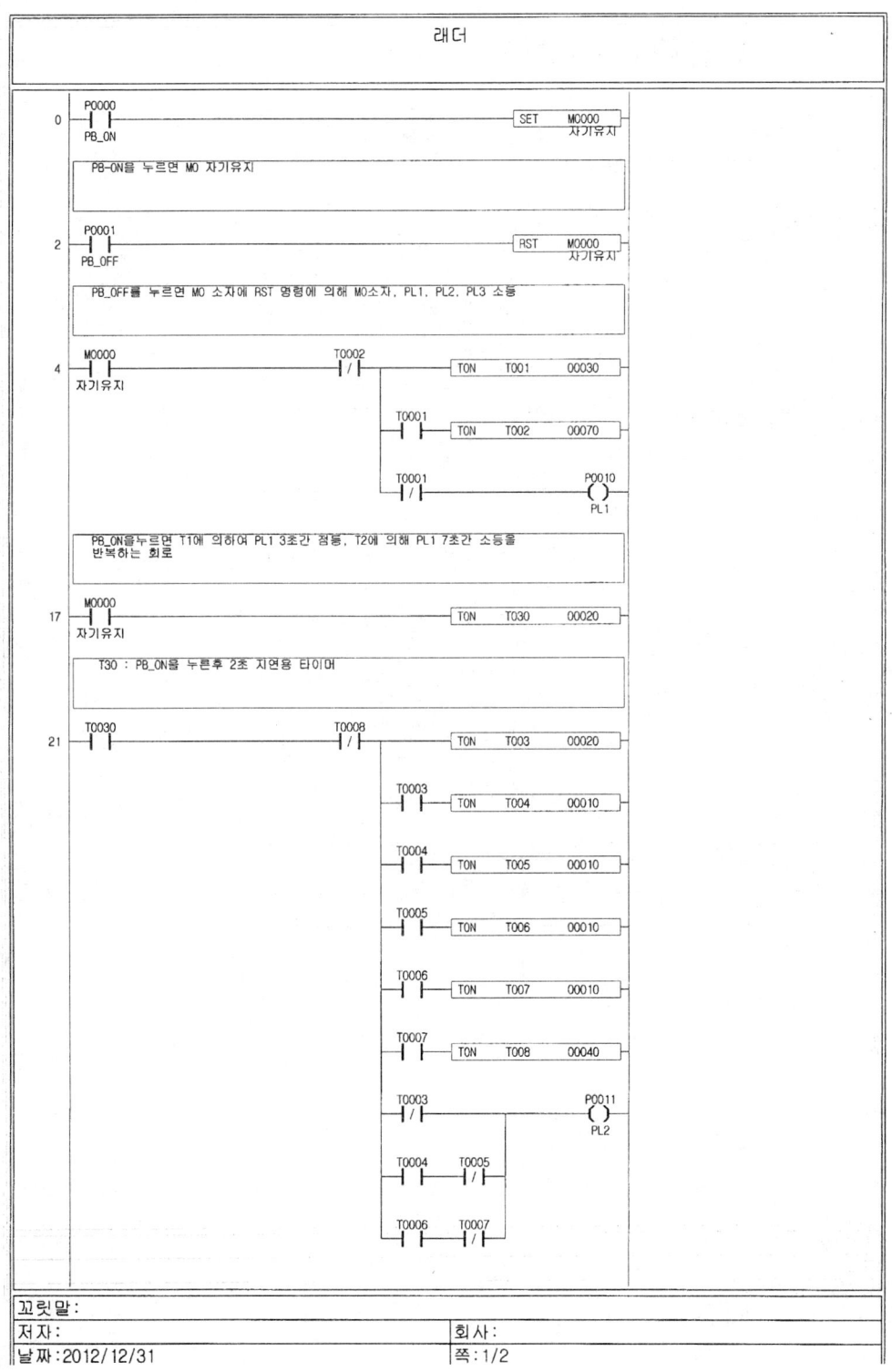

래더

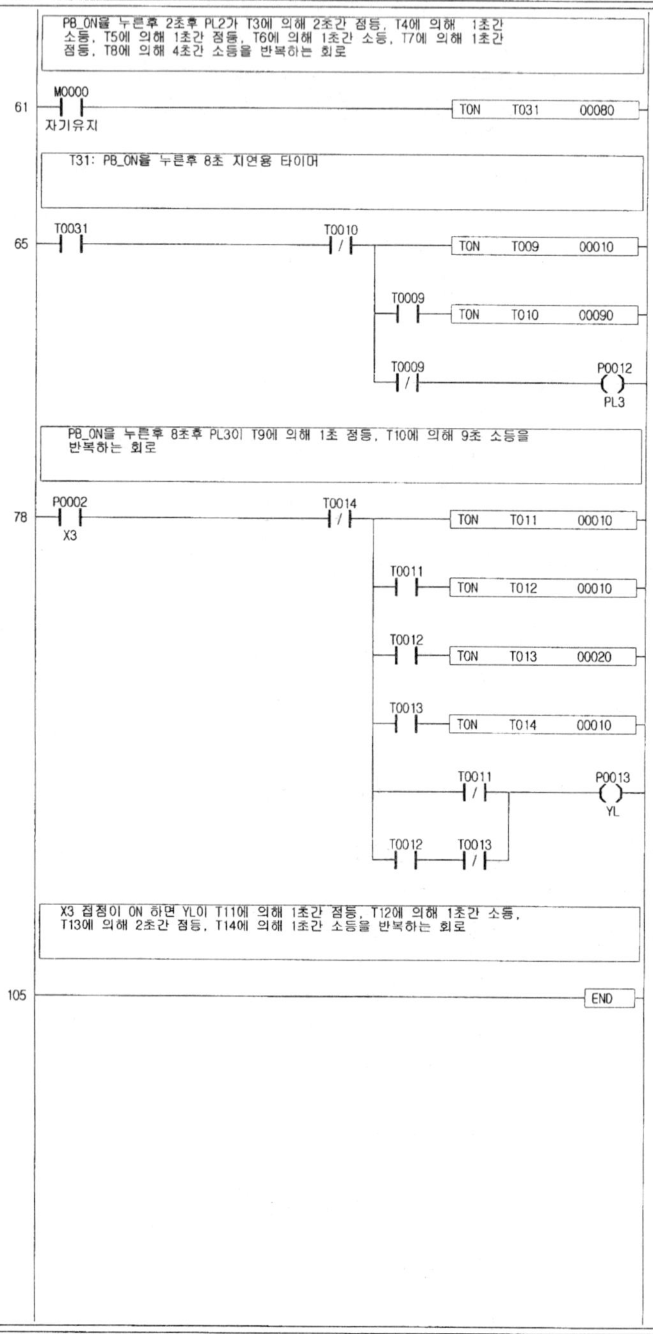

PB_ON을 누른후 2초후 PL2가 T3에 의해 2초간 점등, T4에 의해 1초간 소등, T5에 의해 1초간 점등, T6에 의해 1초간 소등, T7에 의해 1초간 점등, T8에 의해 4초간 소등을 반복하는 회로

```
61    M0000                                              TON    T031    00080
      자기유지
```

T31: PB_ON을 누른후 8초 지연용 타이머

```
65    T0031              T0010
      ─┤├─               ─┤/├─        ┬──── TON    T009    00010
                                       │
                                       │    T0009
                                       ├────┤├──── TON    T010    00090
                                       │
                                       │    T0009                P0012
                                       └────┤/├──────────────────( )
                                                                  PL3
```

PB_ON을 누른후 8초후 PL3이 T9에 의해 1초 점등, T10에 의해 9초 소등을 반복하는 회로

```
78    P0002              T0014
      ─┤├─               ─┤/├─        ┬──── TON    T011    00010
       X3                              │
                                       │    T0011
                                       ├────┤├──── TON    T012    00010
                                       │
                                       │    T0012
                                       ├────┤├──── TON    T013    00020
                                       │
                                       │    T0013
                                       ├────┤├──── TON    T014    00010
                                       │
                                       │    T0011                P0013
                                       ├────┤/├──────────────────( )
                                       │                          YL
                                       │    T0012   T0013
                                       └────┤├─────┤├──
```

X3 접점이 ON 하면 YL이 T11에 의해 1초간 점등, T12에 의해 1초간 소등, T13에 의해 2초간 점등, T14에 의해 1초간 소등을 반복하는 회로

```
105                                                               [END]
```

날짜: 2012/12/31   쪽: 2/2

6.16 제50회 B형 [2011년 9월]

(1) 제1과제 : PLC 프로그램 구성

① 다음 동작설명과 타임차트를 참조하여 PLC 프로그램을 완성하시오.
② PLC 프로그램 구성은 반드시 본인이 지참한 기종으로 작업하여야 한다.

(2) 동작설명

① PB-ON을 눌렀다 놓으면 PL_3은 1초간 점등되고, PL_2는 PL_3 소등과 동시에 점등(2초간)되며, PL_1은 PL_2 소등되기 1초 전에 점등되어 3초간 점등되고, 또한 PL_1 소등되기 1초 전에 PL_2가 재점등(2초간) 된다.
② PB-OFF를 누를 때까지 위 사항을 계속 반복 동작하며, PB-OFF를 누르면 동작 중이던 PL_1, PL_2, PL_3은 전부 소등된다.
③ EOCR이 동작되면 X_3 릴레이 접점에 의하여 YL[점등(1초)-소등(1초)-점등(2초)-소등(1초)-점등(3초)-소등(1초)을 반복]이 동작하고, EOCR을 리셋하면 모든 동작은 멈춘다.

(3) PLC 입출력도

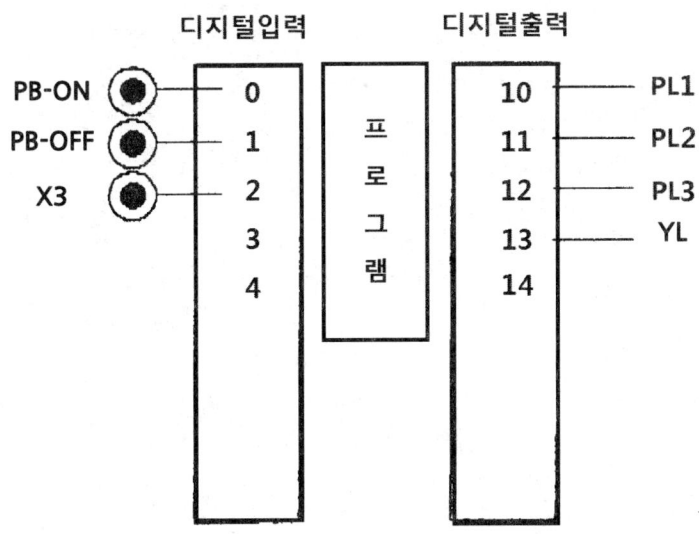

(4) 타임차트

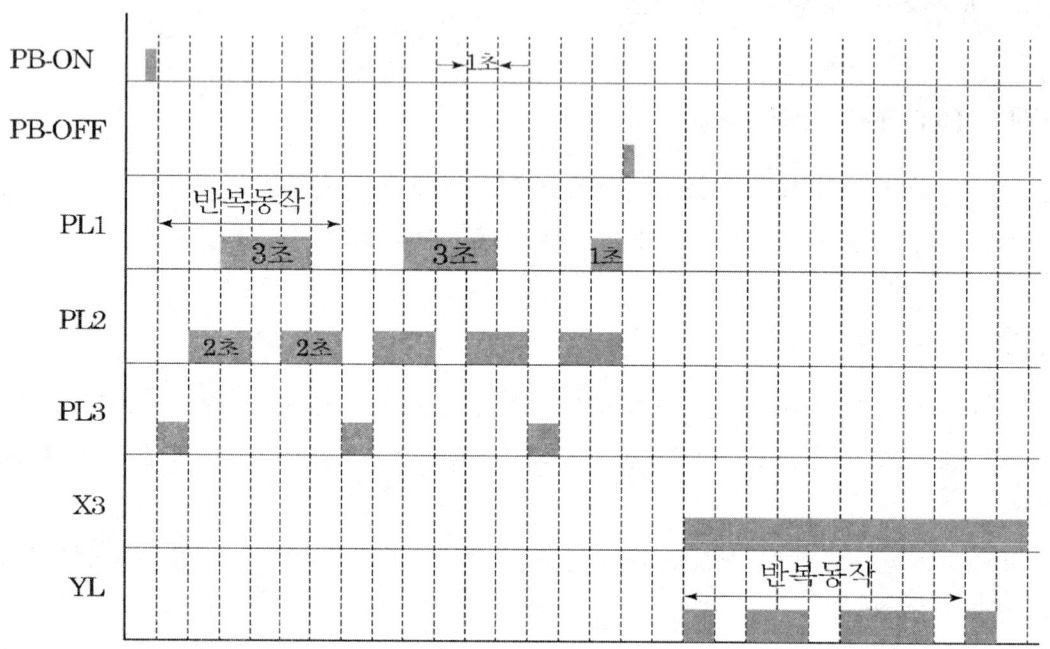

(5) 프로그램 작성

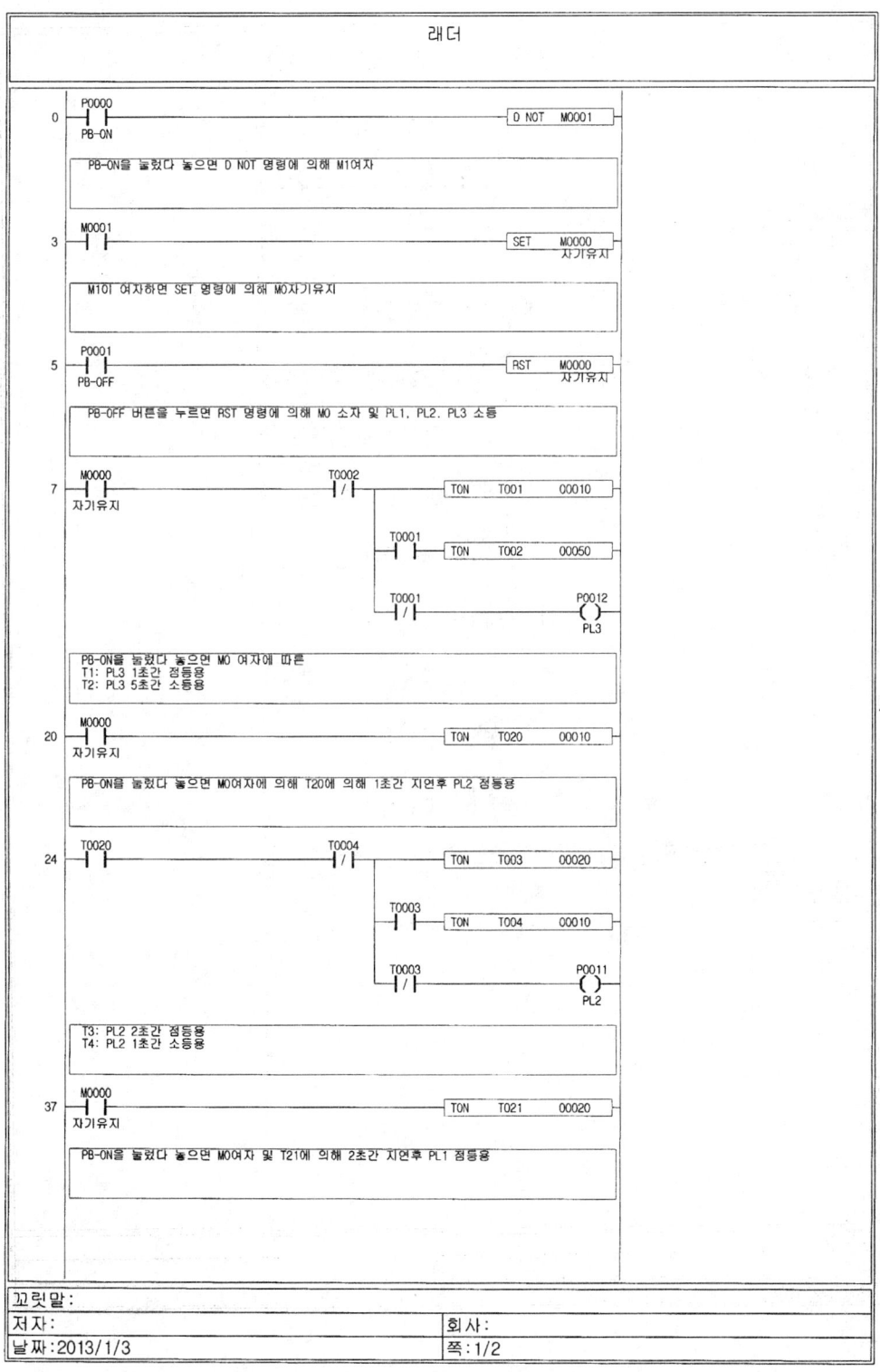

래더

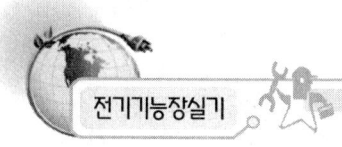

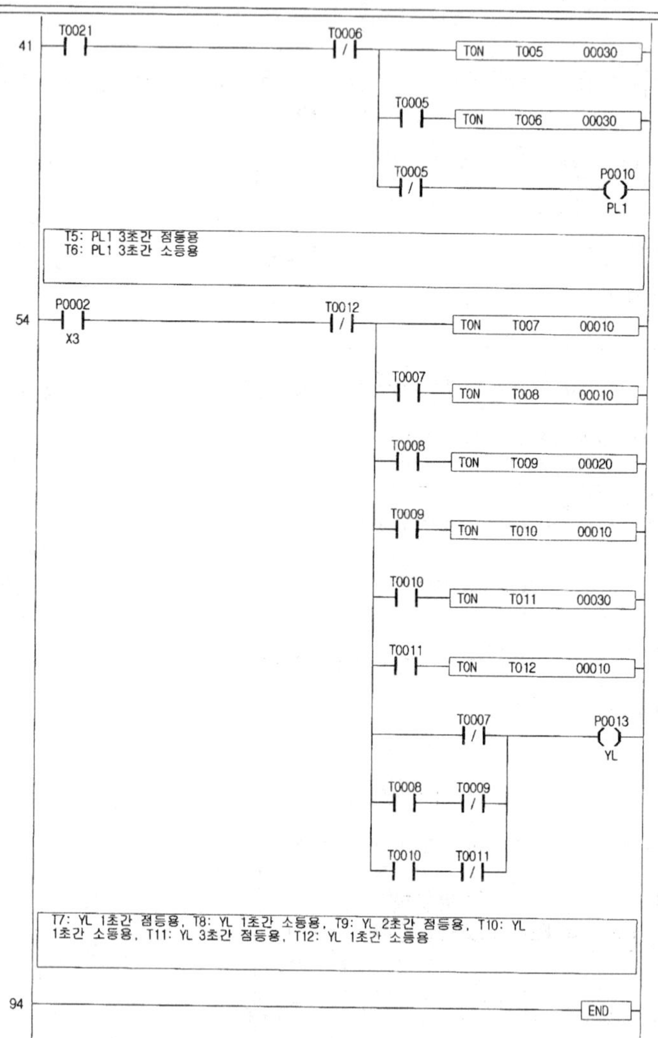

꼬릿말:	
저자:	회사:
날짜:2013/1/3	쪽:2/2

6.17 제50회 C형 [2011년 9월]

(1) 제1과제 : PLC 프로그램 구성

① 다음 동작설명과 타임차트를 참조하여 PLC 프로그램을 완성하시오.
② PLC 프로그램 구성은 반드시 본인이 지참한 기종으로 작업하여야 한다.

(2) 동작설명

① PB-up과 PB-down의 입력에 의한 up-down 카운터(설정치 5)의 현재치가 5 이상이면, PL_1은 3초 간격으로 점멸하고, PL_2는 PL_1이 점등된 후 2초 뒤부터 1초 간격으로 점멸하며, PL_3은 PL_2가 점등된 후 2초 뒤부터 2초 간격으로 점멸한다.
② Up-down 카운터의 현재치가 5 이상이면 위 사항을 계속 반복 동작하며, 현재치가 5보다 작으면 동작 중이던 PL_1, PL_2, PL_3은 전부 소등된다.
③ EOCR이 동작되면 X_3과 YL[점등(2초)-소등(1초)-점등(1초)-소등(1초)-점등(3초)-소등(1초)을 반복]이 동작하고, EOCR을 리셋하면 모든 동작은 멈춘다.

(3) PLC 입출력도

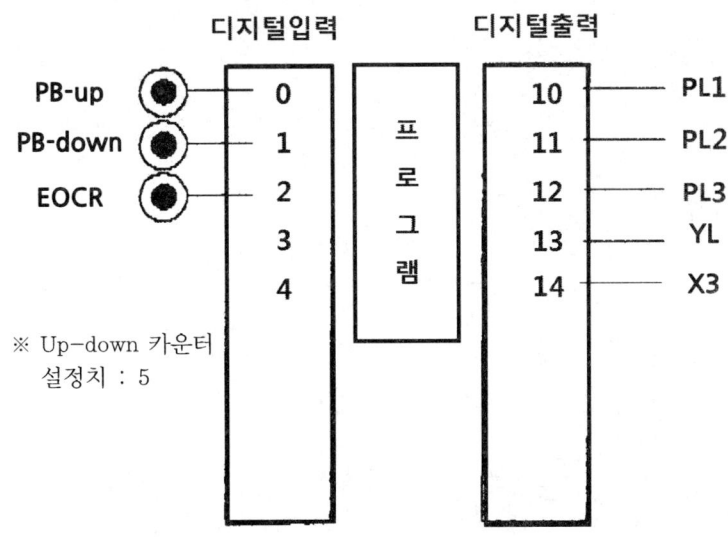

(4) 타임차트

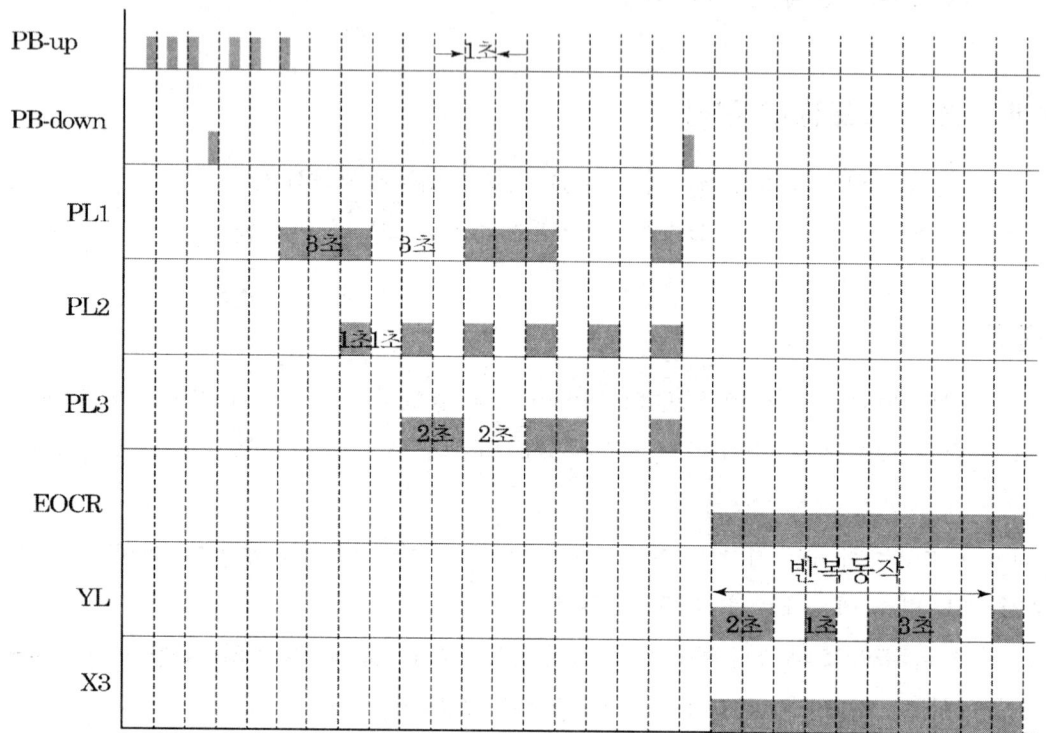

(5) 프로그램 작성

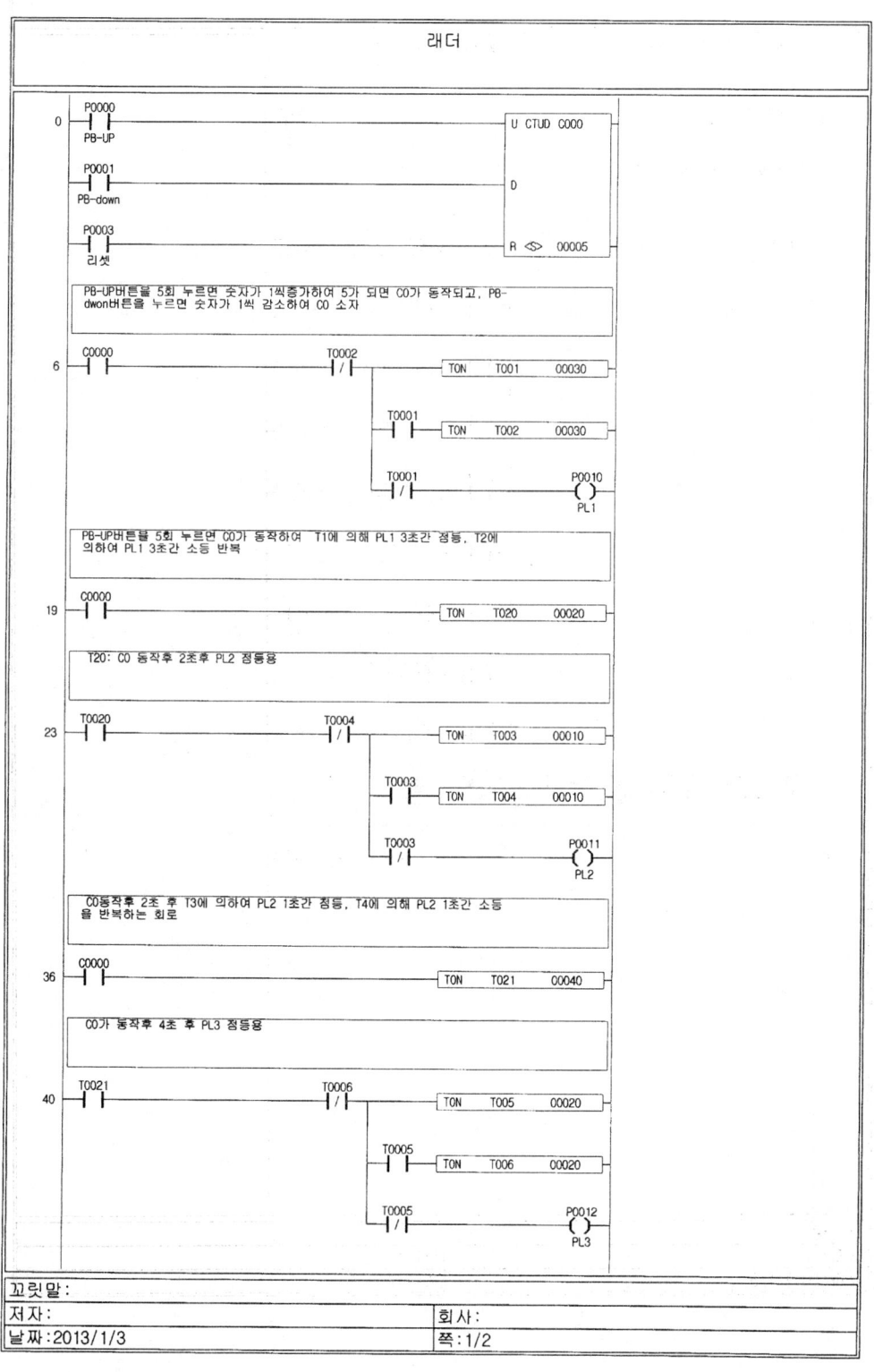

래더

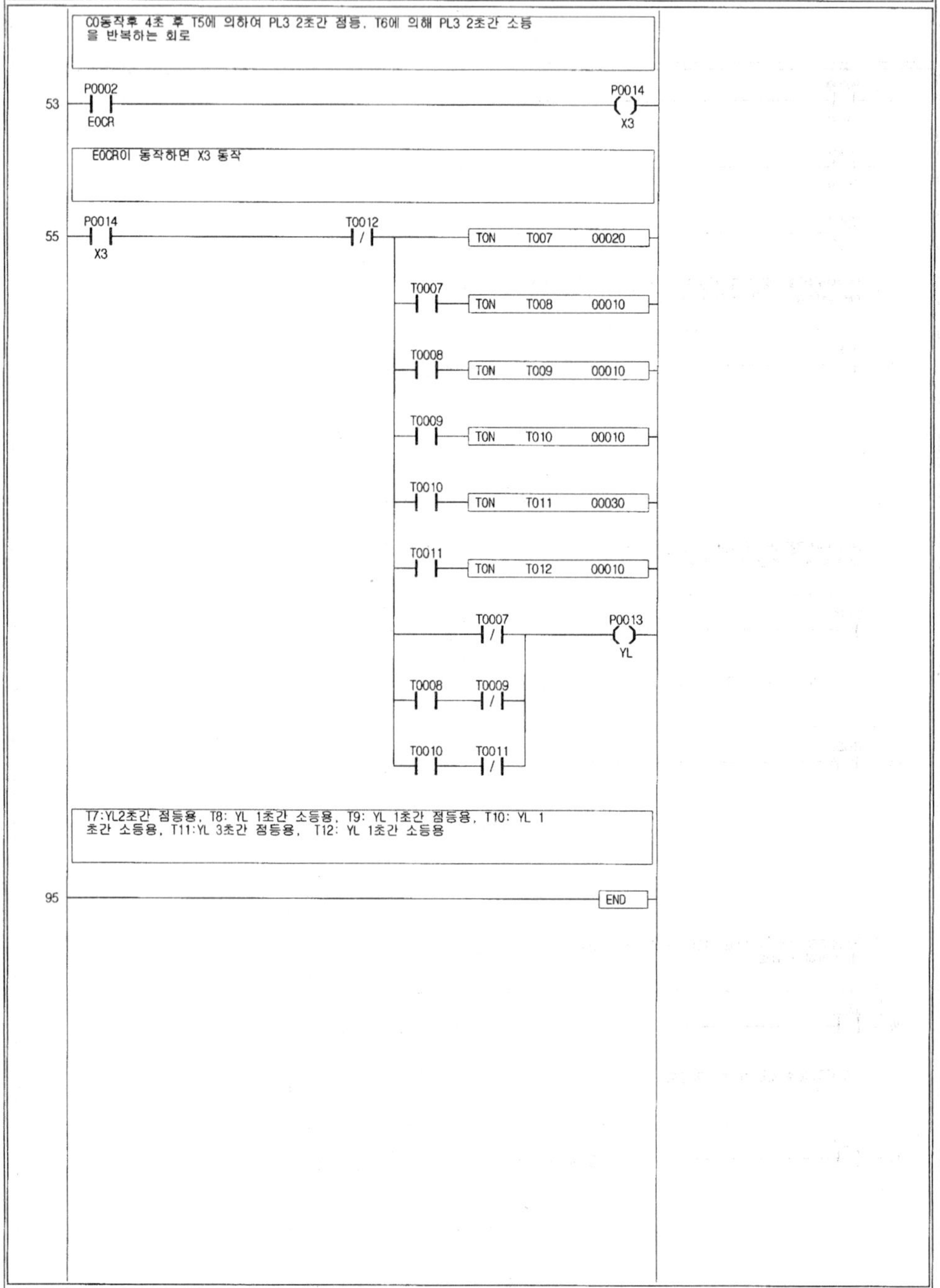

C0동작후 4초 후 T5에 의하여 PL3 2초간 점등, T6에 의해 PL3 2초간 소등
을 반복하는 회로

```
53 ──┤ P0002 ├──────────────────────────────( P0014 )
       EOCR                                     X3
```

EOCR이 동작하면 X3 동작

```
55 ──┤ P0014 ├──────┤/├ T0012 ──[ TON  T007  00020 ]
       X3
                ──┤ T0007 ├──────[ TON  T008  00010 ]

                ──┤ T0008 ├──────[ TON  T009  00010 ]

                ──┤ T0009 ├──────[ TON  T010  00010 ]

                ──┤ T0010 ├──────[ TON  T011  00030 ]

                ──┤ T0011 ├──────[ TON  T012  00010 ]

                ──┤/├ T0007 ──────────────( P0013 )
                                                YL
                ──┤ T0008 ├──┤/├ T0009

                ──┤ T0010 ├──┤/├ T0011
```

T7:YL 2초간 점등용, T8: YL 1초간 소등용, T9: YL 1초간 점등용, T10: YL 1
초간 소등용, T11:YL 3초간 점등용, T12: YL 1초간 소등용

```
95 ──────────────────────────────────────────[ END ]
```

꼬릿말:
저자: 회사:
날짜:2013/1/3   쪽:2/2

6.18 제51회 A형 [2012년 5월]

(1) 제1과제 : PLC 프로그램 구성

① 다음 동작설명과 타임차트를 참조하여 PLC 프로그램을 완성하시오.
② PLC 프로그램 구성은 반드시 본인이 지참한 기종으로 작업하여야 한다.

(2) 동작설명

(●는 동작(점등), ○는 정지(소등)이며 원호 안의 숫자는 시간(초)임)

① PB_6을 누르면, PL_3은 주어진 시간 동안 점등과 소등(❻-①-❷-①)을 하며, PL_2는 PL_3이 점등된 1초 후 점등과 소등(❹-①-❹-①)을 하고 PL_1은 PL_2가 점등된 1초 후 점등과 소등(❷-①-❻-①)을 한다.

② PB_7의 입력이 들어오기 전까지 위 사항을 계속 반복 동작하게 되며, PB_7을 누르면 동작 중이던 PL_1, PL_2, PL_3은 모두 소등된다.

③ 제어회로의 X_4(EOCR)가 동작되면 YL은 점등과 소등(❸-①-❷-①)을 반복하고, BZ는 YL 점등 1초 후 동작과 정지(❷-②-❶-②)를 반복한다. X_4(EOCR)가 복구되면 YL과 BZ는 동작을 멈춘다.

(3) PLC 입출력도

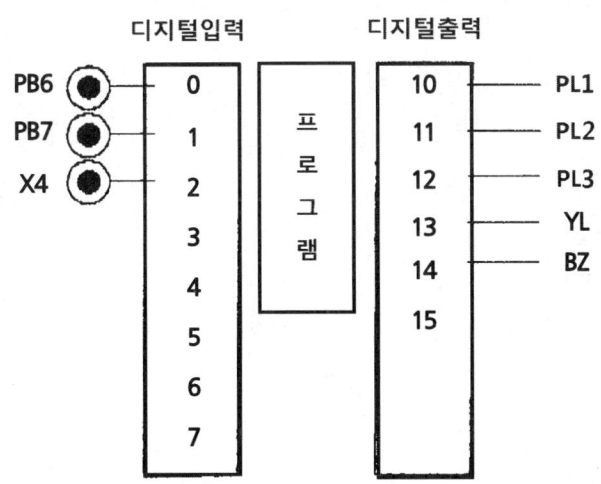

(4) 타임차트

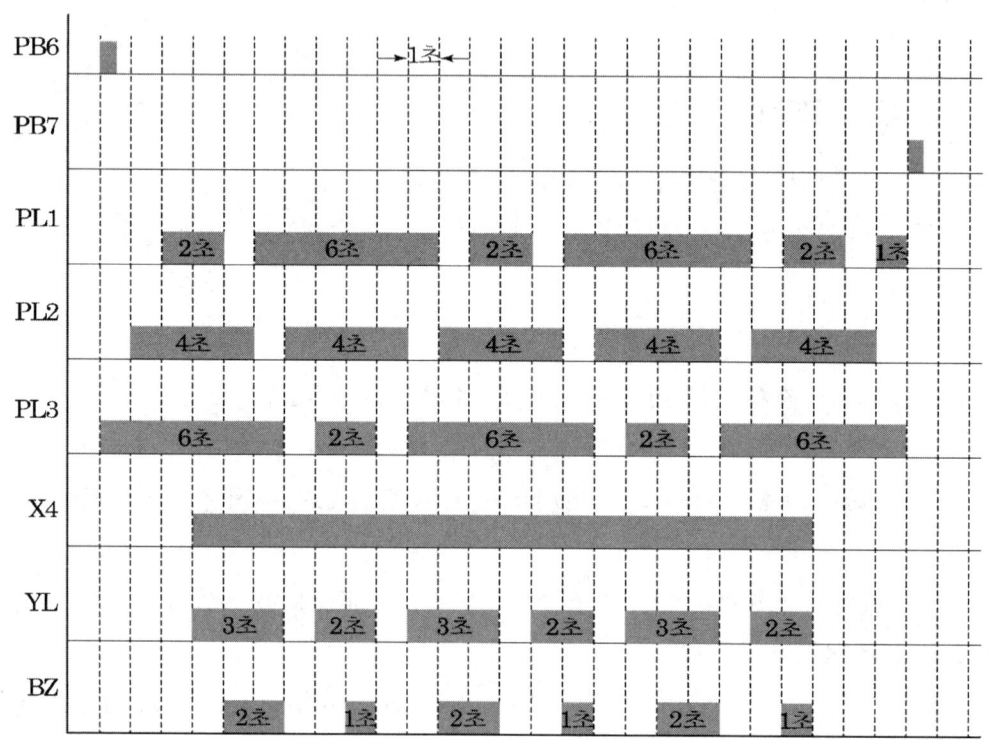

(5) 프로그램 작성

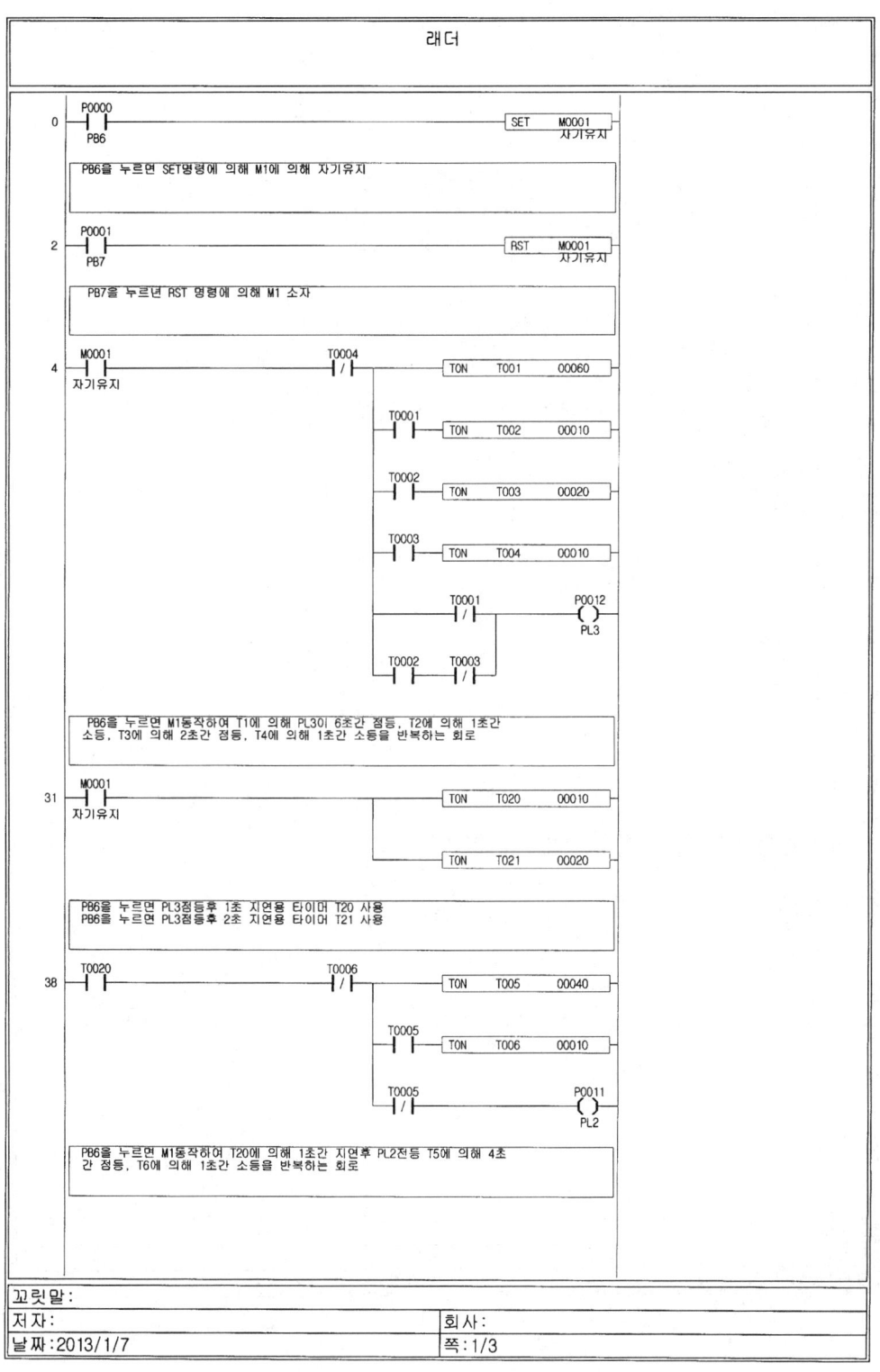

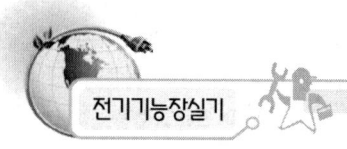

래더

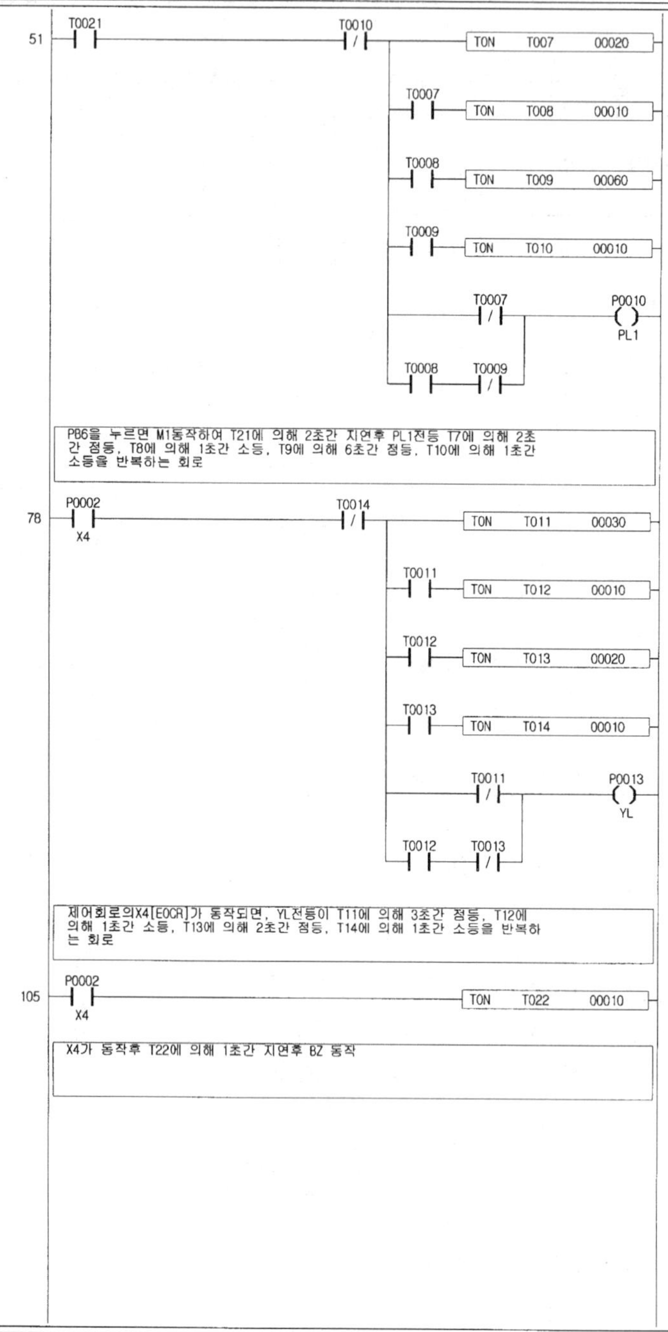
51
T0021
T0010
TON T007 00020
T0007
TON T008 00010
T0008
TON T009 00060
T0009
TON T010 00010
T0007
P0010
PL1
T0008
T0009
PB6을 누르면 M1동작하여 T21에 의해 2초간 지연후 PL1전등 T7에 의해 2초간 점등, T8에 의해 1초간 소등, T9에 의해 6초간 점등, T10에 의해 1초간 소등을 반복하는 회로
78
P0002
X4
T0014
TON T011 00030
T0011
TON T012 00010
T0012
TON T013 00020
T0013
TON T014 00010
T0011
P0013
YL
T0012
T0013
제어회로의X4[EOCR]가 동작되면, YL전등이 T11에 의해 3초간 점등, T12에 의해 1초간 소등, T13에 의해 2초간 점등, T14에 의해 1초간 소등을 반복하는 회로
105
P0002
X4
TON T022 00010
X4가 동작후 T22에 의해 1초간 지연후 BZ 동작

꼬릿말:	
저자:	회사:
날짜:2013/1/7	쪽:2/3

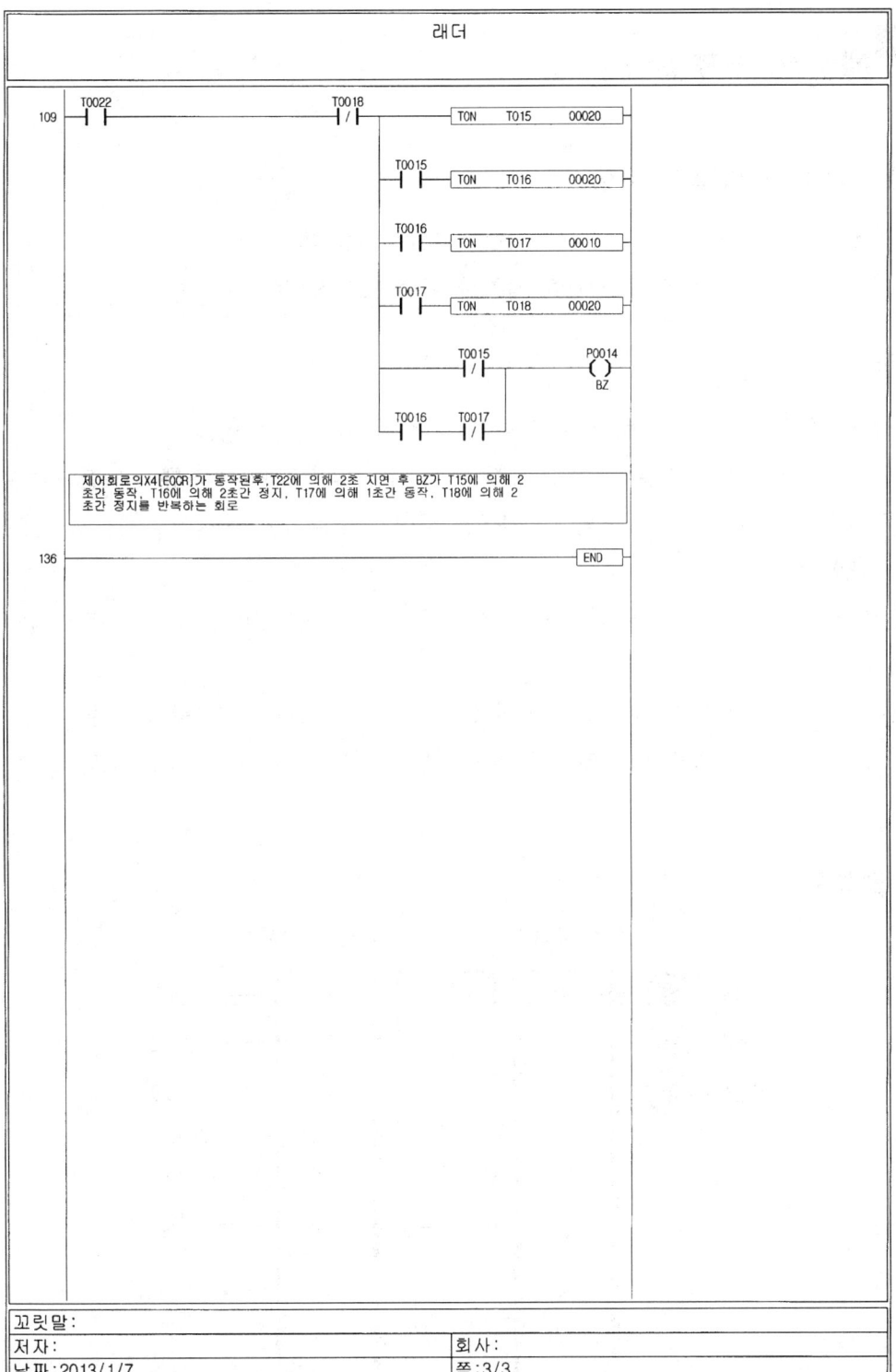

6.19 제51회 B형[2012년 5월]

(1) 제1과제 : PLC 프로그램 구성

① 다음 동작설명과 타임차트를 참조하여 PLC 프로그램을 완성하시오.
② PLC 프로그램 구성은 반드시 본인이 지참한 기종으로 작업하여야 한다.

(2) 동작설명

(●는 동작(점등), ○는 정지(소등)이며 원호 안의 숫자는 시간(초)임)

① PB_6을 누른 후 놓으면, PL_1은 주어진 시간 동안 점등과 소등(❺-①-❶-①-❺-①)을 하고, PL_2는 PL_1이 점등된 1초 후 점등과 소등(❺-①-❺)을 하며, PL_3은 PL_2가 점등된 1초 후 점등과 소등(❸-①-❶-①-❸-②-①)을 한다.

② PB_7의 입력이 들어오기 전까지 위 사항을 계속 반복 동작하게 되며, PB_7을 누르면 동작 중이던 PL_1, PL_2, PL_3은 모두 소등된다.

③ 제어회로의 X_4(EOCR)가 동작하면 X_4가 여자되고, YL은 점등과 소등(❷-①-❶-①)을 반복하고, BZ는 YL 점등 1초 후 동작과 정지(❶-①-❷-①)를 반복한다. EOCR이 복귀되면 YL과 BZ는 동작을 멈춘다.

(3) PLC 입출력도

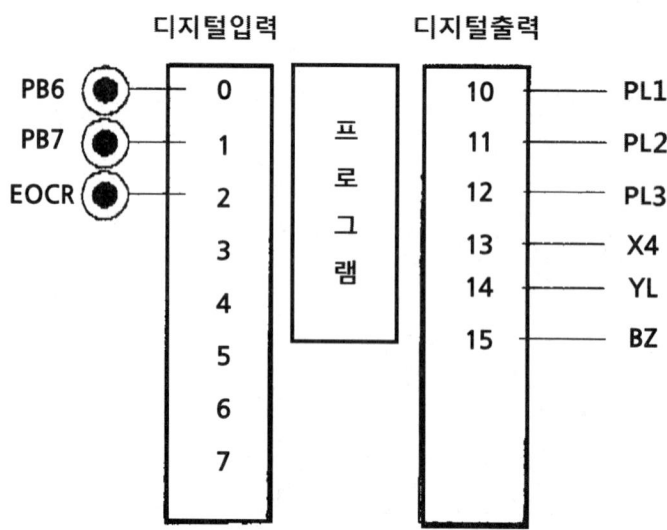

(4) 타임차트

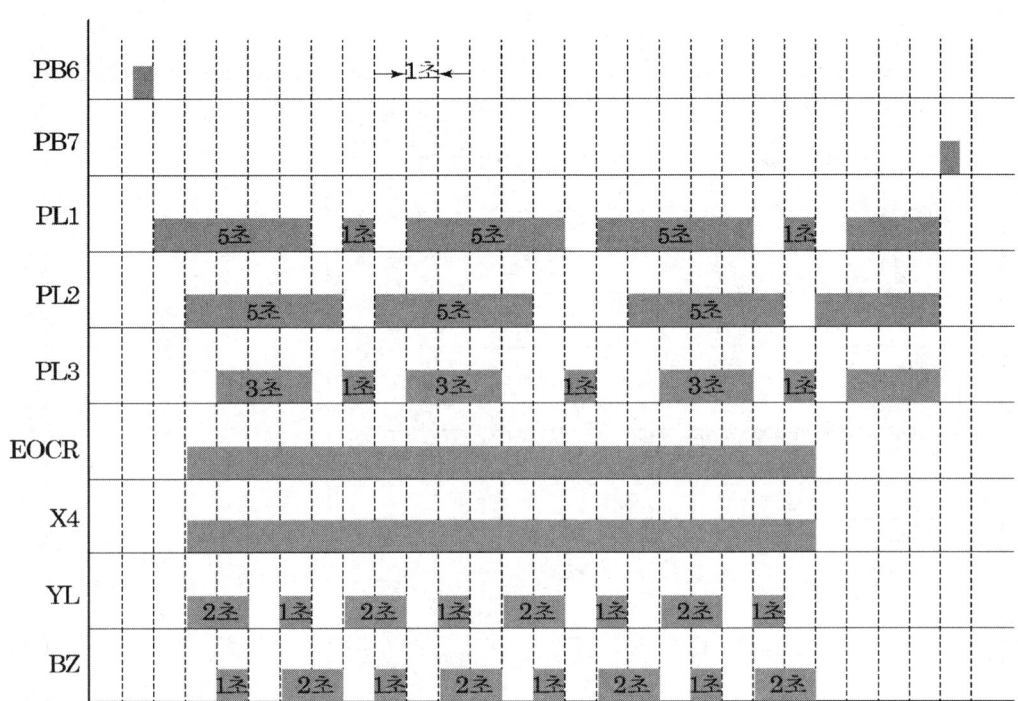

(5) PLC 프로그램 작성

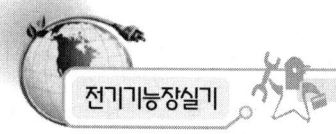

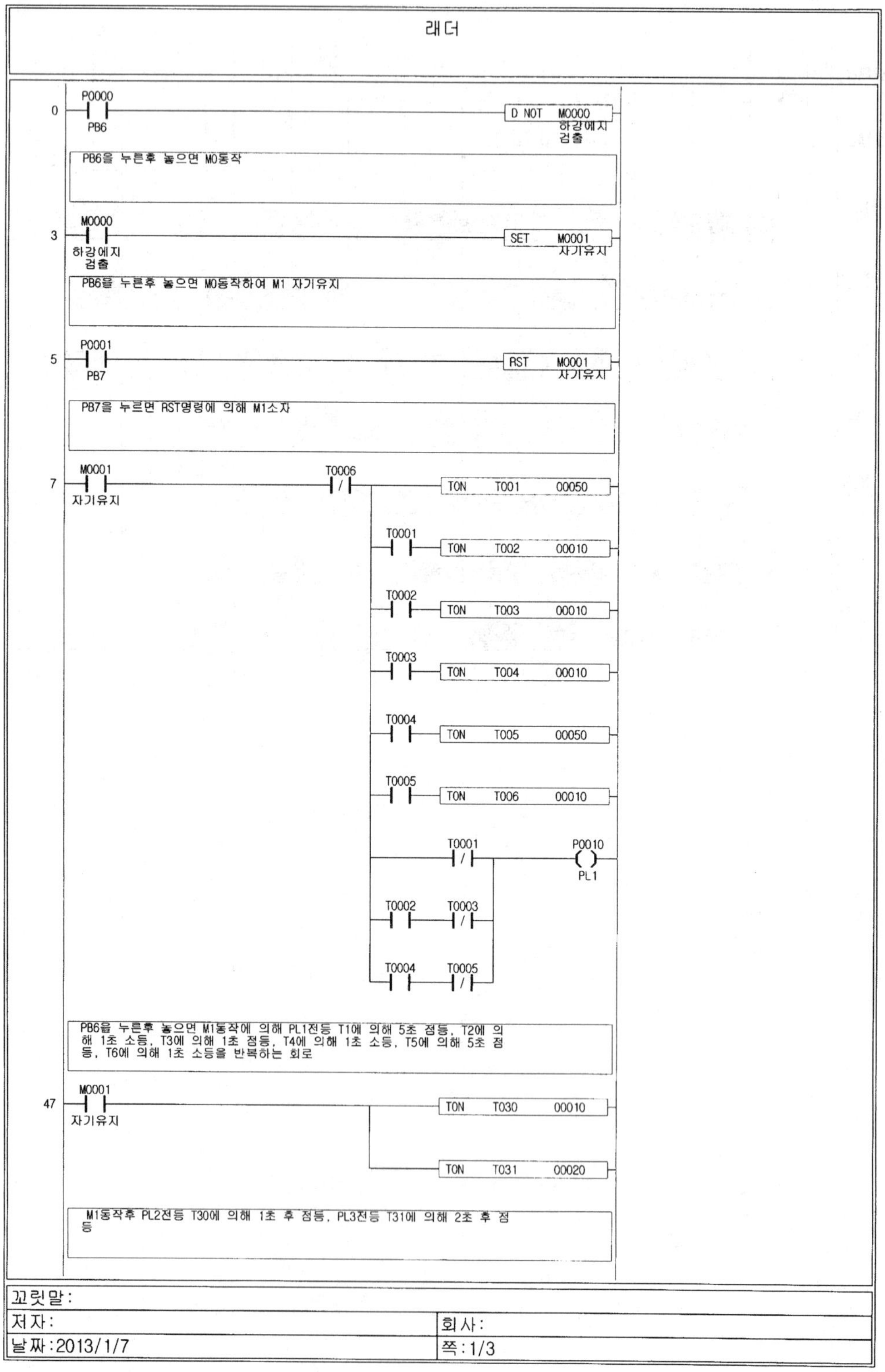
래더
0
P0000
PB6
D NOT M0000
하강에지 검출
PB6을 누른후 놓으면 M0동작
3
M0000
하강에지 검출
SET M0001
자기유지
PB6을 누른후 놓으면 M0동작하여 M1 자기유지
5
P0001
PB7
RST M0001
자기유지
PB7을 누르면 RST명령에 의해 M1소자
7
M0001
자기유지
T0006
TON T001 00050
T0001
TON T002 00010
T0002
TON T003 00010
T0003
TON T004 00010
T0004
TON T005 00050
T0005
TON T006 00010
T0001
P0010
PL1
T0002
T0003
T0004
T0005
PB6을 누른후 놓으면 M1동작에 의해 PL1전등 T1에 의해 5초 점등, T2에 의해 1초 소등, T3에 의해 1초 점등, T4에 의해 1초 소등, T5에 의해 5초 점등, T6에 의해 1초 소등을 반복하는 회로
47
M0001
자기유지
TON T030 00010
TON T031 00020
M1동작후 PL2전등 T30에 의해 1초 후 점등, PL3전등 T31에 의해 2초 후 점등
꼬릿말:
저자:
회사:
날짜:2013/1/7
쪽:1/3

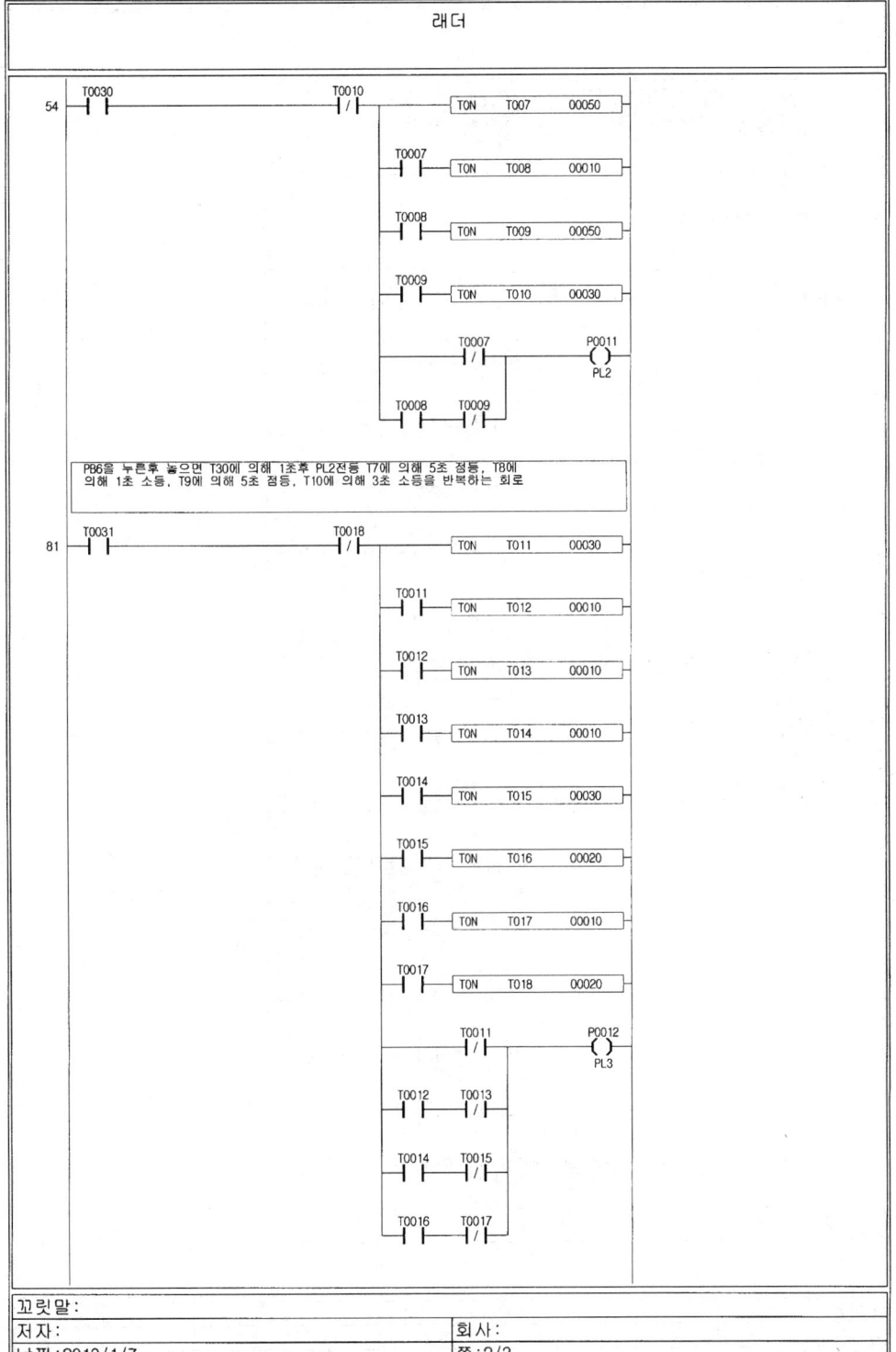

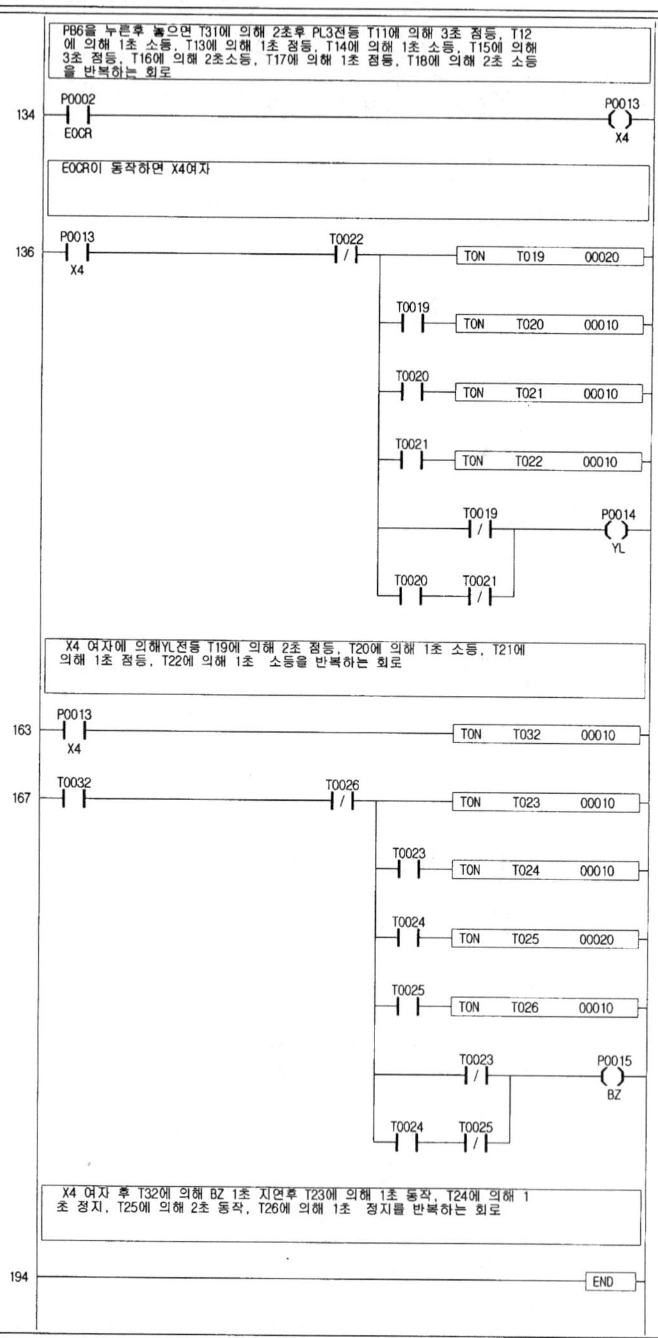

Chapter 04 PLC 프로그래밍

6.20 제51회 C형 [2012년 5월]

(1) 제1과제 : PLC 프로그램 구성

① 다음 동작설명과 타임차트를 참조하여 PLC 프로그램을 완성하시오.
② PLC 프로그램 구성은 반드시 본인이 지참한 기종으로 작업하여야 한다.

(2) 동작설명

(●는 동작(점등), ○는 정지(소등)이며 원호 안의 숫자는 시간(초)임)

① PB_6을 두 번 눌렀다 놓으면, PL_3은 점등과 소등(❸-①-❷-①-❷-①)을 반복하고, PL_1은 PL_3이 점등된 1초 후 점등과 소등(❸-①-❷-①-❷-①)을 하며, PL_2는 PL_1이 점등된 1초 후 점등과 소등(❸-①-❺-①)을 한다.

② PB_7의 입력이 들어오기 전까지 위 사항을 계속 반복 동작하게 되며, PB_7을 누르면 동작 중이던 PL_1, PL_2, PL_3은 모두 소등된다.

③ 제어회로의 X_4(EOCR)가 동작되면 BZ는 동작과 정지(❶-②-❷-①)를 반복하고, YL은 BZ 동작 1초 후 점등과 소등(❸-①-❶-①)을 반복한다. EOCR이 복귀되면 YL과 BZ는 동작을 멈춘다.

(3) PLC 입출력도

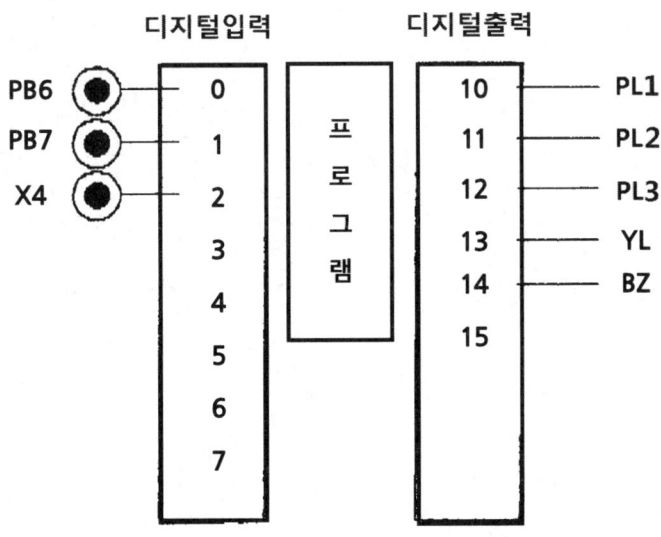

419

(4) 타임차트

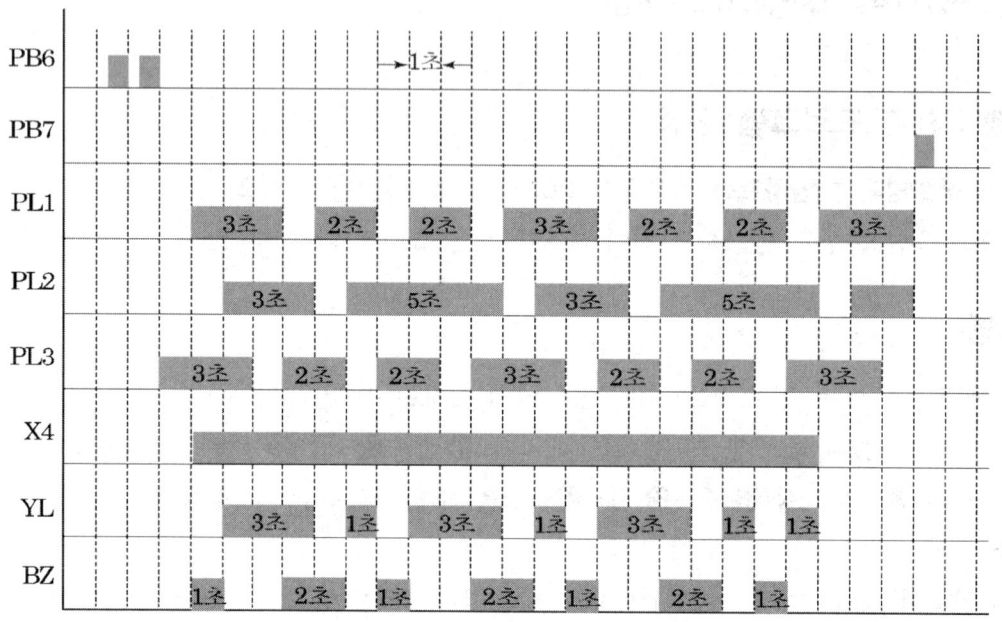

(5) 프로그램 작성

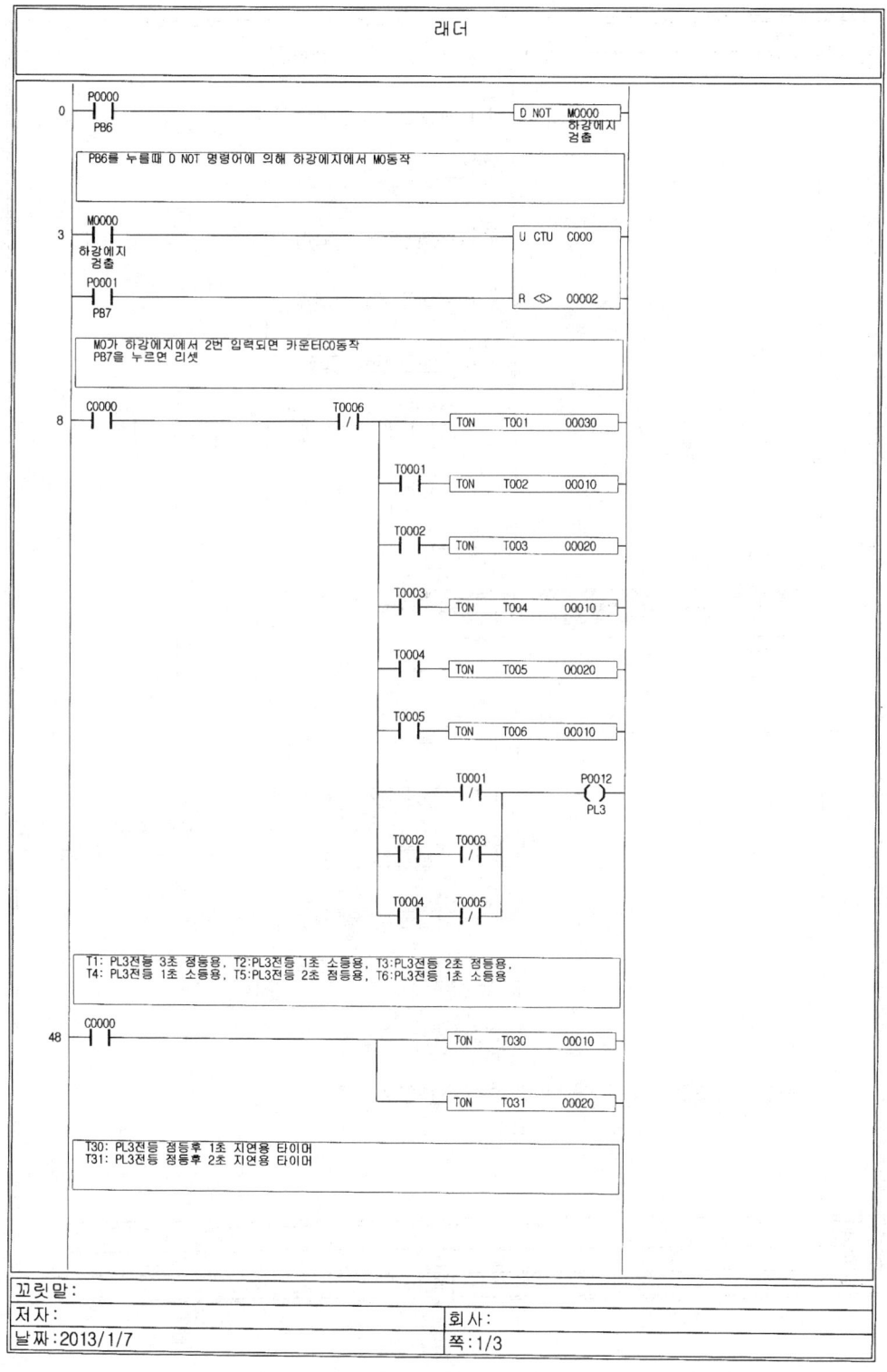

래더

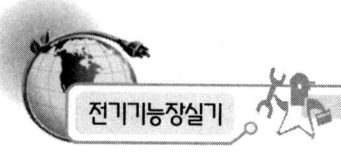

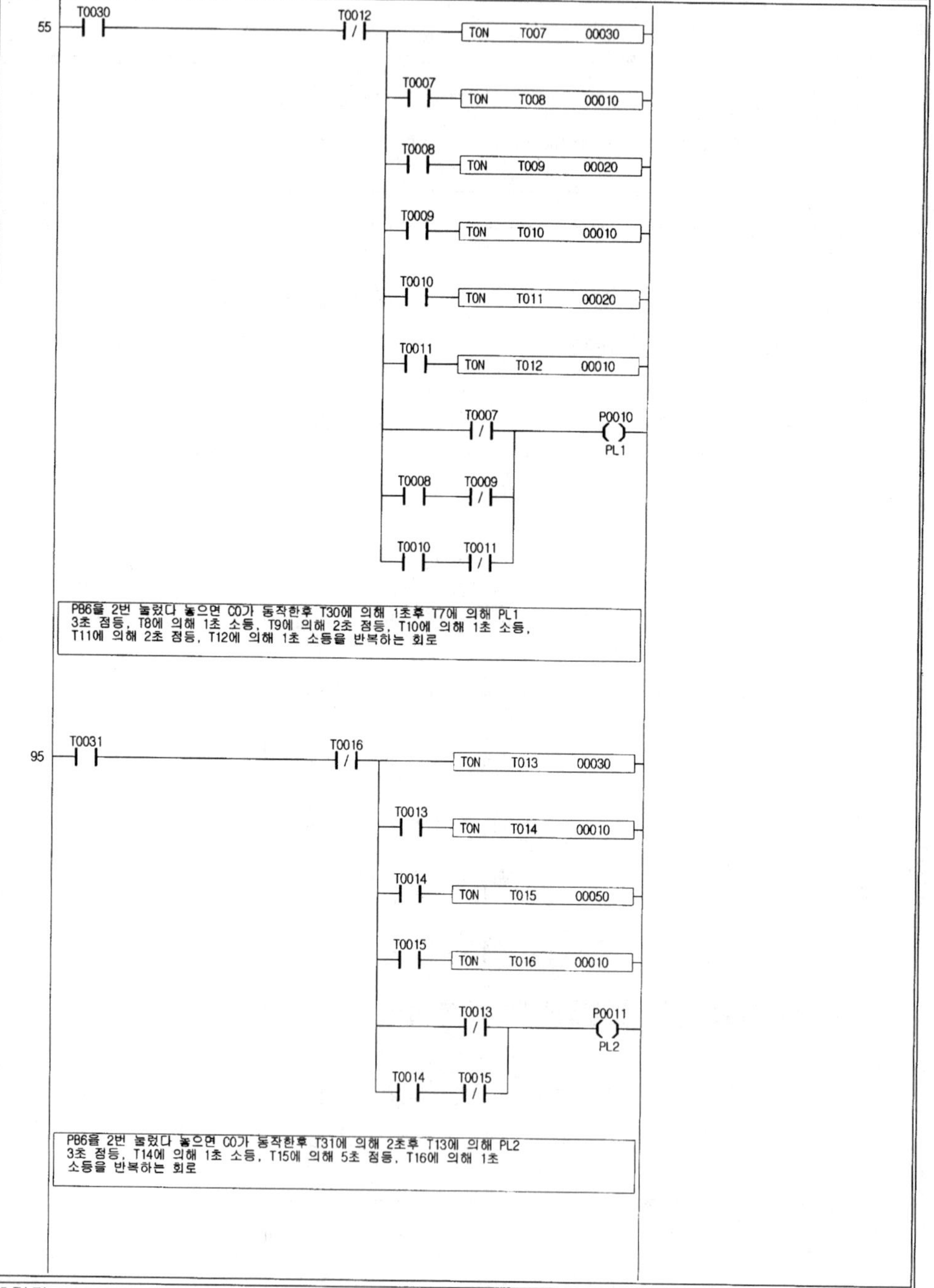

꼬릿말 :	
저자 :	회사 :
날짜 : 2013/1/7	쪽 : 2/3

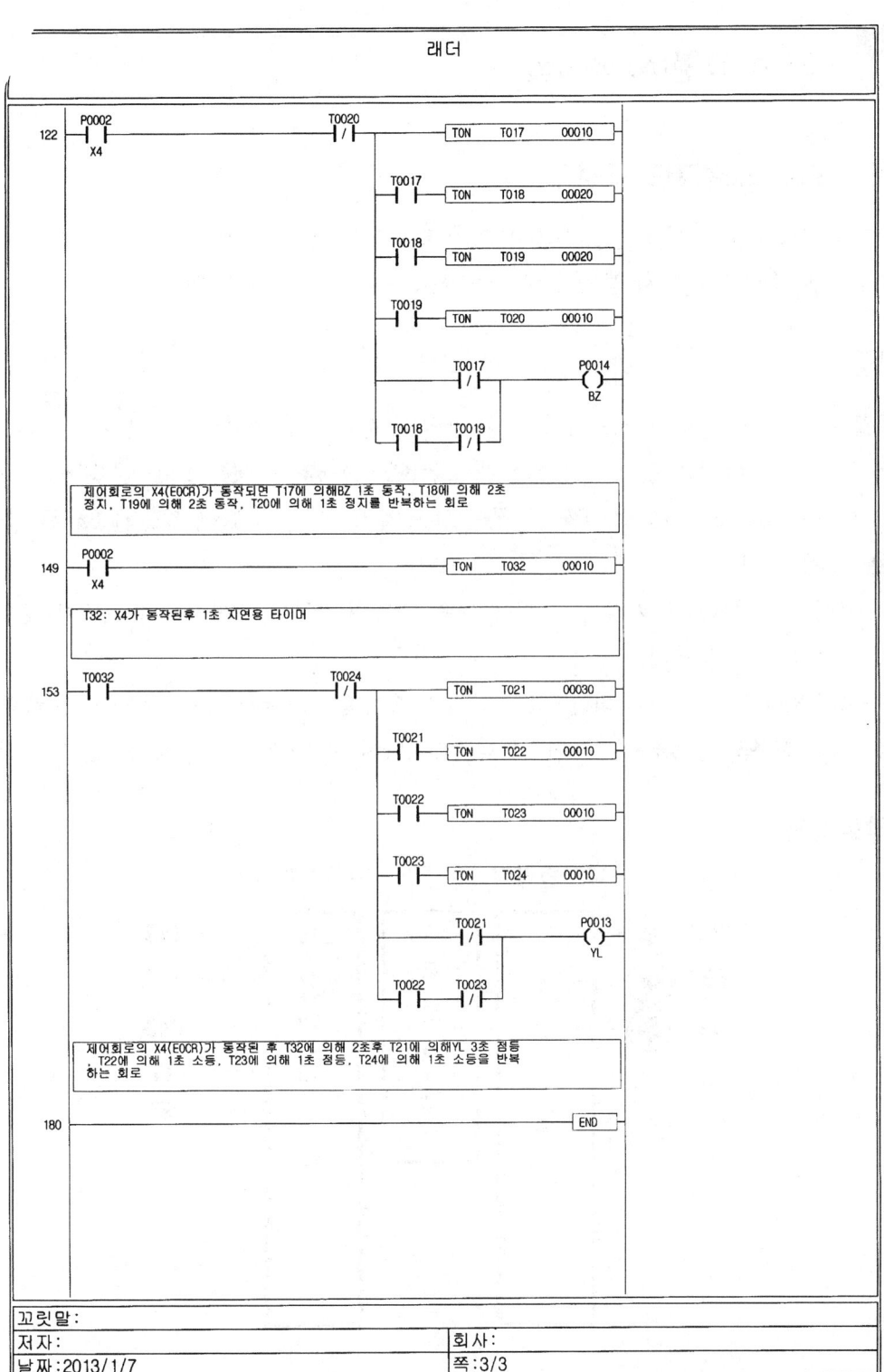

6.21 제51회 D형 [2012년 5월]

(1) 제1과제 : PLC 프로그램 구성

① 다음 동작설명과 타임차트를 참조하여 PLC 프로그램을 완성하시오.
② PLC 프로그램 구성은 반드시 본인이 지참한 기종으로 작업하여야 한다.

(2) 동작설명

(●는 동작(점등), ○는 정지(소등)이며 원호 안의 숫자는 시간(초)임)

① PB_6을 두 번 눌렀다 놓으면, PL_3은 점등과 소등(❸-①-❷-①-❷-①)을 반복하고, PL_1은 PL_3이 점등된 1초 후 점등과 소등(❸-①-❷-①-❷-①)을 하며, PL_2는 PL_1이 점등된 1초 후 점등과 소등(❸-①-❺-①)을 한다.

② PB_7의 입력이 들어오기 전까지 위 사항을 계속 반복 동작하게 되며, PB_7을 누르면 동작 중이던 PL_1, PL_2, PL_3은 모두 소등된다.

③ 제어회로의 X_4(EOCR)가 동작되면 BZ는 동작과 정지(❶-②-❷-①)를 반복하고, YL은 BZ 동작 1초 후 점등과 소등(❸-①-❶-①)을 반복한다. EOCR이 복귀되면 YL과 BZ는 동작을 멈춘다.

(3) PLC 입출력도

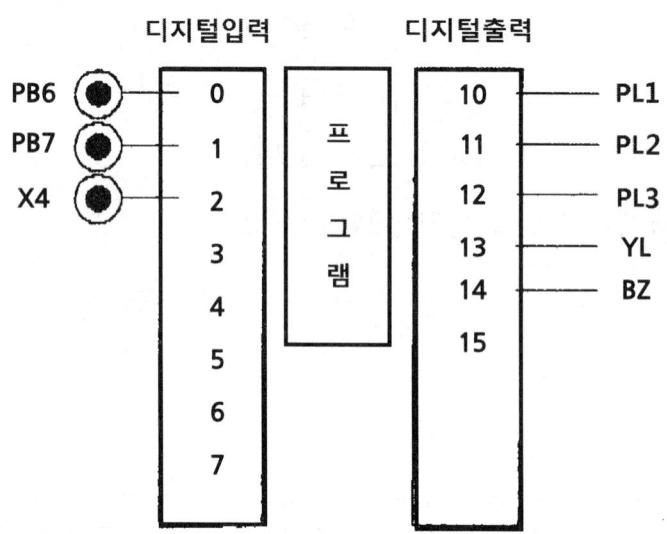

(4) 타임차트

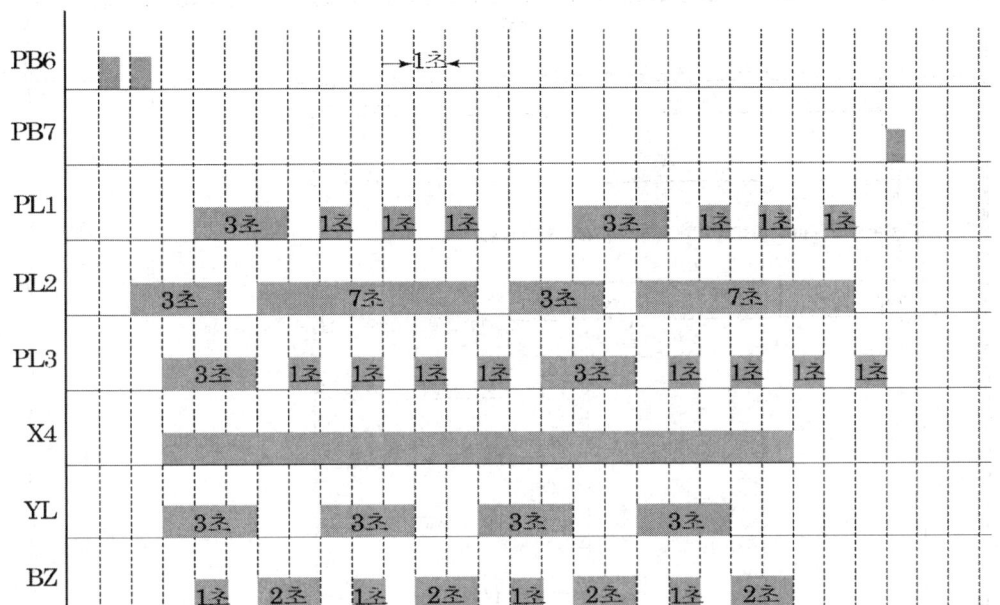

(5) 프로그램 작성

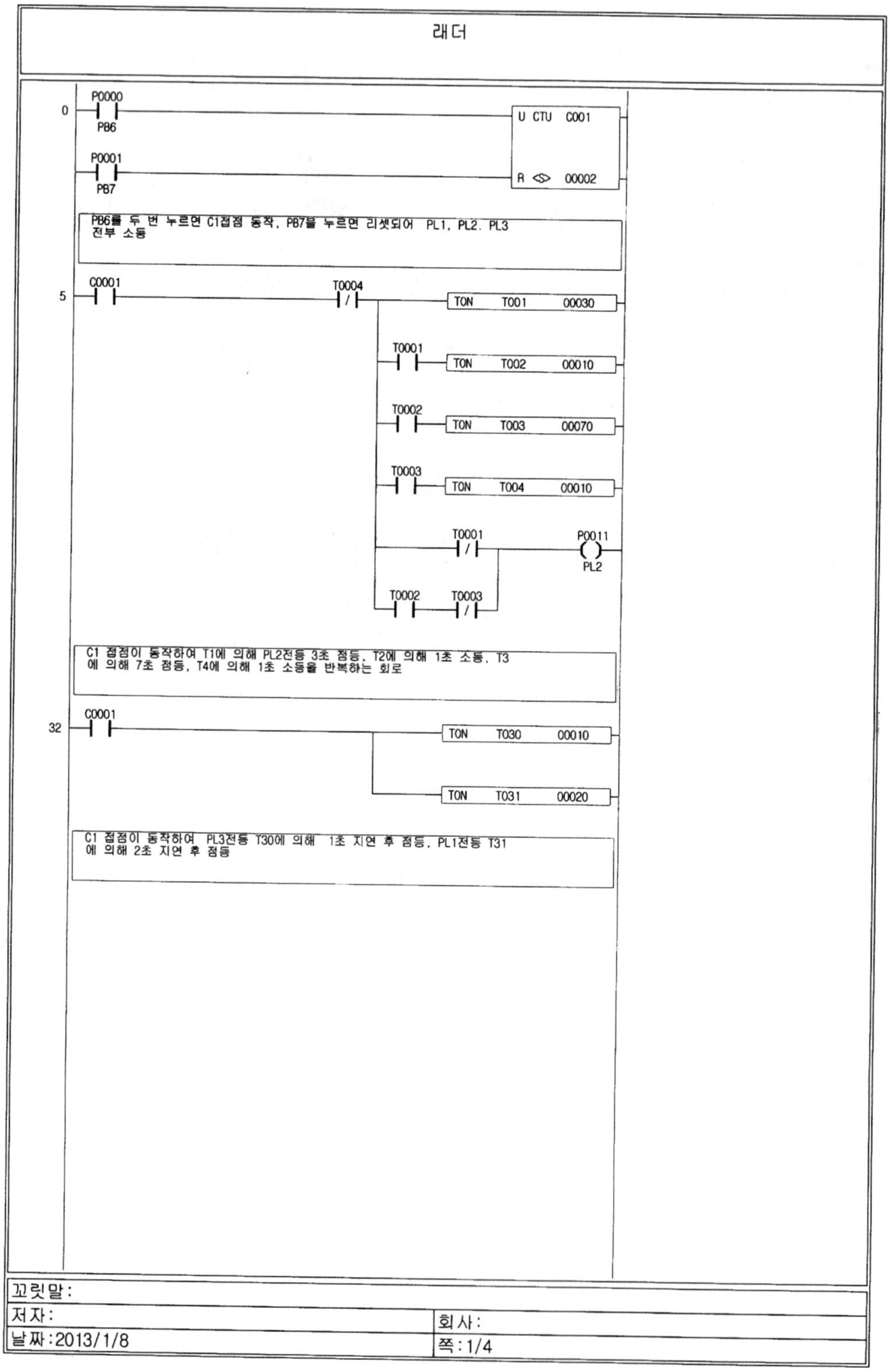

	래더
0	P0000 PB6 —— U CTU C001
	P0001 PB7 —— R <> 00002
	PB6를 두 번 누르면 C1접점 동작, PB7를 누르면 리셋되어 PL1, PL2, PL3 전부 소등
5	C0001 ——— T0004 —/— TON T001 00030
	T0001 —— TON T002 00010
	T0002 —— TON T003 00070
	T0003 —— TON T004 00010
	T0001 —/— P0011 PL2
	T0002 — T0003 —/—
	C1 접점이 동작하여 T1에 의해 PL2전등 3초 점등, T2에 의해 1초 소등, T3 에 의해 7초 점등, T4에 의해 1초 소등을 반복하는 회로
32	C0001 —— TON T030 00010
	TON T031 00020
	C1 접점이 동작하여 PL3전등 T30에 의해 1초 지연 후 점등, PL1전등 T31 에 의해 2초 지연 후 점등

꼬릿말:
저자:
날짜: 2013/1/8
회사:
쪽: 1/4

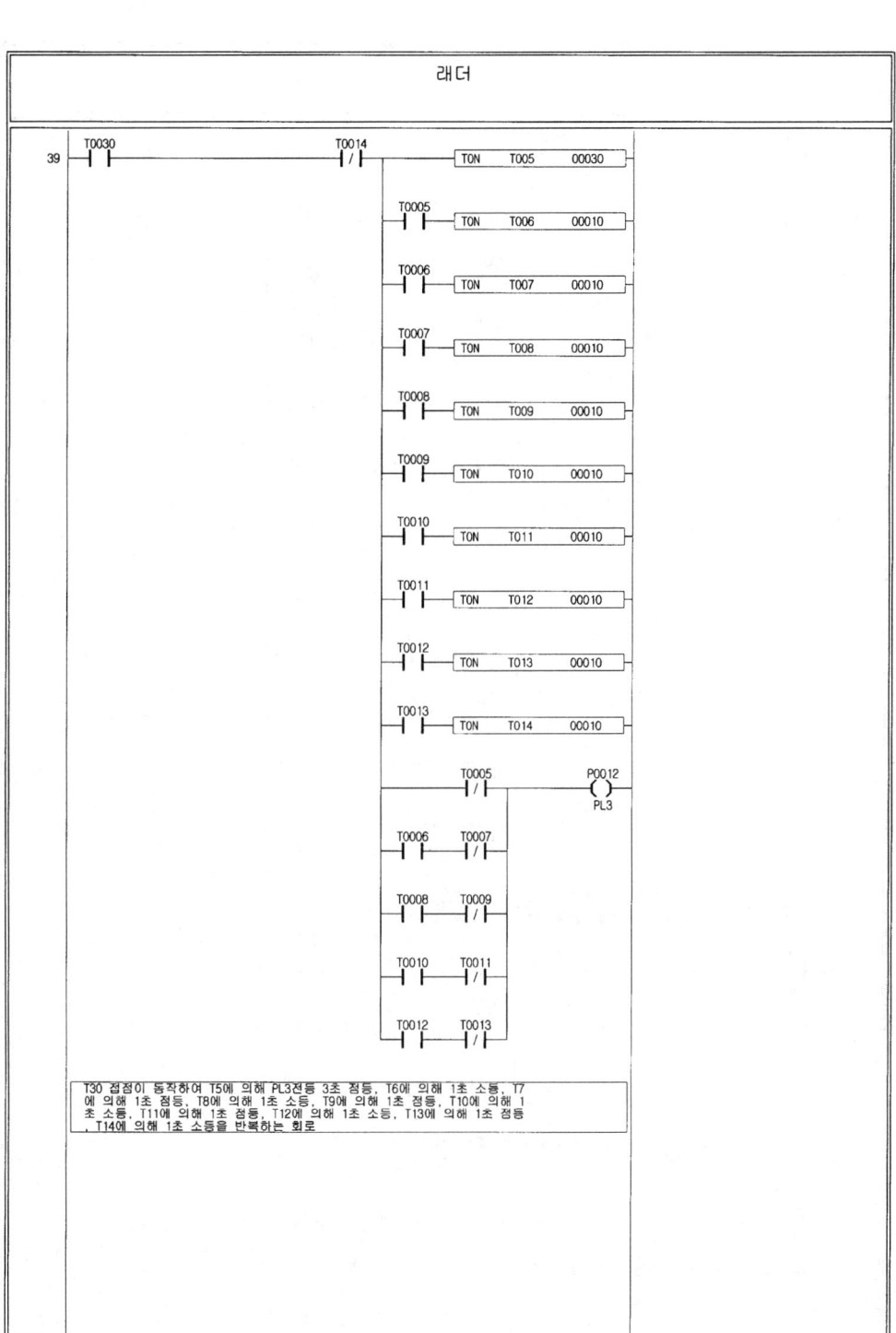

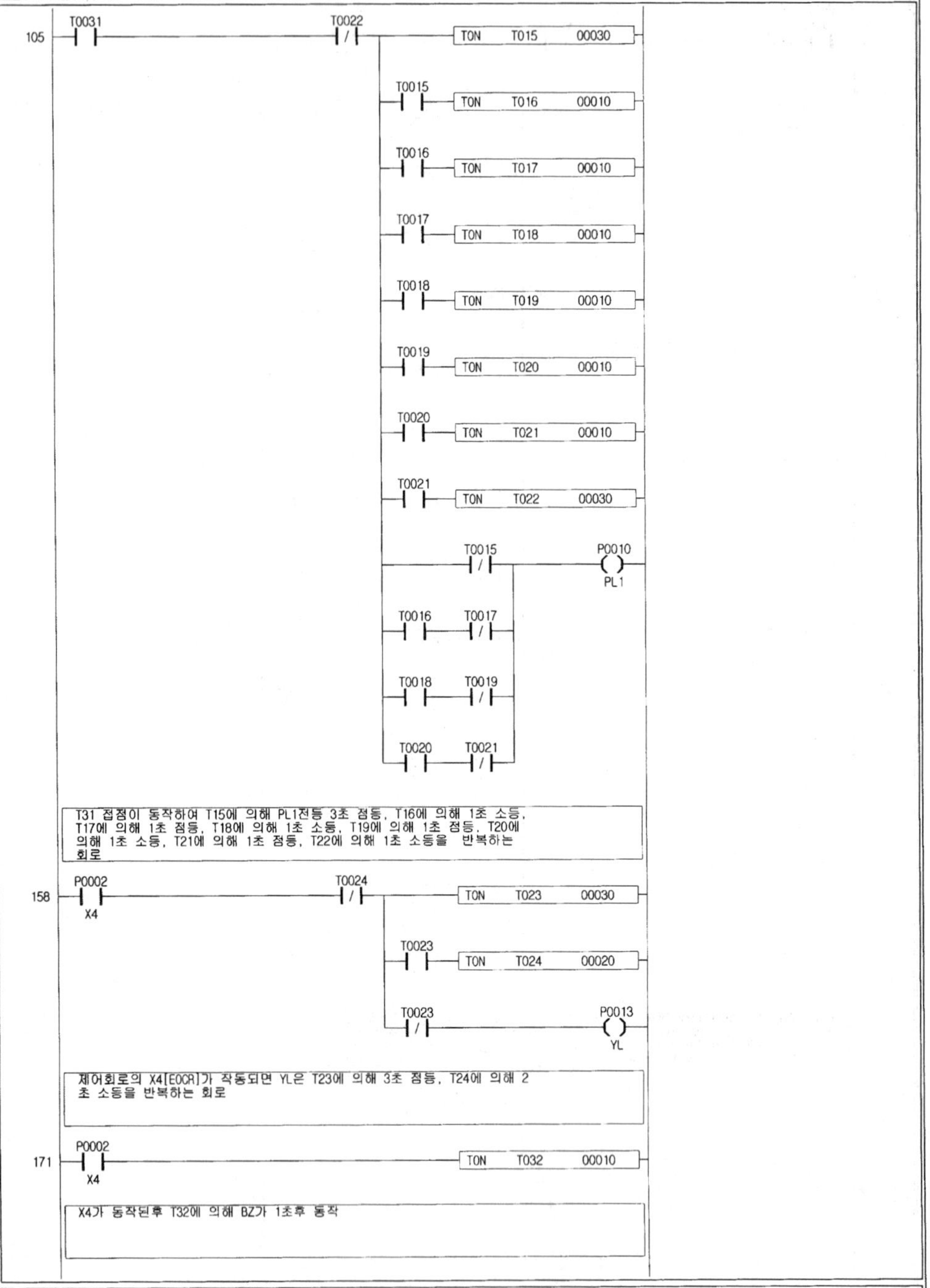

6.22 제52회 A형 [2012년 9월]

(1) 제1과제 : PLC 프로그램 구성

① 다음 동작설명과 타임차트를 참조하여 PLC 프로그램을 완성하시오.
② PLC 프로그램 구성은 반드시 본인이 지참한 기종으로 작업하여야 한다.

(2) 동작설명

(●는 동작(점등), ○는 정지(소등)이며 원호 안의 숫자는 시간(초)임)

① PB_3을 3번 눌렀다 놓으면, PL_1은 점등과 소등(❶-⑤-❼-①)을
   PL_2는 점등과 소등(❸-③-❶-①-❺-①)을
   PL_3은 점등과 소등(❺-①-❶-③-❸-①)을
   PL_4는 점등과 소등(❼-⑤-❶-①)을 반복하여 동작한다.

② PB_4의 입력이 들어오기 전까지 위 사항을 계속 반복 동작하게 되며, PB_4를 누르면 동작 중이던 PL_1, PL_2, PL_3, PL_4는 모두 소등된다.

③ 제어회로의 X_0가 동작되면 YL은 동작과 정지(❷-①-❶-①)을, BZ는 (②-❶-①-❶)을 반복하여 동작한다. X_0가 복귀되면 YL과 BZ는 동작을 멈춘다.

(3) PLC 입출력도

(본인이 지참한 PLC기종에 알맞게 입출력회로를 결선하시오.)

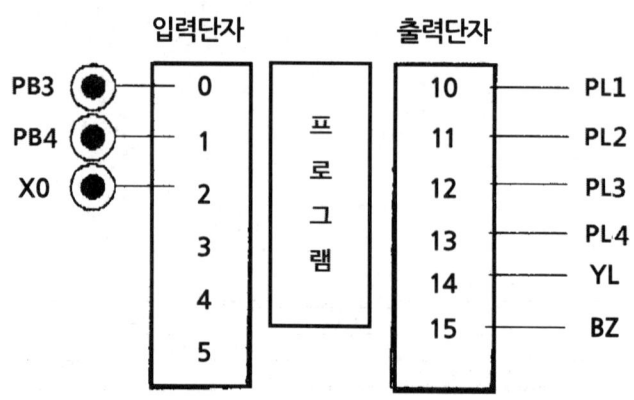

(4) 타임차트

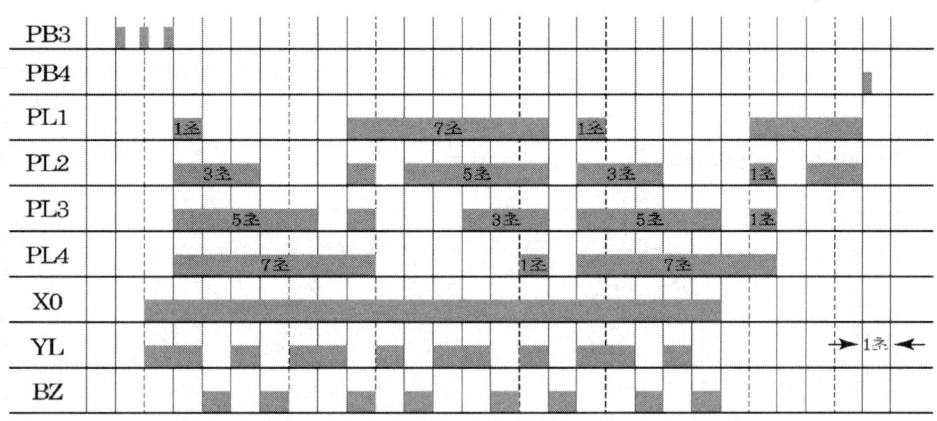

(5) 프로그램 작성

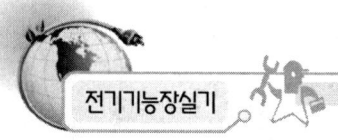

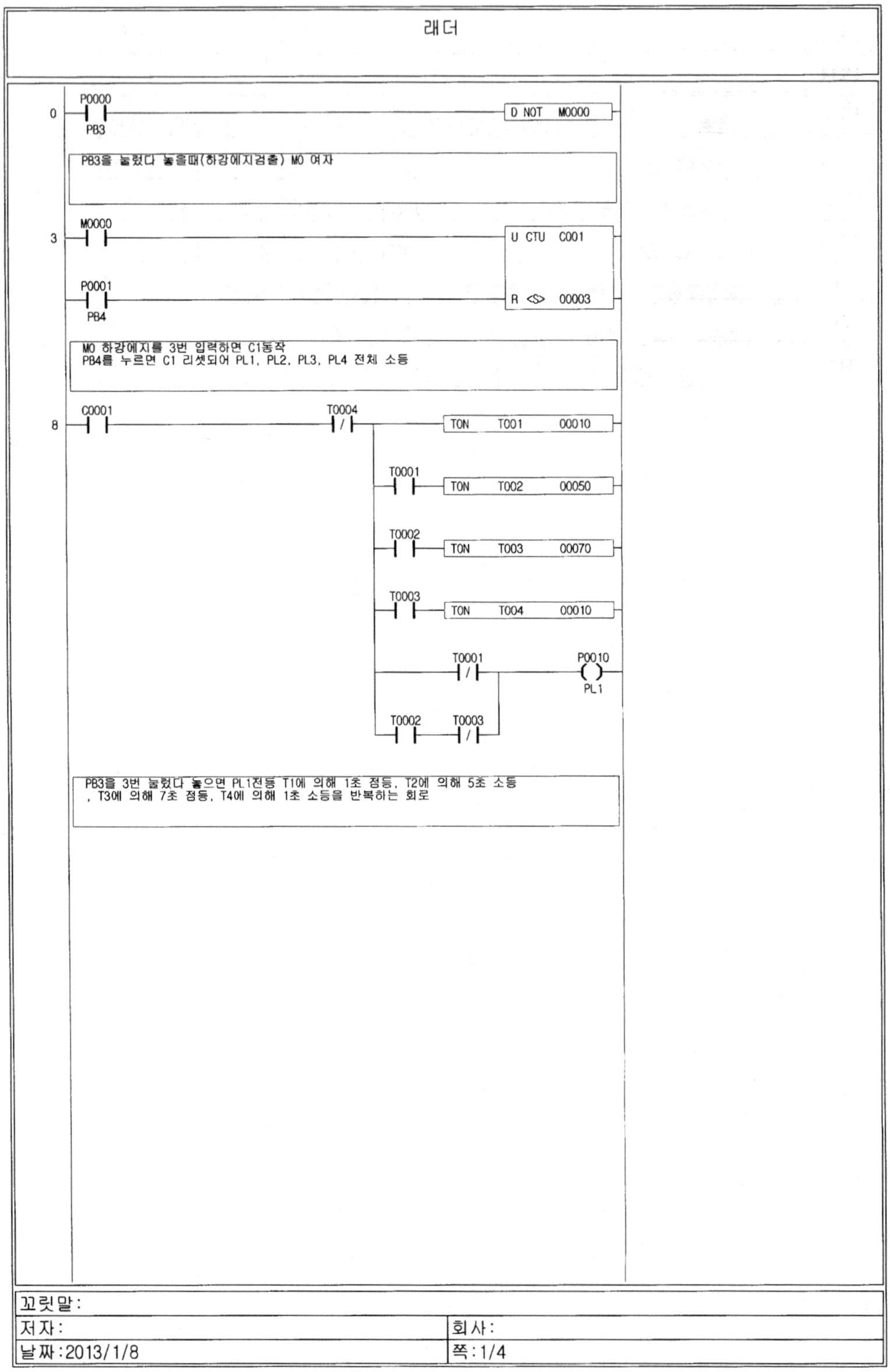
래더
0
P0000
PB3
D NOT M0000
PB3을 눌렀다 놓을때(하강에지검출) M0 여자
3
M0000
U CTU C001
P0001
PB4
R <S> 00003
M0 하강에지를 3번 입력하면 C1동작
PB4를 누르면 C1 리셋되어 PL1, PL2, PL3, PL4 전체 소등
8
C0001
T0004
TON T001 00010
T0001
TON T002 00050
T0002
TON T003 00070
T0003
TON T004 00010
T0001
P0010
PL1
T0002
T0003
PB3을 3번 눌렀다 놓으면 PL1전등 T1에 의해 1초 점등, T2에 의해 5초 소등
, T3에 의해 7초 점등, T4에 의해 1초 소등을 반복하는 회로
꼬릿말:
저자:
회사:
날짜:2013/1/8
쪽:1/4

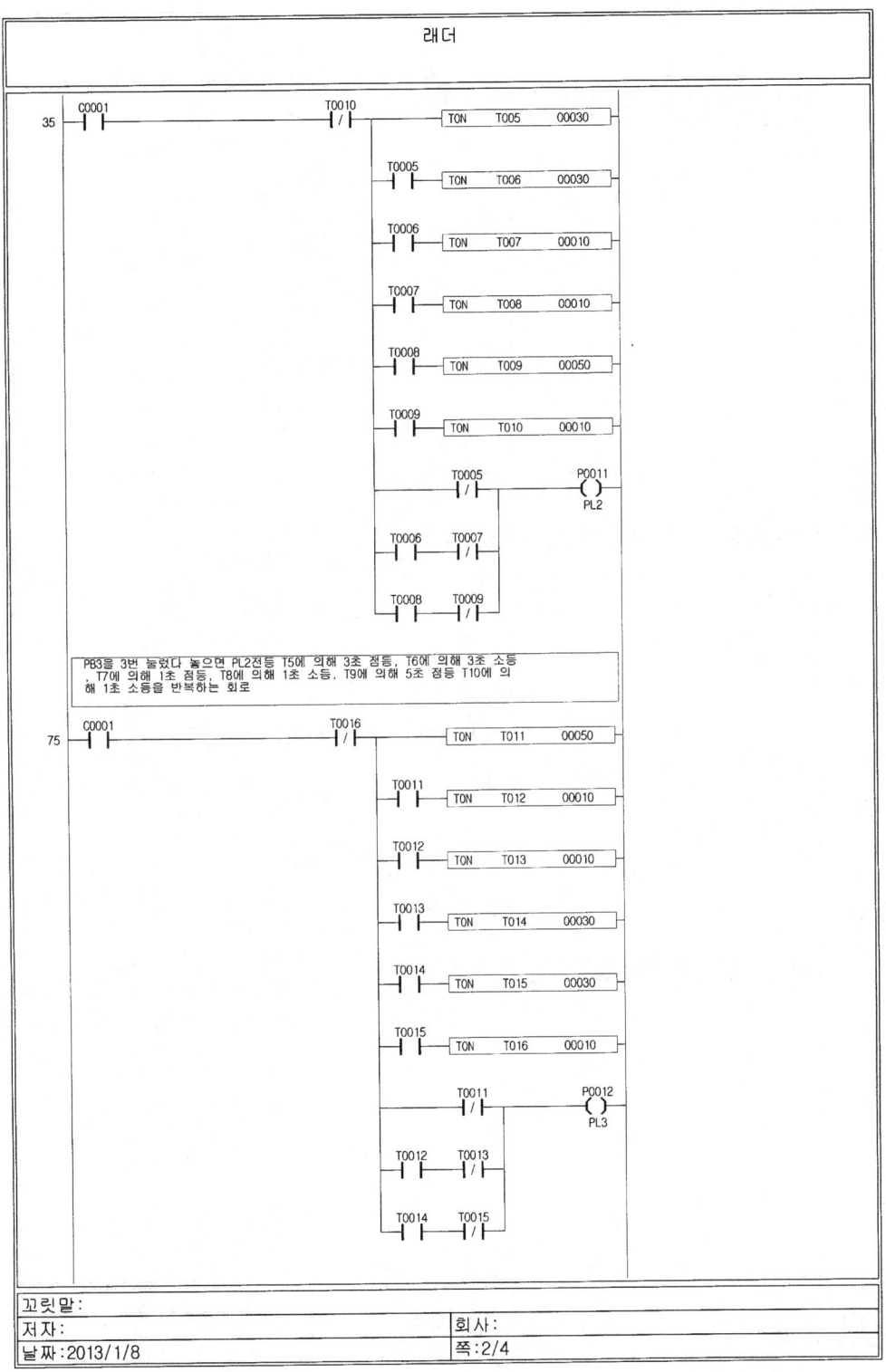

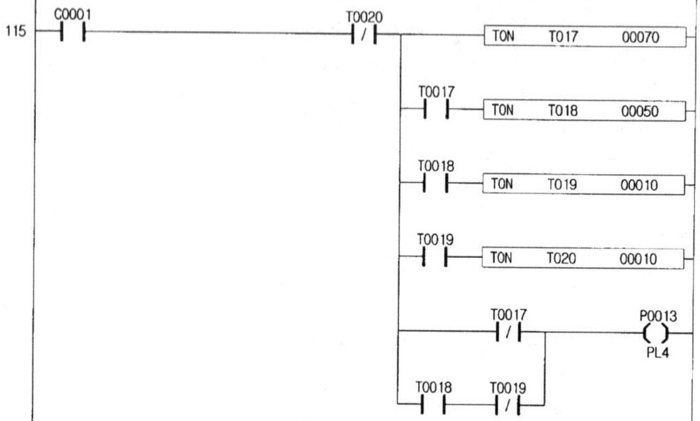

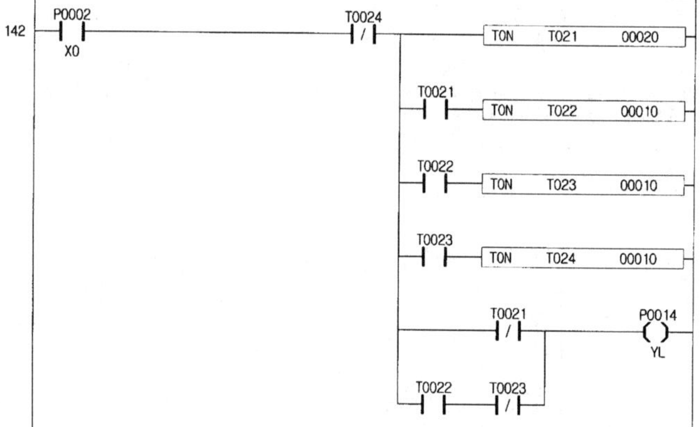

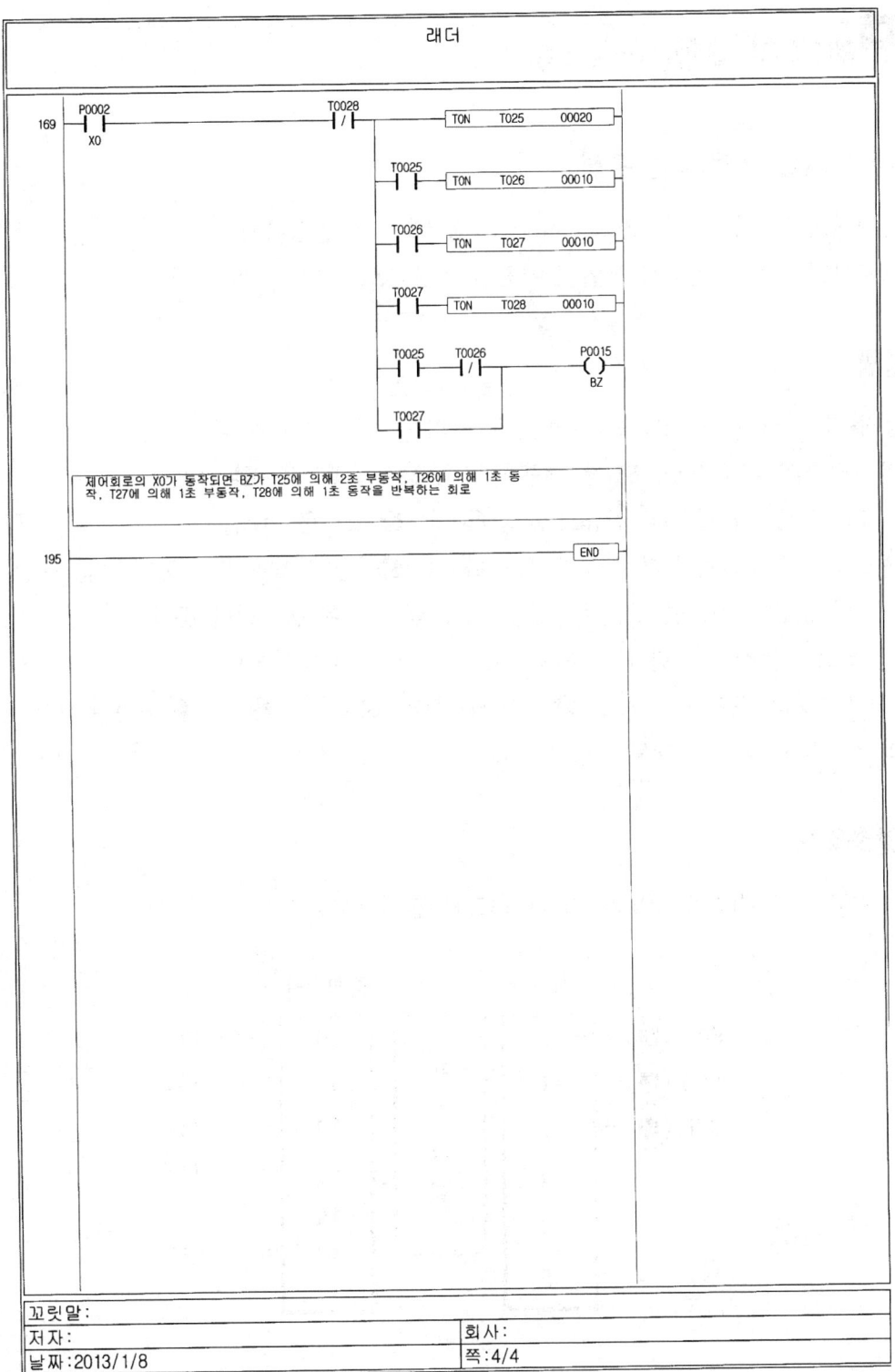

6.23 제52회 B형 [2012년 9월]

(1) 제1과제 : PLC 프로그램 구성

① 다음 동작설명과 타임차트를 참조하여 PLC 프로그램을 완성하시오.
② PLC 프로그램 구성은 반드시 본인이 지참한 기종으로 작업하여야 한다.

(2) 동작설명

(●는 동작(점등), ○는 정지(소등)이며 원호 안의 숫자는 시간(초)임)

① PB_3을 1번 눌렀다 놓으면, PL_1은 점등과 소등(❺-①-❶-①-❶-①)을,
PL_2는 PL_1 점등 1초 후부터 점등과 소등(❶-①-❶-①-❺-①)을,
PL_3은 PL_2 점등 1초 후부터 점등과 소등(❶-①-❶-①)을 반복하여 동작한다.
PB_3을 3번 눌렀다 놓으면, PL_4는 점등과 소등(❸-①-❺)을 1회만 동작한다.
② PB_4를 누르면 동작 중이던 PL_1, PL_2, PL_3, PL_4는 모두 소등된다.
③ 제어회로의 X_0가 동작되면 YL은 ❶-①-❷-①을, BZ는 ①-❶-①-❶을 반복하여 동작한다. X_0가 복귀되면 YL과 BZ는 동작을 멈춘다.

(3) PLC 입출력도

(본인이 지참한 PLC기종에 알맞게 입출력회로를 결선하시오.)

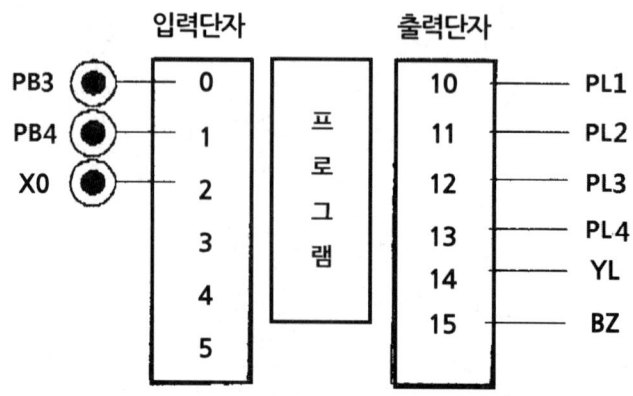

(4) 타임차트

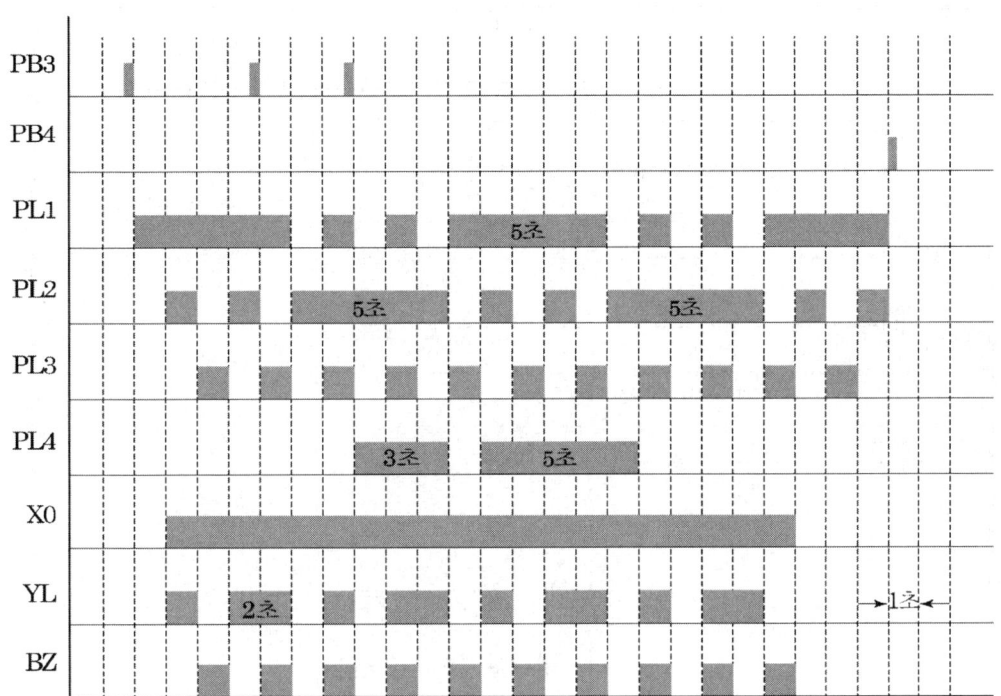

(5) 프로그램 작성

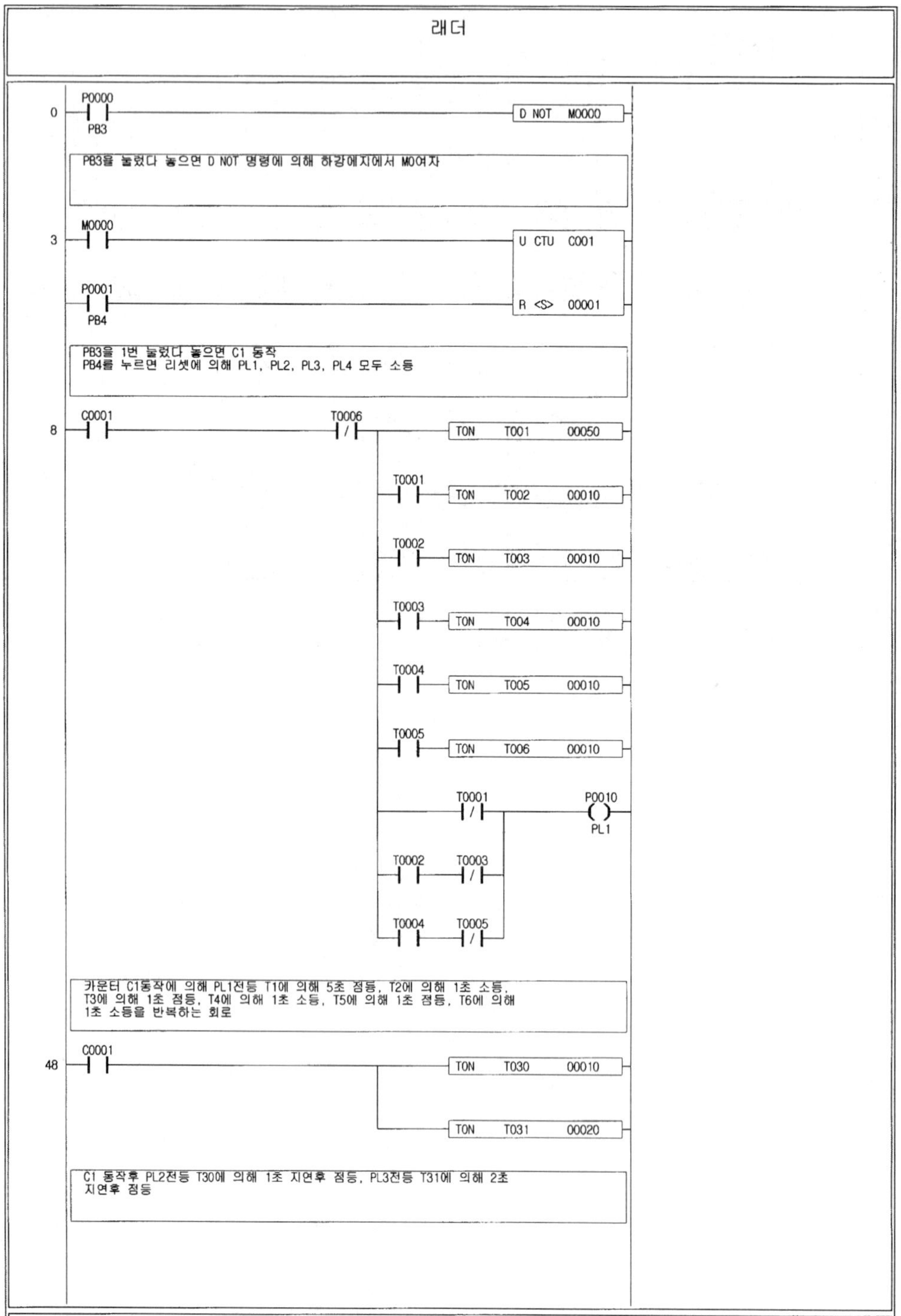

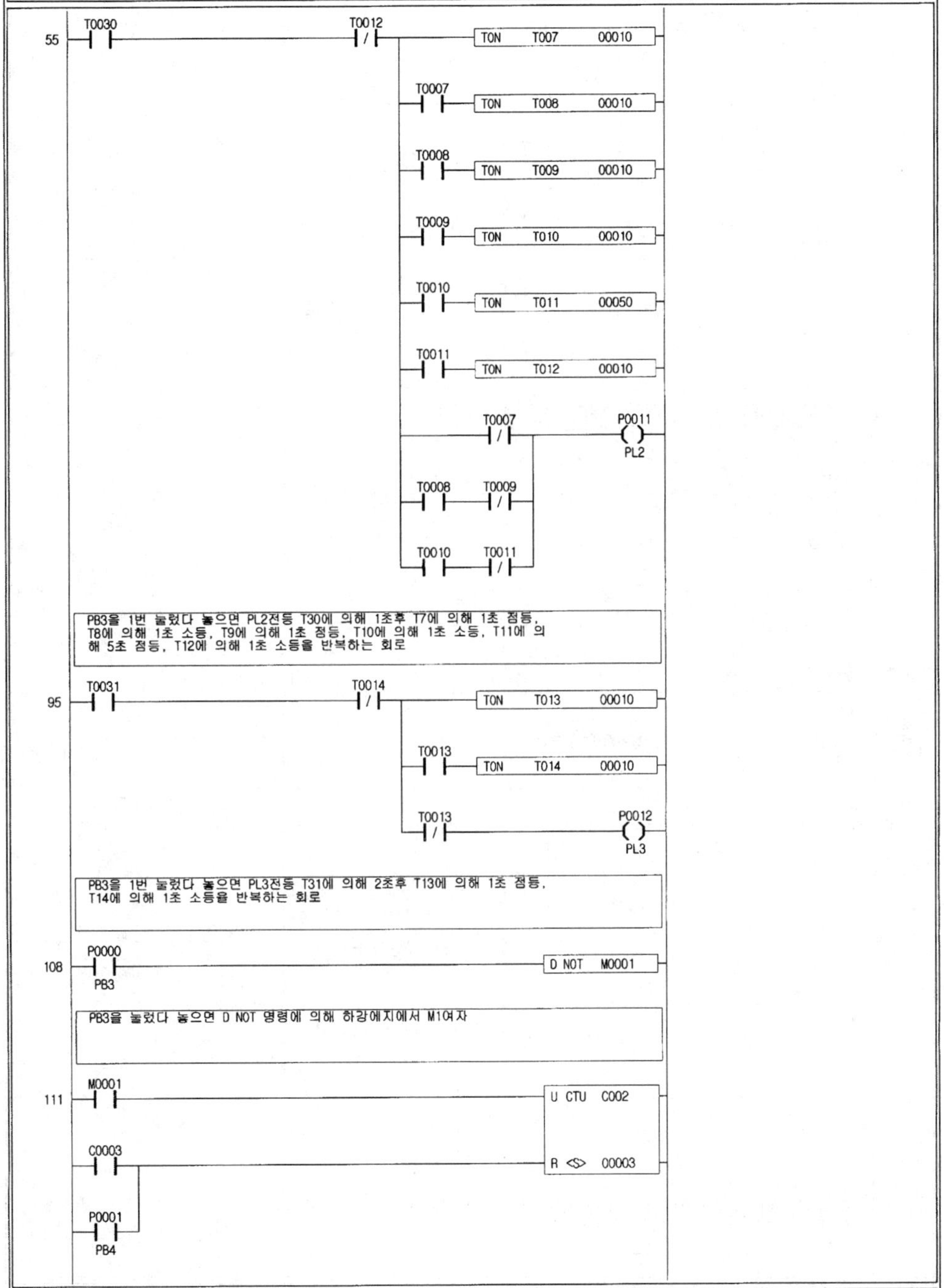

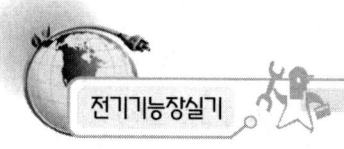

래더

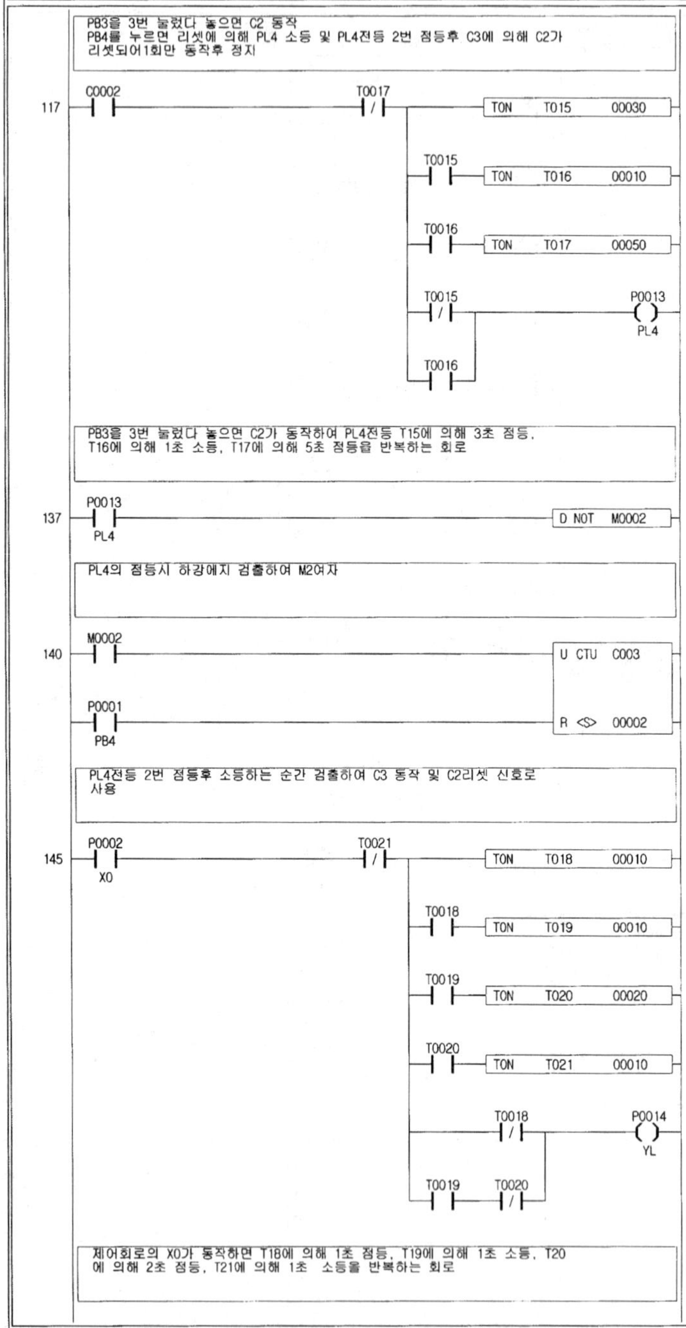
PB3을 3번 눌렀다 놓으면 C2 동작
PB4를 누르면 리셋에 의해 PL4 소등 및 PL4전등 2번 점등후 C3에 의해 C2가
리셋되어1회만 동작후 정지
117
C0002
T0017
TON T015 00030
T0015
TON T016 00010
T0016
TON T017 00050
T0015
P0013
PL4
T0016
PB3을 3번 눌렀다 놓으면 C2가 동작하여 PL4전등 T15에 의해 3초 점등,
T16에 의해 1초 소등, T17에 의해 5초 점등을 반복하는 회로
137
P0013
PL4
D NOT M0002
PL4의 점등시 하강에지 검출하여 M2여자
140
M0002
U CTU C003
P0001
PB4
R <S> 00002
PL4전등 2번 점등후 소등하는 순간 검출하여 C3 동작 및 C2리셋 신호로
사용
145
P0002
X0
T0021
TON T018 00010
T0018
TON T019 00010
T0019
TON T020 00020
T0020
TON T021 00010
T0018
P0014
YL
T0019
T0020
제어회로의 X0가 동작하면 T18에 의해 1초 점등, T19에 의해 1초 소등, T20
에 의해 2초 점등, T21에 의해 1초 소등을 반복하는 회로

꼬릿말:	
저자:	회사:
날짜:2013/1/8	쪽:3/4

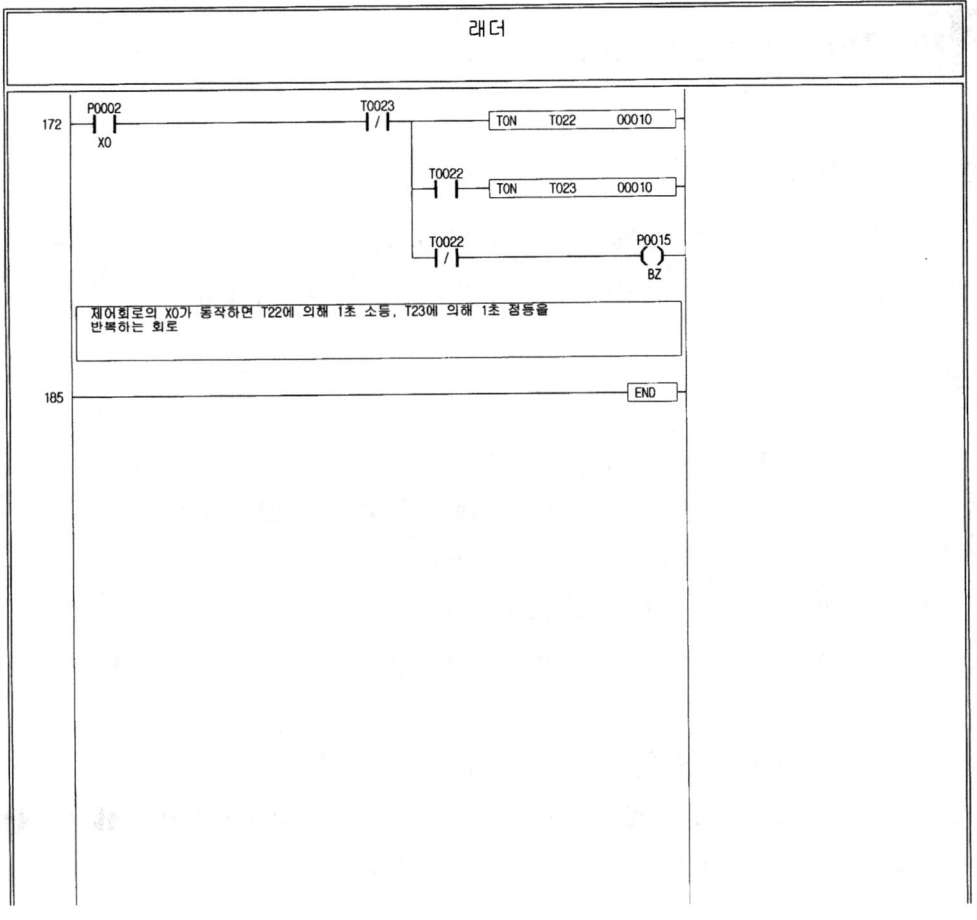

6.24 제52회 C형 [2012년 9월]

(1) 제1과제 : PLC 프로그램 구성

① 다음 동작설명과 타임차트를 참조하여 PLC 프로그램을 완성하시오.
② PLC 프로그램 구성은 반드시 본인이 지참한 기종으로 작업하여야 한다.

(2) 동작설명

(●는 동작(점등), ○는 정지(소등)이며 원호 안의 숫자는 시간(초)임)

① PB_3을 1번 눌렀다 놓으면, PL_1은 점등과 소등(❸-①-❷-①-❷-①)을
   2번 눌렀다 놓으면, PL_2는 점등과 소등(❺-①-❶-①)을
   3번 눌렀다 놓으면, PL_3은 점등과 소등(❶-①-❷-①-❸-①)을,
   4번 눌렀다 놓으면, PL_4는 점등과 소등(❷-①-❷-①)을 반복하여 동작한다.
   5번 눌렀다 놓으면, PL_1, PL_2, PL_3, PL_4는 모두 소등된다.
② PB_4를 누르면 동작 중이던 PL_1, PL_2, PL_3, PL_4는 모두 소등된다.
③ 제어회로의 X_0가 동작되면 YL은 ❷-①-❶-①을, BZ는 YL 동작 1초 후부터 ❶-②-❶-②를 반복하여 동작한다. X_0가 복귀되면 YL과 BZ는 동작을 멈춘다.

(3) PLC 입출력도

(본인이 지참한 PLC기종에 알맞게 입출력회로를 결선하시오.)

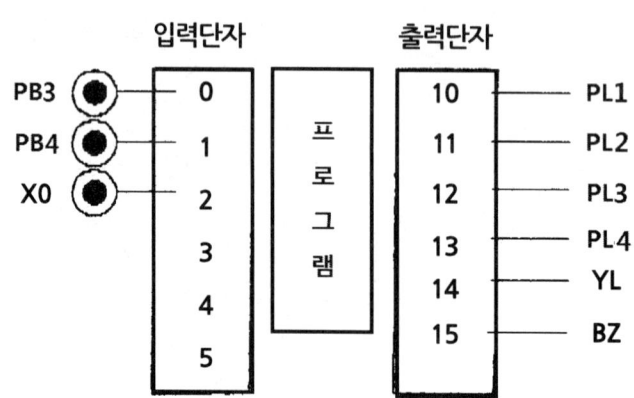

(4) 타임차트

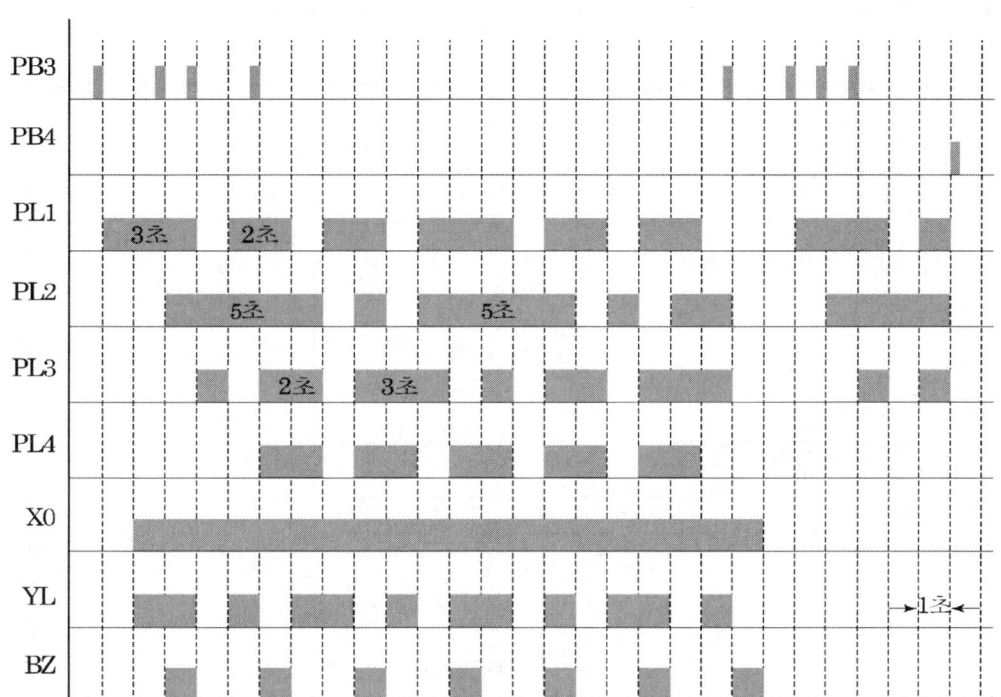

(5) 프로그램 작성

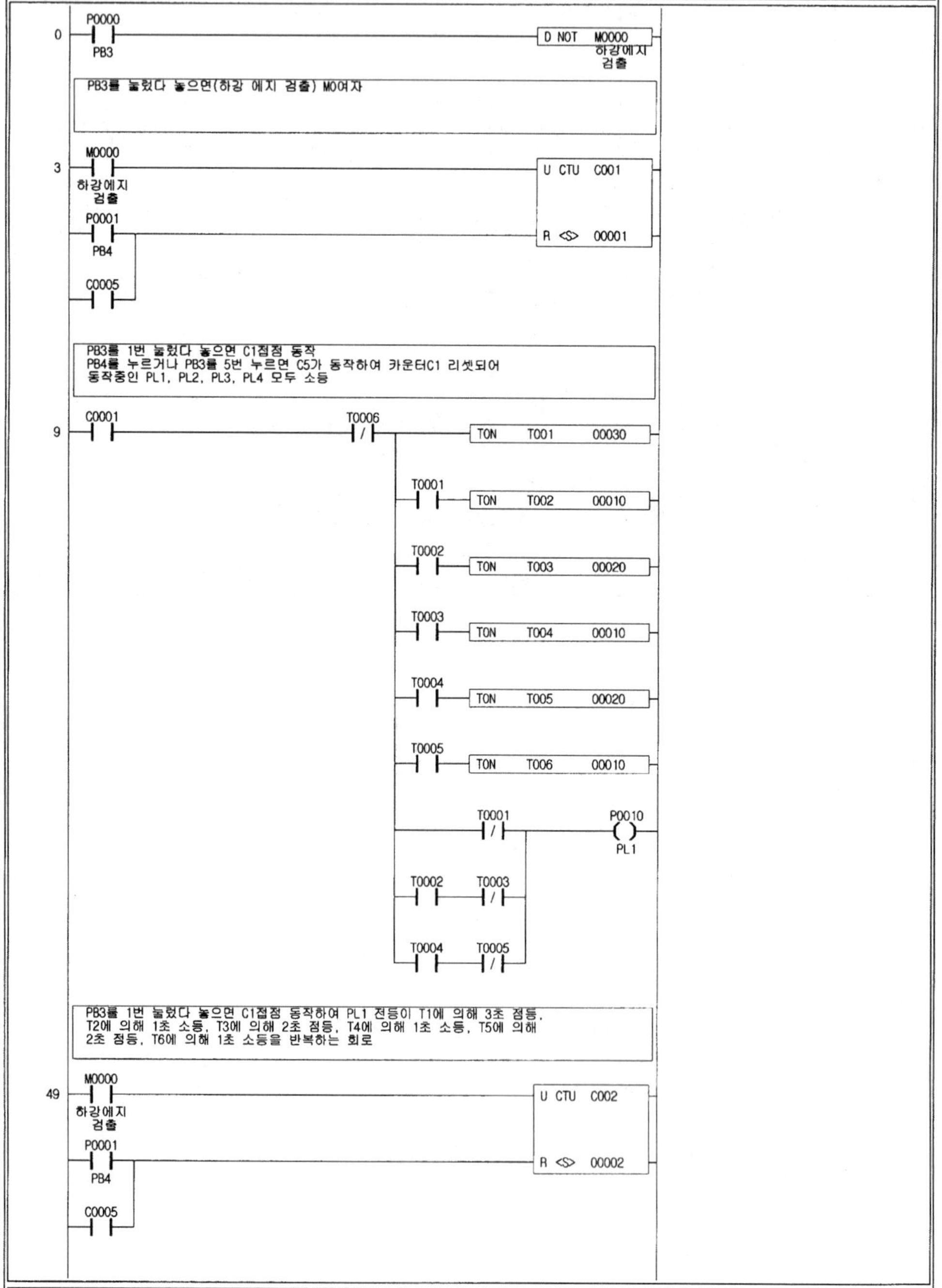

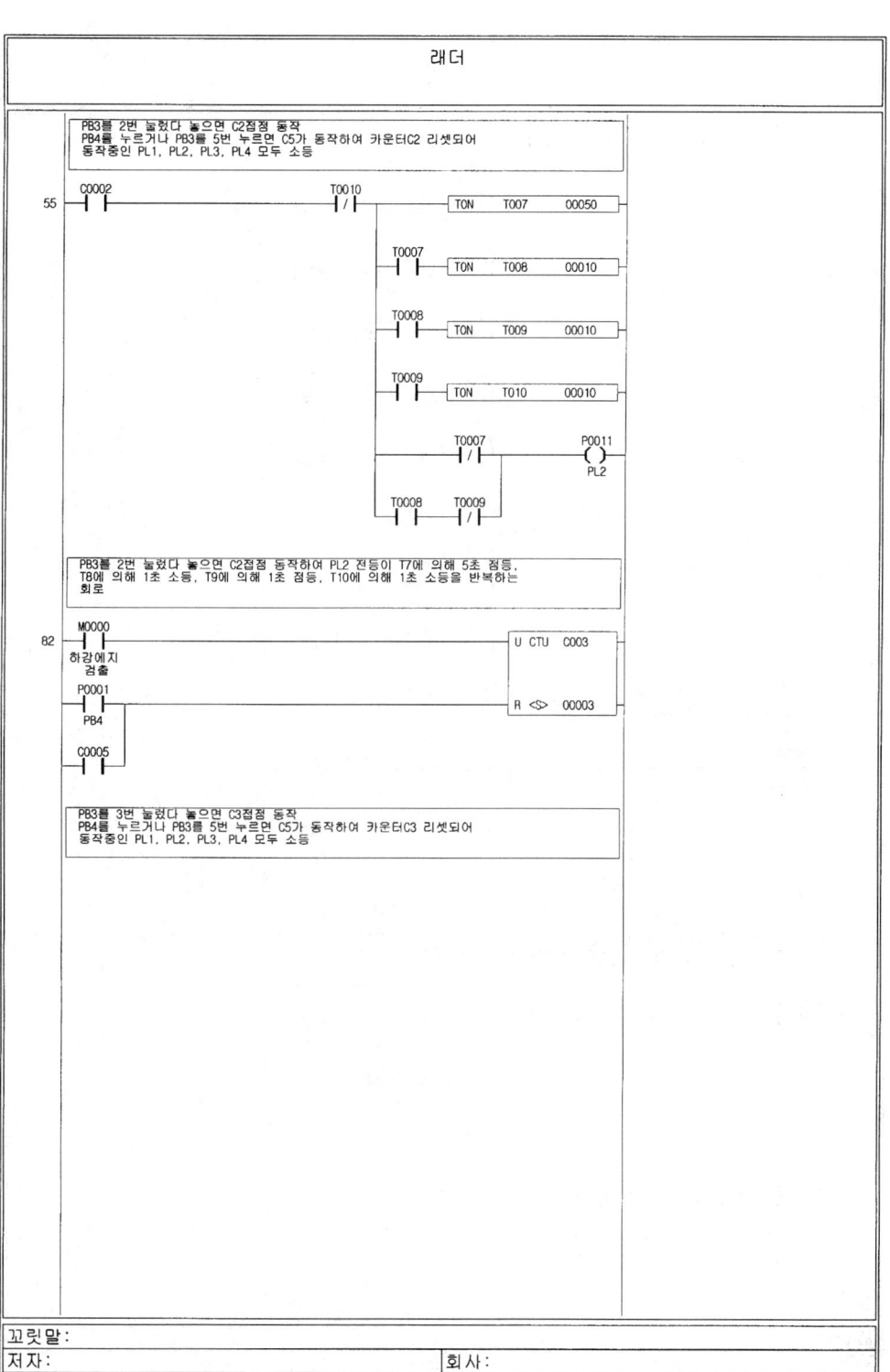

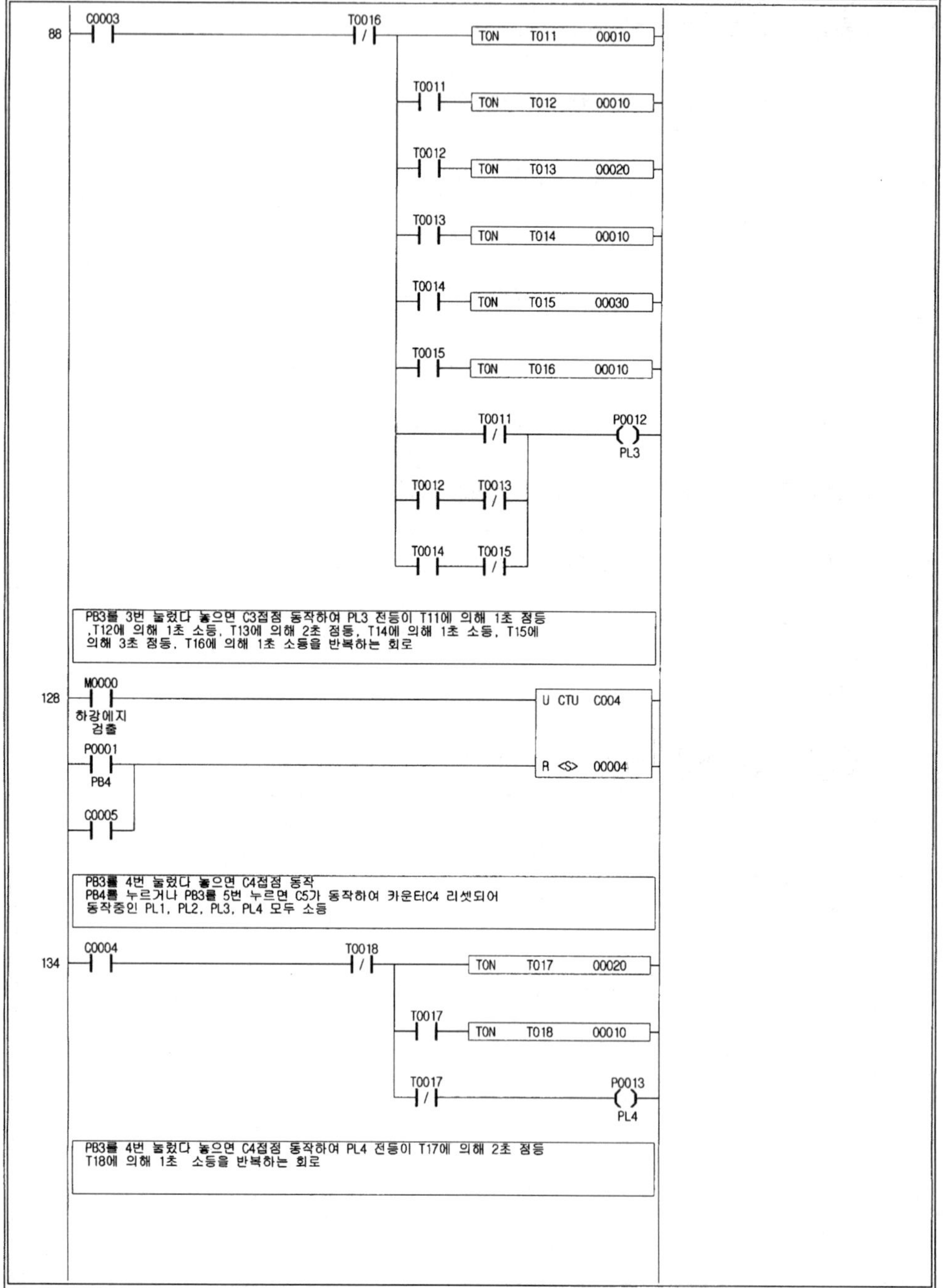

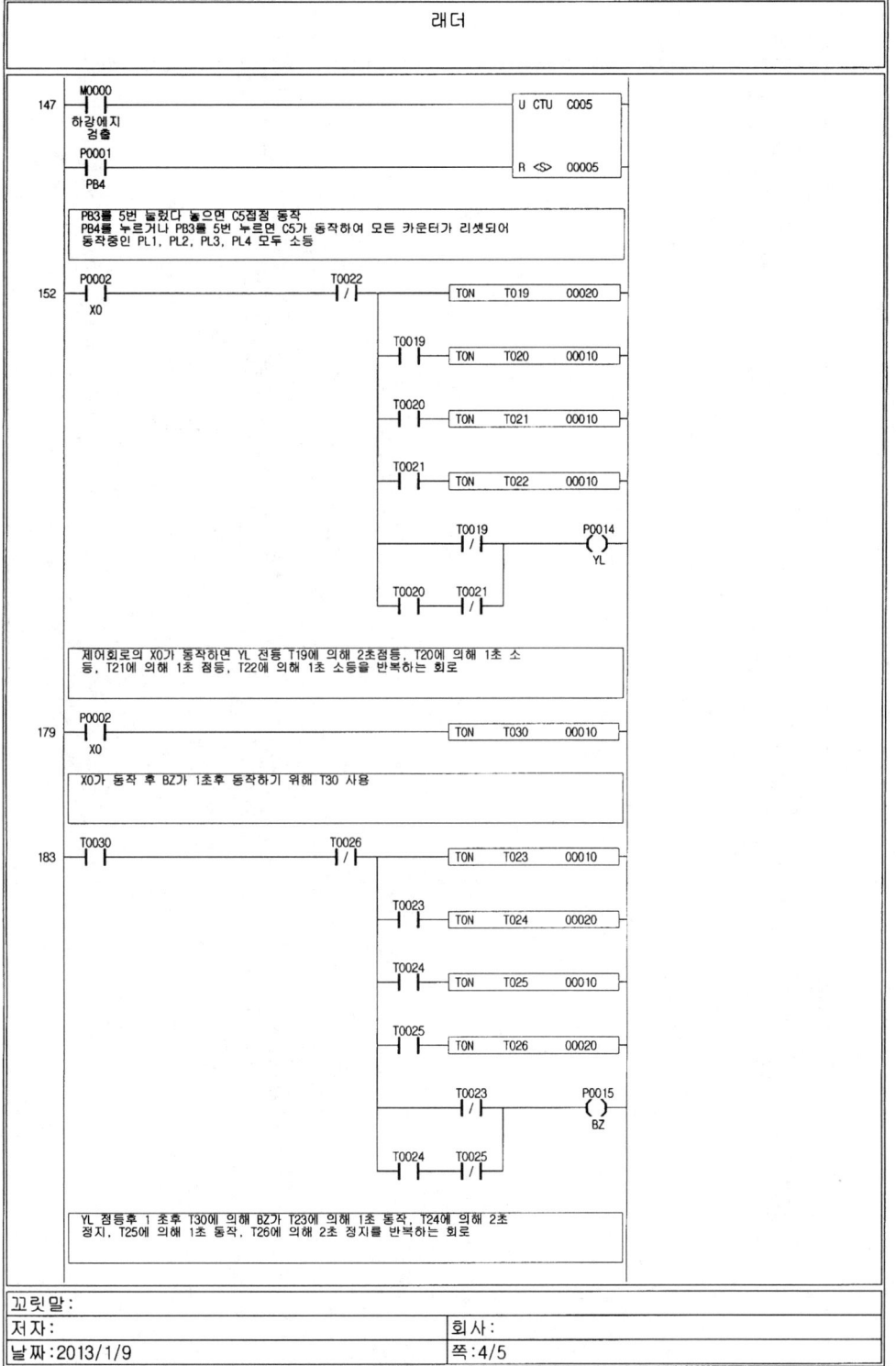

래더
210 ──────────────────────────────── [END]

6.25 제52회 D형 [2012년 9월]

(1) 제1과제 : PLC 프로그램 구성

① 다음 동작설명과 타임차트를 참조하여 PLC 프로그램을 완성하시오.
② PLC 프로그램 구성은 반드시 본인이 지참한 기종으로 작업하여야 한다.

(2) 동작설명

(●는 동작(점등), ○는 정지(소등)이며 원호 안의 숫자는 시간(초)임)

① PB₃을 1번 누르면, PL₁은 점등과 소등(❺-③-❶-③)을,
PL₂는 PL₁이 점등된 1초 후 점등과 소등(❸-③-❸-③)을,
PL₃은 PL₂가 점등된 1초 후 점등과 소등(❶-③-❺-③)을 반복하여 동작한다.
PB₃을 5번 누르면 동작 중이던 PL₁, PL₂, PL₃은 모두 소등된다.
5번 눌렀다 놓으면, PL₁, PL₂, PL₃, PL₄는 모두 소등된다.

② PB₄를 1번 눌렀다 놓으면, PL₄는 점등과 소등(❸-①-❷-①-❶)을 1회 동작한다.

③ 제어회로의 X₀가 동작되면 BZ는 동작과 정지(❶-②-❶-②)를 반복하고, YL은 BZ 동작 1초 후부터 점등과 소등(❷-①-❶-②)을 반복한다. X₀가 복귀되면 YL과 BZ는 동작을 멈춘다.

(3) PLC 입출력도

(본인이 지참한 PLC기종에 알맞게 입출력회로를 결선하시오.)

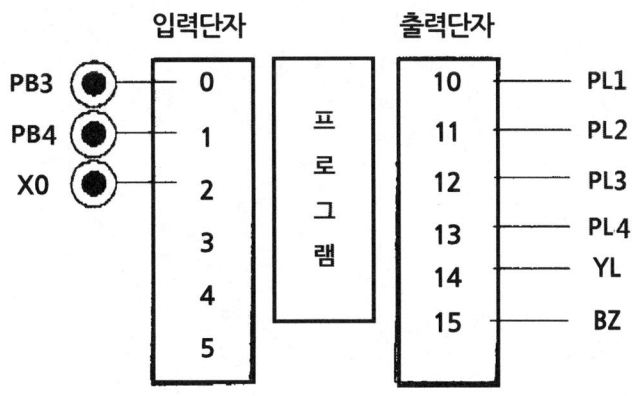

(4) 타임차트

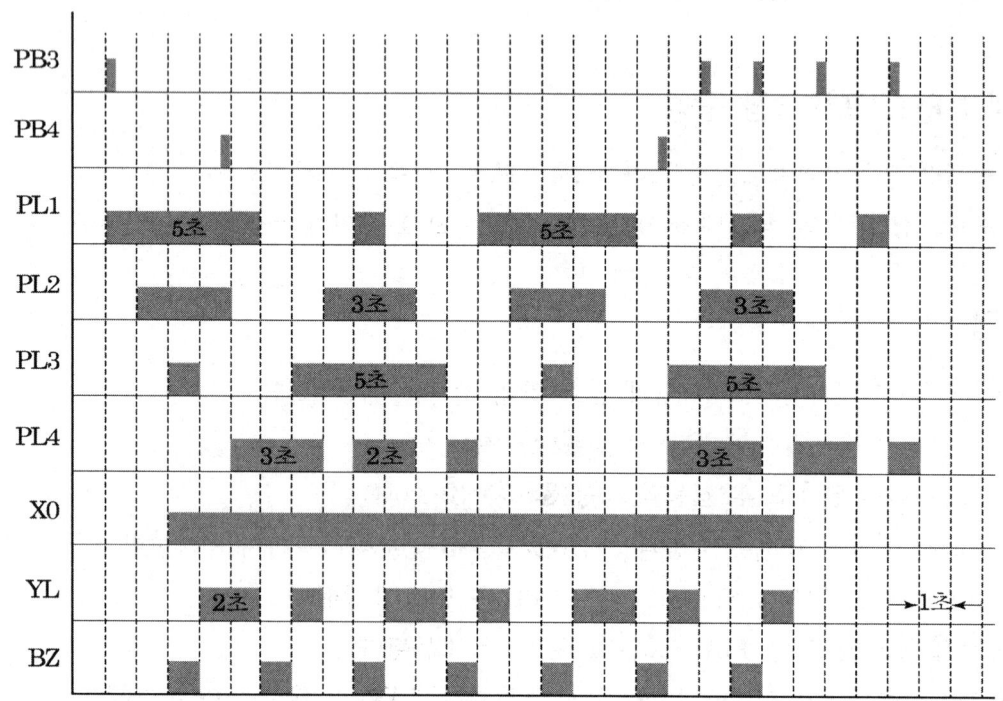

(5) 프로그램 작성

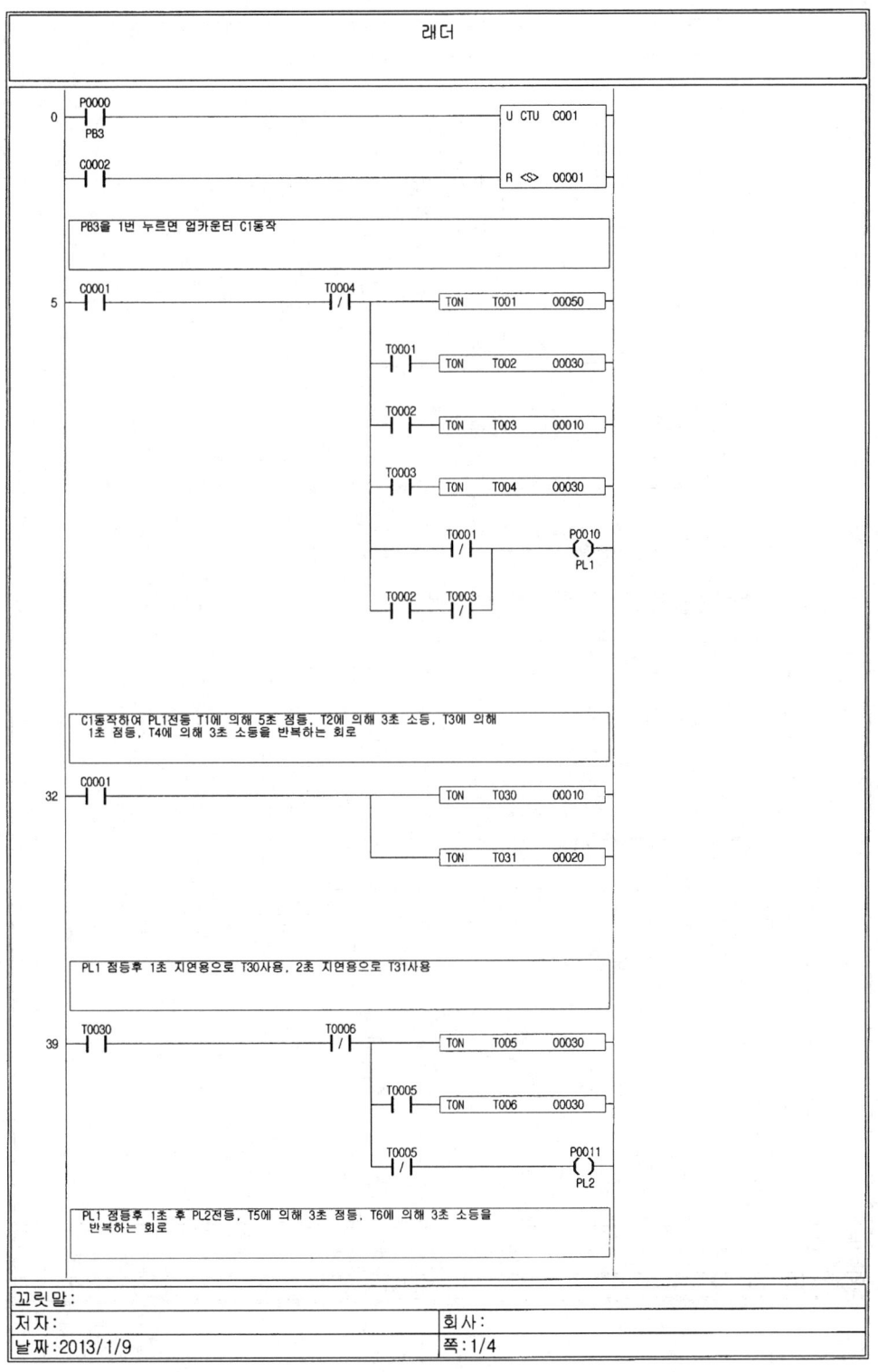

래더

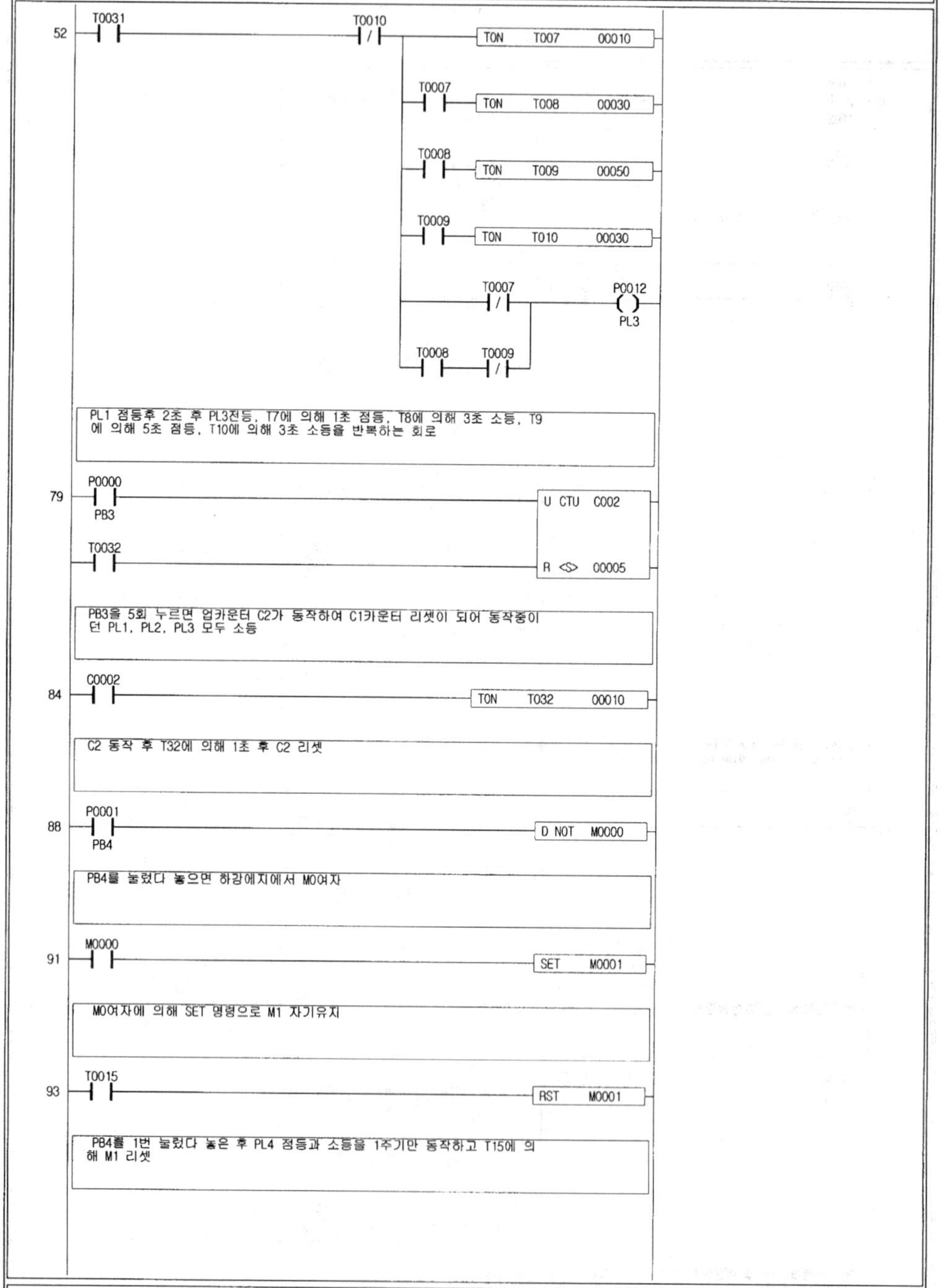

```
52  T0031      T0010                    TON   T007   00010
    ├┤        ├/┤
                        T0007
                        ├┤               TON   T008   00030
                        T0008
                        ├┤               TON   T009   00050
                        T0009
                        ├┤               TON   T010   00030
                                 T0007                P0012
                                 ├/┤                  ( )
                                                      PL3
                        T0008   T0009
                        ├┤      ├┤
```

PL1 점등후 2초 후 PL3점등, T7에 의해 1초 점등, T8에 의해 3초 소등, T9
에 의해 5초 점등, T10에 의해 3초 소등을 반복하는 회로

```
79  P0000                                U CTU   C002
    ├┤
    PB3
    T0032                                R <>    00005
    ├┤
```

PB3을 5회 누르면 업카운터 C2가 동작하여 C1카운터 리셋이 되어 동작중이
던 PL1, PL2, PL3 모두 소등

```
84  C0002                                TON   T032   00010
    ├┤
```

C2 동작 후 T32에 의해 1초 후 C2 리셋

```
88  P0001                                D NOT   M0000
    ├┤
    PB4
```

PB4를 눌렀다 놓으면 하강에지에서 M0여자

```
91  M0000                                SET    M0001
    ├┤
```

M0여자에 의해 SET 명령으로 M1 자기유지

```
93  T0015                                RST    M0001
    ├┤
```

PB4를 1번 눌렀다 놓은 후 PL4 점등과 소등을 1주기만 동작하고 T15에 의
해 M1 리셋

꼬릿말 :
저자 :   회사 :
날짜 : 2013/1/9   쪽 : 2/4

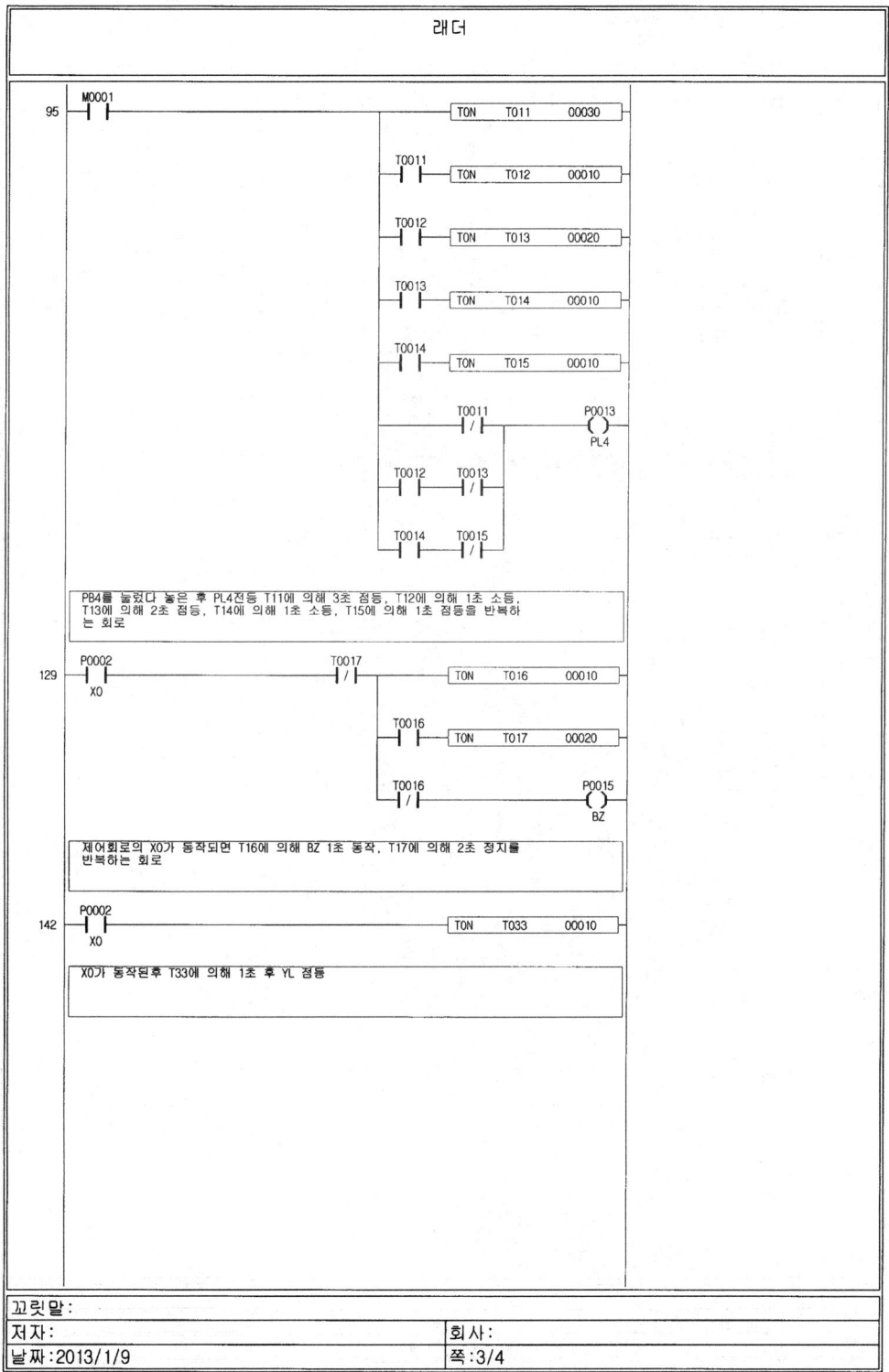

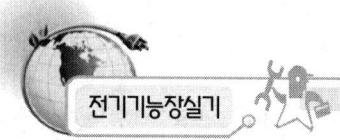

래더

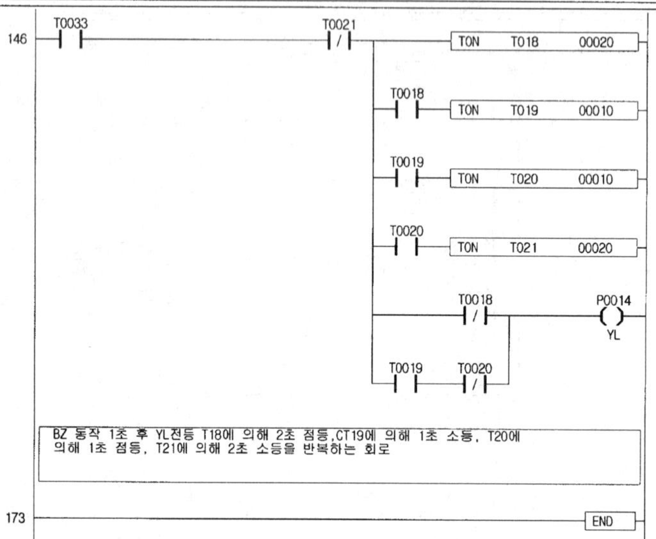
146
T0033
T0021
TON T018 00020
T0018
TON T019 00010
T0019
TON T020 00010
T0020
TON T021 00020
T0018
P0014
YL
T0019
T0020
BZ 동작 1초 후 YL전등 T18에 의해 2초 점등,CT19에 의해 1초 소등, T20에
의해 1초 점등, T21에 의해 2초 소등을 반복하는 회로
173
END

꼬릿말:	
저자:	회사:
날짜:2013/1/9	쪽:4/4

Section 07 GLOFA-GM 개요

7.1 그래픽 로더(Graphic Loder) 프로그램 다운로드

GLOFA-GM 시리즈 PLC의 명령어 코딩을 위해서는 LS산전의 GMWIN이란 Software가 있어야 한다. 인터넷(internet) 주소창에 http://kr.lsis.biz/를 클릭하여 회원 가입을 하고 독자의 ID로 로그인(Log in)한 후 메인메뉴에서 고객지원을 클릭하면 [그림 7-1]과 같은 화면이 열린다.

[그림 7-1] LS산전 홈페이지

다운로드 자료실의 8번의 [GLOFA-GM]GMWIN4.17버전(국문/영문)을 클릭한 후 첨부파일 GMWIN417(KOR)_08065.exe(19.7Mbyte)를 다운로드하여 클릭하면 프로그램이 컴퓨터에 탑재된다.

프로그램을 다운로드하여 GMWIN417(KOR)_08065.exe를 실행하면 [그림 7-2]의 노란색 원 안의 "GMWIN4"와 같은 단축 아이콘이 형성된다.

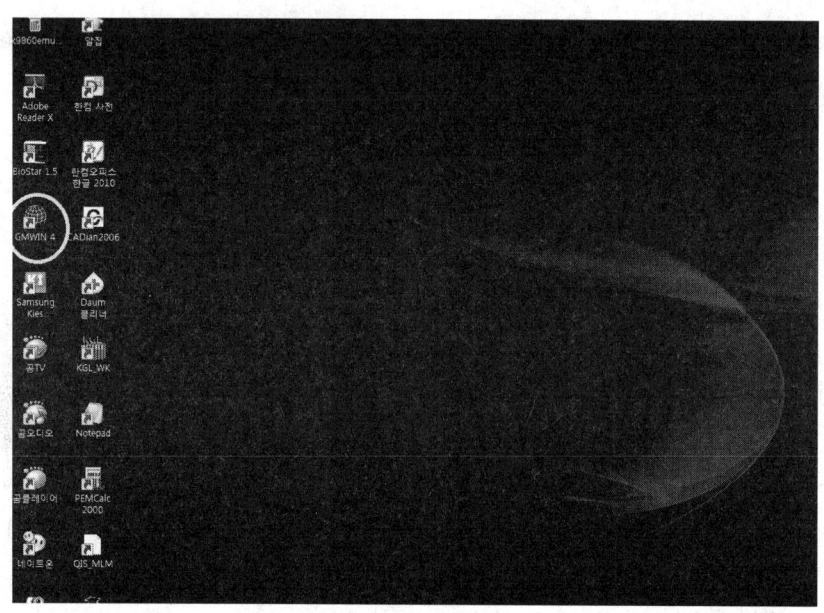

[그림 7-2] GMWIN417(KOR)_08065.exe를 실행 후 생성된 단축 아이콘

7.2 데이터 구성

프로그램 안에서 사용되는 데이터는 값을 가지고 있다. 프로그램이 실행되는 동안에 값이 바뀌지 않는 상수와 값이 변하는 변수가 있다. 변수를 사용하기 위해서는 변수 표현 방식을 결정해야 한다.

(1) 직접변수

직접변수는 사용자가 변수 이름과 형 등의 선언 없이 이미 제조사에 의해 지정된 메모리 영역의 식별자(입력 : %I, 출력 : %Q, 내부메모리변수 : %M)와 주소를 사용하는 방식이다.

직접변수는 반드시 퍼센트 문자(%)로 시작하고 다음에 위치 접두어와 크기 접두어를 붙이며 그리고 마침표로 분리되는 하나 이상의 부호 없는 정수의 순으로 나타낸다.

[표 7-1] GMWIN417(KOR)_08065.exe를 실행 후 생성된 단축 아이콘

종 류	표시방법
입력변수	%IX0.0.0, %IB0.0.0, %IW0.0.1, %ID0.0.1
출력변수	%QX0.0.0, %QB0.0.0, %QW0.0.1, %QD0.0.1
내부메모리	%MX100, %MB100, %MW100, %MD100

(2) 입·출력 주소 할당

GLOFA-GM 기종의 PLC 입·출력 메모리 할당은 [그림 7-3]의 6가지 인자에 의해 결정된다.

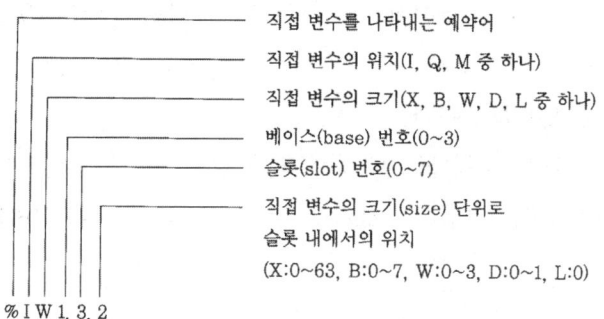

[그림 7-3] 입출력 메모리 할당 표시 방법

① 위치 접두어

[표 7-2] 위치 접두어

접두어	내용
I	입력을 의미
Q	출력을 의미

② 크기 접두어 : 변수가 확보하는 메모리 크기를 나타냄

[표 7-3] 크기 접두어

접두어	내용	접두어	내용
X 또는 None	1Bit의 크기	D	2Word(32Bit)의 크기
B	1Byte(8Bit)의 크기	L	4Word(64Bit)의 크기
W	1Word(16Bit)의 크기		

③ 베이스 번호(0~3) : CPU가 장착되어 있는 베이스(기본 베이스)를 0번 베이스라고 하며, 증설 시스템을 구성했을 때 기본 베이스에 접속된 순서에 따라 베이스 번호가 1씩 증가된다.

④ 슬롯 번호(0~7) : 슬롯 번호는 기본 베이스의 경우 CPU 우측이 0번이 되며 우측으로 번호가 1씩 증가한다.

⑤ 크기 접두어 번호

   ㉠ 슬롯에 장착되어 있는 접점들을 0번부터 크기 접두어 단위로 나누었을 때 몇 번째 크기 접두어 단위가 되는지를 나타낸다.

   ㉡ 크기 접두어가 X인 경우 슬롯당 할당된 입·출력 점수는 최대 64점이 되고 번호는 0~63으로 할당된다.

   ㉢ 예를 들어 0번 슬롯에 32점 입력 모듈이 장착되어 있고, 이것을 바이트 단위로 사용한다면 처음 8점(%IX0.0.0~%IX0.0.7)은 %IB0.0.0이 되고, 그 다음 8점(%IX0.0.8~%IX0.0.15)은 %IB0.0.1이 되며, 그 다음 8점(%IX0.0.16~% IX0.0.23)은 %IB0.0.2가 된다. 또한 마지막 8점(%IX0.0.24~%IX0.0.31)은 %IB0.0.3이 된다.

   ㉣ 그리고 1번 슬롯에 32점 출력 모듈이 장착되어 있고, 이것을 워드 단위로 나누어 사용한다면 처음 16점(%QX0.0.0~%QX0.0.15)은 %QW0.1.0이 되며, 다음 16점(%QX0.0.16~%QW0.0.31)은 %QW0.0.1이 된다.

(3) Named 변수

네임드 변수는 사용자가 변수 이름과 타입 등을 선언하고 사용한다. 네임드 변수의 이름은 한글 8자, 영문은 16자까지 선언 가능하며 한글, 영문, 숫자 및 밑줄 문자를 조합하여 사용할 수 있다. 또한 영문자의 경우 대.소문자를 구별하지 않고 모두 대문자로 인식하며 빈칸을 포함하지 않아야 한다.

[표 7-4] 네임드 변수 선언 예

종류	선언 예
한글, 숫자 및 밑줄 문자	모터2, 누름_버튼, 솔레노이드밸브1
한글, 영문, 숫자 및 밑줄 문자	모터1_ON, 램프1, 자동배출_SOL

① Named 변수의 메모리 할당

   ㉠ 네임드 변수의 메모리 할당에는 자동 할당과 사용자 정의가 있다.

   ㉡ 자동 할당은 신호 중계 또는 데이터 가공 시 임시 버퍼로 사용되며, 사용자 정의는 외부와 연결될 때 사용된다.

ⓒ 자동 할당이란 컴파일러가 내부 메모리 영역에 변수 위치를 자동으로 지정한다. 예를 들면 "릴레이 1"이란 변수를 자동 메모리 할당으로 지정할 경우 변수의 내부 위치는 프로그램이 작성된 후 컴파일(Compile) 과정에서 정해지므로 사용자는 변수 위치를 신경쓰지 않아도 된다.

ⓓ 사용자 정의란 사용자가 직접변수(%I, %Q, %M) 등을 사용하여 강제로 위치를 지정한다.

ⓔ %I는 프로그램의 입력 수행조건으로 사용되며, %Q는 프로그램 내용에 따라 결과를 외부로 출력할 때 사용한다.

ⓕ 그리고 %M은 PLC와 PLC 간 통신할 때 통신 파라미터상에서 통신용 변수로 사용된다.

7.3 GMWIN4 실행

바탕화면의 GMWIN4 또는 시작메뉴의 LSIS를 클릭하여 GMWIN4를 실행하면 [그림 7-4]와 같은 화면이 표시된다.

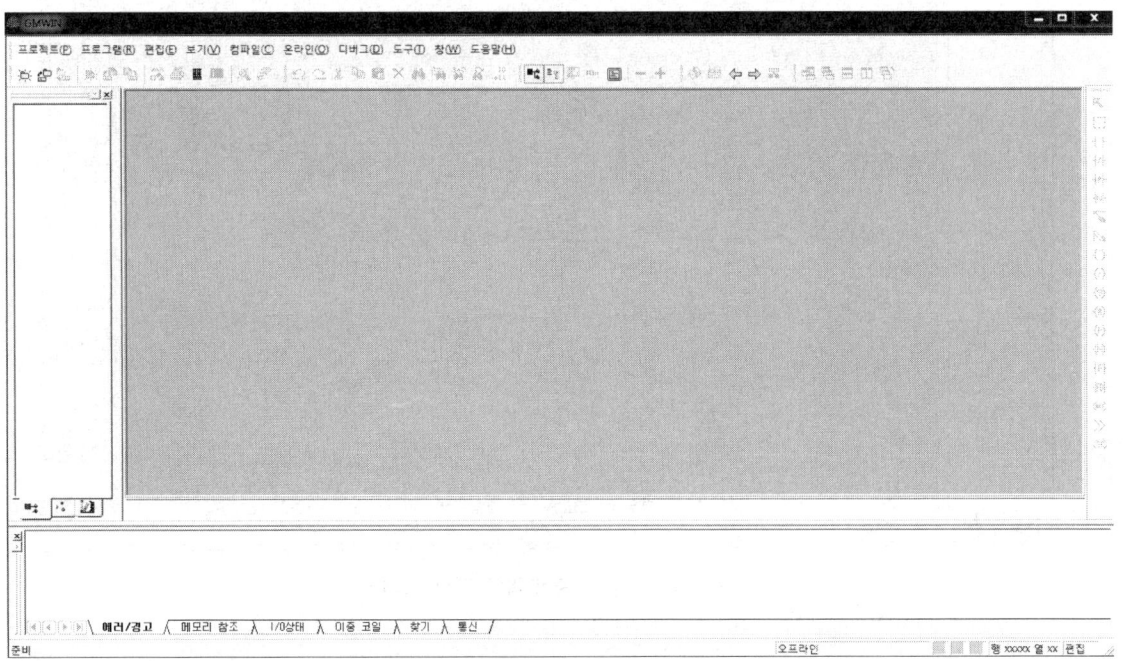

[그림 7-4] GMWIN4 초기 실행 화면

GMWIN4 실행화면에서 "프로젝트"를 클릭하여 "새 프로젝트를" 클릭한다.
[그림 7-5]와 같이 새프로젝트 구성 화면이 출력된다.

[그림 7-5] 새 프로젝트 구성 화면

"프로젝트 파일 위치"는 독자들이 작성한 PLC 프로젝트를 저장할 드라이브와 폴더를 의미한다.
화면의 "찾아보기"를 클릭한 후 "드라이브(V)"의 "로컬디스크(C)"를 클릭한 다음 "폴더(F)" 박스에서 "C:"를 클릭 후 "확인" 단추를 누르면 [그림 7-6]과 같게 된다.

Chapter 4 PLC 프로그래밍

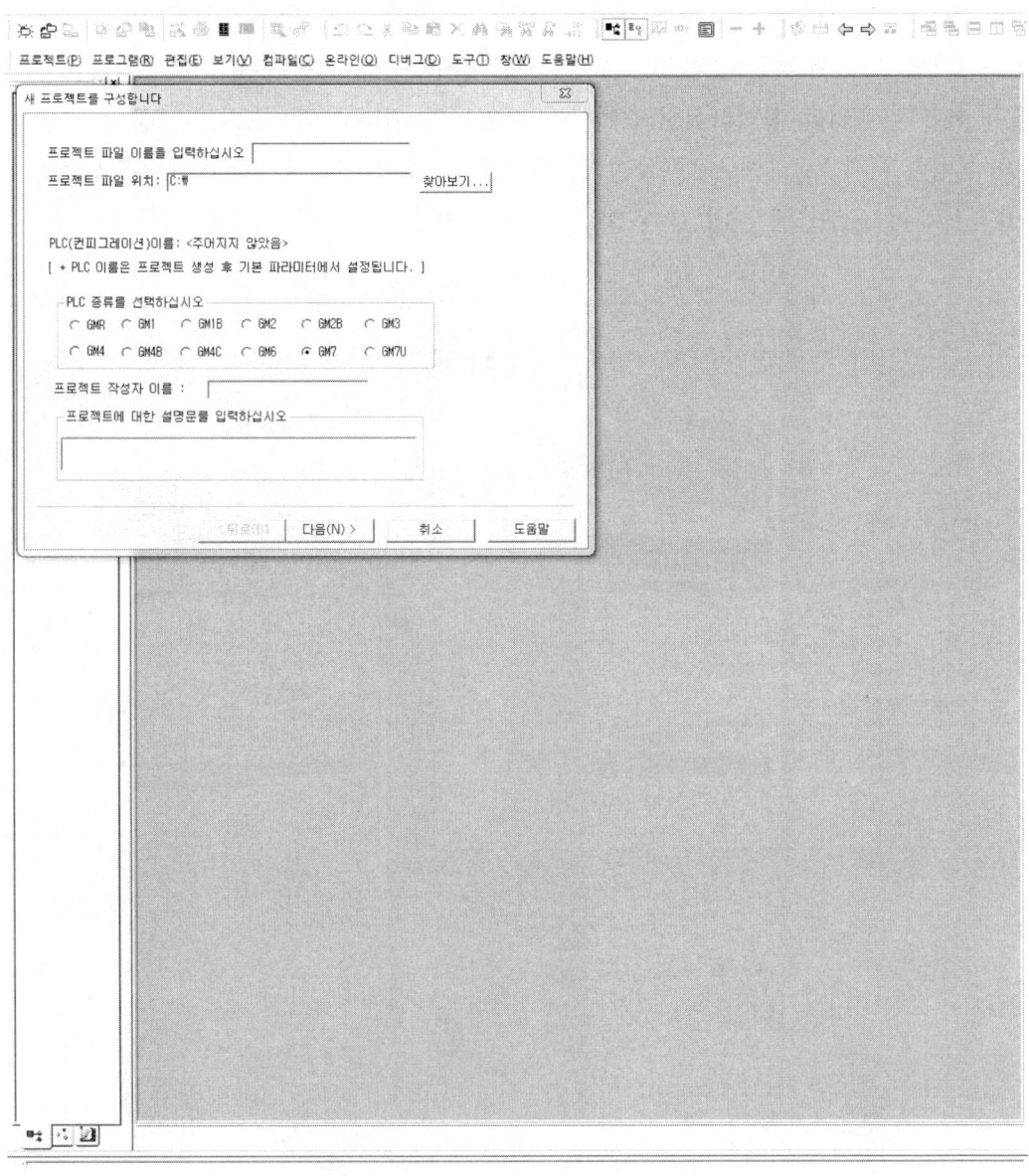

[그림 7-6] 프로젝트 파일위치 선정

[그림 7-6]에서 "프로젝트 파일 이름을 입력하십시오" 라는 박스에 "PLC 연습"을 입력한 후 "PLC 종류 선택"에서 독자가 가지고 있는 기종을 선택한다. 기능장 시험에서는 시간이 없으므로 "프로젝트 작성자 이름"과 "프로젝트에 대한 설명문"은 생략한다.

[그림 7-6] 화면에서 "다음(N)" 박스를 클릭한다.

[그림 7-7]의 "프로그램 파일 이름을 입력하십시오"라는 박스에 "c:₩plc연습₩noname00.src"로 입력한 후 "다음(N)"을 클릭해도 되고(시간이 없는 독자들), "noname00" 자리에 "과제1.src"로 입력해도 된다.

"프로그램의 인스턴스 이름을 입력하십시오"는 생략하고 "다음(N)" 박스를 클릭한다.

다음 화면은 [그림 7-9]처럼 프로젝트에 포함될 프로그램 구성 화면이 표시된다.

"프로그램이 사용할 언어를 선택하십시오"에서는 작업하기 편리한 래더(Ladder)를 선택한다.

즉, "LD"를 선택한 후 "프로그램에 대한 설명문을 입력하십시오"는 생략하고 "마침" 박스를 클릭한다.

[그림 7-10]과 같이 프로그램 작성 초기 화면이 출력된다.

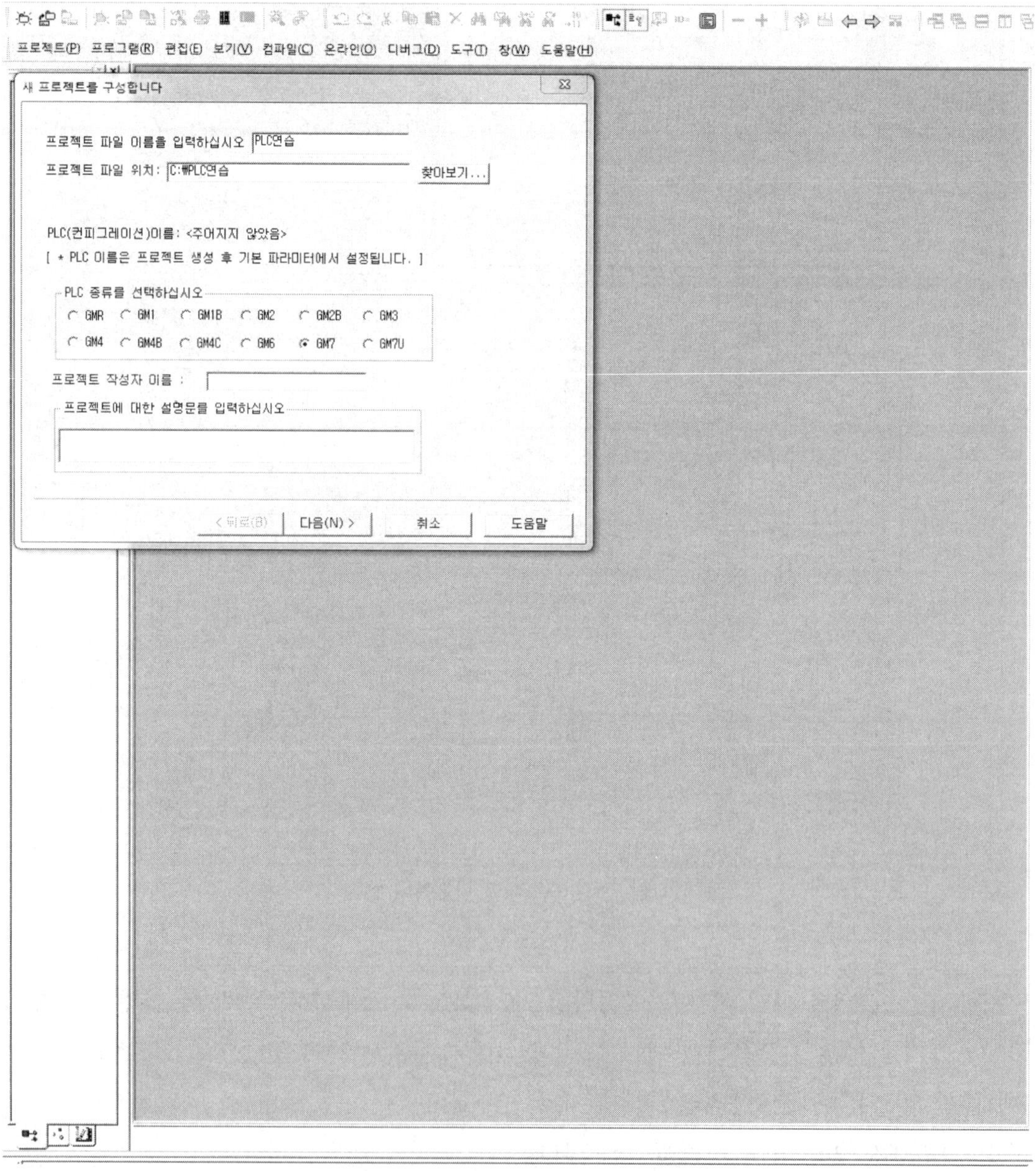

[그림 7-7] 프로젝트 파일 이름 입력

Chapter 04　PLC 프로그래밍

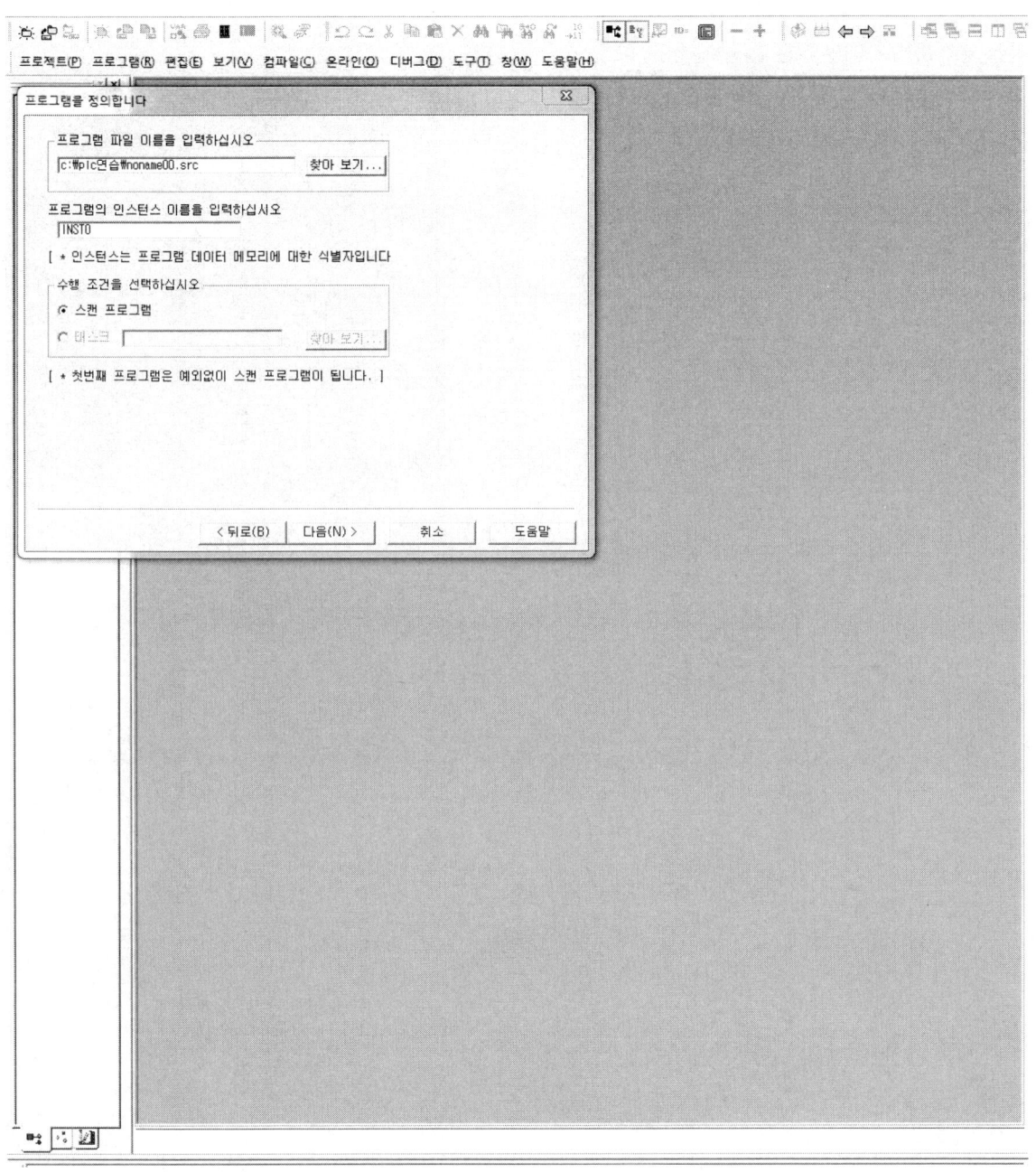

[그림 7-8] 프로그램 파일 이름 입력

[그림 7-9] 프로젝트에 포함될 프로그램 구성 화면

Chapter 04 PLC 프로그래밍

[그림 7-10] 프로그램 작성 초기 화면

Section 08 GMWIN4 기초 프로그래밍

8.1 자기유지회로

바탕화면의 "GMWIN4"를 실행하여 "제7장 GMWIN 실행 단계"를 거쳐 "프로젝트 파일 위치"를 "C 드라이브"로 클릭한 후 "확인"을 클릭한다.

"프로젝트 파일 이름을 입력하십시오"라는 박스에 "자기유지"라고 입력한다.

"PLC 종류선택"에서 본인이 지참한 PLC 기종을 선택한다.

"다음(N)" 박스를 클릭한다.

"프로그램 파일 이름을 입력하십시오"의 박스에 "noname00.src" 대신에 "자기유지.src"를 입력한다.

"다음(N)" 박스를 클릭한다.

"프로그램이 사용할 언어를 선택하십시오"에서 "LD"를 선택한다.

"마침"을 클릭한다.

다 완성했으면 [그림 8-1]과 같은 화면이 출력된다.

Chapter 4 PLC 프로그래밍

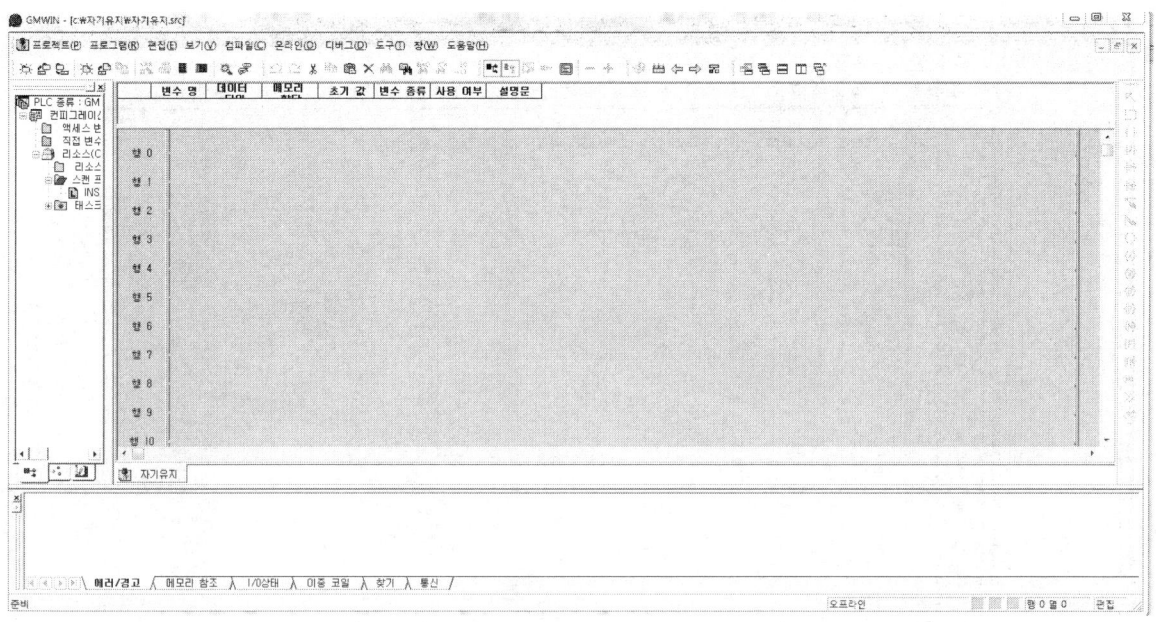

[그림 8-1] 자기유지 프로젝트 구성 화면

[그림 8-1]에서 키보드의 단축펑션키 "F3"를 누르든가 오른쪽의 "상시개접점" 아이콘을 클릭하여 "행0"에 가져다 붙이면 [그림 8-2]와 같아진다.

"변수이름"에 "기동버튼"이라 입력하면 [그림 8-3]과 같아진다.

"확인" 버튼을 누르면 [그림 8-4]와 같이 "메모리 할당" 화면이 출력된다.

"메모리 할당"에서 "사용자 정의(AT)"를 선택 후 입력박스에 입력번지수 "I0.0.0"을 기입하면 화면은 [그림 8-5]와 같아진다.

"확인" 버튼을 클릭하면 [그림 8-6]과 같아진다.

그 다음 출력코일을 드래그하여 상시 개접점 뒷부분에 가져다 붙이거나, 펑션키 F6키를 누른다. [그림 8-7]처럼 변수 이름에 "릴레이"라고 입력한 후 "확인" 박스를 클릭한다.

다음 화면 [그림 8-8]에서 "메모리 할당"에 "자동"으로 놓여진 상태로 "확인" 박스를 클릭하면 [그림 8-9]와 같아진다.

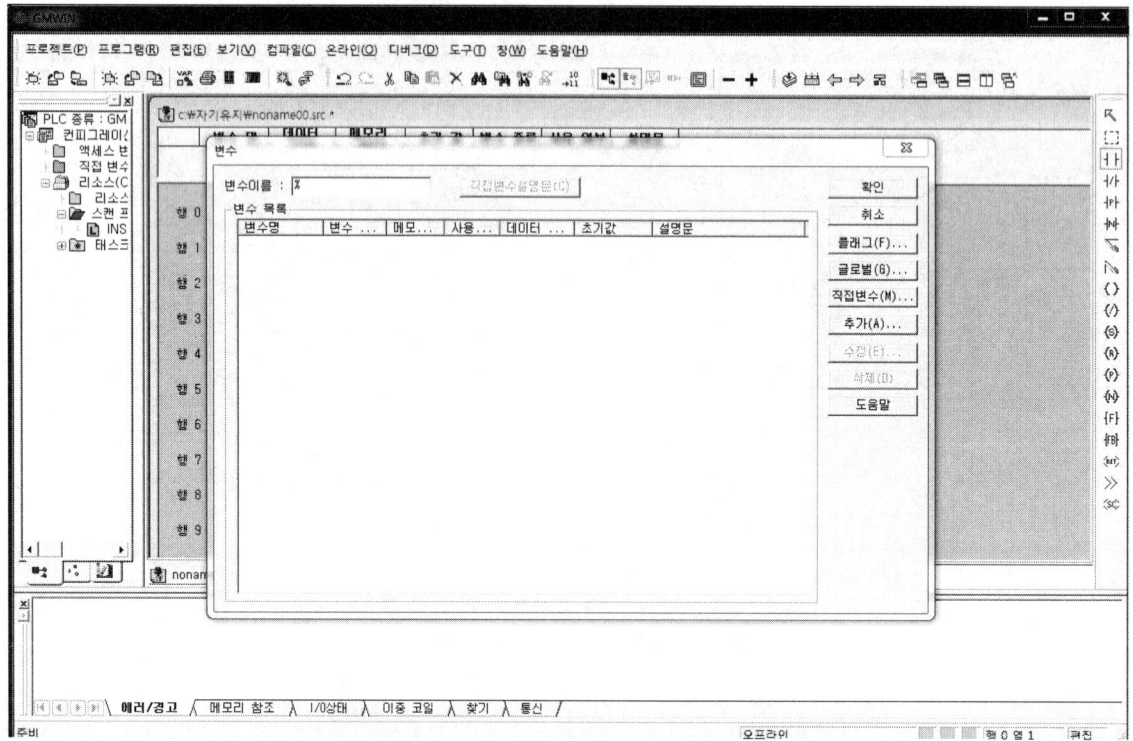

[그림 8-2] 상시 개접점 클릭 후 드래그 화면

[그림 8-3] 변수이름 지정

Chapter 04　PLC 프로그래밍

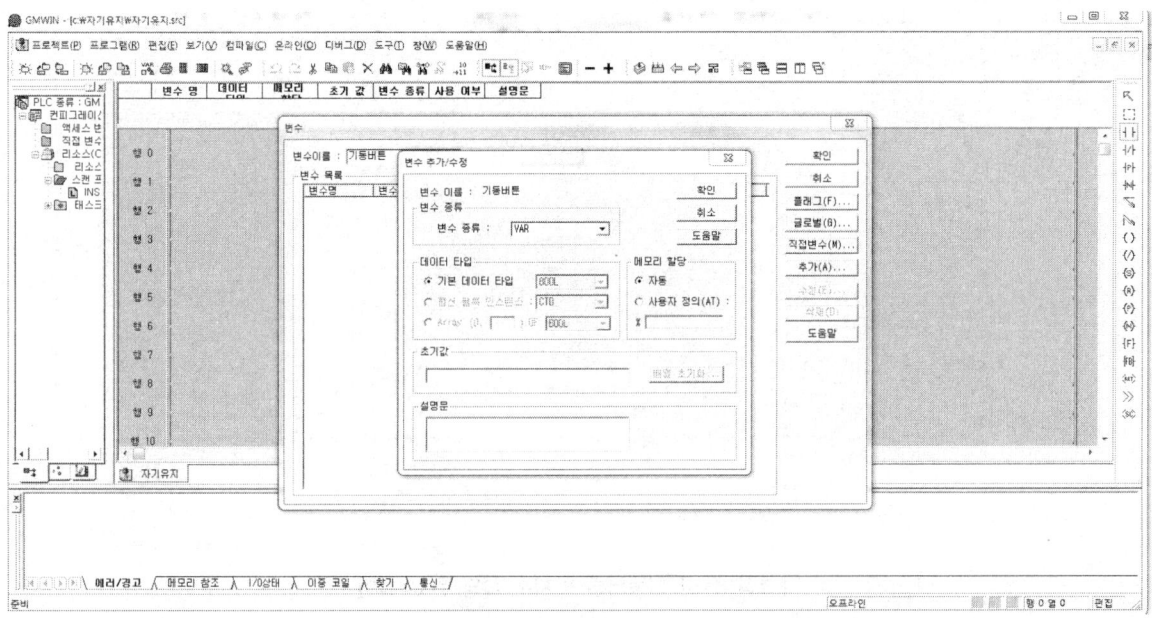

[그림 8-4] 변수이름 지정 후 "확인" 클릭

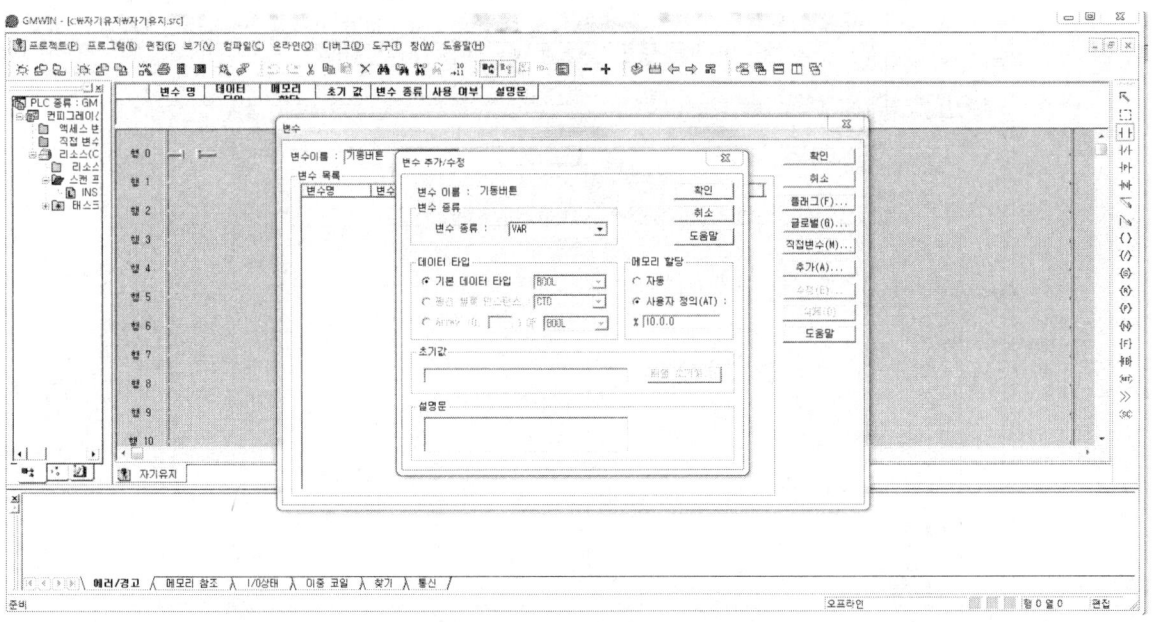

[그림 8-5] 기동버튼 메모리 할당

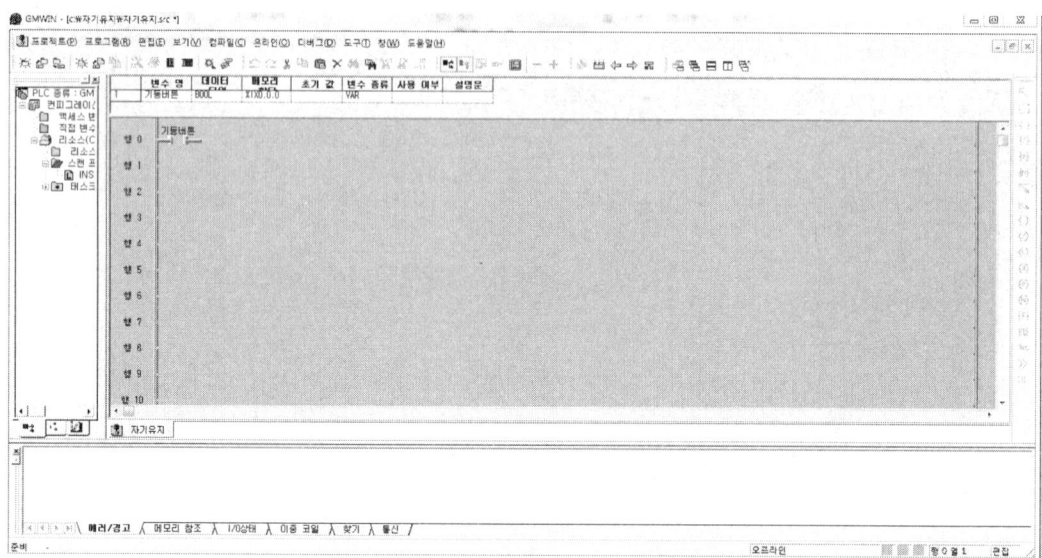

[그림 8-6] 기동버튼 번지수 할당 완료 화면

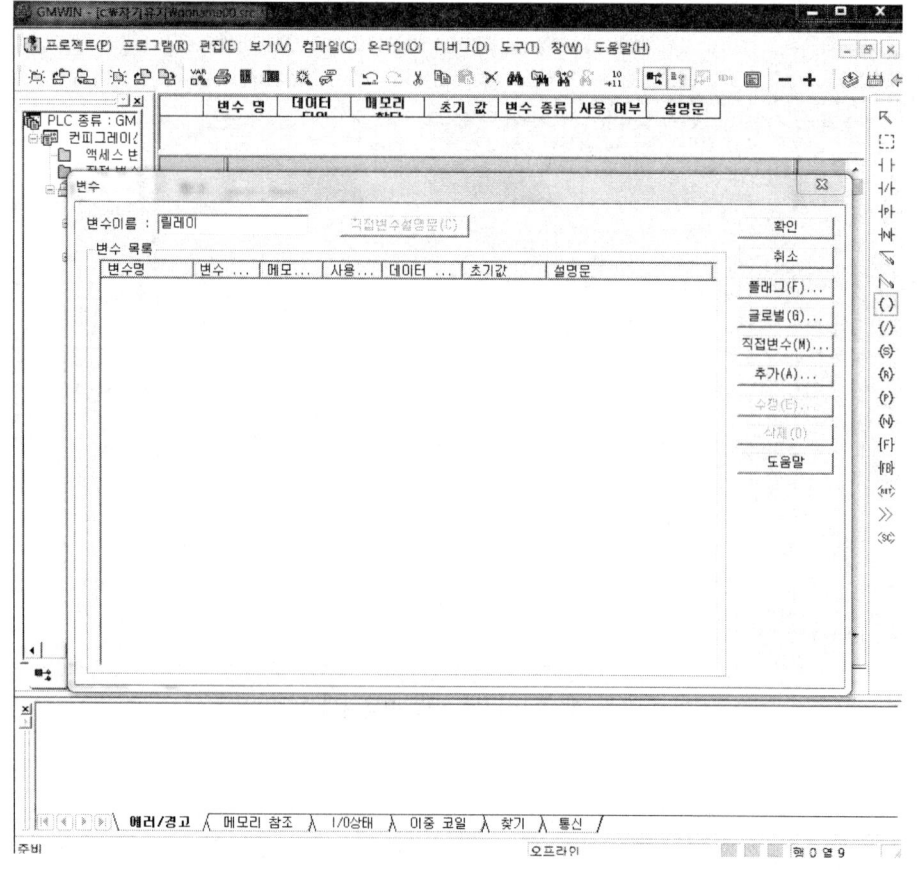

[그림 8-7] 출력변수 지정

Chapter **4** PLC 프로그래밍

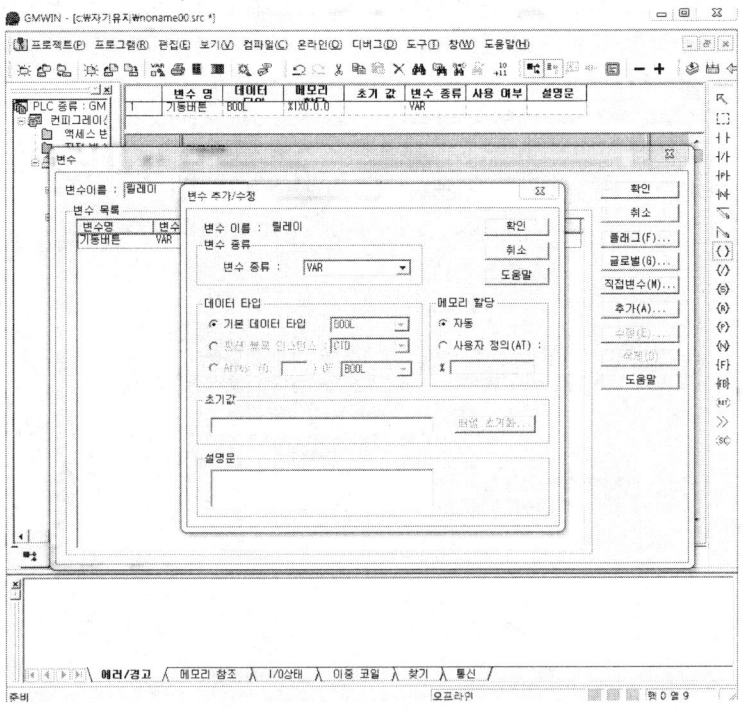

[그림 8-8] 출력변수 메모리 할당

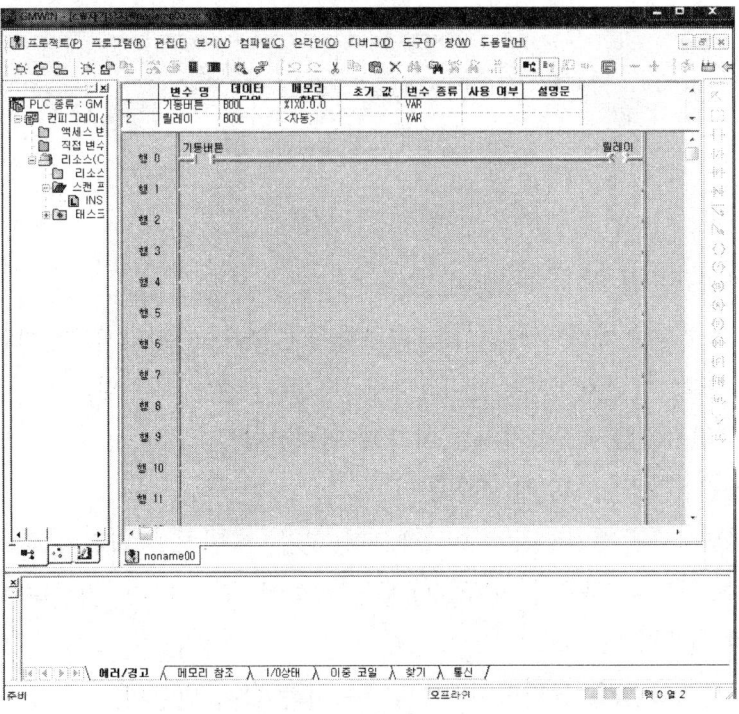

[그림 8-9] 메모리 할당 완료

메모리 할당이 완료되었으면 상시 개접점을 클릭하여 [그림 8-10]과 같이 만든다.

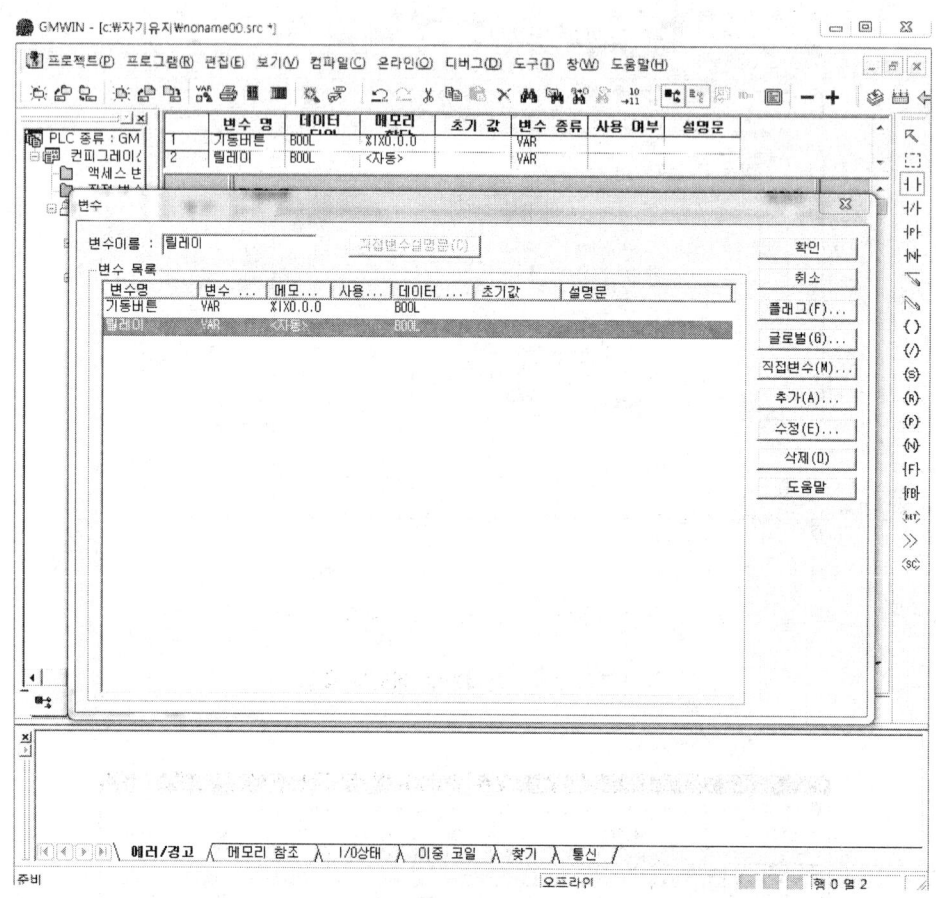

[그림 8-10] 자기유지접점

"확인" 박스를 클릭하면 [그림 8-11]과 같이 된다.

오른쪽 "프로그램용 도구상자"에서 "세로선"을 클릭하여 [그림 8-12]와 같이 만든다.

"상시폐접점"을 클릭 또는 펑션키 F3을 눌러 [그림 8-13]과 같이 만든다.

[그림 8-14]와 같이 "변수이름"에 "정지버튼"이라고 입력한다.

"확인" 박스를 클릭하면 [그림 8-15]와 같아진다.

"확인" 박스를 클릭하면 [그림 8-16]과 같이 "메모리 할당" 화면이 출력된다.

"정지버튼"은 입력 요소이므로 "사용자 정의(AT)"를 클릭하여 박스에 "I0.0.1"이라고 기입하고, "확인"을 눌러 [그림 8-17]과 같이 만든다.

래더 "2행 1열"에 "상시개접점"을 클릭하여 [그림 8-18]과 같이 만든다.

래더 "2행 2열"에 "코일"을 클릭하여 [그림 8-19]와 같이 만든다.

"확인"을 클릭하여 "사용자 정의" 박스에 램프는 출력 요소이므로 [그림 8-19]처럼 "Q0.0.0"이라고 기재한다. "확인"을 클릭하면 [그림 8-20]과 같다.

프로그램의 끝이라는 것을 표시하는 "리턴", "Shift+F9" 단축키를 눌러 [그림 8-21]처럼 완성한다.

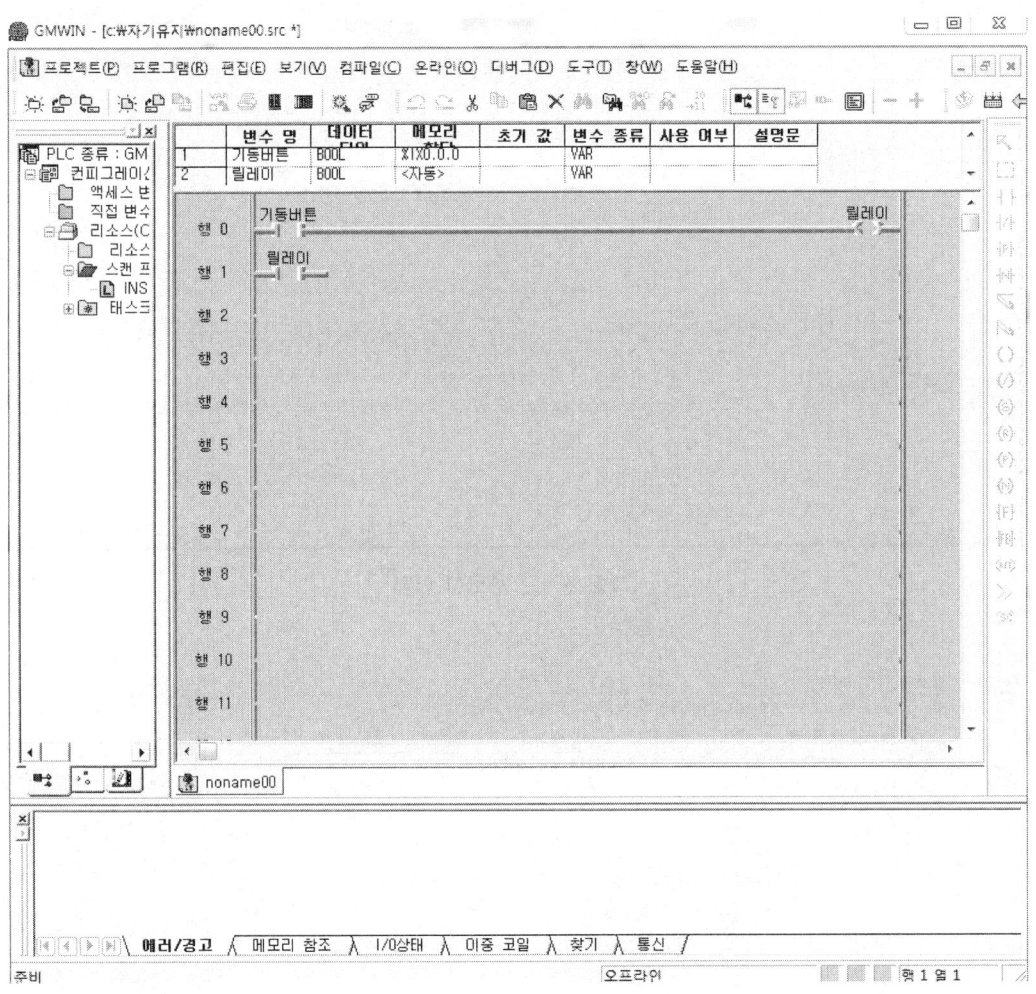

[그림 8-11] 자기유지 클릭 후 화면

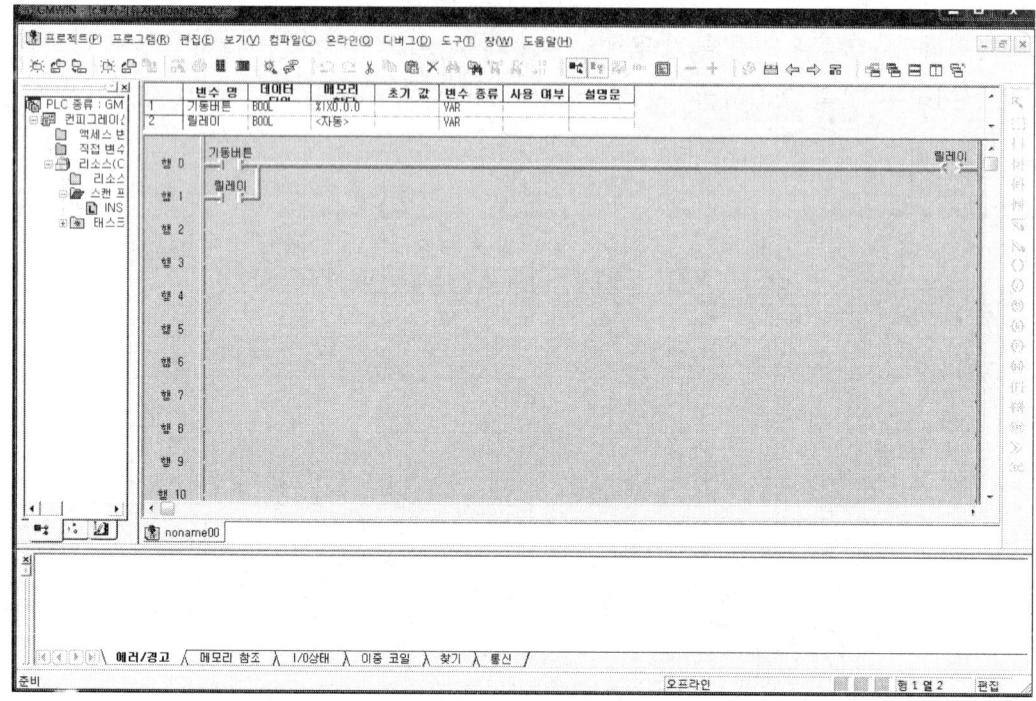

[그림 8-12] 세로선 삽입

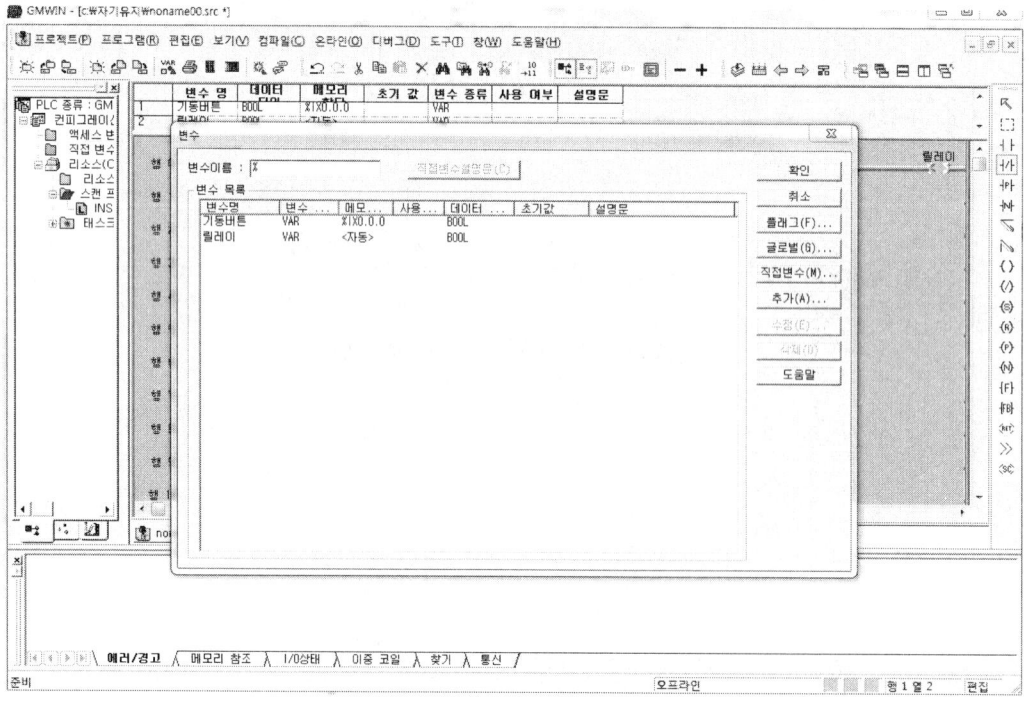

[그림 8-13] 상시폐접점 삽입

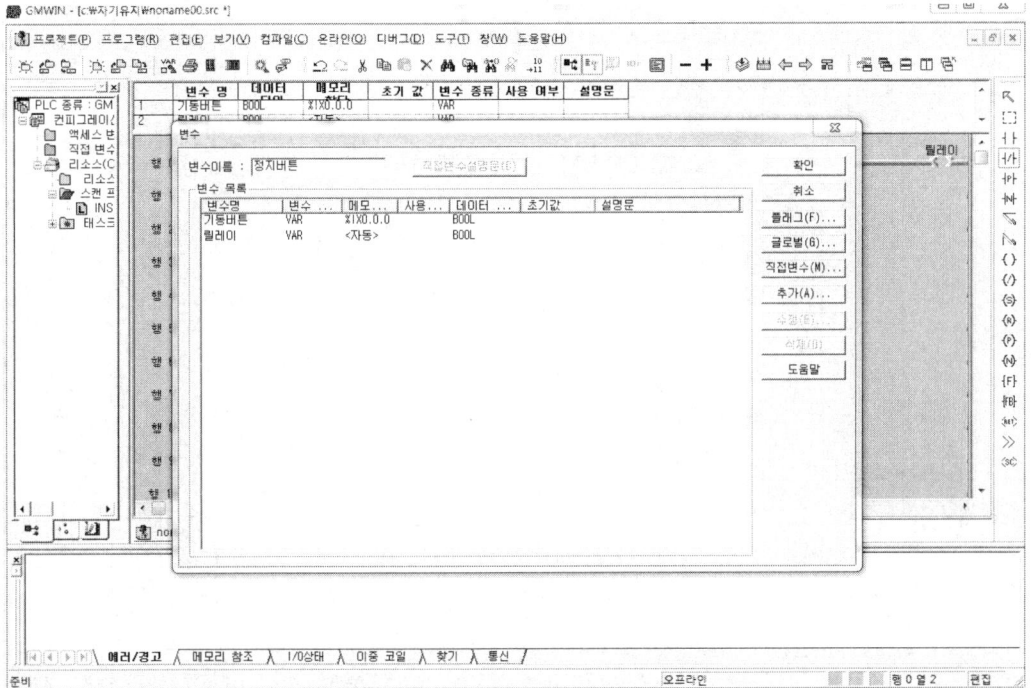

[그림 8-14] 정지버튼 삽입

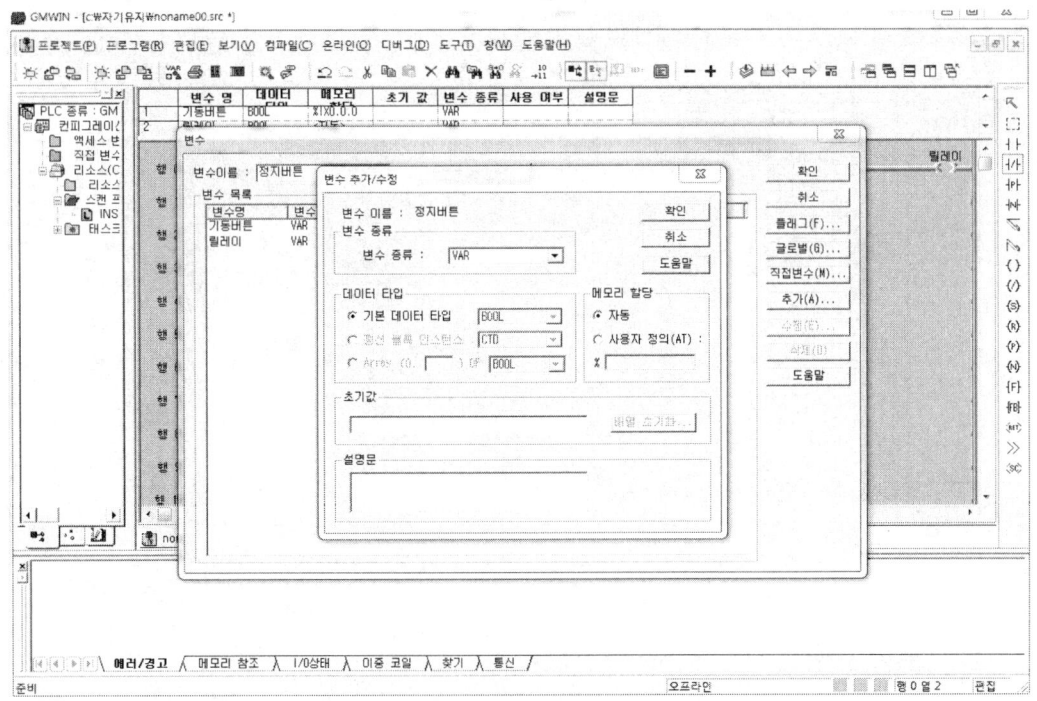

[그림 8-15] 정지버튼 입력 후 "확인" 클릭

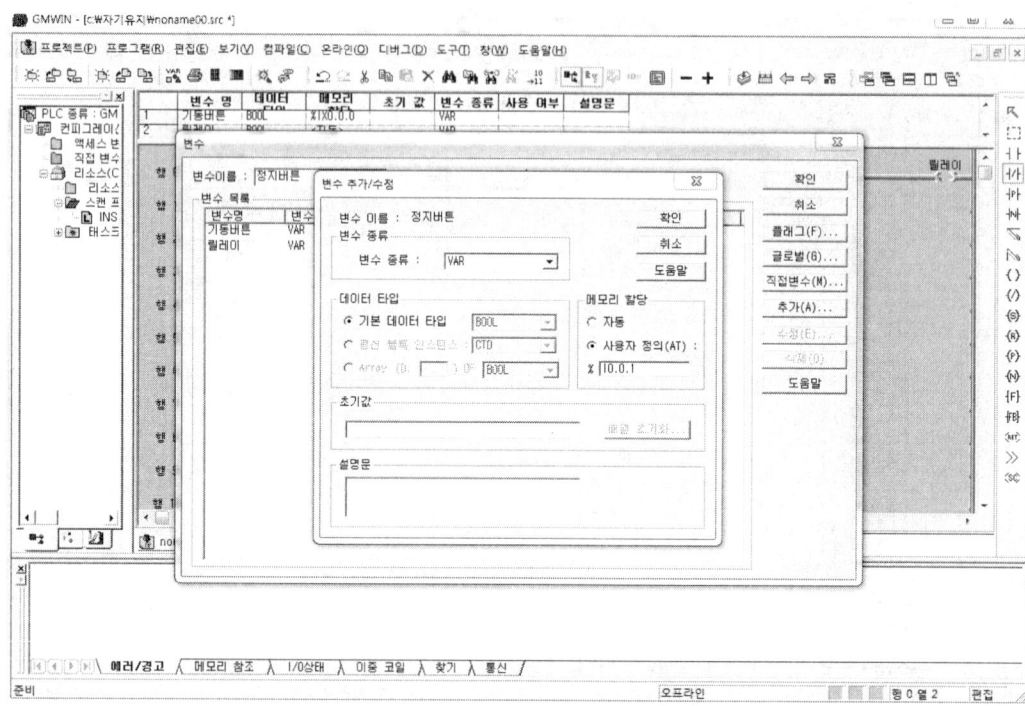

[그림 8-16] 정지버튼 메모리 할당

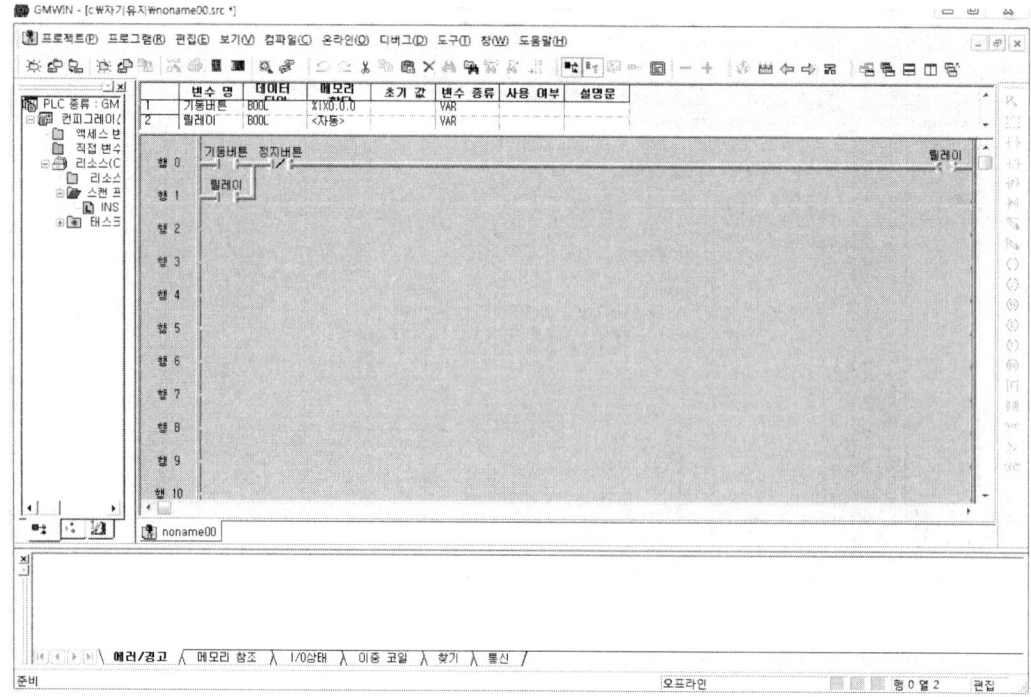

[그림 8-17] 정지버튼 완료

Chapter 04 PLC 프로그래밍

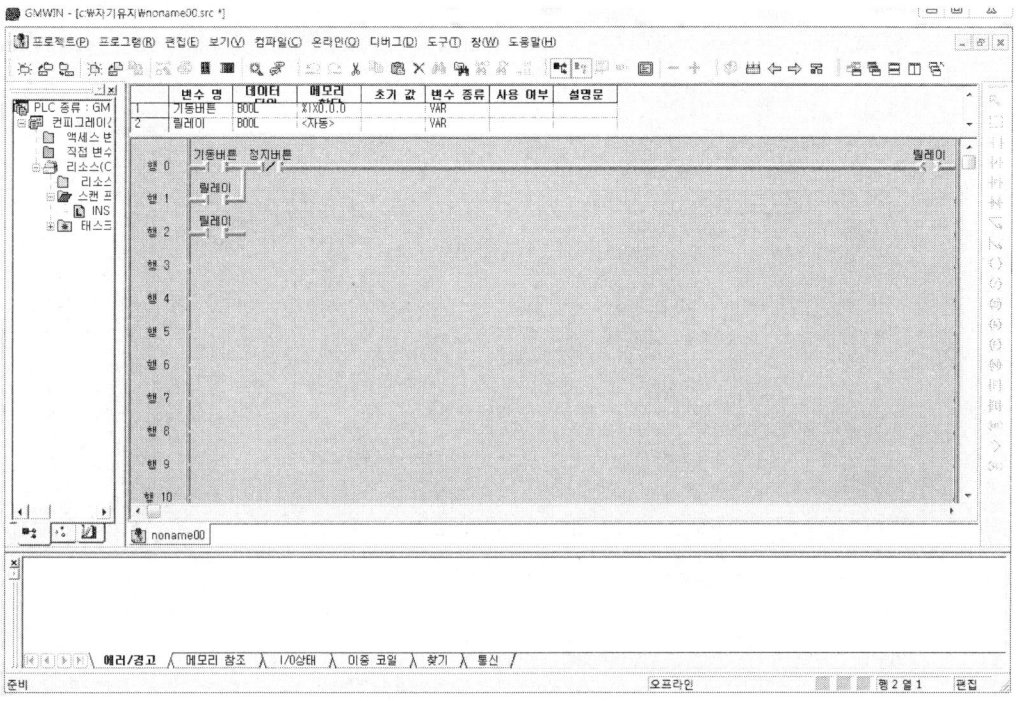

[그림 8-18] 릴레이 접점

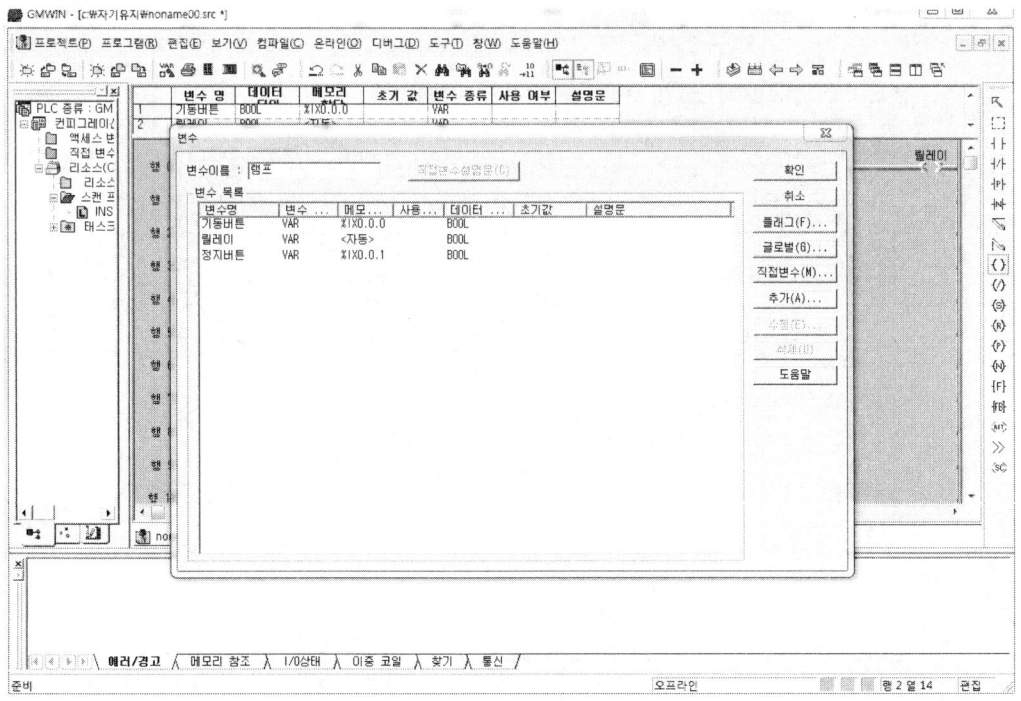

[그림 8-19] 출력변수 지정

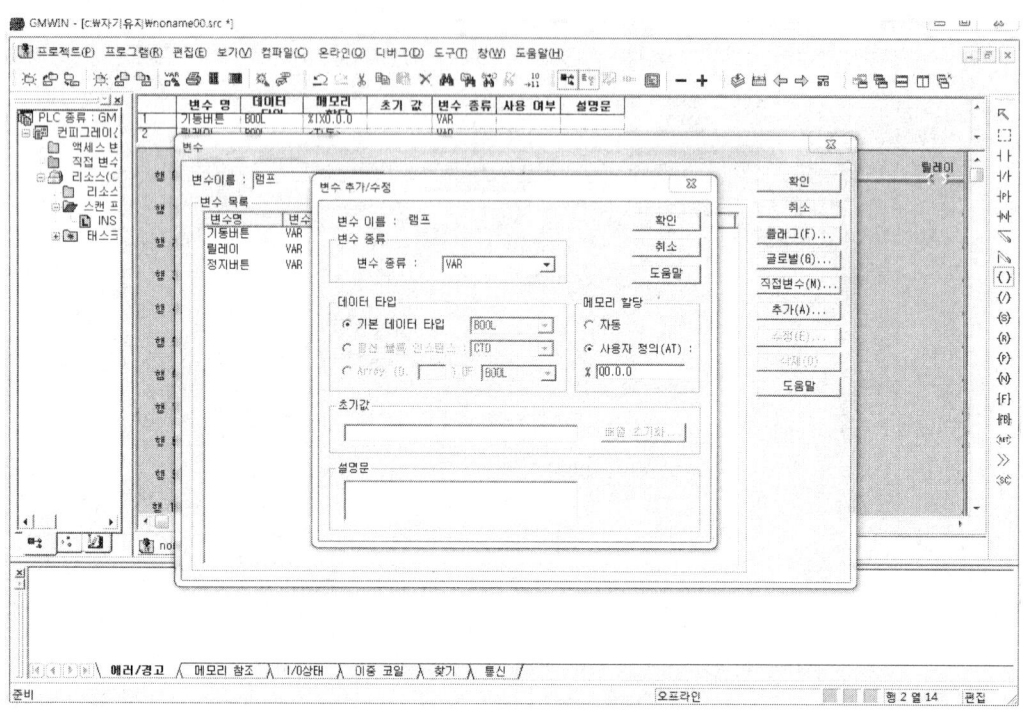

[그림 8-20] 출력번지수 지정

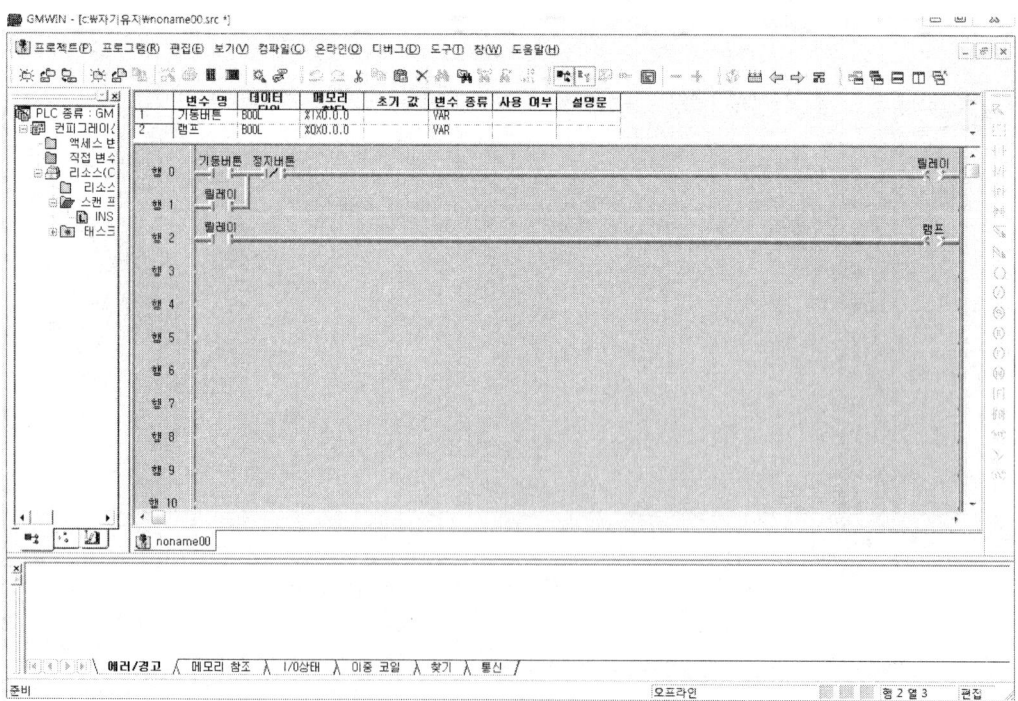

[그림 8-21] 출력번지수 완성

Chapter 4 PLC 프로그래밍

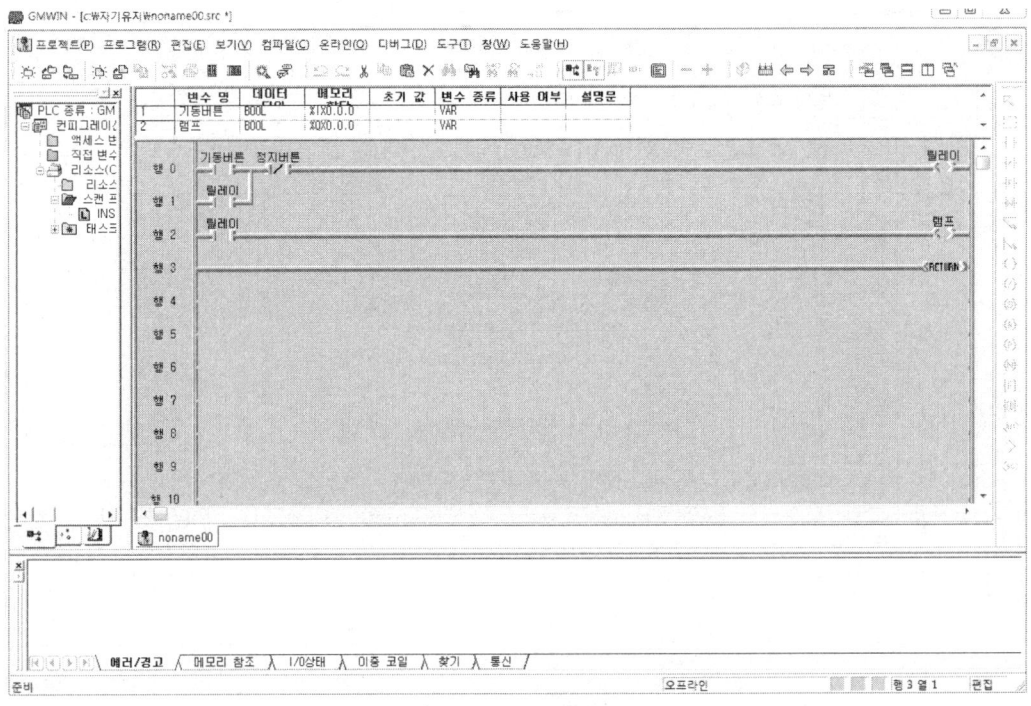

[그림 8-22] 자기유지 프로그램 완성

8.2 프로그램 시뮬레이션

자기유지 프로그램이 완성되었으면 PLC와 접속하기 전에 프로그램이 정상적으로 동작되는지를 시뮬레이터를 통하여 확인한 다음 PLC와 접속한다.

"GMWIN4" 실행화면의 메뉴 창에서 "컴파일(C)"를 클릭한 후 컴파일을 클릭한다.

"컴파일을 하시겠습니까?"라는 메시지가 [그림 8-23]처럼 나온다. "확인" 박스를 클릭 하면 [그림 8-24]와 같은 화면이 보인다.

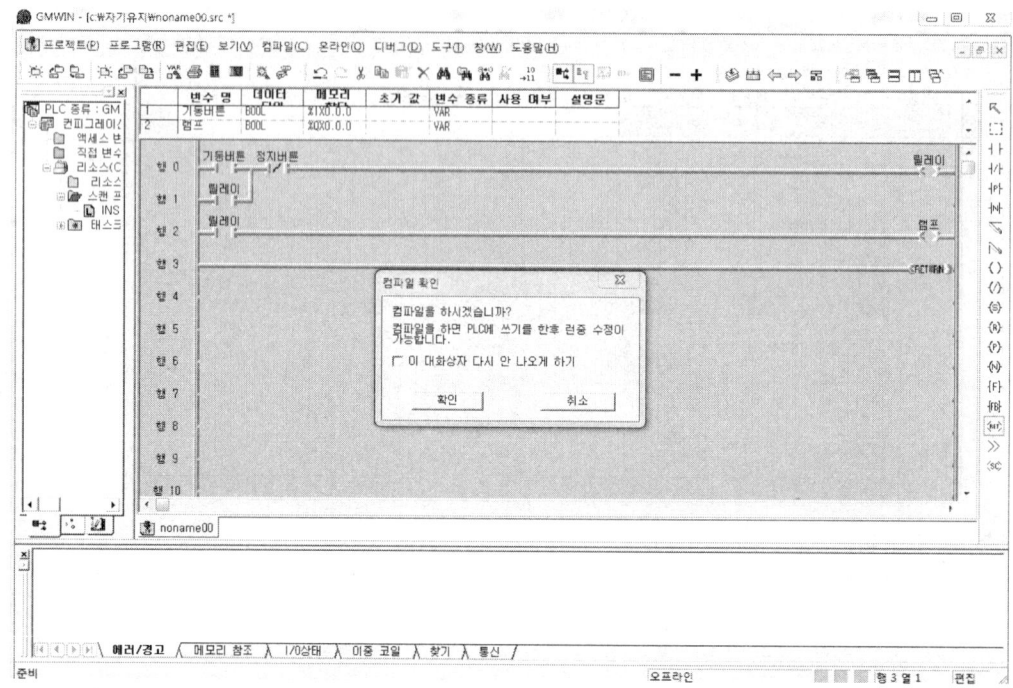

[그림 8-23] 컴파일

[그림 8-24] 화면에서 "확인"을 클릭한다.

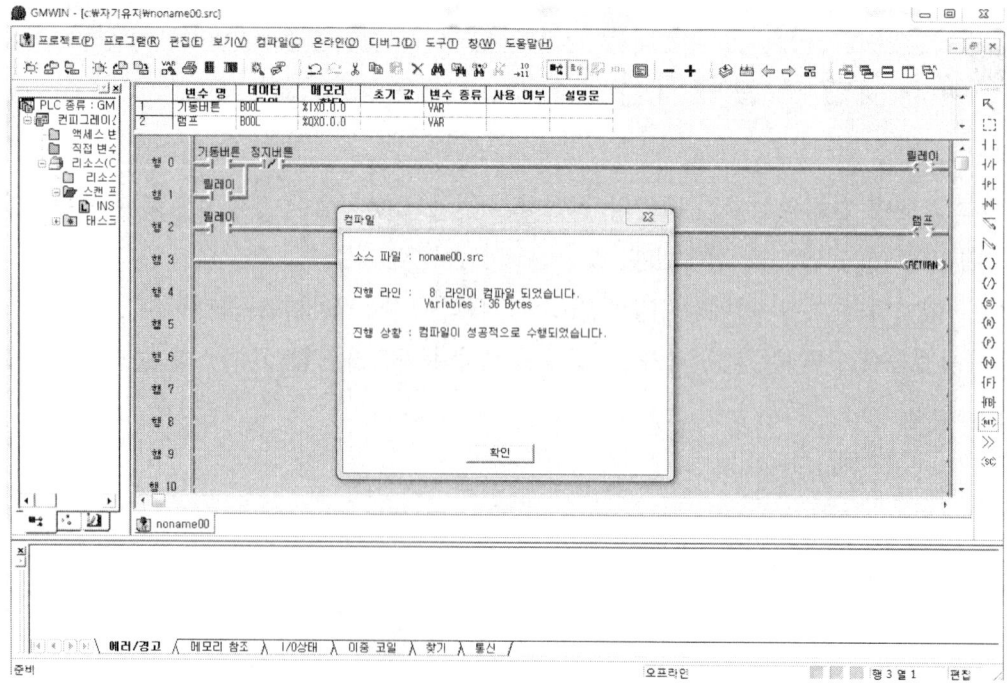

[그림 8-24] 컴파일 후 "확인" 클릭

메뉴의 "도구(T)"를 클릭한 후 "시뮬레이터 시작"을 클릭하거나 단축아이콘 시뮬레이터를 클릭한다. [그림 8-25]와 같은 화면에 보여진다.

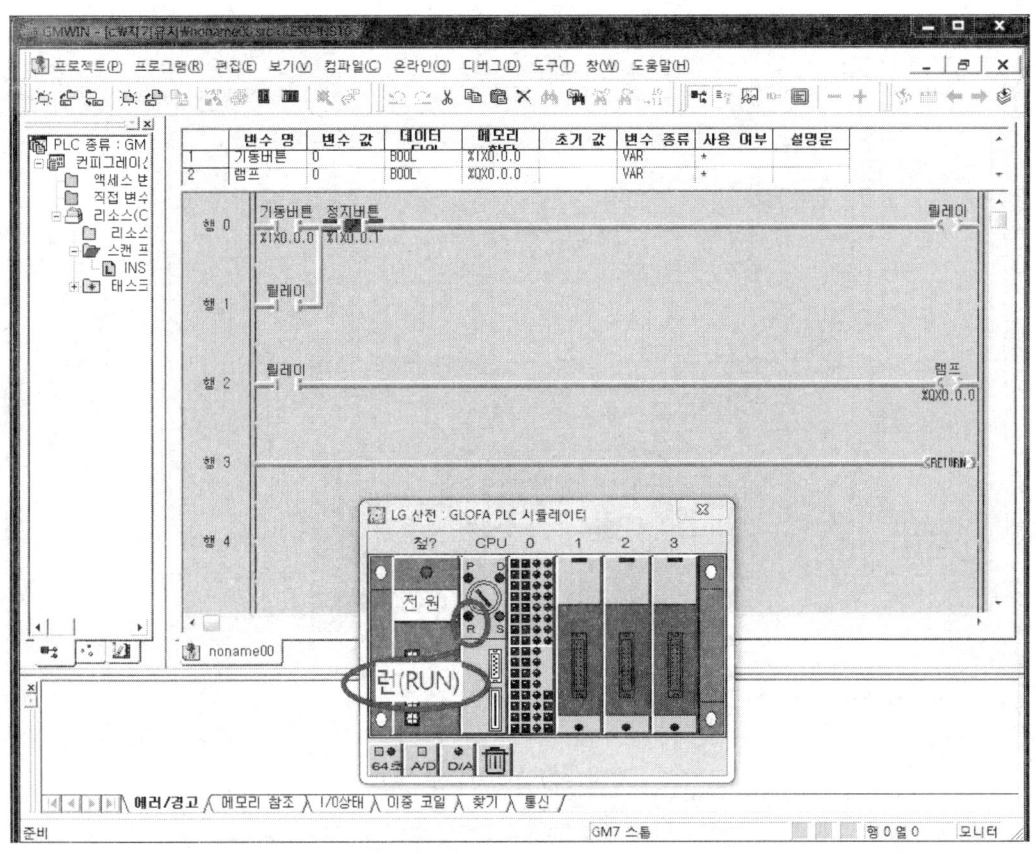

[그림 8-25] 시뮬레이터 시작

[그림 8-25]에서 마우스로 적색 원 안의 "R"을 클릭하여 "런(실행)"시키면 [그림 8-26]과 같게 된다.

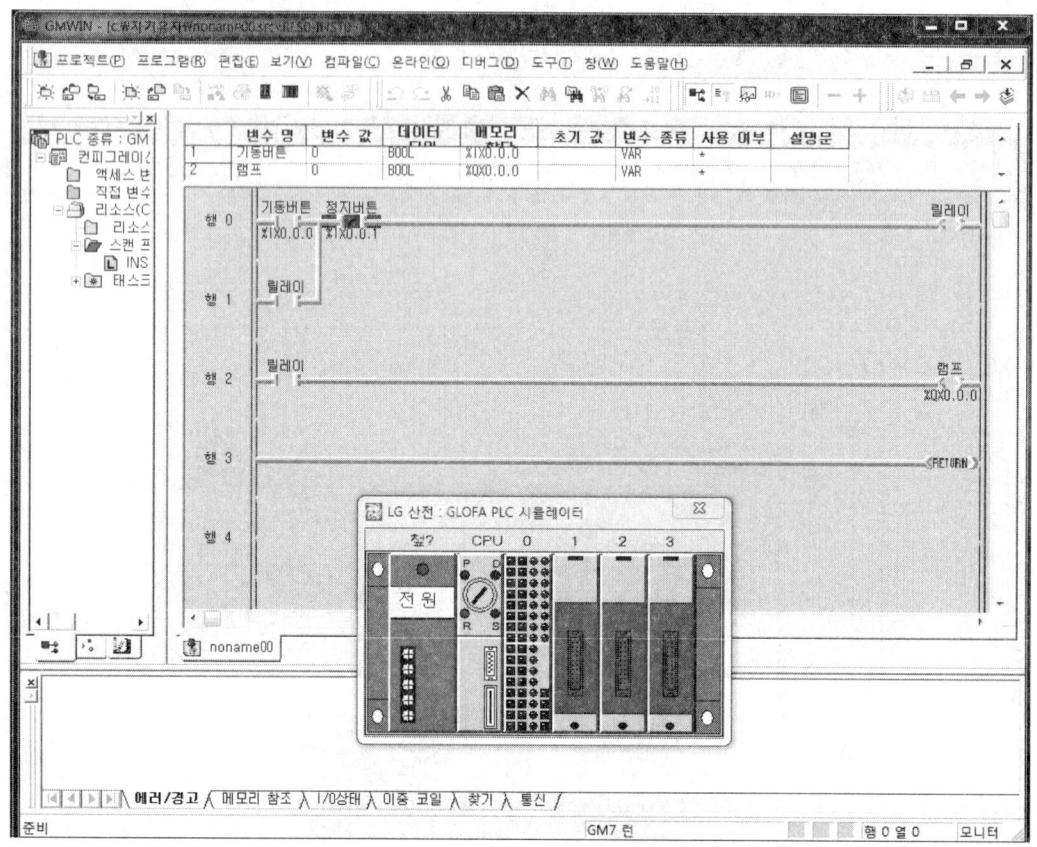

[그림 8-26] 시뮬레이터 Run

[그림 8-27]의 녹색 사각박스로 표시된 부분이 입력 0번지이다. 그 부분을 마우스로 클릭하면 [그림 8-27]과 같이 된다. 즉, 기동버튼을 누른 것이 된다.

옆에 있는 적색원이 출력 0번지의 램프를 의미한다.

즉, 기동버튼을 누르면 Ladder Diagram에 의해 램프가 출력되는 것을 볼 수 있다.

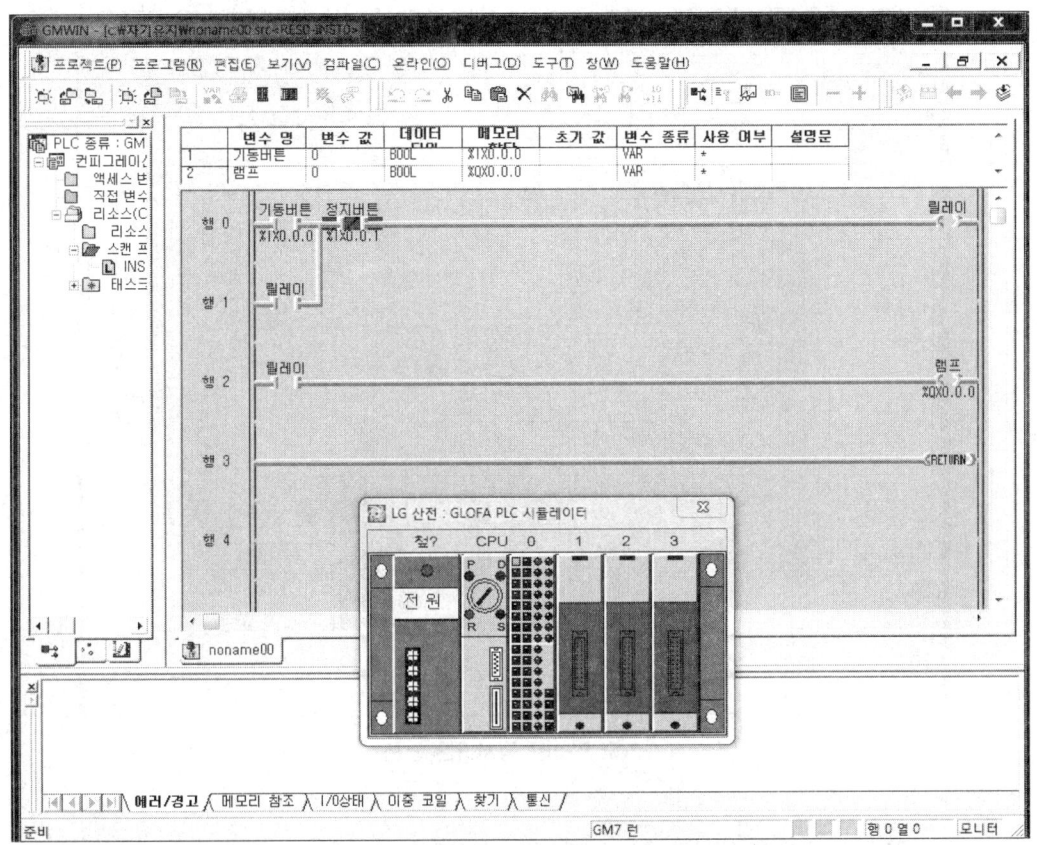

[그림 8-27] 기동버튼 누름

[그림 8-28]은 입력 1번지의 정지버튼을 눌렀을 때의 화면이다. Ladder도에서 정지버튼을 누르면 릴레이가 소자되어 램프가 소등되는 것을 알 수 있다.

[그림 8-29]는 자기유지의 완성된 전체 프로그램이다.

청색 글씨로 작성한 설명문은 마우스 커서를 런의 첫 번째 줄의 0번 열로 옮긴 후 더블클릭하여 작성한다. 참고로 기능장 시험에서는 설명문을 작성할 시간이 없다.

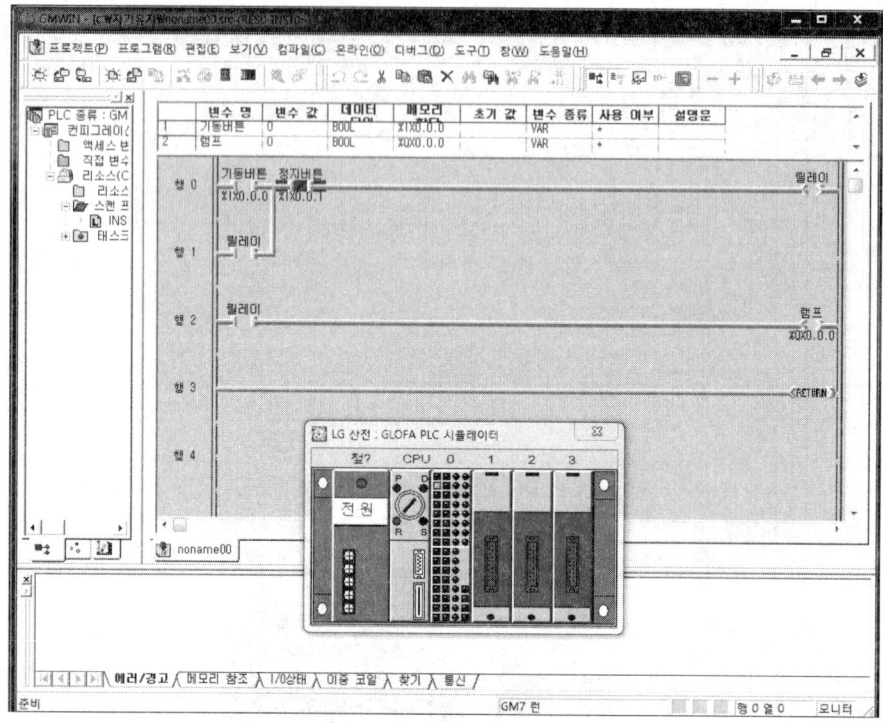

[그림 8-28] 정지버튼 누름

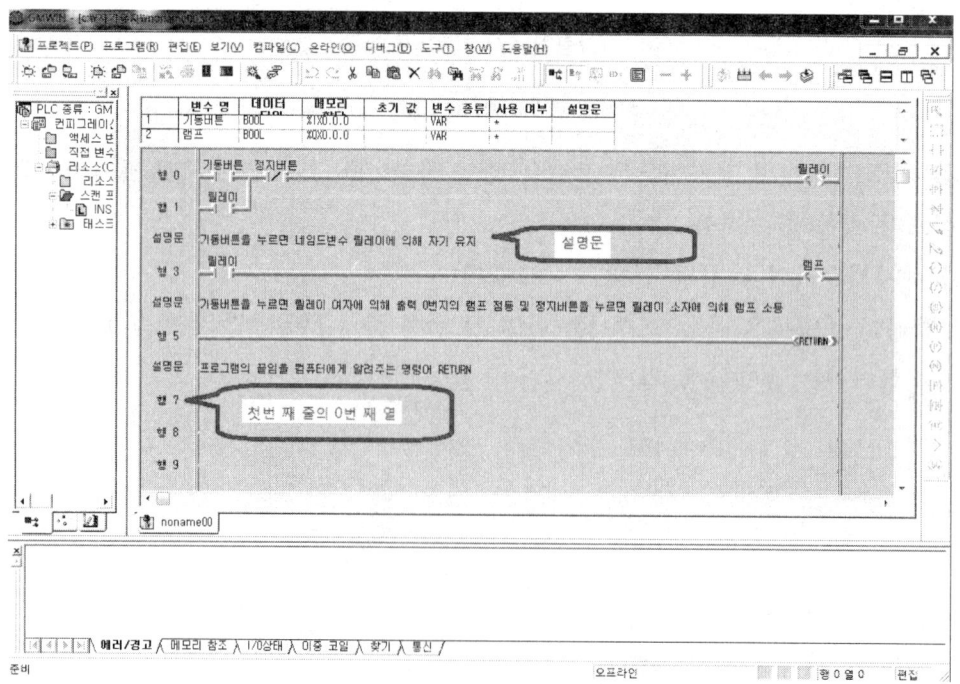

[그림 8-29] 자기유지 완성된 프로그램

8.3 인터록(inter-lock) 회로

기기 보호, 작업자 보호를 위해 어느 하나의 기기가 동작 중일 때 다른 기기가 동작하지 못하도록 하는 금지회로로, 두 개의 입력 중 선행 동작한 쪽이 동작하고 다른 쪽의 입력에 대해서는 동작을 금지시켜 "선행 동작 우선회로", "상대동작 금지회로"라고도 한다. 회로는 [그림 8-30]의 인터록 회로와 같다.

노란색 원의 대각선이 기계적 인터록, 적색 원의 대각선이 전기적 인터록에 해당된다.

(1) 동작설명

기동버튼 A를 누르면 릴레이 A가 여자되어 자기유지함과 동시에 램프 A가 점등된다. 이때 기동버튼 B를 누르더라도 릴레이 A의 자기유지에 의해 기동버튼 B 아래 있는 릴레이 B가 열려 있으므로 버튼 B를 누르더라도 릴레이 B가 여자되지 않으므로 램프 B가 점등할 수 없다. 램프 B가 점등되기 위해서는 정지버튼을 누른 다음 기동버튼 B를 눌러야만 한다.

(2) PLC TIP >>

[그림 8-30]과 같이 %I0.0.0, %I0.0.1 등이 표시되게 하려면 GMWIN4.0 화면의 "메인메뉴"중 "보기"를 클릭 후 "메모리위치설명문(V)"을 클릭하면 [그림 8-30]처럼 보인다.

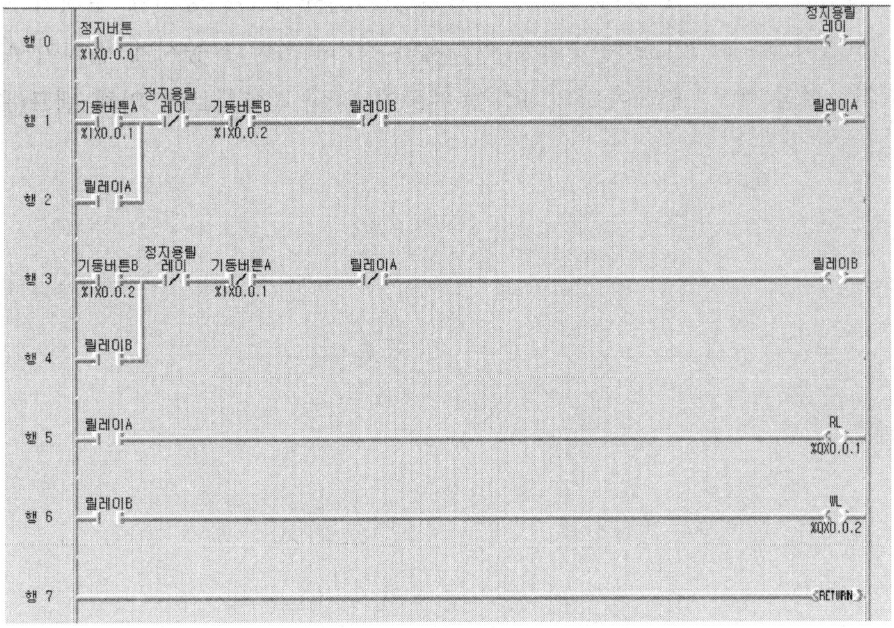

[그림 8-30] 인터록 회로

8.4 AND 회로

입력이 전부 ON일 때 출력이 ON이 되고, 입력 중 하나라도 OFF 상태이면 출력이 나타나지 않는 회로를 "AND 회로"라 한다. 출력인 Lamp는 논리식 L=A×B로 표시한다.

여기서 0은 off, 1은 on

[표 8-1] AND 회로 진리표

입력요소		출력
릴레이 A	릴레이 B	Lamp
0	0	0
0	1	0
1	0	0
1	1	1

(1) 동작설명

① 푸시버튼 A(입력)를 누르면 릴레이 A가 여자되어 자기유지함과 동시에 릴레이 A접점이 ON
② 푸시버튼 B(입력)를 누르면 릴레이 B가 여자되어 자기유지함과 동시에 릴레이 A접점이 ON
③ 릴레이 A의 a접점 폐로, 릴레이 B의 a접점 폐로에 의한 직렬회로에 의해 램프(출력) 점등

(2) PLC TIP >>

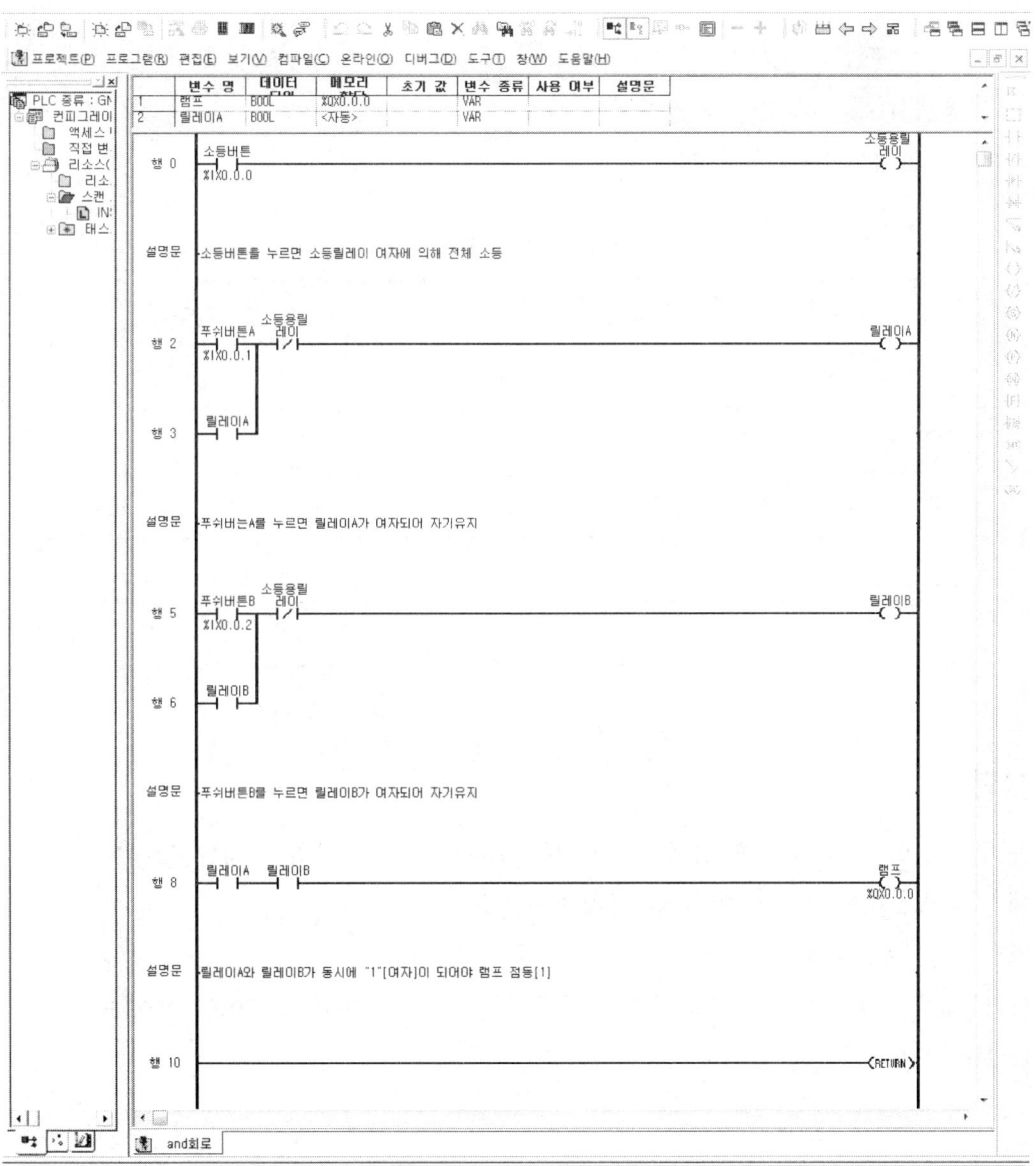

[그림 8-31] AND 회로

8.5 OR 회로

다수의 입력 중에서 하나의 신호가 입력되면 출력이 발생하는 기능을 가진 회로를 "OR회로"라 한다. 출력인 Lamp는 논리식 L=A+B로 표시

[표 3-2] OR 회로 진리표

입력요소		출력
릴레이 A	릴레이 B	Lamp
0	0	0
0	1	1
1	0	1
1	1	1

(1) 동작설명

① 푸시버튼 A(입력)를 누르면 릴레이 A가 여자되어 자기유지함과 동시에 릴레이 A접점이 ON
② 릴레이 A의 a접점 폐로에 의해 램프(출력) 점등
③ 정지버튼을 누르면 소등
④ 푸시버튼 B(입력)를 누르면 릴레이 B가 여자되어 자기유지함과 동시에 릴레이 B의 a접점 폐로에 의해 램프(출력) 점등

Chapter 4 PLC 프로그래밍

(2) PLC TIP >>

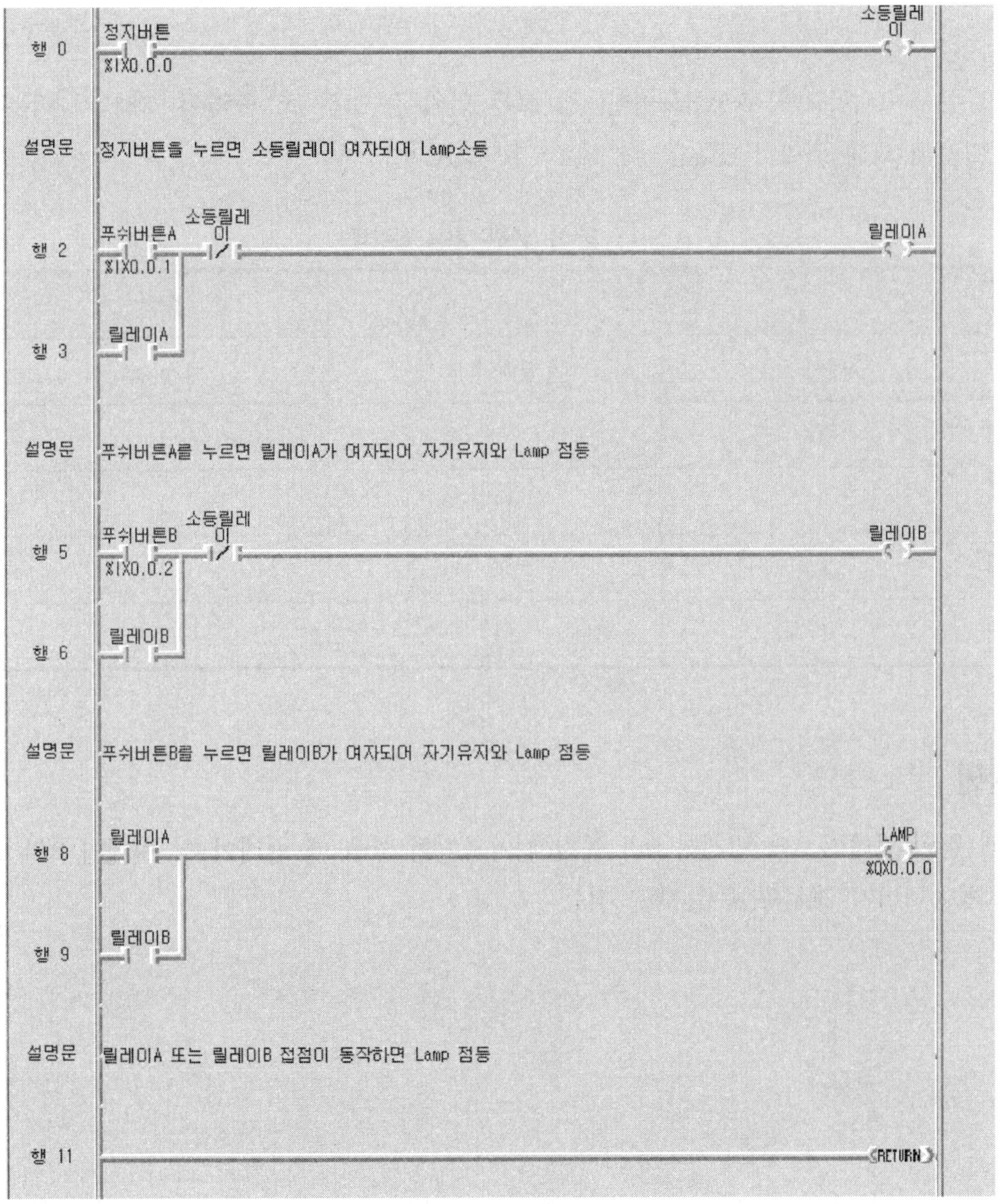

[그림 8-32] OR 회로 Coding

이와 같이 두 개의 입력 중 하나의 입력이 가해지면 출력이 발생되는 회로가 OR 회로(병렬)이다.

8.6 NAND 회로

NAND 회로는 AND 회로의 부정회로이다. 즉 모든 입력이 "ON" 시, 출력이 "OFF"가 되는 회로이다. 드모르간 법칙에 의해 출력인 Lamp는 $L = \overline{A \times B} = \overline{A} + \overline{B}$

[표 8-3] NAND 회로 진리표

입력요소		출력
릴레이 A	릴레이 B	Lamp
0	0	1
0	1	1
1	0	1
1	1	0

(1) 동작설명

[표 8-3]과 같이 릴레이 A와 릴레이 B가 동시에 여자되어 있을 때 릴레이 A, 릴레이 B의 b접점 개로에 의해 램프 소등, 나머지 경우의 수는 램프 점등

(2) PLC TIP >>

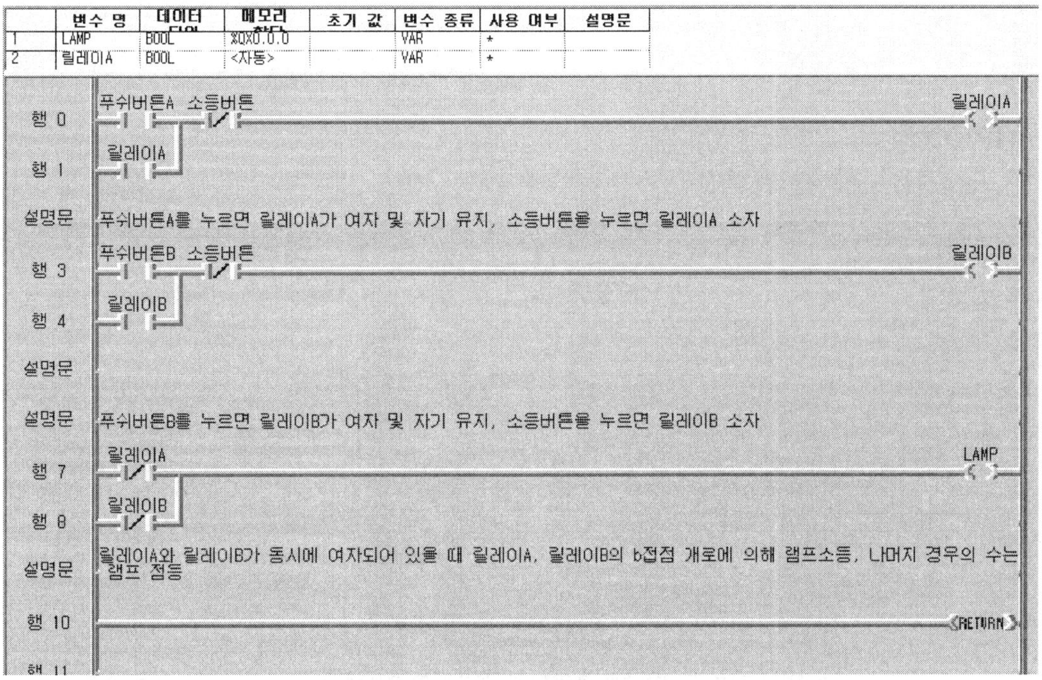

[그림 8-33] NAND 회로 Coding 화면

8.7 NOR 회로

NOR 회로는 OR 회로의 부정회로이다. 즉, 모든 입력이 "OFF"시, 출력이 "ON"이 되는 회로이다. 드모르간 법칙에 의해 출력인 Lamp는 $L = \overline{A+B} = \overline{A} \times \overline{B}$

[표 8-4] NOR 회로 진리표

입력요소		출력
릴레이 A	릴레이 B	Lamp
0	0	1
0	1	0
1	0	0
1	1	0

(1) 동작설명

[표 8-4], [그림 8-34]와 같이 릴레이 A와 릴레이 B의 입력이 없을 때 램프가 점등, 나머지 경우의 수는 램프 소등

(2) PLC TIP >>

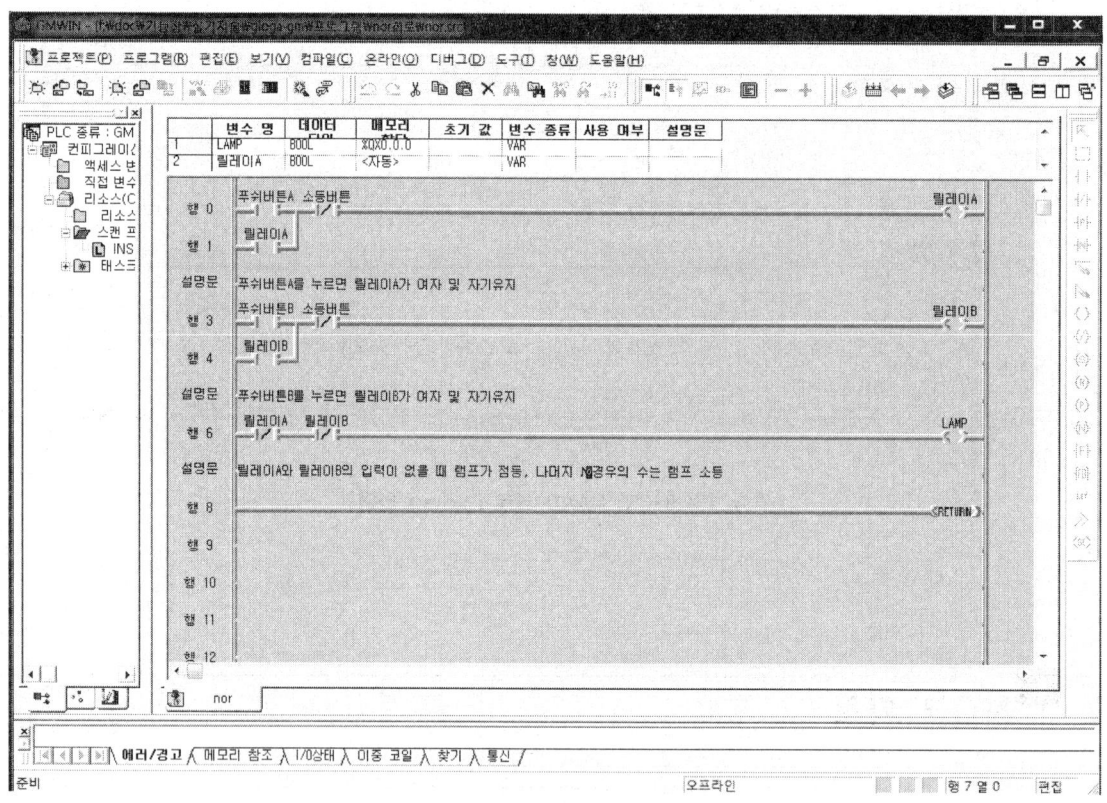

[그림 8-34] NOR 회로 coding 화면

8.8 EX-NOR 회로

EX-NOR 회로는 다수의 입력 중 입력신호가 일치될 때 출력이 나타나는 회로이다.

출력인 Lamp는 논리식에서 $L = \overline{A \oplus B} = \overline{A} \cdot \overline{B} + A \cdot B$

[표 8-5] EX-NOR 회로 진리표

입력요소		출력
릴레이 A	릴레이 B	Lamp
0	0	1
0	1	0
1	0	0
1	1	1

(1) 동작설명

[표 8-5], [그림 8-35]와 같이 릴레이 A와 릴레이 B의 입력이 같을 때 램프가 점등, 나머지 경우의 수는 램프 소등

(2) PLC TIP >>

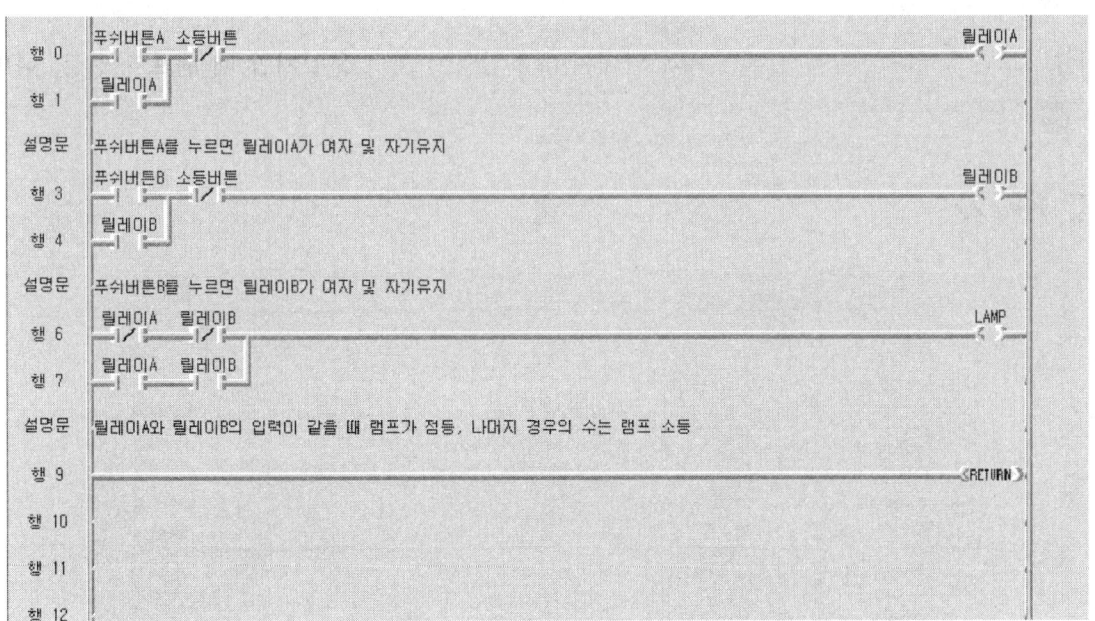

[그림 8-35] EX-NOR 회로 coding 화면

8.9 EX-OR 회로

EX-OR 회로는 다수의 입력 중 입력신호가 불일치될 때 출력이 나타나는 회로이다.
출력인 Lamp는 논리식에서 $L = A \oplus B = \overline{A}B + A\overline{B}$

[표 8-6] EX-OR 회로 진리표

입력요소		출력
릴레이 A	릴레이 B	Lamp
0	0	0
0	1	1
1	0	1
1	1	0

(1) 동작설명

[표 8-6], [그림 8-36]과 같이 릴레이 A와 릴레이 B의 입력이 서로 불일치할 때 램프가 점등, 나머지 경우의 수는 램프 소등

(2) PLC TIP >>

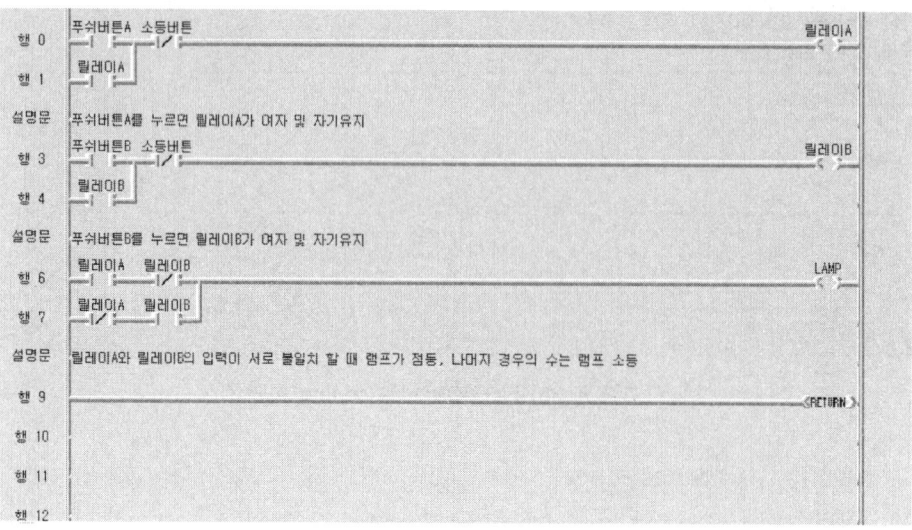

[그림 8-36] EX-OR 회로 coding 화면

8.10 우선 동작 순차 제어회로

[그림 8-37]에서 Lamp A가 점등된 후 Lamp B가 점등될 수 있으나 Lamp B는 Lamp A가 동작되지 않은 상태에서는 점등될 수 없다.

Lamp A 우선동작 회로이며, Lamp A, Lamp B 순으로 순차동작 회로임을 알 수 있다.

(1) 동작설명

① 푸시버튼 A를 누르면 릴레이 A가 여자되어 자기유지함과 동시에 램프 A가 점등된다.
② 릴레이 A가 푸시버튼 B 밑에 a접점으로 연결되어 릴레이 A가 여자되지 않고는 푸시버튼 B를 눌러도 램프가 동작하지 않는다.
③ 램프 A가 점등된 후 푸시버튼 B를 누르면 릴레이 B가 여자되어 자기유지함과 동시에 램프 B가 점등된다. 즉, 순서가 정해져 있다.

(2) PLC TIP >>

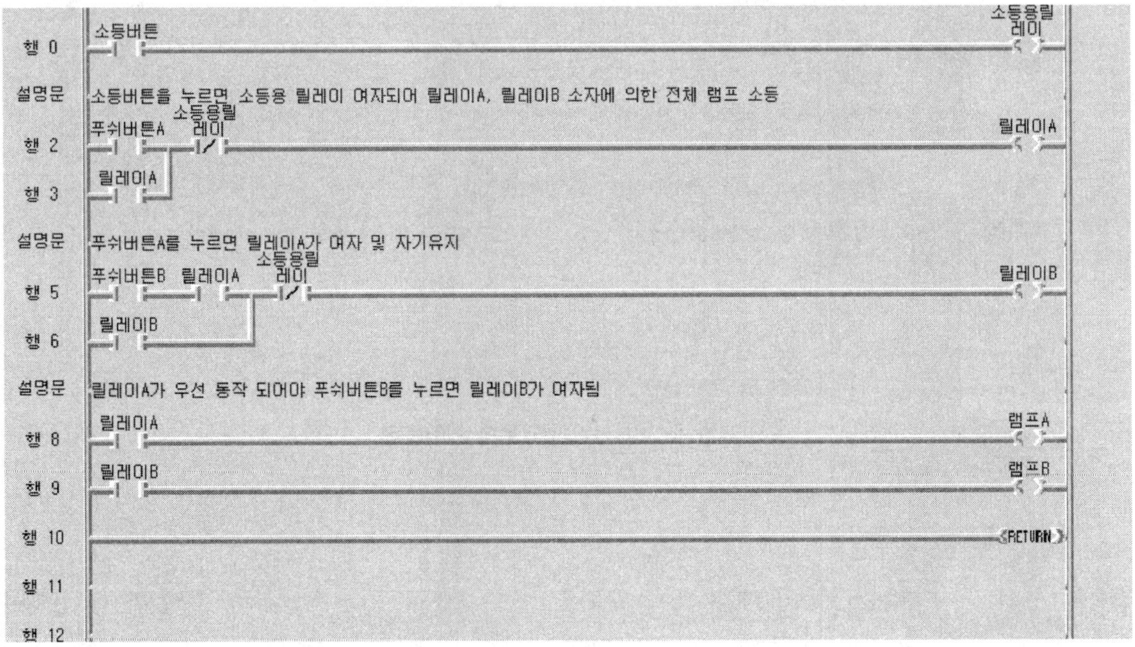

[그림 8-37] 우선 동작 순차 제어회로

8.11 신입신호 우선 제어회로

(1) 동작 설명

[그림 8-38]에서 기동버튼 1을 누르면 릴레이 1이 여자되어 램프 1이 점등되고, 기동버튼 2를 누르면 누르는 순간만 릴레이 2가 여자되고 릴레이 1에 의해 자기유지를 할 수 없다. 즉, 먼저 들어온 신호만 동작되고 나중 신호는 동작될 수 없다.

(2) PLC TIP >>

[그림 8-38] 신입신호 우선 제어회로

8.12 타이머(Timer)

타이머는 전기적, 기계적 입력을 정해진 시한이 경과한 후에 접점이 폐로, 개로하는 것을 의미한다.

(1) 타이머의 종류와 기능

① 타이머의 시간을 표시할 때 앞에 T#을 붙인다. 단, 뒤에 붙는 D는 날짜(Day), H는 시간(Hour), M은 분(Minute), S는 초(Second), MS는 밀리초(Milli Second)를 의미한다.
③ 타이머는 펑션 블록이므로 연산 중 누계되는 정보를 잠시 보관하기 위한 인스턴스 변수 선언을 반드시 해야 한다. 예를 들어, T1, T2, T3, ……와 같이 선언한다.
④ GMWIN에서 프로그램 편집 시 타이머의 인스턴스 변수를 선언하면, 인스턴스 이름 Q(타이머 접점의 출력)와 인스턴스 이름 ET의 변수가 자동으로 생성된다.

(2) 한시동작 순시복귀형(On delay timer) : TON

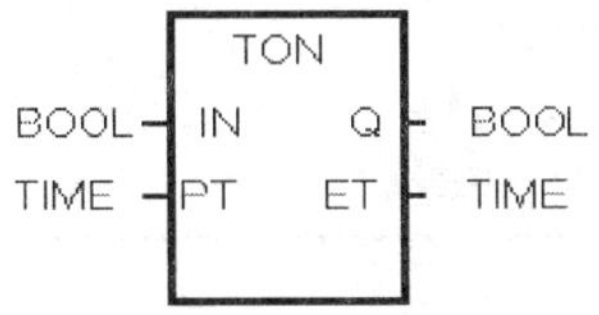

펑션 블록	설 명
| ```
         TON
BOOL ─┤IN    Q├─ BOOL
TIME ─┤PT   ET├─ TIME
``` | 입력  IN : 타이머 기동 조건<br>　　　PT : 설정시간(Preset Time)<br>출력  Q : 타이머 출력<br>　　　ET : 경과시간(Elapsed Time) |

[그림 8-39] TON FUNCTION BLOCK

1) 기능

① IN이 1이 된 후 경과 시간이 ET에 표시된다.
② 만일, ET가 PT에 도달하기 전에 IN이 0이면, 경과시간 ET가 0이 된다.
③ Q가 1이 된 후 IN이 0이 되면, Q는 0이 된다.
```

2) 타임차트

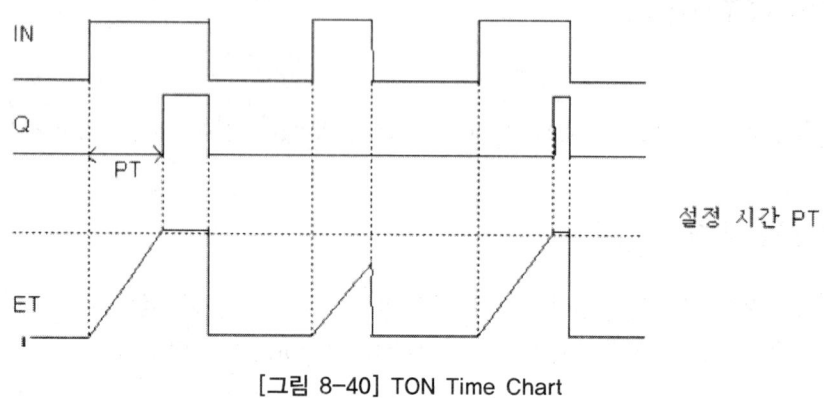

[그림 8-40] TON Time Chart

(3) TON 프로그램 예제

1) 동작설명

기동버튼을 누르면 "자기유지릴레이"가 여자되어 자기유지와 동시에 T1에 전원공급(입력이 1)이 되며 1초가 지난 후 "T1.Q" 접점이 동작되어 "Lamp"가 점등되고, "정지버튼"을 누르면 "자기유지 릴레이"가 소자되어 T1의 "IN"에 입력이 없어지므로(입력이 0), "Lamp"가 즉시 소등된다.

2) 타임차트

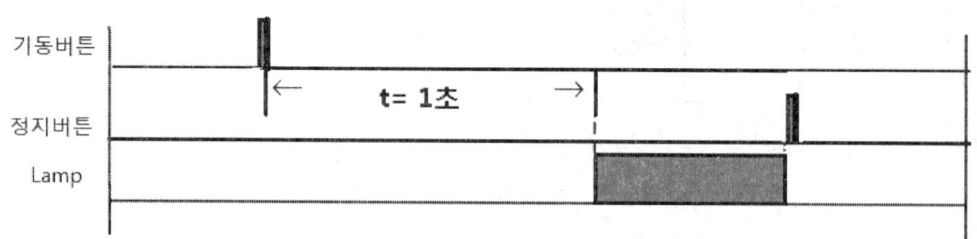

[그림 8-41]과 같이 프로그램을 작성한다. 다음에 "GMWIN4" 실행화면에서 도구모음 {FB}를 마우스로 클릭하거나 단축키 F9를 눌러 [그림 8-42]와 같이 만든다.

[그림 8-41] TON 프로그램 작성1

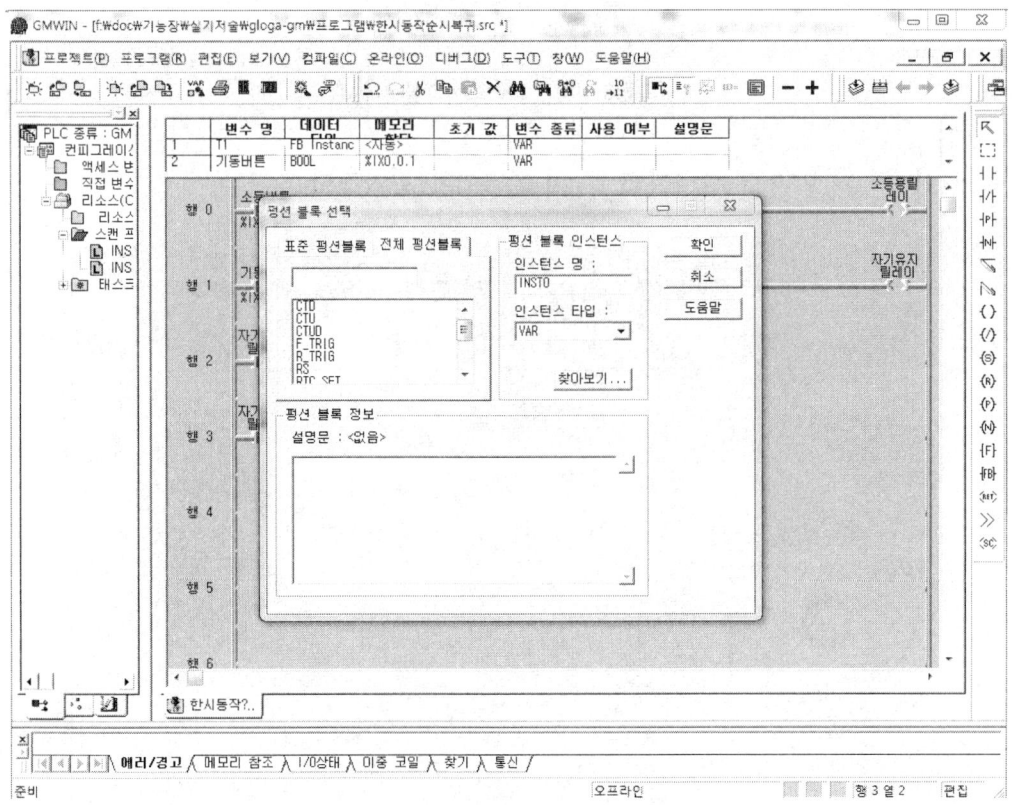

[그림 8-42] TON 프로그램 작성2

[그림 8-42]의 "표준 펑션블록"이란 박스에 "TON"이라고 입력하고, "펑션 블록 인스턴스"에 "T1"이라고 입력하면 [그림 8-43]과 같아진다.

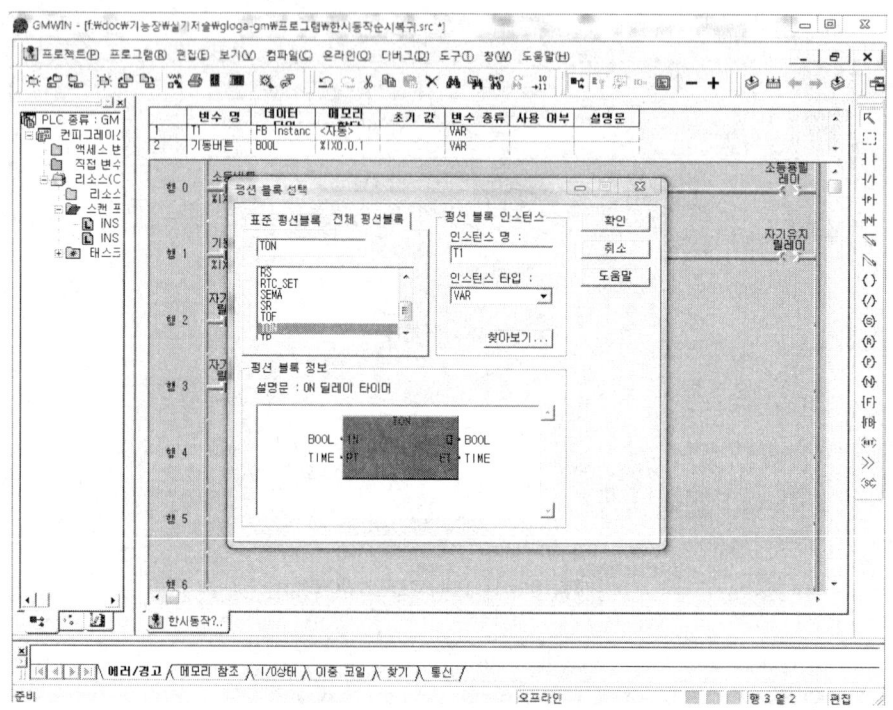

[그림8-43] TON 프로그램 작성3

[그림 8-43]에서 "확인" 박스를 클릭하면 [그림 8-44]와 같아진다.

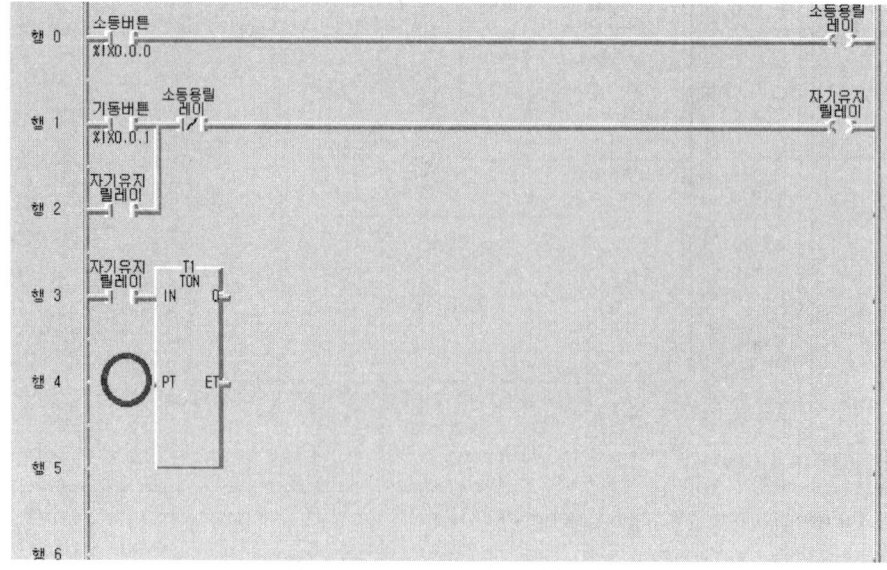

[그림 8-44] TON 프로그램 작성4

Chapter 4 PLC 프로그래밍

[그림 8-44]에서 설정시간인 "PT" 좌측부분(적색 원)을 마우스로 더블클릭하면 [그림 8-45]와 같아진다. "변수이름"에 설정시간인 "T#1S"(즉 1초)를 입력하면 [그림 8-46]과 같아진다. "확인" 박스를 클릭하면 [그림 8-47]과 같아진다.

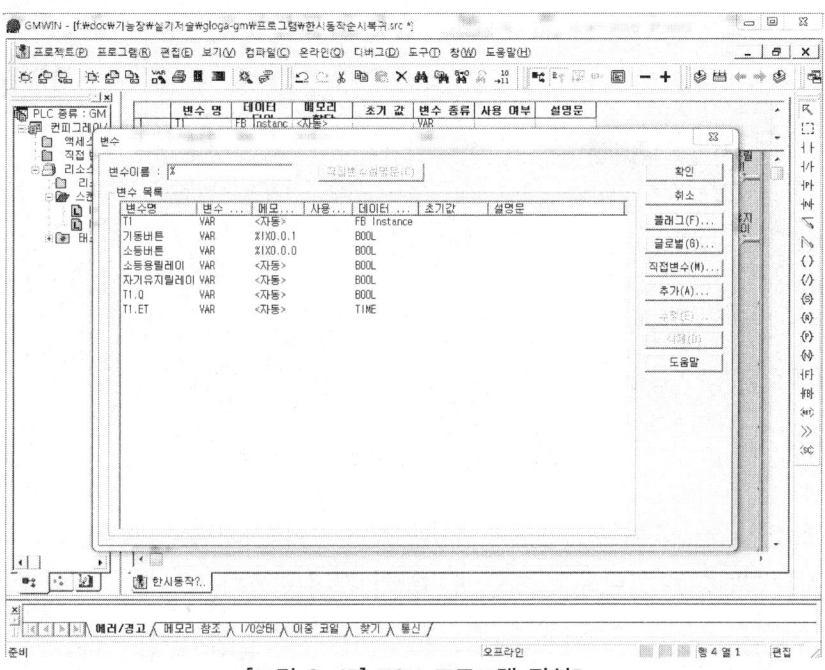

[그림 8-45] TON 프로그램 작성5

[그림 8-46] TON 프로그램 작성6

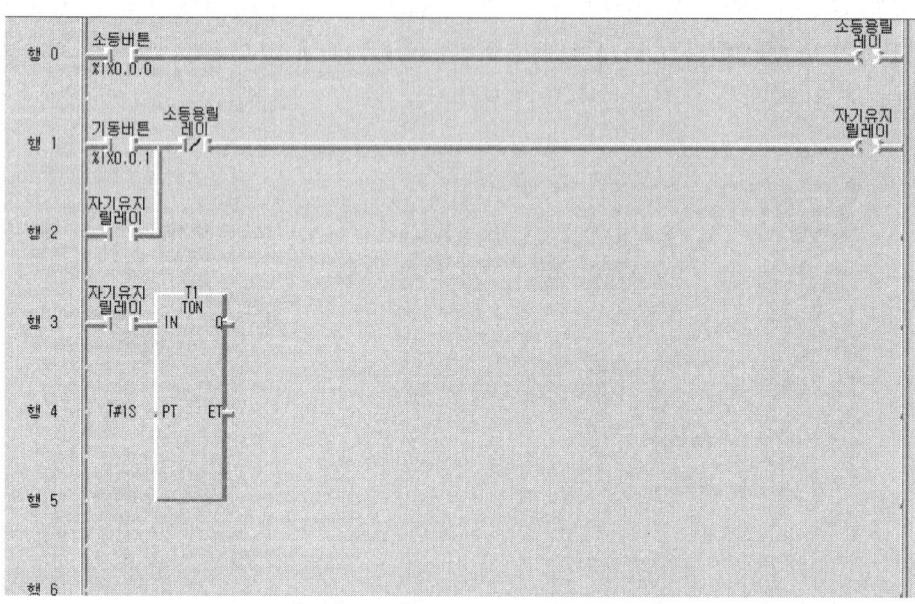

[그림 8-47] TON 프로그램 작성7

[그림 8-47]에서 "행 6"에 도구모음 "상시개접점"을 클릭하여 붙이면 [그림 8-48]과 같은 화면이 출력된다. 타이머 출력인 적색 원 부분 "T1.Q"를 클릭하고 [그림 8-49]와 같이 만든다.

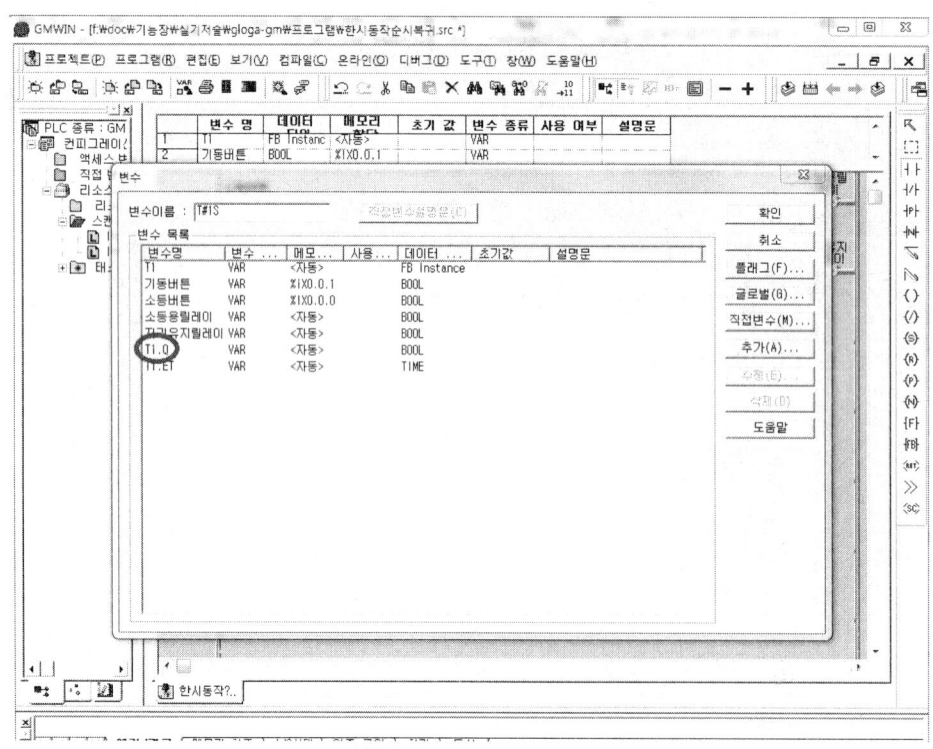

[그림 8-48] TON 프로그램 작성8

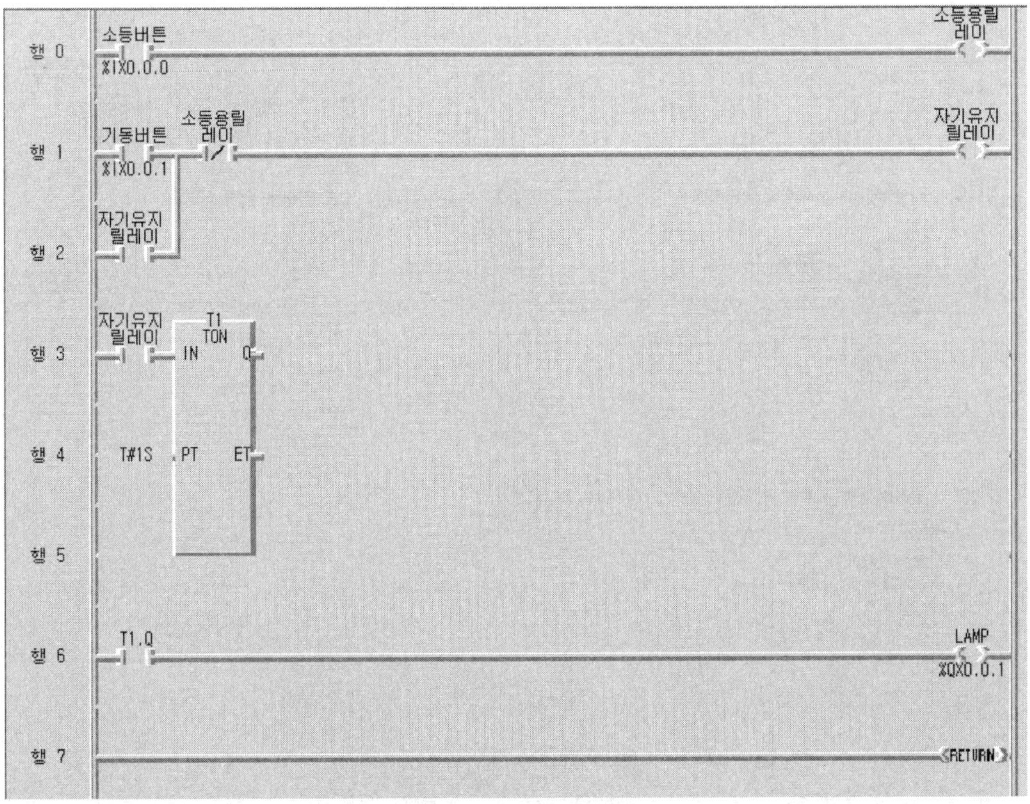

[그림 8-49] TON 프로그램 작성9

[그림 8-50]이 설명문과 함께 작성한 완성된 프로그램이다.

| 행 0 | 소등버튼 %IX0.0.0 ─┤├─────────────────────── 소등용릴레이 ─( )─ |

설명문: 소등버튼을 누르면 소등릴레이 여자 되어 자기유지 릴레이 소자 및 램프 소등 타이머 입력 0이 됨

| 행 2 | 기동버튼 %IX0.0.1 ─┤├─ 소등용릴레이 ─┤/├─ ─────────── 자기유지릴레이 ─( )─ |
| 행 3 | 자기유지릴레이 ─┤├─ |

설명문: 기동버튼을 누르면 자기유지 릴레이 여자 및 자기유지

행 5	자기유지릴레이 ─┤├─ T1 TON ─ IN Q ─
행 6	T#1S ─ PT ET ─
행 7	

설명문: 자기유지 접점이 1이 되면 설정시간 1초가 지난 뒤 T1출력 T1.Q동작되어 램프 점등, 자기유지 릴레이 접점이 0이 되면 소등

| 행 9 | T1.Q ─┤├─────────────────────── LAMP %QX0.0.1 ─( )─ |
| 행 10 | ─────────────────────── <RETURN> |

[그림 8-50] TON 완성 프로그램

(4) 순시동작 한시 복귀형(Off delay timer) : TOF

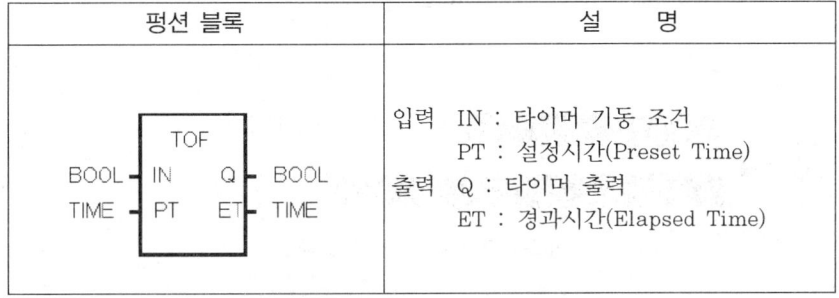

[그림 8-51] TOF Function Block

1) 기능

① IN이 1이 되면, Q가 1이 되고, IN이 0이 된 후부터 PT에 의해서 지정된 설정 시간이 경과된 후 Q가 0이 됨
② IN이 0이 된 후 경과 시간이 ET로 출력됨
③ 만일 경과시간 ET가 설정 시간에 도달하기 전에 IN이 1이 되면, 경과 시간은 다시 0으로 됨

2) Time Chart

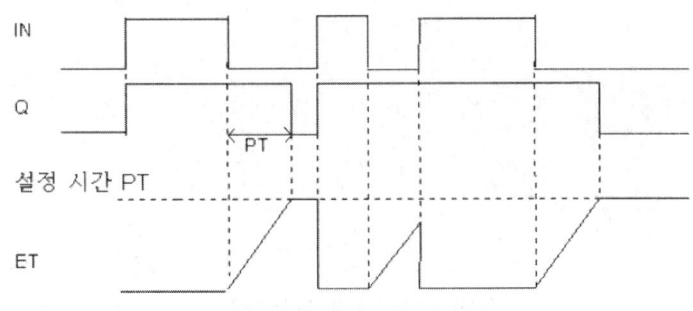

[그림 8-52] TOF Time Chart

3) TOF 프로그램 예제

① 동작설명 : 기동버튼을 누르면 "자기유지 릴레이"가 여자되어 자기유지와 동시에 T1에 전원공급(입력이 1)이 되어 즉시(순시동작) "T1.Q" 접점이 동작되고 "Lamp"가 점등, "정지버튼"을 누르면 "자기유지 릴레이"가 소자되어 T1의 입력 "IN"에 입력이 없어지므로(입력이 0), "Lamp"가 1초 경과 후 소등(한시 복귀)된다.

② 타임 차트

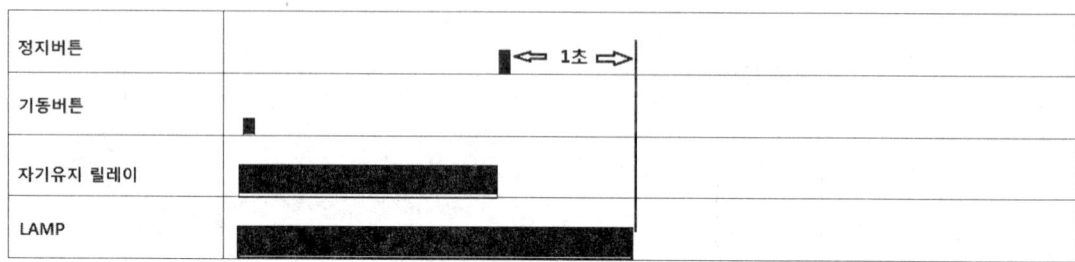

[그림 8-53] TOF 타임 차트

[그림 8-54]와 같이 프로그램을 작성한다. "행 7"의 "자기유지 릴레이" 뒷단에 도구모음 {FB}를 마우스로 클릭하거나 단축키 F9를 눌러 [그림 8-55]와 같이 만든다.

[그림 8-54] TOF 프로그래밍1

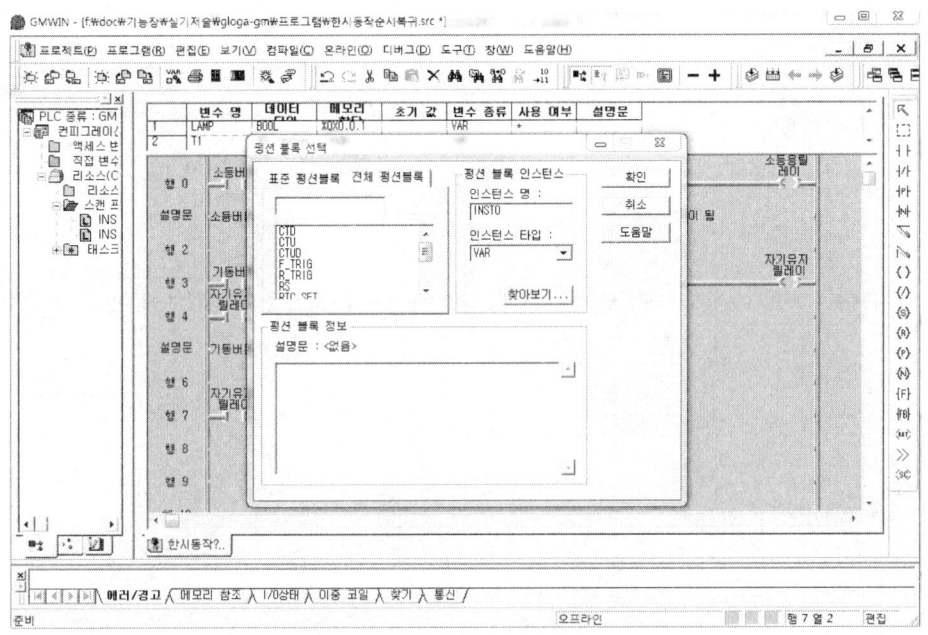

[그림 8-55] TOF 프로그래밍2

[그림 8-55]의 "표준 펑션블록"이란 박스에 "TOF"라고 입력하고, "펑션 블록 인스턴스"의 "인스턴스 명:"에 "T1"이라고 입력하면 [그림 8-56]과 같아진다.

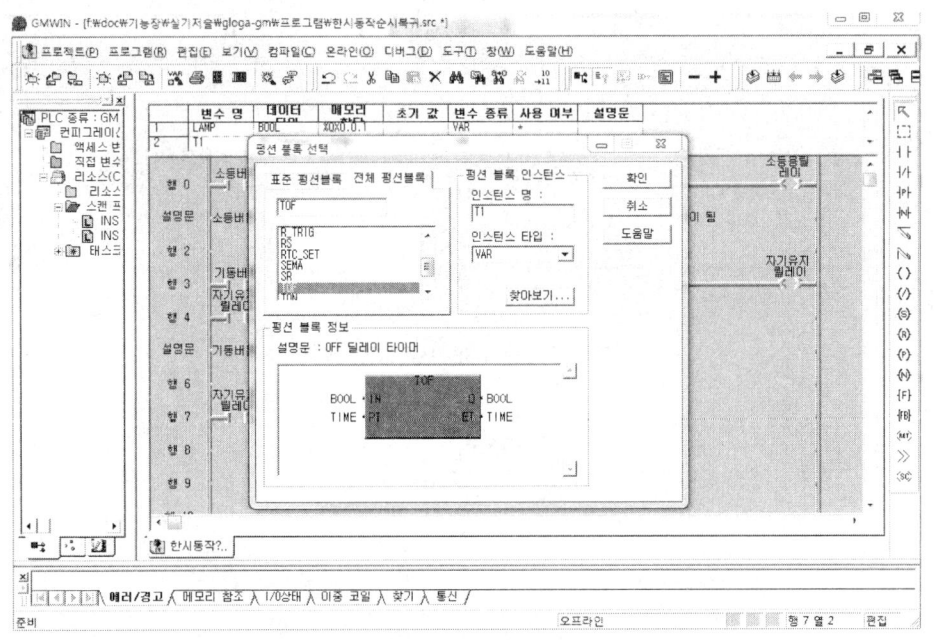

[그림 8-56] TOF 프로그래밍3

[그림 8-57]처럼 완성한다.

[그림 8-57] TOF 프로그램 예제

Section 09 GMWIN 기본 프로그래밍

9.1 한시기동정지 반복 동작회로

(1) 시퀀스도

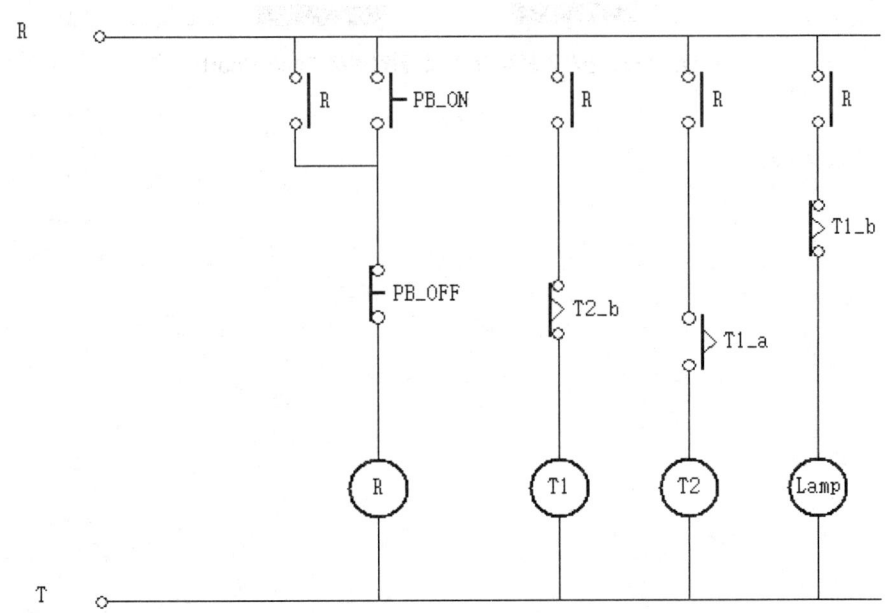

[그림 9-1] 한시기동정지 반복 동작회로 Sequence도

(2) 동작설명

① [그림 9-1]에서 PB_ON을 누르면 R에 의해 자기유지되고, Lamp 점등과 동시에 T_1 여자, T_1초 후 한시접점 T_1-a에 의하여 T_2 여자 동시에 T_1-b에 의해 Lamp 소등

② T_2초 후 한시 T_2-b 접점에 의해 T_1 소자, Lamp 점등

③ ① 과정과 ② 과정을 반복

④ 정지버튼을 누르면 초기상태로 복원

(3) Time Chart

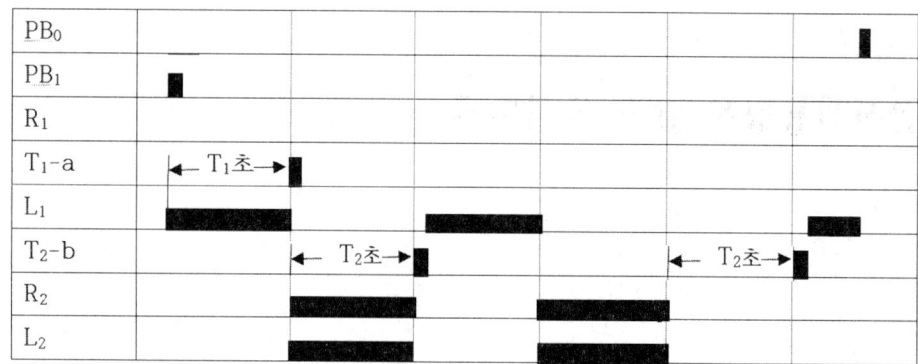

[그림 9-2] 한시기동정지 반복 동작회로 Time Chart

(4) PLC 프로그래밍 I

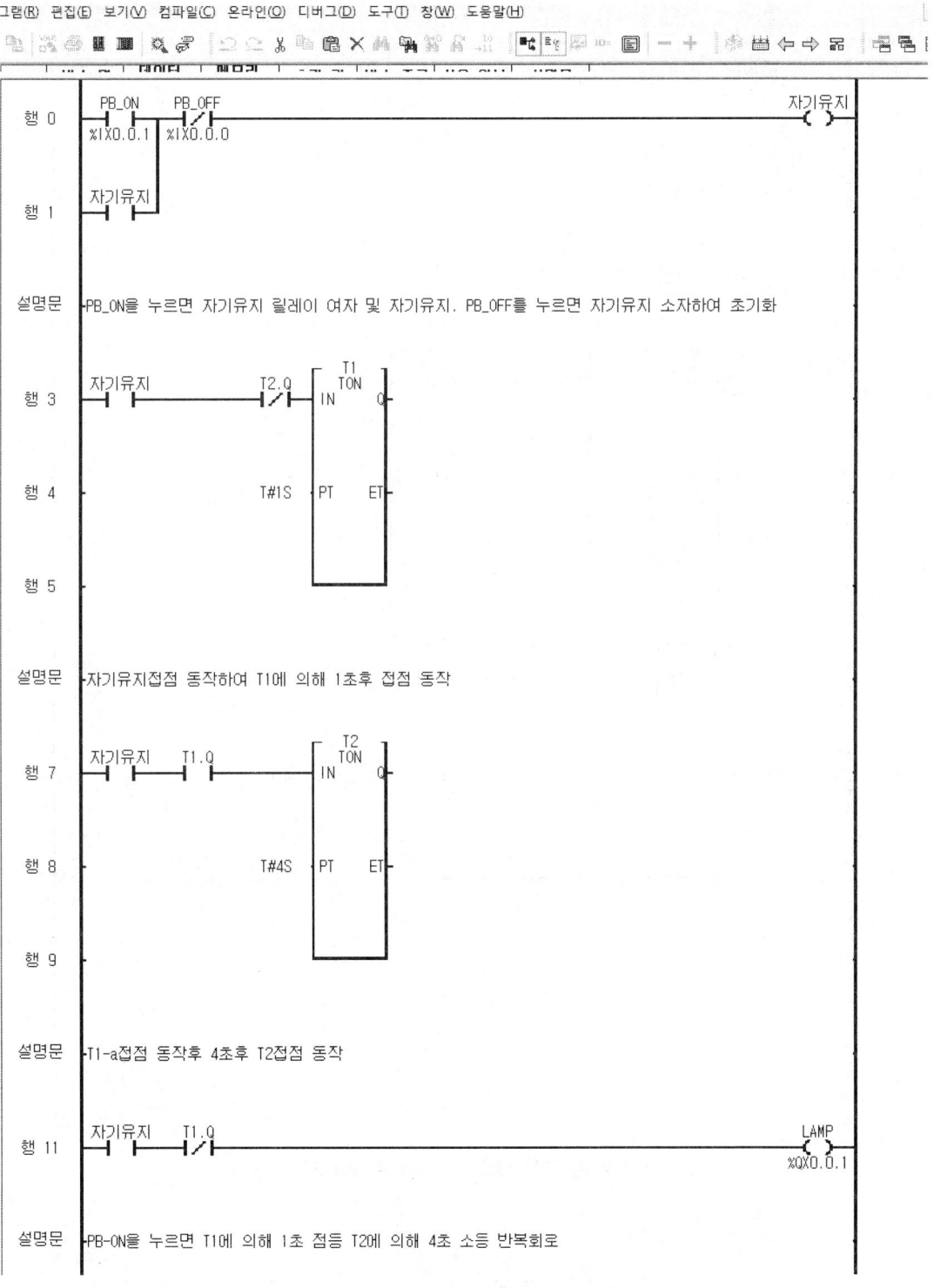

[그림 9-3] 한시기동정지 반복회로 프로그래밍 1

(5) PLC 프로그래밍 II

1	LAMP	BOOL	%QX0.0.1	VAR
2	PB_OFF	BOOL	%IX0.0.0	VAR

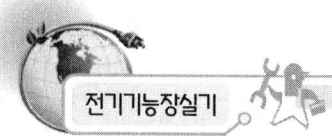

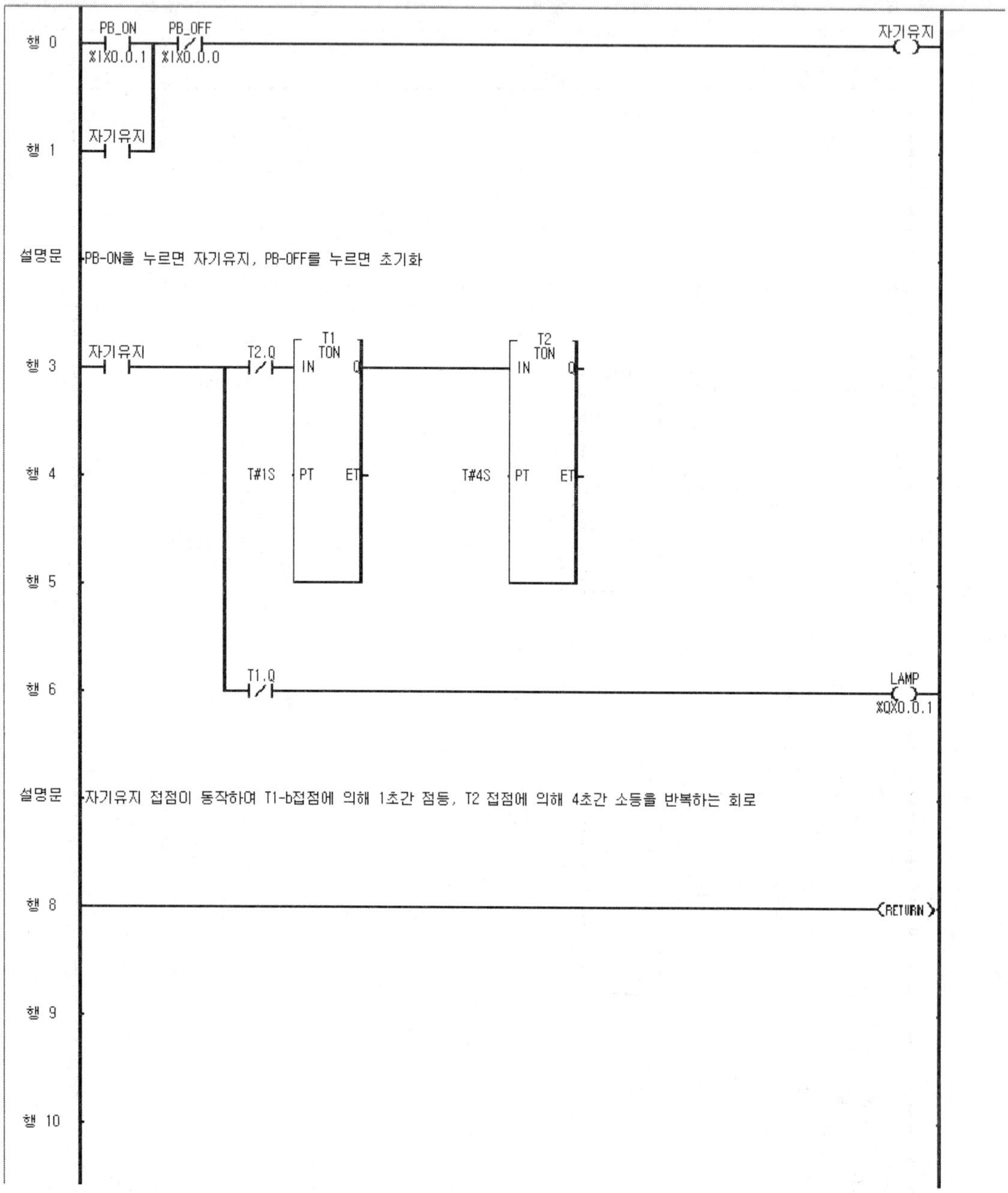

[그림 9-4] 한시기동정지 반복회로 프로그래밍 2

(6) PLC 프로그래밍 III

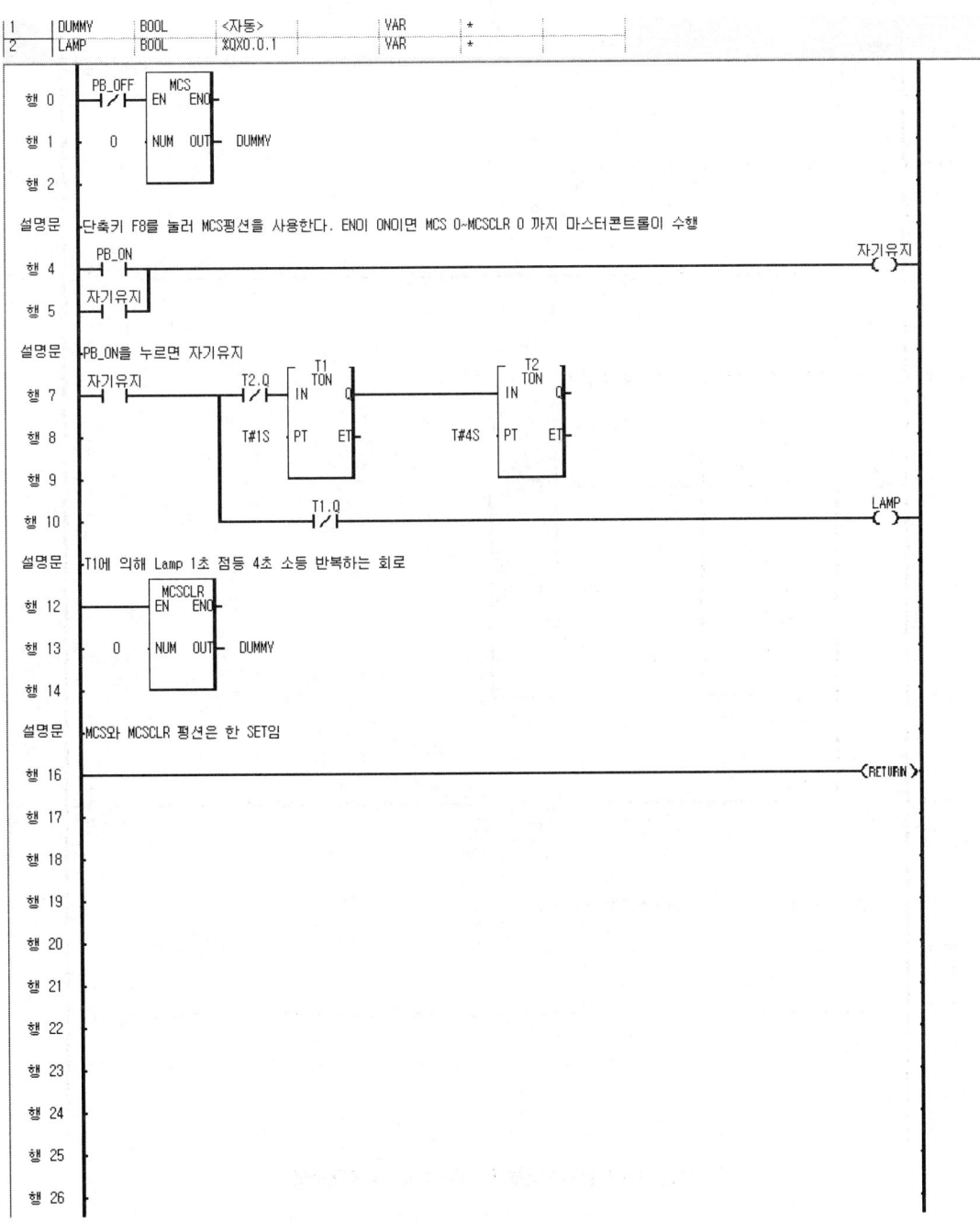

[그림 9-5] 한시기동정지 반복회로 프로그래밍 3

(7) PLC 프로그래밍 IV

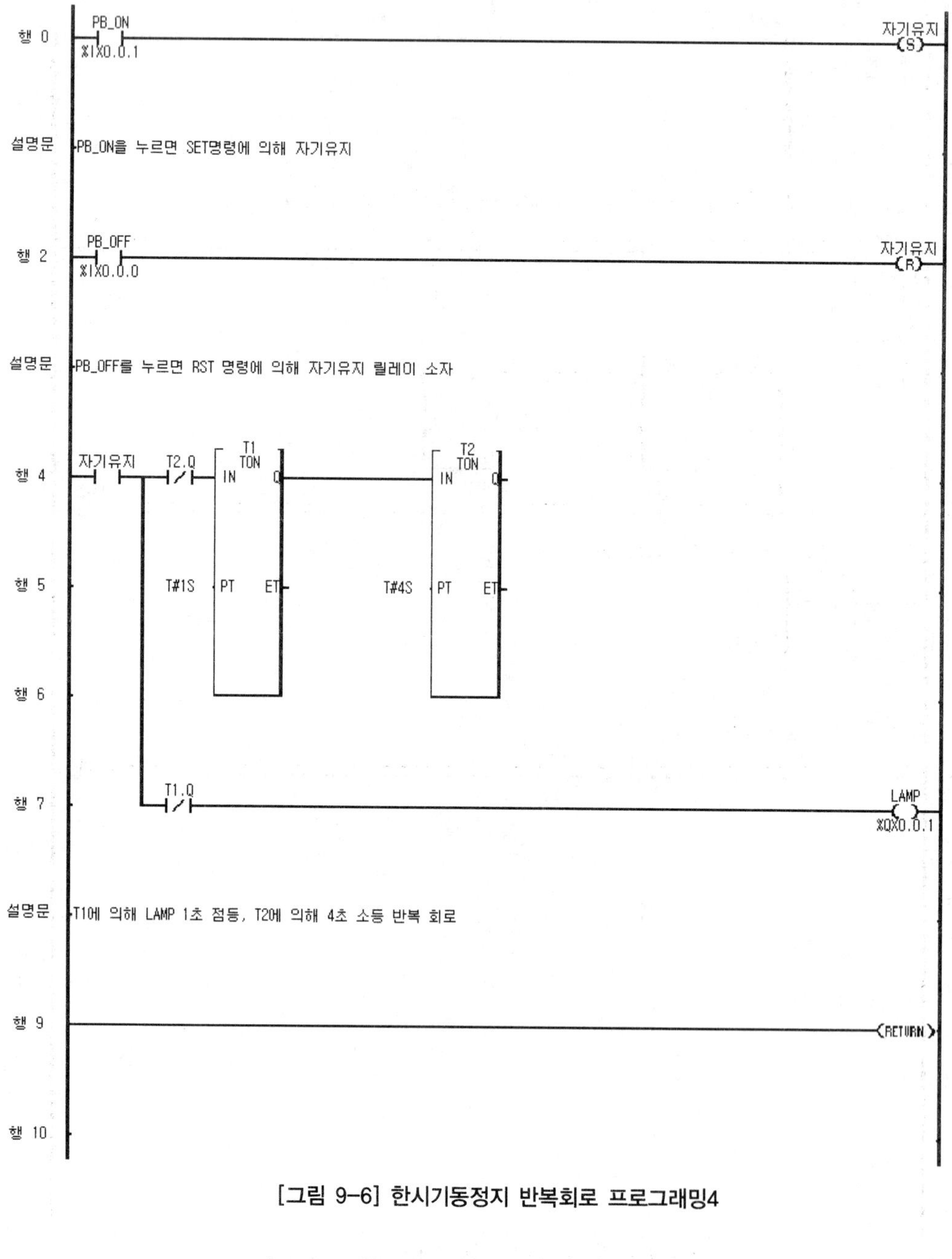

| 행 0 | PB_ON %IX0.0.1 ——————————————————————————— 자기유지 (S) |

설명문 ▶ PB_ON을 누르면 SET명령에 의해 자기유지

| 행 2 | PB_OFF %IX0.0.0 ——————————————————————————— 자기유지 (R) |

설명문 ▶ PB_OFF를 누르면 RST 명령에 의해 자기유지 릴레이 소자

행 4 ┤자기유지├ ┤/T2.Q├ ─── T1 TON IN Q ─── T2 TON IN Q
행 5 　　　　　　　　　T#1S─PT ET　　　T#4S─PT ET
행 6

행 7 ┤T1.Q├/ ——————————————————————————— LAMP %QX0.0.1

설명문 ▶ T1에 의해 LAMP 1초 점등, T2에 의해 4초 소등 반복 회로

행 9 ——————————————————————————— (RETURN)

행 10

[그림 9-6] 한시기동정지 반복회로 프로그래밍4

Chapter 4 PLC 프로그래밍

9.2 One-Button 회로

(1) 시퀀스도

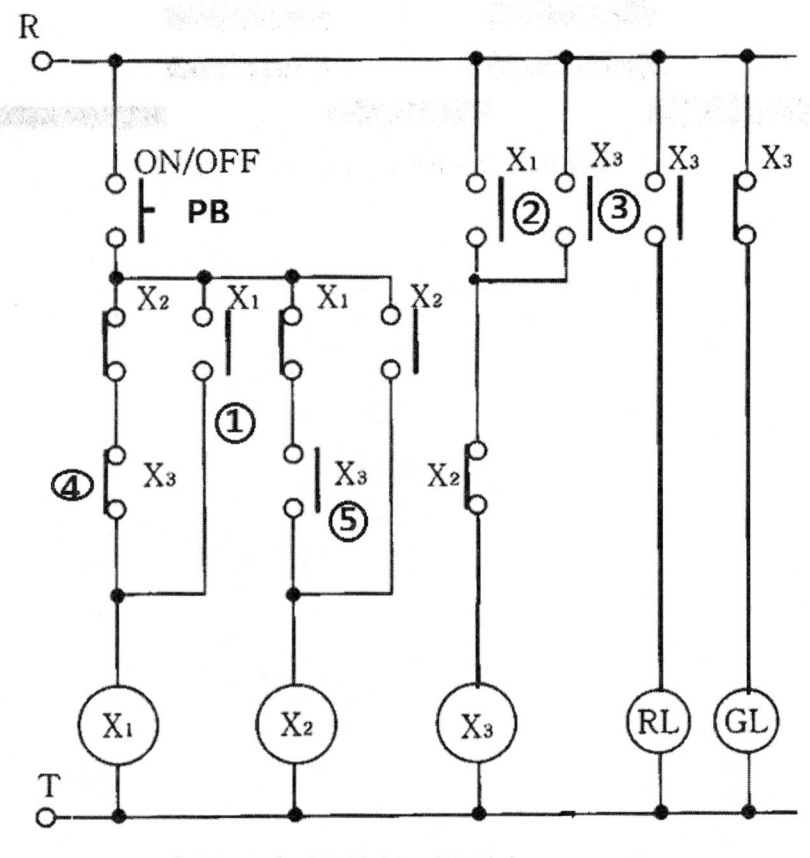

[그림 9-7] 버튼 하나로 기동 정지 Sequence도

(2) 동작설명

① PB를 누르면 X_1 여자에 의해 ②의 X_1-a접점이 폐로되고 X_3 Coil이 여자되어 ③의 X_3-a접점에 의해 자기유지하고 RL 점등, GL 소등, ④의 X_3-b접점이 개로되지만 ①의 X_1-a접점에 의해 PB를 누르는 동안은 X_1 Coil이 자기유지를 할 수 있다.

② 한번 더 PB를 누르면 X_3이 자기유지되어 있기 때문에 ⑤의 X_3-a접점에 의해 X_2 Coil이 여자되고 X_2-b접점에 의해 X_3 Coil이 소자되어 RL 소등, GL 점등

(3) Time Chart

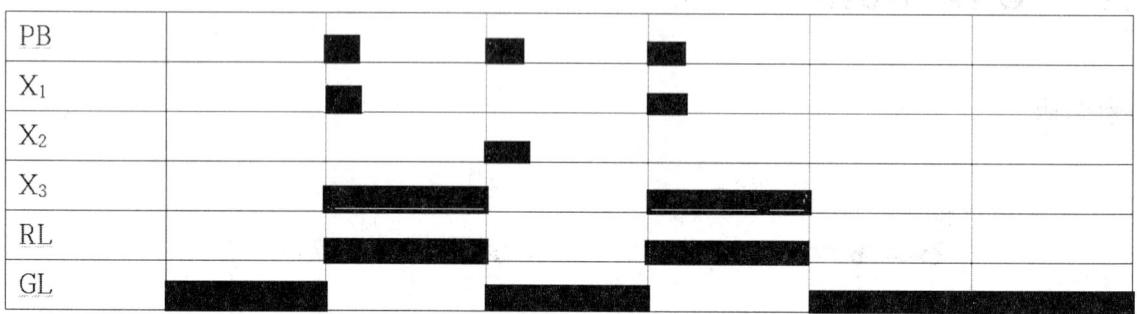

[그림 9-8] One Button 회로 Time Chart

(4) PLC 프로그래밍 I

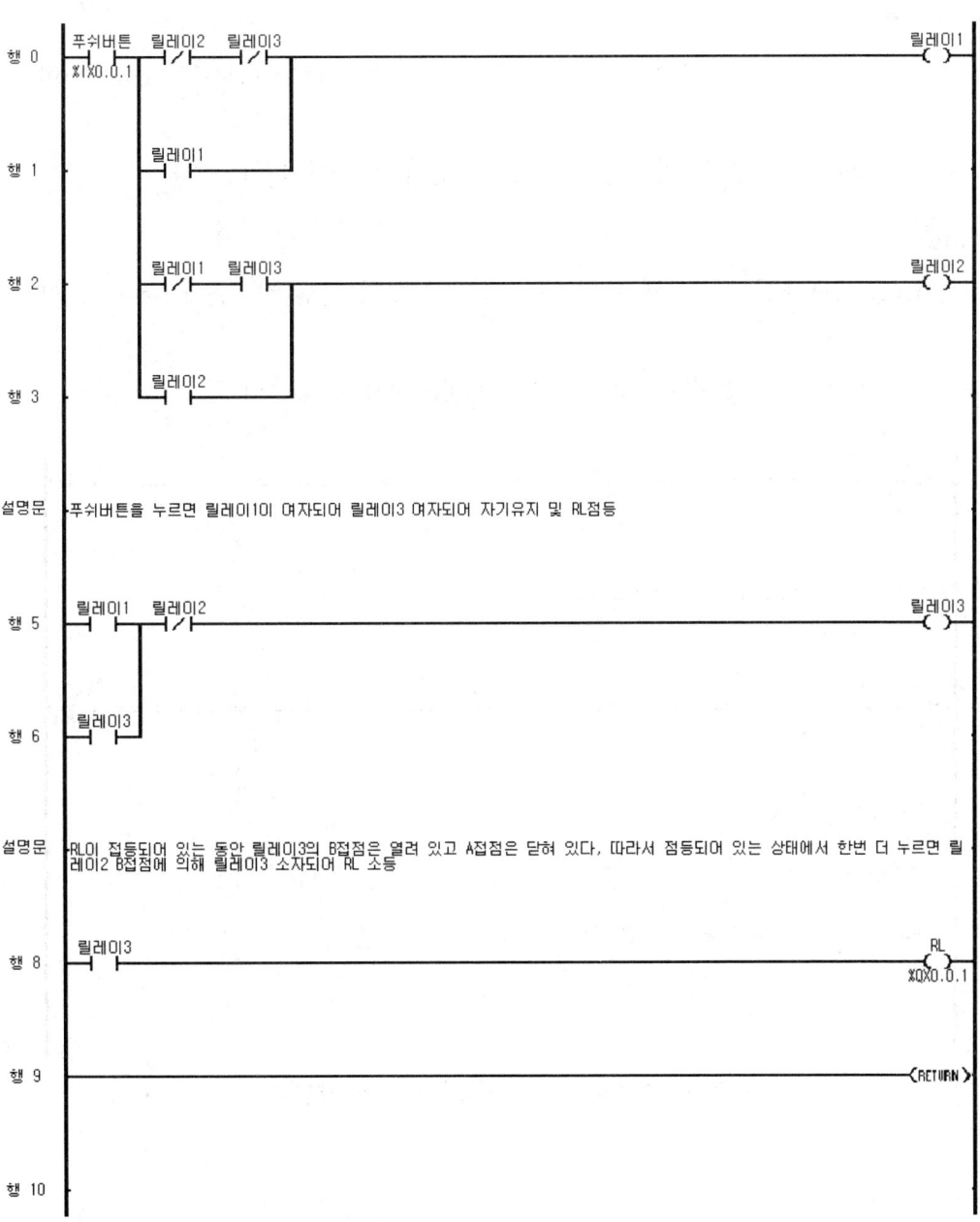

[그림 9-9] One Button 회로 PLC 프로그래밍 1

(5) PLC 프로그래밍 II

1) 양변환 검출 접점

① 입력조건이 Off 상태에서 On 상태로 변할 때(누르는 순간) 지정 접점을 1 Scan On하고 그 외에는 Off

② 단축아이콘 "양변환 검출"을 클릭하거나, 단축키 Shift+F1을 누른다.

2) 음변환 검출 접점

① 입력조건이 On 상태에서 Off 상태로 될 때 눌렀다 놓으면 지정 접점을 1 Scan On하고 그 외에는 Off

② 단축아이콘 "음변환 검출"을 클릭하거나, 단축기 Shift+F2를 누른다.

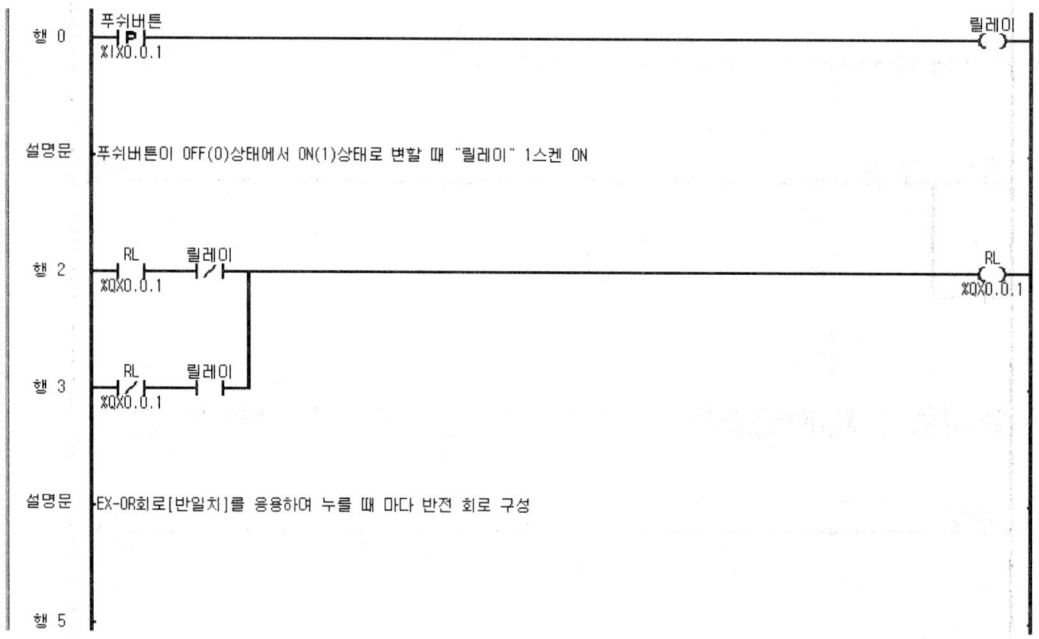

[그림 9-10] One Button 회로 PLC 프로그래밍 2

Chapter **4** PLC 프로그래밍

9.3 순차제어회로

(1) 시퀀스도

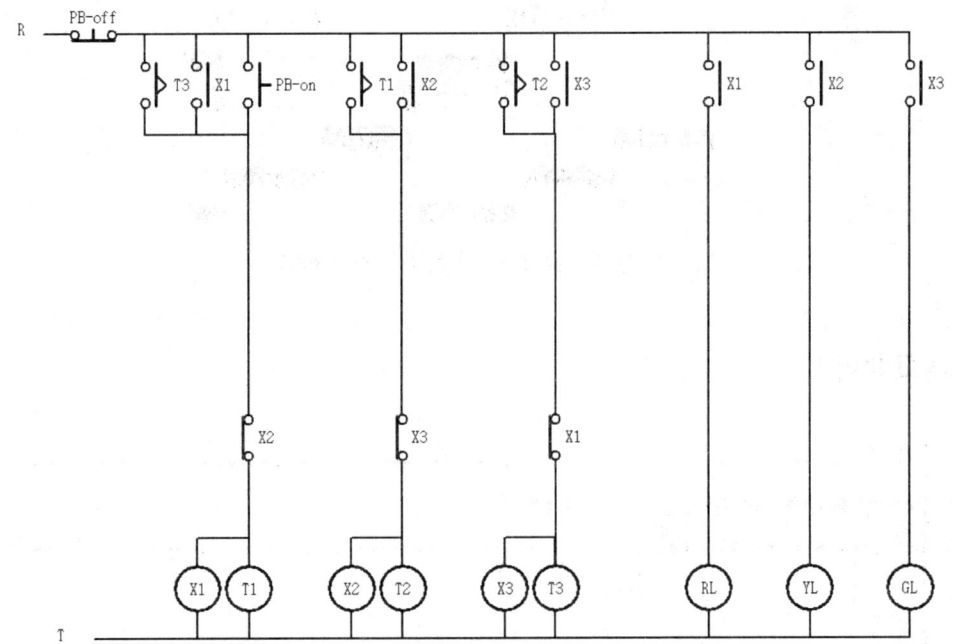

[그림 9-11] 순차제어회로 Sequence도

(2) 동작설명

① PB-On 버튼을 누르면 X_1이 여자되어 자기유지함과 동시에 X_1-a접점에 의해 RL점등

② t_1초 후 한시 T_1-a접점에 의해 X_2가 자기유지함과 동시에 X_2-b접점에 의해 X_1이 소자되고 RL 소등, YL 점등

③ t_2초 후 한시 T_2-a접점에 의해 X_3이 자기유지함과 동시에 X_3-b접점에 의해 X_2가 소자되고 YL 소등, GL 점등

④ t_3초 후 한시 T_3-a접점에 의해 X_1이 자기유지함과 동시에 X_1-b접점에 의해 X_3이 소자되고 GL 소등, RL 점등

(3) Time Chart

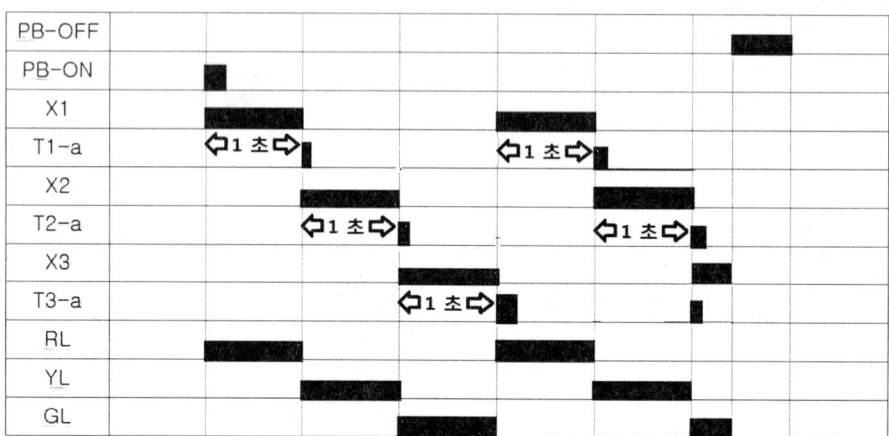

[그림 9-12] 순차제어회로 Time Chart

(4) PLC 프로그래밍 I

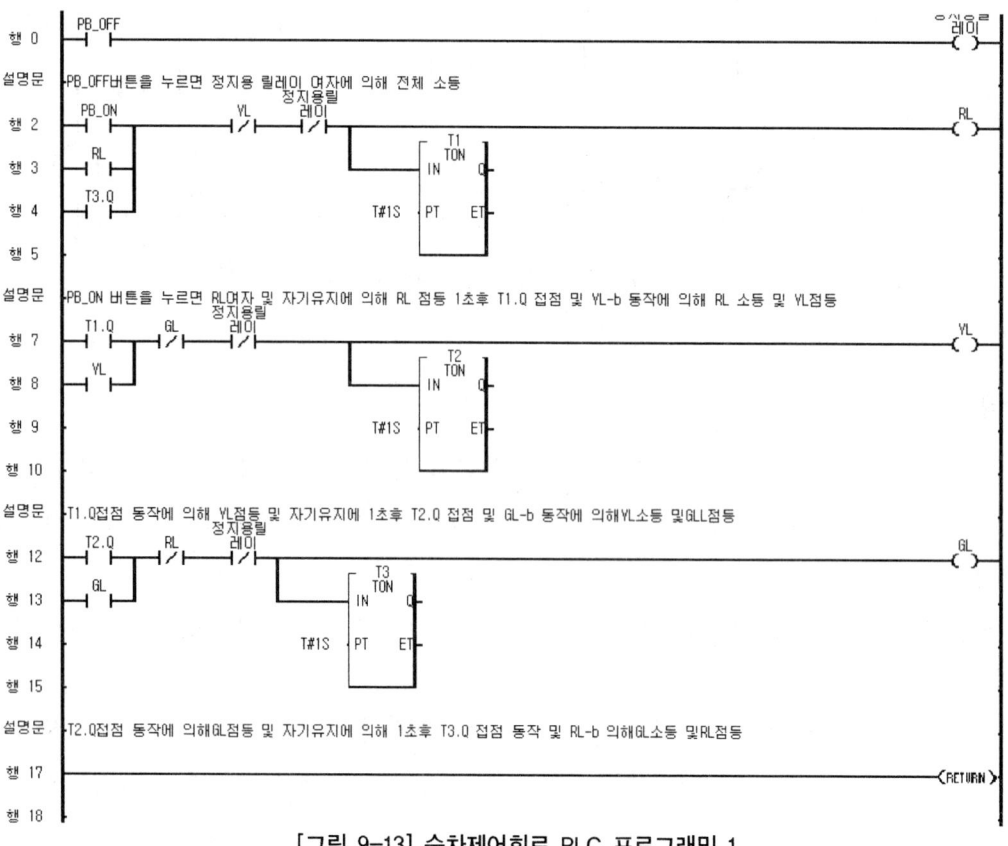

[그림 9-13] 순차제어회로 PLC 프로그래밍 1

(6) PLC 프로그래밍 II

1) MCS 명령어를 사용한 프로그래밍

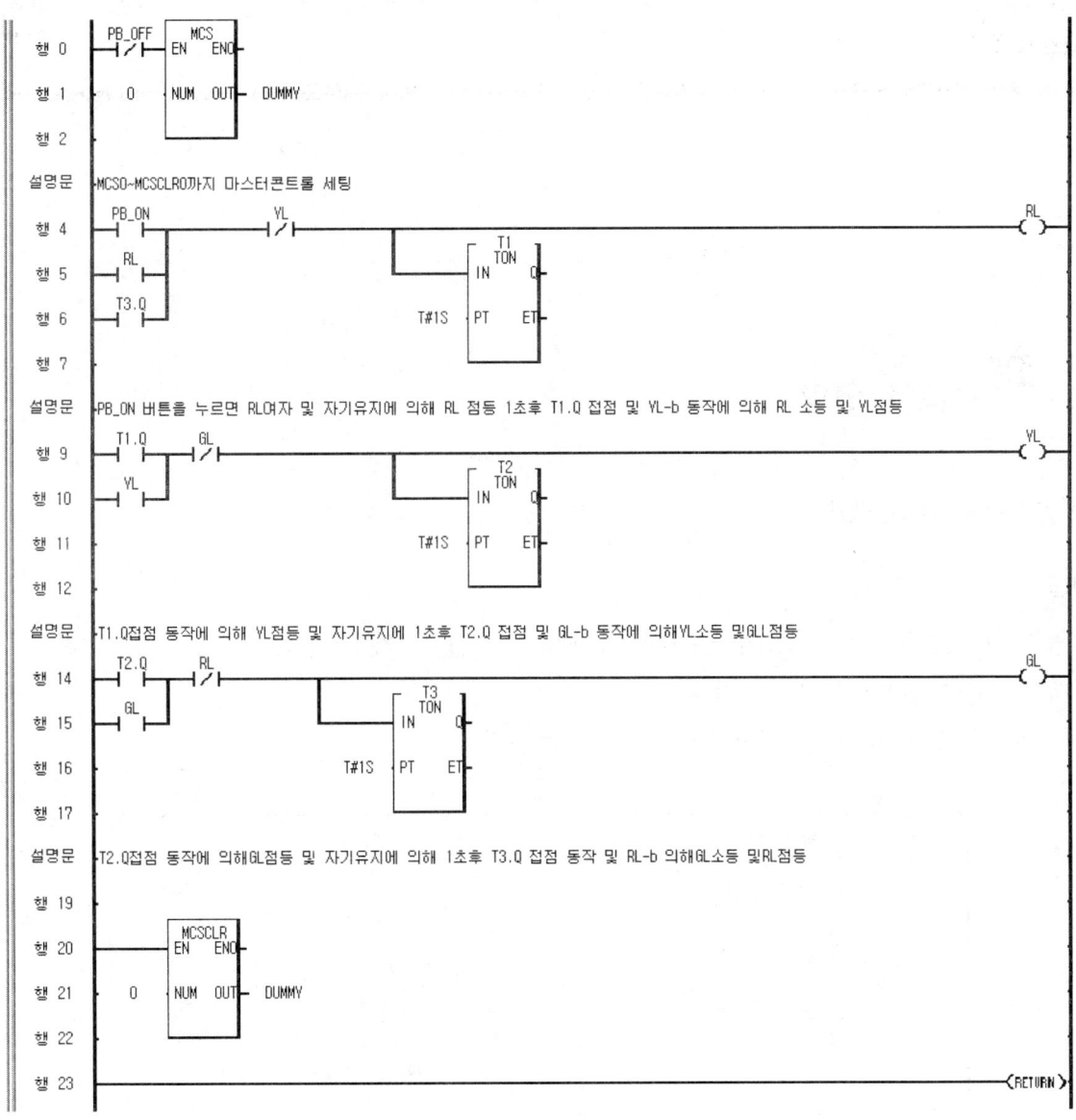

[그림 9-14] 순차제어회로 PLC 프로그래밍2

Section 10 GMWIN 응용 프로그래밍

10.1 카운터 명령

(1) UP COUNTER(CTU)

1) 기능

① 펄스입력 CU가 0에서 1(Rising Edge)이 되면 현재값 CV가 이전 값보다 1만큼 증가함

② Reset 입력 R이 1이 되면 현재값 CV는 0으로 Clear됨

③ 출력 Q는 현재값(CV)이 설정값(PV) 이상이면 1이 됨

펑션 블록	설 명
| ```
        CTU
BOOL  ─ CU   Q ─ BOOL
BOOL  ─ R   CV ─ INT
INT   ─ PV
``` | 입력  CU : 업 카운트(Up Count) 펄스 입력<br>　　　R : 리셋 입력(Preset)<br>　　　PV : 설정시간(Preset Time)<br>출력  Q : 업 카운터(Up Counter) 출력<br>　　　CV : 현재값(Current Value) |

[그림 10-1] CTU 펑션 블록
```

2) Time Chart

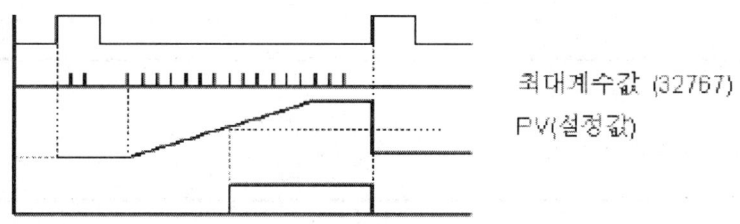

[그림 10-2] CTU 명령어 Time Chart

3) CTU 프로그램 예제

① 응용명령어 단축키 F9를 눌러 [그림 10-3]처럼 입력한다.
② CTU의 "인스턴스 변수" C1을 선언
③ 입상펄스(%IX0.0.1)로 "CU"에 입상펄스를 입력하면 현재값(CV)이 증가
④ 설정값(PV)이 "5" 이상이면(5번 누르면) 카운터 출력(C1.Q)이 1이 되어 램프가 점등
⑤ 리셋 버튼(%IX0.0.0)을 ON하면 현재값 및 카운터 출력이 리셋되어 0이 됨

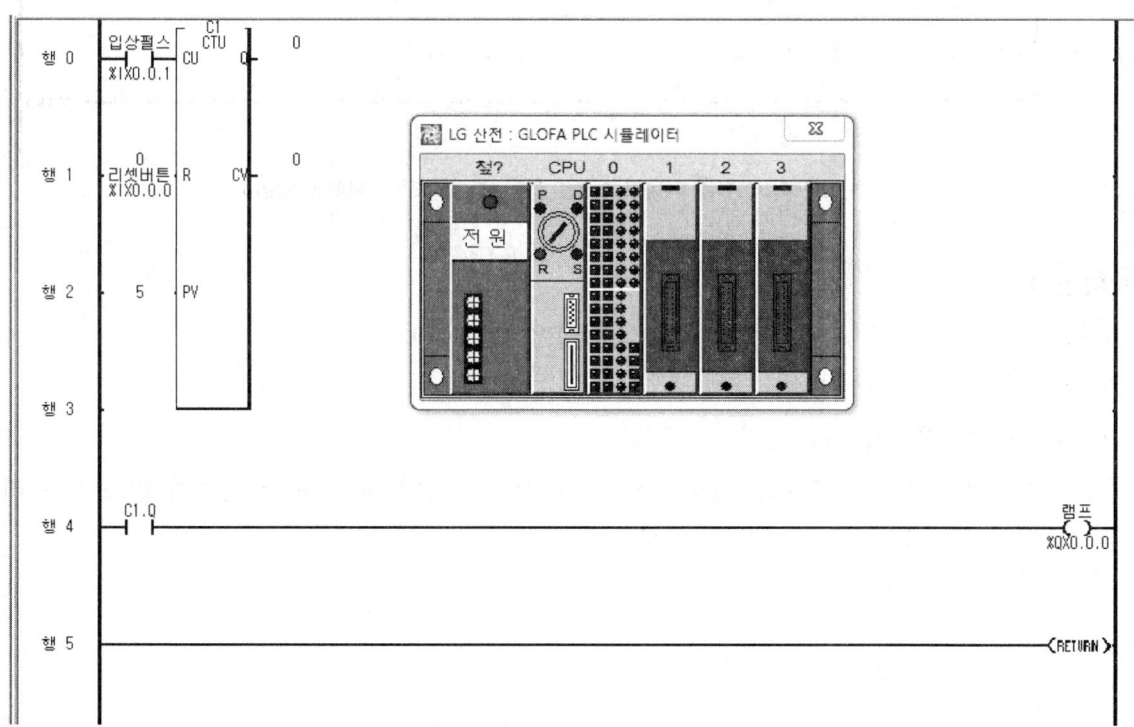

[그림 10-3] CTU 프로그램예제

4) CTU를 이용하여 램프 3회 점등 후 소등 회로 Coding

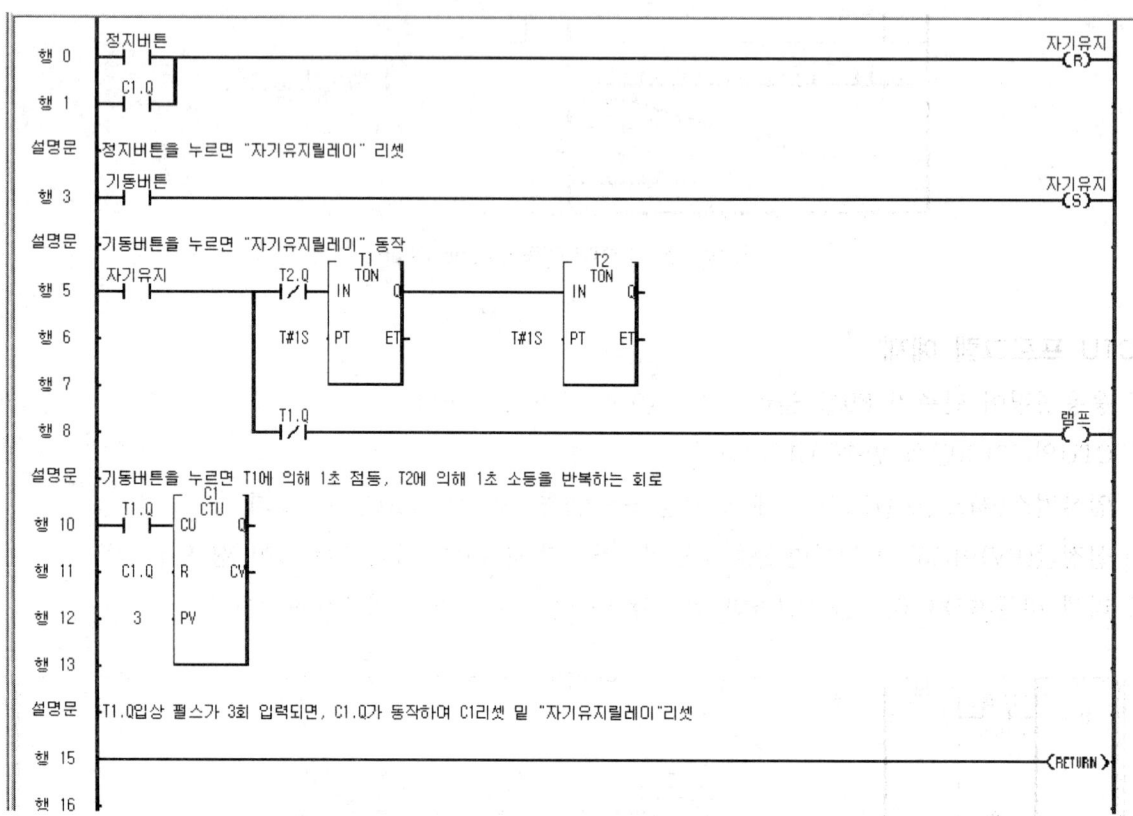

[그림 10-4] CTU를 이용하여 3번 점등 후 소등하는 회로 Coding

5) 동작설명

① 기동버튼을 누르면 "자기유지릴레이"가 세팅되어 자기유지

② T1에 의해 1초간 램프 점등

③ T2에 의해 1초간 램프 소등

④ T1에 의해 펄스가 3회 입력되면 C1 접점이 On하여 C1 접점에 의해 "자기유지 릴레이"가 리셋되어 램프 소등 및 카운터 횟수 "0"으로 리셋

(2) Down Counter(CTD)

1) 기능

① 포지티브(0→1) 펄스가 "CD"에 입력될 때마다 현재값(CV)을 −1씩 감소시키고 설정한 값이 "0"이 되면 출력을 ON

② 설정값 입력 접점 "LD"가 1(ON)이 되면, 설정값 "PV"값이 현재값 "CV"에 로드

③ 출력 Q는 현재값(CV)이 0 이하이면 1이 됨

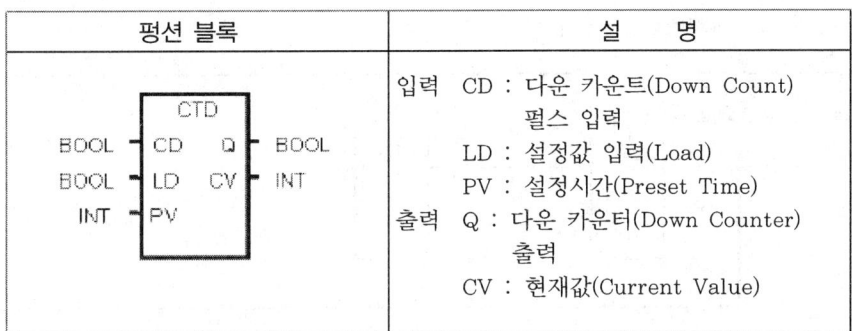

[그림 10-5] CTD 펑션 블록

2) Time Chart

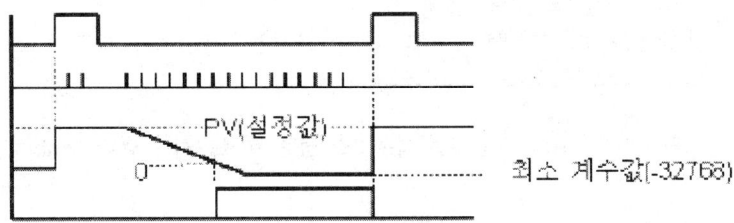

[그림 10-6] CTD 명령어 Time Chart

3) CTD를 이용하여 램프 3회 점등 후 소등 회로 Coding

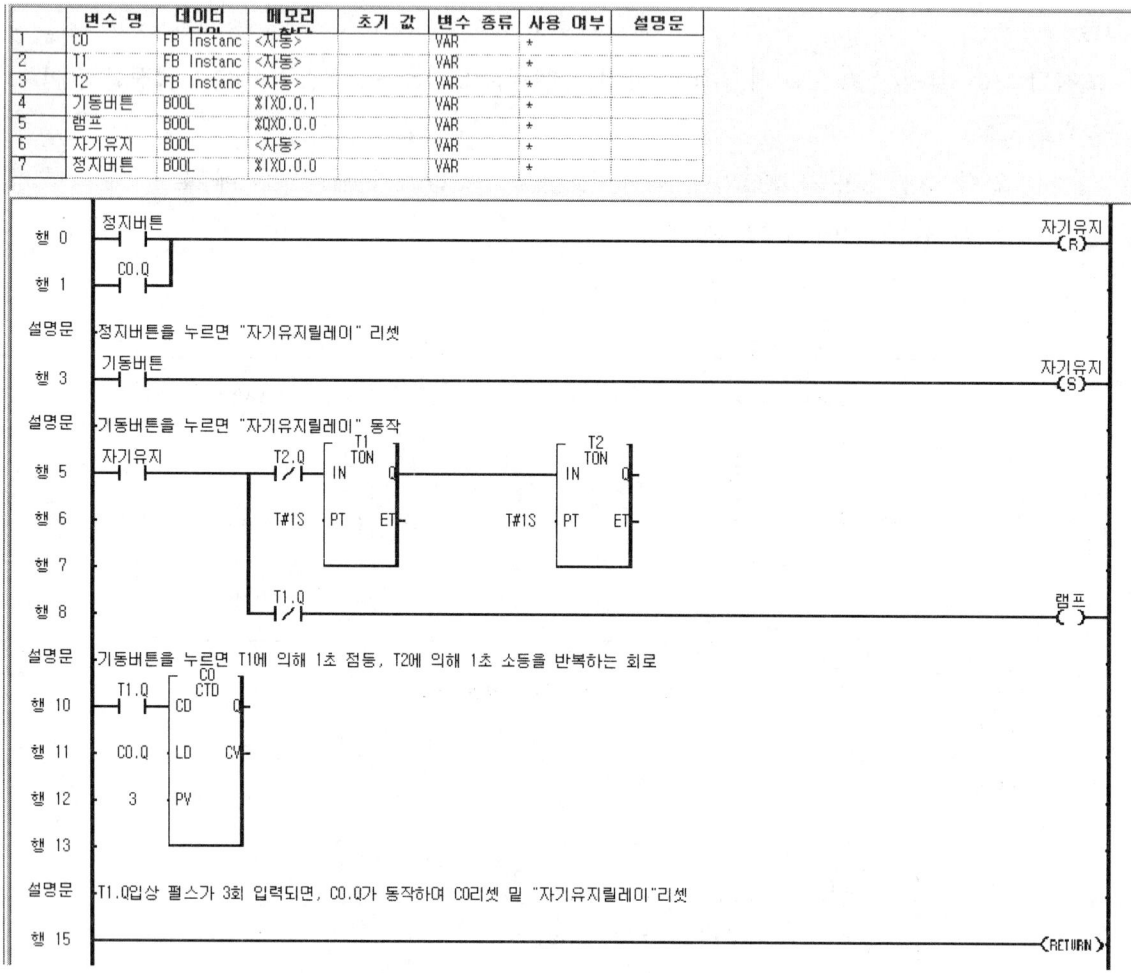

[그림 10-7] CTD를 이용하여 램프 3회 점등 후 소등하는 회로 Coding

(3) UP-DOWN COUNTER(CTUD)

1) 기능

① "CU"가 0에서 1이 되면 현재값 "CV"가 이전 값보다 1만큼 증가하고, "CD"가 0에서 1이 되면 현재값 "CV"가 이전 값보다 1만큼 감소하는 카운터

② 설정값 입력 접점 "LD"가 1이 되면 현재값 "CV"에 설정값 "PV"가 표시됨

③ 설정값 입력 "R"이 1이 되면 현재값 "CV"는 0으로 Clear

④ 출력 "QU"는 "CV"가 "PV" 이상이면 1이 되고, "QD"는 "CV"가 0 이하일 때 1이 됨

⑤ 각 입력 신호에 대해 R>LD>CU>CD 순으로 동작을 수행하며, 신호의 중복 발생 시 우선 순위가 높은 동작 하나만 수행

펑션 블록	설 명
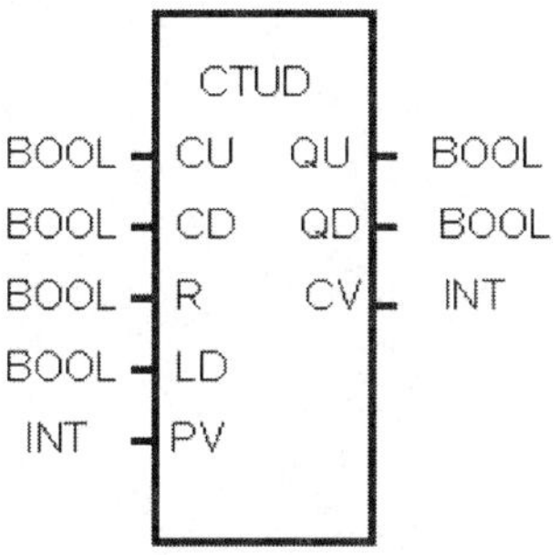 CTUD BOOL─CU QU─BOOL BOOL─CD QD─BOOL BOOL─R CV─INT BOOL─LD INT ─PV	입력 CU : 업 카운트(Up Count) 펄스 입력 CD : 다운 카운트(Down Count) 펄스 입력 R : 리셋 입력(Reset) LD : 설정값 입력(Load) PV : 설정값(Preset Value) 출력 QU : 카운트 업(Count Up) 출력 QD : 카운트 다운(Count Down) 출력 CV : 현재값(Current Value)

[그림 10-8] CTUD 펑션 블록

2) Time Chart

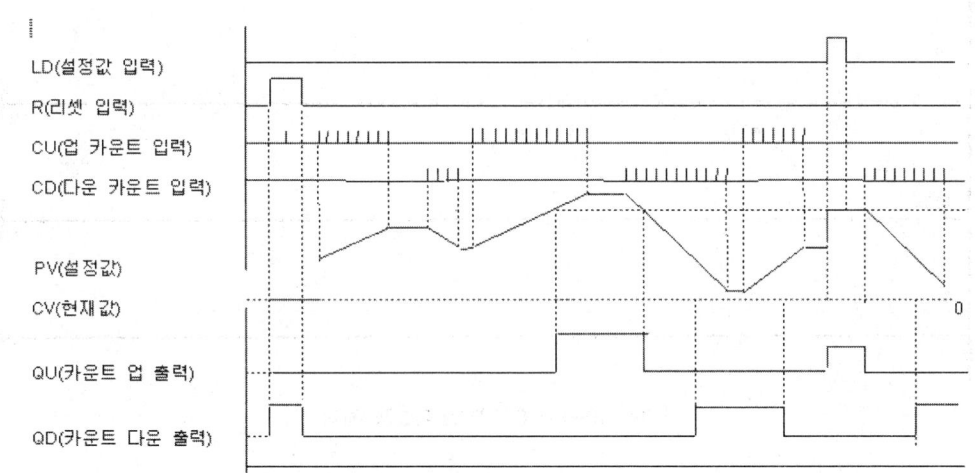

[그림 10-9] CTUD Time Chart

3) 프로그램 예제

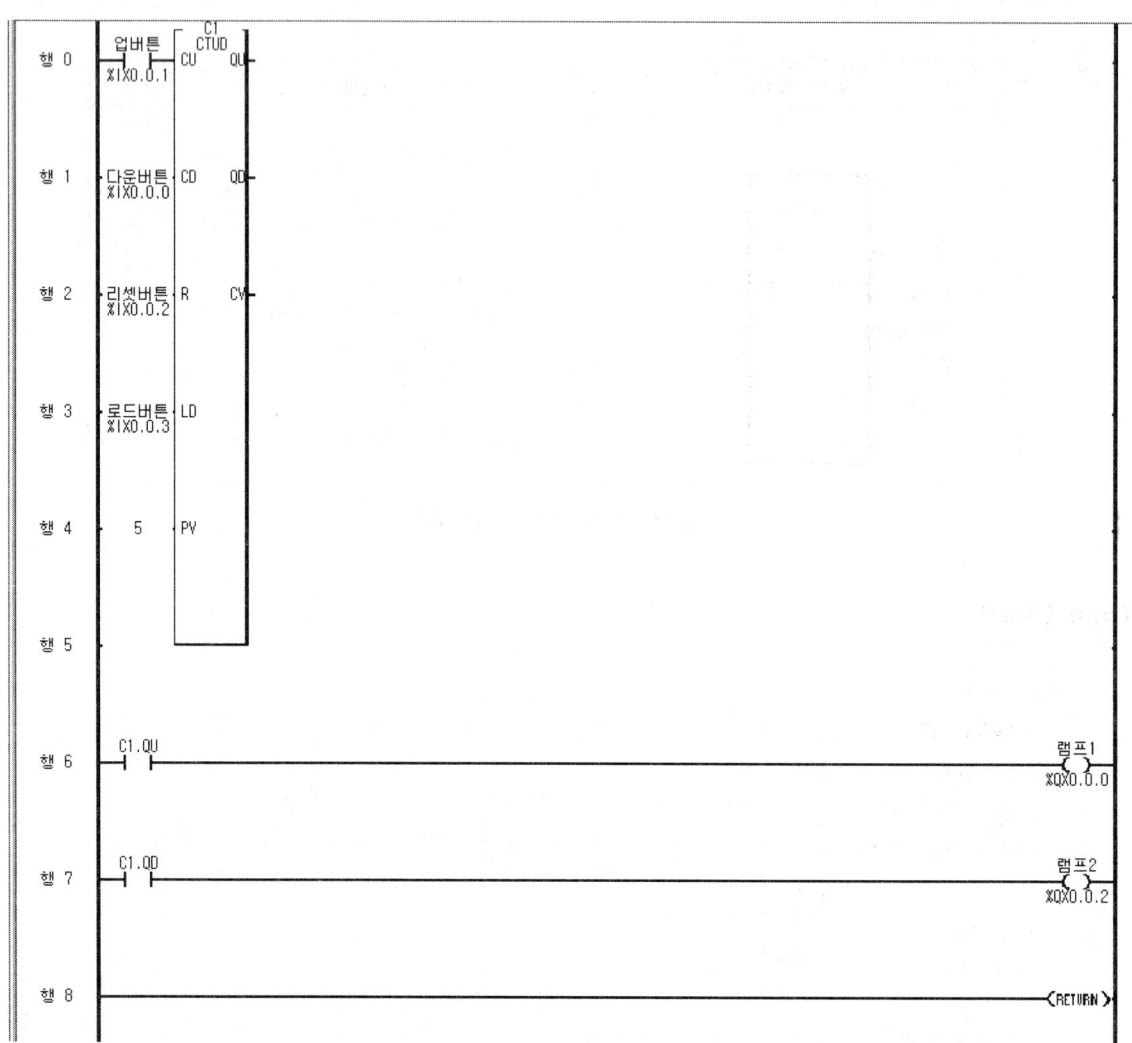

[그림 10-10] CTUD 프로그램 예제

① 업버튼(%IX0.0.1)을 1회 누를 때마다 "CV"값이 1씩 증가
② 업버튼(%IX0.0.1)을 5회 누르면 "CV"값이 5로 표시되고 출력 C1.QU가 동작하여 램프1 점등
③ 다운버튼(%IX0.0.0)을 1회 누를 때마다 "CV"값이 1씩 감소하여 C1.QU가 소자되어 램프1 소등
④ 다운버튼(%IX0.0.0)을 5회 누르면 "CV"값이 0으로 표시되고 출력 C1.QD가 동작하여 램프2 점등
⑤ 업버튼(%IX0.0.1)을 누르는 도중 리셋 버튼(%IX0.0.2)를 누르면 "CV"값이 0으로 표시되고 리셋
⑥ 로드 버튼(%IX0.0.3)을 누르면 "CV"값이 5로 표시되고 출력 C1.QU가 동작하여 램프1 점등(PV값=CV값)

Section 11 기능장 출제문제 (GLOFA 프로그래밍)

11.1 제39회 [2006년 5월]

(1) 제1과제 : PLC 프로그램 구성

① 다음 동작설명과 타임차트를 참조하여 PLC 프로그램을 완성하시오.
② PLC 프로그램 구성은 반드시 본인이 지참한 기종으로 작업하여야 한다.

(2) 동작설명

① 기동스위치 B_1에 의해 내부릴레이 X1이 여자된다.
② 내부릴레이 X_1에 의해 타이머 T0가 여자된다.
③ 0.5초후 타이머 T1과 내부릴레이 X_2가 여자되고, 외부 출력 PL이 점등된다.
④ 타이머 T_1이 여자된 후 1초 후 T_1이 소자와 동시에 PL이 소등되고 T_0가 여자된다.
⑤ 이러한 위 ② → ④의 동작을 반복하면서 X_2에 의해 카운터 C_0에 펄스를 공급한다.
⑥ 펄스가 1번 발생할 때마다 카운터를 1개씩 가산한다.
⑦ 위 ② → ④의 ON/OFF 동작(펄스)을 10회 반복하면 L_1이 점등된다.
⑧ L1이 점등과 동시에 타이머 T_0, T_1 및 카운터 C_0가 동시에 RESET된다.
⑨ 이때 L_1은 타이머 T_2에 의해 3초간 점등된 후 소등된다.
⑩ 정지스위치 B_2에 의해 항상 수동으로 RESET이 가능하도록 한다.

(3) PLC 입출력도

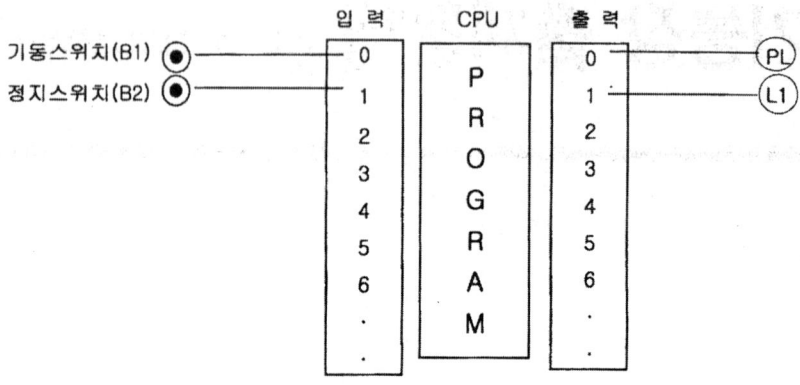

(4) 타임차트

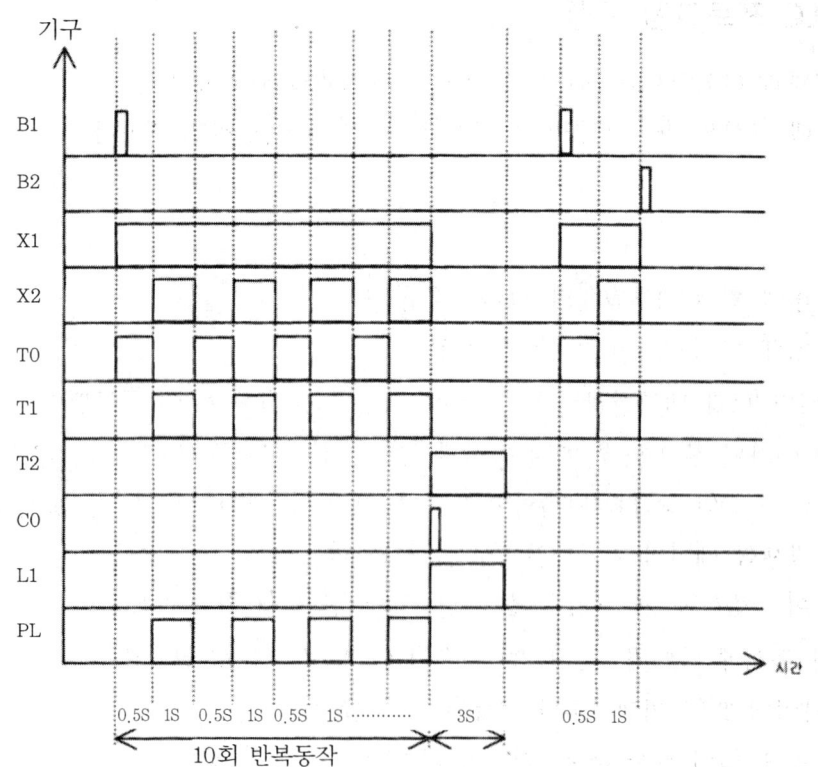

(5) 프로그램 작성

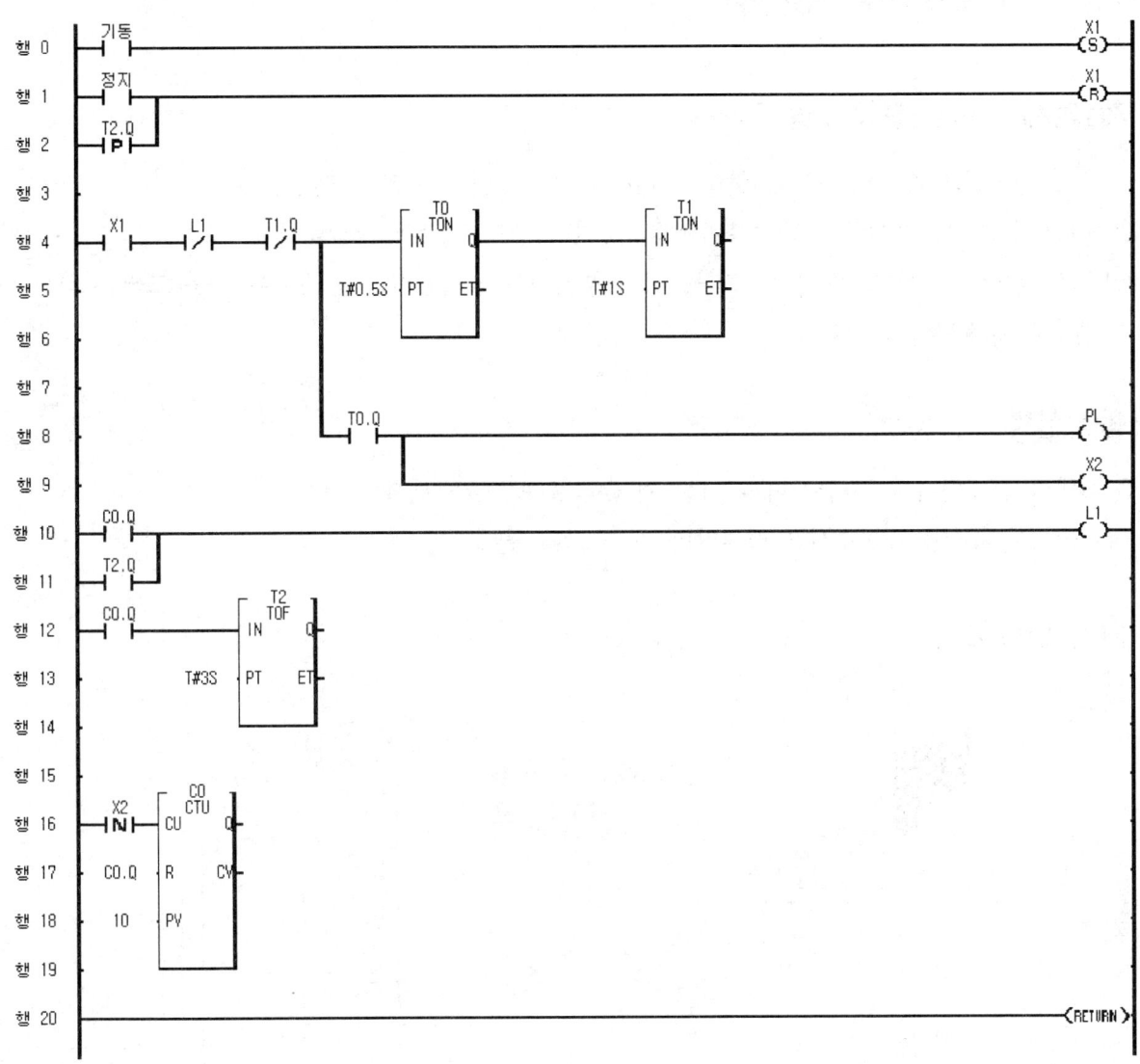

11.2 제40회 [2006년 9월]

(1) 제1과제 : PLC 프로그램 구성

① 다음 동작설명과 타임차트를 참조하여 PLC 프로그램을 완성하시오.
② PLC 프로그램 구성은 반드시 본인이 지참한 기종으로 작업하여야 한다.
③ 기동 스위치는 녹색, 정지 스위치는 적색 푸시버튼을 사용하고 컨베이어 구동 모터는 적색 파일롯 램프로 대체하여 작업한다.

(2) 동작설명

① 3대의 컨베이어를 순서에 따라 기동 시 (A→B→C) 순서로 기동하고,
② 정지 시 (C→B→A) 순서로 정지한다.

(3) PLC 입출력도

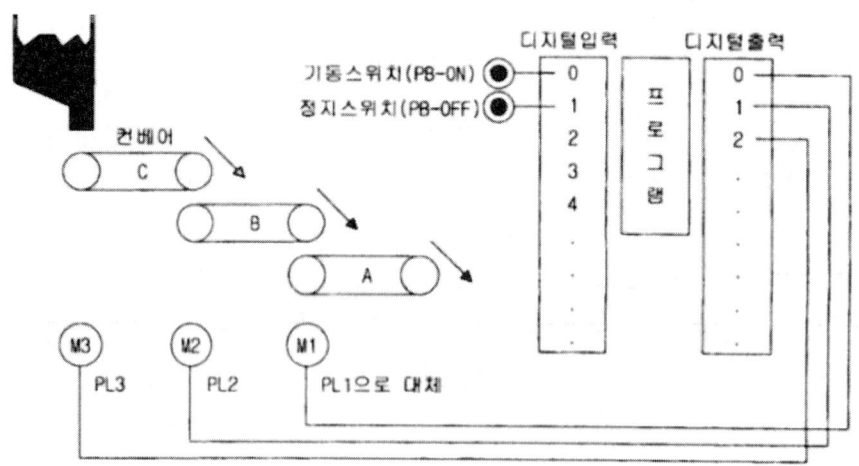

(4) 타임차트

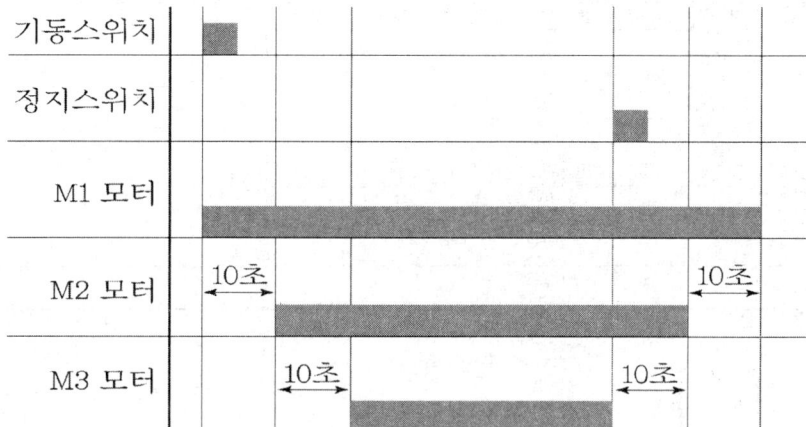

(5) 프로그램 작성

변수 명	데이터 타입	메모리 할당	초기 값	변수 종류	사용 여부	설명문
1	PB_OFF	BOOL	%IX0.0.1		VAR	*
2	PB_ON	BOOL	%IX0.0.0		VAR	*
3	PL1	BOOL	%QX0.0.0		VAR	*
4	PL2	BOOL	%QX0.0.1		VAR	*
5	PL3	BOOL	%QX0.0.2		VAR	*
6	RY	BOOL	<자동>		VAR	*
7	T1	FB Instanc	<자동>		VAR	*
8	T10	FB Instanc	<자동>		VAR	*
9	T2	FB Instanc	<자동>		VAR	*
10	T3	FB Instanc	<자동>		VAR	*

```
행 0    ─┤ PB_ON ├──┤/ PB_OFF ├─────────────────────( RY )
행 1    ─┤ RY ├─
행 2    ─┤ RY ├──┬─ T1 ─┐
                │ TOF  │
                │ IN  Q│
행 3           ─┤T#20S PT ET├
行 4
行 5    ─┤ T1.Q ├─────────────────────────────────( PL1 )
行 6
行 7    ─┤ RY ├──┬─ T2 ─┐
                │ TON  │
                │ IN  Q│
行 8           ─┤T#10S PT ET├
行 9
行 10   ─┤ T2.Q ├──┬─ T10 ─┐
                  │ TOF   │
                  │ IN  Q │
行 11          ─┤T#10S PT ET├
行 12
行 13   ─┤ T10.Q ├──────────────────────────────( PL2 )
行 14   ─┤ T2.Q ├─
行 15
行 16   ─┤ T2.Q ├──┬─ T3 ─┐
                  │ TON  │
                  │ IN  Q│
行 17          ─┤T#10S PT ET├
行 18
行 19   ─┤ T3.Q ├──────────────────────────────( PL3 )
行 20   ──────────────────────────────────────〈RETURN〉
```

Chapter 4 PLC 프로그래밍

(6) 프로그램 설명 1

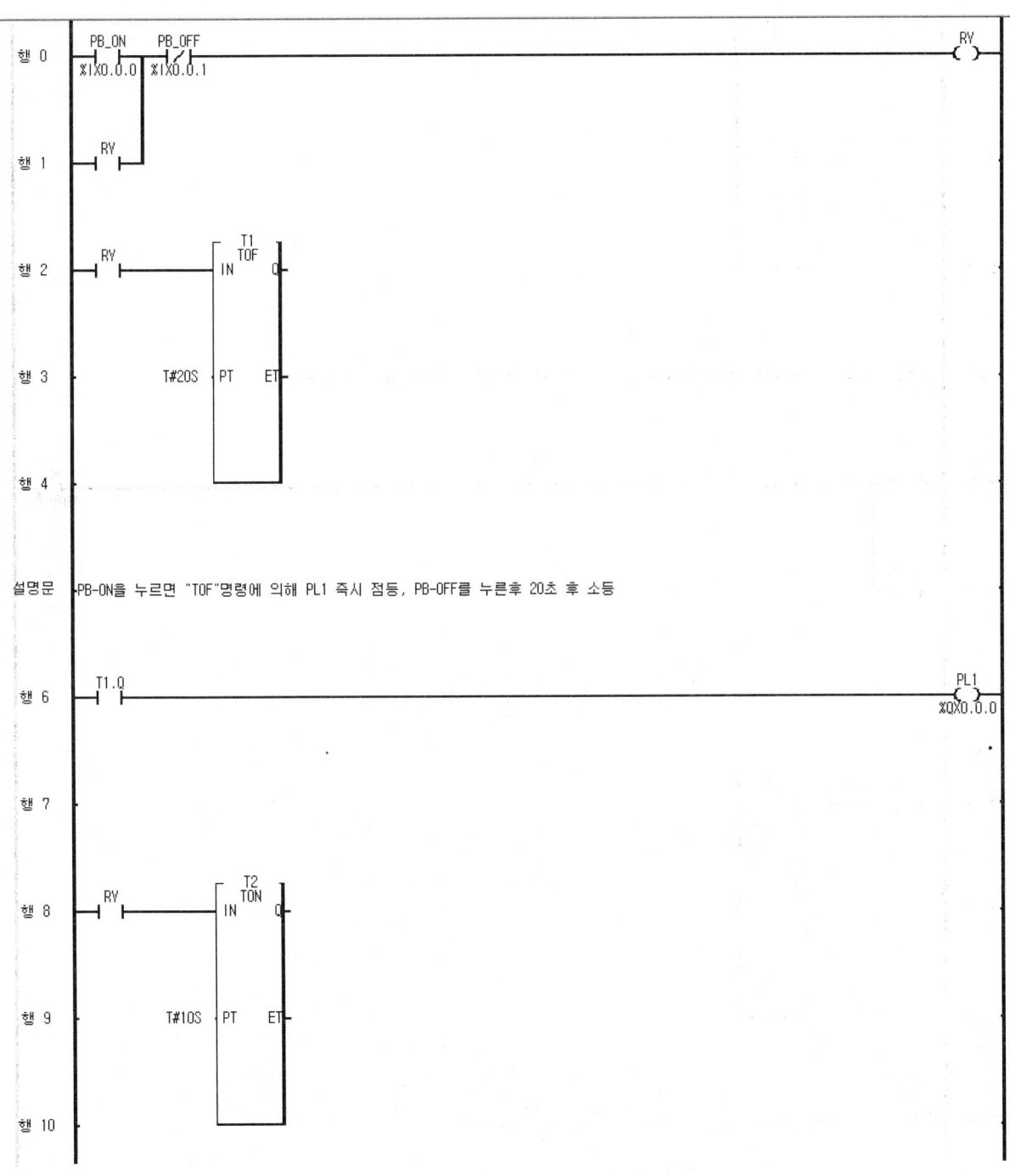

설명문: PB-ON을 누르면 "TOF"명령에 의해 PL1 즉시 점등, PB-OFF를 누른후 20초 후 소등

(7) 프로그램 설명 2

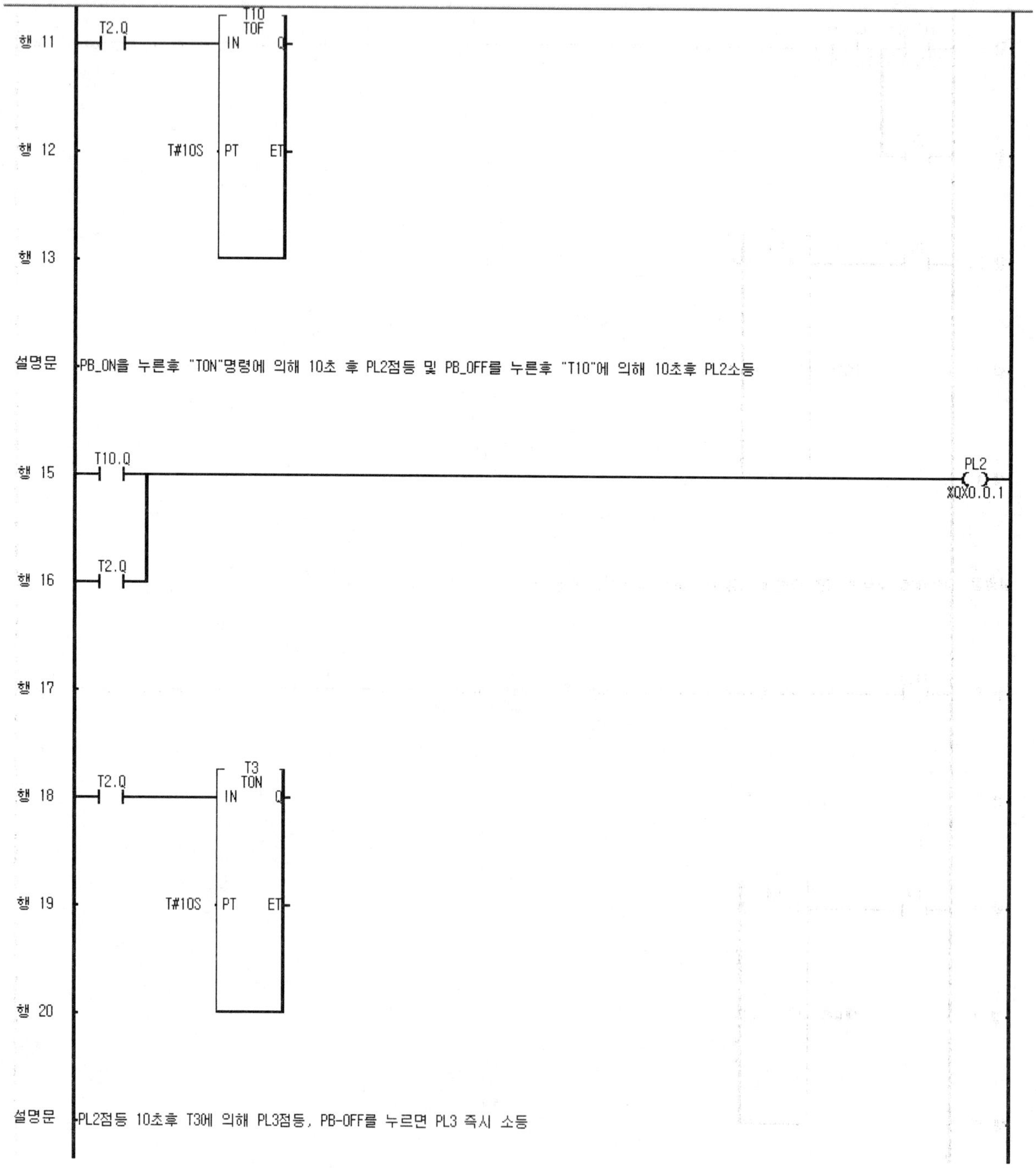

```
행 11    T2.Q         T10
        ─┤ ├──────────TOF
                    IN    Q
행 12
                  T#10S PT ET
행 13
```

설명문 PB_ON을 누른후 "TON"명령에 의해 10초 후 PL2점등 및 PB_OFF를 누른후 "T10"에 의해 10초후 PL2소등

```
행 15    T10.Q                                              PL2
        ─┤ ├────────────────────────────────────────────────( )──
                                                         %QX0.0.1
행 16    T2.Q
        ─┤ ├──┘
행 17

행 18    T2.Q         T3
        ─┤ ├──────────TON
                    IN    Q
행 19
                  T#10S PT ET
행 20
```

설명문 PL2점등 10초후 T3에 의해 PL3점등, PB-OFF를 누르면 PL3 즉시 소등

(8) 프로그램 설명 3

11.3 제43회 [2008년 5월]

(1) 제1과제 : PLC 프로그램 구성

① 다음 동작설명과 타임차트를 참조하여 PLC 프로그램을 완성하시오.
② PLC 프로그램 구성은 반드시 본인이 지참한 기종으로 작업하여야 한다.

(2) 동작설명

① PB_4를 누르면 PL_4가 점등되며, 3초 후 PL_4가 소등되고 PL_5가 점등되며, 3초 후 PL_5가 소등되고 PL_6이 점등된다.
② PB_5를 누를 때까지 위 사항을 계속 반복 동작하며, PB_5를 누르면 동작 중이던 PL_4, PL_5, PL_6이 소등된다.

(3) PLC 입출력도

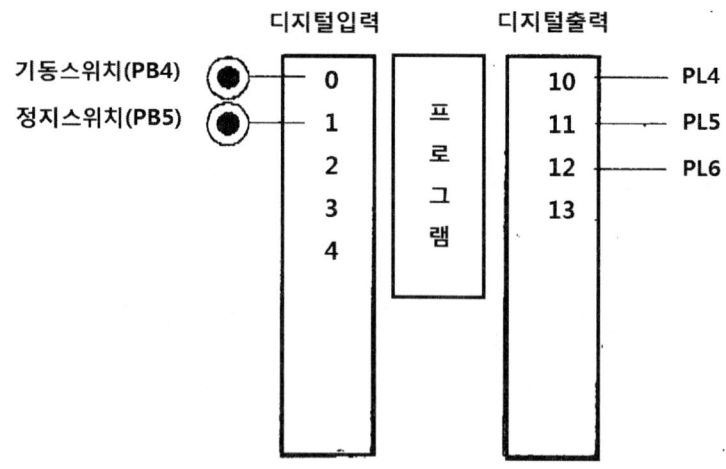

(4) 타임차트

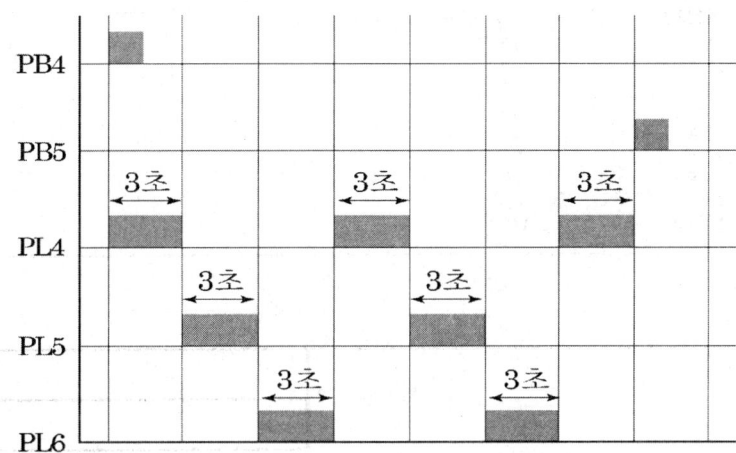

(5) 프로그램 작성 I

	변수 명	데이터 타입	메모리 할당	초기 값	변수 종류	사용 여부	설명문
1	DUMMY	BOOL	<자동>		VAR		
2	PL4	BOOL	%QX0.0.0		VAR	*	
3	PL5	BOOL	%QX0.0.1		VAR	*	
4	PL6	BOOL	%QX0.0.2		VAR	*	
5	T1	FB Instanc	<자동>		VAR	*	
6	T2	FB Instanc	<자동>		VAR	*	
7	T3	FB Instanc	<자동>		VAR	*	
8	기동스위치	BOOL	%IX0.0.0		VAR	*	
9	정지스위치	BOOL	%IX0.0.1		VAR	*	

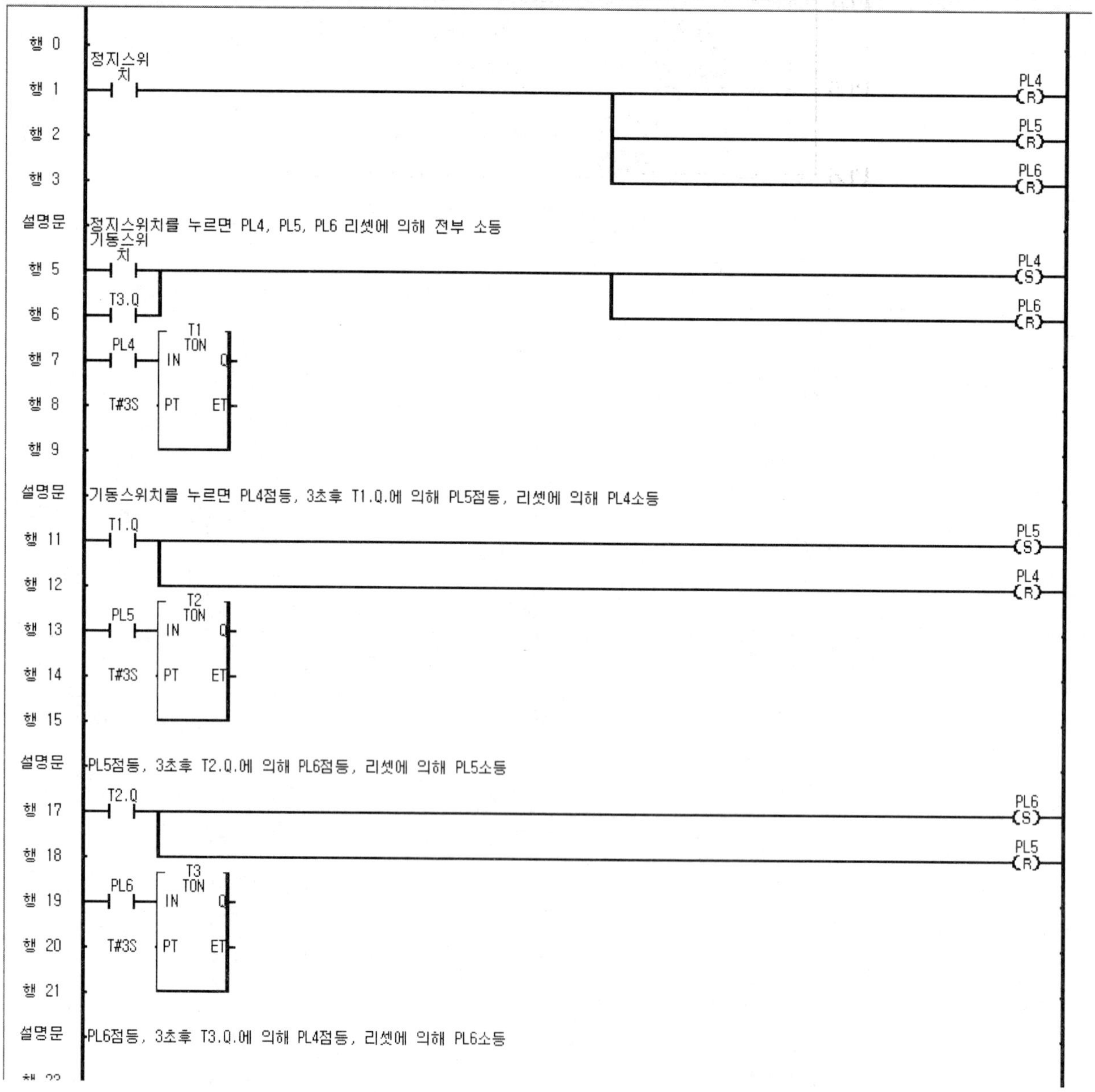

행 0
행 1 ─┤정지스위치├──────────────────────────(R)─ PL4
행 2 ──────────────────────────────────────(R)─ PL5
행 3 ──────────────────────────────────────(R)─ PL6
설명문 : 정지스위치를 누르면 PL4, PL5, PL6 리셋에 의해 전부 소등
행 5 ─┤기동스위치├──────────────────────────(S)─ PL4
행 6 ─┤T3.Q├────────────────────────────────(R)─ PL6
행 7 ─┤PL4├──┤IN T1 TON Q├
행 8   T#3S─┤PT   ET├
행 9
설명문 : 기동스위치를 누르면 PL4점등, 3초후 T1.Q.에 의해 PL5점등, 리셋에 의해 PL4소등
행 11 ─┤T1.Q├────────────────────────────────(S)─ PL5
행 12 ──────────────────────────────────────(R)─ PL4
행 13 ─┤PL5├──┤IN T2 TON Q├
행 14   T#3S─┤PT   ET├
행 15
설명문 : PL5점등, 3초후 T2.Q.에 의해 PL6점등, 리셋에 의해 PL5소등
행 17 ─┤T2.Q├────────────────────────────────(S)─ PL6
행 18 ──────────────────────────────────────(R)─ PL5
행 19 ─┤PL6├──┤IN T3 TON Q├
행 20   T#3S─┤PT   ET├
행 21
설명문 : PL6점등, 3초후 T3.Q.에 의해 PL4점등, 리셋에 의해 PL6소등

(6) 프로그램 작성 II

	변수 명	데이터 타입	메모리 할당	초기 값	변수 종류	사용 여부	설명문
1	DUMMY	BOOL	<자동>		VAR	*	
2	PL4	BOOL	%QX0.0.0		VAR	*	
3	PL5	BOOL	%QX0.0.1		VAR	*	
4	PL6	BOOL	%QX0.0.2		VAR	*	
5	T1	FB Instanc	<자동>		VAR	*	
6	T2	FB Instanc	<자동>		VAR	*	
7	T3	FB Instanc	<자동>		VAR	*	
8	기동버튼	BOOL	%IX0.0.0		VAR	*	
9	정지버튼	BOOL	%IX0.0.1		VAR	*	

행 0 — 정지버튼 —/|— MCS EN ENO
행 1 — 0 — NUM OUT — DUMMY
행 2

설명문 — 정지버튼을 누르면 MCS0~MCSCLR0블록 전원이 끊어지므로 전체 소등

행 4 — 기동버튼 — PL5 —/|— ······························ PL4 —( )—
행 5 — PL4 —|
행 6 — T3.Q —| T1 TON
                                  IN   Q
                              T#3S PT ET
행 7

설명문 — 기동버튼을 누르면 PL4점등, 3초후 PL5-b접점에 의해 소등

행 9 — T1.Q — PL6 —/|— ······························ PL5 —( )—
행 10 — PL5 —|
                                  T2 TON
                                  IN   Q
                              T#3S PT ET
행 11
행 12

설명문 — PL4점등후 3초후 T1.Q에 의해 PL5점등, PL5-b접점에 의해 PL4소등

행 14 — T2.Q — PL4 —/|— ······························ PL6 —( )—
행 15 — PL6 —|
                                  T3 TON
                                  IN   Q
                              T#3S PT ET
행 16
행 17

설명문 — PL5점등후 3초후 T2.Q에 의해 PL6점등, PL6-b접점에 의해 PL5소등, 3초후 T3.Q에 의해 PL4점등 PL4-b에 의해 PL6소등

행 19 — MCSCLR EN ENO
행 20 — 0 — NUM OUT — DUMMY
행 21

(7) 프로그램 작성 III

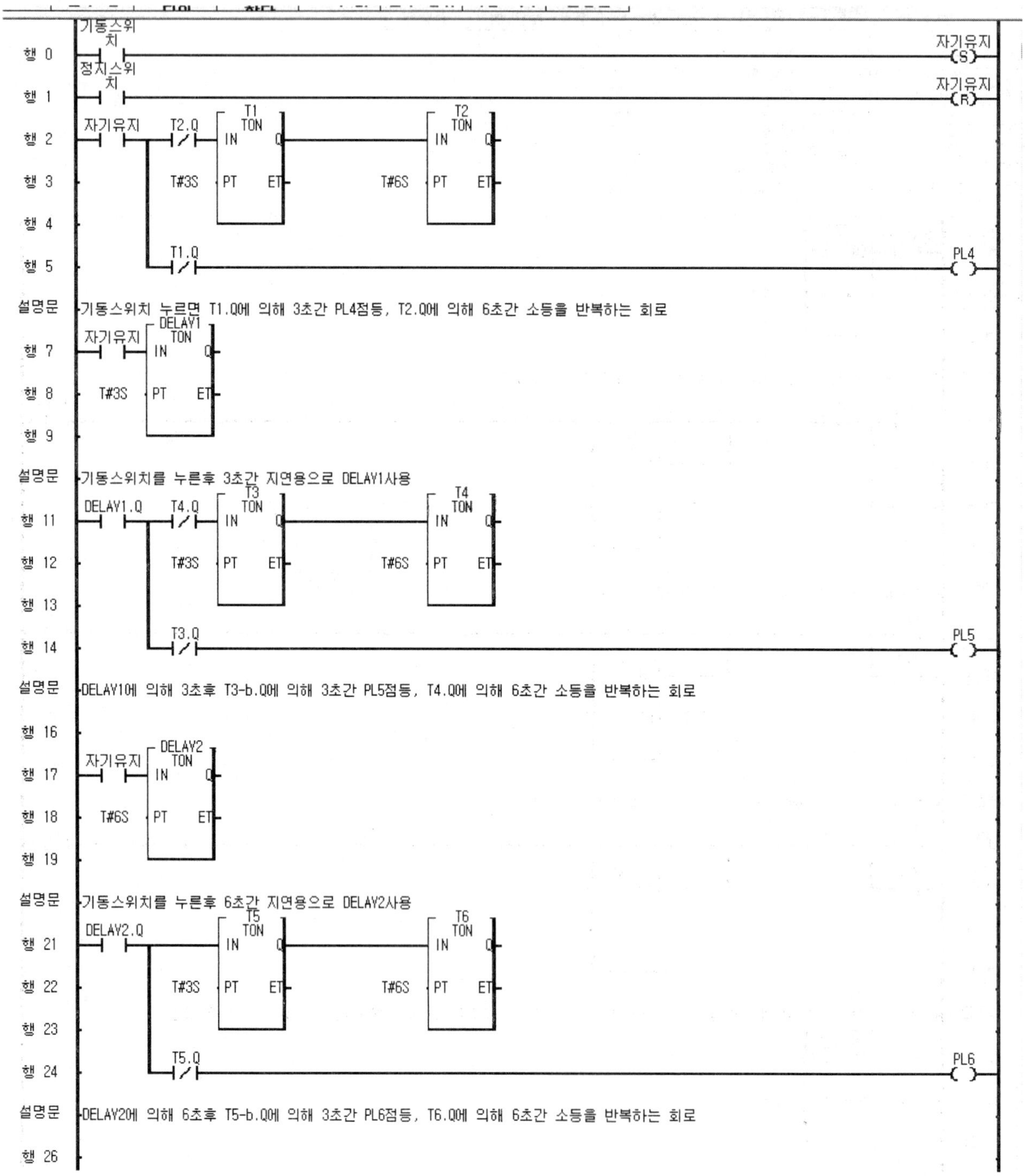

```
행 0    기동스위치                                                         자기유지
        ──┤├──                                                           ──(S)──
행 1    정지스위치                                                         자기유지
        ──┤├──                                                           ──(R)──
행 2    자기유지   T2.Q      T1                          T2
        ──┤├─────┤/├──   ┌─TON─┐                    ┌─TON─┐
行 3                     │IN  Q│                    │IN  Q│
                   T#3S ─┤PT ET│              T#6S ─┤PT ET│
行 4                     └─────┘                    └─────┘
行 5             T1.Q                                                     PL4
        ─────────┤/├───────────────────────────────────────────────────  ──( )──
```
설명문 : 기동스위치 누르면 T1.Q에 의해 3초간 PL4점등, T2.Q에 의해 6초간 소등을 반복하는 회로

```
행 7   자기유지    DELAY1
        ──┤├──   ┌─TON─┐
행 8             │IN  Q│
            T#3S ─┤PT ET│
행 9             └─────┘
```
설명문 : 기동스위치를 누른후 3초간 지연용으로 DELAY1사용

```
행 11  DELAY1.Q  T4.Q      T3                          T4
        ──┤├─────┤/├──   ┌─TON─┐                    ┌─TON─┐
行 12                    │IN  Q│                    │IN  Q│
                   T#3S ─┤PT ET│              T#6S ─┤PT ET│
行 13                    └─────┘                    └─────┘
行 14             T3.Q                                                    PL5
        ─────────┤/├───────────────────────────────────────────────────  ──( )──
```
설명문 : DELAY1에 의해 3초후 T3-b.Q에 의해 3초간 PL5점등, T4.Q에 의해 6초간 소등을 반복하는 회로

```
행 16
행 17   자기유지    DELAY2
        ──┤├──   ┌─TON─┐
행 18            │IN  Q│
            T#6S ─┤PT ET│
행 19            └─────┘
```
설명문 : 기동스위치를 누른후 6초간 지연용으로 DELAY2사용

```
행 21  DELAY2.Q          T5                          T6
        ──┤├──         ┌─TON─┐                    ┌─TON─┐
行 22                  │IN  Q│                    │IN  Q│
                 T#3S ─┤PT ET│              T#6S ─┤PT ET│
行 23                  └─────┘                    └─────┘
行 24             T5.Q                                                    PL6
        ─────────┤/├───────────────────────────────────────────────────  ──( )──
```
설명문 : DELAY2에 의해 6초후 T5-b.Q에 의해 3초간 PL6점등, T6.Q에 의해 6초간 소등을 반복하는 회로

행 26

Chapter 4 PLC 프로그래밍

11.4 제45회 A형[2009년 5월]

(1) 제1과제 : PLC 프로그램 구성

① 다음 동작설명과 타임차트를 참조하여 PLC 프로그램을 완성하시오.
② PLC 프로그램 구성은 반드시 본인이 지참한 기종으로 작업하여야 한다.

(2) PLC 입출력도

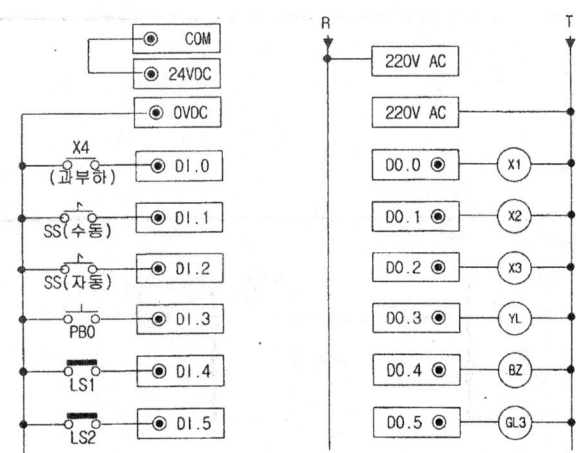

(3) 타임차트

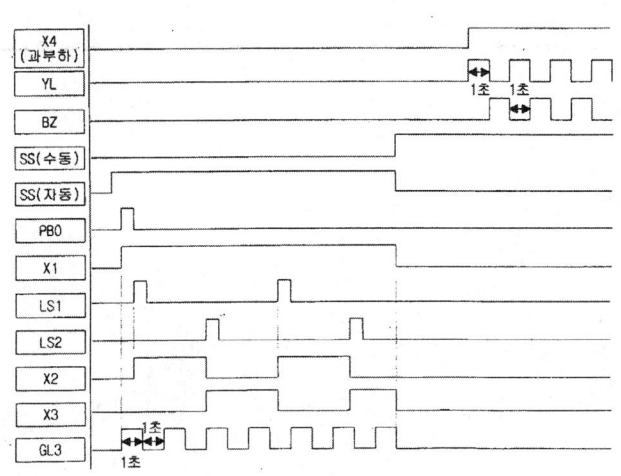

(4) 프로그램 작성

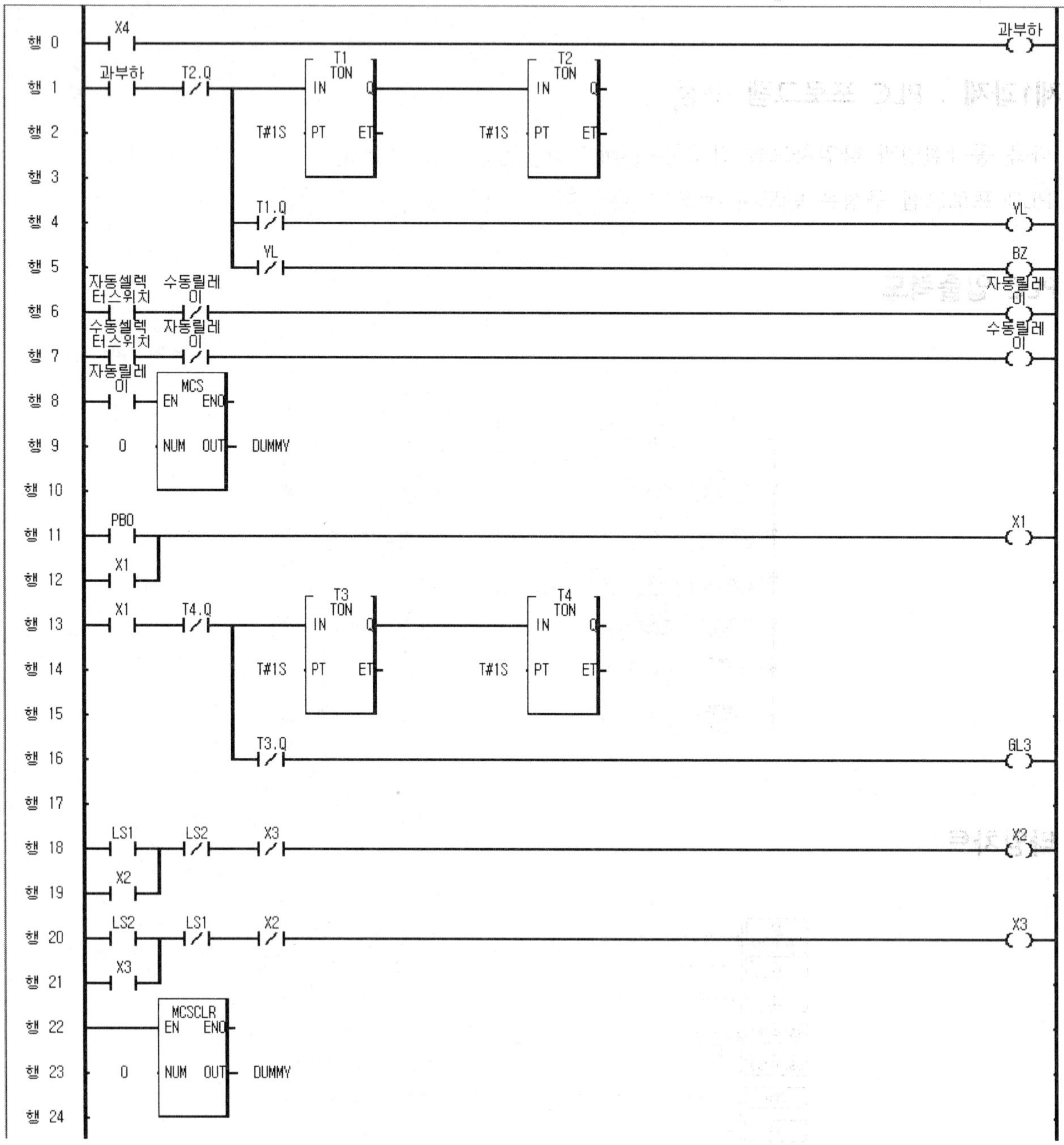

Chapter 04　PLC 프로그래밍

(5) 프로그래밍 해설

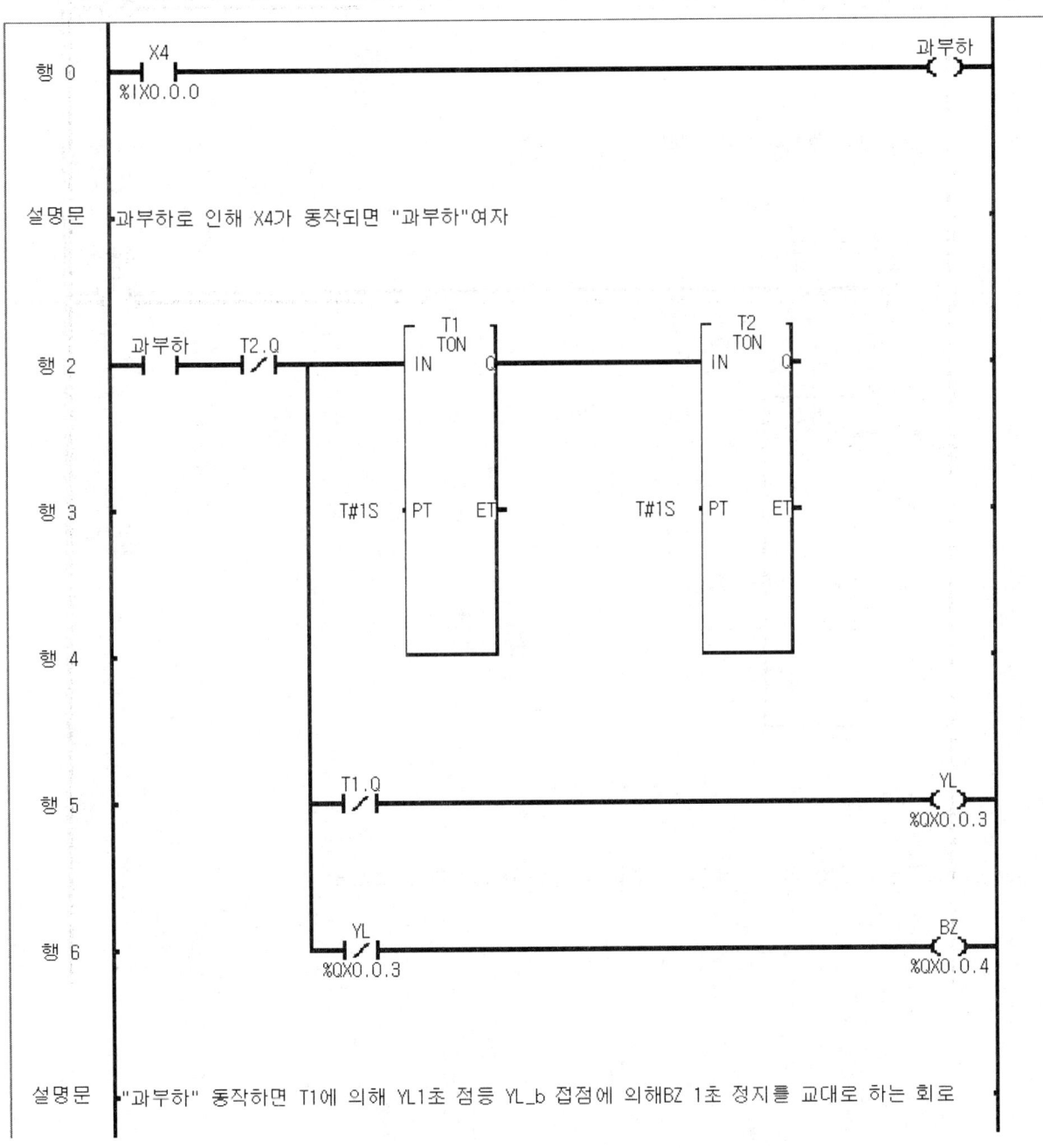

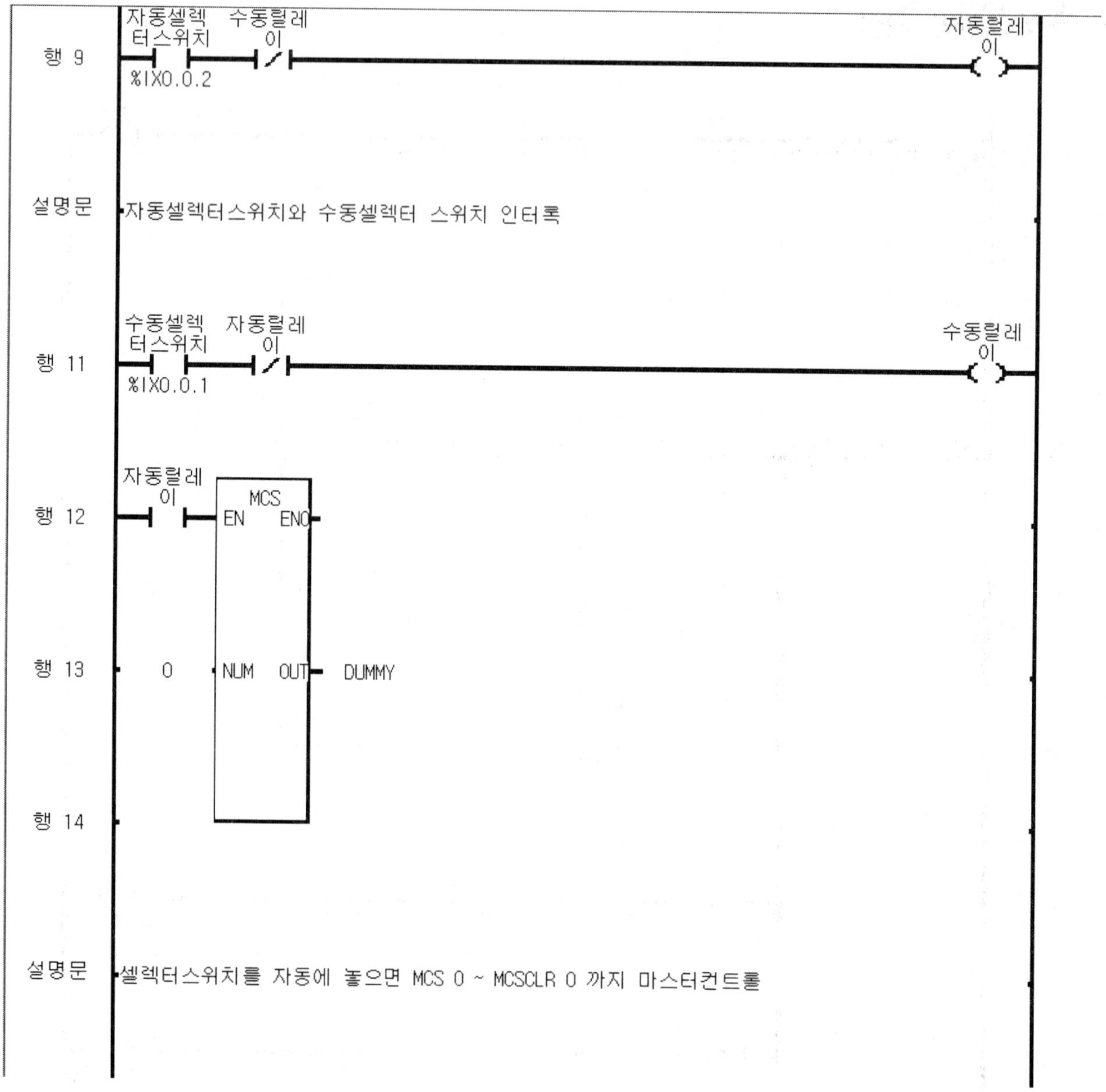

| 행 9 | 자동셀렉 수동릴레
터스위치 이
─┤├──┤/├────────────────────────자동릴레
%IX0.0.2   이
─( )─ |

설명문 ▸자동셀렉터스위치와 수동셀렉터 스위치 인터록

| 행 11 | 수동셀렉 자동릴레
터스위치 이
─┤├──┤/├────────────────────────수동릴레
%IX0.0.1   이
─( )─ |

행 12 ─자동릴레─┤ MCS
         이   EN ENO

행 13   0 ─ NUM OUT ─ DUMMY

행 14

설명문 ▸셀렉터스위치를 자동에 놓으면 MCS 0 ~ MCSCLR 0 까지 마스터컨트롤

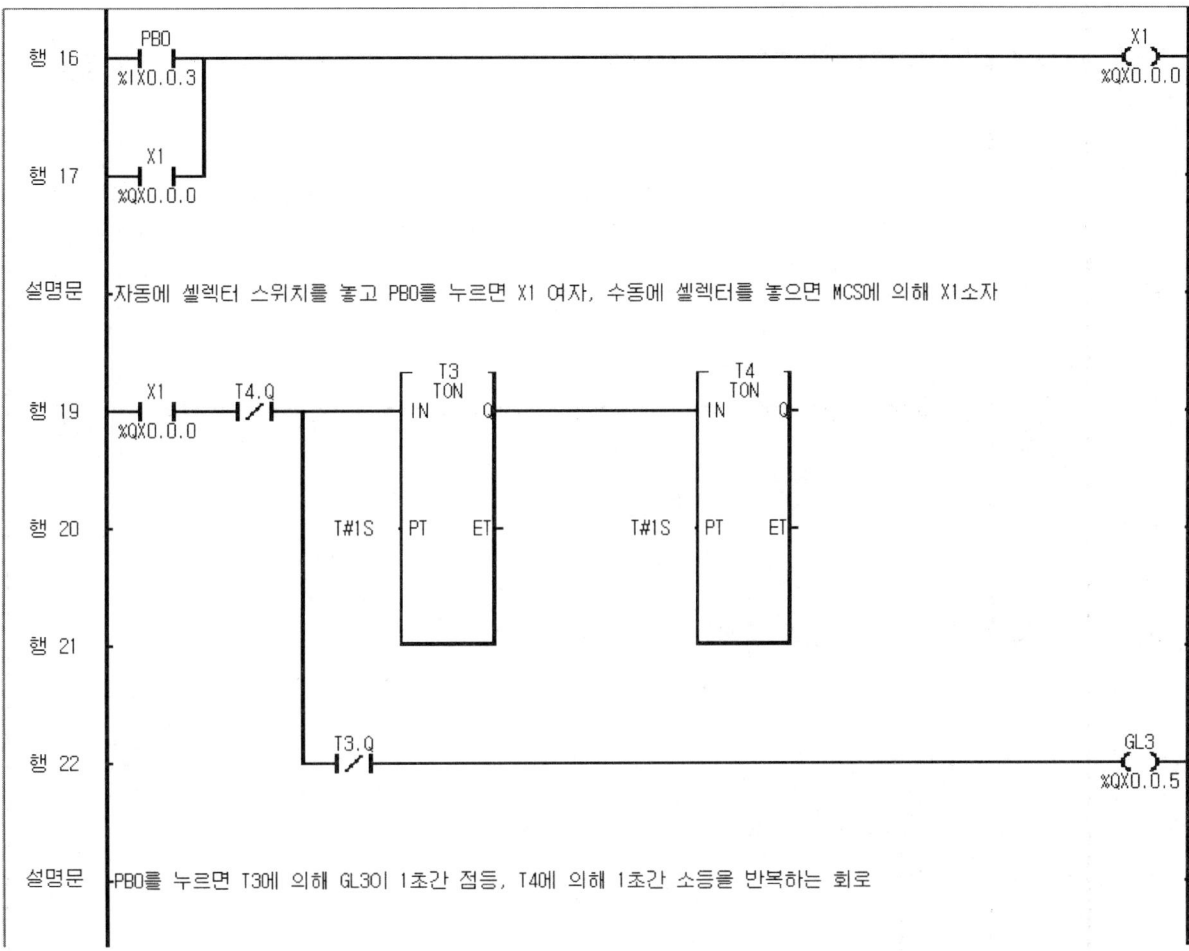

설명문 ─ 자동에 셀렉터 스위치를 놓고 PB0를 누르면 X1 여자, 수동에 셀렉터를 놓으면 MCS에 의해 X1소자

설명문 ─ PB0를 누르면 T3에 의해 GL3이 1초간 점등, T4에 의해 1초간 소등을 반복하는 회로

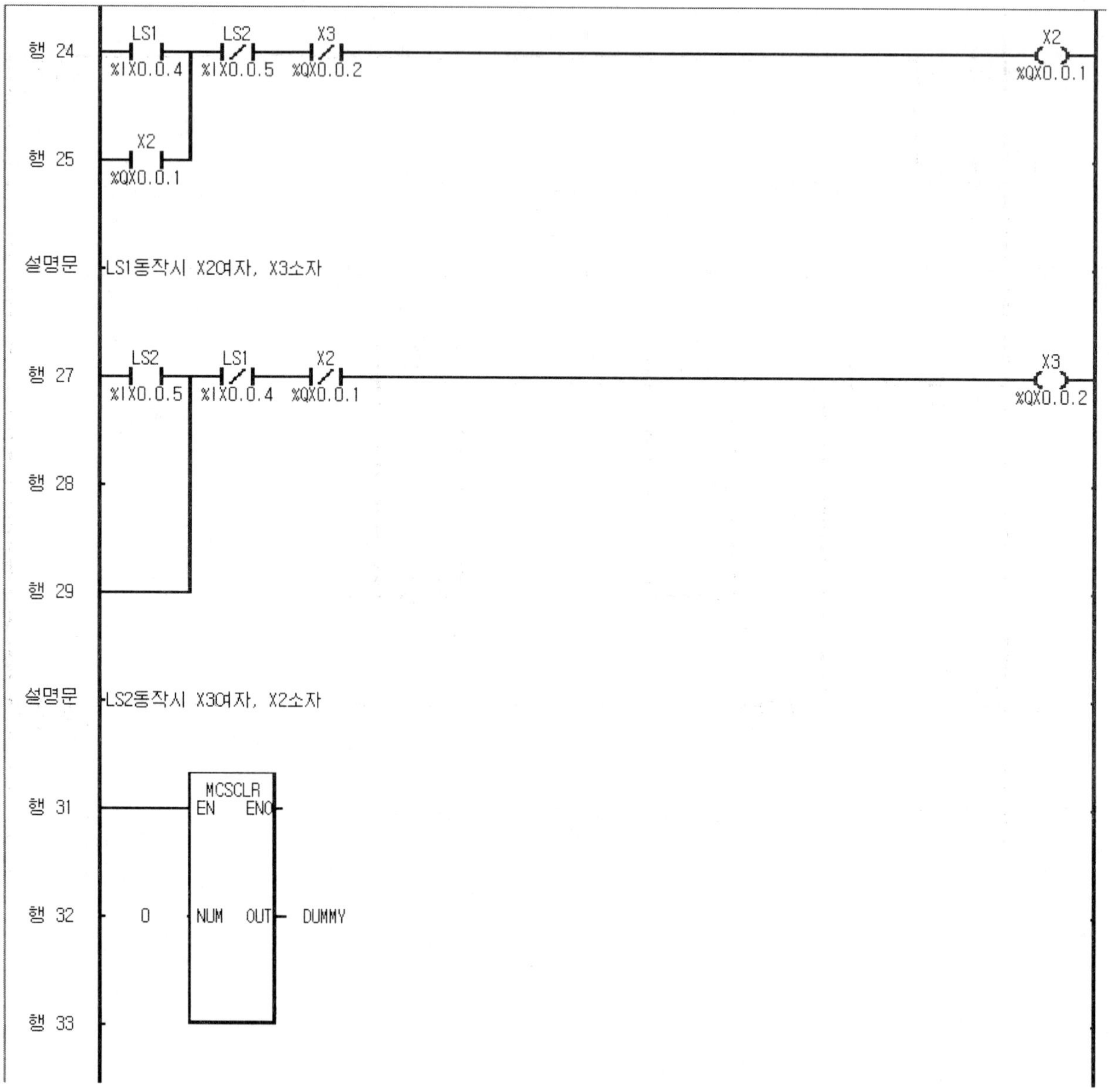

```
행 24    LS1      LS2      X3                                              X2
       ─┤├──────┤/├─────┤/├─────────────────────────────────────────────( )─
       %IX0.0.4  %IX0.0.5  %QX0.0.2                                    %QX0.0.1

         X2
행 25  ─┤├─
       %QX0.0.1

설명문  LS1동작시 X2여자, X3소자

         LS2      LS1      X2                                              X3
행 27  ─┤├──────┤/├─────┤/├─────────────────────────────────────────────( )─
       %IX0.0.5  %IX0.0.4  %QX0.0.1                                    %QX0.0.2

행 28

행 29

설명문  LS2동작시 X3여자, X2소자

            ┌─MCSCLR─┐
행 31       │EN   ENO│
            │        │
행 32    0 ─┤NUM  OUT├─ DUMMY
            │        │
행 33       └────────┘
```

548

Chapter 4 PLC 프로그래밍

11.5 제45회 B형 [2009년 5월]

(1) 제1과제 : PLC 프로그램 구성

① 다음 동작설명과 타임차트를 참조하여 PLC 프로그램을 완성하시오.
② PLC 프로그램 구성은 반드시 본인이 지참한 기종으로 작업하여야 한다.

(2) PLC 입출력도

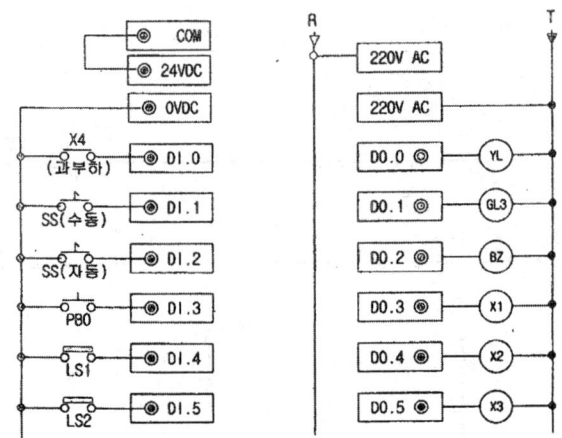

(3) 타임차트

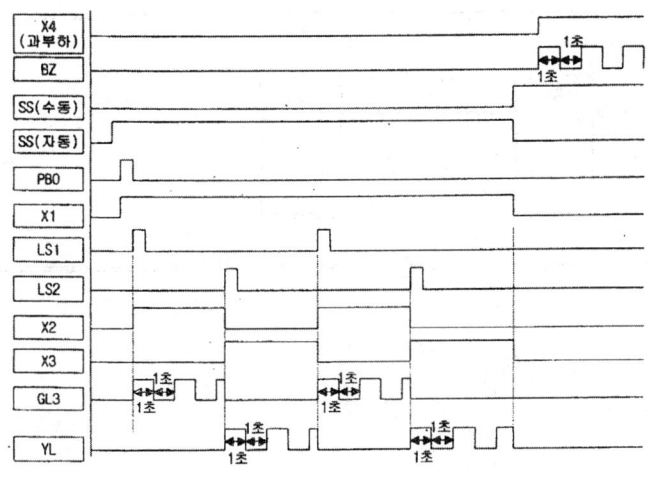

(4) 프로그램 작성

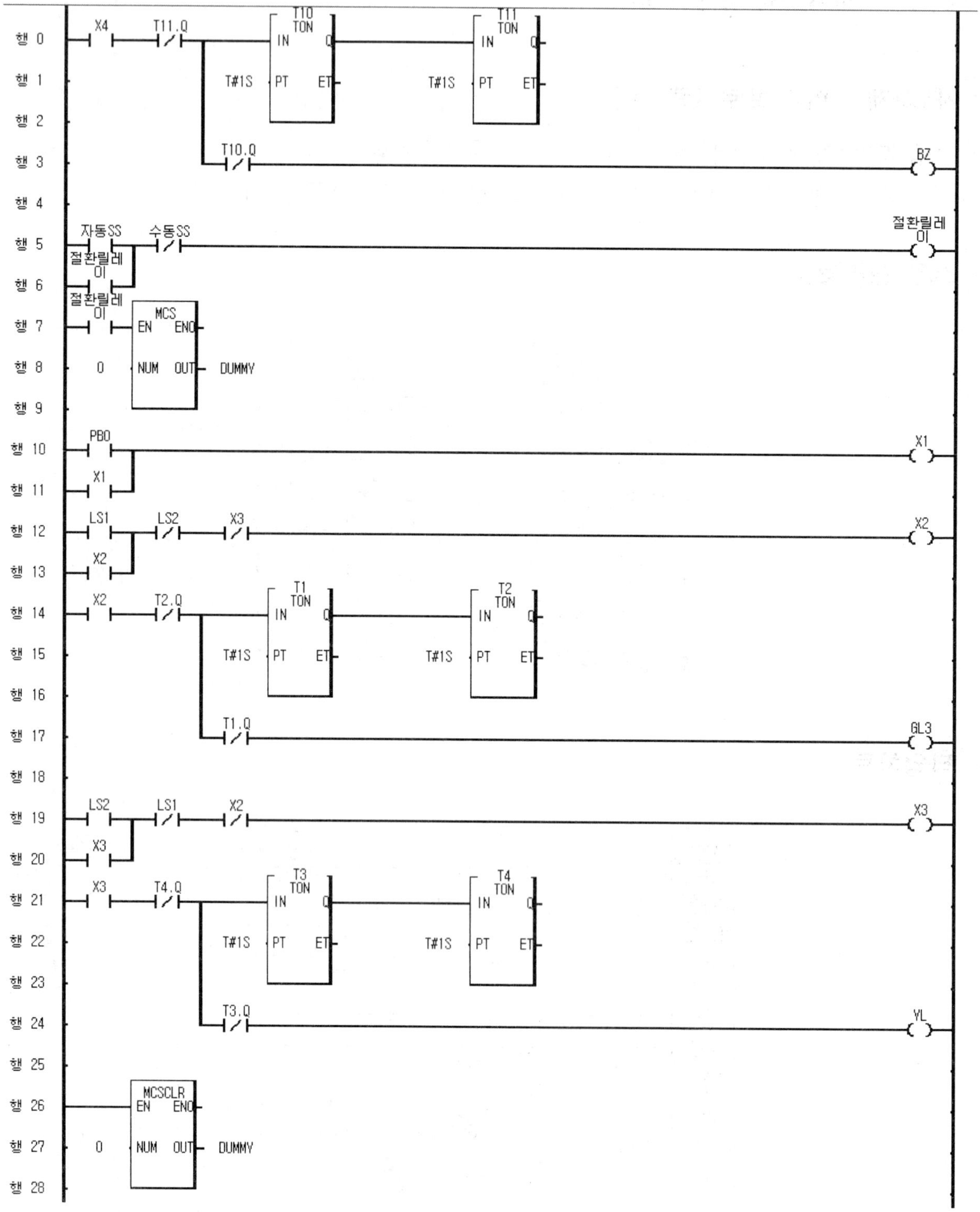
X4
T11.Q
T10
TON
IN
Q
PT
ET
T#1S
T11
TON
T10.Q
BZ
자동SS
수동SS
절환릴레이
MCS
EN
ENO
NUM
OUT
0
DUMMY
PB0
X1
LS1
LS2
X3
X2
T2.Q
T1
T2
T1.Q
GL3
T4.Q
T3
T4
T3.Q
YL
MCSCLR
행 0
행 1
행 2
행 3
행 4
행 5
행 6
행 7
행 8
행 9
행 10
행 11
행 12
행 13
행 14
행 15
행 16
행 17
행 18
행 19
행 20
행 21
행 22
행 23
행 24
행 25
행 26
행 27
행 28

(5) 프로그래밍 해설

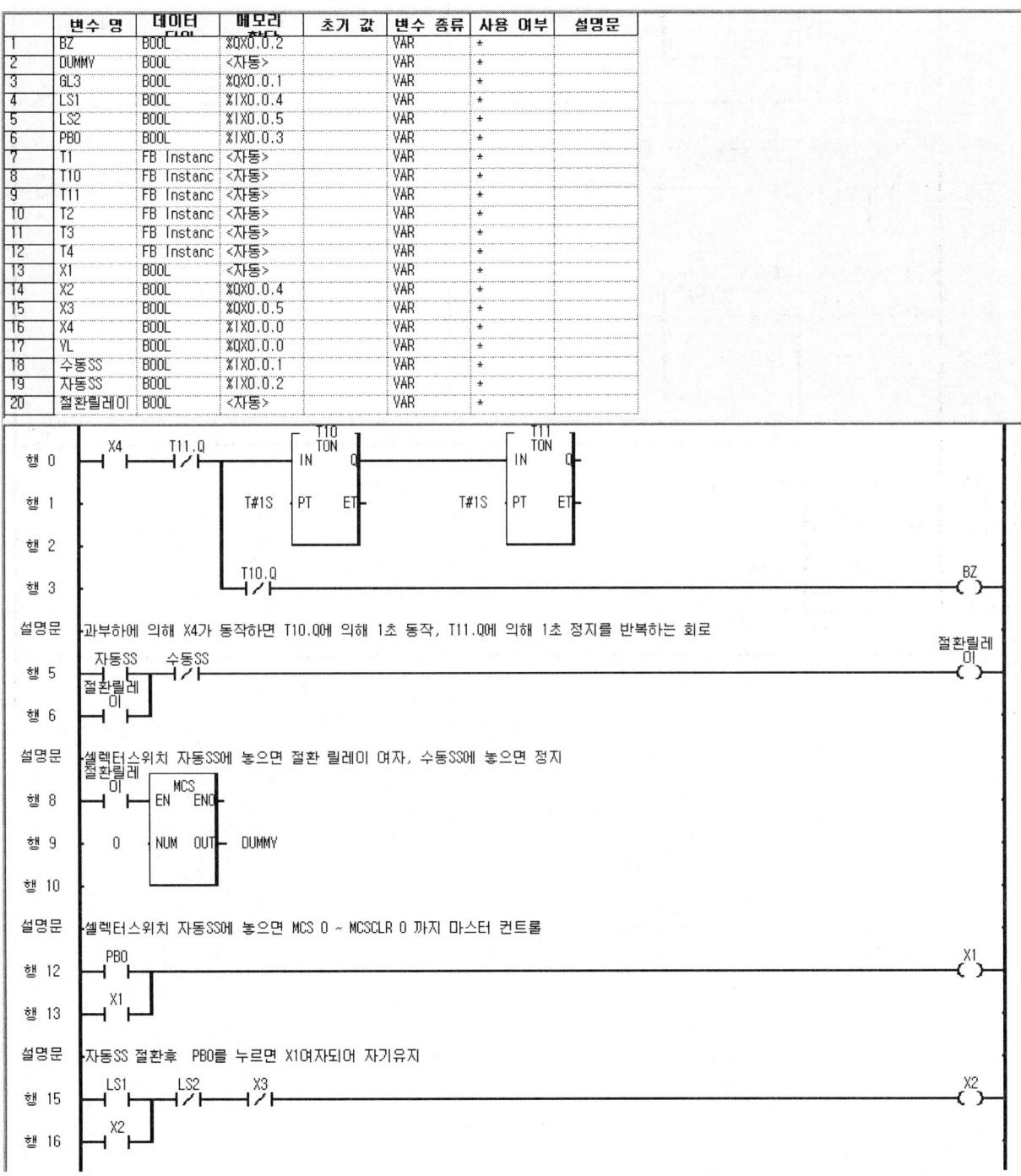

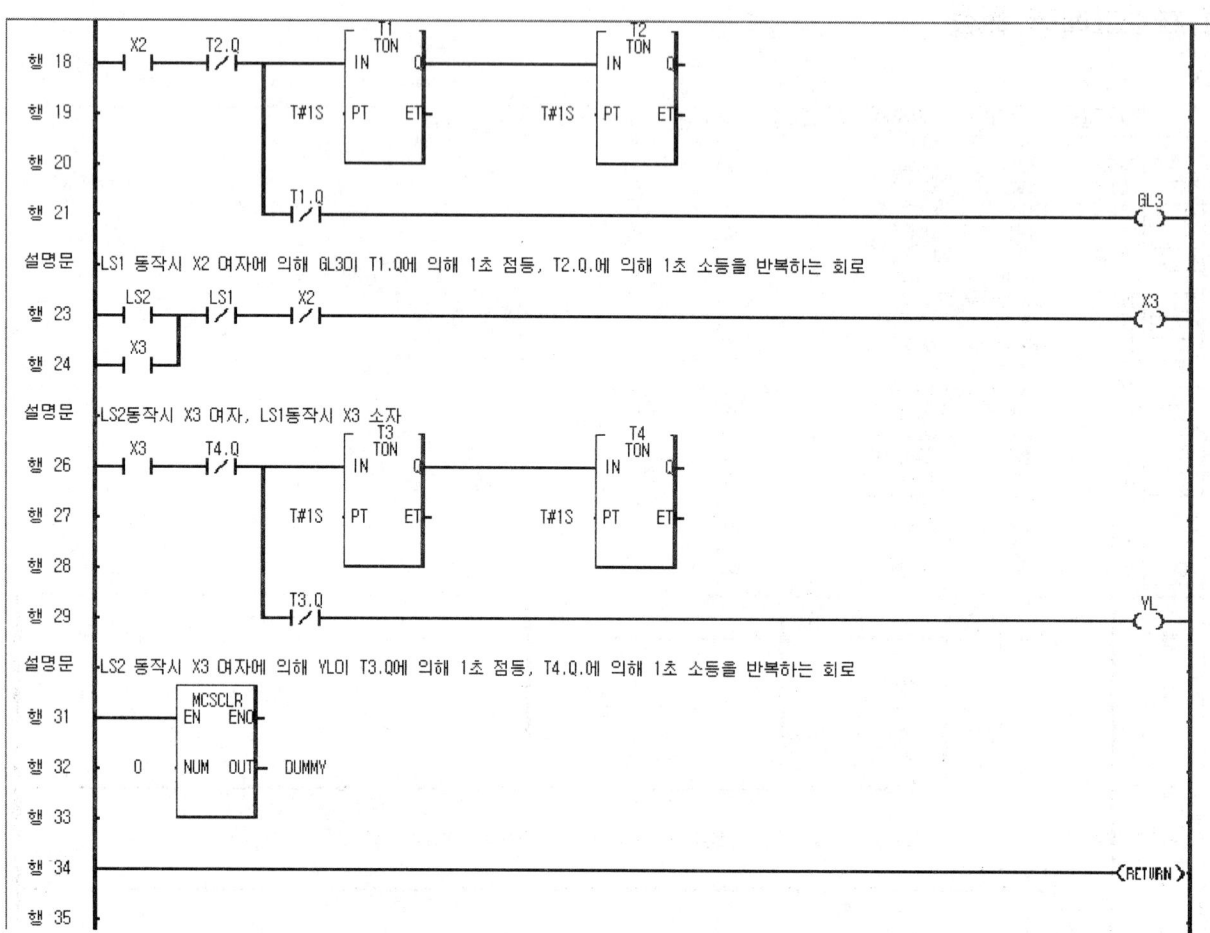

11.6 제46회 A형 [2009년 9월]

(1) 제1과제 : PLC 프로그램 구성
① 다음 동작설명과 타임차트를 참조하여 PLC 프로그램을 완성하시오.
② PLC 프로그램 구성은 반드시 본인이 지참한 기종으로 작업하여야 한다.

(2) PLC 입출력도

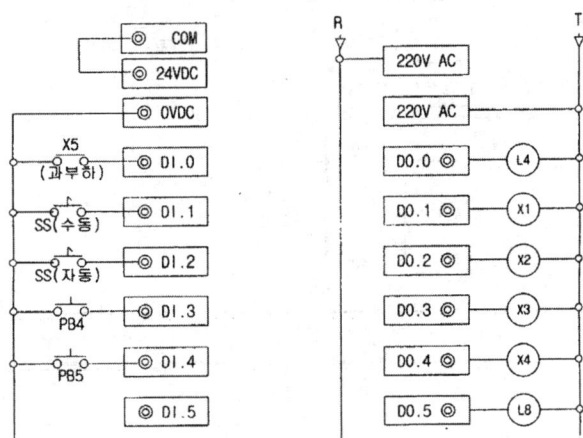

(3) 타임차트

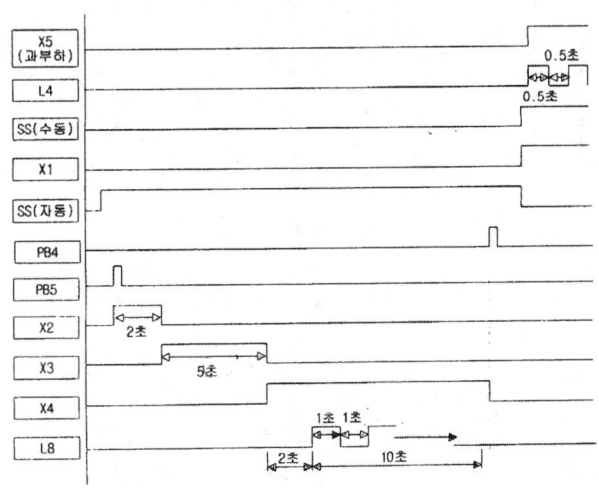

(4) 프로그램 작성

변수 명	데이터 타입	메모리 할당	초기 값	변수 종류	사용 여부	설명문
1	C0	FB Instanc	<자동>		VAR	*
2	DUMMY	BOOL	<자동>		VAR	*
3	L4	BOOL	%QX0.0.0		VAR	*
4	L8	BOOL	%QX0.0.5		VAR	*
5	PB4	BOOL	%IX0.0.3		VAR	*
6	PB5	BOOL	%IX0.0.4		VAR	*
7	T1	FB Instanc	<자동>		VAR	*
8	T2	FB Instanc	<자동>		VAR	*
9	T3	FB Instanc	<자동>		VAR	*
10	T4	FB Instanc	<자동>		VAR	*
11	T5	FB Instanc	<자동>		VAR	*
12	T6	FB Instanc	<자동>		VAR	*
13	T7	FB Instanc	<자동>		VAR	*
14	X1	BOOL	%QX0.0.1		VAR	*
15	X2	BOOL	%QX0.0.2		VAR	*
16	X3	BOOL	%QX0.0.3		VAR	*
17	X4	BOOL	%QX0.0.4		VAR	*
18	X5	BOOL	%IX0.0.0		VAR	*
19	수동SS	BOOL	%IX0.0.1		VAR	*
20	자동SS	BOOL	%IX0.0.2		VAR	*
21	펄스	BOOL	<자동>		VAR	*

(5) 프로그래밍 해설

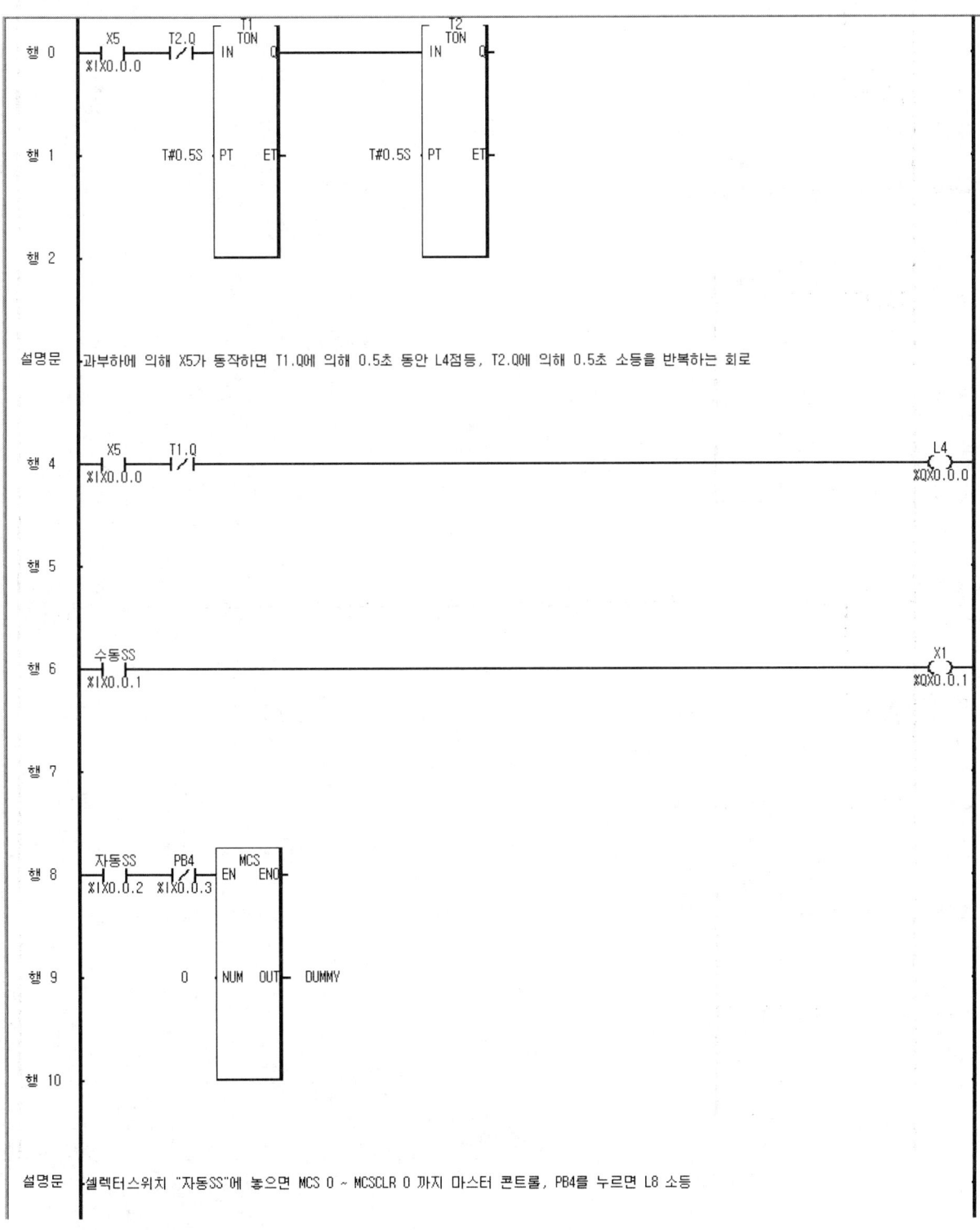

설명문 ─ 과부하에 의해 X5가 동작하면 T1.Q에 의해 0.5초 동안 L4점등, T2.Q에 의해 0.5초 소등을 반복하는 회로

설명문 ─ 셀렉터스위치 "자동SS"에 놓으면 MCS 0 ~ MCSCLR 0 까지 마스터 콘트롤, PB4를 누르면 L8 소등

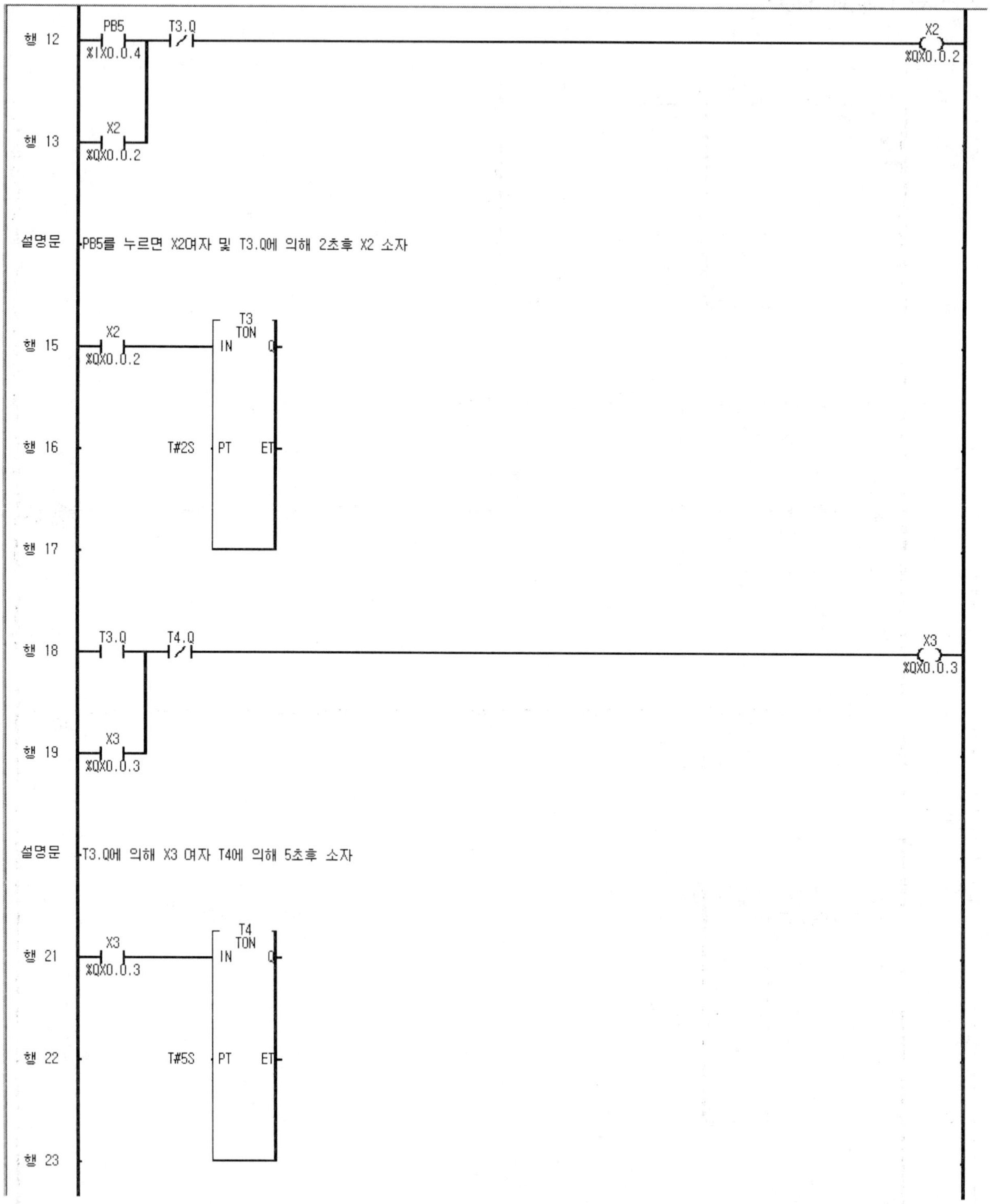

```
행 12    PB5        T3.Q                                                                    X2
        %IX0.0.4                                                                         %QX0.0.2

행 13    X2
        %QX0.0.2

설명문   PB5를 누르면 X2여자 및 T3.Q에 의해 2초후 X2 소자

                    T3
                    TON
행 15    X2       IN      Q
        %QX0.0.2

행 16           T#2S  PT  ET

행 17

행 18    T3.Q     T4.Q                                                                    X3
                                                                                         %QX0.0.3

행 19    X3
        %QX0.0.3

설명문   T3.Q에 의해 X3 여자 T4에 의해 5초후 소자

                    T4
                    TON
행 21    X3       IN      Q
        %QX0.0.3

행 22           T#5S  PT  ET

행 23
```

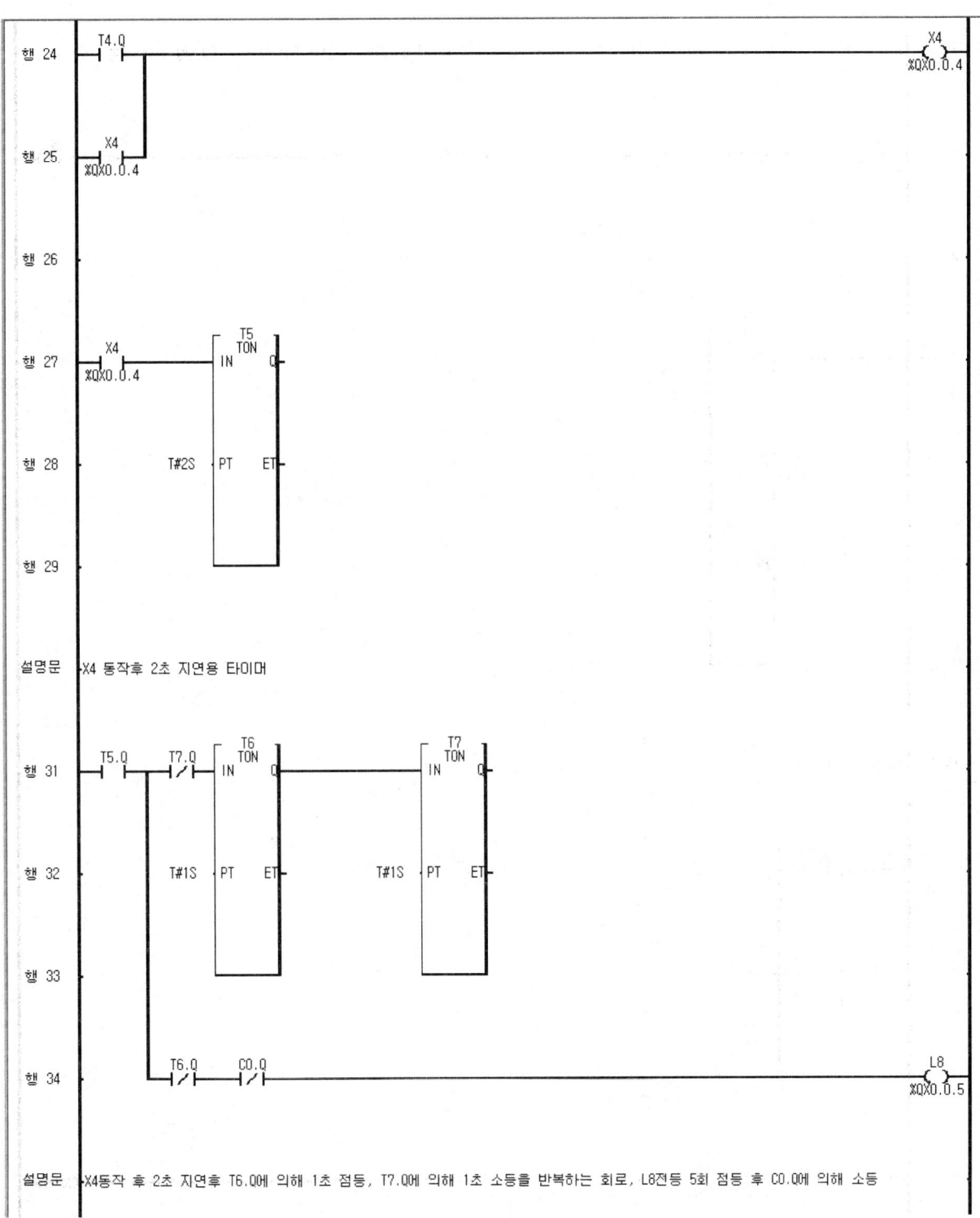

설명문: X4 동작후 2초 지연용 타이머

설명문: X4동작 후 2초 지연후 T6.Q에 의해 1초 점등, T7.Q에 의해 1초 소등을 반복하는 회로, L8전등 5회 점등 후 C0.Q에 의해 소등

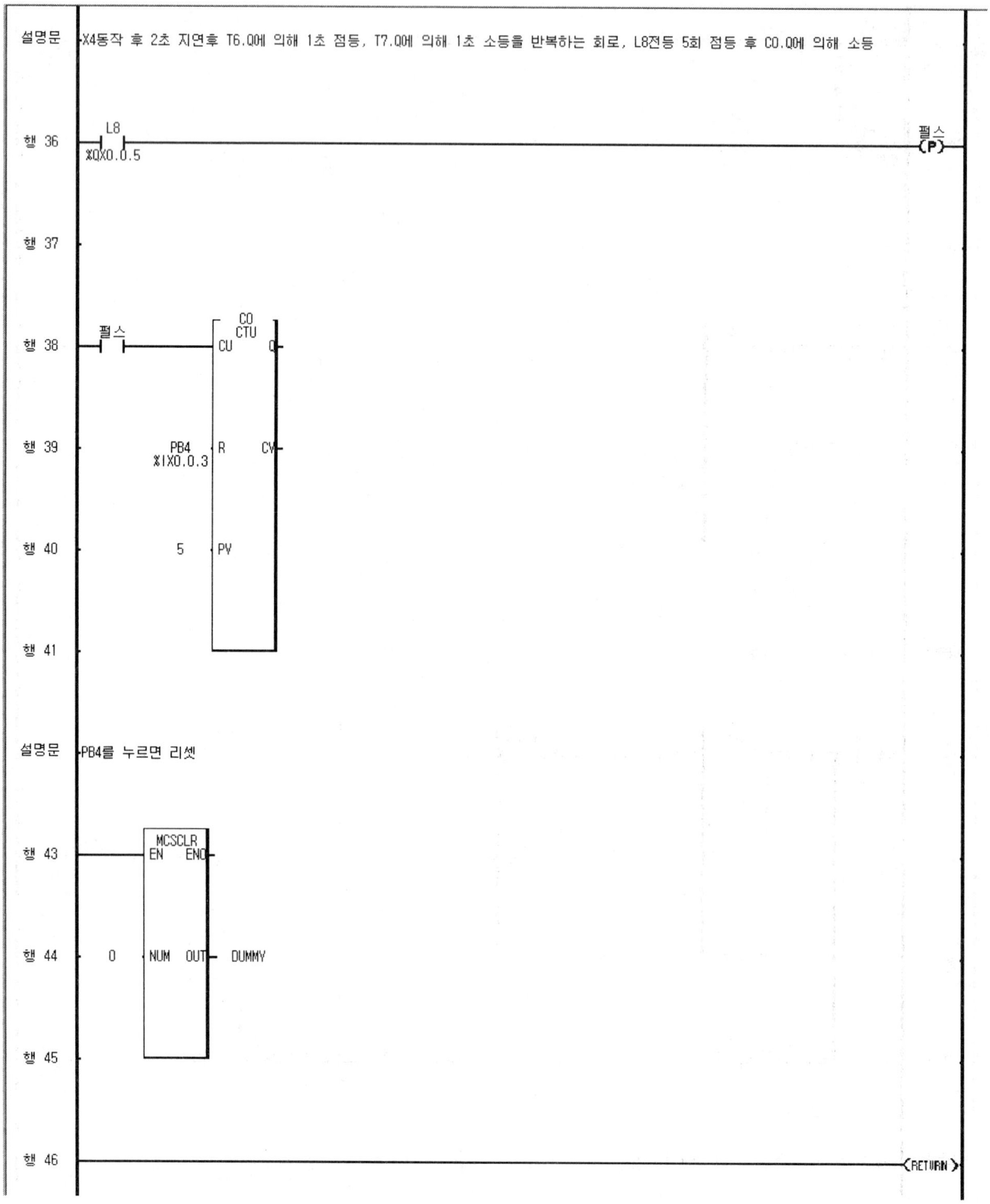

설명문 X4동작 후 2초 지연후 T6.Q에 의해 1초 점등, T7.Q에 의해 1초 소등을 반복하는 회로, L8전등 5회 점등 후 C0.Q에 의해 소등

행 36
```
  L8
%QX0.0.5                                                          펄스
─| |──────────────────────────────────────────────────────────────(P)─
```

행 37

행 38
```
         ┌──────┐
         │  C0  │
  펄스   │ CTU  │
──| |────┤CU   Q├
         │      │
```

행 39
```
   PB4   │      │
 %IX0.0.3┤R   CV├
         │      │
```

행 40
```
     5   ┤PV    │
         │      │
         └──────┘
```

행 41

설명문 PB4를 누르면 리셋

행 43
```
         ┌──────┐
         │MCSCLR│
─────────┤EN ENO├
         │      │
```

행 44
```
     0   ┤NUM OUT├── DUMMY
         │      │
```

행 45
```
         └──────┘
```

행 46 ───〈RETURN〉

11.7 제46회 B형[2009년 9월]

(1) 제1과제 : PLC 프로그램 구성
① 다음 동작설명과 타임차트를 참조하여 PLC 프로그램을 완성하시오.
② PLC 프로그램 구성은 반드시 본인이 지참한 기종으로 작업하여야 한다.

(2) PLC 입출력도

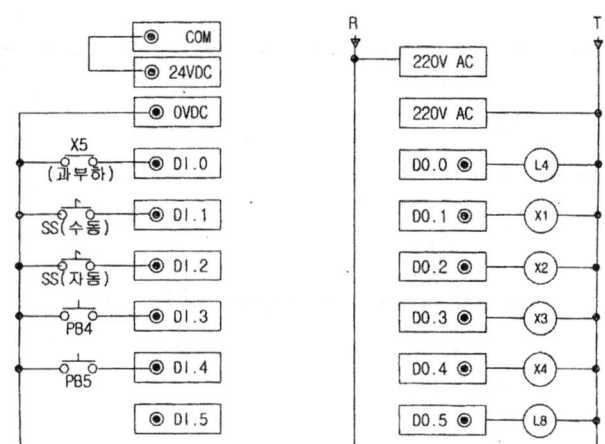

(3) 타임차트

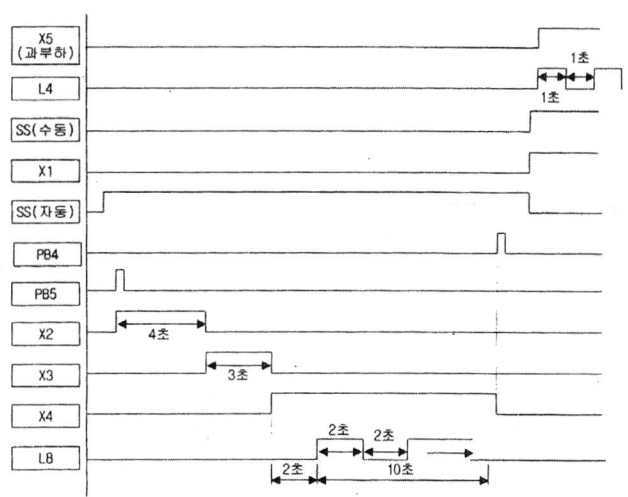

(4) 프로그램 작성

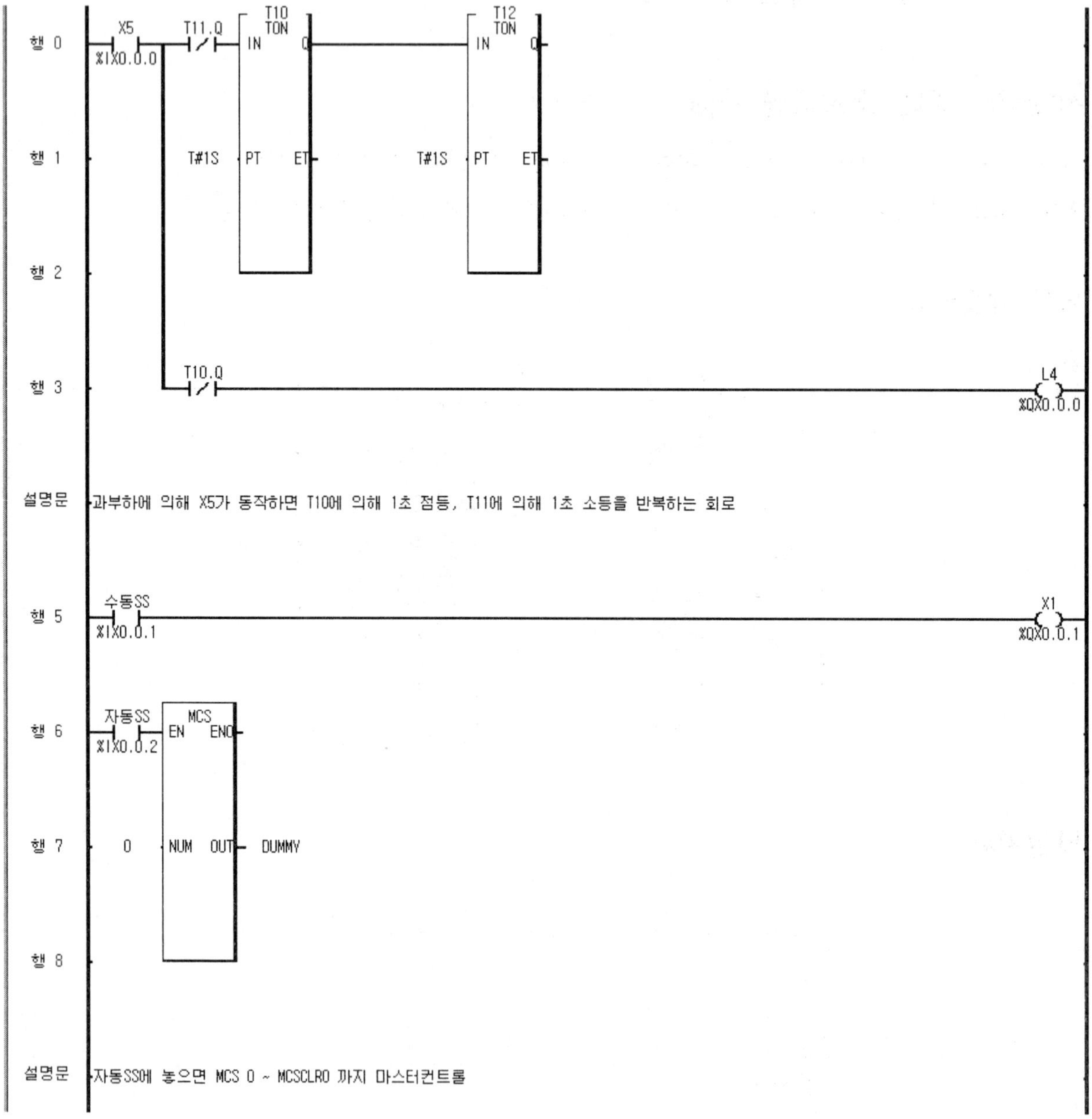

행 0 ─ X5 ─ T11.Q ─ T10 TON ─────── T12 TON
         %IX0.0.0   IN Q   IN Q

행 1   T#1S PT ET   T#1S PT ET

행 2

행 3 ─ T10.Q ─────────────────────────── L4
                                        %QX0.0.0

설명문 과부하에 의해 X5가 동작하면 T10에 의해 1초 점등, T11에 의해 1초 소등을 반복하는 회로

행 5 ─ 수동SS ─────────────────────────── X1
       %IX0.0.1   %QX0.0.1

행 6 ─ 자동SS ─ MCS
       %IX0.0.2 EN ENO

행 7   0 ─ NUM OUT ─ DUMMY

행 8

설명문 자동SS에 놓으면 MCS 0 ~ MCSCLR0 까지 마스터컨트롤

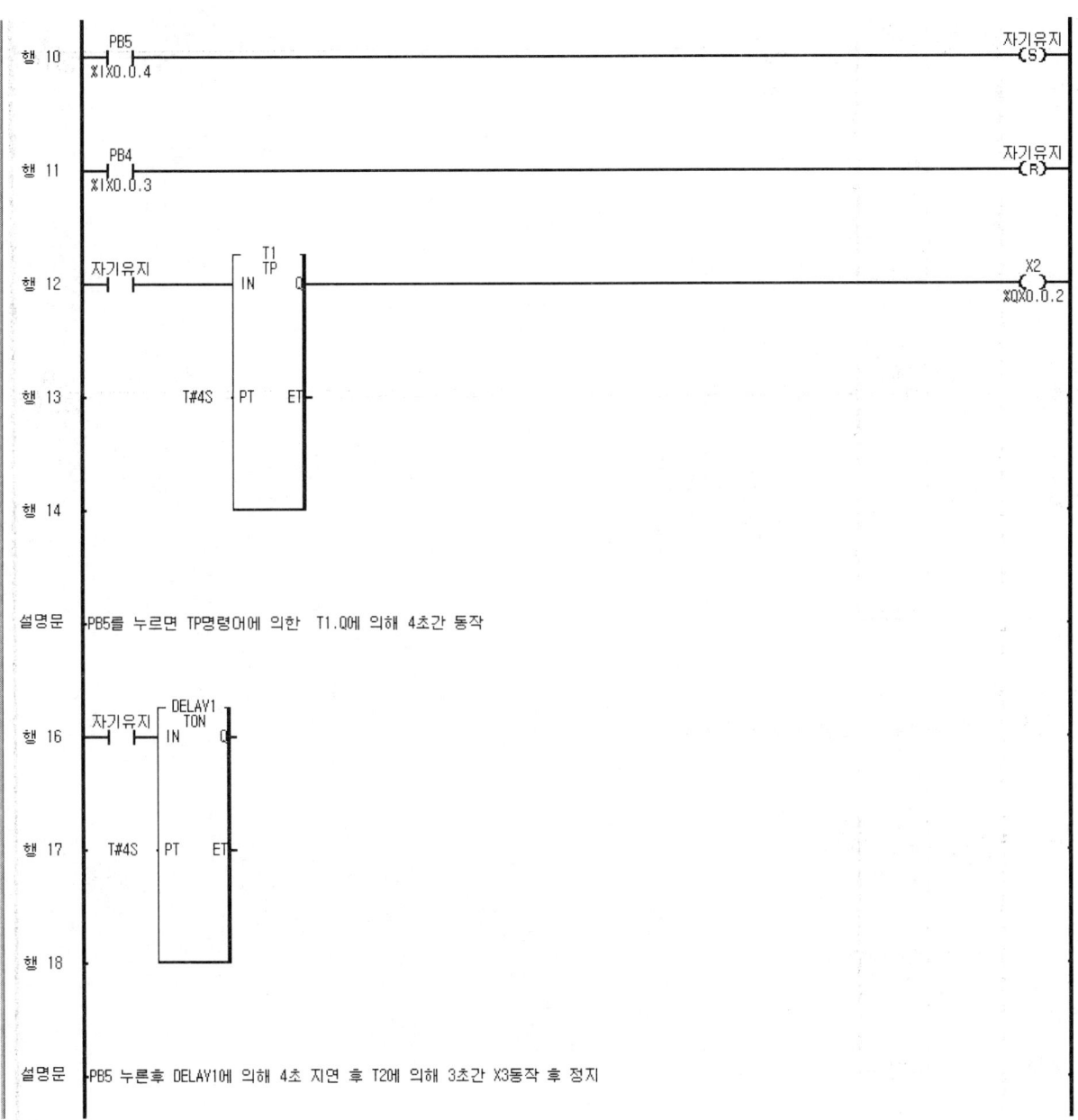

행 10   PB5 %IX0.0.4 → 자기유지 (S)

행 11   PB4 %IX0.0.3 → 자기유지 (R)

행 12   자기유지 — T1 TP — X2 %QX0.0.2

행 13   T#4S — PT ET

행 14

설명문 — PB5를 누르면 TP명령어에 의한 T1.Q에 의해 4초간 동작

행 16   자기유지 — DELAY1 TON

행 17   T#4S — PT ET

행 18

설명문 — PB5 누른후 DELAY1에 의해 4초 지연 후 T20에 의해 3초간 X3동작 후 정지

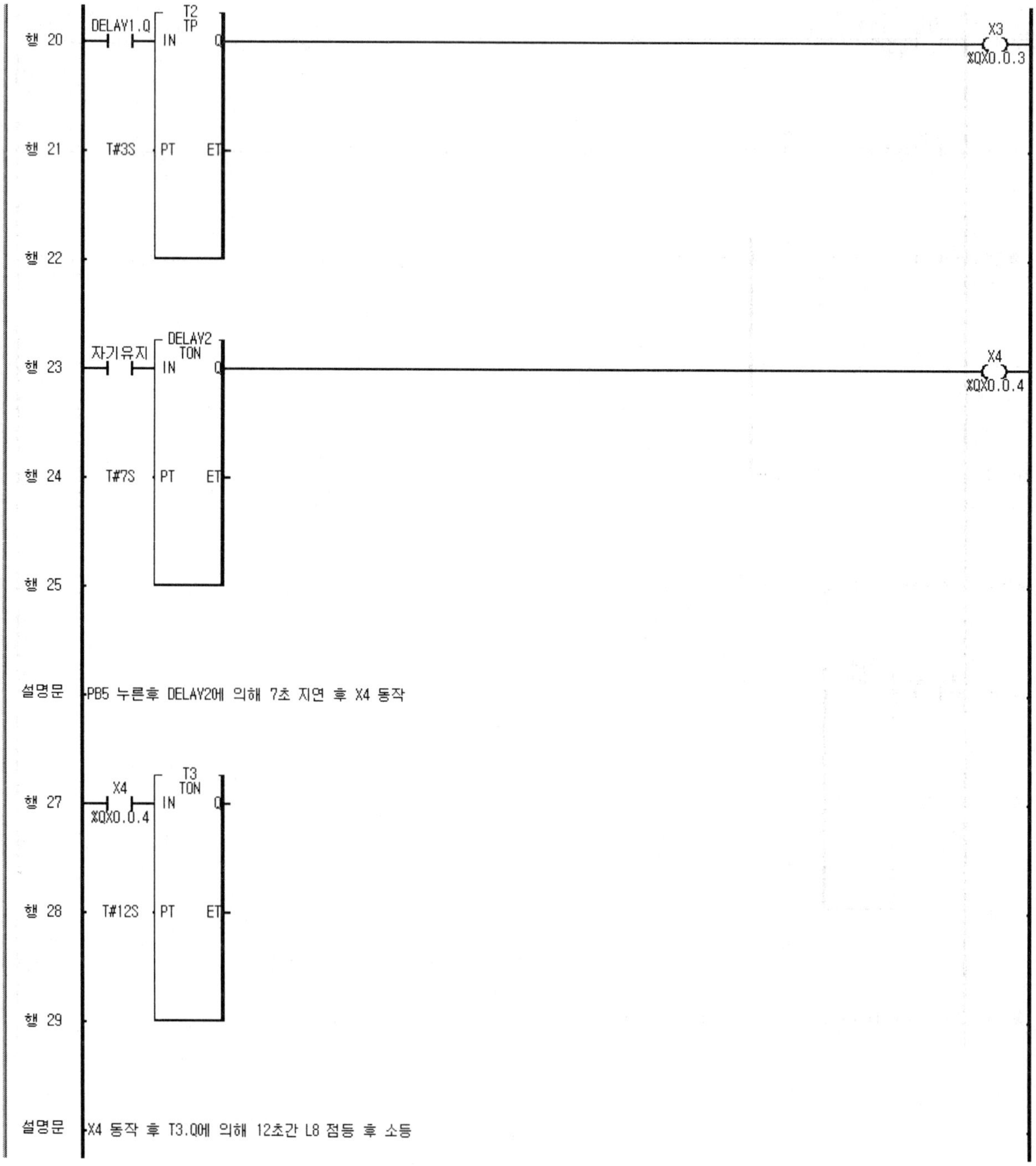

```
행 20    DELAY1.Q    T2
         ─┤ ├──────┤TP    ├─────────────────────────────────X3
                   │IN   Q│                                 ─( )─
                   │      │                                 %QX0.0.3
행 21    T#3S  ────┤PT  ET│
                   │      │
행 22              └──────┘


행 23    자기유지    DELAY2
         ─┤ ├──────┤TON   ├─────────────────────────────────X4
                   │IN   Q│                                 ─( )─
                   │      │                                 %QX0.0.4
행 24    T#7S  ────┤PT  ET│
                   │      │
행 25              └──────┘


설명문  ─ PB5 누른후 DELAY2에 의해 7초 지연 후 X4 동작


행 27     X4        T3
         ─┤ ├──────┤TON   ├
         %QX0.0.4  │IN   Q│
                   │      │
행 28    T#12S ────┤PT  ET│
                   │      │
행 29              └──────┘


설명문  ─ X4 동작 후 T3.Q에 의해 12초간 L8 점등 후 소등
```

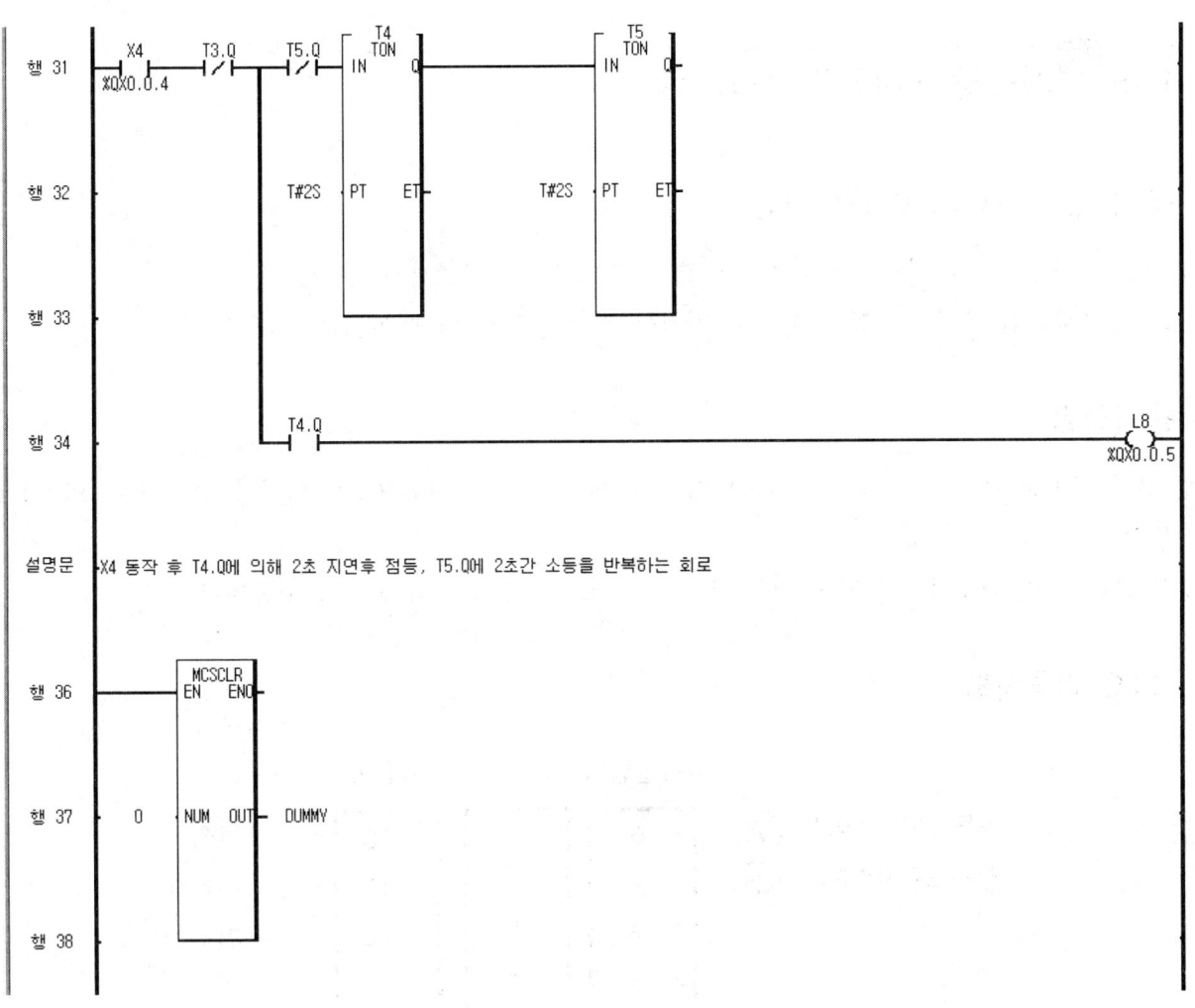

설명문 X4 동작 후 T4.Q에 의해 2초 지연후 점등, T5.Q에 2초간 소등을 반복하는 회로

11.8 기능장 제47회 [2010년 5월]

(1) 제1과제 : PLC 프로그램 구성

① 다음 동작설명과 타임차트를 참조하여 PLC 프로그램을 완성하시오.
② PLC 프로그램 구성은 반드시 본인이 지참한 기종으로 작업하여야 한다.

(2) 동작설명

① PB_3을 3번 눌렀다 놓으면 PL_4가 점등되며, 3초 후 PL_5가 1초 간격으로 점멸한다. 또 3초 후 PL_6이 점등된다.
② PB_4를 누르면 PL_4가 소등되며, 3초 후 PL_5가 소등되고, 3초 후 PL_6이 소등된다.

(3) PLC 입출력도

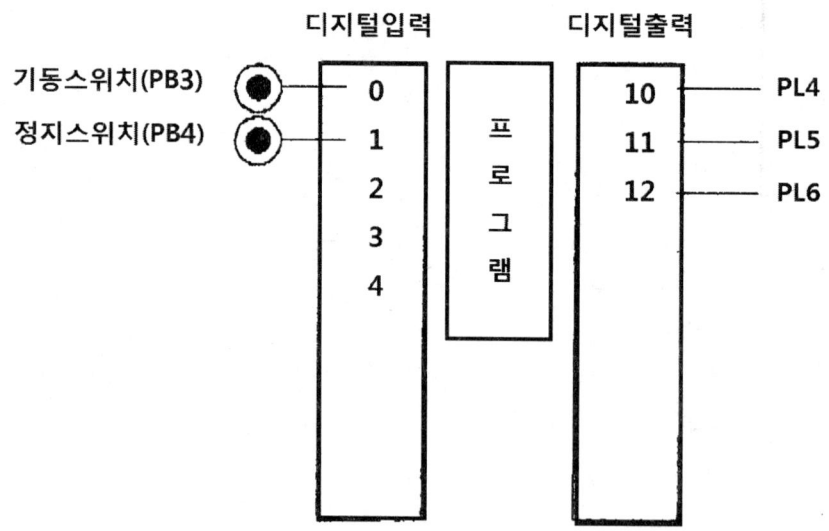

Chapter 4 PLC 프로그래밍

(4) 타임차트

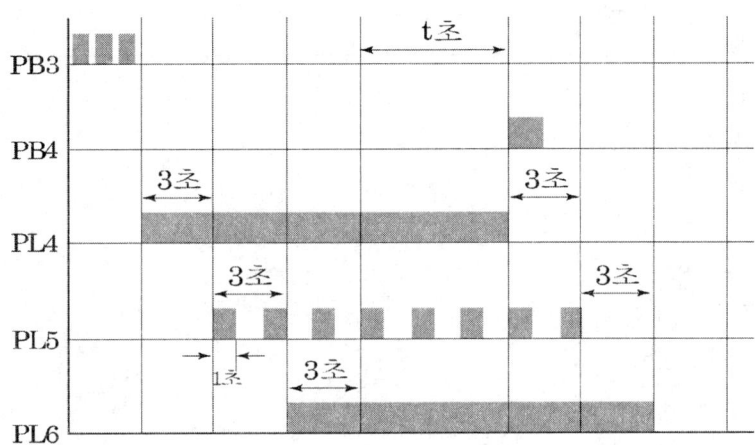

(5) 프로그램 작성

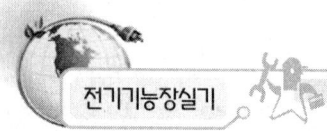

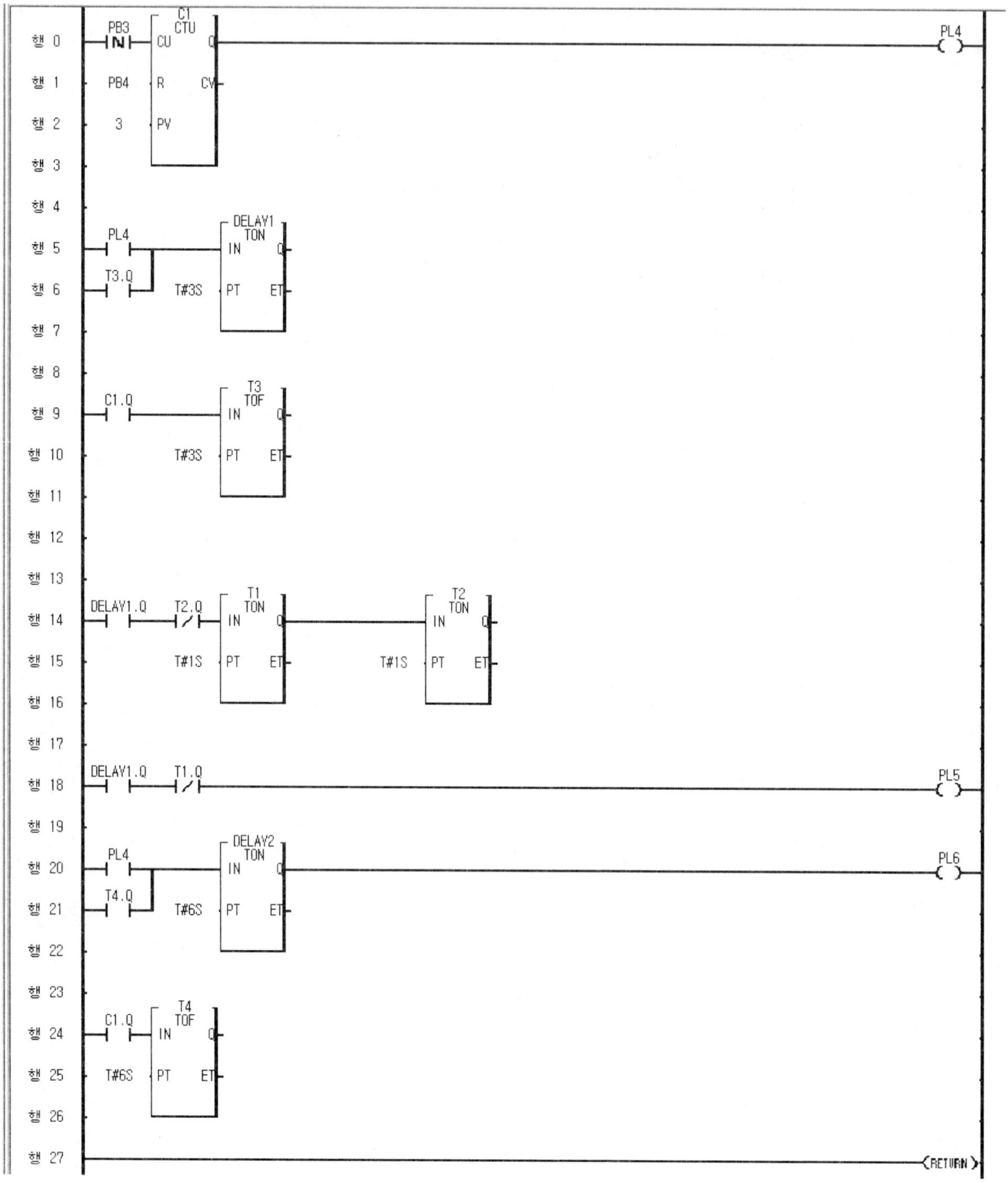
행 0
PB3
N
C1
CTU
CU
Q
PL4
행 1
PB4
R
CV
행 2
3
PV
행 3
행 4
행 5
PL4
DELAY1
TON
IN
Q
행 6
T3.Q
T#3S
PT
ET
행 7
행 8
행 9
C1.Q
T3
TOF
IN
Q
행 10
T#3S
PT
ET
행 11
행 12
행 13
행 14
DELAY1.Q
T2.Q
T1
TON
IN
Q
T2
TON
IN
Q
행 15
T#1S
PT
ET
T#1S
PT
ET
행 16
행 17
행 18
DELAY1.Q
T1.Q
PL5
행 19
행 20
PL4
DELAY2
TON
IN
Q
PL6
행 21
T4.Q
T#6S
PT
ET
행 22
행 23
행 24
C1.Q
T4
TOF
IN
Q
행 25
T#6S
PT
ET
행 26
행 27
RETURN

(6) 프로그래밍 해설

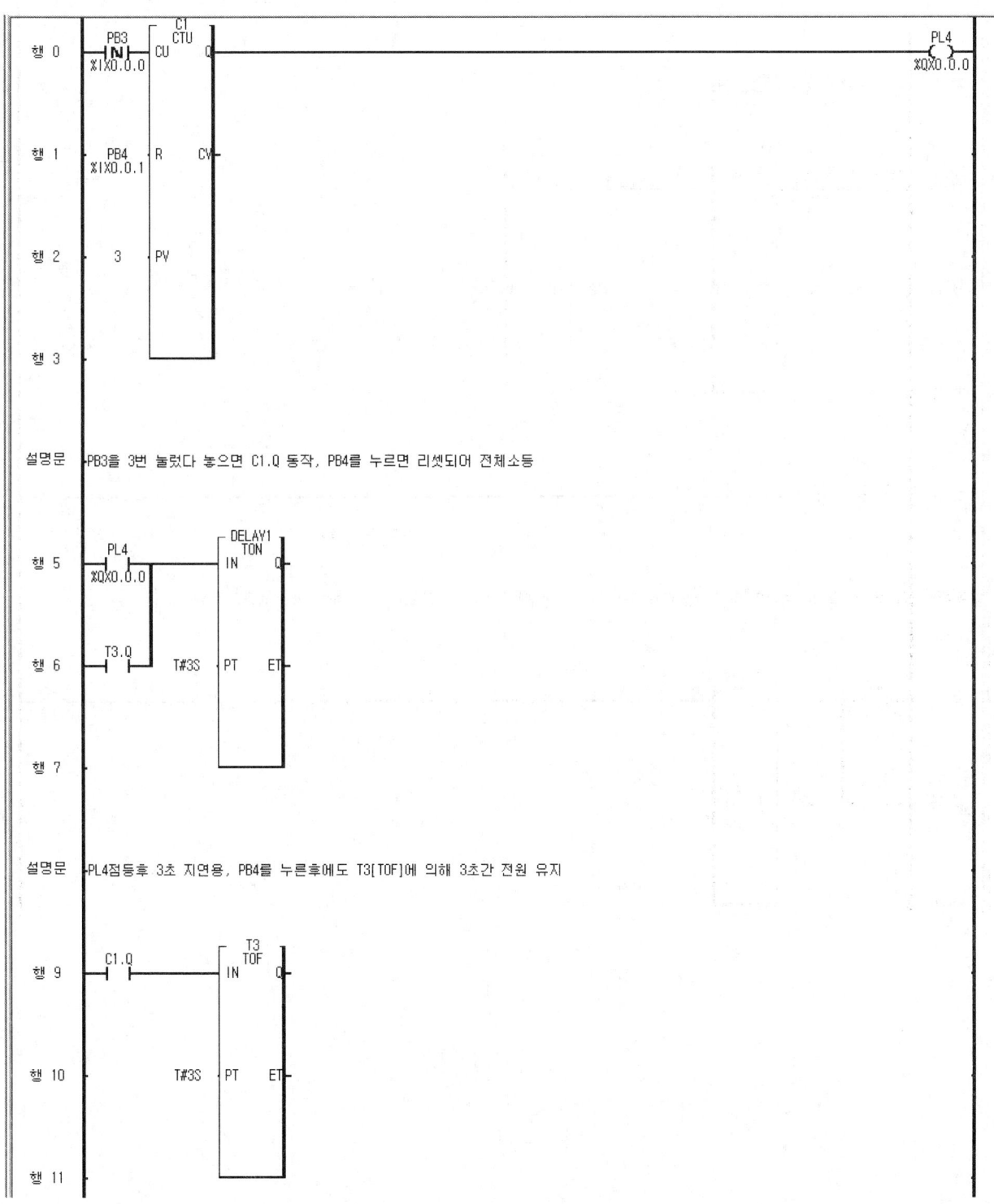

설명문: PB3을 3번 눌렀다 놓으면 C1.Q 동작, PB4를 누르면 리셋되어 전체소등

설명문: PL4점등후 3초 지연용, PB4를 누른후에도 T3[TOF]에 의해 3초간 전원 유지

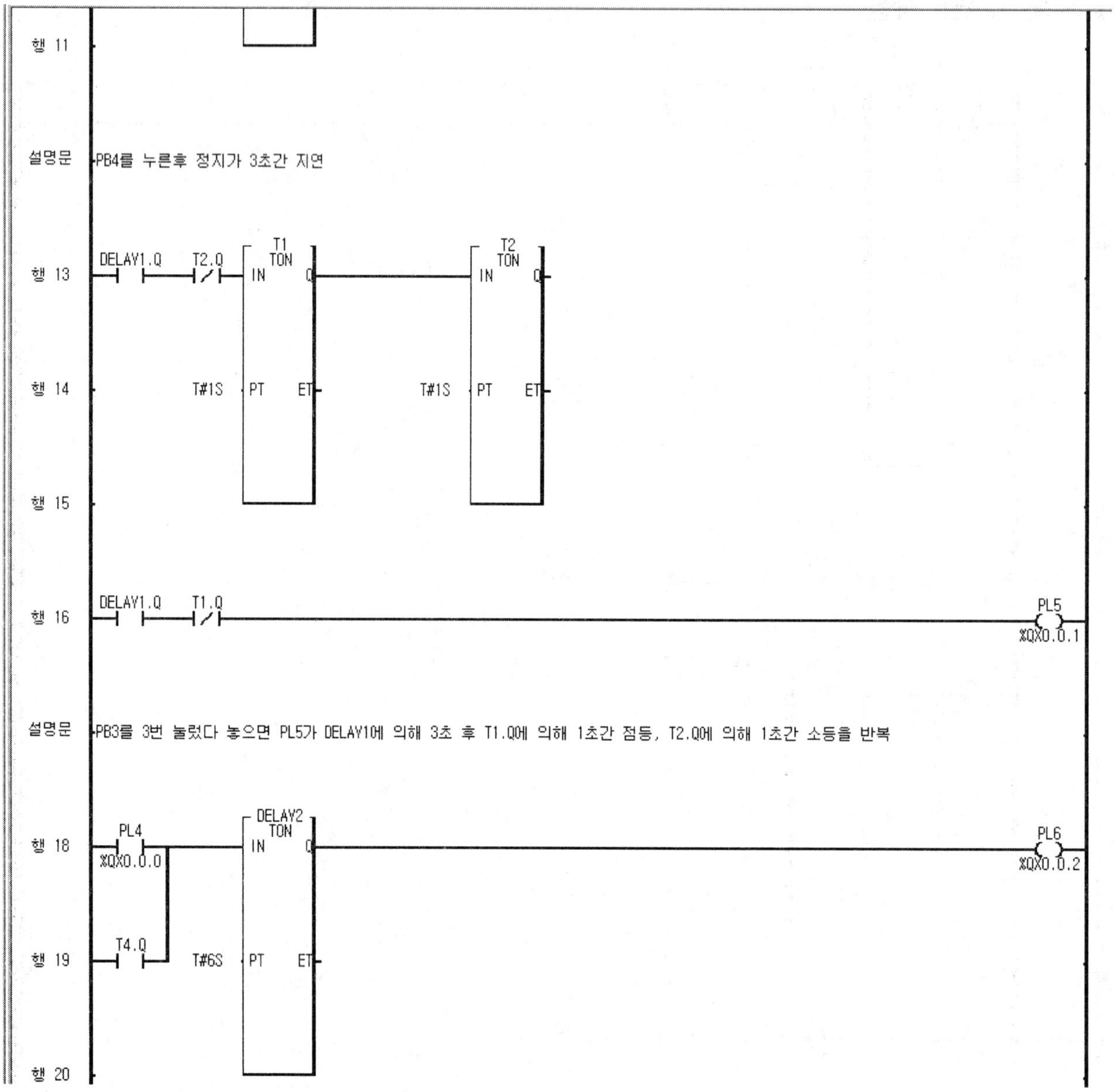

| 행 11 | |

설명문 —PB4를 누른후 정지가 3초간 지연

행 13	DELAY1.Q T2.Q T1 TON IN Q —— T2 TON IN Q
행 14	T#1S PT ET T#1S PT ET
행 15	

| 행 16 | DELAY1.Q T1.Q ———————————————— PL5 %QX0.0.1 |

설명문 —PB3를 3번 눌렀다 놓으면 PL5가 DELAY1에 의해 3초 후 T1.Q에 의해 1초간 점등, T2.Q에 의해 1초간 소등을 반복

행 18	PL4 %QX0.0.0 DELAY2 TON IN Q ———————— PL6 %QX0.0.2
행 19	T4.Q T#6S PT ET
행 20	

11.9 기능장 제48회 A형 [2010년 9월]

(1) 제1과제 : PLC 프로그램 구성

① 다음 동작설명과 타임차트를 참조하여 PLC 프로그램을 완성하시오.
② PLC 프로그램 구성은 반드시 본인이 지참한 기종으로 작업하여야 한다.

(2) 동작설명

① PB_4를 눌렀다 놓으면 PL_4가 점등되며, 2초 후 PL_4가 소등되고, PL_5가 점등되며, 2초 후 PL_5가 소등되고 PL_6이 점등된다.
② PB_5를 누를 때까지 위 사항을 계속 반복 동작하며, PB_5를 누르면 동작 중이던 PL_4, PL_5, PL_6이 소등된다.

(3) PLC 입출력도

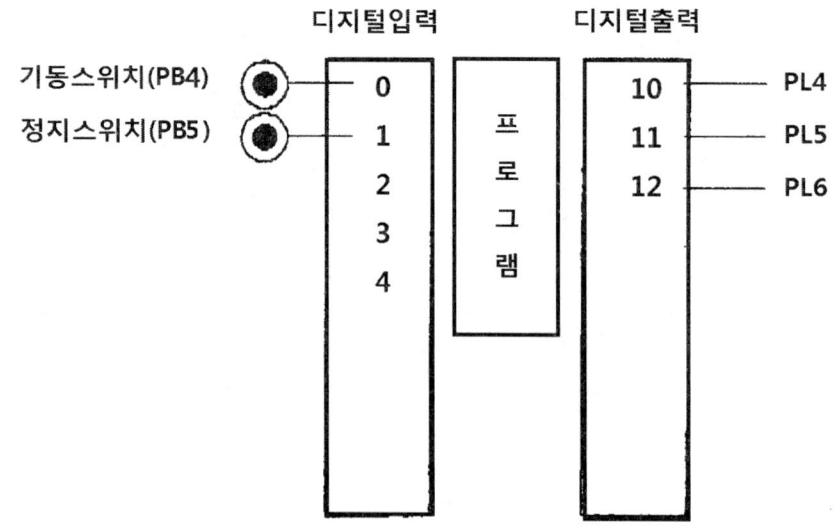

(4) 타임차트

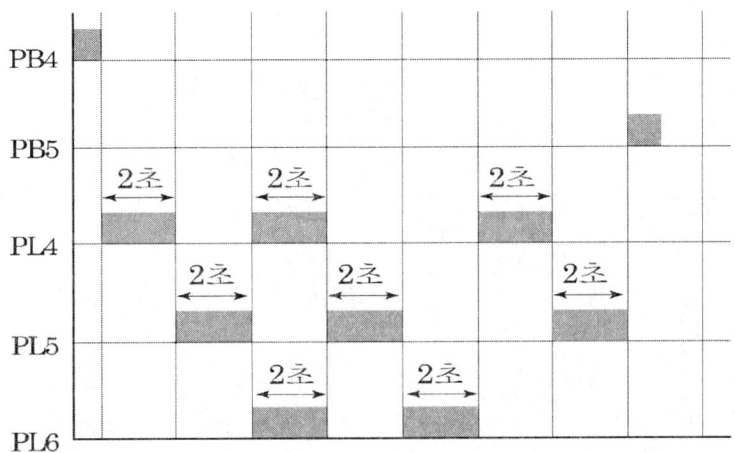

(5) 프로그램 작성 I

1) 프로그램 작성

	변수 명	데이터 타입	메모리 할당	초기 값	변수 종류	사용 여부	설명문
1	DELAY1	FB Instanc	<자동>		VAR	*	
2	DELAY2	FB Instanc	<자동>		VAR	*	
3	PB4	BOOL	%IX0.0.0		VAR	*	
4	PB5	BOOL	%IX0.0.1		VAR	*	
5	PL4	BOOL	%QX0.0.0		VAR	*	
6	PL5	BOOL	%QX0.0.1		VAR	*	
7	PL6	BOOL	%QX0.0.2		VAR	*	
8	T1	FB Instanc	<자동>		VAR	*	
9	T2	FB Instanc	<자동>		VAR	*	
10	T3	FB Instanc	<자동>		VAR	*	
11	T4	FB Instanc	<자동>		VAR	*	
12	T5	FB Instanc	<자동>		VAR	*	
13	T6	FB Instanc	<자동>		VAR	*	
14	자기유지	BOOL	<자동>		VAR	*	

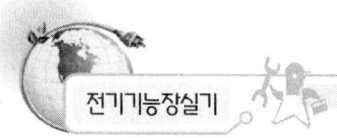

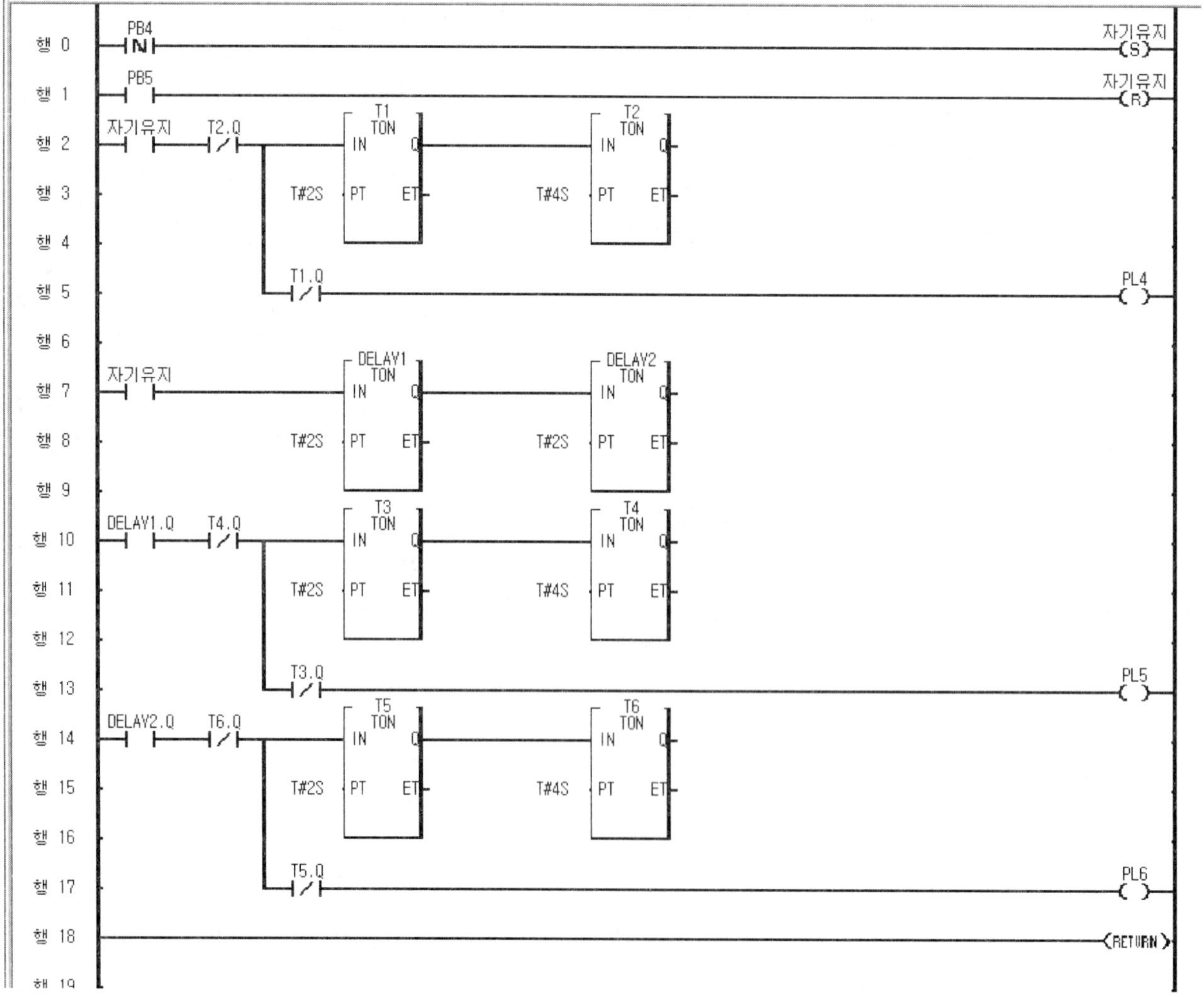

2) 프로그래밍 해설

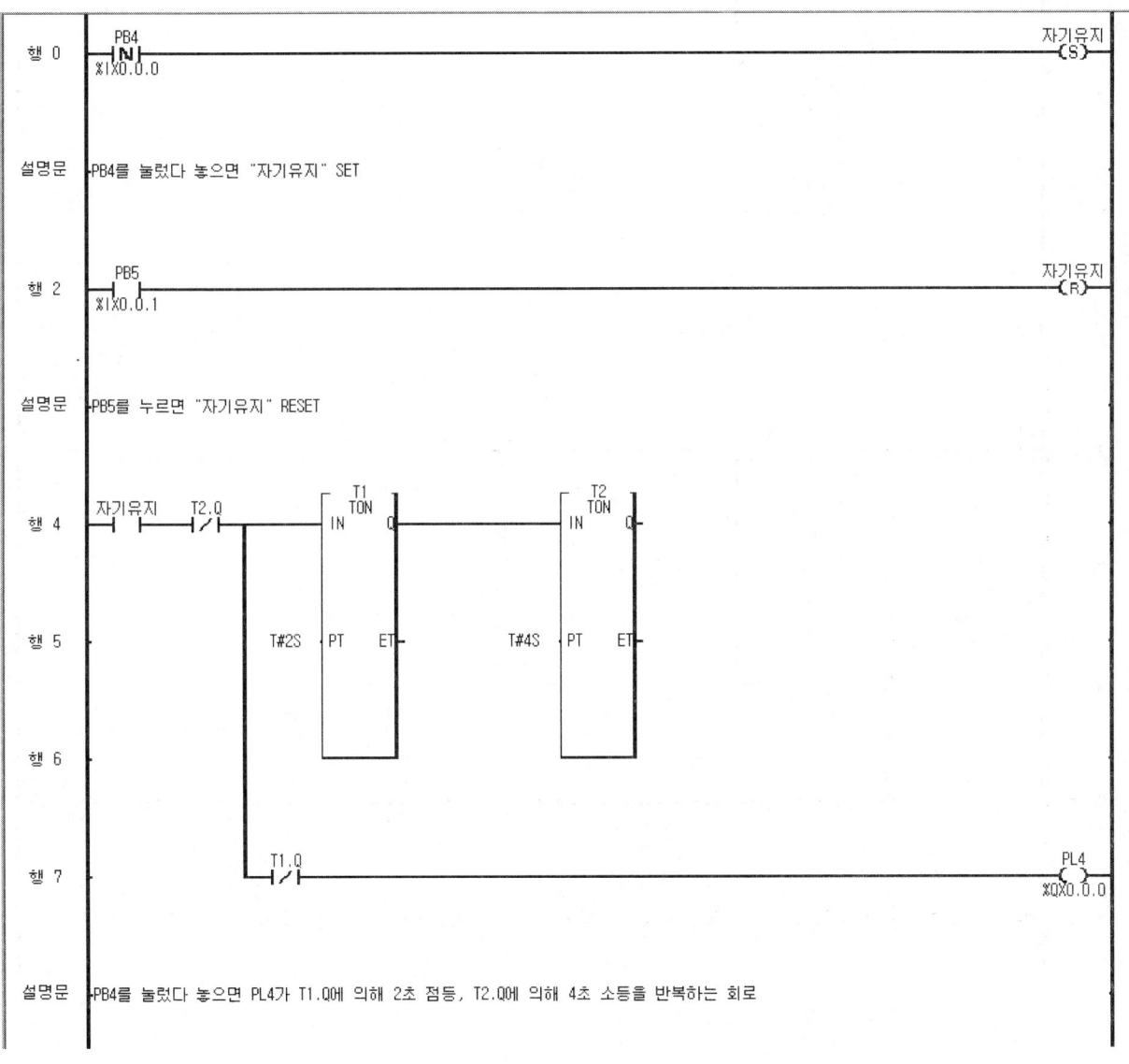

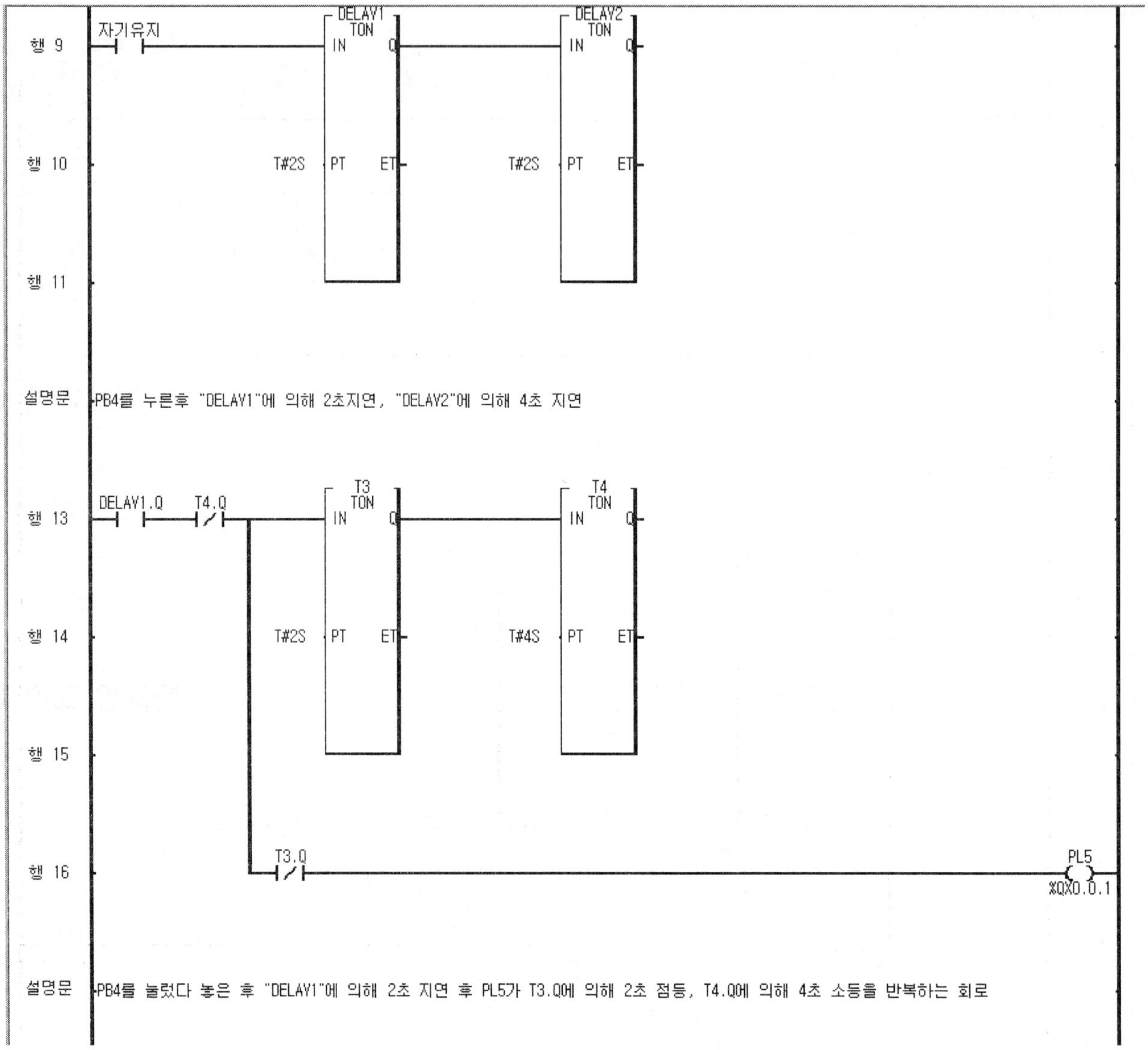

```
행 9    자기유지           DELAY1              DELAY2
        ──┤ ├──          TON                  TON
                     ───┤IN    Q├──────────┤IN    Q├──
행 10
                   T#2S─┤PT   ET│        T#2S─┤PT   ET│
                        │        │             │        │
행 11                   └────────┘             └────────┘
```

설명문 ─ PB4를 누른후 "DELAY1"에 의해 2초지연, "DELAY2"에 의해 4초 지연

```
        DELAY1.Q  T4.Q              T3                    T4
행 13   ──┤ ├────┤/├───┬─────────  TON                   TON
                      │         ──┤IN    Q├──────────┤IN    Q├──
행 14                 │
                      │         T#2S─┤PT   ET│        T#4S─┤PT   ET│
                      │              │        │             │        │
행 15                 │              └────────┘             └────────┘
                      │   T3.Q                                              PL5
행 16                 └──┤/├────────────────────────────────────────────────( )
                                                                         %QX0.0.1
```

설명문 ─ PB4를 눌렀다 놓은 후 "DELAY1"에 의해 2초 지연 후 PL5가 T3.Q에 의해 2초 점등, T4.Q에 의해 4초 소등을 반복하는 회로

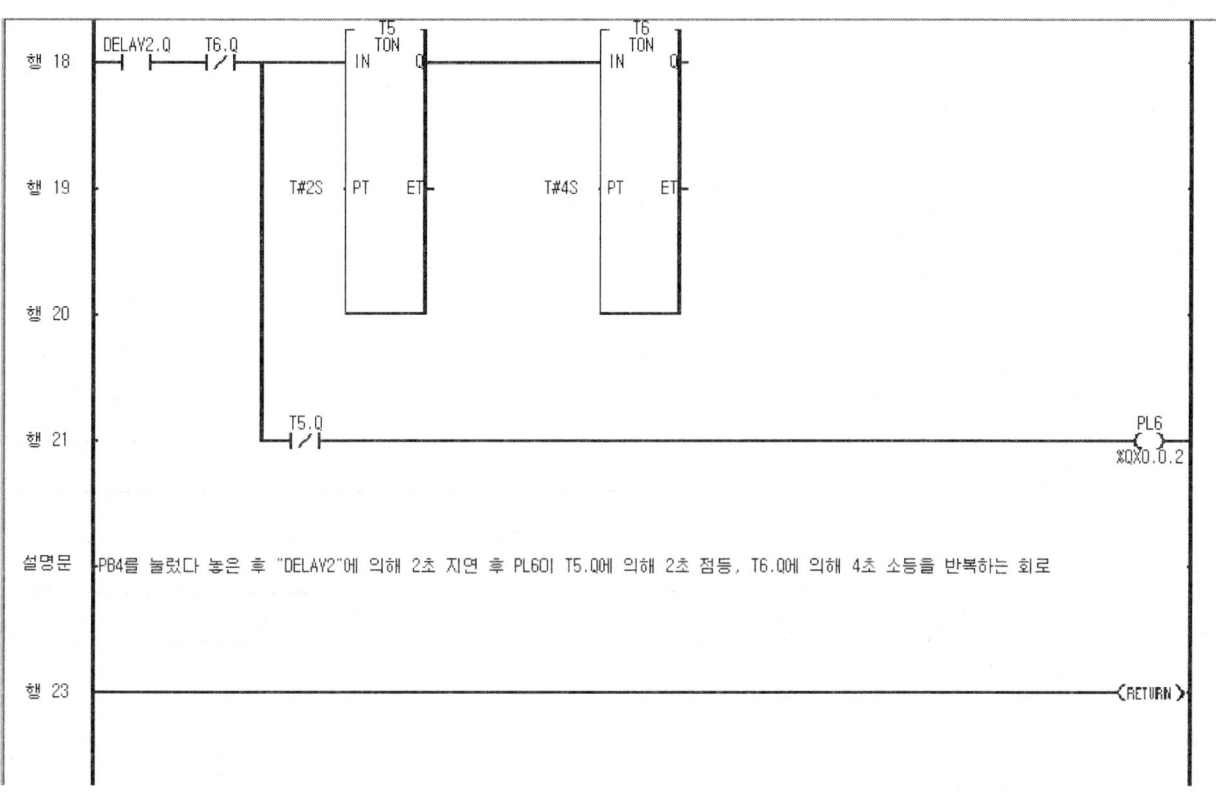

설명문 ▸PB4를 눌렀다 놓은 후 "DELAY2"에 의해 2초 지연 후 PL6이 T5.Q에 의해 2초 점등, T6.Q에 의해 4초 소등을 반복하는 회로

(6) 프로그램 작성 II

1) PLC 프로그램 작성

	변수 명	데이터 타입	메모리 할당	초기 값	변수 종류	사용 여부	설명문
1	PB4	BOOL	%IX0.0.0		VAR	*	
2	PB5	BOOL	%IX0.0.1		VAR	*	
3	PL4	BOOL	%QX0.0.0		VAR	*	
4	PL5	BOOL	%QX0.0.1		VAR	*	
5	PL6	BOOL	%QX0.0.2		VAR	*	
6	T1	FB Instanc	<자동>		VAR	*	
7	T2	FB Instanc	<자동>		VAR	*	
8	T3	FB Instanc	<자동>		VAR	*	

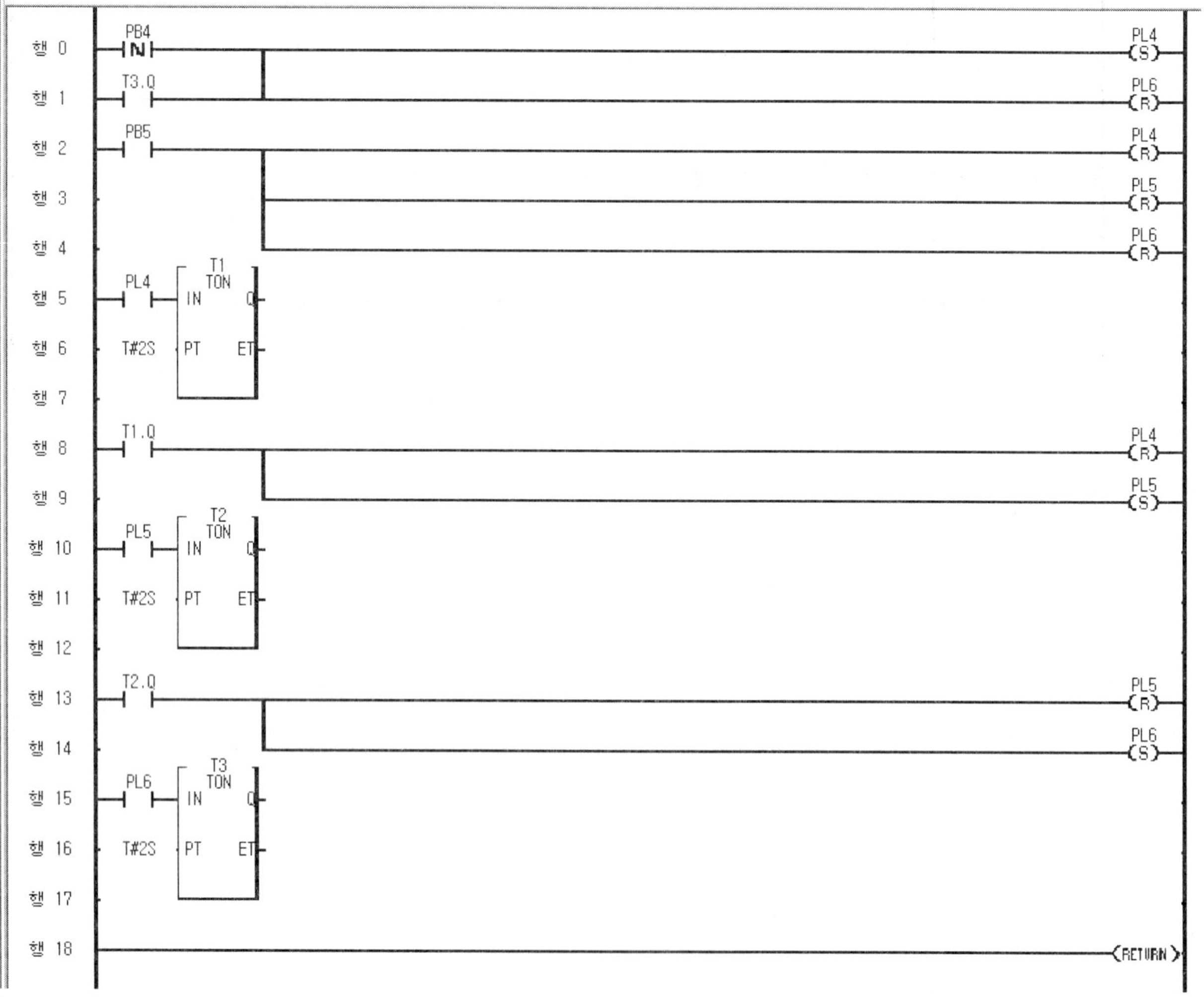

```
행 0    ─┤PB4├──────────────────────────────(PL4 S)─
행 1    ─┤T3.Q├─────────────────────────────(PL6 R)─
행 2    ─┤PB5├──────────────────────────────(PL4 R)─
행 3    ─────────────────────────────────────(PL5 R)─
행 4    ─────────────────────────────────────(PL6 R)─
행 5    ─┤PL4├──┬T1 TON─┐
행 6      T#2S ─┤IN   Q├
행 7           ─┤PT   ET├
행 8    ─┤T1.Q├─────────────────────────────(PL4 R)─
행 9    ─────────────────────────────────────(PL5 S)─
행 10   ─┤PL5├──┬T2 TON─┐
행 11     T#2S ─┤IN   Q├
행 12          ─┤PT   ET├
행 13   ─┤T2.Q├─────────────────────────────(PL5 R)─
행 14   ─────────────────────────────────────(PL6 S)─
행 15   ─┤PL6├──┬T3 TON─┐
행 16     T#2S ─┤IN   Q├
행 17          ─┤PT   ET├
행 18   ─────────────────────────────────────<RETURN>─
```

2) 프로그래밍 해설

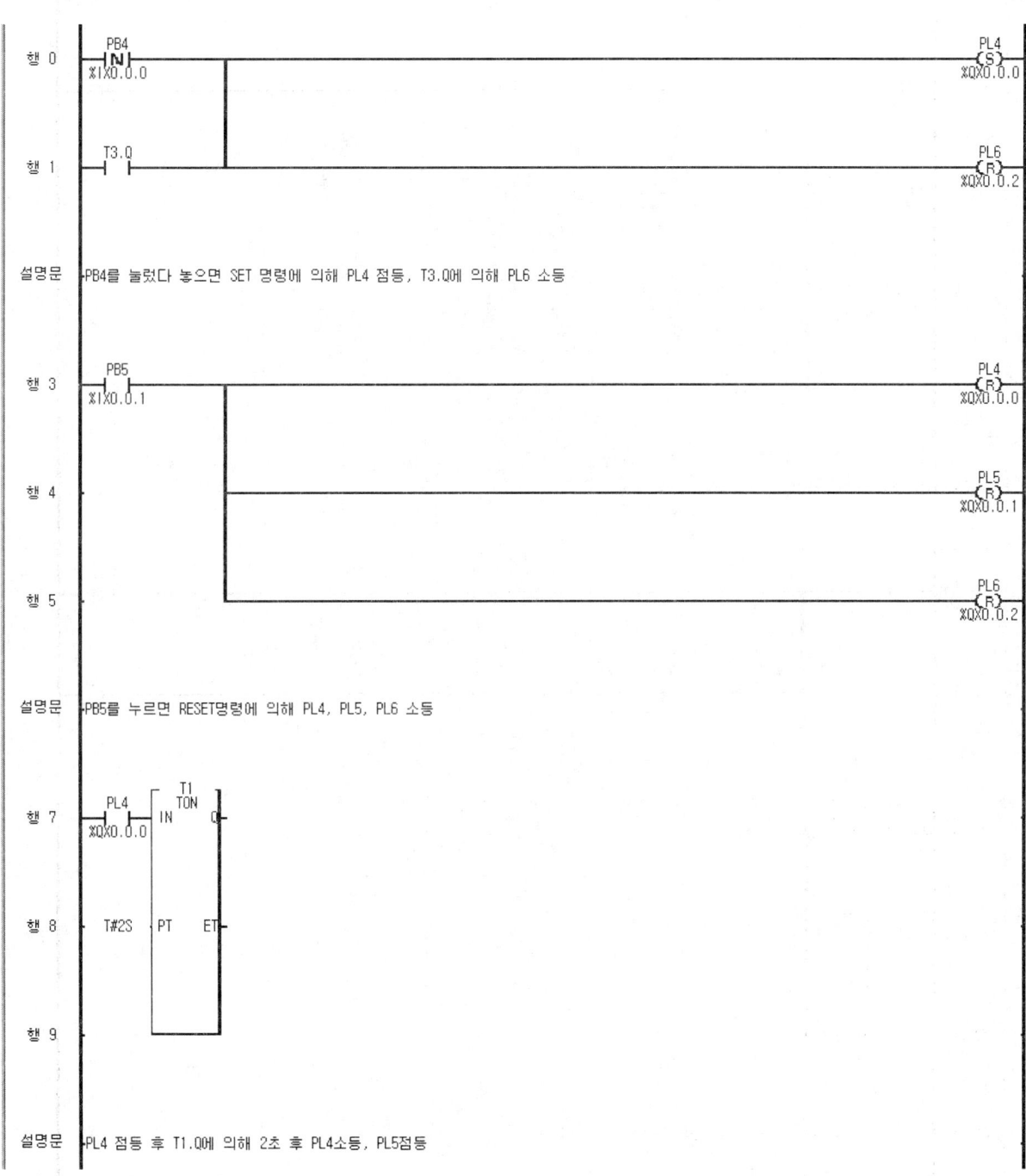

행 0: PB4 |N| %IX0.0.0 — PL4 (S) %QX0.0.0
행 1: T3.Q — PL6 (R) %QX0.0.2

설명문: PB4를 눌렀다 놓으면 SET 명령에 의해 PL4 점등, T3.Q에 의해 PL6 소등

행 3: PB5 %IX0.0.1 — PL4 (R) %QX0.0.0
행 4: — PL5 (R) %QX0.0.1
행 5: — PL6 (R) %QX0.0.2

설명문: PB5를 누르면 RESET명령에 의해 PL4, PL5, PL6 소등

행 7: PL4 %QX0.0.0 — T1 TON IN Q
행 8: T#2S — PT ET
행 9:

설명문: PL4 점등 후 T1.Q에 의해 2초 후 PL4소등, PL5점등

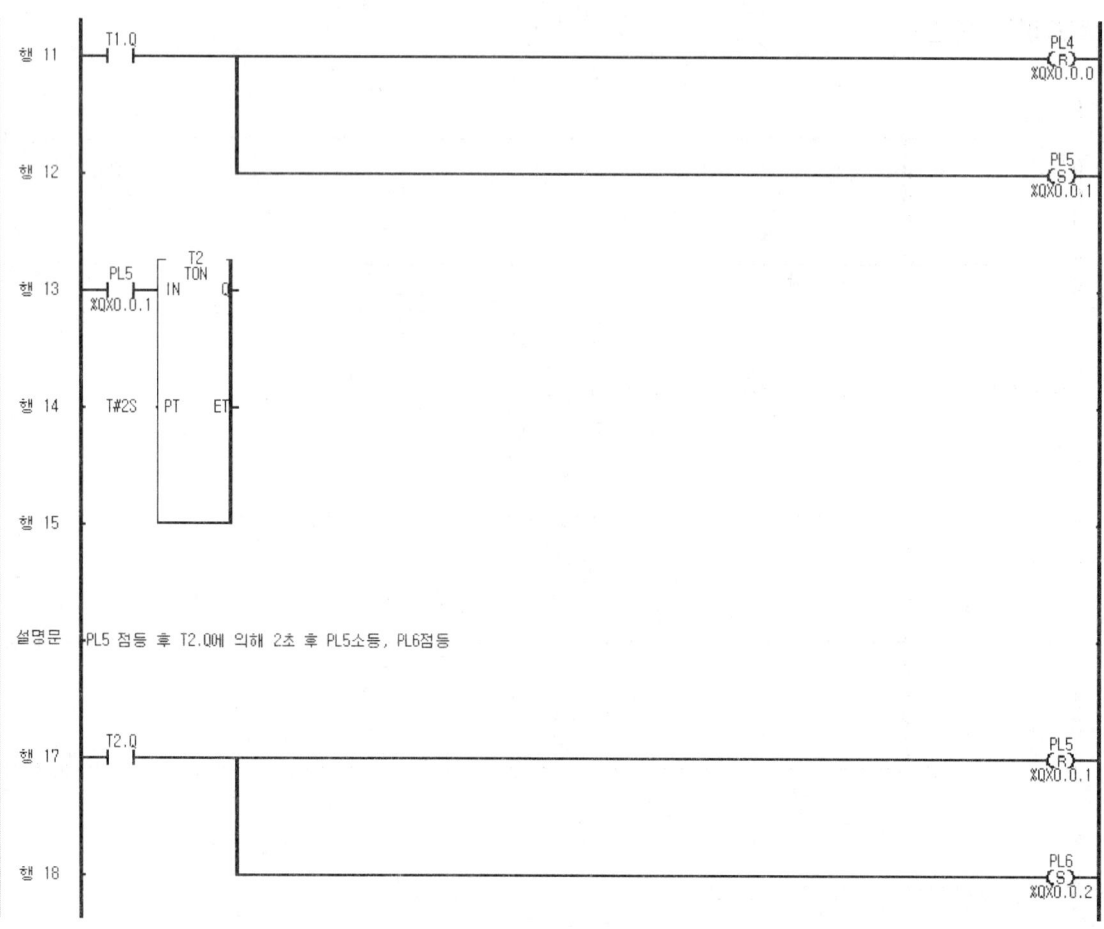

설명문 PL5 점등 후 T2.Q에 의해 2초 후 PL5소등, PL6점등

설명문 PL6 점등 후 T3.Q에 의해 2초 후 PL6소등, PL4점등

11.10 기능장 제48회 B형 [2010년 9월]

(1) 제1과제 : PLC 프로그램 구성

① 다음 동작설명과 타임차트를 참조하여 PLC 프로그램을 완성하시오.
② PLC 프로그램 구성은 반드시 본인이 지참한 기종으로 작업하여야 한다.

(2) 동작설명

① PB_4를 누르면 PL_4가 2초 점등, 1초 소등을 계속 반복 점멸한다.
  PL_5는 2초 후 1초 점등, 2초 소등을 반복한다. PL_6은 3초 후 계속 점등된다.
② PB_5를 누를 때까지 위 사항을 계속 반복 동작하며, PB_5를 누르면 동작 중이던 PL_4, PL_5, PL_6이 전부 소등된다.

(3) PLC 입출력도

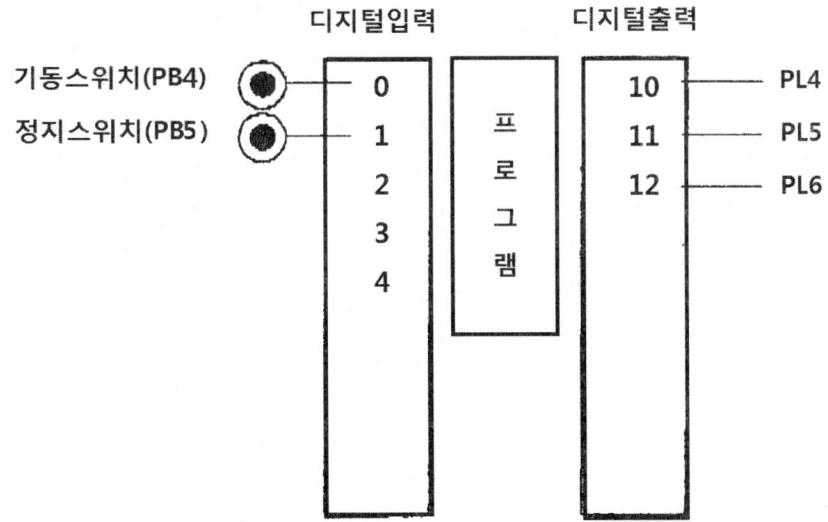

(4) 타임차트

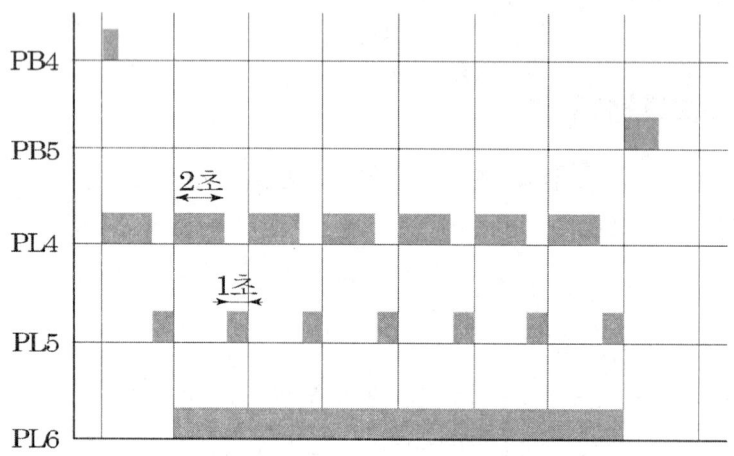

(5) 프로그램 작성

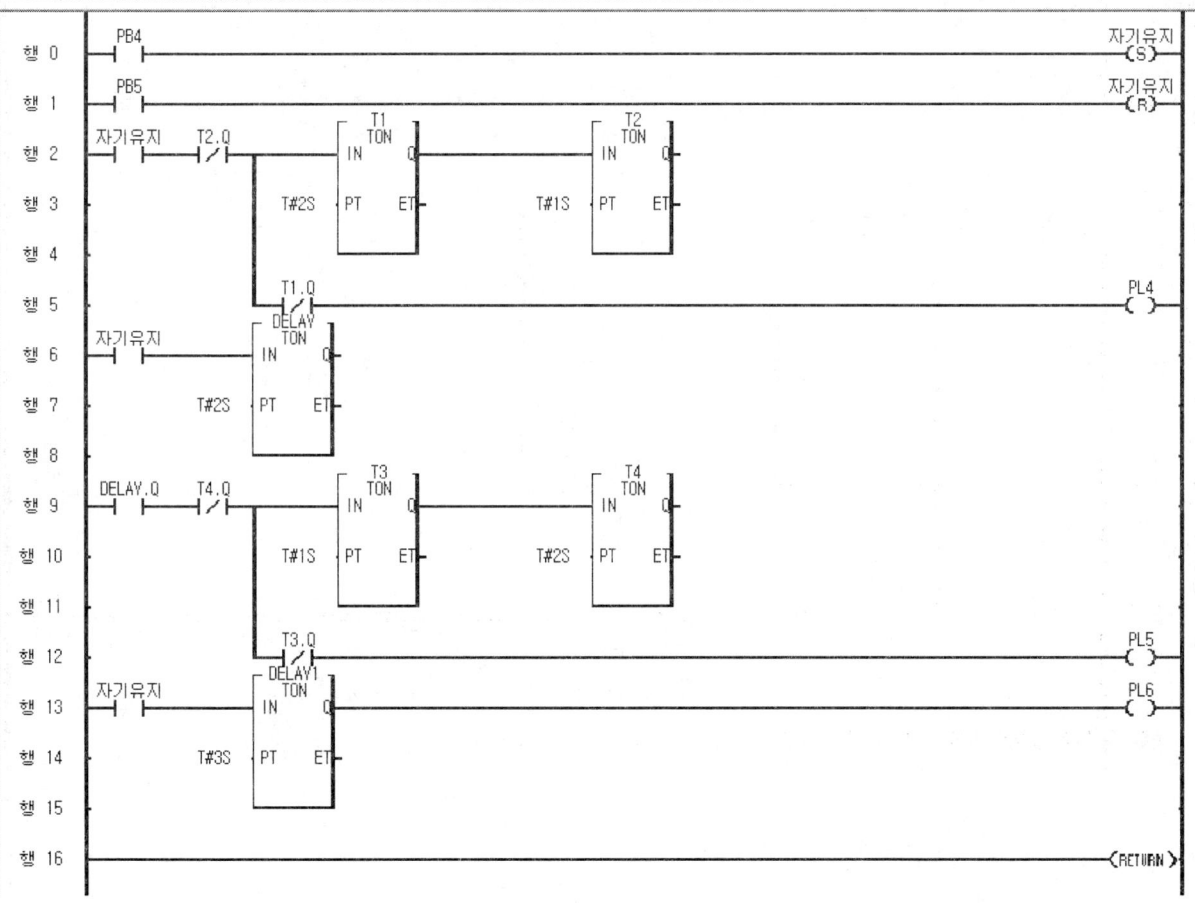

(6) 프로그래밍 해설

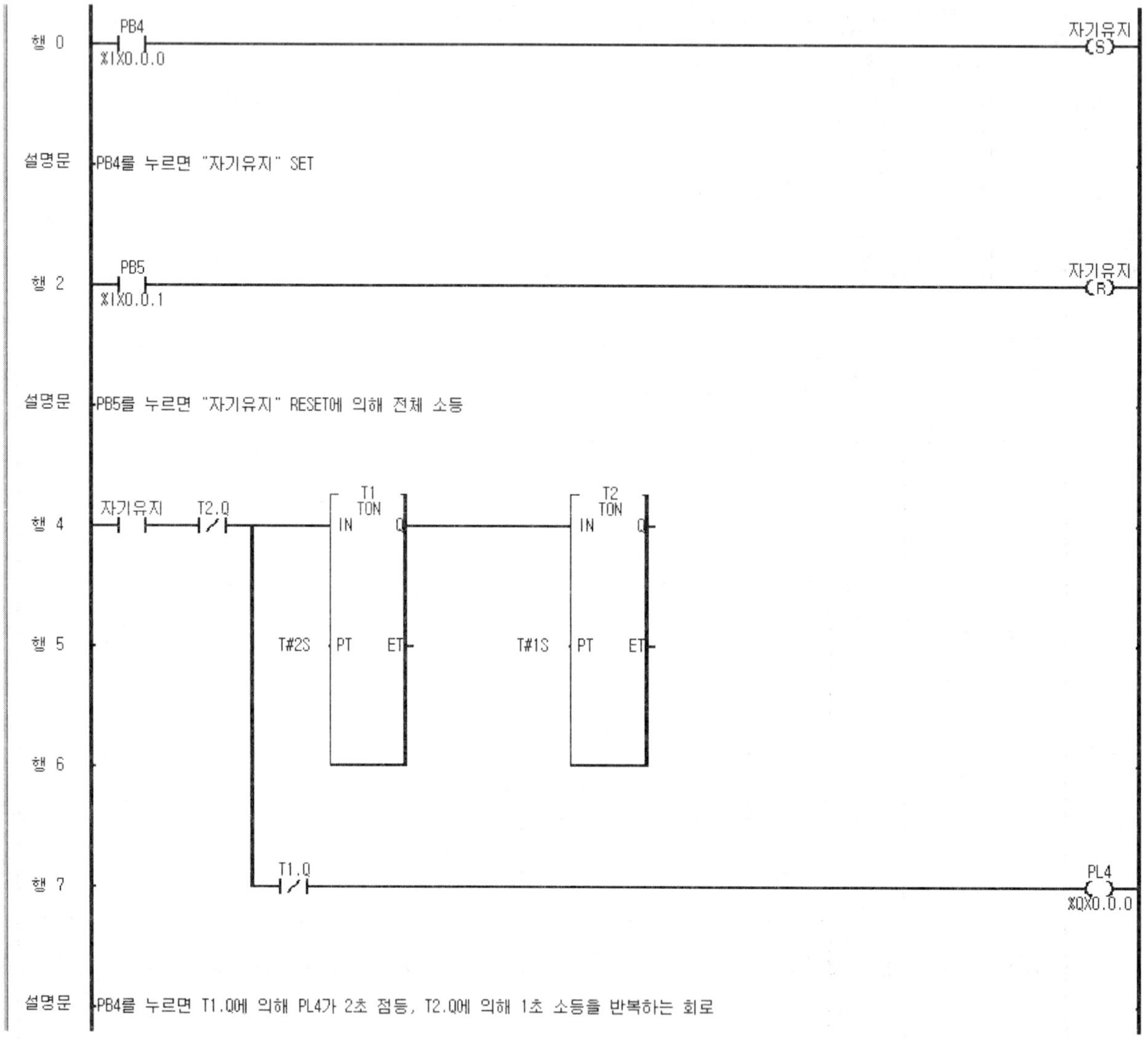

행 0 ┤ PB4 %IX0.0.0 ─────────── 자기유지 (S)

설명문 ─ PB4를 누르면 "자기유지" SET

행 2 ┤ PB5 %IX0.0.1 ─────────── 자기유지 (R)

설명문 ─ PB5를 누르면 "자기유지" RESET에 의해 전체 소등

행 4 ┤ 자기유지 ┤/├ T2.Q ─── T1 TON (IN Q) ─── T2 TON (IN Q)

행 5   T#2S ─ PT ET   T#1S ─ PT ET

행 7 ┤/├ T1.Q ─────────── PL4 %QX0.0.0

설명문 ─ PB4를 누르면 T1.Q에 의해 PL4가 2초 점등, T2.Q에 의해 1초 소등을 반복하는 회로

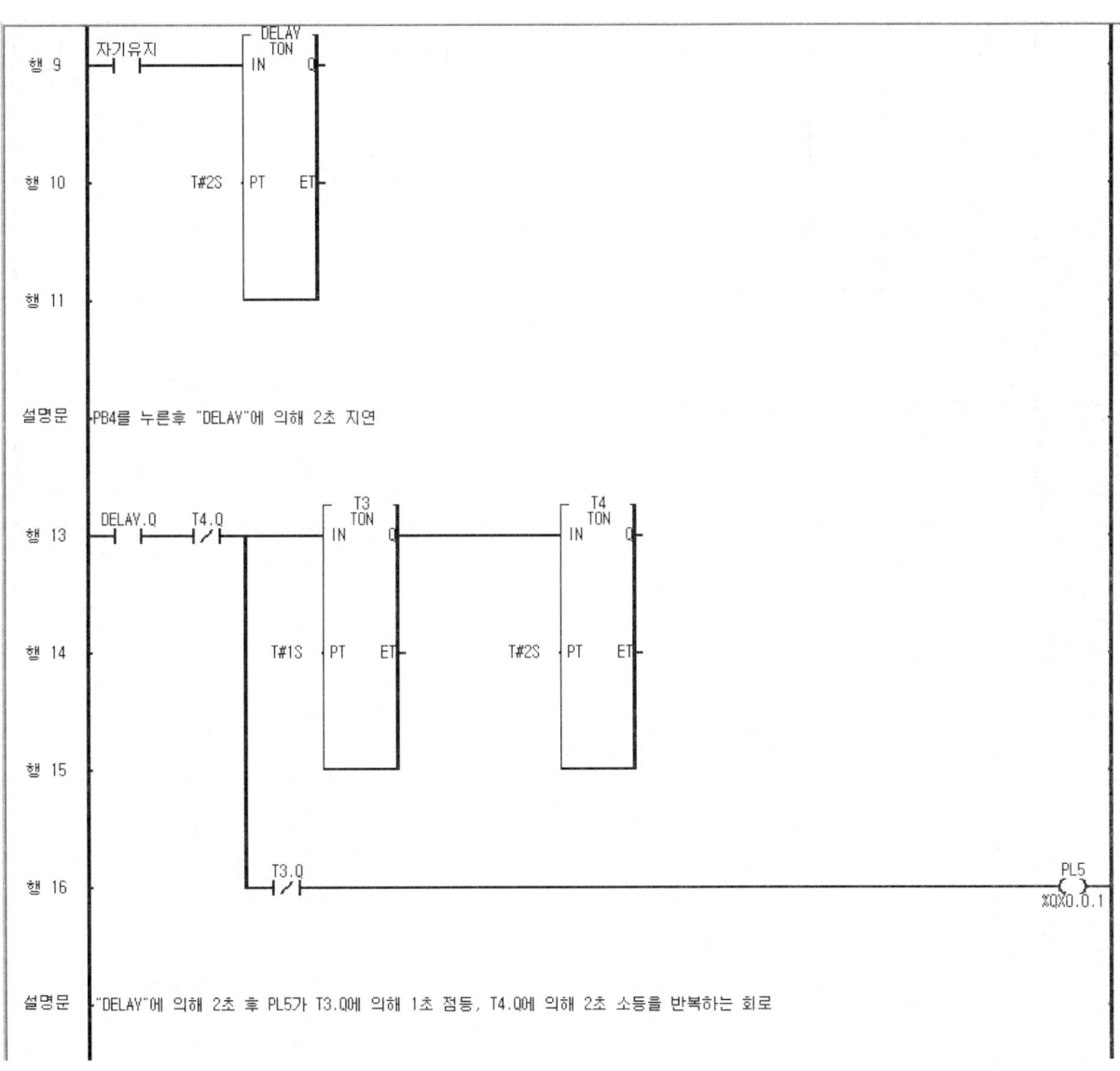

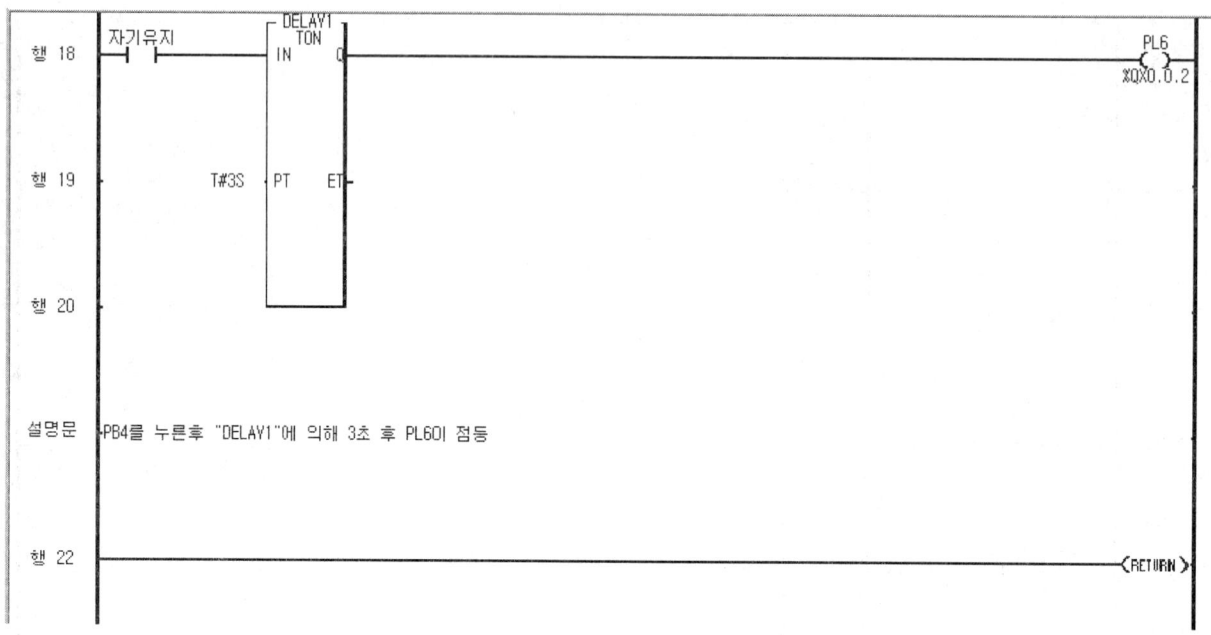

설명문 -PB4를 누른후 "DELAY1"에 의해 3초 후 PL6이 점등

11.11 기능장 제48회 C형 [2010년 9월]

(1) 제1과제 : PLC 프로그램 구성

① 다음 동작설명과 타임차트를 참조하여 PLC 프로그램을 완성하시오.
② PLC 프로그램 구성은 반드시 본인이 지참한 기종으로 작업하여야 한다.

(2) 동작설명

① PB_4를 2회 누르면 PL_4가 2초 점등, 2초 소등을 계속 반복 점멸한다.
   PL_5는 PL_4가 점등을 시작하고 2초 후 점등, 2초 소등을 반복한다.
② PB_5를 누를 때까지 위 사항을 계속 반복 동작하며, PB_5를 누르면 동작 중이던 PL_4, PL_5, PL_6이 전부 소등된다.

(3) PLC 입출력도

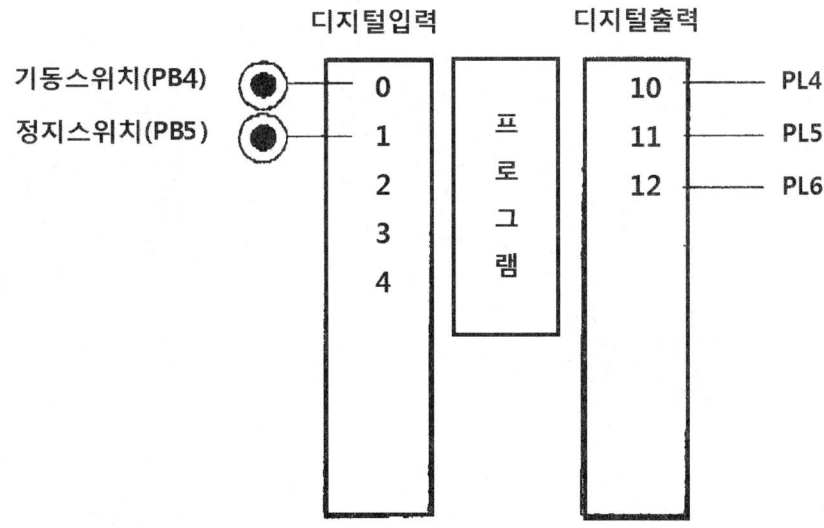

(4) 타임차트

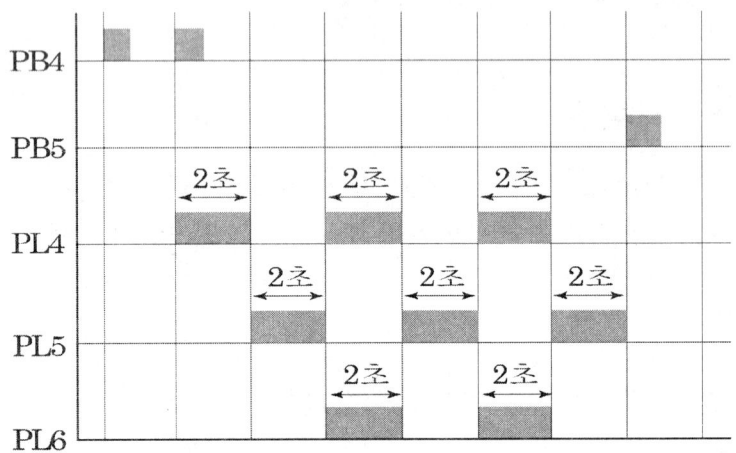

(5) 프로그램 작성

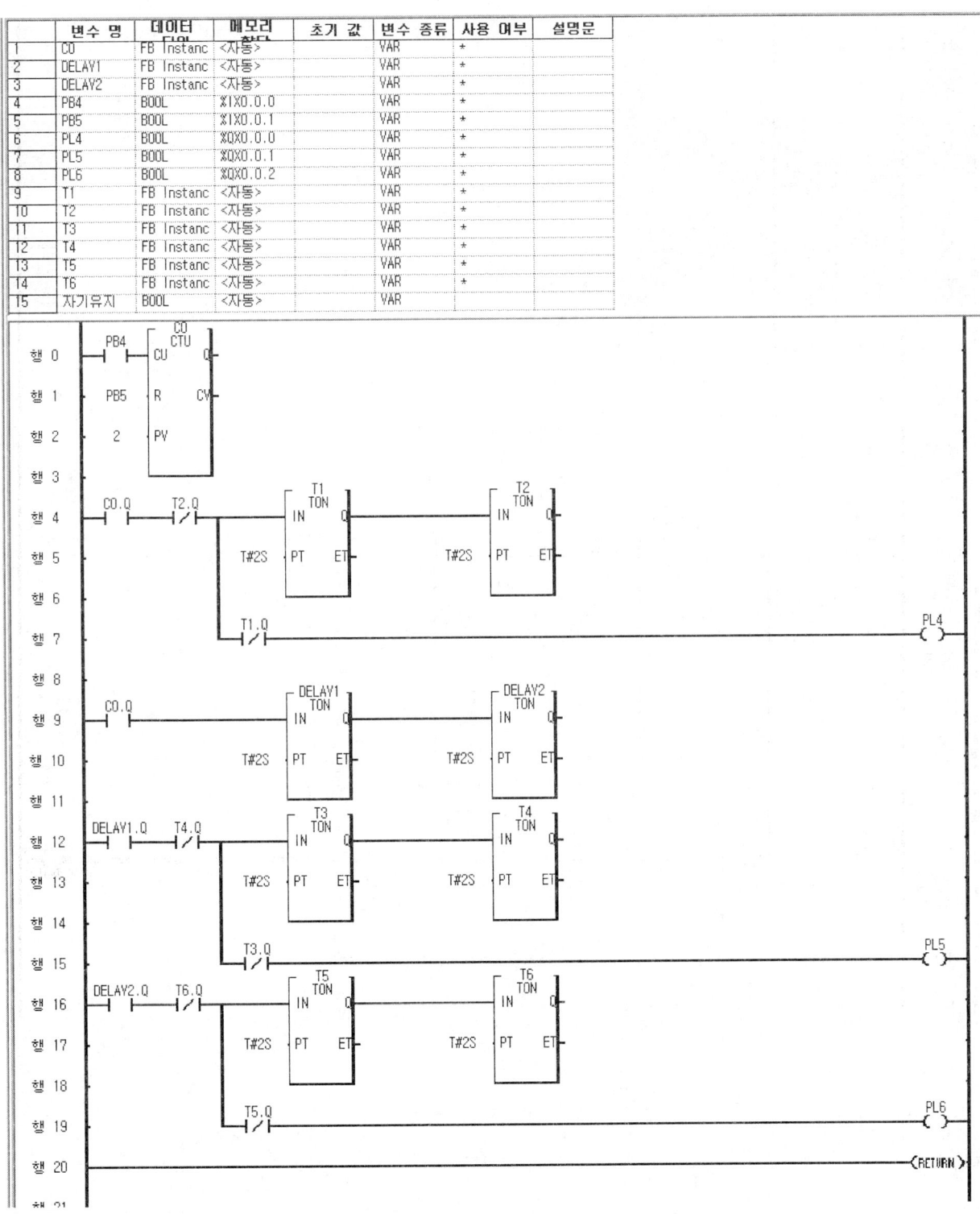

(6) 프로그래밍 해설

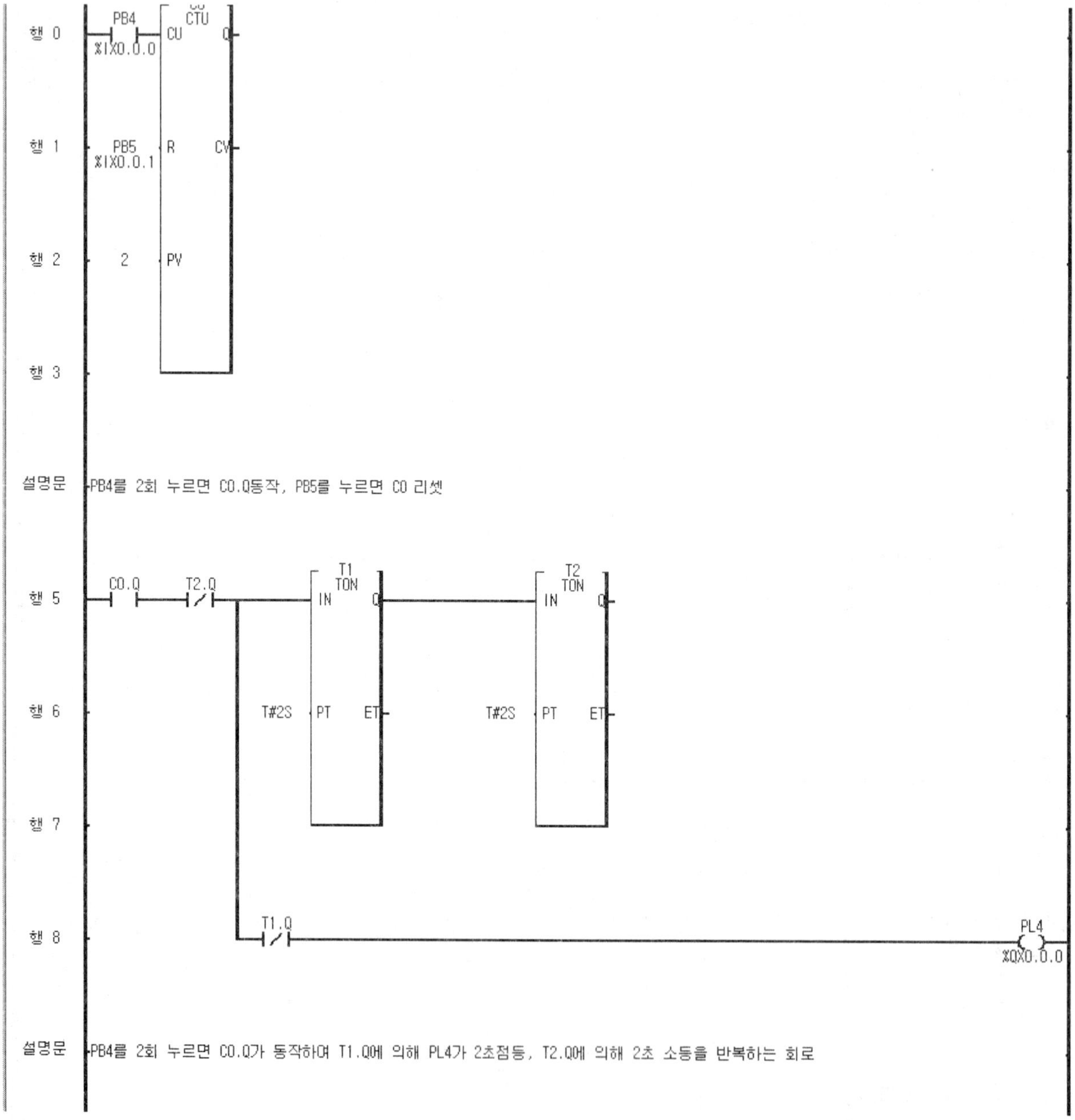

```
행 0 ─┬─ PB4 ──┬─ CU    Q ─
     │  %IX0.0.0  CTU
     │
행 1 ─┼─ PB5 ──┼─ R    CV ─
     │  %IX0.0.1
     │
행 2 ─┤        ├─ 2    PV
     │
행 3 ─┘        └────────┘

설명문 ─ PB4를 2회 누르면 C0.Q동작, PB5를 누르면 C0 리셋

행 5 ─ C0.Q ─ T2.Q ─┬─ IN  Q ─┬─ IN   Q ─
         ├┤    ┤/├  │  T1     │  T2
                    │  TON    │  TON
행 6 ───────────────┤T#2S PT ET┤T#2S PT ET─
                    │         │
행 7 ───────────────┴─────────┴──────────

행 8 ──── T1.Q ──────────────────────── ( PL4 ) ─
          ┤/├                             %QX0.0.0

설명문 ─ PB4를 2회 누르면 C0.Q가 동작하며 T1.Q에 의해 PL4가 2초점등, T2.Q에 의해 2초 소등을 반복하는 회로
```

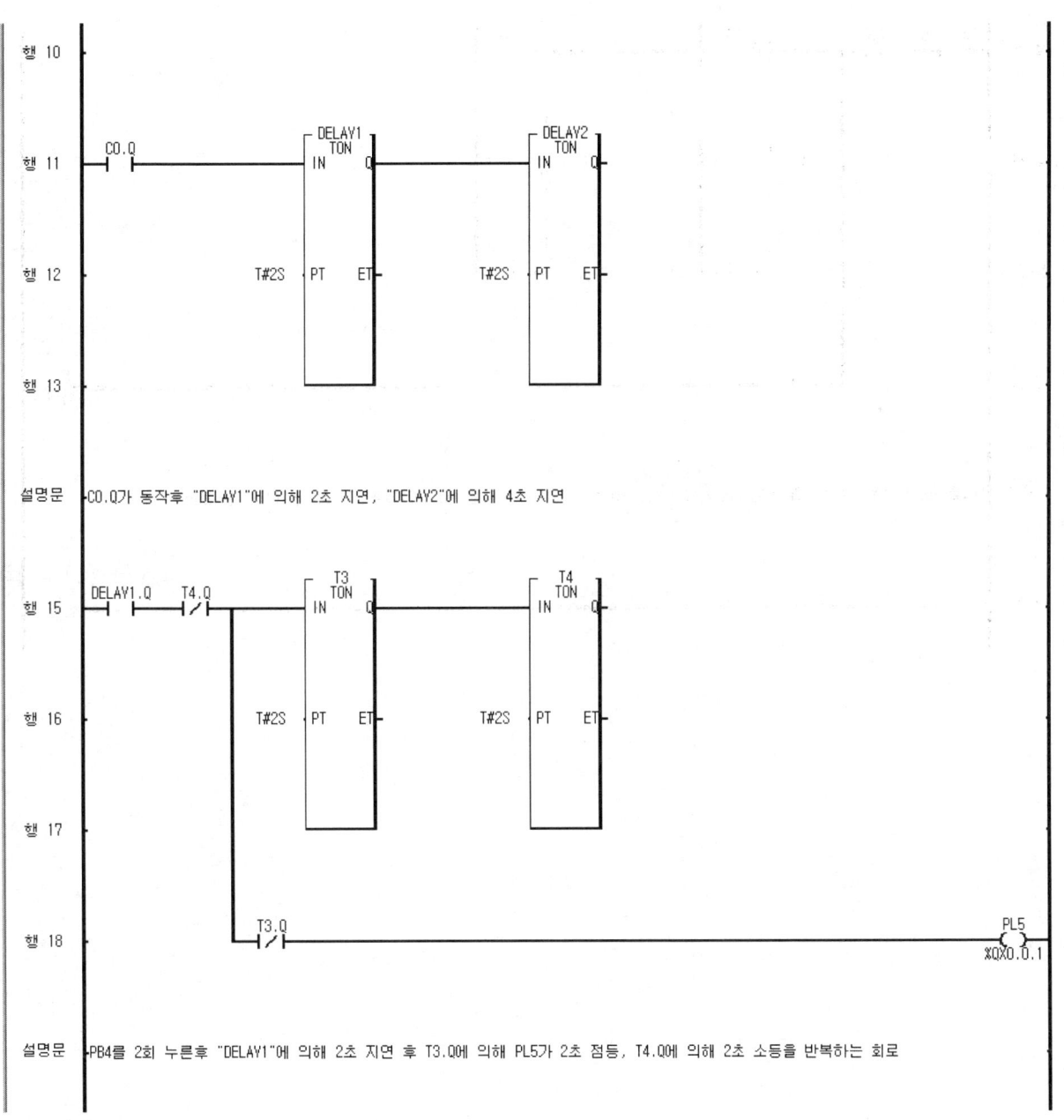

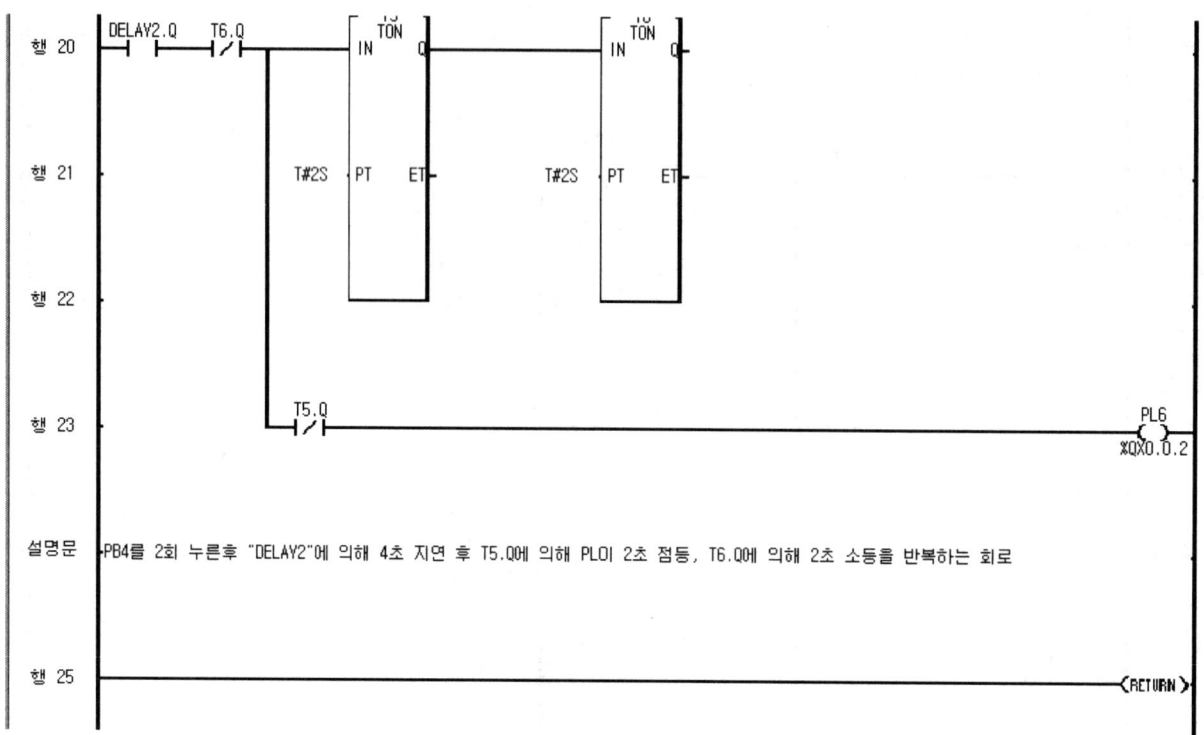

설명문 PB4를 2회 누른후 "DELAY2"에 의해 4초 지연 후 T5.Q에 의해 PL이 2초 점등, T6.Q에 의해 2초 소등을 반복하는 회로

11.12 기능장 제49회 A형 [2011년 5월]

(1) 제1과제 : PLC 프로그램 구성

① 다음 동작설명과 타임차트를 참조하여 PLC 프로그램을 완성하시오.
② PLC 프로그램 구성은 반드시 본인이 지참한 기종으로 작업하여야 한다.

(2) 동작설명

① PB_3을 2회 누르면 PL_4가 점등되어 3초 소등되고, PL_5는 PL_4가 소등된 후 1초 후 점등되어 3초 소등되며, 1초 후 PL_4가 다시 점등된다.
② PB_4를 누를 때까지 위 사항을 계속 반복 동작하며, PB_4를 누르면 동작 중이던 PL_4, PL_5, PL_6이 전부 소등된다.
③ PLC 전원이 투입되면 PL_3은 점등(2초)과 소등(1초)을 반복 동작한다.

(3) PLC 입출력도

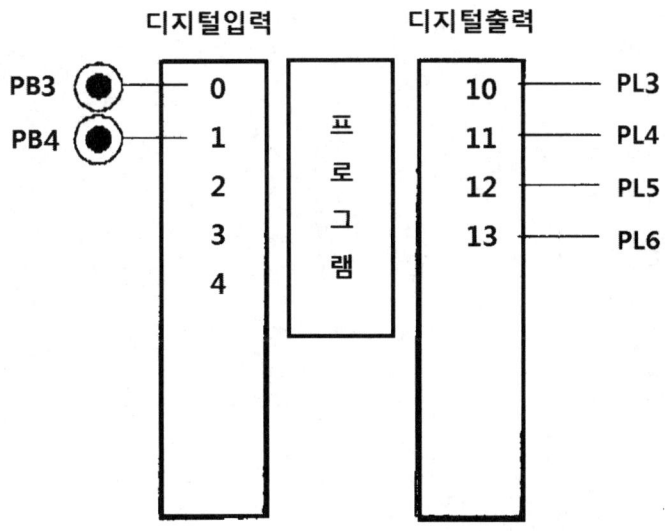

(4) 타임차트

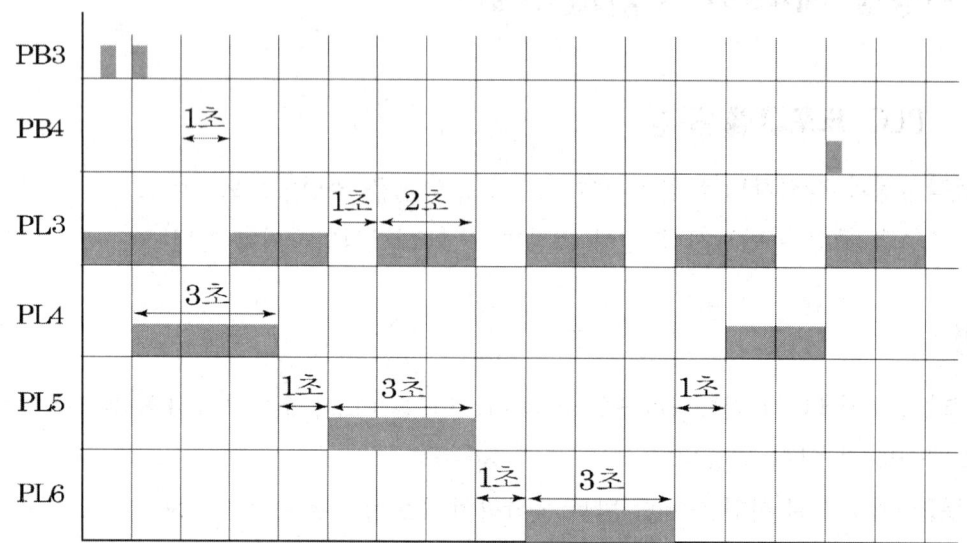

(5) 프로그램 작성

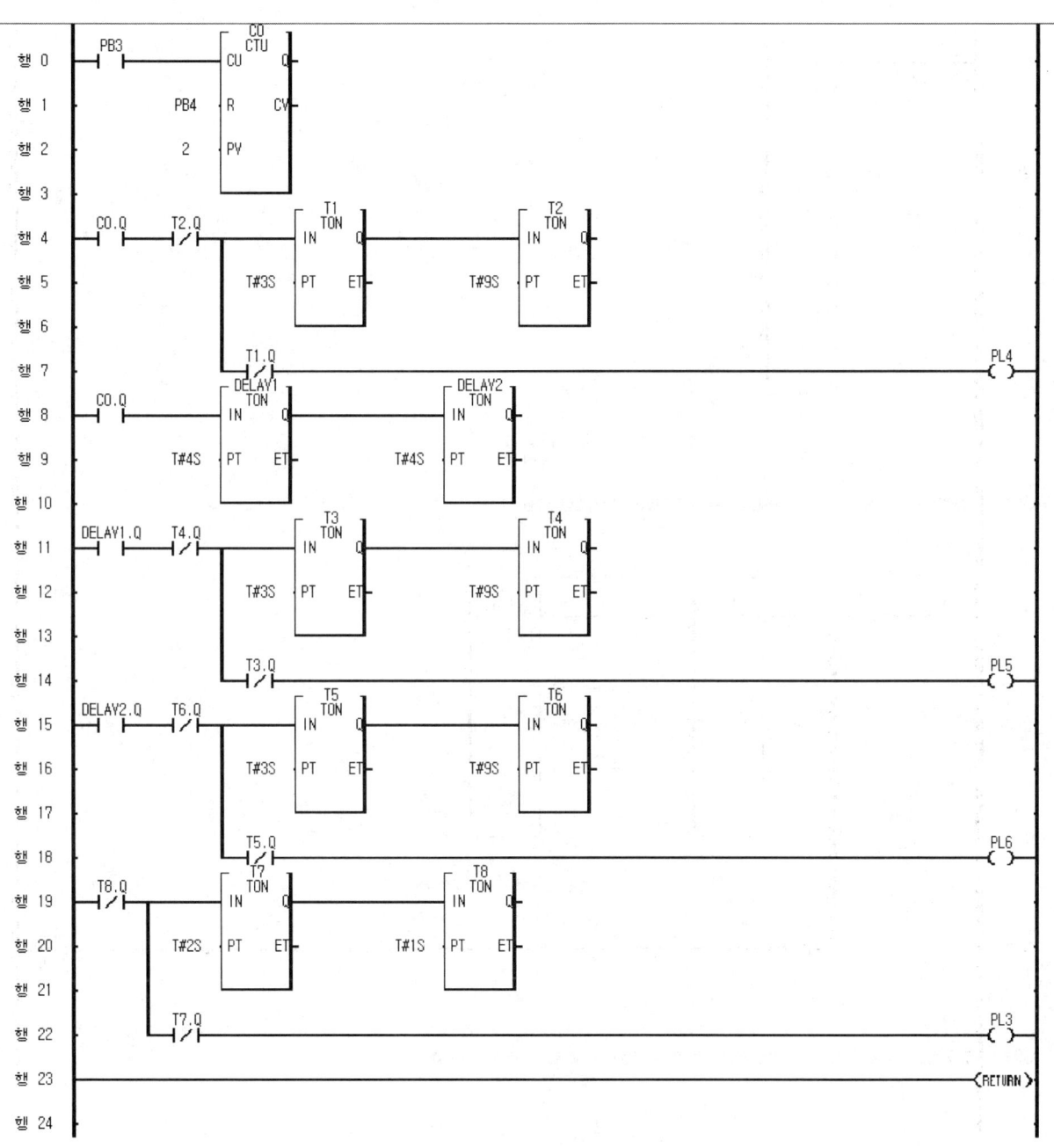

(6) 프로그래밍 해설

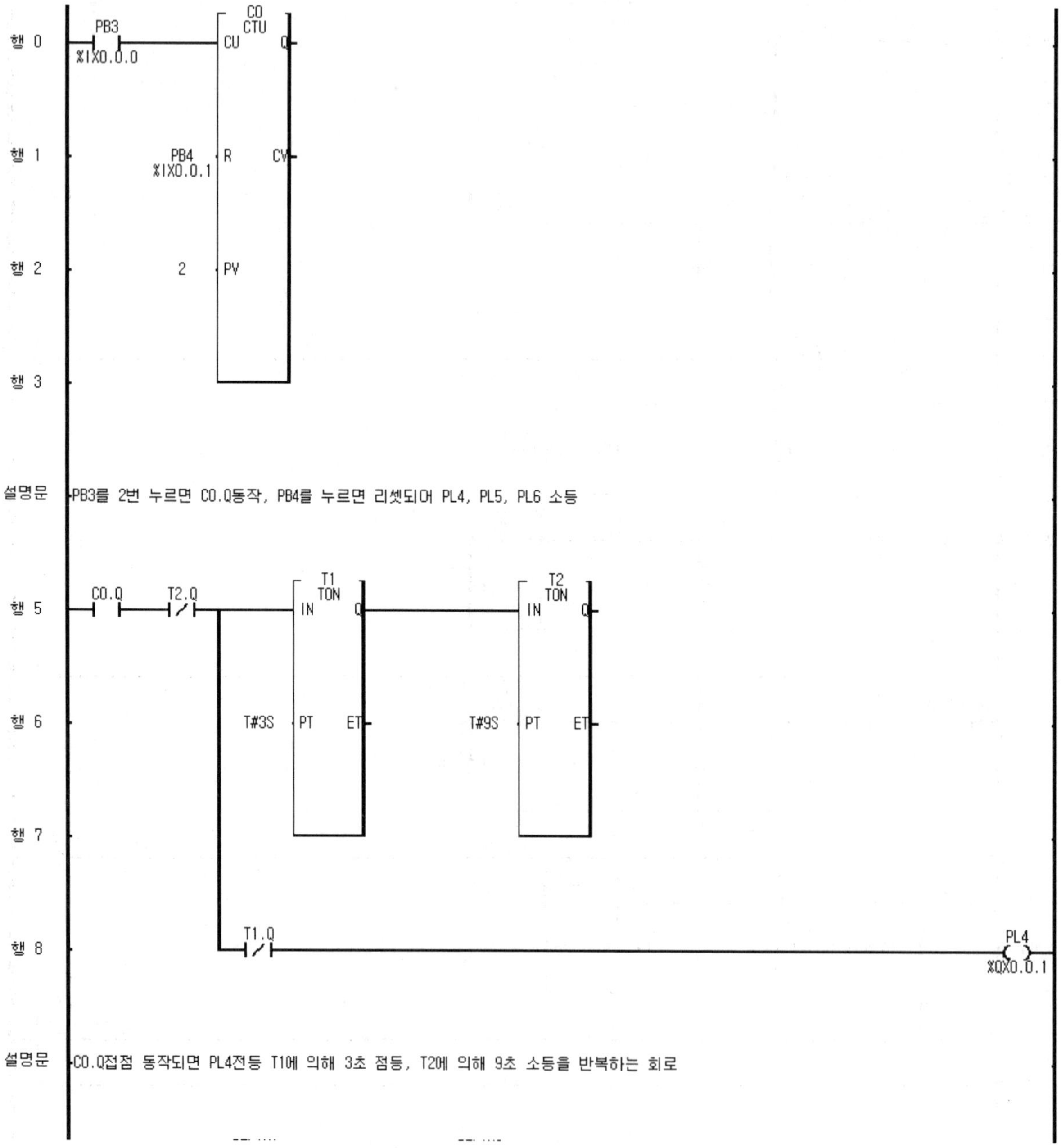

```
행 0    PB3              CO
        %IX0.0.0    CU   CTU  Q
                         
행 1            PB4
                %IX0.0.1 R    CV

행 2                 2   PV

행 3
```

설명문 : PB3를 2번 누르면 C0.Q동작, PB4를 누르면 리셋되어 PL4, PL5, PL6 소등

```
         C0.Q   T2.Q       T1               T2
행 5     ─┤├──┤/├──    IN  TON  Q      IN  TON  Q

행 6                   T#3S  PT  ET     T#9S  PT  ET

행 7

         T1.Q                                              PL4
행 8     ─┤/├──                                            %QX0.0.1
```

설명문 : C0.Q접점 동작되면 PL4전등 T1에 의해 3초 점등, T2에 의해 9초 소등을 반복하는 회로

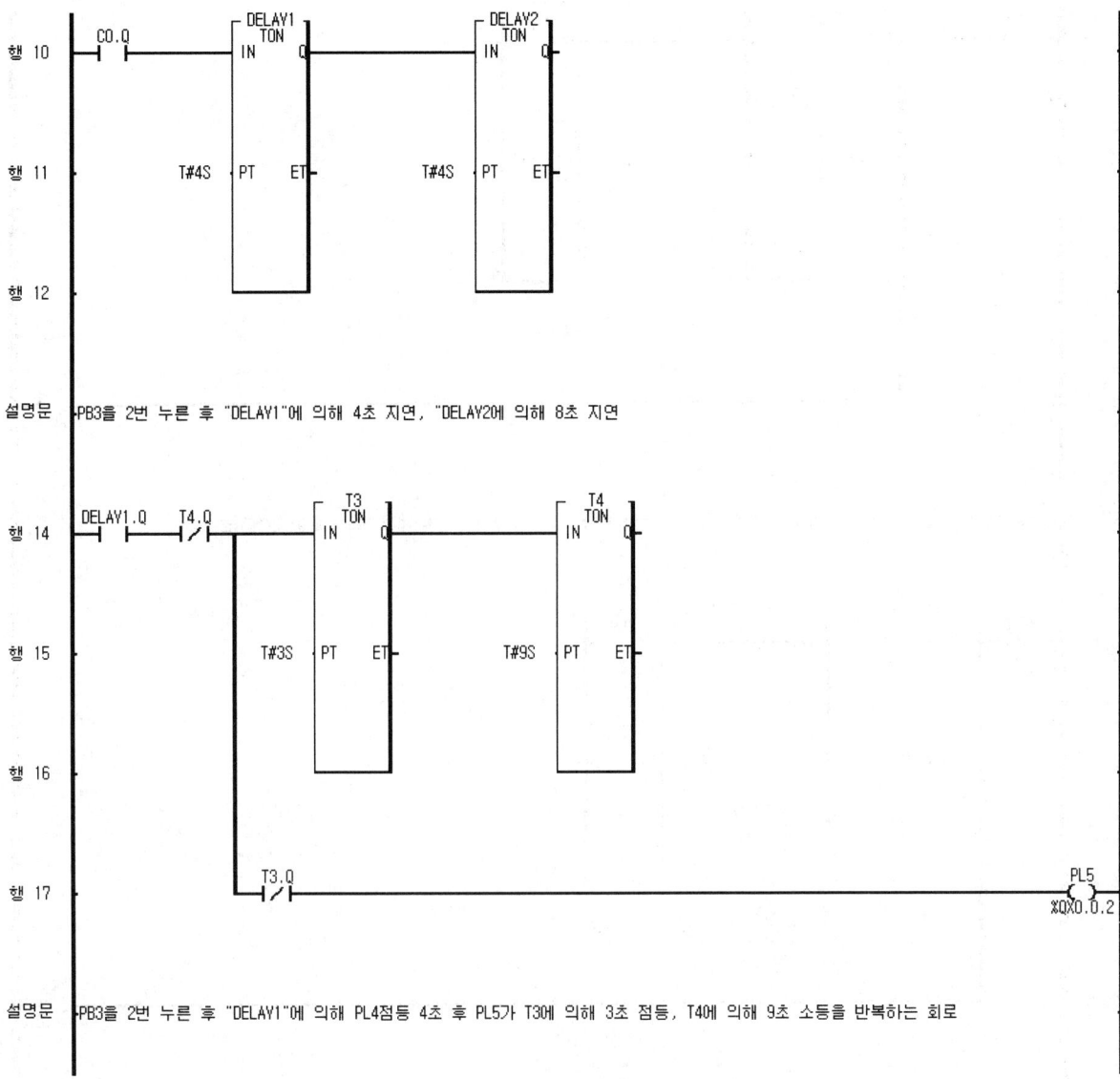

설명문 PB3을 2번 누른 후 "DELAY1"에 의해 4초 지연, "DELAY2에 의해 8초 지연

설명문 PB3을 2번 누른 후 "DELAY1"에 의해 PL4점등 4초 후 PL5가 T3에 의해 3초 점등, T4에 의해 9초 소등을 반복하는 회로

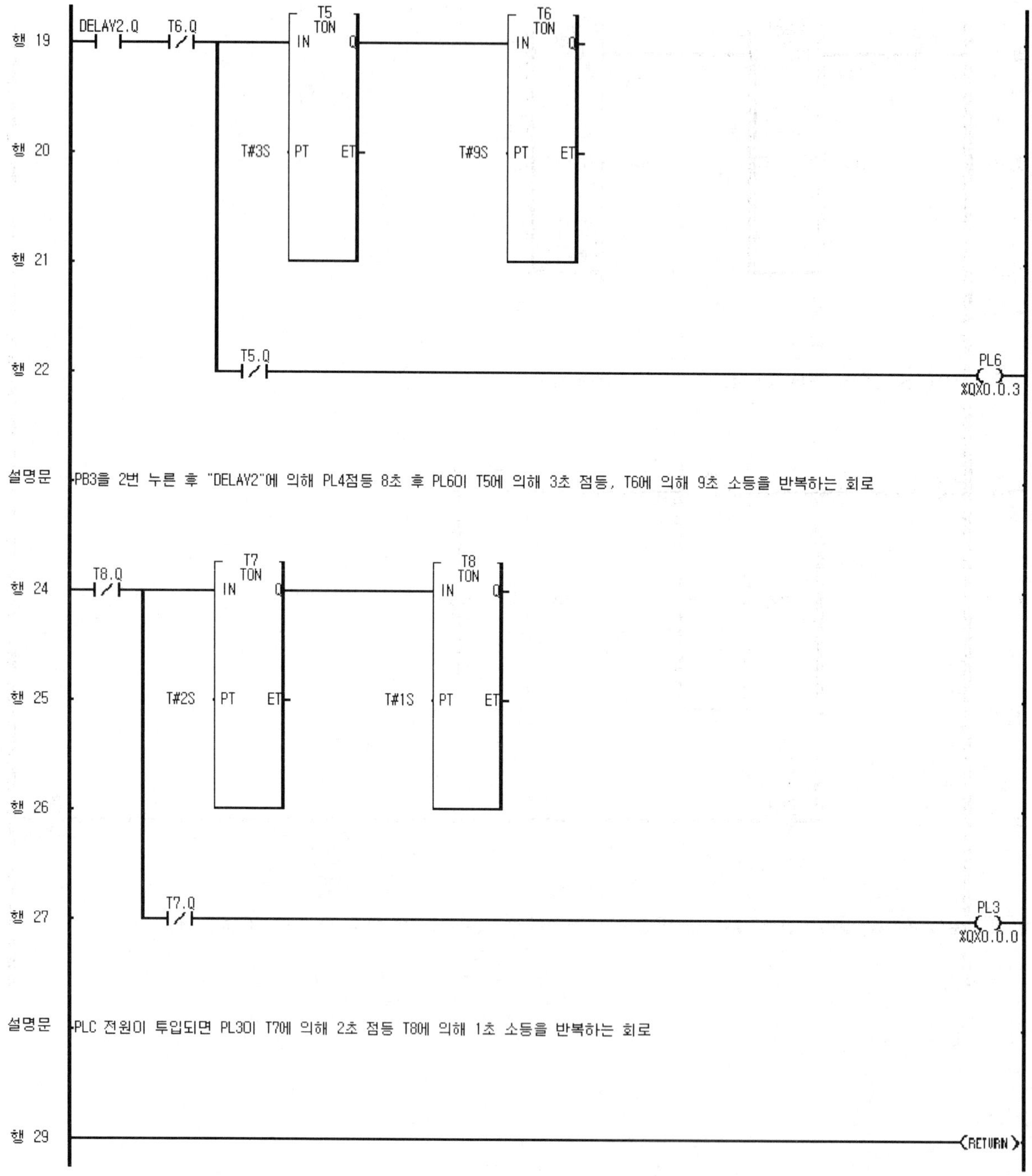

```
행 19    DELAY2.Q   T6.Q          T5                    T6
          ──┤├──────┤/├──────────IN TON Q──────────────IN TON Q
행 20                       T#3S──PT    ET       T#9S──PT    ET

행 21

행 22              T5.Q                                                                    PL6
                  ──┤/├─────────────────────────────────────────────────────────────────( )
                                                                                      %QX0.0.3
```

설명문 PB3를 2번 누른 후 "DELAY2"에 의해 PL4점등 8초 후 PL6이 T5에 의해 3초 점등, T6에 의해 9초 소등을 반복하는 회로

```
행 24    T8.Q          T7                    T8
         ──┤/├────────IN TON Q──────────────IN TON Q
행 25              T#2S──PT    ET       T#1S──PT    ET

행 26

행 27              T7.Q                                                                    PL3
                  ──┤/├─────────────────────────────────────────────────────────────────( )
                                                                                      %QX0.0.0
```

설명문 PLC 전원이 투입되면 PL3이 T7에 의해 2초 점등 T8에 의해 1초 소등을 반복하는 회로

```
행 29                                                                                  ─〈RETURN〉
```

Chapter 04 PLC 프로그래밍

11.13 기능장 제49회 B형[2011년 5월]

(1) 제1과제 : PLC 프로그램 구성

① 다음 동작설명과 타임차트를 참조하여 PLC 프로그램을 완성하시오.
② PLC 프로그램 구성은 반드시 본인이 지참한 기종으로 작업하여야 한다.

(2) 동작설명

① PB$_3$을 눌렀다 놓으면 1초 후 PL$_6$이 점등되어, 3초간 점등된 뒤 소등되고, PL$_5$는 PL$_6$이 소등된 후 1초 뒤 점등되어 3초 후 소등되며, PL$_4$는 PL$_5$가 소등된 후 1초 뒤 점등되어 3초 후 소등되며, 1초 뒤 PL$_6$이 다시 점등된다.
② PB$_4$를 누를 때까지 위 사항을 계속 반복 동작하며, PB$_4$를 누르면 동작 중이던 PL$_4$, PL$_5$, PL$_6$이 전부 소등된다.
③ PLC 전원이 투입되면 PL$_3$은 점등(1초)-소등(1초)-점등(2초)-소등(1초)을 반복 동작한다.

(3) PLC 입출력도

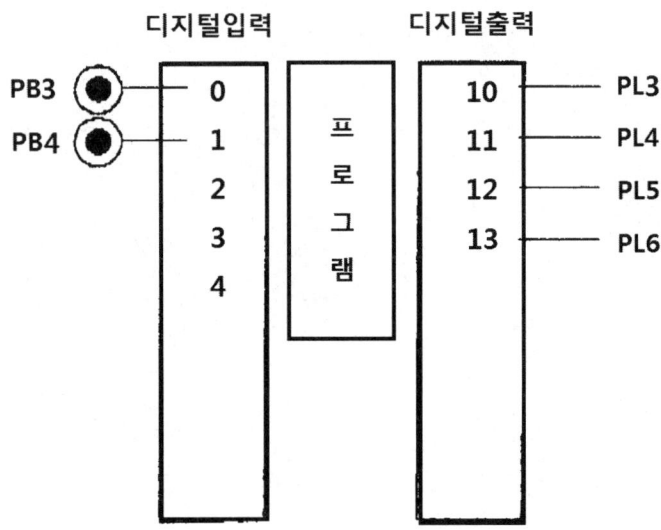

(4) 타임차트

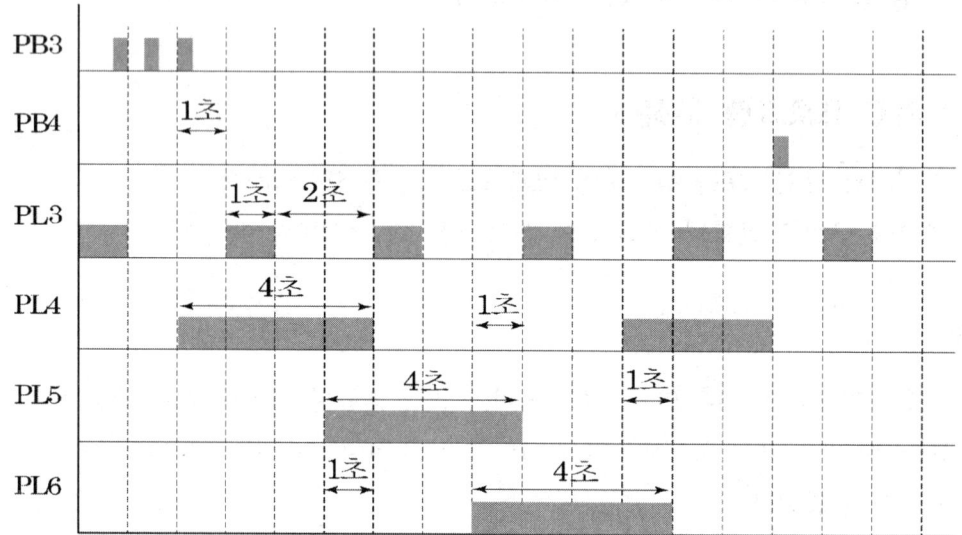

(5) 프로그램 작성

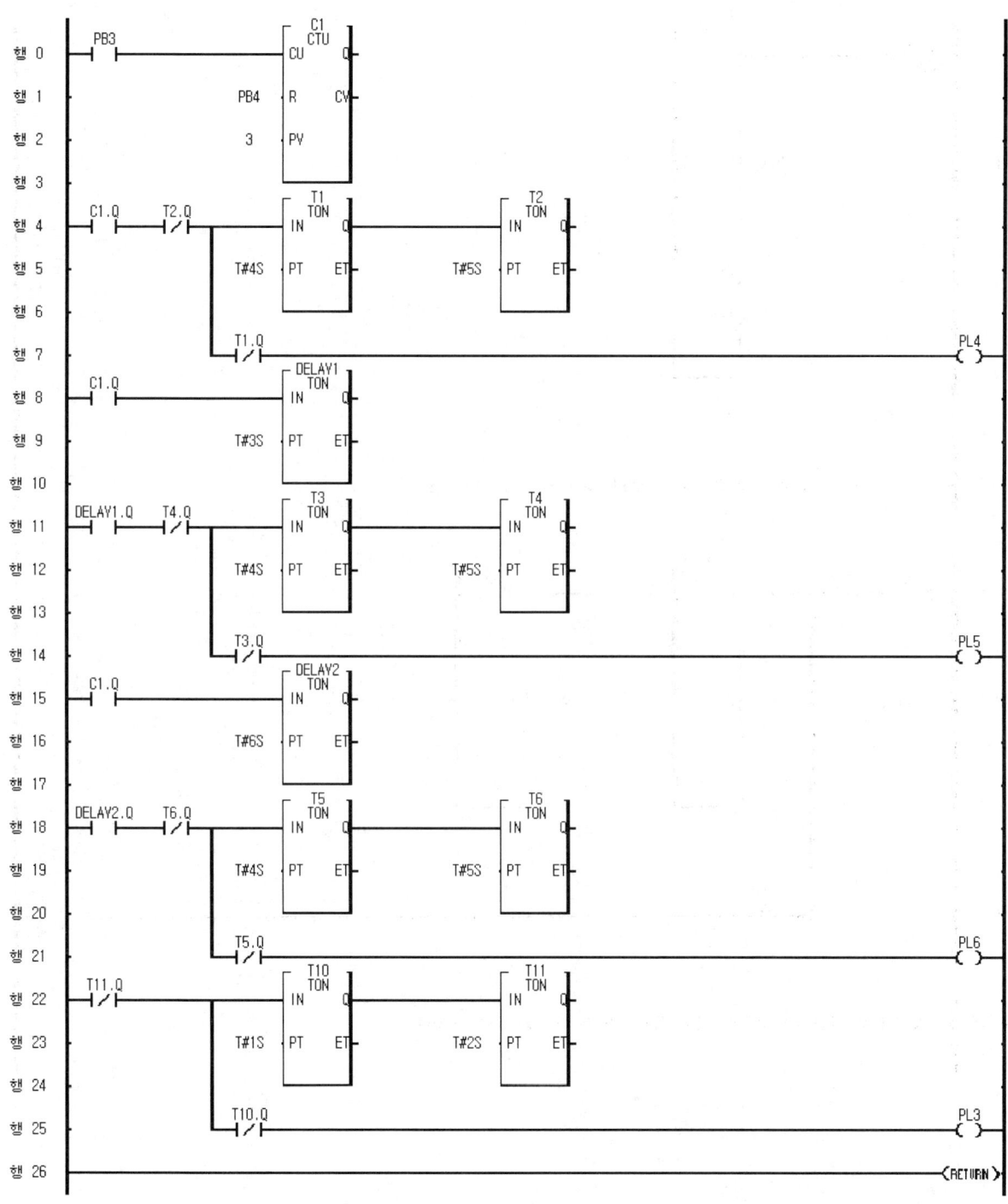

(6) 프로그래밍 해설

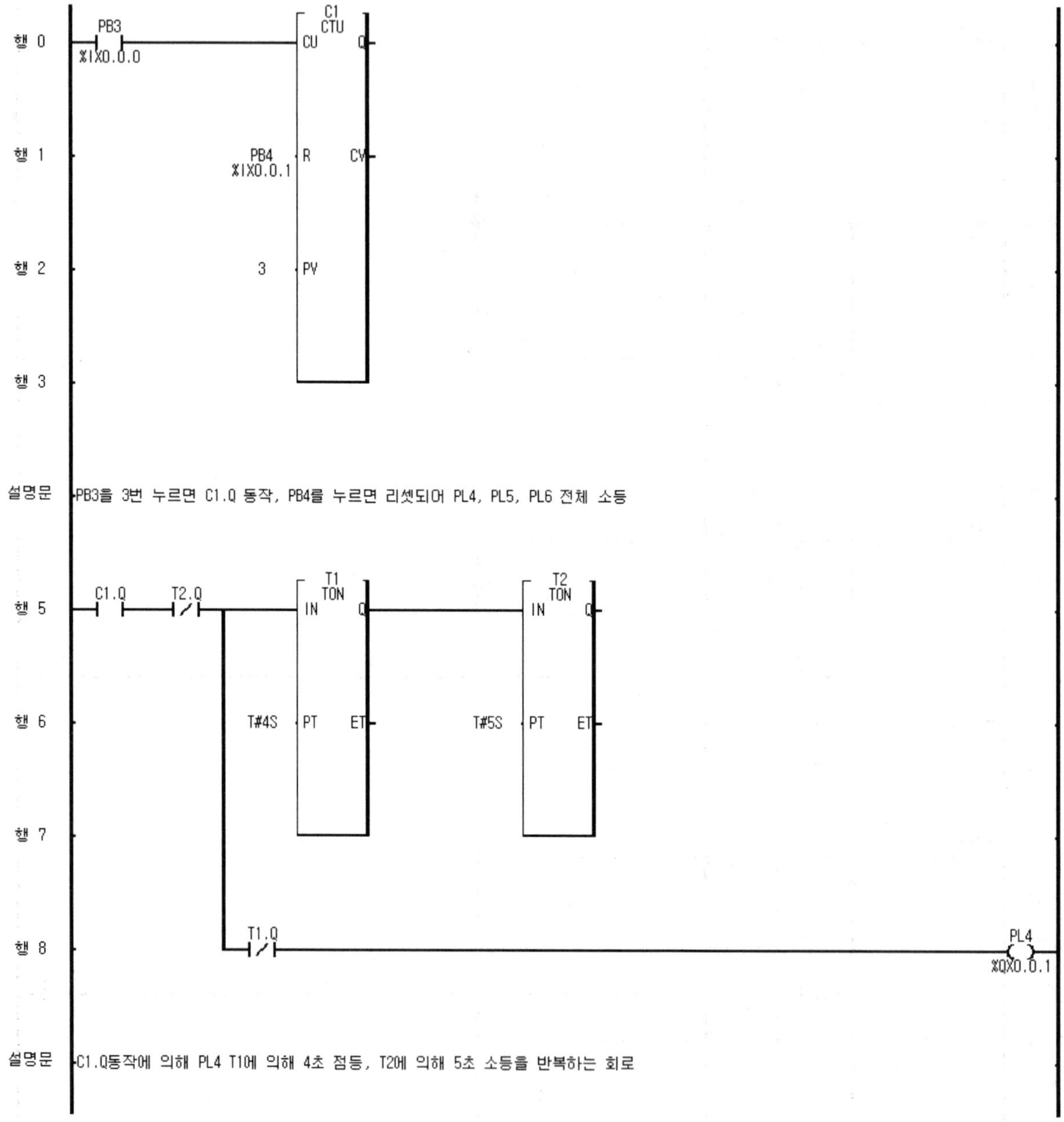

```
행 0    PB3              C1
        %IX0.0.0        CTU
        ──┤├──────────┤CU   Q├──

행 1              PB4
                  %IX0.0.1  ┤R   CV├──

행 2              3         ┤PV

행 3

설명문  PB3을 3번 누르면 C1.Q 동작, PB4를 누르면 리셋되어 PL4, PL5, PL6 전체 소등

행 5    C1.Q   T2.Q         T1                        T2
                            TON                       TON
        ──┤├──┤/├─────────┤IN   Q├─────────────────┤IN   Q├──

행 6              T#4S     ┤PT  ET├        T#5S     ┤PT  ET├

행 7

행 8    T1.Q                                                            PL4
        ──┤/├───────────────────────────────────────────────────────────( )──
                                                                        %QX0.0.1

설명문  C1.Q동작에 의해 PL4 T1에 의해 4초 점등, T2에 의해 5초 소등을 반복하는 회로
```

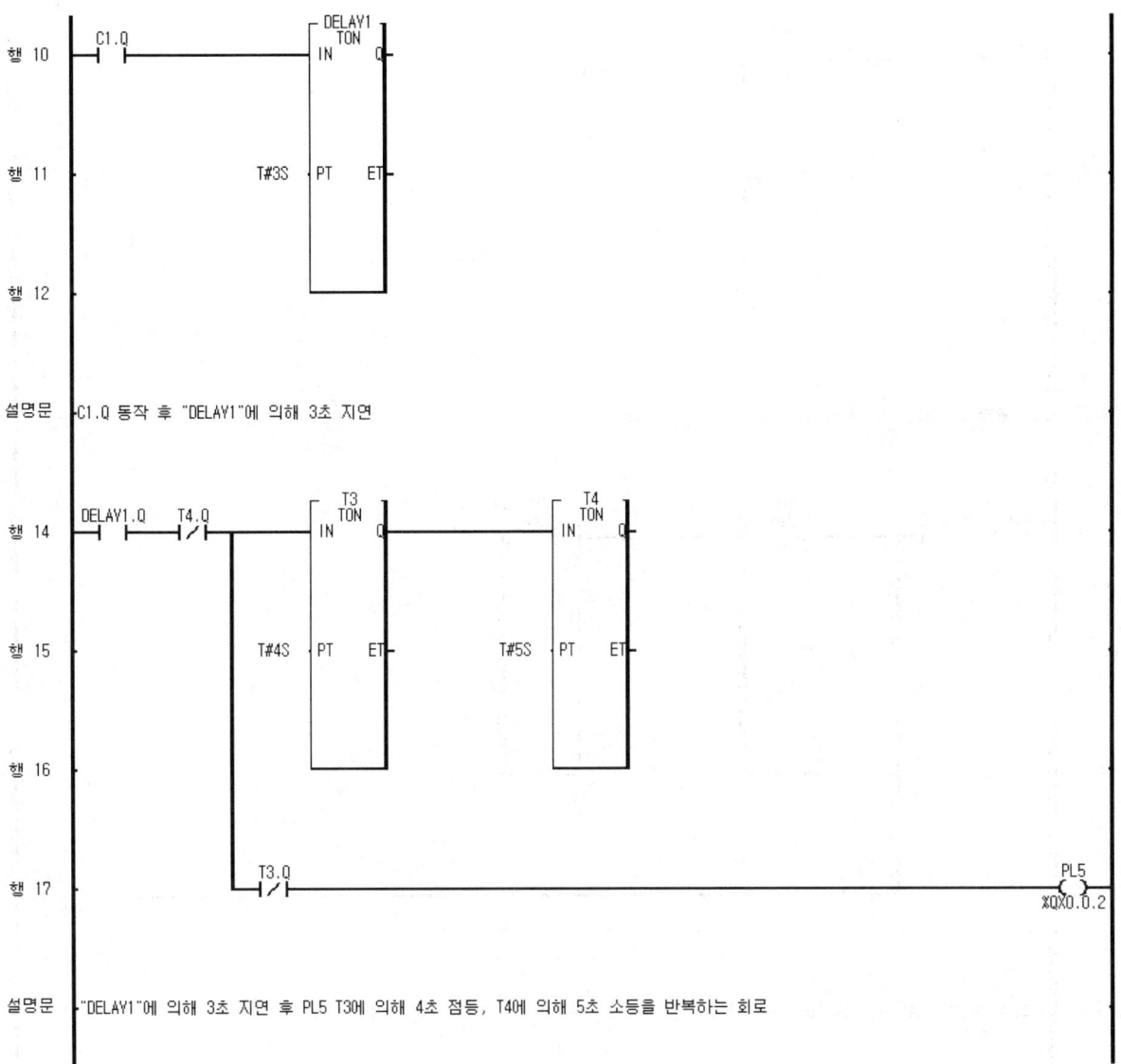

설명문 C1.Q 동작 후 "DELAY1"에 의해 3초 지연

설명문 "DELAY1"에 의해 3초 지연 후 PL5 T3에 의해 4초 점등, T4에 의해 5초 소등을 반복하는 회로

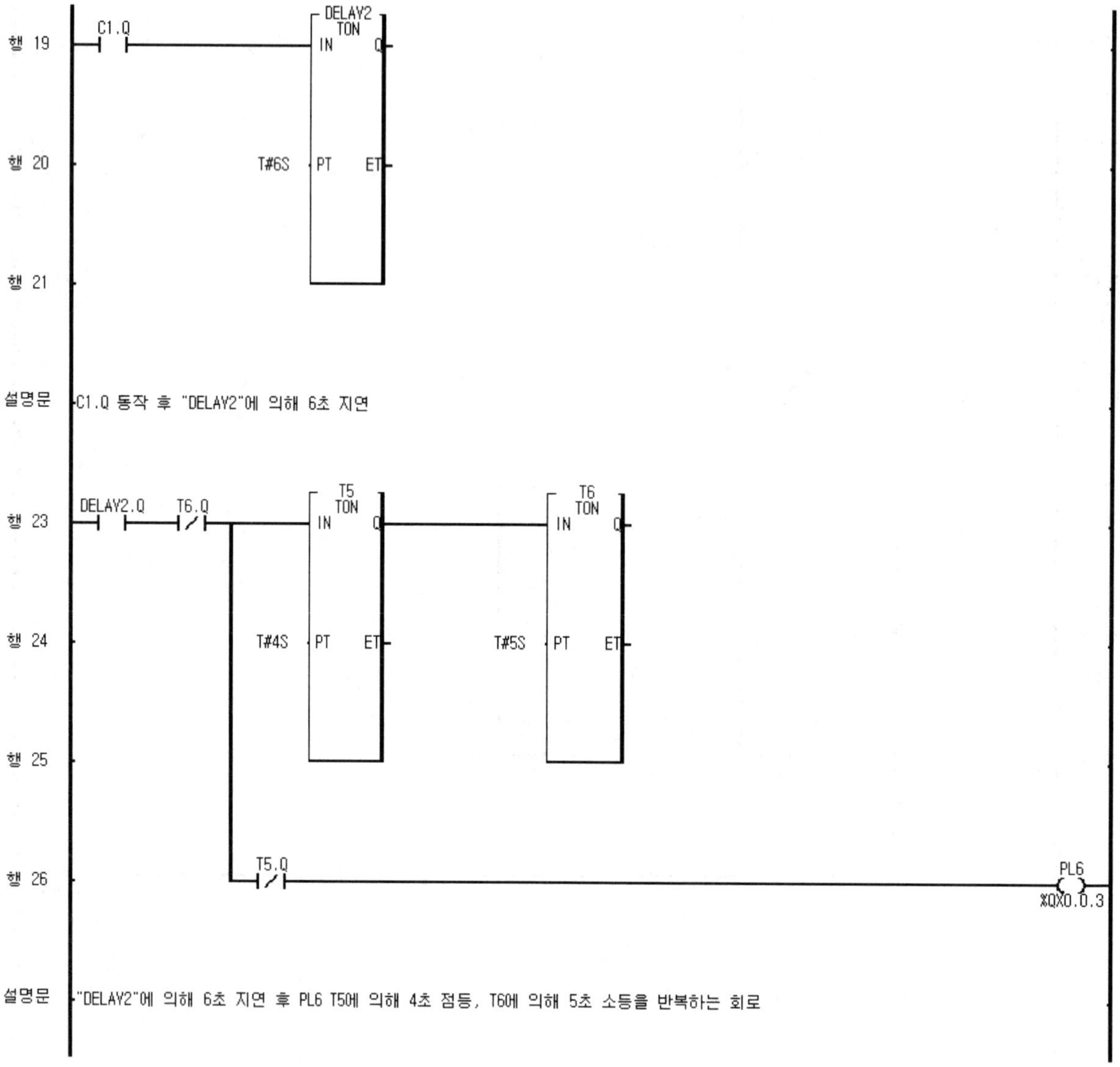

```
행 19    C1.Q              DELAY2
         ─┤├──────────────┤  TON  ├─
                          ┤IN    Q├

행 20                     ┤T#6S PT ET├

행 21

설명문 : C1.Q 동작 후 "DELAY2"에 의해 6초 지연


행 23  DELAY2.Q  T6.Q        T5               T6
       ─┤├──────┤/├────────┤ TON ├──────────┤ TON ├─
                          ┤IN    Q├        ┤IN    Q├

행 24                     ┤T#4S PT ET├    ┤T#5S PT ET├

행 25

행 26         T5.Q                                           PL6
              ─┤/├──────────────────────────────────────────( )
                                                          %QX0.0.3

설명문 : "DELAY2"에 의해 6초 지연 후 PL6 T5에 의해 4초 점등, T6에 의해 5초 소등을 반복하는 회로
```

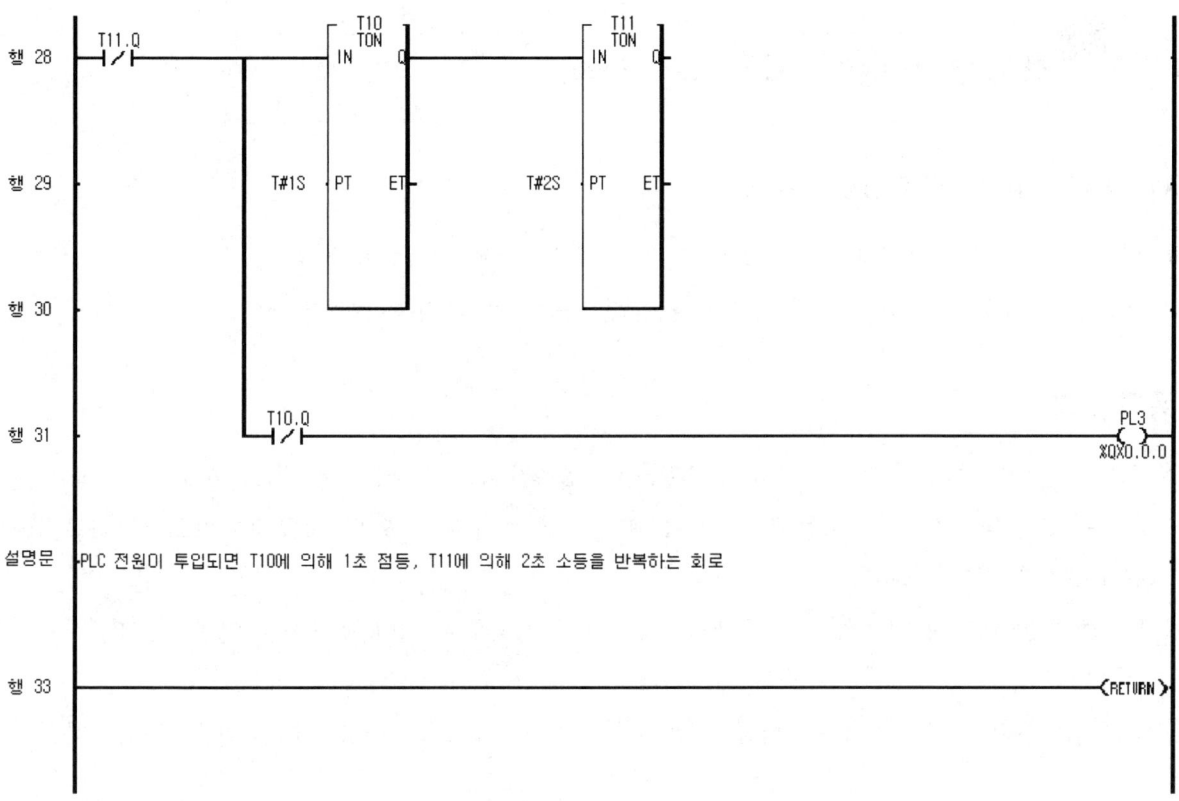

설명문 PLC 전원이 투입되면 T10에 의해 1초 점등, T11에 의해 2초 소등을 반복하는 회로

11.14 기능장 제49회 C형 [2011년 5월]

(1) 제1과제 : PLC 프로그램 구성

① 다음 동작설명과 타임차트를 참조하여 PLC 프로그램을 완성하시오.
② PLC 프로그램 구성은 반드시 본인이 지참한 기종으로 작업하여야 한다.

(2) 동작설명

① PB_3을 눌렀다 놓으면 1초 후 PL_6이 점등되어, 3초간 점등된 뒤 소등되고, PL_5는 PL_6이 소등된 후 1초 뒤 점등되어 3초 후 소등되며, PL_4는 PL_5가 소등된 후 1초 뒤 점등되어 3초 후 소등되며, 1초 뒤 PL_6이 다시 점등된다.
② PB_4를 누를 때까지 위 사항을 계속 반복 동작하며, PB_4를 누르면 동작 중이던 PL_4, PL_5, PL_6이 전부 소등된다.
③ PLC 전원이 투입되면 PL_3은 점등(1초)-소등(1초)-점등(2초)-소등(1초)을 반복 동작한다.

(3) PLC 입출력도

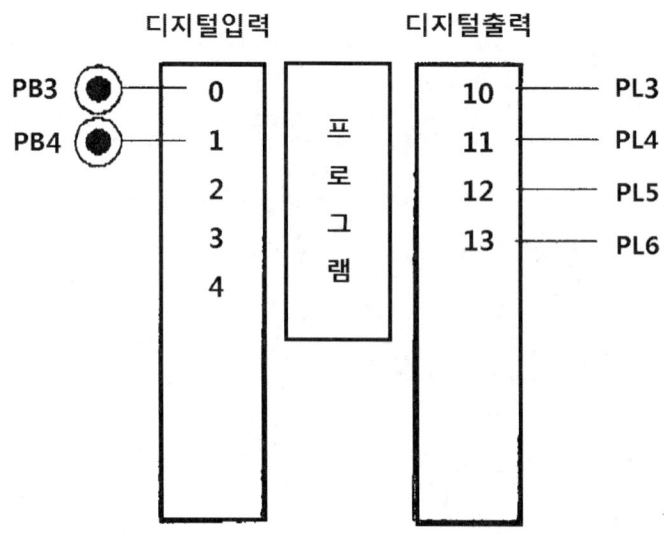

(4) 타임차트

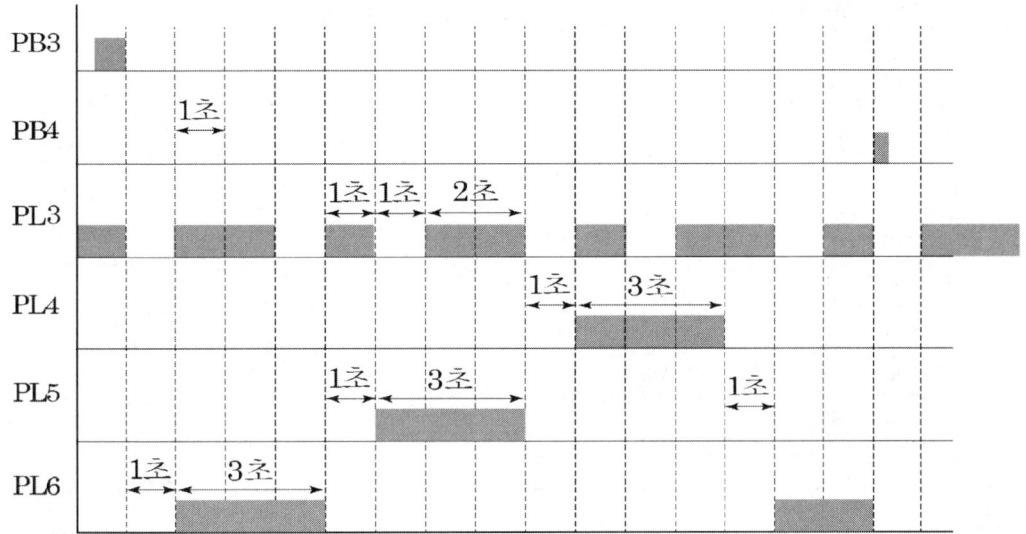

(5) 프로그램 작성

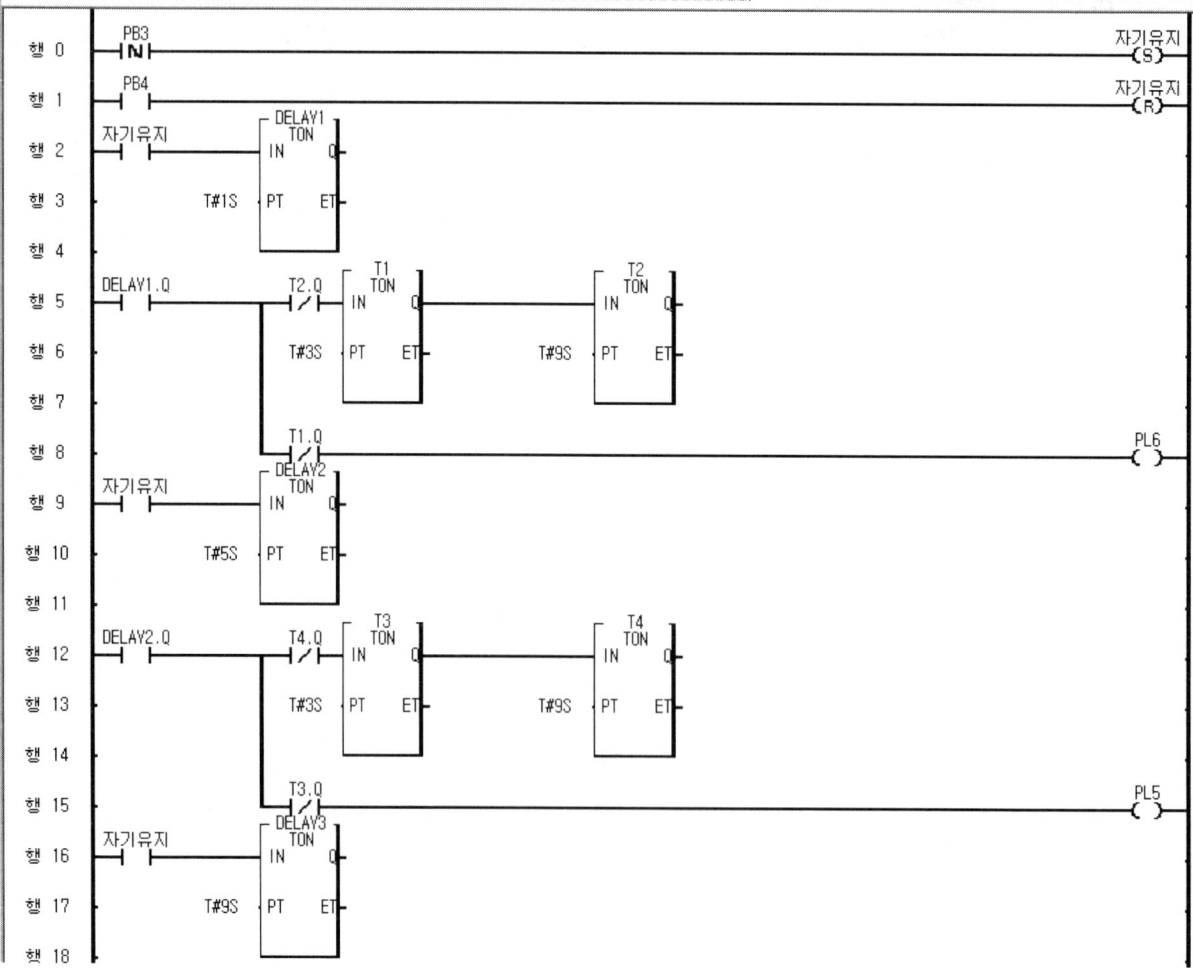

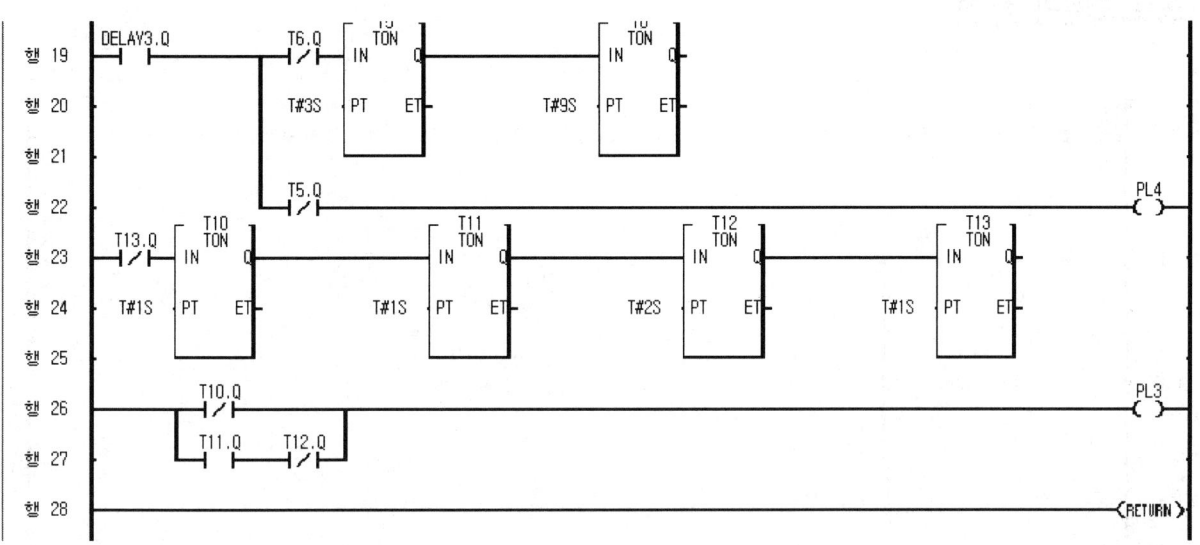

(6) 프로그래밍 해설

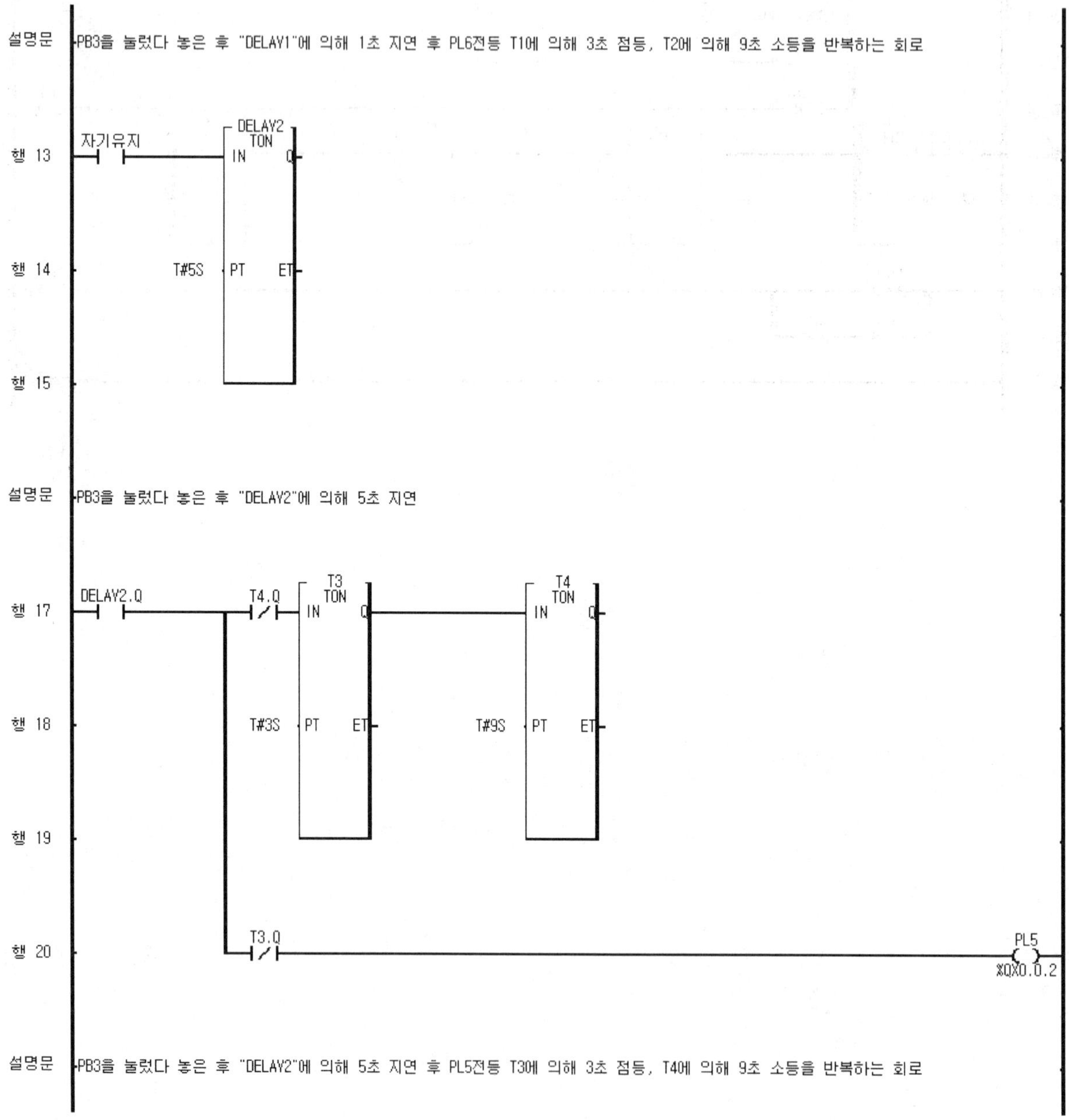

설명문 ┤PB3을 눌렀다 놓은 후 "DELAY1"에 의해 1초 지연 후 PL6전등 T1에 의해 3초 점등, T2에 의해 9초 소등을 반복하는 회로

행 13 자기유지 DELAY2 TON IN Q
행 14 T#5S PT ET
행 15

설명문 ┤PB3을 눌렀다 놓은 후 "DELAY2"에 의해 5초 지연

행 17 DELAY2.Q T4.Q T3 TON IN Q   T4 TON IN Q
행 18 T#3S PT ET   T#9S PT ET
행 19
행 20 T3.Q   PL5
                                                        %QX0.0.2

설명문 ┤PB3을 눌렀다 놓은 후 "DELAY2"에 의해 5초 지연 후 PL5전등 T30에 의해 3초 점등, T40에 의해 9초 소등을 반복하는 회로

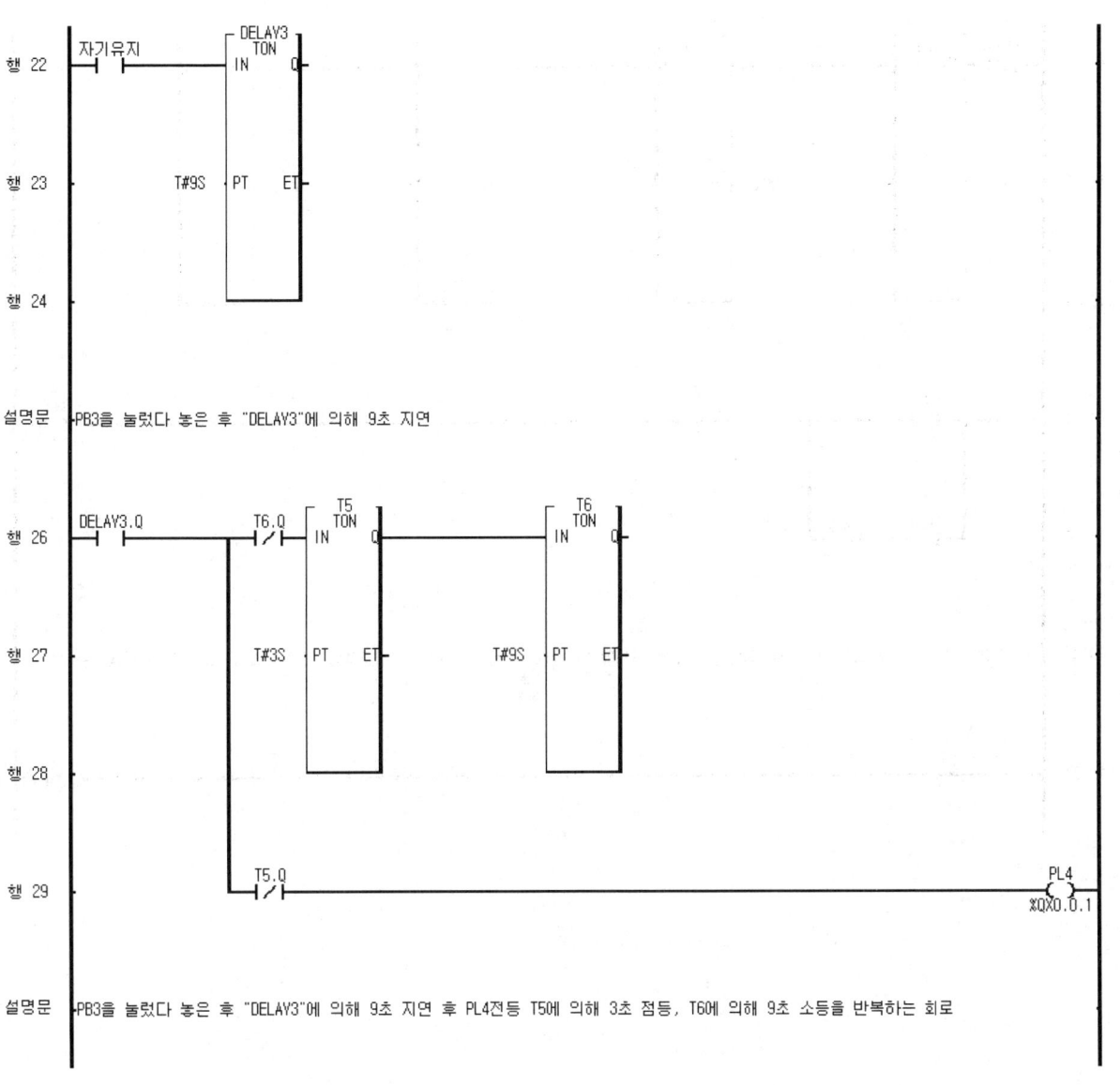

설명문 PB3을 눌렀다 놓은 후 "DELAY3"에 의해 9초 지연

설명문 PB3을 눌렀다 놓은 후 "DELAY3"에 의해 9초 지연 후 PL4전등 T5에 의해 3초 점등, T6에 의해 9초 소등을 반복하는 회로

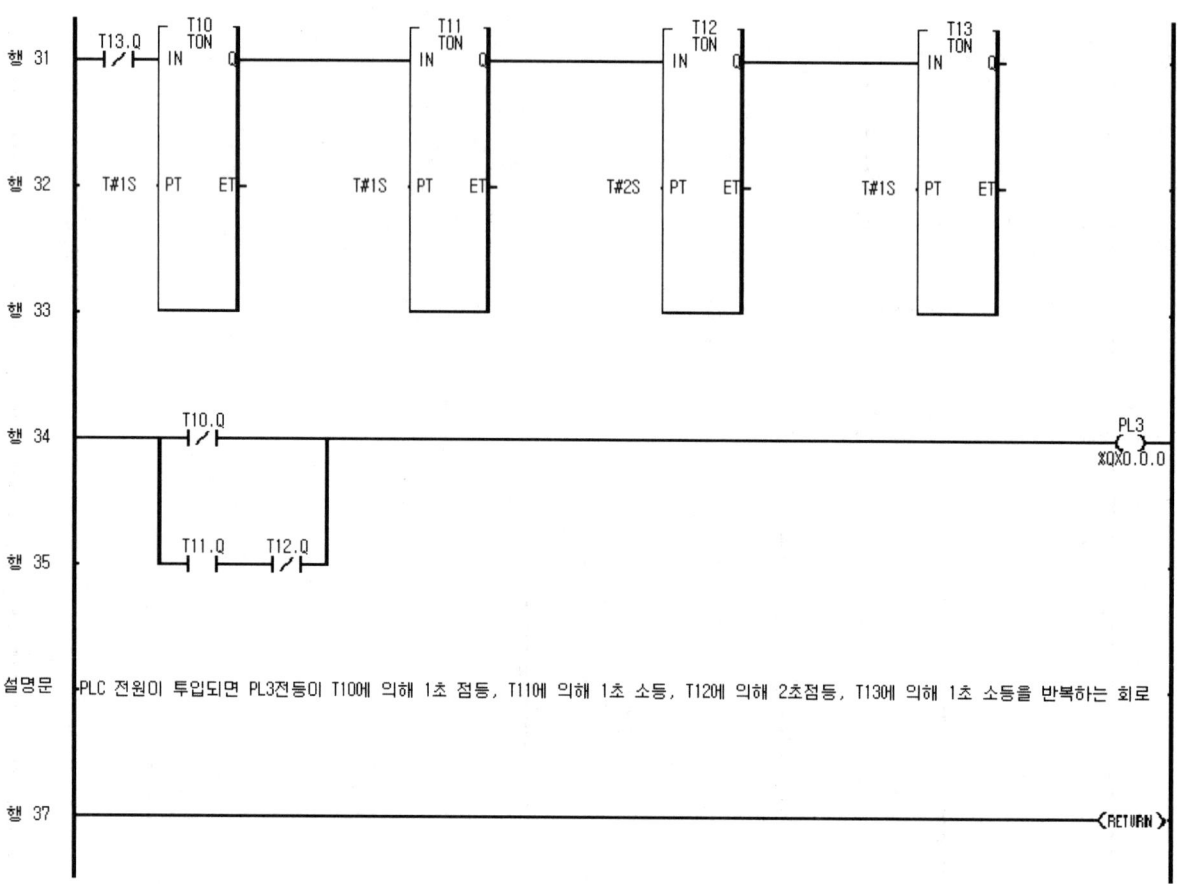

설명문 PLC 전원이 투입되면 PL3전등이 T10에 의해 1초 점등, T11에 의해 1초 소등, T120에 의해 2초점등, T130에 의해 1초 소등을 반복하는 회로

Chapter 4 PLC 프로그래밍

11.15 기능장 제50회 A형 [2011년 9월]

(1) 제1과제 : PLC 프로그램 구성

① 다음 동작설명과 타임차트를 참조하여 PLC 프로그램을 완성하시오.
② PLC 프로그램 구성은 반드시 본인이 지참한 기종으로 작업하여야 한다.

(2) 동작설명

① PB-ON을 누르면 PL_1은 3초간 점등되고, PL_2는 PL_1 소등 1초 전에 점등되어 점등(2초)-소등(1초)-점등(1초)-소등(1초)-점등(1초)을 동작하며 PL_3은 PL_2 소등 후 점등(1초)-소등(1초)을 동작한다.
② PB-OFF를 누를 때까지 위 사항을 계속 반복 동작하며, PB-OFF를 누르면 동작 중이던 PL_1, PL_2, PL_3은 전부 소등된다.
③ EOCR이 동작되면 X_3 릴레이에 의하여 YL[점등(1초)-소등(1초)-점등(2초)-소등(1초)을 반복]이 동작하고, EOCR을 리셋하면 모든 동작은 멈춘다.

(3) PLC 입출력도

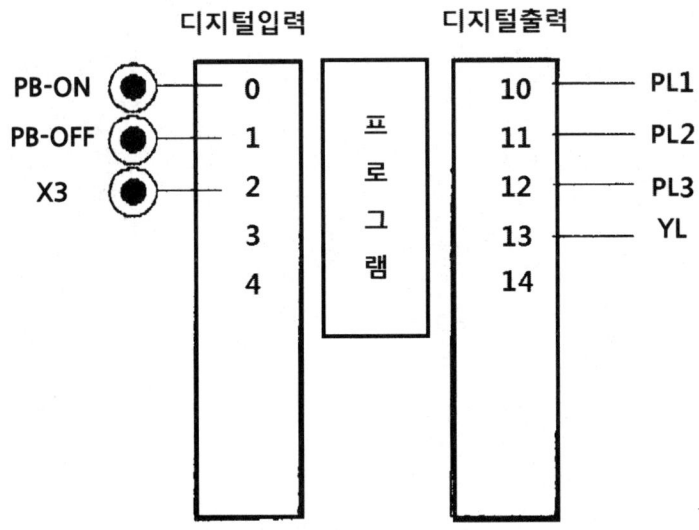

(4) 타임차트

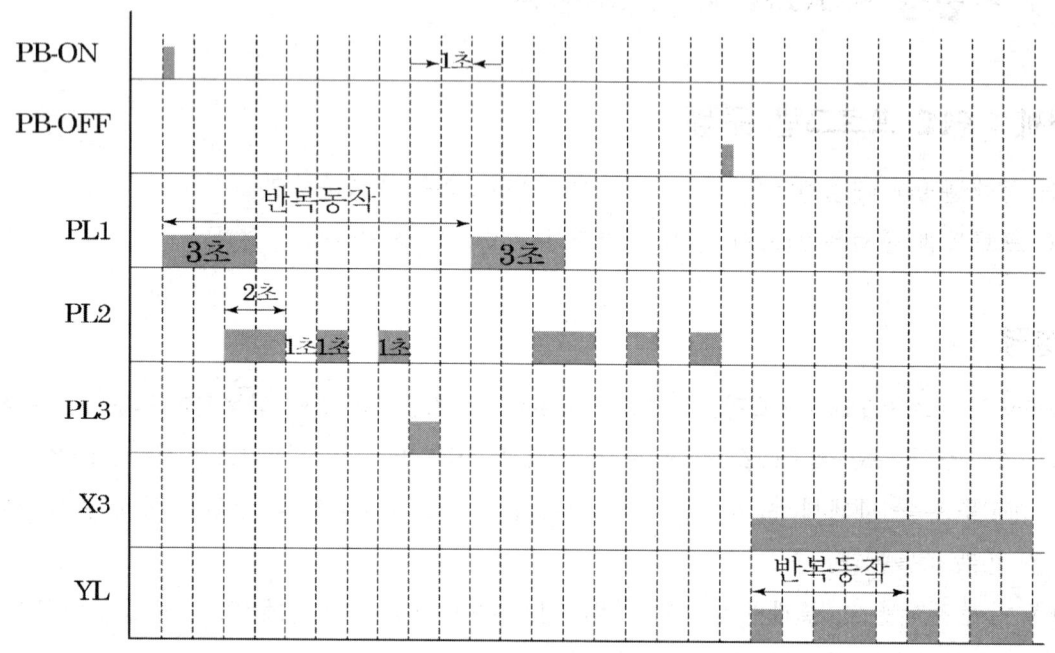

(5) 프로그램 작성

변수 명	데이터 타입	메모리 할당	초기 값	변수 종류	사용 여부	설명문
1	DELAY1	FB Instanc	<자동>		VAR		
2	DELAY2	FB Instanc	<자동>		VAR		
3	PB_OFF	BOOL	%IX0.0.1		VAR		
4	PB_ON	BOOL	%IX0.0.0		VAR		
5	PL1	BOOL	%QX0.0.0		VAR		
6	PL2	BOOL	%QX0.0.1		VAR		
7	PL3	BOOL	%QX0.0.2		VAR		
8	T1	FB Instanc	<자동>		VAR		
9	T10	FB Instanc	<자동>		VAR		
10	T11	FB Instanc	<자동>		VAR		
11	T12	FB Instanc	<자동>		VAR		
12	T13	FB Instanc	<자동>		VAR		
13	T14	FB Instanc	<자동>		VAR		
14	T2	FB Instanc	<자동>		VAR		
15	T3	FB Instanc	<자동>		VAR		
16	T4	FB Instanc	<자동>		VAR		
17	T5	FB Instanc	<자동>		VAR		
18	T6	FB Instanc	<자동>		VAR		
19	T7	FB Instanc	<자동>		VAR		
20	T8	FB Instanc	<자동>		VAR		
21	T9	FB Instanc	<자동>		VAR		
22	X3	BOOL	%IX0.0.2		VAR		
23	YL	BOOL	%QX0.0.3		VAR		
24	자기유지	BOOL	<자동>		VAR		

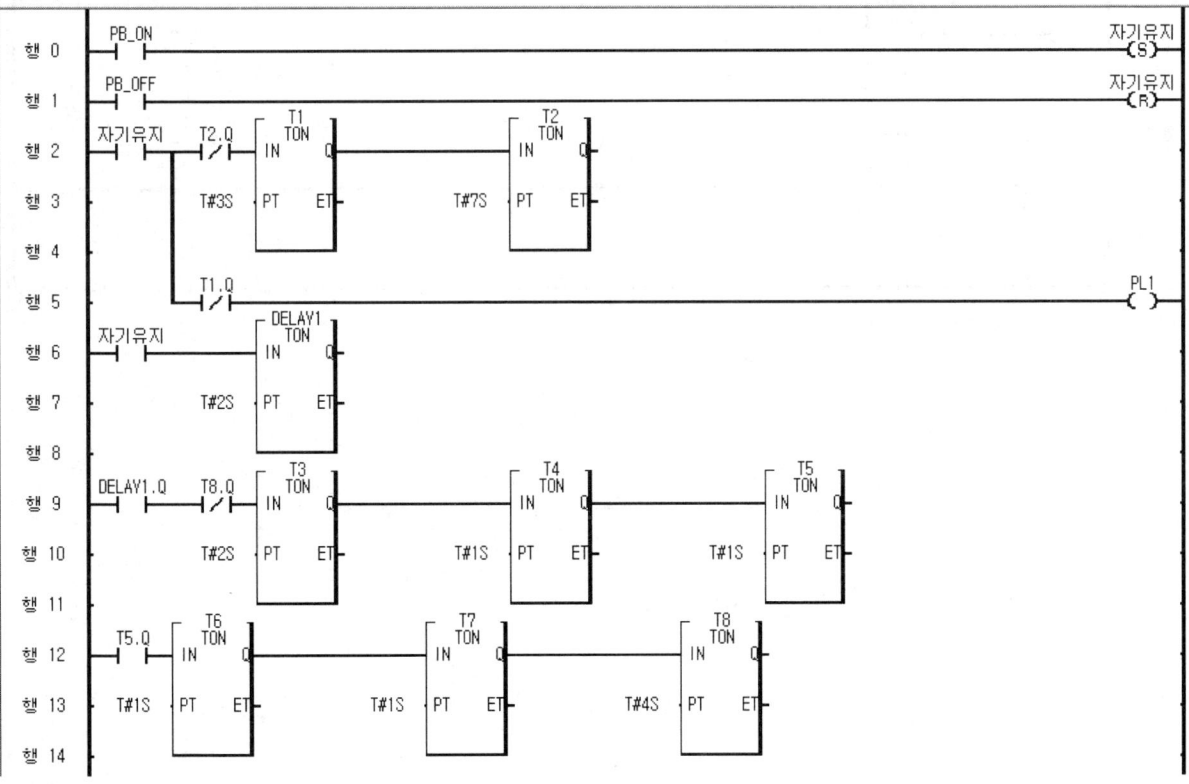

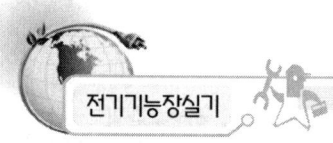

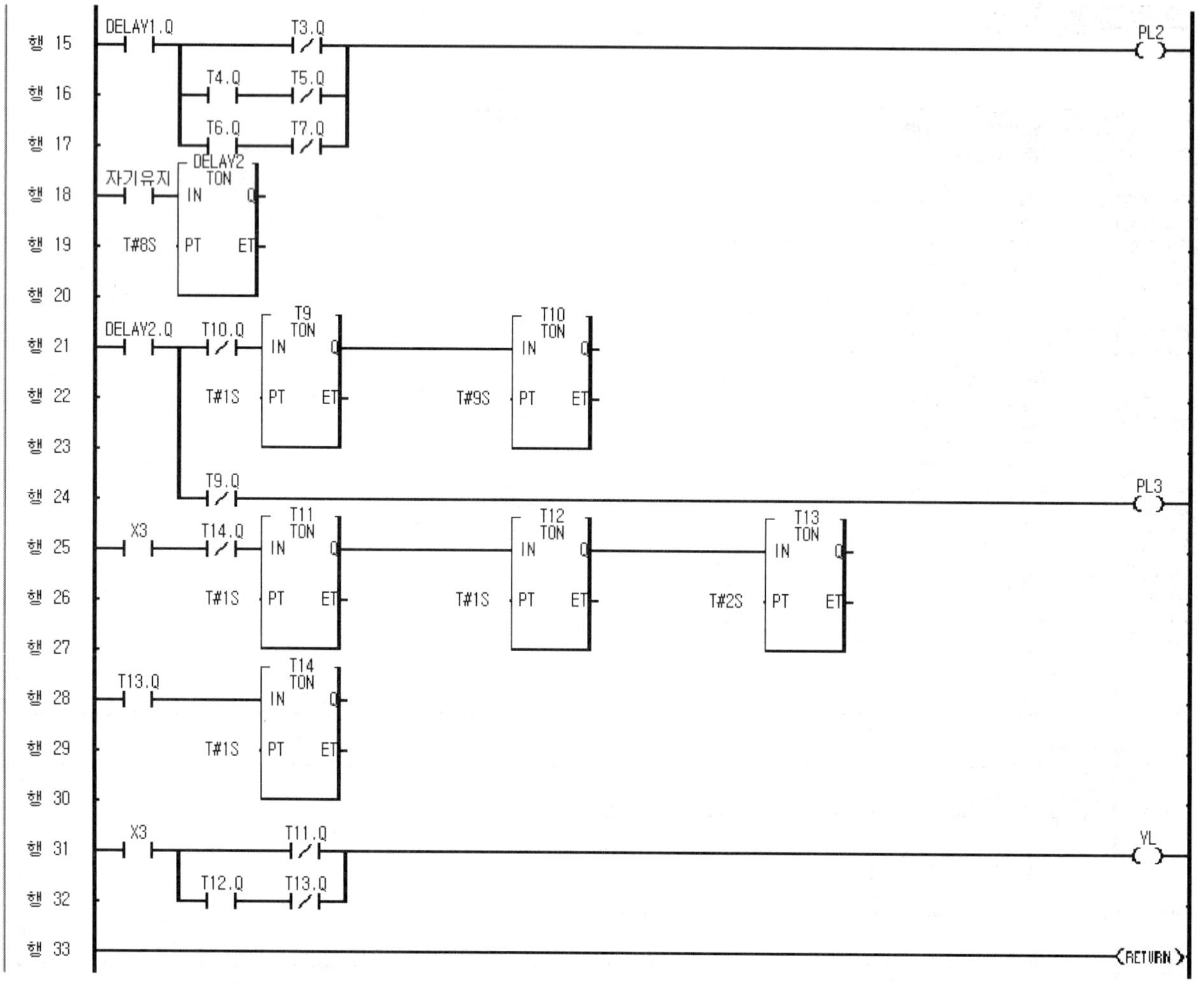

행 15
행 16
행 17
행 18
행 19
행 20
행 21
행 22
행 23
행 24
행 25
행 26
행 27
행 28
행 29
행 30
행 31
행 32
행 33
DELAY1.Q
T3.Q
PL2
T4.Q
T5.Q
T6.Q
T7.Q
DELAY2
TON
자기유지
IN
Q
T#8S
PT
ET
DELAY2.Q
T10.Q
T9
T10
T#1S
T#9S
T9.Q
PL3
X3
T14.Q
T11
T12
T13
T#2S
T13.Q
T14
T11.Q
YL
T12.Q
RETURN

(6) 프로그래밍 해설

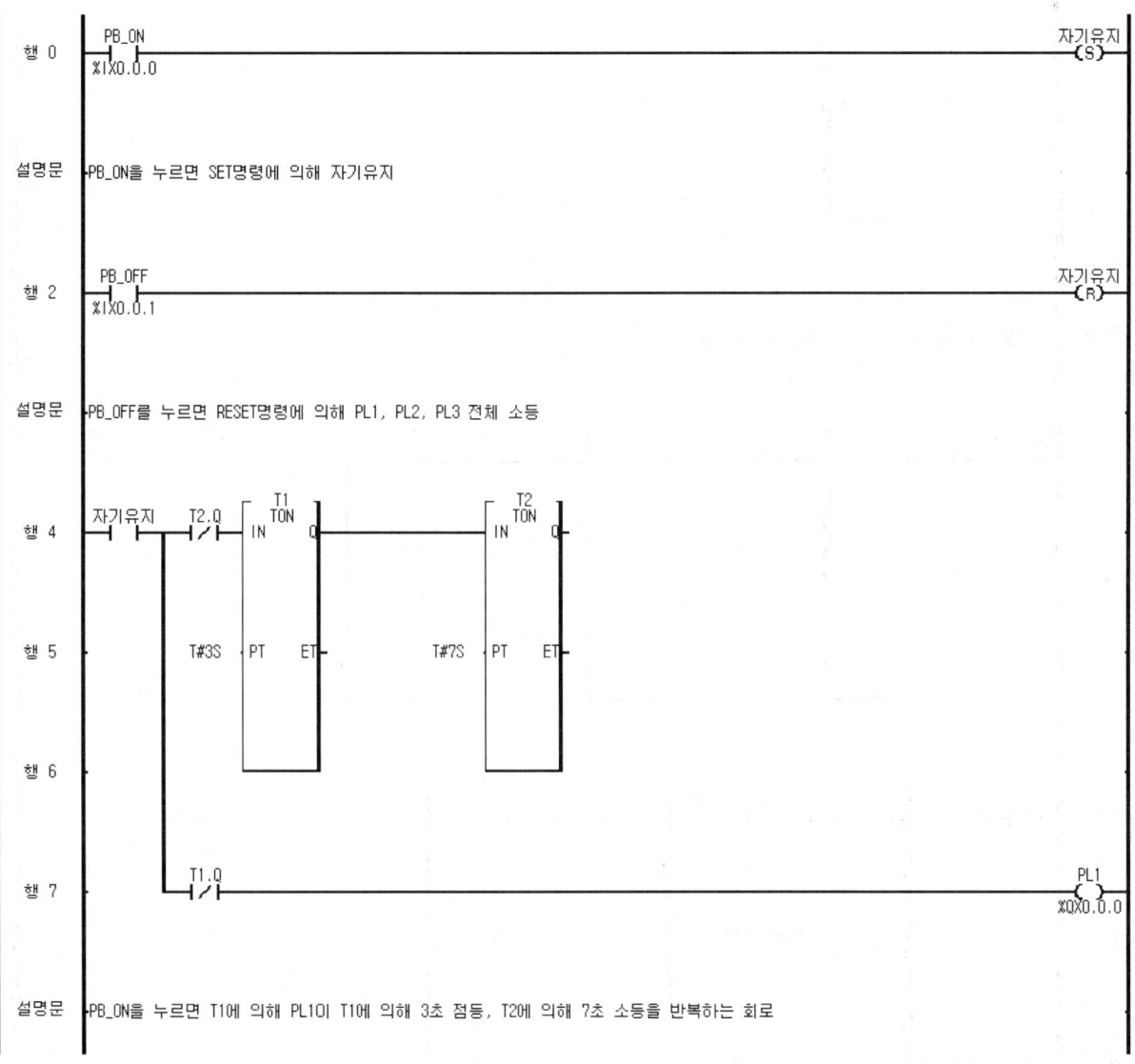

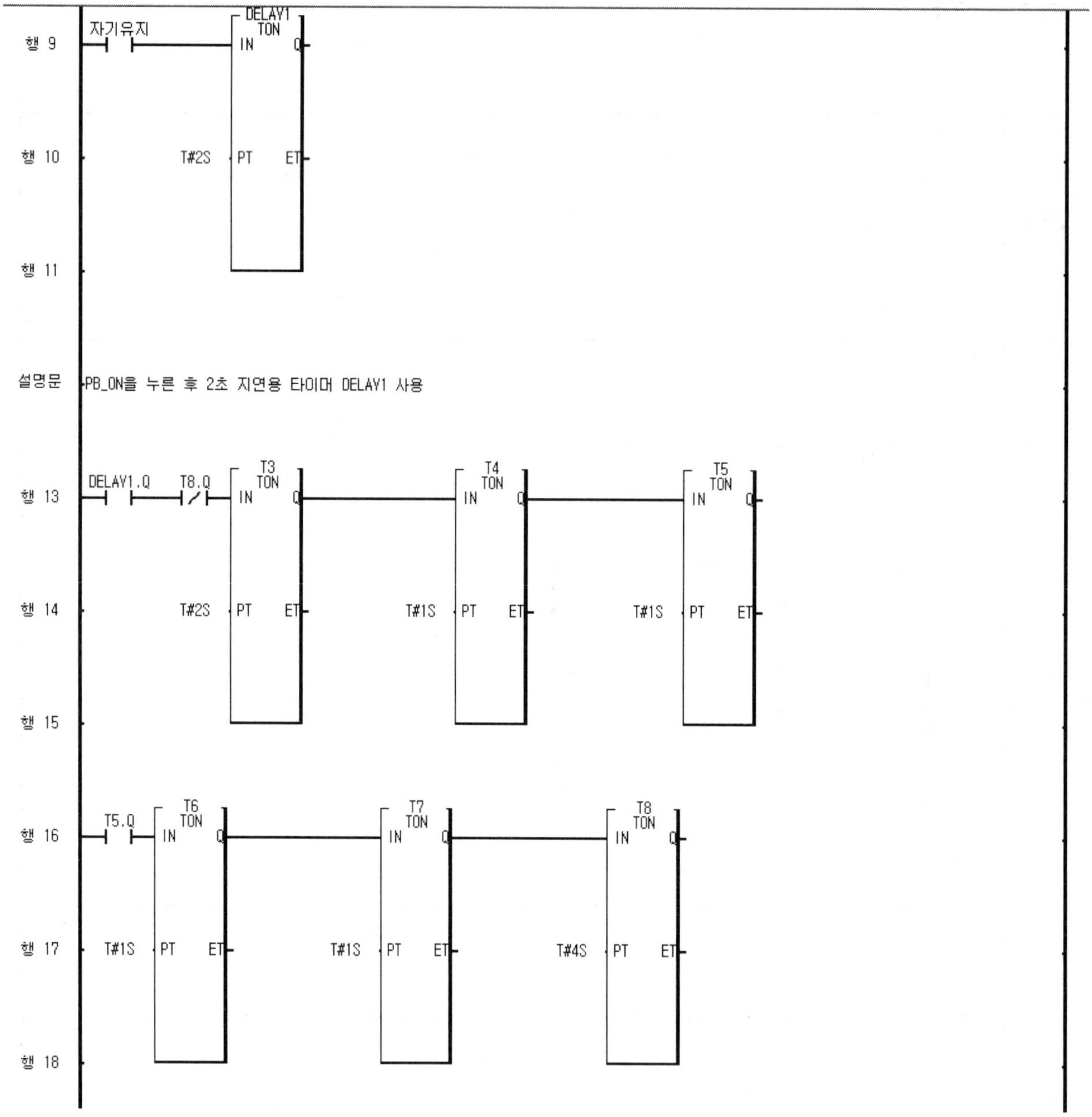

행 9	─┤자기유지├─┬─ DELAY1 TON ─ IN Q ─
행 10	T#2S ─ PT ET
행 11	

설명문 PB_ON을 누른 후 2초 지연용 타이머 DELAY1 사용

행 13	─┤DELAY1.Q├─┤/├T8.Q─ T3 TON ─ IN Q ─── T4 TON ─ IN Q ─── T5 TON ─ IN Q ─
행 14	T#2S ─ PT ET T#1S ─ PT ET T#1S ─ PT ET
행 15	

행 16	─┤T5.Q├─ T6 TON ─ IN Q ─── T7 TON ─ IN Q ─── T8 TON ─ IN Q ─
행 17	T#1S ─ PT ET T#1S ─ PT ET T#4S ─ PT ET
행 18	

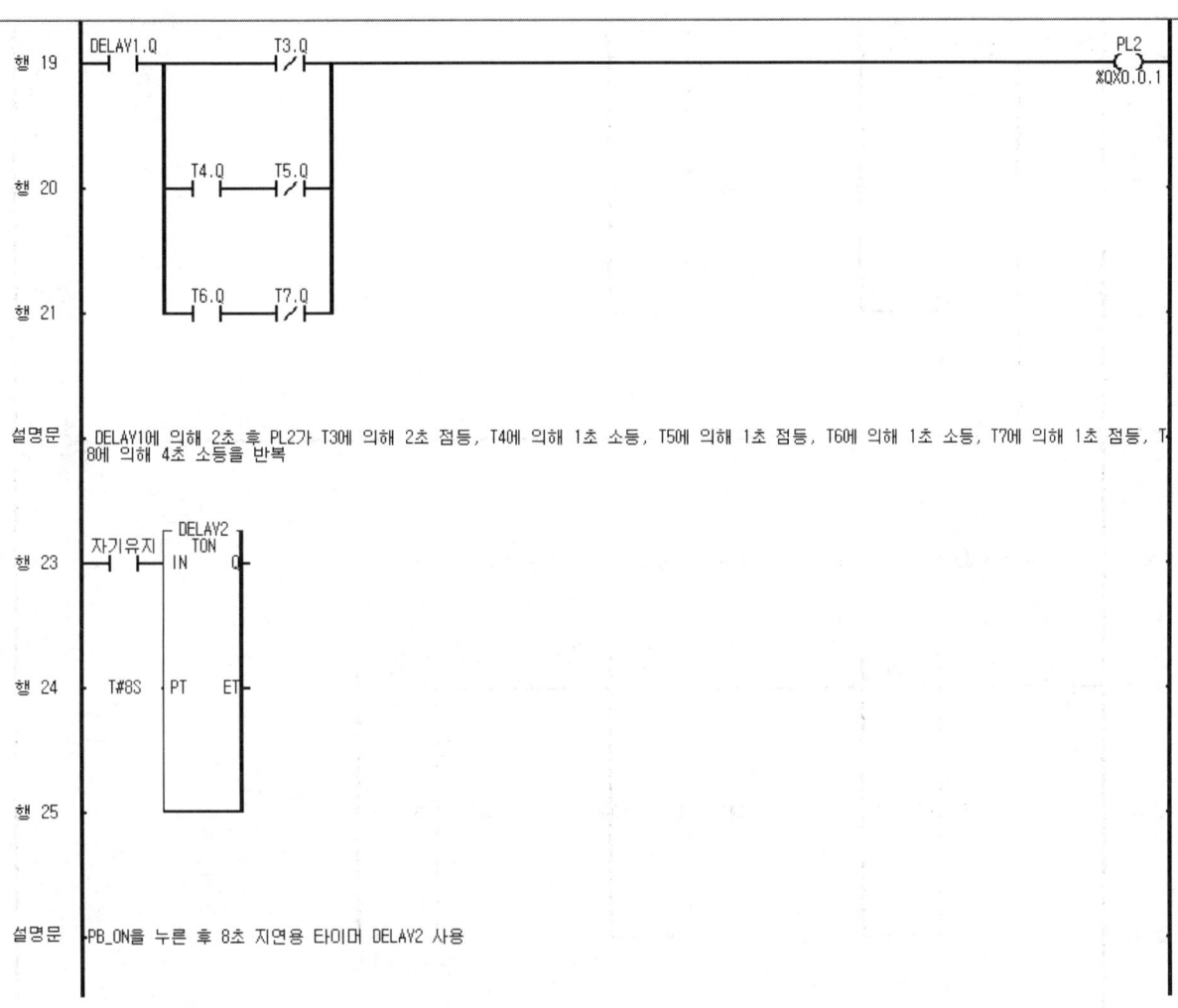

설명문 ㆍDELAY1에 의해 2초 후 PL2가 T3에 의해 2초 점등, T4에 의해 1초 소등, T5에 의해 1초 점등, T6에 의해 1초 소등, T7에 의해 1초 점등, T8에 의해 4초 소등을 반복

설명문 ㆍPB_ON을 누른 후 8초 지연용 타이머 DELAY2 사용

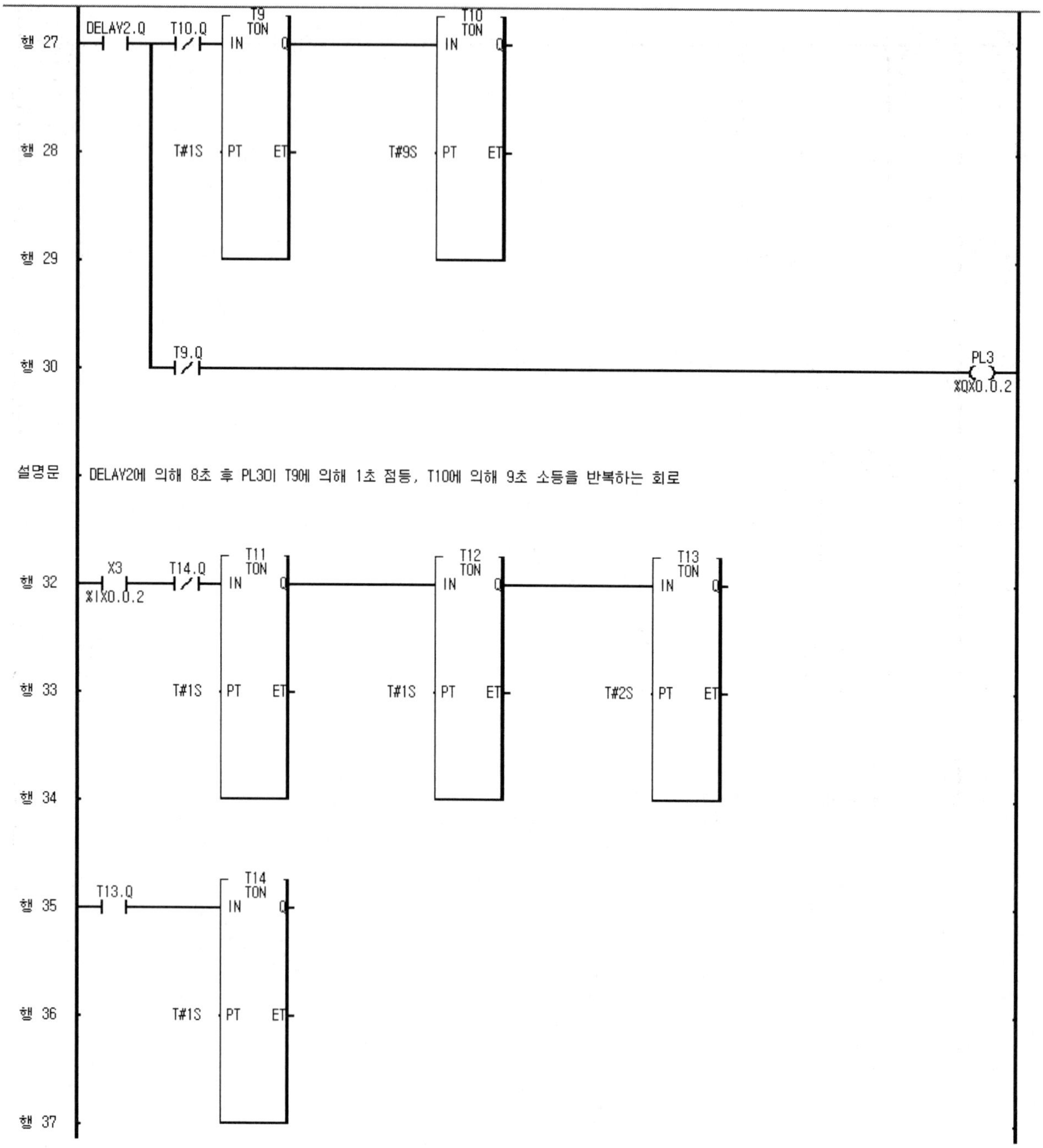

```
행 27 ──DELAY2.Q──T10.Q──┬──IN  T9 TON  Q──┬──IN  T10 TON  Q──
                  / 

행 28                    T#1S─PT  ET        T#9S─PT  ET

행 29

행 30 ──────T9.Q─────────────────────────────────────────( PL3 )
                                                         %QX0.0.2
```

설명문 : DELAY2에 의해 8초 후 PL3이 T9에 의해 1초 점등, T10에 의해 9초 소등을 반복하는 회로

```
행 32 ──X3────T14.Q──┬─IN T11 TON Q──┬─IN T12 TON Q──┬─IN T13 TON Q──
     %IX0.0.2   /

행 33                T#1S─PT  ET       T#1S─PT  ET      T#2S─PT  ET

행 34

행 35 ──T13.Q──┬─IN T14 TON Q──

행 36          T#1S─PT  ET

행 37
```

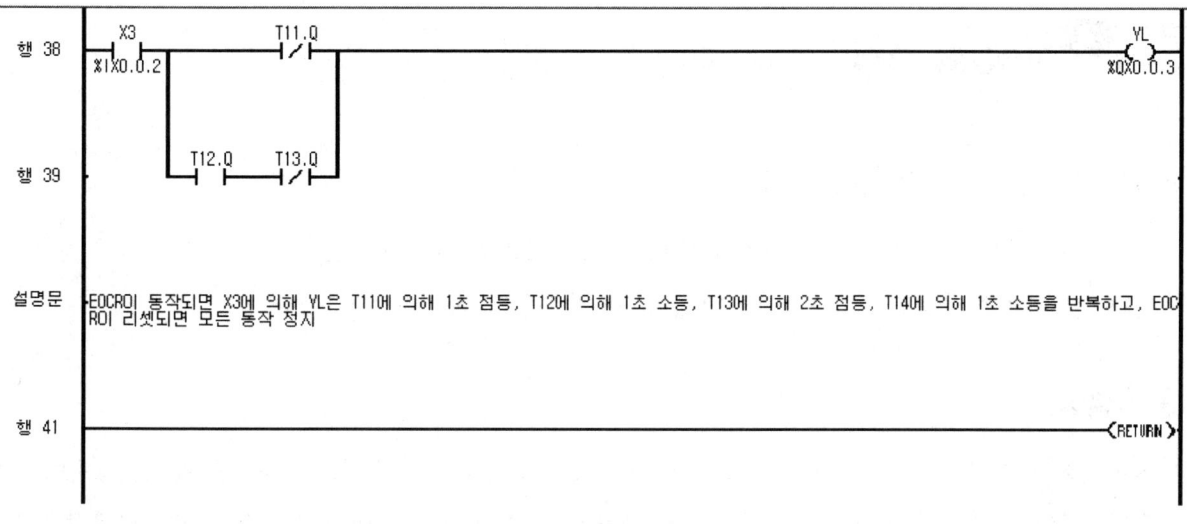

설명문: EOCR이 동작되면 X3에 의해 YL은 T11에 의해 1초 점등, T12에 의해 1초 소등, T13에 의해 2초 점등, T14에 의해 1초 소등을 반복하고, EOCR이 리셋되면 모든 동작 정지

11.16 제50회 B형 [2011년 9월]

(1) 제1과제 : PLC 프로그램 구성

① 다음 동작설명과 타임차트를 참조하여 PLC 프로그램을 완성하시오.
② PLC 프로그램 구성은 반드시 본인이 지참한 기종으로 작업하여야 한다.

(2) 동작설명

① PB-ON을 눌렀다 놓으면 PL_3은 1초간 점등되고, PL_2는 PL_3 소등과 동시에 점등(2초간)되며, PL_1은 PL_2 소등되기 1초 전에 점등되어 3초간 점등되고, 또한 PL_1 소등되기 1초 전에 PL_2가 재점등(2초간)된다.
② PB-OFF를 누를 때까지 위 사항을 계속 반복 동작하며, PB-OFF를 누르면 동작 중이던 PL_1, PL_2, PL_3은 전부 소등된다.
③ EOCR이 동작되면 X_3 릴레이 접점에 의하여 YL[점등(1초)-소등(1초)-점등(2초)-소등(1초)-점등(3초)-소등(1초)을 반복]이 동작하고, EOCR을 리셋하면 모든 동작은 멈춘다.

(3) PLC 입출력도

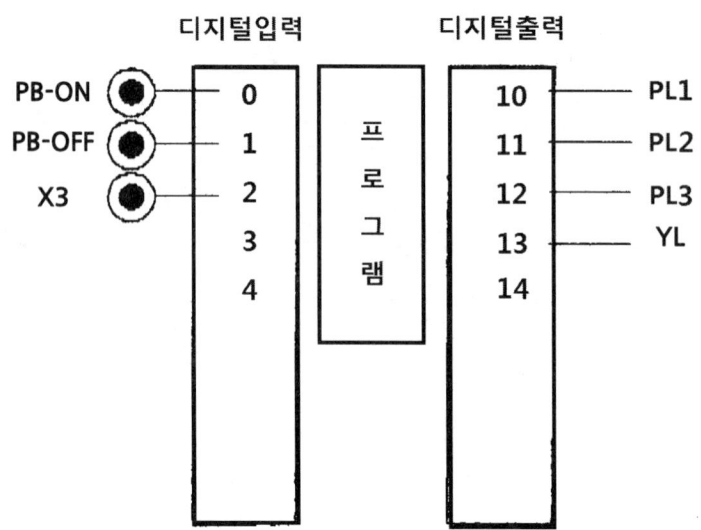

(4) 타임차트

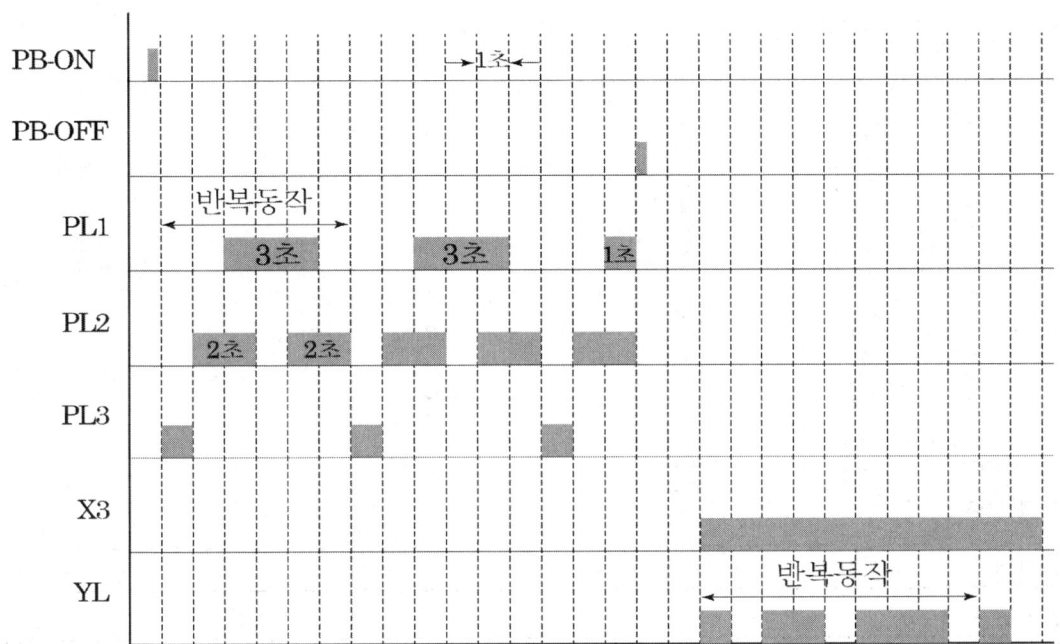

(5) 프로그램 작성

	변수 명	데이터 타입	메모리 할당	초기 값	변수 종류	사용 여부	설명문
1	DELAY1	FB Instanc	<자동>		VAR	*	
2	DELAY2	FB Instanc	<자동>		VAR	*	
3	PB_OFF	BOOL	%IX0.0.1		VAR	*	
4	PB_ON	BOOL	%IX0.0.0		VAR	*	
5	PL1	BOOL	%QX0.0.0		VAR	*	
6	PL2	BOOL	%QX0.0.1		VAR	*	
7	PL3	BOOL	%QX0.0.2		VAR	*	
8	T1	FB Instanc	<자동>		VAR	*	
9	T10	FB Instanc	<자동>		VAR	*	
10	T11	FB Instanc	<자동>		VAR	*	
11	T12	FB Instanc	<자동>		VAR	*	
12	T2	FB Instanc	<자동>		VAR	*	
13	T3	FB Instanc	<자동>		VAR	*	
14	T4	FB Instanc	<자동>		VAR	*	
15	T5	FB Instanc	<자동>		VAR	*	
16	T6	FB Instanc	<자동>		VAR	*	
17	T7	FB Instanc	<자동>		VAR	*	
18	T8	FB Instanc	<자동>		VAR	*	
19	T9	FB Instanc	<자동>		VAR	*	
20	X3	BOOL	%IX0.0.2		VAR	*	
21	YL	BOOL	%QX0.0.3		VAR	*	
22	자기유지	BOOL	<자동>		VAR	*	

행 0: PB_ON ─┤ ├─ 자기유지 (S)

행 1: PB_OFF ─┤ ├─ 자기유지 (R)

행 2: 자기유지 ─┤ ├─ T2.Q ─┤/├─ T1 TON (IN Q) ─── T2 TON (IN Q)

행 3: T#1S ─ PT ET, T#5S ─ PT ET

행 4:

행 5: T1.Q ─┤/├─────── PL3

행 6:

행 7: 자기유지 ─┤ ├─ DELAY1 TON (IN Q)

행 8: T#1S ─ PT ET

행 9:

행 10: DELAY1.Q ─┤ ├─ T4.Q ─┤/├─ T3 TON (IN Q) ─── T4 TON (IN Q)

행 11: T#2S ─ PT ET, T#1S ─ PT ET

행 12:

행 13: T3.Q ─┤/├─────── PL2

행 14: 자기유지 ─┤ ├─ DELAY2 TON (IN Q)

행 15: T#2S ─ PT ET

행 16:

622

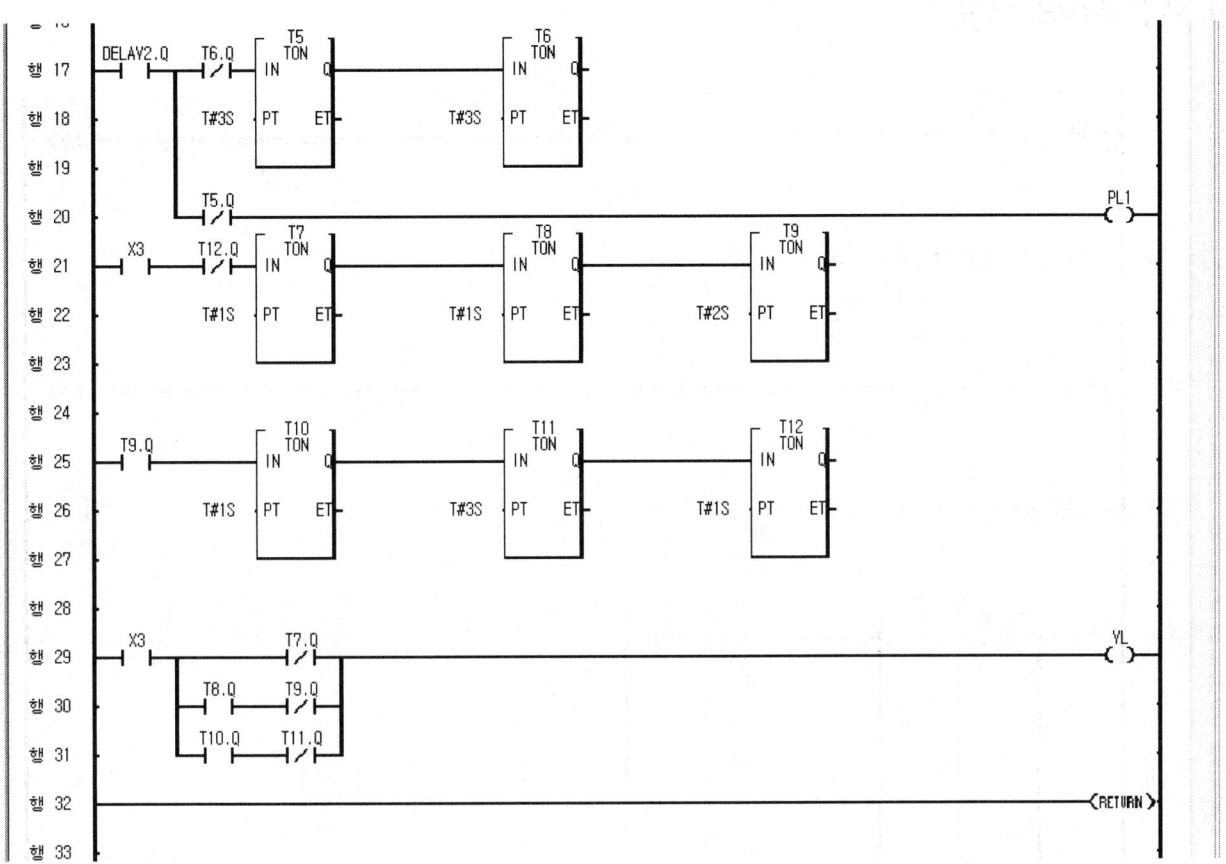

(6) 프로그래밍 해설

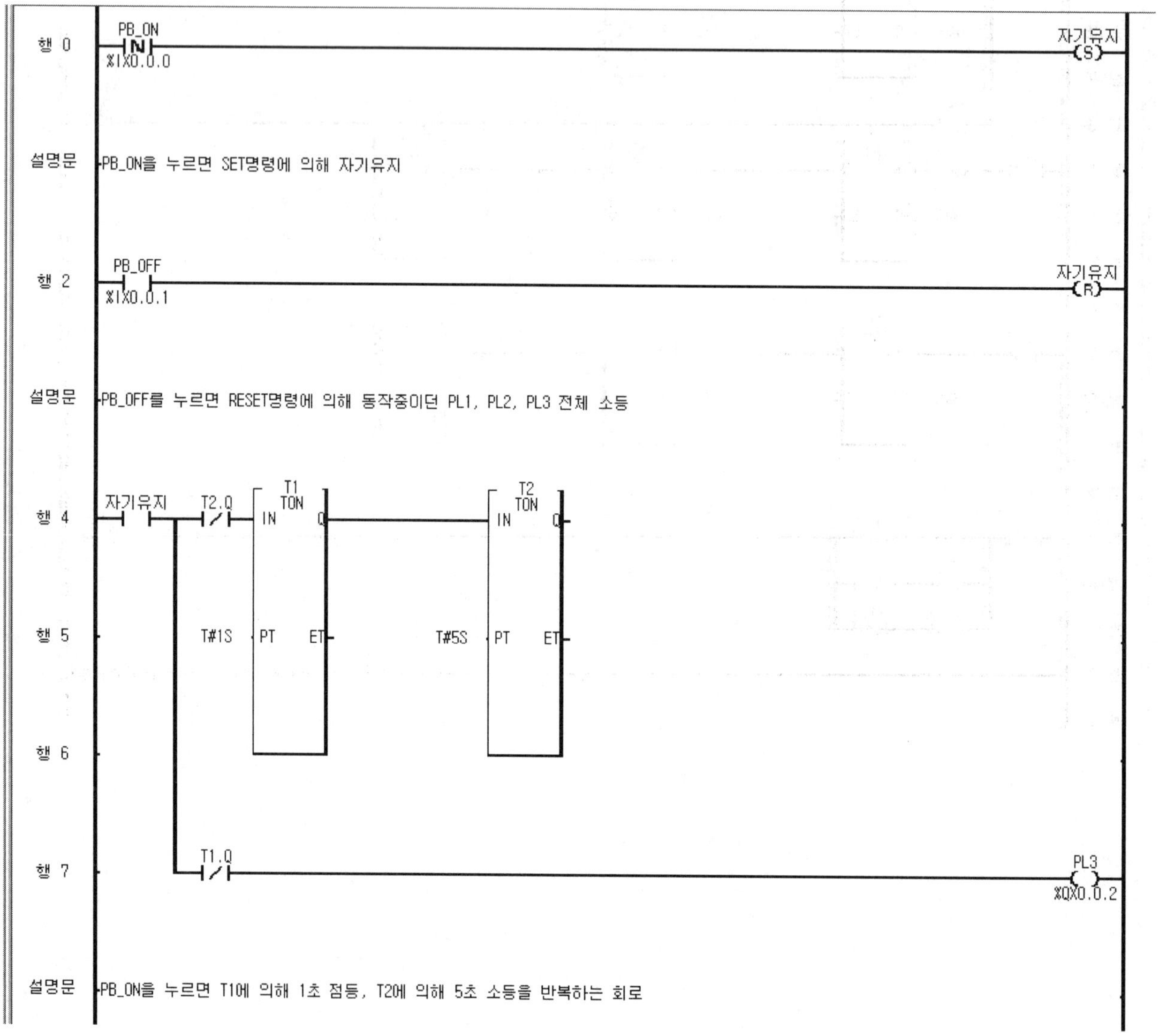

```
행 0    PB_ON                                                    자기유지
       ─┤N├─────────────────────────────────────────────────────(S)─
        %IX0.0.0

설명문  ─ PB_ON을 누르면 SET명령에 의해 자기유지


행 2    PB_OFF                                                   자기유지
       ─┤ ├─────────────────────────────────────────────────────(R)─
        %IX0.0.1

설명문  ─ PB_OFF를 누르면 RESET명령에 의해 동작중이던 PL1, PL2, PL3 전체 소등


행 4    자기유지   T2.Q      T1                         T2
       ─┤ ├──────┤/├──────TON──────────────────────────TON──────
                          IN    Q                      IN    Q

행 5                      T#1S  PT   ET        T#5S    PT   ET

행 6


행 7    T1.Q                                                     PL3
       ─┤/├─────────────────────────────────────────────────────( )─
                                                              %QX0.0.2

설명문  ─ PB_ON을 누르면 T1에 의해 1초 점등, T2에 의해 5초 소등을 반복하는 회로
```

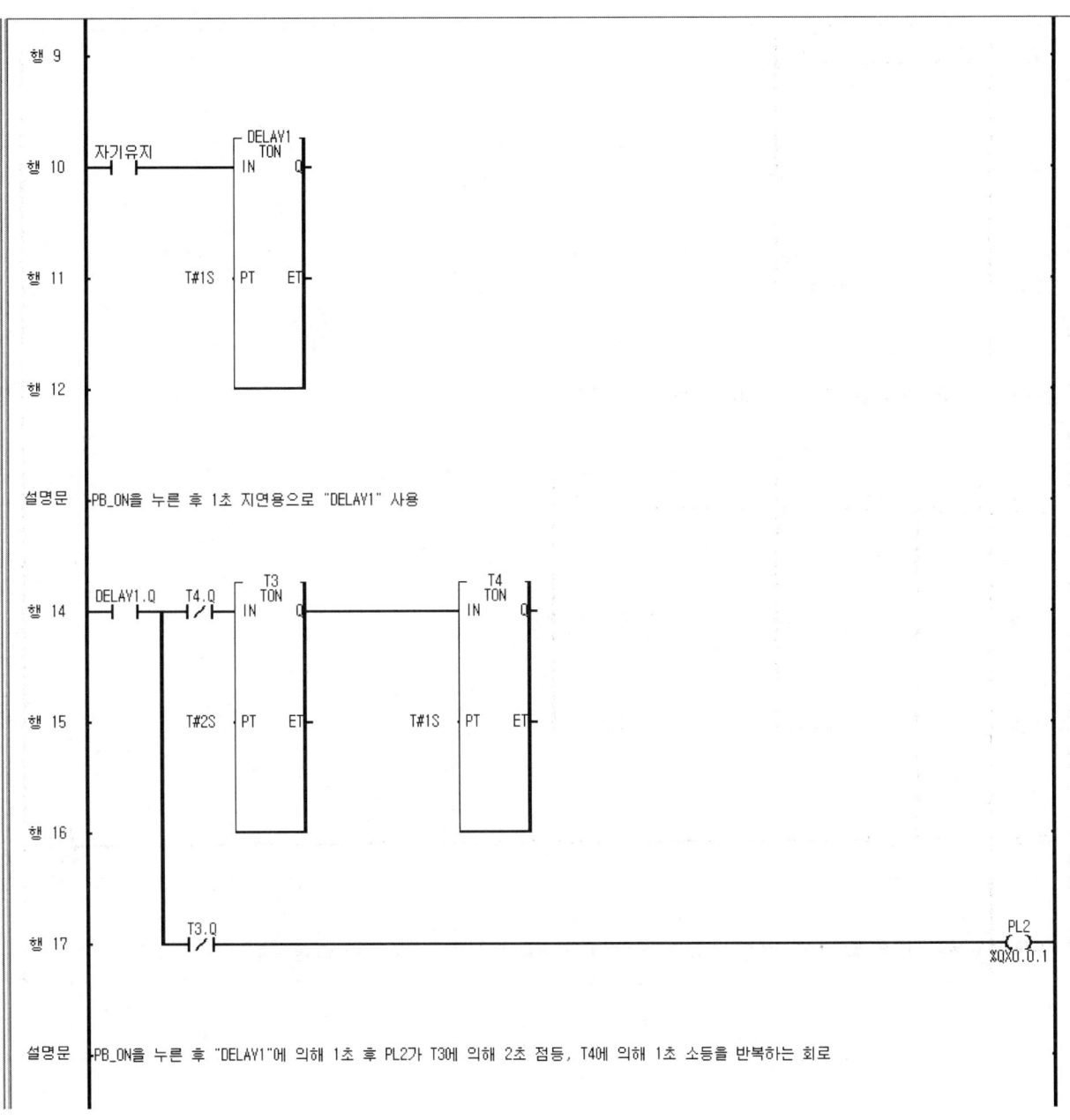

행 9

행 10 자기유지 ─┤ ├─ DELAY1 TON

행 11 T#1S ─ PT ET

행 12

설명문 ▸PB_ON을 누른 후 1초 지연용으로 "DELAY1" 사용

행 14 DELAY1.Q T4.Q ─┤ ├──┤/├─ T3 TON ── T4 TON

행 15 T#2S ─ PT ET   T#1S ─ PT ET

행 16

행 17 T3.Q ─┤/├─────────────────────────────── ( ) PL2 %QX0.0.1

설명문 ▸PB_ON을 누른 후 "DELAY1"에 의해 1초 후 PL2가 T3에 의해 2초 점등, T4에 의해 1초 소등을 반복하는 회로

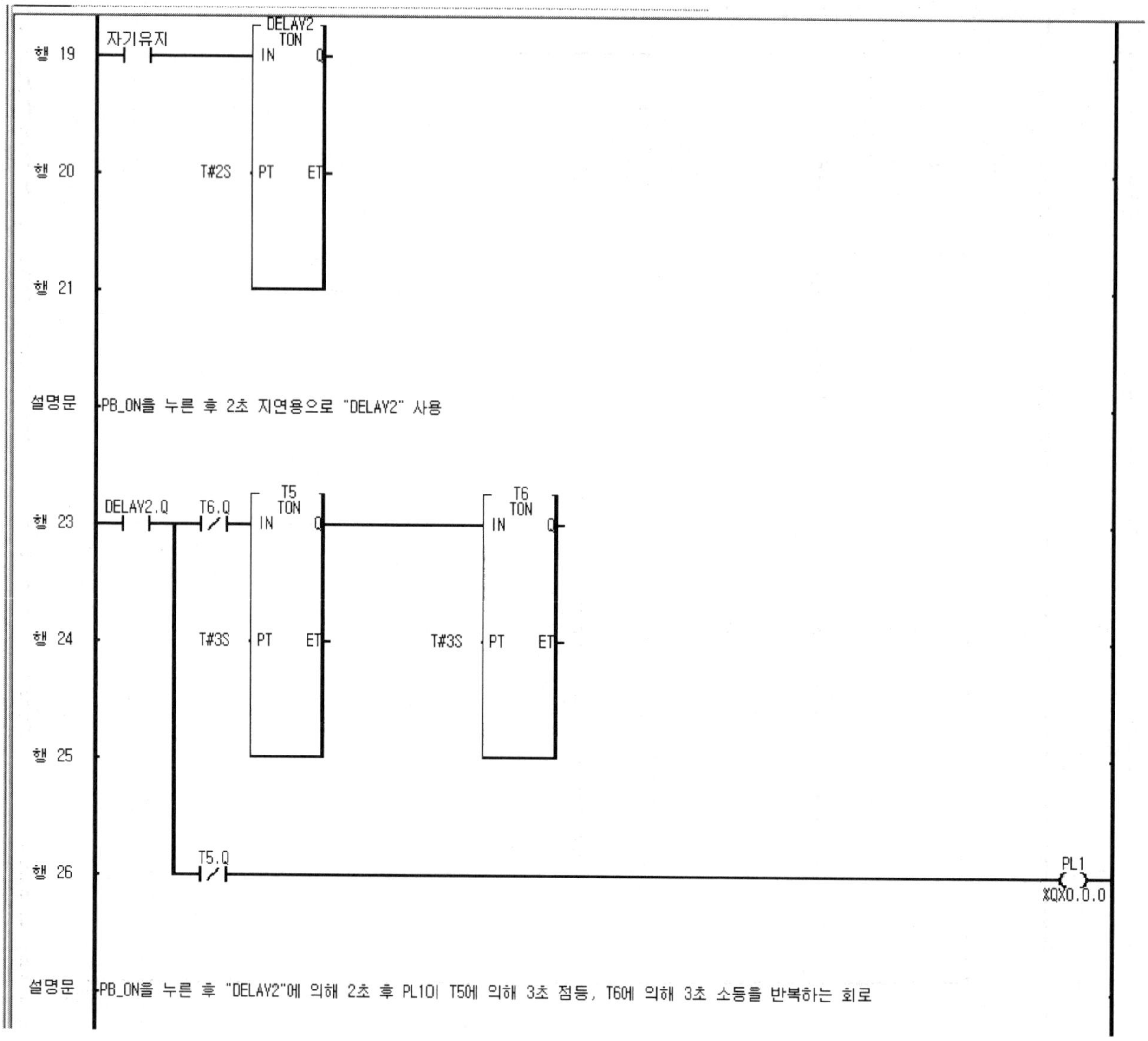

```
행 19      자기유지        DELAY2
          ──┤├──────────┤IN  TON  Q├──
                         │         │
행 20              T#2S  ┤PT     ET│
                         │         │
행 21                    └─────────┘

설명문  PB_ON을 누른 후 2초 지연용으로 "DELAY2" 사용


행 23    DELAY2.Q  T6.Q      T5                    T6
         ──┤├──────┤/├──────┤IN TON Q├────────────┤IN TON Q├──
                              │      │              │      │
행 24                  T#3S  ┤PT   ET│      T#3S  ┤PT   ET│
                              │      │              │      │
행 25                         └──────┘              └──────┘

                                                              PL1
행 26         T5.Q                                            ( )
         ──┤/├──────────────────────────────────────────── %QX0.0.0

설명문  PB_ON을 누른 후 "DELAY2"에 의해 2초 후 PL1이 T5에 의해 3초 점등, T6에 의해 3초 소등을 반복하는 회로
```

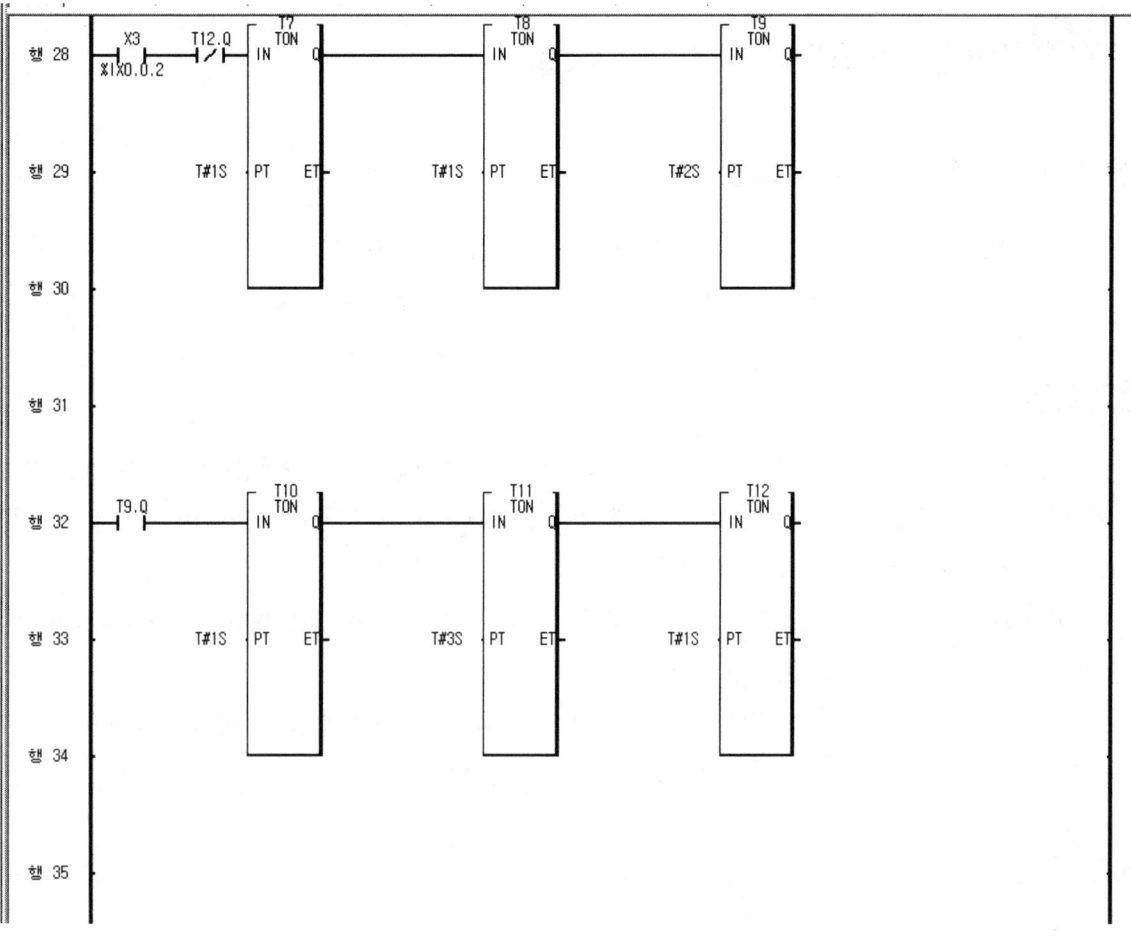

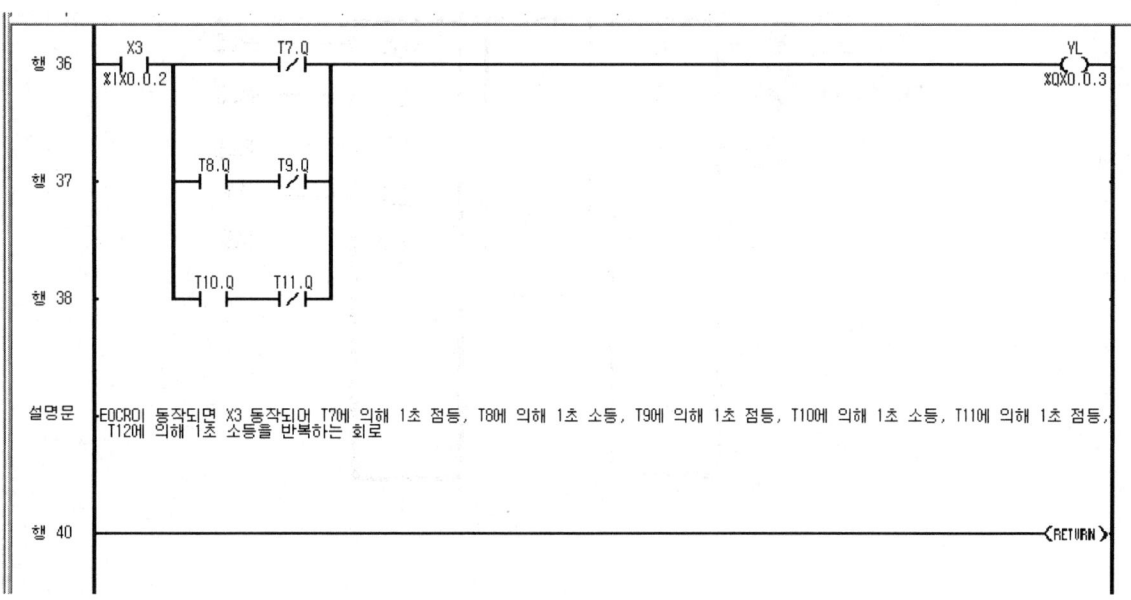

설명문 EOCR이 동작되면 X3 동작되어 T7에 의해 1초 점등, T8에 의해 1초 소등, T9에 의해 1초 점등, T10에 의해 1초 소등, T11에 의해 1초 점등, T12에 의해 1초 소등을 반복하는 회로

11.17 기능장 제50회 C형 [2011년 9월]

(1) 제1과제 : PLC 프로그램 구성

① 다음 동작설명과 타임차트를 참조하여 PLC 프로그램을 완성하시오.
② PLC 프로그램 구성은 반드시 본인이 지참한 기종으로 작업하여야 한다.

(2) 동작설명

① PB-up와 PB-down의 입력에 의한 up-down 카운터(설정값 5)의 현재값이 5 이상이면, PL_1은 3초 간격으로 점멸하고, PL_2는 PL_1이 점등된 후 2초 뒤부터 1초 간격으로 점멸하며, PL_3은 PL_2가 점등된 후 2초 뒤부터 2초 간격으로 점멸한다.
② Up-down 카운터의 현재값이 5 이상이면 위 사항을 계속 반복 동작하며, 현재값이 5보다 작으면 동작 중이던 PL_1, PL_2, PL_3은 전부 소등된다.
③ EOCR이 동작되면 X_3과 YL[점등(2초)-소등(1초)-점등(1초)-소등(1초)-점등(3초)-소등(1초)을 반복]이 동작하고, EOCR을 리셋하면 모든 동작은 멈춘다.

(3) PLC 입출력도

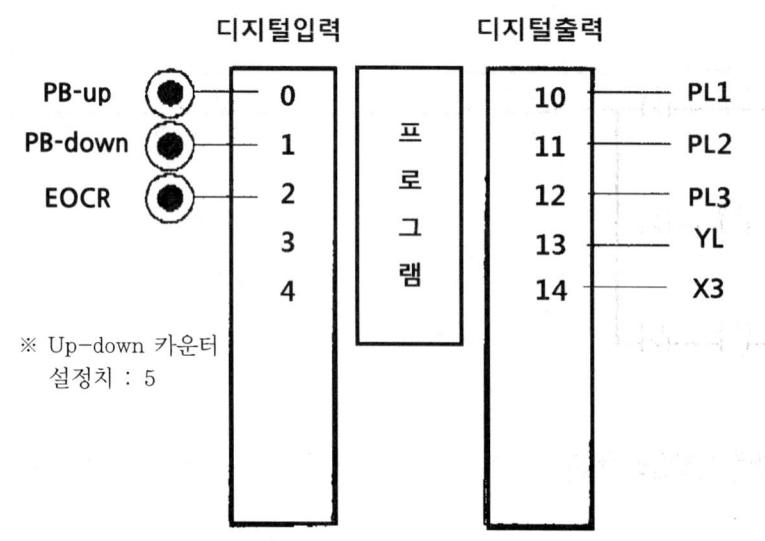

(4) 타임차트

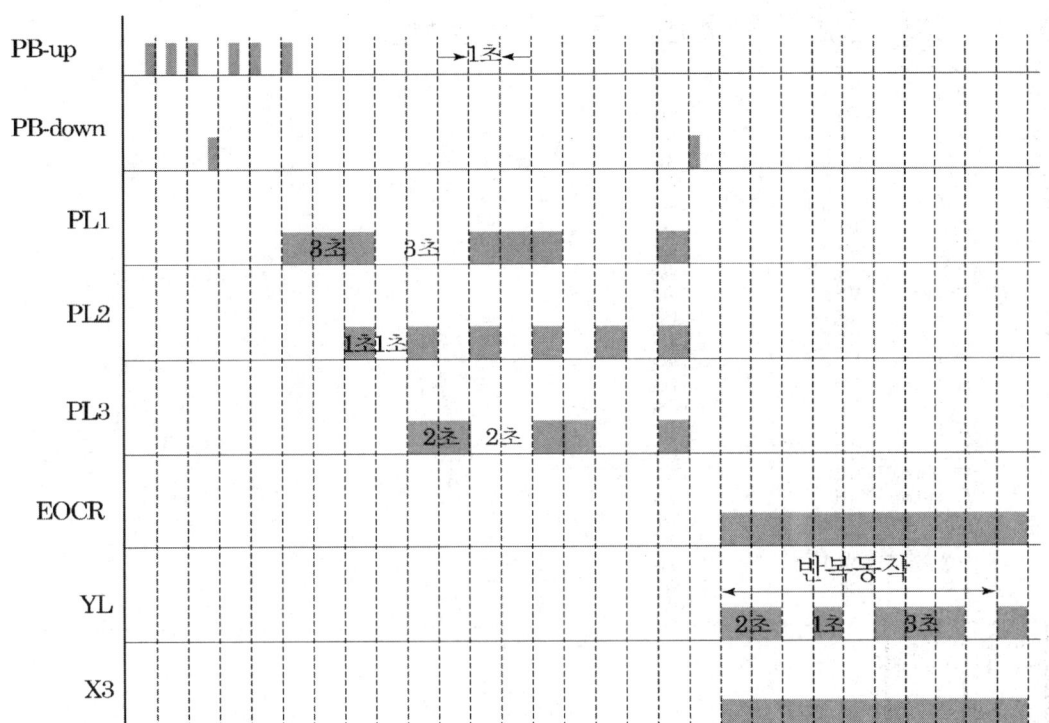

(5) 프로그램 작성

	변수 명	데이터 타입	메모리 할당	초기 값	변수 종류	사용 여부	설명문
1	C1	FB Instanc	<자동>		VAR	*	
2	DELAY1	FB Instanc	<자동>		VAR	*	
3	DELAY2	FB Instanc	<자동>		VAR	*	
4	EOCR	BOOL	%IX0.0.2		VAR	*	
5	PB_DOWN	BOOL	%IX0.0.1		VAR	*	
6	PB_UP	BOOL	%IX0.0.0		VAR	*	
7	PB3	BOOL	%IX0.0.3		VAR	*	
8	PB4	BOOL	%IX0.0.4		VAR	*	
9	PL1	BOOL	%QX0.0.0		VAR	*	
10	PL2	BOOL	%QX0.0.1		VAR	*	
11	PL3	BOOL	%QX0.0.2		VAR	*	
12	T1	FB Instanc	<자동>		VAR	*	
13	T10	FB Instanc	<자동>		VAR	*	
14	T11	FB Instanc	<자동>		VAR	*	
15	T12	FB Instanc	<자동>		VAR	*	
16	T2	FB Instanc	<자동>		VAR	*	
17	T3	FB Instanc	<자동>		VAR	*	
18	T4	FB Instanc	<자동>		VAR	*	
19	T5	FB Instanc	<자동>		VAR	*	
20	T6	FB Instanc	<자동>		VAR	*	
21	T7	FB Instanc	<자동>		VAR	*	
22	T8	FB Instanc	<자동>		VAR	*	
23	T9	FB Instanc	<자동>		VAR	*	
24	X3	BOOL	%QX0.0.4		VAR	*	
25	YL	BOOL	%QX0.0.3		VAR	*	

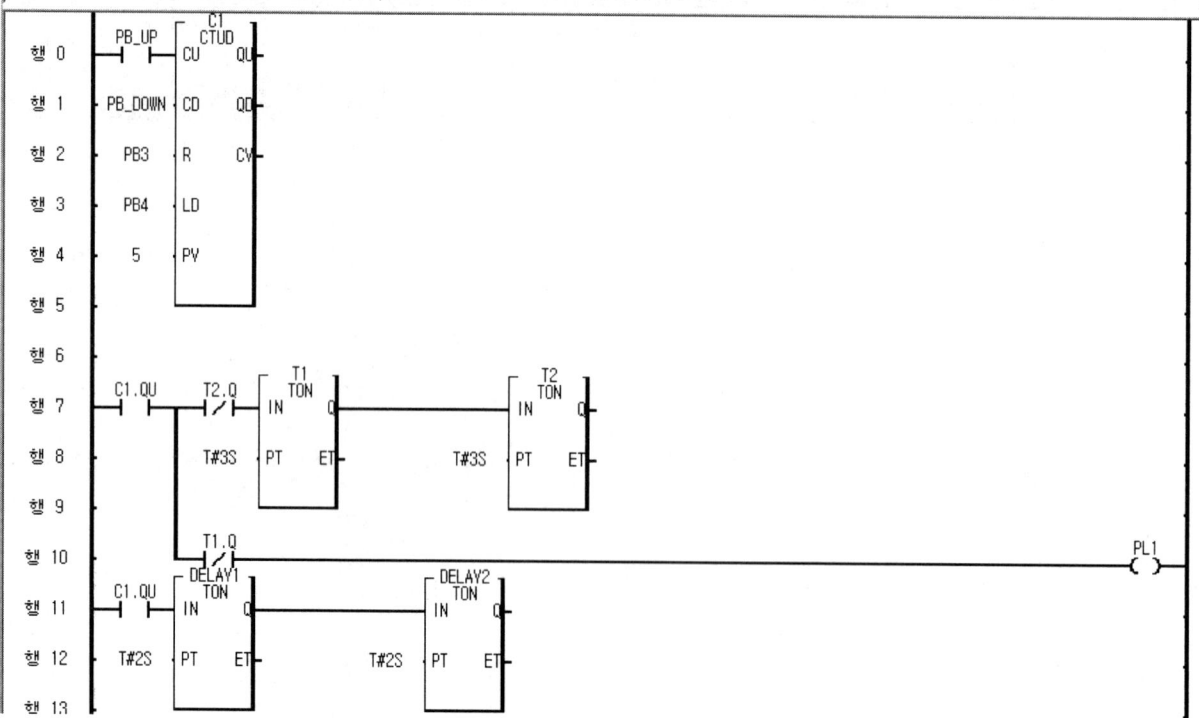

Chapter 4 PLC 프로그래밍

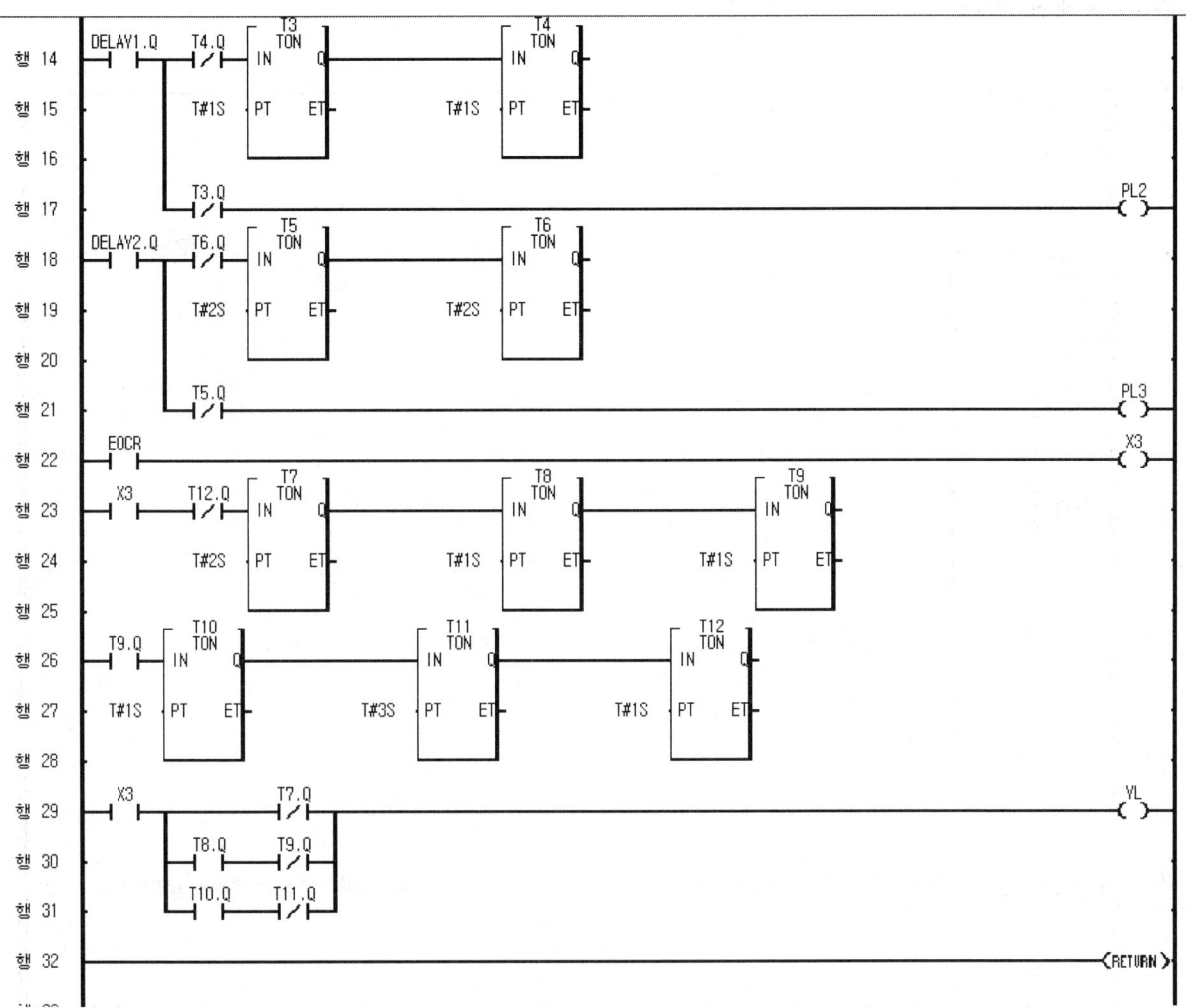

(6) 프로그래밍 해설

```
행 0    PB_UP      ┌─ C1 ──┐
        ─│ │──────┤CU  CTUD QU├─
        %IX0.0.0  │         │
                  │         │
행 1   PB_DOWN    │         │
        ─│ │──────┤CD     QD├─
        %IX0.0.1  │         │
                  │         │
행 2     PB3      │         │
        ─│ │──────┤R      CV├─
        %IX0.0.3  │         │
                  │         │
행 3     PB4      │         │
        ─│ │──────┤LD       │
        %IX0.0.4  │         │
                  │         │
행 4      5 ──────┤PV       │
                  │         │
행 5              └─────────┘
```

설명문   업카운터펄스CU에 PB_UP을 누르면 현재값"CV"가 이전 값 보다 1씩 증가하고, 다운카운터 펄스 입력 "CD"에 PB_DOWN을 누르면 현재값 "CV"가 이전 값 보다 1씩 감소

설명문   설정값 입력 "LD"에 PB4를 누르면 설정값 "PV"에 5를 입력했으므로 현재값 "CV"에 5가 표시되면서 "C1.QU" 동작, PB4를 누르면 "R"이 1이 되어 현재값 "CV"는 0으로 Clear

설명문   업카운터 출력 "QU"는 "CV"가 "PV"보다 크면 ON, 다운카운터 출력"QD"는 "CV"가 "0"이하 일 때 ON

Chapter 4 PLC 프로그래밍

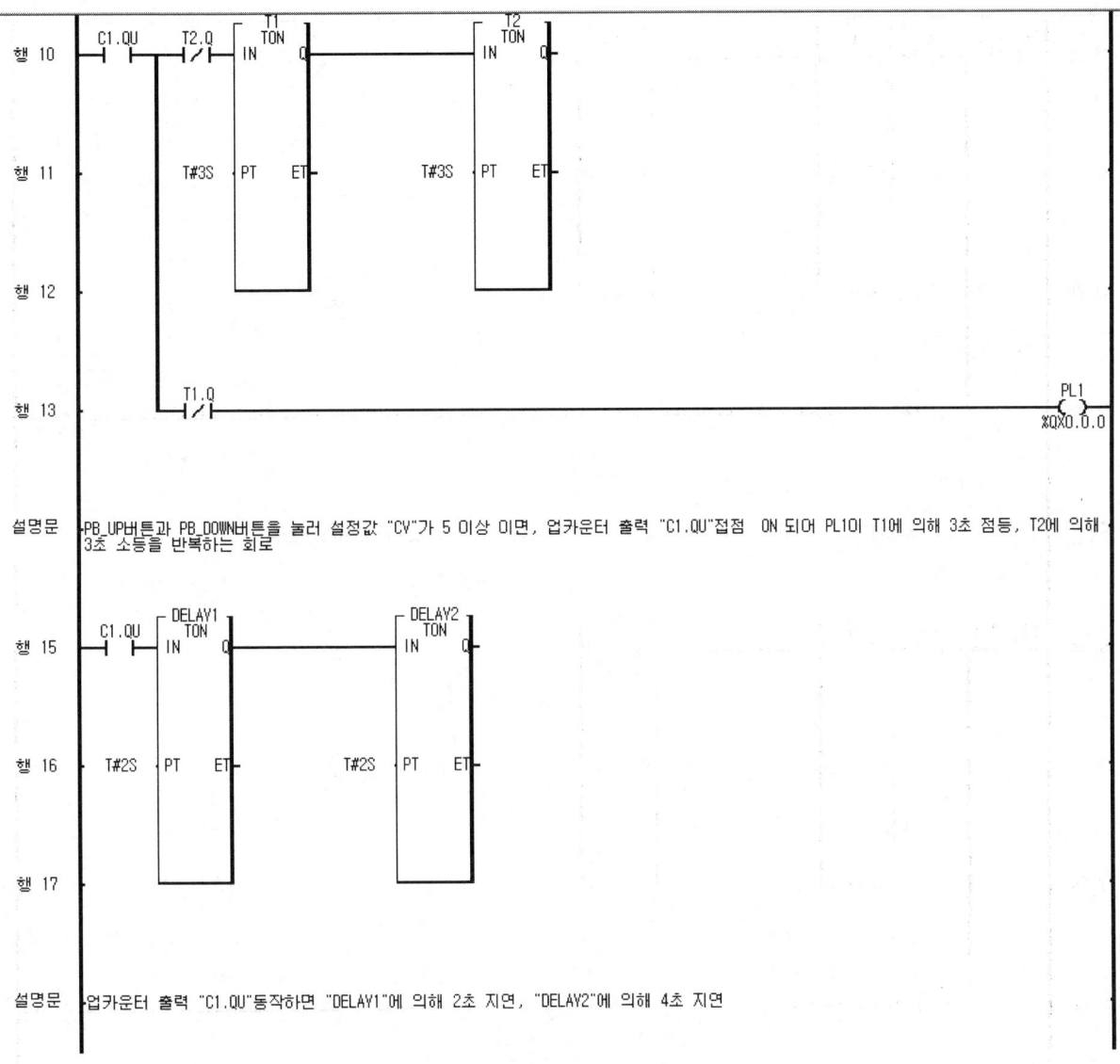

설명문: PB_UP버튼과 PB_DOWN버튼을 눌러 설정값 "CV"가 5 이상 이면, 업카운터 출력 "C1.QU"접점 ON 되어 PL1이 T1에 의해 3초 점등, T2에 의해 3초 소등을 반복하는 회로

설명문: 업카운터 출력 "C1.QU"동작하면 "DELAY1"에 의해 2초 지연, "DELAY2"에 의해 4초 지연

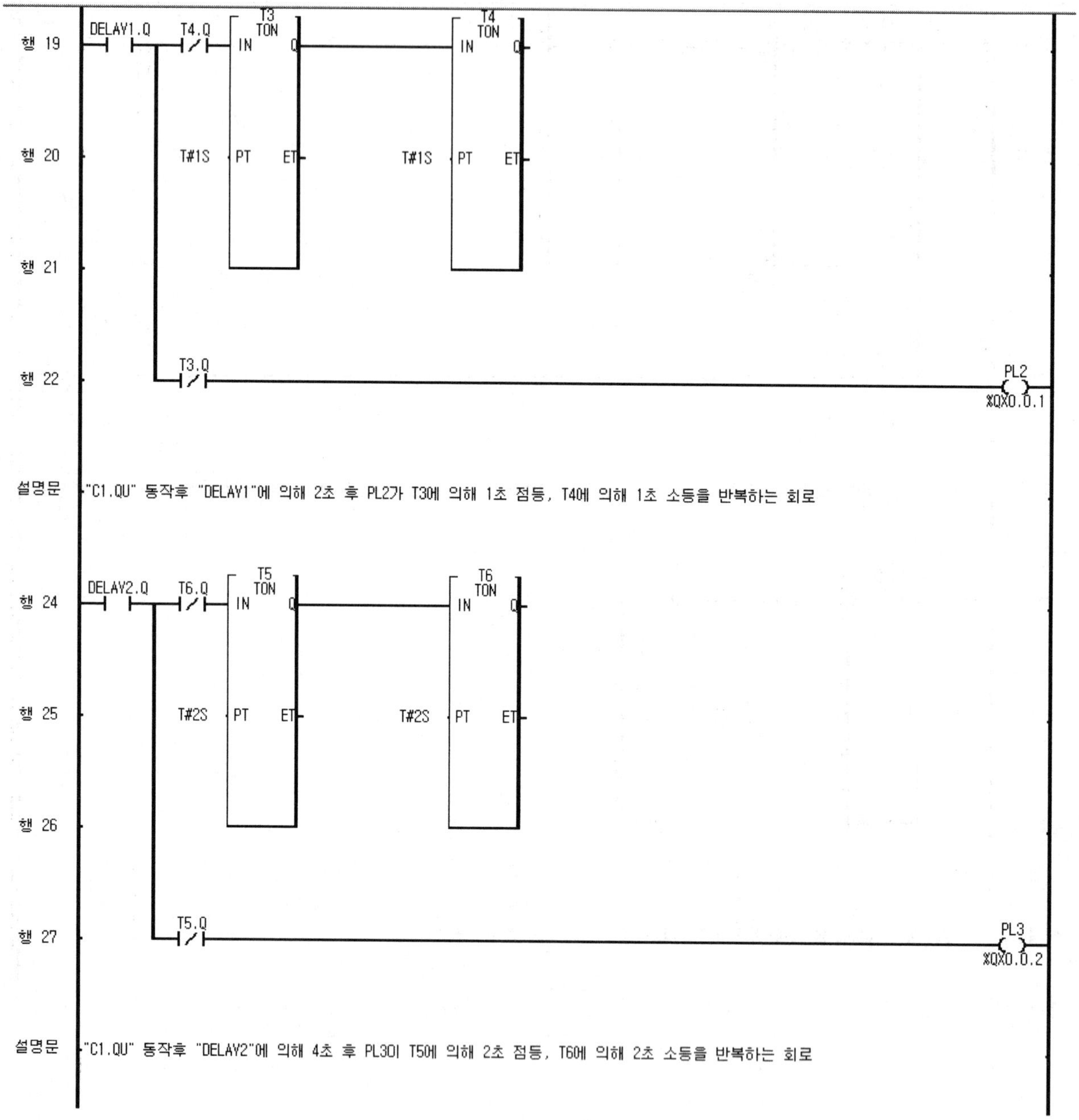

```
행 19    DELAY1.Q   T4.Q        T3                     T4
         ──┤├──────┤/├─────────TON──────────────────────TON
                              IN    Q                 IN    Q

행 20                    T#1S─PT   ET         T#1S────PT   ET

행 21

행 22         T3.Q                                                              PL2
         ────┤/├──────────────────────────────────────────────────────────────( )
                                                                            %QX0.0.1
```

설명문 : "C1.QU" 동작후 "DELAY1"에 의해 2초 후 PL2가 T3에 의해 1초 점등, T4에 의해 1초 소등을 반복하는 회로

```
행 24    DELAY2.Q   T6.Q        T5                     T6
         ──┤├──────┤/├─────────TON──────────────────────TON
                              IN    Q                 IN    Q

행 25                    T#2S─PT   ET         T#2S────PT   ET

행 26

행 27         T5.Q                                                              PL3
         ────┤/├──────────────────────────────────────────────────────────────( )
                                                                            %QX0.0.2
```

설명문 : "C1.QU" 동작후 "DELAY2"에 의해 4초 후 PL3이 T5에 의해 2초 점등, T6에 의해 2초 소등을 반복하는 회로

Chapter 04　PLC 프로그래밍

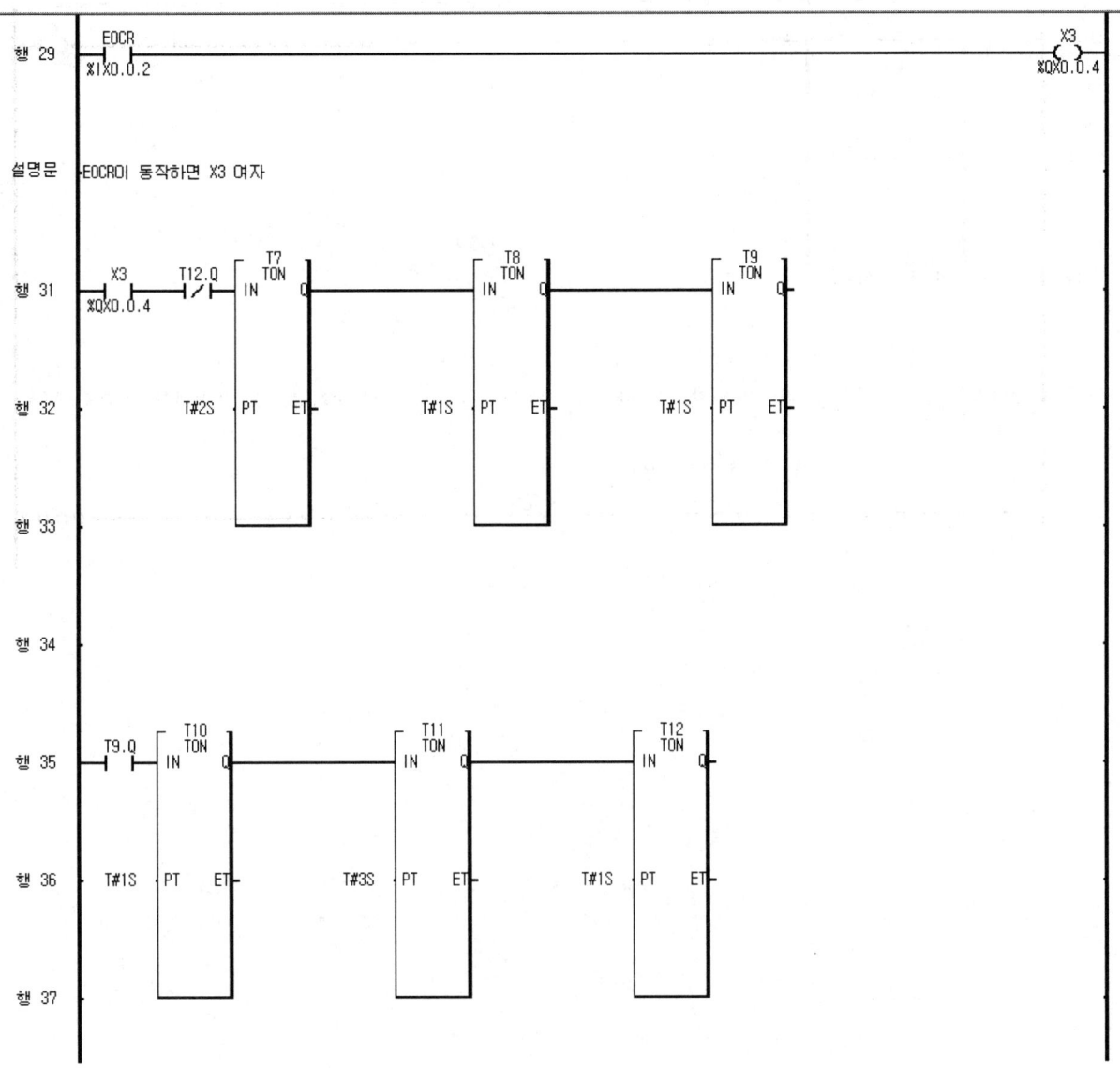

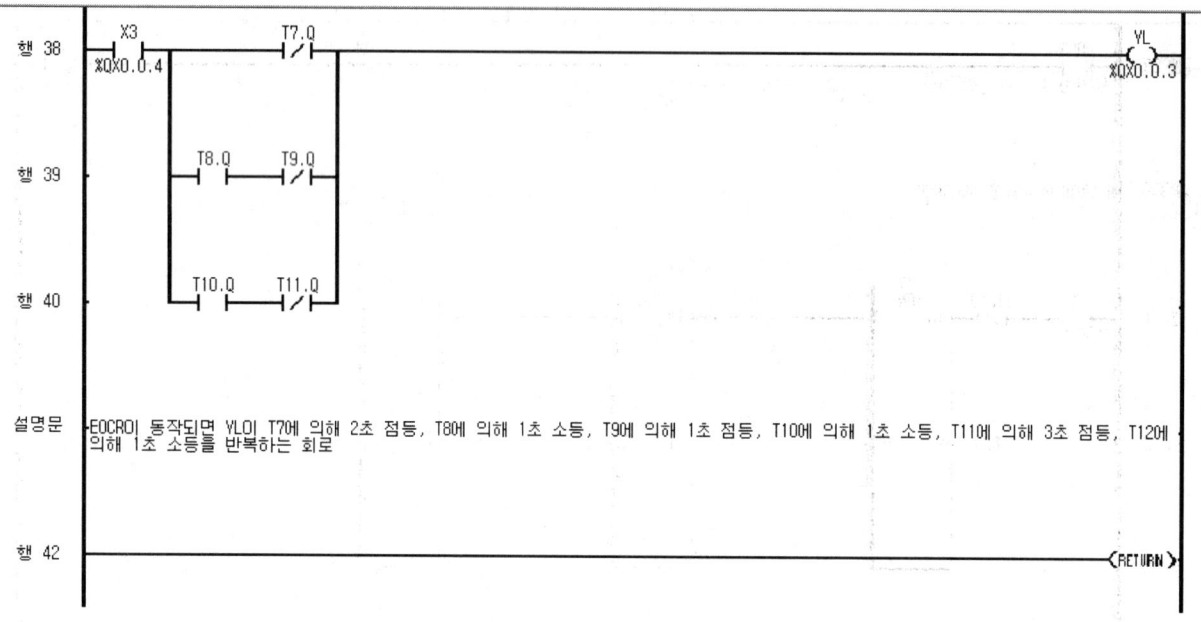

설명문 EOCR이 동작되면 YL이 T7에 의해 2초 점등, T8에 의해 1초 소등, T9에 의해 1초 점등, T10에 의해 1초 소등, T11에 의해 3초 점등, T12에 의해 1초 소등을 반복하는 회로

행 42 ─────────────────────────────────────⟨ RETURN ⟩

Chapter 04 PLC 프로그래밍

11.18 기능장 제51회 A형 [2012년 5월]

(1) 제1과제 : PLC 프로그램 구성

① 다음 동작설명과 타임차트를 참조하여 PLC 프로그램을 완성하시오.
② PLC 프로그램 구성은 반드시 본인이 지참한 기종으로 작업하여야 한다.

(2) 동작설명

(●는 동작(점등), ○는 정지(소등)이며 원호 안의 숫자는 시간(초)임)

① PB_6을 누르면, PL_3은 주어진 시간 동안 점등과 소등(❻-①-❷-①)을 하며, PL_2는 PL_3이 점등된 1초 후 점등과 소등(❹-①-❹-①)을 하고 PL_1은 PL_2가 점등된 1초 후 점등과 소등(❷-①-❻-①)을 한다.
② PB_7의 입력이 들어오기 전까지 위 사항을 계속 반복 동작하게 되며, PB_7을 누르면 동작 중이던 PL_1, PL_2, PL_3은 모두 소등된다.
③ 제어회로의 X_4(EOCR)가 동작되면 YL은 점등과 소등(❸-①-❷-①)을 반복하고, X_4(EOCR)가 복구되면 YL과 BZ는 동작을 멈춘다.

(3) PLC 입출력도

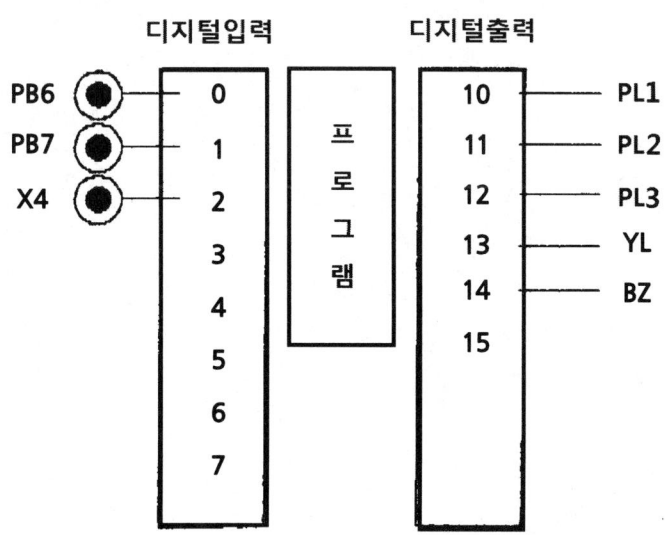

(4) PLC 타임차트

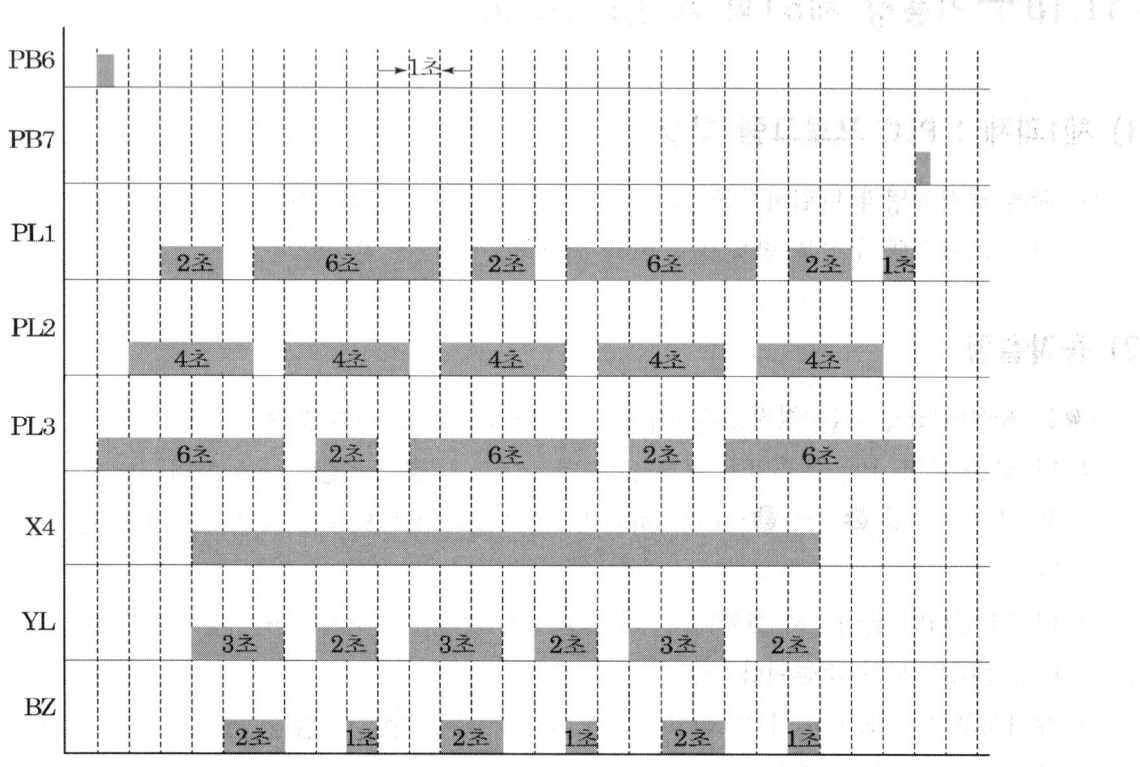

(5) 프로그래밍 해설

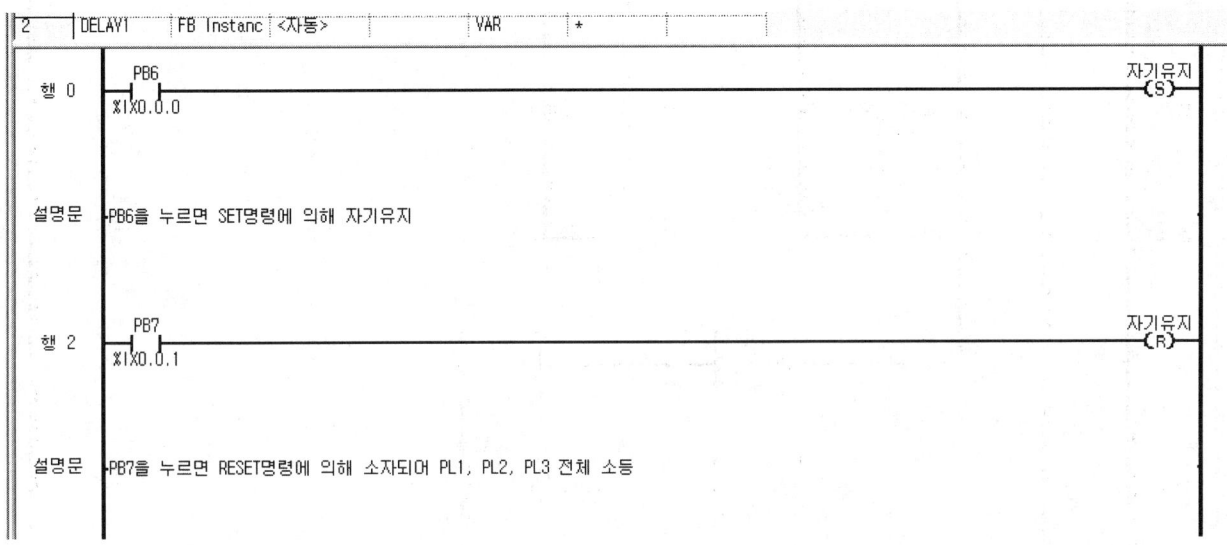

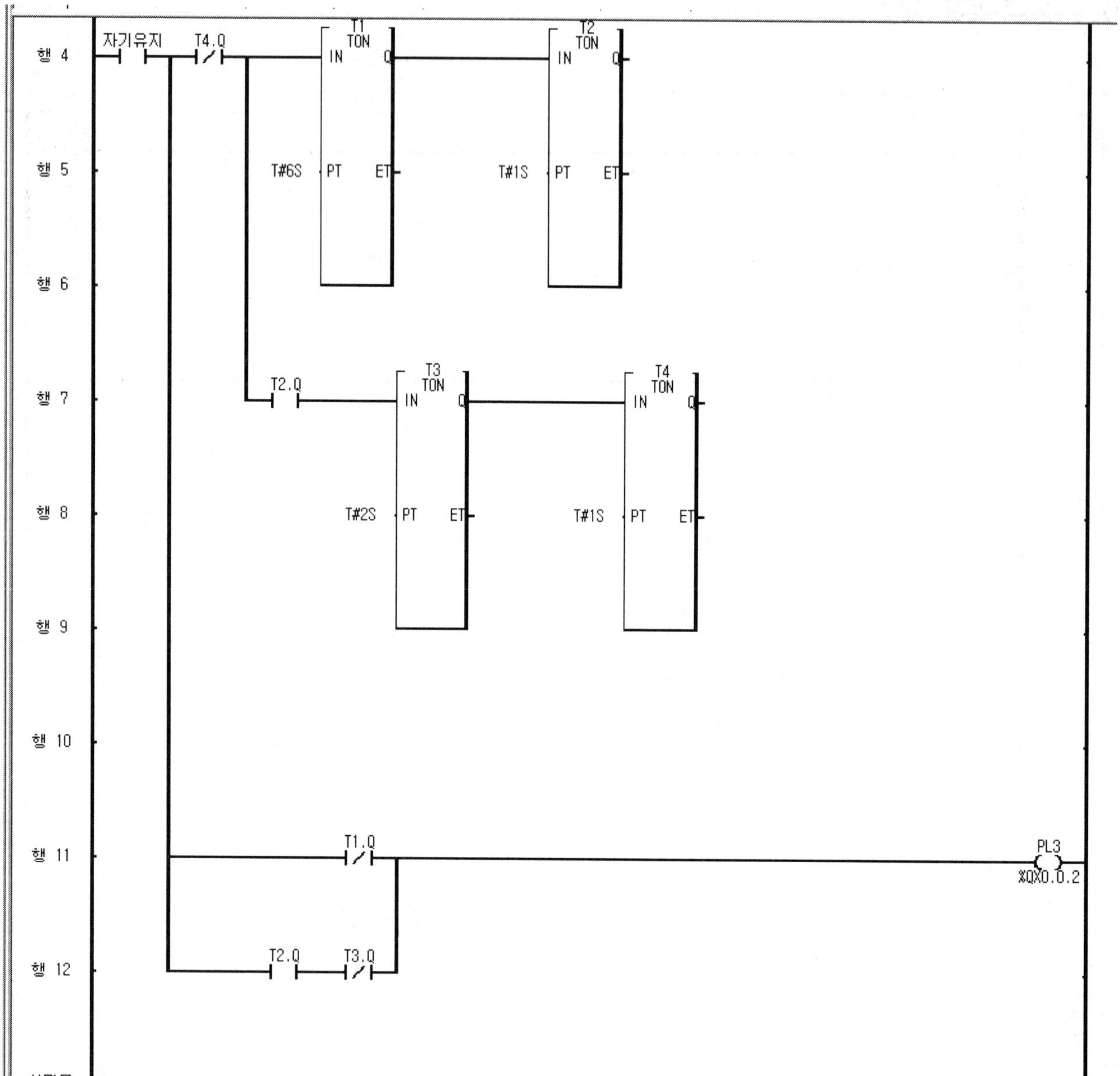

```
행 4    자기유지  T4.Q        T1                    T2
         ─┤├──┬──┤/├──────┤IN  TON  Q├────────┤IN  TON  Q├
                                                
행 5                        T#6S ─┤PT      ET├      T#1S ─┤PT      ET├

행 6

행 7          ├──┤T2.Q├─────┤IN  T3 TON  Q├────────┤IN  T4 TON  Q├

행 8                        T#2S ─┤PT      ET├      T#1S ─┤PT      ET├

행 9

행 10

행 11    ├─────────────┤T1.Q├/├─────────────────────────( PL3 )
                                                         %QX0.0.2
행 12    └──┤T2.Q├──┤T3.Q├/├──┘
```

설명문 PB6을 누르면 PL3이 T1에 의해 6초 점등, T2에 의해 1초 소등, T3에 의해 2초 점등, T4에 의해 1초 소등을 반복하는 회로

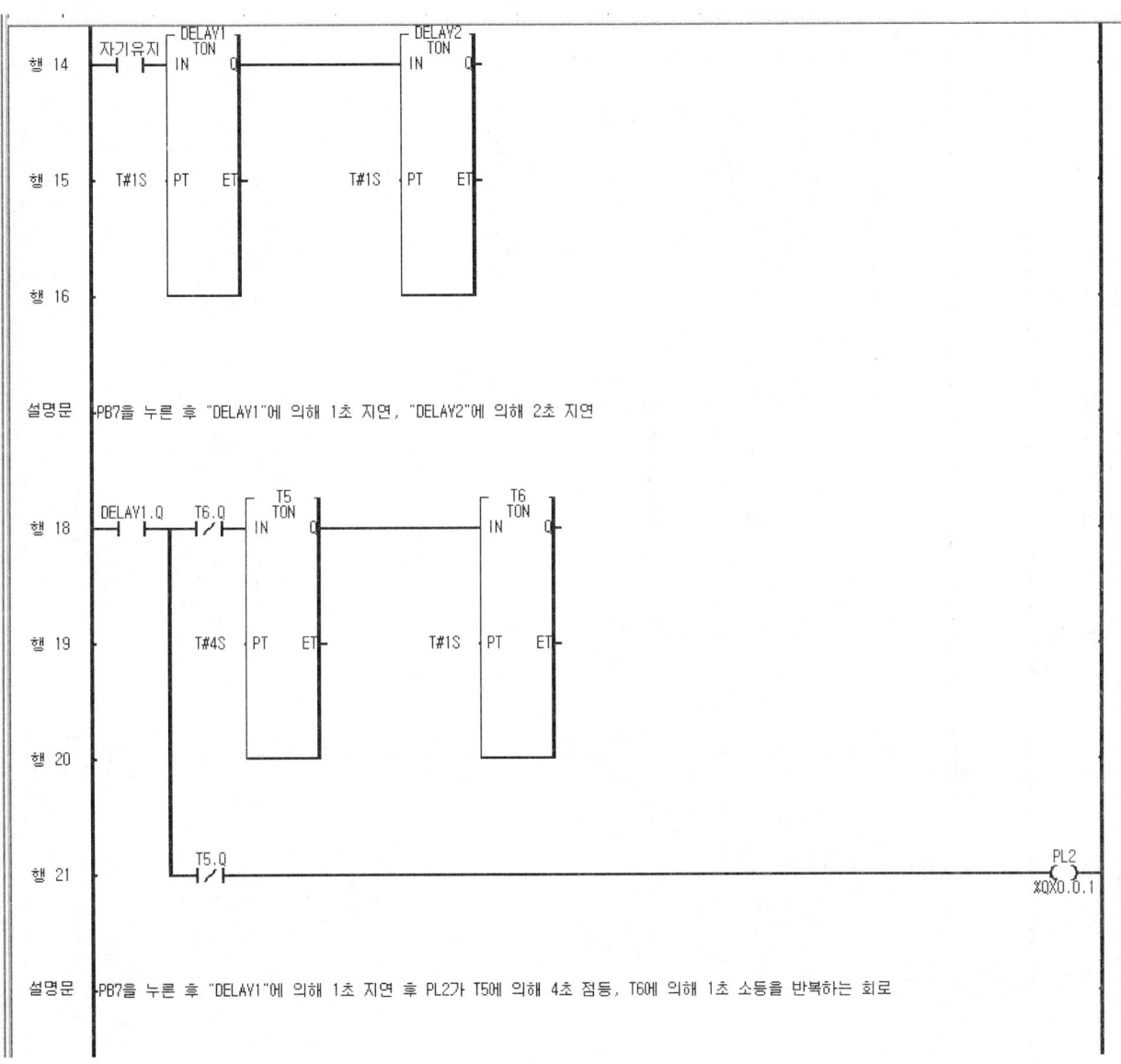

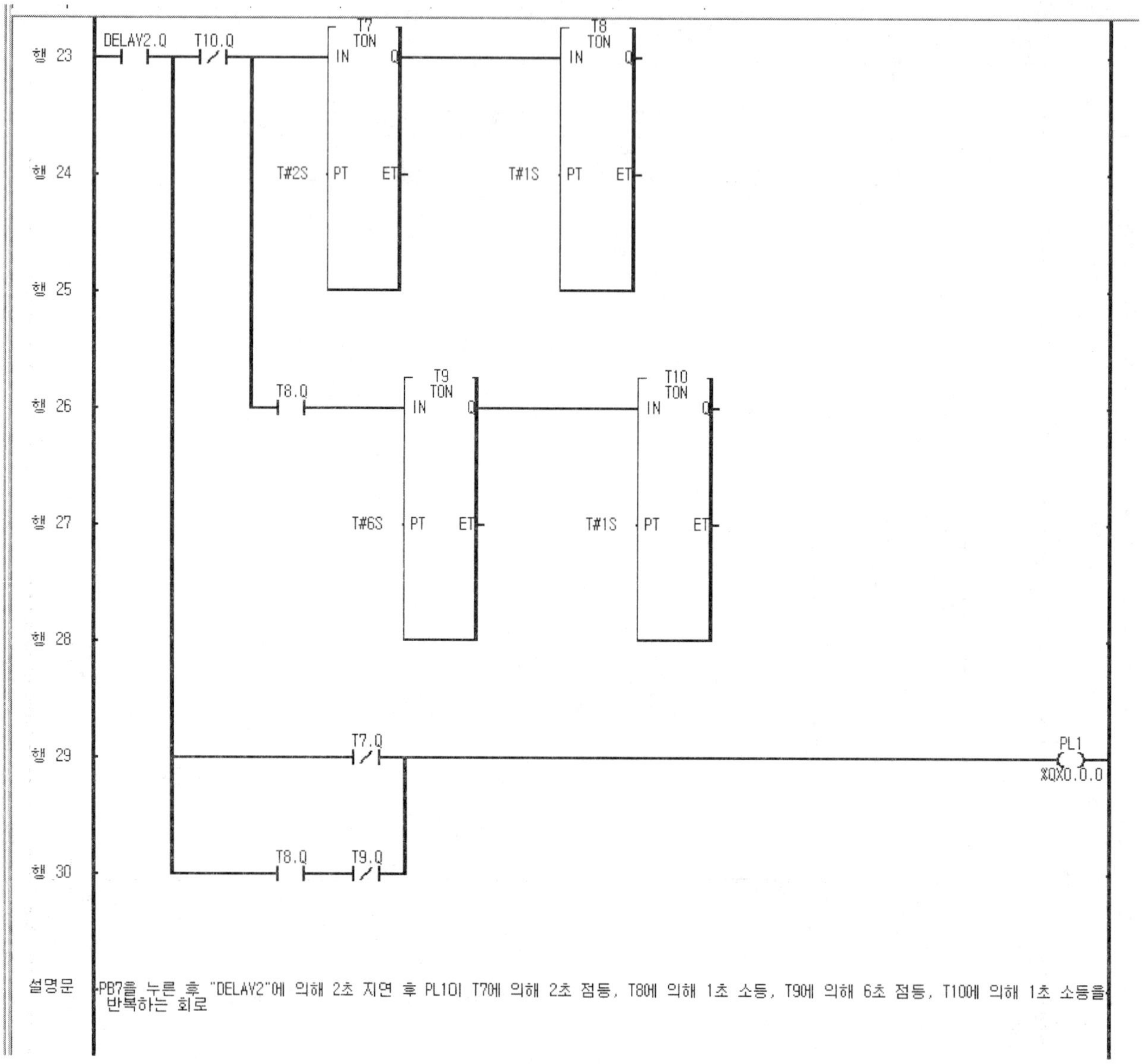

```
행 23    DELAY2.Q   T10.Q         T7                      T8
         ──┤ ├──────┤/├───────┬──TON──┐──────────────┬──TON──┐
                              │ IN   Q│              │ IN   Q│
행 24                         │       │              │       │
                          T#2S│PT   ET│           T#1S│PT   ET│
                              └───────┘              └───────┘
행 25

                    T8.Q            T9                     T10
행 26              ──┤ ├────────┬──TON──┐──────────────┬──TON──┐
                                │ IN   Q│              │ IN   Q│
행 27                       T#6S│PT   ET│           T#1S│PT   ET│
                                └───────┘              └───────┘
행 28

                    T7.Q                                                    PL1
행 29              ──┤/├──────────────────────────────────────────────────( )
                                                                        %QX0.0.0
                    T8.Q    T9.Q
행 30              ──┤ ├────┤/├──
```

설명문 PB7을 누른 후 "DELAY2"에 의해 2초 지연 후 PL1이 T7에 의해 2초 점등, T8에 의해 1초 소등, T9에 의해 6초 점등, T10에 의해 1초 소등을 반복하는 회로

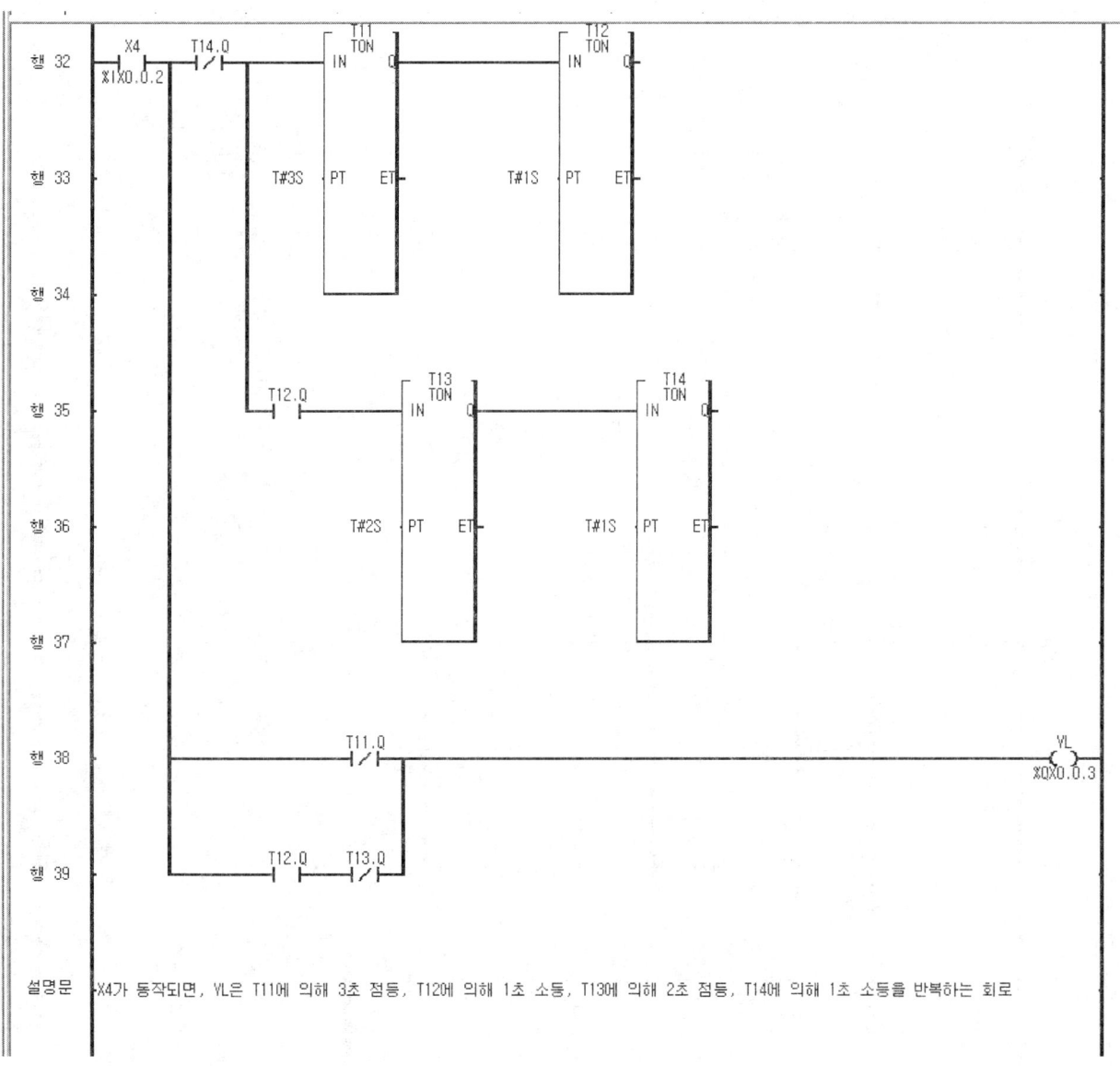

설명문 : X4가 동작되면, YL은 T11에 의해 3초 점등, T12에 의해 1초 소등, T13에 의해 2초 점등, T14에 의해 1초 소등을 반복하는 회로

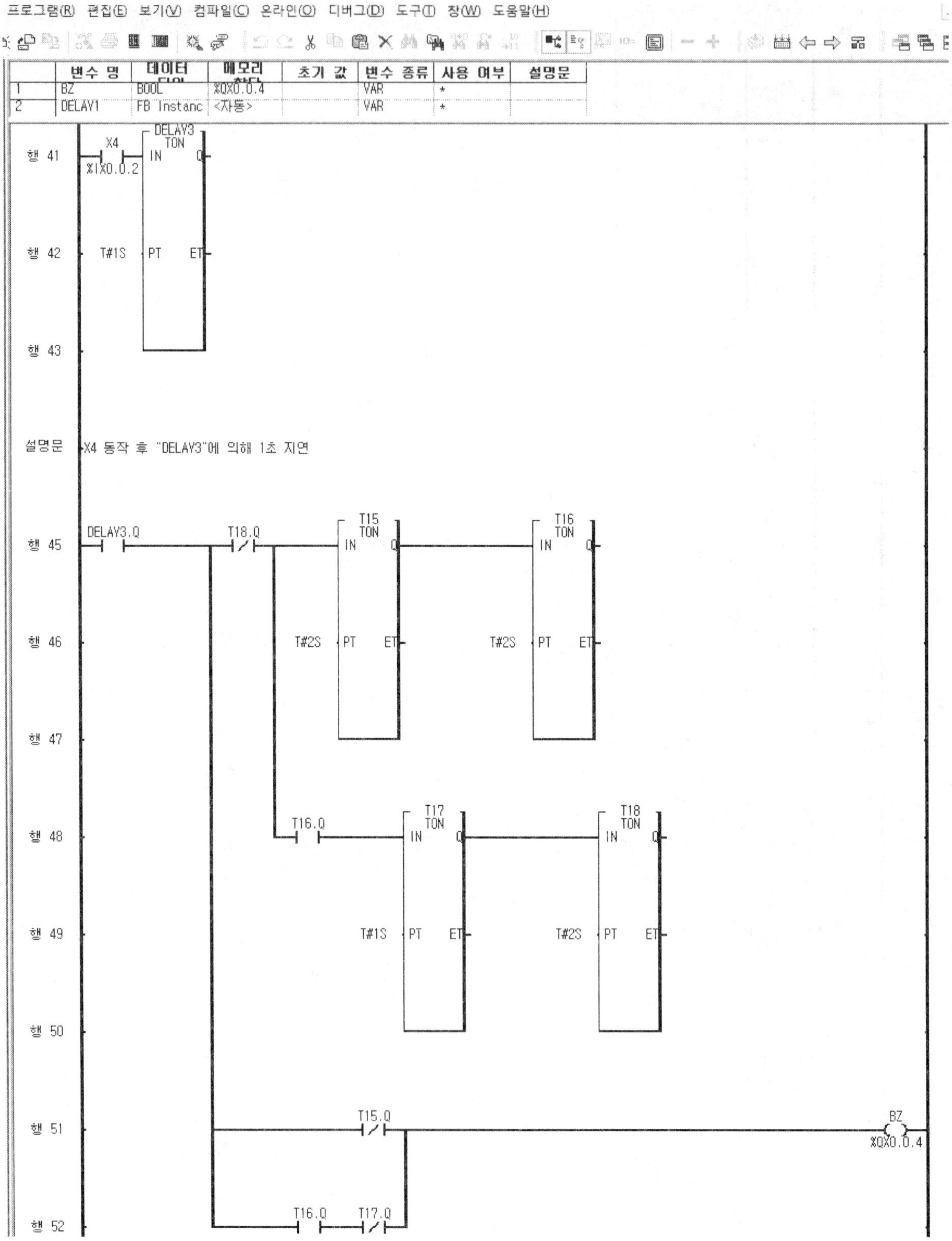

변수 명	데이터 타입	메모리 할당	초기 값	변수 종류	사용 여부	설명문
1	BZ	BOOL	%QX0.0.4		VAR	*
2	DELAY1	FB Instanc	<자동>		VAR	*

행 41 — X4 (%IX0.0.2) ── DELAY3 TON (IN, Q), T#1S PT ET

행 42

행 43

설명문: X4 동작 후 "DELAY3"에 의해 1초 지연

행 45 — DELAY3.Q ──┤ ├── T18.Q ──┤/├── T15 TON (IN, Q), T#2S PT ET ── T16 TON (IN, Q), T#2S PT ET

행 46

행 47

행 48 — T16.Q ──┤ ├── T17 TON (IN, Q), T#1S PT ET ── T18 TON (IN, Q), T#2S PT ET

행 49

행 50

행 51 — T15.Q ──┤/├──────────────── (BZ) %QX0.0.4

행 52 — T16.Q ──┤ ├── T17.Q ──┤ ├──

| 설명문 | X4 동작 후 "DELAY3"에 의해 1초 지연 후 BZ가 T15에 의해 2초 동작, T16에 의해 1초 정지, T17에 의해 1초 동작, T18에 의해 1초 정지를 반복하는 회로 |

행 54 ───〈RETURN〉

11.19 기능장 제51회 B형 [2012년 5월]

(1) 제1과제 : PLC 프로그램 구성

① 다음 동작설명과 타임차트를 참조하여 PLC 프로그램을 완성하시오.
② PLC 프로그램 구성은 반드시 본인이 지참한 기종으로 작업하여야 한다.

(2) 동작설명

(●는 동작(점등), ○는 정지(소등)이며 원호 안의 숫자는 시간(초)임)

① PB_6을 누른 후 놓으면, PL_1은 주어진 시간 동안 점등과 소등(❺-①-❶-①-❺-①)을 하고, PL_2는 PL_1이 점등된 1초 후 점등과 소등(❺-①-❺)을 하며, PL_3은 PL_2가 점등된 1초 후 점등과 소등(❸-①-❶-①-❸-②-①)을 한다.
② PB_7의 입력이 들어오기 전까지 위 사항을 계속 반복 동작하게 되며, PB_7을 누르면 동작 중이던 PL_1, PL_2, PL_3은 모두 소등된다.
③ 제어회로의 X_4(EOCR)가 동작하면 X_4가 여자되고, YL은 점등과 소등(❷-①-❶-①)을 반복하고, BZ는 YL 점등 1초 후 동작과 정지(❶-①-❷-①)를 반복한다. EOCR이 복귀되면 YL과 BZ는 동작을 멈춘다.

(3) PLC 입출력도

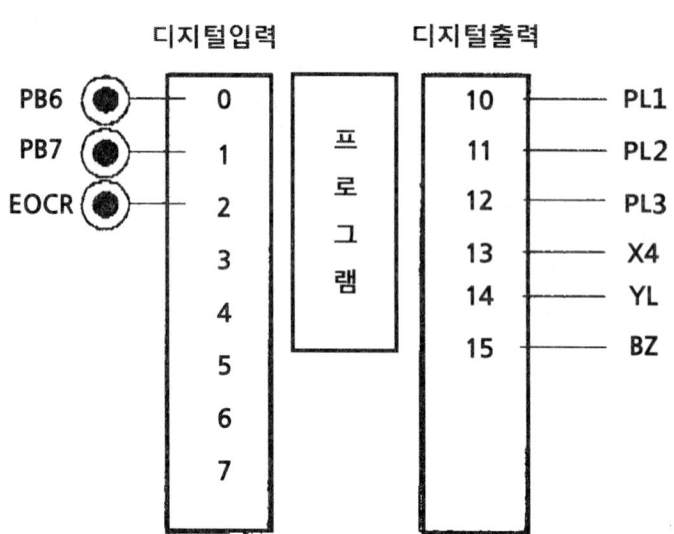

(4) 타임차트

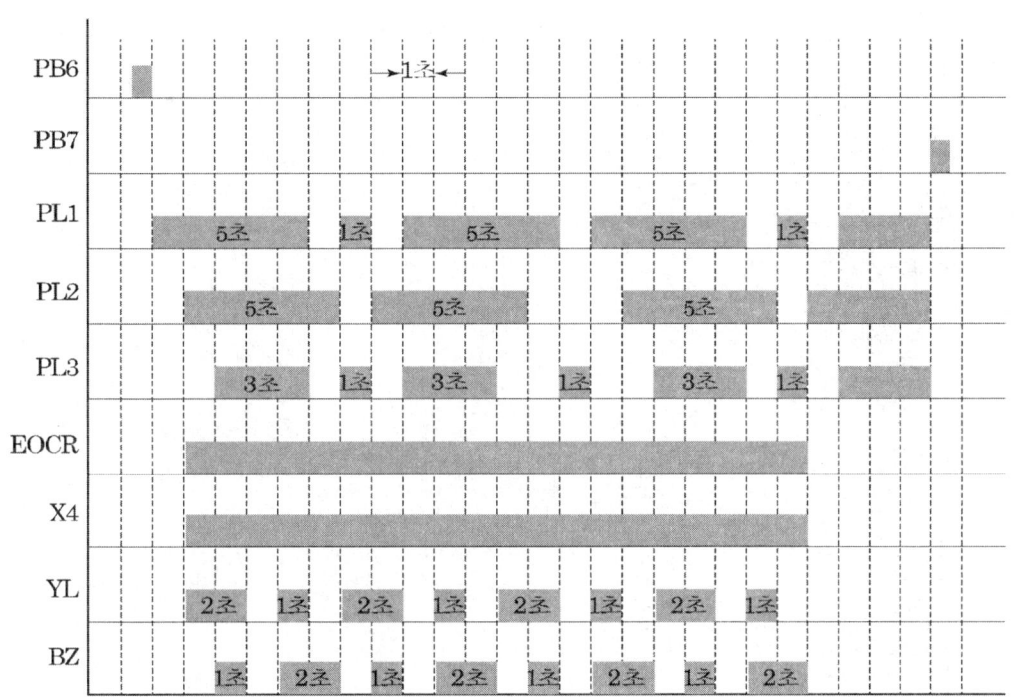

(5) 프로그래밍 해설

	변수 명	데이터 타입	메모리 할당	초기 값	변수 종류	사용 여부	설명문
1	BZ	BOOL	%QX0.0.5		VAR	*	
2	DELAY1	FB Instanc	<자동>		VAR	*	
3	DELAY2	FB Instanc	<자동>		VAR	*	
4	DELAY3	FB Instanc	<자동>		VAR	*	
5	EOCR	BOOL	%IX0.0.2		VAR	*	
6	PB6	BOOL	%IX0.0.0		VAR	*	
7	PB7	BOOL	%IX0.0.1		VAR	*	
8	PL1	BOOL	%QX0.0.0		VAR	*	
9	PL2	BOOL	%QX0.0.1		VAR	*	
10	PL3	BOOL	%QX0.0.2		VAR	*	
11	T1	FB Instanc	<자동>		VAR	*	
12	T10	FB Instanc	<자동>		VAR	*	
13	T11	FB Instanc	<자동>		VAR	*	
14	T12	FB Instanc	<자동>		VAR	*	
15	T13	FB Instanc	<자동>		VAR	*	
16	T14	FB Instanc	<자동>		VAR	*	
17	T15	FB Instanc	<자동>		VAR	*	
18	T16	FB Instanc	<자동>		VAR	*	
19	T17	FB Instanc	<자동>		VAR	*	
20	T18	FB Instanc	<자동>		VAR	*	
21	T19	FB Instanc	<자동>		VAR	*	
22	T2	FB Instanc	<자동>		VAR	*	
23	T20	FB Instanc	<자동>		VAR	*	
24	T21	FB Instanc	<자동>		VAR	*	
25	T22	FB Instanc	<자동>		VAR	*	
26	T23	FB Instanc	<자동>		VAR	*	
27	T24	FB Instanc	<자동>		VAR	*	
28	T25	FB Instanc	<자동>		VAR	*	
29	T26	FB Instanc	<자동>		VAR	*	
30	T3	FB Instanc	<자동>		VAR	*	
31	T4	FB Instanc	<자동>		VAR	*	
32	T5	FB Instanc	<자동>		VAR	*	
33	T6	FB Instanc	<자동>		VAR	*	
34	T7	FB Instanc	<자동>		VAR	*	
35	T8	FB Instanc	<자동>		VAR	*	
36	T9	FB Instanc	<자동>		VAR	*	
37	X4	BOOL	%QX0.0.3		VAR	*	
38	YL	BOOL	%QX0.0.4		VAR	*	
39	자기유지	BOOL	<자동>		VAR	*	

행 0 ─┤PB6/├──────────────────────────────────(S) 자기유지

설명문 : PB6을 눌렀다 놓으면 SET명령에 의해 자기유지

행 2 ─┤PB7├──────────────────────────────────(R) 자기유지

설명문 : PB7을 누르면 소자되어 PL1, PL2, PL3 전체 소등

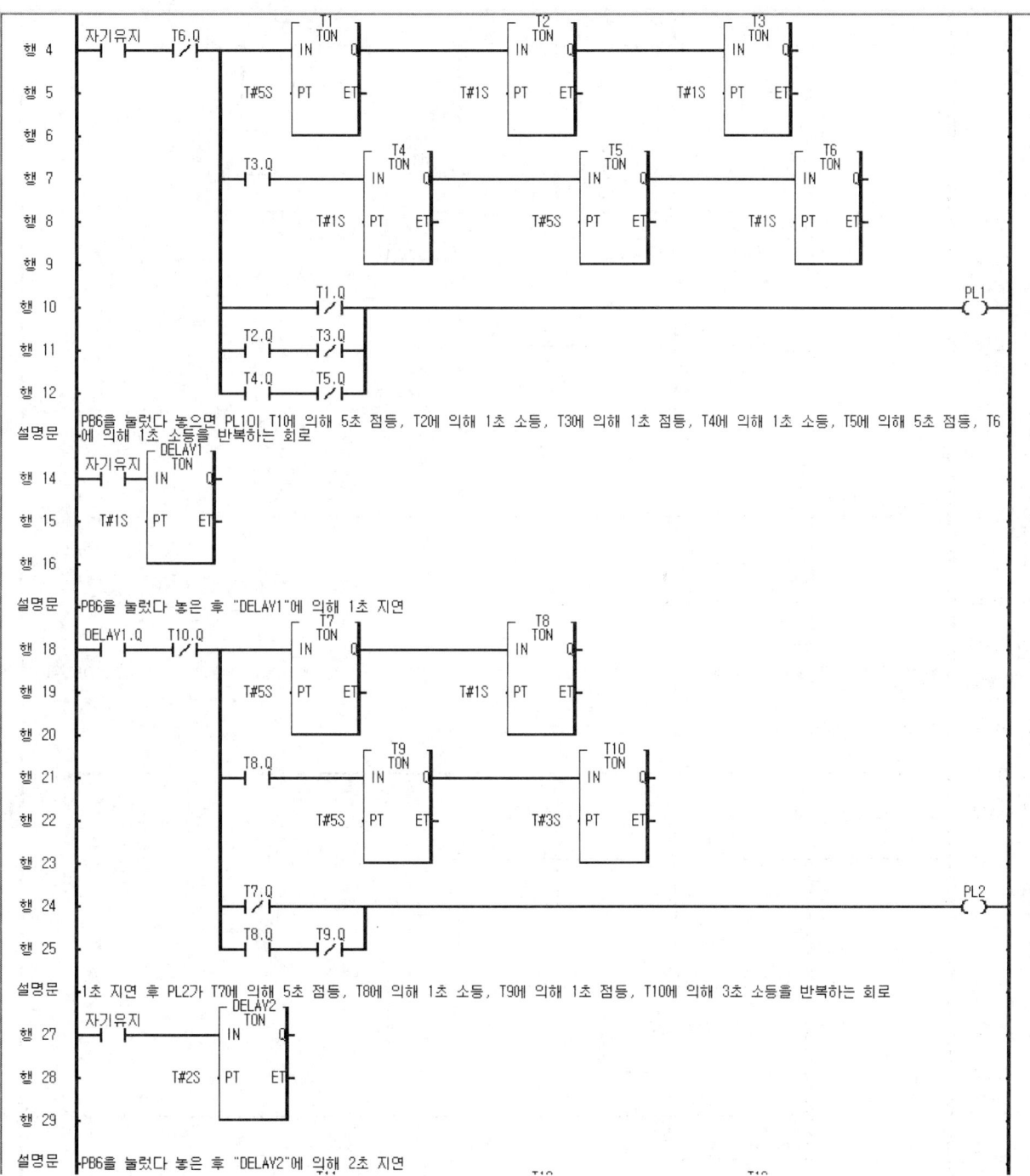

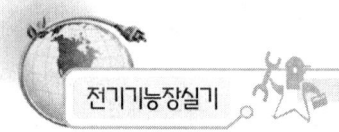

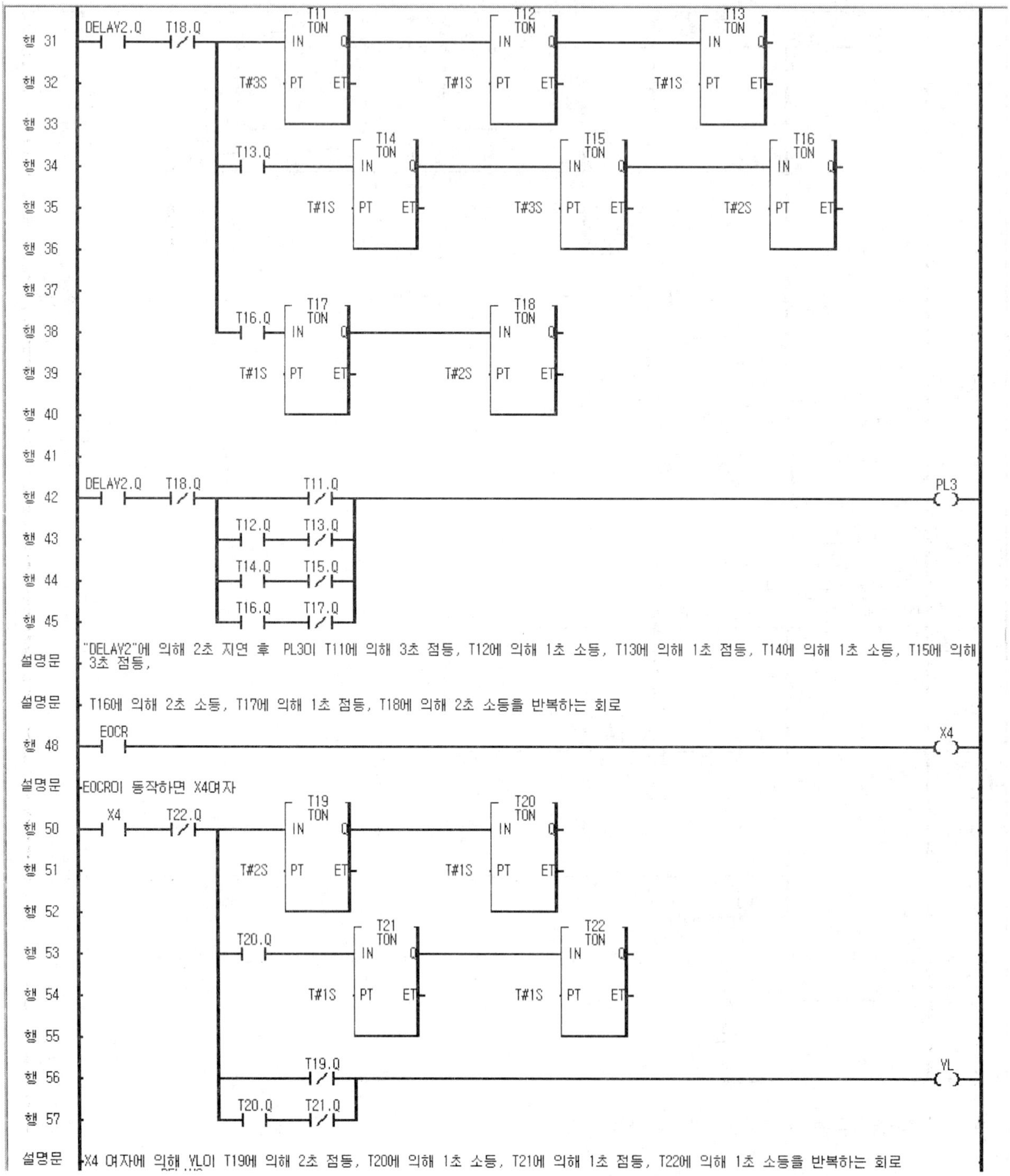
행 31
DELAY2.Q
T18.Q
T11
TON
IN
Q
T#3S
PT
ET
T12
TON
T#1S
T13
TON
T#1S
행 32
행 33
행 34
T13.Q
T14
TON
T#1S
T15
TON
T#3S
T16
TON
T#2S
행 35
행 36
행 37
행 38
T16.Q
T17
TON
T#1S
T18
TON
T#2S
행 39
행 40
행 41
행 42
DELAY2.Q
T18.Q
T11.Q
PL3
행 43
T12.Q
T13.Q
행 44
T14.Q
T15.Q
행 45
T16.Q
T17.Q
설명문
"DELAY2"에 의해 2초 지연 후 PL3이 T11에 의해 3초 점등, T12에 의해 1초 소등, T13에 의해 1초 점등, T14에 의해 1초 소등, T15에 의해 3초 점등,
설명문
T16에 의해 2초 소등, T17에 의해 1초 점등, T18에 의해 2초 소등을 반복하는 회로
행 48
EOCR
X4
설명문
EOCR이 동작하면 X4여자
행 50
X4
T22.Q
T19
TON
T#2S
T20
TON
T#1S
행 51
행 52
행 53
T20.Q
T21
TON
T#1S
T22
TON
T#1S
행 54
행 55
행 56
T19.Q
YL
행 57
T20.Q
T21.Q
설명문
X4 여자에 의해 YL이 T19에 의해 2초 점등, T20에 의해 1초 소등, T21에 의해 1초 점등, T22에 의해 1초 소등을 반복하는 회로

Chapter 4 　PLC 프로그래밍

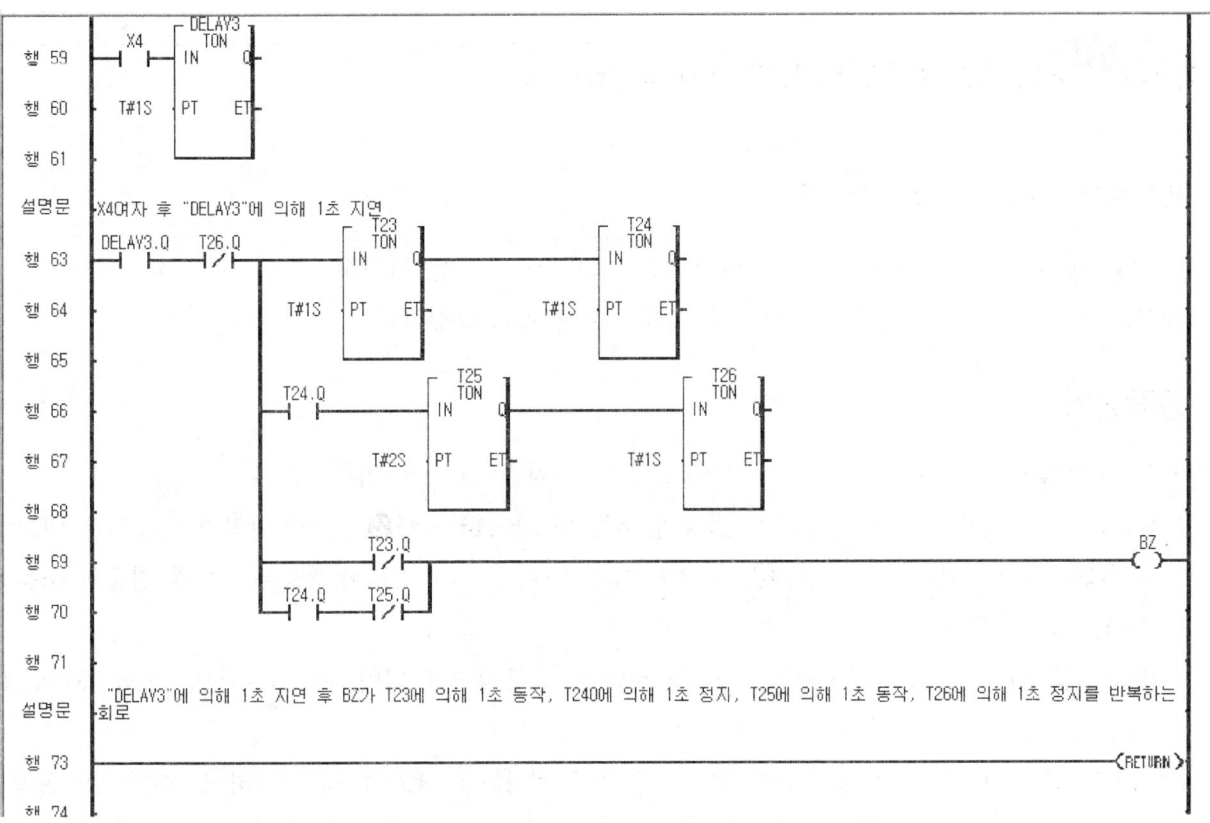

행 59
행 60
행 61
설명문　X4여자 후 "DELAY3"에 의해 1초 지연
행 63
행 64
행 65
행 66
행 67
행 68
행 69
행 70
행 71
설명문　"DELAY3"에 의해 1초 지연 후 BZ가 T23에 의해 1초 동작, T24O에 의해 1초 정지, T25에 의해 1초 동작, T26에 의해 1초 정지를 반복하는 회로
행 73
행 74

11.20 기능장 제51회 C형[2012년 5월]

(1) 제1과제 : PLC 프로그램 구성

① 다음 동작설명과 타임차트를 참조하여 PLC 프로그램을 완성하시오.
② PLC 프로그램 구성은 반드시 본인이 지참한 기종으로 작업하여야 한다.

(2) 동작설명

(●는 동작(점등), ○는 정지(소등)이며 원호 안의 숫자는 시간(초)임)

① PB_6을 두 번 눌렀다 놓으면, PL_3은 점등과 소등(❸-①-❷-①-❷-①)을 반복하고, PL_1은 PL_3이 점등된 1초 후 점등과 소등(❸-①-❷-①-❷-①)을 하며, PL_2는 PL_1이 점등된 1초 후 점등과 소등(❸-①-❺-①)을 한다.

② PB_7의 입력이 들어오기 전까지 위 사항을 계속 반복 동작하게 되며, PB_7을 누르면 동작 중이던 PL_1, PL_2, PL_3은 모두 소등된다.

③ 제어회로의 X_4(EOCR)가 동작되면 BZ는 동작과 정지(❶-②-❷-①)를 반복하고, YL은 BZ 동작 1초 후 점등과 소등(❸-①-❶-①)을 반복한다. EOCR이 복귀되면 YL과 BZ는 동작을 멈춘다.

(3) PLC 입출력도

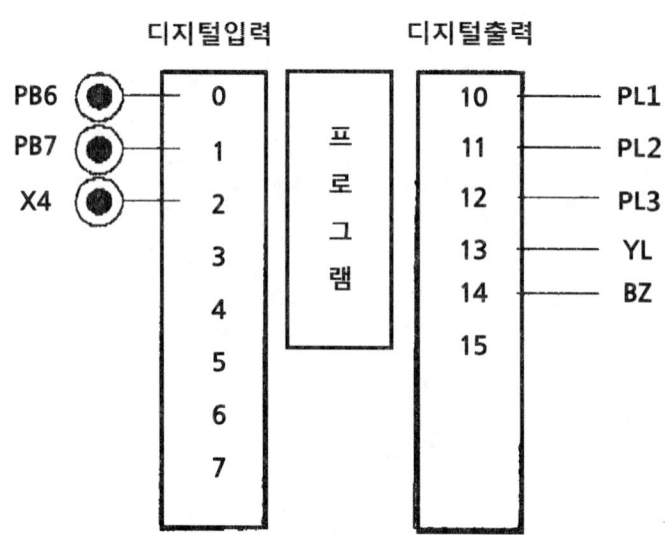

(4) 타임차트

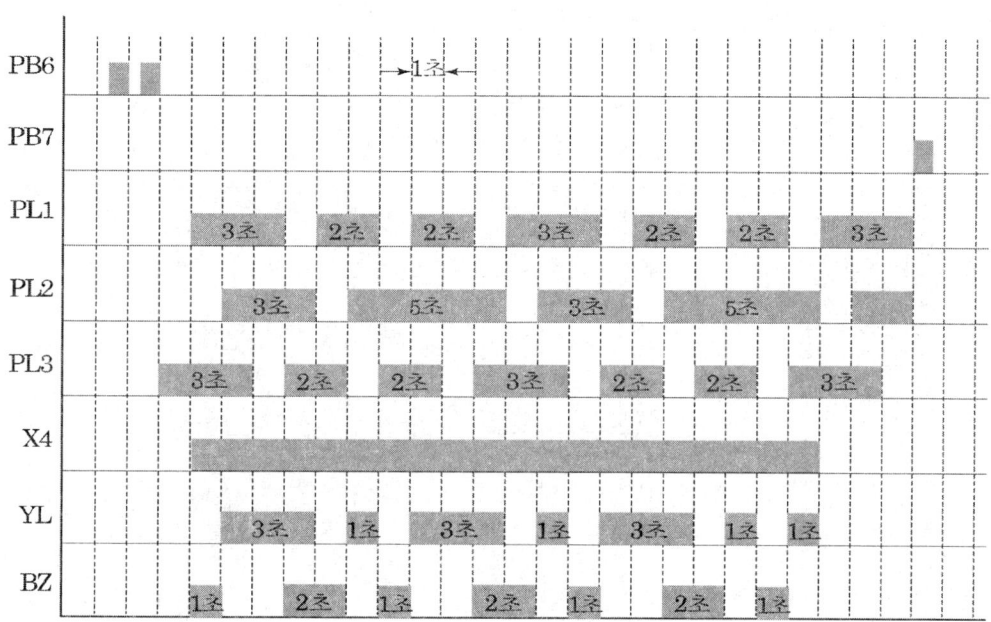

(5) 프로그래밍 해설

	변수 명	데이터 타입	메모리 할당	초기 값	변수 종류	사용 여부	설명문
1	BZ	BOOL	%QX0.0.4		VAR	*	
2	C1	FB Instanc	<자동>		VAR	*	
3	DELAY1	FB Instanc	<자동>		VAR	*	
4	DELAY2	FB Instanc	<자동>		VAR	*	
5	DELAY3	FB Instanc	<자동>		VAR	*	
6	PB6	BOOL	%IX0.0.0		VAR	*	
7	PB7	BOOL	%IX0.0.1		VAR	*	
8	PL1	BOOL	%QX0.0.0		VAR	*	
9	PL2	BOOL	%QX0.0.1		VAR	*	
10	PL3	BOOL	%QX0.0.2		VAR	*	
11	T1	FB Instanc	<자동>		VAR	*	
12	T10	FB Instanc	<자동>		VAR	*	
13	T11	FB Instanc	<자동>		VAR	*	
14	T12	FB Instanc	<자동>		VAR	*	
15	T13	FB Instanc	<자동>		VAR	*	
16	T14	FB Instanc	<자동>		VAR	*	
17	T15	FB Instanc	<자동>		VAR	*	
18	T16	FB Instanc	<자동>		VAR	*	
19	T17	FB Instanc	<자동>		VAR	*	
20	T18	FB Instanc	<자동>		VAR	*	
21	T19	FB Instanc	<자동>		VAR	*	
22	T2	FB Instanc	<자동>		VAR	*	
23	T20	FB Instanc	<자동>		VAR	*	
24	T21	FB Instanc	<자동>		VAR	*	
25	T22	FB Instanc	<자동>		VAR	*	
26	T23	FB Instanc	<자동>		VAR	*	
27	T24	FB Instanc	<자동>		VAR	*	
28	T3	FB Instanc	<자동>		VAR	*	
29	T4	FB Instanc	<자동>		VAR	*	
30	T5	FB Instanc	<자동>		VAR	*	
31	T6	FB Instanc	<자동>		VAR	*	
32	T7	FB Instanc	<자동>		VAR	*	
33	T8	FB Instanc	<자동>		VAR	*	
34	T9	FB Instanc	<자동>		VAR	*	
35	X4	BOOL	%IX0.0.2		VAR	*	
36	YL	BOOL	%QX0.0.3		VAR	*	

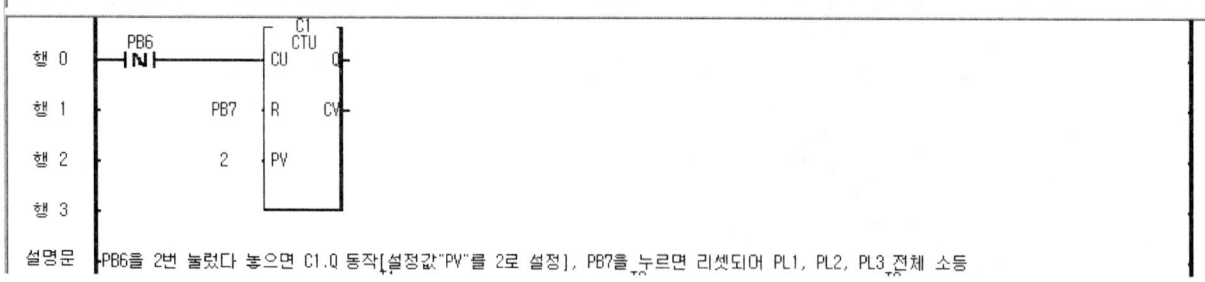

설명문 : PB6을 2번 눌렀다 놓으면 C1.Q 동작[설정값"PV"를 2로 설정], PB7을 누르면 리셋되어 PL1, PL2, PL3 전체 소등

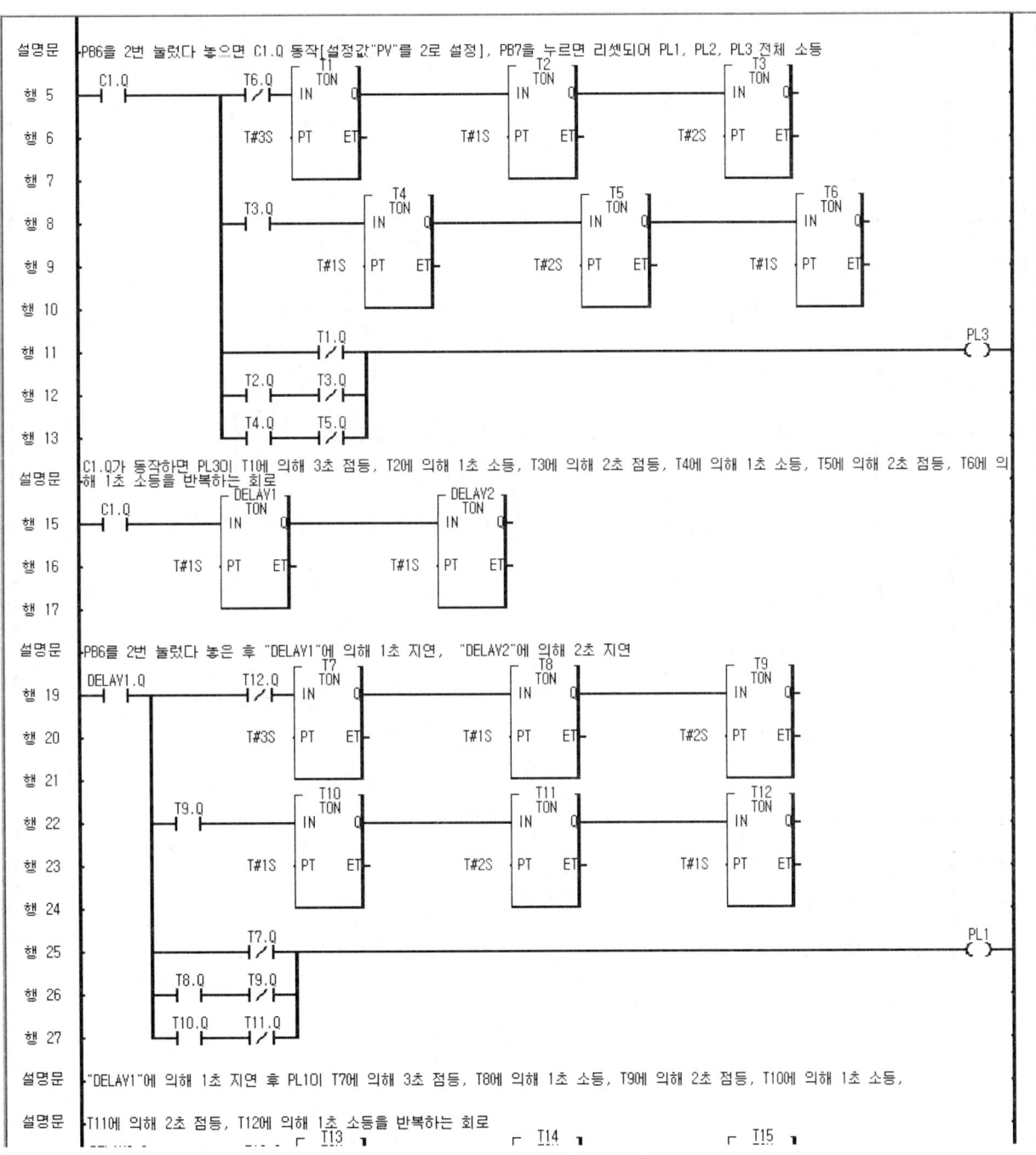

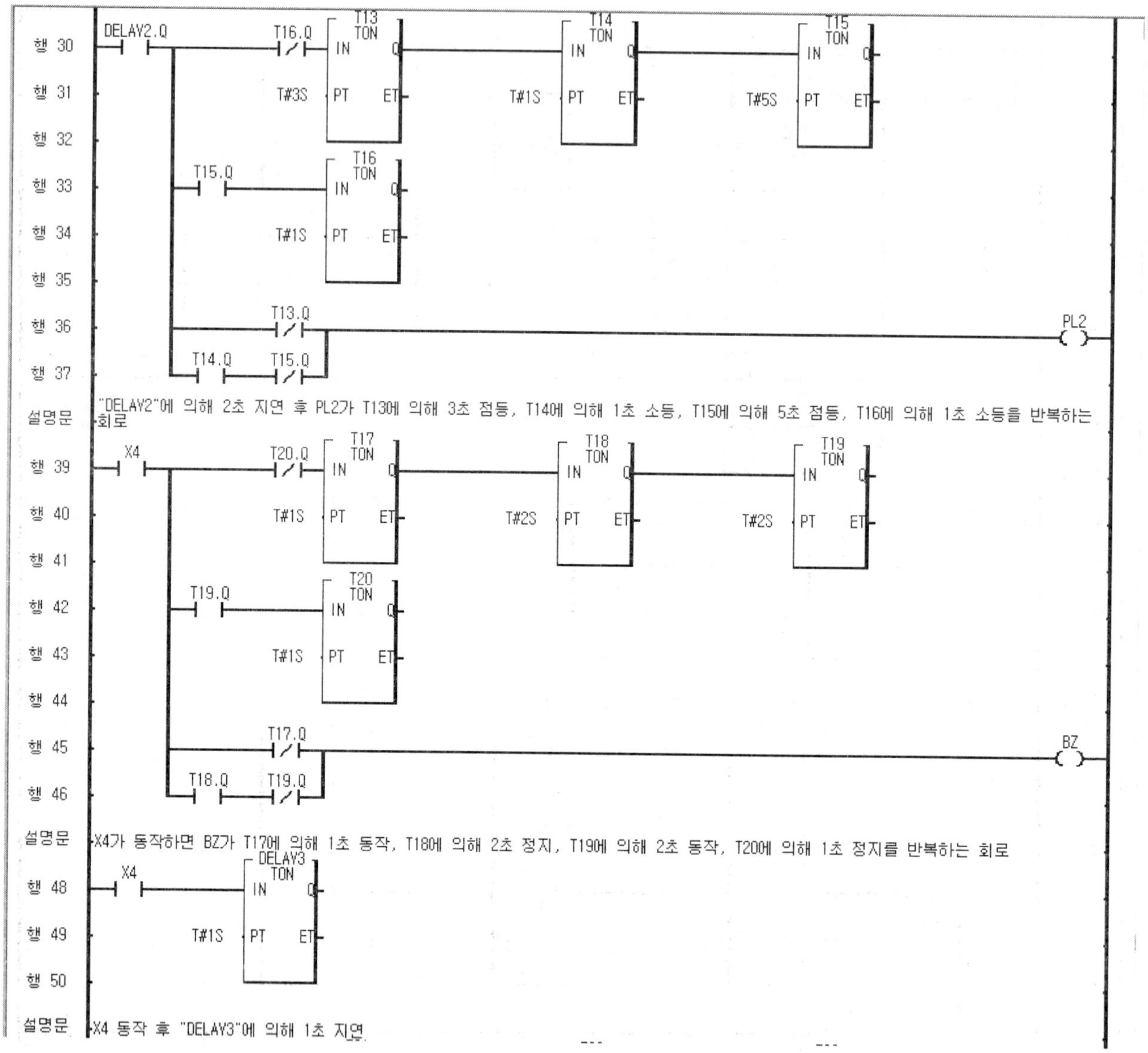

```
행 30    DELAY2.Q    T16.Q   ┌T13 TON┐         ┌T14 TON┐         ┌T15 TON┐
         ──┤├─────────┤/├────┤IN   Q├─────────┤IN   Q├─────────┤IN   Q├──
행 31                     T#3S─┤PT  ET│    T#1S─┤PT  ET│    T#5S─┤PT  ET│
                              └───────┘         └───────┘         └───────┘
행 32
         T15.Q            ┌T16 TON┐
행 33    ──┤├─────────────┤IN   Q├──
                      T#1S─┤PT  ET│
행 34                     └───────┘

행 35
                  T13.Q                                                    PL2
행 36    ─────────┤/├──────────────────────────────────────────────────────( )
         T14.Q    T15.Q
행 37    ──┤├─────┤├──

설명문  "DELAY2"에 의해 2초 지연 후 PL2가 T13에 의해 3초 점등, T14에 의해 1초 소등, T15에 의해 5초 점등, T16에 의해 1초 소등을 반복하는
        회로

행 39    X4       T20.Q   ┌T17 TON┐         ┌T18 TON┐         ┌T19 TON┐
         ──┤├─────────┤/├────┤IN   Q├─────────┤IN   Q├─────────┤IN   Q├──
행 40                     T#1S─┤PT  ET│    T#2S─┤PT  ET│    T#2S─┤PT  ET│
                              └───────┘         └───────┘         └───────┘
행 41
         T19.Q            ┌T20 TON┐
행 42    ──┤├─────────────┤IN   Q├──
                      T#1S─┤PT  ET│
행 43                     └───────┘
행 44
                  T17.Q                                                    BZ
행 45    ─────────┤/├──────────────────────────────────────────────────────( )
         T18.Q    T19.Q
행 46    ──┤├─────┤├──

설명문  X4가 동작하면 BZ가 T17에 의해 1초 동작, T18에 의해 2초 정지, T19에 의해 2초 동작, T20에 의해 1초 정지를 반복하는 회로

행 48    X4       ┌DELAY3 TON┐
         ──┤├─────┤IN     Q├──
행 49           T#1S─┤PT    ET│
                    └─────────┘
행 50

설명문  X4 동작 후 "DELAY3"에 의해 1초 지연.
```

Chapter 4 PLC 프로그래밍

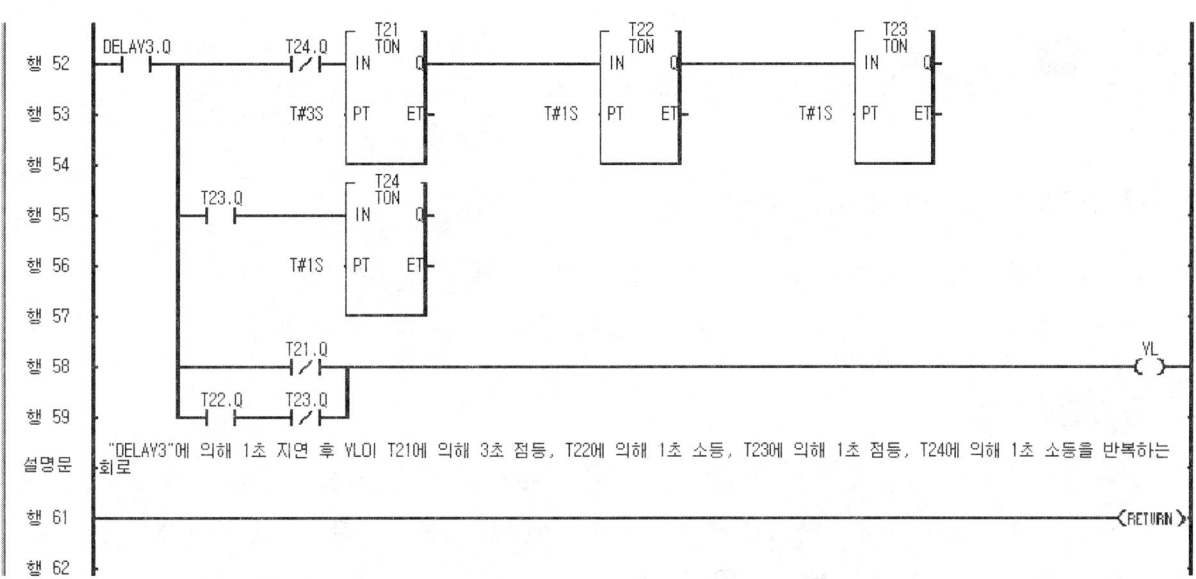

행 60 설명문 "DELAY3"에 의해 1초 지연 후 YL이 T21에 의해 3초 점등, T22에 의해 1초 소등, T23에 의해 1초 점등, T24에 의해 1초 소등을 반복하는 회로

11.21 기능장 제51회 D형 [2012년 5월]

(1) 제1과제 : PLC 프로그램 구성

① 다음 동작설명과 타임차트를 참조하여 PLC 프로그램을 완성하시오.
② PLC 프로그램 구성은 반드시 본인이 지참한 기종으로 작업하여야 한다.

(2) 동작설명

(●는 동작(점등), ○는 정지(소등)이며 원호 안의 숫자는 시간(초)임)

① PB_6을 두 번 눌렀다 놓으면, PL_3은 점등과 소등(❸-①-❷-①-❷-①)을 반복하고, PL_1은 PL_3이 점등된 1초 후 점등과 소등(❸-①-❷-①-❷-①)을 하며, PL_2는 PL_1이 점등된 1초 후 점등과 소등(❸-①-❺-①)을 한다.
② PB_7의 입력이 들어오기 전까지 위 사항을 계속 반복 동작하게 되며, PB_7을 누르면 동작 중이던 PL_1, PL_2, PL_3은 모두 소등된다.
③ 제어회로의 X_4(EOCR)가 동작되면 BZ는 동작과 정지(❶-②-❷-①)를 반복하고, YL은 BZ 동작 1초 후 점등과 소등(❸-①-❶-①)을 반복한다. EOCR이 복귀되면 YL과 BZ는 동작을 멈춘다.

(3) PLC 입출력도

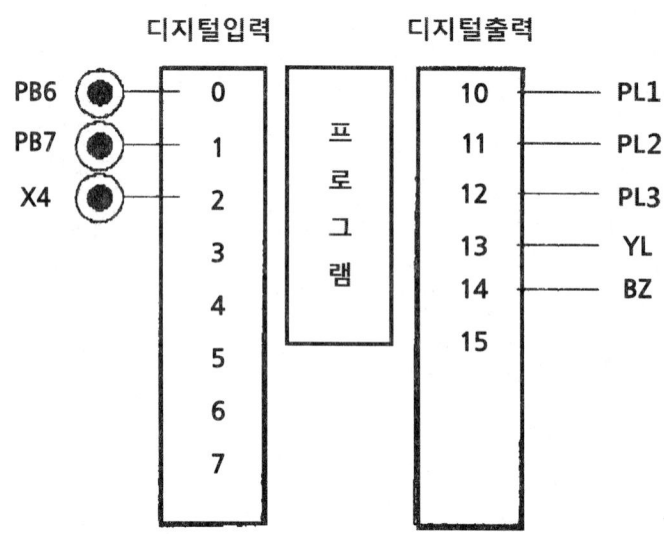

(4) 타임차트

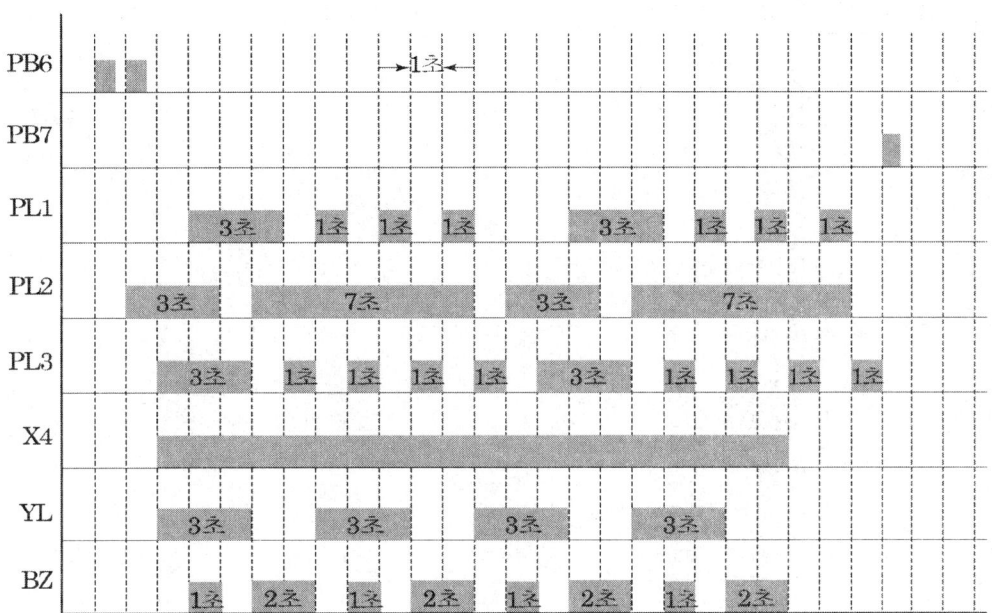

(5) 프로그래밍 해설

	변수 명	변수 값	데이터 타입	메모리 할당	초기 값	변수 종류	사용 여부	설명문
1	BZ	0	BOOL	%QX0.0.4		VAR	*	
2	C1		FB Instanc	<자동>		VAR	*	
3	DELAY1		FB Instanc	<자동>		VAR	*	
4	DELAY2		FB Instanc	<자동>		VAR	*	
5	DELAY3		FB Instanc	<자동>		VAR	*	
6	PB6	0	BOOL	%IX0.0.0		VAR	*	
7	PB7	0	BOOL	%IX0.0.1		VAR	*	
8	PL1	0	BOOL	%QX0.0.0		VAR	*	
9	PL2	0	BOOL	%QX0.0.1		VAR	*	
10	PL3	0	BOOL	%QX0.0.2		VAR	*	
11	T1		FB Instanc	<자동>		VAR	*	
12	T10		FB Instanc	<자동>		VAR	*	
13	T11		FB Instanc	<자동>		VAR	*	
14	T12		FB Instanc	<자동>		VAR	*	
15	T13		FB Instanc	<자동>		VAR	*	
16	T14		FB Instanc	<자동>		VAR	*	
17	T15		FB Instanc	<자동>		VAR	*	
18	T16		FB Instanc	<자동>		VAR	*	
19	T17		FB Instanc	<자동>		VAR	*	
20	T18		FB Instanc	<자동>		VAR	*	
21	T19		FB Instanc	<자동>		VAR	*	
22	T2		FB Instanc	<자동>		VAR	*	
23	T20		FB Instanc	<자동>		VAR	*	
24	T21		FB Instanc	<자동>		VAR	*	
25	T22		FB Instanc	<자동>		VAR	*	
26	T23		FB Instanc	<자동>		VAR	*	
27	T24		FB Instanc	<자동>		VAR	*	
28	T25		FB Instanc	<자동>		VAR	*	
29	T26		FB Instanc	<자동>		VAR	*	
30	T27		FB Instanc	<자동>		VAR	*	
31	T28		FB Instanc	<자동>		VAR	*	
32	T3		FB Instanc	<자동>		VAR	*	
33	T4		FB Instanc	<자동>		VAR	*	
34	T5		FB Instanc	<자동>		VAR	*	
35	T6		FB Instanc	<자동>		VAR	*	
36	T7		FB Instanc	<자동>		VAR	*	
37	T8		FB Instanc	<자동>		VAR	*	
38	T9		FB Instanc	<자동>		VAR	*	
39	X4	0	BOOL	%IX0.0.2		VAR	*	
40	YL	0	BOOL	%QX0.0.3		VAR	*	

```
                C1
         PB6   CTU      0
행 0    ─┤├── CU
                       0
행 1     PB7  ─R    CV─

행 2      2  ─PV

행 3
```

설명문 PB6을 두번 누르면 [설정값"PV"가 2] C1.QU접점 동작

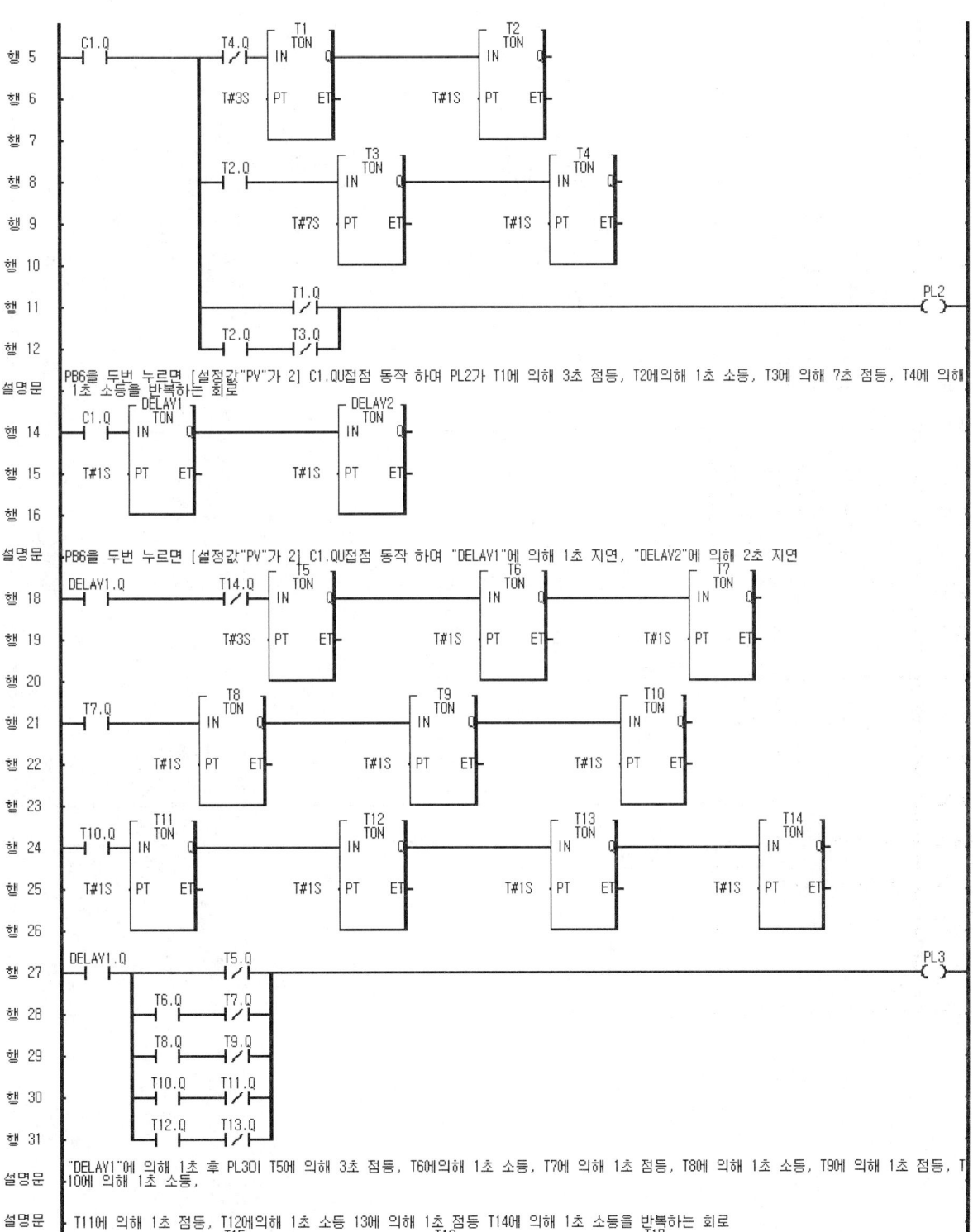

설명문 PB6을 두번 누르면 [설정값"PV"가 2] C1.Q접점 동작 하여 PL2가 T1에 의해 3초 점등, T2에의해 1초 소등, T3에 의해 7초 점등, T4에 의해 1초 소등을 반복하는 회로

설명문 PB6을 두번 누르면 [설정값"PV"가 2] C1.Q접점 동작 하여 "DELAY1"에 의해 1초 지연, "DELAY2"에 의해 2초 지연

설명문 "DELAY1"에 의해 1초 후 PL3이 T5에 의해 3초 점등, T6에의해 1초 소등, T7에 의해 1초 점등, T8에 의해 1초 소등, T9에 의해 1초 점등, T10에 의해 1초 소등,

설명문 T11에 의해 1초 점등, T12에의해 1초 소등 T13에 의해 1초 점등 T14에 의해 1초 소등을 반복하는 회로

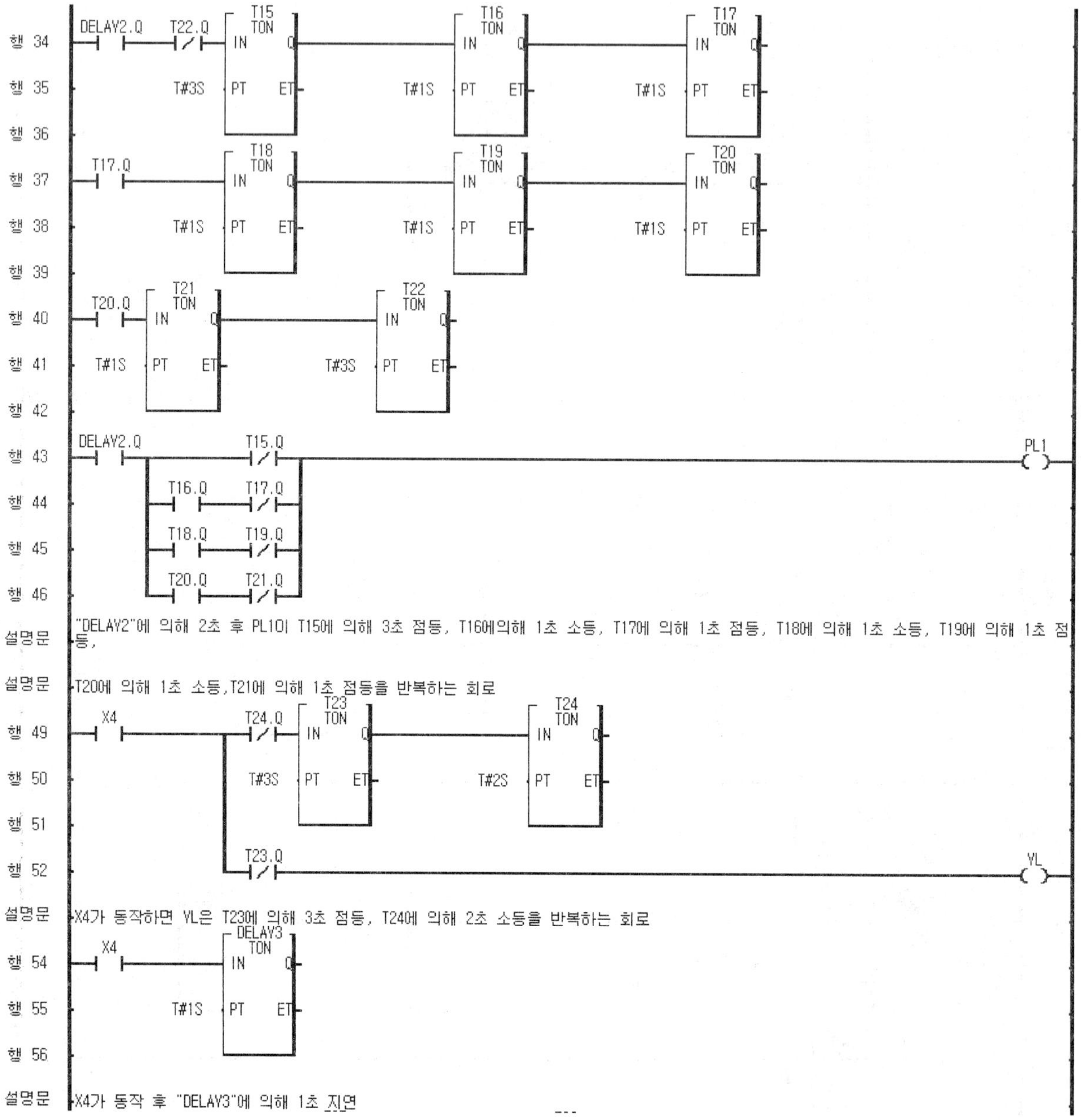

행 34 DELAY2.Q T22.Q T15 TON T16 TON T17 TON
행 35   T#3S PT ET   T#1S PT ET T#1S PT ET
행 36
행 37 T17.Q T18 TON T19 TON T20 TON
행 38   T#1S PT ET T#1S PT ET T#1S PT ET
행 39
행 40 T20.Q T21 TON T22 TON
행 41 T#1S PT ET   T#3S PT ET
행 42
행 43 DELAY2.Q T15.Q ─────────────────────────── PL1
행 44   T16.Q T17.Q
행 45   T18.Q T19.Q
행 46   T20.Q T21.Q

설명문 "DELAY2"에 의해 2초 후 PL1이 T15에 의해 3초 점등, T16에의해 1초 소등, T17에 의해 1초 점등, T18에 의해 1초 소등, T19에 의해 1초 점등,

설명문 T20에 의해 1초 소등, T21에 의해 1초 점등을 반복하는 회로

행 49 X4 T24.Q T23 TON T24 TON
행 50   T#3S PT ET   T#2S PT ET
행 51
행 52   T23.Q ─────────────────────────── YL

설명문 X4가 동작하면 YL은 T23에 의해 3초 점등, T24에 의해 2초 소등을 반복하는 회로

행 54 X4 DELAY3 TON
행 55 T#1S PT ET
행 56

설명문 X4가 동작 후 "DELAY3"에 의해 1초 지연

Chapter 4 PLC 프로그래밍

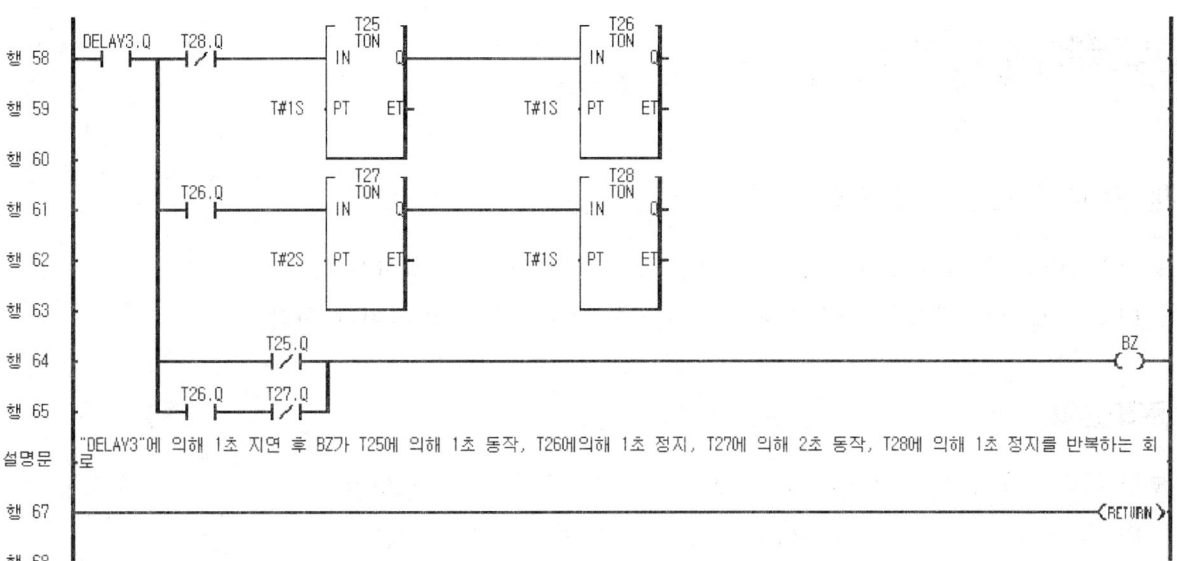

설명문 "DELAY3"에 의해 1초 지연 후 BZ가 T25에 의해 1초 동작, T26에의해 1초 정지, T27에 의해 2초 동작, T28에 의해 1초 정지를 반복하는 회로

11.22 기능장 제52회 A형 [2012년 9월]

(1) 제1과제 : PLC 프로그램 구성

① 다음 동작설명과 타임차트를 참조하여 PLC 프로그램을 완성하시오.
② PLC 프로그램 구성은 반드시 본인이 지참한 기종으로 작업하여야 한다.

(2) 동작설명

(●는 동작(점등), ○는 정지(소등)이며 원호 안의 숫자는 시간(초)임)

① PB_3을 3번 눌렀다 놓으면, PL_1은 점등과 소등(❶-⑤-❼-①)을
PL_2는 점등과 소등(❸-③-❶-①-❺-①)을,
PL_3은 점등과 소등(❺-①-❶-③-❸-①)을,
PL_4는 점등과 소등(❼-⑤-❶-①)을 반복하여 동작한다.
② PB_4의 입력이 들어오기 전까지 위 사항을 계속 반복 동작하게 되며, PB_4를 누르면 동작 중이던 PL_1, PL_2, PL_3, PL_4는 모두 소등된다.
③ 제어회로의 X0가 동작되면 YL은 ❷-①-❶-①을, BZ는 ②-❶-①-❶을 반복하여 동작한다. X0가 복귀되면 YL과 BZ는 동작을 멈춘다.

(3) PLC 입출력도

(본인이 지참한 PLC기종에 알맞게 입출력회로를 결선하시오.)

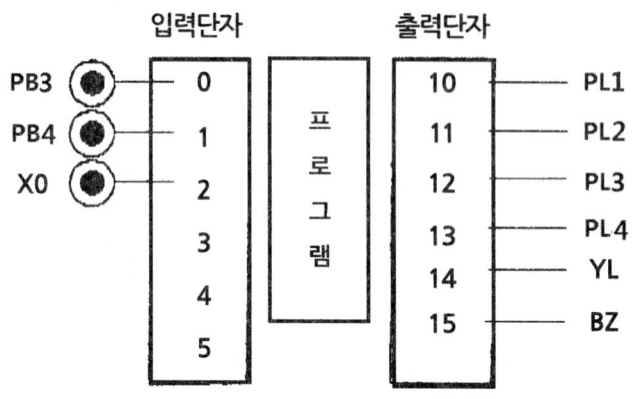

(4) 타임차트

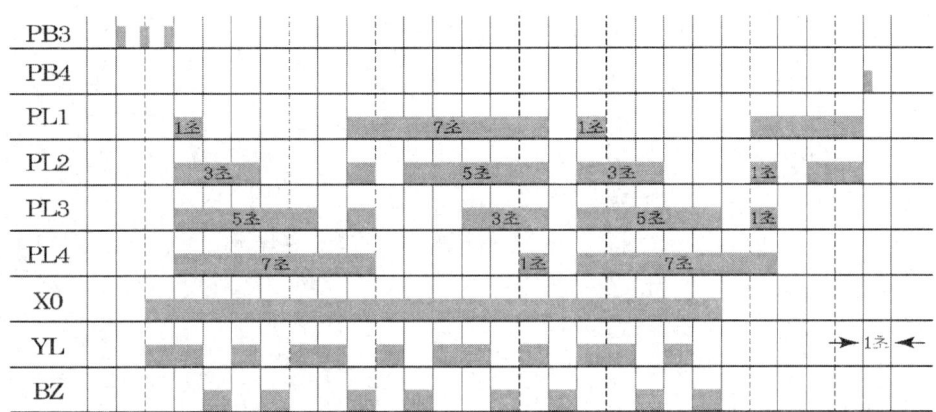

(5) 프로그래밍 해설

	변수 명	데이터 타입	메모리 할당	초기 값	변수 종류	사용 여부	설명문
1	BZ	BOOL	%QX0.1.5		VAR	*	
2	C1	FB Instanc	<자동>		VAR	*	
3	EOCR	BOOL	<자동>		VAR	*	
4	INST0	FB Instanc	<자동>		VAR	*	
5	PB3	BOOL	%IX0.0.0		VAR	*	
6	PB4	BOOL	%IX0.0.1		VAR	*	
7	PL1	BOOL	%QX0.1.0		VAR	*	
8	PL2	BOOL	%QX0.1.1		VAR	*	
9	PL3	BOOL	%QX0.1.2		VAR	*	
10	PL4	BOOL	%QX0.1.3		VAR	*	
11	T1	FB Instanc	<자동>		VAR	*	
12	T10	FB Instanc	<자동>		VAR	*	
13	T11	FB Instanc	<자동>		VAR	*	
14	T12	FB Instanc	<자동>		VAR	*	
15	T13	FB Instanc	<자동>		VAR	*	
16	T14	FB Instanc	<자동>		VAR	*	
17	T15	FB Instanc	<자동>		VAR	*	
18	T16	FB Instanc	<자동>		VAR	*	
19	T17	FB Instanc	<자동>		VAR	*	
20	T18	FB Instanc	<자동>		VAR	*	
21	T19	FB Instanc	<자동>		VAR	*	
22	T2	FB Instanc	<자동>		VAR	*	
23	T20	FB Instanc	<자동>		VAR	*	
24	T21	FB Instanc	<자동>		VAR	*	
25	T22	FB Instanc	<자동>		VAR	*	
26	T23	FB Instanc	<자동>		VAR	*	
27	T24	FB Instanc	<자동>		VAR	*	
28	T25	FB Instanc	<자동>		VAR	*	
29	T26	FB Instanc	<자동>		VAR	*	
30	T28	FB Instanc	<자동>		VAR	*	
31	T29	FB Instanc	<자동>		VAR	*	
32	T3	FB Instanc	<자동>		VAR	*	
33	T4	FB Instanc	<자동>		VAR	*	
34	T5	FB Instanc	<자동>		VAR	*	
35	T6	FB Instanc	<자동>		VAR	*	
36	T7	FB Instanc	<자동>		VAR	*	
37	T8	FB Instanc	<자동>		VAR	*	
38	T9	FB Instanc	<자동>		VAR	*	
39	X0	BOOL	%IX0.0.2		VAR	*	
40	YL	BOOL	%QX0.1.4		VAR	*	

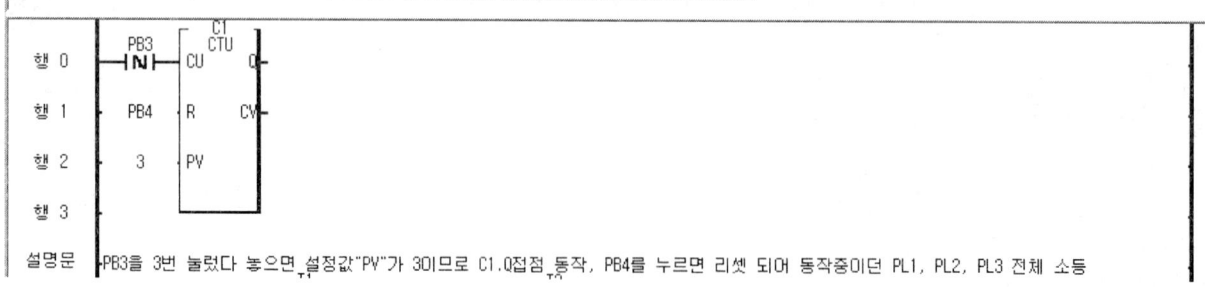

설명문: PB3을 3번 눌렀다 놓으면 설정값 "PV"가 3이므로 C1.Q접점 동작, PB4를 누르면 리셋 되어 동작중이던 PL1, PL2, PL3 전체 소등

Chapter 4 PLC 프로그래밍

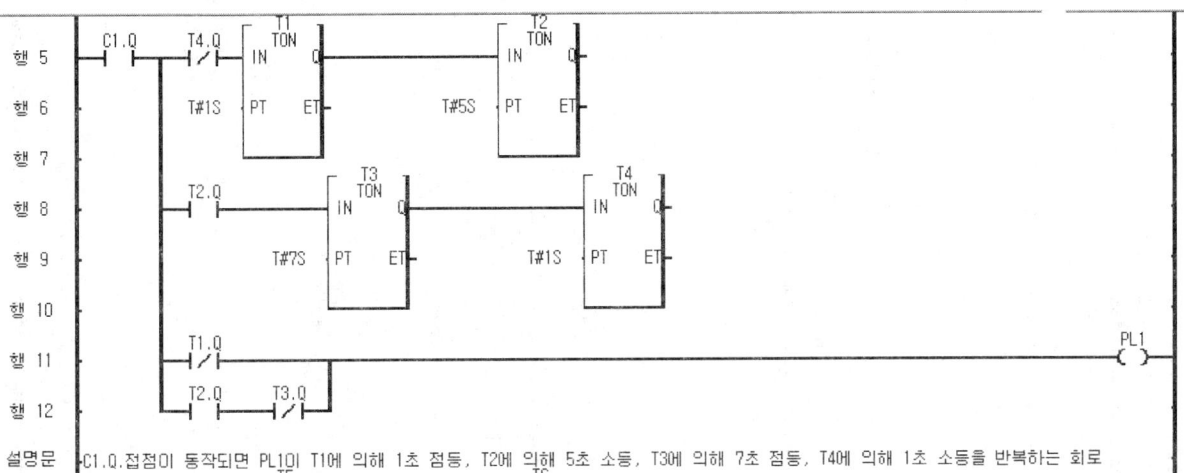

설명문 C1.Q 접점이 동작되면 PL1이 T1에 의해 1초 점등, T2에 의해 5초 소등, T3에 의해 7초 점등, T4에 의해 1초 소등을 반복하는 회로

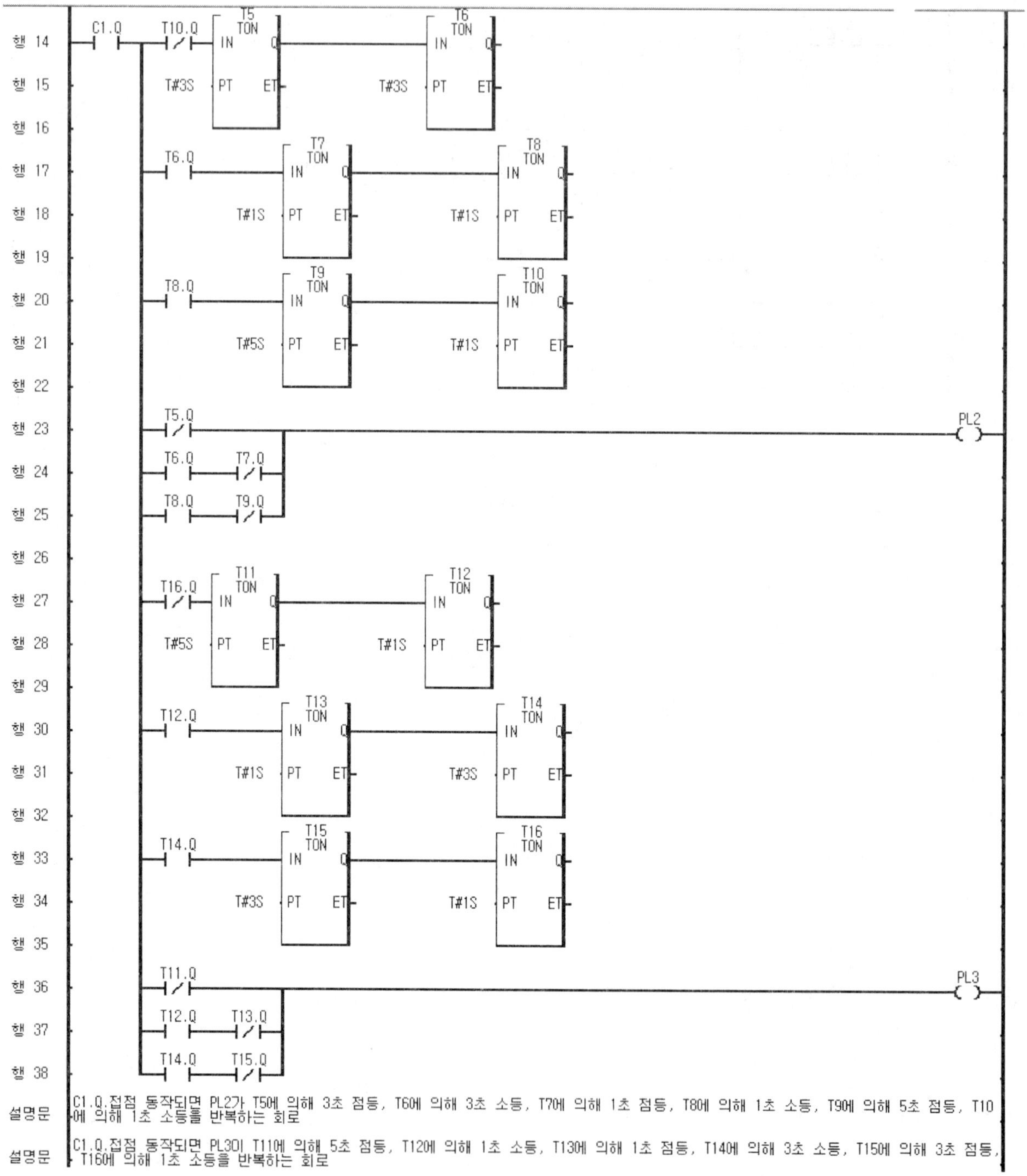

```
행 14     C1.Q    T10.Q    ┌T5 ─┐              ┌T6 ─┐
          ─┤├──────┤/├─────┤TON │──────────────┤TON │
행 15                      ┤IN  Q├             ┤IN  Q├
                           │    │              │    │
행 16                 T#3S ┤PT ET│         T#3S ┤PT ET│
                           └────┘              └────┘
          T6.Q             ┌T7 ─┐              ┌T8 ─┐
행 17     ─┤├──────────────┤TON │──────────────┤TON │
                           ┤IN  Q├             ┤IN  Q├
행 18                 T#1S ┤PT ET│         T#1S ┤PT ET│

행 19
          T8.Q             ┌T9 ─┐              ┌T10─┐
행 20     ─┤├──────────────┤TON │──────────────┤TON │
                           ┤IN  Q├             ┤IN  Q├
행 21                 T#5S ┤PT ET│         T#1S ┤PT ET│

행 22
          T5.Q                                                            PL2
행 23     ─┤/├──────────────────────────────────────────────────────────( )
          T6.Q   T7.Q
행 24     ─┤├────┤/├──┐
          T8.Q   T9.Q
행 25     ─┤├────┤/├──┘

행 26
          T16.Q           ┌T11─┐              ┌T12─┐
행 27     ─┤/├─────────────┤TON │──────────────┤TON │
                           ┤IN  Q├             ┤IN  Q├
행 28                 T#5S ┤PT ET│         T#1S ┤PT ET│

행 29
          T12.Q            ┌T13─┐              ┌T14─┐
행 30     ─┤├──────────────┤TON │──────────────┤TON │
                           ┤IN  Q├             ┤IN  Q├
행 31                 T#1S ┤PT ET│         T#3S ┤PT ET│

행 32
          T14.Q            ┌T15─┐              ┌T16─┐
행 33     ─┤├──────────────┤TON │──────────────┤TON │
                           ┤IN  Q├             ┤IN  Q├
행 34                 T#3S ┤PT ET│         T#1S ┤PT ET│

행 35
          T11.Q                                                           PL3
행 36     ─┤/├──────────────────────────────────────────────────────────( )
          T12.Q  T13.Q
행 37     ─┤├────┤/├──┐
          T14.Q  T15.Q
행 38     ─┤├────┤/├──┘
```

설명문 : C1.Q 접점 동작되면 PL2가 T5에 의해 3초 점등, T6에 의해 3초 소등, T7에 의해 1초 점등, T8에 의해 1초 소등, T9에 의해 5초 점등, T10에 의해 1초 소등을 반복하는 회로

설명문 : C1.Q 접점 동작되면 PL3이 T11에 의해 5초 점등, T12에 의해 1초 소등, T13에 의해 1초 점등, T14에 의해 3초 소등, T15에 의해 3초 점등, T16에 의해 1초 소등을 반복하는 회로

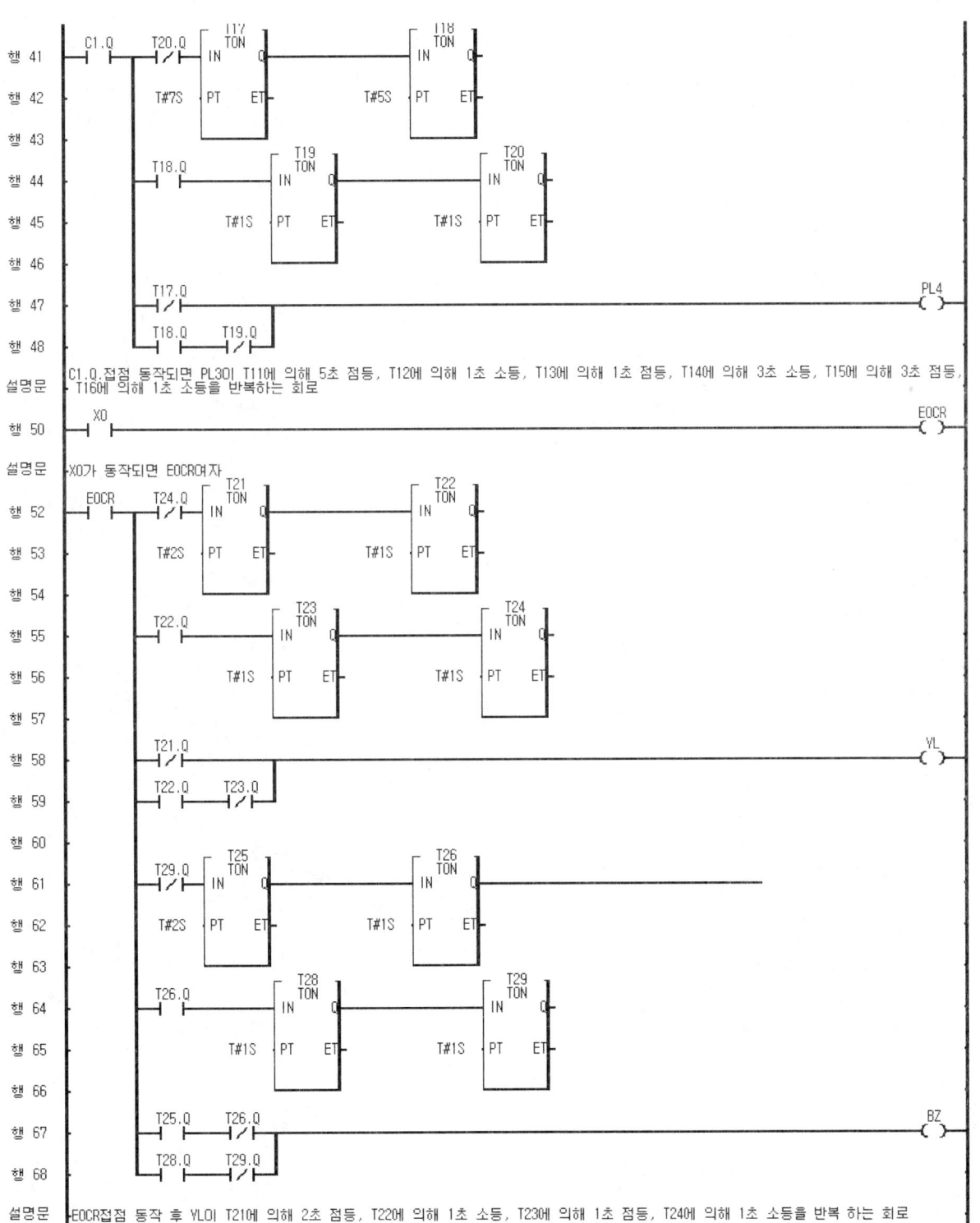

| 설명문 | EOCR접점 동작 후 BZ가 T250에 의해 2초 정지, T260에 의해 1초 동작, T280에 의해 1초 정지, T290에 의해 1초 동작을 반복 하는 회로 |
| 행 71 | ⟨RETURN⟩ |

Chapter 4 PLC 프로그래밍

11.23 기능장 제52회 B형 [2012년 9월]

(1) 제1과제 : PLC 프로그램 구성

① 다음 동작설명과 타임차트를 참조하여 PLC 프로그램을 완성하시오.
② PLC 프로그램 구성은 반드시 본인이 지참한 기종으로 작업하여야 한다.

(2) 동작설명

(●는 동작(점등), ○는 정지(소등)이며 원호 안의 숫자는 시간(초)임)

① PB_3을 1번 눌렀다 놓으면,

  PL_1은 점등과 소등(❺-①-❶-①-❶-①)을,

  PL_2는 PL_1 점등 1초 후부터 점등과 소등(❶-①-❶-①-❺-①)을,

  PL_3은 PL_2 점등 1초 후부터 점등과 소등(❶-①-❶-①)을 반복하여 동작한다.

  PB_3을 3번 눌렀다 놓으면, PL_4는 점등과 소등(❸-①-❺)을 1회만 동작한다.

② PB_4를 누르면 동작 중이던 PL_1, PL_2, PL_3, PL_4는 모두 소등된다.

③ 제어회로의 X_0가 동작되면 YL은 ❶-①-❷-①을, BZ는 ①-❶-①-❶을 반복하여 동작한다. X_0가 복귀되면 YL과 BZ는 동작을 멈춘다.

(3) PLC 입출력도

(본인이 지참한 PLC기종에 알맞게 입출력회로를 결선하시오.)

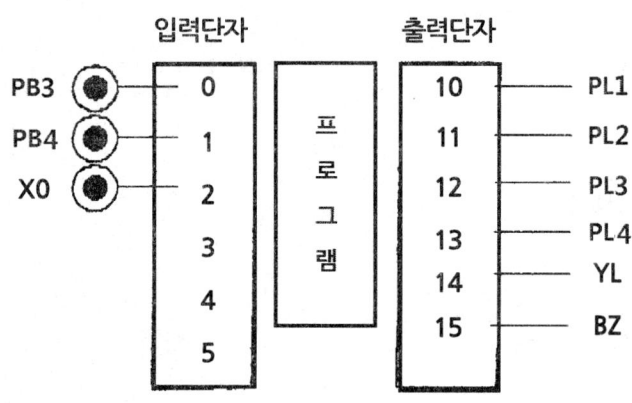

(4) 타임차트

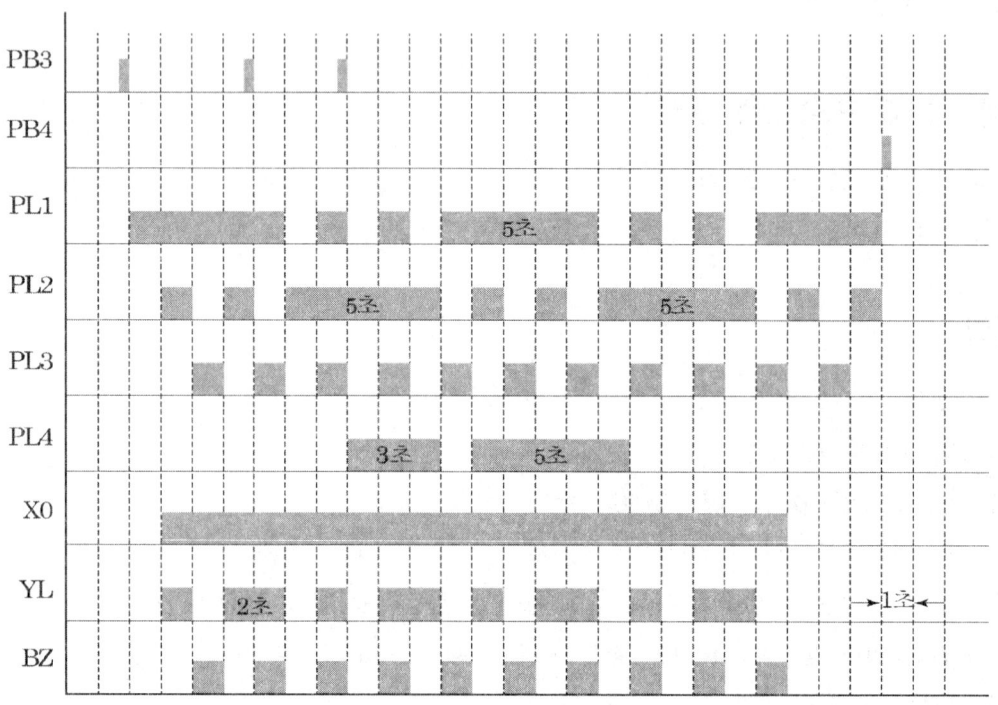

(5) 프로그래밍 해설

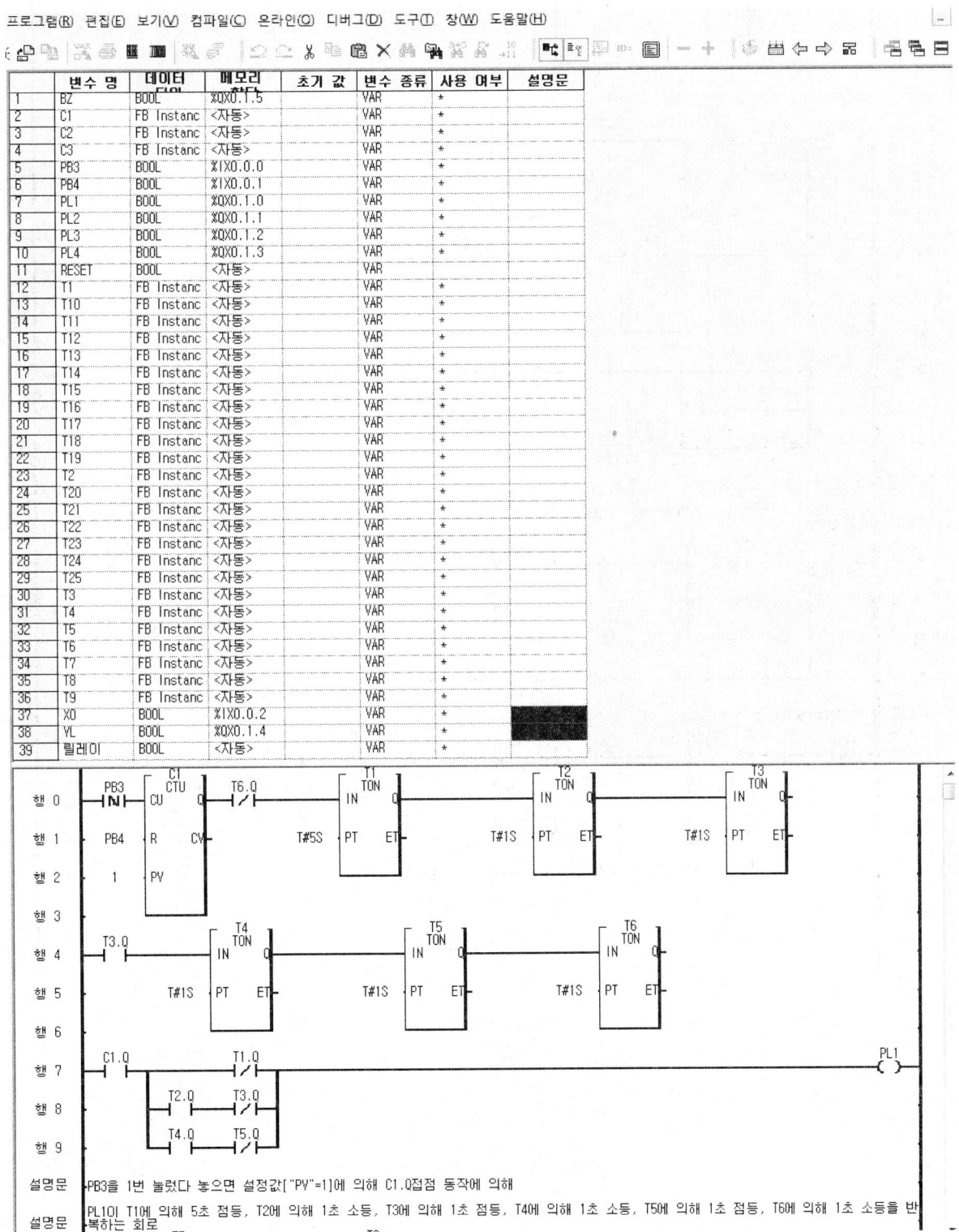

설명문 - PB3을 1번 눌렀다 놓으면 설정값["PV"=1]에 의해 C1.Q접점 동작에 의해

설명문 PL1이 T1에 의해 5초 점등, T2O에 의해 1초 소등, T3O에 의해 1초 점등, T4O에 의해 1초 소등, T5O에 의해 1초 점등, T6O에 의해 1초 소등을 반복하는 회로

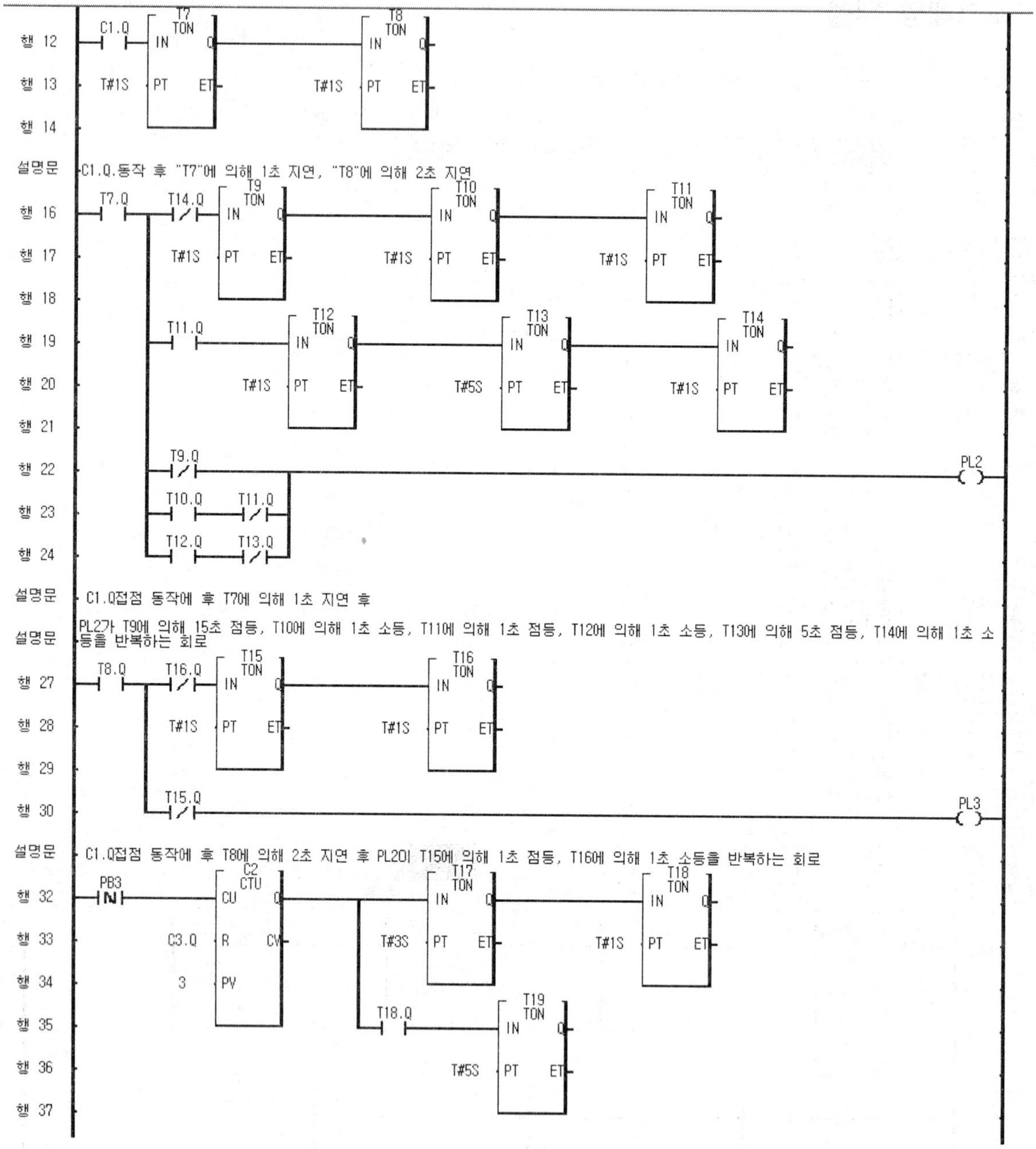

행 12	C1.Q ─ T7 TON (IN Q, T#1S PT ET) ─ T8 TON (IN Q, T#1S PT ET)

설명문 : C1.Q 동작 후 "T7"에 의해 1초 지연, "T8"에 의해 2초 지연

행 16~21: T7.Q ─ T14.Q(/) ─ T9 TON (T#1S) ─ T10 TON (T#1S) ─ T11 TON (T#1S)
T11.Q ─ T12 TON (T#1S) ─ T13 TON (T#5S) ─ T14 TON (T#1S)

행 22: T9.Q ─────────── (PL2)
행 23: T10.Q ─ T11.Q(/)
행 24: T12.Q ─ T13.Q(/)

설명문 : C1.Q접점 동작에 후 T7Q에 의해 1초 지연 후

설명문 : PL2가 T9Q에 의해 15초 점등, T10에 의해 1초 소등, T11에 의해 1초 점등, T12에 의해 1초 소등, T13에 의해 5초 점등, T14에 의해 1초 소등을 반복하는 회로

행 27~29: T8.Q ─ T16.Q(/) ─ T15 TON (T#1S) ─ T16 TON (T#1S)

행 30: T15.Q(/) ─────────── (PL3)

설명문 : C1.Q접점 동작에 후 T8에 의해 2초 지연 후 PL2이 T15에 의해 1초 점등, T16에 의해 1초 소등을 반복하는 회로

행 32~37: PB3 ─ C2 CTU (CU Q, R CV, 3 PV) with C3.Q at R ─ T17 TON (T#3S) ─ T18 TON (T#1S)
T18.Q ─ T19 TON (T#5S)

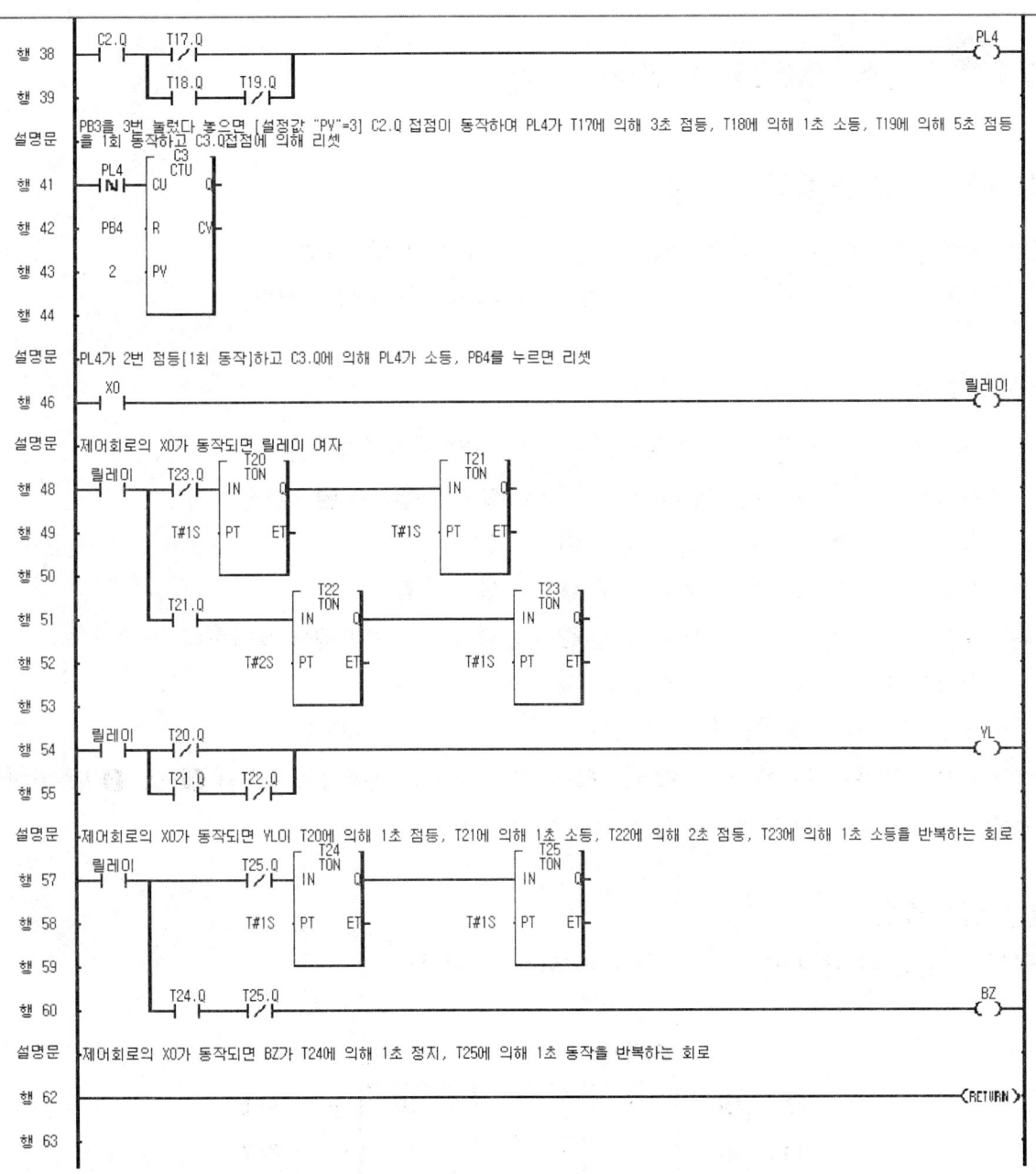

11.24 기능장 제52회 C형 [2012년 9월]

(1) 제1과제 : PLC 프로그램 구성

① 다음 동작설명과 타임차트를 참조하여 PLC 프로그램을 완성하시오.
② PLC 프로그램 구성은 반드시 본인이 지참한 기종으로 작업하여야 한다.

(2) 동작설명

(●는 동작(점등), ○는 정지(소등)이며 원호 안의 숫자는 시간(초)임)

① PB_3을 1번 눌렀다 놓으면, PL_1은 점등과 소등(❸-①-❷-①-❷-①)을
2번 눌렀다 놓으면, PL_2는 점등과 소등(❺-①-❶-①)을,
3번 눌렀다 놓으면, PL_3은 점등과 소등(❶-①-❷-①-❸-①)을,
4번 눌렀다 놓으면, PL_4는 점등과 소등(❷-①-❷-①)을 반복하여 동작한다.
5번 눌렀다 놓으면, PL_1, PL_2, PL_3, PL_4는 모두 소등된다.

② PB_4를 누르면 동작 중이던 PL_1, PL_2, PL_3, PL_4는 모두 소등된다.

③ 제어회로의 X_0가 동작되면 YL은 ❷-①-❶-①을, BZ는 YL 동작 1초 후부터 ❶-②-❶-②를 반복하여 동작한다. X_0가 복귀되면 YL과 BZ는 동작을 멈춘다.

(3) PLC 입출력도

(본인이 지참한 PLC기종에 알맞게 입출력회로를 결선하시오.)

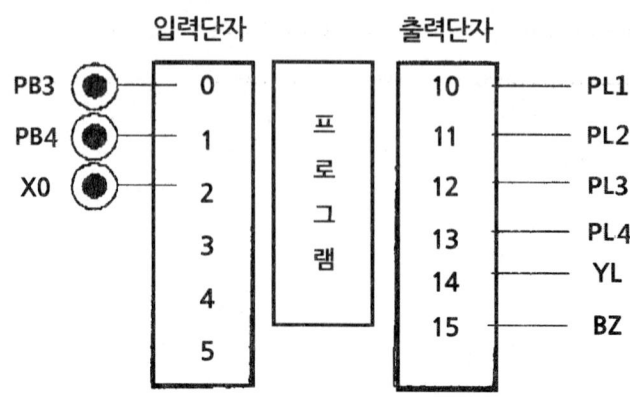

(4) 타임차트

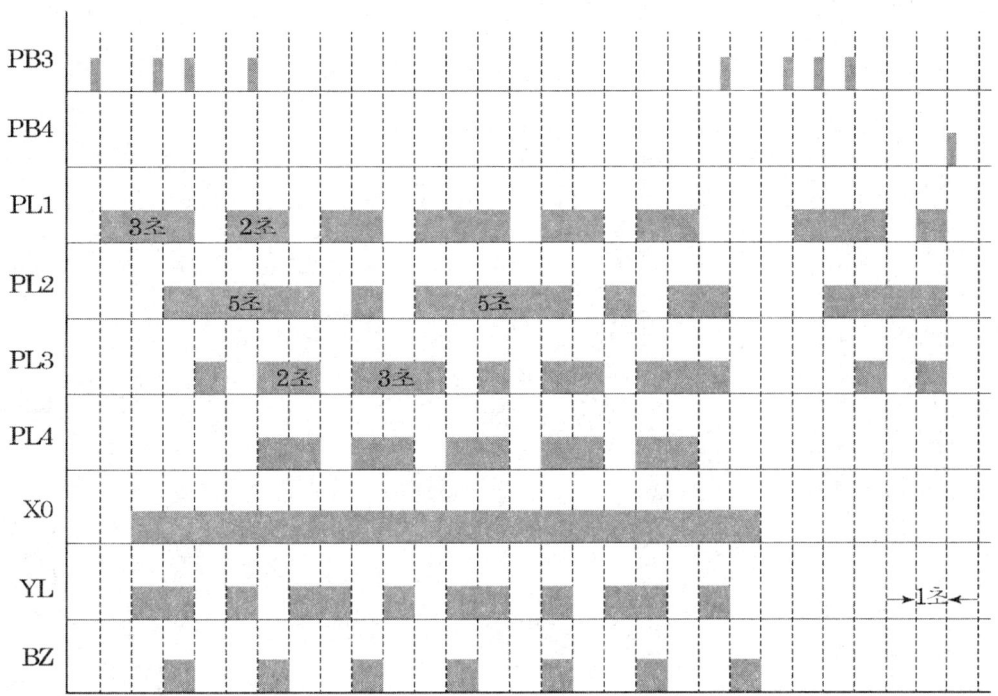

(5) 프로그래밍 해설

변수 명	데이터 타입	메모리 할당	초기 값	변수 종류	사용 내부	설명문
1 BZ	BOOL	%QX0.1.5		VAR	*	
2 C1	FB Instanc	<자동>		VAR	*	
3 C2	FB Instanc	<자동>		VAR	*	
4 C3	FB Instanc	<자동>		VAR	*	
5 C4	FB Instanc	<자동>		VAR	*	
6 C5	FB Instanc	<자동>		VAR	*	
7 PB3	BOOL	%IX0.0.0		VAR	*	
8 PB4	BOOL	%IX0.0.1		VAR	*	
9 PL1	BOOL	%QX0.1.0		VAR	*	
10 PL2	BOOL	%QX0.1.1		VAR	*	
11 PL3	BOOL	%QX0.1.2		VAR	*	
12 PL4	BOOL	%QX0.1.3		VAR	*	
13 RST	BOOL	<자동>		VAR	*	
14 T1	FB Instanc	<자동>		VAR	*	
15 T10	FB Instanc	<자동>		VAR	*	
16 T11	FB Instanc	<자동>		VAR	*	
17 T12	FB Instanc	<자동>		VAR	*	
18 T13	FB Instanc	<자동>		VAR	*	
19 T14	FB Instanc	<자동>		VAR	*	
20 T15	FB Instanc	<자동>		VAR	*	
21 T16	FB Instanc	<자동>		VAR	*	
22 T17	FB Instanc	<자동>		VAR	*	
23 T18	FB Instanc	<자동>		VAR	*	
24 T2	FB Instanc	<자동>		VAR	*	
25 T20	FB Instanc	<자동>		VAR	*	
26 T21	FB Instanc	<자동>		VAR	*	
27 T22	FB Instanc	<자동>		VAR	*	
28 T23	FB Instanc	<자동>		VAR	*	
29 T25	FB Instanc	<자동>		VAR	*	
30 T26	FB Instanc	<자동>		VAR	*	
31 T27	FB Instanc	<자동>		VAR	*	
32 T3	FB Instanc	<자동>		VAR	*	
33 T30	FB Instanc	<자동>		VAR	*	
34 T31	FB Instanc	<자동>		VAR	*	
35 T4	FB Instanc	<자동>		VAR	*	
36 T5	FB Instanc	<자동>		VAR	*	
37 T6	FB Instanc	<자동>		VAR	*	
38 T7	FB Instanc	<자동>		VAR	*	
39 T8	FB Instanc	<자동>		VAR	*	
40 T9	FB Instanc	<자동>		VAR	*	
41 X0	BOOL	%IX0.0.2		VAR	*	
42 YL	BOOL	%QX0.1.4		VAR	*	
43 릴레이	BOOL	<자동>		VAR	*	

행 0 ─┤PB3├──────────────────────────────(릴레이)

설명문 PB3을 눌렀다 놓을 때 마다 "릴레이" 여자

행 2 ─┤릴레이├─── CU C1 CTU Q

행 3   RST ─ R   CV

행 4   1 ─ PV

행 5

설명문 PB3를 1번 눌렀다 놓으면 C1.Q 접점 동작

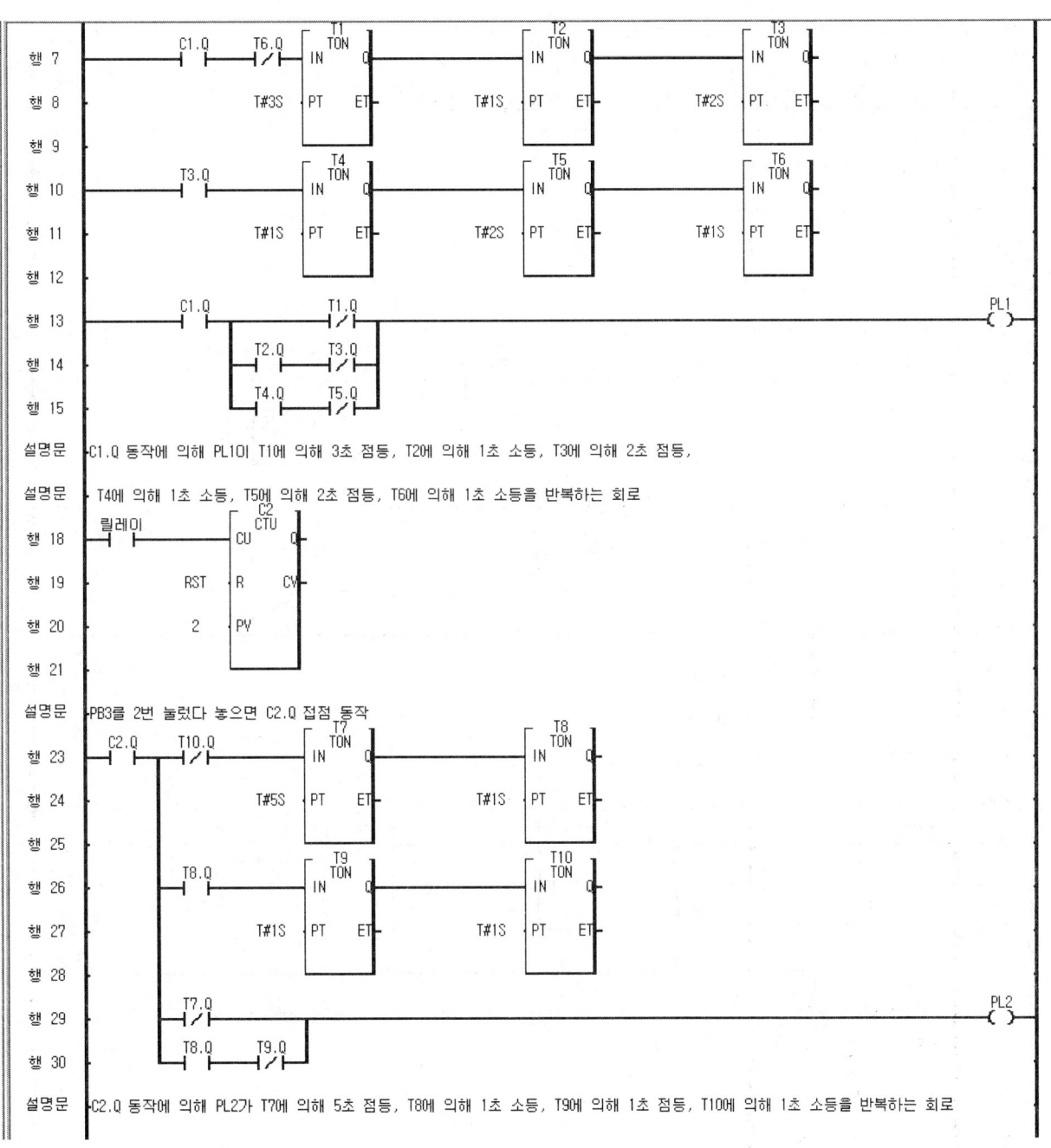

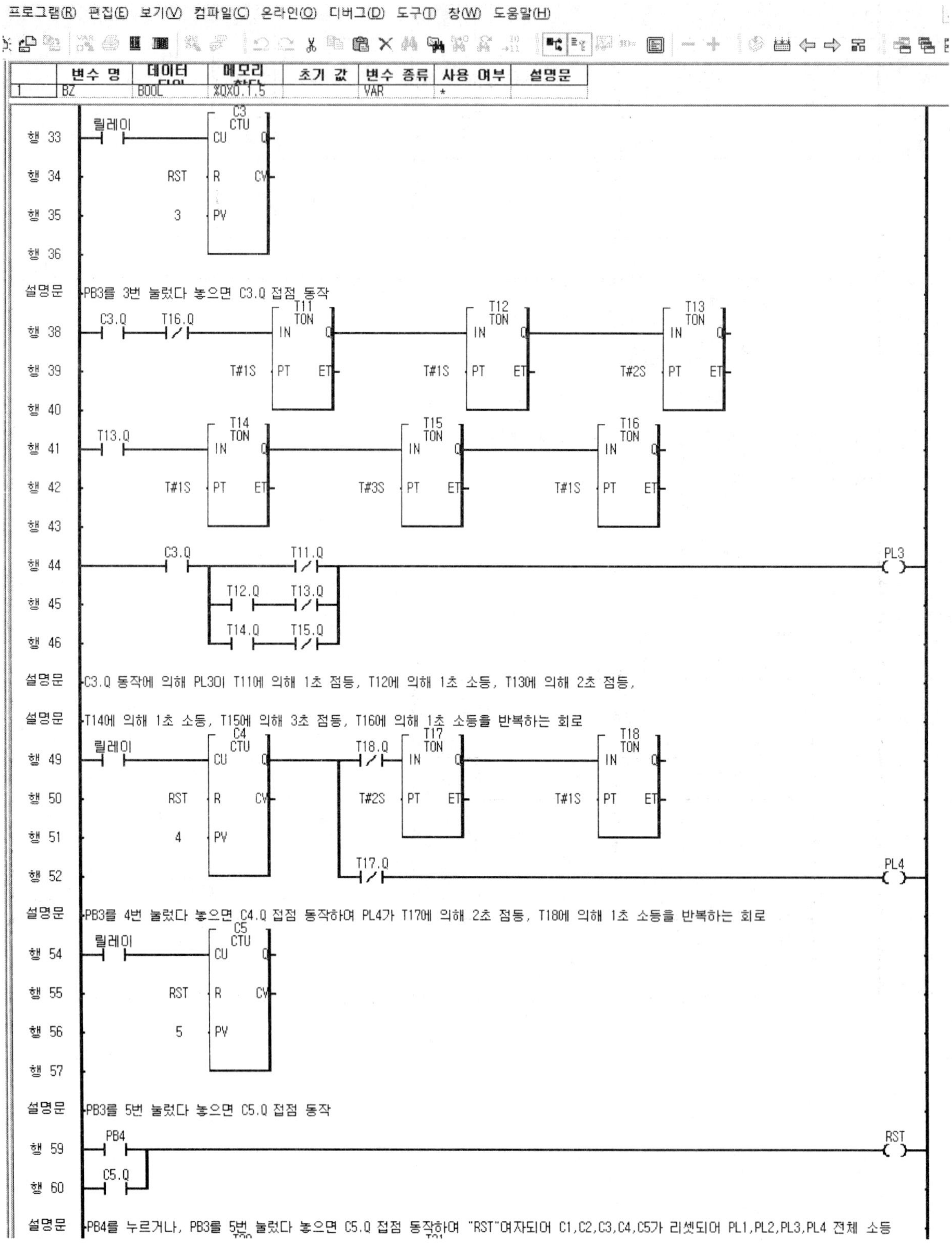

변수 명	데이터 타입	메모리 할당	초기 값	변수 종류	사용 여부	설명문
1 BZ	BOOL	%QX0.1.5		VAR	*	

행 33 릴레이 — C3 CTU CU
행 34 RST R CV
행 35 3 PV
행 36

설명문 PB3를 3번 눌렀다 놓으면 C3.Q 접점 동작

행 38 C3.Q T16.Q/ T11 TON IN Q — T12 TON IN Q — T13 TON IN Q
행 39 T#1S PT ET — T#1S PT ET — T#2S PT ET
행 40
행 41 T13.Q — T14 TON IN Q — T15 TON IN Q — T16 TON IN Q
행 42 T#1S PT ET — T#3S PT ET — T#1S PT ET
행 43
행 44 C3.Q T11.Q ———————————— PL3
행 45   T12.Q T13.Q/
행 46   T14.Q T15.Q/

설명문 C3.Q 동작에 의해 PL3이 T11에 의해 1초 점등, T12에 의해 1초 소등, T13에 의해 2초 점등,
설명문 T14에 의해 1초 소등, T15에 의해 3초 점등, T16에 의해 1초 소등을 반복하는 회로

행 49 릴레이 — C4 CTU CU — T18.Q/ — T17 TON IN Q — T18 TON IN Q
행 50 RST R CV — T#2S PT ET — T#1S PT ET
행 51 4 PV
행 52 T17.Q ———————————————————————— PL4

설명문 PB3를 4번 눌렀다 놓으면 C4.Q 접점 동작하여 PL4가 T17에 의해 2초 점등, T18에 의해 1초 소등을 반복하는 회로

행 54 릴레이 — C5 CTU CU
행 55 RST R CV
행 56 5 PV
행 57

설명문 PB3를 5번 눌렀다 놓으면 C5.Q 접점 동작

행 59 PB4 ———————————————————————————— RST
행 60 C5.Q

설명문 PB4를 누르거나, PB3를 5번 눌렀다 놓으면 C5.Q 접점 동작하여 "RST"여자되어 C1,C2,C3,C4,C5가 리셋되어 PL1,PL2,PL3,PL4 전체 소등

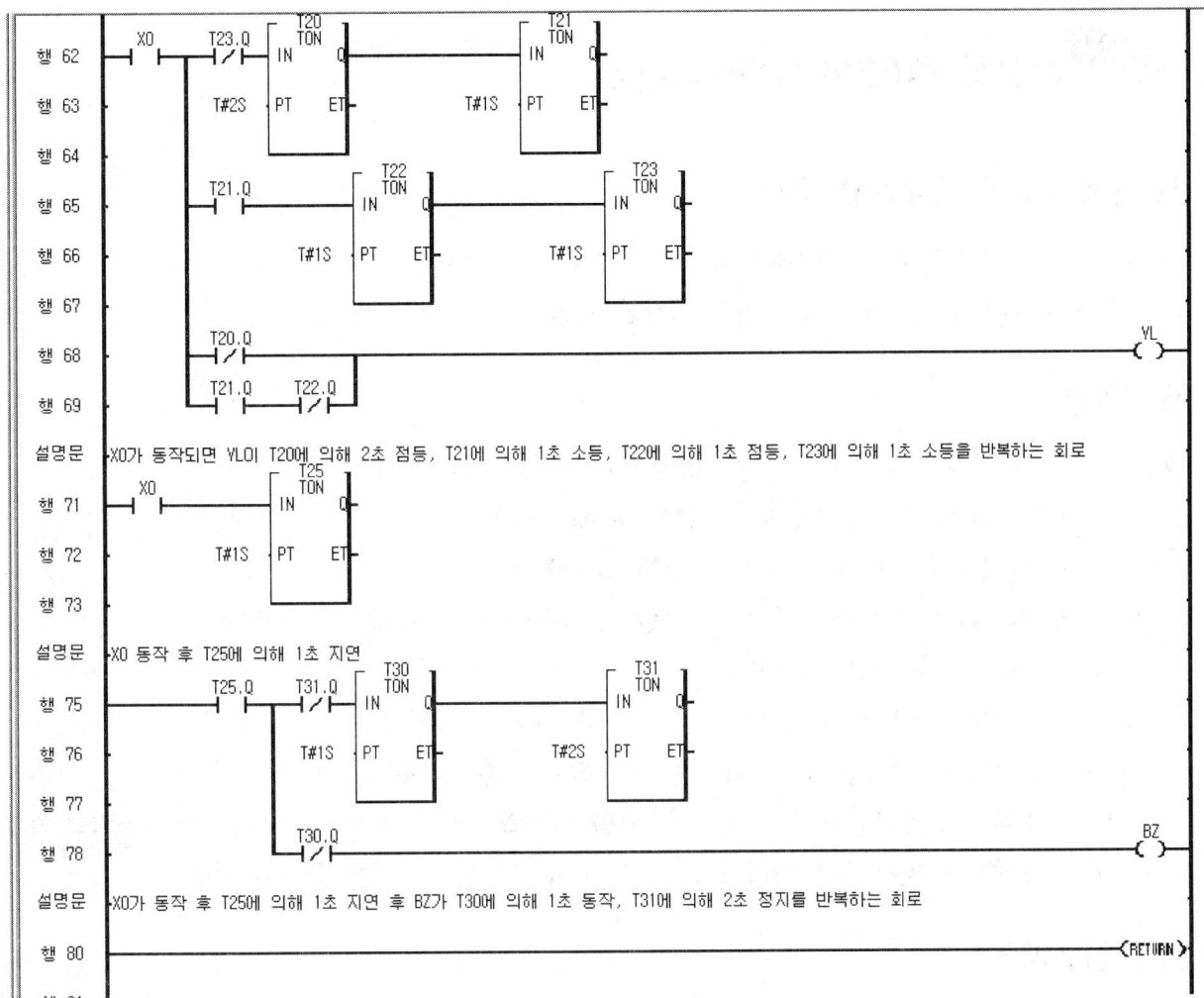

11.25 기능장 제52회 D형 [2012년 9월]

(1) 제1과제 : PLC 프로그램 구성

① 다음 동작설명과 타임차트를 참조하여 PLC 프로그램을 완성하시오.
② PLC 프로그램 구성은 반드시 본인이 지참한 기종으로 작업하여야 한다.

(2) 동작설명

(●는 동작(점등), ○는 정지(소등)이며 원호 안의 숫자는 시간(초)임)

① PB_3을 1번 누르면, PL_1은 점등과 소등(❺-③-❶-③)을,
  PL_2는 PL_1이 점등된 1초 후 점등과 소등(❸-③-❸-③)을,
  PL_3은 PL_2가 점등된 1초 후 점등과 소등(❶-③-❺-③)을 반복하여 동작한다.
  PB_3을 5번 누르면 동작 중이던 PL_1, PL_2, PL_3은 모두 소등된다.
  PB_3을 5번 눌렀다 놓으면, PL_1, PL_2, PL_3, PL_4는 모두 소등된다.
② PB_4를 1번 눌렀다 놓으면, PL_4는 점등과 소등(❸-①-❷-①-❶)을 1회 동작한다.
③ 제어회로의 X_0가 동작되면 BZ는 동작과 정지(❶-②-❶-②)를 반복하고, YL은 BZ 동작 1초 후부터 점등과 소등(❷-①-❶-②)을 반복한다. X_0가 복귀되면 YL과 BZ는 동작을 멈춘다.

(3) PLC 입출력도

(본인이 지참한 PLC기종에 알맞게 입출력회로를 결선하시오.)

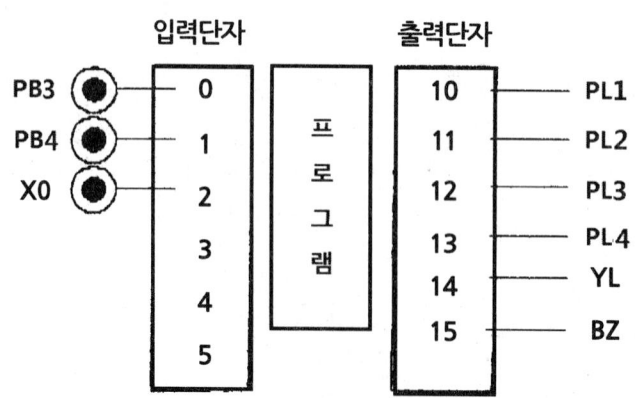

(4) 타임차트

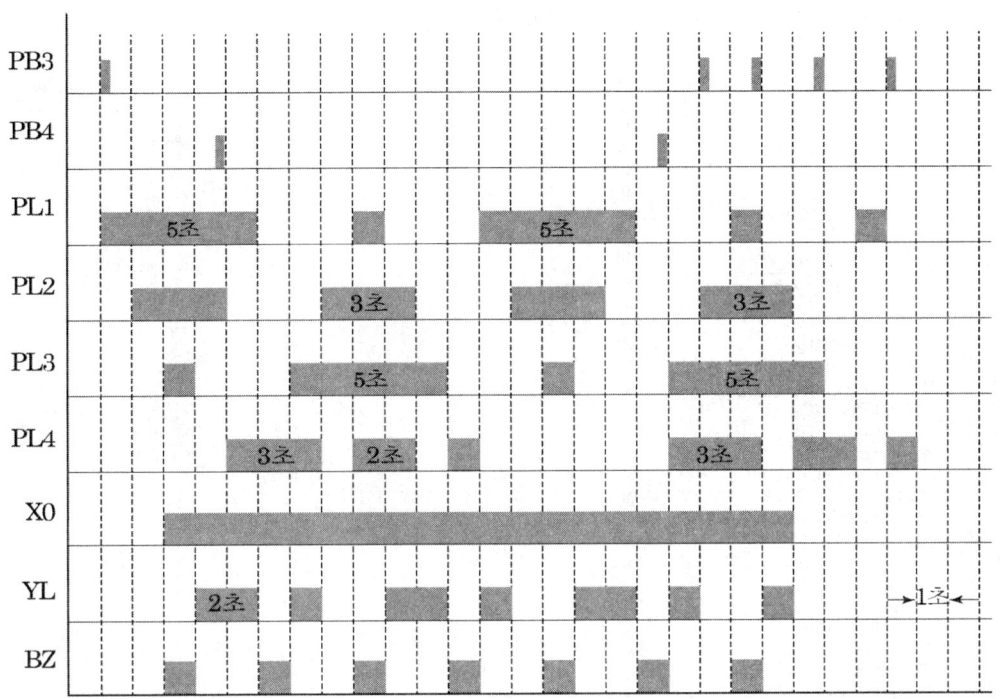

(5) 프로그램 작성

	변수명	데이터 타입	메모리 할당	초기값	변수 종류	사용 여부	설명문
1	BZ	BOOL	%QX0.1.5		VAR	*	
2	C1	FB Instanc	<자동>		VAR	*	
3	C2	FB Instanc	<자동>		VAR	*	
4	C3	FB Instanc	<자동>		VAR	*	
5	C4	FB Instanc	<자동>		VAR	*	
6	C5	FB Instanc	<자동>		VAR	*	
7	PB3	BOOL	%IX0.0.0		VAR	*	
8	PB4	BOOL	%IX0.0.1		VAR	*	
9	PL1	BOOL	%QX0.1.0		VAR	*	
10	PL2	BOOL	%QX0.1.1		VAR	*	
11	PL3	BOOL	%QX0.1.2		VAR	*	
12	PL4	BOOL	%QX0.1.3		VAR	*	
13	RST	BOOL	<자동>		VAR	*	
14	T1	FB Instanc	<자동>		VAR	*	
15	T10	FB Instanc	<자동>		VAR	*	
16	T11	FB Instanc	<자동>		VAR	*	
17	T12	FB Instanc	<자동>		VAR	*	
18	T13	FB Instanc	<자동>		VAR	*	
19	T14	FB Instanc	<자동>		VAR	*	
20	T15	FB Instanc	<자동>		VAR	*	
21	T16	FB Instanc	<자동>		VAR	*	
22	T17	FB Instanc	<자동>		VAR	*	
23	T18	FB Instanc	<자동>		VAR	*	
24	T2	FB Instanc	<자동>		VAR	*	
25	T20	FB Instanc	<자동>		VAR	*	
26	T21	FB Instanc	<자동>		VAR	*	
27	T22	FB Instanc	<자동>		VAR	*	
28	T23	FB Instanc	<자동>		VAR	*	
29	T25	FB Instanc	<자동>		VAR	*	
30	T26	FB Instanc	<자동>		VAR		
31	T27	FB Instanc	<자동>		VAR		
32	T3	FB Instanc	<자동>		VAR	*	
33	T30	FB Instanc	<자동>		VAR	*	
34	T31	FB Instanc	<자동>		VAR	*	
35	T4	FB Instanc	<자동>		VAR	*	
36	T5	FB Instanc	<자동>		VAR	*	
37	T6	FB Instanc	<자동>		VAR	*	
38	T7	FB Instanc	<자동>		VAR	*	
39	T8	FB Instanc	<자동>		VAR	*	
40	T9	FB Instanc	<자동>		VAR	*	
41	X0	BOOL	%IX0.0.2		VAR	*	
42	YL	BOOL	%QX0.1.4		VAR	*	
43	릴레이	BOOL	<자동>		VAR	*	

행 0 ─ PB3 ─────────────────────────── 릴레이
행 1 ─ 릴레이 ─┤ C1 CTU ├─
행 2   RST ─ R   CV
행 3   1 ─ PV
행 4

Chapter 04 PLC 프로그래밍

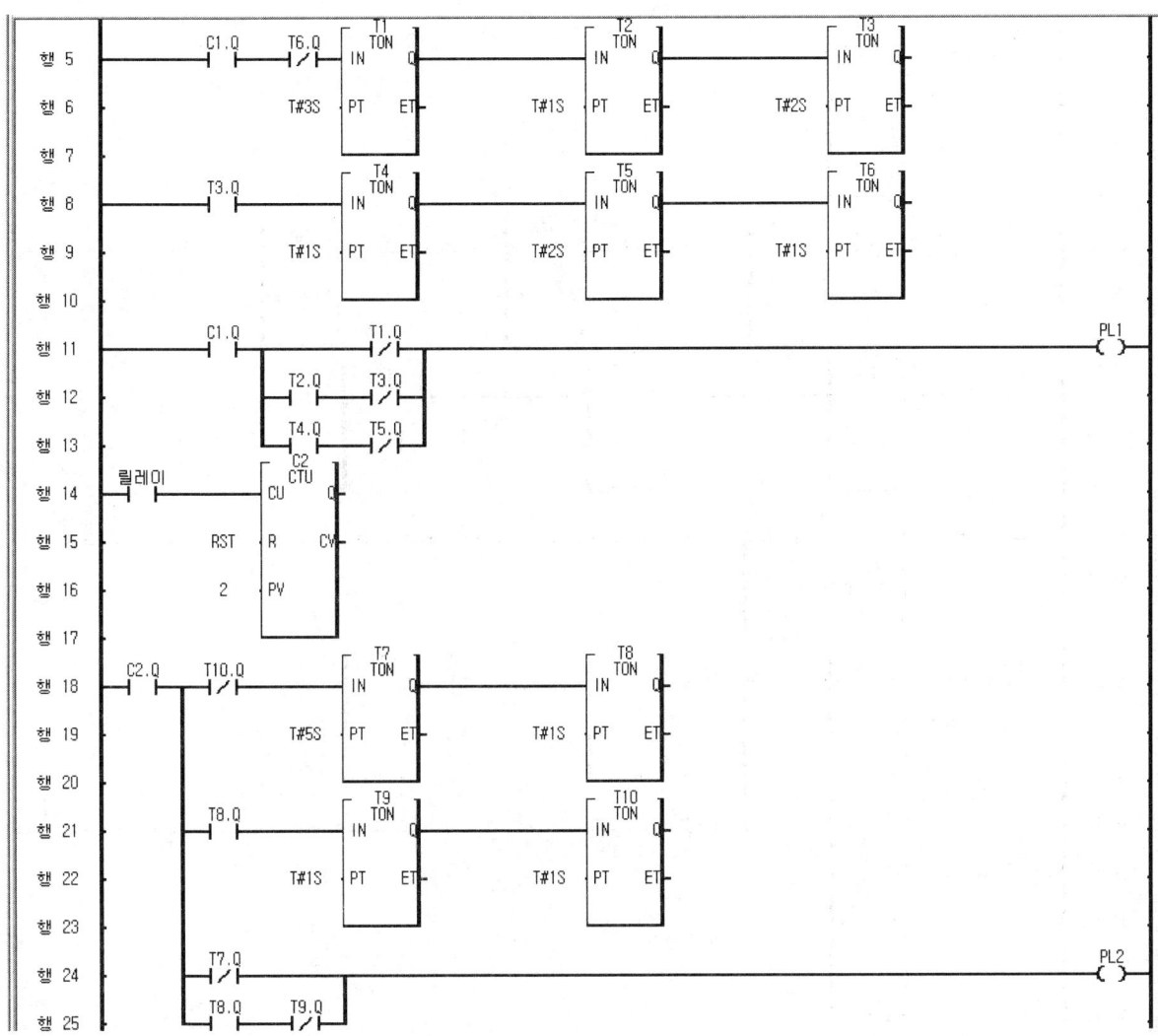

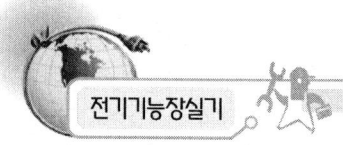

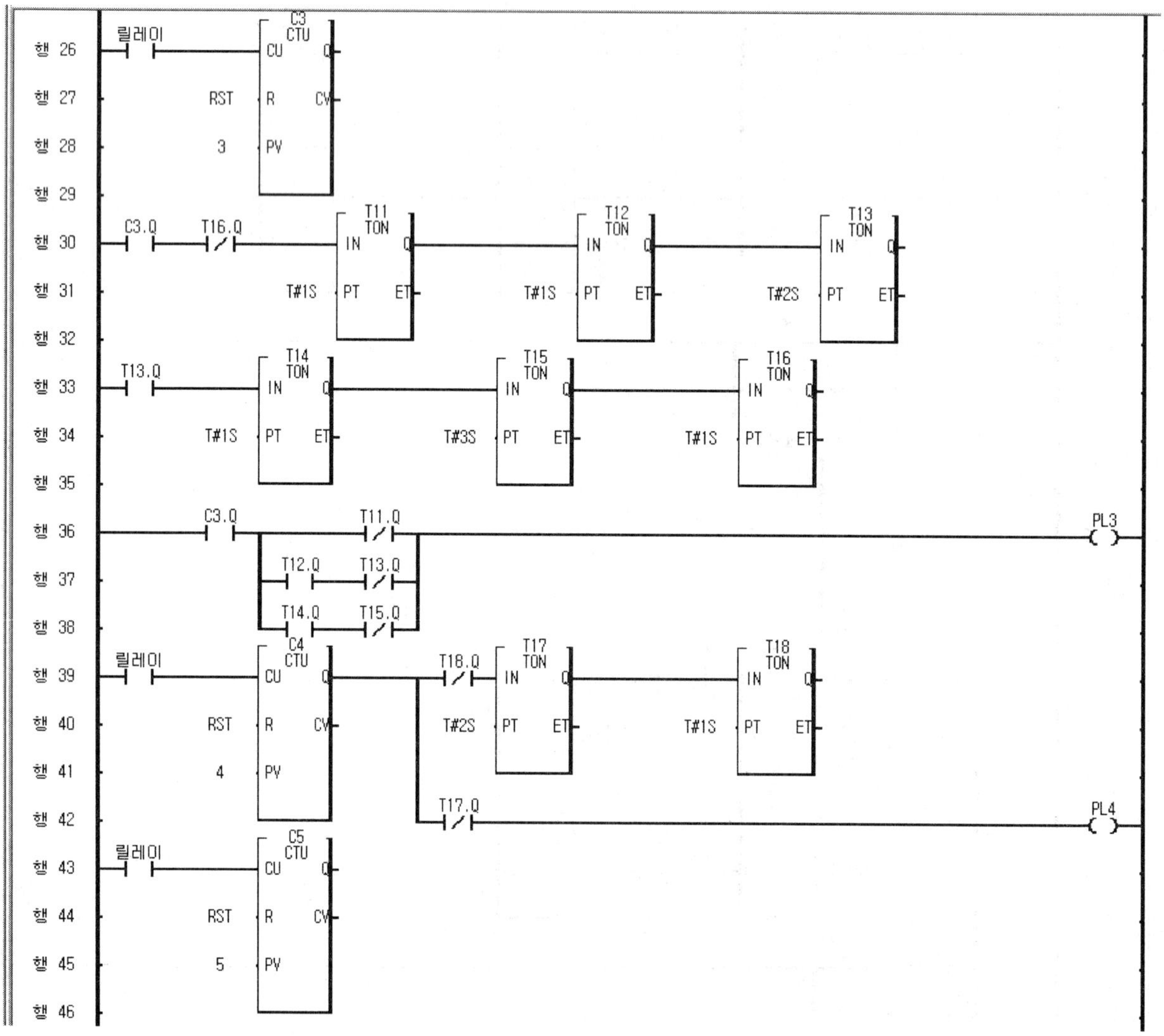
행 26
행 27
행 28
행 29
행 30
행 31
행 32
행 33
행 34
행 35
행 36
행 37
행 38
행 39
행 40
행 41
행 42
행 43
행 44
행 45
행 46
릴레이
C3
CTU
CU
Q
RST
R
CV
3
PV
C3.Q
T16.Q
T11
TON
IN
T#1S
PT
ET
T12
TON
T#1S
T13
TON
T#2S
T13.Q
T14
TON
T#1S
T15
TON
T#3S
T16
TON
T#1S
C3.Q
T11.Q
PL3
T12.Q
T13.Q
T14.Q
T15.Q
릴레이
C4
CTU
RST
4
T18.Q
T17
TON
T#2S
T18
TON
T#1S
T17.Q
PL4
릴레이
C5
CTU
RST
5

Chapter 04 PLC 프로그래밍

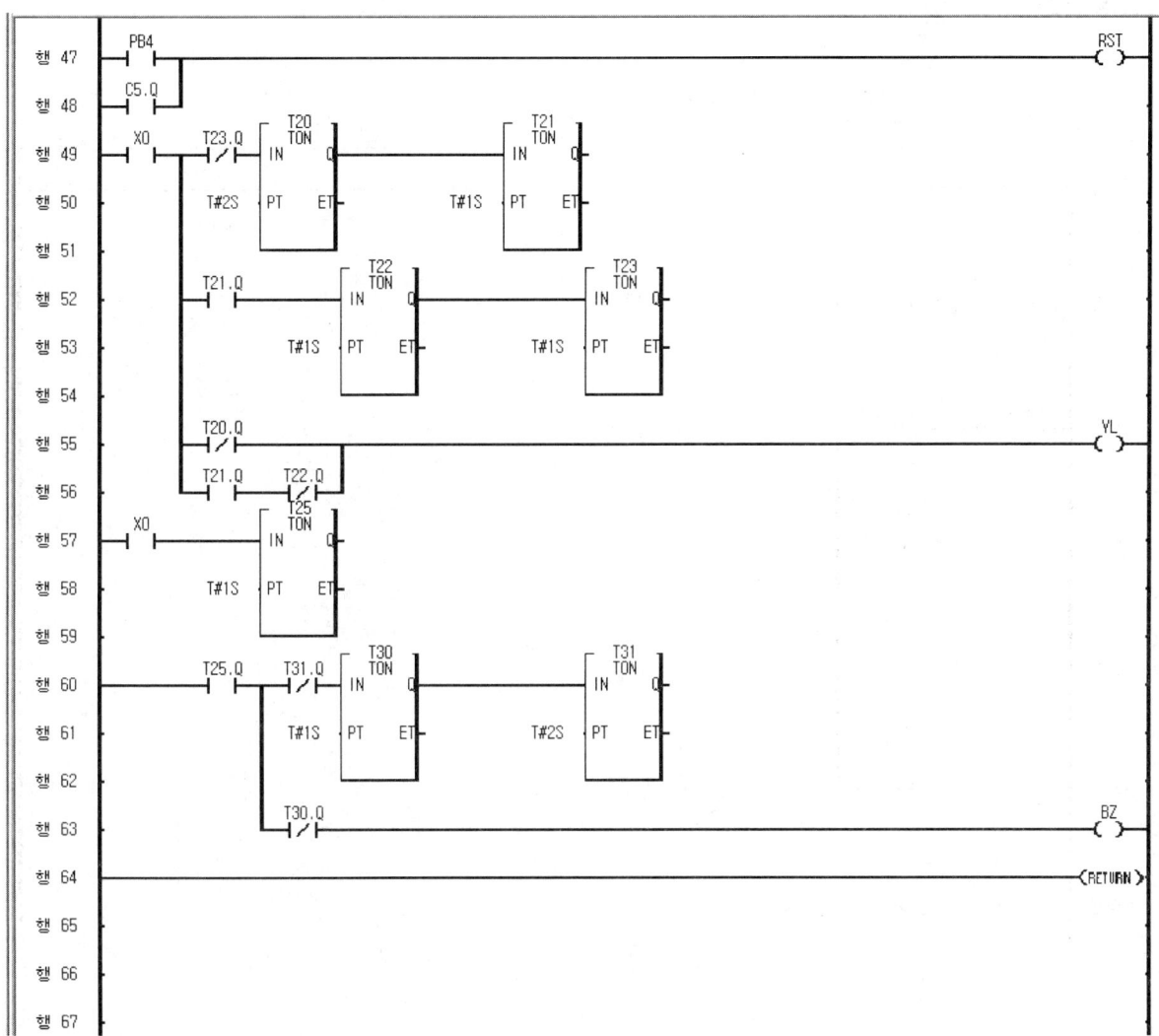

(6) 프로그래밍 해설

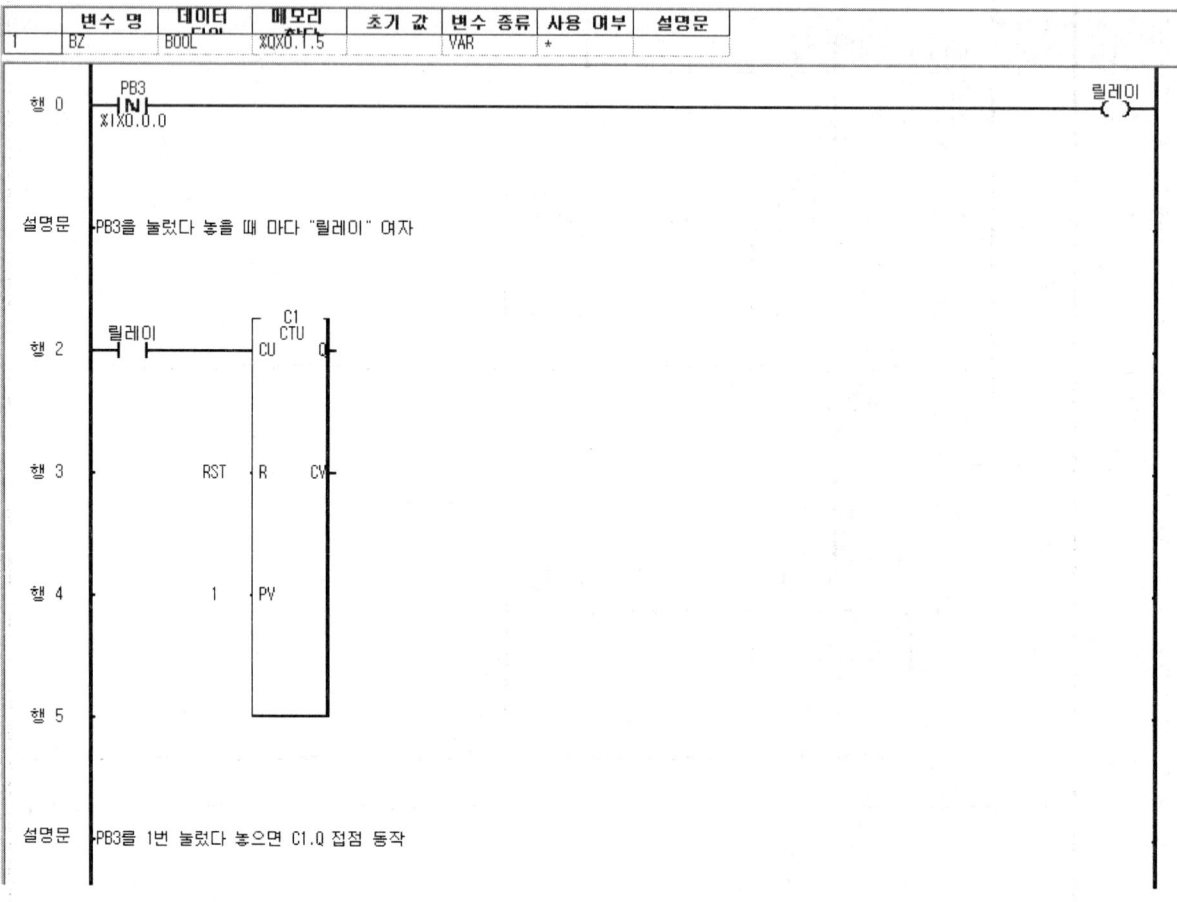

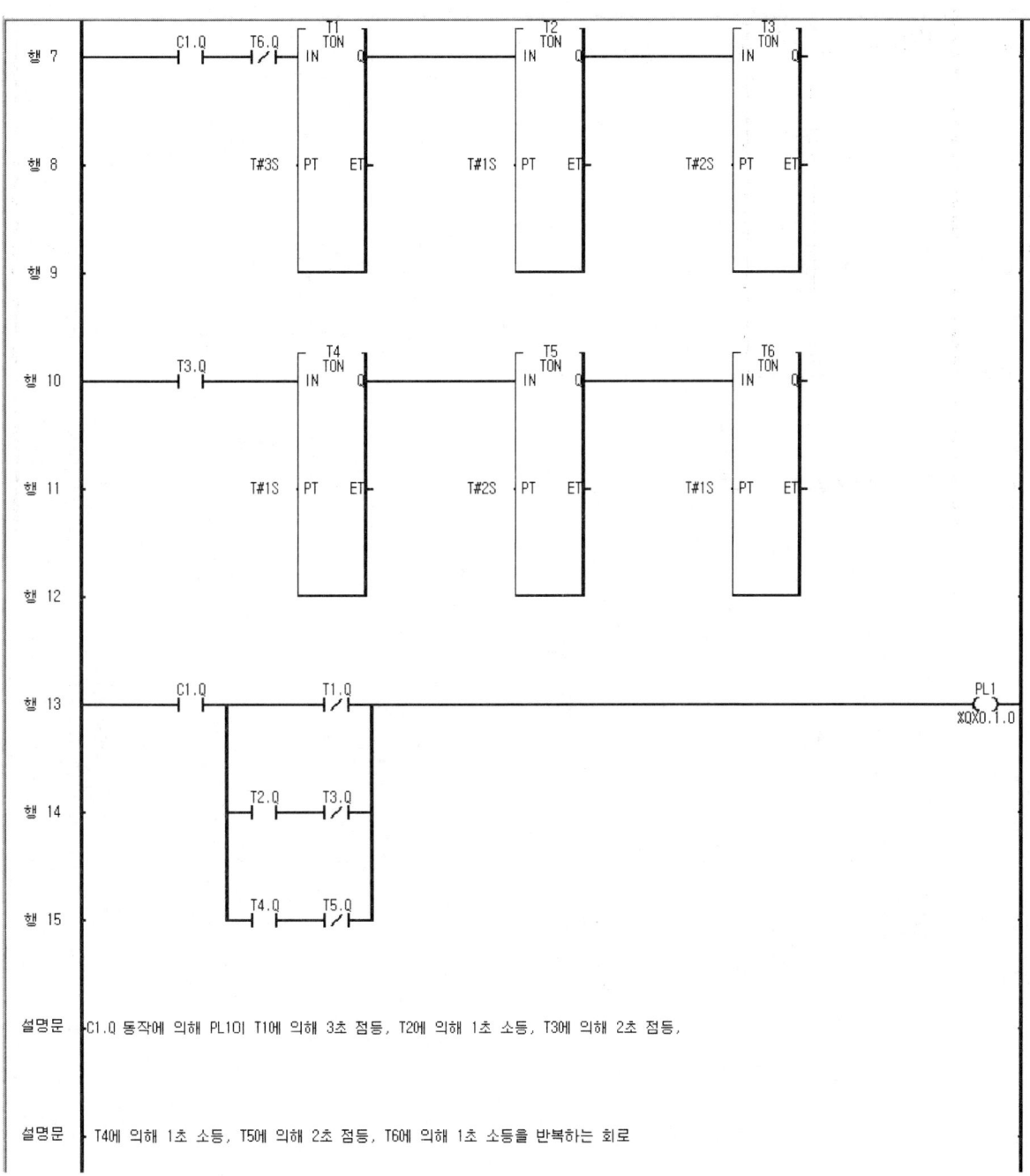

설명문 C1.Q 동작에 의해 PL1이 T1에 의해 3초 점등, T2에 의해 1초 소등, T3에 의해 2초 점등,

설명문 T4에 의해 1초 소등, T5에 의해 2초 점등, T6에 의해 1초 소등을 반복하는 회로

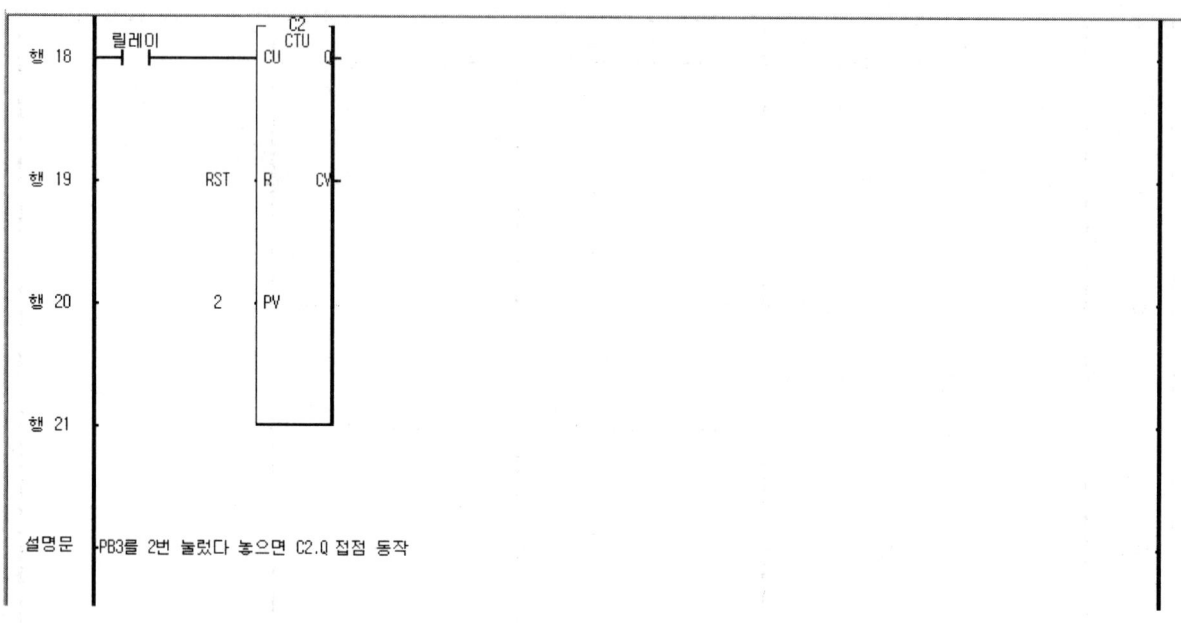

행 18 릴레이 CU C2 CTU Q

행 19 RST R CV

행 20 2 PV

행 21

설명문 PB3를 2번 눌렀다 놓으면 C2.Q 접점 동작

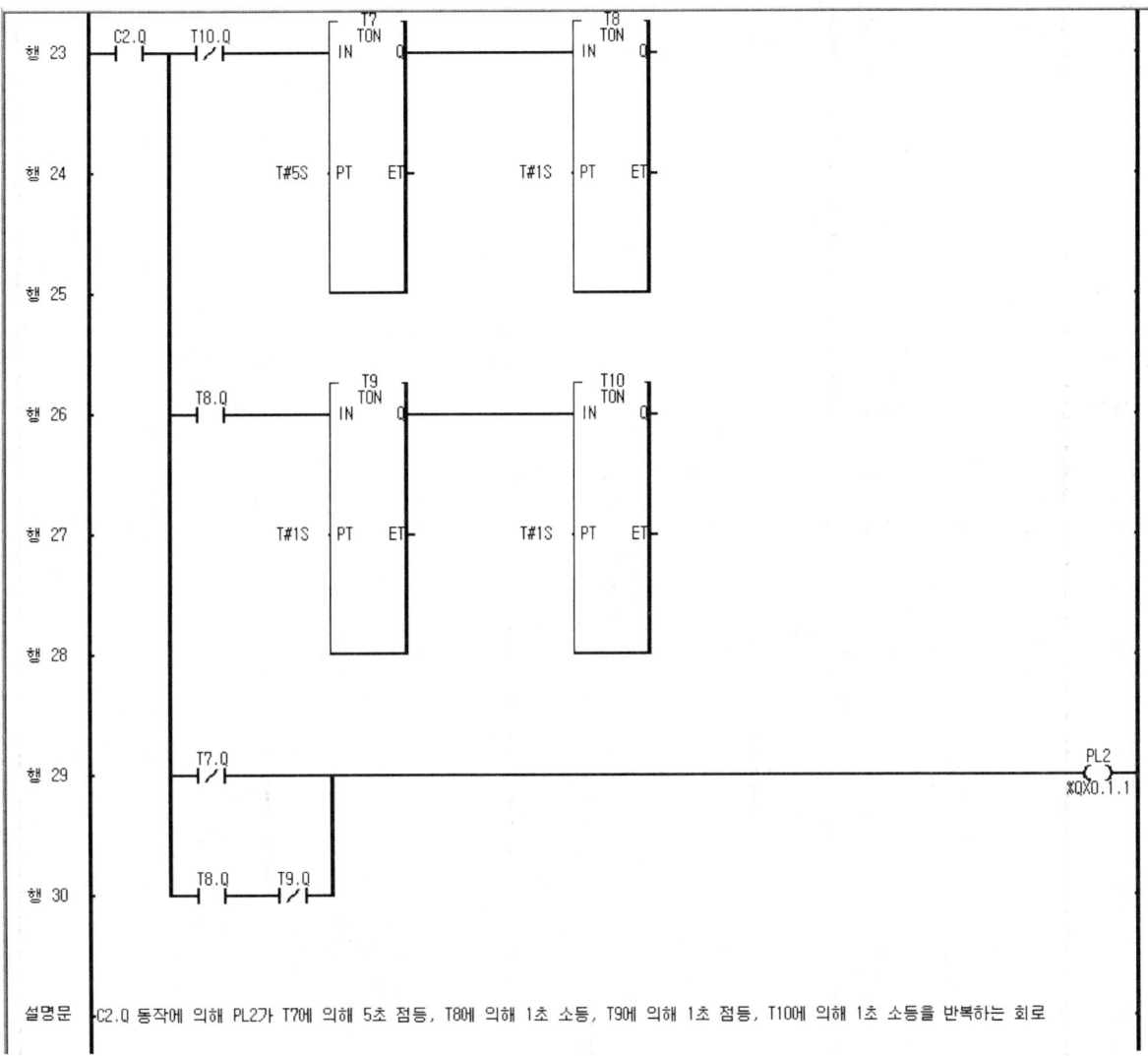

설명문 C2.Q 동작에 의해 PL2가 T7에 의해 5초 점등, T8에 의해 1초 소등, T9에 의해 1초 점등, T10에 의해 1초 소등을 반복하는 회로

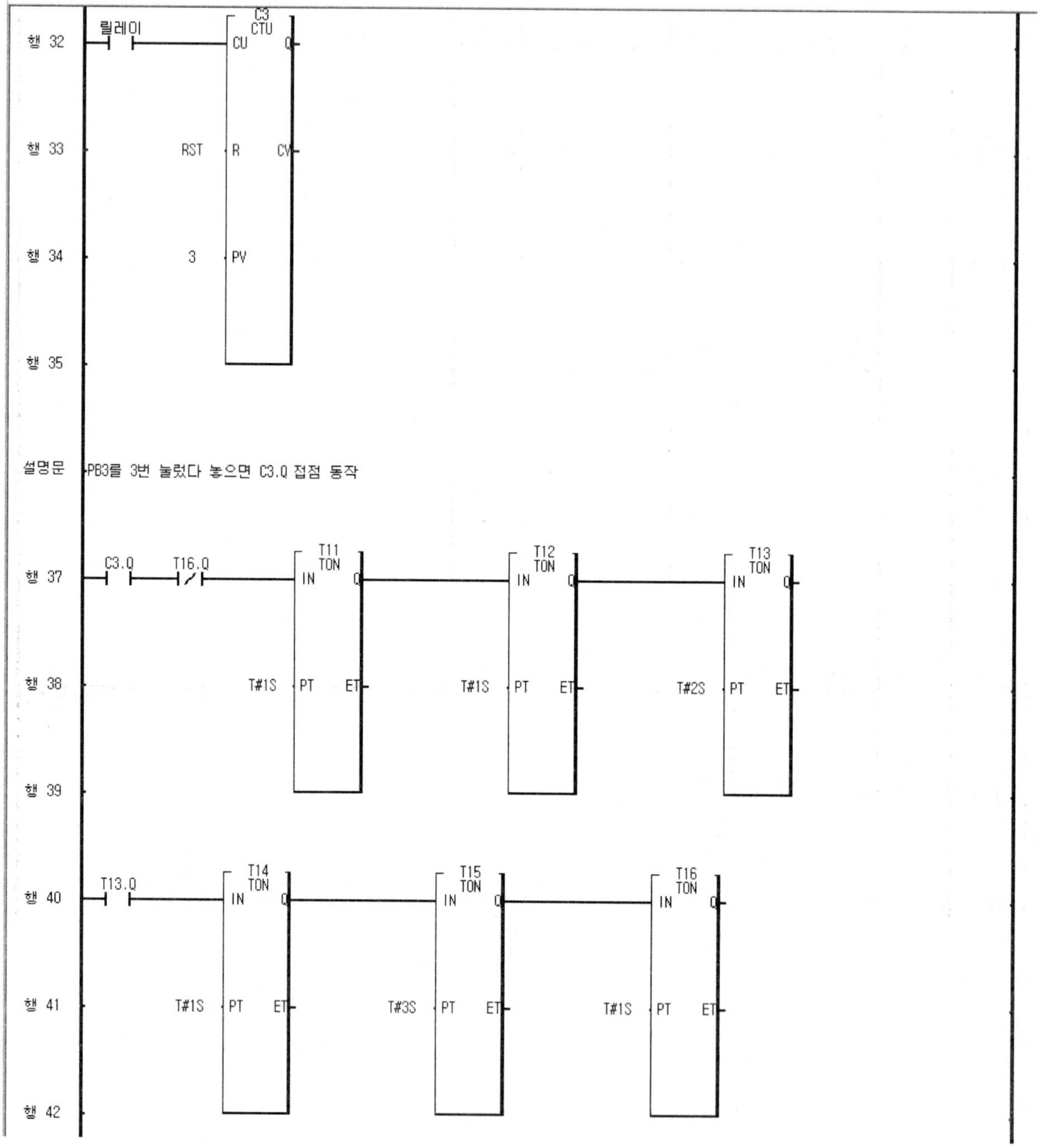

```
행 32    릴레이           C3
         ─┤ ├─────────CU  CTU  Q─

행 33              RST──R      CV─

행 34                3──PV

행 35

설명문  PB3를 3번 눌렀다 놓으면 C3.Q 접점 동작

행 37   C3.Q   T16.Q        T11              T12              T13
        ─┤ ├──┤/├──────IN  TON  Q────────IN  TON  Q────────IN  TON  Q──

행 38                   T#1S─PT     ET   T#1S─PT     ET   T#2S─PT     ET

行 39

행 40   T13.Q              T14              T15              T16
        ─┤ ├──────────IN  TON  Q────────IN  TON  Q────────IN  TON  Q──

행 41              T#1S─PT     ET   T#3S─PT     ET   T#1S─PT     ET

행 42
```

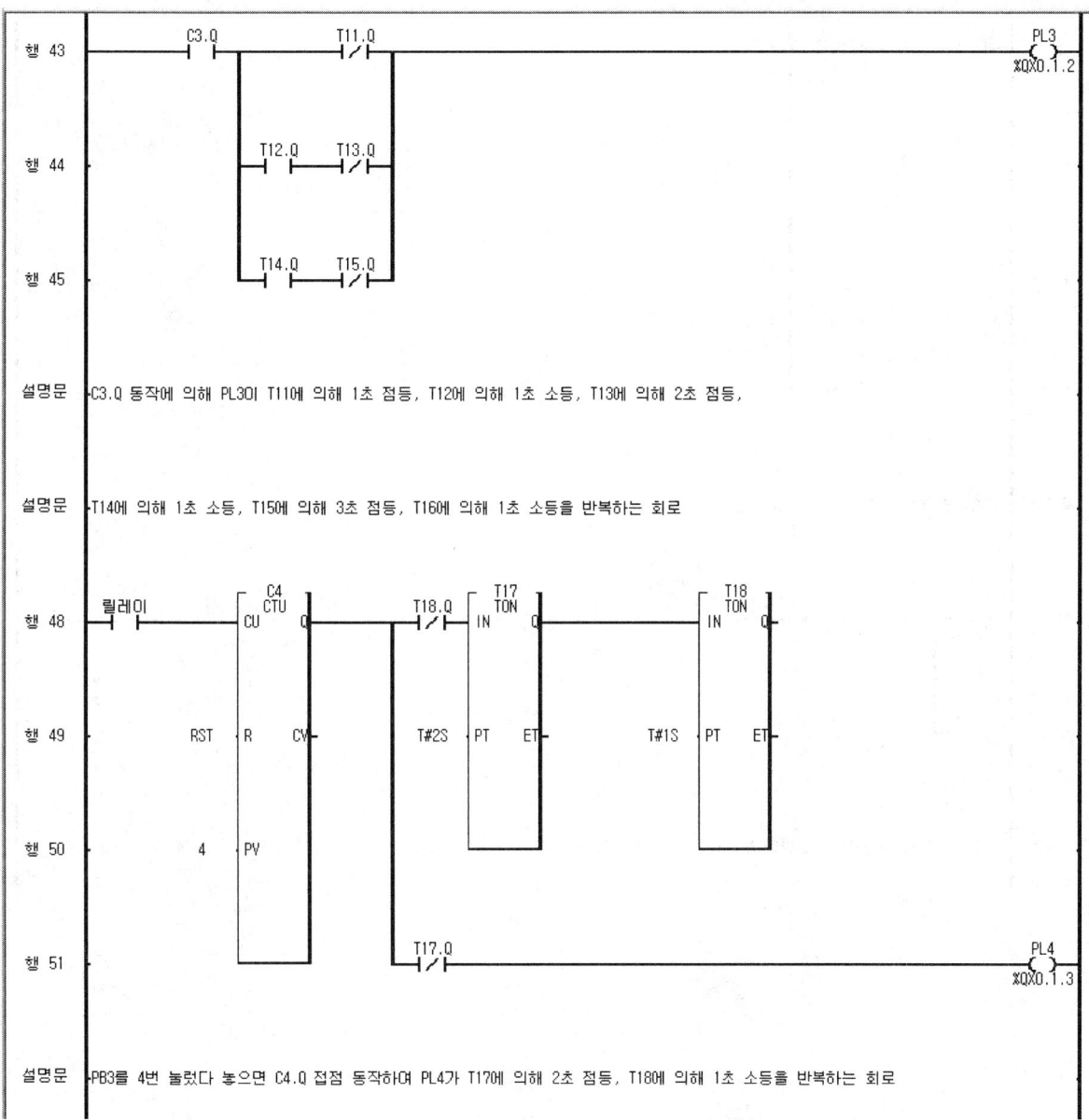

설명문 ┤C3.Q 동작에 의해 PL3이 T11에 의해 1초 점등, T12에 의해 1초 소등, T13에 의해 2초 점등,

설명문 ┤T14에 의해 1초 소등, T15에 의해 3초 점등, T16에 의해 1초 소등을 반복하는 회로

설명문 ┤PB3를 4번 눌렀다 놓으면 C4.Q 접점 동작하여 PL4가 T17에 의해 2초 점등, T18에 의해 1초 소등을 반복하는 회로

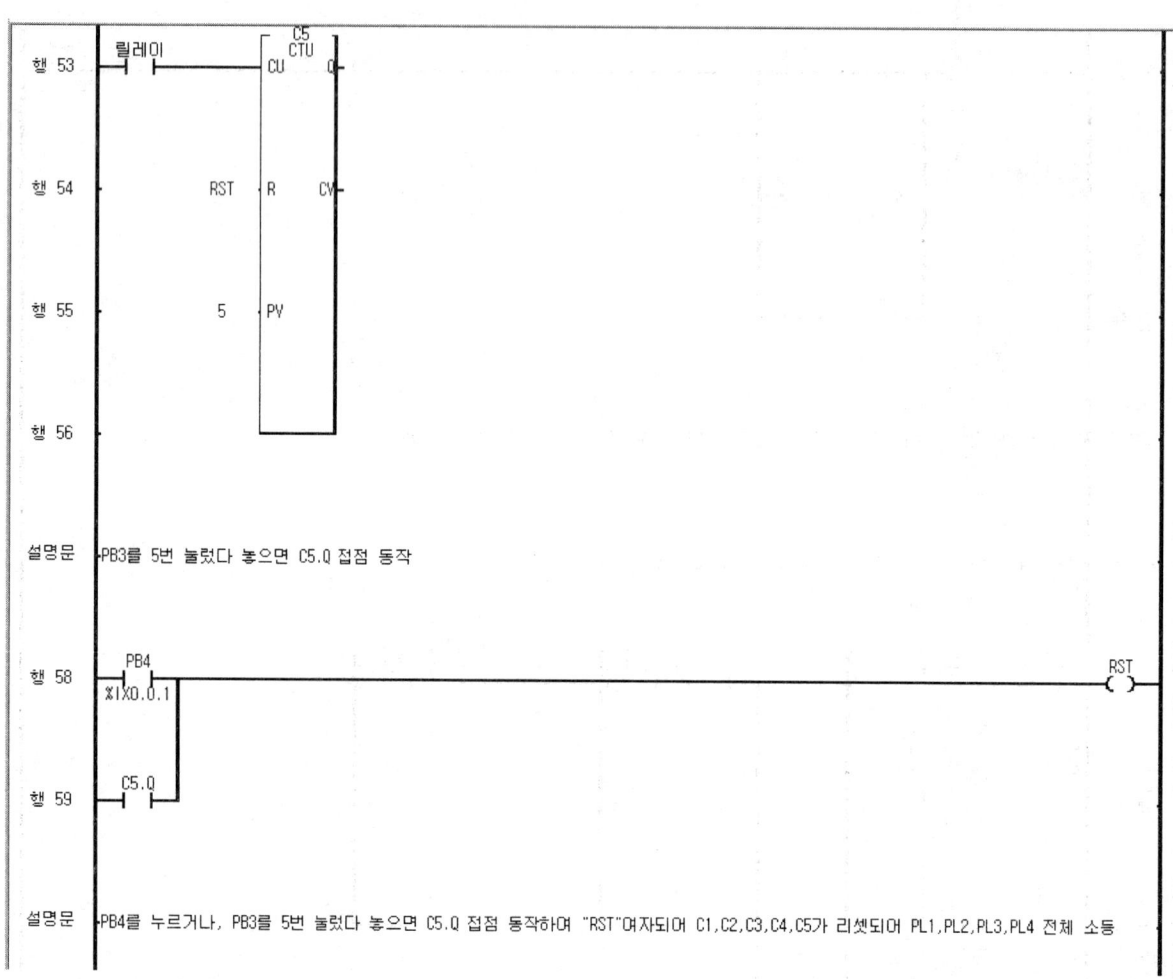

설명문 : PB3를 5번 눌렀다 놓으면 C5.Q 접점 동작

설명문 : PB4를 누르거나, PB3를 5번 눌렀다 놓으면 C5.Q 접점 동작하여 "RST"여자되어 C1,C2,C3,C4,C5가 리셋되어 PL1,PL2,PL3,PL4 전체 소등

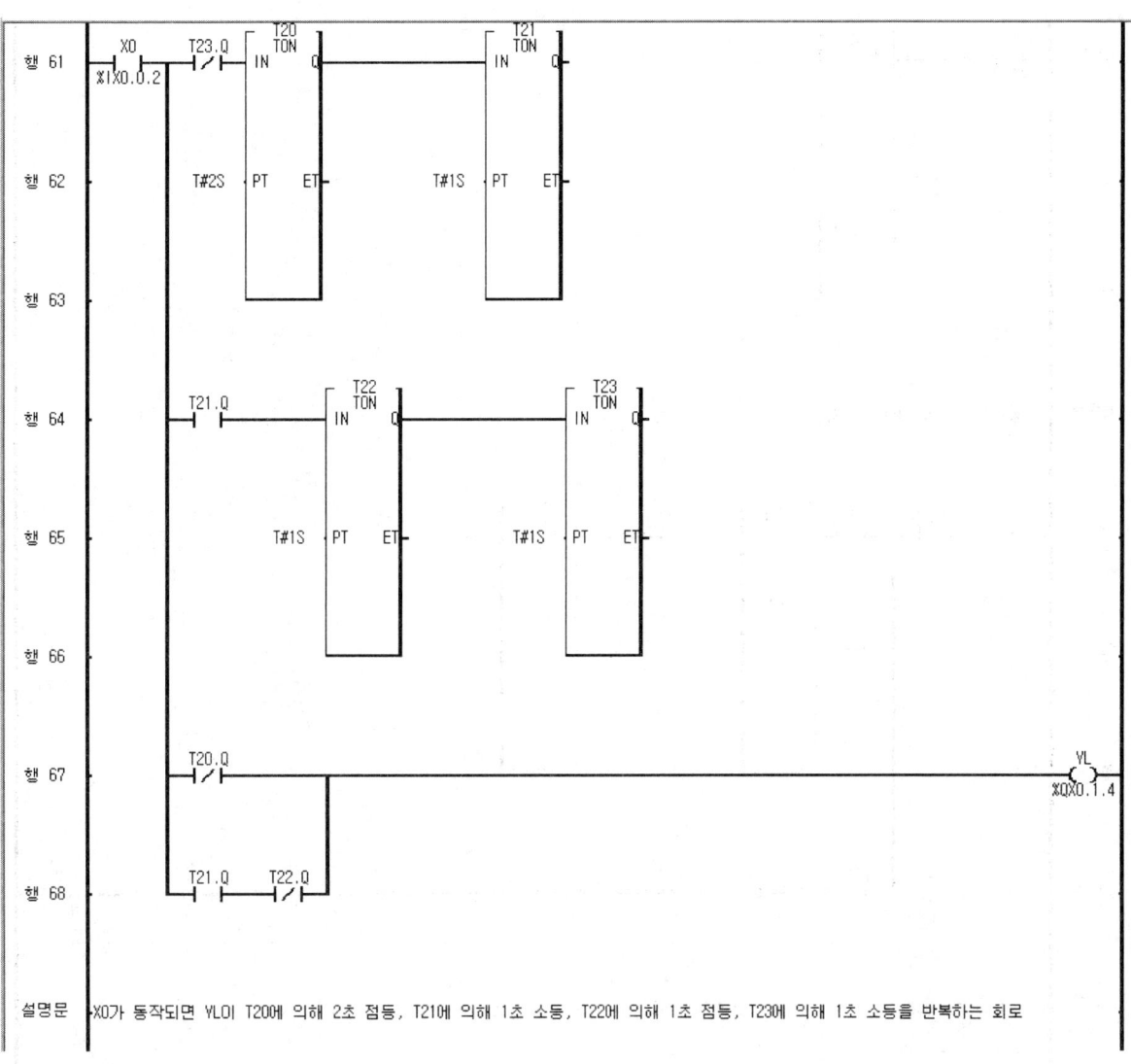

설명문 | X0가 동작되면 YL01 T200에 의해 2초 점등, T210에 의해 1초 소등, T220에 의해 1초 점등, T230에 의해 1초 소등을 반복하는 회로

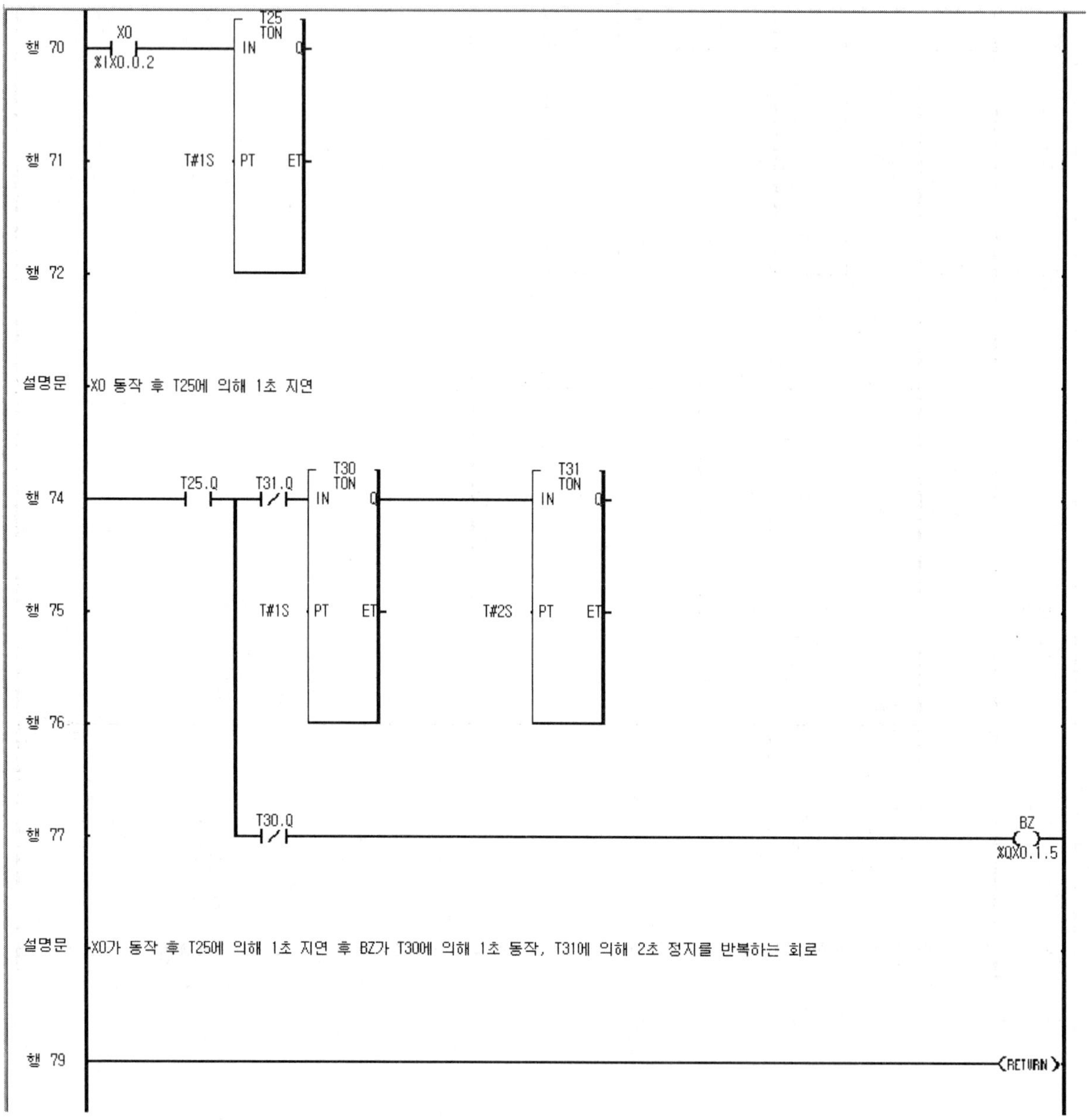

```
행 70    X0                    T25
        ┤ ├──────────────────┤TON├
       %IX0.0.2              IN  Q

행 71                    T#1S ─PT  ET


행 72
```

설명문 X0 동작 후 T25에 의해 1초 지연

```
        T25.Q   T31.Q          T30                    T31
행 74   ┤ ├────┤/├─────────┤TON├──────────────────┤TON├
                           IN  Q                   IN  Q

행 75                 T#1S ─PT  ET           T#2S ─PT  ET


행 76

        T30.Q                                                       BZ
행 77   ┤/├──────────────────────────────────────────────────────( )
                                                                %QX0.1.5
```

설명문 X0가 동작 후 T25에 의해 1초 지연 후 BZ가 T300에 의해 1초 동작, T310에 의해 2초 정지를 반복하는 회로

```
행 79   ─────────────────────────────────────────────────────────〈RETURN〉
```

Chapter 05

부록(과년도출제문제)

Chapter 05 부록(과년도문제)

| 39회 |  | 작품명 | 스위치 1개를 이용한 전동기 운전·정지회로 |

- 시험시간 : 표준시간 5시간 30분   연장시간 : 30분

1. 요구사항

1) 제1과제 : PLC 프로그램

① 주어진 요구사항 및 동작사항에 맞도록 프로그램을 작성하여 본인이 지참한 PLC 시스템에 다운로드하여 제2과제의 요구사항에 맞춰 배선판에 부착 후 배선하시오.
② PLC는 반드시 본인이 지참한 기종으로 동작이 되도록 구성해야 한다.
③ PLC의 입력전원은 노이즈 대책을 세워 배선한다.
④ PLC의 접지는 제어함 내 단자대에 단독으로 접지한다.
⑤ PLC의 모드는 반드시 RUN 모드상태로 세팅해 놓는다.

2) 제2과제 : 전기설비 작업

① 지급된 재료를 사용하여 제한시간 내에 도면에 표시된 공사를 내선규정 및 전기설비기술기준에 준하여 완성하시오.
② 전원방식 : 3상 3선식 220[V]
③ 공사방법
  ㉮ PE 전선관
  ㉯ 플렉시블 PVC 전선관
  ㉰ L_1은 8각 박스 위에 목대를 대고 그 위에 리셉터클을 부착함
④ 동작
  ㉮ PB_1을 ON하면 GL 소등, RL 점등, MC 동작
  ㉯ 다시 PB_1을 ON하면 RL 소등, GL 점등, MC 정지
  ㉰ 동작 중 EOCR 작동하면 MC 정지, RL, GL 소등, BZ 동작
  ㉱ PB_2를 누르면 BZ 멈춤
⑤ 기타 사항
  ㉮ 제어함 부분과 PE관 및 플렉시블 PVC 전선관이 접속되는 부분은 박스 커넥터를 사용한다. 치수 허용오차는 외관 ±30[mm], 제어함 내부는 ±10[mm]로 한다.
  ㉯ 모터의 접속은 생략하고 단자대까지 접속할 수 있게 배선한다.

2. 전기설비 작업

① 도면

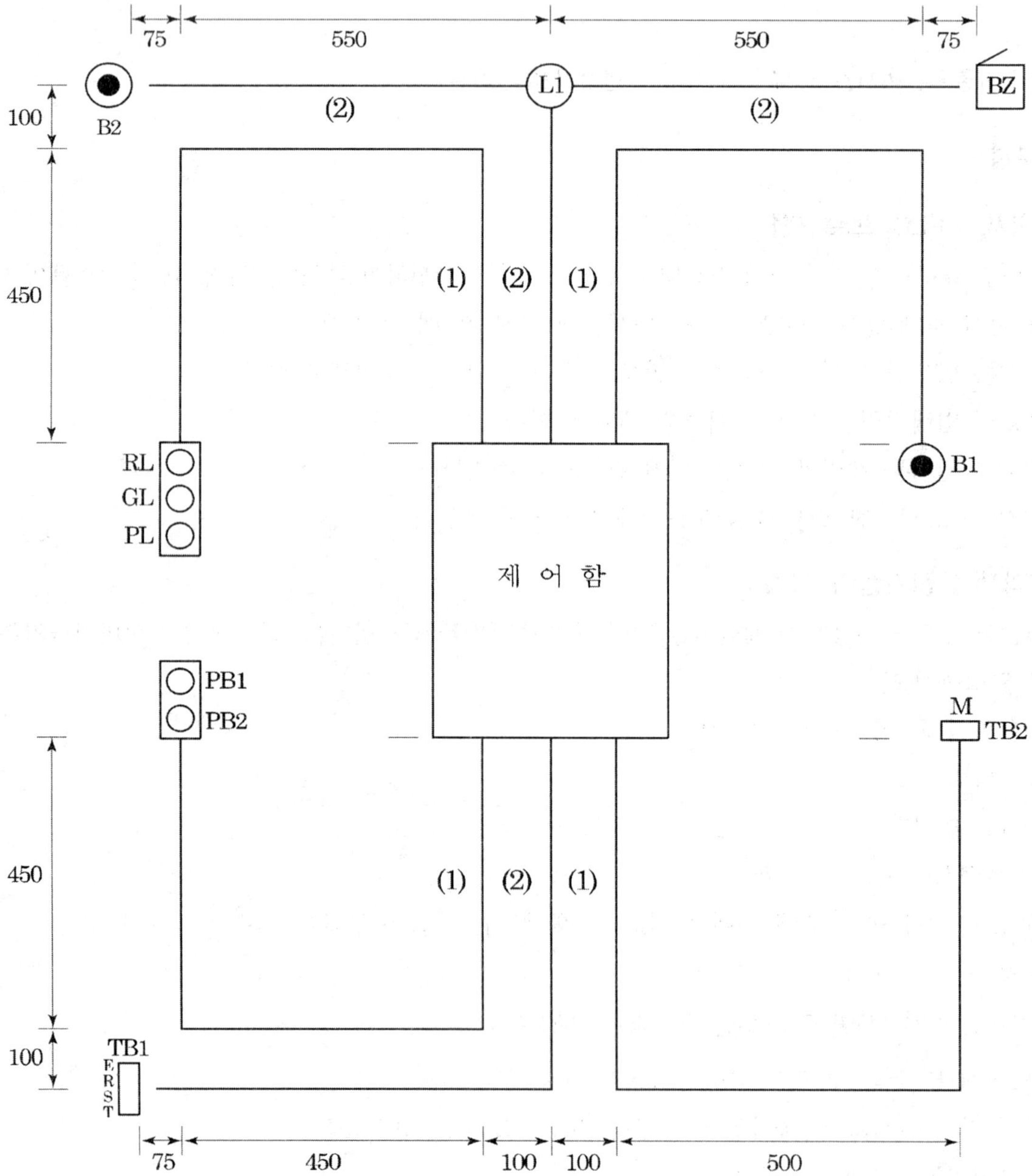

② 시공방법 : ㉮ PE 전선관 공사   ㉯ 플렉시블 전선관 공사

Chapter 05 부록(과년도문제)

③ 각종 기구의 내부결선도와 제어함 상세도 및 범례

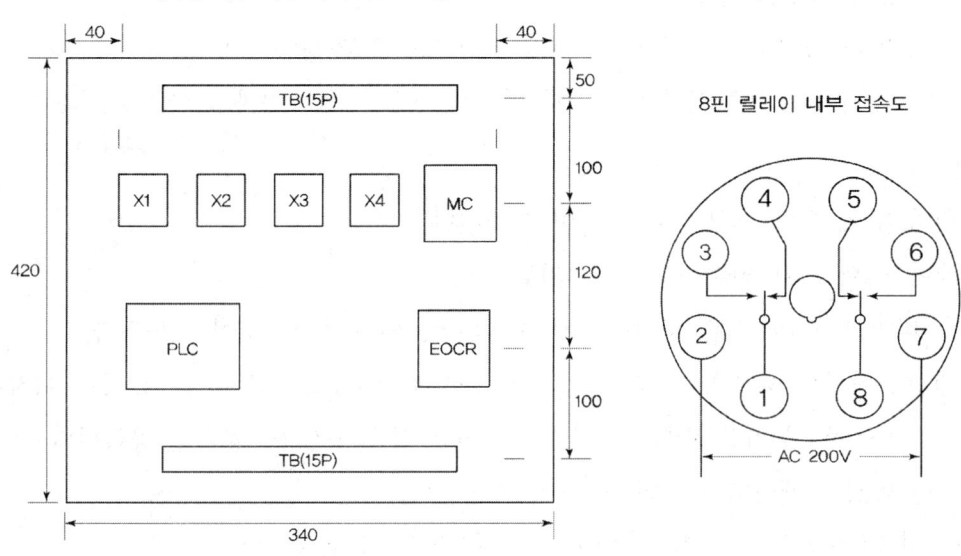

제어함 내부 기구 배치도(S : N S)

8핀 릴레이 내부 접속도

[범 례]

기호	명칭	기호	명칭
$X_1 \sim X_4$	보조계전기	$TB_1 \sim TB_2$	4P 단자대
MC	전자접촉기	B_1, B_2	노출 누름버튼 스위치
PLC	PLC 시스템	PB_1, PB_2	푸시버튼스위치(판넬용)
TB(15P)	15P 단자대	RL, GL, PL	표시등(판넬용)
BZ, L_1	Alarm Buzzer, 220[V] 전구	EOCR	전자과전류계전기

전자접촉기(MC), EOCR 내부 결선도 및 12Pin 소켓

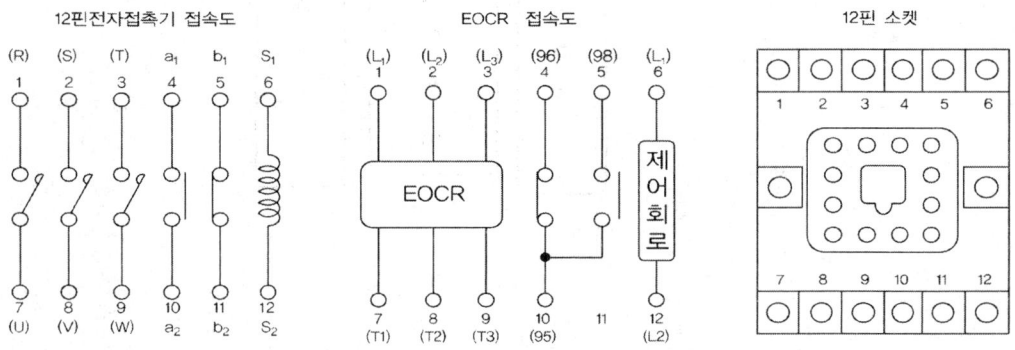

3. 도면

1) 제1과제 : PLC 프로그램 구성

① 다음 동작설명과 타임차트를 참조하여 PLC 프로그램을 완성하시오.
② PLC 프로그램 구성은 반드시 본인이 지참한 기종으로 작업하여야 한다.

2) 동작설명

① 기동스위치 B_1에 의해 내부릴레이 X_1이 여자된다.
② 내부릴레이 X_1에 의해 타이머 T_0가 여자된다.
③ 0.5초 후 타이머 T_1과 내부릴레이 X_2가 여자되고, 외부 출력 PL이 점등된다.
④ 타이머 T_1이 여자된 후 1초 후 T_1이 소자와 동시에 PL이 소등되고 T_0가 다시 여자된다.
⑤ 이러한 위 ②~④의 동작을 반복하면서 X_2에 의해 카운터 C_0에 펄스를 공급한다.
⑥ 펄스가 1번 발생할 때마다 카운터를 1개씩 가산한다.
⑦ 위 ②~④의 ON/OFF 동작(펄스)을 10회 반복하면 L_1이 점등된다.
⑧ L_1이 점등과 동시에 타이머 T_0, T_1 및 카운터 C_0가 동시에 RESET된다.
⑨ 이때 L_1은 타이머 T_2에 의해 3초간 점등된 후 소등된다.
⑩ 정지스위치 B_2에 의해 항상 수동으로 RESET이 가능토록 한다.

3) PLC 입출력도

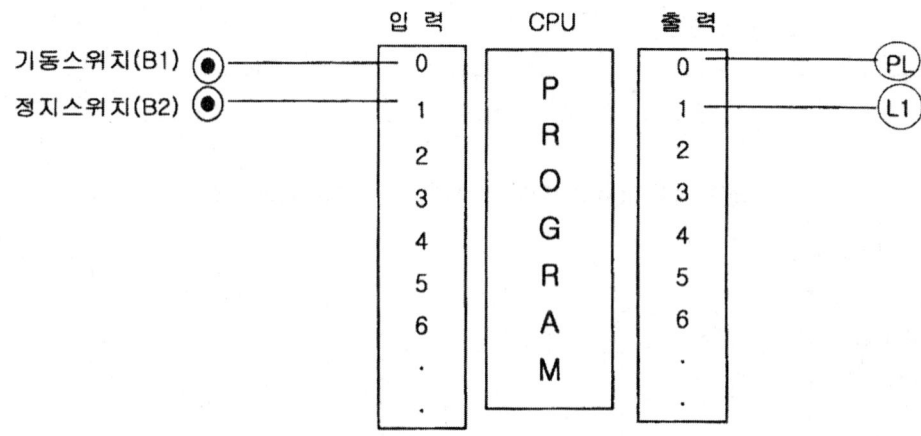

4) PLC 타임차트

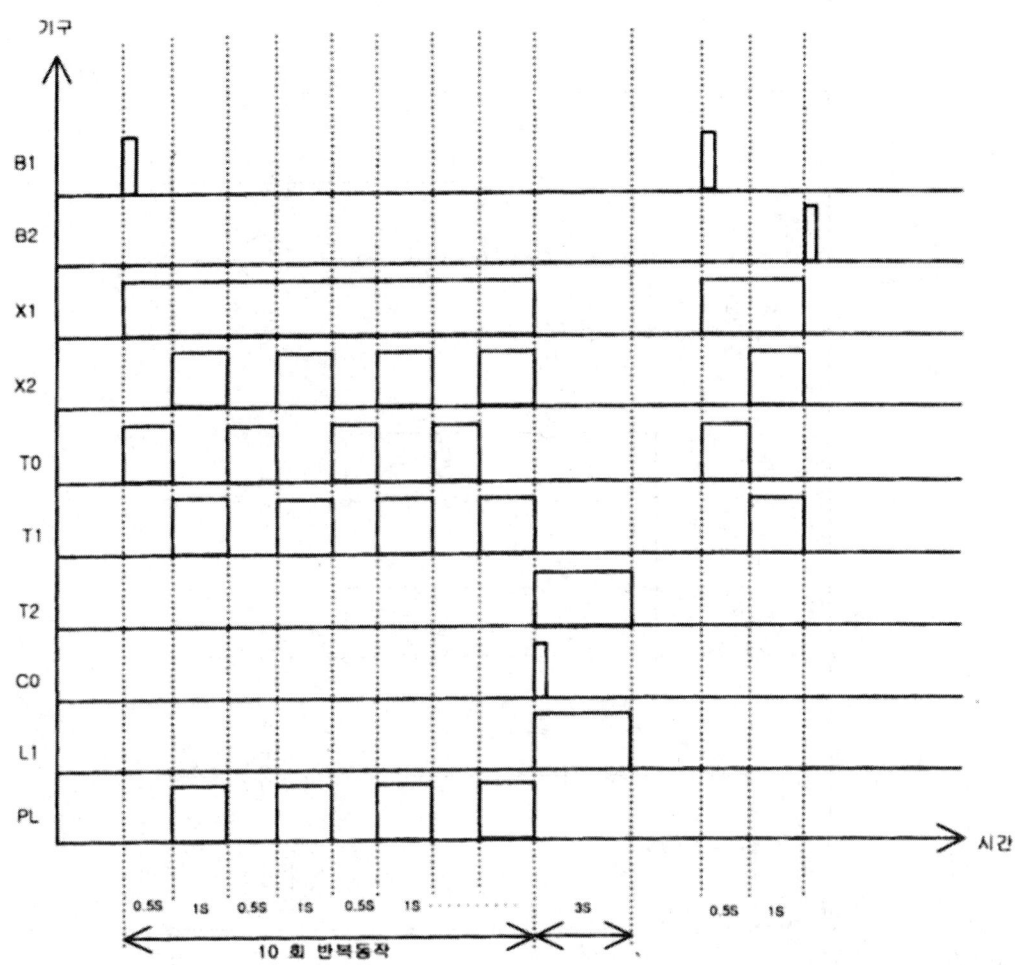

5) 시퀀스도

전원 : 3φ 3W식 220[V]

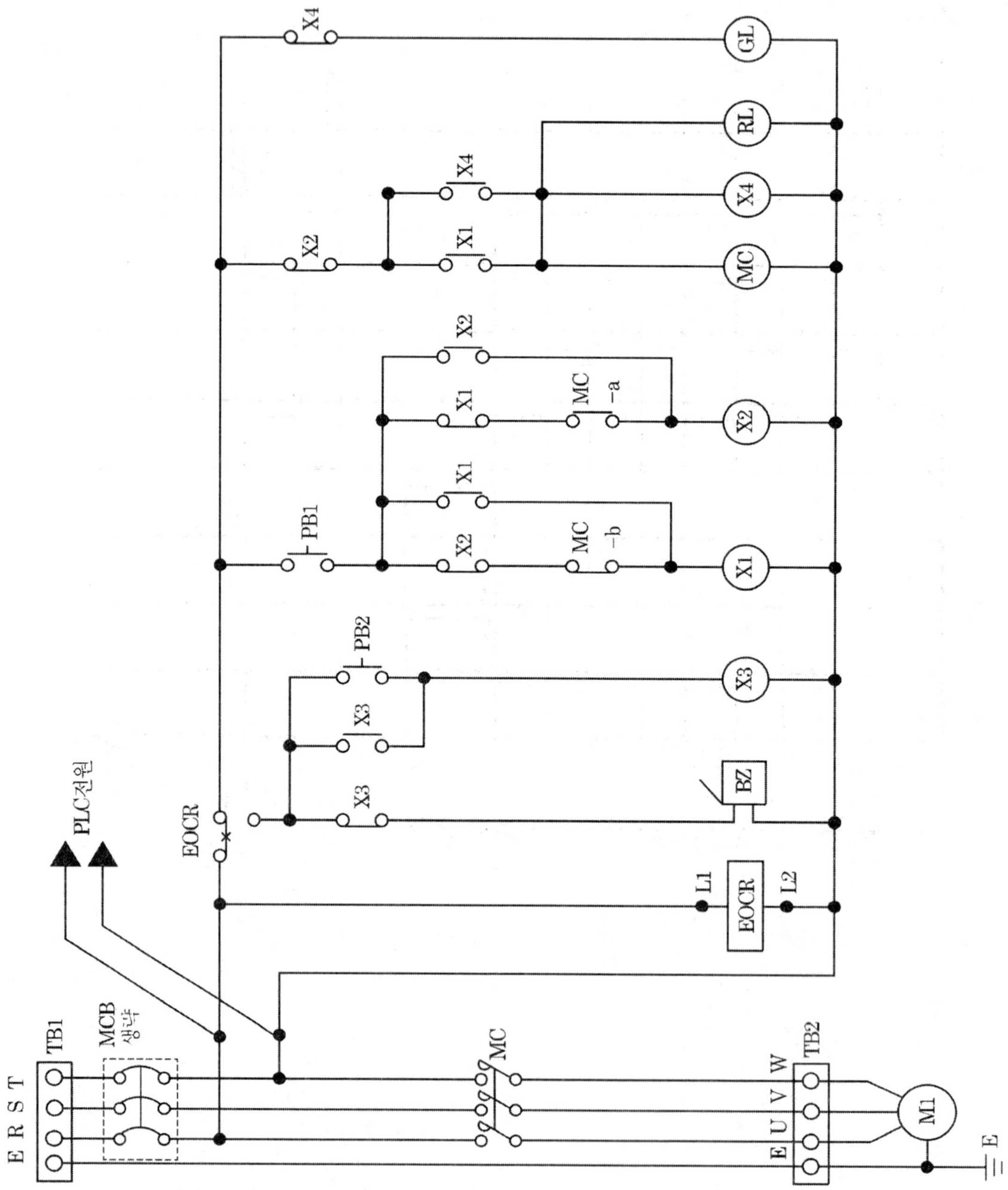

Chapter 05 부록(과년도문제)

40회  작품명 | 전동기 제어 회로

• 시험시간 : 표준시간 5시간 30분(제1과제, 제2과제 포함)   연장시간 : 30분

1. 제1과제 : PLC 프로그램

1) 요구사항

① 제한시간 내에 주어진 요구사항 및 동작사항에 적합하도록 프로그램을 작성하시오.
② PLC는 입출력이 14점 이상인 소형 일체형으로 수검자가 지참한 PLC에 맞는 프로그램을 선택하여 프로그램을 작성하며 입력전원은 노이즈 대책을 세워 배선한다.
③ PLC의 접지는 제어함 내 단자대에 단독 접지를 하고 RUN 모드상태로 제출한다.

2. 제2과제 : 전기공사 작업

1) 요구사항

① 지급된 재료를 사용하여 제한시간 내 도면에 표시된 공사를 내선공사 방법에 의거 완성하시오.
② 전원방식 : 3상 3선식 220[V]
③ 공사방법
  ㉮ PE 전선관
  ㉯ 플렉시블 전선관
④ 동작
  • 수동동작
  ㉮ PB_1을 ON하면 MC_1 여자, 모터 정회전 상승운전, RL_1 점등, LS_2 동작 시 MC_1 소자, 모터 정지, RL_1 소등
  ㉯ PB_2를 ON하면 MC_2 여자, 모터 역회전 하강운전, RL_2 점등, LS_1 동작 시 MC_2 소자, 모터 정지, RL_2 소등
  ㉰ 모터 운전 중 EOCR 동작, YL 점등, 모터 정지
  • 자동동작
  ㉮ PB_3을 ON한 후 LS_1이 동작하면 X_1, MC_1 여자, 모터 정회전 상승운전, RL_1 점등, LS_2 동작 시 X_1, MC_1 소자, 모터 정지, RL_1 소등

  ㈏ LS_2가 동작하면 X_2, MC_2 여자, 모터 역회전 하강운전, RL_2 점등, LS_1 동작 시 X_2, MC_2 소자, 모터 정지, RL_2 소등

  ㈐ 위 동작을 반복 운전

  ㈑ 모터 운전 중 EOCR 동작, YL 점등, 모터 정지

⑤ 기타 사항

  ㈎ 제어함 부분과 PE관 및 플렉시블 전선관이 접속되는 부분은 커넥터를 사용한다.

  ㈏ 모터의 접속은 생략하고 단자대까지 배선한다.

3. 1과제 : PLC 프로그램

① 다음 동작설명과 타임차트를 참조하여 PLC 프로그램을 작성하시오.
② PLC 프로그램은 지참한 PLC에 맞는 프로그램을 선택하여 작업한다.
③ 기동 스위치는 녹색, 정지 스위치는 적색 푸시버튼을 사용하고 컨베어 구동 모터는 적색 파일롯 램프로 대체하여 작업한다.

1) 동작설명

※ 3대의 컨베어를 순서에 따라 기동 시(A→B→C) 순서로 기동하고, 정지 시(C→B→A) 순서로 정지한다.

2) PLC 입출력도

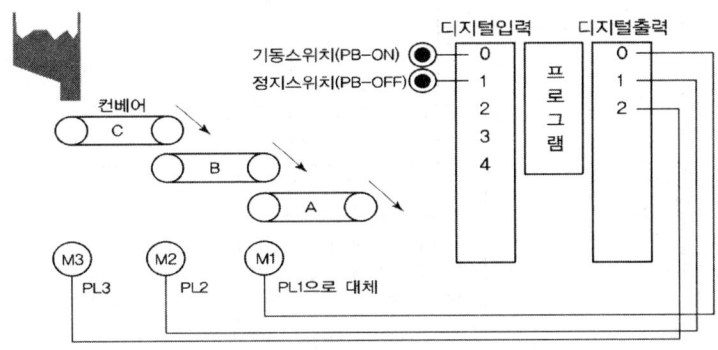

3) PLC 타임차트

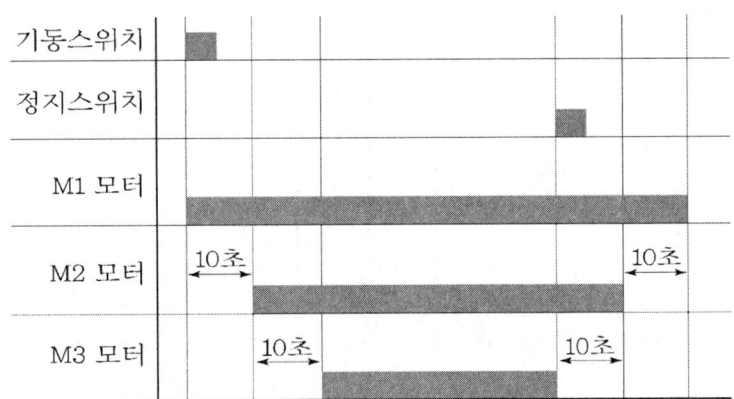

4. 2과제 : 전기공사 작업

1) 도면

배관 및 기구 배치도(S : 1/10)

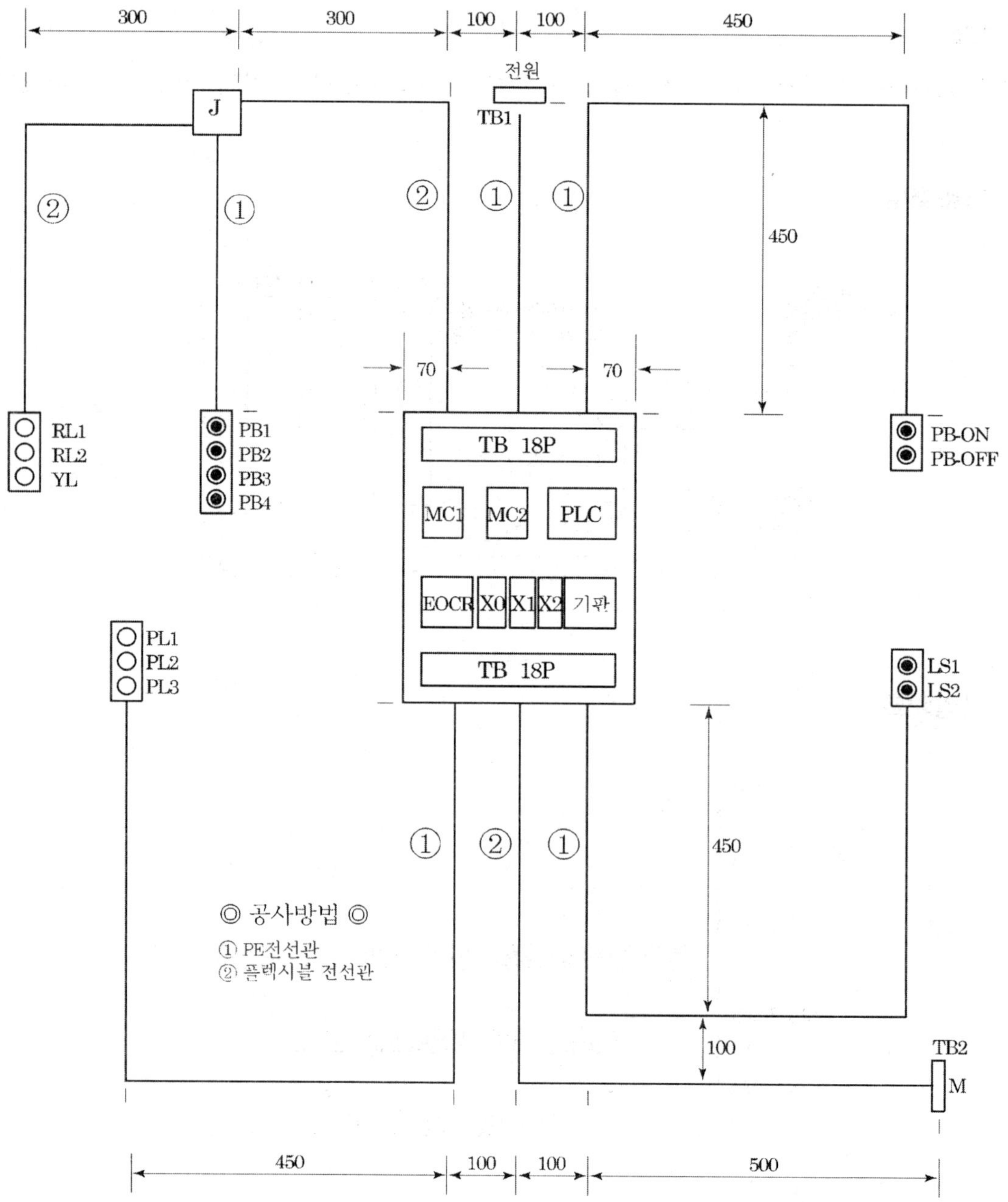

Chapter 05 부록(과년도문제)

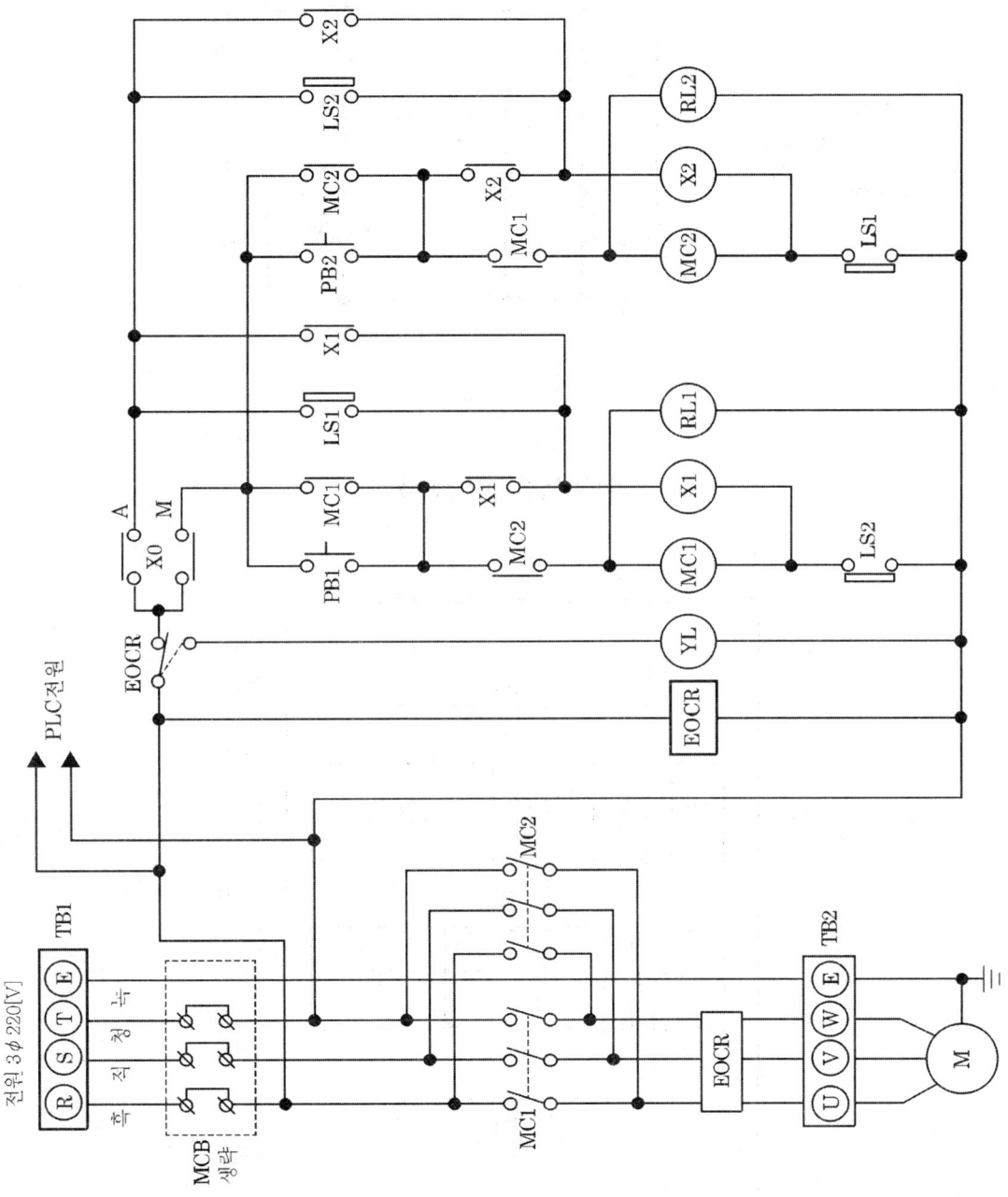

PCB 배치도

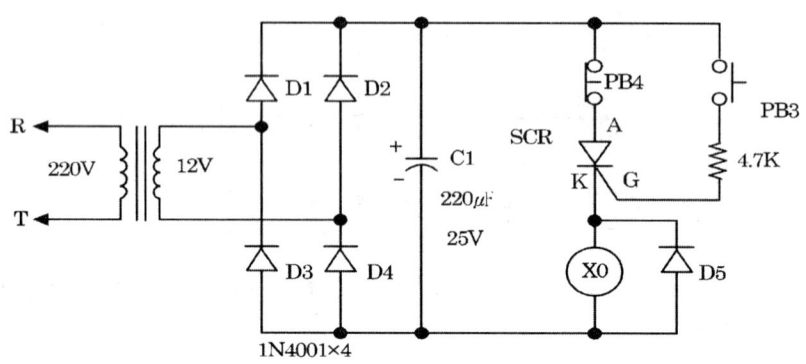

제어함 내부 기구 배치도

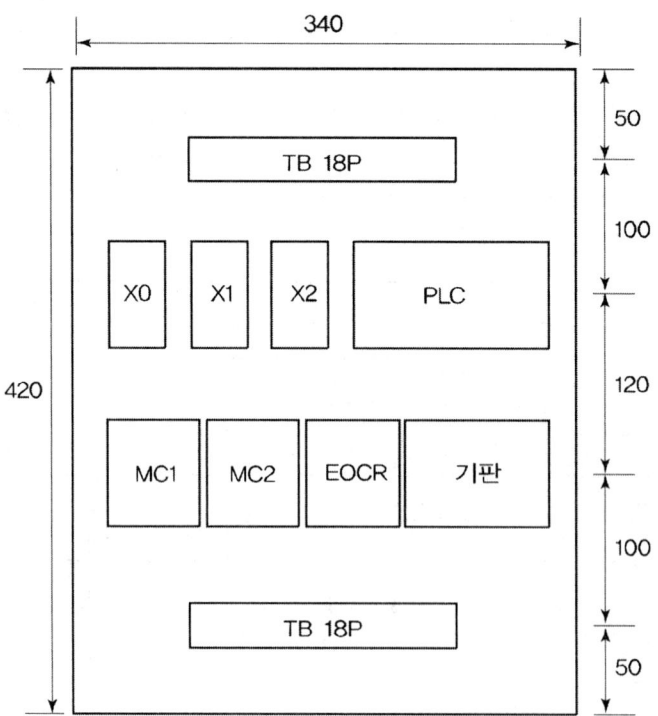

[범 례]

기호	명칭	기호	명칭
TB_1, TB_2	단자대(4P)	X_1, X_2	릴레이(8PIN, AC 220[V])
MC_1, MC_2	전자접촉기	RL_1, RL_2, YL	파일롯 램프
EOCR	전자식 과부하계전기	C_1	전해콘덴서
X_0	릴레이(8PIN, DC 12[V])	$PB_1 \sim PB_4$	푸시버튼 스위치
LS_1	상한 리밋 스위치 (PB로 대체)-(적색)	LS_2	하한 리밋 스위치 (PB로 대체)-(적색)
$D_1 \sim D_5$	정류 다이오드	SCR	실리콘 정류다이오드

Power Relay 내부 결선도(MC)

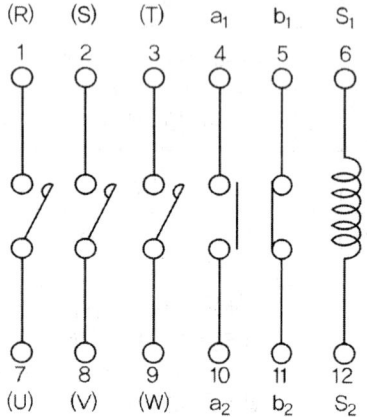

EOCR 내부 결선도

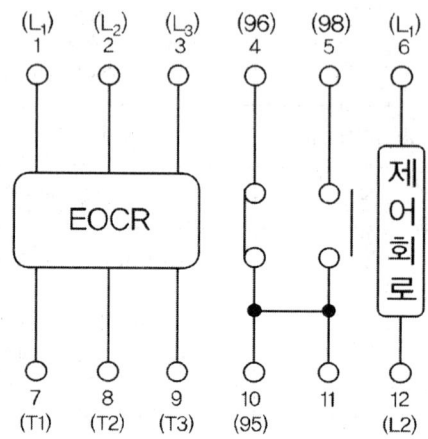

8핀 릴레이 내부 결선도

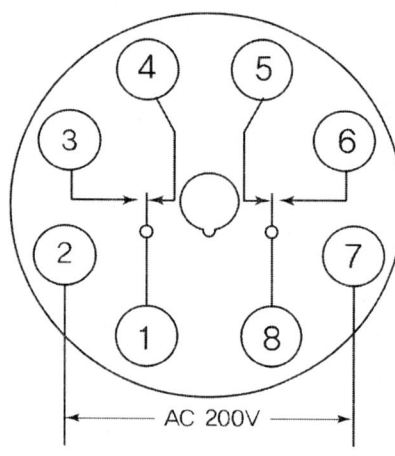

8핀 릴레이 내부 결선도

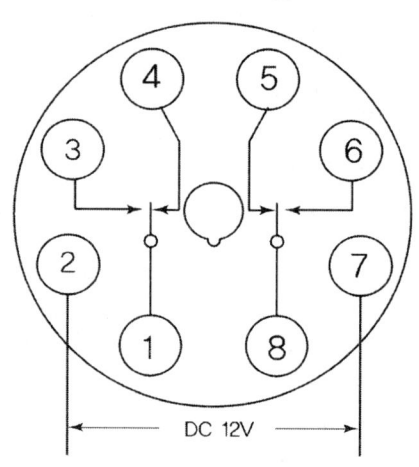

SCR(2P4M)

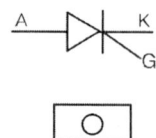

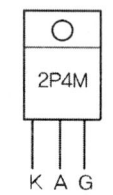

다이오드(D1~D5)

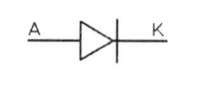

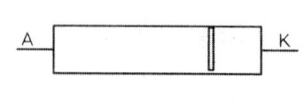

전해콘덴서(C1)

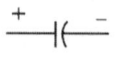

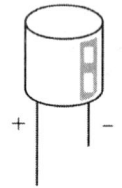

| **43**회 |  | 작품명 | 자동온도 조절장치 |

- 시험시간 : 표준시간 5시간 30분(제1과제, 제2과제 포함)   연장시간 : 30분

1. 제1과제 : PLC 프로그램

1) 요구사항
① 제한시간 내에 주어진 요구사항 및 동작사항에 적합하도록 프로그램을 작성하시오.
② PLC는 입출력이 14점 이상인 소형 일체형으로 수검자가 지참한 PLC에 맞는 프로그램을 선택하여 프로그램을 작성하며 입력전원은 노이즈 대책을 세워 배선한다.
③ PLC의 접지는 제어판 내 단자대에 단독 접지를 하고 PLC는 RUN 모드상태로 부착한다.

2. 제2과제 : 전기공사 작업

1) 요구사항
① 지급된 재료를 사용하여 제한시간 내 도면에 표시된 공사를 내선공사 방법에 의거 완성하시오.
② 전원방식 : 3상 3선식 220[V]
③ 공사방법
  ㉮ CD 난연(불연)전선관
  ㉯ PE 전선관

2) 수동동작사항(SS_1을 좌측으로 절환한다.)
① 전원 ON 시 PL_1, PL_3이 점등된다.
② PB_1 ON 시 PL_2가 점등되고, PL_3이 소등된다.(이때 PR이 여자되어 Motor가 운전한다.)
③ PB_2 ON 시 PL_2가 소등되고, PL_3이 점등된다.(이때 PR이 소호되어 Motor가 정지한다.)

④ 동작 중 과부하되어 EOCR이 동작 시 모든 회로는 소호, 소등되며 부저만 동작한다.(이때 PL_1은 계속 점등상태이다.)
⑤ PB_3 ON 시 FR이 여자되어 부저가 FR 설정 시간을 주기로 반복 동작한다.
⑥ EOCR을 Reset하면 부저는 정지하고 초기화 상태로 돌아간다.

3) 자동동작사항(SS₁을 우측으로 절환한다.)

① PL₁, PL₃이 점등한다.

② 열전대(TB₃)를 ON하면 PL₂가 점등되고, PL₃이 소등된다.(이때 PR이 여자되어 Motor가 운전한다.)

③ 열전대(TB₃)를 OFF하면 PL₂가 소등되고, PL₃이 점등된다.(이때 PR이 소호되어 Motor가 정지한다.)

④ 동작 중 과부하되어 EOCR이 동작 시 모든 회로는 소호, 소등되며 부저만 동작한다.(이때 PL₁은 계속 점등상태이다.)

⑤ PB₃ ON 시 FR이 여자되어 부저가 FR 설정 시간을 주기로 반복 동작한다.

⑥ EOCR을 Reset하면 부저는 정지하고 초기화 상태로 돌아간다.

3. 기타 사항

① 제어판 부분과 PE 전선관 및 CD 난연전선관이 접속되는 부분은 커넥터를 사용한다.(커넥터가 부족 시는 부족한대로 작업을 한다.)

② 모터의 접속은 생략하고 단자대까지 배선한다.

4. 1과제 : PLC 프로그램

① 다음 동작설명과 타임차트를 참조하여 PLC 프로그램을 작성하시오.

② PLC 프로그램은 지참한 PLC에 맞는 프로그램을 선택하여 작업한다.

1) 동작설명

① PB₄를 누르면 PL₄가 점등되며, 3초 후 PL₄가 소등되고 PL₅가 점등되며, 3초 후 PL₅가 소등되고 PL₆이 점등된다.

② PB₅를 누를 때까지 위 사항을 계속 반복 동작하며, PB₅를 누르면 동작 중이던 PL₄, PL₅, PL₆이 소등된다.

2) PLC 입출력도

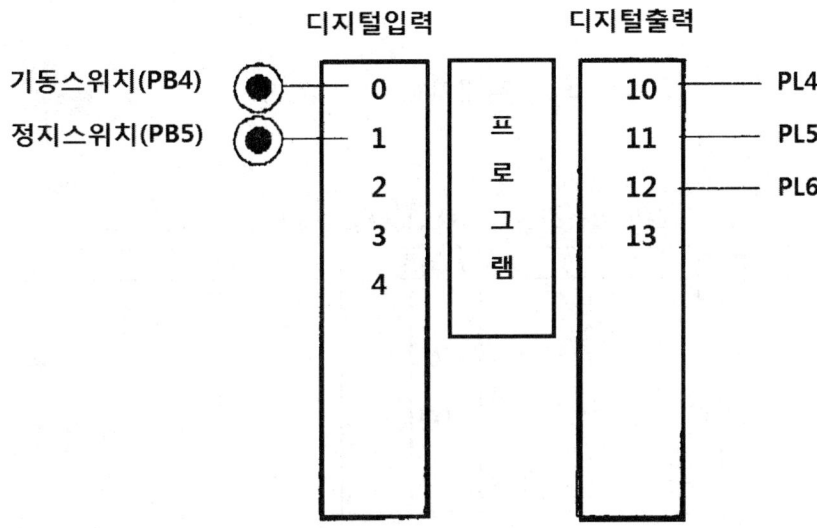

3) PLC 타임차트

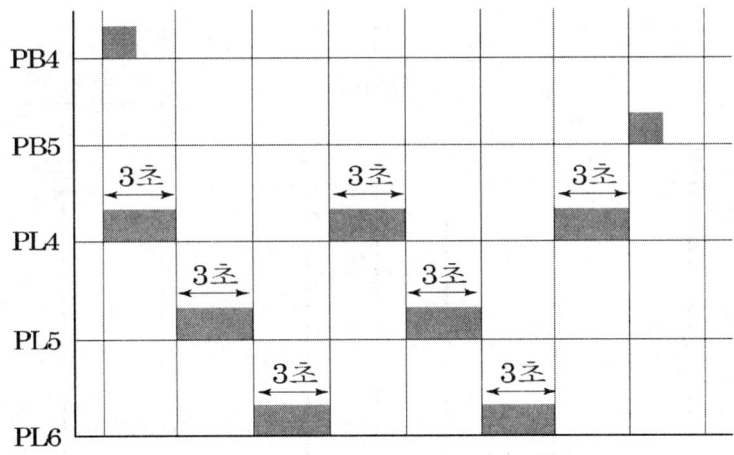

5. 2과제 : 전기공사 작업

1) 도면

배관 및 기구 배치도(NS : 1/10)

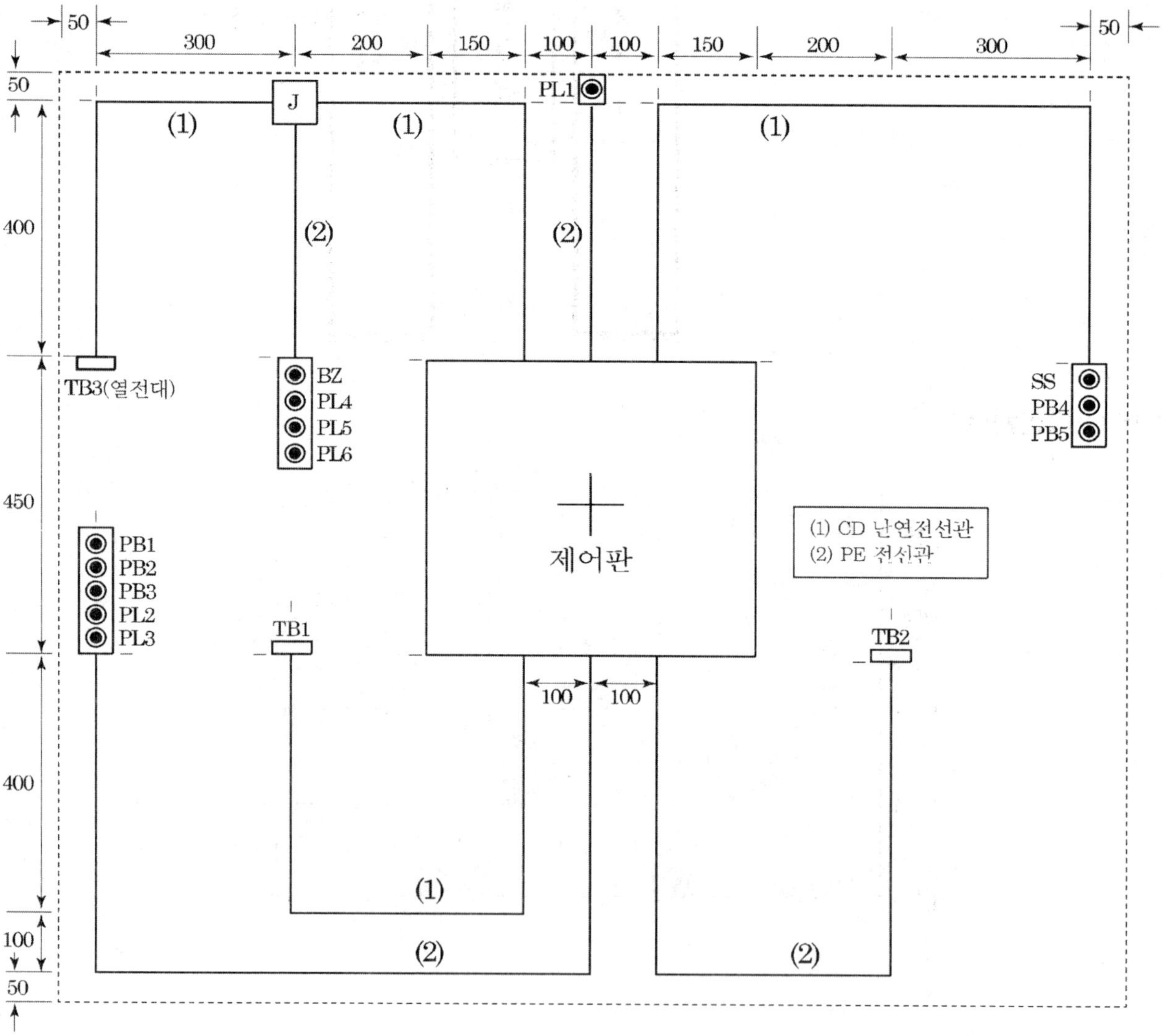

(1) CD 난연전선관
(2) PE 전선관

2) 도면

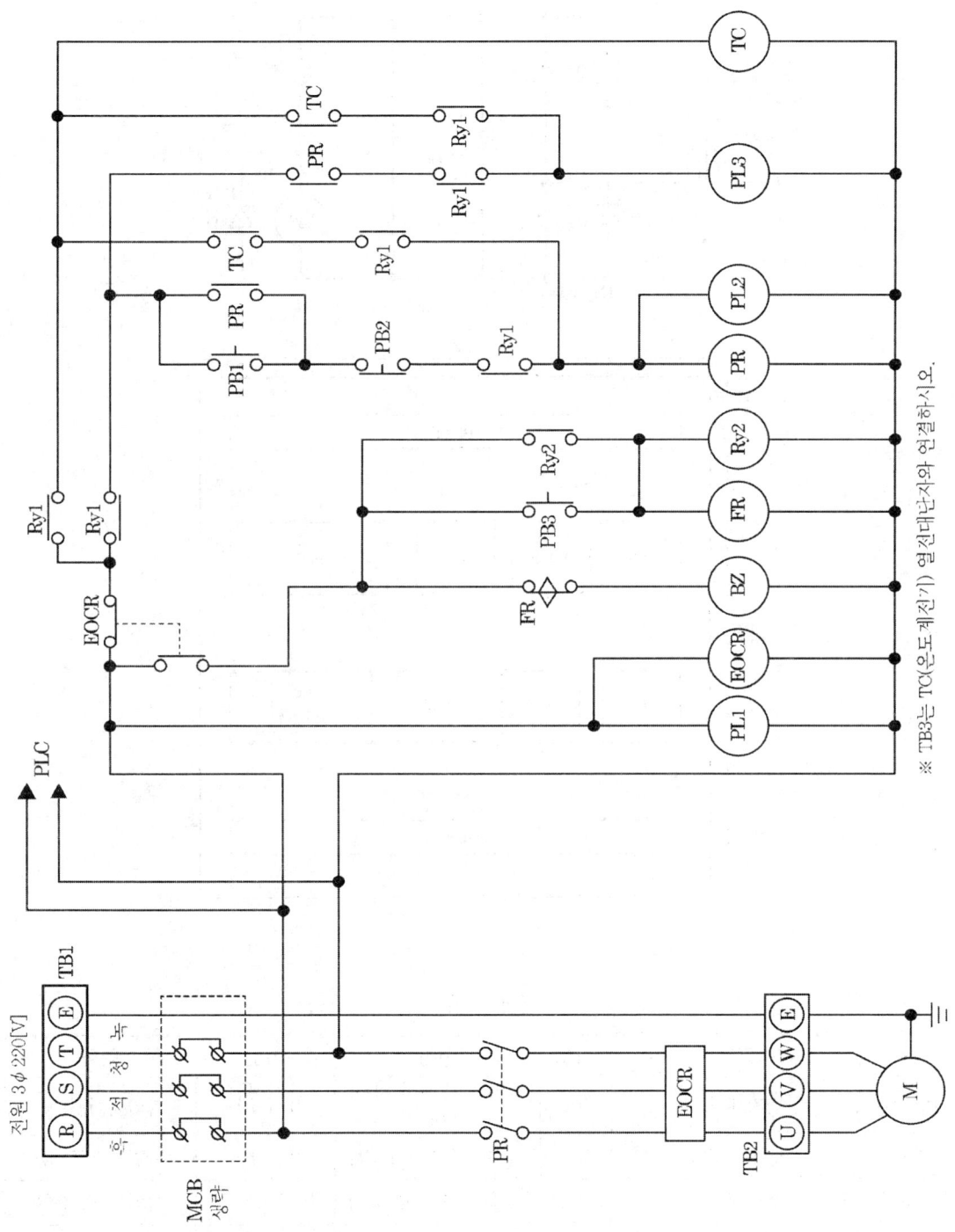

3) PCB 회로도, 제어판 내부 기구배치도 및 범례

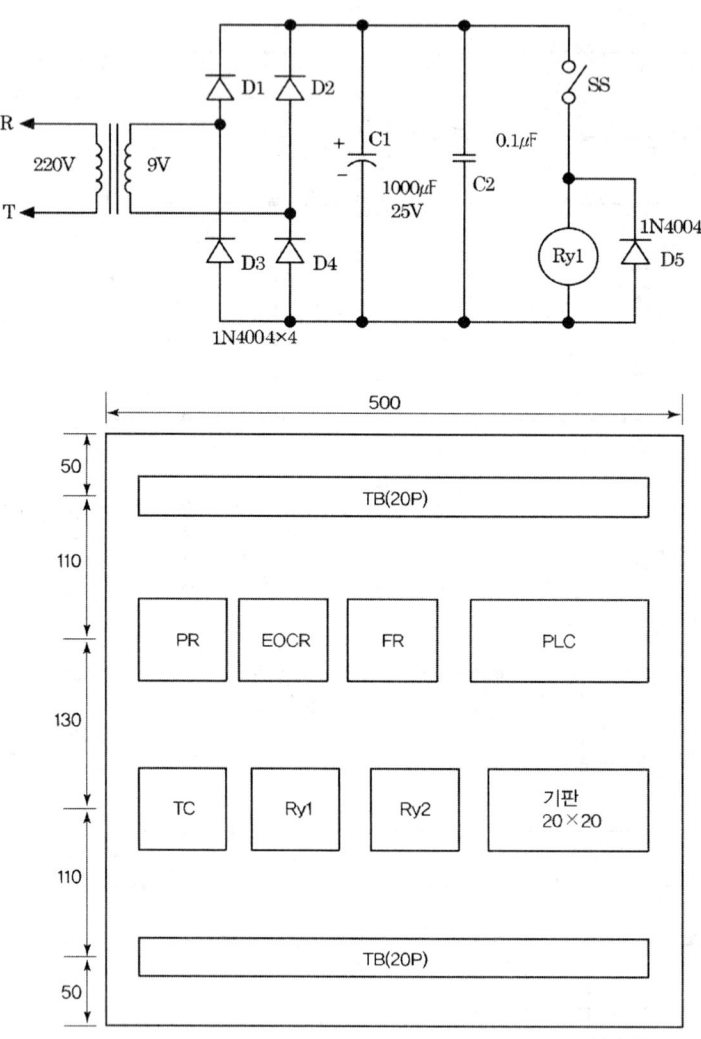

[범 례]

기호	명칭	기호	명칭	기호	명칭
$TB_1 \sim TB_2$	단자대(4P)	FR	플리커 릴레이 8Pin 220[V]	PL_2, PL_4	파일롯램프(녹)
TB_3	단자대(3P)	Ry_1	릴레이 14Pin 12[V]	PL_3, PL_6	파일롯램프(적)
PR	전자개폐기	Ry_2	릴레이 8Pin 220[V]	PL_5	파일롯램프(황)
EOCR	전자식 과부하계전기	BZ	부저	PB_1, PB_4	푸시버튼스위치(녹)
TC	온도릴레이 8Pin 220[V]	PL_1	파일롯램프(백)	PB_2, PB_3, PB_5	푸시버튼스위치(적)

4) 내부 결선도

Power Relay 내부 결선도(MC)
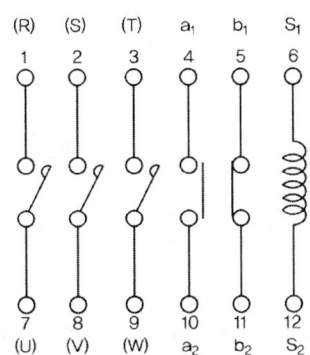

EOCR 내부 결선도
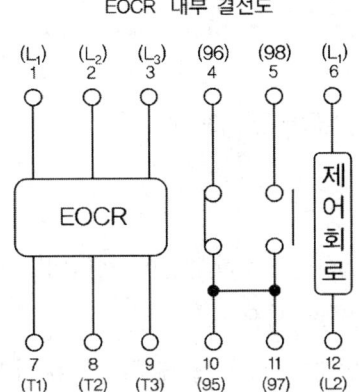

다이오드(D1~D5)

전해콘덴서(C1)
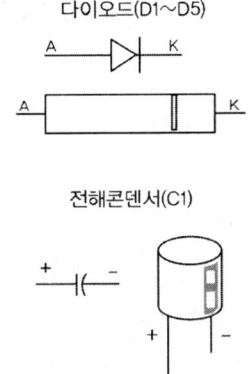

TC 내부 결선도
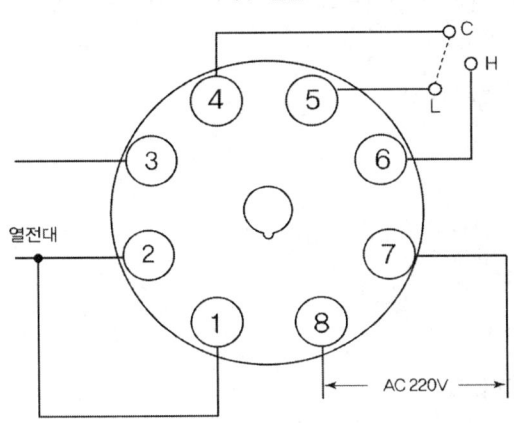

14핀 릴레이 내부 결선도
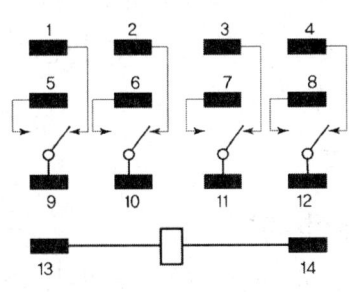

플리커 릴레이 내부 결선도
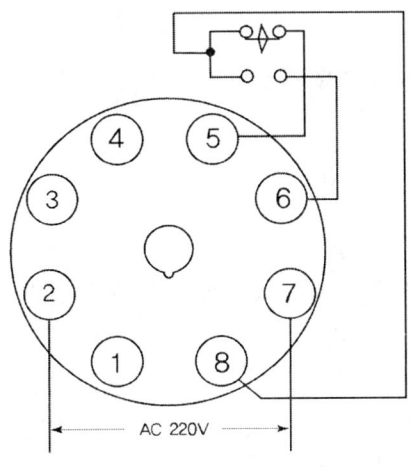

8핀 릴레이 내부 결선도
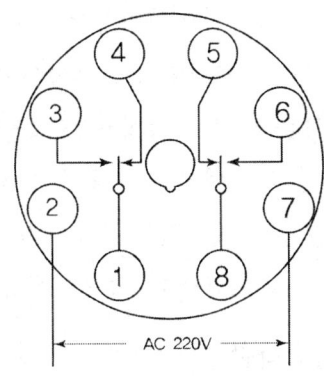

45-A회 | 작품명 | 전동기 정·역 운전회로

• 시험시간 : 표준시간 5시간,   연장시간 : 30분

1. 요구사항

① 제한시간 내에 주어진 요구사항 및 동작사항에 적합하도록 프로그램을 작성하고 도면에 표시된 공사를 내선공사 방법에 의거 완성하시오.

② PLC는 입력 8점, 출력 6점 이상인 소형 일체형으로 수검자가 지참한 PLC에 맞는 프로그램을 선택하여 프로그램을 작성하며 입력전원은 노이즈 대책을 세워 배선한다.

③ PLC의 접지는 제어판 내 단자대에 단독 접지를 하고 PLC는 RUN 모드상태로 부착한다.

④ 전원방식 : 3상 3선식 220[V]

⑤ 공사방법 : ㉮ CD 난연(불연) 전선관   ㉯ PE 전선관

2. 동작사항

1) 수동동작사항

① 전원 ON 시 RL이 점등한다. EOCR 및 PLC 여자

② 셀렉터 스위치 SS를 수동조작모드(왼쪽)로 절환한다.

③ PB_2를 누르면 MC_1이 여자되어 GL_1이 점등하고 RL이 소등되며 Motor가 정방향으로 회전한다.

④ PB_3을 누르면 RL이 소등상태이며 MC_1이 소호되고 MC_2가 여자되어 GL_1이 소등되고 GL_2가 점등되며 Motor가 역방향으로 회전한다.

⑤ PB_2를 누르면 RL이 소등상태이며 MC_2가 소호되고 MC_1이 여자되어 GL_2가 소등되고 GL_1이 점등되며 Motor가 정방향으로 회전한다.

⑥ ④번항과 ⑤번항은 교대로 수동 조작에 의하여 동작한다.

⑦ PB_1을 누르면 초기상태로 Reset된다. RL 점등

⑧ 과부하 시 X_4가 여자되고 모든 동작이 정지하며 BZ와 YL은 1초 ON, 1초 OFF 간격으로 교대 점멸한다.

2) 자동동작사항

① 전원 ON 시 RL이 점등한다. EOCR 및 PLC 여자

② 셀렉터 스위치 SS를 자동조작모드(오른쪽)로 절환한다.

③ PB_0를 누르면 자동동작 준비상태로서 X_1이 여자되며, GL_3이 1초 ON, 1초 OFF 간격으로 반복 점멸한다.

④ 리밋스위치 $LS_1(TB_3)$이 감지되면 X_2가 여자되어 MC_1이 여자된다. 이때 RL이 소등되고 GL_1이 점등되며 Motor가 정방향으로 회전한다.

⑤ 리밋스위치 $LS_2(TB_4)$가 감지되면 X_2, MC_1이 소호되고 X_3이 여자되어, MC_2가 여자된다. 이때 RL은 소등상태이고 GL_2가 점등되며 Motor가 역방향으로 회전한다.

⑥ ④번항과 ⑤번항은 리밋스위치의 감지에 따라 반복 동작한다.

⑦ 과부하 시 X_4가 여자되고 모든 동작이 정지하며 BZ와 YL은 1초 ON, 1초 OFF 간격으로 교대 점멸한다.

3. PLC 입출력도 및 타임차트

1) PLC 입출력도

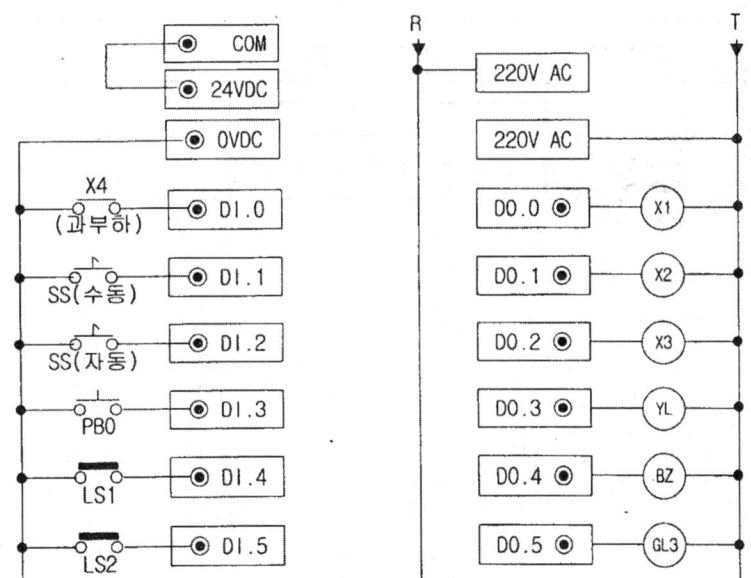

2) PLC 타임차트

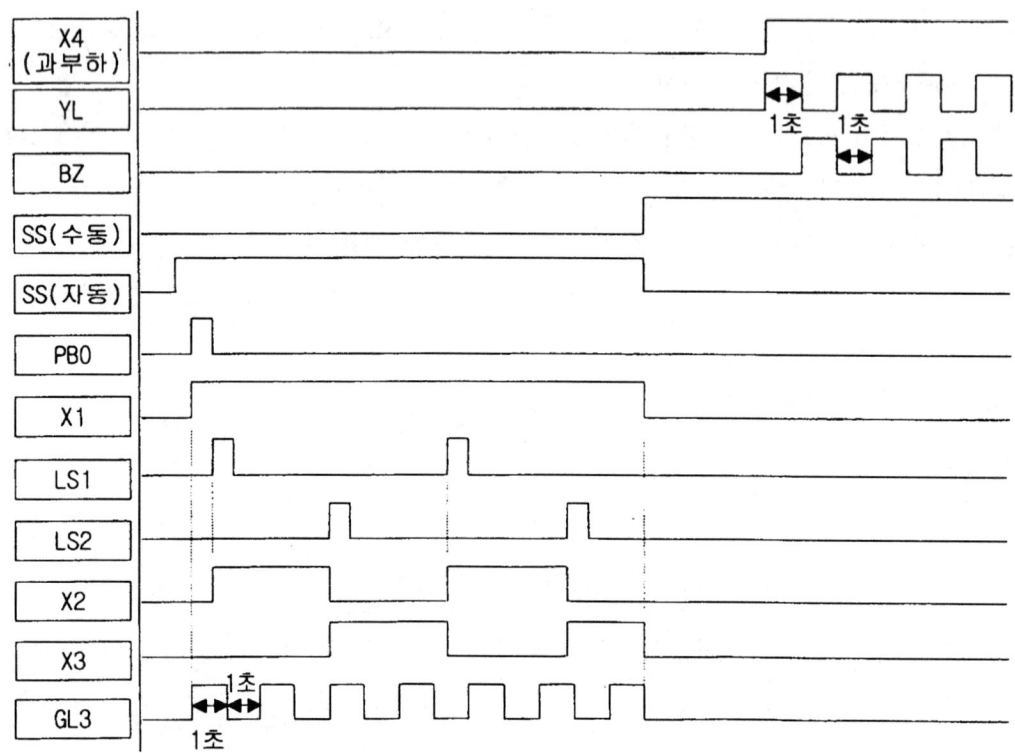

Chapter 05 부록(과년도문제)

4. 전기공사

1) 도면

배관 및 기구 배치도(NS : 1/10)

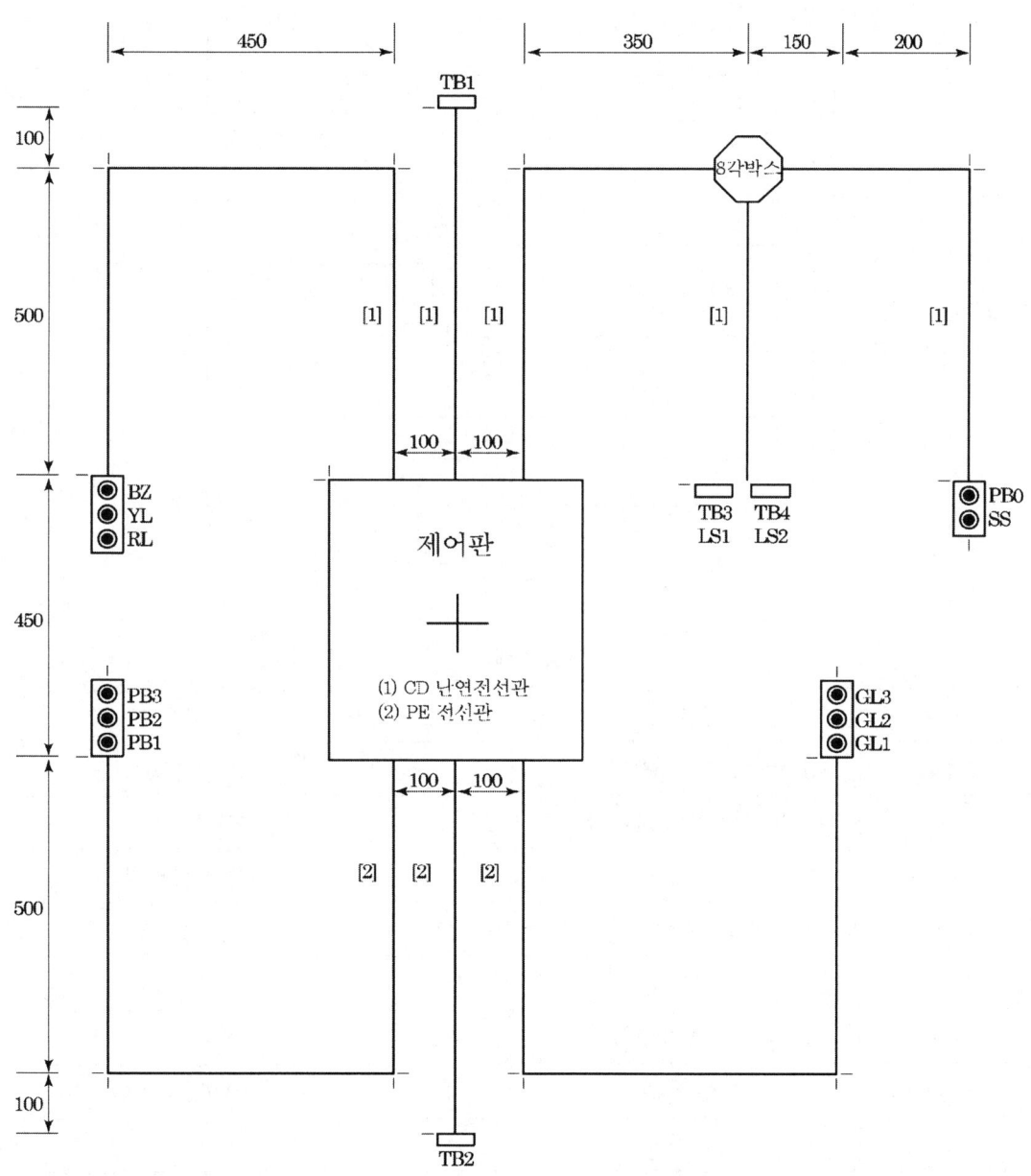

2) 제어판 내부 기구배치도 및 범례

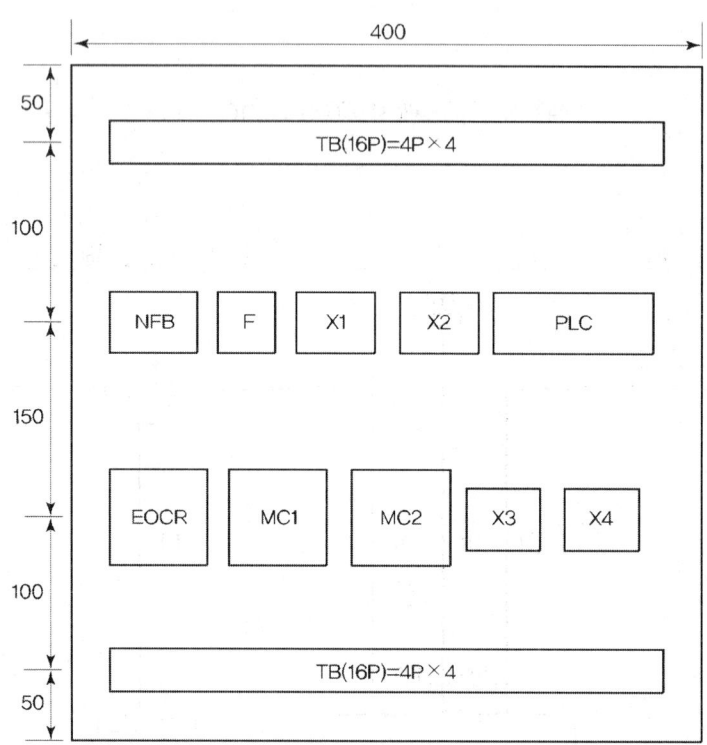

[범 례]

기호	명칭	기호	명칭
PLC	입력 8점, 출력 6점 이상	$GL_1 \sim GL_3$	파일롯램프(녹)
NFB	배선용 차단기 220[V] 3P	RL	파일롯램프(적)
$MC_1 \sim MC_2$	전자개폐기	YL	파일롯램프(황)
EOCR	과부하계전기	PB_0, PB_2, PB_3	푸시버튼SW(녹)
$X_1 \sim X_4$	8P 릴레이	PB_1	푸시버튼SW(적)
SS	셀렉터스위치(3단)	BZ	25ϕ 220[V]
$TB_1 \sim TB_4$	4P 단자대	F	퓨즈홀더(유리관형) 2P
TB_{16}	4P 단자대×4		

3) 시퀀스도

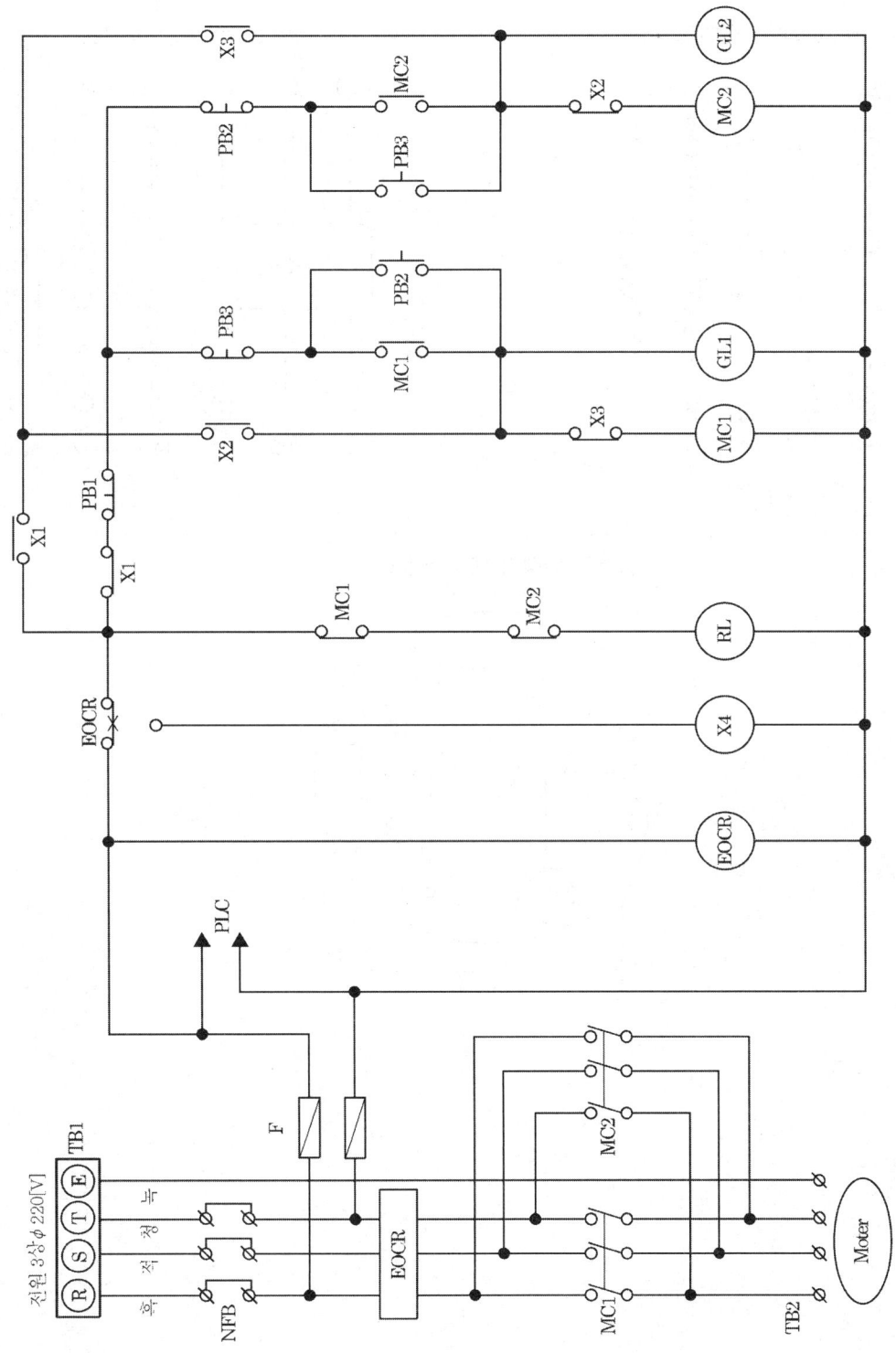

4) 계전기 내부결선도

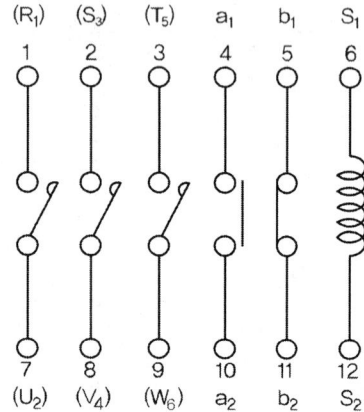

Power Relay 내부 결선도(MC)

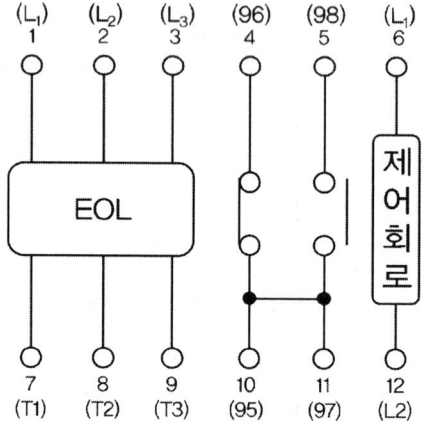

EOCR 내부 결선도

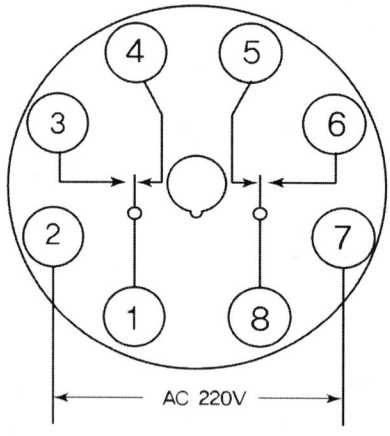

8핀 릴레이 내부 결선도

45-B회  작품명   전동기 정·역 운전회로

• 시험시간 : 표준시간 5시간,   연장시간 : 30분

1. 요구사항

① 제한시간 내에 주어진 요구사항 및 동작사항에 적합하도록 프로그램을 작성하고 도면에 표시된 공사를 내선공사 방법에 의거 완성하시오.

② PLC는 입력 8점, 출력 6점 이상인 소형 일체형으로 수검자가 지참한 PLC에 맞는 프로그램을 선택하여 프로그램을 작성하며 입력전원은 노이즈 대책을 세워 배선한다.

③ PLC의 접지는 제어판 내 단자대에 단독 접지를 하고 PLC는 RUN 모드상태로 부착한다.

④ 전원방식 : 3상 3선식 220[V]

⑤ 공사방법 : ㉮ CD 난연(불연) 전선관   ㉯ PE 전선관

2. 동작사항

1) 수동동작사항

① 전원 ON 시 RL이 점등한다. EOCR 및 PLC 여자

② 셀렉터 스위치 SS를 수동조작모드(왼쪽)로 절환한다.

③ PB_2를 누르면 MC_1이 여자되어 GL_1이 점등하고 RL이 소등되며 Motor가 정방향으로 회전한다.

④ PB_3을 누르면 RL이 소등상태이며 MC_1이 소호되고 MC_2가 여자되어 GL_1이 소등되고 GL_2가 점등되며 Motor가 역방향으로 회전한다.

⑤ PB_2를 누르면 RL이 소등상태이며 MC_2가 소호되고 MC_1이 여자되어 GL_2가 소등되고 GL_1이 점등되며 Motor가 정방향으로 회전한다.

⑥ ④번항과 ⑤번항은 교대로 수동 조작에 의하여 동작한다.

⑦ PB_1을 누르면 초기상태로 Reset된다. RL 점등

⑧ 과부하 시 X_4가 여자되고 모든 동작이 정지하며 BZ가 1초 ON, 1초 OFF 간격으로 동작한다.

2) 자동동작사항

① 전원 ON 시 RL이 점등한다. EOCR 및 PLC 여자

② 셀렉터 스위치 SS를 자동조작모드(오른쪽)로 절환한다.

③ PB_0를 누르면 자동동작 준비상태로서 X_1이 여자된다.

④ 리밋스위치 $LS_1(TB_3)$이 감지되면 X_2가 여자되어 MC_1이 여자된다. 이때 RL이 소등되고 GL_1이 점등되며 GL_3이 1초 간격으로 점멸하고 Motor가 정방향으로 회전한다.

⑤ 리밋스위치 $LS_2(TB_4)$가 감지되면 X_2, MC_1이 소호되고 X_3이 여자되어, MC_2가 여자된다. 이때 RL은 소등상태이고 GL_2가 점등되고 GL_3이 소등되며 YL이 1초 간격으로 점멸하고 Motor가 역방향으로 회전한다.

⑥ ④번항과 ⑤번항은 리밋스위치의 감지에 따라 반복 동작한다.

⑦ 과부하 시 X_4가 여자되고 모든 동작이 정지하며 BZ는 1초 ON, 1초 OFF 간격으로 교대 점멸한다.

3. PLC 입출력도 및 타임차트

1) PLC 입출력도

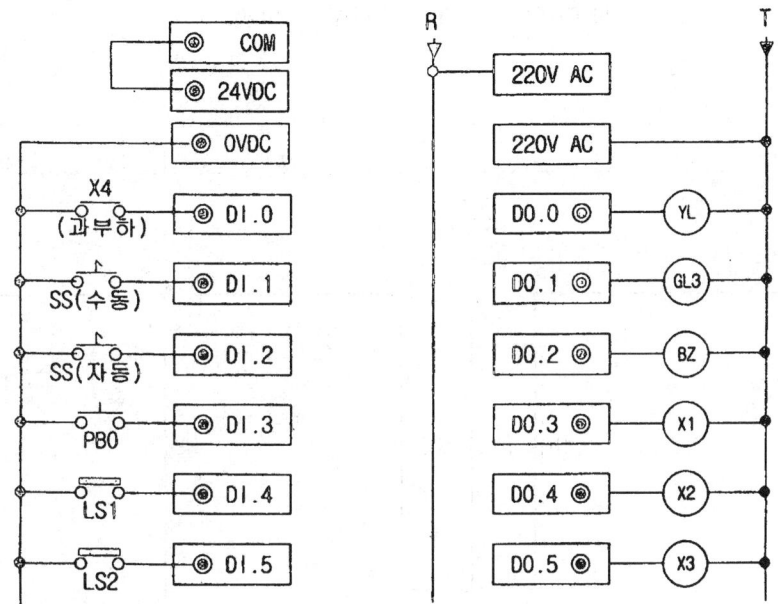

2) PLC 타임차트

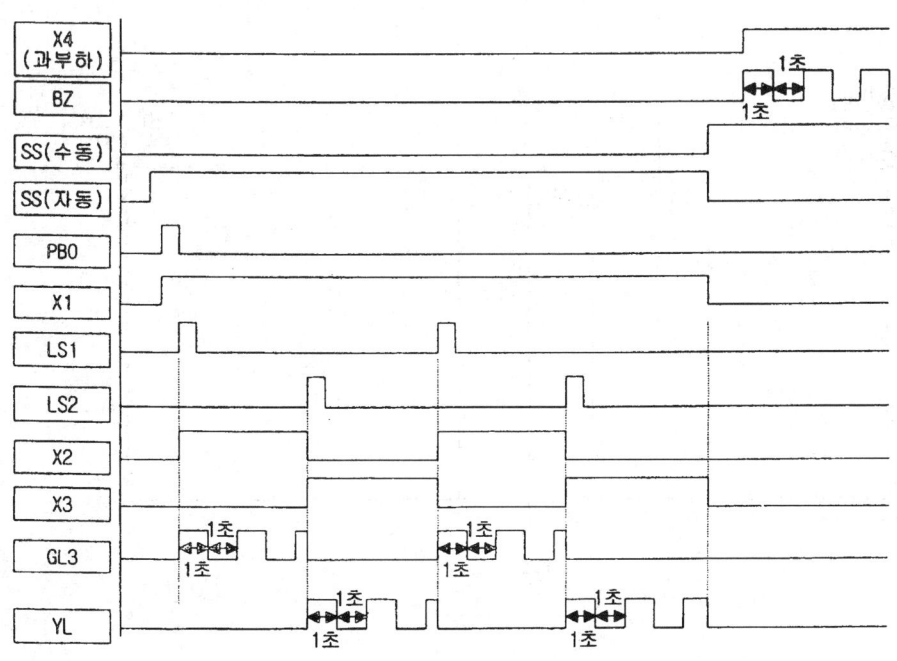

4. 전기공사

1) 도면

배관 및 기구 배치도(NS : 1/10)

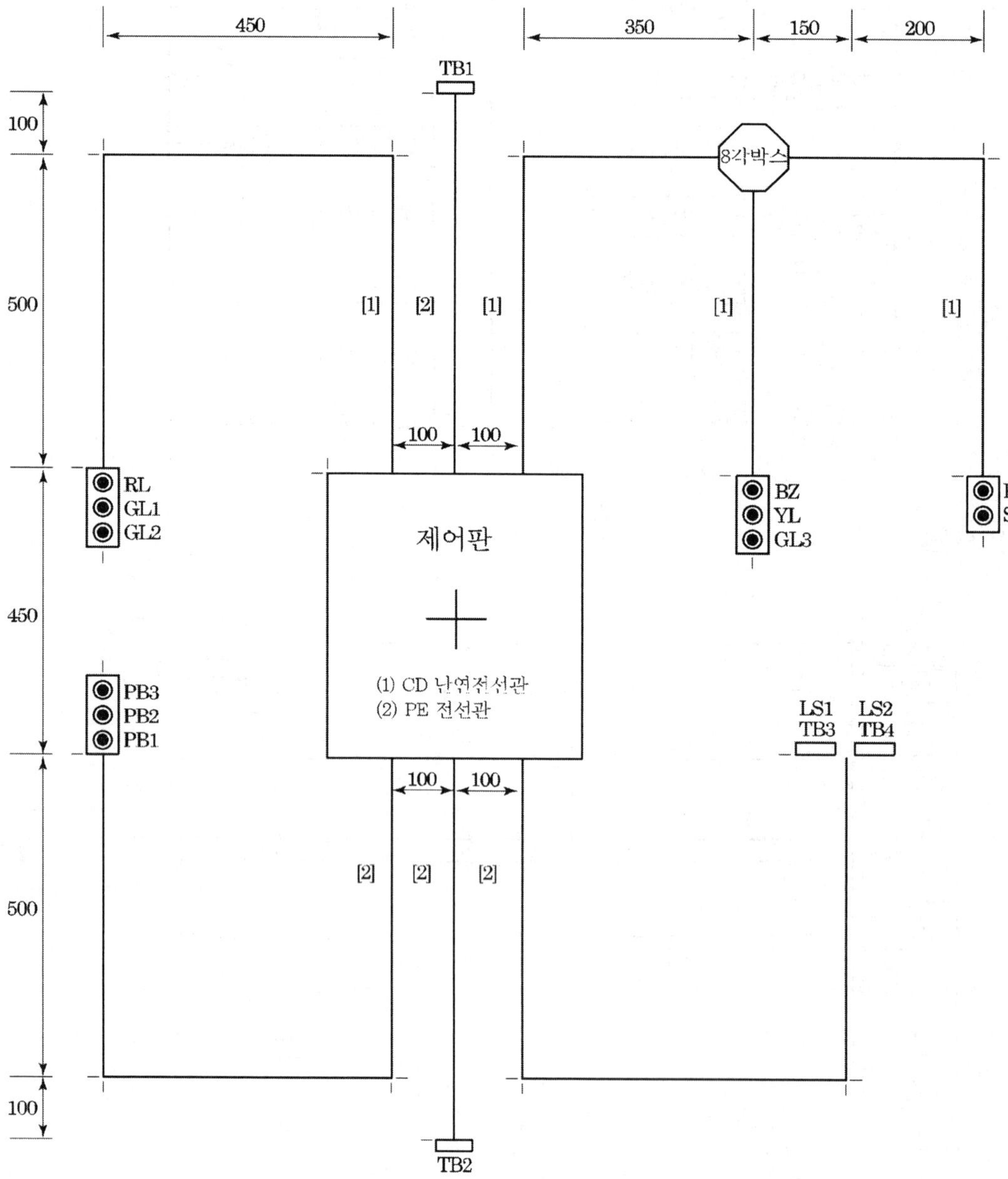

2) 제어판 내부 기구배치도 및 범례

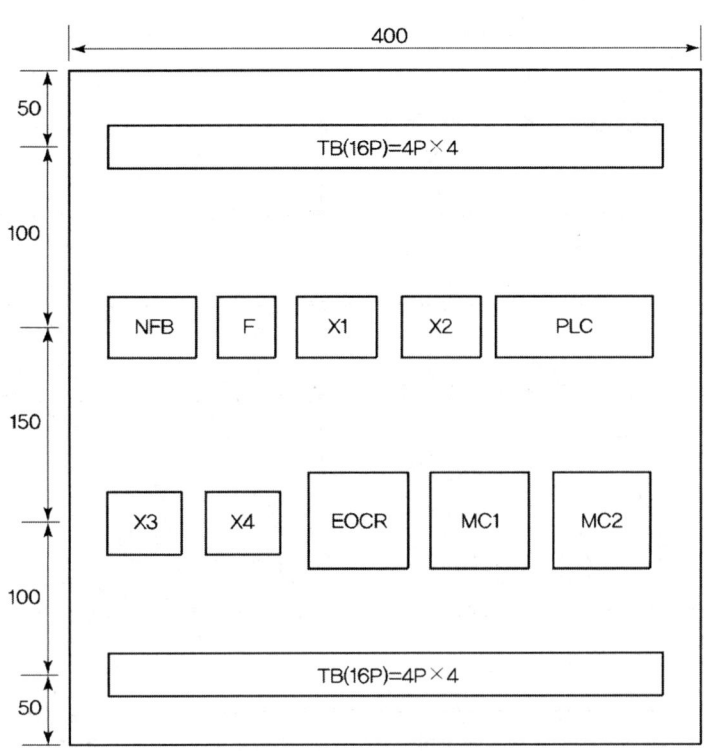

[범 례]

기호	명칭	기호	명칭
PLC	입력 8점, 출력 6점 이상	$GL_1 \sim GL_3$	파일롯램프(녹)
NFB	배선용 차단기 220[V] 3P	RL	파일롯램프(적)
$MC_1 \sim MC_2$	전자개폐기	YL	파일롯램프(황)
EOCR	과부하계전기	PB_0, PB_2, PB_3	푸시버튼SW(녹)
$X_1 \sim X_4$	8P 릴레이	PB_1	푸시버튼SW(적)
SS	셀렉터스위치(3단)	BZ	25ϕ 220[V]
$TB_1 \sim TB_4$	4P 단자대	F	퓨즈홀더(유리관형) 2P
TB_{16}	4P 단자대×4		

3) 시퀀스도

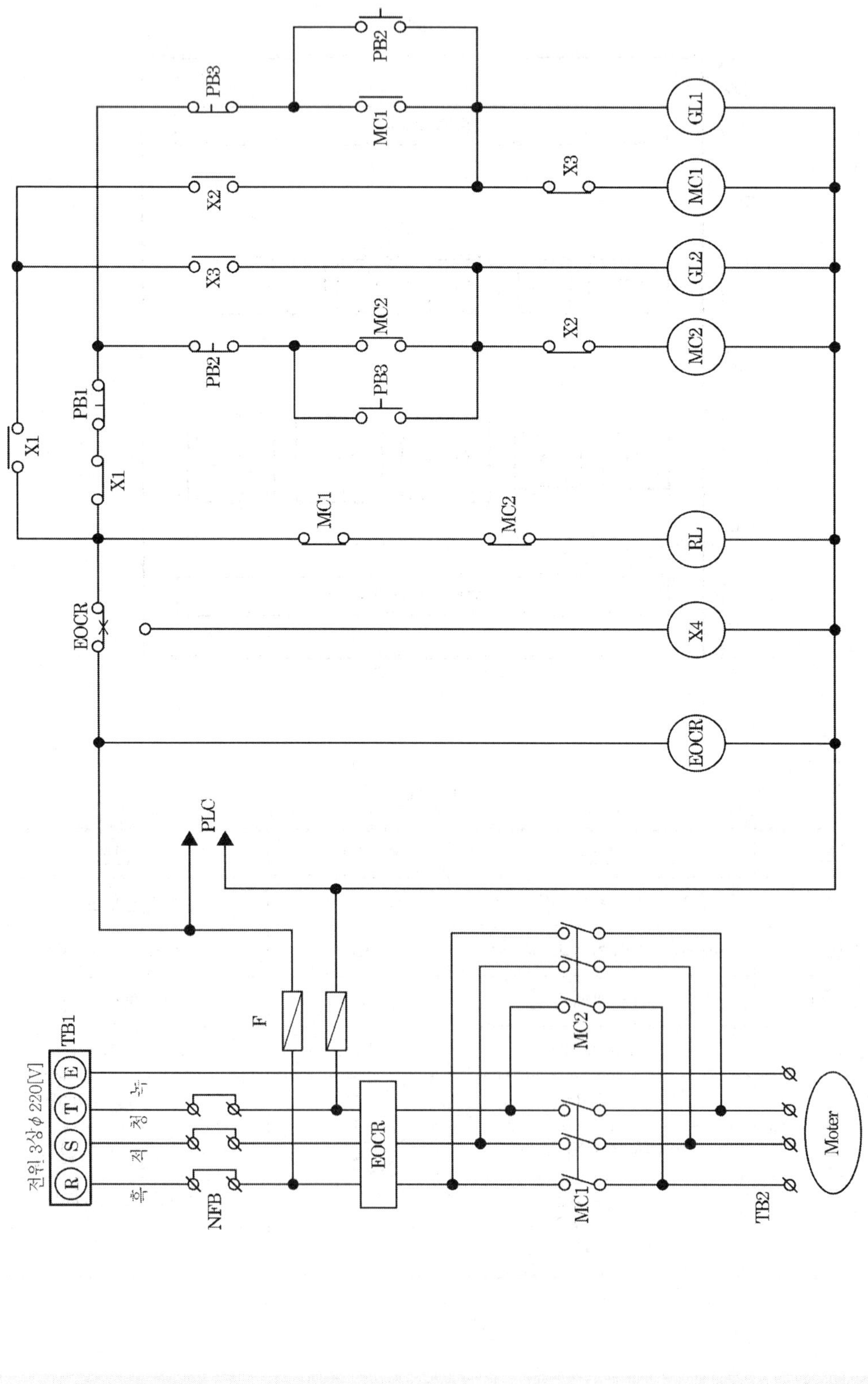
PB1
PB2
PB3
MC1
MC2
X1
X2
X3
X4
GL1
GL2
RL
EOCR
PLC
F
TB1
TB2
NFB
Moter
R
S
T
E
전원 3상φ 220[V]
흑
적
청
녹

4) 계전기 내부결선도

Power Relay 내부 결선도

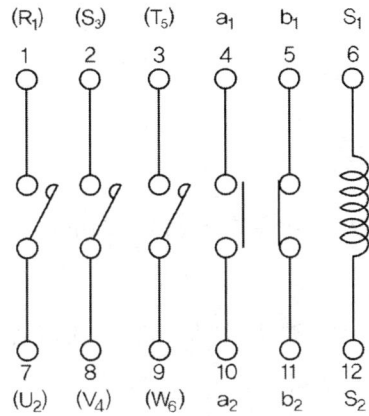

EOCR 내부 결선도

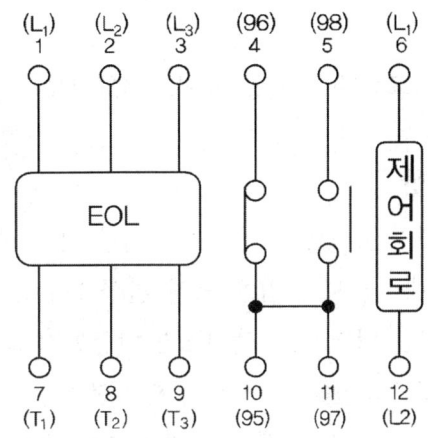

8핀 릴레이 내부 결선도

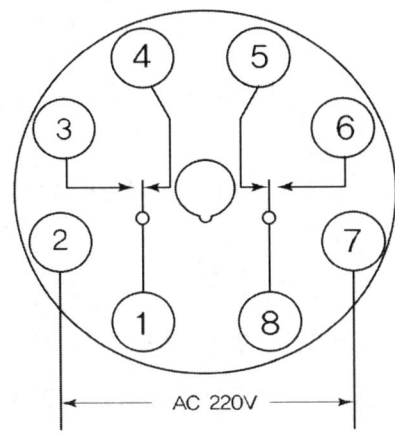

46-A회 　 작품명 　 컨베이어 후입력 우선제어회로

• 시험시간 : 표준시간 5시간 30분, 연장시간 : 30분

1. 요구사항

① 제한시간 내에 주어진 요구사항 및 동작사항에 적합하도록 프로그램을 작성하고 도면에 표시된 공사를 내선공사 방법에 의거 완성하시오.
② PLC는 입력 8점, 출력 6점 이상인 소형 일체형으로 수검자가 지참한 PLC에 맞는 프로그램을 선택하여 프로그램을 작성하며 입력전원은 노이즈 대책을 세워 배선한다.
③ PLC의 접지는 제어판 내 단자대에 단독 접지를 하고 PLC는 RUN 모드상태로 부착한다.
④ 전원방식 : 3상 3선식 220[V]
⑤ 공사방법 : ㉮ 플렉시블 전선관   ㉯ PE 전선관   ㉰ 1.5SQ(1/1.38) 전선

2. 동작사항

1) 수동동작사항

(수동동작사항은 후입력 우선제어 회로로서 나중에 조작된 PB SW에 의하여 해당 Motor만 동작되는 회로이다.)

① 전원을 ON한다.
② 셀렉터 스위치 SS를 수동조작모드(좌측)로 절환하면 X_1이 여자된다.
③ PB_1을 누르면 MC_1이 여자되어 L_1이 점등되고 Motor1(L_5로 대체)이 동작한다.
④ PB_2를 누르면 MC_1 소자, L_1, L_5 소등, MC_2가 여자되어 L_2가 점등되고 Motor2(L_6로 대체)가 동작한다.
⑤ PB_3을 누르면 MC_2 소자, L_2, L_6 소등, MC_3이 여자되어 L_3이 점등되고 Motor3(L_7로 대체)이 동작한다.
⑥ PB_4를 누르면 초기상태로 Reset된다.
⑦ 과부하 시 X_5가 여자되고 모든 동작은 정지하며 L_4가 0.5초 간격으로 점멸한다.

2) 자동동작사항

(자동동작사항은 PLC에 의하여 Motor1, 2, 3이 순차적으로 동작하는 회로이다.)

① 셀렉터 스위치 SS를 자동조작모드(우측)로 절환한다.
② PB_5를 누르면 X_2, MC_1이 여자되어 L_1이 점등되고 Motor1(L_5로 대체)이 동작한다.
③ 2초 후 X_2, MC_1이 소자되어 L_1, L_5가 소등되고, X_3, MC_2가 여자되어 L_2가 점등되고 Motor2(L_6으로 대체)가 동작한다.
④ 5초 후 X_3, MC_2가 소자되어 L_2, L_6이 소등되고, X_4, MC_3이 여자되어 L_3이 점등되고 Motor3(L_7로 대체)이 동작한다.
⑤ MC_3이 여자되고 2초 후 L_8이 1초 간격으로 10초간 점멸한 후 소등된다.
⑥ PB_4를 누르면 X_4, MC_3가 소자되어 L_3이 소등되고 초기상태로 Reset된다.
⑦ 과부하 시 X_5가 여자되고 모든 동작이 정지하며 L_4가 0.5초 간격으로 점멸한다.
⑧ 동작사항 진행 중 언제라도 PB_4를 누르면 초기상태로 Reset된다.

3. PLC 입출력도 및 타임차트

1) PLC 입출력도

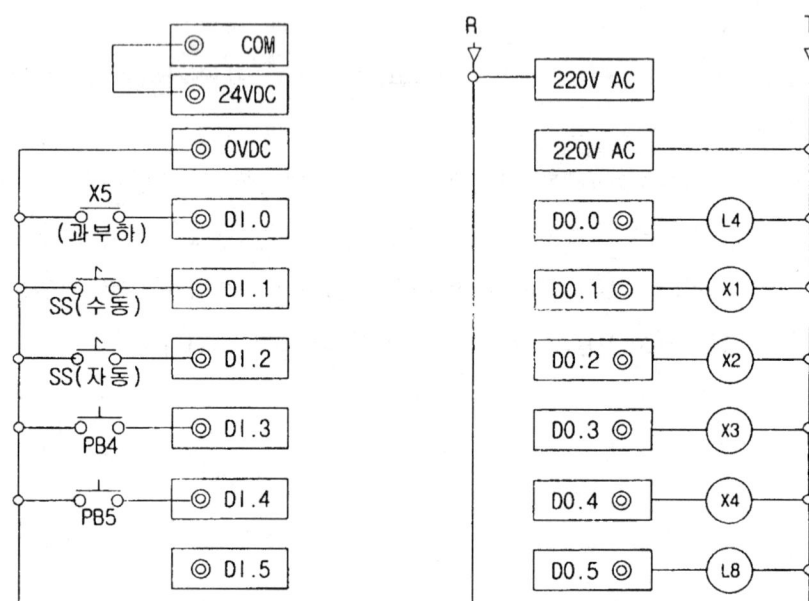

2) PLC 타임차트

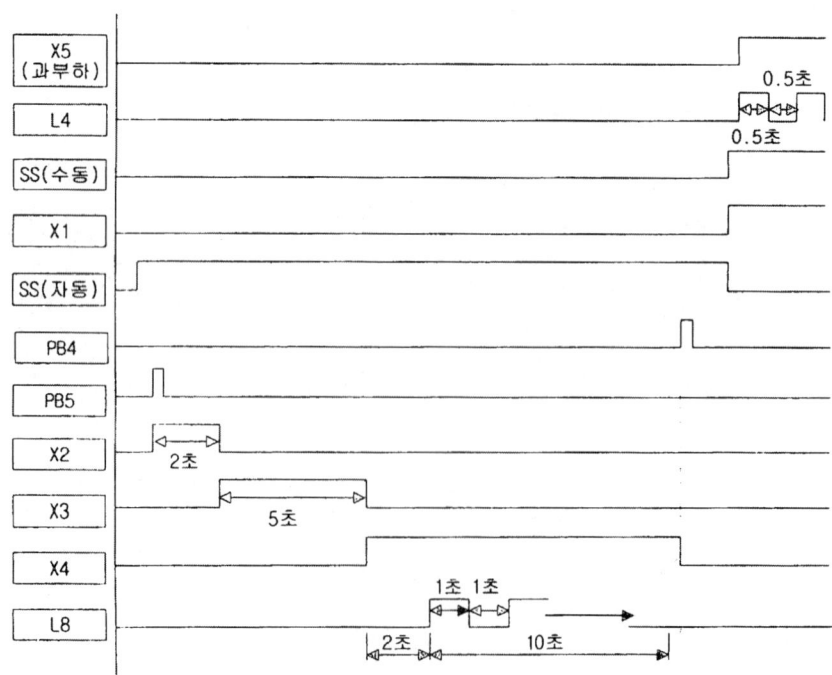

Chapter 05 부록(과년도문제)

4. 전기공사

1) 도면

배관 및 기구 배치도(NS : 1/10)

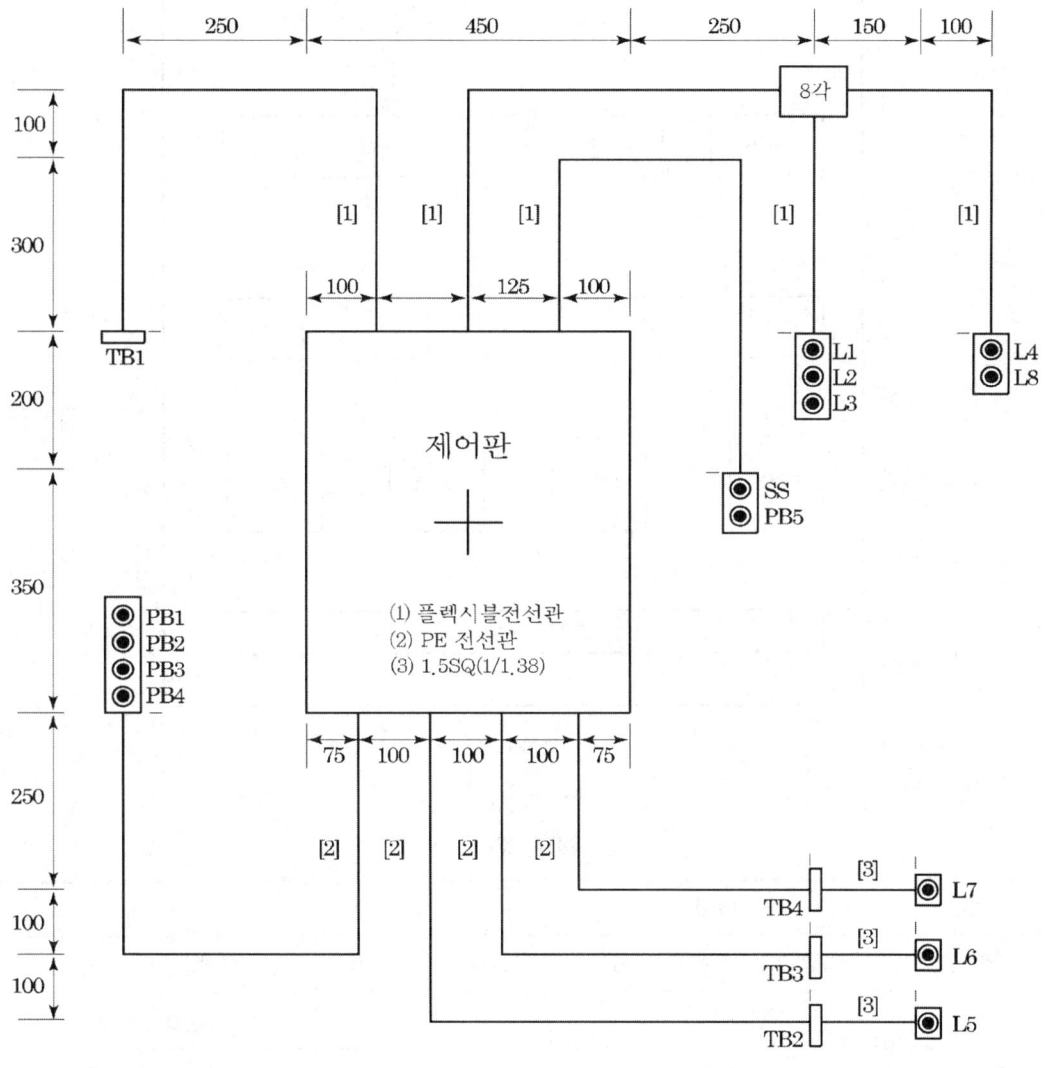

2) 제어판 내부 기구배치도 및 범례

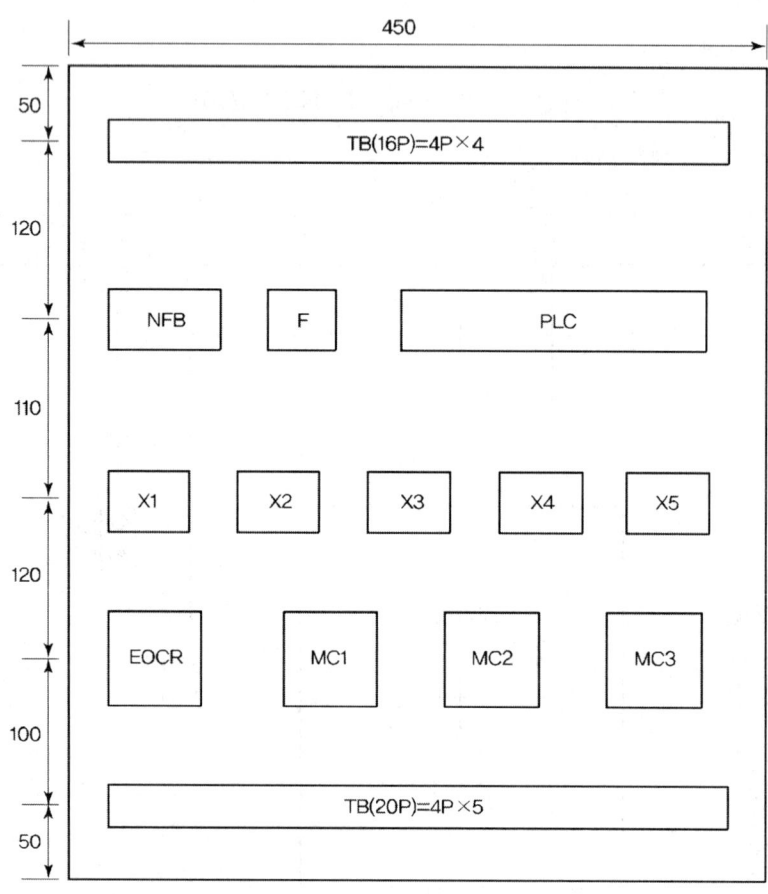

[범 례]

기호	명칭	기호	명칭
PLC	입력 8점, 출력 6점 이상	$L_1, L_2, L_3, L_5, L_6, L_7$	파일롯램프(녹)
MC	전자개폐기	L_4	파일롯램프(황)
EOCR	과부하계전기	L_8	파일롯램프(적)
X_1	11P 릴레이	PB_1, PB_2, PB_3, PB_4	푸시버튼SW(녹)
$X_2 \sim X_5$	8P 릴레이	PB_4	푸시버튼SW(적)
SS	셀렉터스위치(3단)	F	유리관 퓨즈
$TB_1 \sim TB_4$	4P 단자대		

3) 시퀀스도

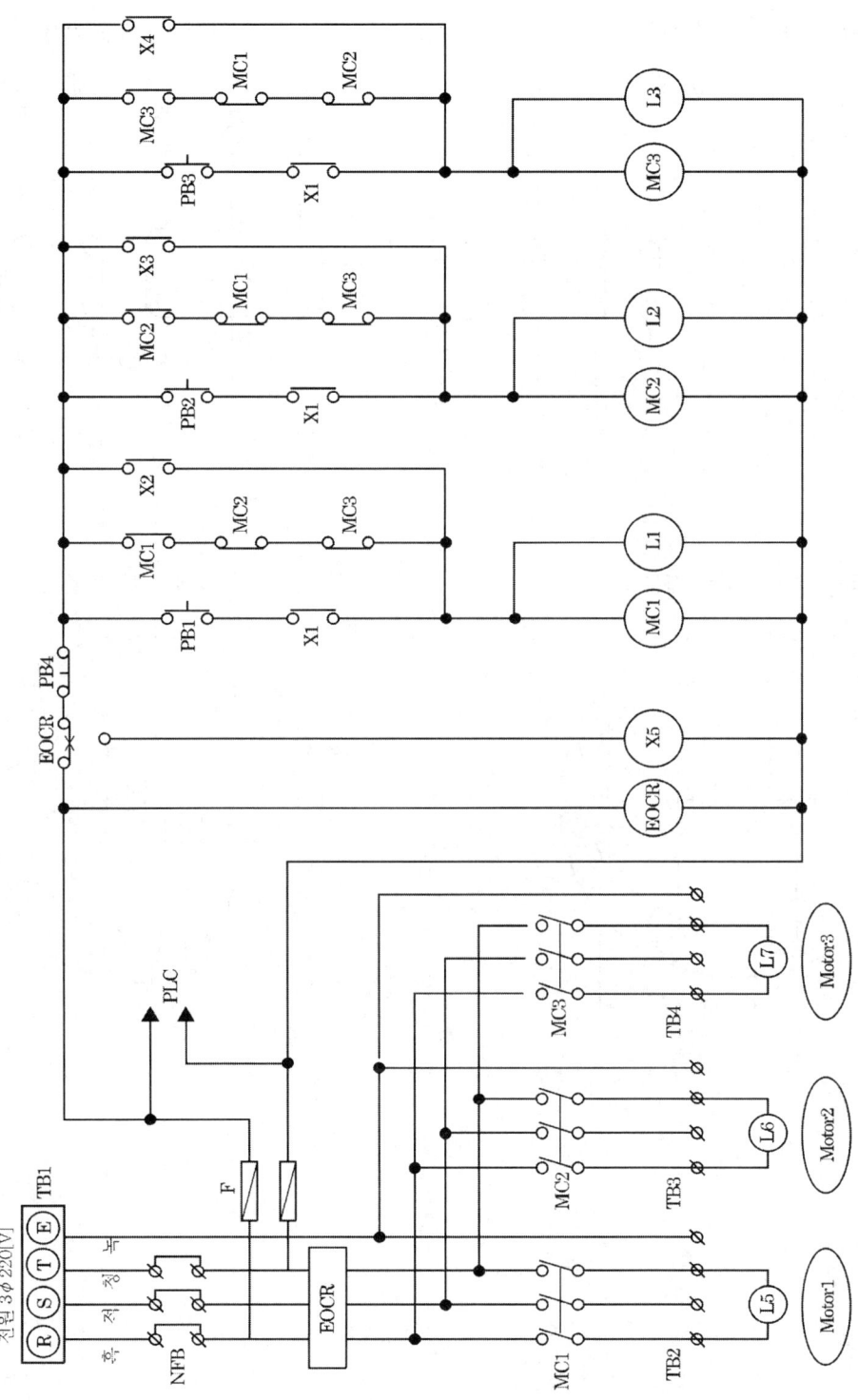

4) 계전기 내부결선도

Power Relay 내부 결선도

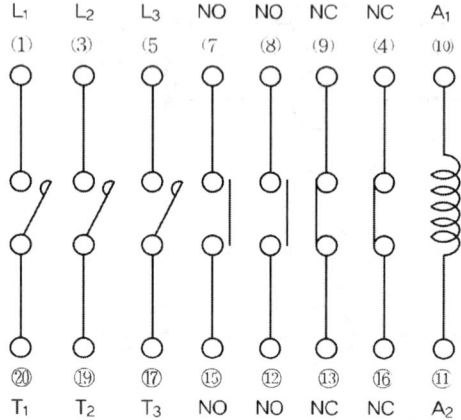

EOCR 내부 결선도

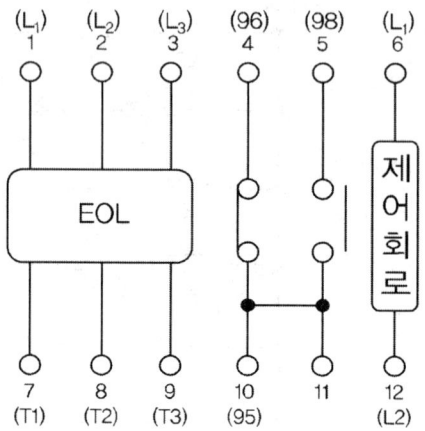

8핀 릴레이 내부 결선도

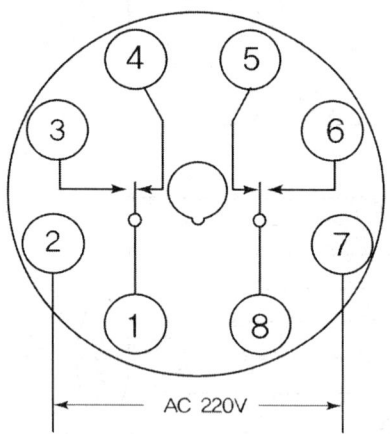

11핀 릴레이 내부 결선도

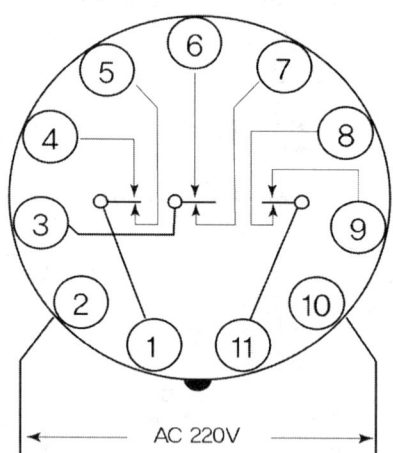

46-B회   전기기능장   작품명   컨베이어 후입력 우선제어회로

• 시험시간 : 표준시간 5시간 30분,   연장시간 : 30분

1. 요구사항

① 제한시간 내에 주어진 요구사항 및 동작사항에 적합하도록 프로그램을 작성하고 도면에 표시된 공사를 내선공사 방법에 의거 완성하시오.

② PLC는 입력 8점, 출력 6점 이상인 소형 일체형으로 수검자가 지참한 PLC에 맞는 프로그램을 선택하여 프로그램을 작성하며 입력전원은 노이즈 대책을 세워 배선한다.

③ PLC의 접지는 제어판 내 단자대에 단독 접지를 하고 PLC는 RUN 모드상태로 부착한다.

④ 전원방식 : 3상 3선식 220[V]

⑤ 공사방법 : ㉮ 플렉시블 전선관   ㉯ PE 전선관   ㉰ 1.5SQ(1/1.38) 전선

2. 동작사항

1) 수동동작사항

(수동동작사항은 후입력 우선제어 회로로서 나중에 조작된 PB SW에 의하여 해당 Motor만 동작되는 회로이다.)

① 전원을 ON한다.

② 셀렉터 스위치 SS를 수동조작모드(좌측)로 절환하면 X_1이 여자된다.

③ PB_1을 누르면 MC_1이 여자되어 L_1이 점등되고 Motor1(L_5로 대체)이 동작한다.

④ PB_2를 누르면 MC_1 소자, L_1, L_5 소등, MC_2가 여자되어 L_2가 점등되고 Motor2(L_6으로 대체)가 동작한다.

⑤ PB_3을 누르면 MC_2 소자, L_2, L_6 소등, MC_3이 여자되어 L_3이 점등되고 Motor3(L_7로 대체)이 동작한다.

⑥ PB_4를 누르면 초기상태로 Reset된다.

⑦ 과부하 시 X_5가 여자되고 모든 동작은 정지하며 L_4가 1초 간격으로 점멸한다.

2) 자동동작사항

(자동동작사항은 PLC에 의하여 Motor1, 2, 3이 순차적으로 동작하는 회로이다.)

① 셀렉터 스위치 SS를 자동조작모드(우측)로 절환한다.
② PB_5를 누르면 X_2, MC_1이 여자되어 L_1이 점등되고 Motor1(L_5로 대체)이 동작한다.
③ 4초 후 X_2, MC_1이 소자되어 L_1, L_5가 소등되고, X_3, MC_2가 여자되어 L_2가 점등되고 Motor2(L_6로 대체)가 동작한다.
④ 3초 후 X_3, MC_2가 소자되어 L_2, L_6이 소등되고, X_4, MC_3이 여자되어 L_3이 점등되고 Motor3(L_7로 대체)이 동작한다.
⑤ MC_3이 여자되고 2초 후 L_8이 2초 간격으로 10초간 점멸한 후 소등된다.
⑥ PB_4를 누르면 X_4, MC_3이 소자되어 L_3이 소등되고 초기상태로 Reset된다.
⑦ 과부하 시 X_5가 여자되고 모든 동작이 정지하며 L_4가 1초 간격으로 점멸한다.
⑧ 동작사항 진행 중 언제라도 PB_4를 누르면 초기상태로 Reset된다.

Chapter 05　부록(과년도문제)

3. PLC 입출력도 및 타임차트

1) PLC 입출력도

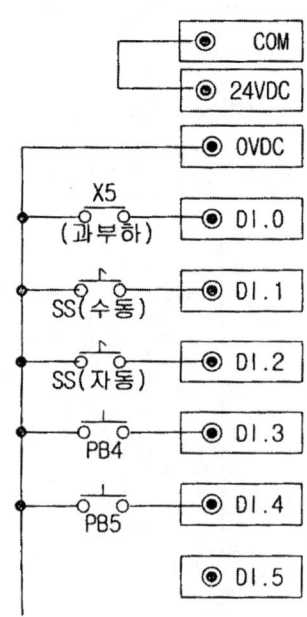
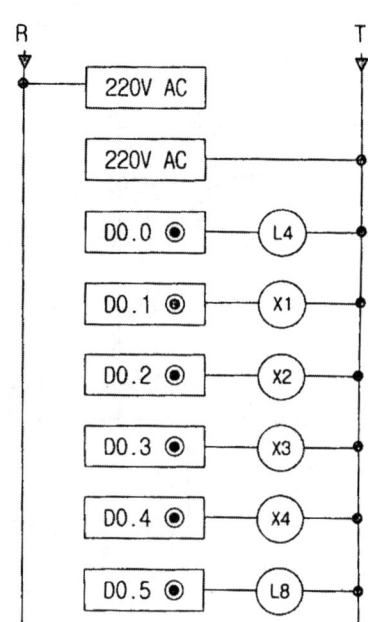

2) PLC 타임차트

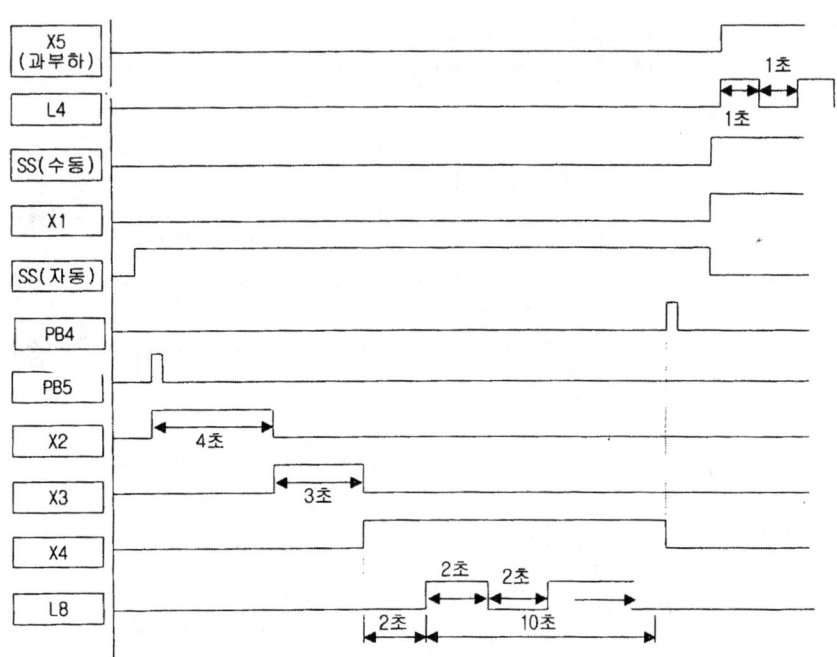

4. 전기공사

1) 도면

배관 및 기구 배치도(NS : 1/10)

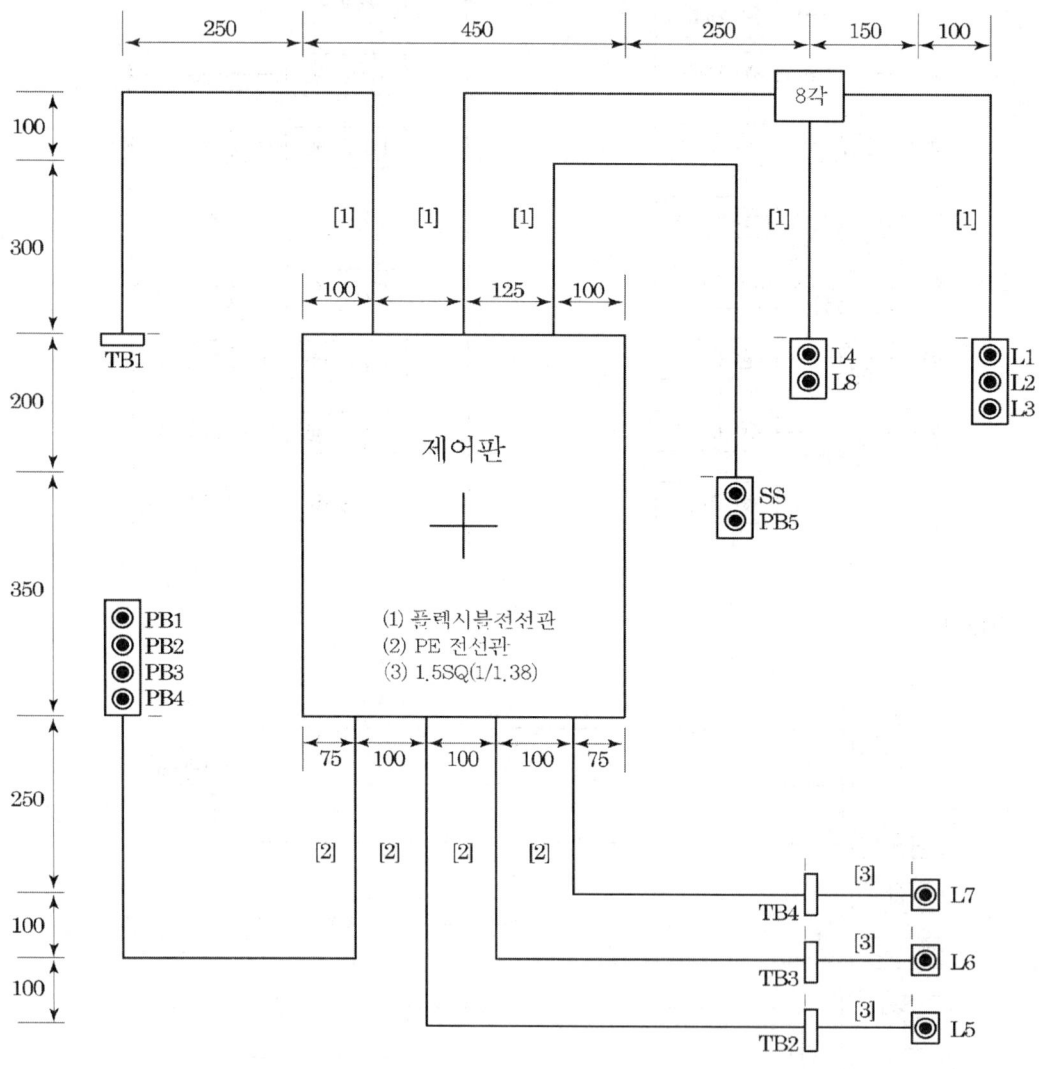

2) 제어판 내부 기구배치도 및 범례

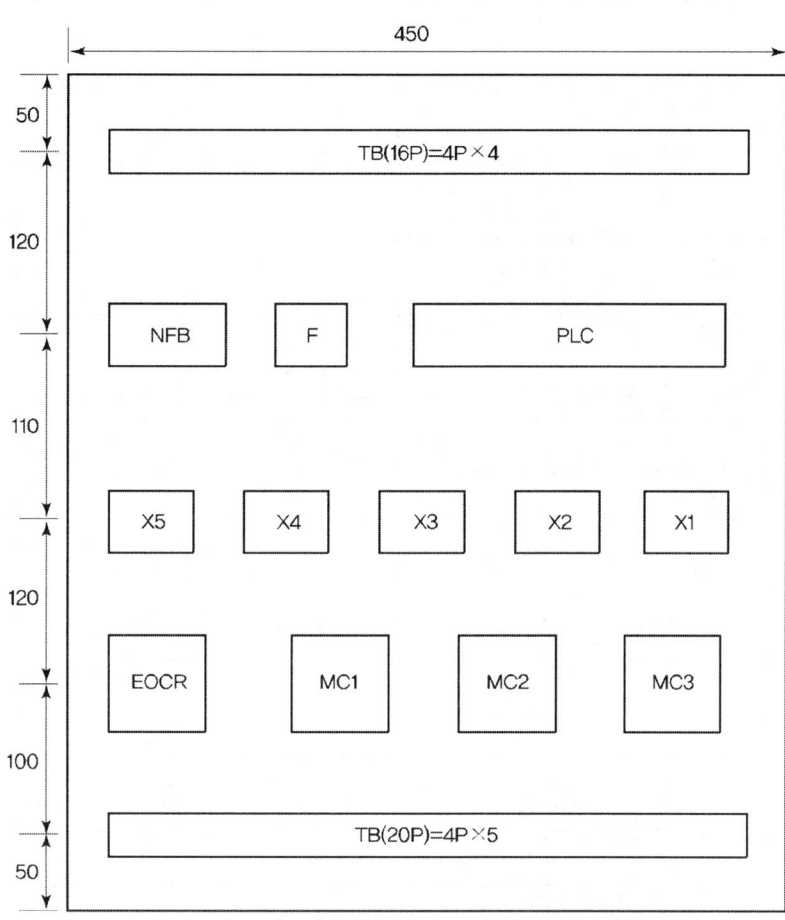

[범 례]

기호	명칭	기호	명칭
PLC	입력 8점, 출력 6점 이상	$L_1, L_2, L_3, L_5, L_6, L_7$	파일롯램프(녹)
MC	전자개폐기	L_4	파일롯램프(황)
EOCR	과부하계전기	L_8	파일롯램프(적)
X_1	11P 릴레이	PB_1, PB_2, PB_3, PB_4	푸시버튼SW(녹)
$X_2 \sim X_5$	8P 릴레이	PB_4	푸시버튼SW(적)
SS	셀렉터스위치(3단)	F	유리관 퓨즈
$TB_1 \sim TB_4$	4P 단자대		

3) 시퀀스도

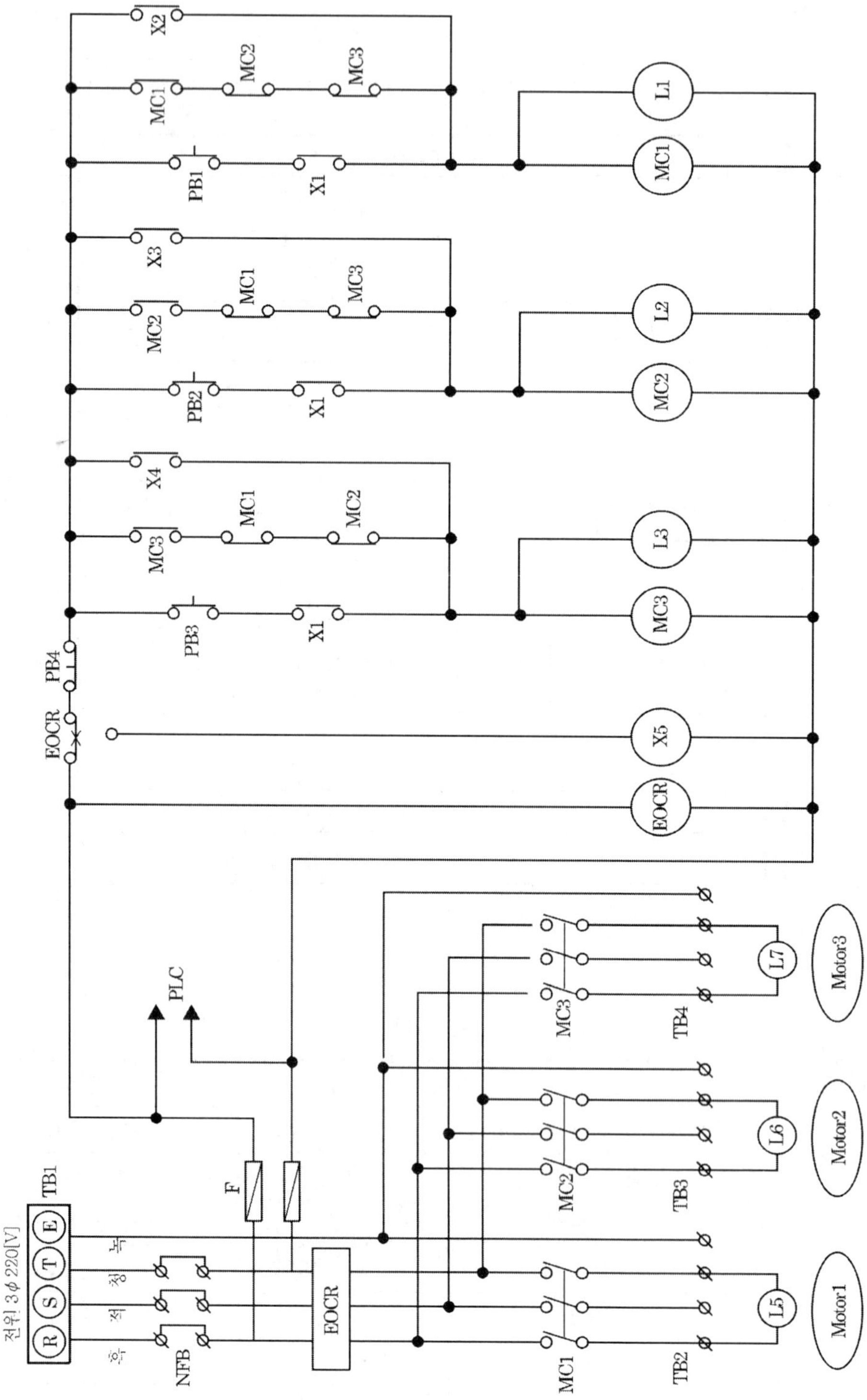
X2
MC1
MC2
MC3
PB1
X1
L1
X3
PB2
L2
X4
PB3
L3
EOCR
PB4
X5
PLC
F
전원 3φ 220[V]
TB1
R
S
T
E
흑
적
청
녹
NFB
L5
L6
L7
Motor1
Motor2
Motor3
TB2
TB3
TB4

4) 계전기 내부결선도

Power Relay 내부 결선도

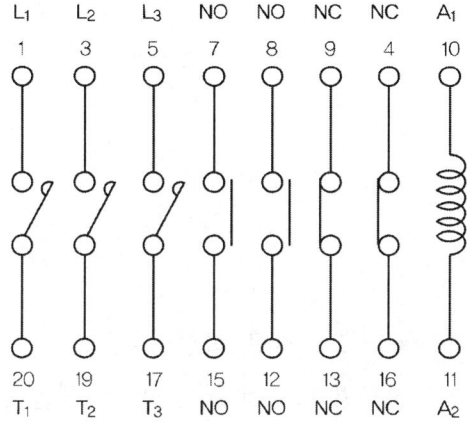

EOCR 내부 결선도

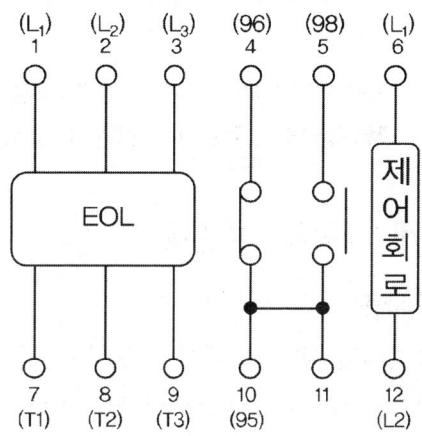

8핀 릴레이 내부 결선도

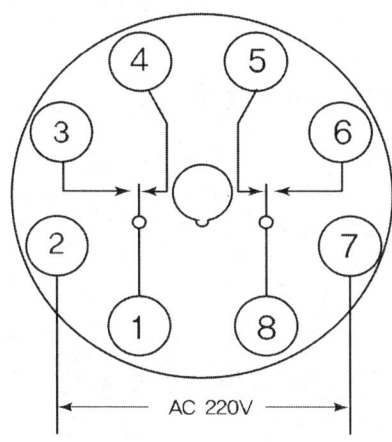

11핀 릴레이 내부 결선도

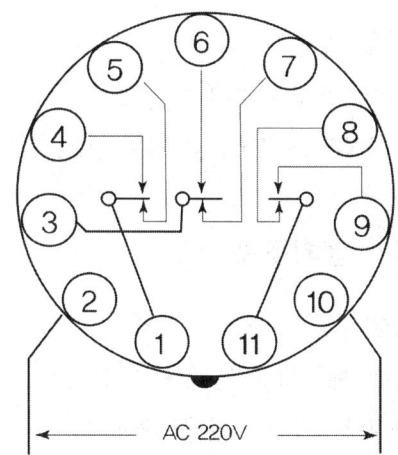

| 47-A회 |  | 작품명 | 자동수위조절장치 |

- 시험시간 : 표준시간 5시간 30분, 연장시간 : 30분
- 작업순서 : 제1과제를 완료한 후 제2과제 실시

1. 제1과제 : PLC 프로그램

1) 요구사항

① 제한시간 내에 주어진 요구사항 및 동작사항에 적합하도록 프로그램을 작성한다.

② PLC는 입출력이 14점 이상인 소형 일체형으로 수험자가 지참한 PLC에 맞는 프로그램을 선택하여 프로그램을 작성하며 입력전원은 노이즈 대책을 강구하여 배선한다.

③ PLC 접지는 제어판 내 단자대에 단독 접지한다. 다만 접지를 필요로 하지 않는 경우에는 과제 수행 전 시험위원에게 이를 확인받아야 한다. PLC는 RUN 모드상태로 부착한다.

2) 입력신호 확인

작성된 프로그램을 PLC에 다운로드한 후 입력접점에 대한 신호를 넣어 이를 확인할 수 있으나, 과제완료(제2과제가 시작된 시점) 이후에는 프로그램을 재작업할 수 없다.

2. 제2과제 : 전기공사

1) 요구사항

① 지급된 재료를 사용하여 제한시간 내 도면에 표시된 공사를 내선공사 방법에 의하여 완성한다.

② 전원방식 : 3상 3선식 220[V]

③ 공사방법 : ㉮ 플렉시블 전선관 ㉯ PE 전선관

2) 수동동작사항(SS를 좌측으로 전환한다.)

① 전원 ON 시 PL_1, PL_3이 점등된다.

② PB_1 누름(push) 시 PR이 여자되며, PL_2가 점등되고, PL_3이 소등된다.(이때 PR이 여자되어 Motor가 운전된다.)

③ PB_2 누름(push) 시 PR이 소자되며, PL_2가 소등되고, PL_3이 점등된다.(이때 PR이 소자되어 Motor가 정지된다.)

④ PR이 여자된 상태에서 리밋스위치 LS가 동작되면, PR은 소자되어 PL_2가 소등되고, PL_3이 점등된

다.(이때 PR이 소자되어 Motor가 정지된다.)

⑤ 동작 중 EOCR 과부하 시 BZ가 동작되고 PL_1을 제외한 회로는 소자 및 소등된다.

⑥ 과부하 상태에 있는 EOCR을 Reset하면, BZ는 동작을 멈추고 초기화 상태로 돌아간다.

3) 자동동작사항(SS를 우측으로 전환한다.)

① PL_1, PL_3이 점등된다.

② 레벨 컨트롤러 LC가 동작되면 PL_2가 점등되고 PL_3이 소등된다.(이때 PR이 여자되어 Motor가 운전한다.)

③ 레벨 컨트롤러 LC 동작 중 리밋스위치 LS가 동작되면, PL_2가 소등되고, PL_3이 점등된다.(이때 PR이 소자되어 Motor가 정지한다.)

④ 동작 중 EOCR 과부하 시 BZ가 동작되고 PL_1을 제외한 회로는 소자 및 소등된다.

⑤ 과부하 상태에 있는 EOCR을 Reset하면, BZ는 동작을 멈추고 초기화 상태로 돌아간다.

4) 기타 사항

① 제어판 부분과 PE관 및 플렉시블 전선관이 접속되는 부분은 커넥터를 사용한다.

② 모터의 접속은 생략하고 단자대까지 배선한다.

3. 제3과제 : PLC 프로그램

① 다음 동작설명과 타임차트를 참조하여 PLC 프로그램을 작성하시오.
① PLC 프로그램은 지참한 PLC에 맞는 프로그램을 선택하여 작업한다.

1) 동작설명

① PB_3을 누르면 PL_4가 점등되며, 3초 후 PL_5가 점등되고, 3초 후 PL_6이 점등된다.
① PB_4를 누르면 PL_4가 소등되며, 3초 후 PL_5가 소등되고, 3초 후 PL_6이 소등된다.

2) PLC 입출력도

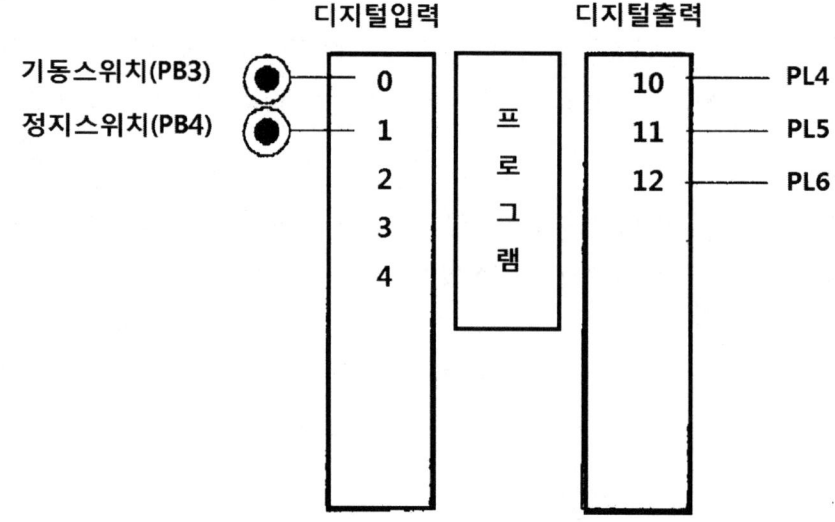

3) PLC 타임차트

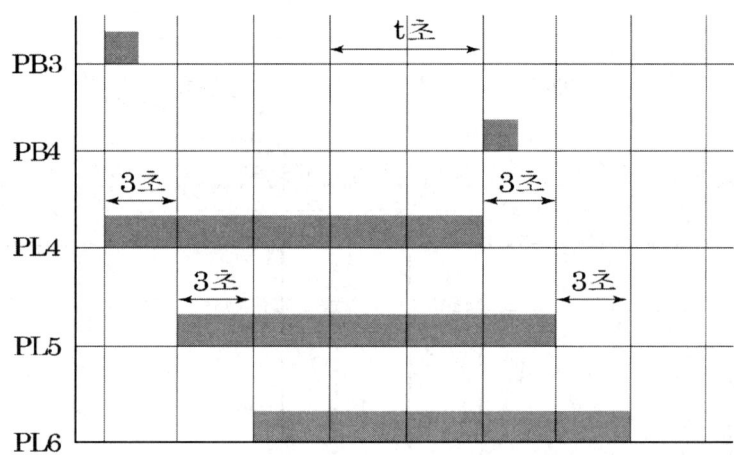

4. 제4과제 : 전기공사

1) 도면

배관 및 기구 배치도(NS : 1/10)

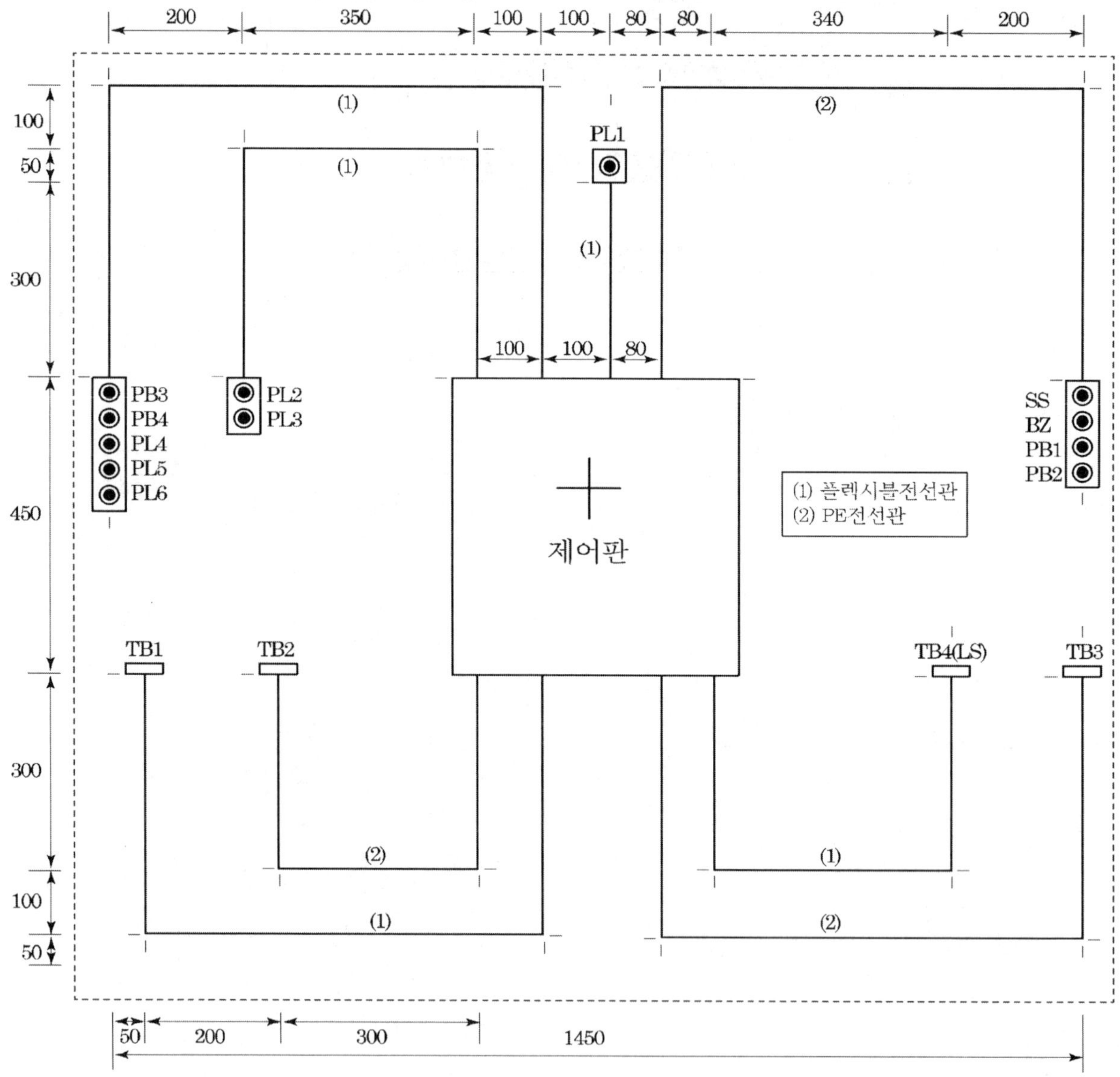

2) 시퀀스도

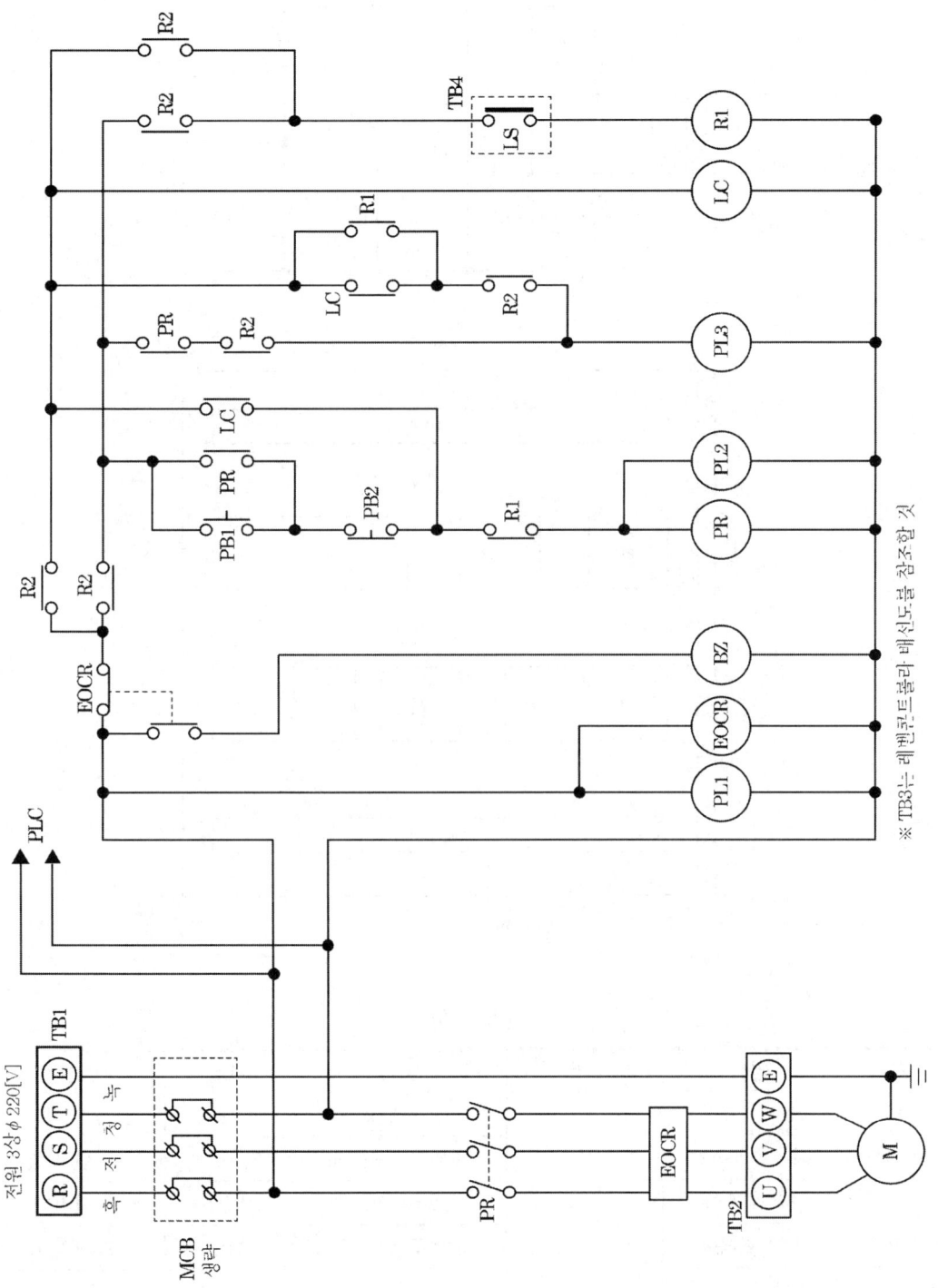

3) PCB 회로도, 제어판 내부 기구배치도 및 범례

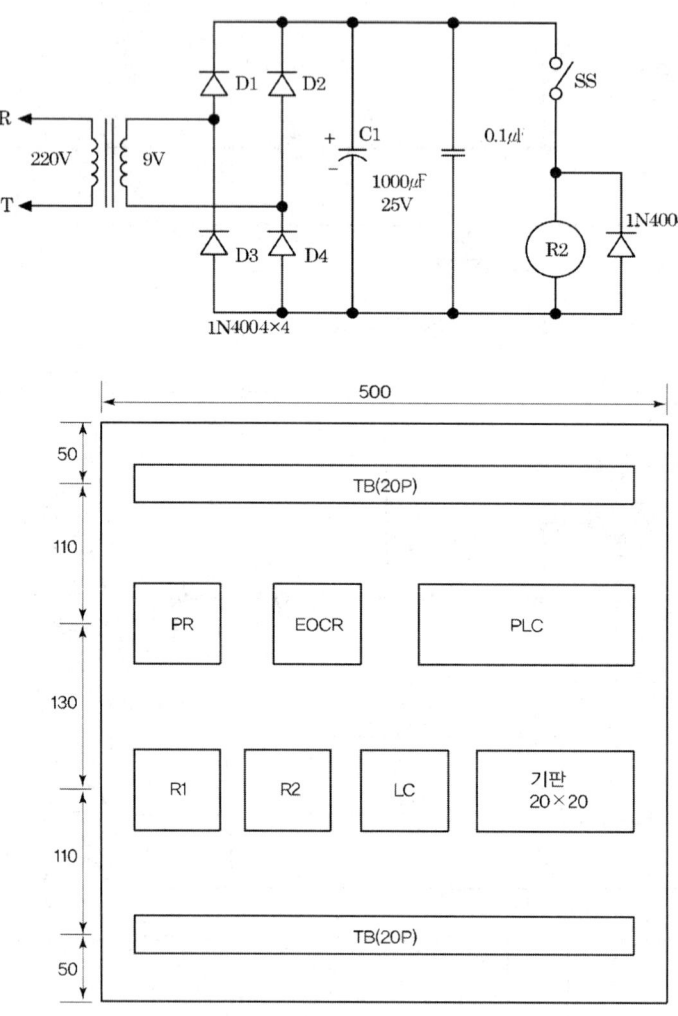

[범례]

기호	명칭	기호	명칭	기호	명칭
PR	전자개폐기	PL_1	파일롯램프(백)	BZ	부저 220[V]
EOCR	과부하계전기	PL_2	파일롯램프(녹)	$TB_1 \sim TB_2$	4P 단자대
R_1	8P 릴레이	PL_3	파일롯램프(적)	$TB_4(LS)$	4P 단자대
R_2	14P 릴레이	PL_4, PL_5, PL_6	파일롯램프(황)	TB_3	3P 단자대
LC	레벨 컨트롤러	PB_1, PB_3	푸시버튼SW(녹)		
SS	셀렉터스위치	PB_2, PB_4	푸시버튼SW(적)		

4) 계전기 내부결선도 및 레벨 컨트롤러 배선도

Power Relay 내부 결선도(MC)

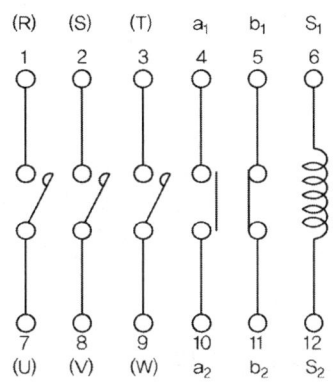

EOCR 내부 결선도

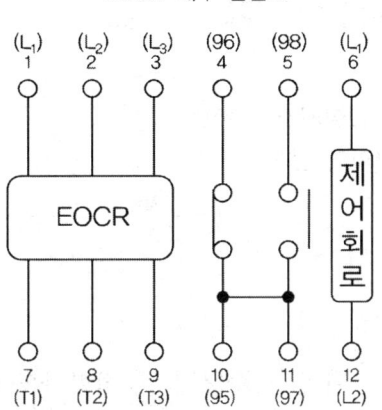

다이오드(D1~D5)

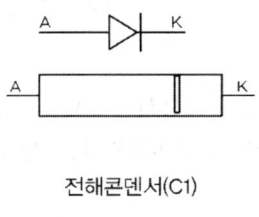

전해콘덴서(C1)

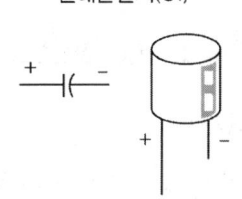

레벨컨트롤러 내부 결선도

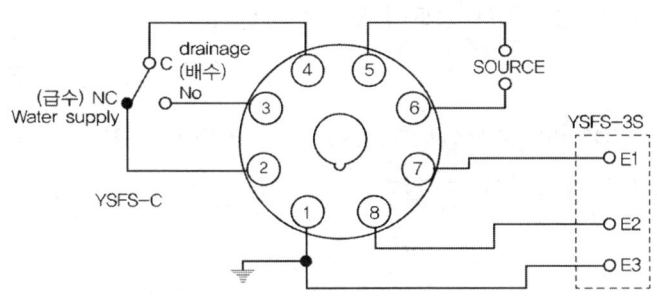

14핀 릴레이 내부 결선도

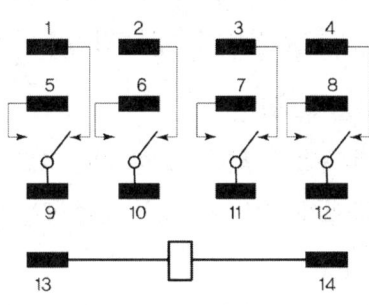

레벨컨트롤러 배선도

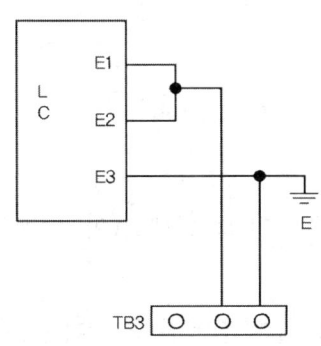

8핀 릴레이 내부 결선도

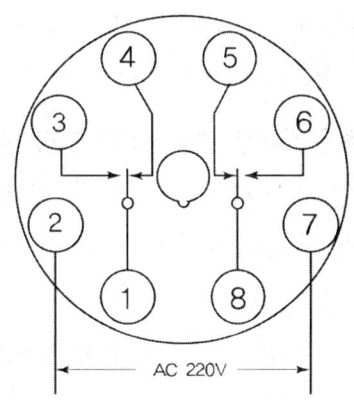

| 47-B회 |  | 작품명 | 자동수위조절장치 |

- 시험시간 : 표준시간 5시간 30분,   연장시간 : 30분
- 작업순서 : 제1과제를 완료한 후 제2과제 실시

1. 제1과제 : PLC 프로그램

1) 요구사항

① 제한시간 내에 주어진 요구사항 및 동작사항에 적합하도록 프로그램을 작성한다.

② PLC는 입출력이 14점 이상인 소형 일체형으로 수험자가 지참한 PLC에 맞는 프로그램을 선택하여 프로그램을 작성하며 입력전원은 노이즈 대책을 강구하여 배선한다.

③ PLC 접지는 제어판 내 단자대에 단독 접지한다. 다만 접지를 필요로 하지 않는 경우에는 과제 수행 전 시험위원에게 이를 확인받아야 한다. PLC는 RUN 모드상태로 부착한다.

2) 입력신호 확인

작성된 프로그램을 PLC에 다운로드한 후 입력접점에 대한 신호를 넣어 이를 확인할 수 있으나, 과제완료(제2과제가 시작된 시점) 이후에는 프로그램을 재작업할 수 없다.

2. 제2과제 : 전기공사

1) 요구사항

① 지급된 재료를 사용하여 제한시간 내 도면에 표시된 공사를 내선공사 방법에 의하여 완성한다.

② 전원방식 : 3상 3선식 220[V]

③ 공사방법 : ㉮ 플렉시블 전선관   ㉯ PE 전선관

2) 수동동작사항(SS를 좌측으로 전환한다.)

① 전원 ON 시 PL_1, PL_3이 점등된다.

② PB_1 누름(push) 시 PR이 여자되며, PL_2가 점등되고, PL_3이 소등된다.(이때 PR이 여자되어 Motor가 운전된다.)

③ PB_2 누름(push) 시 PR이 소자되며, PL_2가 소등되고, PL_3이 점등된다.(이때 PR이 소자되어 Motor가 정지된다.)

④ PR이 여자된 상태에서 리밋스위치 LS가 동작되면, PR은 소자되어 PL_2가 소등되고, PL_3이 점등된

다.(이때 PR이 소자되어 Motor가 정지된다.)

⑤ 동작 중 EOCR 과부하 시 BZ가 동작되고 PL_1을 제외한 회로는 소자 및 소등된다.

⑥ 과부하 상태에 있는 EOCR을 Reset하면, BZ는 동작을 멈추고, 초기화 상태로 돌아간다.

3) 자동동작사항(SS를 우측으로 전환한다.)

① PL_1, PL_3이 점등된다.

② 레벨 컨트롤러 LC가 동작되면 PL_2가 점등되고 PL_3이 소등된다.(이때 PR이 여자되어 Motor가 운전한다.)

③ 레벨 컨트롤러 LC 동작 중 리밋스위치 LS가 동작되면, PL_2가 소등되고, PL_3이 점등된다.(이때 PR이 소자되어 Motor가 정지한다.)

④ 동작 중 EOCR 과부하 시 BZ가 동작되고 PL_1을 제외한 회로는 소자 및 소등된다.

⑤ 과부하 상태에 있는 EOCR을 Reset하면, BZ는 동작을 멈추고 초기화 상태로 돌아간다.

4) 기타 사항

① 제어판 부분과 PE관 및 플렉시블 전선관이 접속되는 부분은 커넥터를 사용한다.

② 모터의 접속은 생략하고 단자대까지 배선한다.

3. 제3과제 : PLC 프로그램

① 다음 동작설명과 타임차트를 참조하여 PLC 프로그램을 작성하시오.
② PLC 프로그램은 지참한 PLC에 맞는 프로그램을 선택하여 작업한다.

1) 동작설명

① PB_3을 3번 눌렀다 놓으면 PL_4가 점등되며, 3초 후 PL_5는 1초 간격으로 점멸한다. 또 3초 후 PL_6이 점등한다.

② PB_4를 누르면 PL_4가 소등되며, 3초 후 PL_5가 소등되고, 3초 후 PL_6이 소등된다.

2) PLC 입출력도

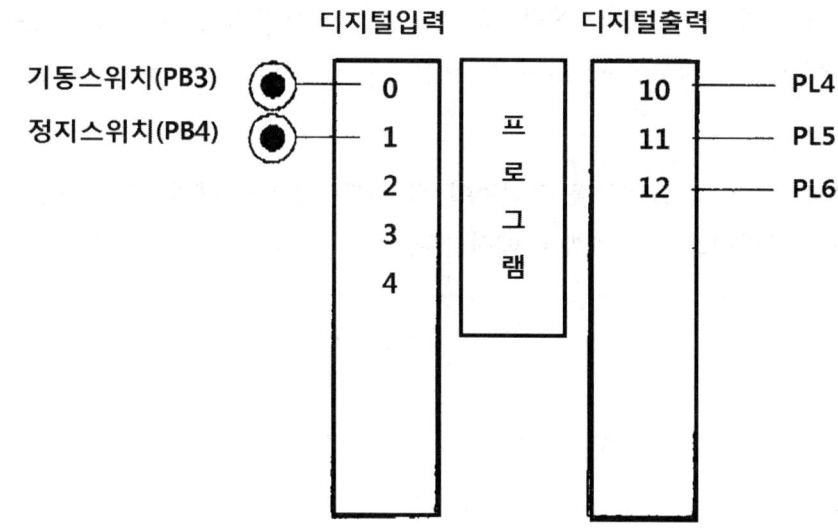

3) PLC 타임차트

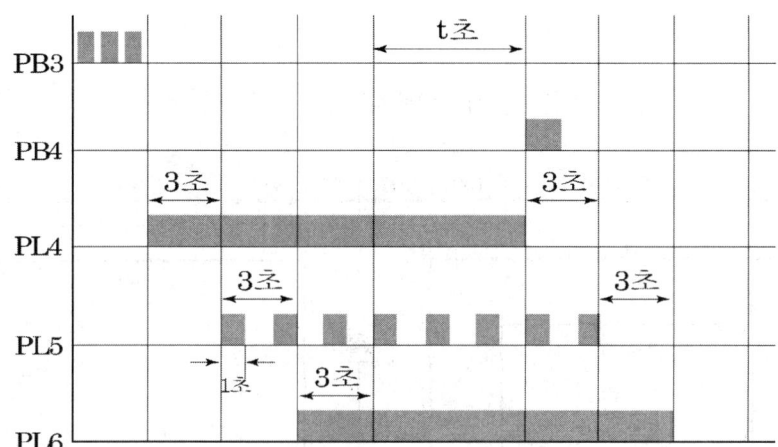

4. 제4과제 : 전기공사

1) 도면

배관 및 기구 배치도(NS : 1/10)

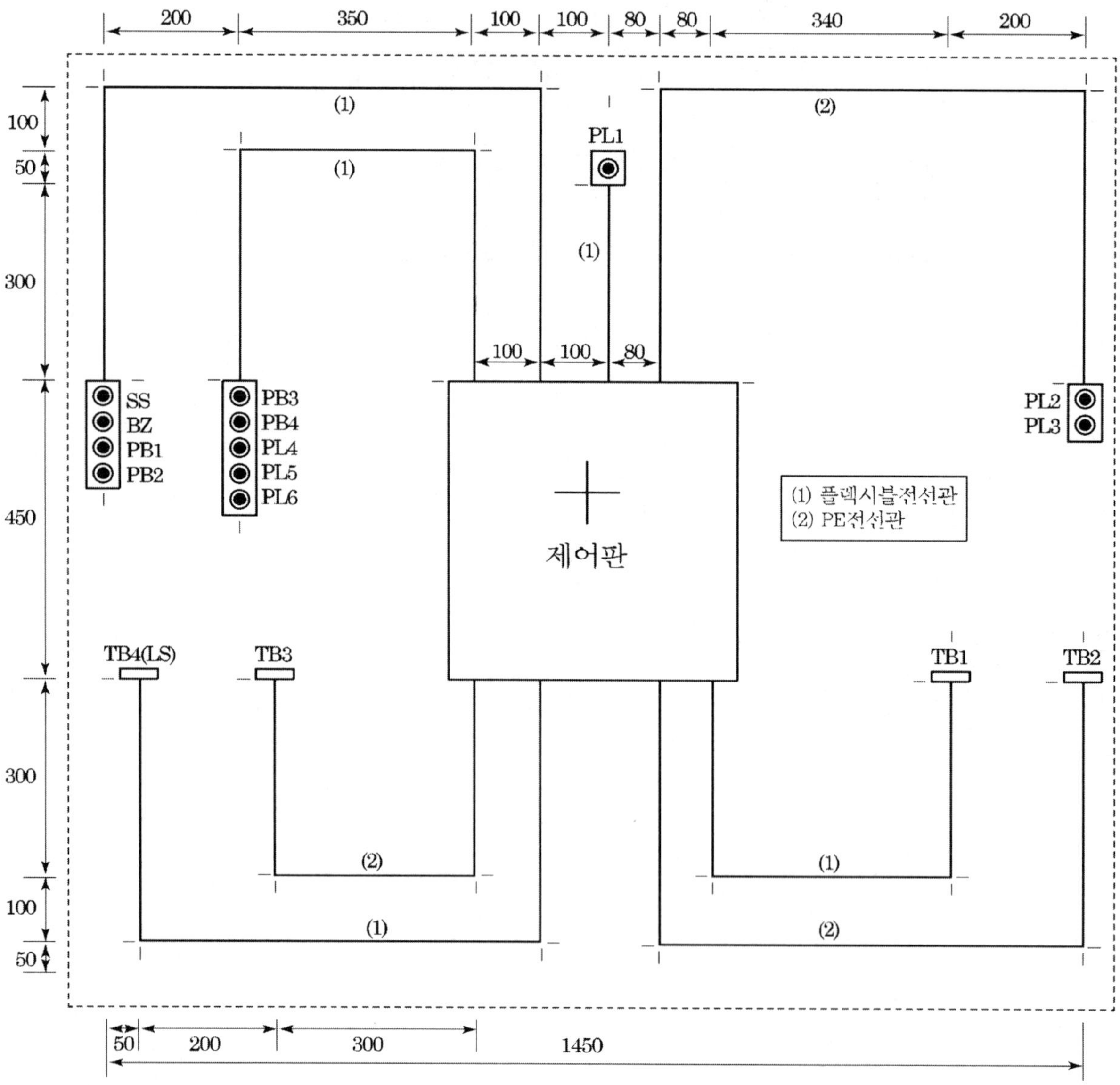

2) 시퀀스도

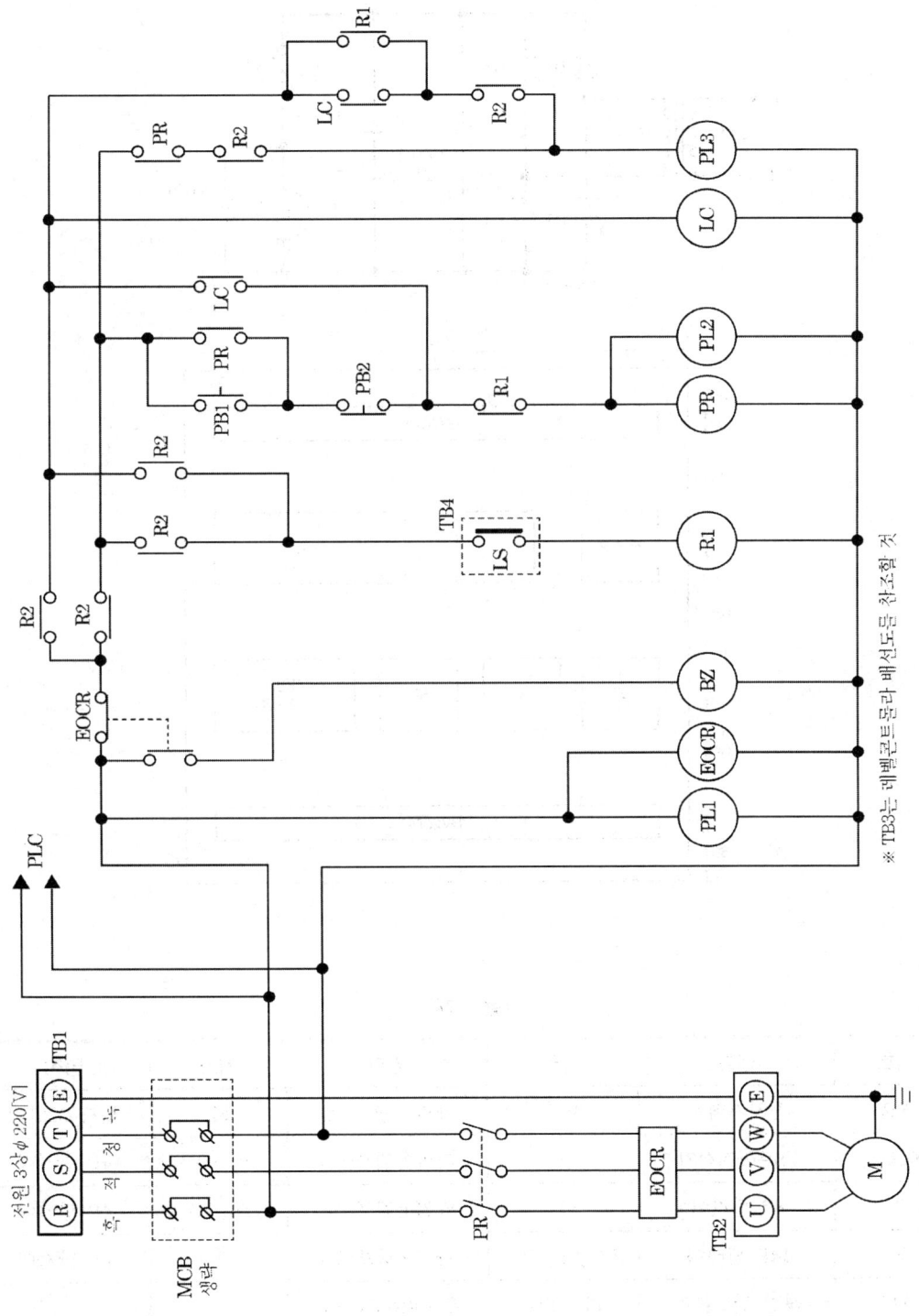

3) PCB 회로도, 제어판 내부 기구배치도 및 범례

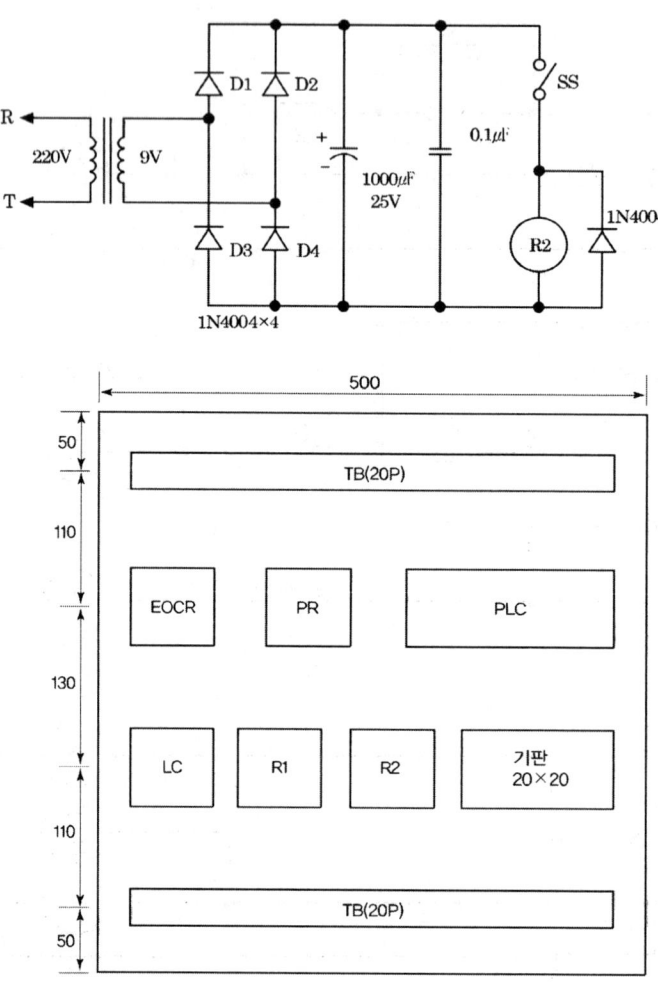

[범 례]

기호	명칭	기호	명칭	기호	명칭
PR	전자개폐기	PL_1	파일롯램프(백)	BZ	부저 220[V]
EOCR	과부하계전기	PL_2	파일롯램프(녹)	$TB_1 \sim TB_2$	4P 단자대
R_1	8P 릴레이	PL_3	파일롯램프(적)	TB_4(LS)	4P 단자대
R_2	14P 릴레이	PL_4, PL_5, PL_6	파일롯램프(황)	TB_3	3P 단자대
LC	레벨 컨트롤러	PB_1, PB_3	푸시버튼SW(녹)		
SS	셀렉터스위치	PB_2, PB_4	푸시버튼SW(적)		

Chapter 05 부록(과년도문제)

4) 계전기 내부결선도 및 레벨 컨트롤러 배선도

Power Relay 내부 결선도(MC)

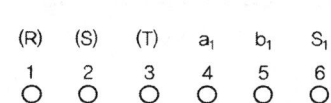
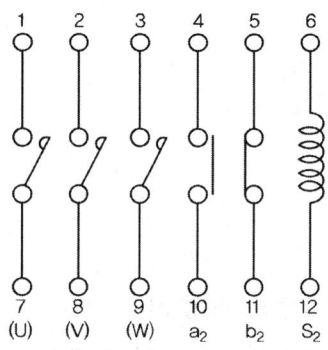

EOCR 내부 결선도

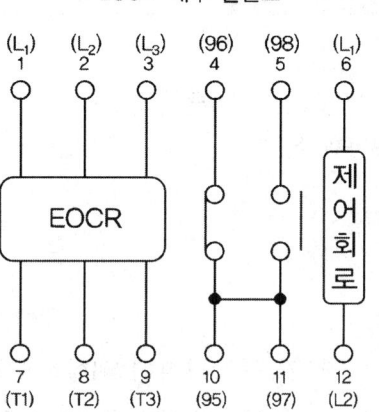

다이오드(D1~D5)

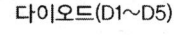

전해콘덴서(C1)

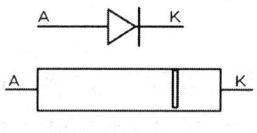

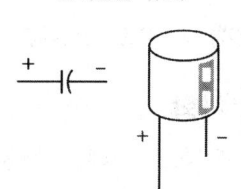

레벨컨트롤러 내부 결선도

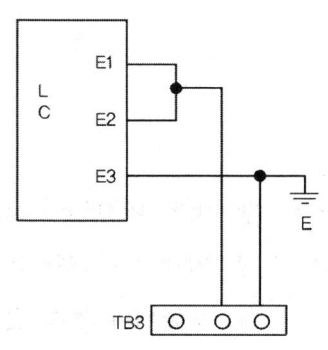

14핀 릴레이 내부 결선도

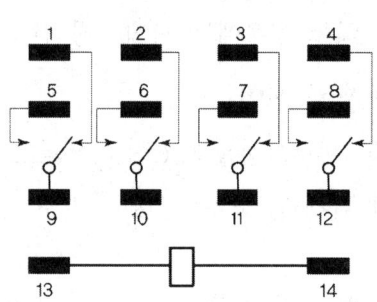

레벨컨트롤러 배선도

8핀 릴레이 내부 결선도

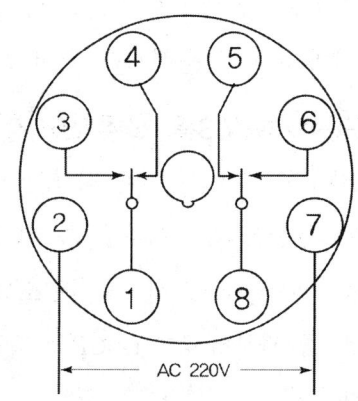

| 48-A회 | 작품명 | 자동온도조절장치 |

- 시험시간 : 표준시간 5시간 30분,   연장시간 : 30분
- 작업순서 : 제1과제를 완료한 후 제2과제 실시

1. 제1과제 : PLC 프로그램

1) 요구사항
① 제한시간 내에 주어진 요구사항 및 동작사항에 적합하도록 프로그램을 작성한다.
② PLC는 입출력이 14점 이상인 소형 일체형으로 수험자가 지참한 PLC에 맞는 프로그램을 선택하여 프로그램을 작성하며 입력전원은 노이즈 대책을 세워 배선하시오.
③ PLC는 제어판 내의 단자대에 단독 접지하고, RUN 모드상태로 부착하시오.(다만, 접지를 필요로 하지 않는 경우에는 과제수행 전 시험위원에게 이를 확인받아야 함)

2) 입력신호 확인
작성된 프로그램을 PLC에 다운로드한 후 입력접점에 대한 신호를 넣어 이를 확인할 수 있으나, 과제완료(제2과제가 시작된 시점) 이후에는 프로그램을 재작업할 수 없습니다.

2. 제2과제 : 전기공사

1) 요구사항
① 지급된 재료를 사용하여 제한시간 내 도면에 표시된 공사를 내선공사 방법에 의거 완성하시오.
② 전원방식 : 3상 3선식 220[V]
③ 공사방법 : ㉮ 플렉시블 전선관   ㉯ PE 전선관

2) 수동동작사항(SS를 좌측으로 절환한다.)
① 전원 ON 시 PL_1, PL_3이 점등된다.
② PB_1 누름(push) 시 PL_2가 점등되고, PL_3이 소등된다.(이때 PR이 여자되어 Motor가 운전한다.)
③ PB_2 누름(push) 시 PL_2가 소등되고, PL_3이 점등된다.(이때 PR이 소자되어 Motor가 정지한다.)
④ 동작 중 과부하되어 EOCR이 작동하는 경우 제반 회로는 소자, 소등되나 부저 및 PL_1은 계속 작동 상태이다.
⑤ PB_3 누름(push) 시 FR이 여자되어 부저가 FR 설정 시간을 주기로 반복 작동한다.

⑥ EOCR을 Reset하면 부저는 정지하고 초기화 상태로 돌아간다.

3) 자동작동사항(SS를 우측으로 절환한다.)
① 전원 ON 시 PL_1, PL_3이 점등된다.
② 열전대(TB_3)를 ON하면 PL_2가 점등되고, PL_3이 소등된다.(이때 PR이 여자되어 Motor가 운전한다.)
③ 열전대(TB_3)를 OFF하면 PL_2가 소등되고, PL_3이 점등된다.(이때 PR이 소자되어 Motor가 정지한다.)
④ 동작 중 과부하되어 EOCR이 작동하는 경우 제반 회로는 소자, 소등되나 부저 및 PL_1은 계속 작동 상태이다.
⑤ PB_3 누름(push) 시 FR이 여자되어 부저가 FR 설정 시간을 주기로 반복 작동한다.
⑥ EOCR을 Reset하면 부저는 정지하고 초기화 상태로 돌아간다.

4) 기타 사항
① 제어판 부분과 PE 전선관 및 플렉시블 전선관이 접속되는 부분은 박스 커넥터를 사용하시오.
② 모터의 접속은 생략하고 단자대까지 배선하시오.

3. 도면

1) PLC 프로그램

① 동작설명

㉮ PB_4를 눌렀다 놓으면 PL_4가 점등되고, 2초 후 PL_4가 소등되고 PL_5가 점등되며, 2초 후 PL_5가 소등되고 PL_6이 점등된다.

㉯ PB_5를 누를 때까지 위 사항을 계속 반복 동작하며, PB_5를 누르면 동작 중이던 PL_4, PL_5, PL_6이 소등된다.

② PLC 입출력도

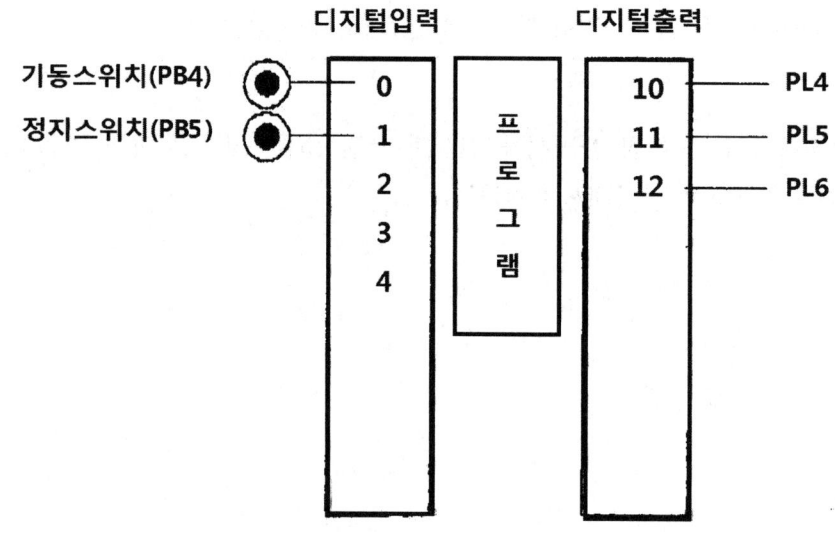

③ PLC 타임차트

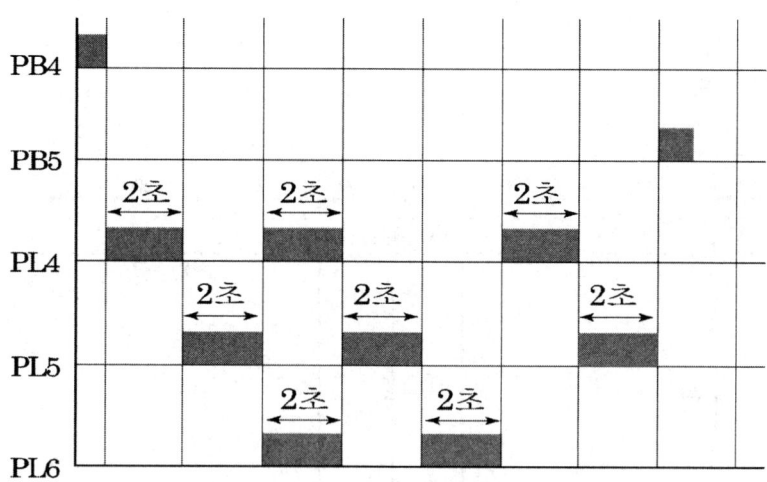

4. 도면

1) 전기공사

① 배관 및 기구 배치도

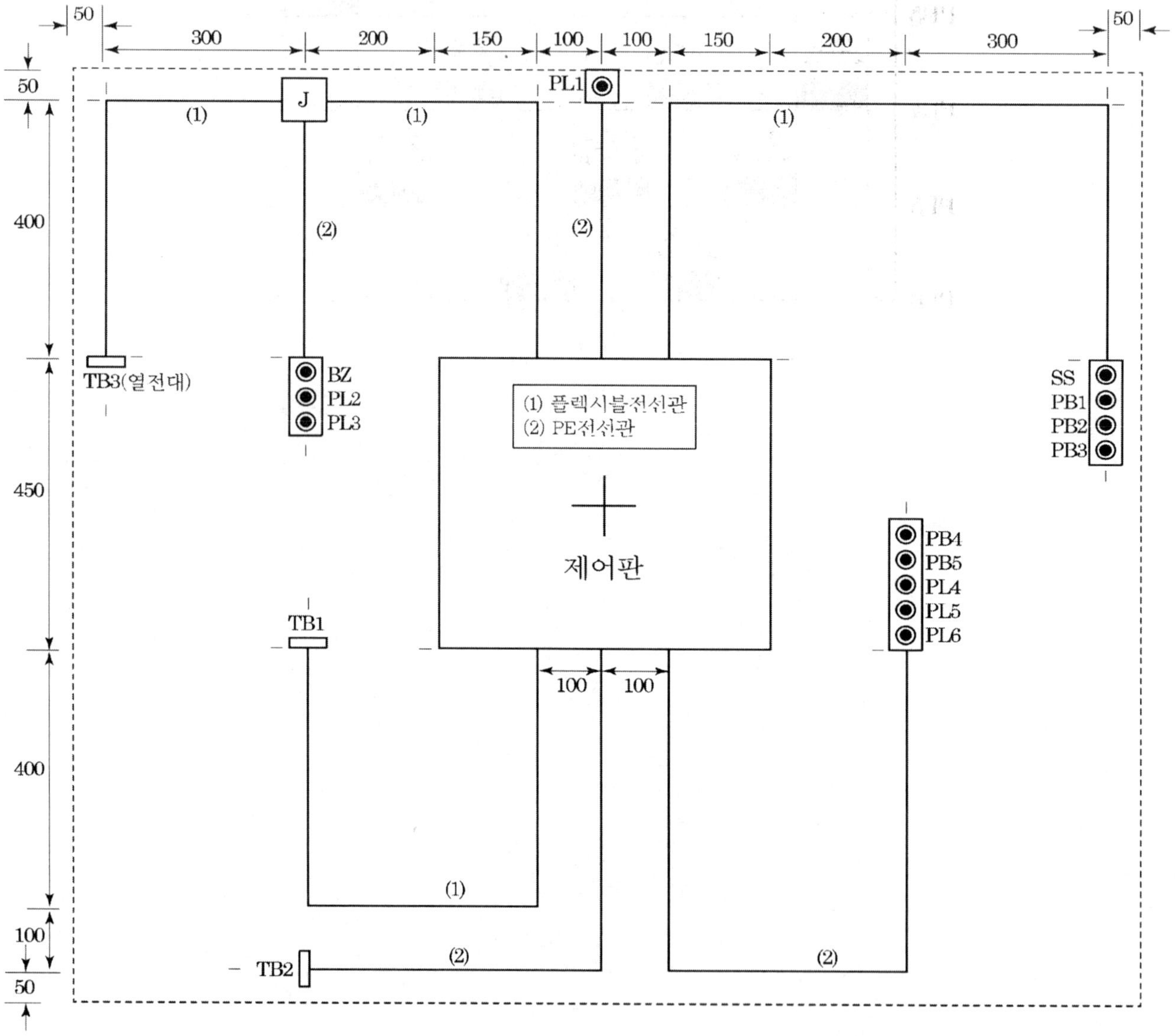

② 시퀀스도

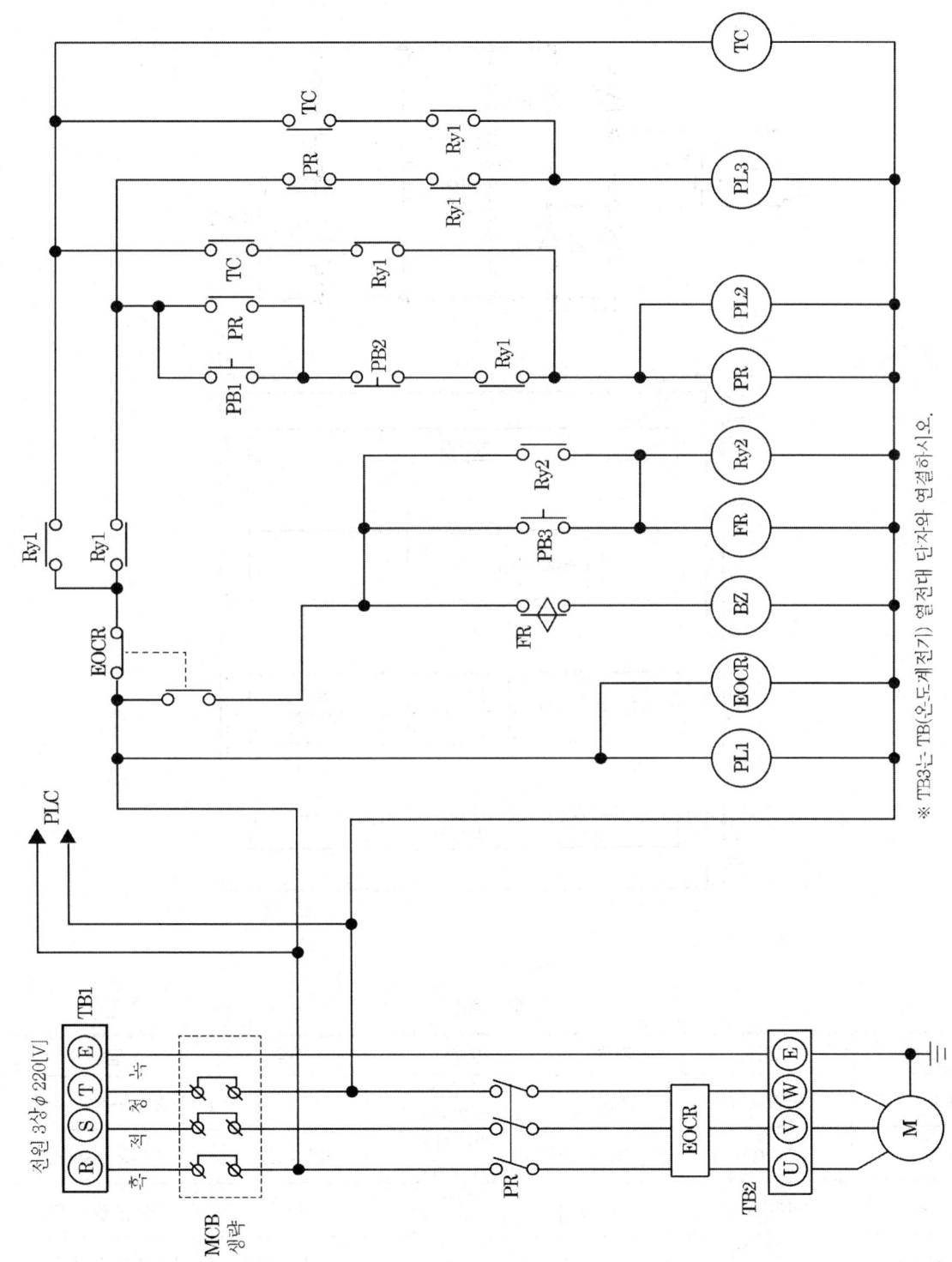

③ PCB 회로도, 제어판 내부 기구배치도 및 범례

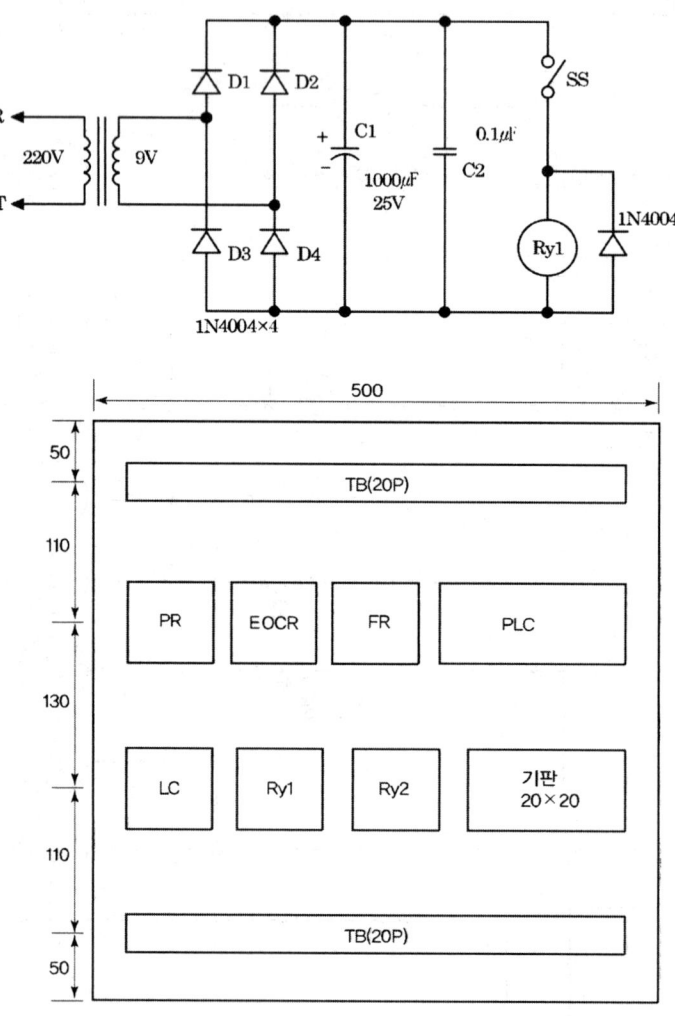

[범 례]

기호	명칭	기호	명칭	기호	명칭
$TB_1 \sim TB_2$	단자대(4P)	FR	플리커릴레이 8Pin 220[V]	PL_2, PL_4	파일롯램프(녹)
TB_3	단자대(3P)	Ry_1	릴레이 14Pin 12[V]	PL_3, PL_6	파일롯램프(적)
PR	전자개폐기	Ry_2	릴레이 8Pin 220[V]	PL_5	파일롯램프(황)
EOCR	전자식 과부하계전기	BZ	부저	PB_1, PB_4	푸시버튼스위치(녹)
TC	온도릴레이 8Pin 220[V]	PL_1	파일롯램프(백)	PB_2, PB_3, PB_5	푸시버튼스위치(적)

Chapter 05 부록(과년도문제)

④ 내부 결선도

Power Relay 내부 결선도(MC)

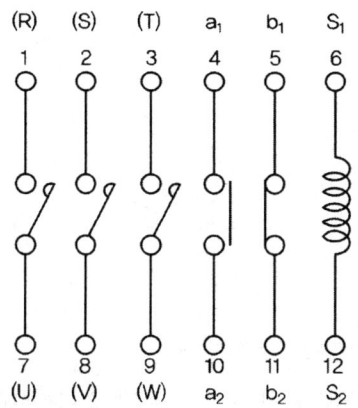

EOCR 내부 결선도

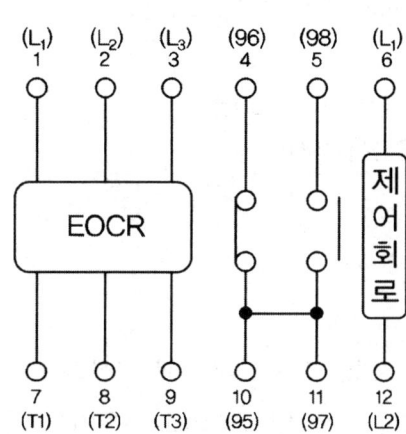

다이오드(D1~D5)

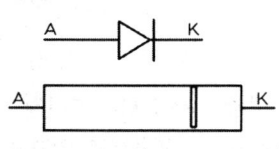

전해콘덴서(C1)

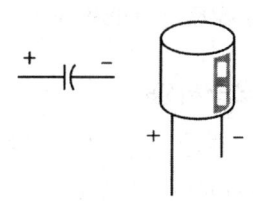

TC 내부 결선

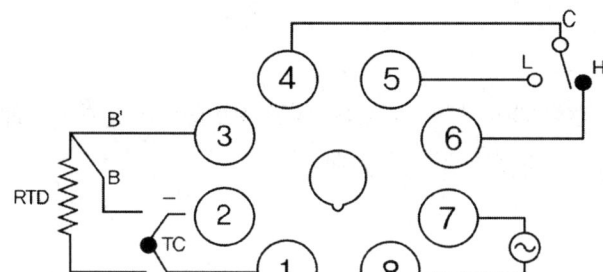

8핀 릴레이 내부 결선도

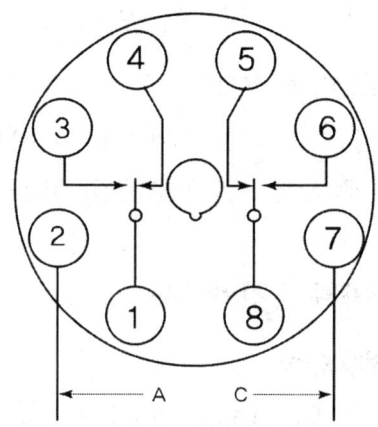

플리커 릴레이 내부 결선

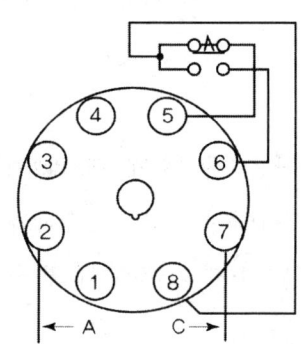

14핀 릴레이 내부 결선도

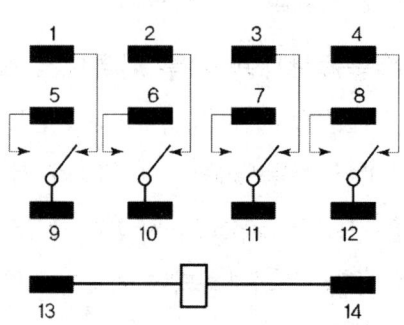

| 48-B회 |  | 작품명 | 자동온도조절장치 |

- 시험시간 : 표준시간 5시간 30분,   연장시간 : 30분
- 작업순서 : 제1과제를 완료한 후 제2과제 실시

1. 제1과제 : PLC 프로그램

1) 요구사항

① 제한시간 내에 주어진 요구사항 및 동작사항에 적합하도록 프로그램을 작성한다.
② PLC는 입출력이 14점 이상인 소형 일체형으로 수험자가 지참한 PLC에 맞는 프로그램을 선택하여 프로그램을 작성하며 입력전원은 노이즈 대책을 세워 배선하시오.
③ PLC는 제어판 내의 단자대에 단독 접지하고, RUN 모드상태로 부착하시오.(다만, 접지를 필요로 하지 않는 경우에는 과제수행 전 시험위원에게 이를 확인받아야 함)

2) 입력신호 확인

작성된 프로그램을 PLC에 다운로드한 후 입력접점에 대한 신호를 넣어 이를 확인할 수 있으나, 과제완료(제2과제가 시작된 시점) 이후에는 프로그램을 재작업할 수 없습니다.

2. 제2과제 : 전기공사

1) 요구사항

① 지급된 재료를 사용하여 제한시간 내 도면에 표시된 공사를 내선공사 방법에 의거 완성하시오.
② 전원방식 : 3상 3선식 220[V]
③ 공사방법 : ㉮ 플렉시블 전선관   ㉯ PE 전선관

2) 수동동작사항(SS를 좌측으로 절환한다.)

① 전원 ON 시 PL_1, PL_3이 점등된다.
② PB_1 누름(push) 시 PL_2가 점등되고, PL_3이 소등된다.(이때 PR이 여자되어 Motor가 운전한다.)
③ PB_2 누름(push) 시 PL_2가 소등되고, PL_3이 점등된다.(이때 PR이 소자되어 Motor가 정지한다.)
④ 동작 중 과부하되어 EOCR이 작동하는 경우 제반 회로는 소자, 소등되나 부저 및 PL_1은 계속 작동 상태이다.
⑤ PB_3 누름(push) 시 FR이 여자되어 부저가 FR 설정 시간을 주기로 반복 작동한다.

⑥ EOCR을 Reset하면 부저는 정지하고 초기화 상태로 돌아간다.

3) 자동작동사항(SS를 우측으로 절환한다.)
① 전원 ON 시 PL₁, PL₃이 점등된다.
② 열전대(TB₃)를 ON하면 PL₂가 점등되고, PL₃이 소등된다.(이때 PR이 여자되어 Motor가 운전한다.)
③ 열전대(TB₃)를 OFF하면 PL₂가 소등되고, PL₃이 점등된다.(이때 PR이 소자되어 Motor가 정지한다.)
④ 동작 중 과부하되어 EOCR이 작동하는 경우 제반 회로는 소자, 소등되나 부저 및 PL₁은 계속 작동 상태이다.
⑤ PB₃ 누름(push) 시 FR이 여자되어 부저가 FR 설정 시간을 주기로 반복 작동한다.
⑥ EOCR을 Reset하면 부저는 정지하고 초기화 상태로 돌아간다.

4) 기타 사항
① 제어판 부분과 PE 전선관 및 플렉시블 전선관이 접속되는 부분은 박스 커넥터를 사용하시오.
② 모터의 접속은 생략하고 단자대까지 배선하시오.

3. 도면

1) PLC 프로그램

① 동작설명

㉮ PB_4를 누르면(push) PL_4가 2초 점등, 1초 소등을 계속 반복 점멸한다. PL_5는 2초 후 1초 점등, 2초 소등을 반복한다. PL_6은 3초 후 계속 점등된다.

㉯ PB_5를 누를 때까지 위 사항을 계속 반복 동작하며, PB_5를 누르면 동작 중이던 PL_4, PL_5, PL_6이 소등된다.

② PLC 입출력도

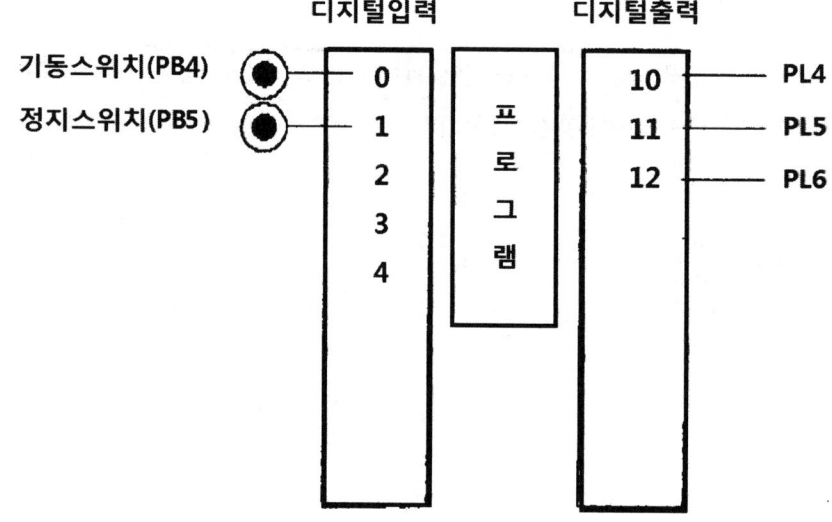

③ PLC 타임차트

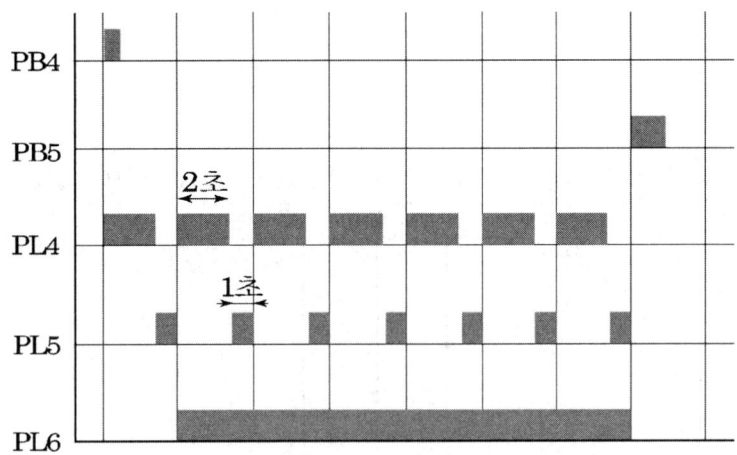

4. 도면

1) 전기공사

① 배관 및 기구 배치도

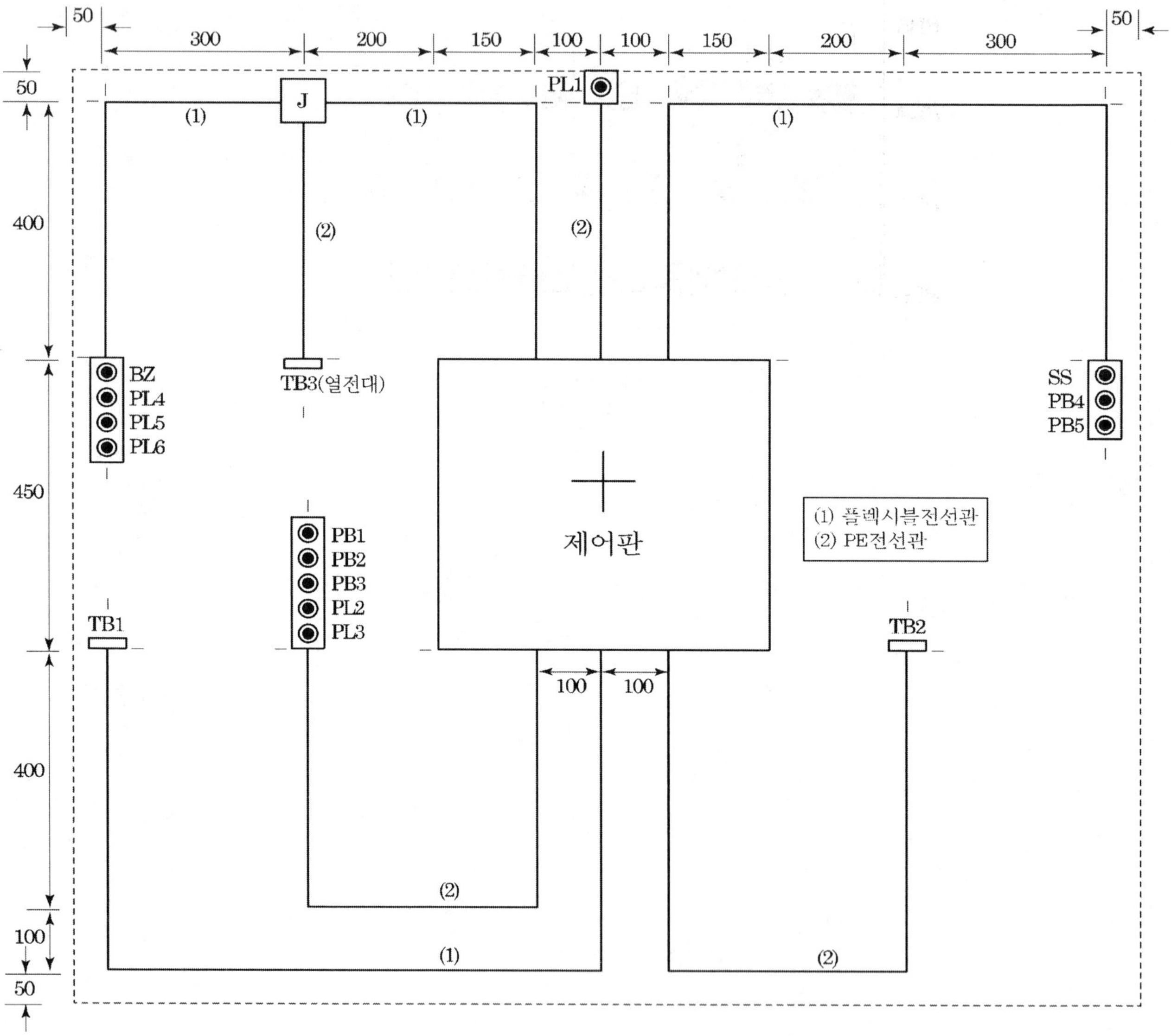

Chapter 05 부록(과년도문제)

② 시퀀스도

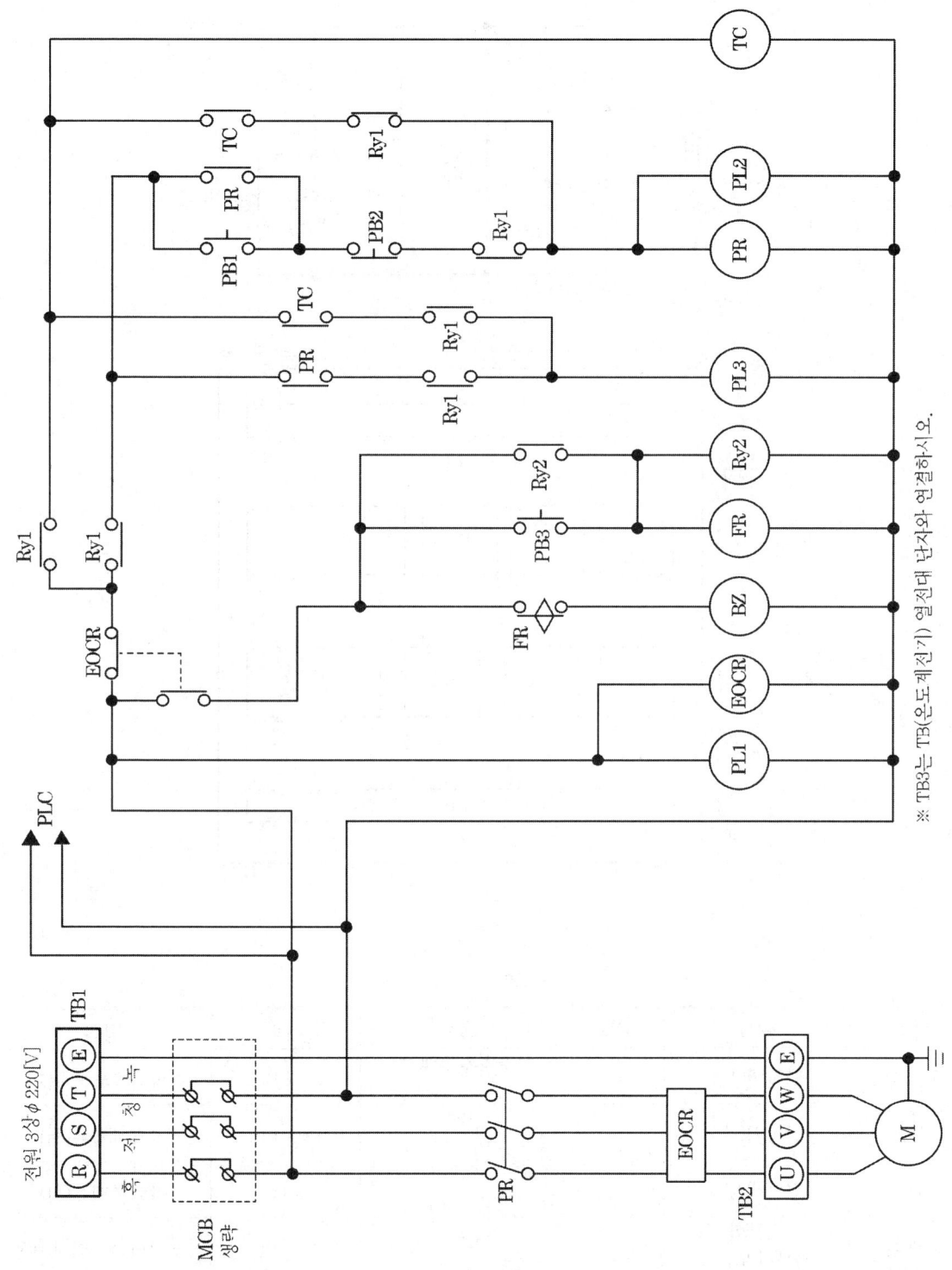

③ PCB 회로도, 제어판 내부 기구배치도 및 범례

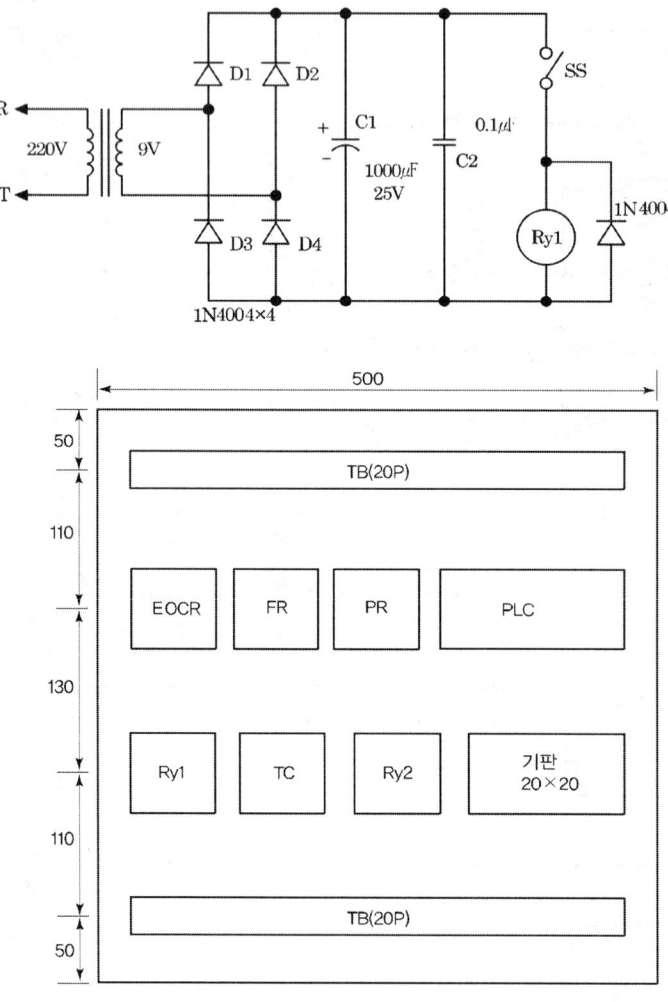

[범 례]

기호	명칭	기호	명칭	기호	명칭
$TB_1 \sim TB_2$	단자대(4P)	FR	플리커릴레이 8Pin 220[V]	PL_2, PL_4	파일롯램프(녹)
TB_3	단자대(3P)	Ry_1	릴레이 14Pin 12[V]	PL_3, PL_6	파일롯램프(적)
PR	전자개폐기	Ry_2	릴레이 8Pin 220[V]	PL_5	파일롯램프(황)
EOCR	전자식 과부하계전기	BZ	부저	PB_1, PB_4	푸시버튼스위치(녹)
TC	온도릴레이 8Pin 220[V]	PL_1	파일롯램프(백)	PB_2, PB_3, PB_5	푸시버튼스위치(적)

Chapter 05 부록(과년도문제)

④ 내부 결선도

Power Relay 내부 결선도(MC)

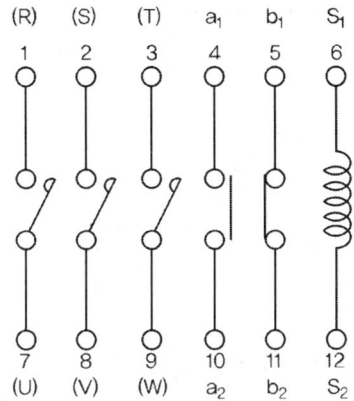

EOCR 내부 결선도

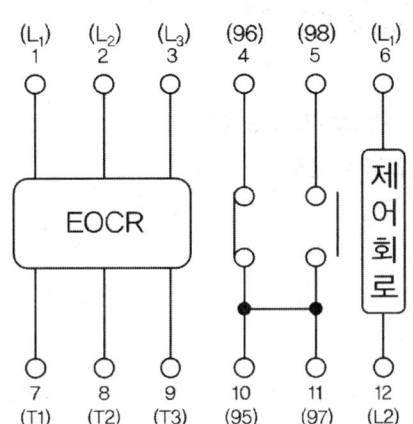

다이오드(D1~D5)

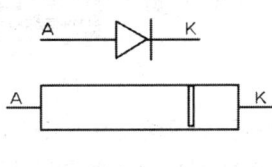

전해콘덴서(C1)

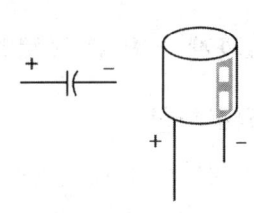

TC 내부 결선

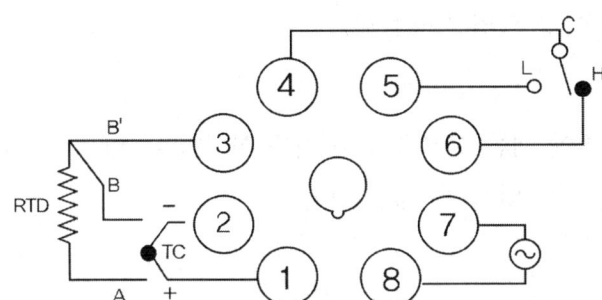

8핀 릴레이 내부 결선도

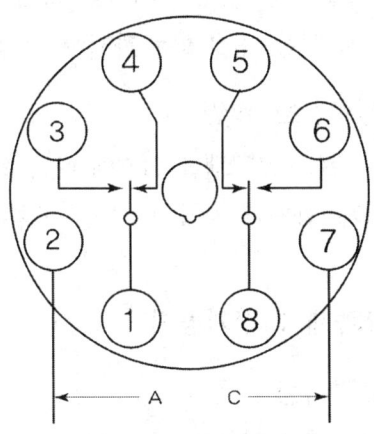

플리커 릴레이 내부 결선

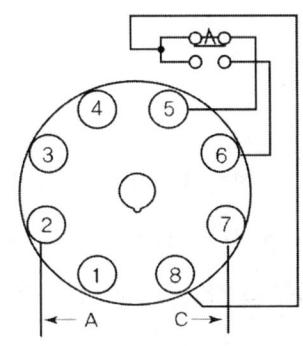

14핀 릴레이 내부 결선도

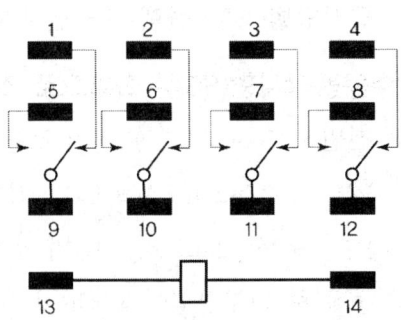

48-C회	작품명	자동온도조절장치

- 시험시간 : 표준시간 5시간 30분,   연장시간 : 30분
- 작업순서 : 제1과제를 완료한 후 제2과제 실시

1. 제1과제 : PLC 프로그램

1) 요구사항

① 제한시간 내에 주어진 요구사항 및 동작사항에 적합하도록 프로그램을 작성한다.

② PLC는 입출력이 14점 이상인 소형 일체형으로 수험자가 지참한 PLC에 맞는 프로그램을 선택하여 프로그램을 작성하며 입력전원은 노이즈 대책을 세워 배선하시오.

③ PLC는 제어판 내의 단자대에 단독 접지하고, RUN 모드상태로 부착하시오.(다만, 접지를 필요로 하지 않는 경우에는 과제수행 전 시험위원에게 이를 확인받아야 함)

2) 입력신호 확인

작성된 프로그램을 PLC에 다운로드한 후 입력접점에 대한 신호를 넣어 이를 확인할 수 있으나, 과제완료(제2과제가 시작된 시점) 이후에는 프로그램을 재작업할 수 없습니다.

2. 제2과제 : 전기공사

1) 요구사항

① 지급된 재료를 사용하여 제한시간 내 도면에 표시된 공사를 내선공사 방법에 의거 완성하시오.

② 전원방식 : 3상 3선식 220[V]

③ 공사방법 : ㉮ 플렉시블 전선관   ㉯ PE 전선관

2) 수동동작사항(SS를 좌측으로 절환한다.)

① 전원 ON 시 PL_1, PL_3이 점등된다.

② PB_1 누름(push) 시 PL_2가 점등되고, PL_3이 소등된다.(이때 PR이 여자되어 Motor가 운전한다.)

③ PB_2 누름(push) 시 PL_2가 소등되고, PL_3이 점등된다.(이때 PR이 소자되어 Motor가 정지한다.)

④ 동작 중 과부하되어 EOCR이 작동하는 경우 제반 회로는 소자, 소등되나 부저 및 PL_1은 계속 작동 상태이다.

⑤ PB_3 누름(push) 시 FR이 여자되어 부저가 FR 설정 시간을 주기로 반복 작동한다.

⑥ EOCR을 Reset하면 부저는 정지하고 초기화 상태로 돌아간다.

3) 자동작동사항(SS를 우측으로 절환한다.)

① 전원 ON 시 PL_1, PL_3이 점등된다.

② 열전대(TB_3)를 ON하면 PL_2가 점등되고, PL_3이 소등된다.(이때 PR이 여자되어 Motor가 운전한다.)

③ 열전대(TB_3)를 OFF하면 PL_2가 소등되고, PL_3이 점등된다.(이때 PR이 소자되어 Motor가 정지한다.)

④ 동작 중 과부하되어 EOCR이 작동하는 경우 제반 회로는 소자, 소등되나 부저 및 PL_1은 계속 작동 상태이다.

⑤ PB_3 누름(push) 시 FR이 여자되어 부저가 FR 설정 시간을 주기로 반복 작동한다.

⑥ EOCR을 Reset하면 부저는 정지하고 초기화 상태로 돌아간다.

4) 기타 사항

① 제어판 부분과 PE 전선관 및 플렉시블 전선관이 접속되는 부분은 박스 커넥터를 사용하시오.

② 모터의 접속은 생략하고 단자대까지 배선하시오.

3. 도면

1) PLC 프로그램

① 동작설명

㉮ PB_4를 2회 누르면(push) PL_4가 2초 점등, 2초 소등을 계속 반복 점멸한다. PL_5는 PL_4가 점등을 시작하고 2초 후 점등, 2초 후 소등을 반복한다. PL_6은 PL_5가 점등을 시작하고 2초 후 점등, 2초 후 소등을 계속 반복한다.

㉯ PB_5를 누를 때까지 위 사항을 계속 반복 동작하며, PB_5를 누르면 동작 중이던 PL_4, PL_5, PL_6이 소등된다.

② PLC 입출력도

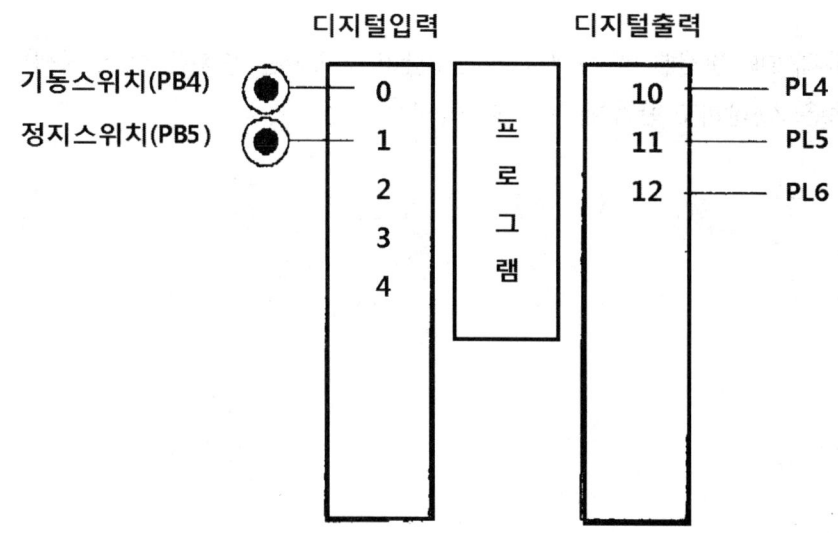

③ PLC 타임차트

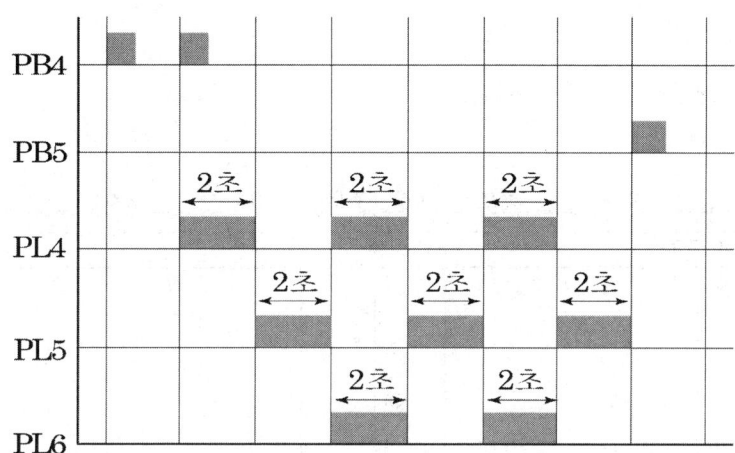

4. 도면

1) 전기공사

① 배관 및 기구 배치도

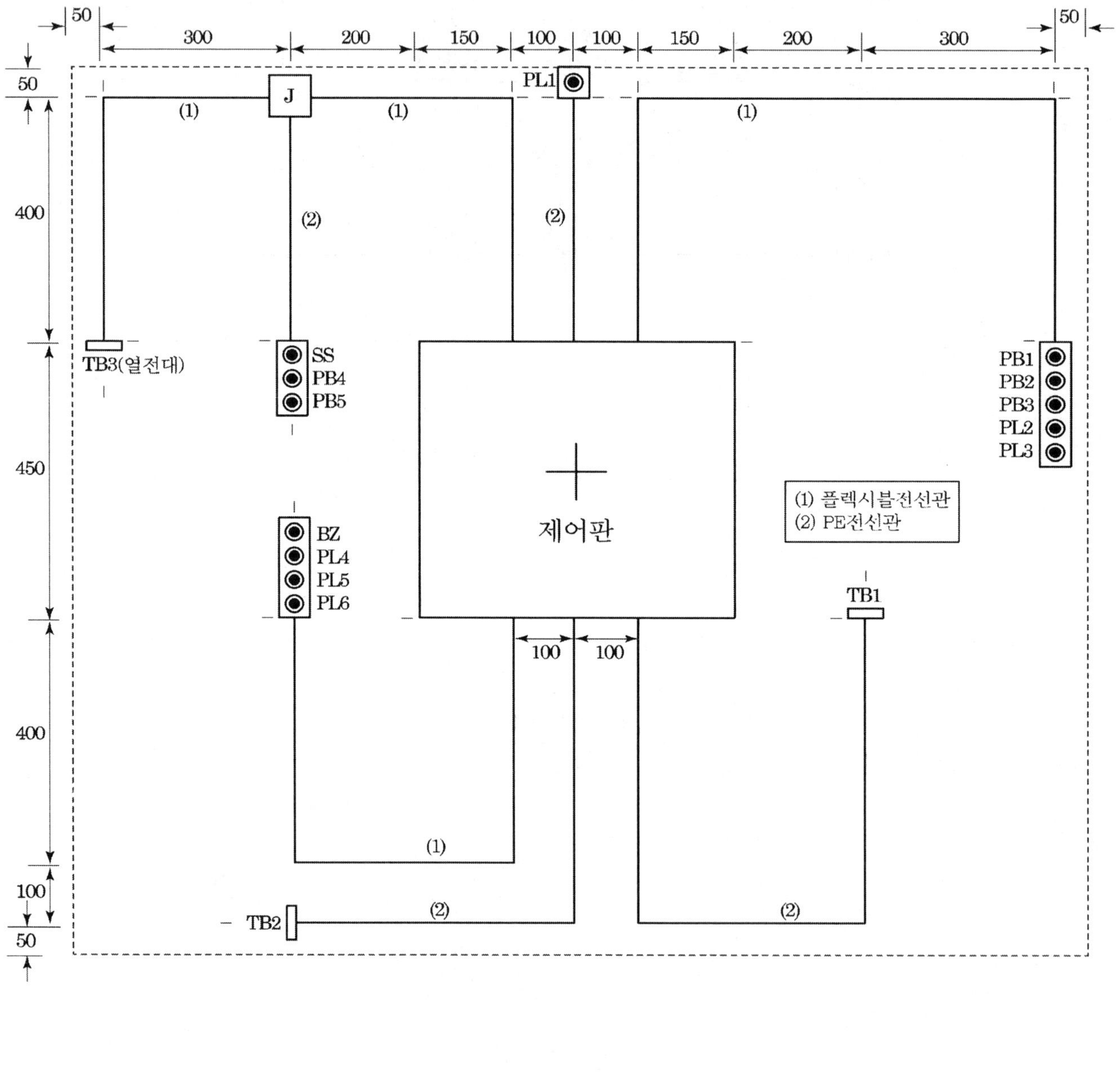

② 시퀀스도

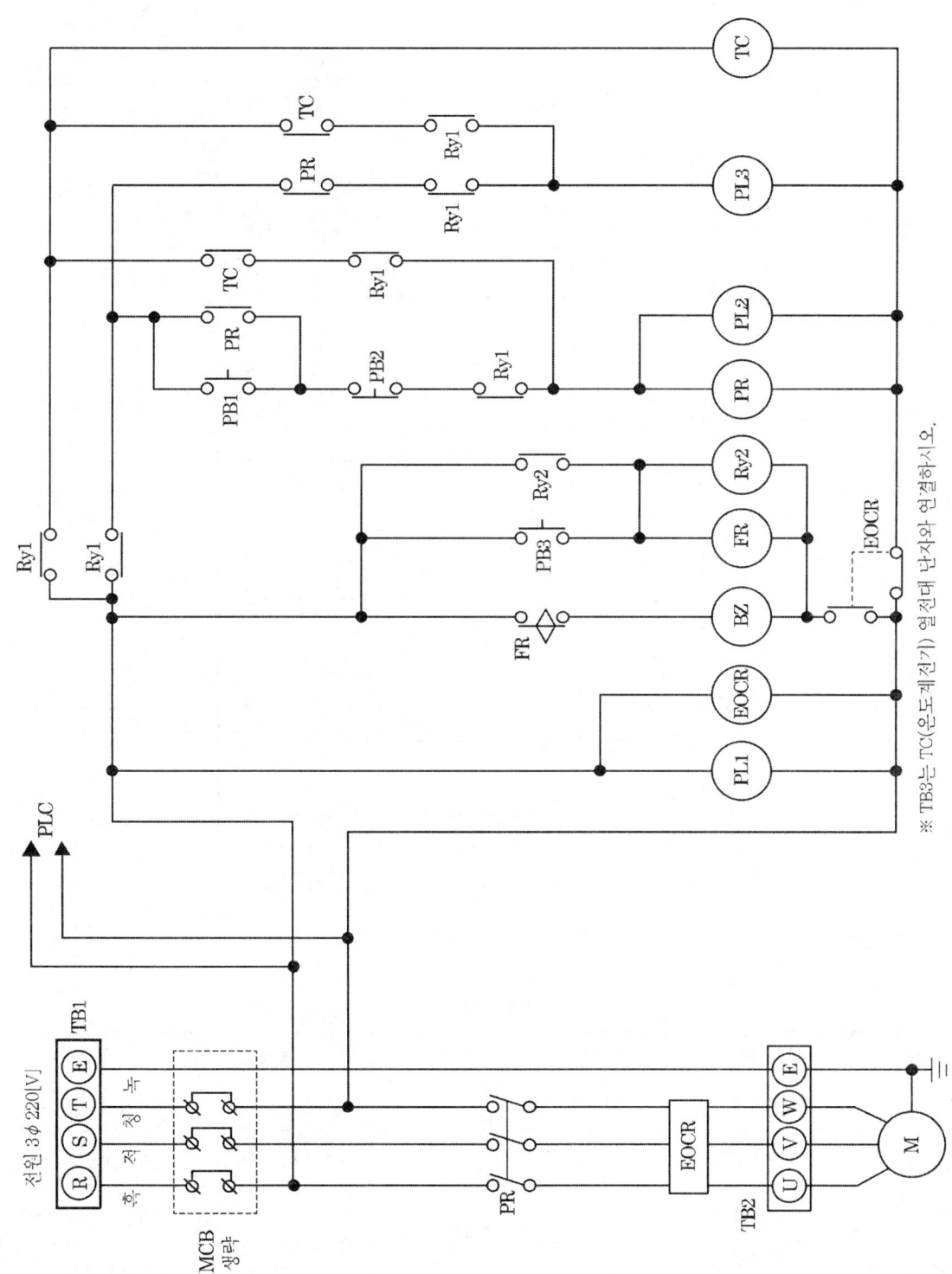

③ PCB 회로도, 제어판 내부 기구배치도 및 범례

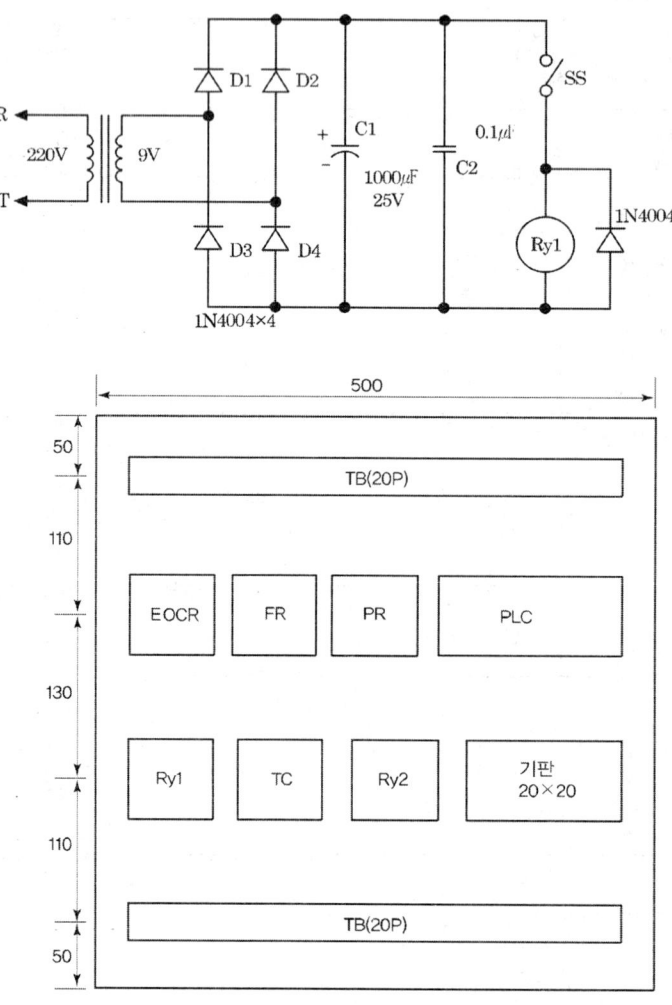

[범 례]

기호	명칭	기호	명칭	기호	명칭
$TB_1 \sim TB_2$	단자대(4P)	FR	플리커릴레이 8Pin 220[V]	PL_2, PL_4	파일롯램프(녹)
TB_3	단자대(3P)	Ry_1	릴레이 14Pin 12[V]	PL_3, PL_6	파일롯램프(적)
PR	전자개폐기	Ry_2	릴레이 8Pin 220[V]	PL_5	파일롯램프(황)
EOCR	전자식 과부하계전기	BZ	부저	PB_1, PB_4	푸시버튼스위치(녹)
TC	온도릴레이 8Pin 220[V]	PL_1	파일롯램프(백)	PB_2, PB_3, PB_5	푸시버튼스위치(적)

④ 내부 결선도

Power Relay 내부 결선도(MC)

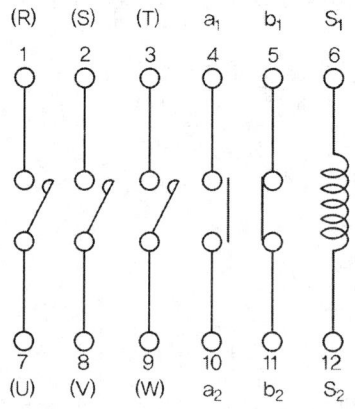

EOCR 내부 결선도

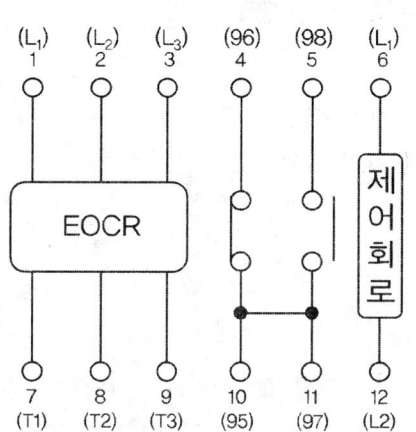

다이오드(D1~D5)

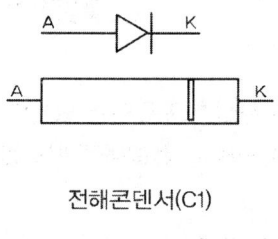

전해콘덴서(C1)

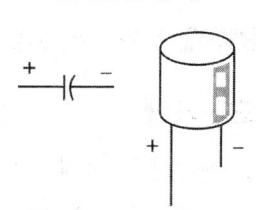

TC 내부 결선

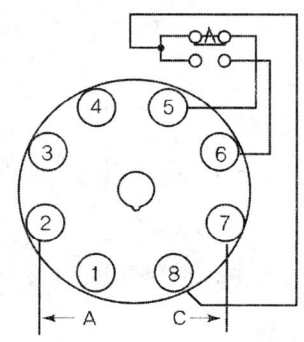

8핀 릴레이 내부 결선도

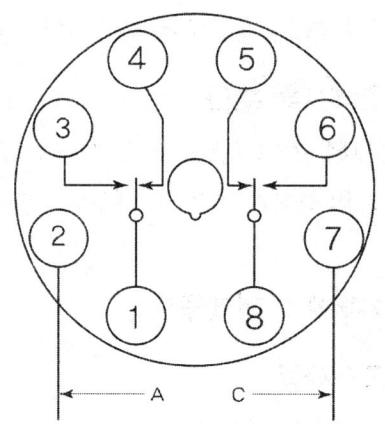

플리커 릴레이 내부 결선

14핀 릴레이 내부 결선도

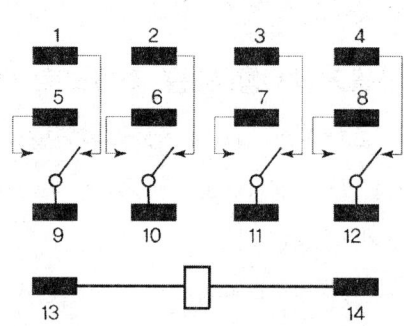

49-A회	작품명	자동수위조절장치

- 시험시간 : 표준시간 6시간,   연장시간 : 30분
- 작업순서 : 제1과제를 완료한 후 제2과제 실시

1. 제1과제 : PLC 프로그램

1) 요구사항

① 제한시간 내에 주어진 요구사항 및 동작사항에 적합하도록 프로그램을 작성한다.
② PLC는 입출력이 14점 이상인 소형 일체형으로 수험자가 지참한 PLC에 맞는 프로그램을 선택하여 프로그램을 작성하며 입력전원은 노이즈 대책을 세워 배선하시오.
③ PLC는 제어판 내의 단자대에 단독 접지하고, RUN 모드상태로 부착하시오.(다만, 접지를 필요로 하지 않는 경우에는 과제수행 전 시험위원에게 이를 확인받아야 함)

2) 입력신호 확인

작성된 프로그램을 PLC에 다운로드한 후 입력접점에 대한 신호를 넣어 이를 확인할 수 있으나, 과제완료(제2과제가 시작된 시점) 이후에는 프로그램을 재작업할 수 없습니다.

2. 제2과제 : 전기공사

1) 요구사항

① 지급된 재료를 사용하여 제한시간 내 도면에 표시된 공사를 내선공사 방법에 의거 완성하시오.
② 전원방식 : 3상 3선식 220[V]
③ 공사방법 : ㉮ 플렉시블 전선관   ㉯ PE 전선관

2) 수동동작사항(SS를 좌측으로 절환한다.)

① 전원 ON 시 PL_1이 점등된다.
② PB_1 누름(push) 시 PR이 여자되며, PL_2가 점등되고, PL_1이 소등된다.(이때 PR이 여자되어 Motor가 운전한다.)
③ PB_2 누름(push) 시 PR이 소자되며, PL_2가 소등되고, PL_1이 점등된다.(이때 PR이 소자되어 Motor가 정지한다.)
④ PR이 여자된 상태에서 리밋스위치 LS가 동작되면 PR은 소자되어 PL_2가 소등되고, PL_1이 점등된

다.(이때 PR이 소자되어 Motor가 정지된다.)

⑤ 동작 중 EOCR 과부하 시 BZ가 동작되고 모든 제어회로는 소자 및 소등된다.

⑥ 과부하 상태에 있는 EOCR을 Reset하면 BZ는 동작을 멈추고, 초기화 상태로 돌아간다.

3) 자동작동사항(SS를 우측으로 절환한다.)

① PL_1이 점등된다.

② 레벨 컨트롤러 LC가 동작되면 PL_2가 점등되고, PL_1이 소등된다.(이때 PR이 여자되어 Motor가 운전한다.)

4) 기타 사항

① 제어판 부분과 PE 전선관 및 플렉시블 전선관이 접속되는 부분은 박스 커넥터를 사용하시오.

② 모터의 접속은 생략하고 단자대까지 배선하시오.

3. 도면

1) PLC 프로그램

① 동작설명(타임차트 참조)

㉮ PB_3을 두 번째 누르면 PL_4가 점등되어 3초 후 소등되고, PL_5는 PL_4가 소등된 후 1초 뒤 점등되어 3초 후 소등되며, PL_6은 PL_5가 소등된 후 1초 뒤 점등되어 3초 후 소등되며, 1초 뒤 PL_4가 다시 점등된다.

㉯ PB_4를 누를 때까지 위 사항을 계속 반복 동작하며, PB_4를 누르면 동작 중이던 PL_4, PL_5, PL_6이 소등된다.

㉰ PLC 전원이 투입되면 PL_3은 점등(2초)과 소등(1초)을 반복 동작한다.

② PLC 입출력도

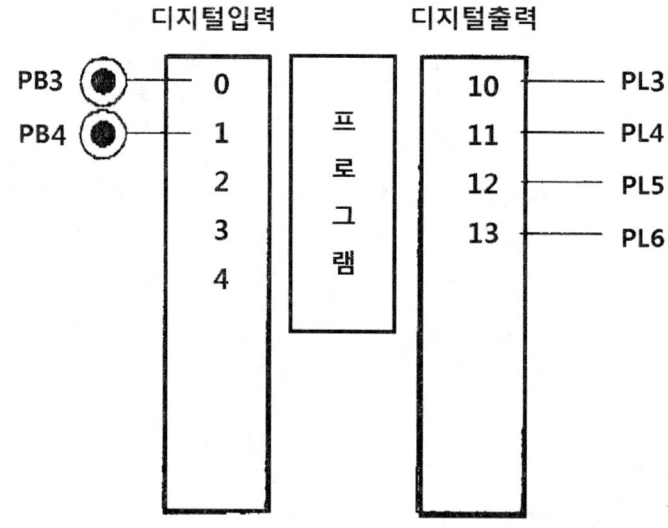

③ PLC 타임차트

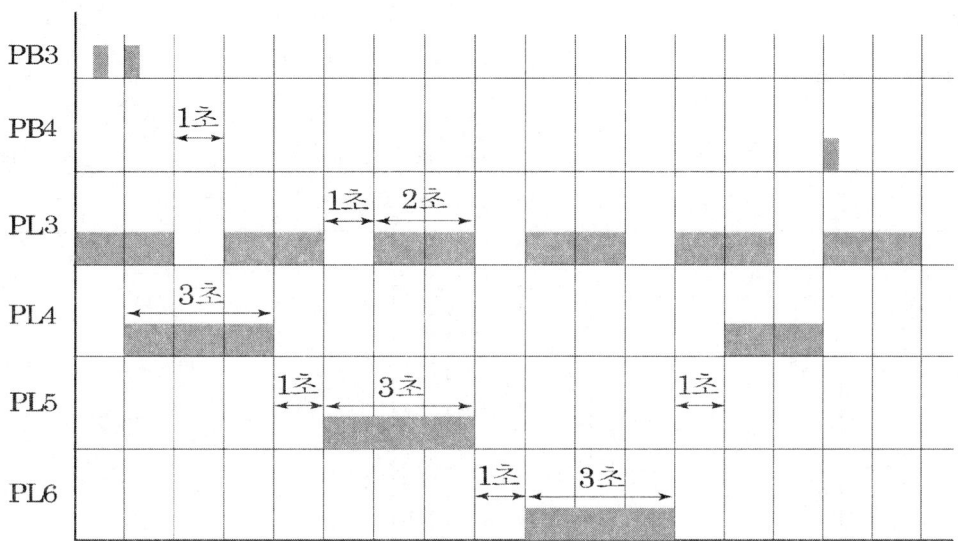

4. 도면

1) 전기공사

① 배관 및 기구 배치도

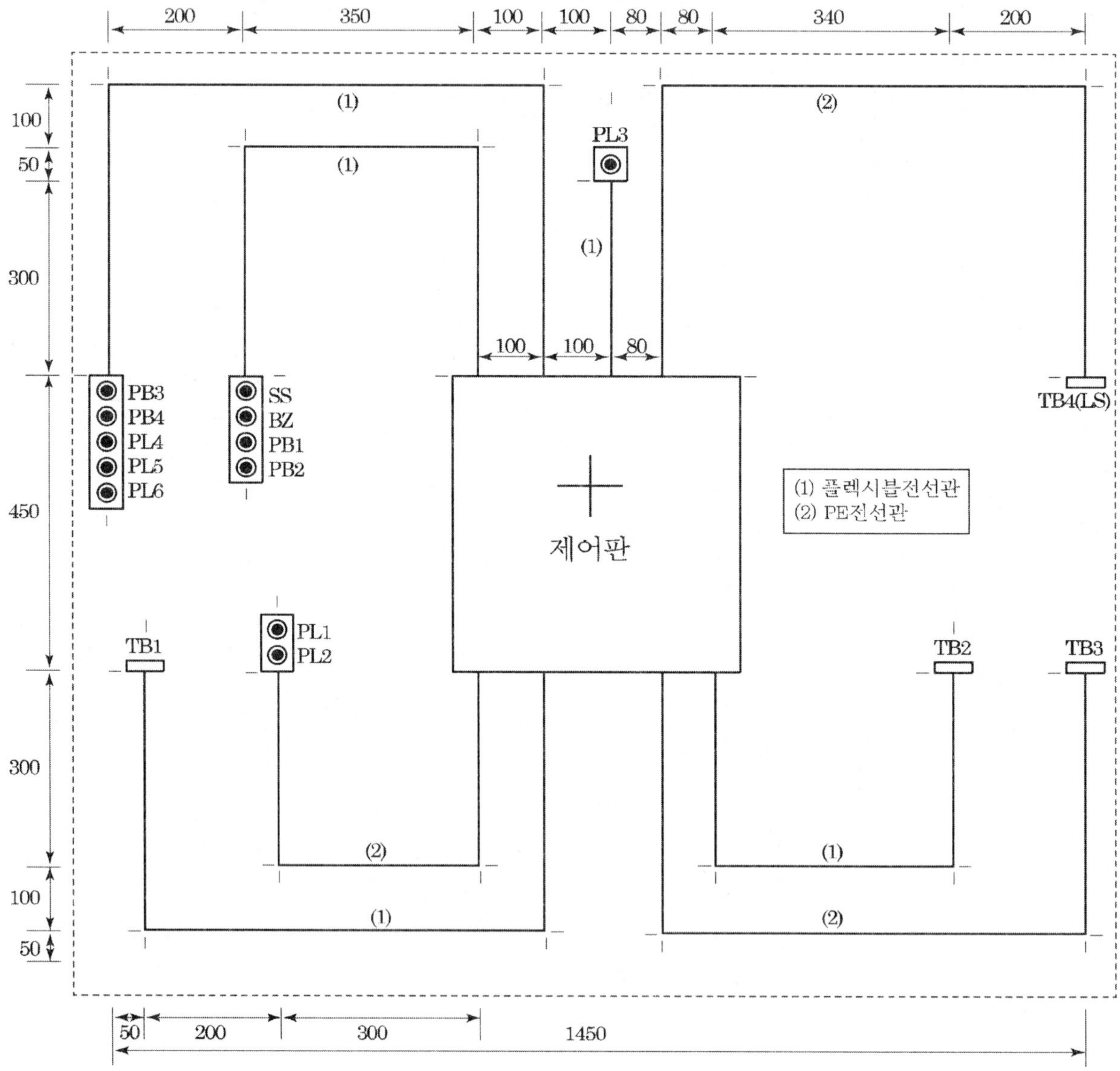

② 시퀀스도

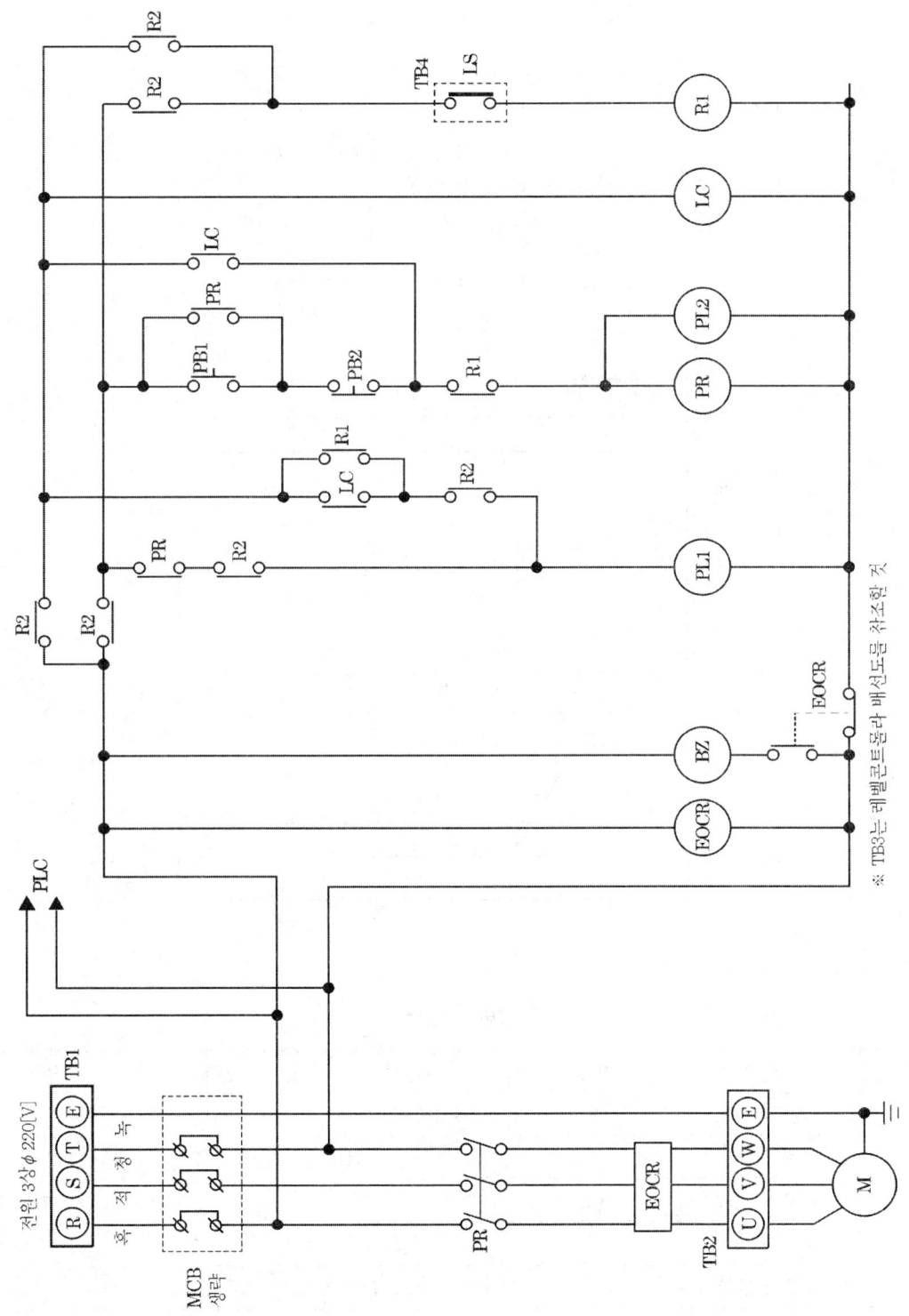

③ PCB 회로도, 제어판 내부 기구배치도 및 범례

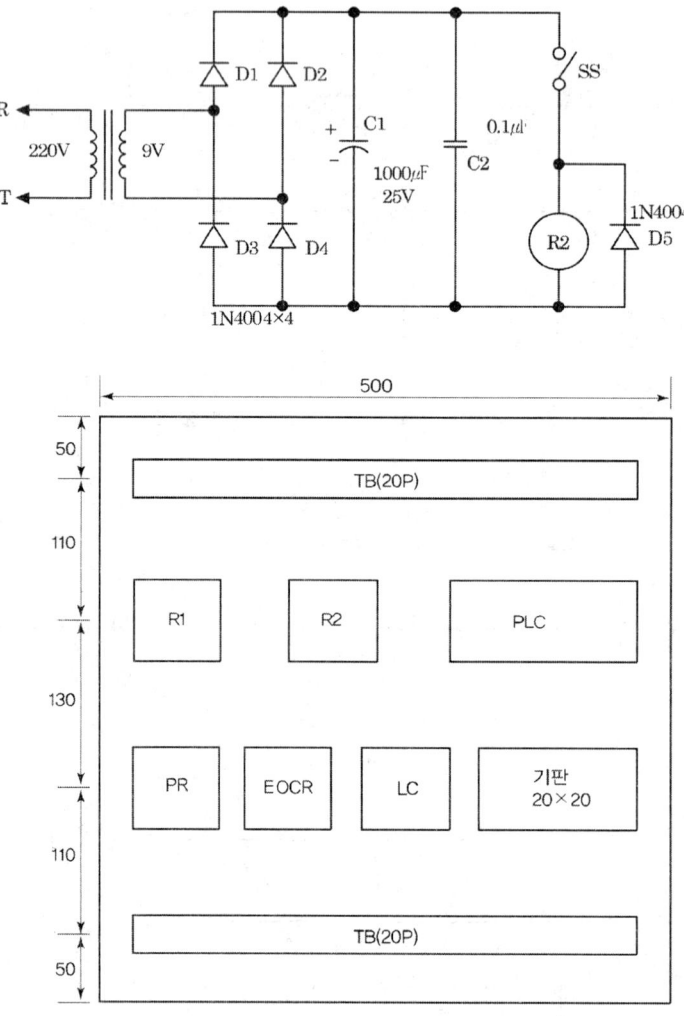

[범 례]

기호	명칭	기호	명칭	기호	명칭
PR	전자개폐기	PL_1	파일롯램프(녹)	BZ	부저 220[V]
EOCR	과부하계전기	PL_2	파일롯램프(적)	$TB_1 \sim TB_2$	4P 단자대
R_1	8P 릴레이	PL_3	파일롯램프(백)	TB_4(LS)	4P 단자대
R_2	14P 릴레이	PL_4, PL_5, PL_6	파일롯램프(황)	TB_3	3P 단자대
LC	레벨 컨트롤러	PB_1, PB_3	푸시버튼스위치(적)		
SS	셀렉터스위치	PB_2, PB_4	푸시버튼스위치(녹)		

④ 내부 결선도

Power Relay 내부 결선도(MC)

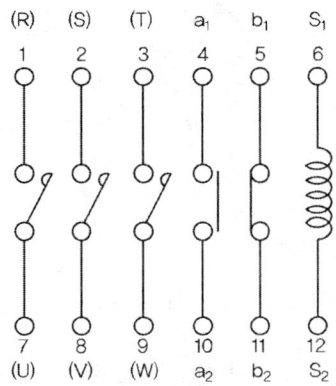

EOCR 내부 결선도

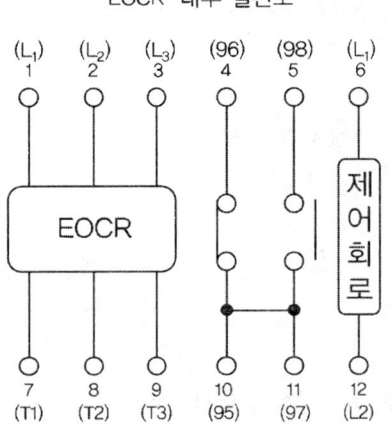

다이오드(D1~D5)

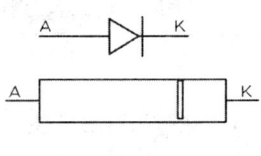

전해콘덴서(C1)

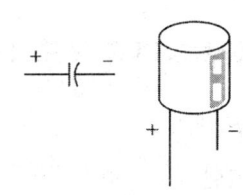

레벨컨트롤러 내부 결선도

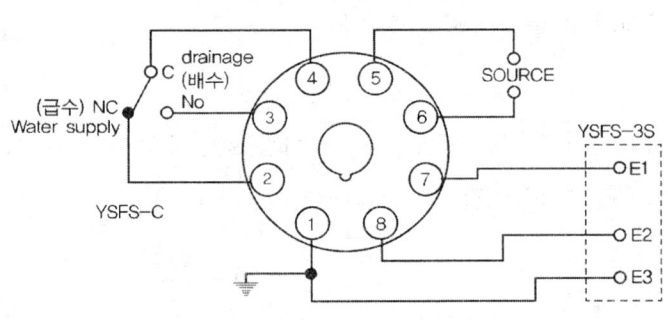

14핀 릴레이 내부 결선도

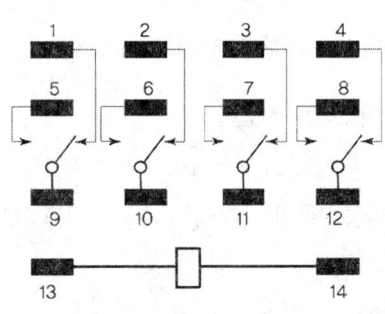

레벨컨트롤러 배선도

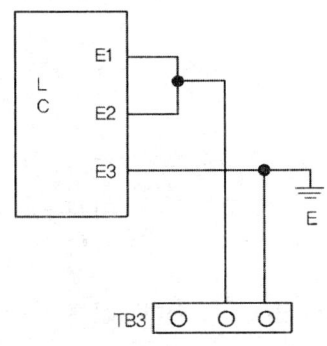

8핀 릴레이 내부 결선도

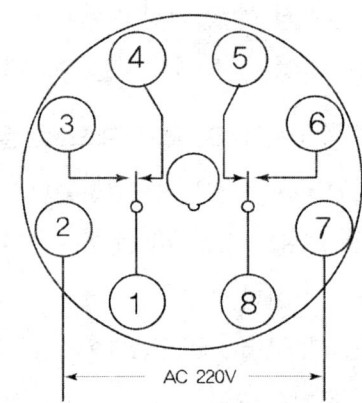

| 49-B회  | 작품명 | 자동수위조절장치 |

- 시험시간 : 표준시간 6시간, 연장시간 : 30분
- 작업순서 : 제1과제를 완료한 후 제2과제 실시

1. 제1과제 : PLC 프로그램

1) 요구사항
① 제한시간 내에 주어진 요구사항 및 동작사항에 적합하도록 프로그램을 작성한다.
② PLC는 입출력이 14점 이상인 소형 일체형으로 수험자가 지참한 PLC에 맞는 프로그램을 선택하여 프로그램을 작성하며 입력전원은 노이즈 대책을 세워 배선하시오.
③ PLC는 제어판 내의 단자대에 단독 접지하고, RUN 모드상태로 부착하시오.(다만, 접지를 필요로 하지 않는 경우에는 과제수행 전 시험위원에게 이를 확인받아야 함)

2) 입력신호 확인
작성된 프로그램을 PLC에 다운로드한 후 입력접점에 대한 신호를 넣어 이를 확인할 수 있으나, 과제완료(제2과제가 시작된 시점) 이후에는 프로그램을 재작업할 수 없습니다.

2. 제2과제 : 전기공사

1) 요구사항
① 지급된 재료를 사용하여 제한시간 내 도면에 표시된 공사를 내선공사 방법에 의거 완성하시오.
② 전원방식 : 3상 3선식 220[V]
③ 공사방법 : ㉮ 플렉시블 전선관   ㉯ PE 전선관

2) 수동동작사항(SS를 좌측으로 절환한다.)
① 전원 ON 시 PL_1이 점등된다.
② PB_1 누름(push) 시 PR이 여자되며, PL_2가 점등되고, PL_1이 소등된다.(이때 PR이 여자되어 Motor가 운전한다.)
③ PB_2 누름(push) 시 PR이 소자되며, PL_2가 소등되고, PL_1이 점등된다.(이때 PR이 소자되어 Motor가 정지한다.)
④ PR이 여자된 상태에서 리밋스위치 LS가 동작되면 PR은 소자되어 PL_2가 소등되고, PL_1이 점등된

다.(이때 PR이 소자되어 Motor가 정지된다.)

⑤ 동작 중 EOCR 과부하 시 BZ가 동작되고 모든 제어회로는 소자 및 소등된다.

⑥ 과부하 상태에 있는 EOCR을 Reset하면 BZ는 동작을 멈추고, 초기화 상태로 돌아간다.

3) 자동작동사항(SS를 우측으로 절환한다.)

① PL_1이 점등된다.

② 레벨 컨트롤러 LC가 동작되면 PL_2가 점등되고, PL_1이 소등된다.(이때 PR이 여자되어 Motor가 운전한다.)

4) 기타 사항

① 제어판 부분과 PE 전선관 및 플렉시블 전선관이 접속되는 부분은 박스 커넥터를 사용하시오.

② 모터의 접속은 생략하고 단자대까지 배선하시오.

3. 도면

1) PLC 프로그램

① 동작설명(타임차트 참조)

㉮ PB_3를 세 번째 누르면 PL_4가 점등되어 4초간 점등된 후 소등되고, PL_5는 PL_4가 소등되기 1초 전에 점등되어 4초간 점등된 후 소등되며, PL_6은 PL_5가 소등되기 1초 전에 점등되어 4초간 점등된 후 소등되며, PL_6이 소등되기 1초 전에 PL_4가 다시 점등된다.

㉯ PB_4를 누르기 전까지 위의 사항을 계속 반복 동작하며, PB_4를 누르면 동작 중이던 PL_4, PL_5, PL_6이 소등된다.

㉰ PLC 전원이 투입되면 PL_3은 점등(1초)과 소등(2초)을 반복 동작한다.

② PLC 입출력도

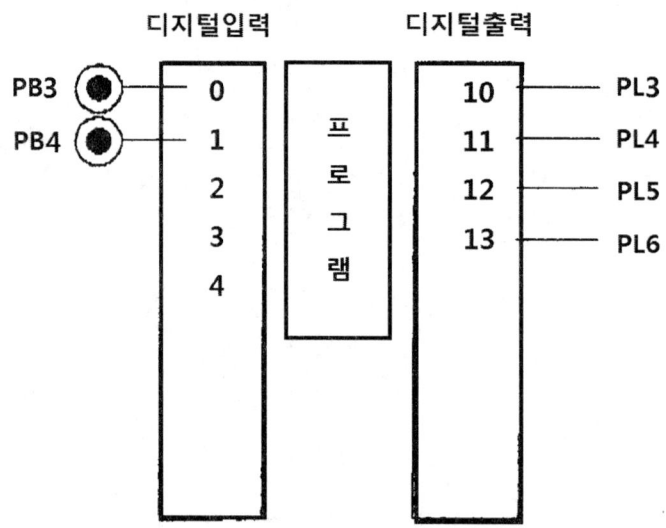

③ PLC 타임차트

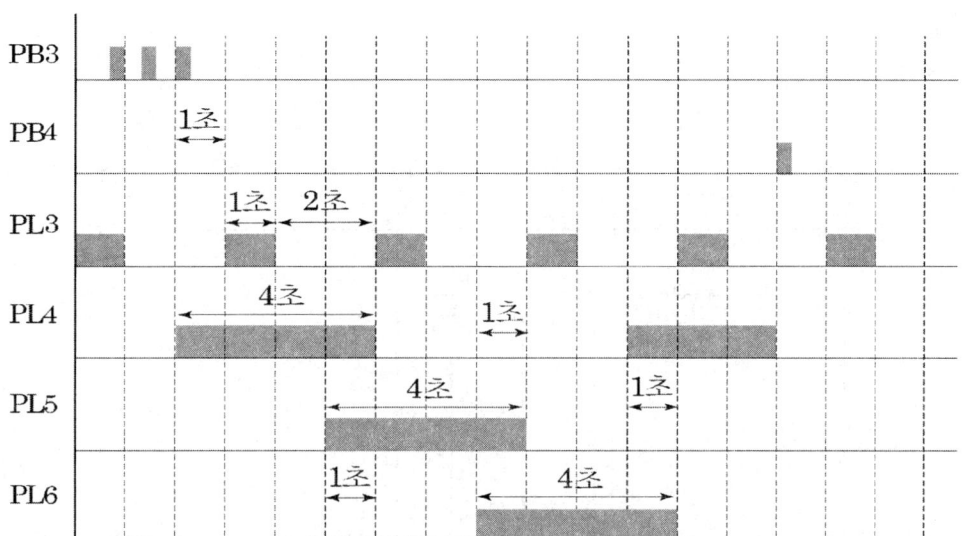

4. 도면

1) 전기공사

① 배관 및 기구 배치도

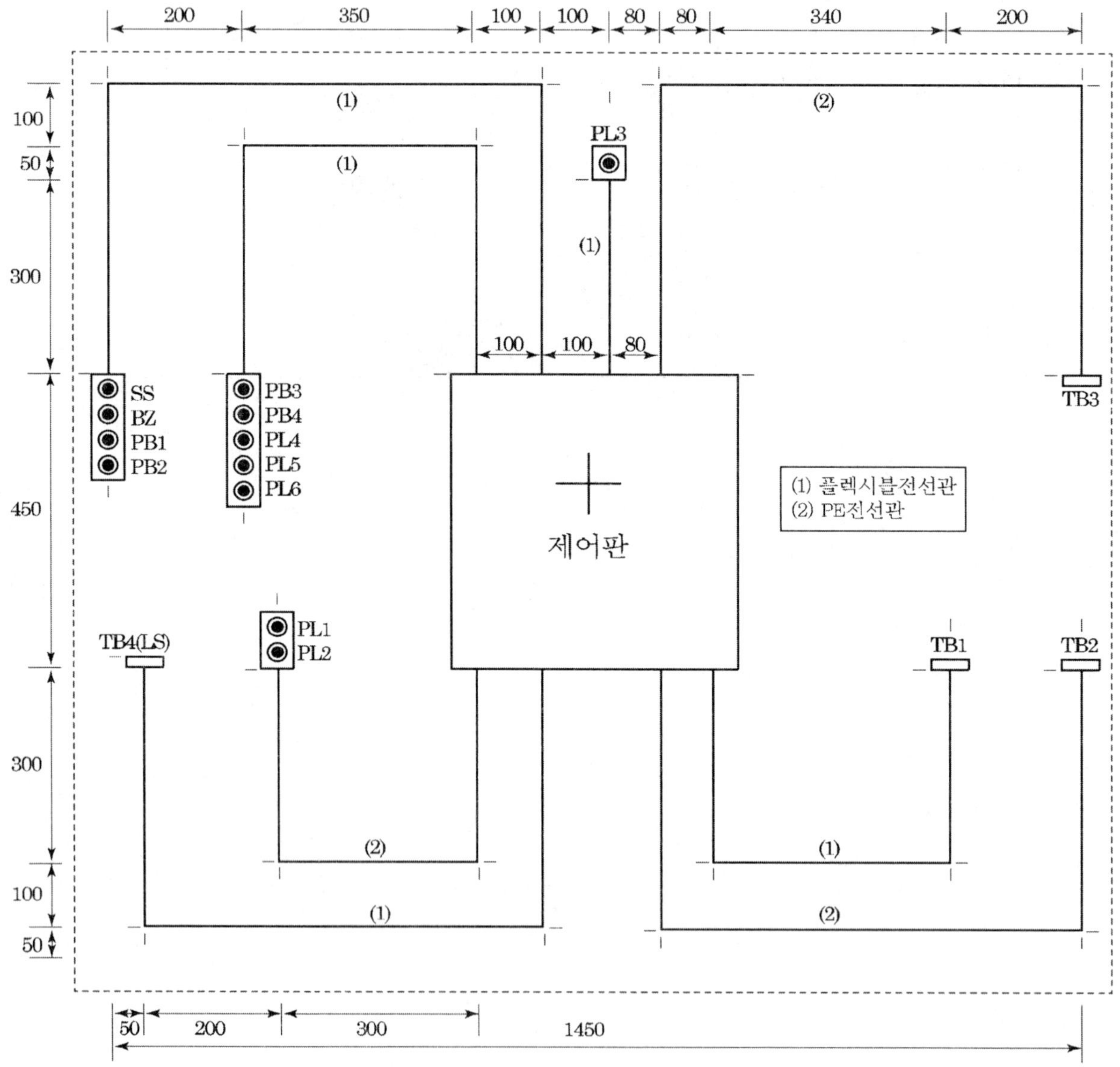

② 시퀀스도

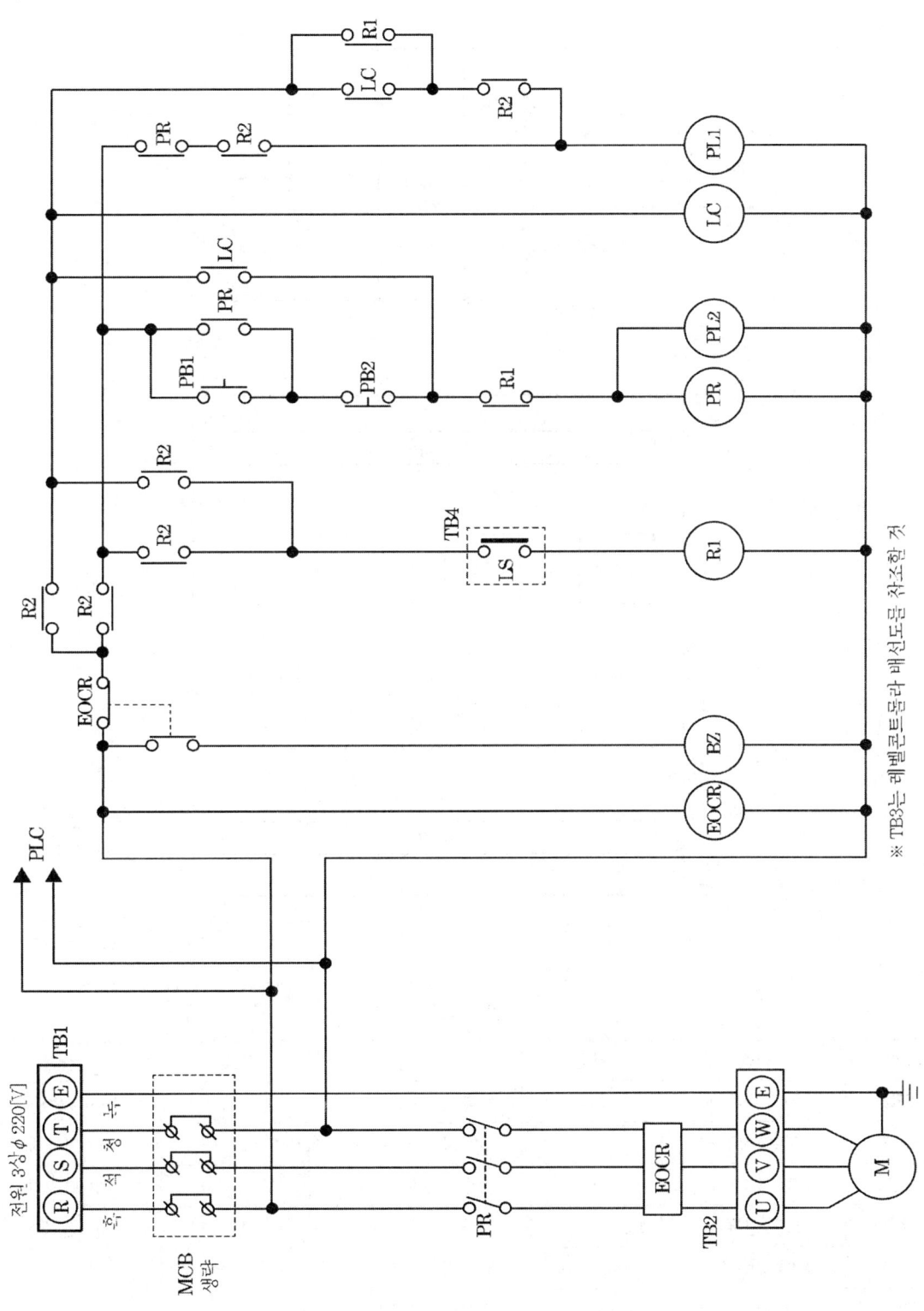

③ PCB 회로도, 제어판 내부 기구배치도 및 범례

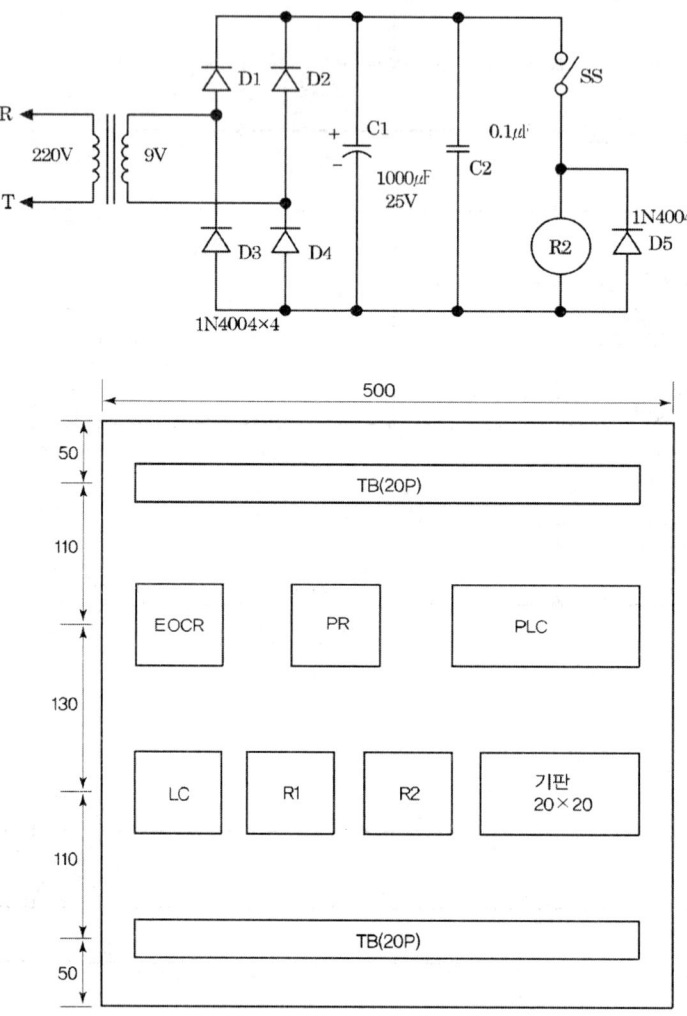

[범례]

기호	명칭	기호	명칭	기호	명칭
PR	전자개폐기	PL_1	파일롯램프(녹)	BZ	부저 220[V]
EOCR	과부하계전기	PL_2	파일롯램프(적)	$TB_1 \sim TB_2$	4P 단자대
R_1	8P 릴레이	PL_3	파일롯램프(백)	TB_4(LS)	4P 단자대
R_2	14P 릴레이	PL_4, PL_5, PL_6	파일롯램프(황)	TB_3	3P 단자대
LC	레벨 컨트롤러	PB_1, PB_3	푸시버튼스위치(적)		
SS	셀렉터스위치	PB_2, PB_4	푸시버튼스위치(녹)		

④ 내부 결선도

Power Relay 내부 결선도(MC)

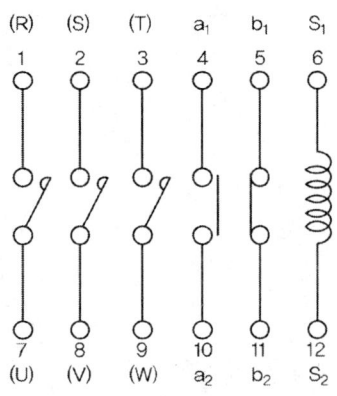

EOCR 내부 결선도

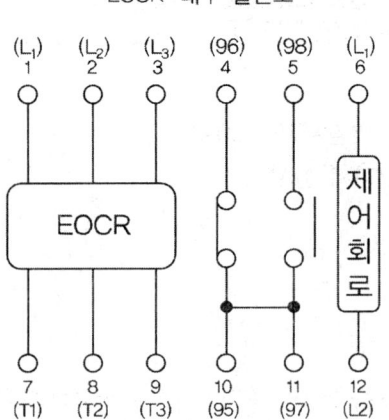

다이오드(D1~D5)

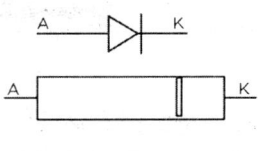

전해콘덴서(C1)

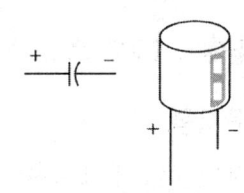

레벨컨트롤러 내부 결선도

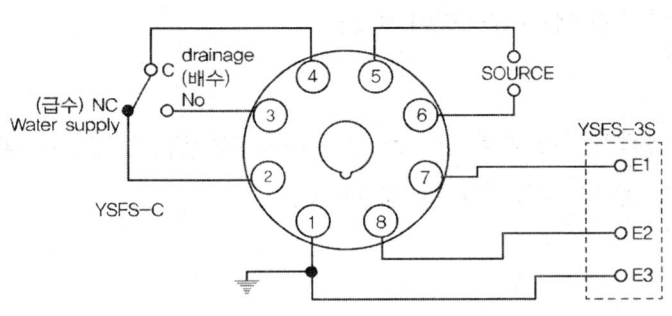

14핀 릴레이 내부 결선도

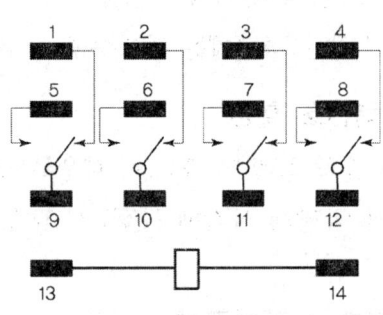

레벨컨트롤러 배선도

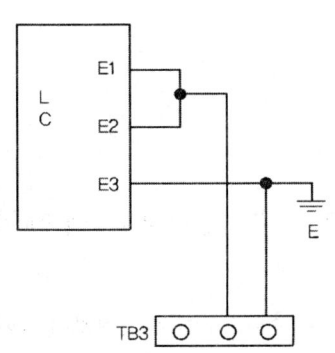

8핀 릴레이 내부 결선도

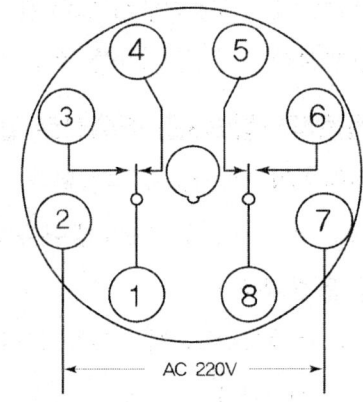

| 49-C회 |  | 작품명 | 자동수위조절장치 |

- 시험시간 : 표준시간 6시간,   연장시간 : 30분
- 작업순서 : 제1과제를 완료한 후 제2과제 실시

1. 제1과제 : PLC 프로그램

1) 요구사항

① 제한시간 내에 주어진 요구사항 및 동작사항에 적합하도록 프로그램을 작성한다.

② PLC는 입출력이 14점 이상인 소형 일체형으로 수험자가 지참한 PLC에 맞는 프로그램을 선택하여 프로그램을 작성하며 입력전원은 노이즈 대책을 세워 배선하시오.

③ PLC는 제어판 내의 단자대에 단독 접지하고, RUN 모드상태로 부착하시오.(다만, 접지를 필요로 하지 않는 경우에는 과제수행 전 시험위원에게 이를 확인받아야 함)

2) 입력신호 확인

작성된 프로그램을 PLC에 다운로드한 후 입력접점에 대한 신호를 넣어 이를 확인할 수 있으나, 과제완료(제2과제가 시작된 시점) 이후에는 프로그램을 재작업할 수 없습니다.

2. 제2과제 : 전기공사

1) 요구사항

① 지급된 재료를 사용하여 제한시간 내 도면에 표시된 공사를 내선공사 방법에 의거 완성하시오.

② 전원방식 : 3상 3선식 220[V]

③ 공사방법 : ㉮ 플렉시블 전선관   ㉯ PE 전선관

2) 수동동작사항(SS를 좌측으로 절환한다.)

① 전원 ON 시 PL_1이 점등된다.

② PB_1 누름(push) 시 PR이 여자되며, PL_2가 점등되고, PL_1이 소등된다.(이때 PR이 여자되어 Motor가 운전된다.)

③ PB_2 누름(push) 시 PR이 소자되며, PL_2가 소등되고, PL_1이 점등된다.(이때 PR이 소자되어 Motor가 정지된다.)

④ PR이 여자된 상태에서 리밋스위치 LS가 동작되면 PR은 소자되어 PL_2가 소등되고, PL_1이 점등된

다.(이때 PR이 소자되어 Motor가 정지된다.)

⑤ 동작 중 EOCR 과부하 시 BZ가 동작되고 모든 제어회로는 소자 및 소등된다.

⑥ 과부하 상태에 있는 EOCR을 Reset하면 BZ는 동작을 멈추고, 초기화 상태로 돌아간다.

3) 자동작동사항(SS를 우측으로 절환한다.)

① PL_1이 점등된다.

② 레벨 컨트롤러 LC가 동작되면 PL_2가 점등되고, PL_1이 소등된다.(이때 PR이 여자되어 Motor가 운전한다.)

4) 기타 사항

① 제어판 부분과 PE 전선관 및 플렉시블 전선관이 접속되는 부분은 박스 커넥터를 사용하시오.

② 모터의 접속은 생략하고 단자대까지 배선하시오.

3. 도면

1) PLC 프로그램

① 동작설명(타임차트 참조)

㉮ PB_3을 눌렀다 놓으면 1초 후 PL_6이 점등되어 3초간 점등된 후 소등되고, PL_5는 PL_6이 소등된 후 1초 뒤 점등되어 3초 후 소등되며, PL_4는 PL_5가 소등된 후 1초 뒤 점등되어 3초 후 소등되며, 1초 뒤 PL_6이 다시 점등된다.

㉯ PB_4를 누르기 전까지 위의 사항을 계속 반복 동작하며, PB_4를 누르면 동작 중이던 PL_4, PL_5, PL_6이 소등된다.

㉰ PLC 전원이 투입되면 PL_3은 점등(1초)-소등(1초)-점등(2초)-소등(1초)을 반복한다.

② PLC 입출력도

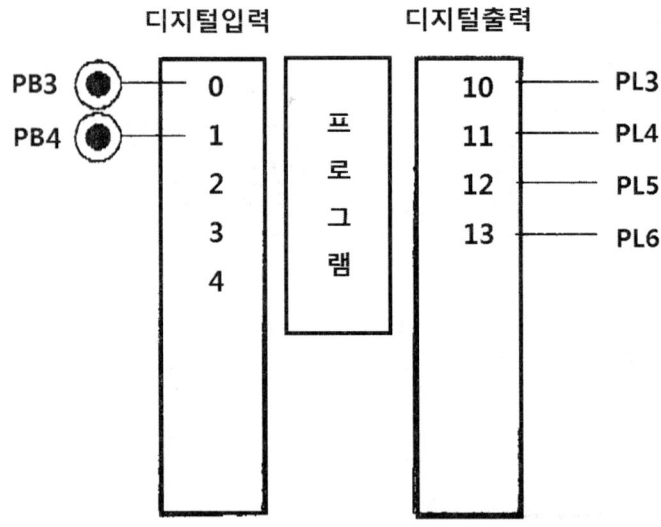

③ PLC 타임차트

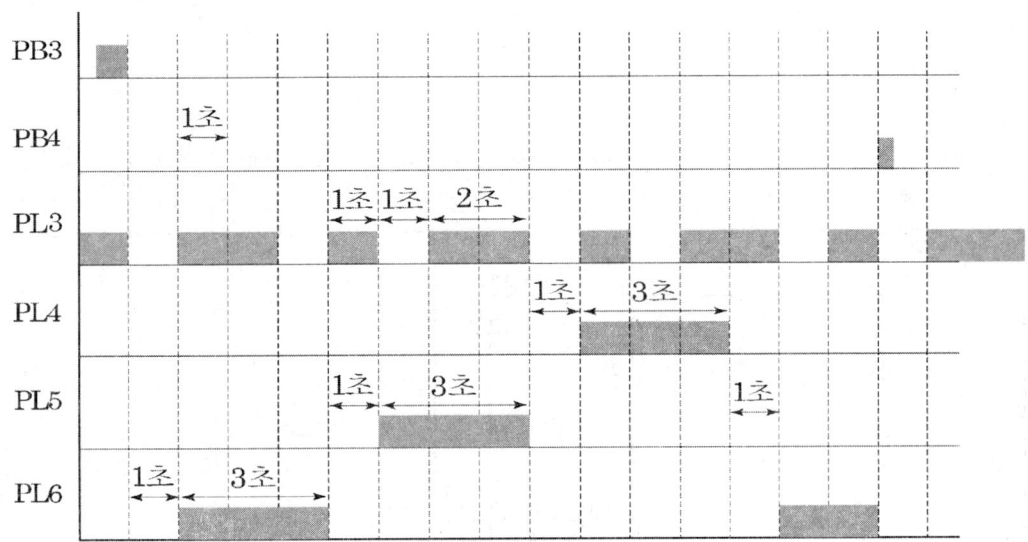

4. 도면

1) 전기공사

① 배관 및 기구 배치도

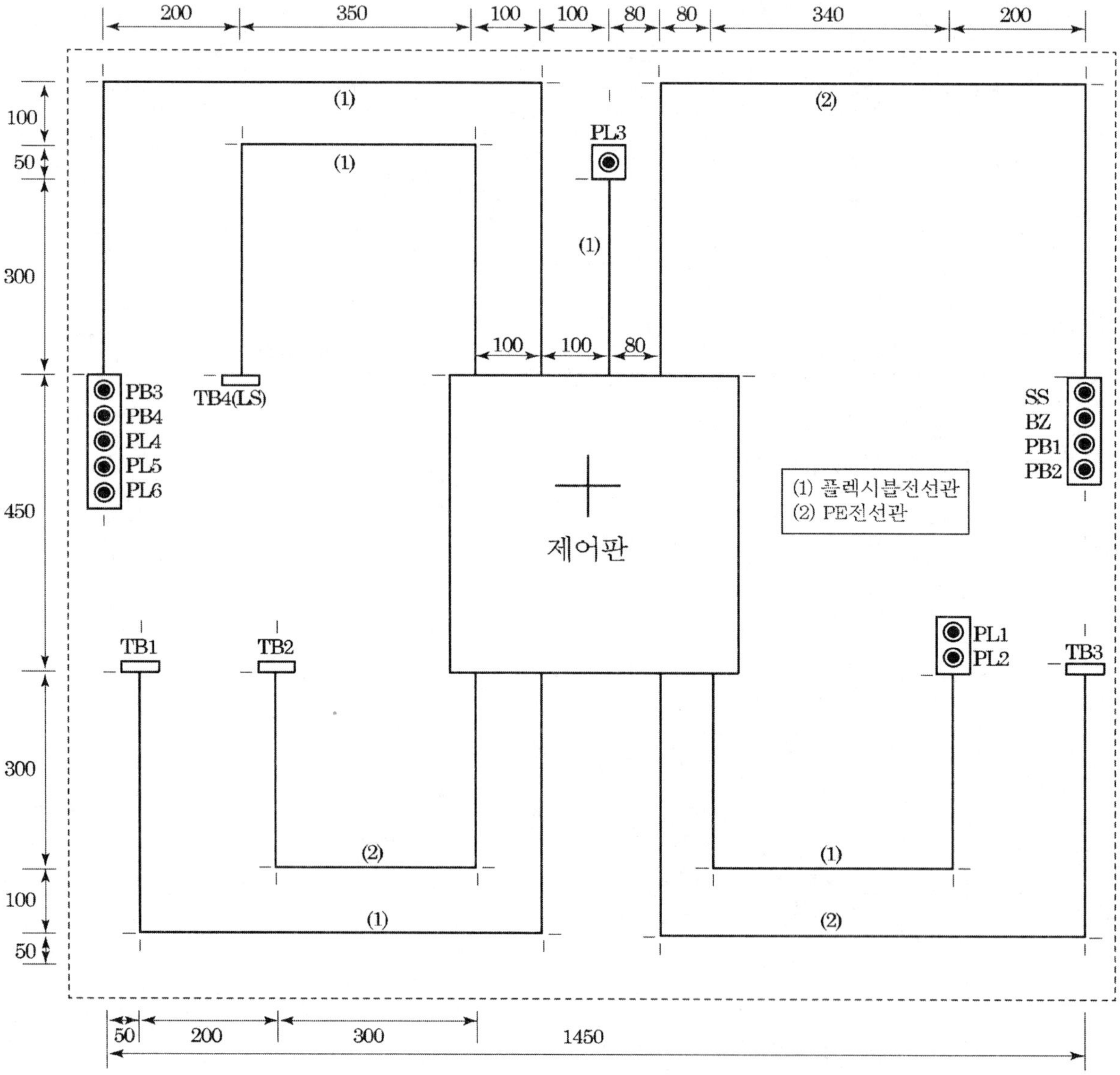

② 시퀀스도

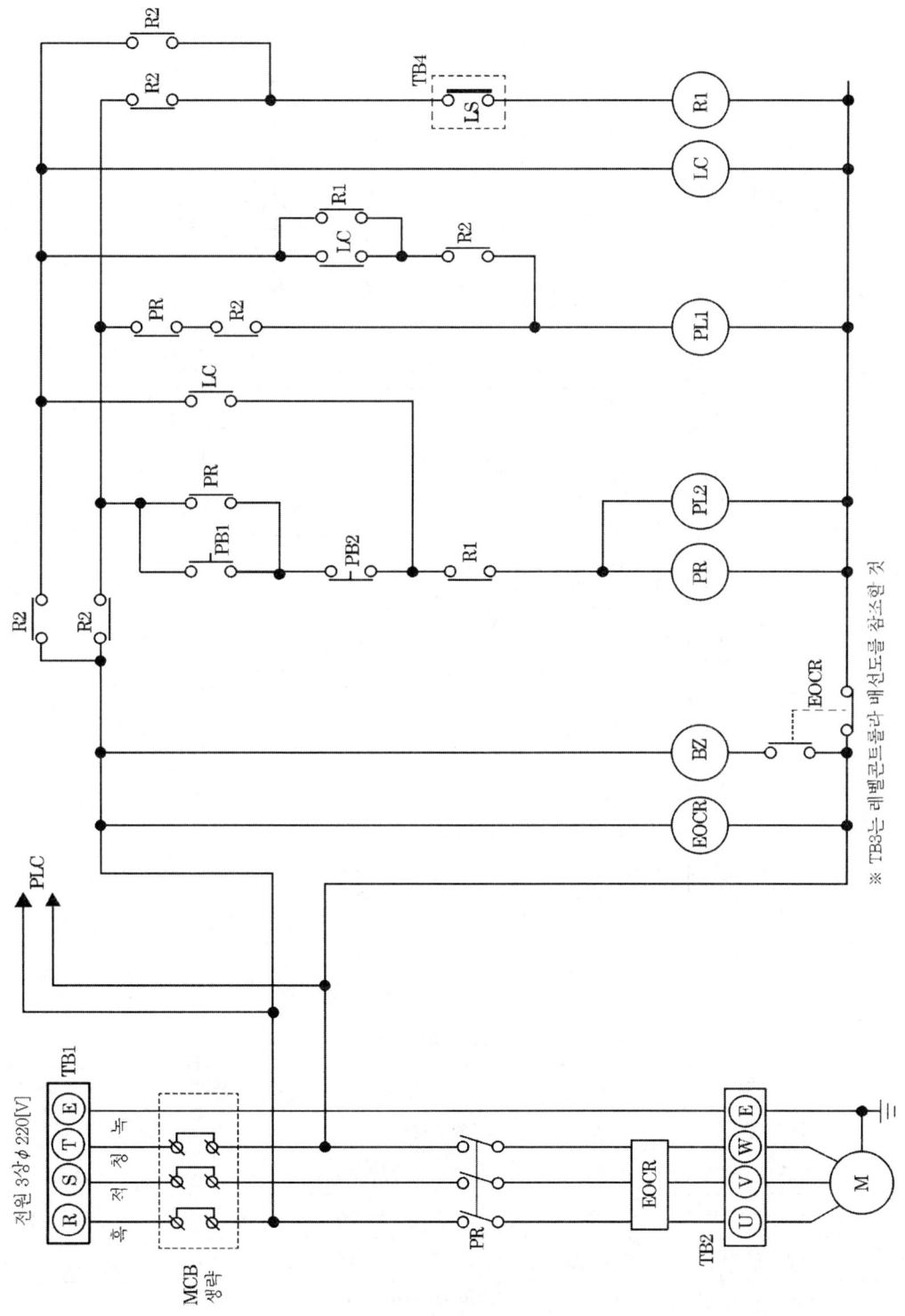

③ PCB 회로도, 제어판 내부 기구배치도 및 범례

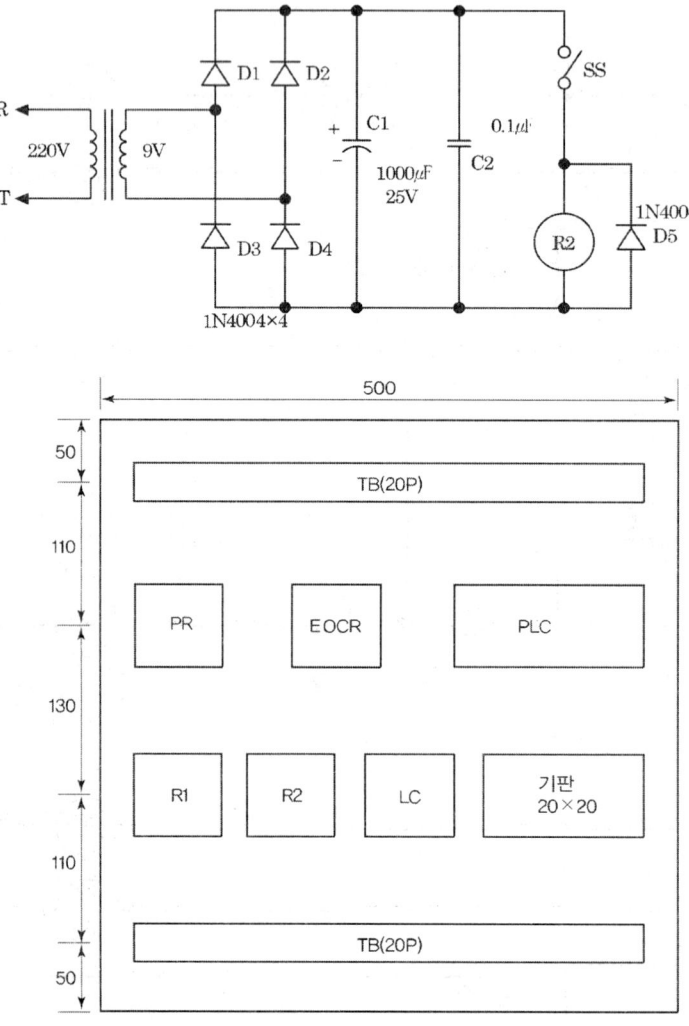

[범 례]

기호	명칭	기호	명칭	기호	명칭
PR	전자개폐기	PL₁	파일롯램프(녹)	BZ	부저 220[V]
EOCR	과부하계전기	PL₂	파일롯램프(적)	TB₁ ~ TB₂	4P 단자대
R₁	8P 릴레이	PL₃	파일롯램프(백)	TB₄(LS)	4P 단자대
R₂	14P 릴레이	PL₄, PL₅, PL₆	파일롯램프(황)	TB₃	3P 단자대
LC	레벨 컨트롤러	PB₁, PB₃	푸시버튼SW(적)		
SS	셀렉터스위치	PB₂, PB₄	푸시버튼SW(녹)		

④ 내부 결선도

Power Relay 내부 결선도(MC)

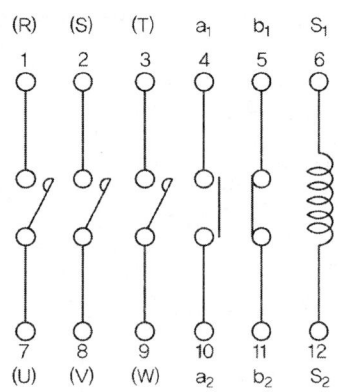

EOCR 내부 결선도

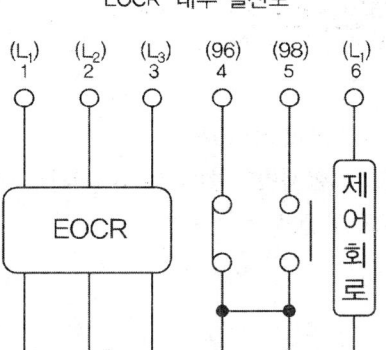

다이오드(D1~D5)

전해콘덴서(C1)

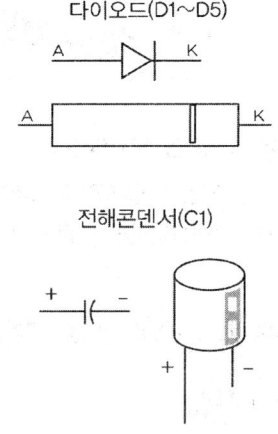

레벨컨트롤러 내부 결선도

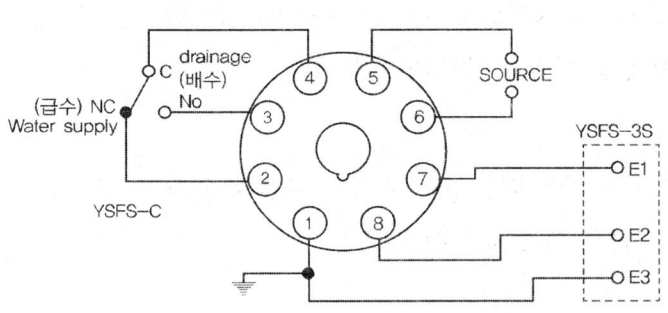

14핀 릴레이 내부 결선도

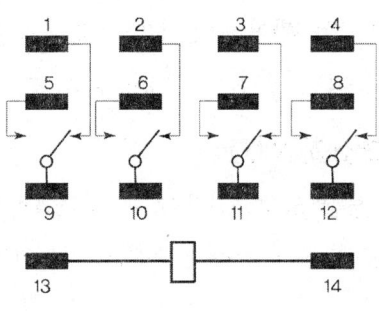

레벨컨트롤러 배선도

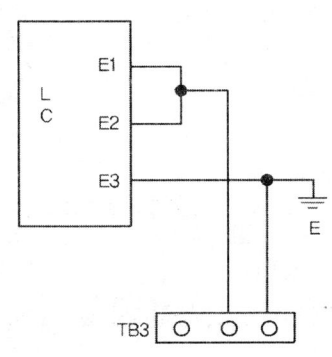

8핀 릴레이 내부 결선도

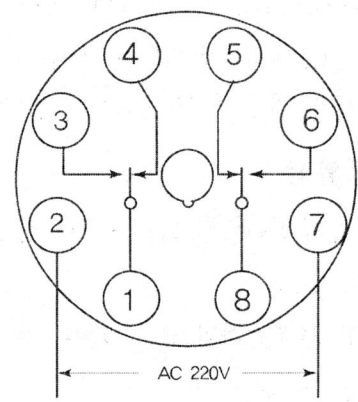

| 50-A회 | | 작품명 | 전동기 제어회로 |

- 시험시간 : 표준시간 6시간,   연장시간 : 30분
  (단, 1과제(PLC 프로그램) 시험시간은 2시간으로 한다.)
- 작업순서 : 제1과제를 완료한 후 제2과제 실시

1. 제1과제 : PLC 프로그램

1) 요구사항

① 제한시간 내에 주어진 요구사항 및 동작사항에 적합하도록 프로그램을 작성하시오.

② PLC는 입출력이 14점 이상인 소형 일체형으로 수험자가 지참한 PLC에 알맞은 프로그램을 선택하여 프로그램을 작성하며 입력전원은 노이즈 대책을 세워 배선하시오.

③ PLC는 제어판 내의 단자대에 단독 접지하고, RUN 모드상태로 부착하시오.(다만, 접지를 필요로 하지 않는 경우에는 과제수행 전 시험위원에게 이를 확인받아야 합니다.)

2) 입력신호 확인

작성된 프로그램을 PLC에 다운로드한 후 입력접점에 대한 신호를 넣어 이를 확인할 수 있으나, 과제완료(제2과제가 시작된 시점) 이후에는 프로그램을 재작업할 수 없습니다.

2. 제2과제 : 전기공사

1) 요구사항

① 지급된 재료를 사용하여 제한시간 내 도면에 표시된 공사를 내선공사 방법에 의거 완성하시오.

② 전원방식 : 3상 3선식 220[V]

③ 공사방법 : ㉮ 플렉시블 전선관   ㉯ PE 전선관

2) 수동동작

① PB_1을 ON하면 MC_1 여자, 전동기 정회전 운전, RL_1 점등, LS_2 동작 시 MC_1 소자, 전동기 정지, RL_1 소등

② PB_2을 ON하면 MC_2 여자, 전동기 역회전 운전, RL_2 점등, LS_1 동작 시 MC_2 소자, 전동기 정지, RL_2 소등

③ 전동기 운전 중 EOCR이 작동되면 YL은 PLC 프로그램에 의하여 점등과 소등을 반복, 전동기 정지

3) 자동동작

① PB_3을 ON한 후 LS_1이 동작하면 X_1, MC_1 여자, 전동기 정회전 운전, RL_1 점등, LS_2 동작 시 X_1, MC_1 소자, 전동기 정지, RL_1 소등

② LS_2가 동작하면 X_2, MC_2 여자, 전동기 역회전 운전, RL_2 점등, LS_1 동작 시 X_2, MC_2 소자, 전동기 정지, RL_2 소등

③ 위 동작을 반복 운전

④ 전동기 운전 중 EOCR이 작동되면 YL은 PLC 프로그램에 의하여 점등과 소등을 반복, 전동기 정지

4) 기타 사항

① 제어판 부분과 PE 전선관 및 플렉시블 전선관이 접속되는 부분은 박스 커넥터를 사용하시오.

② 전동기 접속배선은 생략하고 단자대까지 배선하시오.

3. 도면

1) PLC 프로그램

① 동작설명(타임차트 참조)

㉮ PB-ON을 누르면 PL_1은 3초간 점등되고, PL_2는 PL_1 소등 1초 전에 점등되어 점등(2초)-소등(1초)-점등(1초)-소등(1초)-점등(1초)을 동작하며 PL_3은 PL_2 소등 후 점등(1초)-소등(1초)을 동작한다.

㉯ PB-OFF를 누르기 전까지 위 사항을 계속 반복 동작하며, PB-OFF를 누르면 동작 중이던 PL_1, PL_2, PL_3은 소등된다.

㉰ EOCR이 동작되면 X_3 릴레이에 의하여 YL(점등(1초)-소등(1초)-점등(2초)-소등(1초)을 반복)이 동작하고, EOCR을 리셋하면 모든 동작은 멈춘다.

② PLC 입출력도

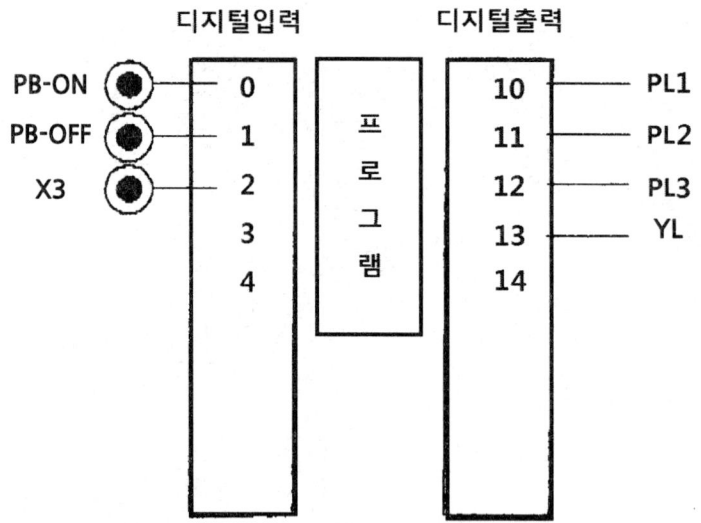

③ PLC 타임차트

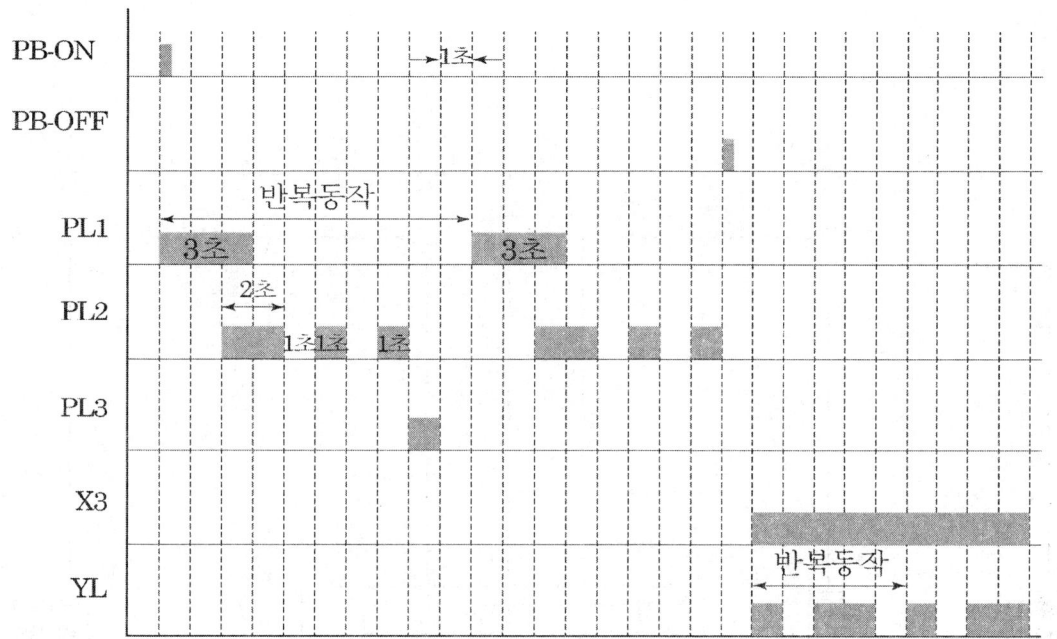

4. 도면

1) 전기공사

① 배관 및 기구 배치도

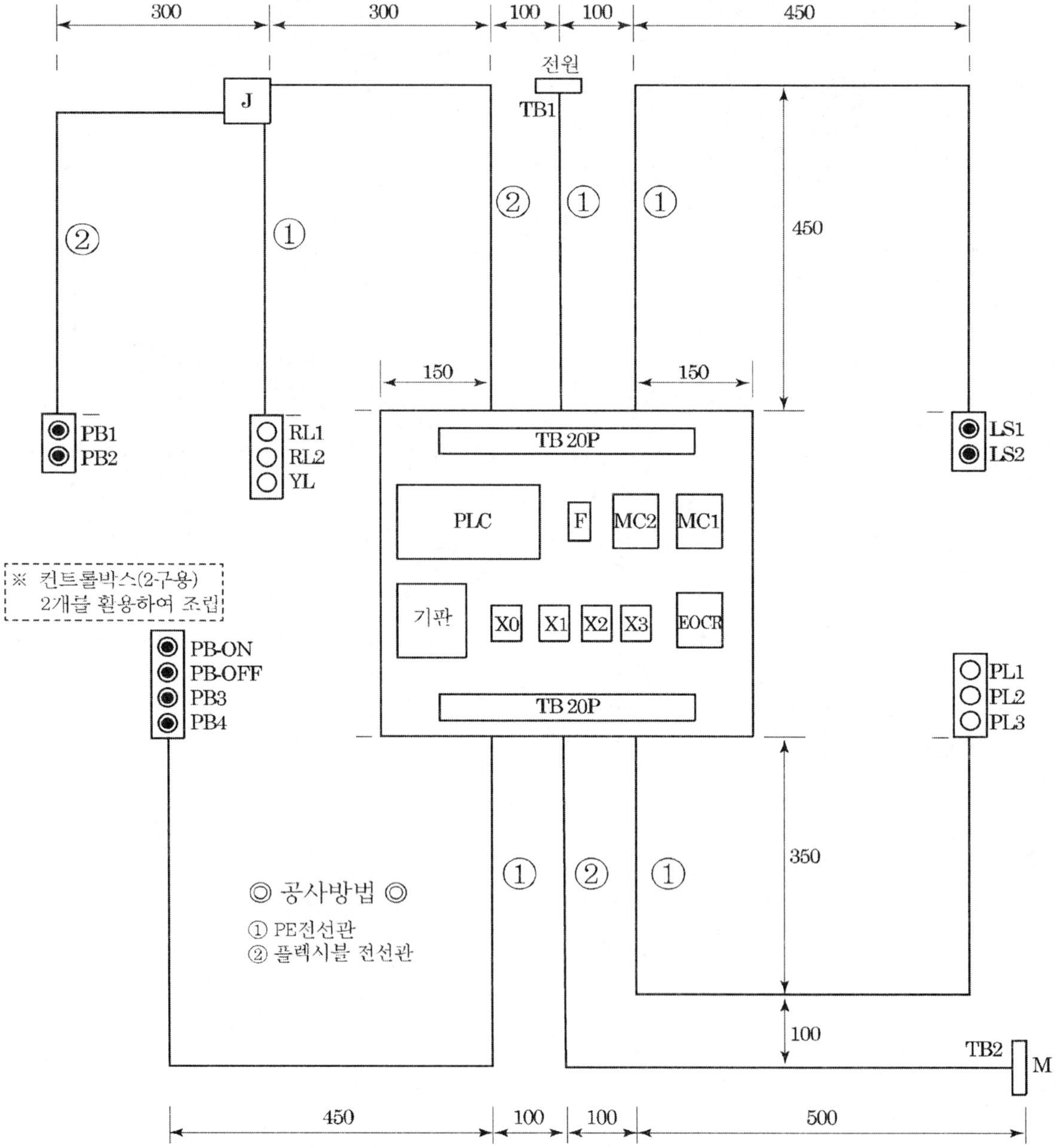

② PCB 회로도, 제어판 내부 기구배치도 및 범례

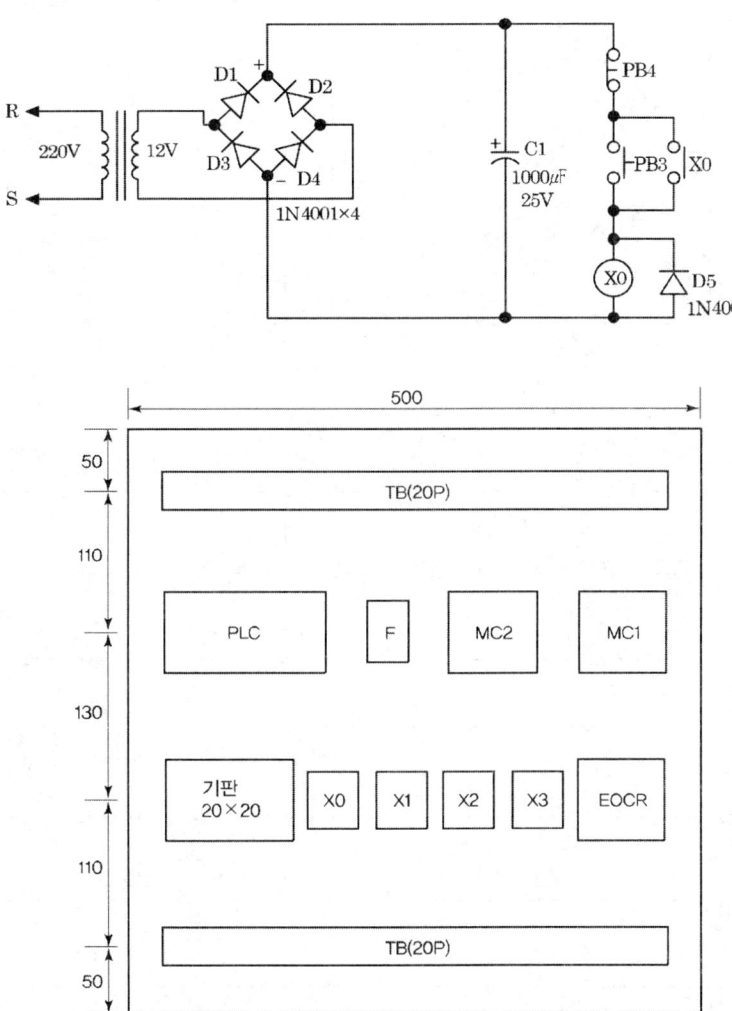

[범 례]

기호	명칭	기호	명칭	기호	명칭
MC_1, MC_2	전자개폐기	$PL_1 \sim PL_3$	파일롯램프(적)	$TB_1 \sim TB_2$	4P 단자대
EOCR	과부하계전기	RL_1	파일롯램프(적)	F	퓨즈 홀더
X_0	8P 릴레이(DC 12[V])	RL_2	파일롯램프(녹)	LS_1	푸시버튼SW(적)
$X_1 \sim X_3$	8P 릴레이(AC 220[V])	YL	파일롯램프(황)	LS_2	푸시버튼SW((녹)
PB-ON	푸시버튼SW(적)	PB_1, PB_3	푸시버튼SW(적)		
PB-OFF	푸시버튼SW(녹)	PB_2, PB_4	푸시버튼SW(녹)		

③ 시퀀스도

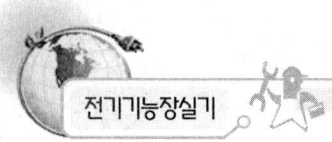

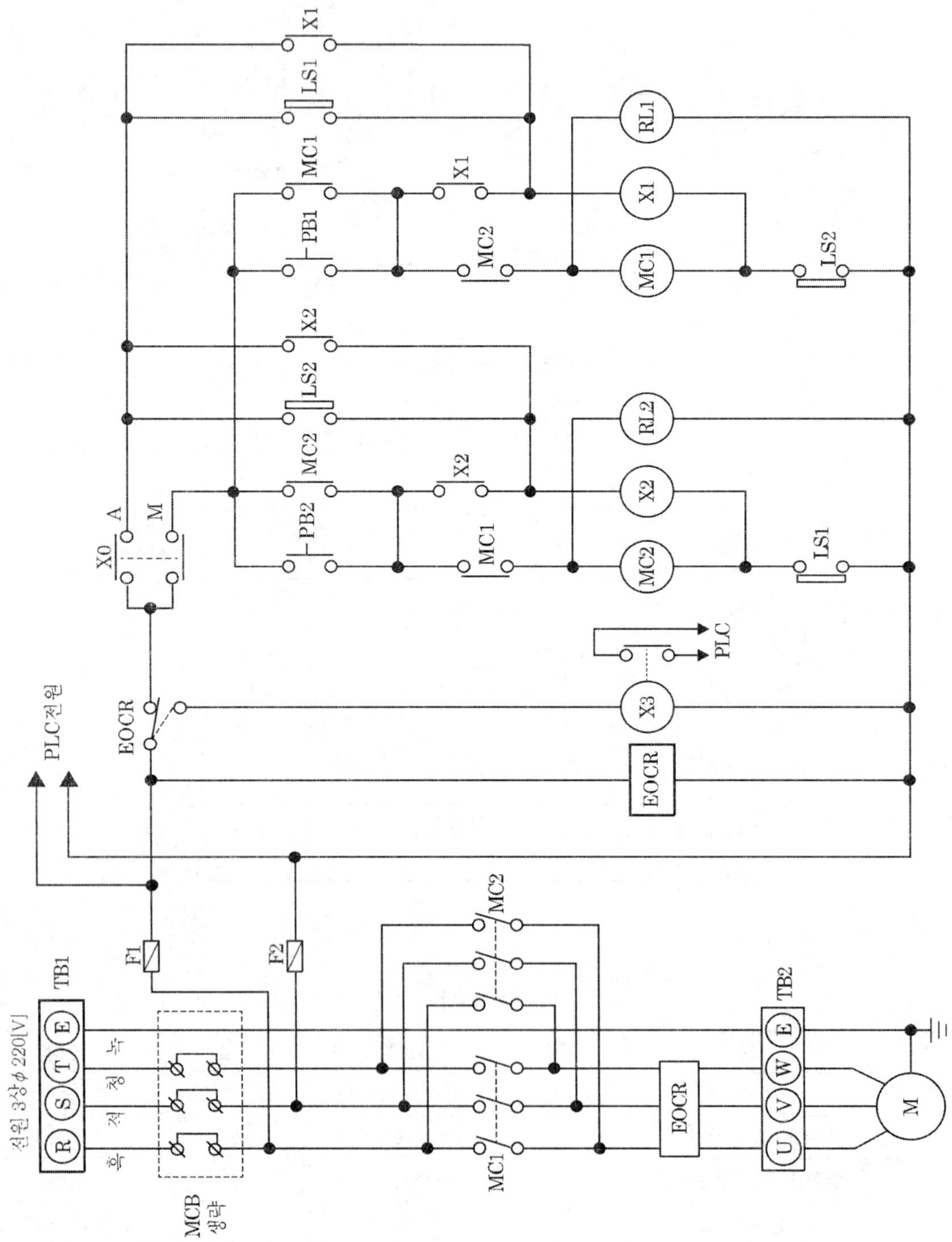
전원 3상 ϕ 220[V]
R S T E
TB1
흑 적 청 녹
MCB 생략
F1
F2
PLC전원
EOCR
X0
A
M
PB1
PB2
MC1
MC2
LS1
LS2
X1
X2
X3
RL1
RL2
PLC
EOCR
TB2
U V W E
M

④ 내부 결선도

Power Relay 내부 결선도(MC)

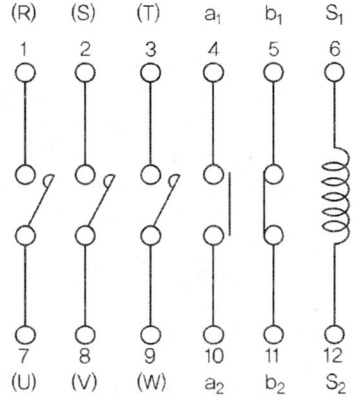

EOCR 내부 결선도

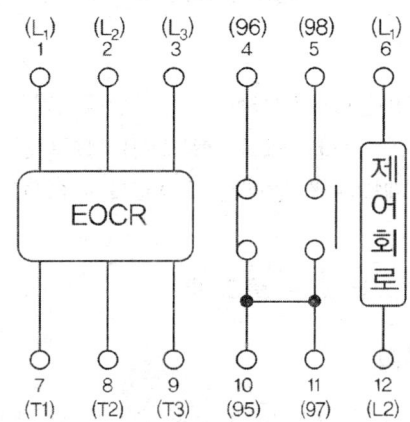

8핀 릴레이 내부 결선도

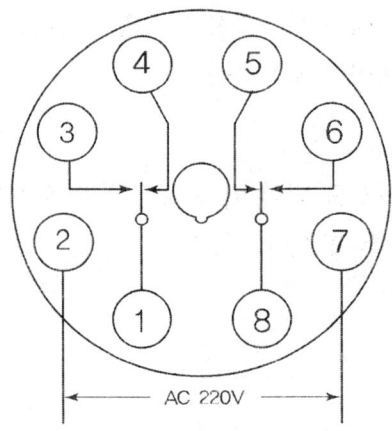

8핀 릴레이 내부 결선도

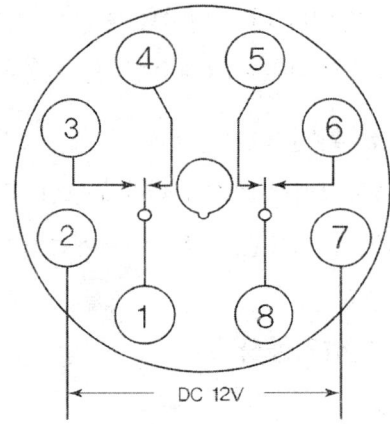

다이오드(D1~D5)

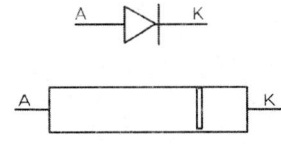

전해콘덴서(C1)

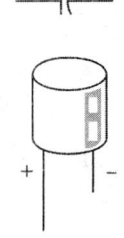

| 50-B회 |  | 작품명 | 전동기 제어회로 |

- 시험시간 : 표준시간 6시간,　　　연장시간 : 30분
 　　　　 (단, 1과제(PLC 프로그램) 시험시간은 2시간으로 한다.)
- 작업순서 : 제1과제를 완료한 후 제2과제 실시

1. 제1과제 : PLC 프로그램

1) 요구사항

① 제한시간 내에 주어진 요구사항 및 동작사항에 적합하도록 프로그램을 작성하시오.

② PLC는 입출력이 14점 이상인 소형 일체형으로 수험자가 지참한 PLC에 알맞은 프로그램을 선택하여 프로그램을 작성하며 입력전원은 노이즈 대책을 세워 배선하시오.

③ PLC는 제어판 내의 단자대에 단독 접지하고, RUN 모드상태로 부착하시오.(다만, 접지를 필요로 하지 않는 경우에는 과제수행 전 시험위원에게 이를 확인받아야 합니다.)

2) 입력신호 확인

작성된 프로그램을 PLC에 다운로드한 후 입력접점에 대한 신호를 넣어 이를 확인할 수 있으나, 과제완료(제2과제가 시작된 시점) 이후에는 프로그램을 재작업할 수 없습니다.

2. 제2과제 : 전기공사

1) 요구사항

① 지급된 재료를 사용하여 제한시간 내 도면에 표시된 공사를 내선공사 방법에 의거 완성하시오.

② 전원방식 : 3상 3선식 220[V]

③ 공사방법 : ㉮ 플렉시블 전선관　　㉯ PE 전선관

2) 수동동작

① PB_1을 ON하면 MC_1 여자, 전동기 정회전 운전, RL_1 점등, LS_2 동작 시 MC_1 소자, 전동기 정지, RL_1 소등

② PB_2를 ON하면 MC_2 여자, 전동기 역회전 운전, RL_2 점등, LS_1 동작 시 MC_2 소자, 전동기 정지, RL_2 소등

③ 전동기 운전 중 EOCR이 작동되면 YL은 PLC 프로그램에 의하여 점등과 소등을 반복, 전동기 정지

3) 자동동작

① PB_3을 ON한 후 LS_1이 동작하면 X_1, MC_1 여자, 전동기 정회전 운전, RL_1 점등, LS_2 동작 시 X_1, MC_1 소자, 전동기 정지, RL_1 소등

② LS_2가 동작하면 X_2, MC_2 여자, 전동기 역회전 운전, RL_2 점등, LS_1 동작 시 X_2, MC_2 소자, 전동기 정지, RL_2 소등

③ 위 동작을 반복 운전

④ 전동기 운전 중 EOCR이 작동되면 YL은 PLC 프로그램에 의하여 점등과 소등을 반복, 전동기 정지

4) 기타 사항

① 제어판 부분과 PE 전선관 및 플렉시블 전선관이 접속되는 부분은 박스 커넥터를 사용하시오.

② 전동기 접속배선은 생략하고 단자대까지 배선하시오.

3. 도면

1) PLC 프로그램

① 동작설명(타임차트 참조)

㉮ PB-ON을 눌렀다 놓으면 PL_3은 1초간 점등되고, PL_2는 PL_3의 소등과 동시에 점등(2초간)되며, PL_1은 PL_2가 소등되기 1초 전에 점등되어 3초간 점등되고, 또한 PL_1이 소등되기 1초 전에 PL_2가 재점등(2초)된다.

㉯ PB-OFF를 누를 때까지 위 사항을 계속 반복 동작하며, PB-OFF를 누르면 동작 중이던 PL_1, PL_2, PL_3은 소등된다.

㉰ EOCR이 동작되면 X_3 릴레이 접점에 의하여 YL(점등(1초)-소등(1초)-점등(2초)-소등(1초)-점등(3초)-소등(1초)을 반복)이 동작하고, EOCR을 리셋하면 모든 동작은 멈춘다.

② PLC 입출력도

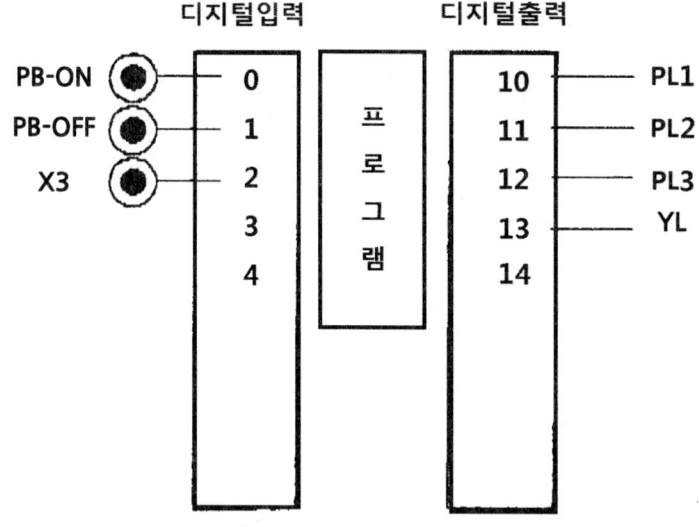

③ PLC 타임차트

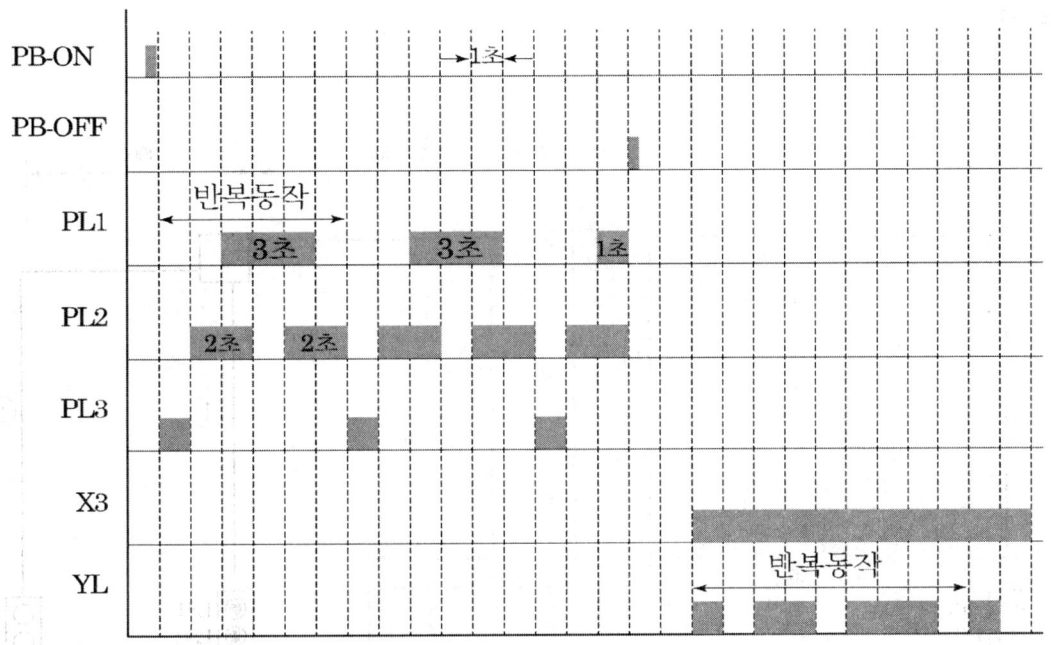

4. 도면

1) 전기공사

① 배관 및 기구 배치도

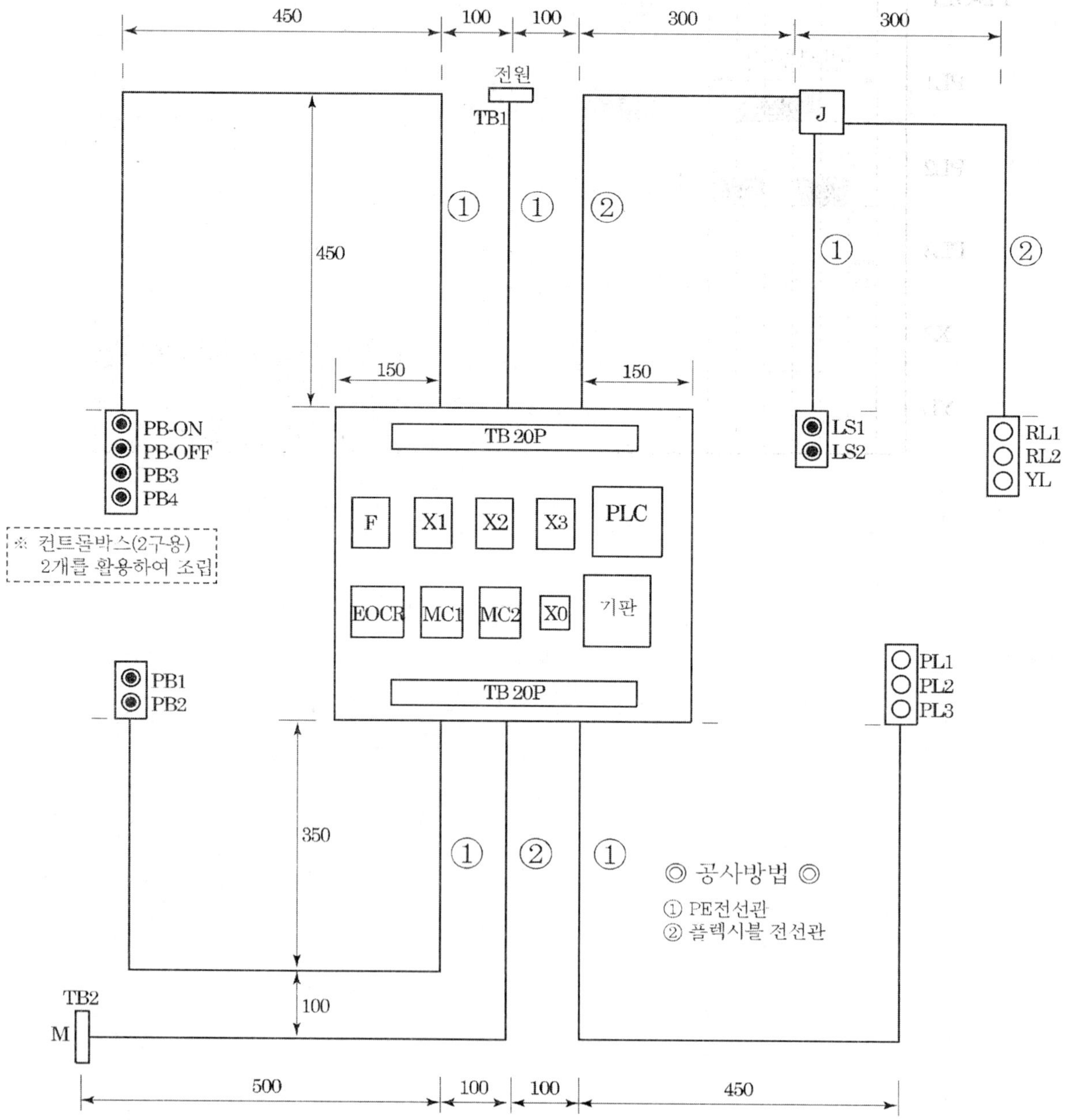

② PCB 회로도, 제어판 내부 기구배치도 및 범례

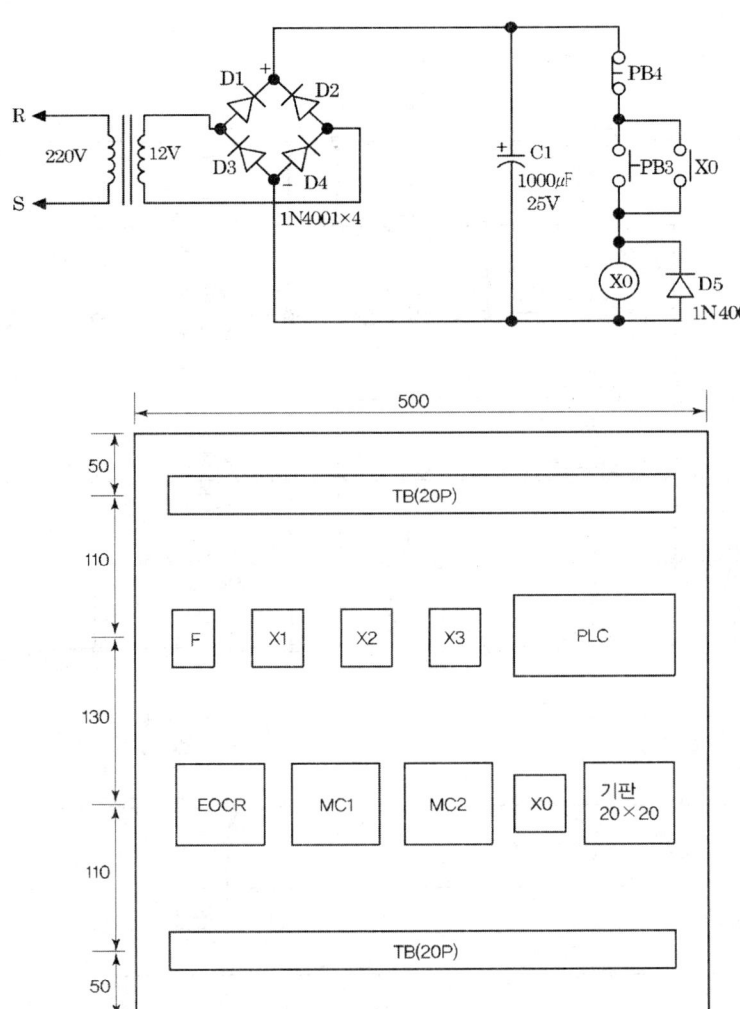

[범 례]

기호	명칭	기호	명칭	기호	명칭
MC_1, MC_2	전자개폐기	$PL_1 \sim PL_3$	파일롯램프(적)	$TB_1 \sim TB_2$	4P 단자대
EOCR	과부하계전기	RL_1	파일롯램프(적)	F	퓨즈 홀더(2P)
X_0	8P 릴레이(DC 12[V])	RL_2	파일롯램프(녹)	LS_1	푸시버튼SW(적)
$X_1 \sim X_3$	8P 릴레이(AC 220[V])	YL	파일롯램프(황)	LS_2	푸시버튼SW(녹)
PB-ON	푸시버튼SW(적)	PB_1, PB_3	푸시버튼SW(적)		
PB-OFF	푸시버튼SW(녹)	PB_2, PB_4	푸시버튼SW(녹)		

③ 시퀀스도

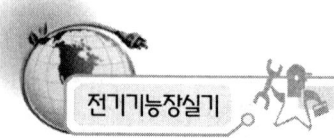

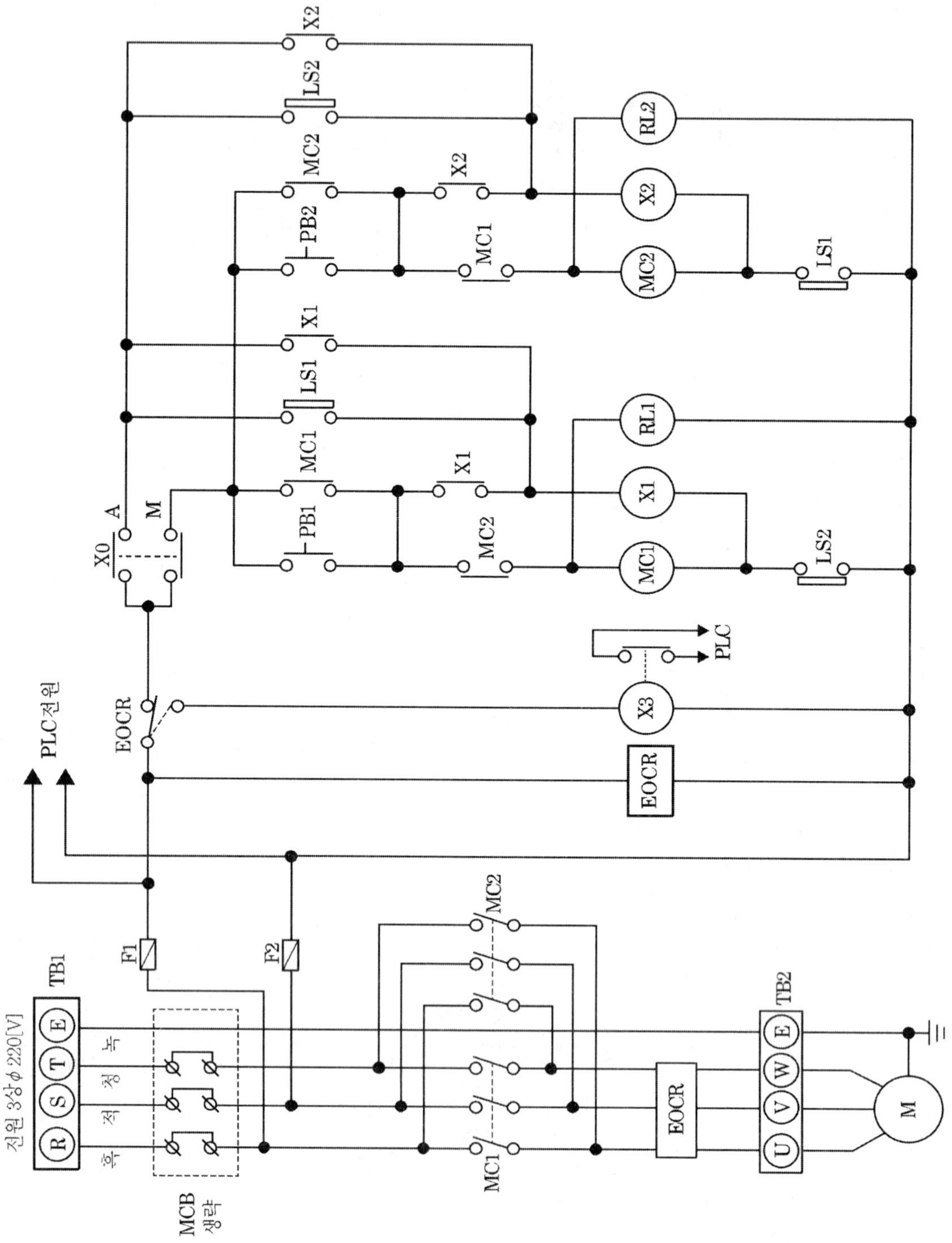
전원 3상φ 220[V]
TB1
R S T E
흑 적 청 녹
MCB 생략
F1
F2
PLC전원
EOCR
X0
A
M
PB1
MC1
LS1
X1
MC2
PB2
LS2
X2
X3
PLC
RL1
RL2
TB2
U V W E
M

④ 내부 결선도

Power Relay 내부 결선도(MC)

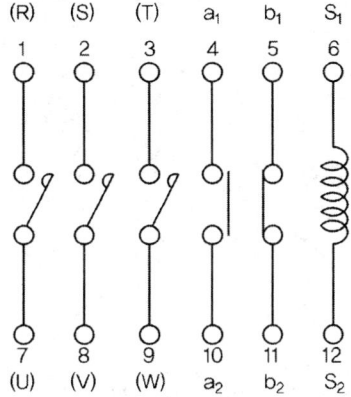

EOCR 내부 결선도

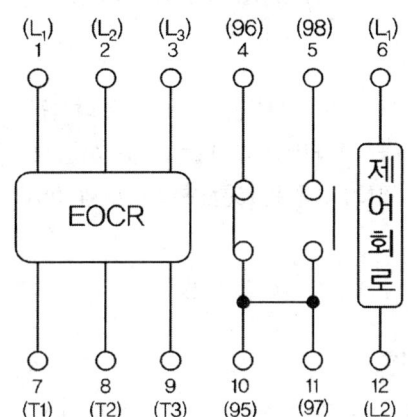

8핀 릴레이 내부 결선도

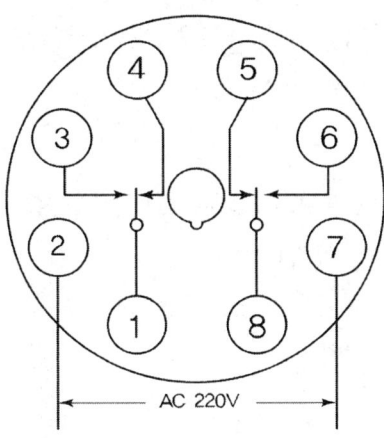

8핀 릴레이 내부 결선도

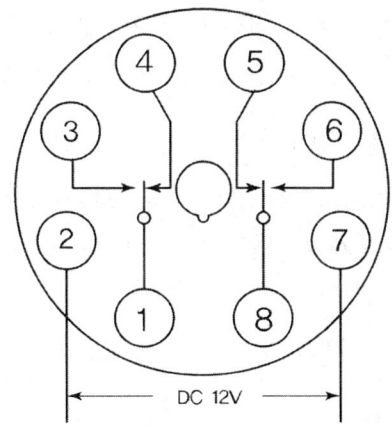

다이오드(D1~D5)

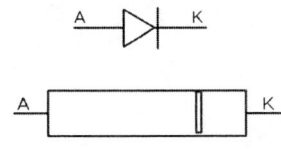

전해콘덴서(C1)

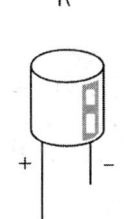

 | 작품명 | 전동기 제어회로 |

- 시험시간 : 표준시간 6시간,   연장시간 : 30분
  (단, 1과제(PLC 프로그램) 시험시간은 2시간으로 한다.)
- 작업순서 : 제1과제를 완료한 후 제2과제 실시

1. 제1과제 : PLC 프로그램

1) 요구사항

① 제한시간 내에 주어진 요구사항 및 동작사항에 적합하도록 프로그램을 작성하시오.

② PLC는 입출력이 14점 이상인 소형 일체형으로 수험자가 지참한 PLC에 알맞은 프로그램을 선택하여 프로그램을 작성하며 입력전원은 노이즈 대책을 세워 배선하시오.

③ PLC는 제어판 내의 단자대에 단독 접지하고, RUN 모드상태로 부착하시오.(다만, 접지를 필요로 하지 않는 경우에는 과제수행 전 시험위원에게 이를 확인받아야 합니다.)

2) 입력신호 확인

작성된 프로그램을 PLC에 다운로드한 후 입력접점에 대한 신호를 넣어 이를 확인할 수 있으나, 과제완료(제2과제가 시작된 시점) 이후에는 프로그램을 재작업할 수 없습니다.

2. 제2과제 : 전기공사

1) 요구사항

① 지급된 재료를 사용하여 제한시간 내 도면에 표시된 공사를 내선공사 방법에 의거 완성하시오.

② 전원방식 : 3상 3선식 220[V]

③ 공사방법 : ㉮ 플렉시블 전선관   ㉯ PE 전선관

2) 수동동작

① PB_1을 ON하면 MC_1 여자, 전동기 정회전 운전, RL_1 점등, LS_2 동작 시 MC_1 소자, 전동기 정지, RL_1 소등

② PB_2를 ON하면 MC_2 여자, 전동기 역회전 운전, RL_2 점등, LS_1 동작 시 MC_2 소자, 전동기 정지, RL_2 소등

③ 전동기 운전 중 EOCR이 작동되면 YL은 PLC 프로그램에 의하여 점등과 소등을 반복, 전동기 정지

3) 자동동작

① PB_3을 ON한 후 LS_1이 동작하면 X_1, MC_1 여자, 전동기 정회전 운전, RL_1 점등, LS_2 동작 시 X_1, MC_1 소자, 전동기 정지, RL_1 소등

② LS_2가 동작하면 X_2, MC_2 여자, 전동기 역회전 운전, RL_2 점등, LS_1 동작 시 X_2, MC_2 소자, 전동기 정지, RL_2 소등

③ 위 동작을 반복 운전

④ 전동기 운전 중 EOCR이 작동되면 YL은 PLC 프로그램에 의하여 점등과 소등을 반복, 전동기 정지

4) 기타 사항

① 제어판 부분과 PE 전선관 및 플렉시블 전선관이 접속되는 부분은 박스 커넥터를 사용하시오.

② 전동기 접속배선은 생략하고 단자대까지 배선하시오.

3. 도면

1) PLC 프로그램

① 동작설명(타임차트 참조)

㉮ PB-up과 PB-down의 입력에 의한 Up-down 카운터(설정치 5)의 현재치가 5 이상이면 PL_1은 3초 간격으로 점멸하고, PL_2는 PL_1이 점등된 후 2초 뒤부터 1초 간격으로 점멸하며, PL_3은 PL_2가 점등된 후 2초 뒤부터 2초 간격으로 점멸한다.

㉯ Up-down 카운터의 현재치가 5 이상이면 위 사항을 계속 반복 동작하며, 현재치가 5보다 작으면 동작 중이던 PL_1, PL_2, PL_3은 소등된다.

㉰ EOCR이 동작되면 X_3과 YL(점등(2초)-소등(1초)-점등(1초)-소등(1초)-점등(3초)-소등(1초)을 반복)이 동작하고, EOCR을 리셋하면 모든 동작은 멈춘다.

② PLC 입출력도

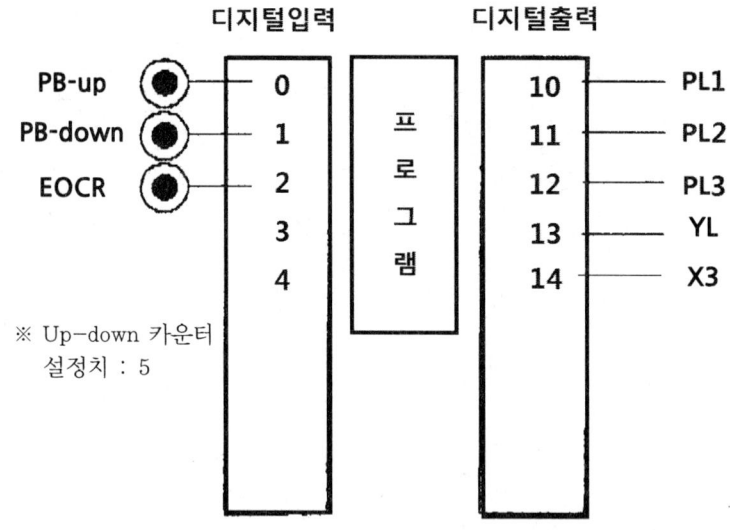

③ PLC 타임차트

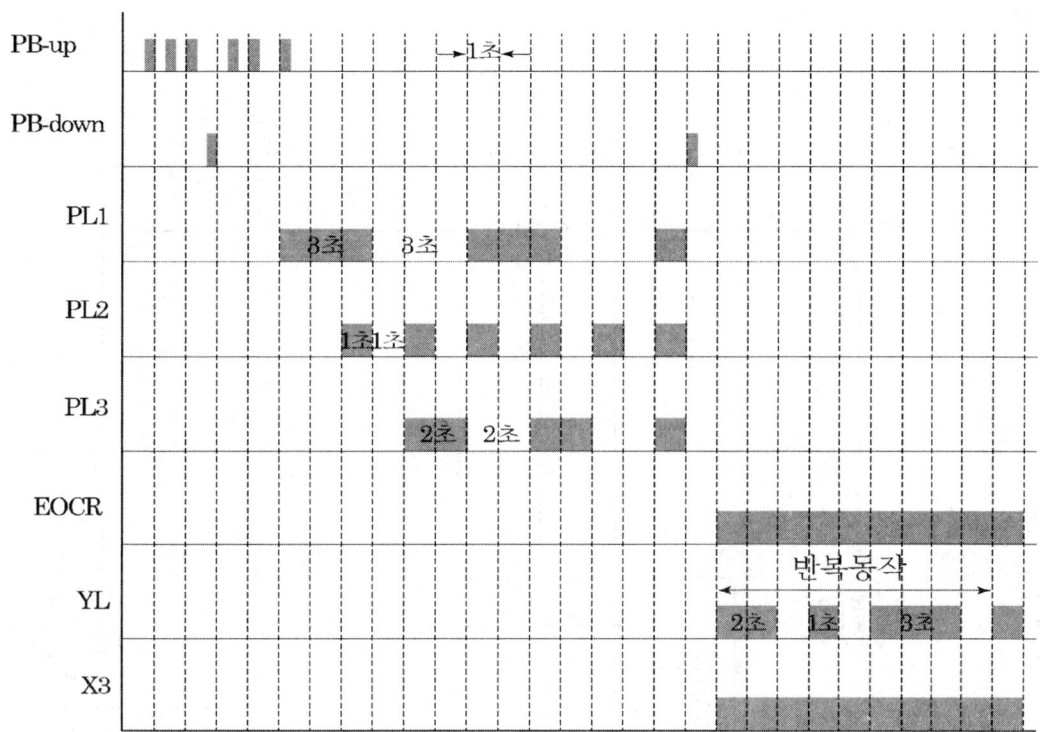

4. 도면

1) 전기공사

① 배관 및 기구 배치도

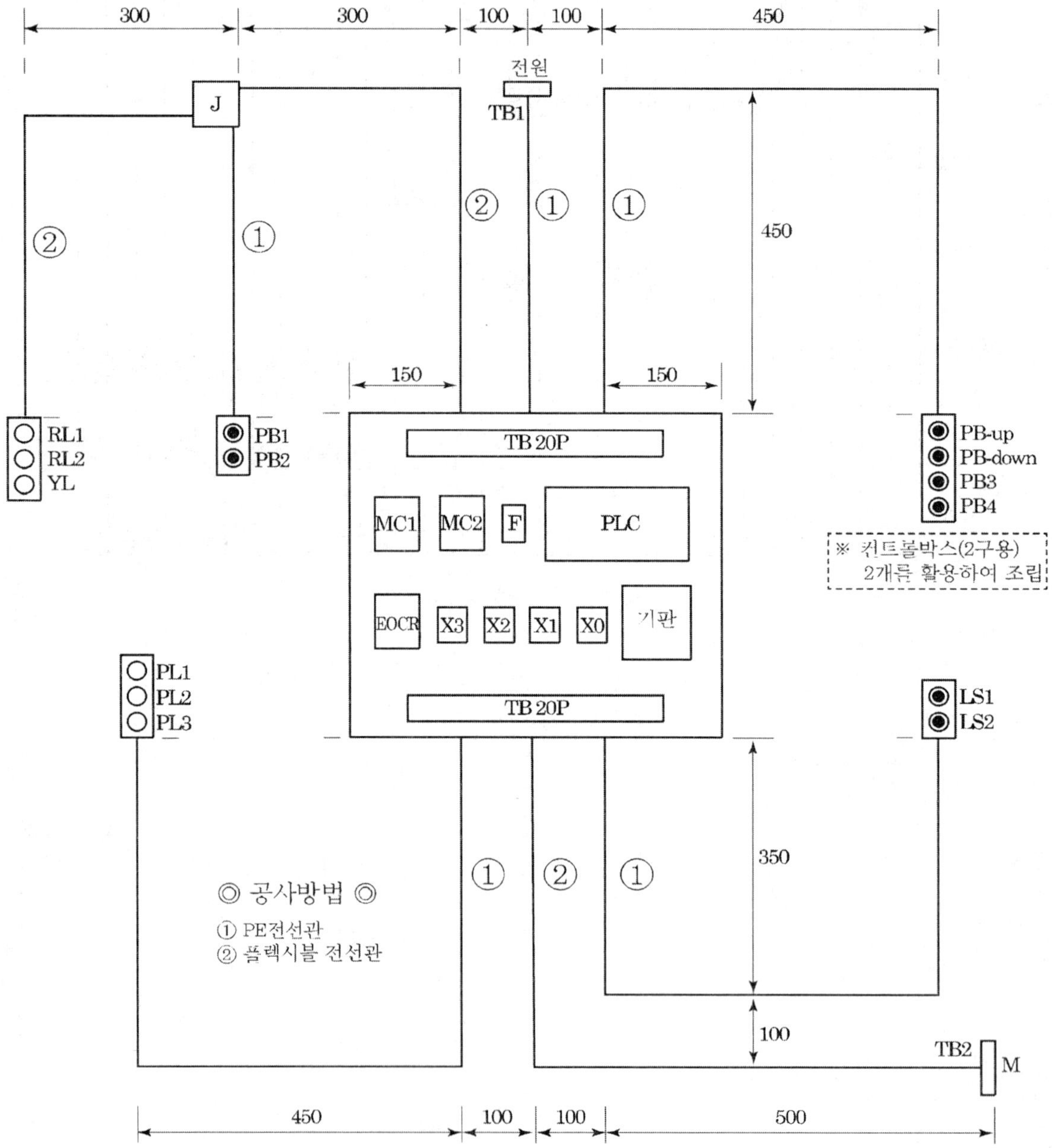

② PCB 회로도, 제어판 내부 기구배치도 및 범례

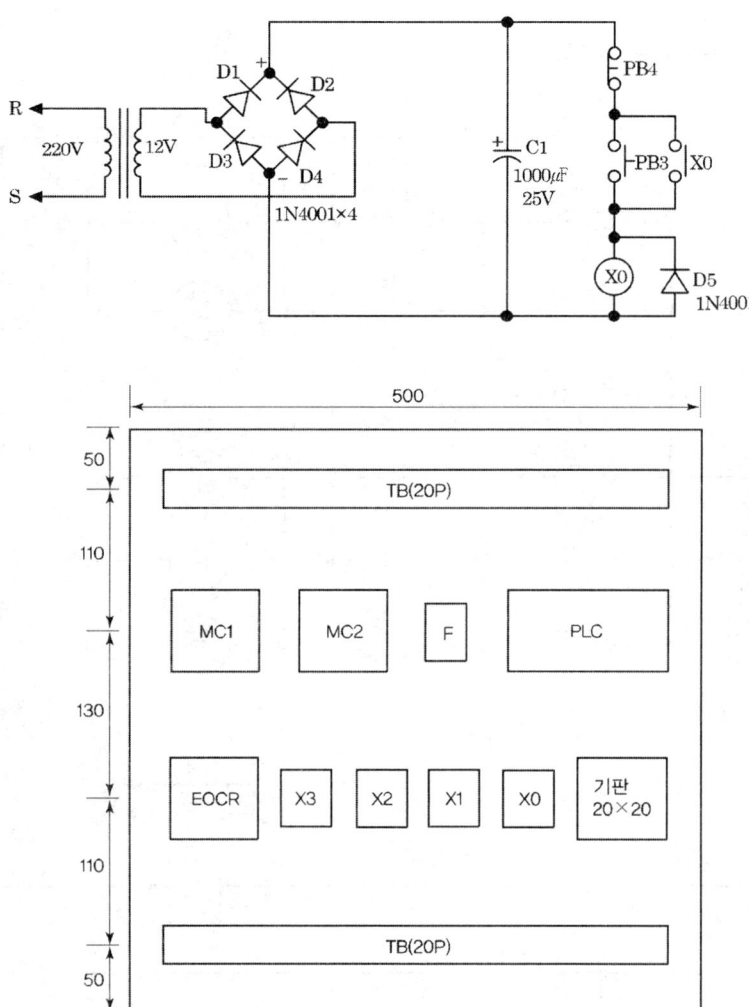

[범 례]

기호	명칭	기호	명칭	기호	명칭
MC_1, MC_2	전자개폐기	$PL_1 \sim PL_3$	파일롯램프(적)	$TB_1 \sim TB_2$	4P 단자대
EOCR	과부하계전기	RL_1	파일롯램프(적)	F	퓨즈 홀더
X_0	8P 릴레이(DC 12[V])	RL_2	파일롯램프(녹)	LS_1	푸시버튼SW(녹)
$X_1 \sim X_3$	8P 릴레이(AC 220[V])	YL	파일롯램프(황)	LS_2	푸시버튼SW(녹)
PB-up	푸시버튼SW(적)	PB_1	푸시버튼SW(적)	PB_3	푸시버튼SW(적)
PB-down	푸시버튼SW(녹)	PB_2	푸시버튼SW(적)	PB_4	푸시버튼SW(녹)

③ 시퀀스도

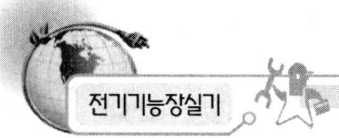

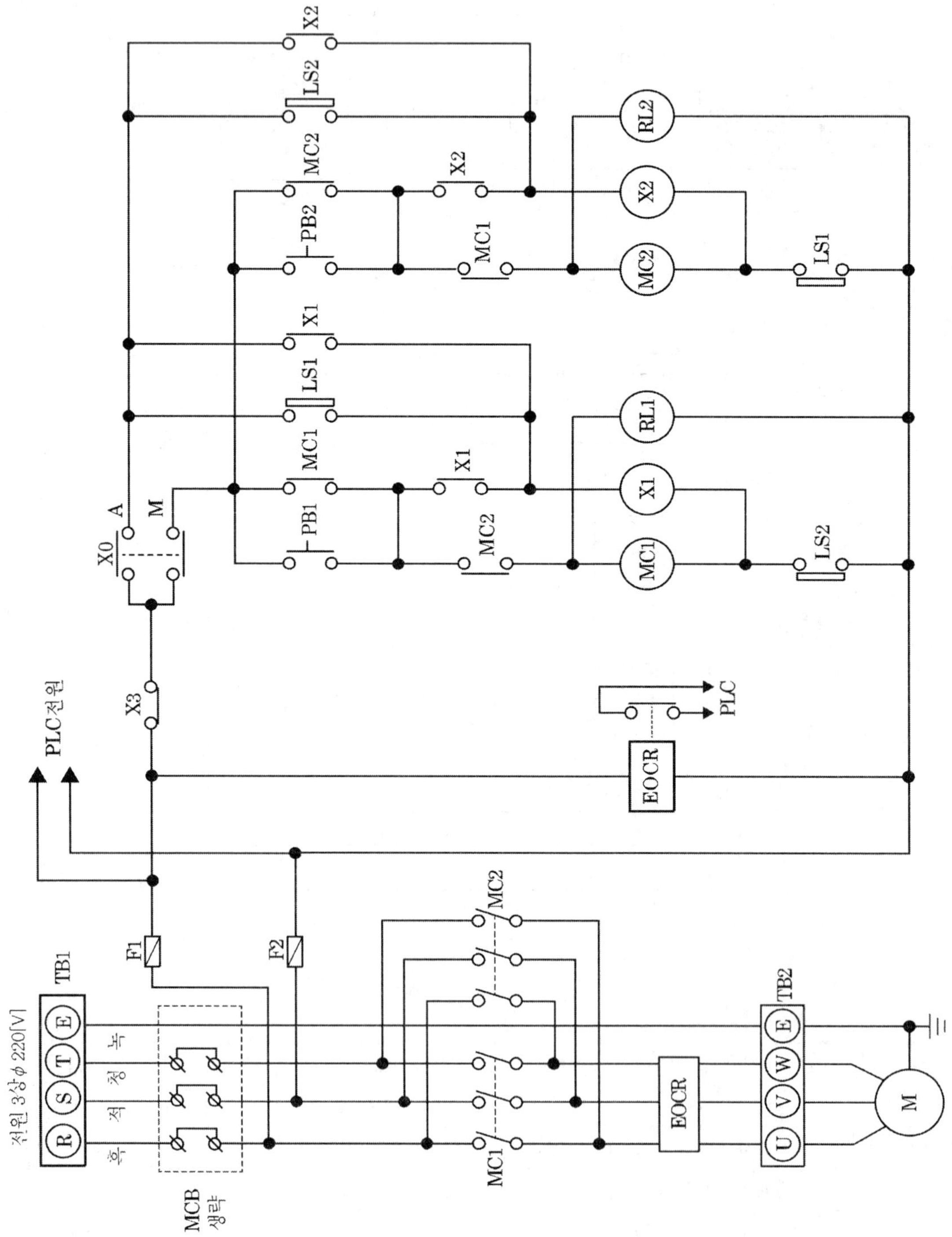
전원 3상ϕ 220[V]
R S T E
흑 적 청 녹
TB1
MCB 생략
F1
F2
PLC전원
X3
X0
A
M
PB1
MC1
LS1
X1
MC2
PB2
LS2
X2
RL1
RL2
LS2
LS1
EOCR
PLC
MC1
MC2
EOCR
TB2
U V W E
M

④ 내부 결선도

Power Relay 내부 결선도(MC)

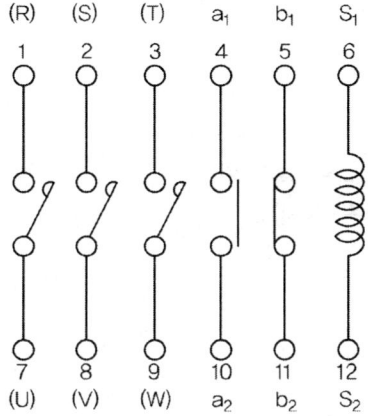

EOCR 내부 결선도

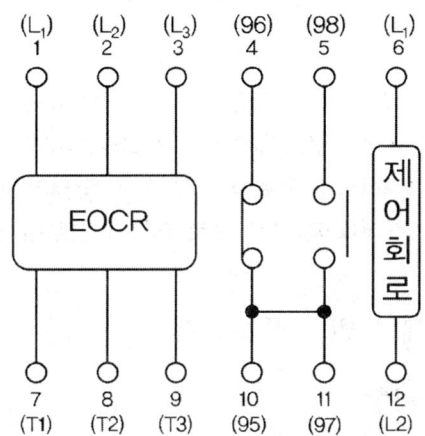

8핀 릴레이 내부 결선도

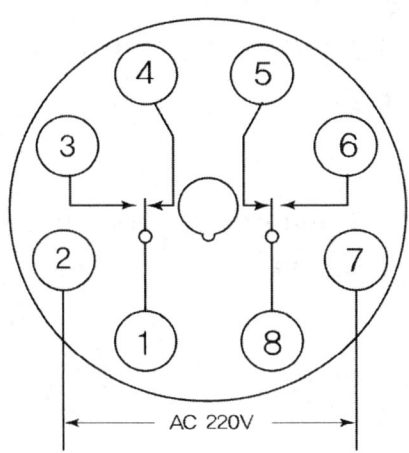

8핀 릴레이 내부 결선도

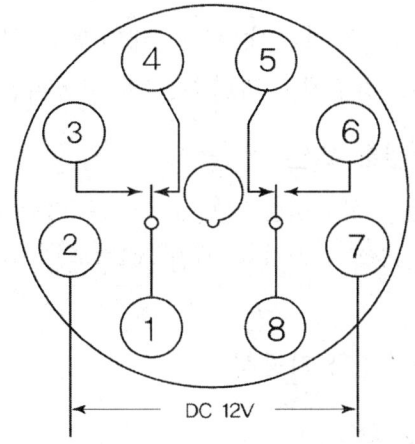

다이오드(D1~D5)

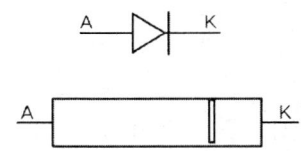

전해콘덴서(C1)

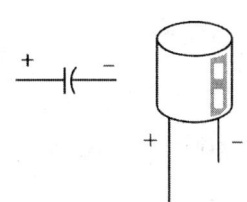

| 51-A회 |  | 작품명 | 전동기 제어회로 |

• 시험시간 : 표준시간 6시간,   연장시간 : 30분
  (단, 제1과제(PLC 프로그램) 시험시간은 2시간으로 한다.)
• 작업순서 : 제1과제 완료 후, 제2과제 작업이 가능하며 시험시간 내에서 연속 실시한다.
  (제1과제(PLC 프로그램)가 완료된 경우 제2과제는 개인별 연속 실시)

1. 제1과제 : PLC 프로그램

1) 요구사항

① 제한시간 내에 주어진 요구사항 및 동작사항에 적합하도록 프로그램을 작성하시오.
② PLC는 입출력이 14점 이상인 소형 일체형으로 수험자가 지참한 PLC에 알맞은 프로그램을 선택하여 프로그램을 작성하며 입력전원은 노이즈 대책을 세워 배선하시오.
③ PLC는 제어판 내의 단자대에 단독 접지하고, RUN 모드상태로 부착하시오.(단, 접지를 필요로 하지 않는 경우에는 과제수행 전 시험위원에게 이를 확인받아야 합니다.)

2) 입력신호 확인

작성된 프로그램을 PLC에 다운로드한 후 입력접점에 대한 신호를 넣어 이를 확인할 수 있으나, 과제완료(제2과제가 시작된 시점) 이후에는 프로그램을 재작업할 수 없습니다.

2. 제2과제 : 전기공사

1) 요구사항

① 지급된 재료를 사용하여 제한시간 내 도면에 표시된 공사를 내선공사 방법에 의거 완성하시오.
② 전원방식 : 3상 3선식 220[V]
③ 공사방법 : ㉮ PE 전선관   ㉯ 플렉시블 전선관

2) 수동동작

① PB_2를 ON하면 MC_1 여자, 전동기 정회전 운전, RL_1 점등, PB_1을 누르면 MC_1 소자, 전동기 정지, RL_1 소등, GL 점등
② PB_3을 ON하면 MC_2 여자, 전동기 역회전 운전, RL_2 점등, PB_1을 누르면 MC_2 소자, 전동기 정지, RL_2 소등, GL 점등

③ 전동기 운전 중 EOCR이 작동되면 운전 중인 전동기는 동작을 멈추고 YL과 BZ는 PLC 프로그램에 의하여 점등(동작)과 소등(정지)을 반복하게 된다.

④ EOCR을 리셋하면 처음 준비상태로 된다.

3) 자동동작

① PB_5를 ON하면 X_1이 여자되어 자동운전으로 전환된다.

② LS_1이 동작하면 X_2, MC_1 여자, 전동기 정회전 운전, RL_1이 점등하게 된다.

③ LS_2가 동작하면 MC_1 소자, 전동기 정지, RL_1 소등, X_3, MC_2 여자, 전동기 역회전 운전, RL_2가 점등하게 되며, 또다시 LS_1이 동작하면 MC_2 소자, RL_2가 소등되고, MC_1 여자, 전동기 정회전 운전, RL_1이 점등하게 된다.

④ 위 동작을 반복

⑤ 전동기 운전 중 EOCR이 작동되면 운전 중인 전동기는 동작을 멈추고 YL과 BZ는 PLC 프로그램에 의하여 점등(동작)과 소등(정지)을 반복하게 된다.

⑥ EOCR을 리셋하면 처음 준비상태로 된다.

⑦ PB_4를 누르면 자동운전에서 수동운전으로 전환된다.

4) 기타 사항

① 제어판 부분과 PE 전선관 및 플렉시블 전선관이 접속되는 부분은 박스 커넥터를 사용하시오.

② 전동기 접속배선은 생략하고 단자대까지 배선하시오.

3. 도면

1) PLC 프로그램

① 동작설명(●는 동작(점등), ○는 정지(소등)이며 원호 안의 숫자는 시간(초)임)

㉮ PB_6을 누르면, PL_3은 주어진 시간 동안 점등과 소등(❻-①-❷-①)을 하며, PL_2는 PL_3이 점등된 후 1초 후 점등과 소등(❹-①-❹-①)을 하고, PL_1은 PL_2가 점등된 1초 후 점등과 소등(❷-①-❻-①)을 한다.

㉯ PB_7의 입력이 들어오기 전까지 위 사항을 계속 반복 동작하게 되며, PB_7을 누르면 동작 중이던 PL_1, PL_2, PL_3은 모두 소등된다.

㉰ 제어회로의 X_4(EOCR)가 동작되면 YL은 점등과 소등(❸-①-❷-①)을 반복하고, BZ는 YL 점등 1초 후 동작과 정지(❷-②-❶-②)를 반복한다. X_4(EOCR)가 복귀되면 YL과 BZ는 동작을 멈춘다.

② PLC 입출력도

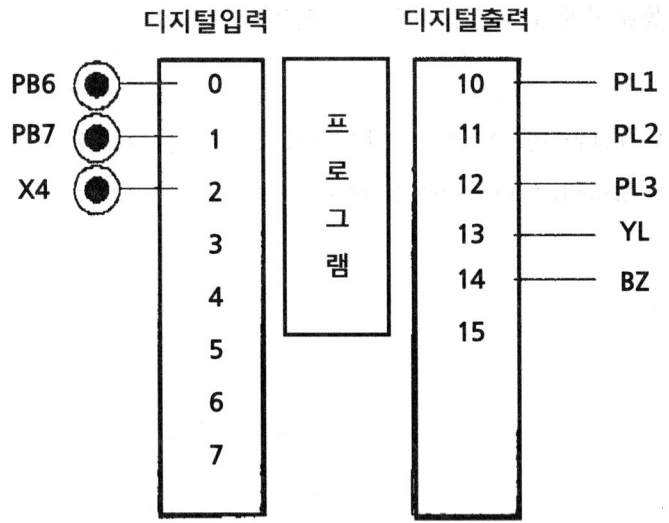

③ PLC 타임차트

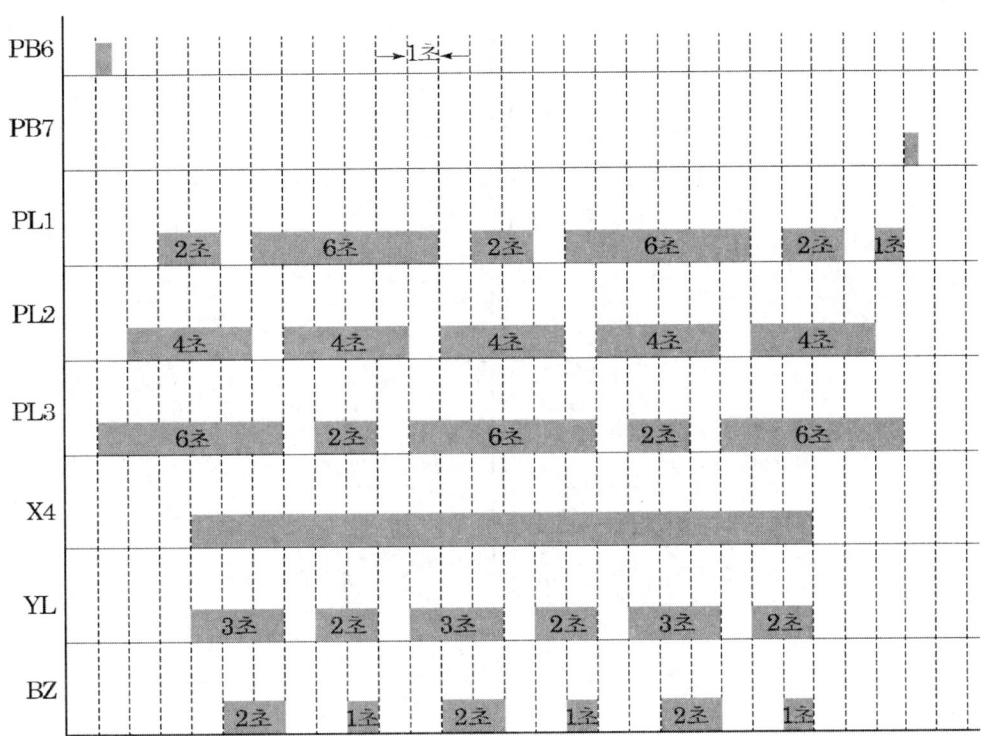

④ PLC 래더도(PLC 프로그램 작도)

4. 도면

1) 전기공사

① 배관 및 기구 배치도

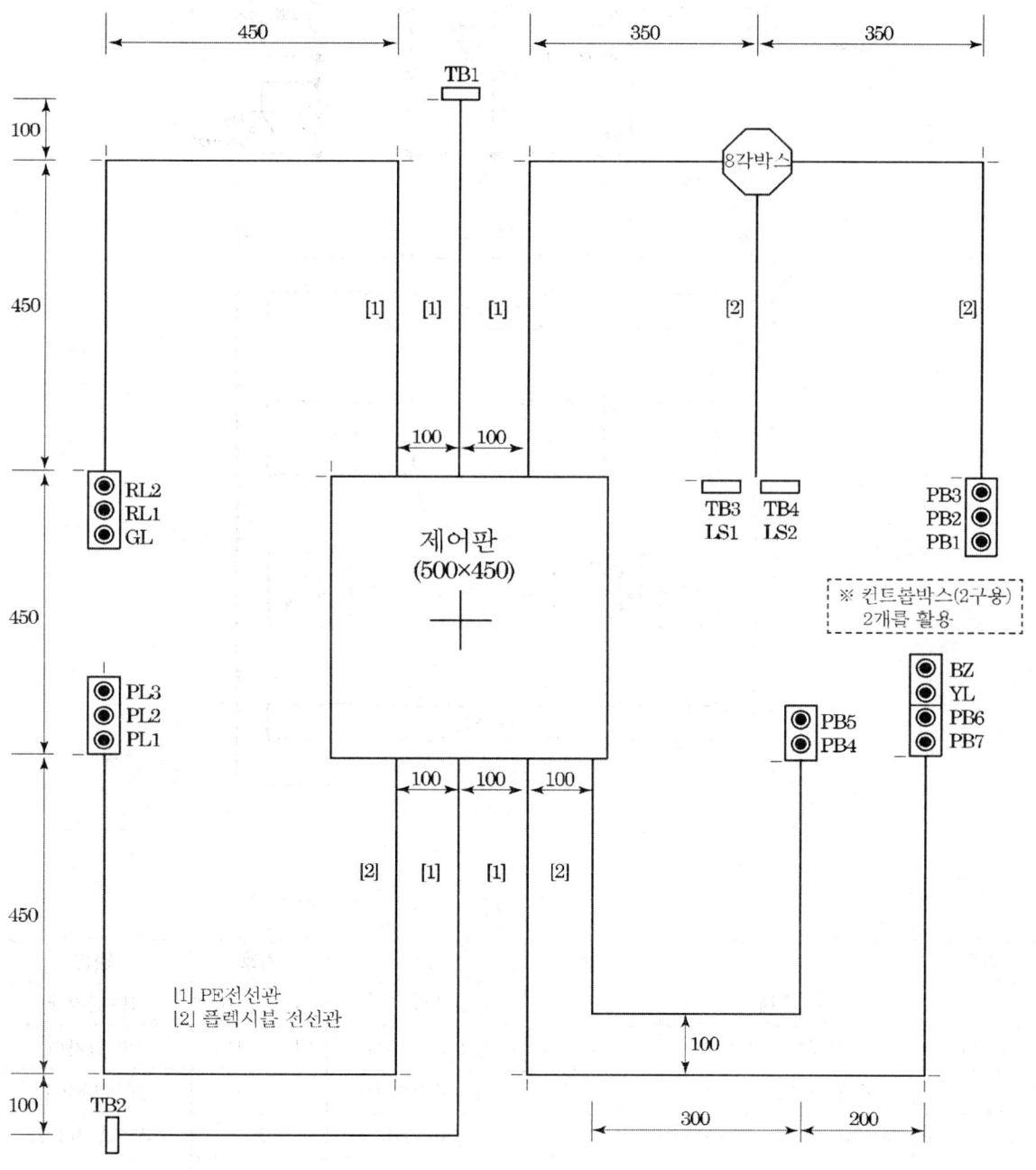

② PCB 회로도, 제어판 내부 기구배치도 및 범례

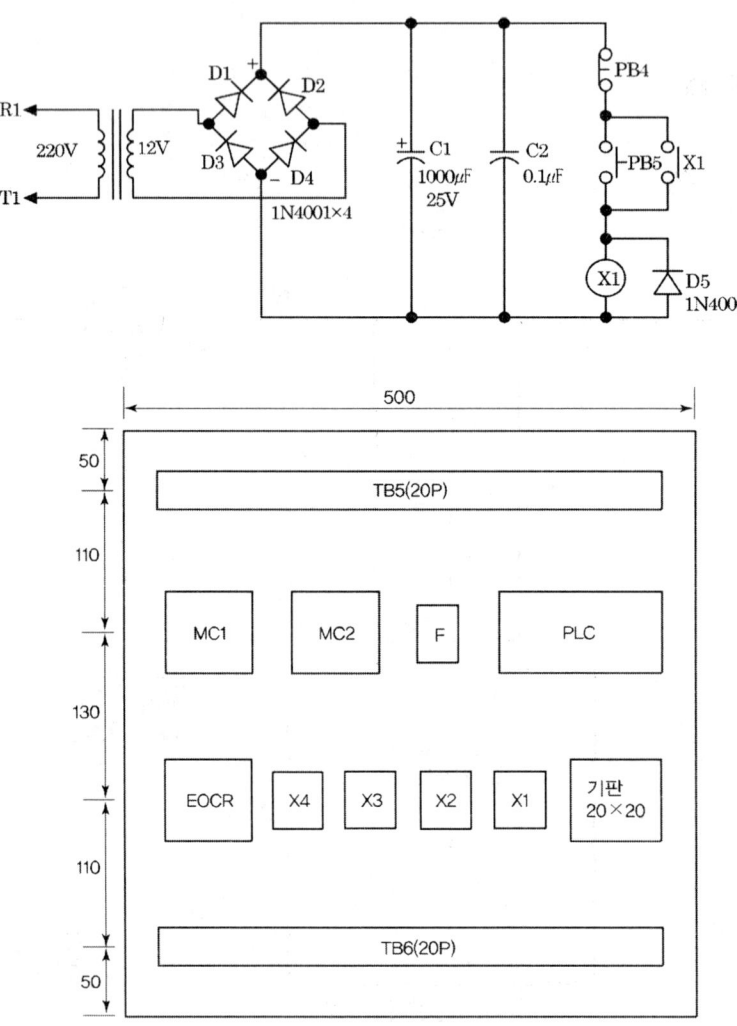

[범 례]

기호	명칭	기호	명칭	기호	명칭
MC$_1$, MC$_2$	전자개폐기	PL$_1$ ~ PL$_3$	파일롯램프(적)	TB$_1$ ~ TB$_2$	4P 단자대
EOCR	과부하계전기	GL	파일롯램프(녹)	TB$_3$ ~ TB$_4$	3P 단자대
X$_1$	8P 릴레이(DC 12[V])	RL$_1$ ~ RL$_2$	파일롯램프(적)	TB$_5$ ~ TB$_6$	20P 단자대
X$_2$ ~ X$_4$	8P 릴레이(AC 220[V])	YL	파일롯램프(황)	F	퓨즈홀더(2극)
PB$_1$	푸시버튼SW(녹)	PB$_4$	푸시버튼SW(적)	PB$_6$	푸시버튼SW(적)
PB$_2$, PB$_3$	푸시버튼SW(적)	PB$_5$	푸시버튼SW(녹)	PB$_7$	푸시버튼SW(녹)

Chapter 05 부록(과년도문제)

③ 시퀀스도

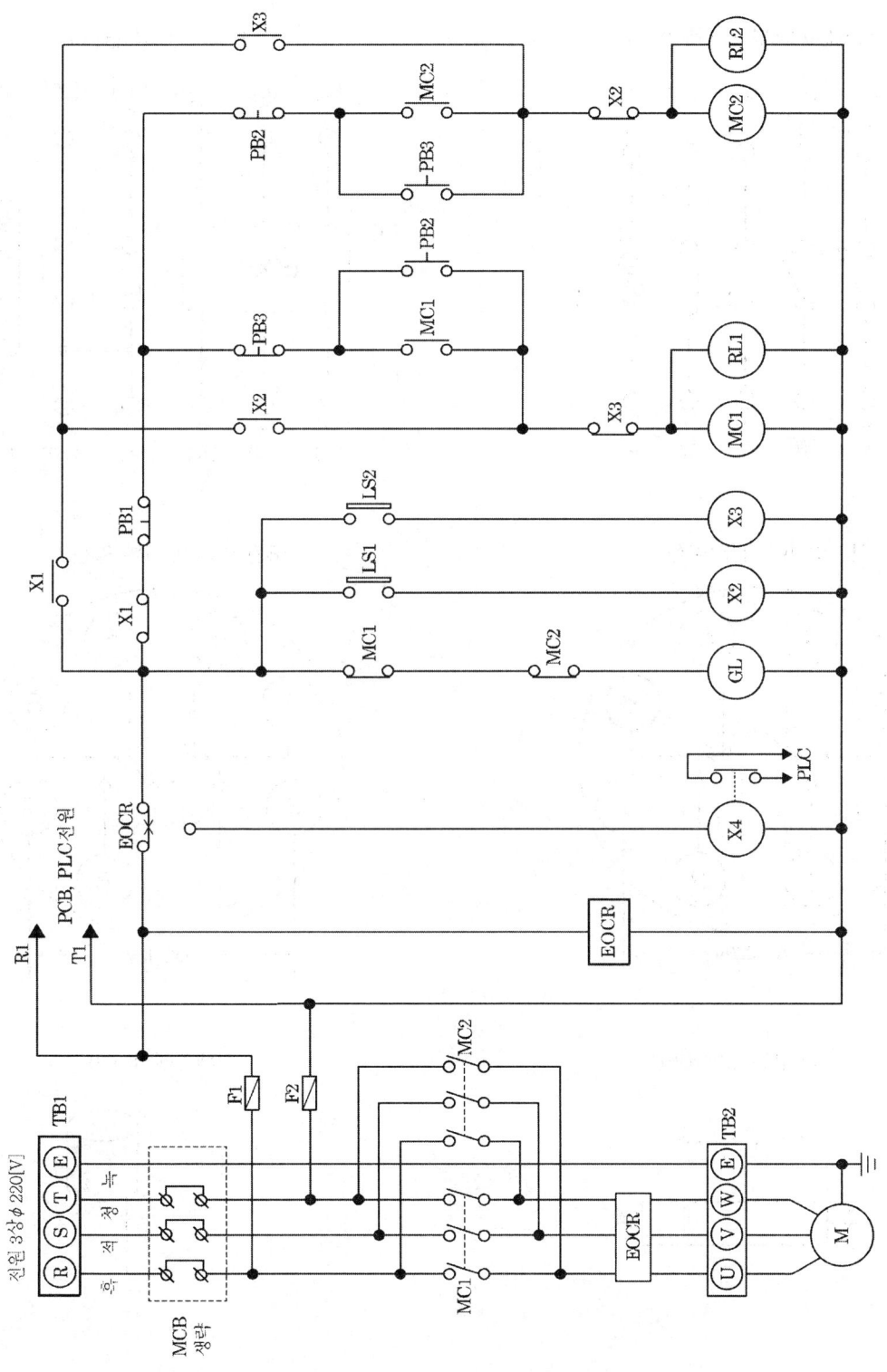

147

④ 내부 결선도

Power Relay 내부 결선도(MC)

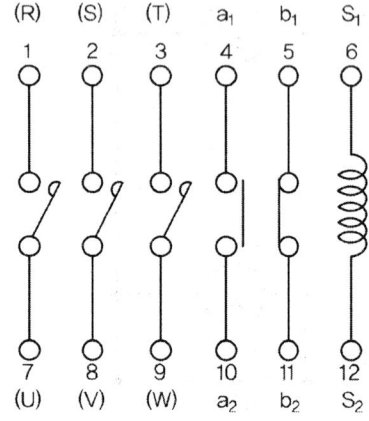

EOCR 내부 결선도

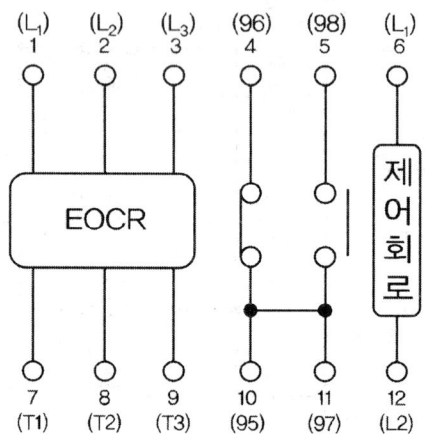

8핀 릴레이 내부 결선도

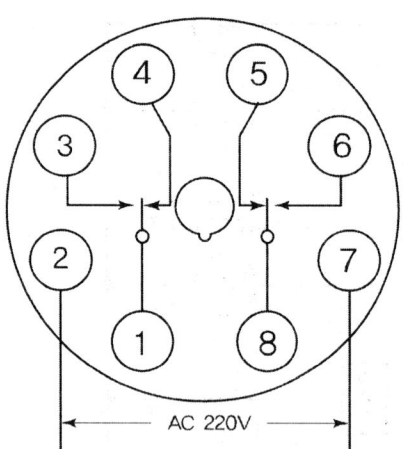

8핀 릴레이 내부 결선도

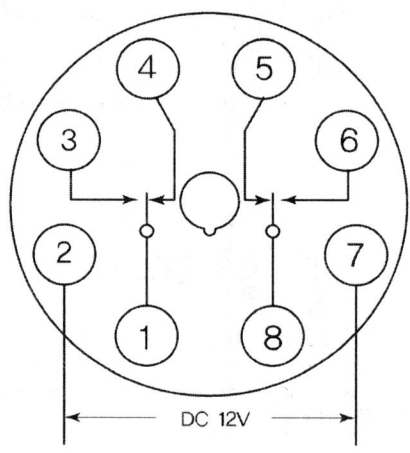

다이오드(D1~D5)

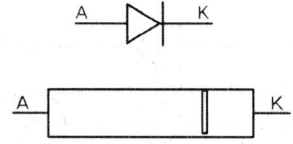

전해콘덴서(C1)

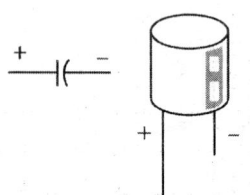

Chapter 05 부록(과년도문제)

51-B회 | 작품명 | 전동기 제어회로

- 시험시간 : 표준시간 6시간,   연장시간 : 30분
  (단, 제1과제(PLC 프로그램) 시험시간은 2시간으로 한다.)
- 작업순서 : 제1과제 완료 후, 제2과제 작업이 가능하며 시험시간 내에서 연속 실시한다.
  (제1과제(PLC 프로그램)가 완료된 경우 제2과제는 개인별 연속 실시)

1. 제1과제 : PLC 프로그램

1) 요구사항

① 제한시간 내에 주어진 요구사항 및 동작사항에 적합하도록 프로그램을 작성하시오.

② PLC는 입출력이 14점 이상인 소형 일체형으로 수험자가 지참한 PLC에 알맞은 프로그램을 선택하여 프로그램을 작성하며 입력전원은 노이즈 대책을 세워 배선하시오.

③ PLC는 제어판 내의 단자대에 단독 접지하고, RUN 모드상태로 부착하시오.(단, 접지를 필요로 하지 않는 경우에는 과제수행 전 시험위원에게 이를 확인받아야 합니다.)

2) 입력신호 확인

작성된 프로그램을 PLC에 다운로드한 후 입력접점에 대한 신호를 넣어 이를 확인할 수 있으나, 과제완료(제2과제가 시작된 시점) 이후에는 프로그램을 재작업할 수 없습니다.

2. 제2과제 : 전기공사

1) 요구사항

① 지급된 재료를 사용하여 제한시간 내 도면에 표시된 공사를 내선공사 방법에 의거 완성하시오.

② 전원방식 : 3상 3선식 220[V]

③ 공사방법 : ㉮ PE 전선관   ㉯ 플렉시블 전선관

2) 수동동작

① PB_2를 ON하면 MC_1 여자, 전동기 정회전 운전, RL_1 점등, PB_1을 누르면 MC_1 소자, 전동기 정지, RL_1 소등, GL 점등

② PB_3을 ON하면 MC_2 여자, 전동기 역회전 운전, RL_2 점등, PB_1을 누르면 MC_2 소자, 전동기 정지, RL_2 소등, GL 점등

③ 전동기 운전 중 EOCR이 작동되면 운전 중인 전동기는 동작을 멈추고 YL과 BZ는 PLC 프로그램에 의하여 점등(동작)과 소등(정지)을 반복하게 된다.

④ EOCR을 리셋하면 처음 준비상태로 된다.

3) 자동동작

① PB_4를 ON하면 X_1이 여자되어 자동운전으로 전환된다.

② LS_1이 동작하면 X_2, MC_1 여자, 전동기 정회전 운전, RL_1이 점등하게 된다.

③ LS_2가 동작하면 MC_1 소자, 전동기 정지, RL_1 소등, X_3, MC_2 여자, 전동기 역회전 운전, RL_2가 점등하게 되며, 또다시 LS_1이 동작하면 MC_2 소자, RL_2가 소등되고, MC_1 여자, 전동기 정회전 운전, RL_1이 점등하게 된다.

④ 위 동작을 반복

⑤ 전동기 운전 중 EOCR이 작동되면 운전 중인 전동기는 동작을 멈추고 YL과 BZ는 PLC 프로그램에 의하여 점등(동작)과 소등(정지)을 반복하게 된다.

⑥ EOCR을 리셋하면 처음 준비상태로 된다.

⑦ PB_5를 누르면 자동운전에서 다시 수동운전으로 전환된다.

4) 기타 사항

① 제어판 부분과 PE 전선관 및 플렉시블 전선관이 접속되는 부분은 박스 커넥터를 사용하시오.

② 전동기 접속배선은 생략하고 단자대까지 배선하시오.

3. 도면

1) PLC 프로그램

① 동작설명(●는 동작(점등), ○는 정지(소등)이며 원호 안의 숫자는 시간(초)임

㉮ PB_6을 누른 후 놓으면 PL_1은 주어진 시간 동안 점등과 소등(❺-①-❶-①-❺-①)을 하고, PL_2는 PL_1이 점등된 1초 후 점등과 소등(❺-①-❺)을 하며, PL_3은 PL_2가 점등된 1초 후 점등과 소등(❸-①-❶-①-❸-②-❶)을 한다.

㉯ PB_7의 입력이 들어오기 전까지 위 사항을 계속 반복 동작하게 되며, PB_7을 누르면 동작 중이던 PL_1, PL_2, PL_3은 모두 소등된다.

㉰ 제어회로의 EOCR이 동작하면 X_4가 여자되고, YL은 점등과 소등(❷-①-❶-①)을 반복하고, BZ는 YL 점등 1초 후 동작과 정지(❶-①-❷-①)를 반복한다. EOCR이 복귀되면 YL과 BZ는 동작을 멈춘다.

② PLC 입출력도

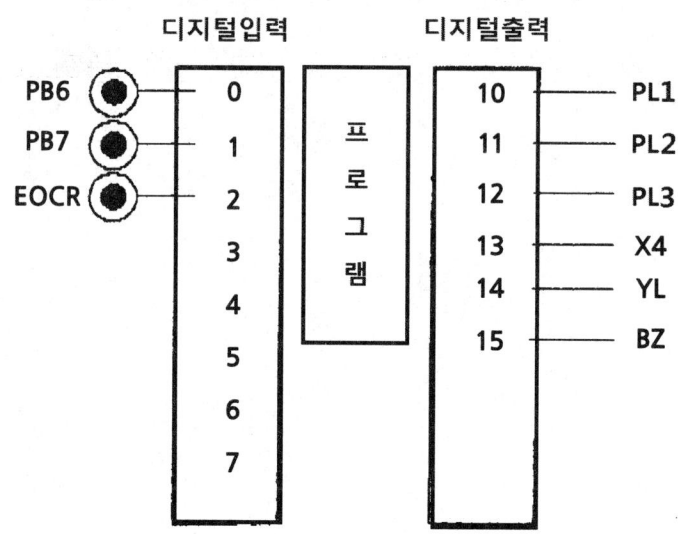

③ PLC 타임차트

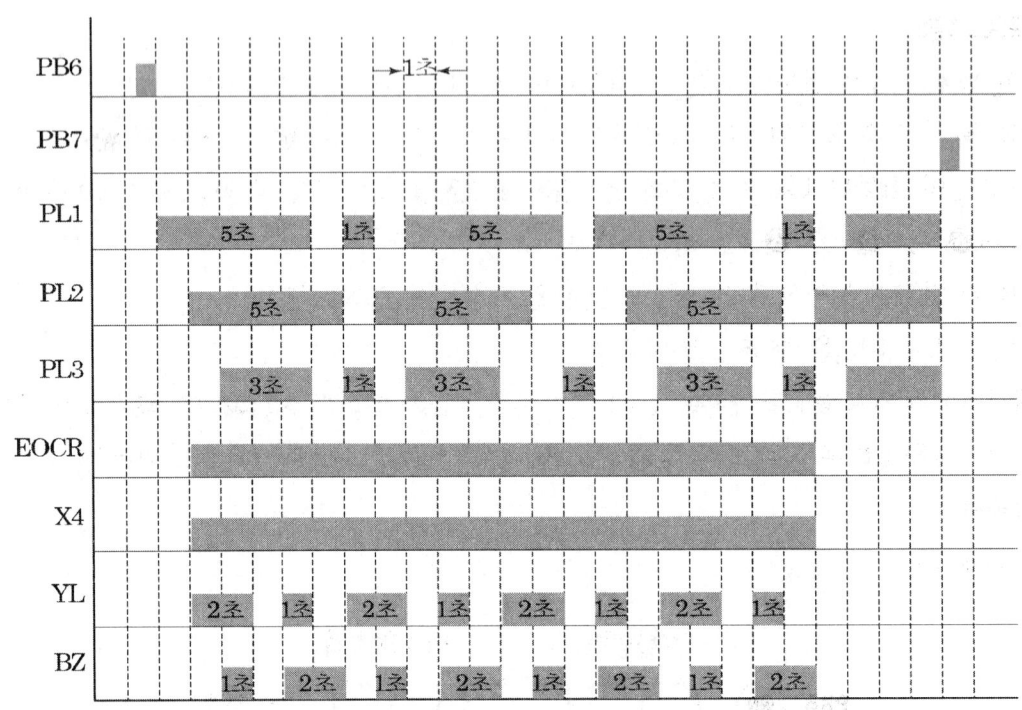

④ PLC 래더도(PLC 프로그램 작도)

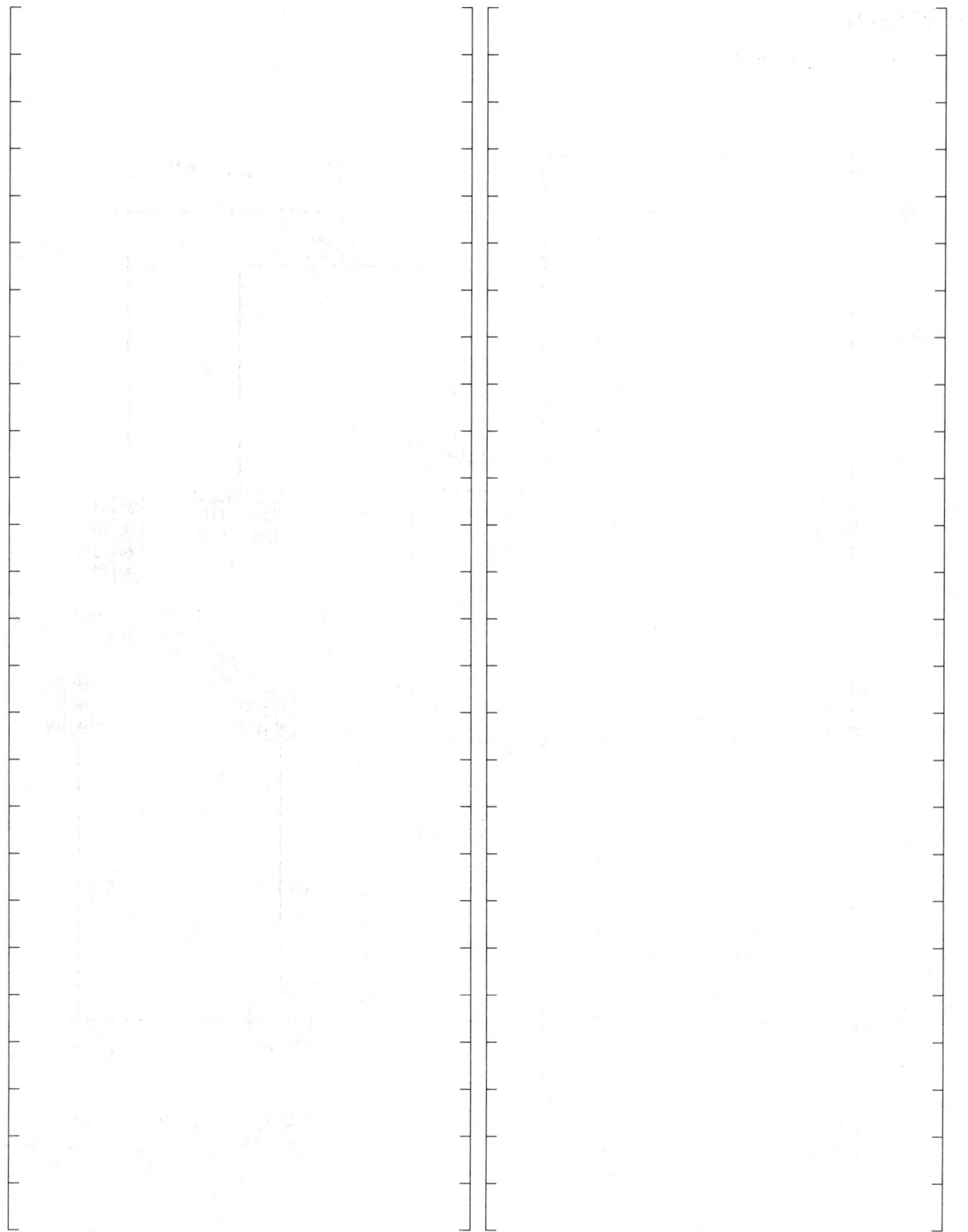

4. 도면

1) 전기공사

① 배관 및 기구 배치도

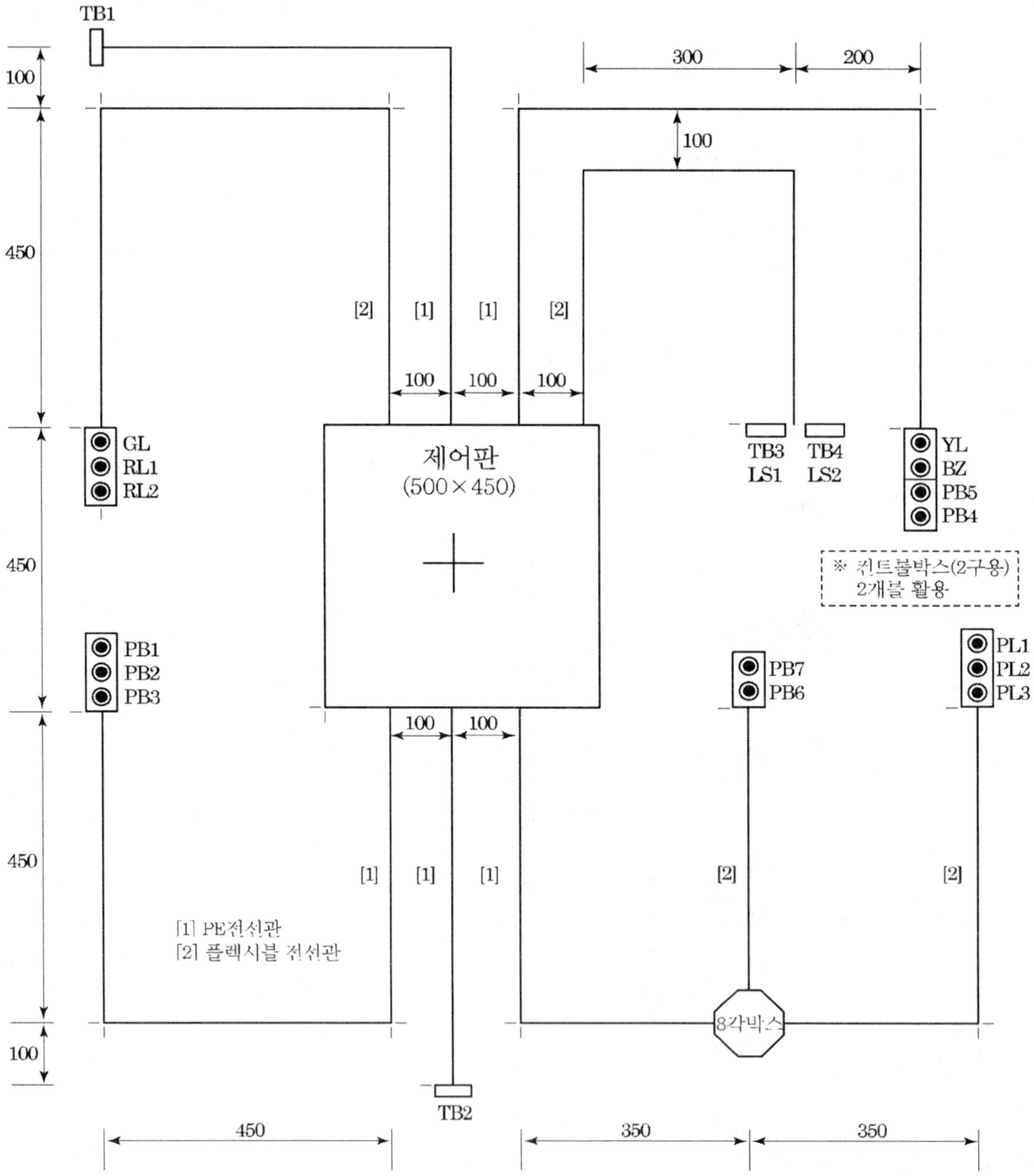

② PCB 회로도, 제어판 내부 기구배치도 및 범례

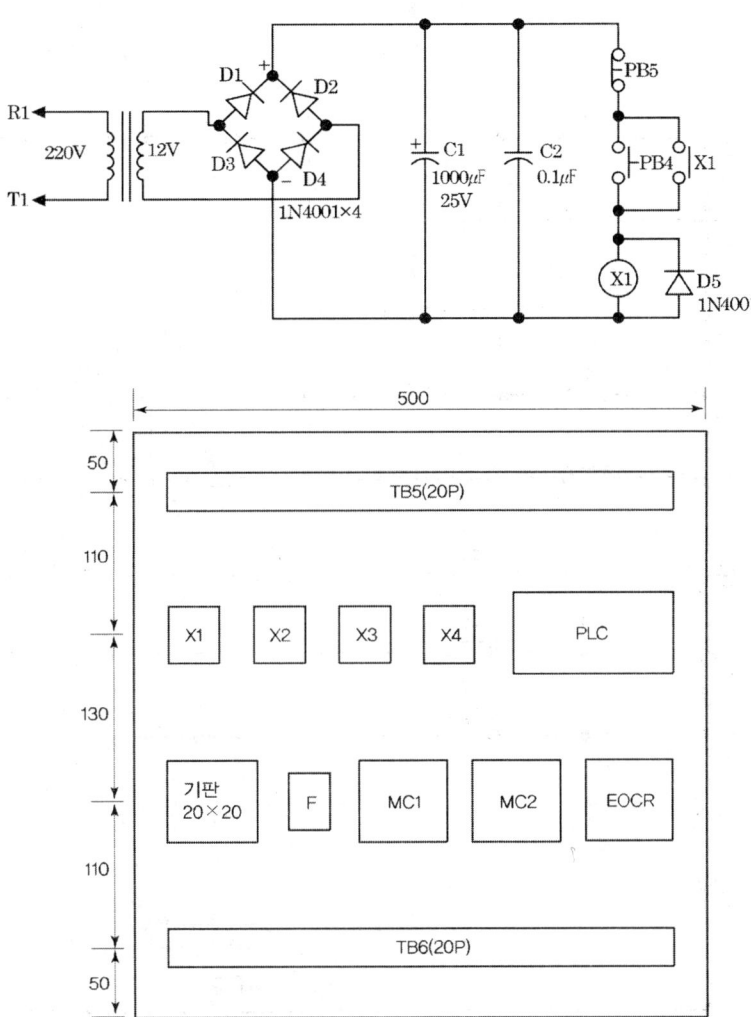

[범 례]

기호	명칭	기호	명칭	기호	명칭
MC_1, MC_2	전자개폐기	$PL_1 \sim PL_3$	파일롯램프(적)	$TB_1 \sim TB_2$	4P 단자대
EOCR	과부하계전기	GL	파일롯램프(녹)	$TB_3 \sim TB_4$	3P 단자대
X_1	8P 릴레이(DC 12[V])	$RL_1 \sim RL_2$	파일롯램프(적)	$TB_5 \sim TB_6$	20P 단자대
$X_2 \sim X_4$	8P 릴레이(AC 220[V])	YL	파일롯램프(황)	F	퓨즈홀더(2극)
PB_1	푸시버튼SW(녹)	PB_4	푸시버튼SW(녹)	PB_6	푸시버튼SW(적)
PB_2, PB_3	푸시버튼SW(적)	PB_5	푸시버튼SW(적)	PB_7	푸시버튼SW(녹)

③ 시퀀스도

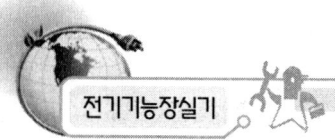

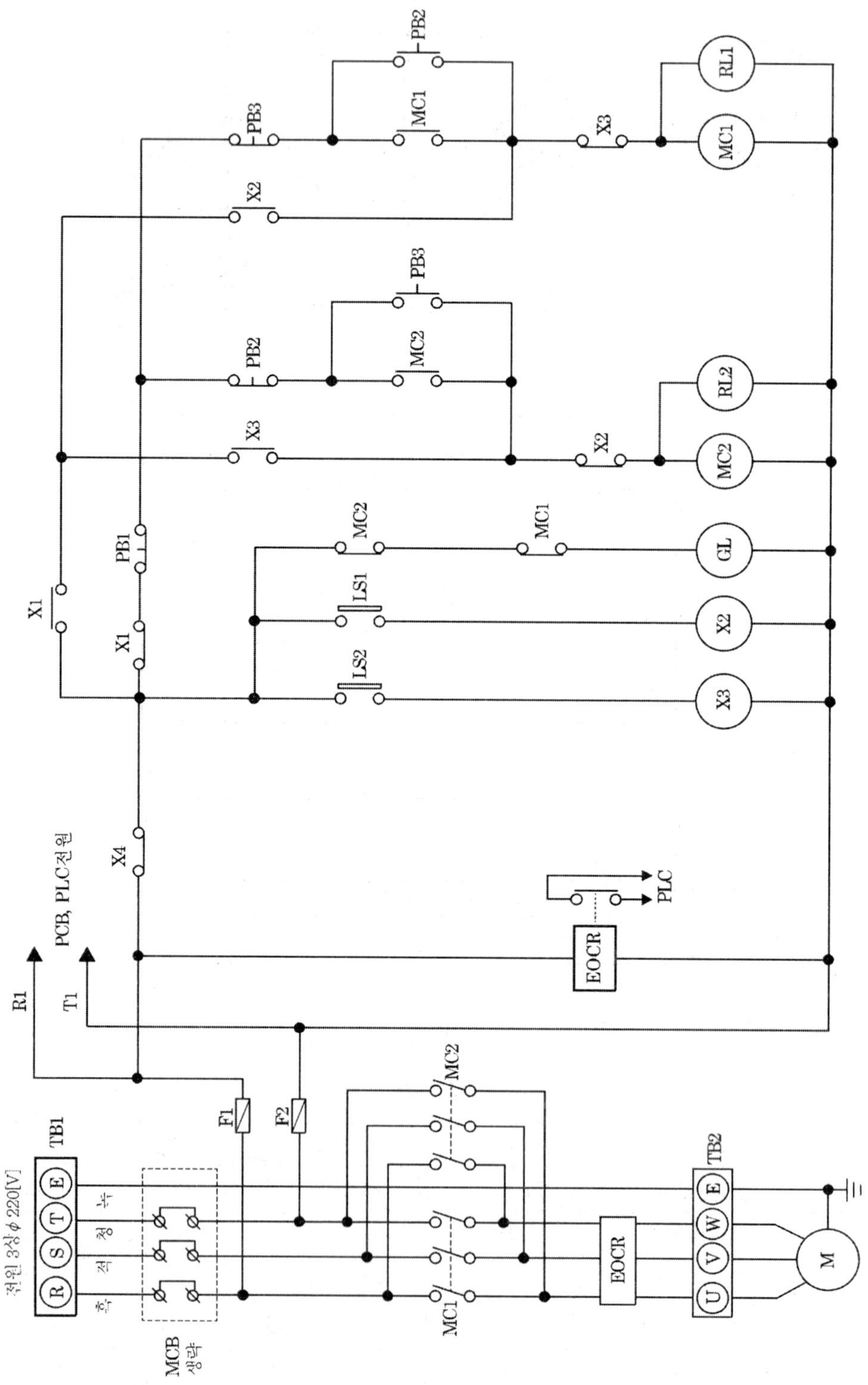
전원 3상 φ 220[V]
R S T E
TB1
흑 적 청 녹
MCB 생략
F1
F2
MC1
MC2
EOCR
TB2
U V W E
M
R1
T1
PCB, PLC전원
X4
PLC
X1
PB1
LS1
LS2
X2
X3
GL
MC1
MC2
RL1
RL2
PB2
PB3

④ 내부 결선도

Power Relay 내부 결선도(MC)

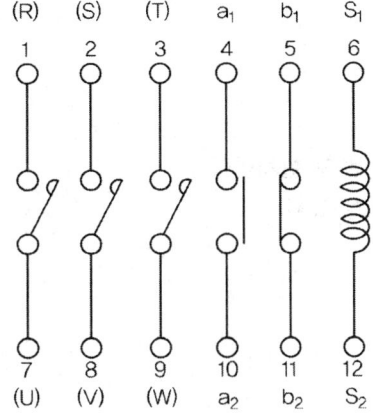

EOCR 내부 결선도

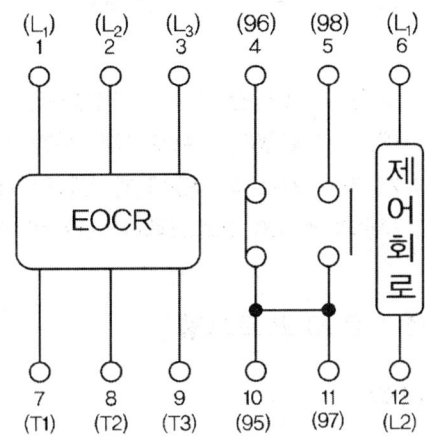

8핀 릴레이 내부 결선도

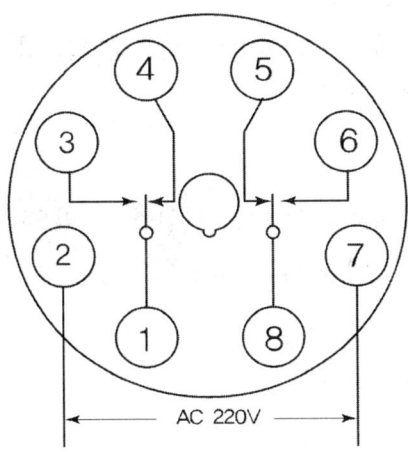

8핀 릴레이 내부 결선도

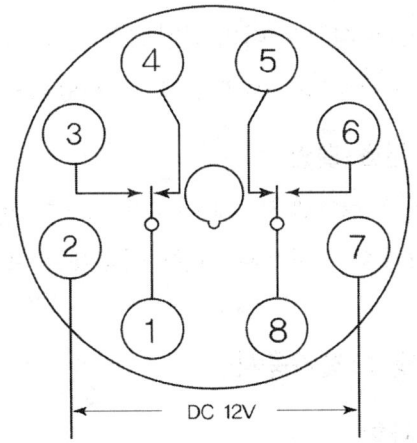

다이오드(D1~D5)

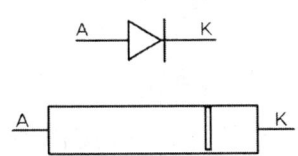

전해콘덴서(C1)

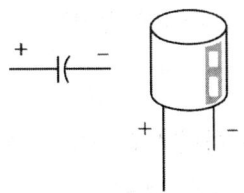

51-C회 | 작품명 | 전동기 제어회로

- 시험시간 : 표준시간 6시간,   연장시간 : 30분
  (단, 제1과제(PLC 프로그램) 시험시간은 2시간으로 한다.)
- 작업순서 : 제1과제 완료 후, 제2과제 작업이 가능하며 시험시간 내에서 연속 실시한다.
  (제1과제(PLC 프로그램)가 완료된 경우 제2과제는 개인별 연속 실시)

1. 제1과제 : PLC 프로그램

1) 요구사항

① 제한시간 내에 주어진 요구사항 및 동작사항에 적합하도록 프로그램을 작성하시오.

② PLC는 입출력이 14점 이상인 소형 일체형으로 수험자가 지참한 PLC에 알맞은 프로그램을 선택하여 프로그램을 작성하며 입력전원은 노이즈 대책을 세워 배선하시오.

③ PLC는 제어판 내의 단자대에 단독 접지하고, RUN 모드상태로 부착하시오.(단, 접지를 필요로 하지 않는 경우에는 과제수행 전 시험위원에게 이를 확인받아야 합니다.)

2) 입력신호 확인

작성된 프로그램을 PLC에 다운로드한 후 입력접점에 대한 신호를 넣어 이를 확인할 수 있으나, 과제완료(제2과제가 시작된 시점) 이후에는 프로그램을 재작업할 수 없습니다.

2. 제2과제 : 전기공사

1) 요구사항

① 지급된 재료를 사용하여 제한시간 내 도면에 표시된 공사를 내선공사 방법에 의거 완성하시오.

② 전원방식 : 3상 3선식 220[V]

③ 공사방법 : ㉮ PE 전선관   ㉯ 플렉시블 전선관

2) 수동동작

① PB_2를 ON하면 MC_1 여자, 전동기 정회전 운전, RL_1 점등, PB_1을 누르면 MC_1 소자, 전동기 정지, RL_1 소등, GL 점등

② PB_3을 ON하면 MC_2 여자, 전동기 역회전 운전, RL_2 점등, PB_1을 누르면 MC_2 소자, 전동기 정지, RL_2 소등, GL 점등

③ 전동기 운전 중 EOCR이 작동되면 운전 중인 전동기는 동작을 멈추고 YL과 BZ는 PLC 프로그램에 의하여 점등(동작)과 소등(정지)을 반복하게 된다.

④ EOCR을 리셋하면 처음 준비상태로 된다.

3) 자동동작

① PB_4를 ON하면 X_1이 여자되어 자동운전으로 전환된다.

② LS_1이 동작하면 X_2, MC_1 여자, 전동기 정회전 운전, RL_1이 점등하게 된다.

③ LS_2가 동작하면 MC_1 소자, 전동기 정지, RL_1 소등, X_3, MC_2 여자, 전동기 역회전 운전, RL_2가 점등하게 되며, 또다시 LS_1이 동작하면 MC_2 소자, RL_2가 소등되고, MC_1 여자, 전동기 정회전 운전, RL_1이 점등하게 된다.

④ 위 동작을 반복

⑤ 전동기 운전 중 EOCR이 작동되면 운전 중인 전동기는 동작을 멈추고 YL과 BZ는 PLC 프로그램에 의하여 점등(동작)과 소등(정지)을 반복하게 된다.

⑥ EOCR을 리셋하면 처음 준비상태로 된다.

⑦ PB_5를 누르면 자동운전에서 수동운전으로 전환된다.

4) 기타 사항

① 제어판 부분과 PE 전선관 및 플렉시블 전선관이 접속되는 부분은 박스 커넥터를 사용하시오.

② 전동기 접속배선은 생략하고 단자대까지 배선하시오.

3. 도면

1) PLC 프로그램

① 동작설명(●는 동작(점등), ○는 정지(소등)이며 원호 안의 숫자는 시간(초)임)

㉮ PB_6을 두 번 누르면 PL_2는 주어진 시간 동안 점등과 소등(❸-①-❼-①)을 하고, PL_3은 PL_2가 점등된 1초 후 점등과 소등(❸-①-❶-①-❶-①-❶-①-❶)을 하며, PL_1은 PL_3이 점등된 1초 후 점등과 소등(❸-①-❶-①-❶-①-❶)을 한다.

㉯ PB_7의 입력이 들어오기 전까지 위 사항을 계속 반복 동작하게 되며, PB_7을 누르면 동작 중이던 PL_1, PL_2, PL_3은 모두 소등된다.

㉰ 제어회로의 X_4(EOCR)가 작동되면 YL은 점등과 소등(❸-②)을 반복하고, BZ는 YL 점등 1초 후 동작과 정지(❶-①-❷-①)를 반복한다. X_4(EOCR)가 복귀되면 YL과 BZ는 동작을 멈춘다.

② PLC 입출력도

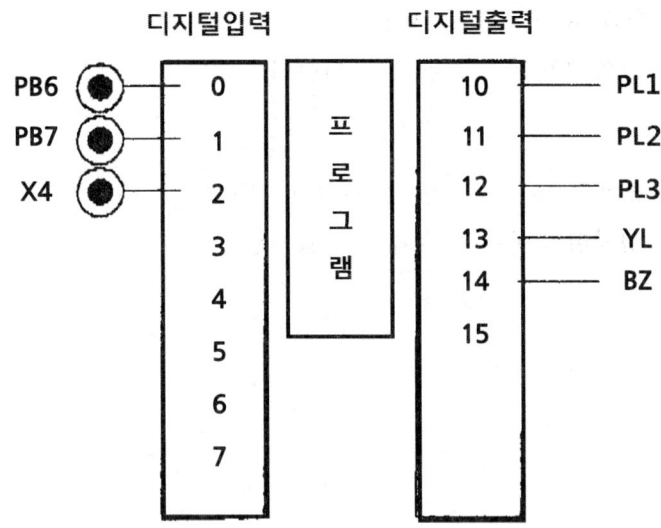

③ PLC 타임차트

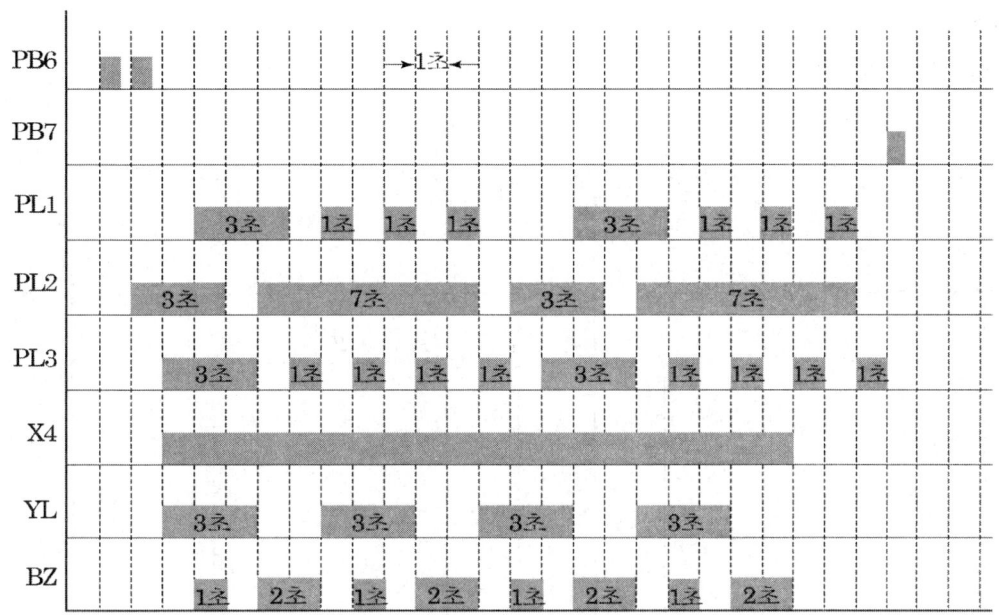

4. 도면

1) 전기공사

① 배관 및 기구 배치도

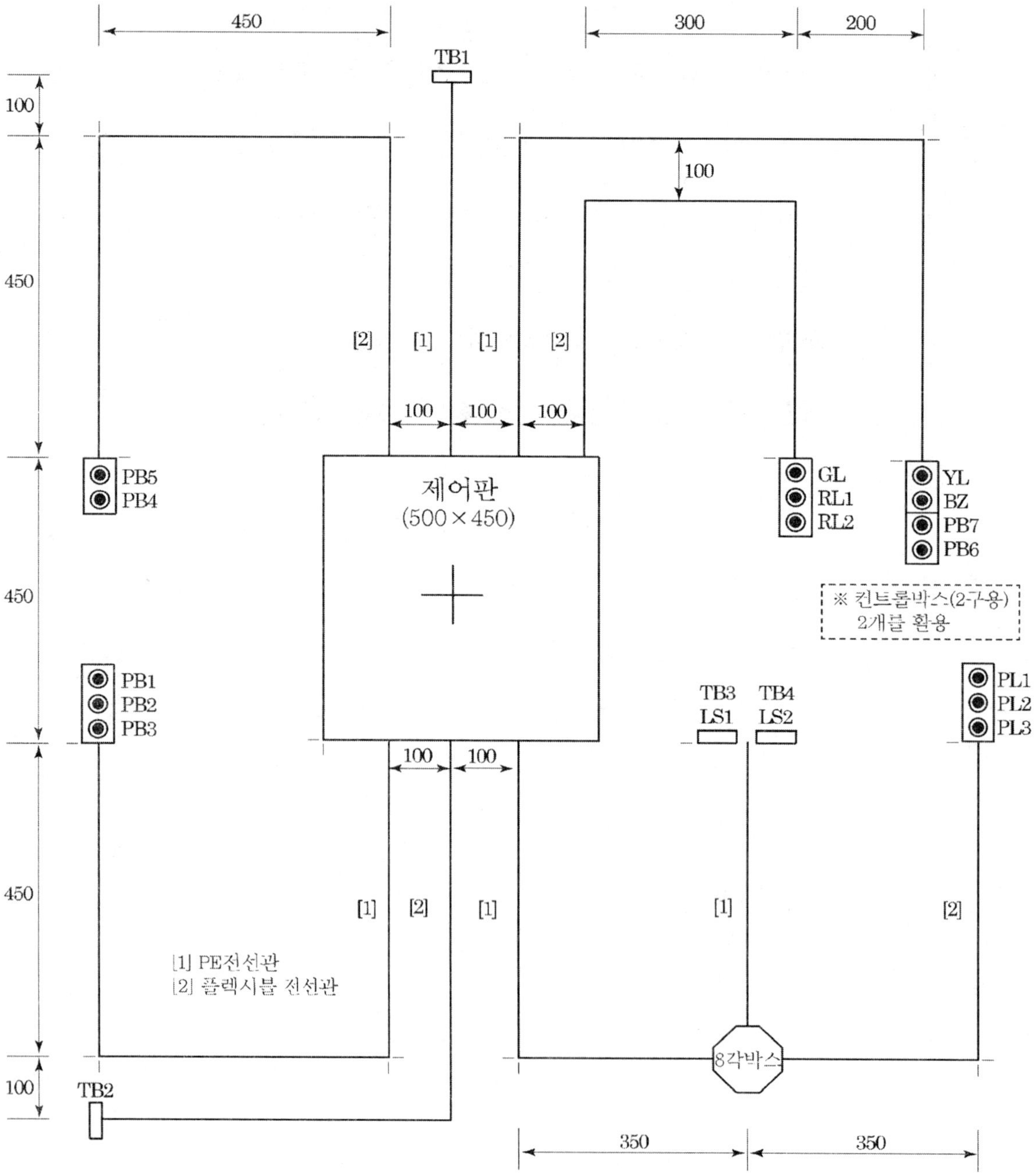

② PCB 회로도, 제어판 내부 기구배치도 및 범례

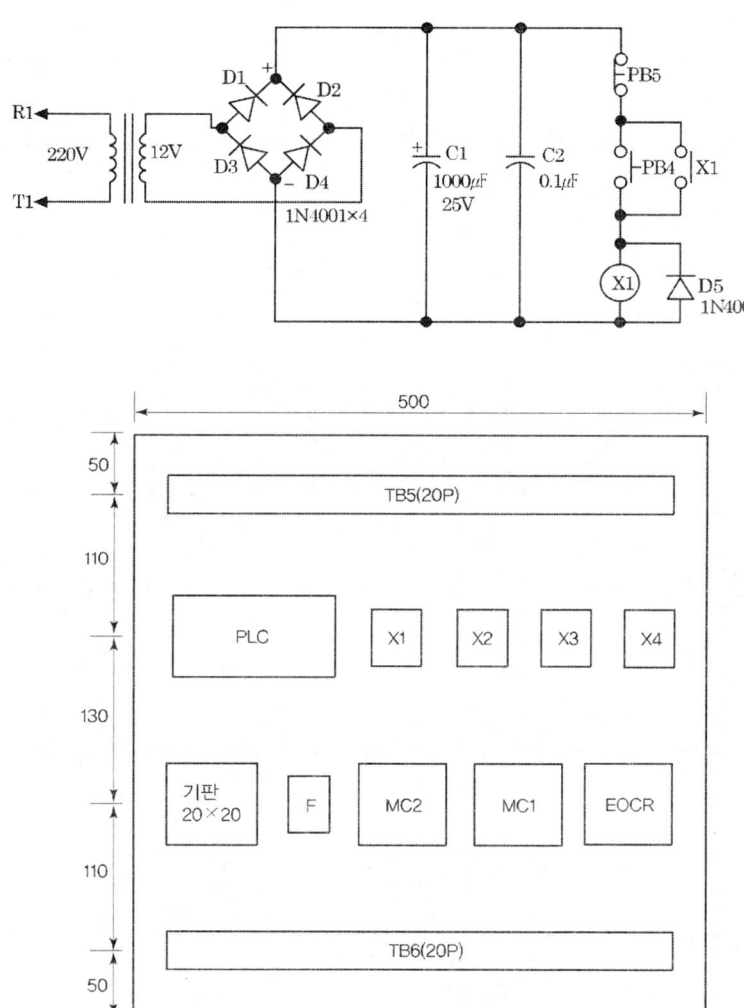

[범 례]

기호	명칭	기호	명칭	기호	명칭
MC_1, MC_2	전자개폐기	$PL_1 \sim PL_3$	파일롯램프(적)	$TB_1 \sim TB_2$	4P 단자대
EOCR	과부하계전기	GL	파일롯램프(녹)	$TB_3 \sim TB_4$	3P 단자대
X_1	8P 릴레이(DC 12[V])	$RL_1 \sim RL_2$	파일롯램프(적)	$TB_5 \sim TB_6$	20P 단자대
$X_2 \sim X_4$	8P 릴레이(AC 220[V])	YL	파일롯램프(황)	F	퓨즈홀더(2극)
PB_1	푸시버튼SW(녹)	PB_4	푸시버튼SW(적)	PB_6	푸시버튼SW(적)
PB_2, PB_3	푸시버튼SW(적)	PB_5	푸시버튼SW(녹)	PB_7	푸시버튼SW(녹)

③ 시퀀스도

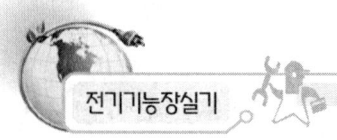

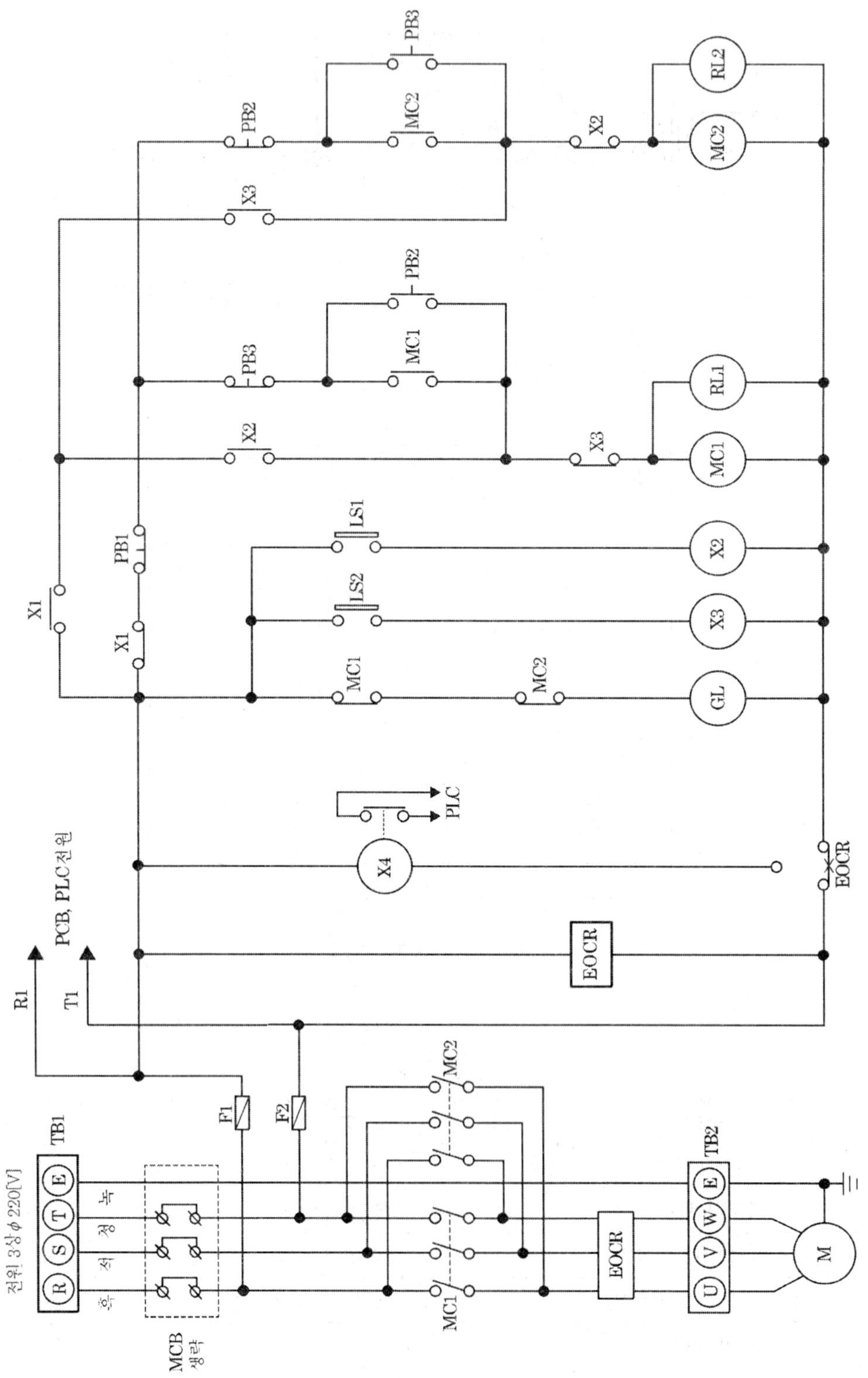
전원 3상 φ 220[V]
TB1
R
S
T
E
흑
적
청
녹
MCB 생략
F1
F2
R1
T1
PCB, PLC전원
EOCR
X4
PLC
MC1
MC2
GL
X1
PB1
LS1
LS2
X2
X3
RL1
RL2
PB2
PB3
TB2
U
V
W
M

④ 내부 결선도

Power Relay 내부 결선도(MC)

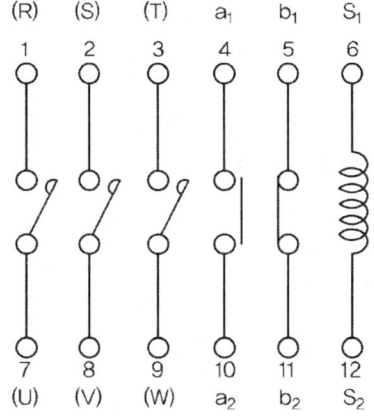

EOCR 내부 결선도

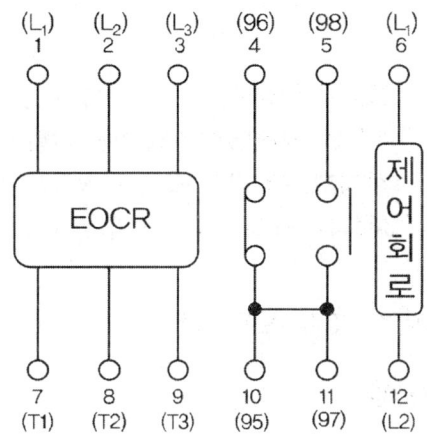

8핀 릴레이 내부 결선도

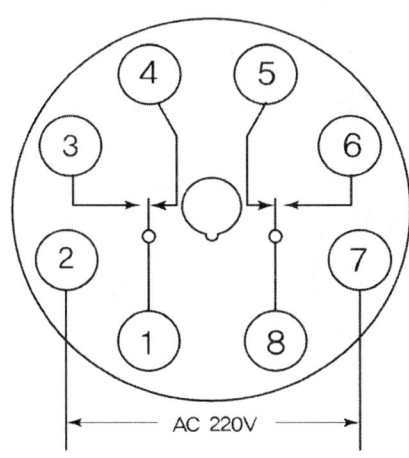

8핀 릴레이 내부 결선도

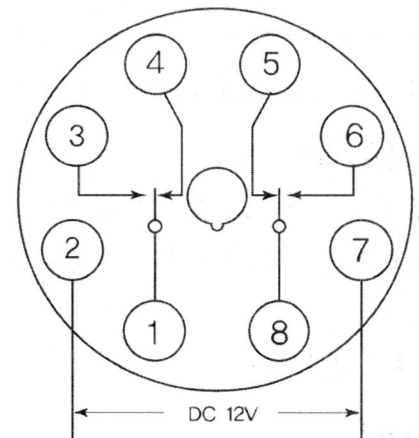

다이오드(D1~D5)

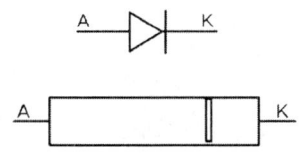

전해콘덴서(C1)

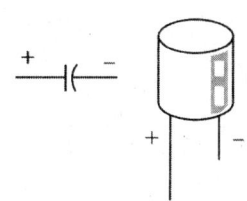

165

| 51-D회  | 작품명 | 전동기 제어회로 |

- 시험시간 : 표준시간 6시간,   연장시간 : 30분
  (단, 제1과제(PLC 프로그램) 시험시간은 2시간으로 한다.)
- 작업순서 : 제1과제 완료 후, 제2과제 작업이 가능하며 시험시간 내에서 연속 실시한다.
  (제1과제(PLC 프로그램)가 완료된 경우 제2과제는 개인별 연속 실시)

1. 제1과제 : PLC 프로그램

1) 요구사항

① 제한시간 내에 주어진 요구사항 및 동작사항에 적합하도록 프로그램을 작성하시오.
② PLC는 입출력이 14점 이상인 소형 일체형으로 수험자가 지참한 PLC에 알맞은 프로그램을 선택하여 프로그램을 작성하며 입력전원은 노이즈 대책을 세워 배선하시오.
③ PLC는 제어판 내의 단자대에 단독 접지하고, RUN 모드상태로 부착하시오.(단, 접지를 필요로 하지 않는 경우에는 과제수행 전 시험위원에게 이를 확인받아야 합니다.)

2) 입력신호 확인

작성된 프로그램을 PLC에 다운로드한 후 입력접점에 대한 신호를 넣어 이를 확인할 수 있으나, 과제완료(제2과제가 시작된 시점) 이후에는 프로그램을 재작업할 수 없습니다.

2. 제2과제 : 전기공사

1) 요구사항

① 지급된 재료를 사용하여 제한시간 내 도면에 표시된 공사를 내선공사 방법에 의거 완성하시오.
② 전원방식 : 3상 3선식 220[V]
③ 공사방법 : ㉮ PE 전선관   ㉯ 플렉시블 전선관

2) 수동동작

① PB_2를 ON하면 MC_1 여자, 전동기 정회전 운전, RL_1 점등, PB_1을 누르면 MC_1 소자, 전동기 정지, RL_1 소등, GL 점등
② PB_3을 ON하면 MC_2 여자, 전동기 역회전 운전, RL_2 점등, PB_1을 누르면 MC_2 소자, 전동기 정지, RL_2 소등, GL 점등

③ 전동기 운전 중 EOCR이 작동되면 운전 중인 전동기는 동작을 멈추고 YL과 BZ는 PLC 프로그램에 의하여 점등(동작)과 소등(정지)을 반복하게 된다.

④ EOCR을 리셋하면 처음 준비상태로 된다.

3) 자동동작

① PB_5를 ON하면 X_1이 여자되어 자동운전으로 전환된다.

② LS_1이 동작하면 X_2, MC_1 여자, 전동기 정회전 운전, RL_1이 점등하게 된다.

③ LS_2가 동작하면 MC_1 소자, 전동기 정지, RL_1 소등, X_3, MC_2 여자, 전동기 역회전 운전, RL_2가 점등하게 되며, 또다시 LS_1이 동작하면 MC_2 소자, RL_2가 소등되고, MC_1 여자, 전동기 정회전 운전, RL_1이 점등하게 된다.

④ 위 동작을 반복

⑤ 전동기 운전 중 EOCR이 작동되면 운전 중인 전동기는 동작을 멈추고 YL과 BZ는 PLC 프로그램에 의하여 점등(동작)과 소등(정지)을 반복하게 된다.

⑥ EOCR을 리셋하면 처음 준비상태로 된다.

⑦ PB_4를 누르면 자동운전에서 수동운전으로 전환된다.

4) 기타 사항

① 제어판 부분과 PE 전선관 및 플렉시블 전선관이 접속되는 부분은 박스 커넥터를 사용하시오.

② 전동기 접속배선은 생략하고 단자대까지 배선하시오.

3. 도면

1) PLC 프로그램

① 동작설명(●는 동작(점등), ○는 정지(소등)이며 원호 안의 숫자는 시간(초)임)

㉮ PB_6을 두 번 눌렀다 놓으면 PL_3은 점등과 소등(❸-①-❷-①-❷-①)을 반복하고, PL_1은 PL_3이 점등된 1초 후 점등과 소등(❸-①-❷-①-❷-①)을 하며, PL_2는 PL_1이 점등된 1초 후 점등과 소등(❸-①-❺-①)을 한다.

㉯ PB_7의 입력이 들어오기 전까지 위 사항을 계속 반복 동작하게 되며, PB_7을 누르면 동작 중이던 PL_1, PL_2, PL_3은 모두 소등된다.

㉰ 제어회로의 X_4(EOCR)가 동작되면 BZ는 동작과 정지(❶-②-❷-①)를 반복하고, YL은 BZ 동작 1초 후 점등과 소등(❸-①-❶-①)을 반복한다. X_4(EOCR)가 복귀되면 YL과 BZ는 동작을 멈춘다.

② PLC 입출력도

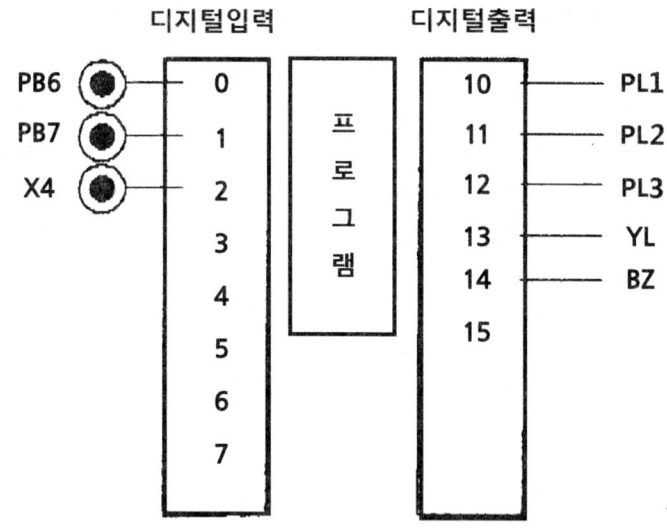

③ PLC 타임차트

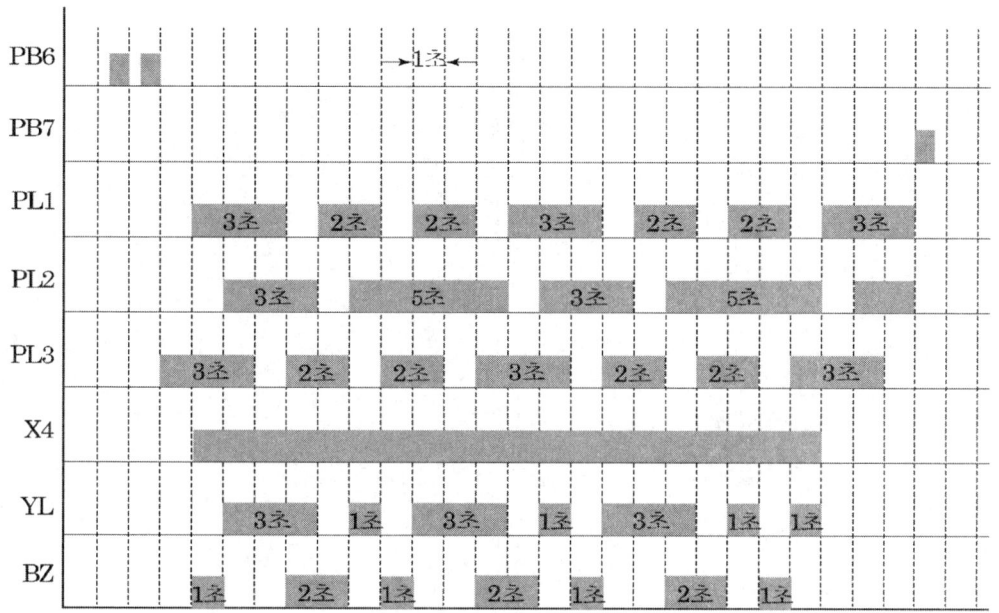

④ PLC 래더도(PLC 프로그램 작도)

4. 도면

1) 전기공사

① 배관 및 기구 배치도

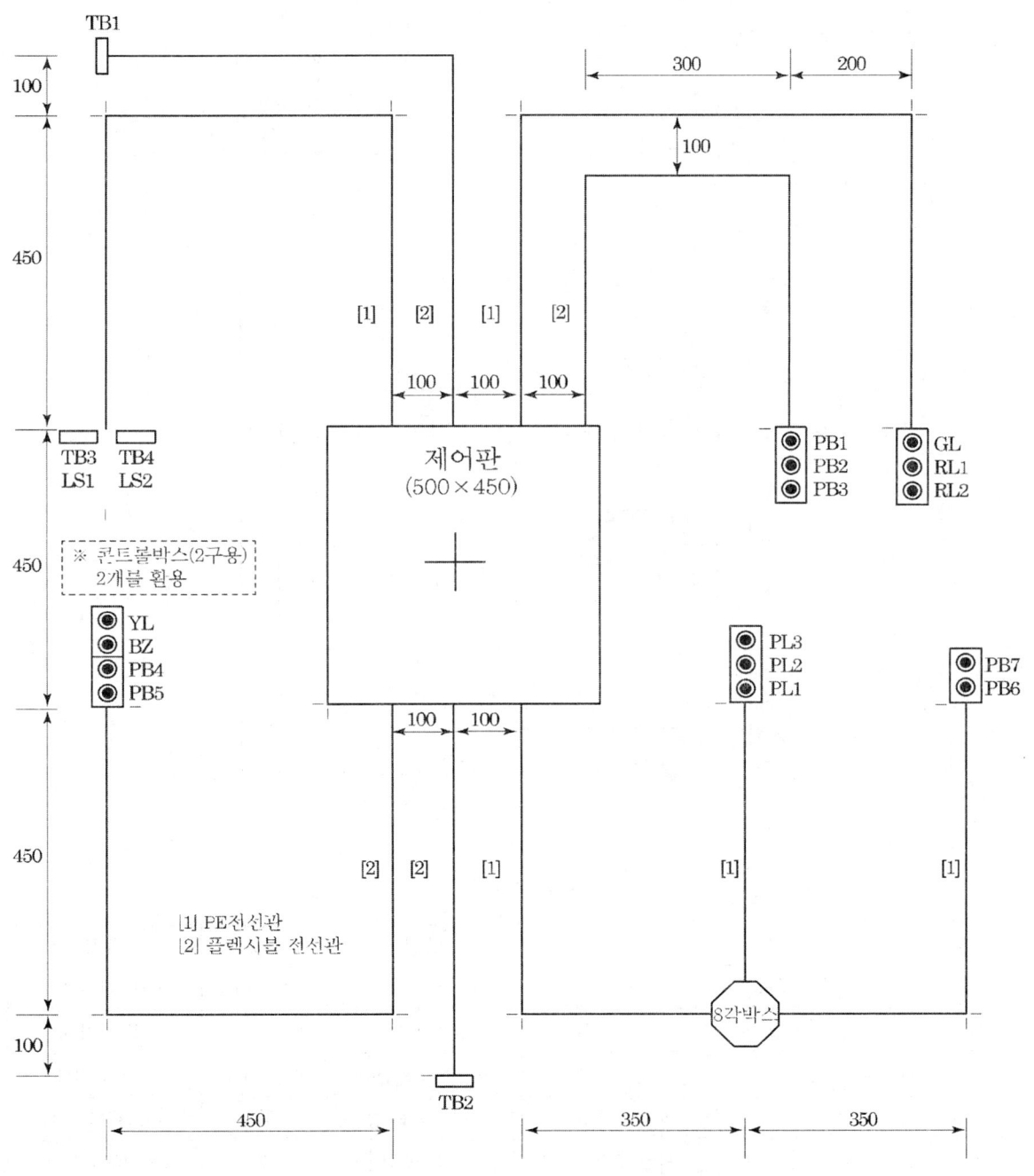

② PCB 회로도, 제어판 내부 기구배치도 및 범례

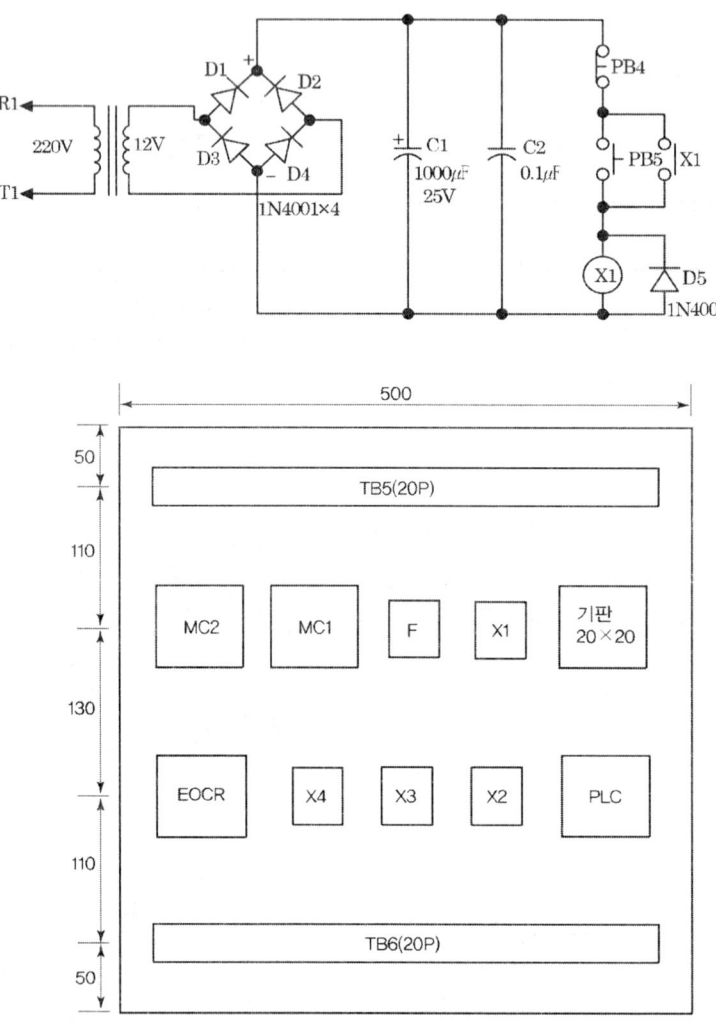

[범 례]

기호	명칭	기호	명칭	기호	명칭
MC$_1$, MC$_2$	전자개폐기	PL$_1$ ~ PL$_3$	파일롯램프(적)	TB$_1$ ~ TB$_2$	4P 단자대
EOCR	과부하계전기	GL	파일롯램프(녹)	TB$_3$ ~ TB$_4$	3P 단자대
X$_1$	8P 릴레이(DC 12[V])	RL$_1$ ~ RL$_2$	파일롯램프(적)	TB$_5$ ~ TB$_6$	20P 단자대
X$_2$ ~ X$_4$	8P 릴레이(AC 220[V])	YL	파일롯램프(황)	F	퓨즈홀더(2극)
PB$_1$	푸시버튼SW(녹)	PB$_4$	푸시버튼SW(녹)	PB$_7$	푸시버튼SW(녹)
PB$_2$, PB$_3$	푸시버튼SW(적)	PB$_5$	푸시버튼SW(적)	PB$_6$	푸시버튼SW(적)

③ 시퀀스도

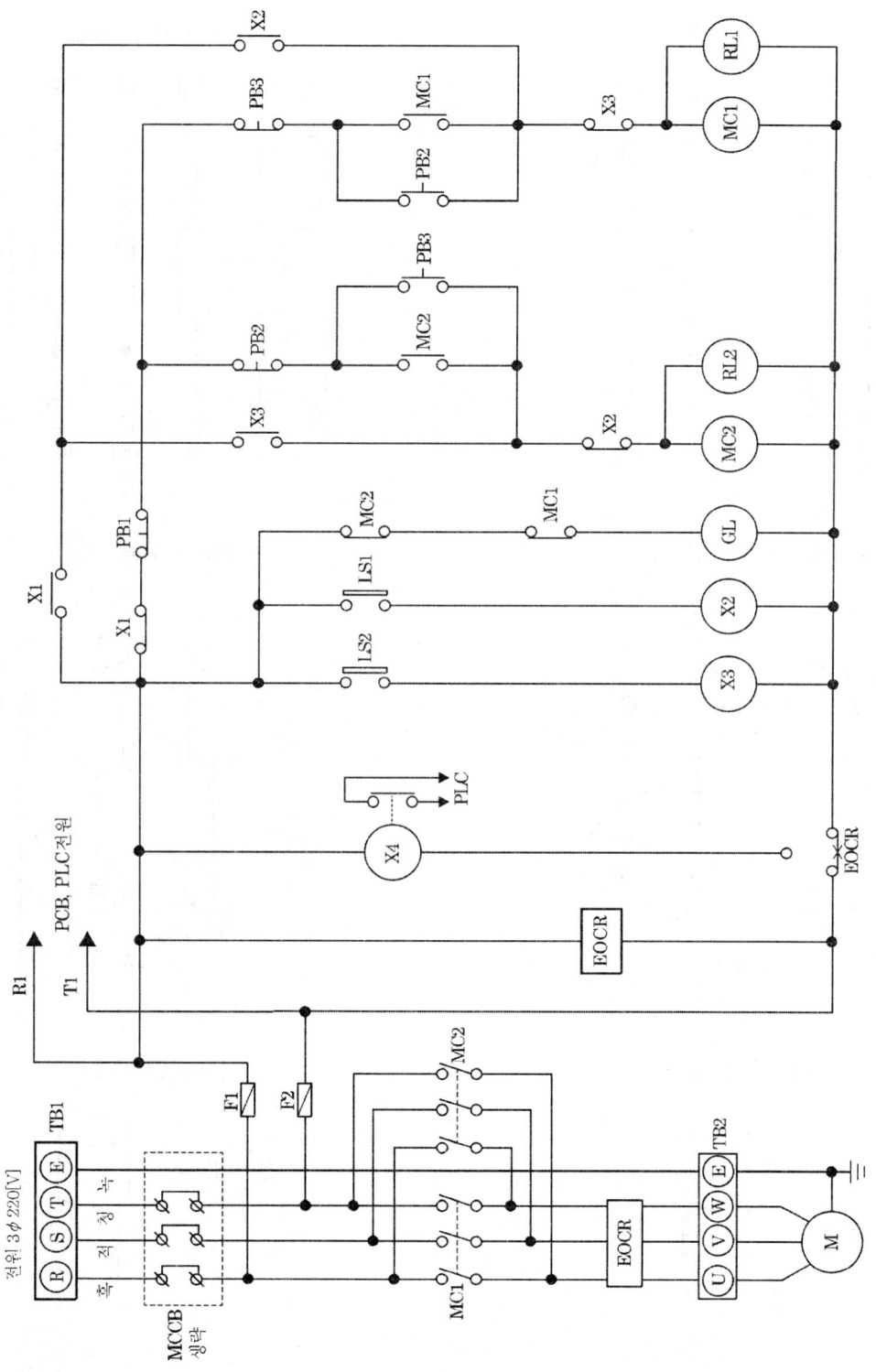

④ 내부 결선도

Power Relay 내부 결선도(MC)

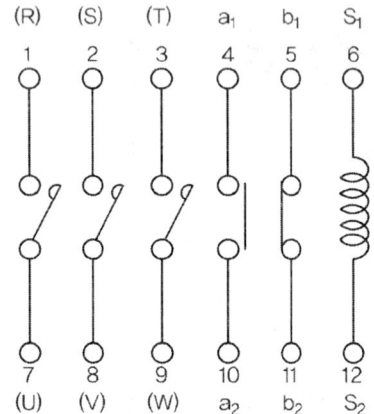

EOCR 내부 결선도

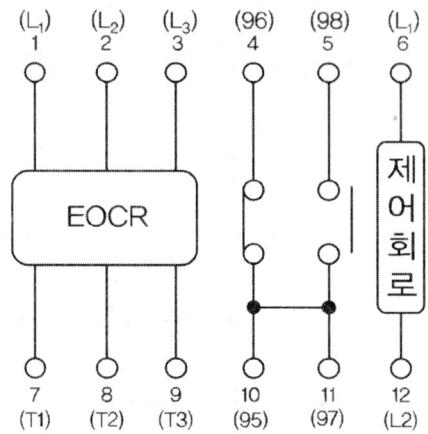

8핀 릴레이 내부 결선도

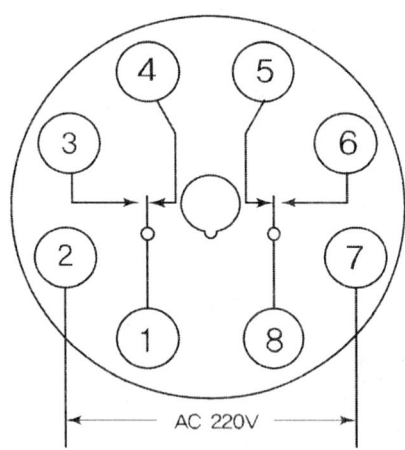

8핀 릴레이 내부 결선도

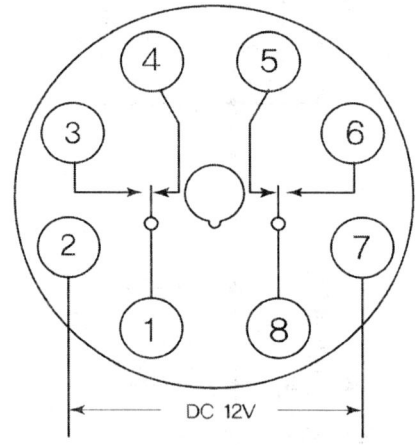

다이오드(D1~D5)

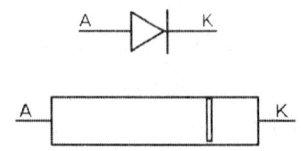

전해콘덴서(C1)

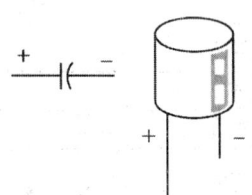

Chapter 5 부록(과년도문제)

| 52-A회 |  | 작품명 | 승강기 제어회로 |

- 시험시간 : 표준시간 6시간,   연장시간 : 30분
            (단, 제1과제(PLC 프로그램) 시험시간은 2시간으로 제한)
- 작업순서 : 제1과제 완료 후, 제2과제 작업이 가능하며 시험시간 내에서 연속 실시
            (제1과제(PLC 프로그램)가 완료된 경우 제2과제는 개인별 연속 실시)

1. 제1과제 : PLC 프로그램

1) 요구사항

① 제한시간 내에 주어진 요구사항 및 동작사항에 적합하도록 프로그램을 작성하시오.

② PLC는 입출력이 14점 이상인 소형 일체형으로 수험자가 지참한 PLC에 알맞은 프로그램을 선택하여 프로그램을 작성하며 입력전원은 노이즈 대책을 세워 배선하시오.

③ PLC는 제어판 내의 단자대에 단독 접지하고, RUN 모드상태로 부착하시오.(다만, 접지를 필요로 하지 않는 경우에는 과제수행 전 시험위원에게 이를 확인받아야 합니다.)

④ PLC의 입출력 단자에는 접속된 배선이 없는 상태로 준비하시오.(공통선 등이 접속된 경우 모두 제거하여야 합니다.)

2) 입력신호 확인

작성된 프로그램을 PLC에 다운로드한 후 점프선 등을 활용하여 입력접점에 대한 신호를 넣어 이를 확인할 수 있으나, 과제완료(제2과제 시작 시점) 이후에는 프로그램을 재작업할 수 없습니다.

2. 제2과제 : 전기공사

1) 요구사항

① 지급된 재료를 사용하여 제한시간 내 도면에 표시된 공사를 내선공사 방법에 의거 완성하시오.

② 전원방식 : 3상 3선식 220[V]

③ 공사방법 : ㉮ PE 전선관   ㉯ 플렉시블 전선관   ㉰ 40×40 PVC 덕트

2) 공통동작

① 전원을 투입하면 PLC, PCB, EOCR 및 제어회로에 전원이 동시에 공급되며,

② PCB 회로의 PB_6을 누르면 Ry_1이 여자되고 자기유지접점에 의하여 Ry_1은 계속 동작하여 제어회로

에서 운전가능 조건상태가 된다.

③ PB_5를 누르면 Ry_1이 소자되어 운전조건이 해제된다.

3) 동작설명

① PB_1을 ON하면 GL_1 점등, LS_1을 ON하면 전동기 M_1 운전, RL_1 점등

② T_1초 후 전동기 M_1 정지, RL_1 소등, GL_2 점등, LS_2를 ON하면 전동기 M_2 운전, RL_2 점등

③ T_2초 후 전동기 M_2 정지, RL_2 소등, GL_2 소등

④ GL_2는 T_1 설정시간에는 소등되며, T_2 설정시간에 점등되어 계속 반복 동작한다.(이때 LS_1을 ON한 상태에서 T_1 설정시간에는 MC_1과 RL_1이 점등 동작되고, T_2 설정시간에는 MC_1과 RL_1이 소등되어 반복하며, LS_2를 ON한 상태에서 T_1 설정시간에는 MC_2와 RL_2가 소등 동작되고, T_2 설정시간에는 MC_2와 RL_2가 점등 동작을 반복함)

⑤ 운전 중 PB_2를 누르면 전동기 및 표시등은 모두 OFF된다.

⑥ 전동기 운전 중 $EOCR_1$ 또는 $EOCR_2$가 작동되면 PLC 프로그램에 의하여 YL과 부저(BZ)가 점등과 소등을 반복하며 전동기는 정지된다.

4) 기타 사항

① 제어판 부분과 PE 전선관 및 플렉시블 전선관이 접속되는 부분은 박스 커넥터를 사용하시오.

② 전동기 접속배선은 생략하고 단자대까지 배선하시오.

③ 덕트와 덕트가 직각으로 만나면 45° 각도로 절단하여 접속하시오.(그림 참조)

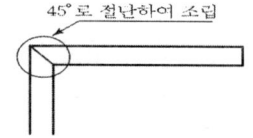

3. 도면

1) 제1과제 : PLC 프로그램

(타임차트와 동작설명을 참조하여 PLC 프로그램을 완성하시오.)

① 타임차트

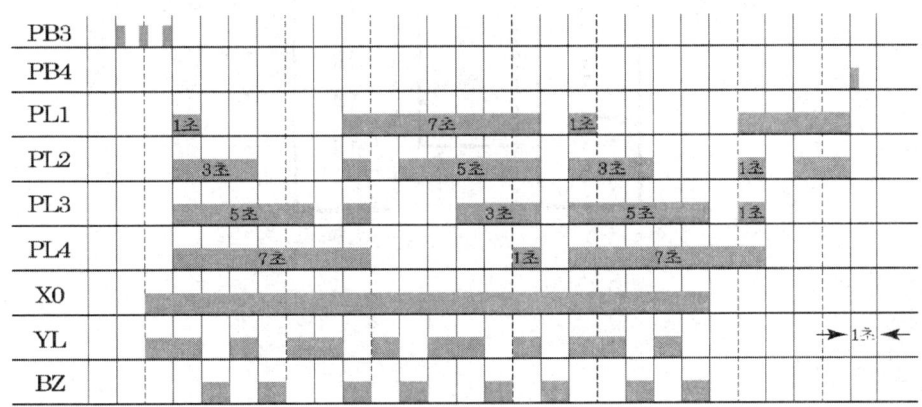

② 동작설명(●는 동작(점등), ○는 정지(소등)이며 원호 안의 숫자는 시간(초)임)

㉮ PB_3을 3번 눌렀다 놓으면 PL_1은 점등과 소등(❶-⑤-❼-①)을, PL_2는 점등과 소등(❸-③-❶-①-❺-①)을, PL_3은 점등과 소등(❺-①-❶-③-❸-①)을, PL_4는 점등과 소등(❼-⑤-❶-①)을 반복하여 동작한다.

㉯ PB_4의 입력이 들어오기 전까지 위 동작사항을 계속 반복 동작하게 되며, PB_4를 누르면 동작 중이던 PL_1, PL_2, PL_3, PL_4는 모두 소등된다.

㉰ 제어회로의 X_0가 동작되면 YL은 ❷-①-❶-①을, BZ는 ②-❶-①-❶을 반복하여 동작한다. X_0가 복귀되면 YL과 BZ는 동작을 멈춘다.

③ PLC 입출력도(본인이 지참한 PLC 기종에 알맞게 입출력회로를 결선하시오.)

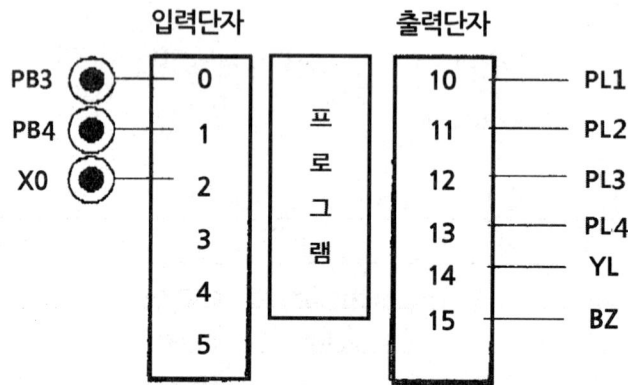

2) 제2과제 : 전기공사

① 배관 및 기구 배치도

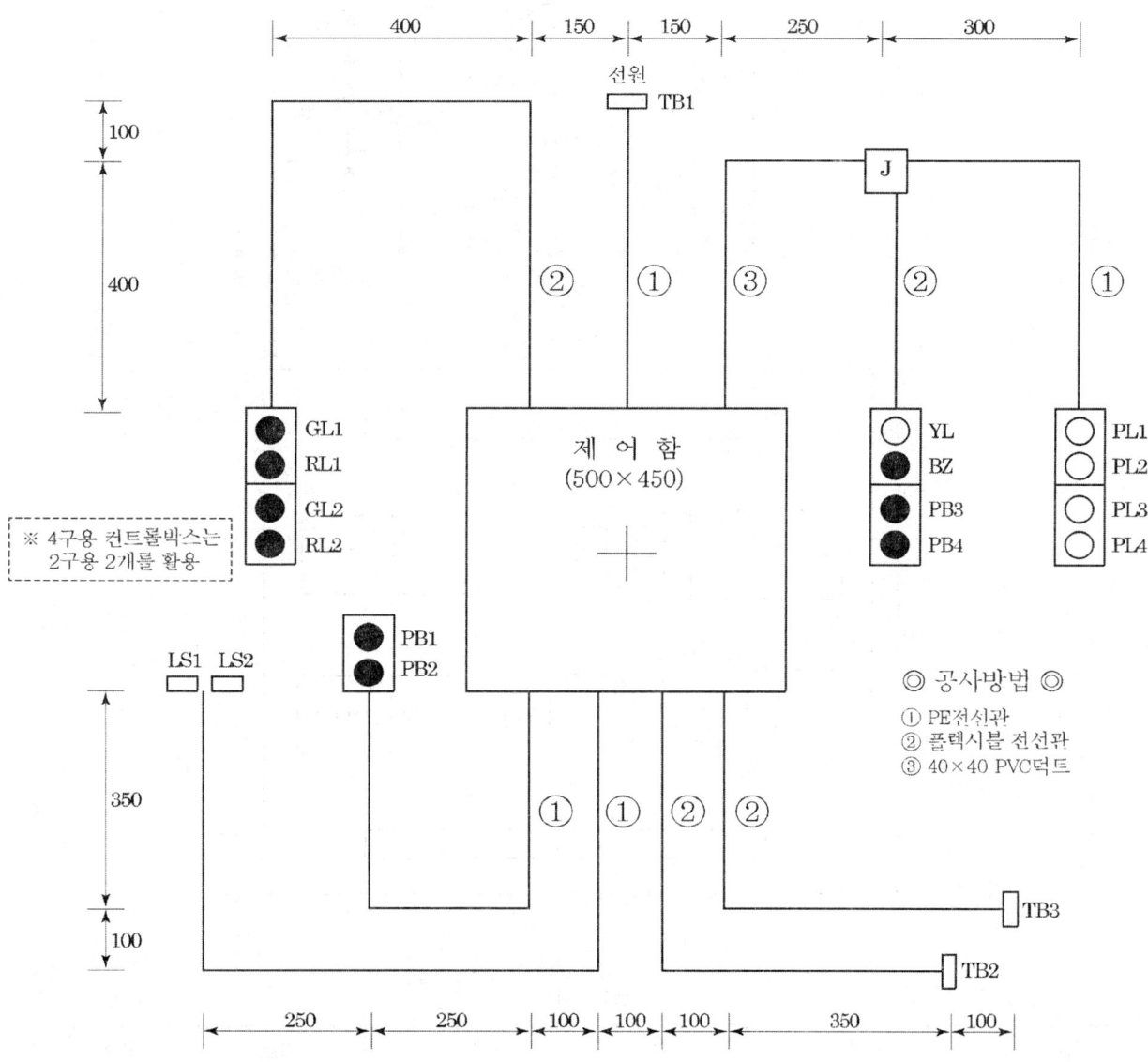

② PCB 회로도, 제어판 내부 기구배치도 및 범례

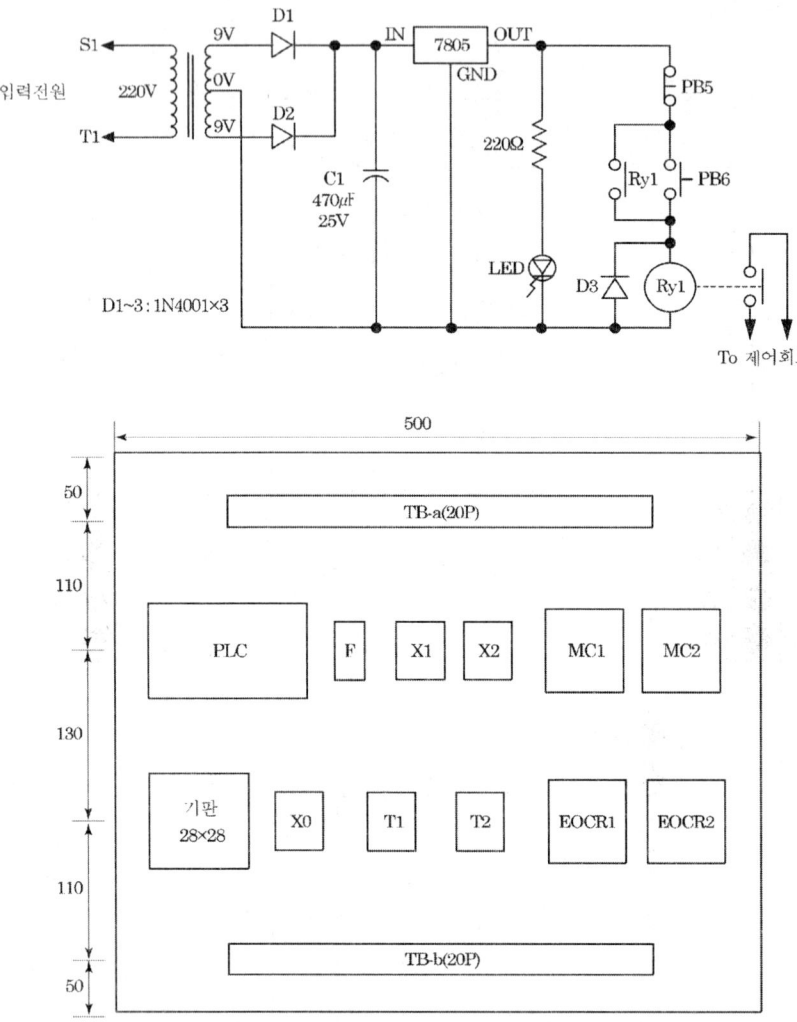

[범 례]

기호	명칭	기호	명칭	기호	명칭
MC_1, MC_2	전자접촉기(12P)	GL_1, GL_2	파일롯램프(녹)	$TB-a$, $TB-b$	단자대 20P
$EOCR_1$, $EOCR_2$	과부하계전기(12P)	RL_1, RL_2	파일롯램프(적)	$TB_1 \sim TB_3$	단자대 4P
Ry_1	기판용 릴레이(DC 5[V])	$PL_1 \sim PL_4$	파일롯램프(백)	LS_1, LS_2	단자대 3P
X_0, X_1, X_2	릴레이(AC 220[V] 14P)	YL	파일롯램프(황)	F	퓨즈홀더
PB_1, PB_3	푸시버튼SW(적)	T_1, T_2	타이머(8핀)	J	사각박스
PB_2, PB_4	푸시버튼SW(녹)	PB_5, PB_6	푸시버튼SW(기판용)		

Chapter 5 부록(과년도문제)

③ 시퀀스도

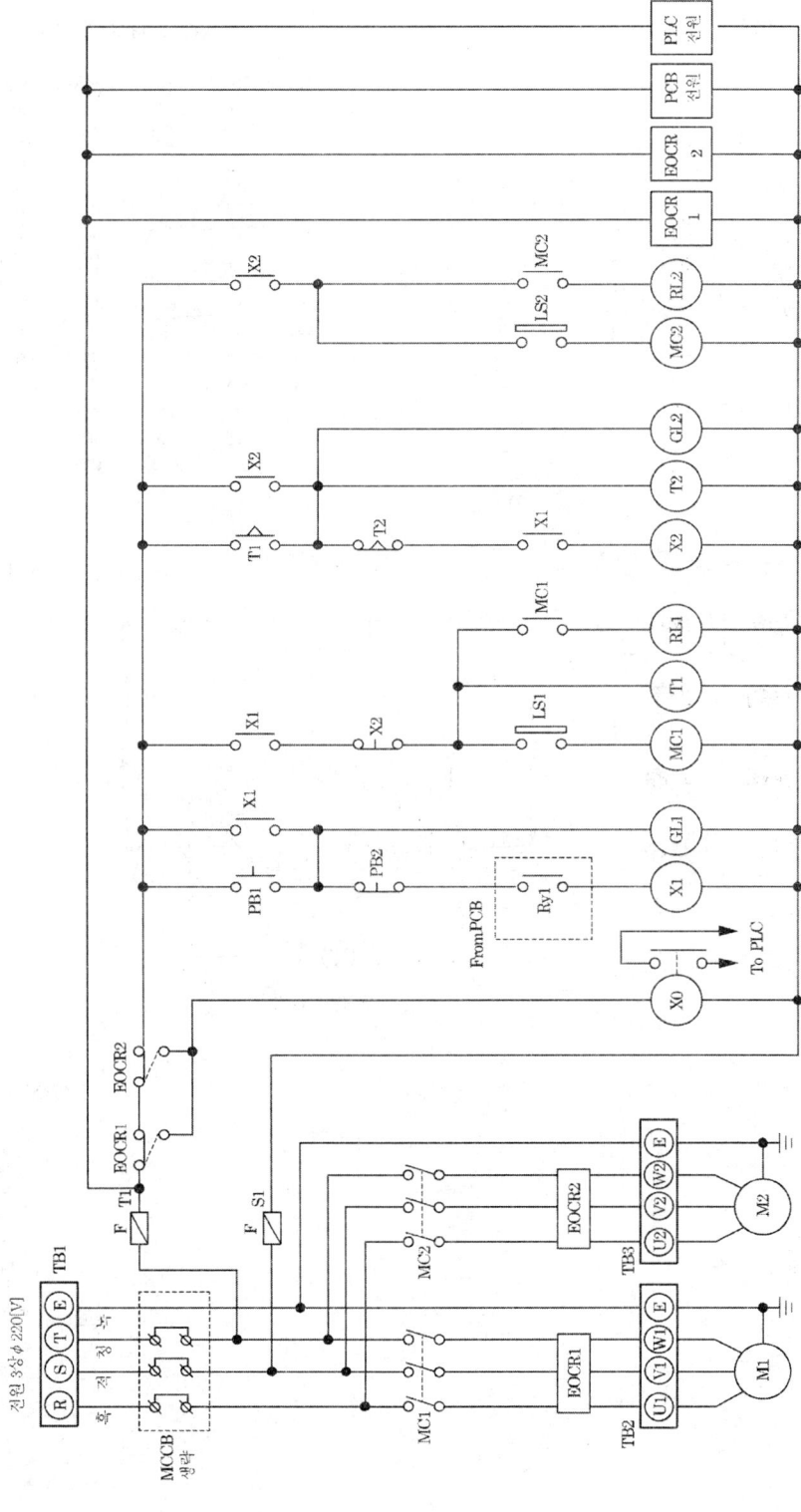

④ 내부 결선도

Power Relay 내부 결선도(MC)

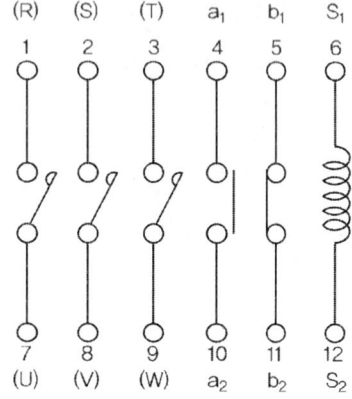

EOCR 내부 결선도

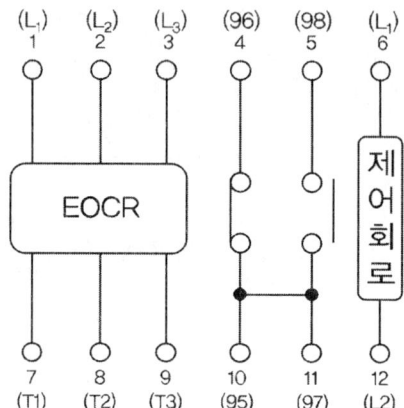

릴레이(14핀) 내부 결선도

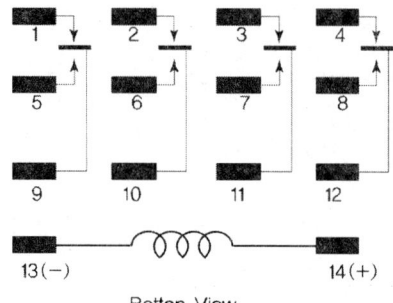

타이머 내부 결선도

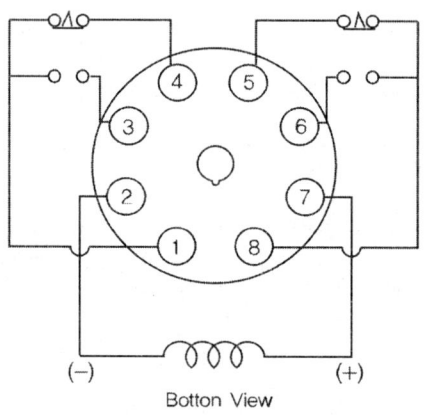

릴레이(Ry1) 결선도

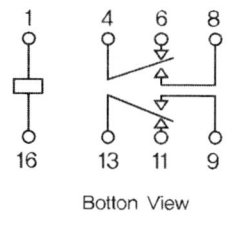

다이오드(D1~D3)

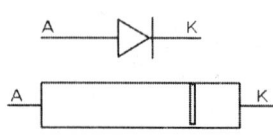

전해콘덴서(C1)

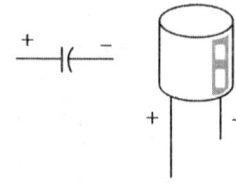

정전압 IC(7805)

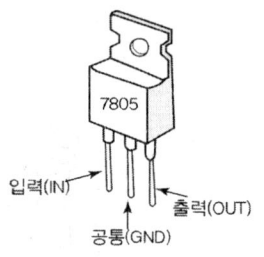

Chapter 05 부록(과년도문제)

52-B회  작품명 | 승강기 제어회로

- 시험시간 : 표준시간 6시간,   연장시간 : 30분
  (단, 제1과제(PLC 프로그램) 시험시간은 2시간으로 제한)
- 작업순서 : 제1과제 완료 후, 제2과제 작업이 가능하며 시험시간 내에서 연속 실시
  (제1과제(PLC 프로그램)가 완료된 경우 제2과제는 개인별 연속 실시)

1. 제1과제 : PLC 프로그램

1) 요구사항
① 제한시간 내에 주어진 요구사항 및 동작사항에 적합하도록 프로그램을 작성하시오.
② PLC는 입출력이 14점 이상인 소형 일체형으로 수험자가 지참한 PLC에 알맞은 프로그램을 선택하여 프로그램을 작성하며 입력전원은 노이즈 대책을 세워 배선하시오.
③ PLC는 제어판 내의 단자대에 단독 접지하고, RUN 모드상태로 부착하시오.(다만, 접지를 필요로 하지 않는 경우에는 과제수행 전 시험위원에게 이를 확인받아야 합니다.)
④ PLC의 입출력 단자에는 접속된 배선이 없는 상태로 준비하시오.(공통선 등이 접속된 경우 모두 제거하여야 합니다.)

2) 입력신호 확인
작성된 프로그램을 PLC에 다운로드한 후 점프선 등을 활용하여 입력접점에 대한 신호를 넣어 이를 확인할 수 있으나, 과제완료(제2과제 시작 시점) 이후에는 프로그램을 재작업할 수 없습니다.

2. 제2과제 : 전기공사

1) 요구사항
① 지급된 재료를 사용하여 제한시간 내 도면에 표시된 공사를 내선공사 방법에 의거 완성하시오.
② 전원방식 : 3상 3선식 220[V]
③ 공사방법 : ㉮ PE 전선관   ㉯ 플렉시블 전선관   ㉰ 40×40 PVC 덕트

2) 공통동작
① 전원을 투입하면 PLC, PCB, EOCR 및 제어회로에 전원이 동시에 공급되며,
② PCB 회로의 PB_6을 누르면 Ry_1이 여자되고 자기유지접점에 의하여 Ry_1은 계속 동작하여 제어회로

에서 운전가능 조건상태가 된다.

③ PB_5를 누르면 Ry_1이 소자되어 운전조건이 해제된다.

3) 동작설명

① PB_1을 ON하면 GL_1 점등, LS_1을 ON하면 전동기 M_1 운전, RL_1 점등

② T_1초 후 전동기 M_1 정지, RL_1 소등, GL_2 점등, LS_2를 ON하면 전동기 M_2 운전, RL_2 점등

③ T_2초 후 전동기 M_2 정지, RL_2 소등, GL_2 소등

④ GL_2는 T_1 설정시간에는 소등되며, T_2 설정시간에 점등되어 계속 반복 동작한다.(이때 LS_1을 ON한 상태에서 T_1 설정시간에는 MC_1과 RL_1이 점등 동작되고, T_2 설정시간에는 MC_1과 RL_1이 소등되어 반복하며, LS_2를 ON한 상태에서 T_1 설정시간에는 MC_2와 RL_2가 소등 동작되고, T_2 설정시간에는 MC_2와 RL_2가 점등 동작을 반복한다.)

⑤ 운전 중 PB_2를 누르면 전동기 및 표시등은 모두 OFF된다.

⑥ 전동기 운전 중 $EOCR_1$ 또는 $EOCR_2$가 작동되면 PLC 프로그램에 의하여 YL과 부저(BZ)가 점등과 소등을 반복하며 전동기는 정지된다.

4) 기타 사항

① 제어판 부분과 PE 전선관 및 플렉시블 전선관이 접속되는 부분은 박스 커넥터를 사용하시오.

② 전동기 접속배선은 생략하고 단자대까지 배선하시오.

③ 덕트와 덕트가 직각으로 만나면 45° 각도로 절단하여 접속하시오.(그림 참조)

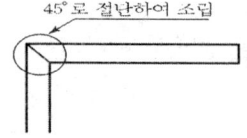

Chapter 5 부록(과년도문제)

3. 도면

1) 제1과제 : PLC 프로그램
(타임차트와 동작설명을 참조하여 PLC 프로그램을 완성하시오.)

① 타임차트

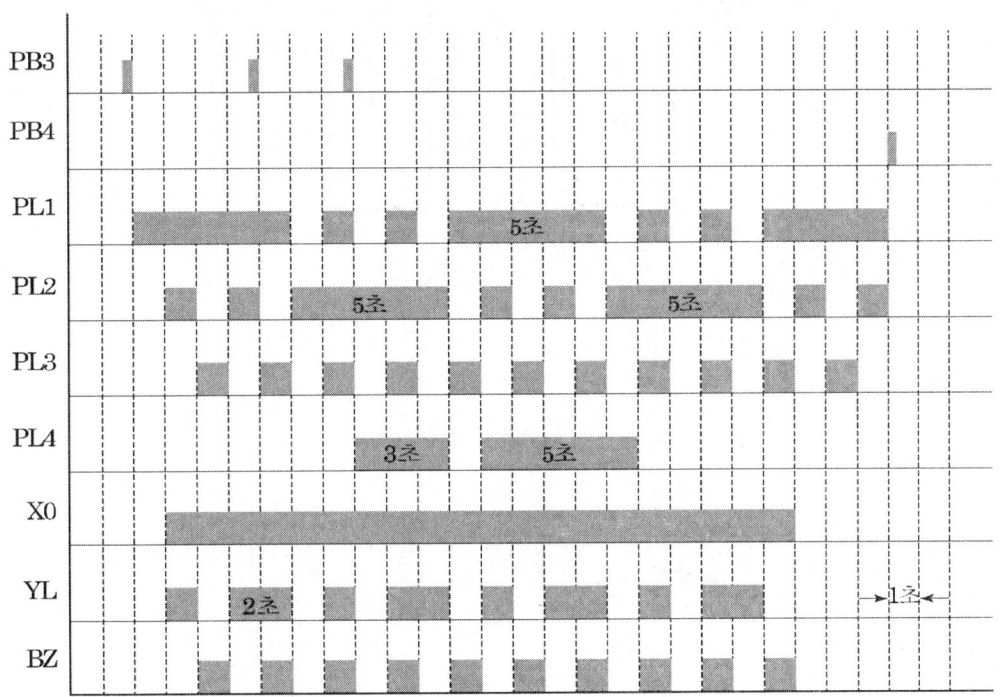

② 동작설명(●는 동작(점등), ○는 정지(소등)이며 원호 안의 숫자는 시간(초)임)

㉮ PB_3을 1번 눌렀다 놓으면 PL_1은 점등과 소등(❺-①-❶-①-❶-①)을, PL_2는 PL_1 점등 1초 후부터 점등과 소등(❶-①-❶-①-❺-①)을, PL_3은 PL_2 점등 1초 후부터 점등과 소등(❶-①-❶-①)을 반복하여 동작한다. PB_3을 3번 눌렀다 놓으면, PL_4는 점등과 소등(❸-①-❺)을 1회만 동작한다.

㉯ PB_4를 누르면 동작 중이던 PL_1, PL_2, PL_3, PL_4는 모두 소등된다.

㉰ 제어회로의 X_0가 동작되면 YL은 ❶-①-❷-①을, BZ는 ①-❶-①-❶을 반복하여 동작한다. X_0가 복귀되면 YL과 BZ는 동작을 멈춘다.

③ PLC 입출력도(본인이 지참한 PLC 기종에 알맞게 입출력회로를 결선하시오.)

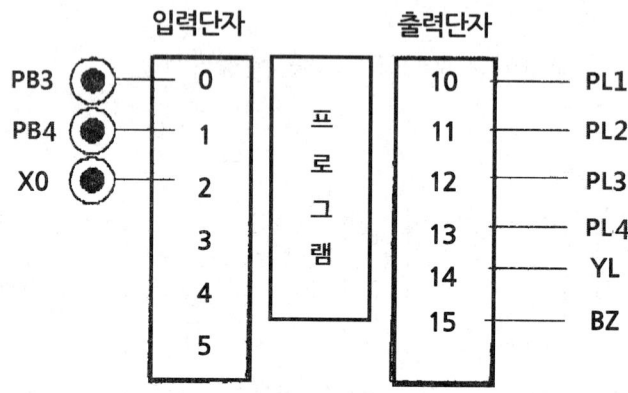

2) 제2과제 : 전기공사

① 배관 및 기구 배치도

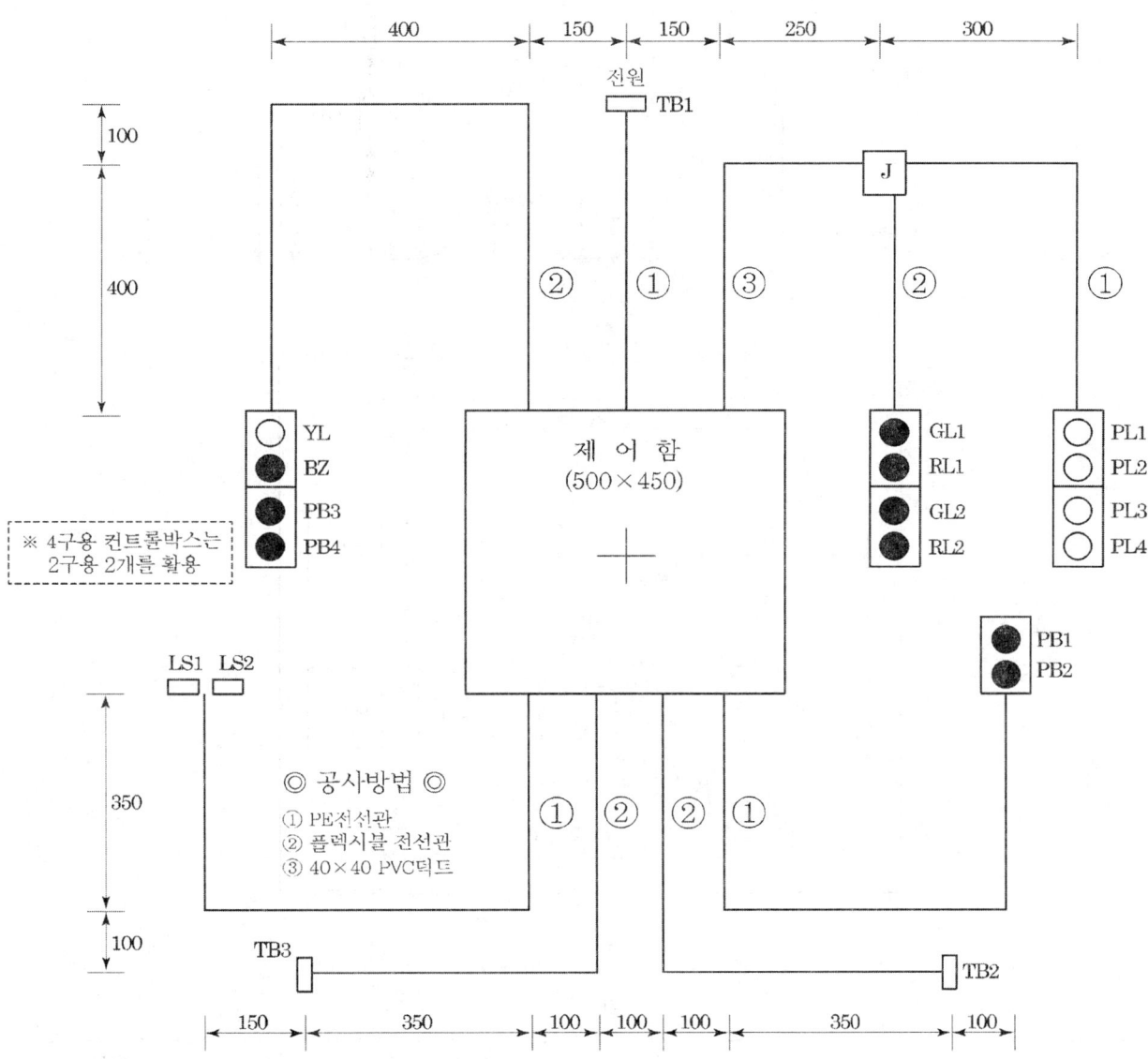

② PCB 회로도, 제어판 내부 기구배치도 및 범례

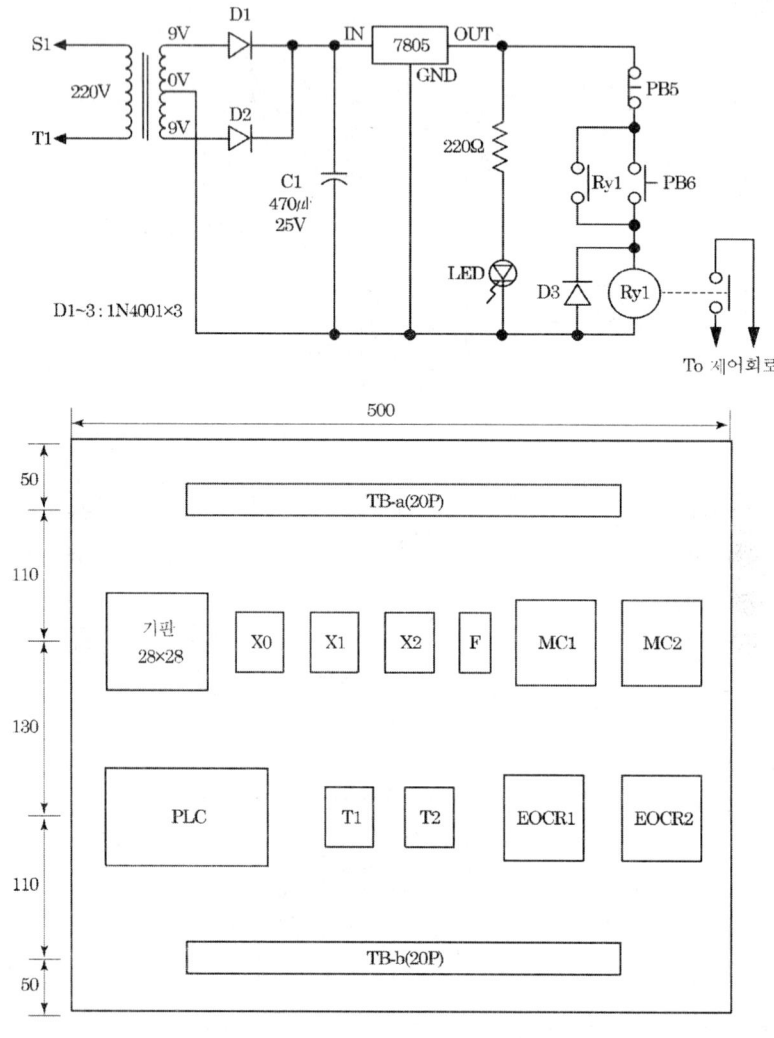

[범 례]

기호	명칭	기호	명칭	기호	명칭
MC_1, MC_2	전자접촉기(12P)	GL_1, GL_2	파일롯램프(녹)	$TB-a$, $TB-b$	단자대 20P
$EOCR_1$, $EOCR_2$	과부하계전기(12P)	RL_1, RL_2	파일롯램프(적)	TB_1 ~ TB_3	단자대 4P
Ry_1	기판용 릴레이(DC 5[V])	PL_1 ~ PL_4	파일롯램프(백)	LS_1, LS_2	단자대 3P
X_0, X_1, X_2	릴레이(AC 220[V] 14P)	YL	파일롯램프(황)	F	퓨즈홀더
PB_1, PB_3	푸시버튼SW(적)	T_1, T_2	타이머(8핀)	J	사각박스
PB_2, PB_4	푸시버튼SW(녹)	PB_5, PB_6	푸시버튼SW(기판용)		

③ 시퀀스도

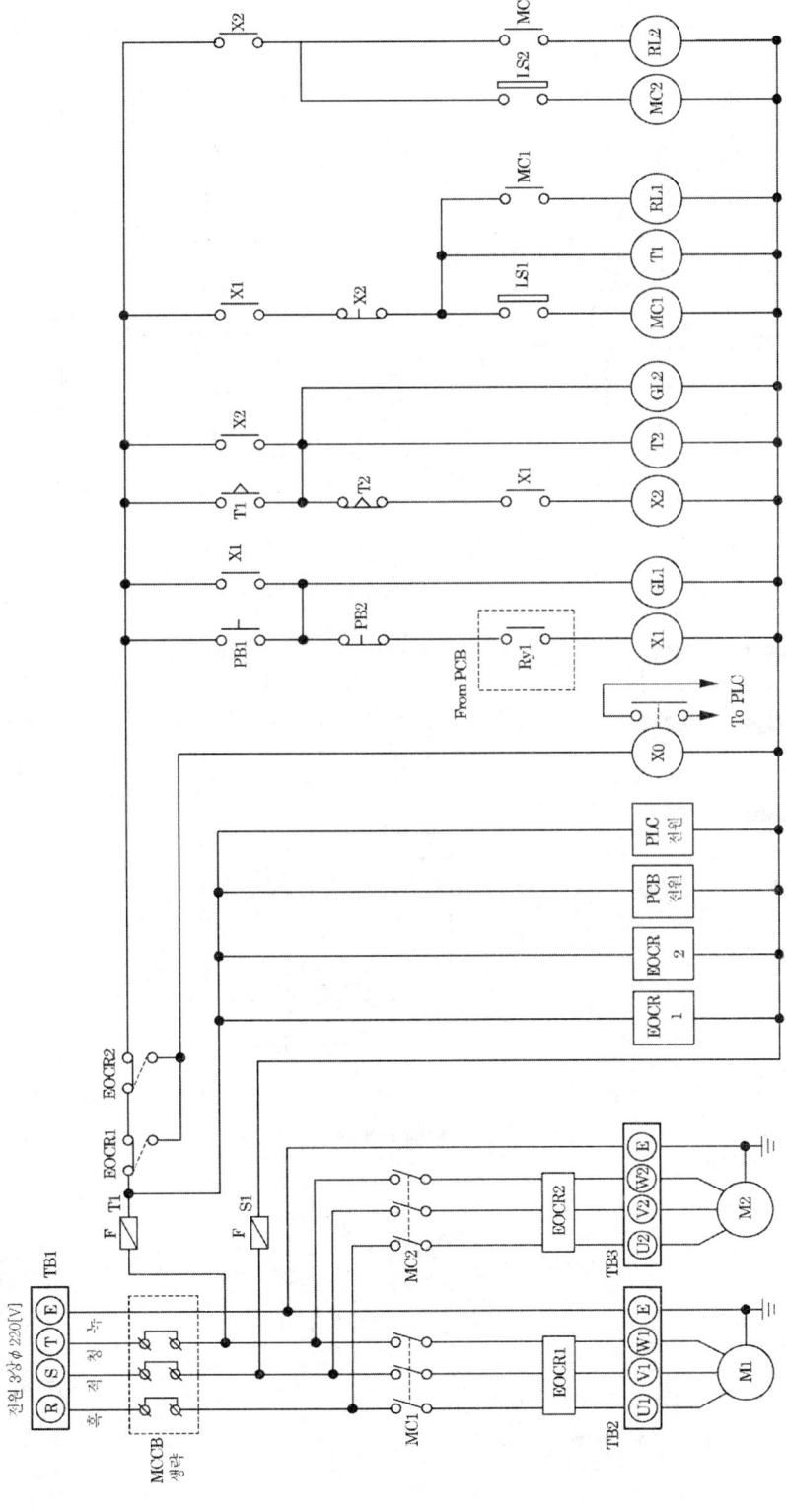

④ 내부 결선도

Power Relay 내부 결선도(MC)

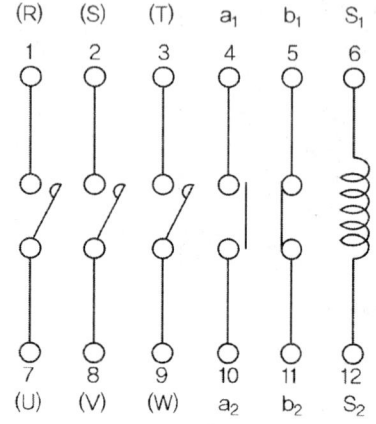

EOCR 내부 결선도

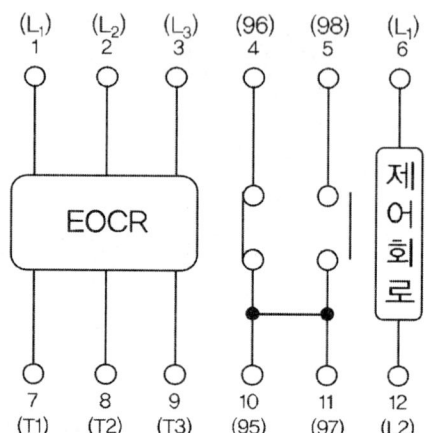

릴레이(14핀) 내부 결선도

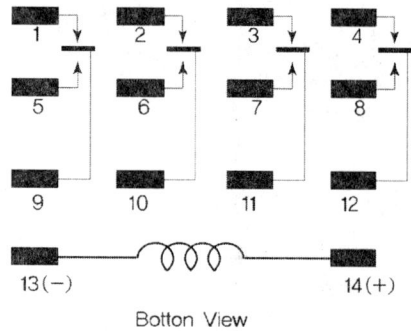

타이머 내부 결선도

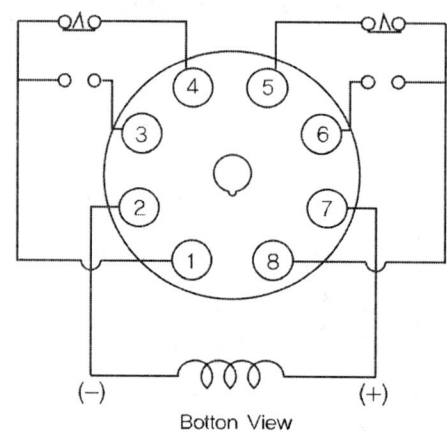

릴레이(Ry1) 결선도

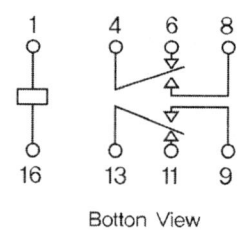

다이오드(D1~D3)

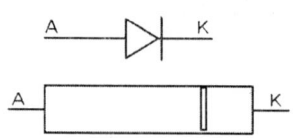

전해콘덴서(C1)

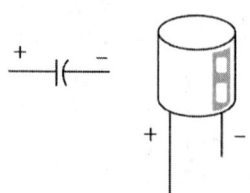

정전압 IC(7805)

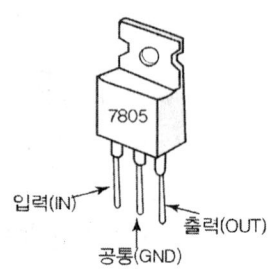

Chapter 5 부록(과년도문제)

52-C회  작품명 | 승강기 제어회로

- 시험시간 : 표준시간 6시간,   연장시간 : 30분
  (단, 제1과제(PLC 프로그램) 시험시간은 2시간으로 제한)
- 작업순서 : 제1과제 완료 후, 제2과제 작업이 가능하며 시험시간 내에서 연속 실시
  (제1과제(PLC 프로그램)가 완료된 경우 제2과제는 개인별 연속 실시)

1. 제1과제 : PLC 프로그램

1) 요구사항

① 제한시간 내에 주어진 요구사항 및 동작사항에 적합하도록 프로그램을 작성하시오.

② PLC는 입출력이 14점 이상인 소형 일체형으로 수험자가 지참한 PLC에 알맞은 프로그램을 선택하여 프로그램을 작성하며 입력전원은 노이즈 대책을 세워 배선하시오.

③ PLC는 제어판 내의 단자대에 단독 접지하고, RUN 모드상태로 부착하시오.(다만, 접지를 필요로 하지 않는 경우에는 과제수행 전 시험위원에게 이를 확인받아야 합니다.)

④ PLC의 입출력 단자에는 접속된 배선이 없는 상태로 준비하시오.(공통선 등이 접속된 경우 모두 제거하여야 합니다.)

2) 입력신호 확인

작성된 프로그램을 PLC에 다운로드한 후 점프선 등을 활용하여 입력접점에 대한 신호를 넣어 이를 확인할 수 있으나, 과제완료(제2과제 시작 시점) 이후에는 프로그램을 재작업할 수 없습니다.

2. 제2과제 : 전기공사

1) 요구사항

① 지급된 재료를 사용하여 제한시간 내 도면에 표시된 공사를 내선공사 방법에 의거 완성하시오.

② 전원방식 : 3상 3선식 220[V]

③ 공사방법 : ㉮ PE 전선관   ㉯ 플렉시블 전선관   ㉰ 40×40 PVC 덕트

2) 공통동작

① 전원을 투입하면 PLC, PCB, EOCR 및 제어회로에 전원이 동시에 공급되며,

② PCB 회로의 PB_6을 누르면 Ry_1이 여자되고 자기유지접점에 의하여 Ry_1은 계속 동작하여 제어회로

에서 운전가능 조건상태가 된다.

③ PB_5를 누르면 Ry_1이 소자되어 운전조건이 해제된다.

3) 동작설명

① PB_1을 ON하면 GL_1 점등, LS_1을 ON하면 전동기 M_1 운전, RL_1 점등

② T_1초 후 전동기 M_1 정지, RL_1 소등, GL_2 점등, LS_2를 ON하면 전동기 M_2 운전, RL_2 점등

③ T_2초 후 전동기 M_2 정지, RL_2 소등, GL_2 소등

④ GL_2는 T_1 설정시간에는 소등되며, T_2 설정시간에 점등되어 계속 반복 동작한다.(이때 LS_1을 ON한 상태에서 T_1 설정시간에는 MC_1과 RL_1이 점등 동작되고, T_2 설정시간에는 MC_1과 RL_1이 소등되어 반복하며, LS_2를 ON한 상태에서 T_1 설정시간에는 MC_2와 RL_2가 소등 동작되고, T_2 설정시간에는 MC_2와 RL_2가 점등 동작을 반복한다.)

⑤ 운전 중 PB_2를 누르면 전동기 및 표시등은 모두 OFF된다.

⑥ 전동기 운전 중 $EOCR_1$ 또는 $EOCR_2$가 작동되면 PLC 프로그램에 의하여 YL과 부저(BZ)가 점등과 소등을 반복하며 전동기는 정지된다.

4) 기타 사항

① 제어판 부분과 PE 전선관 및 플렉시블 전선관이 접속되는 부분은 박스 커넥터를 사용하시오.

② 전동기 접속배선은 생략하고 단자대까지 배선하시오.

③ 덕트와 덕트가 직각으로 만나면 45° 각도로 절단하여 접속하시오.(그림 참조)

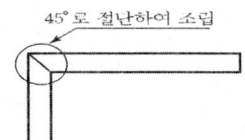

3. 도면

1) 제1과제 : PLC 프로그램

(타임차트와 동작설명을 참조하여 PLC 프로그램을 완성하시오.)

① 타임차트

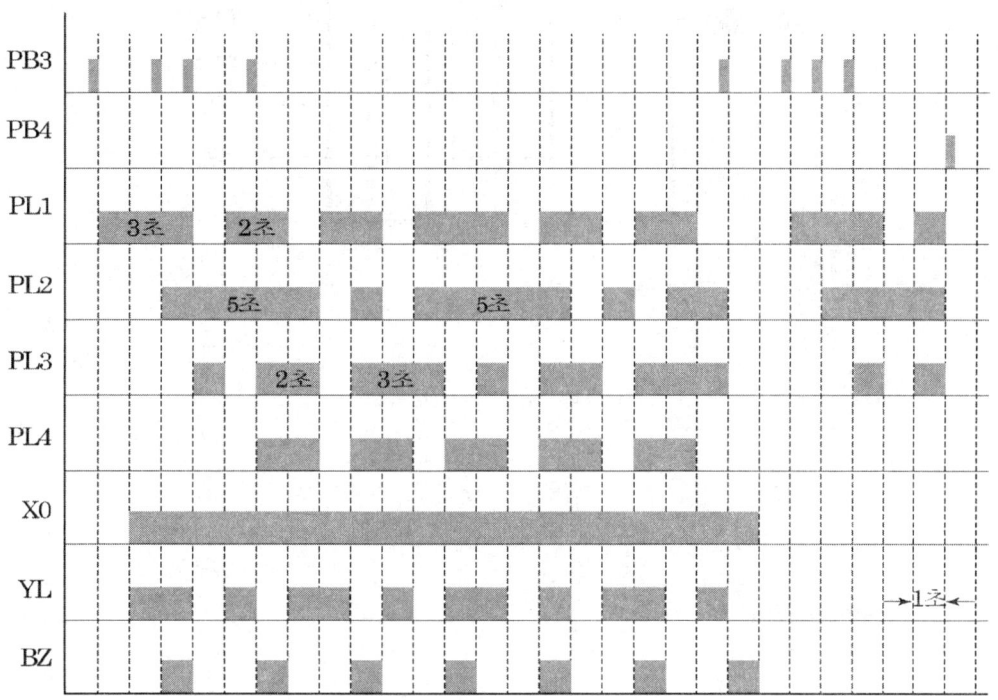

② 동작설명(●는 동작(점등), ○는 정지(소등)이며 원호 안의 숫자는 시간(초)임)

㉮ PB_3을 1번 눌렀다 놓으면 PL_1은 소등과 점등(❸-①-❷-①-❷-①)을, 2번 눌렀다 놓으면 PL_2는 소등과 점등(❺-①-❶-①)을, 3번 눌렀다 놓으면 PL_3은 소등과 점등(❶-①-❷-①-❸-①)을, 4번 눌렀다 놓으면 PL_4는 소등과 점등(❷-①-❷-①)을 반복하여 동작한다. 5번 눌렀다 놓으면 PL_1, PL_2, PL_3, PL_4는 모두 소등된다.

㉯ 또한, PB_4를 누르면 동작 중이던 PL_1, PL_2, PL_3, PL_4는 모두 소등된다.

㉰ 제어회로의 X_0가 동작되면 YL은 ❷-①-❶-①을, BZ는 YL 동작 1초 후부터 ❶-②-❶-②를 반복하여 동작한다. X_0가 복귀되면 YL과 BZ는 동작을 멈춘다.

③ PLC 입출력도(본인이 지참한 PLC 기종에 알맞게 입출력회로를 결선하시오.)

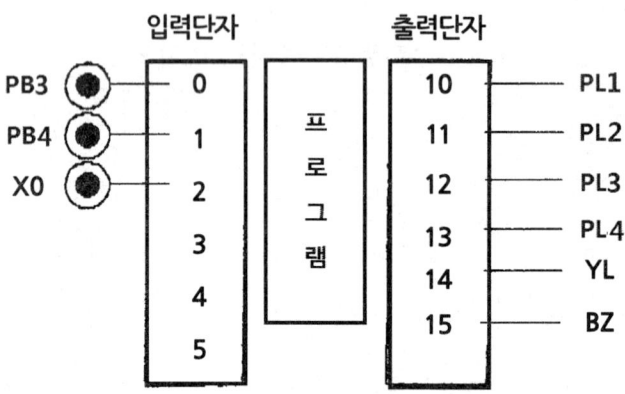

2) 제2과제 : 전기공사
① 배관 및 기구 배치도

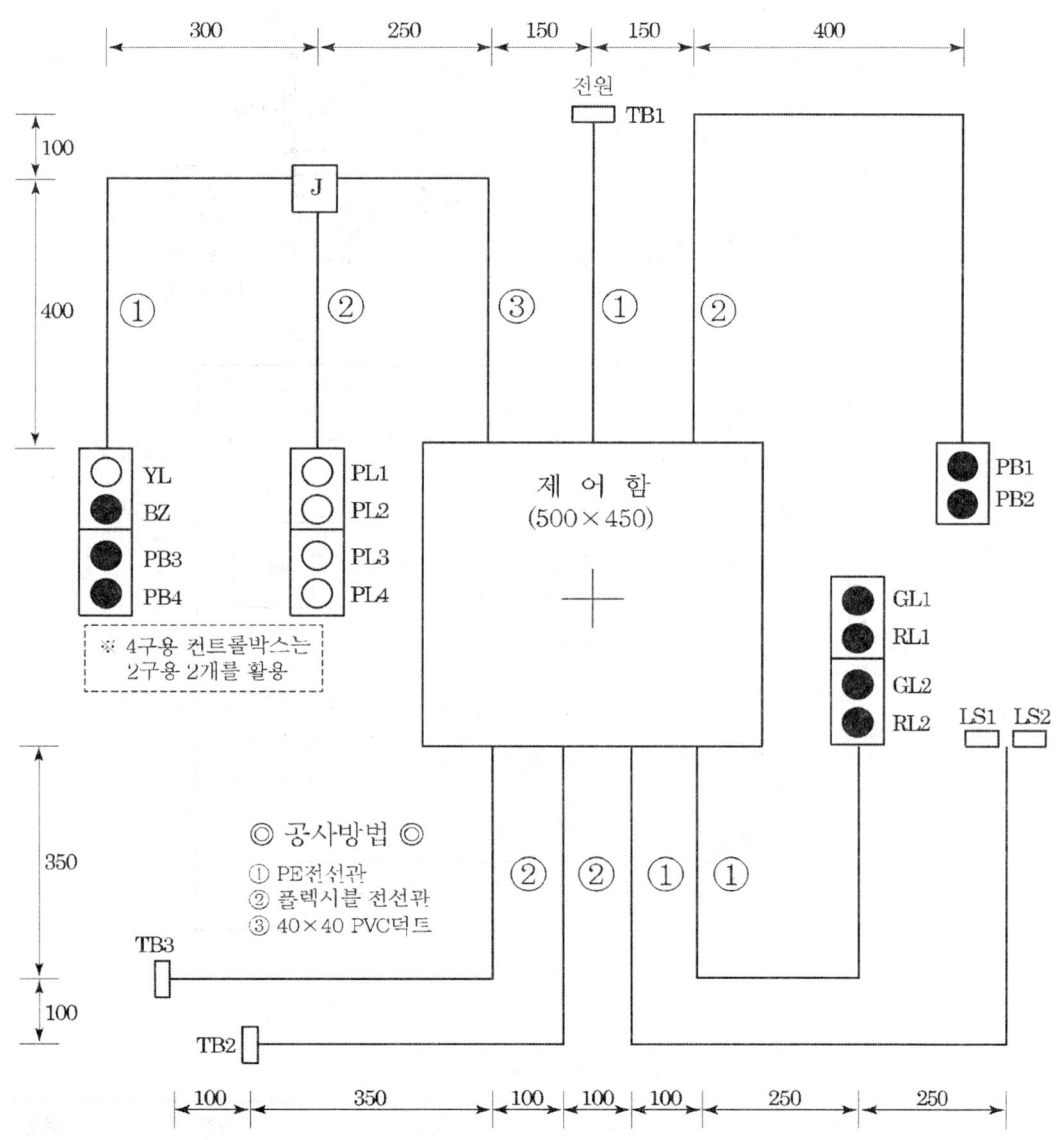

② PCB 회로도, 제어판 내부 기구배치도 및 범례

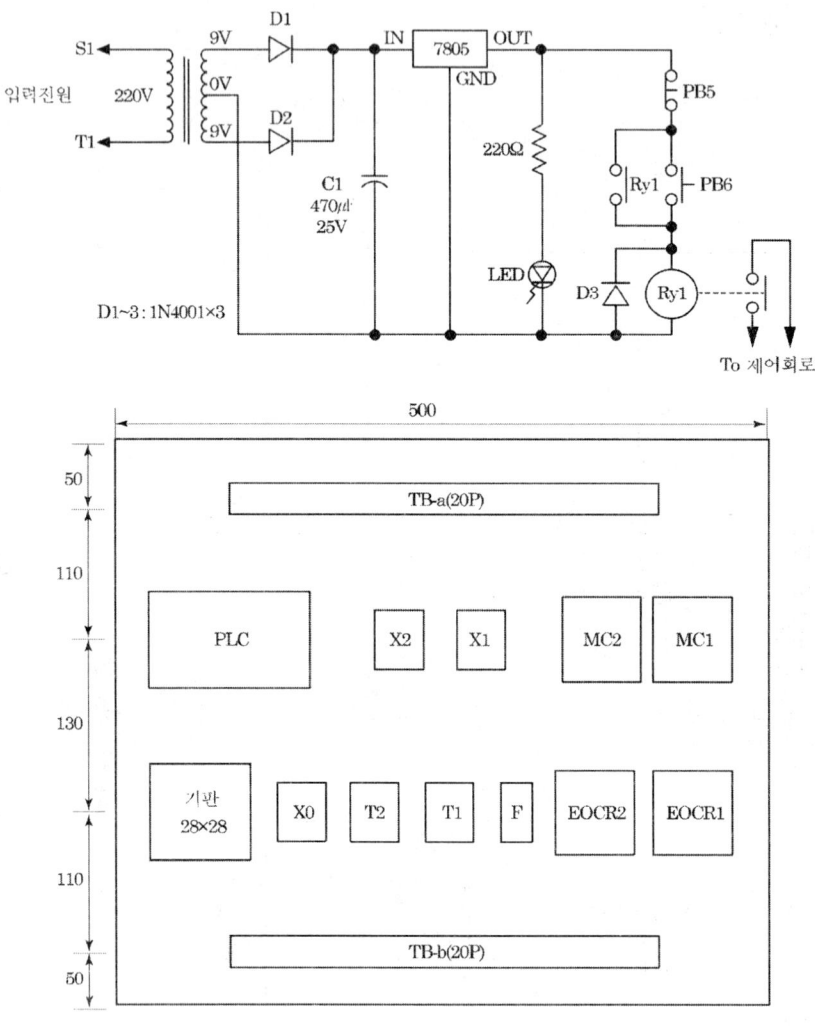

[범 례]

기호	명칭	기호	명칭	기호	명칭
MC_1, MC_2	전자접촉기(12P)	GL_1, GL_2	파일롯램프(녹)	$TB-a$, $TB-b$	단자대 20P
$EOCR_1$, $EOCR_2$	과부하계전기(12P)	RL_1, RL_2	파일롯램프(적)	$TB_1 \sim TB_3$	단자대 4P
Ry_1	기판용 릴레이(DC 5[V])	$PL_1 \sim PL_4$	파일롯램프(백)	LS_1, LS_2	단자대 3P
X_0, X_1, X_2	릴레이(AC 220[V] 14P)	YL	파일롯램프(황)	F	퓨즈홀더
PB_1, PB_3	푸시버튼SW(적)	T_1, T_2	타이머(8핀)	J	사각박스
PB_2, PB_4	푸시버튼SW(녹)	PB_5, PB_6	푸시버튼SW(기판용)		

③ 시퀀스도

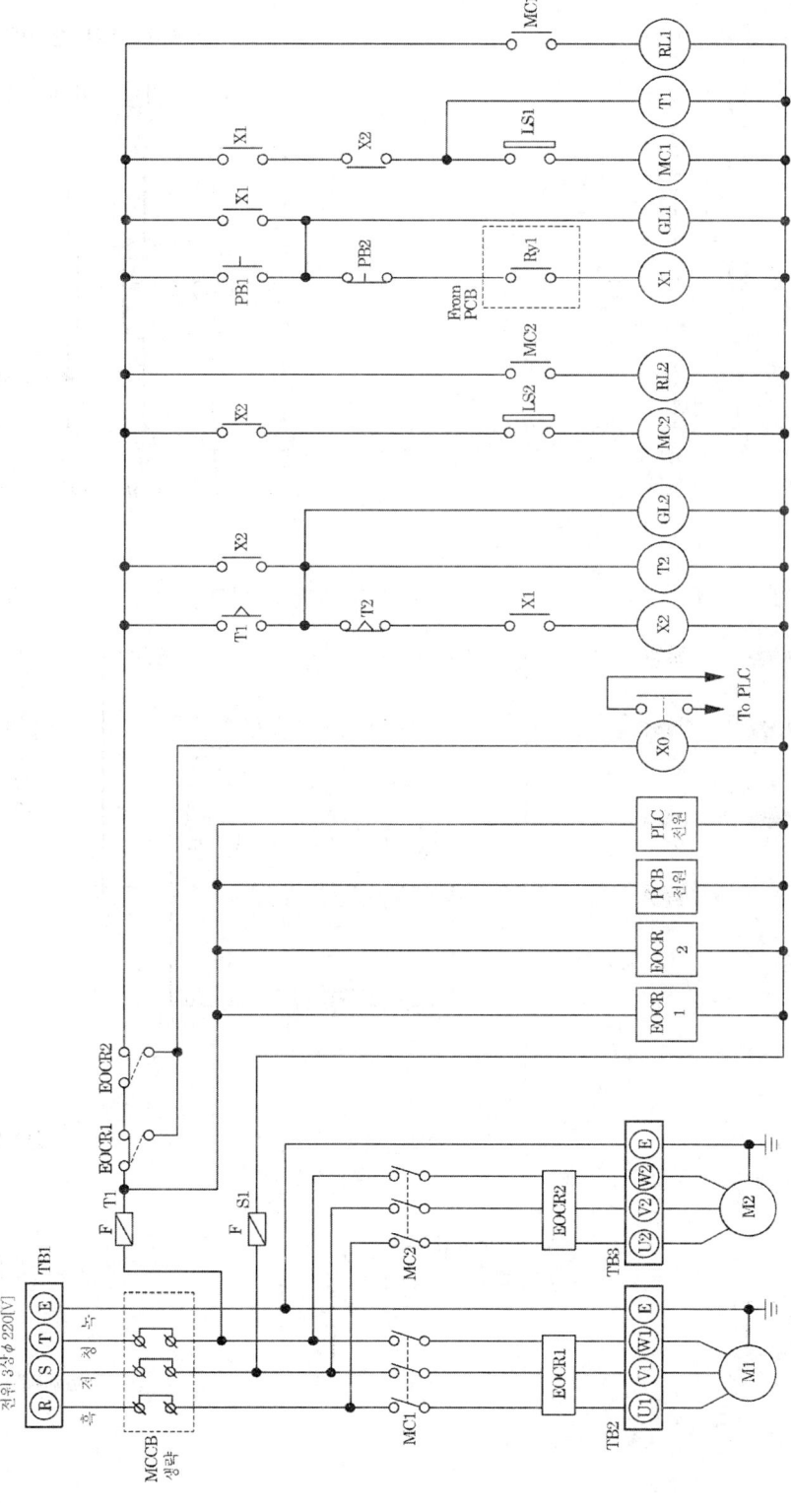

④ 내부 결선도

Power Relay 내부 결선도(MC)
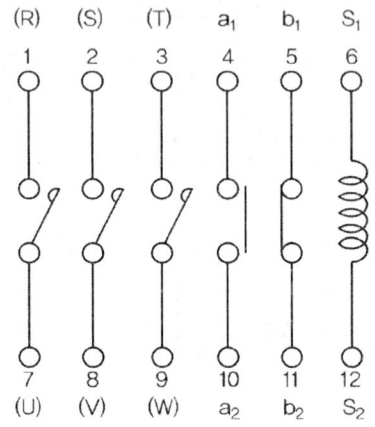

EOCR 내부 결선도
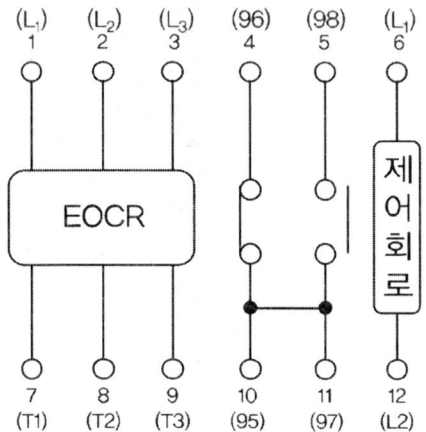

릴레이(14핀) 내부 결선도
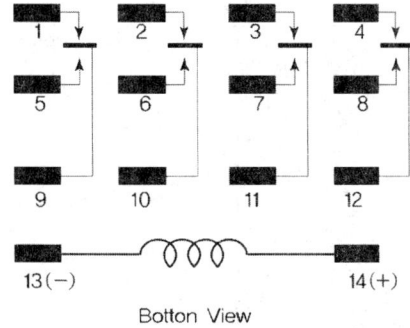

타이머 내부 결선도
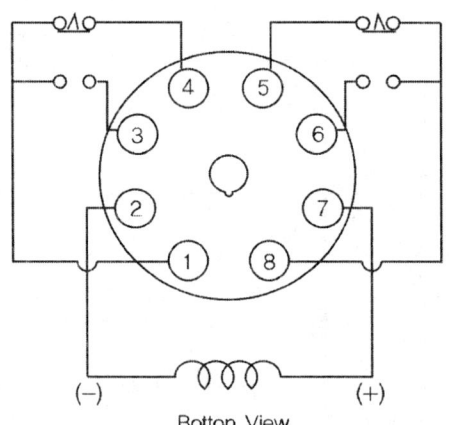

릴레이(Ry1) 결선도
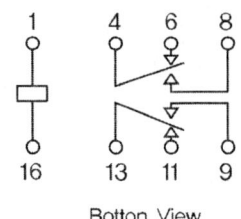

다이오드(D1~D3)
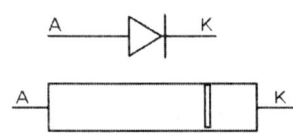

전해콘덴서(C1)
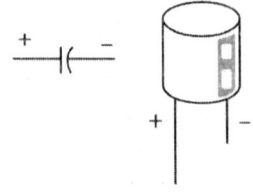

정전압 IC(7805)
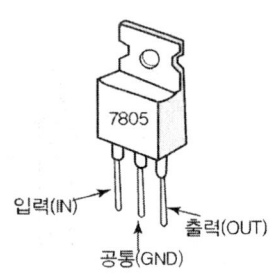

Chapter 05 부록(과년도문제)

52-D회  작품명 | 승강기 제어회로

- 시험시간 : 표준시간 6시간,   연장시간 : 30분
  (단, 제1과제(PLC 프로그램) 시험시간은 2시간으로 제한)
- 작업순서 : 제1과제 완료 후, 제2과제 작업이 가능하며 시험시간 내에서 연속 실시
  (제1과제(PLC 프로그램)가 완료된 경우 제2과제는 개인별 연속 실시)

1. 제1과제 : PLC 프로그램

1) 요구사항
① 제한시간 내에 주어진 요구사항 및 동작사항에 적합하도록 프로그램을 작성하시오.
② PLC는 입출력이 14점 이상인 소형 일체형으로 수험자가 지참한 PLC에 알맞은 프로그램을 선택하여 프로그램을 작성하며 입력전원은 노이즈 대책을 세워 배선하시오.
③ PLC는 제어판 내의 단자대에 단독 접지하고, RUN 모드상태로 부착하시오.(다만, 접지를 필요로 하지 않는 경우에는 과제수행 전 시험위원에게 이를 확인받아야 합니다.)
④ PLC의 입출력 단자에는 접속된 배선이 없는 상태로 준비하시오.(공통선 등이 접속된 경우 모두 제거하여야 합니다.)

2) 입력신호 확인
작성된 프로그램을 PLC에 다운로드한 후 점프선 등을 활용하여 입력접점에 대한 신호를 넣어 이를 확인할 수 있으나, 과제완료(제2과제 시작 시점) 이후에는 프로그램을 재작업할 수 없습니다.

2. 제2과제 : 전기공사

1) 요구사항
① 지급된 재료를 사용하여 제한시간 내 도면에 표시된 공사를 내선공사 방법에 의거 완성하시오.
② 전원방식 : 3상 3선식 220[V]
③ 공사방법 : ㉮ PE 전선관   ㉯ 플렉시블 전선관   ㉰ 40×40 PVC 덕트

2) 공통동작
① 전원을 투입하면 PLC, PCB, EOCR 및 제어회로에 전원이 동시에 공급되며,
② PCB 회로의 PB_6을 누르면 Ry_1이 여자되고 자기유지접점에 의하여 Ry_1은 계속 동작하여 제어회로

에서 운전가능 조건상태가 된다.

③ PB_5를 누르면 Ry_1이 소자되어 운전조건이 해제된다.

3) 동작설명

① PB_1을 ON하면 GL_1 점등, LS_1을 ON하면 전동기 M_1 운전, RL_1 점등

② T_1초 후 전동기 M_1 정지, RL_1 소등, GL_2 점등, LS_2를 ON하면 전동기 M_2 운전, RL_2 점등

③ T_2초 후 전동기 M_2 정지, RL_2 소등, GL_2 소등

④ GL_2는 T_1 설정시간에는 소등되며, T_2 설정시간에 점등되어 계속 반복 동작한다.(이때 LS_1을 ON한 상태에서 T_1 설정시간에는 MC_1과 RL_1이 점등 동작되고, T_2 설정시간에는 MC_1과 RL_1이 소등되어 반복하며, LS_2를 ON한 상태에서 T_1 설정시간에는 MC_2와 RL_2가 소등 동작되고, T_2 설정시간에는 MC_2와 RL_2가 점등 동작을 반복한다.)

⑤ 운전 중 PB_2를 누르면 전동기 및 표시등은 모두 OFF된다.

⑥ 전동기 운전 중 $EOCR_1$ 또는 $EOCR_2$가 작동되면 PLC 프로그램에 의하여 YL과 부저(BZ)가 점등과 소등을 반복하며 전동기는 정지된다.

4) 기타 사항

① 제어판 부분과 PE 전선관 및 플렉시블 전선관이 접속되는 부분은 박스 커넥터를 사용하시오.

② 전동기 접속배선은 생략하고 단자대까지 배선하시오.

③ 덕트와 덕트가 직각으로 만나면 45° 각도로 절단하여 접속하시오.(그림 참조)

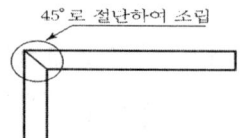

Chapter 05 부록(과년도문제)

3. 도면

1) 제1과제 : PLC 프로그램
(타임차트와 동작설명을 참조하여 PLC 프로그램을 완성하시오.)
① 타임차트

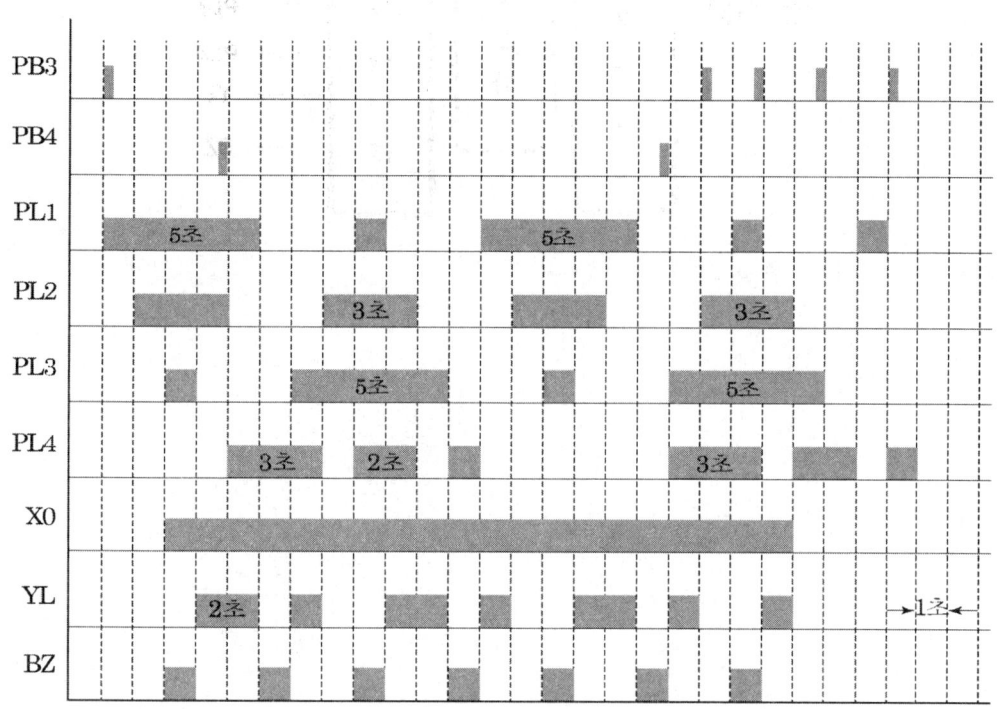

② 동작설명(●는 동작(점등), ○는 정지(소등)이며 원호 안의 숫자는 시간(초)임)

㉮ PB_3을 1번 누르면 PL_1은 점등과 소등(❺-③-❶-③)을, PL_2는 PL_1이 점등된 1초 후 점등과 소등(❸-③-❸-③)을, PL_3은 PL_2가 점등된 1초 후 점등과 소등(❶-③-❺-③)을 반복 동작한다. PB_3을 5번 누르면 동작 중이던 PL_1, PL_2, PL_3은 모두 소등된다.

㉯ PB_4를 1회 눌렀다 놓으면 PL_4는 점등과 소등(❸-①-❷-①-❶)을 1회 동작한다.

㉰ 제어회로의 X_0가 동작되면 BZ는 동작과 정지(❶-②-❶-②)를 반복하고, YL은 BZ 동작 1초 후 점등과 소등(❷-①-❶-②)을 반복한다. X_0가 복귀되면 YL과 BZ는 동작을 멈춘다.

③ PLC 입출력도(본인이 지참한 PLC 기종에 알맞게 입출력회로를 결선하시오.)

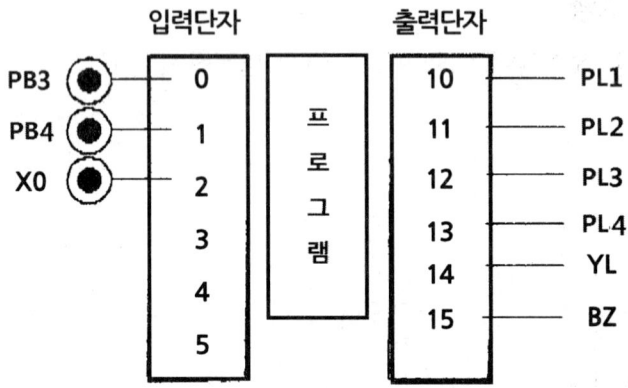

2) 제2과제 : 전기공사

① 배관 및 기구 배치도

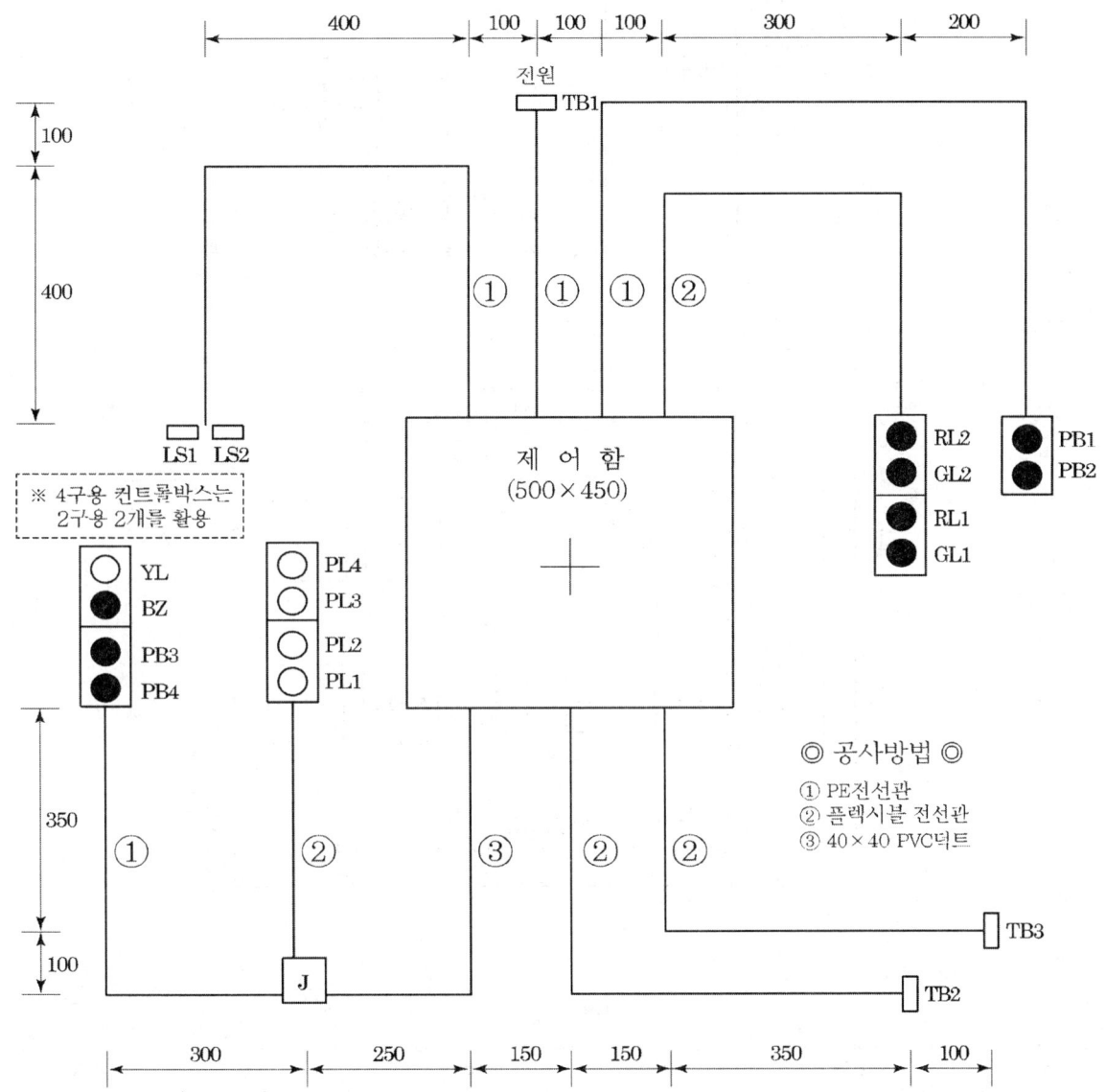

② PCB 회로도, 제어판 내부 기구배치도 및 범례

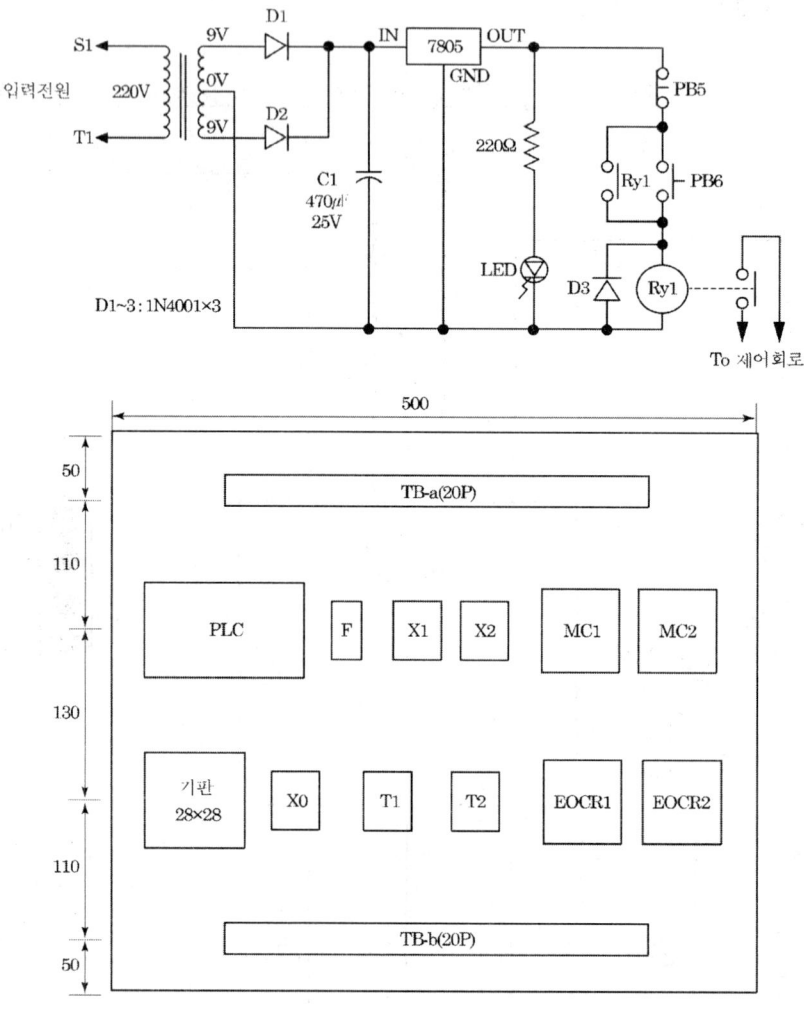

[범 례]

기호	명칭	기호	명칭	기호	명칭
MC_1, MC_2	전자접촉기(12P)	GL_1, GL_2	파일롯램프(녹)	$TB-a$, $TB-b$	단자대 20P
$EOCR_1$, $EOCR_2$	과부하계전기(12P)	RL_1, RL_2	파일롯램프(적)	$TB_1 \sim TB_3$	단자대 4P
Ry_1	기판용 릴레이(DC 5[V])	$PL_1 \sim PL_4$	파일롯램프(백)	LS_1, LS_2	단자대 3P
X_0, X_1, X_2	릴레이(AC 220[V] 14P)	YL	파일롯램프(황)	F	퓨즈홀더
PB_1, PB_3	푸시버튼SW(적)	T_1, T_2	타이머(8핀)	J	사각박스
PB_2, PB_4	푸시버튼SW(녹)	PB_5, PB_6	푸시버튼SW(기판용)		

③ 시퀀스도

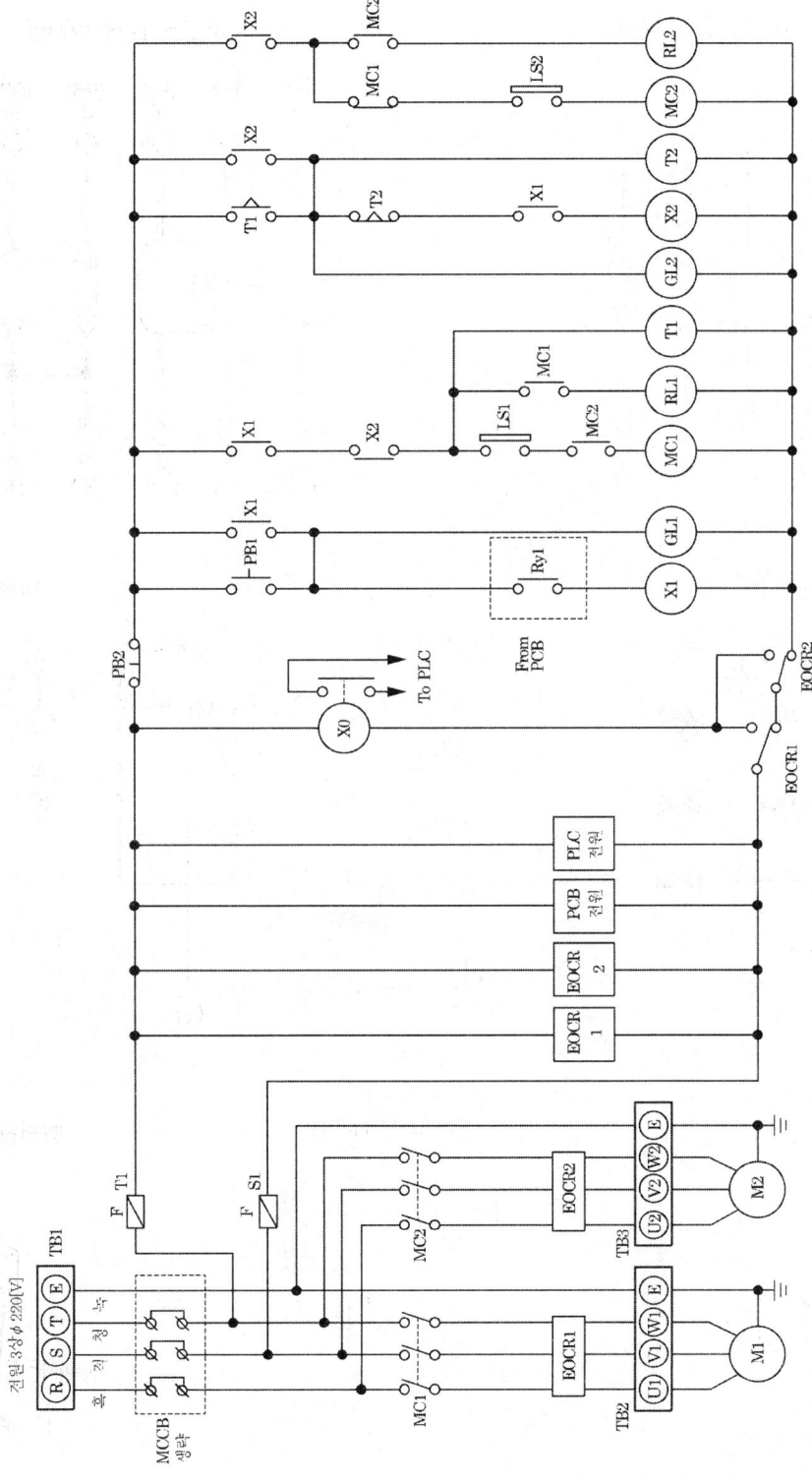

④ 내부 결선도

Power Relay 내부 결선도(MC)

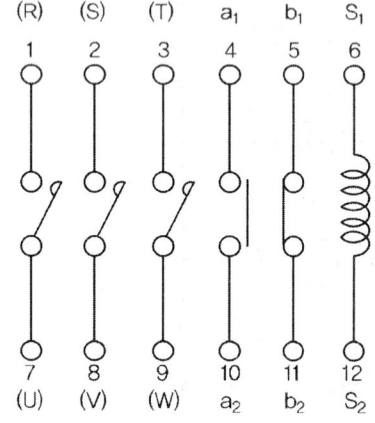

EOCR 내부 결선도

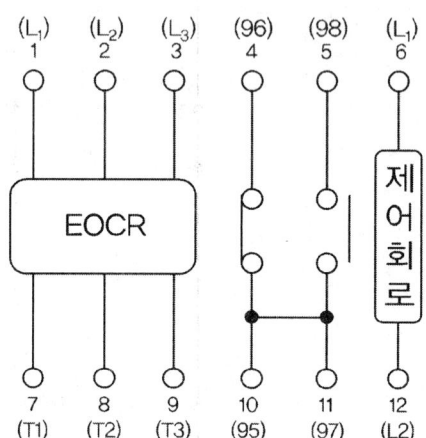

릴레이(14핀) 내부 결선도

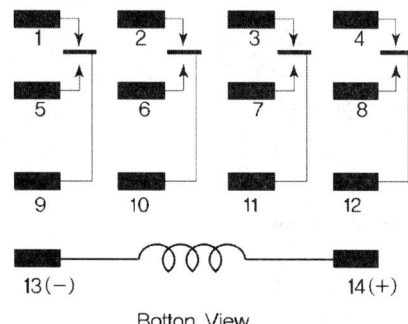

타이머 내부 결선도

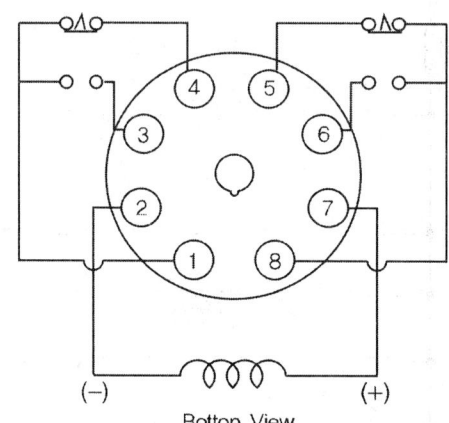

릴레이(Ry1) 결선도

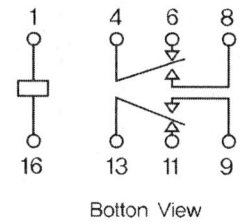

다이오드(D1~D3)

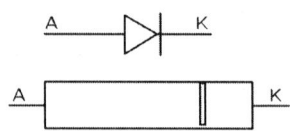

전해콘덴서(C1)

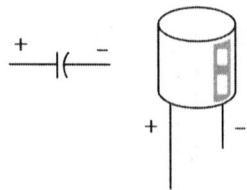

정전압 IC(7805)

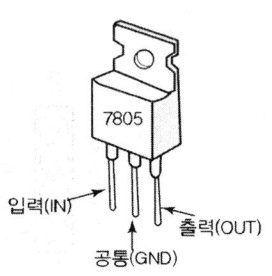

| 53-A회 |  | 작품명 | 자동문회로 |

- 시험시간 : 6시간(연장시간 : 30분, 1과제 시험시간은 2시간)
- 작업순서 : 제1과제 완료 후 제2과제 작업이 가능하며 시험시간 내에서 연속하여 실시한다.

1. 제1과제-PLC프로그램

가. 요구 사항

① 제한시간 내에 주어진 요구사항 및 동작사항에 적합하도록 프로그램을 작성하시오.
② PLC는 입·출력이 14점 이상인 소형 일체형으로 수험자가 지참한 PLC에 알맞은 프로그램을 선택하여 프로그램을 작성하며, 입력전원은 노이즈 대책을 세워 배선하시오.
③ PLC는 제어판 내의 단자대에 단독 접지하고, RUN 모드 상태로 부착하시오.(다만, 접지를 필요로 하지 않는 경우에는 시험시작 전 시험위원에게 이를 확인받아야 함)
④ PLC의 입출력 단자에는 접속된 배선이 없는 상태로 준비하시오.(공통선 제거)
⑤ 작성된 프로그램을 PLC에 다운로드한 후 점프선 등을 활용하여 입력접점에 대한 신호를 넣어 이를 확인할 수 있으나, 과제완료(제2과제 시작 시점) 이후에는 프로그램을 재작업할 수 없다.

나. PLC 입출력도

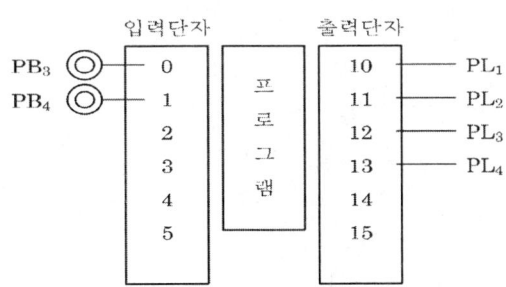

다. 타임챠트

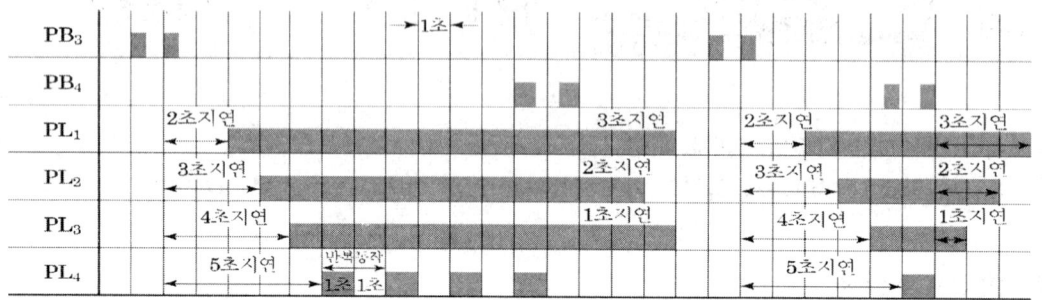

라. 동작사항

① PB_3를 두 번 누르면(PB_3 카운터 값 RESET) 2초 지연 후 PL_1이 동작되며, 3초 후에 PL_2가 동작되며, 4초 후 PL_3가 동작되며, 5초 후 PL_4가 (ON⟨1초⟩-OFF⟨1초⟩)의 동작을 반복한다.

② PB_4를 두 번 눌렀다 떼면 (PB_4 카운터 값 RESET), PL_4 동작이 정지되며, 1초 후 PL_3 동작이 정지되며, 2초 후 PL_2 동작이 정지되며, 3초 후 PL_1 동작이 정지된다.

2. 제2과제 : 전기공사

가. 요구사항

1) 전원방식 : 3상4선식 220V
2) 공사방법
   ① PE전선관공사
   ② 플렉시블 전선관공사
   ③ PVC 덕트공사

나. 동작사항

1) 상시동작

   ① 전원을 투입하면 PLC와 EOCR에 전원이 들어오며 상시등 GL_0가 점등된다.
   ② PB을 누르면 RY_1이 여자되어 자동모드로 전환되고, 이 상태에서 PB_5을 누르면 RY_1이 소자되어 수동모드로 전환된다.

2) 수동 동작

   ① PB_1을 ON하면 RY_2, MC_1 여자, 전동기 정회전(문열림) 운전, RL_1 점등되고 LS_2 작동 시 GL_2 점등, RY_2, MC_1 소자, 전동기 정지, RL_1 소등됨

② PB$_2$을 ON하면 RY$_3$, MC 여자, 전동기 역회전(문닫힘) 운전, RL$_2$ 점등되고 LS$_1$ 작동 시 GL$_1$ 점등, RY$_3$, MC$_2$ 소자, 전동기 정지, RL$_2$ 소등됨

③ 전동기 운전 중 EOCR이 작동되면, YL 점등, 전동기 및 위의 모든 동작 정지

3) 자동동작

① 자동모드로 전환할 시 SEN(Sensor) b접점에 의해 타이머가 동작되어 타이머 설정시간 T초 경과 후 RY$_3$, MC$_2$ 여자, 전동기 역회전(문닫힘) 운전, RL$_2$ 점등되고 LS$_1$ 작동 시 GL$_1$ 점등, RY$_3$, MC$_2$ 소자, 전동기 정지, RL$_2$ 소등됨

② SEN(Sensor)이 작동(ON)하면 RY$_2$, MC$_1$ 여자, 전동기 정회전(문열림) 운전, RL$_1$ 점등, LS$_2$ 작동 시 GL$_2$ 점등, RY$_2$, MC$_1$ 소자, 전동기 정지, RL$_1$ 소등되고 SEN(Sensor)이 입력이 없을 때(OFF) 타이머가 동작되어 타이머 설정시간 T초 경과 후 RY$_3$, MC$_2$ 여자, 전동기 역회전(문닫힘) 운전, RL$_2$ 점등되고 LS$_1$ 작동 시 GL$_1$ 점등, RY$_3$, MC$_2$ 소자, 전동기 정지, RL$_2$ 소등됨

③ 전동기 운전 중 EOCR이 작동되면, YL점등, 전동기 및 위의 모든 동작 정지

다. 도면

1) PCB 회로도, 제어판 내부 기구배치도 및 범례

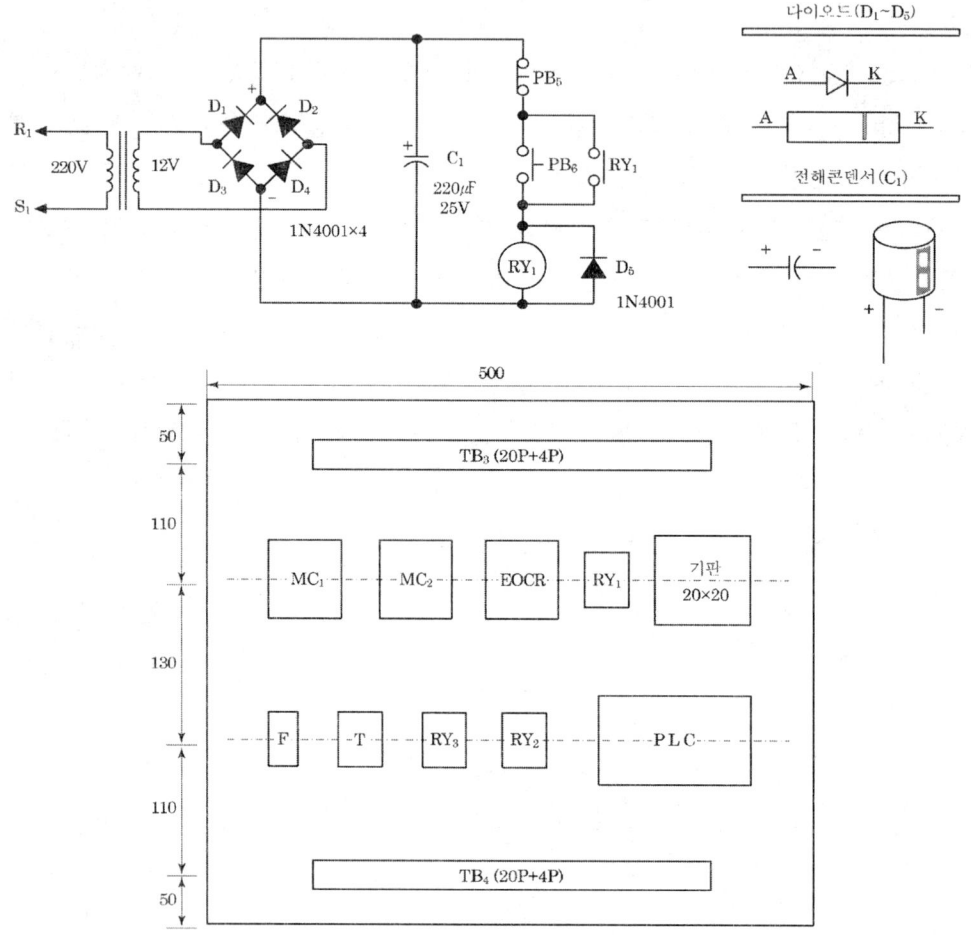

[범 례]

기호	명칭	기호	명칭	기호	명칭
MC_1, MC_2	12P 전자접촉기	$GL_0 \sim GL_2$	파이롯램프(녹)	F	퓨즈홀더
EOCR	12P 과부하계전기	$RL_1 \sim RL_2$	파이롯램프(적)	T	8P ON Delay Timer
RY_1	8P 릴레이(DC12V)	$PL_1 \sim PL_4$	파이롯램프(녹)	LS_1, LS_2	푸시버튼SW(적)
RY_2, RY_3	14P 릴레이(AC220V)	YL	파이롯램프(황)	SEN(sensor)	푸시버튼SW(녹)
PB_2, PB_4, PB_5	푸시버튼SW(적)	$TB_1 \sim TB_2$	4P 단자대		
PB_1, PB_3, PB_6	푸시버튼SW(녹)	$TB_3 \sim TB_4$	24P 단자대		

2) 배관 및 기구 배치도

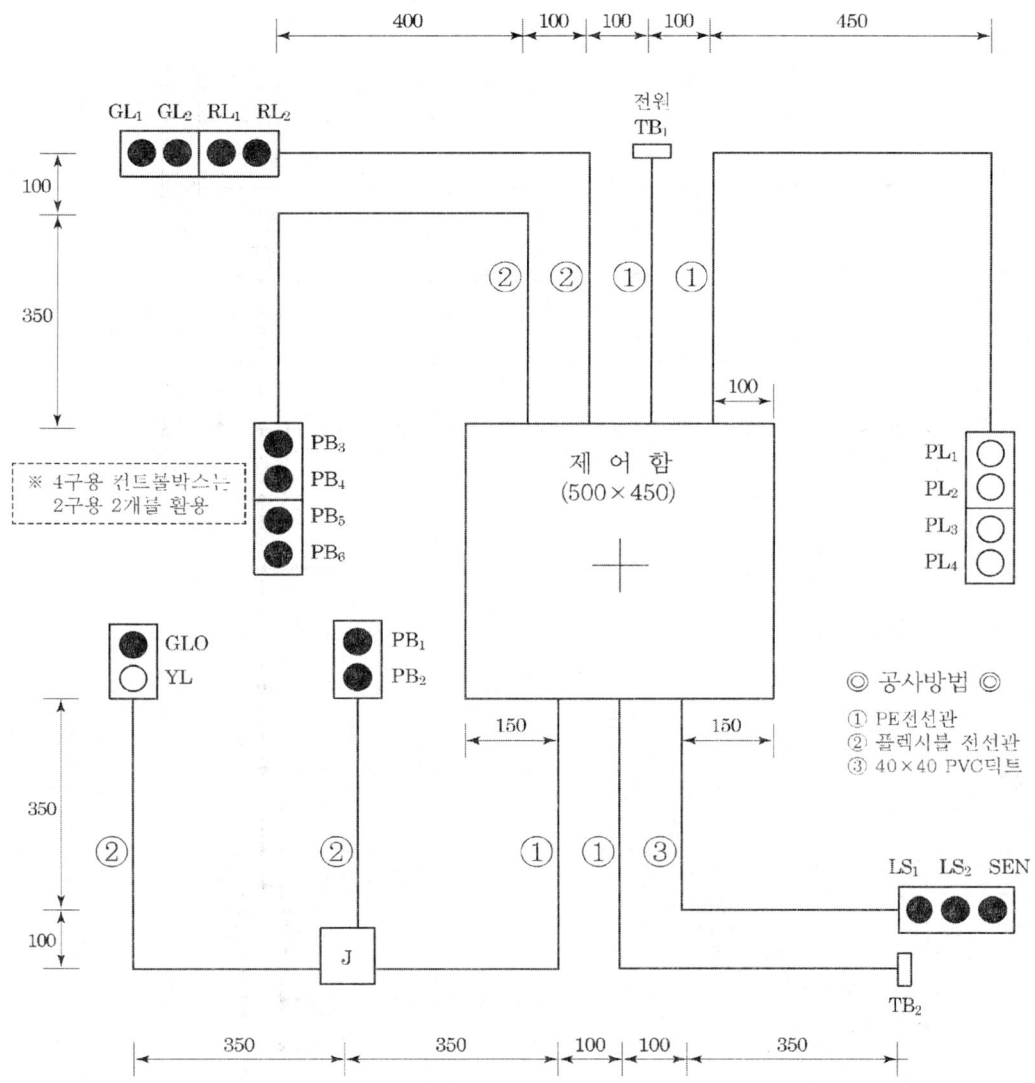

3) 시퀀스도

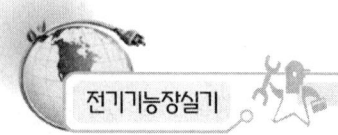

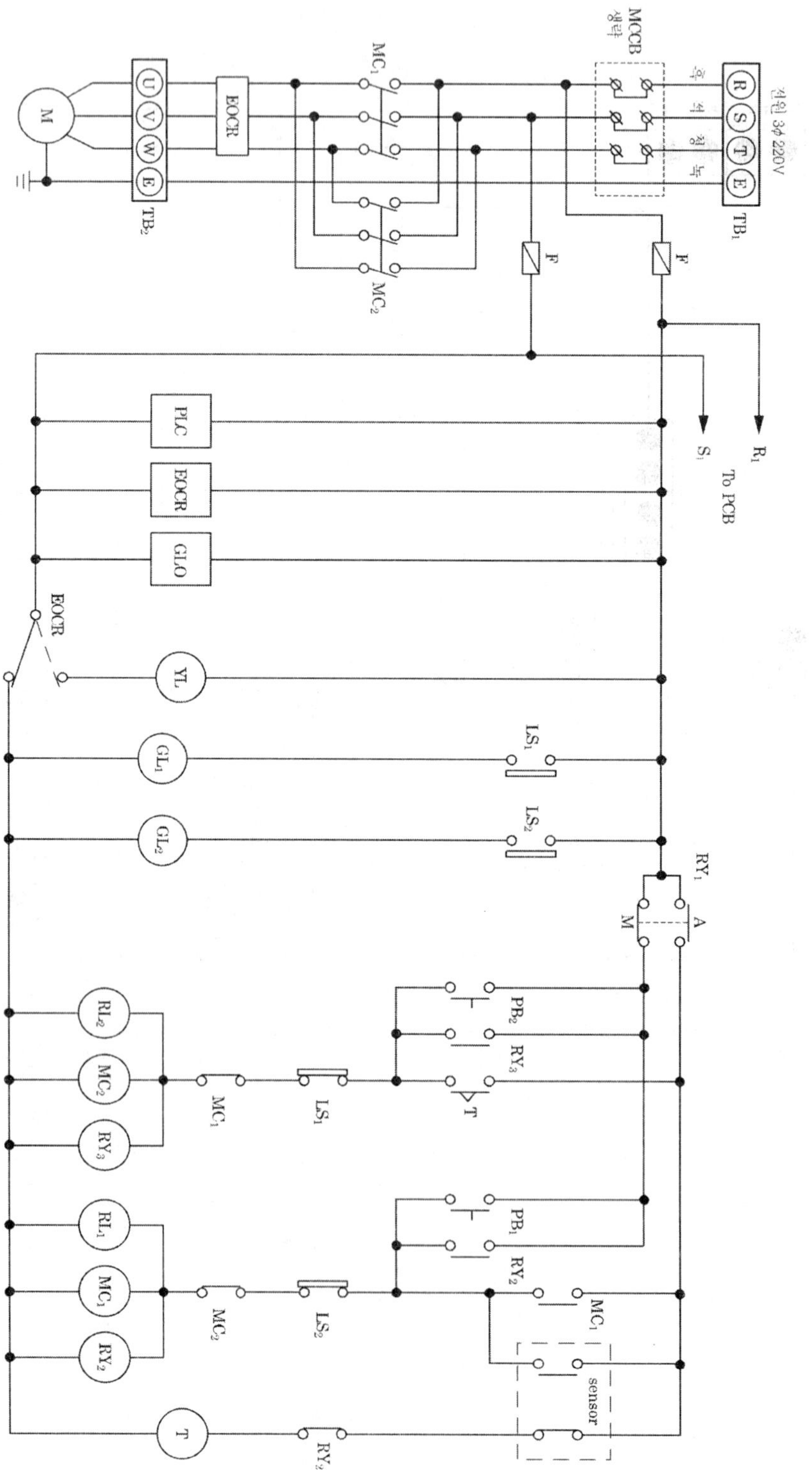
전원 3φ 220V
R S T E
흑 적 청 녹
TB₁
MCCB
생략
F
MC₁
MC₂
EOCR
U V W E
TB₂
M
R₁
S₁
To PCB
PLC
EOCR
GLO
EOCR
YL
GL₁
LS₁
GL₂
LS₂
RY₁
A
M
PB₂
RY₃
T
RL₂
MC₂
RY₃
MC₁
LS₁
PB₁
RY₂
MC₁
RL₁
MC₁
RY₂
MC₂
LS₂
sensor
T
RY₂

4) 계전기 내부 결선도

Power Relay 내부 결선도(MC)

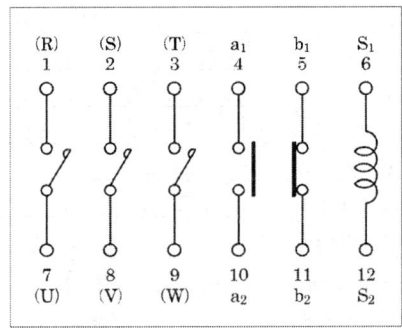

EOCR 내부 결선도

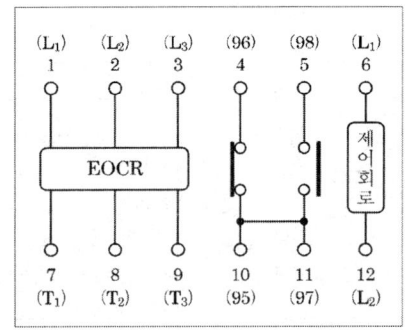

8핀 릴레이 내부 결선도

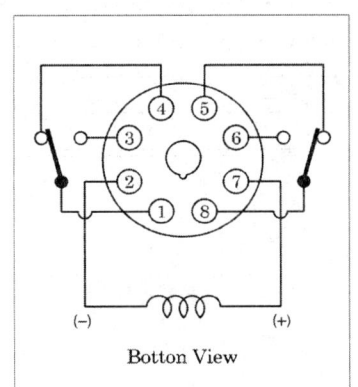

14핀 릴레이 내부 결선도

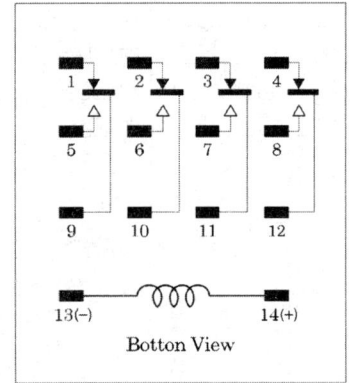

멀티타이머 내부 결선도

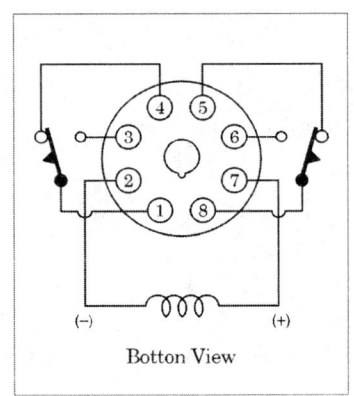

변수 이름	변수 종류	데이터 타입	(메모리 할당)	(초기값)
C_1	VAR	FB Instance		
C_2	VAR	FB Instance		
ON_PLSE	VAR	BOOL		
PB_3	VAR	BOOL	AT %IX0.0.0	
PB_4	VAR	BOOL	AT %IX0.0.1	
PL_1	VAR	BOOL	AT %QX0.0.0	
PL_2	VAR	BOOL	AT %QX0.0.1	
PL_3	VAR	BOOL	AT %QX0.0.2	
PL_4	VAR	BOOL	AT %QX0.0.3	
T_1	VAR	FB Instance		
T_{10}	VAR	FB Instance		
T_{11}	VAR	FB Instance		
T_{12}	VAR	FB Instance		
T_{13}	VAR	FB Instance		
T_2	VAR	FB Instance		
T_{20}	VAR	FB Instance		
T_{21}	VAR	FB Instance		
T_{22}	VAR	FB Instance		

변수   1

Chapter 05 부록(과년도문제)

```
행 0    PB₃        C₁
        ─┤ ├──┬── CTU ──┐
        %IX0.0.0│  CU  Q │
                │        │
행 1   ON_PLSE   │        │
        ─┤ ├────┤  R   CV│
                │        │
행 2          2 ┤  PV    │
                └────────┘

행 3

행 4    C₁.Q                                             ON_PLSE
        ─┤ ├──────────────────────────────────────────────(S)──

行 5   ON_PLSE     T₁₀              T₁₁
        ─┤ ├──┬── TON ──┬──────┬── TON ──┐
              │  IN   Q │      │  IN   Q │
行 6      T#2S│ PT   ET │  T#1S│ PT   ET │
              └─────────┘      └─────────┘

行 7

行 8    T₁₁.Q     T₁₂              T₁₃
        ─┤ ├──┬── TON ──┬──────┬── TON ──┐
              │  IN   Q │      │  IN   Q │
行 9      T#1S│ PT   ET │  T#1S│ PT   ET │
              └─────────┘      └─────────┘

行 10

行 11   T₁₀.Q                                               PL₁
        ─┤ ├───┬──────────────────────────────────────────( )──
               │                                          %QX0.0.0
行 12   T₂₂.Q  │
        ─┤ ├───┘

行 13   T₁₁.Q                                               PL₂
        ─┤ ├───┬──────────────────────────────────────────( )──
               │                                          %QX0.0.1
行 14   T₂₁.Q  │
        ─┤ ├───┘

行 15   T₁₂.Q                                               PL₃
        ─┤ ├───┬──────────────────────────────────────────( )──
                                                          %QX0.0.2
```

1(1/1, 1/3)

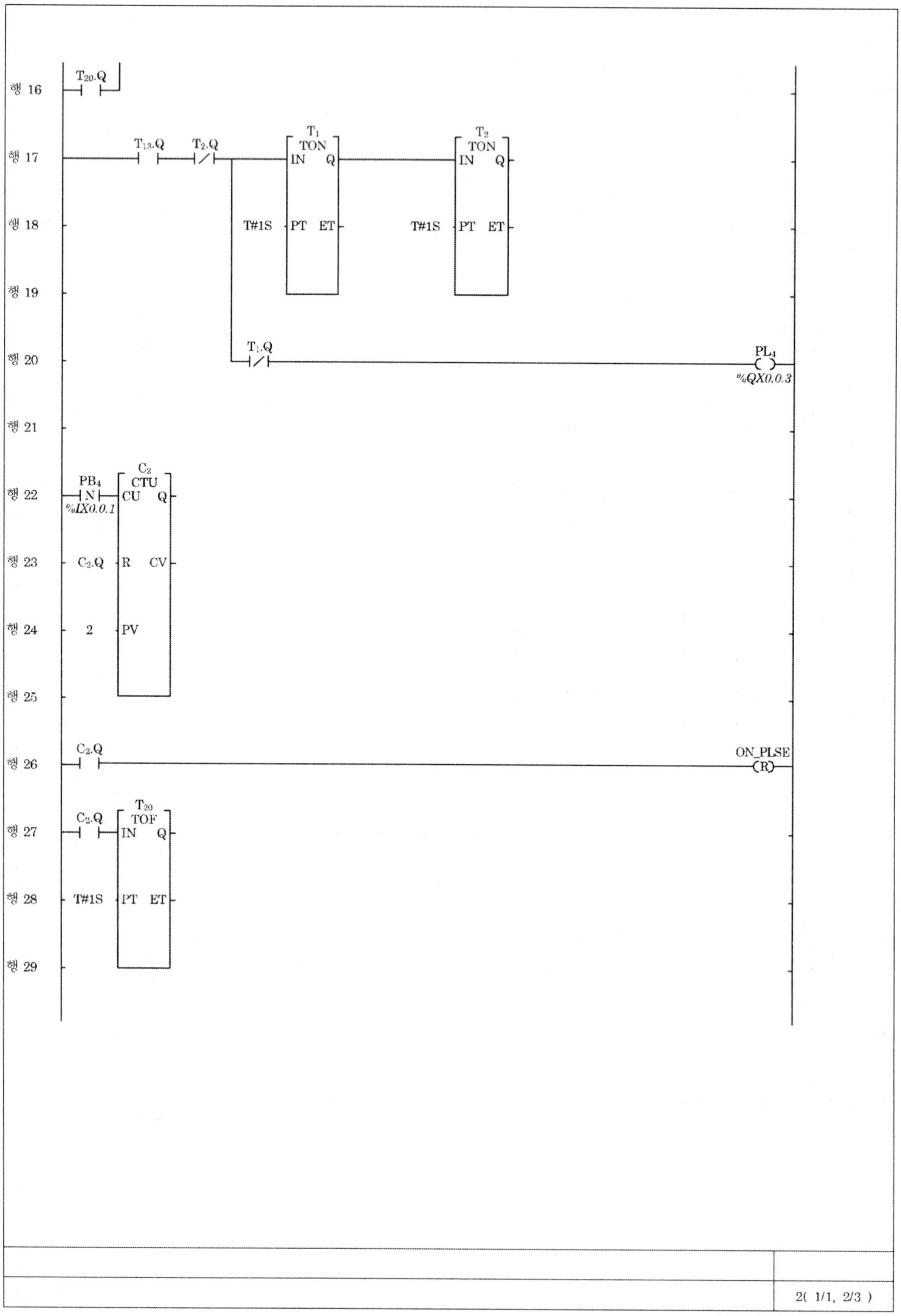

```
행 16    ┤T20.Q├

행 17    ┤T13.Q├ ┤/T2.Q├ ──┬── T1 ──────── T2 ──────
                           │  TON          TON
                           │ ─IN  Q──────IN  Q─
행 18                      │
                           │ T#1S─PT ET   T#1S─PT ET
행 19                      │
                           │
행 20                      └─┤/T1.Q├─────────────────────(PL4)
                                                         %QX0.0.3
행 21

행 22    ┤PB4├────── C2
          N         CTU
         %IX0.0.1 ─CU  Q─
행 23    ┤C2.Q├───R  CV─

행 24      2 ─────PV

행 25

행 26    ┤C2.Q├──────────────────────────── ON_PLSE (R)

행 27    ┤C2.Q├─── T20
                   TOF
                 ─IN  Q─
행 28    T#1S ───PT ET

행 29
```

2(1/1, 2/3)

Chapter 05 부록(과년도문제)

행 30 ── C₂.Q ──┬── TOF T₂₁ ──
                │   IN   Q
행 31   T#2S ──┤ PT   ET
                │
행 32   └────────

행 33 ── C₂.Q ──┬── TOF T₂₂ ──
                │   IN   Q
行 34   T#3S ──┤ PT   ET
                │
行 35   └────────

行 36 ─────────────────────⟨RETURN⟩

3(1/1, 3/3)

| 54-A회 |  | 작품명 | 화재감지회로 |

- 시험시간 : 6시간(연장시간 : 30분, 1과제 시험시간은 2시간)
- 작업순서 : 제1과제 완료 후 제2과제 작업이 가능하며 시험시간 내에서 연속하여 실시한다.

1. 제1과제-PLC프로그램

가. PLC 입출력도

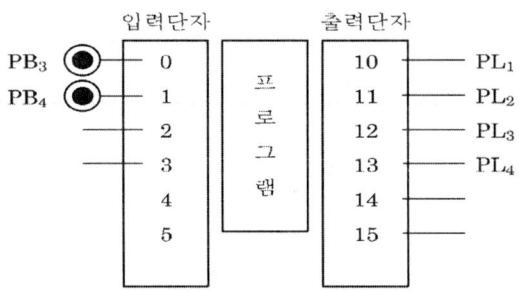

나. 타임챠트

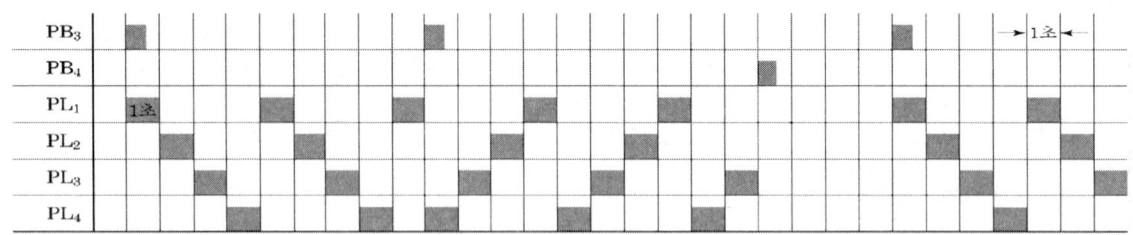

2. 제2과제 : 전기공사

가. 요구사항

1) 전원방식 : 3상4선식 220V
2) 공사방법
   ① PE전선관공사
   ② 플렉시블 전선관공사
   ③ PVC 덕트공사

나. 동작사항

1) PB_3 스위치를 첫 번째 누르면 PL_1, PL_2, PL_3, PL_4까지 계속해서 순차점멸(순방향)한다.
   (PL_1(1초) → PL_2(1초) → PL_3(1초) → PL_4(1초) 순으로 반복 동작)

   PB_3 스위치를 두 번째 누르면 점등되어 있던 램프는 즉시 꺼지고, 바로 역방향으로 계속해서 순차 점멸한다. (PL_4(1초)→PL_3(1초)→PL_2(1초)→PL_1(1초) 순으로 반복 동작)

   ※ PB_3 입력신호가 홀수 번째인 경우 순방향, 짝수 번째인 경우 역방향으로 순차 점멸한다.

2) PB_4 스위치 누르면 PL_1~PL_4까지 동작 중인 램프는 즉시 동작을 멈춘다.

다. 도면

1) PCB 회로도, 제어판 내부 기구배치도 및 범례

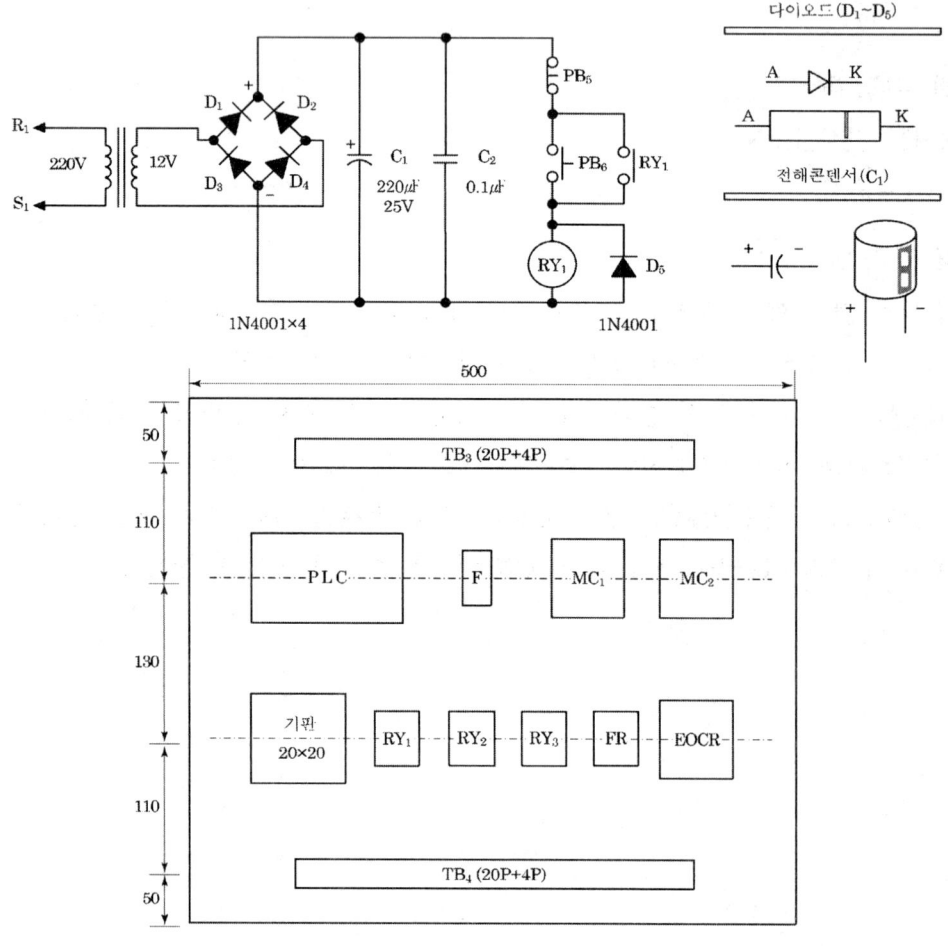

[범 례]

기호	명칭	기호	명칭	기호	명칭
MC_1, MC_2	전자접촉기(12P)	$GL_0 \sim GL_2$	파이롯램프(녹)	$TB_1 \sim TB_2$	단자대(4P)
EOCR	과부하계전기(12P)	$RL_1 \sim RL_2$	파이롯램프(적)	$TB_3 \sim TB_4$	단자대(24P)
RY_1	릴레이(DC12V, 8P)	$PL_1 \sim PL_4$	파이롯램프(백)	$TB_5 \sim TB_6$	단자대 (LS1~2, 3P)
$RY_2 \sim RY_3$	릴레이(AC220V, 14P)	YL	파이롯램프(황)	FR	플리커릴레이(8P)
PB_0, PB_4, PB_5	푸시버튼SW(녹)	FD_1, FD_2	푸시버튼SW(적)	F	퓨즈홀더
$PB_1 \sim PB_3$, PB_6	푸시버튼SW(적)				

2) 배관 및 기구 배치도

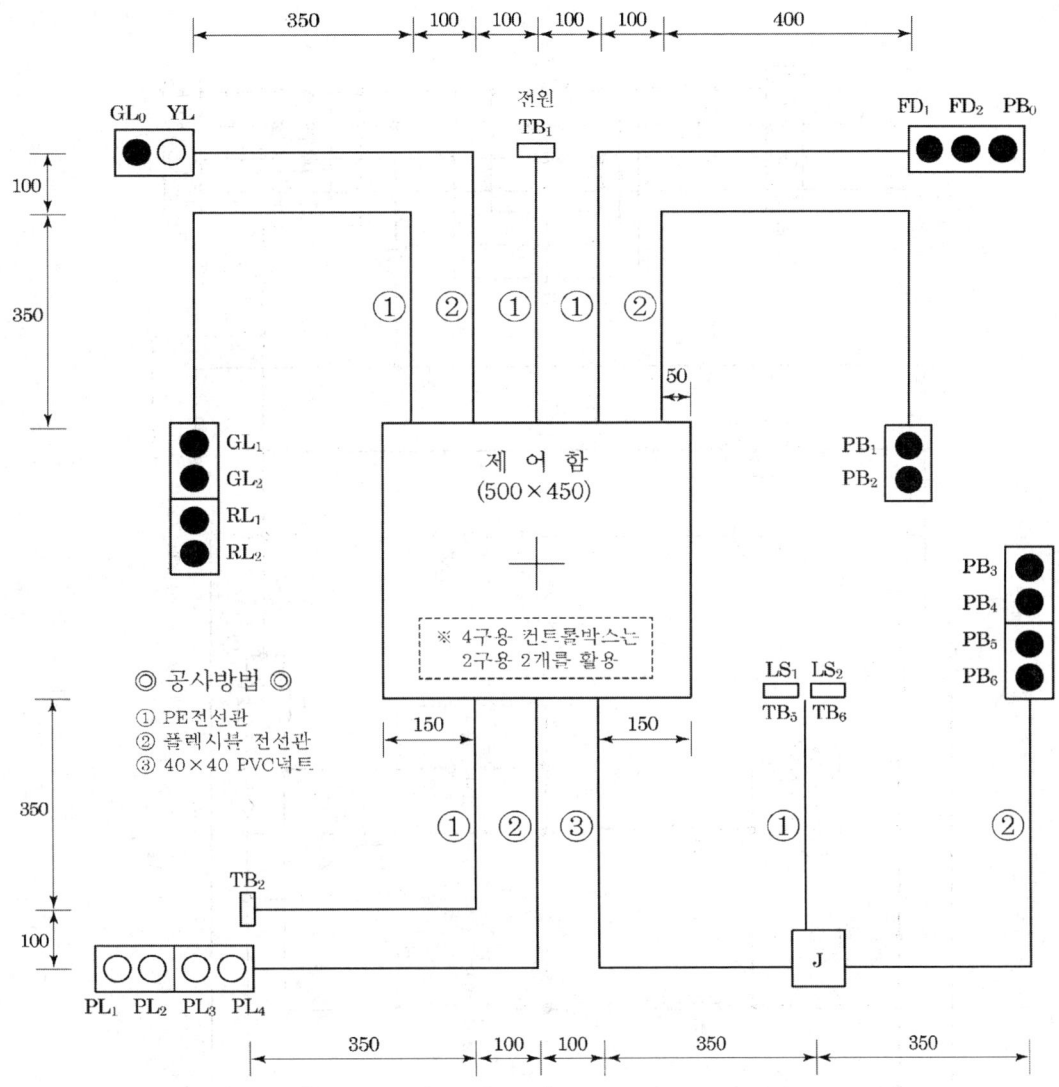

3) 시퀀스도

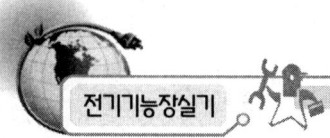

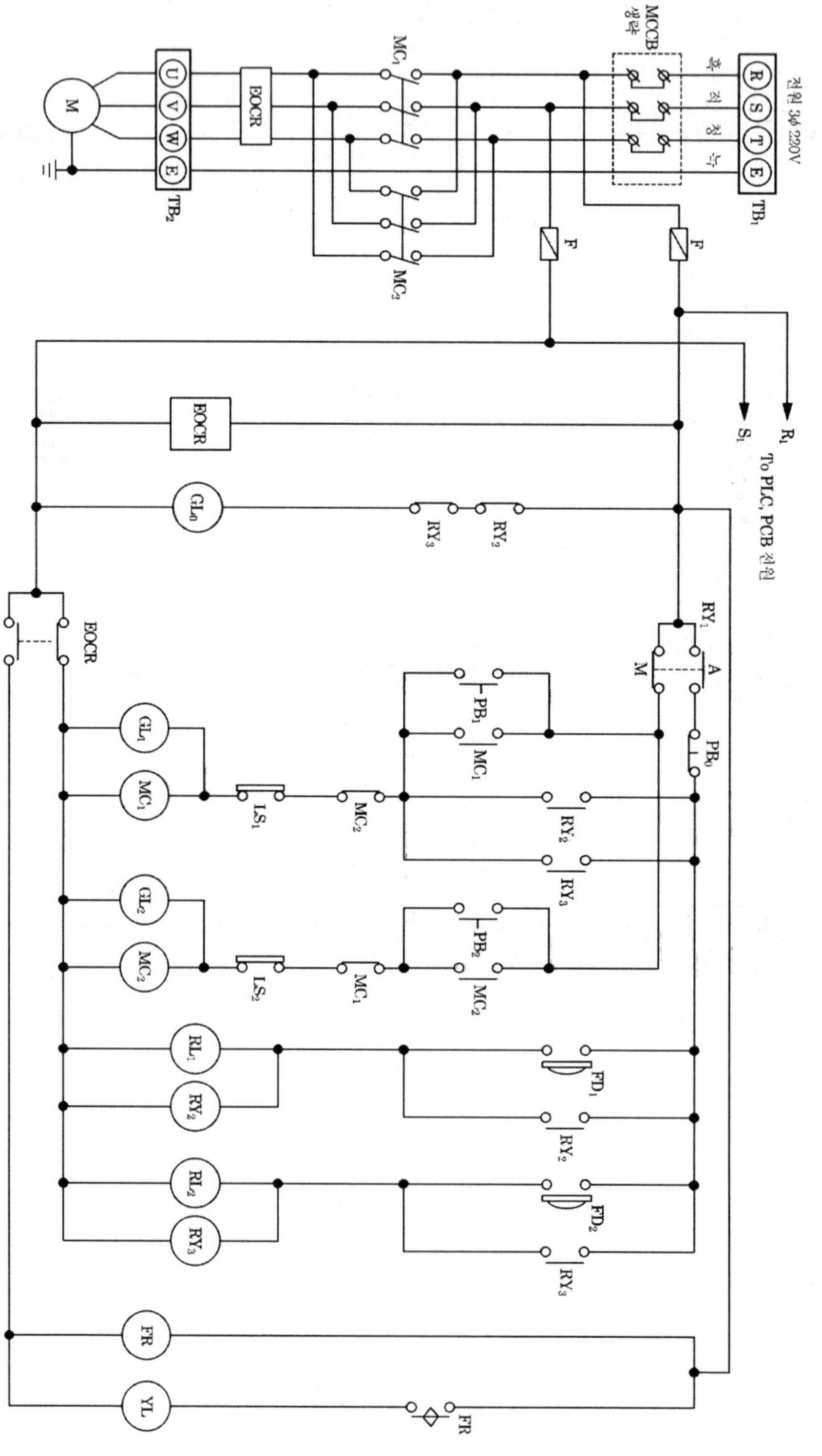
전원 3φ 220V
흑 적 청 녹
R S T E
TB1
MCCB 생략
F
F
MC1
MC2
EOCR
U V W E
TB2
M
R1
S1
To PLC, PCB 전원
EOCR
GL0
RY3
RY2
RY1
A
M
PB0
EOCR
PB1
MC1
GL1
MC1
LS1
MC2
RY2
RY3
GL2
MC2
LS2
MC1
PB2
MC2
RL1
RY2
FD1
RY2
RL2
RY3
FD2
RY3
FR
YL
FR

4) 계전기 내부 결선도

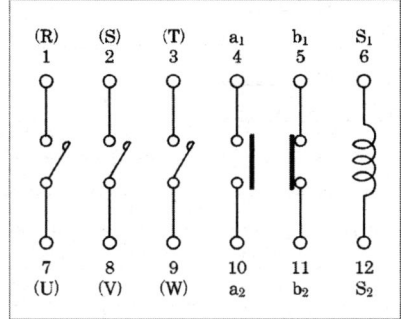

Power Relay 내부 결선도(MC)

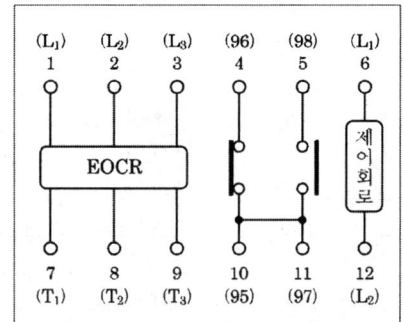

EOCR 내부 결선도

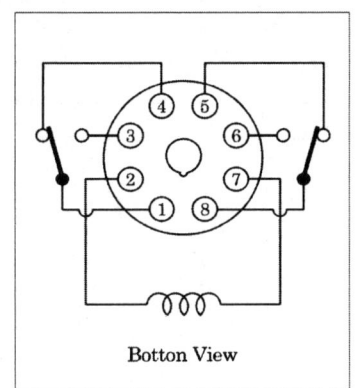

8핀 릴레이 내부 결선도

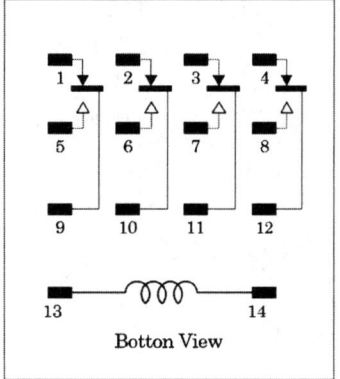

14핀 릴레이 내부 결선도

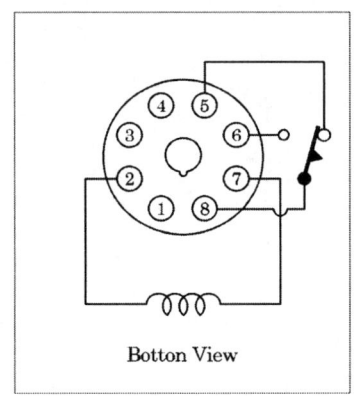

멀티타이머 내부 결선도

변수 이름	변수 종류	데이터 타입	(메모리 할당)	(초기값)
PB₃	VAR	BOOL	AT %IX0.0.0	
PB₄	VAR	BOOL	AT %IX0.0.1	
PL₁	VAR	BOOL	AT %QX0.0.0	
PL₂	VAR	BOOL	AT %QX0.0.1	
PL₃	VAR	BOOL	AT %QX0.0.2	
PL₄	VAR	BOOL	AT %QX0.0.3	
PLS	VAR	BOOL		
STOP	VAR	BOOL		
T₁	VAR	FB Instance		
T₂	VAR	FB Instance		
T₃	VAR	FB Instance		
T₄	VAR	FB Instance		
T₅	VAR	FB Instance		
T₆	VAR	FB Instance		
T₇	VAR	FB Instance		
T₈	VAR	FB Instance		
짝수입력	VAR	BOOL		
홀수입력	VAR	BOOL		

변수

Chapter 05 부록(과년도문제)

```
행 0    PB₃                                                              PLS
        ─┤ ├──────────────────────────────────────────────────────────────(P)─
        %IX0.0.0

행 1    PB₄                                                             STOP
        ─┤ ├──────────────────────────────────────────────────────────────( )─
        %IX0.0.1

        홀수입력  PLS   짝수입력  STOP                                    짝수입력
행 2    ─┤ ├──┤ ├──┤/├──┤/├──────────────────────────────────────────────( )─

                 PLS   짝수입력
행 3           ─┤/├──┤ ├─

        PLS   홀수입력  STOP                                             홀수입력
행 4    ─┤ ├──┤/├──┤/├──────────────────────────────────────────────────( )─

        PLS   홀수입력
행 5    ─┤/├──┤ ├─

행 6

        홀수입력  T₄.Q   ┌─T₁─┐       ┌─T₂─┐       ┌─T₃─┐       ┌─T₄─┐
행 7    ─┤ ├──┤/├───────┤TON │──────┤TON │──────┤TON │──────┤TON │
                        │IN  Q│      │IN  Q│      │IN  Q│      │IN  Q│
행 8              T#1S─┤PT ET│ T#1S─┤PT ET│ T#1S─┤PT ET│ T#1S─┤PT ET│
                        └────┘       └────┘       └────┘       └────┘
행 9

행 10

        짝수입력  T₈.Q   ┌─T₅─┐       ┌─T₆─┐       ┌─T₇─┐       ┌─T₈─┐
행 11   ─┤ ├──┤/├───────┤TON │──────┤TON │──────┤TON │──────┤TON │
                        │IN  Q│      │IN  Q│      │IN  Q│      │IN  Q│
행 12             T#1S─┤PT ET│ T#1S─┤PT ET│ T#1S─┤PT ET│ T#1S─┤PT ET│
                        └────┘       └────┘       └────┘       └────┘
행 13

        홀수입력  T₁.Q                                                    PL₁
행 14   ─┤ ├──┤/├────────────────────────────────────────────────────────( )─
                                                                       %QX0.0.0
        T₇.Q   T₈.Q
행 15   ─┤ ├──┤/├─

        T₁.Q   T₂.Q                                                      PL₂
행 16   ─┤ ├──┤/├────────────────────────────────────────────────────────( )─
                                                                       %QX0.0.1
        T₆.Q   T₇.Q
행 17   ─┤ ├──┤/├─
```

1(1/1. 1/2)

```
행 18    T2.Q    T3.Q                                    PL3
         ─┤├─────┤/├─────────────────────────────────────( )
                                                       %QX0.0.2
행 19    T5.Q    T6.Q
         ─┤├─────┤/├─

행 20    T3.Q    T4.Q                                    PL4
         ─┤├─────┤/├─────────────────────────────────────( )
                                                       %QX0.0.3
행 21   짝수입력   T5.Q
         ─┤├─────┤/├─

행 22   ──────────────────────────────────────────────<RETURN>
```

2(1/1, 2/2)

| 55-A회 |  | 작품명 | 급배수회로 |

- 시험시간 : 6시간30분(연장시간 없음)
- 작업순서 : 제1과제 완료 후 제2과제 작업이 가능하며 시험시간 내에서 연속하여 실시한다.

1. 제1과제-PLC프로그램

가. PLC 입출력도

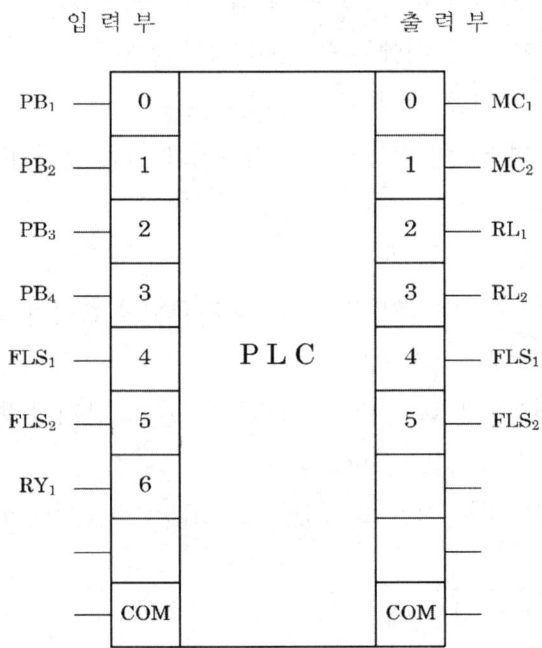

나. 동작사항

시퀀스도 점선 안의 제어회로 및 입출력도를 참조하여 PLC 프로그램을 완성한다.

2. 제2과제 : 전기공사

가. 요구사항

1) 전원방식 : 3상4선식 220V
2) 공사방법
   ① PE전선관공사
   ② 플렉시블 전선관공사
   ③ PVC덕트공사

나. 동작사항

1) 상시동작

   ① 전원을 투입하면 PLC와 $EOCR_1$, $EOCR_2$에 전원이 공급된다.
   ② 급수모터나 배수모터가 정지 시에는 GL등이 점등된다.
   ③ 급수모터나 배수모터가 기동 시에는 GL등이 소등된다.
   ④ PB_5를 누르면 RY_1이 여자되어 자동모드로 전환되고 이 상태에서 PB_6를 누르면 RY_1이 소자되어 수동모드로 전환된다.

2) 수동동작(RY_1-b 수동접점에 있을 때)

   ① PB_1을 누르면 MC_1(급수) 및 RL_1이 (2초 OFF/2초 ON)로 플리커 동작이 된다. PB_2를 누르면 MC_1이 소자(급수 정지), RL_1이 소등된다.
   ② PB_3를 누르면 MC_2(배수) 및 RL_2가(2초 OFF/2초 ON)로 플리커 동작이 된다. PB_4를 누르면 MC_2가 소자(배수 정지), RL_2가 소등된다.
   ③ 전동기 운전 중 $EOCR_1$ 작동되면 YL_1 점등, $EOCR_2$가 작동되면 YL_2가 점등되며 전동기 및 위의 모든 동작이 정지된다.

3) 자동동작(RY_1-a 자동접점에 있을 때)

   ① 급수시작으로 MC_1 여자(급수시작), RL_1이 점등된다.
   ② 급수탱크에 급수가 완료되어 플로트리스 스위치(FLS_1)의 센서가 작동하면 MC_1 소자(급수정지), RL_1이 소등된다.
   ③ 배수탱크에 물이 차서 배수용 플로트리스 스위치(FLS_2)의 센서가 작동하면 MC_2 여자(배수 시작), RL_2가 점등된다.
   ④ 배수가 완료되면 MC_2 소자 (배수 정지), RL_2가 소등된다.
   ⑤ 전동기 운전 중 $EOCR_1$이 작동되면 YL_1 점등, $EOCR_2$가 작동되면 YL_2가 점등되며 전동기 및 위의 모든 동작이 정지된다.

다. 전등회로

- 진리표와 같은 동작이 되도록 3로 스위츠를 결선한다.
- 3로 스위치 S_{3-1}과 S_{3-2}를 조합하여 진리표의 동작조건에 만족하는 L_1, L_2의 전등회로를 완성한다.

① 전등 동작조건

3로 스위치		전 등	
S_{3-1}	S_{3-2}	L_1	L_2
0	0	1	0
0	1	1	0
1	0	0	1
1	1	0	0
0 : OFF, 1 : ON			

[범례]
R 선 : 2.5mm² 흑색
S 선 : 2.5mm² 적색
기타 : 2.5mm² 청색

상(1:ON)
하(0:OFF)

② 시퀀스도

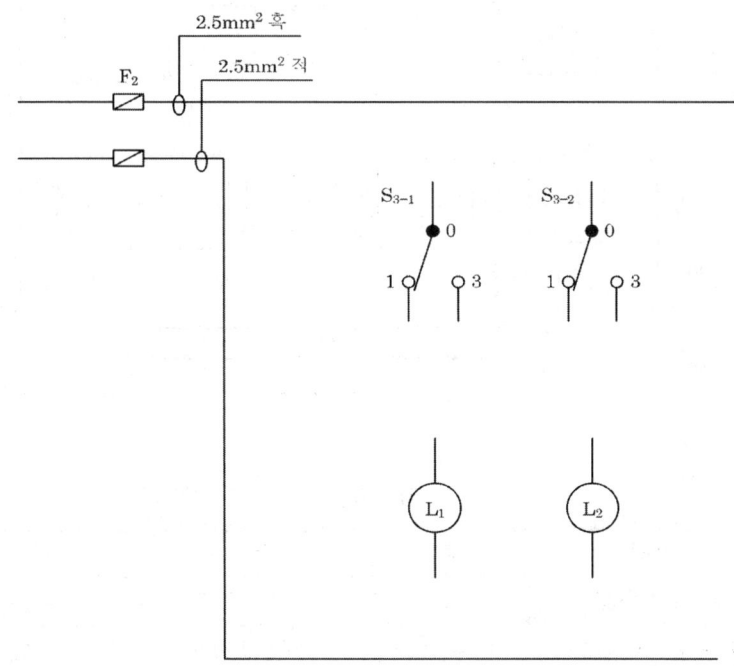

라. 도면

1) PCB 회로도, 제어판 내부 기구배치도 및 범례

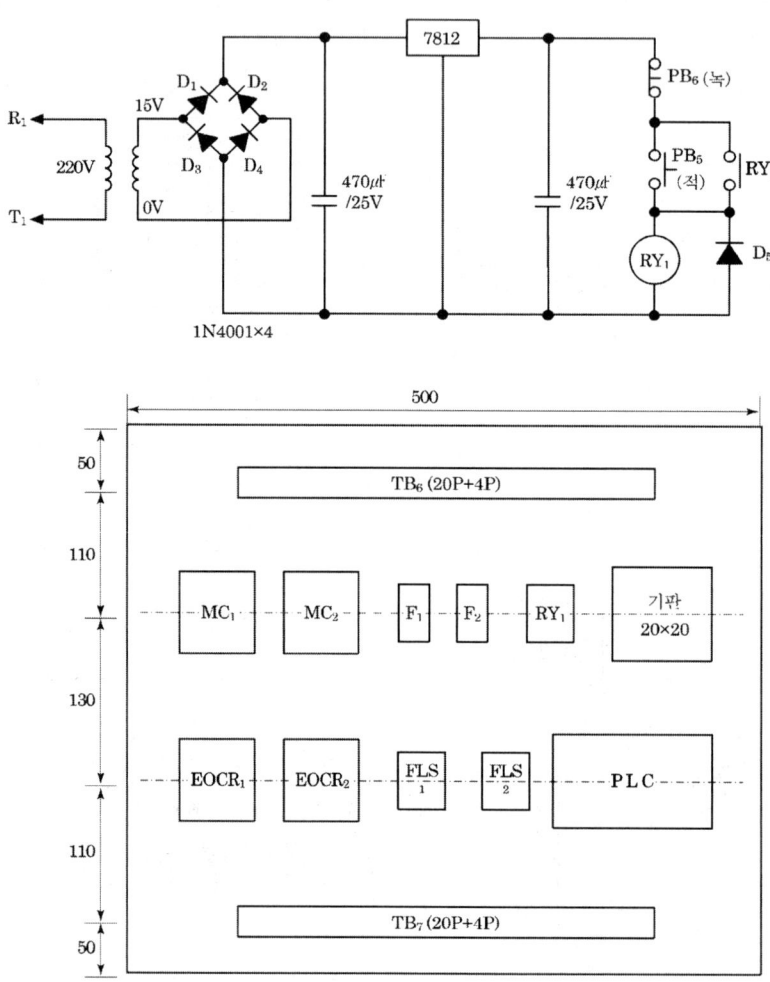

[범례]

기호	명칭	기호	명칭	기호	명칭
$MC_1 \sim MC_2$	전자접촉기(12P)	GL	파이롯램프(녹)	$TB_1 \sim TB_3$	단자대(4P)
$EOCR_1 \sim EOCR_2$	과부하계전기(12P)	$RL_1 \sim RL_2$	파이롯램프(적)	$TB_4 \sim TB_5$	단자대(3P)
RY_1	릴레이(DC12V, 8P)	$YL_1 \sim YL_2$	파이롯램프(황)	$TB_6 \sim TB_7$	단자대(24P)
$FLS_1 \sim FLS_2$	플로트리스 스위치 (AC220V, 8P)	L_1, L_2	백열등 AC220V, 5W	J	8각 박스
PB_2, PB_4, PB_6	푸시버튼SW(녹)	S_1, S_2	3로 스위치(매입형)		
PB_1, PB_3, PB_5	푸시버튼SW(적)	F_1, F_2	퓨즈홀더(2구)		

2) 배관 및 기구 배치도

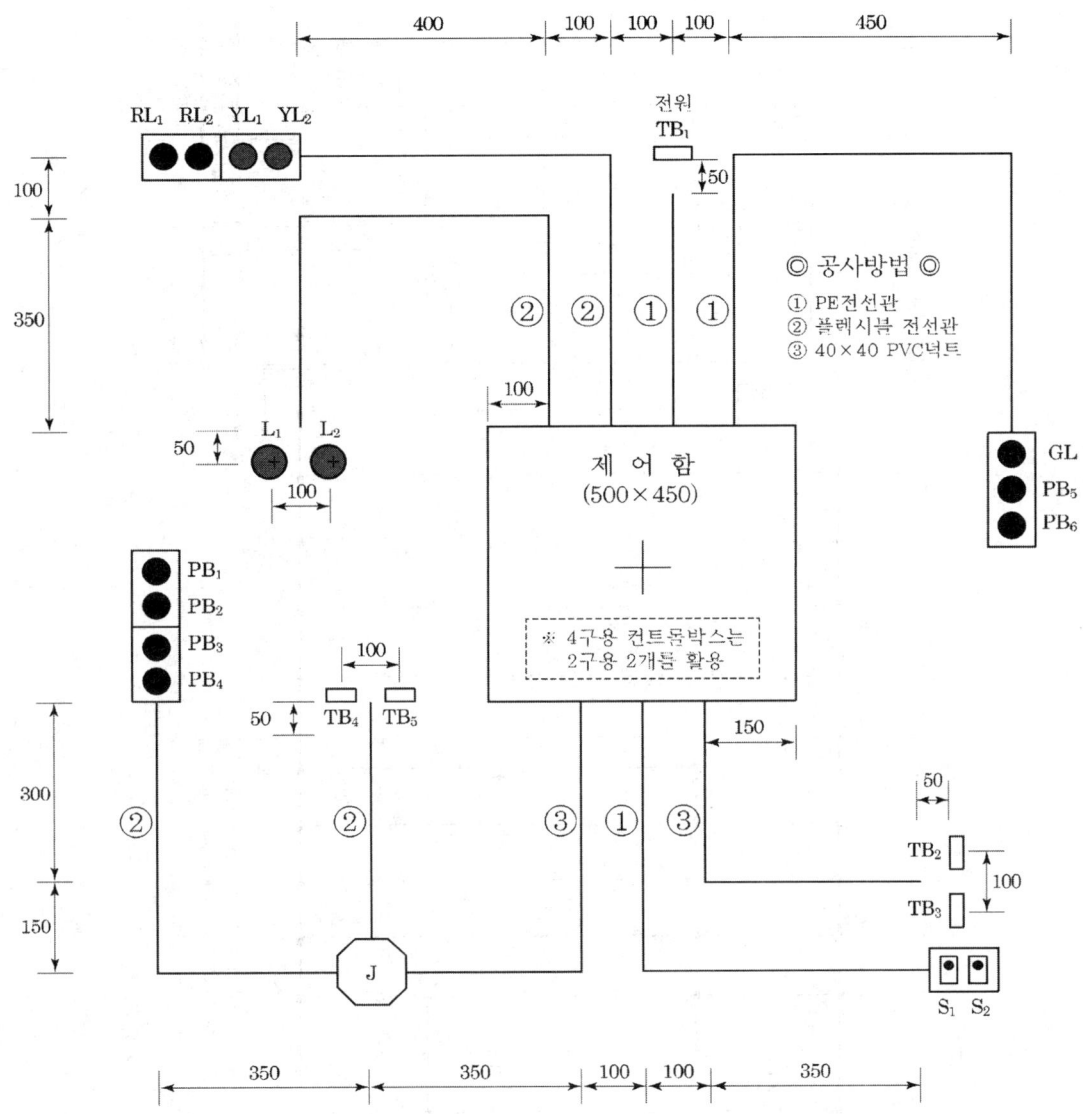

3) 시퀀스도

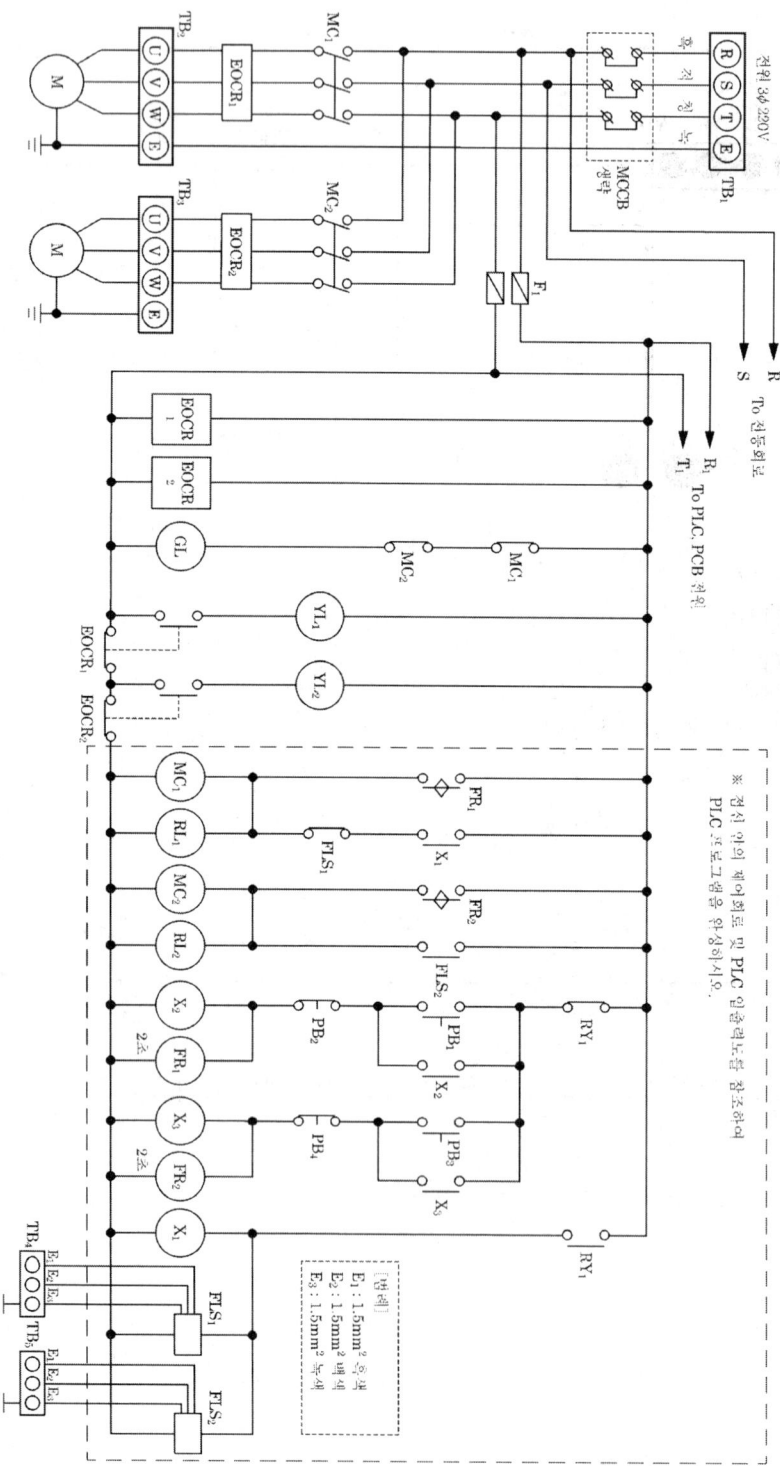

4) 계전기 내부 결선도

Power Relay 내부 결선도(MC)

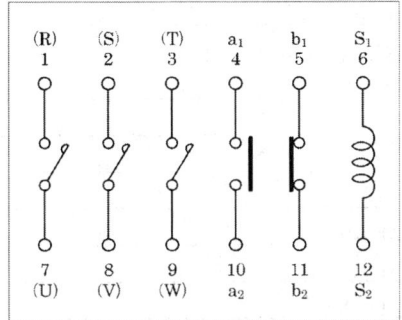

EOCR 내부 결선도

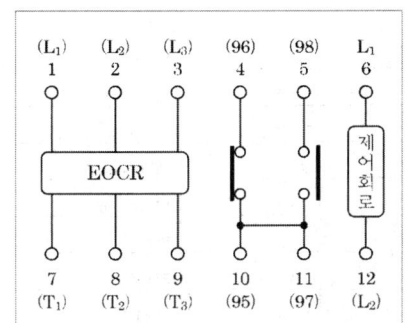

8핀 릴레이 내부 결선도(DC12V)

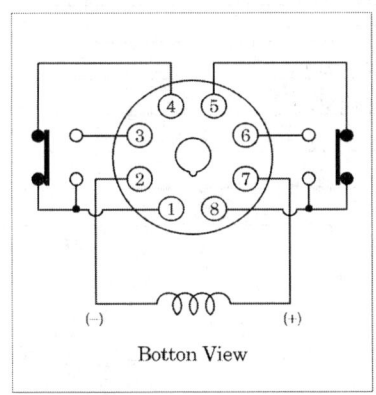

Floatless Switch 결선도(FLS)

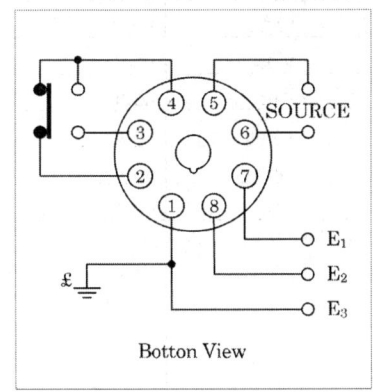

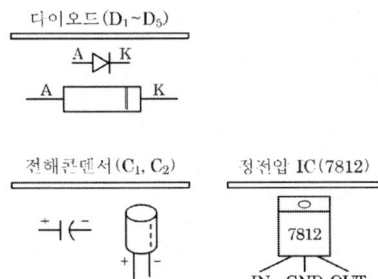

변수 이름	변수 종류	데이터 타입	(메모리 할당)	(초기값)
FLS$_1$	VAR	BOOL	AT %QX0.0.4	
FLS$_1$_SEN	VAR	BOOL	AT %IX0.0.4	
FLS$_2$	VAR	BOOL	AT %QX0.0.5	
FLS$_2$_SEN	VAR	BOOL	AT %IX0.0.5	
FR$_1$	VAR	FB Instance		
FR$_1$_2	VAR	FB Instance		
FR$_2$	VAR	FB Instance		
FR$_2$_2	VAR	FB Instance		
MC$_1$	VAR	BOOL	AT %QX0.0.0	
MC$_2$	VAR	BOOL	AT %QX0.0.1	
PB$_1$	VAR	BOOL	AT %IX0.0.0	
PB$_2$	VAR	BOOL	AT %IX0.0.1	
PB$_3$	VAR	BOOL	AT %IX0.0.2	
PB$_4$	VAR	BOOL	AT %IX0.0.3	
RL$_1$	VAR	BOOL	AT %QX0.0.2	
RL$_2$	VAR	BOOL	AT %QX0.0.3	
RY$_1$	VAR	BOOL	AT %IX0.0.6	
X$_1$	VAR	BOOL		
X$_2$	VAR	BOOL		
X$_3$	VAR	BOOL		

변수

Chapter 05 부록(과년도문제)

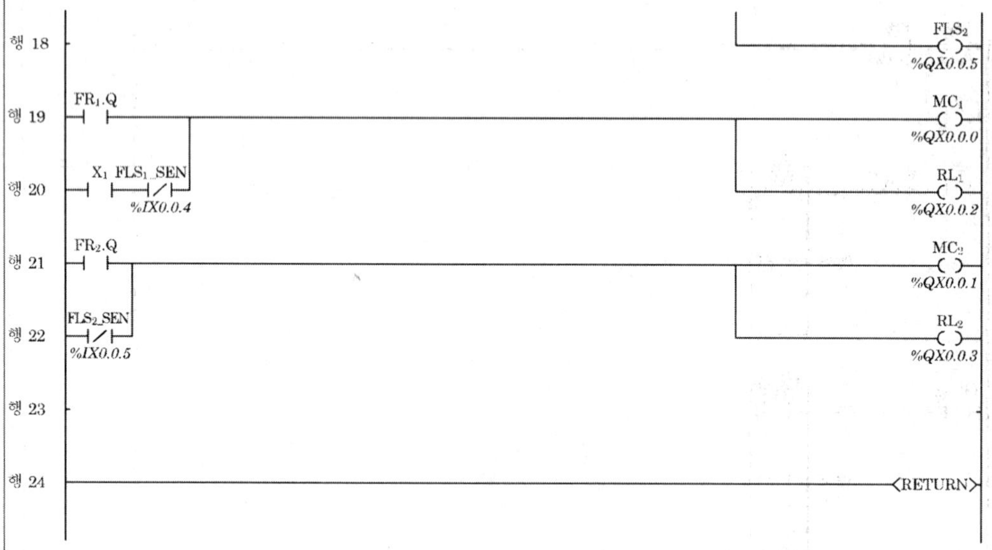

```
행 18                                                          FLS₂
                                                               ─( )─
                                                              %QX0.0.5

행 19    FR₁.Q                                                  MC₁
        ─┤ ├─                                                  ─( )─
                                                              %QX0.0.0

行 20    X₁  FLS₁_SEN                                           RL₁
        ─┤ ├─┤/├─                                              ─( )─
            %IX0.0.4                                          %QX0.0.2

행 21    FR₂.Q                                                  MC₂
        ─┤ ├─                                                  ─( )─
                                                              %QX0.0.1

행 22   FLS₂_SEN                                                RL₂
        ─┤/├─                                                  ─( )─
        %IX0.0.5                                              %QX0.0.3

행 23

행 24                                                        <RETURN>
```

2(1/1, 2/2)

Chapter 05 부록(과년도문제)

| 56-A회 | 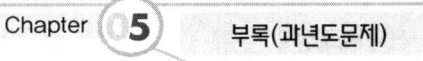 | 작품명 | 주차시스템 |

- 시험시간 : 6시간30분(연장시간 없음)
- 작업순서 : 제1과제 완료 후 제2과제 작업이 가능하며 시험시간 내에서 연속하여 실시한다.

1. 제1과제-PLC프로그램

가. PLC 입출력도

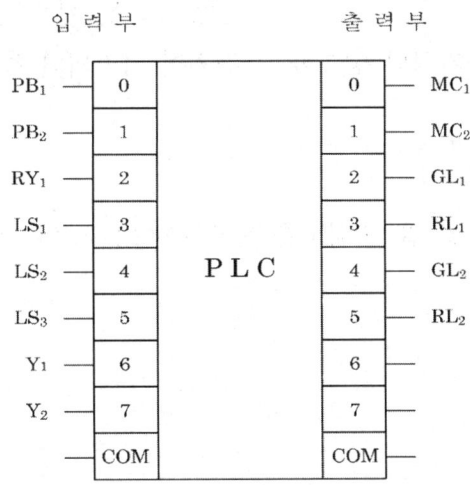

나. 시스템 구성도(주차가능대수 10대)

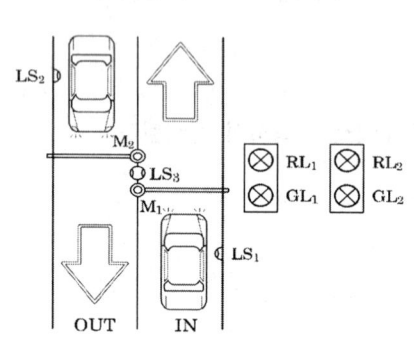

기호	명 칭
M₁	입차 차단기용 전동기
M₂	출차 차단기용 전동기
LS₁	입차 감지 스위치
LS₂	출차 감지 스위치
LS₃	입출차 감지 스위치
GL₁	표시등(램프 점등 조건 참조)
RL₁	표시등(램프 점등 조건 참조)
GL₂	표시등(램프 점등 조건 참조)
RL₂	표시등(램프 점등 조건 참조)

※ 입출차 차단기는 전원이 인가되면 상승하고, 전원이 차단되면 하강한다.

다. 동작사항

시퀀스도 점선 안의 제어회로 및 입·출력도를 참조하여 PLC 프로그램을 완성한다.

2. 제2과제 : 전기공사

가. 요구사항

1) 전원방식 : 3상4선식 220V
2) 공사방법
   ① PE전선관공사
   ② 플렉시블 전선관공사
   ③ PVC덕트공사

나. 동작사항

1) 기본동작

① 전원을 투입하면 PLC와 EOCR에 전원이 공급된다. 입차 및 출차 차단기(전동기)가 모두 정지되면 GL₃이 점등된다. 입차 또는 출차 차단기(전동기)가 가동 시에는 GL₃이 소등된다.

② PB₃를 누르면 RY₁이 여자되어 자동모드로 전환되고, 이 상태에서 PB₄를 누르면 RY₁이 소자되어 수동모드로 전환된다.

③ GL₁, GL₂, RL₁, RL₂ 램프는 동작 조건에 의해 동작(점등 및 소등)된다.

④ EOCR$_1$(EOCR$_2$)이 작동되면 YL$_1$(YL$_2$)이 점등되며, Y$_1$(Y$_2$)릴레이 접점에 의해 동작 중인 차단기(전동기)는 정지한다.

⑤ 기타 모든 동작사항은 시퀀스도를 기준으로 한다.

2) RY$_1$-b 접점(off)인 경우

① PB$_1$ 및 PB$_2$의 입력에 의해 시퀀스도의 사각박스 내와 같은 동작을 수행한다.

② 1개의 푸시버튼으로 ON, OFF동작을 수행합니다.

3) RY$_1$-a 접점(on)인 경우

① 감지스위치 LS$_1$~LS$_3$에 의해 차량 수를 감지하고, 주차대수를 초과하는 경우 입차를 제한하며 주차 가능한 경우 입차를 허용하는 동작을 수행한다.

② 기타 모든 동작사항은 시퀀스도를 기준으로 한다.

4) 전등회로

① 진리표의 조건을 만족하는 3로 스위치 회로를 구성한다.

② 출력 L$_1$, L$_2$램프를 논리식으로 표현하고 간략화한 후 배선한다.

다. 도면

1) PCB 회로도, 제어판 내부 기구배치도 및 범례

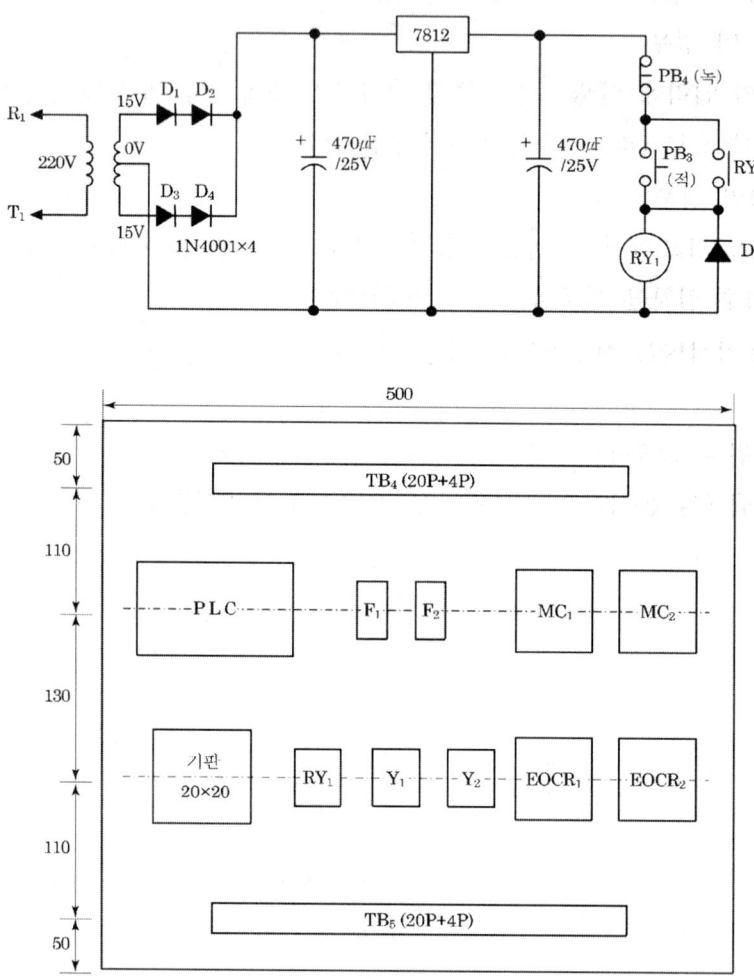

[범 례]

기호	명칭	기호	명칭	기호	명칭
$MC_1 \sim MC_2$	전자접촉기(12P)	$GL_1 \sim GL_3$	파이롯램프(녹)	$TB_1 \sim TB_3$	단자대(4P)
$EOCR_1 \sim EOCR_2$	과부하계전기(12P)	$RL_1 \sim RL_2$	파이롯램프(적)	$TB_4 \sim TB_5$	단자대(24P)
RY_1	릴레이(DC12V, 8P)	$YL_1 \sim YL_2$	파이롯램프(황)	$LS_1 \sim LS_3$	감지 스위치
$Y_1 \sim Y_2$	릴레이(AC220V, 8P)	L_1, L_2	백열등 AC220V, 5W	$X_1 \sim X_3$, $K_1 \sim K_7$	PLC 내부 릴레이
PB_4	푸시버튼SW(녹)	S_1, S_2	3로 스위치(매입형)	$T_{01} \sim T_{04}$	PLC 내부 타이머
$PB_1 \sim PB_3$	푸시버튼SW(적)	F_1, F_2	퓨즈홀더(2구)	CNT	PLC 내부 카운터

2) 배관 및 기구 배치도

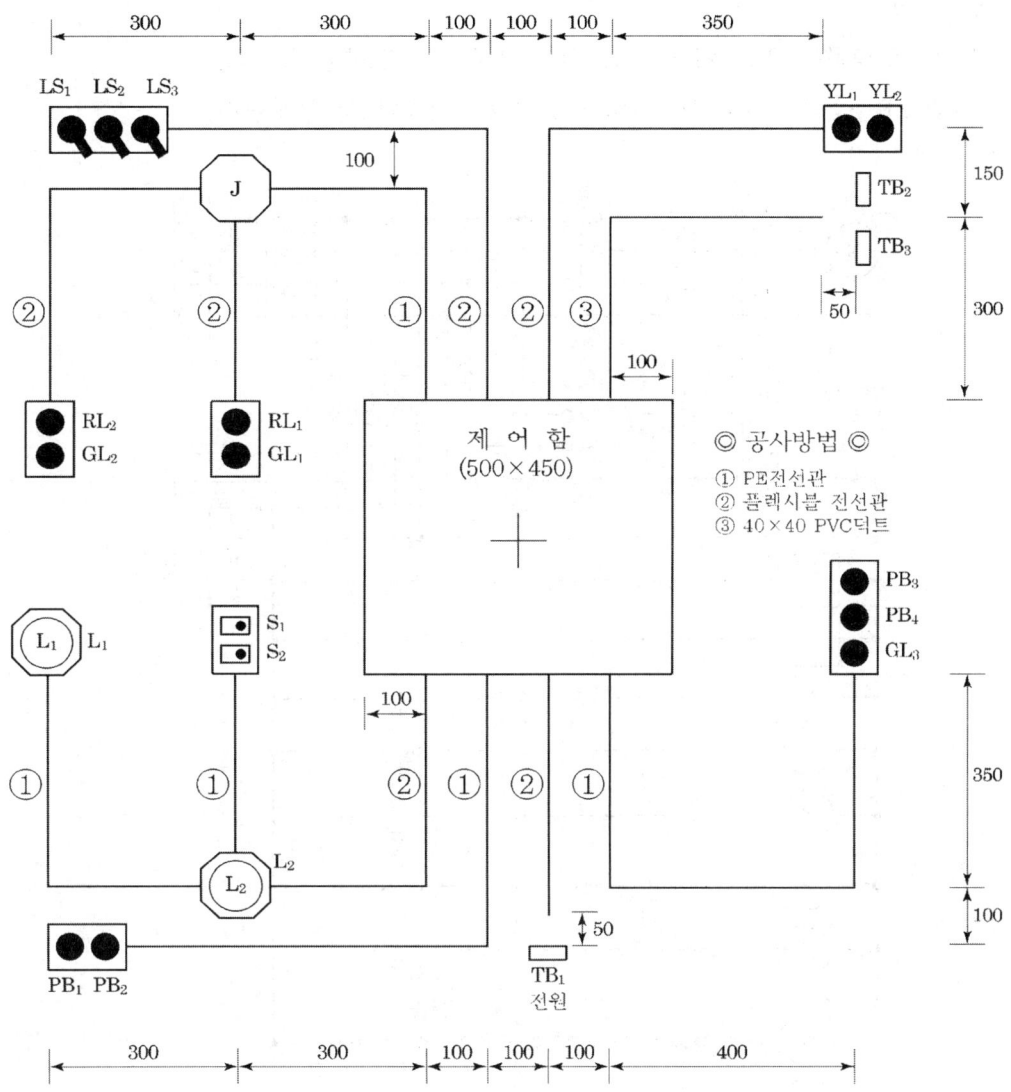

3) 시퀀스도

① 시퀀스도-A

- 점선 이후 회로는 입출력도를 참조하여 PLC 프로그램을 하시오.
- PB_1 및 PB_2 동작은 사각박스 내와 같은 동작이 되도록 구성한다.

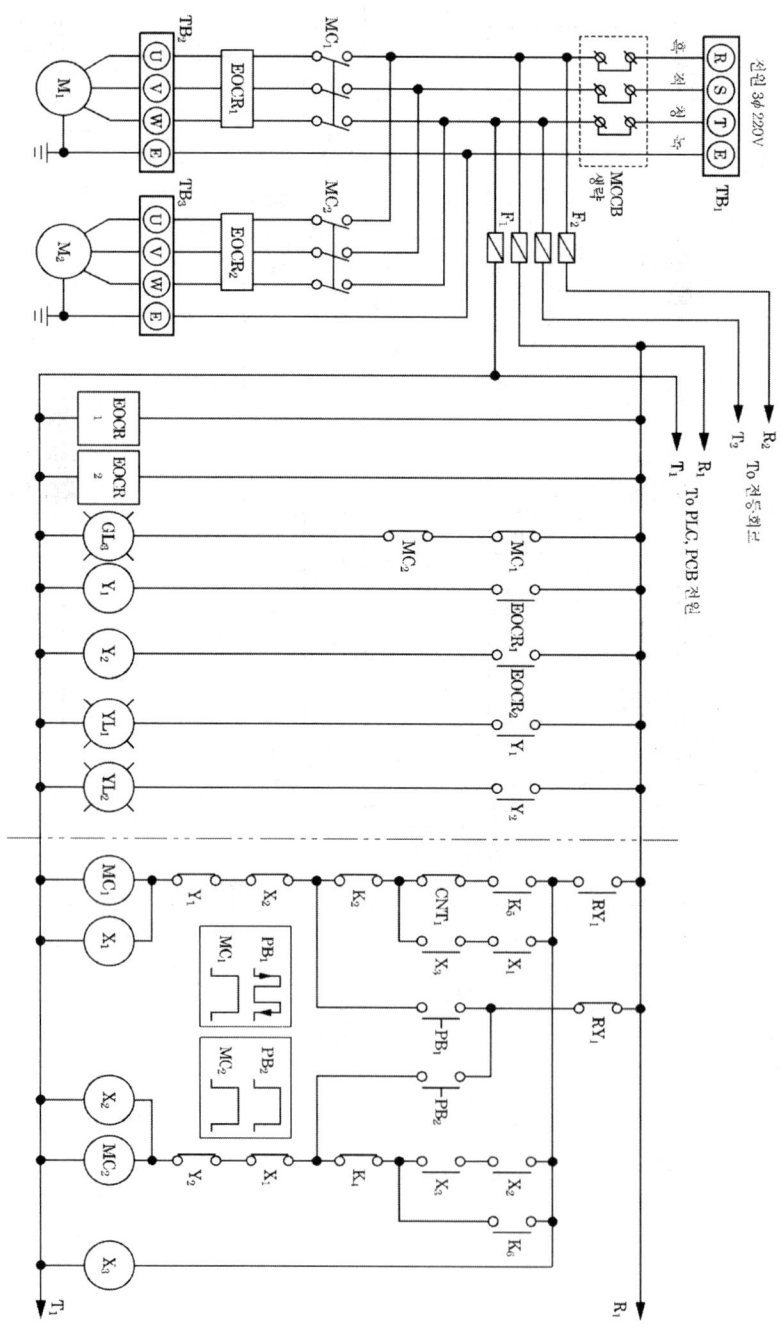

② 시퀀스도-B
- PLC 입·출력도를 참조하여 지참한 PLC 기종에 알맞은 회로로 프로그램 하시오.

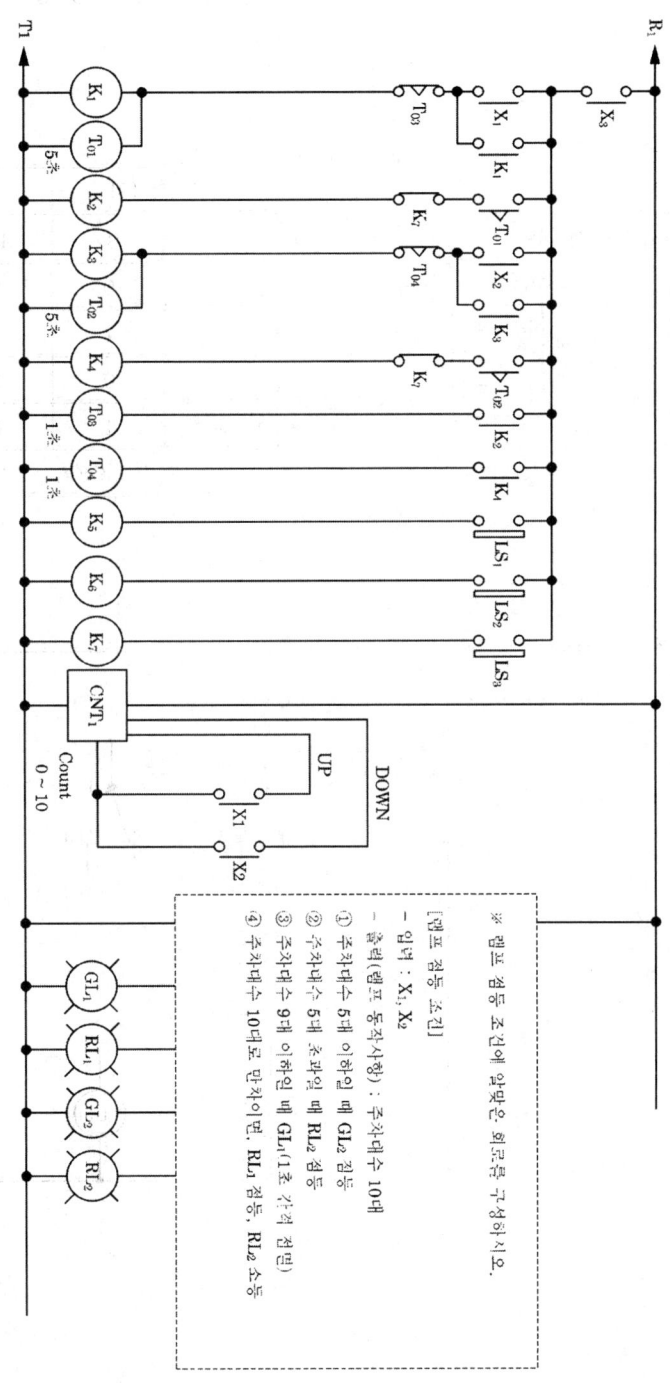

4) 전등회로
- 3로 스위치 S_1와 S_2를 조합하여 진리표의 동작조건을 만족하는 L_1, L_2의 전등회로를 구성한다.
- 전등회로 배선은 2.5[mm²] 전선을 사용하며, 3로 스위치 접점 구성 상태를 반드시 확인한 후 결선한다.

① 전등의 동작조건

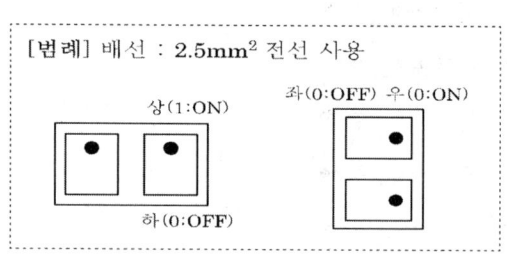

3로 스위치		전 등	
S_1	S_2	L_1	L_2
0	0	0	0
0	1	1	1
1	0	0	1
1	1	0	1
0 : OFF, 1 : ON			

② 시퀀스도

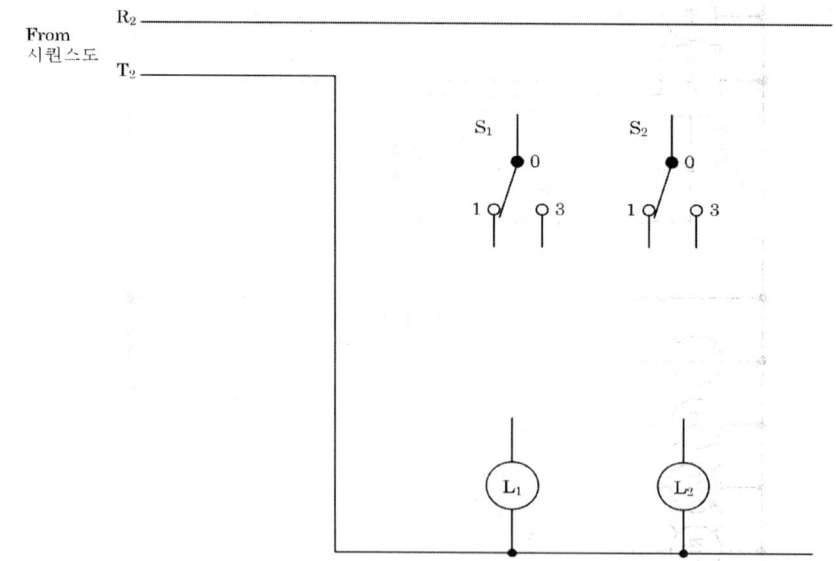

5) 계전기 내부 결선도

Power Relay 내부 결선도(MC)

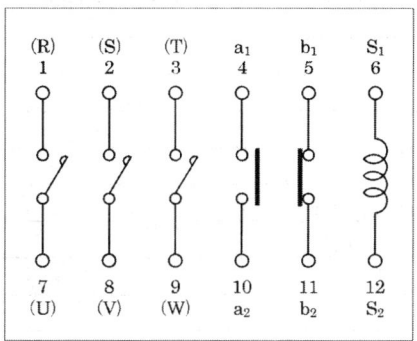

EOCR 내부 결선도

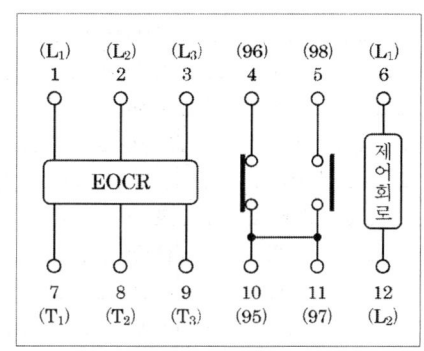

8핀 릴레이 결선도(DC12V)

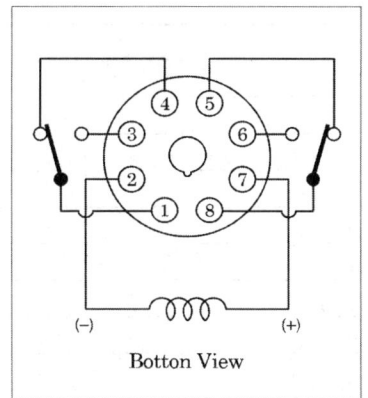

8핀 릴레이 결선도(AC220V)

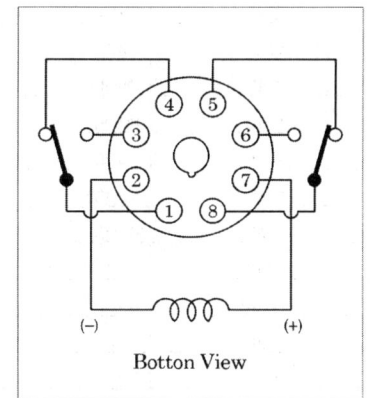

다이오드(D_1~D_5)

전해콘덴서(C_1, C_2)

정전압 IC(7812)

감지 스위치(LS_1~LS_3)

변수 이름	변수 종류	데이터 타입	(메모리 할당)	(초기값)
C_1	VAR	FB Instance		
C_1_RST	VAR	BOOL		
C_2	VAR	FB Instance		
C_3	VAR	FB Instance		
CNT_1	VAR	BOOL		
DUMMY	VAR	BOOL		
DWON_PLS	VAR	BOOL		
GL_1	VAR	BOOL	AT %QX0.0.2	
GL_1_PLS	VAR	BOOL	AT %QX0.0.2	
GL_2	VAR	BOOL	AT %QX0.0.4	
K_1	VAR	BOOL		
K_2	VAR	BOOL		
K_3	VAR	BOOL		
K_4	VAR	BOOL		
K_5	VAR	BOOL		
K_6	VAR	BOOL		
K_7	VAR	BOOL		
LD	VAR	BOOL		
LS_1	VAR	BOOL	AT %IX0.0.3	
LS_2	VAR	BOOL	AT %IX0.0.4	
LS_3	VAR	BOOL	AT %IX0.0.5	
MC_1	VAR	BOOL	AT %QX0.0.0	
MC_2	VAR	BOOL	AT %QX0.0.1	
PB_1	VAR	BOOL	AT %IX0.0.0	
PB_2	VAR	BOOL	AT %IX0.0.1	
RISE_PLS	VAR	BOOL		
RL_1	VAR	BOOL	AT %QX0.0.3	
RL_2	VAR	BOOL	AT %QX0.0.5	
RL_2_PLS	VAR	BOOL		
RST	VAR	BOOL		
RY_1	VAR	BOOL	AT %IX0.0.2	
T_1	VAR	FB Instance		
T_{11}	VAR	FB Instance		
T_{12}	VAR	FB Instance		
T_2	VAR	FB Instance		
T_3	VAR	FB Instance		
T_4	VAR	FB Instance		
X_1	VAR	BOOL		
X_2	VAR	BOOL		
X_3	VAR	BOOL		

변수   1

변수 이름	변수 종류	데이터 타입	(메모리 할당)	(초기값)
Y_1	VAR	BOOL		
Y_2	VAR	BOOL		
만차	VAR	BOOL		
수동PLS	VAR	BOOL		
자동PLS	VAR	BOOL		
주차대수	VAR	INT		

변수 2

행 0	RY₁ (%IX0.0.2) ──/──────────────────── 수동PLS ─( )─
행 1	수동PLS ──┤├── PB₁ (%IX0.0.0) ──┤├──────── RISE_PLS ─(P)─
행 2	────────────────────────────── DWON_PLS ─(N)─
행 3	RISE_PLS ──┤├── CTU C₁ : CU Q
행 4	C₁_RST ──┤├── R CV
행 5	1 ── PV
행 7	DWON_PLS ──┤├── CTU C₂ : CU Q
행 8	C₂.Q ──┤├── R CV
행 9	2 ── PV
행 11	C₂.Q ──┤├──────────────────── C₁_RST ─( )─
행 12	X₂ ──┤├──
행 13	C₁.Q ──┤├── C₂.Q ──┤/├── X₂ ──┤/├── Y₁ ──┤/├── MC₁ (%QX0.0.0) ─( )─
행 14	자동PLS ──┤├── K₅ ──┤├── CNT₁ ──┤/├── K₂ ──┤├──
행 15	X₁ ──┤├── X₃ ──┤├── ──────── X₁ ─( )─
행 16	수동PLS ──┤├── PB₂ (%IX0.0.1) ──┤├── X₁ ──┤/├── Y₂ ──┤/├── MC₂ (%QX0.0.1) ─( )─
행 17	────────────────────────────── X₂ ─( )─

2(1/1, 1/5)

248

Chapter 05 부록(과년도문제)

```
행 18 ──┤지동PLS├──┤X₂├──┤X₃├──┤/K₄├──────────────────────────────┤
         │                                                        │
행 19    └──┤K₆├──┘                                               │

행 20 ──┤사동PLS├─────────────────────────────────────────( X₃ )──┤

행 21 ──┤RY₁├────────────────────────────────────────────( 자동PLS )──┤
        %IX0.0.2

행 22 ──┤자동PLS├────────────────────────────────────────( X₃ )──┤

행 23 ──┤X₃├──┬─[MCS]─────────────────────────────────────────────┤
              │  EN  ENO
행 24         │   0 ─NUM OUT─ DUMMY
              │
행 25         └──────────

행 26 ──┤X₁├──┬─┤/T₃.Q├─────────────────────────────────( K₁ )──┤
              │
행 27 ──┤K₁├──┘

행 28 ──┤K₁├──┬─[T₁ TON]───────────────────────────────────────┤
              │   IN    Q
행 29         │ T#5S─PT  ET
              │
행 30         └──────

행 31 ──┤T₁.Q├──┤/K₇├────────────────────────────────────( K₂ )──┤

행 32 ──┤X₂├──┬─┤/T₄.Q├──────────────────────────────────( K₃ )──┤
              │
행 33 ──┤K₃├──┘
```

3(1/1, 2/5)

```
행 34    K₃           ┌─T₂──┐
         ─┤├──────────┤IN  Q│
                      │     │
행 35                 │T#5S PT ET│
                      │     │
행 36                 └─────┘

행 37    T₂.Q   K₇                                         K₄
         ─┤├────┤/├──────────────────────────────────────( )

                      ┌─T₃──┐
行 38    K₂           │TON  │
         ─┤├──────────┤IN  Q│
                      │     │
행 39                 │T#1S PT ET│
                      │     │
행 40                 └─────┘

                      ┌─T₄──┐
행 41    K₄           │TON  │
         ─┤├──────────┤IN  Q│
                      │     │
행 42                 │T#1S PT ET│
                      │     │
행 43                 └─────┘

행 44    LS₁                                               K₅
         ─┤├──────────────────────────────────────────────( )
         %IX0.0.3

행 45    LS₂                                               K₆
         ─┤/├─────────────────────────────────────────────( )
         %IX0.0.4

행 46    LS₃                                               K₇
         ─┤/├─────────────────────────────────────────────( )
         %IX0.0.5

                  ┌─MCSCLR─┐
행 47             │EN  ENO │
                  │        │
행 48         0 ──┤NUM OUT ├── DUMMY
                  │        │
행 49             └────────┘

행 50    Y₁                                                RST
         ─┤├──┬───────────────────────────────────────────( )
             │
행 51    Y₂  │
         ─┤├─┘
```

4(1/1, 3/5)

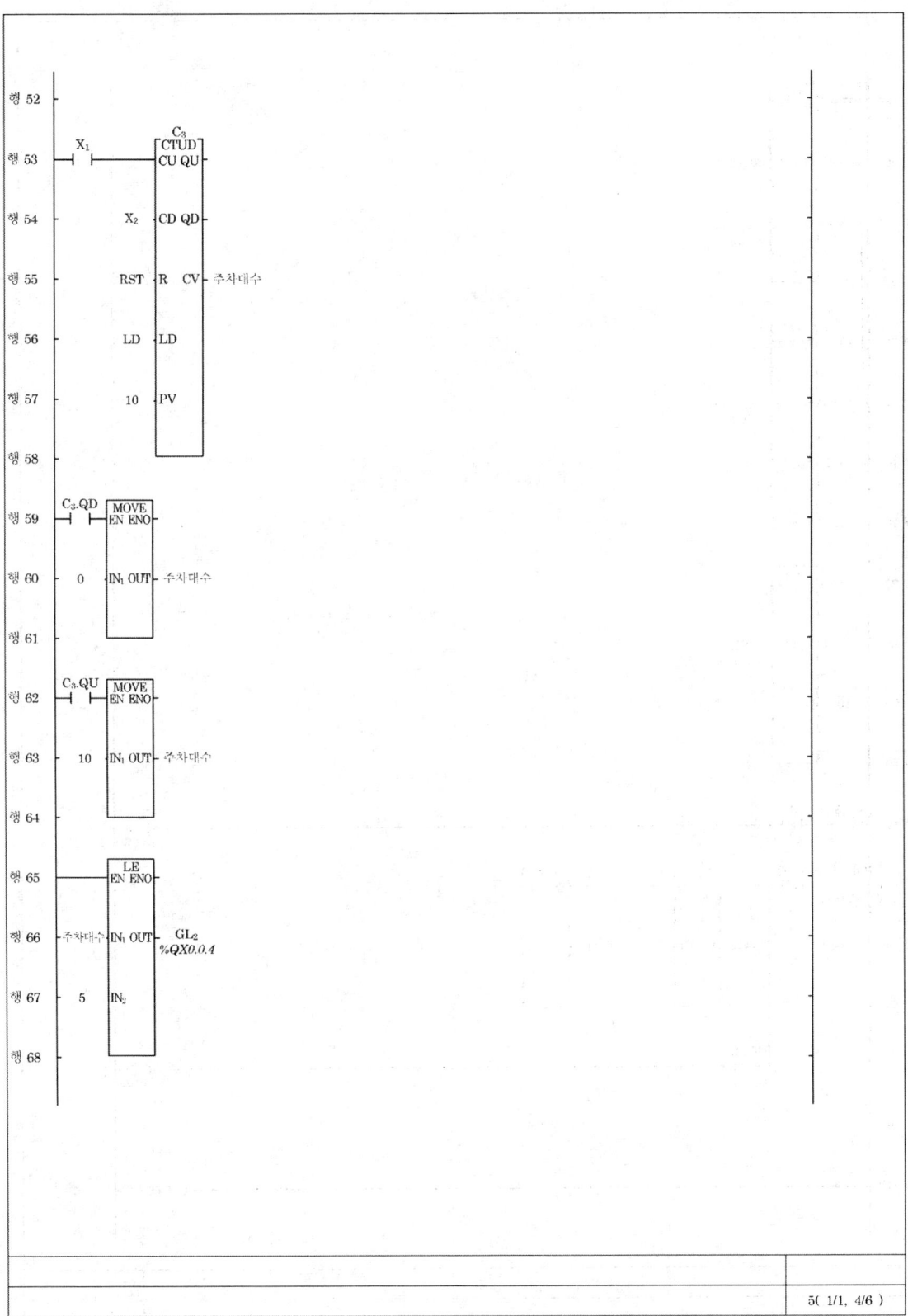

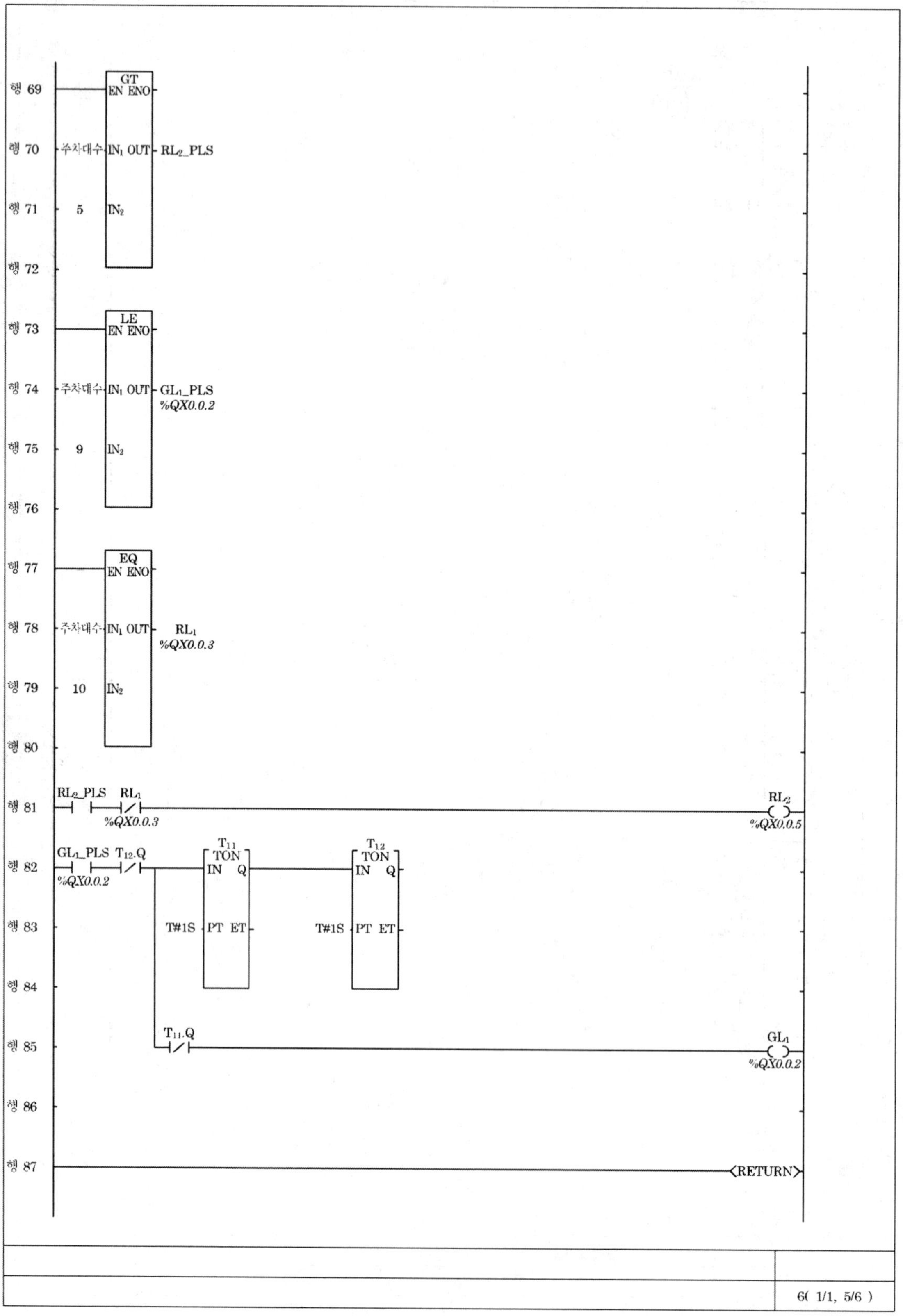

```
행 69 ─┬─[GT       ]
       │  EN  ENO
행 70    주차대수─IN₁ OUT─ RL₂_PLS
       │
행 71    5      IN₂
       │
행 72  

행 73 ─┬─[LE       ]
       │  EN  ENO
행 74    주차대수─IN₁ OUT─ GL₁_PLS
                        %QX0.0.2
행 75    9      IN₂

행 76

행 77 ─┬─[EQ       ]
       │  EN  ENO
행 78    주차대수─IN₁ OUT─ RL₁
                        %QX0.0.3
행 79    10     IN₂

행 80

행 81  RL₂_PLS  RL₁                                              RL₂
       ─┤ ├────┤/├─────────────────────────────────────────────( )
                %QX0.0.3                                        %QX0.0.5

              T₁₂.Q      T₁₁              T₁₂
행 82  GL₁_PLS ─┤/├──┬──[TON     ]──┬──[TON     ]
       ─┤ ├──      │  IN    Q      │  IN    Q
       %QX0.0.2    │               │
행 83              │  T#1S─PT ET   │  T#1S─PT ET

행 84

            T₁₁.Q                                               GL₁
행 85      ─┤/├─────────────────────────────────────────────────( )
                                                                %QX0.0.2

행 86

행 87  ──────────────────────────────────────────────────────<RETURN>
```

6(1/1, 5/6)

Chapter 5 부록(과년도문제)

57-A회 　　　작품명　　벨트 컨베이어

- 시험시간 : 6시간30분(연장시간 없음, 1과제 시험시간은 2시간)
- 작업순서 : 제1과제 완료 후 제2과제 작업이 가능하며 시험시간 내에서 연속하여 실시한다.

1. 제1과제-PLC프로그램

가. 요구 사항

① 제한시간 내에 주어진 요구사항 및 동작사항에 적합하도록 프로그램을 작성하시오.
② PLC는 입·출력이 14점 이상인 소형 일체형으로 수험자가 지참한 PLC에 알맞은 프로그램을 선택하여 프로그램을 작성하며, 입력전원은 노이즈 대책을 세워 배선하시오.
③ PLC는 제어판 내의 단자대에 단독 접지하고, RUN 모드 상태로 부착하시오.(다만, 접지를 필요로 하지 않는 경우에는 시험시작 전 시험위원에게 이를 확인 받아야 함)
④ PLC의 입출력 단자에는 접속된 배선이 없는 상태로 준비하시오.(공통선 제거)
⑤ PLC 입출력 배치도와 같은 순으로 입출력 단자를 결선하여 시퀀스도의 동작시험과 일치하는 PLC 회로를 구성하여 프로그램 하시오.
⑥ 전원선 및 공통선(COM)은 지참한 PLC 기종에 알맞게 결선하여야 하며, 지급재료 이외의 부품(플리커, 타이머, 카운터, 보조릴레이 등)은 PLC 내부 데이터를 이용하여 프로그램 하시오.(회로구성을 위하여 내부 데이터 추가 및 회로변경 가능)

나. PLC 입출력도

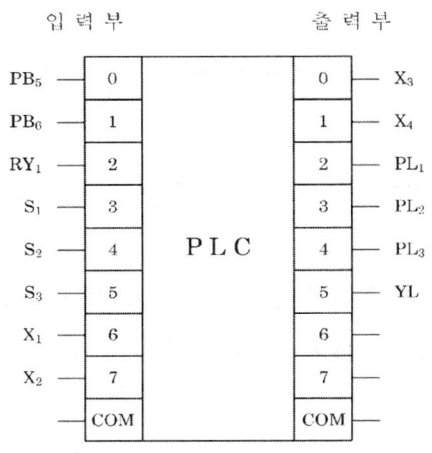

다. 시스템 구성도(주차가능대수 10대)

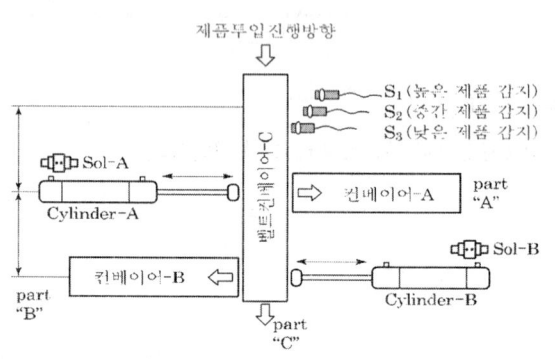

기 호	명 칭
sol-A	A실린더 동작용 솔레노이드
sol-B	B실린더 동작용 솔레노이드
S_1	제품감지센서(대)
S_2	제품감지센서(중)
S_3	제품감지센서(소)
part "A"	제품저장공간 A(대)
part "B"	제품저장공간 B(중)
part "C"	제품저장공간 C(소)

※ 컨베이어 A, B는 경사 컨베이어로 전동기가 없는 형식이다.

라. 동작사항

시퀀스도 점선 안의 제어회로 및 입·출력도를 참조하여 PLC 프로그램을 완성한다.

2. 제2과제 : 전기공사

가. 요구사항

1) 전원방식 : 3상4선식 220V
2) 공사방법
   ① PE전선관공사
   ② 플렉시블 전선관공사
   ③ PVC덕트공사
3) 기타 도면 및 유의사항에 표현되지 않은 사항은 전기설비기술기준 등의 일반적인 관례에 따라 작업한다.

나. 동작사항

(동작사항은 과제에 대한 설명 자료이므로 시퀀스 도면을 기준으로 작품을 완성하시오.)

1) 기본동작

   ① MCCB를 ON하면 PLC와 EOCR에 전원이 공급되며 GL이 점등된다. PB_1을 누르면 컨베이어 전동기가 동작하며 RL 점등, GL 소등되고 PB_2를 누르면 컨베이어 전동기가 정지되며 GL 점등, RL 소등된다.

② PB₃를 누르면 RY₁이 여자되어 자동모드로 되며, 이 상태에서 PB₄를 누르면 RY₁이 소자되어 수동모드로 전환된다.

③ 각 제품은 5개를 1세트로 묶어 반출하는 형식이며, 입고되는 제품을 카운트하여 입고수량 5개마다 반복적인 동작을 수행한다. 제품 입고수량에 따라 PL_1~PL_3 램프는 동작 조건에 의해 점등 및 소등된다.

④ EOCR이 작동되면 YL은 소등되고 동작준비 상태가 된다. EOCR을 리셋(RESET)하면 YL은 소등되고 동작준비 상태가 된다.

⑤ 기타 모든 동작사항은 시퀀스 도면을 기준으로 한다.

2) RY_1-b 접점(off)인 경우

① PB_5 및 PB_6의 입력에 의해 시퀀스도의 사각박스 내(타임챠트)와 같은 동작을 수행한다.

② 1개의 푸시버튼으로 ON, OFF 동작을 수행한다.

3) RY_1-a 접점(off)인 경우

① 감지스위치 S_1~S_3에 의해 컨베이어에 입고되는 제품의 종류를 감지하고 저장공간 Part A, B, C로 이송되는 동작을 수행한다.

② Part A, B, C에 입고되는 제품의 수량과 램프 동작 제시조건에 따라 PL_1~PL_3은 동작된다.

4) 논리회로 구성

① 진리표의 조건을 만족하는 3로 스위치 회로를 구성한다.

② 출력 WL_1, WL_2 램프를 논리식으로 표현하고 간략화한 후 배선한다.

다. 도면

1) PCB 회로도, 제어판 내부 기구배치도 및 범례

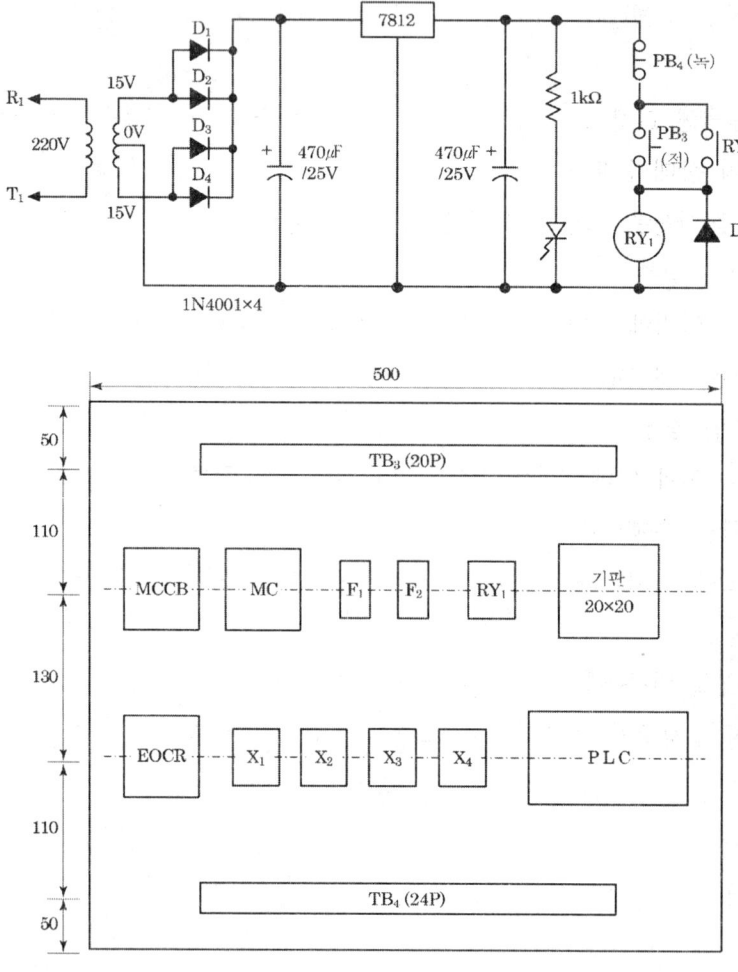

[범 례]

기호	명칭	기호	명칭	기호	명칭
MC	전자접촉기(12P)	RL, GL, YL	파이롯램프(적, 녹, 황)	$TB_1 \sim TB_2$	단자대(4P)
EOCR	과부하계전기(12P)	$PL_1 \sim PL_3$	파이롯램프(백)	$TB_3 \sim TB_4$	단자대(20P, 24P)
RY_1	릴레이(DC12V, 8P)	$WL_1 \sim WL_2$	파이롯램프(백)	$F_1 \sim F_2$	퓨즈홀더(2구)
$X_1 \sim X_4$	릴레이(AC220V, 14P)	$SW_1 \sim SW_2$	3로 스위치(매입형)	FR	플리커 릴레이
$PB_{1,3,5}$	푸시버튼SW(적)	$S_1 \sim S_3$	감지스위치(PB, 적색)	$Z_1 \sim Z_6$	PLC 내부 릴레이
$PB_{2,4,6}$	푸시버튼SW(녹)	sol-A, B	솔레노이드(램프, 적색)	$T_1 \sim T_4$	PLC 내부 타이머

2) 배관 및 기구 배치도

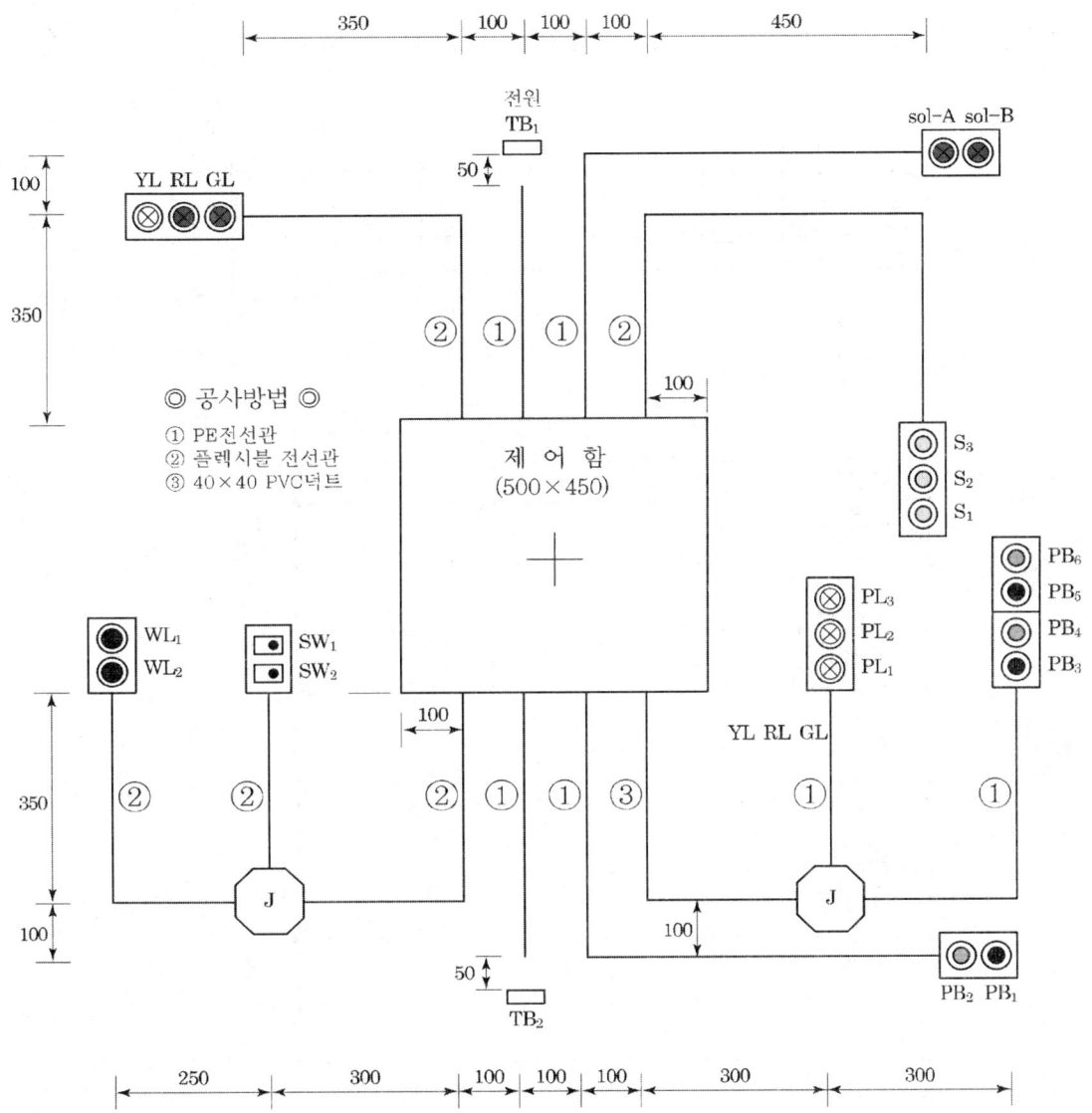

3) 시퀀스도

① 시퀀스도-A

- 점선 이후 회로는 입출력도를 참조하여 PLC 프로그램을 하시오.

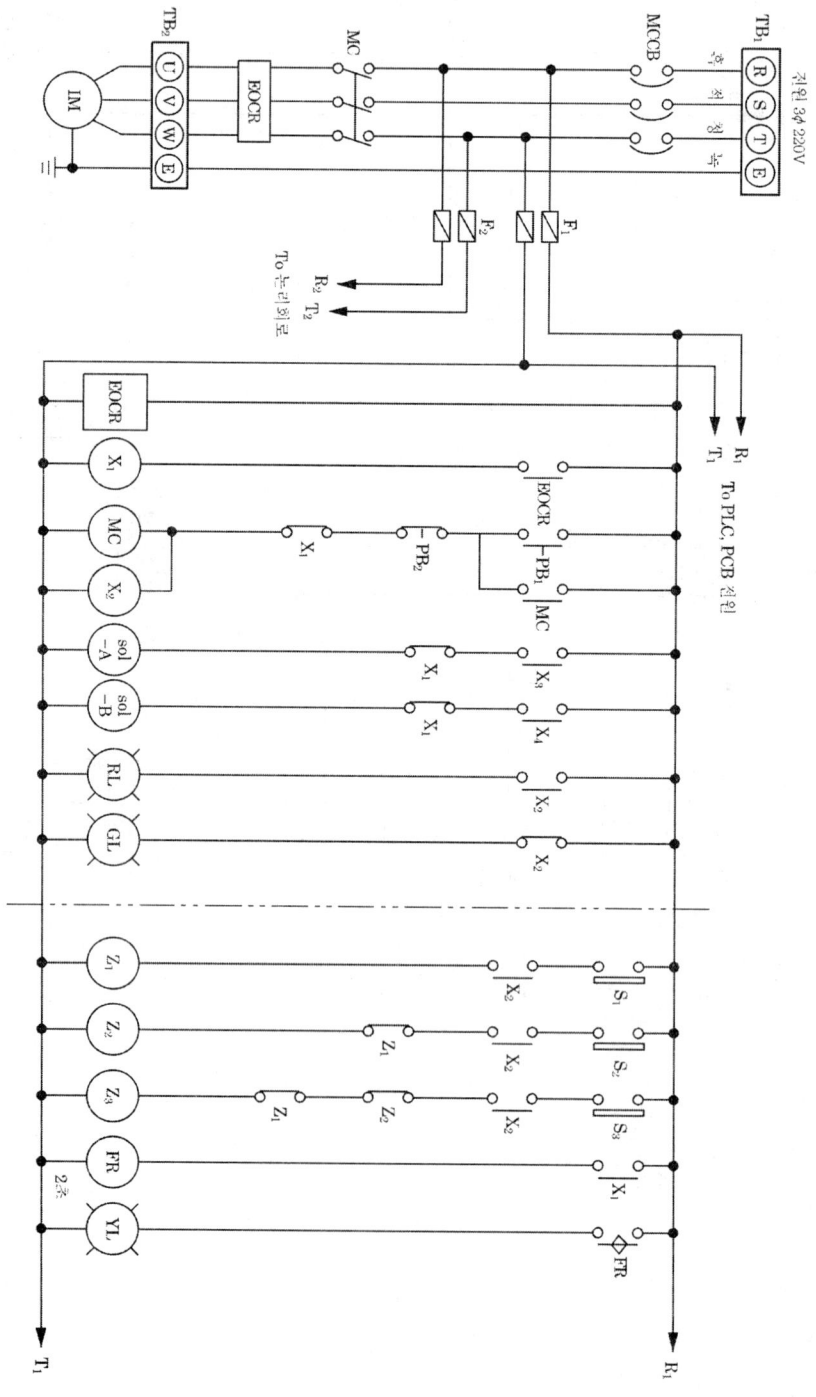

② 시퀀스도-B
- PB_5 및 PB_6 동작은 사각박스 내와 같은 동작이 되도록 회로를 구성한다.

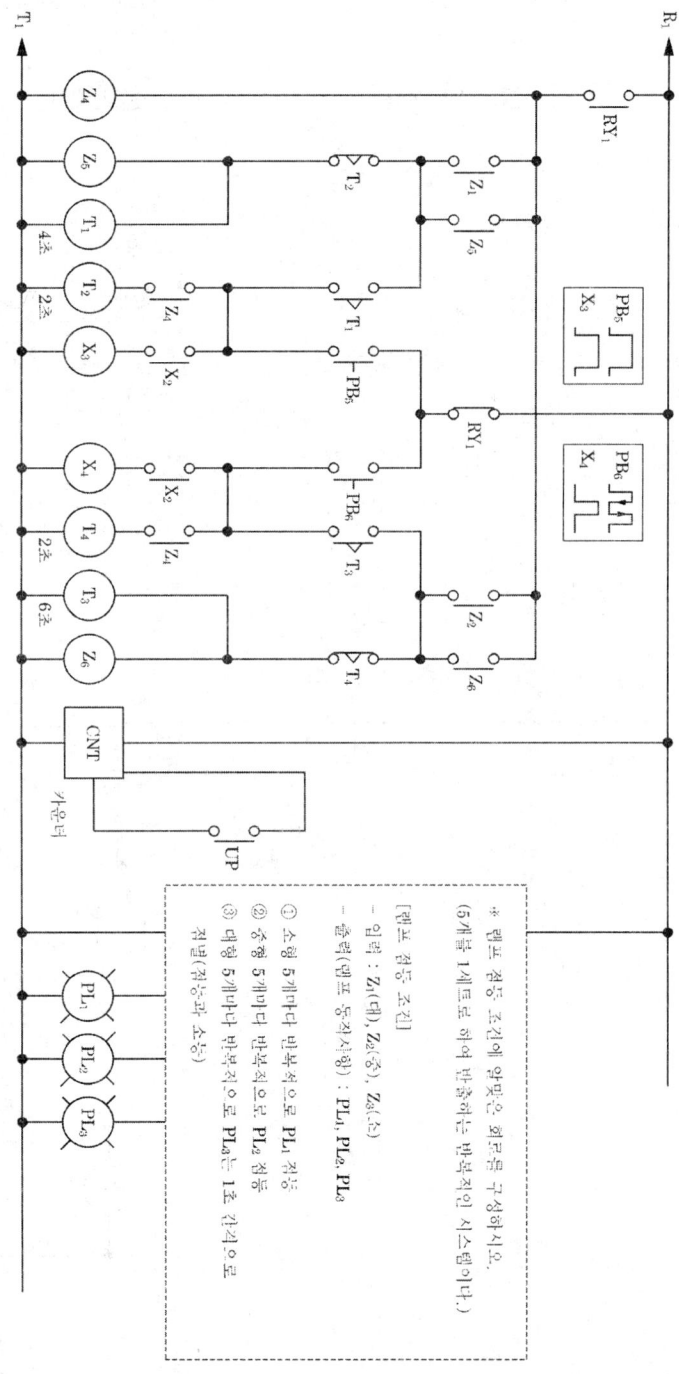

4) 논리회로 구성
- 3로 스위치 SW_1와 SW_2를 조합하여 진리표의 동작조건을 만족하는 WL_1, WL_2의 램프회로를 구성한다.
- 논리회로 배선은 2.5[mm^2] 전선을 사용하며, 3로 스위치 접점 구성 상태를 반드시 확인한 후 결선한다.
- 전선의 접속은 와이어 커넥터를 이용하여 8각 박스 내에서 결선한다.

① 전등의 동작조건

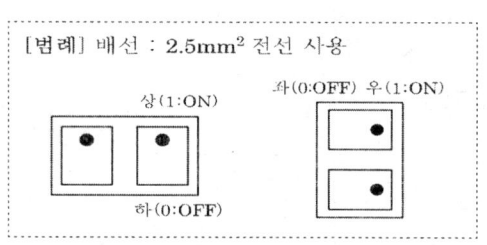

3로 스위치		램프	
SW_1	SW_2	WL_1	WL_2
0	0	0	1
0	1	0	0
1	0	1	0
1	1	1	1
0 : OFF, 1 : ON			

② 시퀀스도

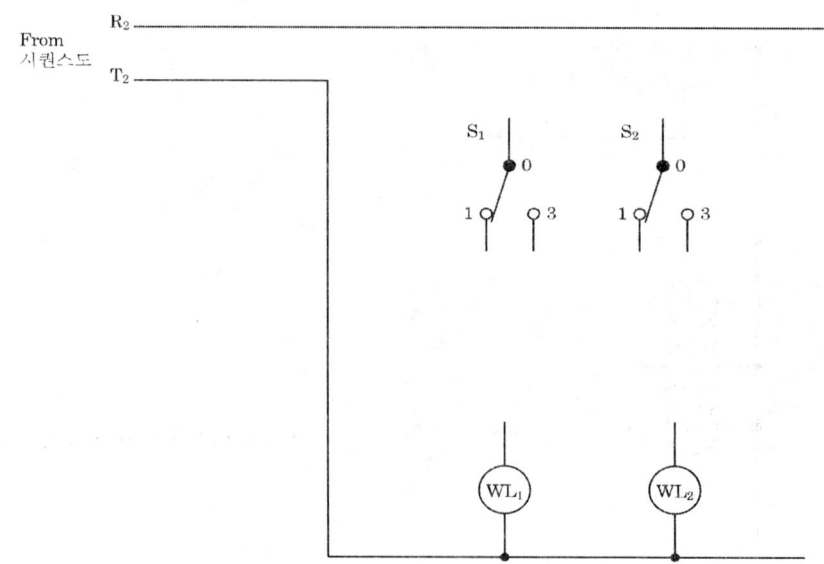

5) 계전기 내부 결선도

Power Relay 내부 결선도(MC)

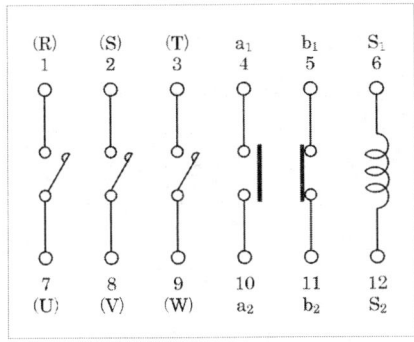

EOCR 내부 결선도

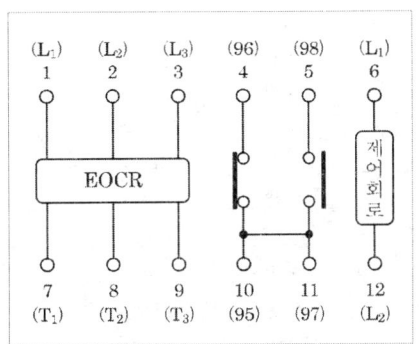

8핀 릴레이 내부 결선도

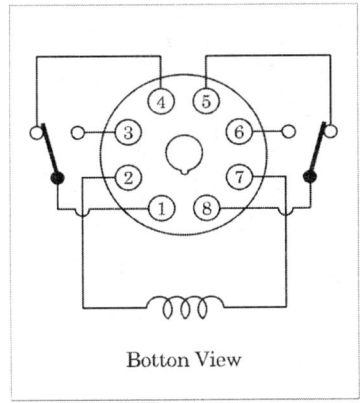

14핀 릴레이 내부 결선도

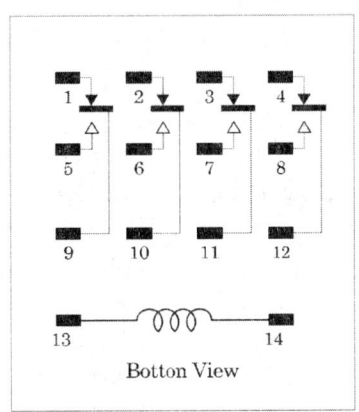

변수 이름	변수 종류	데이터 타입	(메모리 할당)	(초기값)
C_1	VAR	FB Instance		
FR	VAR	FB Instance		
PB_5	VAR	BOOL	AT %IX0.0.0	
PB_6	VAR	BOOL	AT %IX0.0.1	
PL_1	VAR	BOOL	AT %QX0.0.3	
PL_2	VAR	BOOL	AT %QX0.0.4	
PL_3	VAR	BOOL	AT %QX0.0.5	
RST_C_1	VAR	BOOL		
RST_FLK	VAR	BOOL		
RST_대형	VAR	BOOL		
RST_소형	VAR	BOOL		
RST_중형	VAR	BOOL		
RY_1	VAR	BOOL	AT %IX0.0.2	
S_1	VAR	BOOL	AT %IX0.0.3	
S_2	VAR	BOOL	AT %IX0.0.4	
S_3	VAR	BOOL	AT %IX0.0.5	
SOL_A	VAR	BOOL	AT %QX0.1.1	
SOL_B	VAR	BOOL	AT %QX0.1.2	
T_1	VAR	FB Instance		
T_2	VAR	FB Instance		
T_3	VAR	FB Instance		
T_4	VAR	FB Instance		
X_1	VAR	BOOL	AT %IX0.0.6	
X_2	VAR	BOOL	AT %IX0.0.7	
X_3	VAR	BOOL	AT %QX0.0.0	
X_4	VAR	BOOL	AT %QX0.0.1	
X_4_ON	VAR	BOOL		
YL	VAR	BOOL	AT %QX0.0.5	
Z_1	VAR	BOOL		
Z_2	VAR	BOOL		
Z_3	VAR	BOOL		
Z_4	VAR	BOOL		
Z_5	VAR	BOOL		
Z_6	VAR	BOOL		
대형	VAR	FB Instance		
대형FR	VAR	FB Instance		
대형FR_1	VAR	FB Instance		
대형FR_2	VAR	FB Instance		
소형	VAR	FB Instance		
수동MODE	VAR	BOOL		

변수	1

변수 이름	변수 종류	데이터 타입	(메모리 할당)	(초기값)
자동_SIG₁	VAR	BOOL		
자동_SIG₂	VAR	BOOL		
중형	VAR	FB Instance		

변수	2

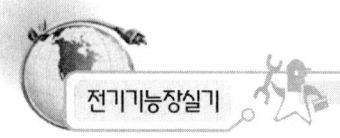

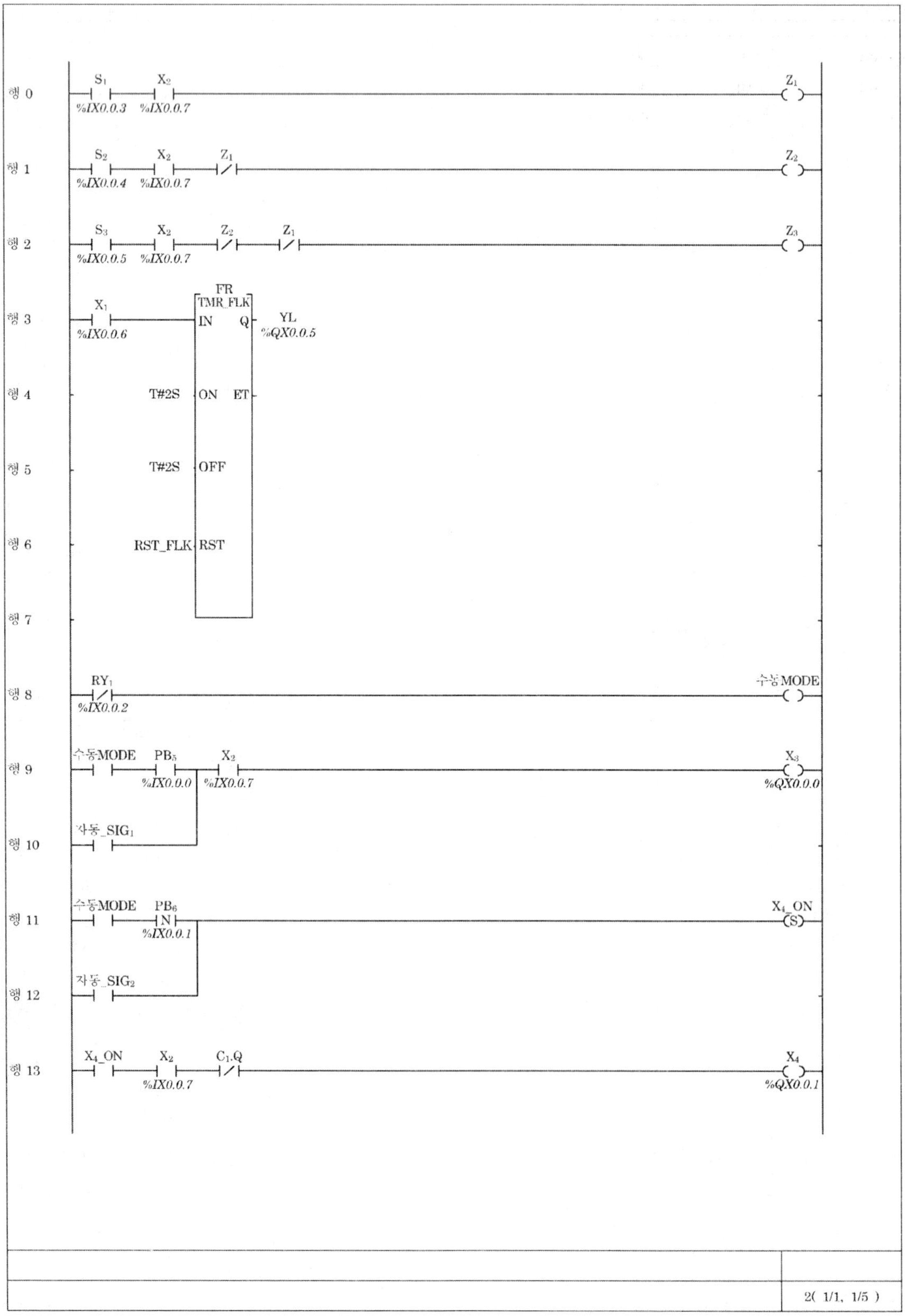
행 0
S1 %IX0.0.3
X2 %IX0.0.7
Z1
행 1
S2 %IX0.0.4
X2 %IX0.0.7
Z1
Z2
행 2
S3 %IX0.0.5
X2 %IX0.0.7
Z2
Z1
Z3
행 3
X1 %IX0.0.6
FR
TMR_FLK
IN
Q
YL %QX0.0.5
행 4
T#2S
ON
ET
행 5
T#2S
OFF
행 6
RST_FLK
RST
행 7
행 8
RY1 %IX0.0.2
수동MODE
행 9
수동MODE
PB5 %IX0.0.0
X2 %IX0.0.7
X3 %QX0.0.0
행 10
자동_SIG1
행 11
수동MODE
PB6 N %IX0.0.1
X4_ON S
행 12
자동_SIG2
행 13
X4_ON
X2 %IX0.0.7
C1.Q
X4 %QX0.0.1
2(1/1, 1/5)

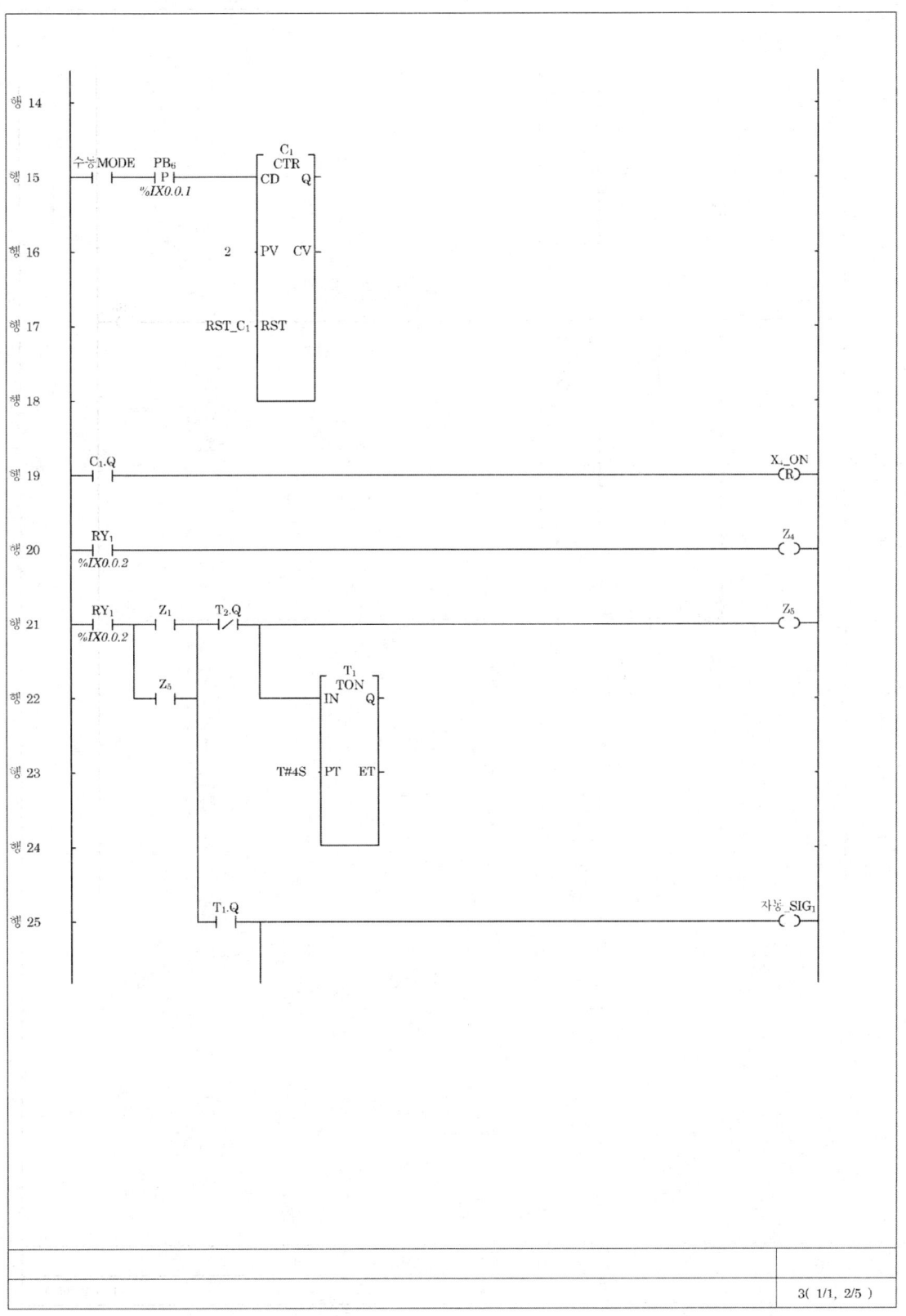

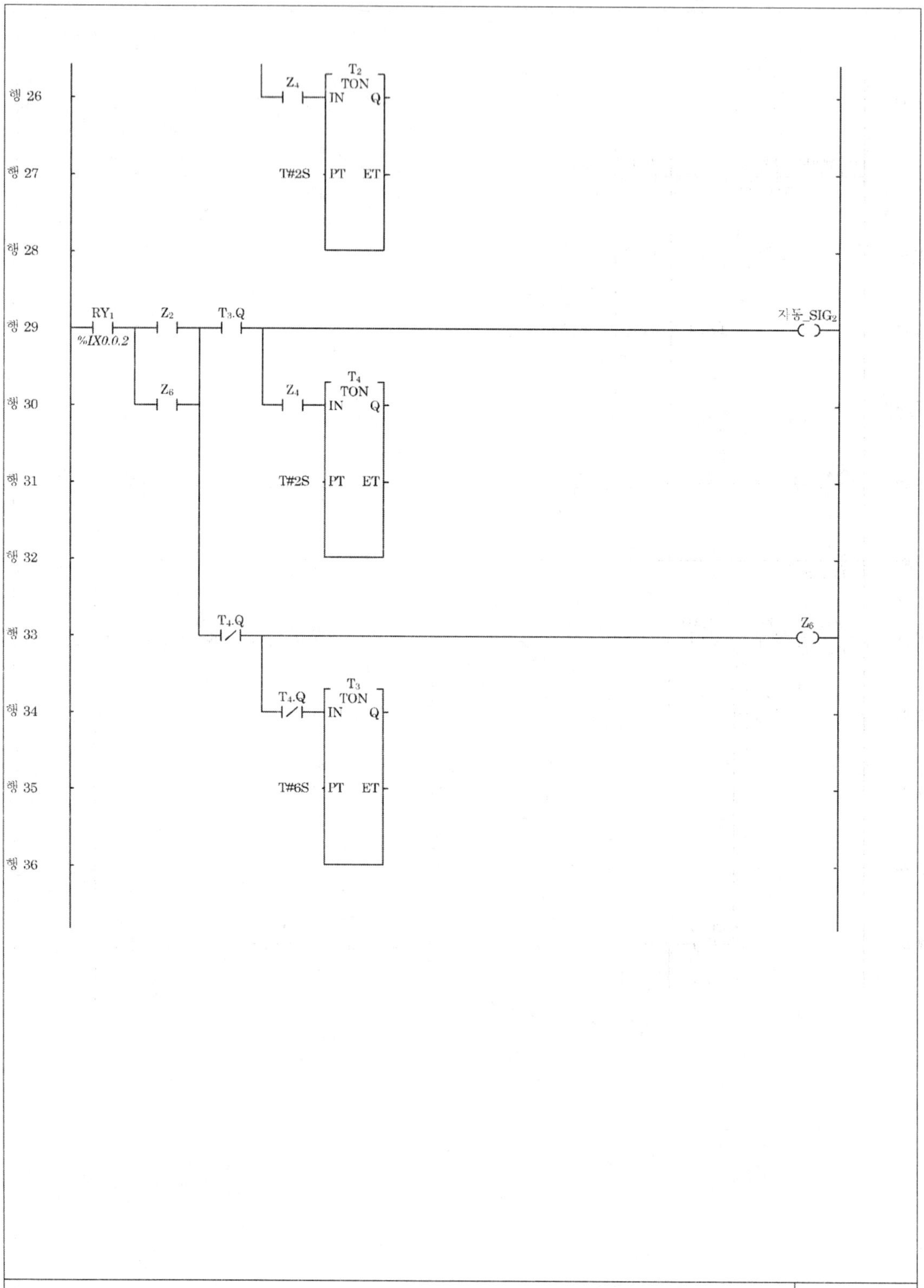

```
행 26      ─┤Z₄├──┬─TON──┐
                  │IN   Q│
                  │      │
행 27        T#2S─┤PT  ET│
                  │      │
행 28             └──────┘

행 29   ┌─RY₁─┬─Z₂──T₃.Q──────────────────────── 자동_SIG₂
        │%IX0.0.2│                                   ( )
        │       │
행 30   └─Z₆───┤──Z₄──┬─TON──┐ T₄
               │      │IN   Q│
               │      │      │
행 31          │ T#2S─┤PT  ET│
               │      │      │
행 32          │      └──────┘
               │
행 33          ├─T₄.Q─/─────────────────────────── Z₆
               │                                    ( )
행 34          └─T₄.Q─/─┬─TON──┐ T₃
                        │IN   Q│
                        │      │
행 35             T#6S─┤PT  ET│
                        │      │
행 36                   └──────┘
```

4(1/1, 3/5)

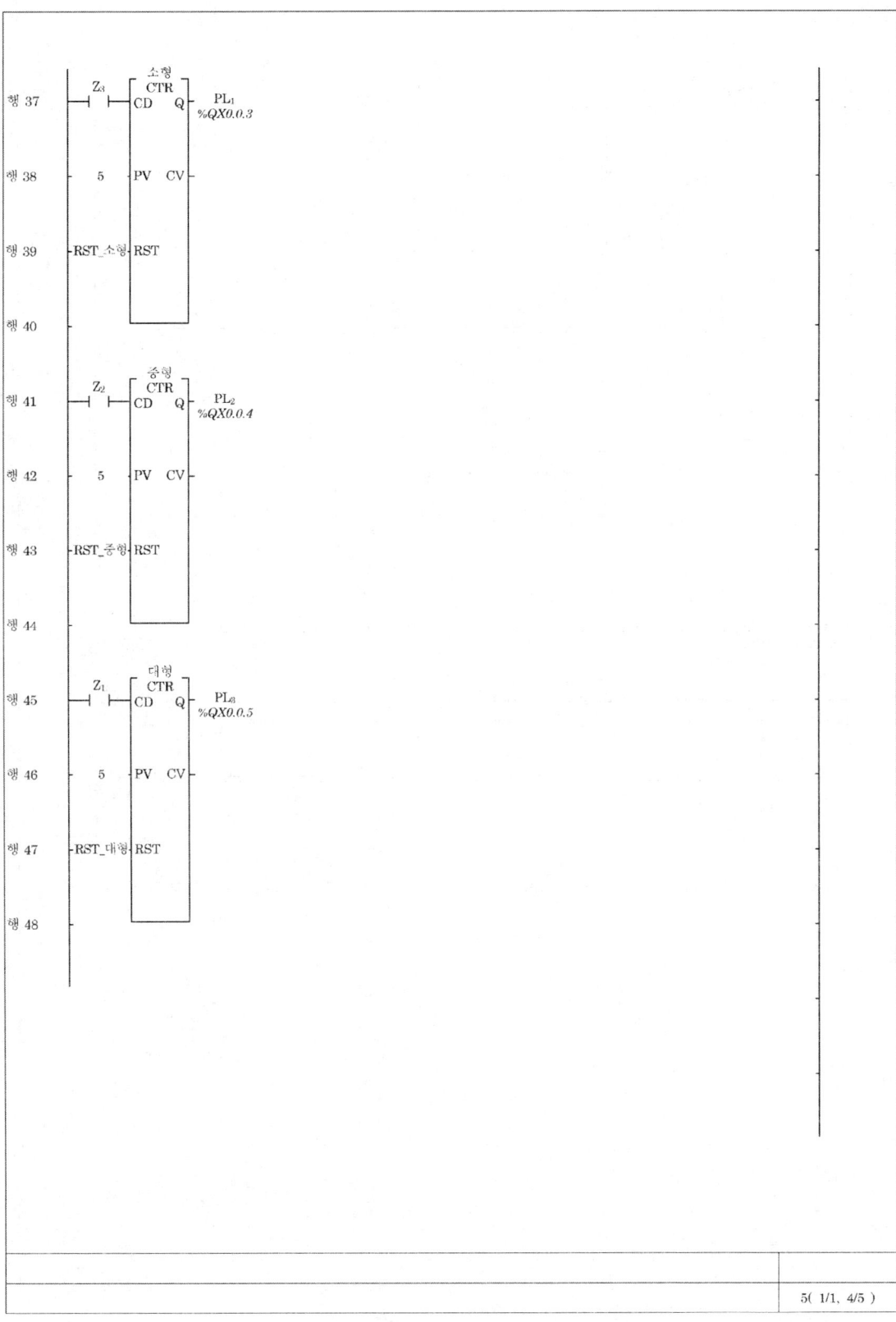

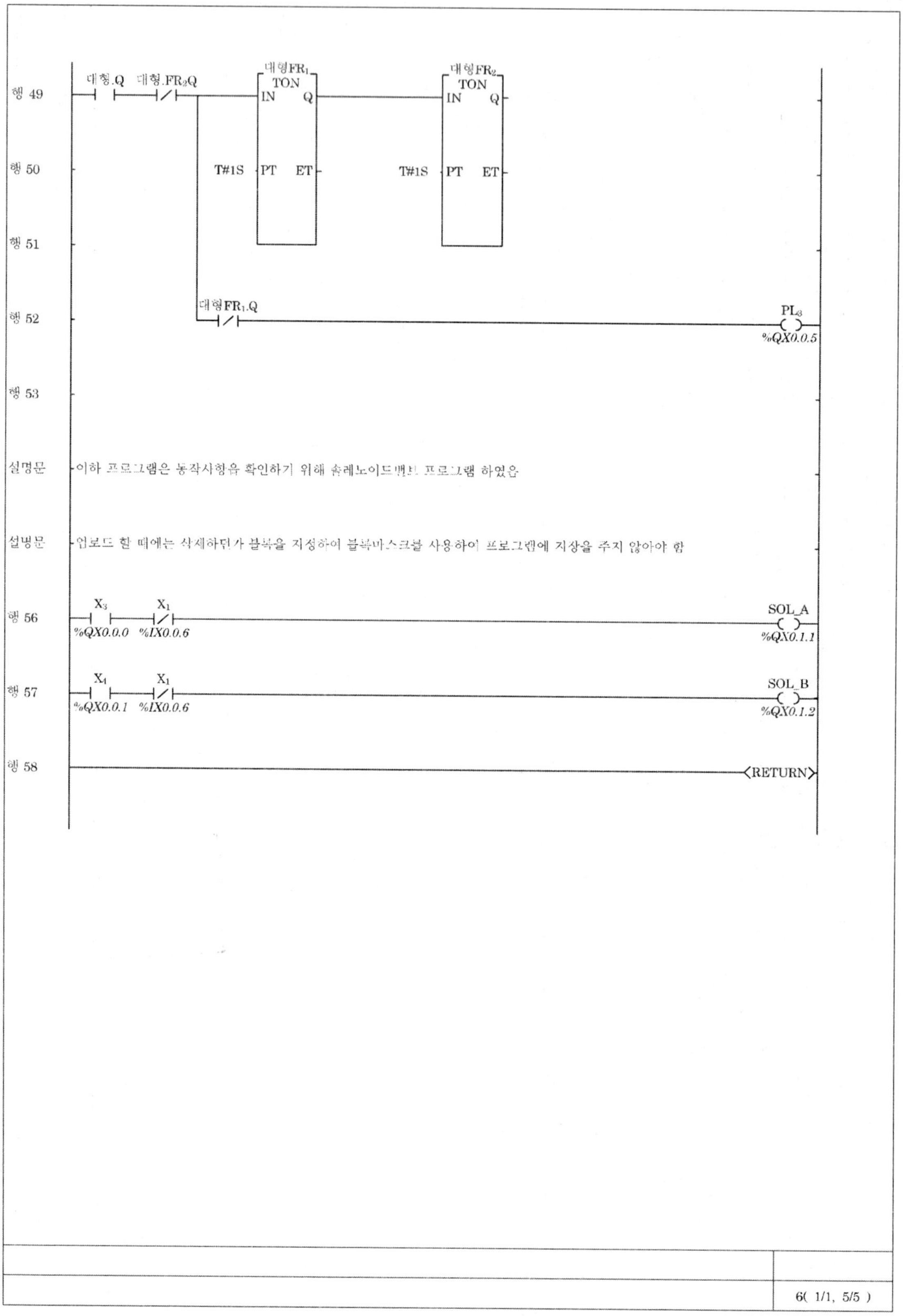

```
행 49    대형.Q   대형.FR₂.Q         대형FR₁                대형FR₂
          ─┤├───────┤/├──────────┤IN    Q├──────────────┤IN    Q├
                                 │        │              │        │
행 50                       T#1S─┤PT   ET│         T#1S─┤PT   ET│
                                 │        │              │        │
행 51                            └────────┘              └────────┘

행 52              대형FR₁.Q                                                    PL₃
                  ───┤/├──────────────────────────────────────────────────────( )
                                                                            %QX0.0.5

행 53

설명문    이하 프로그램은 동작사항을 확인하기 위해 솔레노이드밸브 프로그램 하였음

설명문    업로드 할 때에는 삭제하던가 블록을 지정하여 블록마스크를 사용하여 프로그램에 지장을 주지 않아야 함

행 56       X₃        X₁                                                      SOL_A
          ─┤├───────┤/├─────────────────────────────────────────────────────( )
         %QX0.0.0  %IX0.0.6                                                  %QX0.1.1

행 57       X₄        X₁                                                      SOL_B
          ─┤├───────┤/├─────────────────────────────────────────────────────( )
         %QX0.0.1  %IX0.0.6                                                  %QX0.1.2

행 58   ──────────────────────────────────────────────────────────────────<RETURN>
```

전기기능장 실기

1판 1쇄 발행	2013. 3. 30
1판 2쇄 발행	2014. 1. 5
2판 1쇄 발행	2014. 4. 25
3판 1쇄 발행	2015. 9. 15

지은이 기채옥·정원택
펴낸이 김 주 성
펴낸곳 도서출판 엔플북스
주 소 경기도 구리시 체육관로 113번길 45. 114-204(교문동, 두산)
전 화 (031)554-9334
F A X (031)554-9335

등 록 2009. 6. 16 제398-2009-000006호

정가 **38,000**원

ISBN 978 - 89 - 6813 - 109 - 7 13560

※ 파손된 책은 교환하여 드립니다.
　본 도서의 내용 문의 및 궁금한 점은 저희 카페에 오셔서 글을 남겨주시면 성의껏 답변해 드리겠습니다.
　http : //cafe.daum.net/enplebooks